Die Ordnung der Meere

Europäische Hochschulschriften

European University Studies

Publications Universitaires Européennes

Reihe II	**Rechtswissenschaft**
Series II	Law
Série II	Droit

Band/Volume **5959**

Anja Maurer

Die Ordnung der Meere

Zur Integration von maritimer Raumplanung und Meeresumweltschutz

PL ACADEMIC RESEARCH

Bibliografische Information der Deutschen Nationalbibliothek
Die Deutsche Nationalbibliothek verzeichnet diese Publikation in der Deutschen Nationalbibliografie; detaillierte bibliografische Daten sind im Internet über http://dnb.d-nb.de abrufbar.

Zugl.: Bremen, Univ., Diss., 2016

D 46
ISSN 0531-7312
ISBN 978-3-631-73389-9 (Print)
E-ISBN 978-3-631-73606-7 (E-PDF)
E-ISBN 978-3-631-73607-4 (EPUB)
E-ISBN 978-3-631-73608-1 (MOBI)
DOI 10.3726/b11980

PL Academic Research ist ein Imprint der Peter Lang GmbH.
Peter Lang – Frankfurt am Main · Bern · Bruxelles · New York · Oxford · Warszawa · Wien

Diese Publikation wurde begutachtet.

www.peterlang.com

Vorwort

Die vorliegende Arbeit wurde im Wintersemester 2016 vom Fachbereich Rechtswissenschaft der Universität Bremen als Dissertation angenommen und verteidigt. Die Rechtsentwicklung bis Mai 2017 wurde berücksichtigt.

Die Idee zur Arbeit entstand während meiner Tätigkeit in einer Bremer Anwaltskanzlei. Meine Büronachbarin hatte den damals gerade neu entworfenen Raumordnungsplan des BSH für die deutsche ausschließliche Wirtschaftszone der Nordsee über ihrem Schreibtisch hängen. Das bunte Gewirr an Markierungen weckte sofort mein Interesse, und ich wollte unbedingt wissen, welche rechtlichen und tatsächlichen Gedanken dahintersteckten. So bin ich meiner Doktormutter, Frau *Prof. Dr. Sabine Schlacke*, zu großem Dank verpflichtet für ihr Vertrauen, das sie in mich gesetzt hat, als sie mich mit diesem Thema als ihre Doktorandin und wissenschaftliche Mitarbeiterin an der Forschungsstelle für Europäisches Umweltrecht (FEU) aufnahm. Sie hat ein Forschungsklima geschaffen, in dem ich große Freiheiten hatte und viele wissenschaftliche Erfahrungen sammeln konnte, sei es auf Konferenzen in ganz Europa oder durch Hinweise auf für meine Arbeit interessante Personen aus Wissenschaft und Politik. Die zielgerichtete Konzentration und ihre klare dogmatische Denkweise beeindrucken mich bis heute. Mein herzlicher Dank gilt auch Herrn *Prof. Dr. Gerd Winter*, dem Gründer der FEU, für die zügige Erstellung des Zweitgutachtens und zahlreiche konstruktive Gedankenimpulse.

An der FEU und am rechtswissenschaftlichen Fachbereich habe ich nicht nur hervorragende Arbeitsbedingungen vorgefunden, sondern auch Kolleginnen und Kollegen, die zu Freunden wurden und Freud und Leid des Entstehens einer Doktorarbeit sowohl auf persönlicher als auch auf inhaltlicher Ebene mit mir teilten. Das gilt in besonderem Maße für Johanna Schmidt und James Kröger, Birgit Peters, Sarah Stoppe-Ramadan, Michael Stadermann, Thorge Köhler, Susanna Hoffmann-Much, Hermann Hoffmann und Till Markus.

Danken darf und muss ich auch meiner Familie. Insbesondere meine Eltern, aber auch meine Schwiegereltern, haben mich in unzähligen Stunden der Kinderbetreuung unterstützt. Sie haben Fahrdienste, Turnstunden, Haushaltsarbeiten, Krankheitsbetreuungen, Einkäufe, Essenszubereitungen und vieles mehr übernommen; mein Vater hat die Arbeit zudem Korrekturgelesen. Mir ist bewusst, dass ich ohne ihre unermüdliche Hilfe die Arbeit niemals hätte beenden können. Ohne meinen Mann Andreas hätte ich niemals das Vertrauen in mich selbst gesetzt, eine solche Arbeit überhaupt zu beginnen. Meine beiden wunderbaren Kinder haben die Fertigstellung der Arbeit zwar erheblich verzögert, mein Leben aber unglaublich bereichert. Ich widme die Arbeit meinen Eltern und meinem Mann. Ohne ihren Rückhalt gäbe es kein Buch.

Ludwigshafen, im Juli 2017 *Anja Maurer*

Inhaltsverzeichnis

Abkürzungsverzeichnis

a.A.	andere Ansicht
a.a.O.	am angegebenen Ort
ABl.	Amtsblatt
ABl.EG	Amtsblatt der Europäischen Gemeinschaft
ABl.EU	Amtsblatt der Europäischen Union
Abs.	Absatz
AEUV	Vertrag über die Arbeitsweise der Europäischen Union
AEWA	African-Eurasian Waterbird Agreement
a.F.	alte Fassung
AJIL	The American Journal of International Law (Zeitschrift)
AöR	Archiv des öffentlichen Rechts (Zeitschrift)
Art.	Artikel
ASCOBANS	Agreement on the Conservation of Small Cetaceans in the Baltic, North East Atlantic, Irish and North Seas
AUR	Agrar- und Umweltrecht (Zeitschrift)
AVR	Archiv des Völkerrechts (Zeitschrift)
AWZ	Ausschließliche Wirtschaftszone
AWZ-ROV	Verordnung über die Raumordnung in der deutschen AWZ
Az.	Aktenzeichen
BauGB	Baugesetzbuch
BauROG	Bau- und Raumordnungsgesetz 1998
BayVBl.	Bayrische Verwaltungsblätter (Zeitschrift)
BBergG	Bundesberggesetz
BBR	Bundesamt für Bauwesen und Raumordnung
BfN	Bundesamt für Naturschutz
BGBl.	Bundesgesetzblatt
BImSchG	Bundes-Immissionsschutzgesetz
BMU	Bundesministerium für Umwelt, Naturschutz und Reaktorsicherheit
BMUB	Bundesministerium für Umwelt, Naturschutz, Bau und Reaktorsicherheit
BMVBS	Bundesministerium für Verkehr, Bau und Stadtentwicklung
BMVBW	Bundesministerium für Verkehr, Bau und Wohnungswesen
BMVI	Bundesministerium für Verkehr und digitale Infrastruktur
BNatSchG	Bundesnaturschutzgesetz

BR-Drs.	Drucksache des Bundesrates
BReg-Drs.	Drucksache der Bundesregierung
BSH	Bundesamt für Seeschifffahrt und Hydrographie
Bsp.	Beispiel
BSPA	Baltic Sea Protected Area
bspw.	beispielsweise
BT-Drs.	Drucksache des Bundestages
BVerfG	Bundesverfassungsgericht
BVerfGE	Amtliche Sammlung der Entscheidungen des BVerfG
BVerwG	Bundesverwaltungsgericht
BVerwGE	Amtliche Sammlung der Entscheidungen des BVerwG
bzgl.	bezüglich
bzw.	beziehungsweise
Can J Fish Aquat Sci	Canadian Journal of Fisheries and Aquatic Sciences (Zeitschrift)
CBD	Convention on Biological Diversity
CCS	Carbon Capture and Storage
CIS	Common Implementation Strategy
CMS	Convention on the Conservation of Migratory Species of Wild Animals
Coastl Rep	Coastline Reports (Zeitschrift)
COM	Dokument der Europäischen Kommission
COP	Conference of the Parties
CO_2	Kohlenstoffdioxid
CWSS	Conservation of Seals in the Wadden Sea
d.h.	das heißt
DÖV	Die Öffentliche Verwaltung (Zeitschrift)
DV	Die Verwaltung (Zeitschrift)
DVBl.	Deutsches Verwaltungsblatt (Zeitschrift)
EAG	Europarechtsanpassungsgesetz
ebda.	ebenda
EE	Erneuerbare Energien
EEG	Gesetz für den Ausbau erneuerbarer Energien
EEZ	Exclusive Economic Zone
EG	Europäische Gemeinschaft
EGV	Vertrag zur Gründung der Europäischen Gemeinschaft
endg.	endgültig
Environ L Rev	Environmental Law Review (Zeitschrift)
Environ Pol Gov	Environmental Policy and Governance (Zeitschrift)
Environ Pol & L	Environmental Policy and Law (Zeitschrift)
Environ Sci Policy	Environmental Science & Policy (Zeitschrift)
EnWG	Energiewirtschaftsgesetz
Estuar Coast & Shelf Sci	Estuarine, Coastal and Shelf Science (Zeitschrift)

ET	Energiewirtschaftliche Tagesfragen (Zeitschrift)
etc.	et cetera
EU	Europäische Union
EuGH	Europäischer Gerichtshof
EuR	Europarecht (Zeitschrift)
Euratom	Vertrag über die Europäische Atomgemeinschaft
EUREK	Europäisches Raumentwicklungskonzept
Eur Ener & Environ L Rev	European Energy and Environmental Law Review (Zeitschrift)
EurUP	Zeitschrift für Europäisches Umwelt- und Planungsrecht (Zeitschrift)
EUV	Vertrag über die Europäische Union
EWG	Europäische Wirtschaftsgemeinschaft
EWS	Europäisches Wirtschafts- und Steuerrecht (Zeitschrift)
f., ff.	folgende(r/s), fortfolgende
FAO	Food and Agriculture Organization of the UN
FFH-RL	Fauna-Flora-Habitat-Richtlinie (92/43/EWG)
FG	Festgabe
Fn.	Fußnote
FS	Festschrift
gem.	gemäß
GeROG	Gesetz zur Neufassung des Raumordnungsgesetzes
GFP	Gemeinsame Fischereipolitik der Europäischen Union
GG	Grundgesetz
ggfs.	gegebenenfalls
ggü.	gegenüber
GOBReg	Geschäftsordnung der Bundesregierung
GS	Gedächtnisschrift
GVBl.	Gesetz- und Verordnungsblatt
GVOBl. M-V	Gesetz- und Verordnungsblatt für Mecklenburg-Vorpommern
HANSA Int'l Marit J	HANSA International Maritime Journal (Zeitschrift)
HELCOM	HELSINKI-Kommission
HELSINKI	Übereinkommen zum Schutz der Meeresumwelt des Ostseegebietes
h.M.	herrschende Meinung
Hrsg.	Herausgeber
Hs.	Halbsatz
ICES	International Council for the Exploration of the Sea
ICES J Mar Sci	ICES Journal of Marine Science (Zeitschrift)
i.d.F.	in der Fassung
i.d.R.	in der Regel
IGH	Internationaler Gerichtshof

IKZM	Integriertes Küstenzonenmanagement
IMO	International Maritime Organization
Int'l J Mar & Coast L	The International Journal of Marine and Coastal Law (Zeitschrift)
i.R.d.	im Rahmen der/des
i.R.e.	im Rahmen einer/eines
i.S.d.	im Sinne der/des
i.S.e.	im Sinne einer/eines
i.V.m.	in Verbindung mit
IzR	Informationen zur Raumentwicklung (Zeitschrift)
IVU	Integrierte Vermeidung und Verminderung der Umweltverschmutzung
JbUTR	Jahrbuch des Umwelt- und Technikrechts
J Coast Conserv	Journal of Coastal Conservation (Zeitschrift)
JCSW	Jahrbuch für Christliche Sozialwissenschaften (Zeitschrift)
JEEPL	Journal for European Environmental and Planning Law (Zeitschrift)
J Ener & Nat Res L	Journal of Energy & Natural Resources Law (Zeitschrift)
J Environ Mgmt	Journal of Environmental Management (Zeitschrift)
JRC	Joint Research Center
JZ	JuristenZeitung (Zeitschrift)
KJ	Kritische Justiz (Zeitschrift)
KOM	Dokument der Europäischen Kommission
KP	Kyoto-Protokoll
KritV	Kritische Vierteljahresschrift für Gesetzgebung und Rechtswissenschaft (Zeitschrift)
KRK	Klimarahmenkonvention
KrWG	Kreislaufwirtschaftsgesetz
KSpG	Kohlendioxid-Speicherungsgesetz
LaplaG	Landesplanungsgesetzt SH
LEP	Landesraumentwicklungsprogramm M-V / Landesentwicklungsplan SH
LPlG M-V	Landesplanungsgesetz M-V
LROP Nds.	Landes-Raumordnungsprogramm
lit.	littera
LVO	Landesverordnung
Marit Pol Mgmt	Maritime Policy & Management (Zeitschrift)
Marit Stud	Maritime Studies (Zeitschrift)
MARPOL 73/78	International Convention for the Prevention of Marine Pollution from Ships
Mar Policy	Marine Policy (Zeitschrift)

Mar Pollut Bull	Marine Pollution Bulletin (Zeitschrift)
m.a.W.	mit anderen Worten
Merk Utr J Int'l & Eur L	Merkourios Utrecht Journal of International and European Law (Zeitschrift)
Mgmt Sci	Management Science (Zeitschrift)
MKRO	Ministerkonferenz für Raumordnung
MPA	Marine Protected Area
MRRL	Maritime Raumplanungsrichtlinie (2014/89/EU)
MSCG	Marine Strategy Coordination Group
MSFD	Marine Strategy Framework Directive
MSP	Maritime Spatial Planning
MSRL	Meeresstrategie-Rahmenrichtlinie (2008/56/EG)
M-V	Mecklenburg-Vorpommern
m.w.N.	mit weiteren Nachweisen
Nds.	Niedersachsen, niedersächsisch
NJW	Neue Juristische Wochenschrift (Zeitschrift)
NordÖR	Zeitschrift für öffentliches Recht in Norddeutschland (Zeitschrift)
Nr.	Nummern/n
NROG	Nds. Raumordnungsgesetz
NuL	Naturschutz und Landschaftsplanung (Zeitschrift)
NuR	Natur und Recht (Zeitschrift)
NVwZ	Neue Zeitschrift für Verwaltungsrecht (Zeitschrift)
Ocean Coast Mgmt	Ocean & Coastal Management (Zeitschrift)
Ocean Develop & Int'l L	Ocean Development & International Law (Zeitschrift)
OLG	Oberlandesgericht
OSPAR	Übereinkommen zum Schutz der Meeresumwelt und des Nordostatlantiks
Phil Trans R Soc B	Philosophical Transactions Of The Royal Society Of London Series B – Biological Science (Zeitschrift)
PSSA	Particularly Sensitive Sea Areas
RdE	Recht der Energiewirtschaft (Zeitschrift)
RL	Richtlinie
Rn.	Randnummer/n
ROG	Raumordnungsgesetz
ROP	Raumordnungsplan
Rs.	Rechtssache
RuR	Raumforschung und Raumordnung (Zeitschrift)
Rz.	Randziffer/n
S.	Seite/n
SA	Sensitive Area
San Diego L Rev	San Diego Law Review (Zeitschrift)

SBSTTA	Subsidiary Body on Scientific, Technical and Technological Advice
SECA	Sulphur Emission Control Area
SeeAnlV	Seeanlagenverordnung
SH	Schleswig-Holstein
Slg.	Sammlung
sog.	sogenannte/r/s
SOLAS	International Convention for the Safety of Life at Sea
SRU	Sachverständigenrat für Umweltfragen
SRÜ	Seerechtsübereinkommen der Vereinten Nationen
StrEinspG	Stromeinspeisungsgesetz
SUP	Strategische Umweltprüfung
SWD	Arbeitsdokument der Europäischen Kommission
TEN	Transeuropäische Netze
Tex Int'l L F	Texas International Law Forum (Zeitschrift)
Transnat'l Environ L	Transnational Environmental Law (Zeitschrift)
Trends in Ecol & Evol	Trends in Ecology and Evolution (Zeitschrift)
Tz.	Teilziffer
u.a.	unter anderem
UAbs.	Unterabsatz
UAP	Umweltaktionsprogramm
UBA	Umweltbundesamt
UGB	Umweltgesetzbuch
UmwRG	Umweltrechtsbehelfsgesetz
UN	United Nations
UNCED	UN Conference on Environment and Development
UNCLOS	UN Convention on the Law of the Sea
UNEP	UN Environment Programme
UNFCCC	UN Framework Convention on Climate Change
UPR	Umwelt- und Planungsrecht (Zeitschrift)
USchadG	Umweltschadensgesetz
UVP	Umweltverträglichkeitsprüfung
UVPG	Gesetz über die Umweltverträglichkeitsprüfung
v.	vom
v.a.	vor allem
vgl.	vergleiche
VO	Verordnung
WBGU	Wissenschaftlicher Beirat der Bundesregierung Globale Umweltveränderungen
WHG	Wasserhaushaltsgesetz
WindSeeG	Windenergie-auf-See-Gesetz
WRRL	Wasserrahmenrichtlinie (2000/60/EG)

ZaöRV	Zeitschrift für ausländisches öffentliches Recht und Völkerrecht (Zeitschrift)
z.B.	zum Beispiel
ZfBR	Zeitschrift für deutsches und internationales Bau- und Vergaberecht (Zeitschrift)
ZNER	Zeitschrift für Neues Energierecht (Zeitschrift)
ZUR	Zeitschrift für Umweltrecht (Zeitschrift)

Einleitung

„Would you tell me, please, which way I ought to go from here?“
„That depends a good deal on where you want to get to“, said the Cat.
„I don't much care where –“, said Alice.
„Then it does not matter which way you go“, said the Cat.
Lewis Carroll, Alice in Wonderland[1]

Die umfassende Inwertsetzung der Meere hat schon vor Jahrzehnten begonnen.
Hanns Buchholz, IzR 2004, 485

In ihrer fabelhaften Reise durch das Wunderland sieht sich Alice mit der Situation konfrontiert, eine Grinsekatze, die dazu auch noch nach Belieben auftaucht und verschwindet, um Hilfe bitten zu müssen. Ihr Problem liegt dabei sowohl in der Grinsekatze selbst, die ihr auf der Suche nach dem richtigen Weg zwar eine Hilfe sein könnte, deren Antworten aber so richtig wie gleichzeitig wenig hilfreich sind. Daneben hat Alice das Problem, momentan weder zu wissen, wo sie sich befindet, noch, welchen Weg sie einschlagen soll.

So oder ähnlich stehen Politiker und Rechtswissenschaftler vor den Herausforderungen eines funktionierenden Meeresumweltschutzes und dem stringenten Aufbau einer maritimen Raumplanung in den europäischen Meeren. Allen Beteiligten ist klar, dass sich im Vergleich zur aktuellen Situation zukünftig etwas ändern muss, um immer stärker in Konflikt geratene Meeresnutzungen und politisch formulierte Schutzziele verwirklichen und in Einklang bringen zu können. Welcher Weg aber der richtige ist und zum Ziel führt und wie dieses Ziel auszusehen hat, ist bislang weitgehend unbeantwortet.

Gerade aktuelle politische und gesetzgeberische Entwicklungen der Jahre 2016 und 2017 haben zudem die hohe Dynamik des Themas noch einmal deutlicher werden lassen. Die Entscheidung des britischen Volkes, die EU zu verlassen und die damit neu in den Blick gerückte Verflechtung und wechselseitige Abhängigkeit der Staaten Europas zeigen dies in besonders unmittelbarer und hoher Deutlichkeit. Gleiches gilt für die vielfältige Tätigkeit des deutschen und europäischen Gesetzgebers im Gebiet der Raumordnungsplanung und der entsprechenden Gesetzgebung.

---

1 Der Dialog geht weiter: „– so long as I get *somewhere*,“ Alice added as an explanation. „Oh, you're sure to do that,“ said the Cat, „if you only walk long enough.“ Entnommen aus Reclams Universal-Bibliothek UB 9160, 1999. Gefunden bei *Ehler*, Mar Policy (32) 2008, 840 ff. (842).

So hat die Bundesregierung Anfang des Jahres einen Gesetzesentwurf zur Novellierung des Raumordnungsgesetzes vorgelegt, mit dem u.a. die Vorgaben der 2014 erlassenen Richtlinie zur Schaffung eines Rahmens für die maritime Raumplanung umgesetzt (Maritime Raumplanungsrichtlinie, 2014/89/EU) werden sollen. Eine Fortschreibung der beiden Raumordnungspläne für die deutsche ausschließliche Wirtschaftszone der Nord- und Ostsee ist ebenfalls für angekündigt.

A. Die Konfliktlage in den Meeresgewässern der Nord- und Ostsee

Konkreter zeichnet sich das folgende Bild: Die unionalen Meeresgewässer sind geprägt von einer räumlichen Verteilungsproblematik von Nutzungsansprüchen und Schutzinteressen. Dies trifft auch und besonders auf die beiden an die Bundesrepublik Deutschland angrenzenden Meere der Nord- und Ostsee zu. Die Konfliktlage in den beiden deutschen Meeren der Nordsee und Ostsee lässt sich zunächst einmal in ihrer *tatsächlichen* Ausprägung beschreiben:[2] Die scheinbare Unendlichkeit des Meeres und der gefühlte Platzmangel an Land durch „störende" landbasierte Nutzungsformen führten zu einer Entwicklung, in der immer mehr Nutzungen vom Land auf das Meer übertragen wurden. Zu den ursprünglichen Nutzungsformen der Schifffahrt, Fischerei, Rohr- und Kabelverlegung sind so im Laufe der Zeit weitere hinzugetreten: Vorrangig zu nennen ist hier die Windenergienutzung, aber auch der Sand- und Kiesabbau/Bergbau, die militärische Nutzung und der Tourismus. Weitere Nutzungsarten stehen mehr oder weniger kurz vor einer Realisierung, d.h. einer beginnenden realen Nutzung: Aquakultur und Kohlendioxidspeicherung. Diesen Nutzungsinteressen stehen Schutzinteressen am Erhalt der Natur und am Erhalt der dem Meer eigenen Freiraumstruktur gegenüber. Nicht zuletzt stellt sich die Frage nach zukünftigen, momentan noch unbekannten Nutzungen. Welchen Teil des Meeres werden sie beanspruchen?

Allen wirtschaftlichen und ökologischen Belangen, die an das Meer gestellt werden, ist eines gemein: Sie beanspruchen Raum. Die Schifffahrt verlangt zur schnellen Erreichung der großen Häfen freie Schifffahrtswege, auf denen hindernisfrei und damit treibstoffsparend hohe Geschwindigkeiten erreicht werden können. Rohrleitungen und Seekabel müssen im und auf dem Meeresgrund so verlegt werden, dass weder von ihnen *für* andere Nutzungen – z.B. Schifffahrt – noch für sie selbst *durch* andere Nutzungen – z.B. Fischerei – Gefahren ausgehen können. Die Fischerei benötigt freie (Boden-)Flächen, in denen mit den unterschiedlichen Fangmethoden – z.B. Schleppnetzfischerei oder der Fang mit Baumkurren – gearbeitet werden kann. Offshore-Windenergieanlagen müssen in besonders windstarken Gebieten und in bestimmtem Abstand voneinander errichtet werden, um den größtmöglichen Ertrag an Windenergie zu erhalten. Militärs benötigen Raum für Tiefflugübungen,

2 Dazu *Sachverständigenrat für Umweltfragen*, Meeresumweltschutz für Nord- und Ostsee, 2004; *European Environment Agency*, State of Europe's seas, 2015.

Schießgebiete und U-Boot-Einsatzmanöver. Der Tourismus lebt von dem Erholfaktor des sauberen, weiten und unendlichen Meeres. Dem Schutz und Erhalt der Meeresnatur versucht man bereits seit einigen Jahren mit der Einrichtung von Meeresschutzgebieten nachzukommen. In diesen Schutzgebieten sind potentiell schädigende Nutzungen nur eingeschränkt erlaubt oder vollumfänglich untersagt.

Hier zeigt sich die Problematik: Die tatsächlichen Konflikte ergeben sich damit, ganz holzschnittartig reduziert, aus einem gegenseitigen Ringen der Vertreter unterschiedlicher wirtschaftlicher (auch militärischer) und ökologischer Interessen um die Ressourcen des Meeres. Dabei entsteht die Gefahr, dass die Nutzungsanforderungen drohen, die Kapazität des Raumes zu übersteigen; einzelne Nutzungen können nicht mehr nebeneinander stattfinden, ohne sich gegenseitig zu stören. Durch die Überlagerung unterschiedlicher Nutzungen kann auch eine normalerweise reproduktionsfähige Ressource kurzfristig erschöpft oder sogar zerstört werden.[3] Die an das Meer gestellten Erwartungen hinsichtlich der Befriedigung wirtschaftlicher Interessen und die dort gleichsam verorteten Schutzinteressen sind also vielfältig – sowohl der zur Verfügung stehende Raum in Nord- und Ostsee als auch die energetischen und ökologischen Ressourcen sind hingegen beschränkt. Der verfügbare Raum ist überdies so sehr beschränkt, dass nicht alle Belange so unabhängig nebeneinander bestehen können, ohne die jeweils anderen nicht (negativ) zu beeinflussen. Im Ergebnis zeigt sich das Meer damit als ein endlicher Raum, der die wachsenden raumbedeutsamen Ansprüche nicht mehr in vollem Umfang und gleichermaßen befriedigen kann.

Welche Möglichkeiten bestehen nun, um diese Verteilungsproblematik zu lösen oder zumindest zu entschärfen? Die potentielle Idee, bestimmte wirtschaftliche Tätigkeiten in der deutschen Nord- und Ostsee vollständig zu untersagen und damit die räumliche Enge zu entzerren, ist – jedenfalls momentan – sowohl in ihrer tatsächlichen als auch ihrer politischen Umsetzung utopisch. Ebenso wenig wäre es – selbst bei unterstellter rechtlicher Machbarkeit – angezeigt, auf Kosten des Meeresumweltschutzes die wirtschaftlichen Tätigkeiten auf die bestehenden Meeresschutzgebiete zu erweitern. Eine funktionierende Meeresumwelt ist nicht hübsches Beiwerk. Sie ist die Voraussetzung, um die für die Bundesrepublik Deutschland immens bedeutsamen wirtschaftlichen maritimen Tätigkeiten weiter zu gewährleisten. Am deutlichsten – und um nur ein plakatives Beispiel zu nennen – wird dies beim Blick auf die Fischereiwirtschaft: Gehen die Zahl und der Umfang der Fischbestände weiter zurück, entfällt die konstitutive Grundlage dieses Wirtschaftszweiges.

Der Ausschluss von einzelnen Belangen führt also nicht zu einer Lösung. Das bedeutet, dass mit den energetischen und ökologischen Ressourcen sowie dem vorhandenen Raum effizient umgegangen werden muss. Effizienz wird definiert als die Suche nach einem Vorgehen bzw. einem Konzept, um mit knappen Ressourcen

---

3 *Buchholz*, Territorialplanung zur See, in: Hofmeister/Voss (Hrsg.), Geographie der Küsten und Meere, 1985, S. 153 ff. (161).

den größtmöglichen Ertrag zu erreichen.[4] Die knappe Ressource ist hier das Untersuchungsgebiet der Arbeit: Der zur Verfügung stehende maritime Raum in der deutschen ausschließlichen Wirtschaftszone der Nord- und Ostsee. Der größtmögliche Ertrag wäre hier ein Zustand, in dem die hinter den Nutzungsansprüchen und Schutzinteressen stehenden Akteure so auf diesen Raum zugreifen können, dass ihre individuellen Interessen sämtlich und in vollem Umfang befriedigt werden. Da der vorhandene Raum aber nicht unendlich ist, bedeutet das – wie bereits oben gesehen –, dass ein unbeschränkter Zugriff auf den Raum nicht realisierbar ist. Die *vollumfängliche* Befriedigung aller Interessen scheidet damit aus. I.S.e. größtmöglichen Ertrages kann es folglich also nur darauf ankommen, dass die Interessen der Akteure *so weit wie möglich* befriedigt werden. Da sich die Ansprüche an den Raum gegenseitig beeinflussen, können sie nicht unabhängig voneinander betrachtet werden. Vielmehr muss in einer Gesamtschau ausgelotet werden, wie ein Neben- und Miteinander der Ansprüche und Interessen zu erreichen ist. Durch die Dreidimensionalität des Meeres sind dabei jenseits konkreter (horizontaler) Gebietsabgrenzungen auch stockwerkartige (vertikale) Nutzungsmuster denkbar. So tolerieren sich bspw. Windenergieparks und Marikulturen gegenseitig, wenn sie sich nicht sogar vorteilhaft ergänzen.[5] Das Gleiche trifft auf Offshore-Produktionsbetriebe und den Tourismus zu; hier ist der Gedanke, dass ein neuer Zweig des Offshore-Tourismus' entsteht, nicht abwegig.

B. Die vorhandenen rechtlichen Steuerungsinstrumente

An dieser Stelle kommt das *Recht* ins Spiel: Sucht man auf rechtlicher Ebene nach einer Lösungsmöglichkeit durch Einrichtung eines Verteilungsschlüssels, der eine effiziente und gerechte Abwägung zwischen den Nutzungsansprüchen und Schutzinteressen erlaubt, so sieht man sich mit einer komplexen rechtlichen Situation konfrontiert. Völker-, unions- und nationalrechtliche Vorgaben beeinflussen die Strategien, die auf eine Auflösung bzw. Verminderung der Konflikte gerichtet sind, erheblich. Problematisch ist zudem, dass das vorhandene rechtliche Instrumentarium vorwiegend sektoral auf die Behandlung einzelner Konfliktfelder ausgerichtet ist. Das bedeutet, dass der rechtliche Lösungsansatz ganz spezifisch auf eine bestimmte Tätigkeit oder ein bestimmtes Projekt in einem bestimmten Gebiet zugeschnitten bzw. ausgerichtet ist, wohingegen ein gesamtheitlicher Ansatz umfassend jegliche Tätigkeit in dem bestimmten Gebiet beachtet.[6] Erste Erfahrungen haben in der

---

4 https://de.wikipedia.org/wiki/Wirtschaftlichkeit (28.2.2017).

5 *Buchholz*, IzR 2004, 485 ff. (487); *Buchholz*, Strategien und Szenarien zur Raumnutzung in den deutschen AWZ in Nordsee und Ostsee, in: Bundesministerium für Verkehr (Hrsg.), Raumordnung auf dem Meer?, 2002, S. 5 ff. (22 ff.); *Douvere*, Mar Policy (32) 2008, 762 ff. (762 ff.); *Douvere/Ehler*, J Environ Mgmt (90) 2009, 77 ff. (77).

6 Den Unterschied erläutern *Douvere*, Mar Policy (32) 2008, 762 ff. (764): „Where *sectoral management* implies that each sector regulates particular *activities* or projects *taking place at a particular location* (or site) within a certain area, the *management*

Vergangenheit gezeigt, dass rein sektorale und medienbezogene Ansätze wie bspw. das auf die Verhütung der Meeresverschmutzung durch Schiffe gerichtete MARPOL-Abkommen keine übergreifende und integrierende Betrachtungsweise bieten.[7] Bei der Betrachtung jeweils nur eines Anspruchs werden die Wechselwirkungen mit anderen Ansprüchen ausgeblendet oder kommen nur sehr eingeschränkt zum Tragen. Wie zu zeigen sein wird, ist dies jedoch nicht zielführend. Die übergreifende und integrierende Betrachtungsweise ist deshalb erforderlich, um alle Ansprüche und Interessen gemeinsam zu bewerten sowie miteinander und aufeinander abstimmen zu können.

Welche rechtlichen Lösungsmöglichkeiten bestehen also, um die Verteilungsproblematik in den deutschen Meeren integrativ zu steuern?[8] Neue Lösungsansätze finden sich im (maritimen) Raumplanungsrecht, das integrierend und übergreifend alle Konfliktfelder in den Blick nimmt.[9] Die maritime Raumplanung wird als dasjenige Instrument angesehen, das integrativ und nachhaltig, ordnend und steuernd auf die Verteilungsproblematik reagieren kann. So beziehen die seit dem Jahr 2009 für die deutsche ausschließliche Wirtschaftszone in Nord- und Ostsee bestehenden Raumordnungspläne eine Vielzahl der o.g. Ansprüche und Interessen mit ein und versuchen, unter diesen im Konfliktfall eine im Vorhinein bestimmte Lösung zu finden. Die Raumordnungspläne ordnen die bestehenden Belange und weisen jedem einzelnen davon seinen Raum zu. Bezogen auf den Meeresumweltschutz bedeutet das etwa, dass in den gemäß der Fauna-Flora-Habitat- und Vogelschutzrichtlinie (Natura 2000) ausgewiesenen Gebieten keine Offshore-Windenergieanlagen genehmigt werden dürfen, dauerhaft nicht mehr genutzte Rohrleitungen und Seekabel zurückgebaut werden müssen oder die Schifffahrt die Regelungen der International Maritime Organization zur besten Umweltpraxis („best environmental practice“) zu berücksichtigen hat. Die Meeresumwelt wird dabei durch die mehr oder weniger exklusive Zuweisung von Raum geschützt.

Diesem rein raumbezogenen inhaltlichen Ansatz fügt die im Jahr 2008 durch das Europäische Parlament und den Rat erlassene Richtlinie zur Schaffung eines Ordnungsrahmens für Maßnahmen der Gemeinschaft im Bereich der Meeresumwelt

---

of areas implies that, after a certain area has been defined, sustainable development and use will be established *for all activities in the whole area*.“

7 *Wickel*, EurUP 2009, 108 ff.; *Erbguth*, NuR 1999, 491 ff. (491).

8 Historisch reichen Lösungsansätze von der Idee des mare liberum von *Hugo Grotius*, einer first come, first serve-Politik über sektorale Ansätze und bisektorale Vereinbarungen bis zu reagierenden Managementplanungen mit Zonierungen und Verbotsstrukturen. Anschaulich dazu der Vortrag von *Titia Kalker*, Marine Spatial Planning in the North Sea, Dutch Experiences with Marine Spatial Planning, 2010, http://www.baltseaplan.eu/index.php/External-Newsletter;453/1 (11.5.2017).

9 *Mechel/Reese*, ZUR 2003, 321 ff.; *Lagoni*, Law and Uses of the Sea in a Change, in: Ehlers/Lagoni (Hrsg.), Responsibility and Liability in the Maritime Context, 2009, S. 255 ff.; *Ehlers*, NordÖR 2004, 51 ff.; *Ehlers*, Nutzungsregime in der AWZ, in: Ehlers/Erbguth (Hrsg.), Nutzungs- und Schutzkonflikte in der AWZ, 2005, S. 13 ff.

(Meeresstrategie-Rahmenrichtlinie, 2008/56/EG) für die Schutzinteressen am Erhalt der Meeresumwelt eine weitere Komponente hinzu. Hiernach sollen von den Mitgliedstaaten u.a. Maßnahmenprogramme erstellt werden, die durch „räumliche Schutzmaßnahmen" zum Erhalt bzw. zur Erreichung eines „guten Umweltzustandes" der Meeresgewässer beitragen – der qualitative Ansatz soll also durch prozedurale Vorkehrungen umgesetzt bzw. erreicht werden. Diese Maßnahmen sollen insbesondere beeinflussen, wo und wann eine Tätigkeit erfolgen darf und in welchem Umfang menschliche Tätigkeiten im betroffenen Meeresgebiet zugelassen sind. Die Managementmaßnahmen sollen sowohl untereinander als auch mit den Maßnahmen anderer Mitgliedstaaten koordiniert werden.

Insbesondere die Europäische Kommission versteht die maritime Raumplanung als eine solche räumliche Schutzmaßnahme i.S.d. Meeresstrategie-Rahmenrichtlinie und erteilt den Mitgliedstaaten einen Integrationsauftrag beider Instrumente.[10] Zu untersuchen ist, welchen Beitrag die maritime Raumplanung zum Erreichen eines guten Umweltzustandes der Meeresgewässer nach der Meeresstrategie-Rahmenrichtlinie leisten kann. Das wirft eine Reihe von Fragen auf: Inwieweit wirken die maritimen Raumordnungspläne in ihrer aktuellen Ausgestaltung am Erhalt bzw. an der Erreichung eines guten Umweltzustandes der Meeresgewässer mit? Inwieweit sind Änderungen erforderlich und möglich? Wie wird mit dem Koordinierungsauftrag aus der Meeresstrategie-Rahmenrichtlinie umgegangen?

An dieser Schnittstelle zwischen maritimer Raumplanung und den Vorgaben für die Meeresumwelt aus der Meeresstrategie-Rahmenrichtlinie setzt die vorliegende Arbeit an. Die Arbeit fokussiert sich dabei auf die rechtliche Situation in der Bundesrepublik Deutschland, vor dem Hintergrund der relevanten völker- und unionsrechtlichen Vorgaben. Konkret herangezogen werden dazu die beiden Verordnungen über die Raumordnung in der deutschen ausschließlichen Wirtschaftszone von Nord- und Ostsee und die im Wasserhaushaltsgesetz umgesetzten Vorgaben der Meeresstrategie-Rahmenrichtlinie.

C. Verknüpfung und Arbeitsthesen

Die zuvor skizzierte Problematik hat in den letzten Jahren immer mehr an Bedeutung gewonnen. Mit diesem Bedeutungsgewinn gehen jedoch auch Problemstellungen einher, die zumindest rechtlich bislang nur vordergründig gelöst werden konnten. Anders als die terrestrische Raumplanung, die sich in den letzten Jahrhunderten nach und nach herausgebildet und entwickelt hat, steht die maritime Raumplanung in den meisten Ländern noch ganz am Anfang. Es ist fraglich, ob das bewährte terrestrische Instrumentarium 1:1 auf das Meer übertragen werden kann oder ob hier

10 Art. 13 Abs. 4 MSRL und Mitteilung der Kommission an das Europäische Parlament, den Rat, den Europäischen Wirtschafts- und Sozialausschuss und den Ausschuss der Regionen, Maritime Raumordnung in der EU – Aktueller Stand und Ausblick, KOM(2010) 771 endg. v. 17.12.2010, S. 8.

ein völlig neues Rechtsregime entstehen muss. Zwischen Land und Meer existieren nämlich erhebliche Unterschiede, die eine Anpassung der rechtlichen Vorschriften, die auf das Land bezogen sind, verlangen: Die Dreidimensionalität des Meeres ist zu berücksichtigen,[11] die Eigentumsverhältnisse im Meer sind weitgehend ungeklärt[12] und die Meeresbiologie ist eine andere als an Land. Dazu kommt, dass sehr viele der biologischen, chemischen und physikalischen Gegebenheiten und Wechselwirkungen mariner Ökosysteme noch immer unbekannt sind. Angesichts dieser Ungewissheit ist es sinnvoll und erforderlich, Eingriffe in die Umwelt auf das technisch mögliche und zumutbare Maß zu beschränken.[13] Hinzu kommt, dass nur eine vielfältige und dynamische Meeresumwelt die produktive Nutzung der Meere und damit das langfristige wirtschaftliche Wachstum des maritimen Wirtschaftszweiges gewährleistet. Es geht damit um beides: Gewährung wirtschaftlicher Nutzungsansprüche und Schutz der Meeresumwelt. An dieser Schnittstelle sind jetzt und in den kommenden Jahren wichtige Entscheidungen zu treffen, die eine maritime Raumplanung abbilden kann.

Bislang ist die Integration von Meeresumweltschutz in die maritime Raumplanung nur als teilweise erfolgreich zu bewerten. Die Raumordnungspläne für die deutsche ausschließliche Wirtschaftszone in Nord- und Ostsee setzen die Vorgaben der Meeresstrategie-Rahmenrichtlinie hinsichtlich der Ausweisung von räumlichen Schutzmaßnahmen zwar weitgehend um. Die aktuelle Ausgestaltung der Pläne ist jedoch so deutlich wirtschaftsbezogen, dass sie nicht ausreichend dazu beitragen werden, den nach der Richtlinie geforderten guten Zustand der Meeresumwelt bis zum Jahr 2020 zu erreichen. Neben der nachrichtlichen Darstellung von marinen Natura 2000-Gebieten in den Raumordnungsplänen könnte die raumplanerisch gestützte Ausweisung zusätzlicher Meeresschutzgebiete einen verstärkten Schutz ggü. dem Status quo bewirken. Ein umfassender und wirksamer mariner Umweltschutz würde zudem die Ausweitung der maritimen Raumplanung auch auf grenzüberschreitende Meeresgebiete innerhalb der EU erfordern.

---

11 Die Dreidimensionalität zu Lande wird erst seit wenigen Jahren verstärkt in den Fokus genommen, siehe z.B. bei *Bartel/Janssen*, NuR 2016, 237 ff.; *Janssen/Bartel*, EurUP 2014, 95 ff.; *Erbguth*, ZUR 2011, 121 ff.; oft auch im Zusammenhang mit der CCS-Technologie.

12 So z.B. angedeutet bei *Markus/Maurer*, NVwZ 2012, 604 ff.

13 Tiefergehend dazu *Crowder/Norse*, Mar Policy (32) 2008, 772 ff., die eine fundierte Grundlagenforschung über die biogeochemischen Zusammenhänge vor einer Beplanung der Meeresgebiete fordern. *Plasman*, Mar Policy (32) 2008, 811 ff.; *Pomeroy/Douvere*, Mar Policy (32) 2008, 816 ff. weisen auf das grundsätzliche Problem der Zusammenarbeit zwischen Wissenschaft und Politik hin. In diesem Zusammenhang erfolgt häufig der Verweis auf „the tragedy of the commons“, der hier aber nicht vertieft werden soll; siehe *Hardin*, Science (162) 1968, 1243 ff.; *Pentz*, Maritime Governance in the Baltic Sea, in: Muravska (Hrsg.), European Integration and Baltic Sea Region, 2011, S. 351 ff.

In den nächsten Jahren werden in vielen Mitgliedstaaten aufgrund von Initiativen der EU erste Ansätze einer maritimen Raumplanung entstanden sein; solche Mitgliedstaaten, die bereits über Ansätze oder sogar schon bestehende maritime Raumordnungspläne verfügen, werden diese in Abstimmung mit Nachbarstaaten weiterentwickelt haben. Die Mitgliedstaaten werden die Maßnahmenprogramme und die räumlichen Schutzmaßnahmen nach der Meeresstrategie-Rahmenrichtlinie praktisch umgesetzt haben; möglicherweise gibt es hier bereits erste Rückmeldungen über Erfolge oder Misserfolge. Zudem wird sich zeigen, wie die EU ihre Rolle auch als „Hüterin und Bewahrerin" einer intakten Meeresumwelt zugunsten ökonomischer und ökologischer Interessen versteht und ob im Jahr 2020 ein guter Zustand der Meeresumwelt erreicht sein wird.

D. Gang der Untersuchung

Die nachfolgenden Ausführungen sind in vier Kapitel untergliedert. Im ersten und zweiten Kapitel geht es um die Untersuchung der beiden relevanten Instrumente von maritimer Raumplanung und Meeresstrategie-Rahmenrichtlinie. Gegenstand des dritten Kapitels ist dann die Zusammenführung der ersten beiden Abschnitte mit Blick auf die Frage des Beitrags der maritimen Raumplanung zur Erreichung eines guten Umweltzustandes, wie er nach der Meeresstrategie-Rahmenrichtlinie gefordert ist. Das vierte Kapitel schließt die Untersuchung ab und gibt einen Ausblick.

Gegenstand des *ersten Kapitels* ist die nationale maritime Raumplanung in Gestalt der beiden für die ausschließliche Wirtschaftszone in Nord- und Ostsee erlassenen Raumordnungspläne. Planung und maritime Raumplanung sind dabei wesentliche Begriffe, die zunächst definiert werden. Nach einem Abriss zur Entstehungsgeschichte werden die Raumordnungspläne vor dem Hintergrund der völkerrechtlichen, unionsrechtlichen und nationalen Anforderungen detailliert vorgestellt. Das planungsrechtliche Instrumentarium des § 18a ROG 2004/§ 17 Abs. 3 ROG 2009, der Rechtsgrundlage für die maritimen Raumordnungspläne, steht dabei im Fokus.

Das *zweite Kapitel* befasst sich mit dem Entstehen und den Hintergründen der Meeresstrategie-Rahmenrichtlinie und dem aktuellen Umsetzungsprozess in Deutschland. Dabei werden die genauen Vorgaben der Richtlinie untersucht; der Fokus liegt dabei – dem Untersuchungsgegenstand folgend – auf solchen Vorgaben, die für eine nationale maritime Raumplanung relevant sind.

Das *dritte Kapitel* widmet sich dann der im Mittelpunkt stehenden Frage: Wird der Integrationsauftrag der Europäischen Kommission nach einer Verbindung der beiden Instrumente erfüllt? Und: Welchen Beitrag leistet die maritime Raumplanung, um einen guten Umweltzustand der Meeresgewässer zu erreichen? Welchen Beitrag kann sie leisten? Dies wird sowohl de lege lata als auch de lege ferenda untersucht und beantwortet. Dabei wird das bisherige Scheitern einer Integration festgestellt werden.

1. Kapitel: Die maritime Raumplanung

> Planung besteht in der analysierenden Erfassung gegenwärtiger Lagen, in der Prognose künftiger Entwicklungen und im Vorentwurf einer normativen Ordnung. Sie zielt auf den Ausgleich von Interessen und die Koordination von Aktivitäten in einem Gefüge abgestimmter, miteinander zu einem Konzept verflochtener Maßnahmen. Komplexität, Konnexität und gestalterische Kreativität kennzeichnen Planung und Plan.
> *Eberhard Schmidt-Aßmann, DÖV 1974, 541 (542)*

Im Mittelpunkt dieses Kapitels steht die maritime Raumplanung in der deutschen ausschließlichen Wirtschaftszone (AWZ). Diese ist durch die beiden Raumordnungspläne für die deutsche Nord- und Ostsee, die per Rechtsverordnung im Jahr 2009 erlassen wurden, bereits recht detailliert geregelt. Aber auch bei einem Blick über die nationale Lage hinaus lässt sich feststellten, dass das Thema Raumordnung und Raumplanung auf dem Meer in anderen Mitgliedstaaten und bei den Institutionen der EU seit mehreren Jahren intensiv diskutiert wird. Zudem geben völkerrechtliche Verträge, hier insbesondere das Seerechtsübereinkommen der Vereinten Nationen, rechtliche Rahmenbedingungen vor, in die sich eine nationale maritime Raumplanung einzupassen hat.

Bevor in diesem Kapitel die einzelnen Entwicklungsschritte der maritimen Raumplanung in der deutschen AWZ bis zum heutigen Stand der beiden Rechtsverordnungen beschrieben werden, soll an erster Stelle eine ganz grundsätzliche Begriffsklärung erfolgen. Zu den zentralen Begriffen der vorliegenden Bearbeitung gehört der Begriff der Raumplanung, davon war schon mehrfach die Sprache. Dieser Begriff steht in einem engen Zusammenhang mit dem der Raumordnung. Es handelt sich um zwei sehr weite, nicht eindeutig – oder zumindest nicht einheitlich – definierte Begriffe, die in der Arbeit durchgängig Verwendung finden und deshalb in dem hier verwendeten Begriffssinn geklärt werden sollen (siehe nachfolgend unter A.). Im Anschluss daran werden die bestehenden völkerrechtlichen Grundlagen (B.) und unionsrechtlichen Ansätze (C.), die auch für die nationale maritime Raumplanung erhebliche Relevanz besitzen, dargestellt, um dann auf die politischen und rechtlichen Grundlagen der maritimen Raumplanung in Deutschland einzugehen (D.). Nach einem kurzen Blick auf die Raumplanung im deutschen Küstenmeer (E.) stehen die maritimen Raumordnungspläne und damit insbesondere die beiden „Verordnungen über die Raumordnung in der deutschen AWZ von Nordsee und Ostsee“ im Mittelpunkt der Betrachtung (F.). Kapitelabschließend werden diese einer Bewertung unterzogen (G.).

A. Planung: Begriff, Funktion, Ziele

Neben den Begriffen der Raumordnung, Raumplanung und der Raumordnungspläne finden in der vorliegenden Arbeit auch die Begriffe der Gesamt- und Fachplanung sowie der marinen und maritimen Raumplanung durchweg Verwendung. Da die Begriffe weder selbsterklärend noch eindeutig legaldefiniert sind, sollen sie vorab in dem hier verwendeten Sinne erläutert werden.

I. Zu den Begriffen Raumordnung und Raumplanung

Umgangssprachlich wird Raum*ordnung* definiert als „die planmäßige Ordnung, Entwicklung und Sicherung von größeren Gebietseinheiten (Regionen, Länder, Bundesgebiet) zur Gewährleistung der dauerhaften Nutzung des Lebensraumes".[14] Die unterschiedlichen Ansprüche an den Raum sind dabei abzustimmen, Konflikte sind auszugleichen und langfristige Entwicklungsoptionen sind offenzuhalten.[15] Es geht also um eine Ordnung des Raumes. Diese Definition lehnt sich damit erkennbar an § 1 Abs. 1 Satz 1 ROG[16] an, der die Aufgabe der Raumordnung wie folgt definiert: „Der Gesamtraum der Bundesrepublik Deutschland und seine Teilräume sind durch zusammenfassende, überörtliche und fachübergreifende Raumordnungspläne [...] zu entwickeln, zu ordnen und zu sichern." An dieser Stelle deutet sich bereits an, dass Raumordnungspläne und damit die Raumplanung an sich als Instrument zur Ordnung des Raumes dienen.[17]

Unter Raum*planung* werden umgangssprachlich diejenigen „planerischen Vorgänge subsumiert, einen geographischen Raum, oft ein bestimmtes Verwaltungsgebiet, nach seinen naturräumlichen, wirtschaftlichen und sozialen Möglichkeiten zu ordnen und gezielt zu nutzen."[18] Bei einer Annäherung an das Kompositum „Raumplanung" fällt zunächst auf, dass dem Begriff der Raumplanung derjenige der Planung[19] immanent ist. Planungen und Planungsrecht sind Gegenstand umfangreichster Veröffentlichungen und Definitionsannäherungen,[20] die in ihrer Breite an

---

14 https://de.wikipedia.org/wiki/Raumordnung (28.2.2017).

15 Ebda.

16 Raumordnungsgesetz v. 22.12.2008, BGBl. I S. 2986, zuletzt geändert durch Art. 124 der Verordnung v. 31.8.2015, BGBl. I S. 1474.

17 Neben der Raumplanung sind Raumordnungsverfahren und die Untersagung raumrelevanter Vorhaben Instrumente der Raumordnung. Daneben kennt das Gesetz noch die raumordnerische Zusammenarbeit und die Abstimmung raumbedeutsamer Planungen und Maßnahmen als Instrumente zur Ordnung des Raumes, siehe Art. 1 Abs. 1 Satz 1 ROG.

18 https://de.wikipedia.org/wiki/Raumplanung (28.2.2017).

19 Nach mehrheitlicher Ansicht ist es nicht sinnvoll, zwischen Plan und Planung zu differenzieren, siehe dazu *Hoppe*, Planung, § 77, in: Isensee/Kirchhof (Hrsg.), Handbuch des Staatsrechts, Band IV, 3. Auflage 2006, S. 313 ff. (Rn. 7).

20 Siehe dazu mit vielen weiteren Verweisen nur *Hoppe*, Planung, § 77, in: Isensee/Kirchhof (Hrsg.), Handbuch des Staatsrechts, Band IV, 3. Auflage 2006, S. 313 ff.;

dieser Stelle nicht aufgegriffen werden sollen oder müssten.[21] Allen Definitionen gemeinsam ist, dass der Planung ein zukunftsprägendes und zielorientiertes Element zugeschrieben wird und unter einem „planvollen“ ein methodisches Vorgehen verstanden wird.[22] Das trifft auf sämtliche Erscheinungsformen staatlicher Planung zu, sei es nun die Haushalts-, Hochschulentwicklungsplanung, die Planung für den Verteidigungsfall oder eben die Raumplanung und in neuerer Zeit auch die Umweltplanung.[23] Auf das Planungsrecht übertragen beinhaltet das, dass Planungsrecht zukunftsgestaltendes Recht ist und sich so ggü. regulativem Recht abgrenzt.[24] Gemäß *Hoppe* ist die Ergänzung des regulativen Rechts „durch das auf Zukunft ausgerichtete Planungsrecht“ zwingend erforderlich, „um für die Bewältigung der Probleme der rasant anwachsenden Komplexität der Lebensverhältnisse in der heutigen Industrie- und Informationsgesellschaft ein leistungsfähiges Steuerungsinstrument mit allen Instrumenten der Planung bereitzustellen“.[25] Um aber komplexe

---

Erbguth et al., Planung, FS Hoppe, 2000; *Köck*, Pläne, § 37, in: Hoffmann-Riem et al. (Hrsg.), Grundlagen des Verwaltungsrechts, Band II, 2. Auflage 2012, S. 1389 ff.; *Maurer*, Allgemeines Verwaltungsrecht, 18. Auflage 2011, § 16 Rn. 13 f.; *Gärditz*, Europäisches Planungsrecht, 2009; *Kloepfer*, Planung und prospektive Rechtswissenschaft, in: Erbguth et al. (Hrsg.), Planung, FS Hoppe, 2000, S. 111 ff.; *Wahl*, Europäisches Planungsrecht – Europäisierung des deutschen Planungsrechts, in: Grupp/Ronellenfitsch (Hrsg.), Planung – Recht – Rechtsschutz, FS Blümel, 1999, S. 617 ff.

21 „Es gibt keinen europäisch oder international einheitlich gebrauchten Begriff der Raumplanung“, so *Schubert*, NuR 2009, 834 ff. (835 mit den FN 9–11). Zum Faktor Wissen in der Planung siehe *Zimmermann*, RuR 2010, 115 ff. (116 f.) mit Verweis auf *Wiechmann*. Raumplanung als „ehrlicher Makler“, „neutraler Dritter“ bzw. „neutrale Instanz“, siehe *Durner*, RuR 2010, 271 ff.; *Scholich*, RuR 2008, 475 ff.

22 Wobei den Planungen dabei stets das Element der Ungewissheit zu eigen ist, siehe dazu *Kment*, ZUR 2011, 127 ff.; *Kment*, Der raumplanerische Ansatz des Risikomanagements, in: Jaeckel/Janssen (Hrsg.), Risikodogmatik im Umwelt- und Technikrecht, 2012, S. 51 ff.; *Kloepfer*, Umweltrecht, 4. Auflage 2016, § 5 Rn. 78 ff.

23 Siehe zu Plan und Planung *Maurer*, Allgemeines Verwaltungsrecht, 18. Auflage 2011, § 16. Zur Umweltplanung *Hoppe*, Planung, § 77, in: Isensee/Kirchhof (Hrsg.), Handbuch des Staatsrechts, Band IV, 3. Auflage 2006, S. 313 ff. (Rn. 31 ff.); *Sparwasser et al.*, Umweltrecht, 5. Auflage 2003, § 2 Rn. 88 ff.; *Köck*, UPR 2002, 321 ff.; *Peters*, DÖV 1988, 56 ff.

24 *Erbguth* und andere weisen darauf hin, dass die Planung das Gesetz durch ein eigenes programmatisches Konzept ergänze, siehe *Erbguth*, Raumplanung im Meer, in: Czybulka (Hrsg.), Naturschutz und Rechtsregime im Küsten- und Offshore-Bereich, 2003, S. 79 ff. (81); *Erbguth*, NuR 1999, 491 ff. (492).

25 *Hoppe*, Planung, § 77, in: Isensee/Kirchhof (Hrsg.), Handbuch des Staatsrechts, Band IV, 3. Auflage 2006, S. 313 ff. (Rn. 6), mit Verweis auf *Kloepfer*, Planung und prospektive Rechtswissenschaft, in: Erbguth et al. (Hrsg.), Planung, FS Hoppe, 2000, S. 111 ff. Derselbe zur Entwicklung der Grundstrukturen des Planungsrechts durch das Bundesverwaltungsgericht, *Hoppe*, DVBl. 2003, 697 ff. Auch *Köck*, Pläne, § 37, in: Hoffmann-Riem et al. (Hrsg.), Grundlagen des Verwaltungsrechts, Band II, 2. Auflage 2012, S. 1389 ff. (Rn. 22, 42).

Probleme zukunftsprägend, zielorientiert und methodisch lösen zu können, liegt jeder Planung das Element vorweggenommener Entscheidungen bzw. zumindest die Festlegung von Entscheidungsprämissen zugrunde. Dazu bedarf es einer „Prognose künftiger Entwicklungen und (...eines) Vorentwurf(s) einer normativen Ordnung".[26] Damit ist es das Ziel der Raumplanung, in der Gegenwart rechtliche Regelungen festzulegen, die auf erst in der Zukunft auftretende Situationen anwendbar sind und bereits jetzt die dann „richtige" Lösung eines raumplanungsrechtlich relevanten Problems vorsehen. An das Planungsrecht sind damit überaus hohe Erwartungen geknüpft, die nicht nur eine Komplexitätsreduzierung, sachgerechte und beständige Entscheidungen, sondern auch die Steuerungsleistung zukünftiger Probleme jeglicher Art insgesamt umfassen.[27] Der zweite Teil des Kompositums „Raumplanung", der Raum an sich, wird letztlich als „das von Menschen besiedelte Gebiet der Erde" definiert. Das ist auf die Geschichte der Raumplanung zurückzuführen, die als Reaktion auf Siedlungsprobleme mit Straßen- und Eisenbahnstreckenplanungen zu Zeiten der Industrialisierung entstanden ist.[28] Gegenstand der Raumplanung ist allerdings nicht nur der Raum an sich. Sie befasst sich insbesondere auch mit den sozio-ökonomischen und ökologischen Situationen und Entwicklungen, soweit sich diese auf den Raum auswirken. Letztlich ist Raumplanung damit auch eine Planung raumrelevanter gesellschaftlicher Entwicklungen.[29]

II. Arten der räumlichen Planung: Gesamtplanung und Fachplanung

Im Verwaltungsrecht erfolgt räumliche Planung als Gesamt- oder als Fachplanung. Gesamtplanung meint dabei die überfachliche Planung, die sich auf einen bestimmten Raum bezieht.[30] Gesamtplanungen „koordinieren im Interesse der Gesamtentwicklung eines Raumes alle in einem Raum auftretenden (konfligierenden) Raumansprüche und Belange."[31] Zum raumbezogenen Planungsrecht der

26 Siehe dazu das eingangs genannte Zitat von *Schmidt-Aßmann*, Planung als administrative Handlungsform und Rechtsinstitut, in: Berkemann et al. (Hrsg.), Planung und Plankontrolle, FS Schlichter, 1995, S. 3 ff. (4).

27 Dazu *Hoppe*, Planung, § 77, in: Isensee/Kirchhof (Hrsg.), Handbuch des Staatsrechts, Band IV, 3. Auflage 2006, S. 313 ff. (Rn. 6).

28 Planung ist jedoch schon seit der Antike fester Bestandteil staatlicher Tätigkeit, so *Stern*, Die Idee der politischen Planung, in: Erbguth et al. (Hrsg.), Planung, FS Hoppe, 2000, S. 271 ff. (271 ff.); *Erbguth*, NuR 1999, 491 ff. (492). Zur Planung unter dem Grundgesetz siehe *Schmidt-Aßmann*, DÖV 1974, 541 ff.

29 Dazu *Erbguth*, RuR 2011, 359 ff. (363).

30 *Hoppe*, Planung, § 77, in: Isensee/Kirchhof (Hrsg.), Handbuch des Staatsrechts, Band IV, 3. Auflage 2006, S. 313 ff. (Rn. 12).

31 *Hoppe*, Planung, § 77, in: Isensee/Kirchhof (Hrsg.), Handbuch des Staatsrechts, Band IV, 3. Auflage 2006, S. 313 ff. (Rn. 27).

Gesamtplanung werden das Raumordnungsplanungsrecht, die Regional- und die Bauleitplanung gezählt.[32]

Demgegenüber handelt es sich bei Fachplanungen in aller Regel um projektbezogene Planungen, die der planerischen Bewältigung fachlicher Aufgaben bzw. Problemfelder dienen.[33] Dazu gehören insbesondere Planfeststellungen und Nutzungsregelungen.[34]

Im Verhältnis von Gesamt- und Fachplanung kommt der Gesamtplanung eine übergeordnete Funktion zu, d.h., während einzelne Fachplanungen auf die räumliche Steuerung sektoraler Projekte ausgerichtet sind, kommt der Gesamtplanung ein die einzelnen Fachplanungen koordinierender Gesamt-Gestaltungsauftrag zu.[35] *Durner* formuliert es so: „Räumliche Gesamtplanung soll, so die Intention des Gesetzgebers, durch eine Gesamtabwägung die konkurrierenden fachlichen Raumansprüche harmonisieren, koordinieren, zum Ausgleich bringen und – falls nötig – einzelnen räumlichen Nutzungen den Vorrang vor anderen geben."[36]

III. Marine und maritime Raumplanung[37]

Schaut man sich nun den speziellen Begriff der *maritimen* Raumplanung an, fällt zunächst auf, dass auf europäischer Ebene oftmals neben dem „maritime spatial planning" ein anderer Begriff benutzt wird und zwar der des „*marine* spatial planning". Der Unterschied von nur drei Buchstaben zwischen maritim und marin lässt nicht die dahinter stehenden völlig unterschiedlichen Verständnisse vermuten, die sich einerseits aus der Herkunft des Begriffs als auch aus seiner Zielrichtung ergeben.

Bei der Recherche der umgangssprachlich anerkannten Bedeutungsinhalte der beiden Begriffe „marin" und „maritim" findet sich folgendes:[38] Beide Wörter haben zunächst eine lateinische Herkunft; marin kommt vom lateinischen marinus, maritim von maritimus. Damit folgen beide demselben Wortstamm des lateinischen

---

32 Normiert im Raumordnungsgesetz (ROG) und im Baugesetzbuch (BauGB).

33 *Hoppe*, Planung, § 77, in: Isensee/Kirchhof (Hrsg.), Handbuch des Staatsrechts, Band IV, 3. Auflage 2006, S. 313 ff. (Rn. 12, 28).

34 Diese Einteilung geht insbesondere zurück auf *Breuer*, Die hoheitliche raumgestaltende Planung, 1968, siehe dazu den Verweis in *Durner*, Konflikte räumlicher Planungen, 2005, S. 34 f. Die entsprechenden rechtlichen Normen finden sich in §§ 72 ff. VwVfG und verstreut in fachgesetzlichen Statuten wie z.B. §§ 30 ff., 35 ff. KrWG, §§ 16 ff. FStrG, §§ 47 ff. BImSchG. Weitere Beispiele ebda., S. 53 ff.

35 *Erbguth/Müller*, DVBl. 2003, 625 ff. (627). Nach *Durner* ist Raumplanung dabei als mehrstufiger Konkretisierungsprozess zu verstehen, wobei Gesamt- und Fachplanung dabei sowohl in einem Stufen- als auch in einem Konkurrenzverhältnis zueinander stehen können, siehe *Durner*, Konflikte räumlicher Planungen, 2005, S. 68.

36 *Durner*, RuR 2010, 271 ff. (272), mit Verweis auf *Erbguth*, NVwZ 2003, 144 ff. (144) „Planung der Planungen".

37 Zum insbesondere völkerrechtlich geprägten Begriff der Selektivraumordnung siehe *von Nicolai*, IzR 2004, 491 ff. (495) und unter B.II.4c.

38 http://www.duden.de/ und https://www.wikipedia.de/ (28.2.2017).

„mare", was mit Meer oder (die) See übersetzt wird. Laut Duden hat marin die Bedeutung „zum Meer gehörend, das Meer betreffend" bzw. „im Meer lebend, aus dem Meer stammend". Maritim bedeutet „das Meer betreffend, von ihm beeinflusst, geprägt" bzw. „das Seewesen, die Schifffahrt betreffend". Maritim bezieht sich damit grundsätzlich auf eine Position außerhalb des Meeres und deren Beeinflussung durch das Meer. Daneben ist eindeutig auch die Nutzung des Meeres, insbesondere durch die Schifffahrt, in den Bedeutungsumfang mit einbezogen. Marin stellt dagegen auf den Lebensraum Meer an sich ab.

Diese Bedeutungsinhalte werden durch die Erklärung gestützt, wie sie sich in allgemeinen Suchmaschinen findet:[39]

> Das Adjektiv maritim (lat. maritimus ‚zum Meer gehörig') bezeichnet einen Einfluss des Meeres. Im Unterschied zum Adjektiv marin wird der Ausdruck maritim insbesondere dann angewendet, wenn es um Nutzungen des Meeres durch den Menschen oder eine auf den Menschen bezogene Sichtweise geht. Daher spricht man von maritimer Technologie, aber von marinen Bodenschätzen oder marinen Ökosystemen.

Es kann nicht mehr nachvollzogen werden, wann der Begriff des „marine" oder „maritime spatial planning" erstmalig in Literatur und Sprachgebrauch auftauchte. Entwicklungsvorläufer der Idee einer maritimen Raumplanung sind jedoch sicherlich in den Meeresschutzgebieten (Marine Protected Areas, MPAs) zu suchen, wie sie erstmalig 1975 im australischen Great Barrier Reef Marine Park eingerichtet wurden.[40]

Wenn auch die Wahl des Begriffs der maritimen Raumplanung bzw. des maritime spatial planning nicht ausdrücklich von den begriffsverwendenden Institutionen erläutert wird, stützen sich die gefundenen Definitionen durch verschiedentliche Anmerkungen in der Fachliteratur.[41] *Backer* und *Ehler/Douvere* stellen „slight differences" zwischen beiden Begriffen fest, betonen dann aber, dass „the underlying idea behind these concepts, a cross-boundary, cross-sectoral and usually ecosystem based spatial organisation of human activities is largely identical".[42] Die Unesco definiert marine spatial planning wie folgt:

---

39 https://de.wikipedia.org/wiki/Maritim_(Adjektiv) (28.2.2017).

40 *Douvere/Ehler*, Mar Policy (32) 2008, 759 ff. (759); *Douvere*, Mar Policy (32) 2008, 762 ff. (762 ff.); *Day*, Mar Policy (32) 2008, 823 ff. Das marine bzw. maritime spatial planning ist oft in dem Begriffsdreiklang mit sea use management und permitting/ ocean zoning zu finden, dazu z.B. *Halpern et al.*, Ocean Coast Mgmt (51) 2008, 203 ff.

41 Siehe bspw. *Juda*, Ocean Develop & Int'l L (38) 2007, 259 ff. (270 f.); *David*, DÖV 2004, 146 ff. (147); *Schubert*, NuR 2009, 834 ff. (835); *Proelß*, EurUP 2009, 2 ff. (8); *Forkel*, Maritime Raumordnung in der AWZ, 2012, S. 31 (Fn. 11 und 12); *Wittmann*, DVBl. 2013, 830 ff.; *WWF Germany*, Maritime Spatial Planning in the Baltic Sea, Become a maritime specialist within 10 minutes, 2010.

42 „Marine" wird hauptsächlich im internationalen context verwendet: *Backer*, J Coast Conserv (15) 2011, 279 ff. (280). Hierzu auch *Douvere/Ehler*, Mar Policy (32) 2008, 759 ff.; *Ehler/Douvere*, Marine Spatial Planning – A Step-by-Step Approach towards

> Marine spatial planning is a public process of analysing and allocating the spatial and temporal distribution of human activities in marine areas to achieve ecological, economic, and social objectives that are usually specified through a political process.[43]

Auf EU-Ebene[44] wird zumeist der Begriff des *maritime* spatial planning verwendet, und auch auf nationaler Ebene begegnet er dem Interessierten fast ausschließlich.

Festzuhalten bleibt, dass die marine bzw. maritime Raumplanung in aller Regel synonym verwendet wird. Geht es um die Unterscheidung der beiden Begriffe, so bezieht sich die *maritime* Raumplanung mehr auf die Planung der verschiedenen Nutzungsformen des Meeres, im und auf dem Meer, wohingegen die *marine* Raumplanung den Lebensraum Meer und den Schutz mariner Ressourcen als Ausgangspunkt für eventuell erforderliche Planungen in den Mittelpunkt stellt.

IV. Raum und Umwelt

Proelß stellt fest: „Die Themenkreise Raum und Umwelt gehören nicht von Natur aus zusammen."[45] Was hier aus dem (von *Proelß* gemeinten völkerrechtlichen) Zusammenhang gerissen recht provozierend klingt, ist dennoch auch außerhalb des Völkerrechts einen Gedanken wert, da bei der vorliegenden Bearbeitung ja genau diese Verbindung zwischen Raum und Umwelt(-schutz) im Fokus der Betrachtung liegt.

Ganz pauschal und auf der Hand liegend lässt sich feststellen, dass Umweltschutz nicht nur durch grundsätzliche Verbote und Gebote menschlichen Handelns erfolgen kann, sondern auch durch räumliche Maßnahmen. So fordert bspw. der ICES[46] seit langem, für die Kabeljaufischerei mehrere Gebiete in der Nord- und Ostsee bis zur Erholung der Bestände vollständig zu schließen.[47] Nach dem

---

Ecosystem-based Management, 2009, siehe: http://unesdoc.unesco.org/images/0018/001865/186559e.pdf (11.5.2017).

43 *Unesco*, Concepts and Terminology for Marine Spatial Planning, 2006, siehe: http://msp.ioc-unesco.org/msp-good-practices/concepts-and-terminology/ (31.1.2017). *Douvere/Ehler*, J Environ Mgmt (90) 2009, 77 ff. (78), wagen ebenfalls einen Definitionsversuch: „Analyzing and allocating parts of three-dimensional marine spaces to specific uses or non-use, to achieve ecological, economic, and social objectives that are usually specified through a political process."

44 https://ec.europa.eu/maritimeaffairs/policy/maritime_spatial_planning_en (31.1.2017).

45 *Proelß*, Raum und Umwelt, in: Graf Vitzthum/Proelß (Hrsg.), Völkerrecht, 7. Auflage 2016, S. 361 ff. (Rn. 1). Dazu schon früh *Hoppe*, Staatsaufgabe Umweltschutz, in: Vereinigung der Deutschen Staatsrechtslehrer (Hrsg.), Staatsaufgabe Umweltschutz, 1980, S. 211 ff.; *Erbguth/Schlarmann*, UPR 1982, 345 ff.; *Erbguth*, Raumbedeutsames Umweltrecht, 1986; *Weyreuther*, UPR 1981, 33 ff. Anders *Kloepfer*, Umweltrecht, 4. Auflage 2016, § 11 „Umweltschutz im Raum"; *Gärditz*, EurUP 2016, 290 ff. (290): „Umweltschutzrecht ist räumlich sensibles Recht."

46 http://www.ices.dk/Pages/default.aspx (31.1.2017).

47 Wie noch zu sehen sein wird, könnten nach dem Seerechtsübereinkommen Fischereigebiete eingerichtet werden. Auf mitgliedstaatlicher Ebene wird diese Möglichkeit jedoch nicht ausgeschöpft, da die Kompetenzen hierzu bei der EU liegen.

Bundesnaturschutzgesetz gelten für ausgewiesene Nationalparke, Naturschutzgebiete und Biosphärenreservate besondere Regelungen, die (räumlich verwurzelte) Teile von Natur und Landschaft schützen sollen.[48] Räumlich festgelegte Meeresschutzgebiete sollen Rückzugs- und Ruheräume schaffen, in denen die Meeresflora und -fauna ohne äußere Einflüsse sich selbst überlassen ist.[49]

Raum, der weitgehend frei ist von menschlichem Einwirken, kann also zu einer Erholung von Ökosystemen beitragen.[50] Ist diese Erholung bzw. Sicherung von Ökosystemen politisch intendiert, kann in der Folge durch Mittel des Rechts Raum gesichert werden. Konkretes Mittel zum Zweck ist dann u.a. die Raumplanung, womit die Verbindung von Raum und Umwelt im Recht hergestellt wäre.[51]

B. Völkerrechtliche Grundlagen für eine maritime Raumplanung

Explizite rechtliche Ansätze einer maritimen Raumplanung auf völkerrechtlicher Ebene sind bislang nicht vorhanden. Zahlreiche völkerrechtliche Verträge, an die die Bundesrepublik Deutschland als Vertragspartei gebunden ist, enthalten jedoch Vorgaben, die bei nationalen raumplanerischen Entscheidungen zumindest mittelbar zu beachten sind. Solche Vorgaben ergeben sich insbesondere auch aus den völkerrechtlichen Verträgen, die Umweltschutzvereinbarungen beinhalten.

Die wahrscheinlich bedeutsamste Rolle spielt im Bereich des Meeres das Seerechtsübereinkommen der Vereinten Nationen (SRÜ),[52] das ganz grundsätzliche Rahmenbestimmungen für ein Tätigwerden der Nationalstaaten in ihren AWZ vorgibt. Das Seerechtsübereinkommen ist eine Weiterentwicklung der Genfer Seerechtskonventionen, die vier eigenständige internationale Abkommen umfassen und auf der ersten Seerechtskonferenz der Vereinten Nationen am 29. April 1958 beschlossen

48 §§ 20 ff. BNatSchG.

49 § 57 BNatSchG.

50 Ein Gegenbeispiel dazu ist das von *Hutchings/Myers*, Can J Fish Aquat Sci (51) 1994, 2126 ff., angeführte: In den 1960er kollabierte die Kabeljau-Population vor den Küsten von Labrador und Neufundland und hat sich praktisch bis heute trotz einer fast vollständigen Schließung für die Fischerei kaum erholt.

51 Zum Gedanken der Umweltplanung als Ausprägung eines „modernen Umweltschutzes" schon früh *Hohmann*, NuR 1990, 49 ff.; *Hohmann*, Weltweiter Schutz der Meeresumwelt, in: Dolde (Hrsg.), Umweltrecht im Wandel, 2001, S. 99 ff.

52 United Nations Convention on the Law of the Sea (UNCLOS) v. 10.12.1982. Ausführlich *Churchill/Lowe*, The law of the sea, 3. Auflage 1999; *Freestone et al.*, The Law of the Sea, 2006; *Anderson*, Modern Law of the Sea, 2008. Kommentiert in bislang sieben Bänden von *Nordquist*, UNCLOS 1982, A Commentary, ab 1985. Vergriffen ist *Platzöder*, SRÜ, Kommentar, 2001. Neu erschienen: *Proelß*, UNCLOS, Commentary, 2017. Schon sehr früh dazu *Mann Borgese*, 5 Tex Int'l L F (218) 1969, 218 ff.; *Mann Borgese*, 11 San Diego L Rev (541) 1974, 541 ff.

wurden.[53] Die Genfer Seerechtskonventionen stellen dabei im Wesentlichen den erstmaligen Versuch einer Kodifikation des bis dato gewohnheitsrechtlich geprägten Seevölkerrechts dar.[54] Die Normierung wurde notwendig, da immer mehr Staaten Ansprüche auf ausschließliche Nutzungsrechte weit außerhalb ihrer Küstenmeere erhoben und erhebliches zukünftiges Konfliktpotenzial bereits erkennbar war.[55]

Die dritte Seerechtskonferenz der Vereinten Nationen im Jahr 1973 hatte zum Ziel, ein einheitlich geltendes Seevölkerrecht zu kodifizieren.[56] Schließlich gelang es am 10. Dezember 1982, mit dem Seerechtsübereinkommen eine umfassende Rechtsordnung für sämtliche Meere aufzustellen und ein Rahmenübereinkommen zu schaffen, das alle bekannten Nutzungsformen des Meeresraumes und seiner Ressourcen in Betracht zieht.[57] Das Seerechtsübereinkommen inkorporiert wesentliche Teile der Genfer Seerechtskonventionen. Es enthält diesen ggü. aber auch einige wesentliche Neuerungen, z.B. die Möglichkeit des Küstenstaates zur Ausweitung seines Küstenmeeres auf zwölf Seemeilen und die Ausweisung einer AWZ von bis zu 200 Seemeilen,[58] die Schaffung eines Tiefseebergbauregimes[59] und verschiedener

53 Übereinkommen über das Küstenmeer und die Anschlusszone (516 UNTS 205), Übereinkommen über die Hohe See (BGBl. 1972 II, S. 1089), Übereinkommen über die Fischerei und die Erhaltung der biologischen Reichtümer der Hohen See (559 UNTS 285), Übereinkommen über den Festlandsockel (499 UNTS 311). Die Genfer Seerechtskonventionen sind noch in Kraft, ihre Bedeutung nimmt jedoch mit der zunehmenden weltweiten Geltung des Seerechtsübereinkommens ab; *Erbguth/Schlacke*, Umweltrecht, 6. Auflage 2016, § 15 Rn. 13. Zudem regelt Art. 311 Abs. 1 SRÜ einen Vorrang des Seerechtsübereinkommens ggü. den Genfer Seerechtskonventionen.

54 *Graf Vitzthum*, Handbuch des Seerechts, 2006, S. 39 (Rn. 89).

55 So hatten die USA 1945 ohne Festlegung einer seewärtigen Grenze die ausschließliche Nutzung ihres Kontinentalschelfs sowie die Einrichtung von Fischereierhaltungszonen für sich in Anspruch genommen. Weitere Staaten folgten diesem Beispiel zunehmend. Ab Mitte der 1960er Jahre entstanden Befürchtungen, dass die Küstenstaaten den Meeresboden unter sich aufteilen würden und es damit zu einer – insbesondere zu Lasten der ärmeren Ländern – ungerechten und sogar friedensbedrohenden Totalaufteilung des Meeresbodens kommen würde; s. *Graf Vitzthum*, Handbuch des Seerechts, 2006, S. 39 (Rn. 89).

56 Dazu *Jaenicke*, ZaöRV 1978, 438 ff.

57 *Erbguth/Schlacke*, Umweltrecht, 6. Auflage 2016, § 15 Rn. 13. Zur Geschichte des Seerechtsübereinkommens vgl. United Nations Division for Ocean Affairs and the Law of the Sea, im Internet: http://www.un.org/Depts/los/convention_agreements/convention_historical_perspective.htm (31.1.2017); *Graf Vitzthum*, Die neue Ordnung der Meere, in: Hofmeister/Voss (Hrsg.), Geographie der Küsten und Meere, 1985, S. 119 ff.; *Jenisch*, NuR 2006, 79 ff.; *Scharmann*, Die UN-Seerechtskonvention von 1982, in: Hofmeister/Voss (Hrsg.), Geographie der Küsten und Meere, 1985, S. 135 ff.

58 Art. 3 und Art. 57 SRÜ.

59 Art. 153 i.V.m. Annex III zum SRÜ.

internationaler Institutionen, insbesondere eines Seegerichtshofes und einer internationalen Meeresbodenbehörde.[60]

Dem Seerechtsübereinkommen sind bis heute 167 Staaten beigetreten;[61] darunter auch die Bundesrepublik Deutschland[62] und die EU.[63] Aufgrund seiner weitreichenden Geltung wird das Seerechtsübereinkommen als die „Verfassung der Meere" bezeichnet.[64] Neben dem Grundsatz der Freiheit der Meere stützt es sich auch auf den Grundsatz des Meeres als gemeinsames Erbe der Menschheit.[65] Aufgrund der besonderen Bedeutung des Seerechtsübereinkommens für das internationale Seerecht und damit auch für eine maritime Raumplanung soll es an dieser Stelle den weiteren völkerrechtlichen Übereinkommen (nachfolgend unter III.) gesondert vorangestellt und auf seine Relevanz für eine Raumplanung in der deutschen AWZ untersucht werden (unter II.). Inwieweit Völkerrecht und nationales Recht zusammenspielen und sich gegenseitig beeinflussen, ist allem voran zu klären.

I. Völkerrecht und nationales Recht

Völkerrecht wird definiert als

> die Gesamtheit der rechtlichen Regeln über die (hoheitlichen) Beziehungen von Staaten, internationalen Organisationen und anderen Völkerrechtssubjekten untereinander,

---

60 International Tribunal for the Law of the Sea (ITLOS), Art. 318 i.V.m. Annex VI zum SRÜ, und International Seabed Authority (ISA), Art. 156 ff. SRÜ.

61 Zuletzt beigetreten sind Aserbaidschan am 16.6.2016 und Palästina am 2.1.2015. Eine aktuelle und chronologische Tabelle der Länder, die das Seerechtsübereinkommen ratifiziert haben, findet sich unter http://www.un.org/Depts/los/reference_files/chronological_lists_of_ratifications.htm#The%20United%20Nations%20Convention%20on%20the%20Law%20of%20the%20Sea (31.1.2017). Keine Vertragspartei sind bislang bspw. die USA oder die Türkei.

62 Gesetz zu dem Seerechtsübereinkommen der Vereinten Nationen vom 10.12.1982 (Vertragsgesetz SRÜ) v. 2.9.1994, BGBl. 1994 II, S. 1798 ff.

63 Die EU ist als internationale Organisation Vertragspartei nach Art. 305 Abs. 1f i.V.m. Anlage IX zum SRÜ; das Übereinkommen ist seit dem 1.5.1998 für die EU (damals EG) in Kraft, vgl. ABl.EG 1998 L 179, S. 1 und BGBl. 1998 II, S. 2979 ff.

64 *Ehlers*, NordÖR 2003, 385 ff. (385), bezeichnet das Seerechtsübereinkommen als die „bedeutendste Grundlage" des Seevölkerrechts.

65 Noch zu finden in Art. 87 SRÜ („The High Seas are open to all states, whether coastal or land-locked.") und Art. 136 SRÜ („The Area and its resources are the common heritage of mankind."). Hinter dem Grundsatz des „mare liberum", der auf *Hugo Grotius* zurückgeht, steht der Gedanke, dass das Meer allen zur Nutzung zur Verfügung steht; weiter hierzu *Graf Vitzthum*, Handbuch des Seerechts, 2006, S. 31 (Rn. 65). Der Grundsatz des „common heritage of mankind" geht auf den maltesischen UN-Botschafter *Arvid Pardo* zurück, der 1967 vorgeschlagen hatte, den Tiefseeboden als gemeinsames Menschheitserbe einer internationalen Verwaltung zu unterstellen; ausführlicher *Graf Vitzthum*, Handbuch des Seerechts, 2006, S. 40 (Rn. 90). Dazu auch *Wolf*, ZUR 2017, 3 ff. (3 f.).

einschließlich der für die Völkergemeinschaft (oder Teile hiervon) relevanten Rechte oder Pflichten Einzelner.[66]

Dabei wird das Völkerrecht eingeteilt in Völkervertragsrecht, Völkergewohnheitsrecht und die allgemeinen Grundsätze des Völkerrechts.

Nach der heute vertretenen Theorie des sog. gemäßigten Dualismus ist anerkannt, dass Völkerrecht und nationales Recht ein jeweils juristisches Eigenleben führen, jedoch vielfältig miteinander verbunden und verschränkt sind.[67] Völkerrecht gilt regelmäßig nur so weit im innerstaatlichen Recht, wie dies durch eine nationale Norm festgelegt wurde.[68] Damit wird völkerrechtliches Vertragsrecht erst durch ein nationales Zustimmungsgesetz innerstaatlich wirksam und anwendbar.[69] Je nach inhaltlicher Bestimmtheit der völkerrechtlichen Vorschriften bedarf es evtl. weiterer gesetzgeberischer Maßnahmen; dagegen sind solche völkerrechtlichen Normen self-executing, die klare inhaltliche Bestimmungen enthalten, sie sind also – nach der nationalen Zustimmung durch Gesetz – unmittelbar anwendbar. Grundsätzlich gilt, dass die nationalen Gesetze im Einklang mit den völkerrechtlichen Bestimmungen auszulegen sind.[70] Eine Vertragspartei eines völkerrechtlichen Vertrages kann sich

---

66 *Herdegen*, Völkerrecht, 16. Auflage 2017, § 1 Rn. 4. *Schweitzer/Dederer* ergänzen: „... und nicht der inneren Rechtsordnung eines dieser Völkerrechtssubjekte angehören“, *Schweitzer/Dederer*, Staatsrecht III, 11. Auflage 2016, Rn. 9. Ausführlich *Graf Vitzthum*, Begriff, Geschichte und Rechtsquellen, in: Graf Vitzthum/Proelß (Hrsg.), Völkerrecht, 7. Auflage 2016, S. 1 ff., Rn. 2 ff.

67 Hierzu und zu dem früheren Theorienstreit zu Monismus und Dualismus vgl. *Kunig*, Völkerrecht und staatliches Recht, in: Graf Vitzthum/Proelß (Hrsg.), Völkerrecht, 7. Auflage 2016, S. 61 ff. (Rn. 28 ff.); *Schweitzer/Dederer*, Staatsrecht III, 11. Auflage 2016, Rn. 38 ff.; *Herdegen*, Völkerrecht, 16. Auflage 2017, § 22 Rn. 1 ff.; *Kahle*, ZUR 2004, 80 ff. (82).

68 In der Bundesrepublik Deutschland ergibt sich aus Art. 59 Abs. 2 GG: „Verträge, welche die politischen Beziehungen des Bundes regeln oder sich auf Gegenstände der Bundesgesetzgebung beziehen, bedürfen der Zustimmung oder der Mitwirkung der jeweils für die Bundesgesetzgebung zuständigen Körperschaften in Form eines Bundesgesetzes.“ Zu den Arten der innerstaatlichen Geltung und dem für die Praxis eher nebensächlichen Theorienstreit zu Transformations- und Vollzugslehre siehe *Herdegen*, Völkerrecht, 16. Auflage 2017, § 22 Rn. 5 ff.

69 Dahinter steht der Gedanke, dass die Exekutive keine völkerrechtlichen Verpflichtungen für die Bundesrepublik Deutschland begründen können soll, die sie nicht kraft eigener Kompetenz erfüllen kann; hierzu bedarf es eines Aktes der Legislative und damit auch deren parlamentarischer Zustimmung. Siehe so auch *Herdegen*, Völkerrecht, 16. Auflage 2017, § 22 Rn. 17 ff.

70 Hierzu hat das Bundesverfassungsgericht (BVerfGE 74, 358 (370); BVerfGE 111, 307 (317 ff.)) festgestellt: „Auch Gesetze ... sind im Einklang mit den völkerrechtlichen Verpflichtungen der Bundesrepublik Deutschland auszulegen und anzuwenden, selbst wenn sie zeitlich später erlassen worden sind als ein geltender völkerrechtlicher Vertrag, denn es ist nicht anzunehmen, dass der Gesetzgeber, sofern er dies nicht klar

damit nicht auf ihr nationales Recht berufen, um die Nichterfüllung eines Vertrages zu rechtfertigen.[71]

II. Vorgaben des Seerechtsübereinkommens der Vereinten Nationen (SRÜ)

Das Seerechtsübereinkommen der Vereinten Nationen (United Nations Convention on the Law of the Sea, UNCLOS) hat eine besondere Bedeutung für die nationale maritime Raumplanung: Es spricht dem deutschen Gesetzgeber bestimmte Rechte und Pflichten zu, setzt ihm aber auch Grenzen für Legislativakte in der deutschen AWZ.

Dies ergibt sich daraus, dass die AWZ durch die Meereszoneneinteilung des Seerechtsübereinkommens (gleich unter 1.) nicht zum unmittelbaren Hoheitsgebiet des Küstenstaates gehört. Das hat zur Folge, dass der Küstenstaat hier nicht befugt ist, seine uneingeschränkte Staatsgewalt auszuüben. Vielmehr weist ihm das Seerechtsübereinkommen nur in einem ganz bestimmten Umfang sog. souveräne Rechte und Hoheitsbefugnisse zu (weiter dazu unter 2.). Darüber hinaus enthält das Seerechtsübereinkommen Regelungen zum Schutz und zur Bewahrung der Meeresumwelt, die der Küstenstaat bei der Ausübung der ihm zugewiesenen Rechte und Befugnisse zu beachten hat (hierzu unter 3.).

Eine Kompetenz für Raumplanungsbefugnisse des Küstenstaates in der AWZ findet sich jedenfalls nicht ausdrücklich im Seerechtsübereinkommen. Es ist deshalb zu klären, ob überhaupt und falls ja, inwieweit der Küstenstaat dazu ermächtigt ist, in der AWZ raumplanerisch tätig zu werden und woher sich dieses Recht ableitet (4.).

Völkerrechtliche Verträge wie das Seerechtsübereinkommen sind grundsätzlich nicht self-executing, sondern bedürfen eines nationalen Umsetzungsaktes, um innerhalb der Bundesrepublik Deutschland wirksam und anwendbar zu sein, Art. 59 GG.[72] Das Seerechtsübereinkommen ist ein völkerrechtlicher Vertrag und bedurfte deshalb einer nationalen Transpositionsregelung. Die Bundesrepublik Deutschland hat dem Beitritt zum Seerechtsübereinkommen mit Gesetz vom 2. September 1994 zugestimmt.[73] Das Ausführungsgesetz zum Seerechtsübereinkommen ist am 1. Juli 1995 in Kraft getreten.[74] Das Seerechtsübereinkommen hat damit den Rang eines

---

bekundet hat, von völkerrechtlichen Verpflichtungen der Bundesrepublik Deutschland abweichen oder die Verletzung solcher Verpflichtungen ermöglichen will."

71 Vgl. Art. 27 S. 1 der Wiener Vertragsrechtskonvention (vgl. Gesetz zu dem Wiener Übereinkommen v. 23.5.1969 über das Recht der Verträge v. 3.8.1985, BGBl. 1985 II, S. 926 ff.).

72 Siehe unter B.I. *Wolf*, JbUTR 2008, 93 ff. (118 ff.); *Wolf*, UPR 1998, 281 ff. (281).

73 BGBl. 1994 II, S. 1799.

74 Gesetz zur Ausführung des Seerechtsübereinkommens der Vereinten Nationen v. 10.12.1982 sowie des Übereinkommens v. 28.7.1994 zur Durchführung des Teils XI des Seerechtsübereinkommens (Ausführungsgesetz Seerechtsübereinkommen 1982/1994 – SeeRÜbkAG) v. 6.6.1995, BGBl. 1995 I, S. 778 ff. Daneben existiert eine

einfachen Gesetzes und steht im Rang nach dem Grundgesetz, Art. 25 GG. Anders als die übliche Kollisionsregelung, wonach spätere Bundesgesetze den früheren vorgehen, gilt der lex posterior-Grundsatz im Verhältnis zwischen völkerrechtlichem Vertrag und einfachen Gesetzen nur eingeschränkt. Er bildet eine lex specialis und bekundet damit den Willen der Bundesregierung, den völkerrechtlichen Vertrag auch ggü. späteren Gesetzen einhalten zu wollen.[75]

1. *Die Meereszoneneinteilung*

Nach dem Seerechtsübereinkommen wird das Meer geographisch in verschiedene Abschnitte unterteilt: Küstenmeer und Anschlusszone,[76] AWZ[77] und Festlandsockel[78] sowie die Hohe See[79].[80] Die jeweiligen Abschnitte unterliegen bestimmten, im Übereinkommen festgelegten rechtlichen Regelungen. Aus der Einteilung des Seerechtsübereinkommens ergibt sich damit eine unterschiedliche rechtliche Behandlung von Küsten- und Meeresregionen. In der vorliegenden Bearbeitung wird das Raumordnungsregime der AWZ untersucht. Da in der Bundesrepublik Deutschland die Gebiete der AWZ und des Festlandsockels geographisch deckungsgleich sind,[81] werden diese beiden Gebiete zusammen behandelt, jeweilige Besonderheiten werden herausgestellt. Landwärts sind die AWZ und der Festlandsockel vom Küstenmeer und den inneren Gewässern abzugrenzen,[82] seewärts von der Hohen See.

Zur geographischen Bestimmung der Abschnitte und Abgrenzung voneinander wird als Ausgangspunkt die sog. Basislinie herangezogen. Die normale Basislinie entspricht der Niedrigwasserlinie entlang der Küste, wie sie in den vom Küstenstaat amtlich anerkannten Seekarten eingetragen ist (Art. 5 ff. SRÜ). I.d.R. ergeben sich damit die seewärtigen Grenzen der Abschnitte als Linie, auf der jeder Punkt vom nächstgelegenen Punkt der Basislinie um die jeweils festgelegte Breite des Abschnittes entfernt ist, bis zur äußersten Grenze einer AWZ wäre dieser Punkt z.B. maximal 200 Seemeilen entfernt. Hiervon gibt es allerdings Ausnahmen und abweichende Bestimmungen, z.B. bei Riffen, Flussmündungen, Buchten oder

---

weitere Verordnung zu dem Übereinkommen v. 28.7.1994 zur Durchführung des Teiles XI des Seerechtsübereinkommens der Vereinten Nationen v. 10.12.1982 (SeeRÜbkXIÜbk) v. 4.10.1994, BGBl. 1994 II, S. 2565.

75 Anders nur im Falle eines durch den Gesetzgeber ausdrücklich bekundeten „treaty override", siehe *Schweitzer/Dederer*, Staatsrecht III, 11. Auflage 2016, Rn. 827 f., 833 f.

76 Teil II SRÜ, Art. 2–33 SRÜ.

77 Die Bestimmungen zur AWZ enthält Teil V SRÜ, Art. 55–75 SRÜ.

78 Teil VI SRÜ, Art. 76–85 SRÜ.

79 Teil VII SRÜ, Art. 86–120 SRÜ.

80 Teil XI SRÜ, Art. 133–191 SRÜ. Darüber hinaus enthält das Seerechtsübereinkommen weitere Regelungen zu Meerengen, die der internationalen Schifffahrt dienen (Teil III, Art. 34–45 SRÜ), und zu Archipelstaaten (Teil IV, Art. 46–54 SRÜ).

81 So bspw. *Ehlers*, NordÖR 2003, 385 ff. (385).

82 Die Abgrenzung zur Hohen See ist nur für die Nordsee relevant, aufgrund der geographischen Enge der Ostsee existiert hier keine Hohe See.

Archipelgewässern.[83] Die landwärts der Basislinie gelegenen Gewässer gehören zu den inneren Gewässern (*internal waters*) und unterfallen der uneingeschränkten Jurisdiktion des Küstenstaates (Art. 8 Abs. 1 SRÜ).

a. *Küstenmeer und Anschlusszone*

Als Küstenmeer (*territorial sea*) wird der an das Landgebiet und die inneren Gewässer des Küstenstaates angrenzende Meeresstreifen bezeichnet.[84] Der Küstenstaat hat das Recht, die Breite seines Küstenmeeres festzulegen und zwar bis zu einer maximalen Grenze von zwölf Seemeilen von der Basislinie entfernt, Art. 3 SRÜ. Die Bundesrepublik Deutschland hat die Ausweisung seines Küstenmeeres – in maximaler Breite – am 19. Oktober 1994 proklamiert.[85]

Wie die inneren Gewässer untersteht auch das Küstenmeer der territorialen Souveränität und Jurisdiktion des Küstenstaates, Art. 2 Abs. 1 SRÜ.[86] Die Souveränität erstreckt sich dabei sowohl auf den Luftraum über dem Küstenmeer als auch auf den Meeresboden und den Meeresuntergrund des Küstenmeeres, Art. 2 Abs. 2 SRÜ. Diese Souveränität wird nur durch das Recht auf friedliche Durchfahrt eingeschränkt, Art. 17 ff. SRÜ.[87] In beschränktem Umfang darf der Küstenstaat aber auch hierfür Gesetze und sonstige Vorschriften erlassen, was z.B. die Benutzung von Seezeichen und Navigationseinrichtungen umfasst, Art. 21 SRÜ. Zur Sicherheit der Schifffahrt darf der Küstenstaat fremde Schiffe ebenso auf festgelegte Schifffahrtswege und Verkehrstrennungsgebiete verweisen, Art. 22 SRÜ.

Nur geringfügig andere rechtliche Regelungen existieren für den Bereich der Anschlusszone (*contiguous zone*), die sich – sofern der Küstenstaat das möchte – an das Küstenmeer angrenzend auf einer maximalen Breite von weiteren zwölf Seemeilen – also maximal auf einer Breite bis 24 Seemeilen von der Basislinie aus gesehen – anschließt.[88] Hier darf der Küstenstaat gem. Art. 33 Abs. 1 SRÜ bestimmte

---

83 Bspw. können bei tiefen Einbuchtungen an der Küste sog. gerade Basislinien festgelegt werden, indem geeignete Punkte miteinander verbunden werden und so eine unpraktikable Zickzacklinie vermieden wird, vgl. Art. 7 SRÜ.

84 Art. 2 Abs. 1 SRÜ. Ausführlich *Graf Vitzthum*, Handbuch des Seerechts, 2006, S. 63 ff.; *Barnes*, in: *Proelß*, UNCLOS, Commentary, 2017, Art. 2 Rn. 14 ff. Siehe dazu auch das Genfer Übereinkommen über das Küstenmeer und die Anschlusszone v. 29.4.1958.

85 BGBl. 1994 I, S. 3428.

86 Siehe hierzu auch *Herdegen*, Völkerrecht, 16. Auflage 2017, § 31 Rn. 3 ff.

87 Zu einer „unfriedlichen“ Durchfahrt zählt u.a. auch eine, die vorsätzlich schwere Meeresverschmutzungen verursacht, so *Proelß*, Raum und Umwelt, in: Graf Vitzthum/Proelß (Hrsg.), Völkerrecht, 7. Auflage 2016, S. 361 ff. (Rn. 45 mit Fn. 134); *Barnes*, in: *Proelß*, UNCLOS, Commentary, 2017, Art. 17 Rn. 7 ff.

88 Von der Basislinie aus gesehen erstrecken sich Küstenmeer und Anschlusszone also maximal auf einer Breite bis 24 Seemeilen. Wurden Anschlusszone und AWZ proklamiert, überlagern sich im Bereich der Anschlusszone die Rechtsordnungen von Anschlusszone, AWZ und Festlandsockel. Dazu *Proelß*, Raum und Umwelt, in: Graf Vitzthum/Proelß (Hrsg.), Völkerrecht, 7. Auflage 2016, S. 361 ff. (Rn. 50).

Kontrollrechte ausüben, beispielweise hinsichtlich seiner Zoll- und Einreisegesetze. Die Bestimmungen zur Anschlusszone sind für die Bundesrepublik Deutschland irrelevant, da diese keine Anschlusszone ausgewiesen hat.[89]

b. Ausschließliche Wirtschaftszone (AWZ) und Festlandsockel

Historisch gesehen sind die beiden heutigen AWZ der Bundesrepublik Deutschland aus den früheren Fischereizonen in der Nordsee und der Ostsee hervorgegangen.[90] Nach Art. 55, 57 SRÜ ist die AWZ (*exclusive economic zone, EEZ*) ein jenseits des Küstenmeeres gelegenes und an dieses angrenzendes Gebiet, das sich nicht weiter als 200 Seemeilen von der Basislinie aus erstrecken darf.[91] Abzüglich eines eventuell ausgewiesenen Küstenmeeres kann die maximale Breite der AWZ damit 188 Seemeilen betragen. Sie erstreckt sich auf die Wassersäule und den Meeresboden.[92]

Die Bundesrepublik Deutschland hat eine AWZ in Nord- und Ostsee mit Proklamation vom 25. November 1994 eingerichtet.[93] Die deutsche AWZ ist aufgrund der räumlichen Enge in Nord- und Ostsee wesentlich kleiner als die rechtlich möglichen 200 Seemeilen. Mit dem Äquidistanzprinzip bestimmt sich in solchen Fällen die Breite der AWZ nach der mittleren Entfernung zum angrenzenden Küstenstaat.[94] Dadurch beschränkt sich die AWZ in der Ostsee bspw. auf einen nur wenige Seemeilen breiten Meeresstreifen. Die AWZ in der Nordsee, der sog. „Entenschnabel", ist aufgrund eines Abkommens vom 28. Januar 1971 über die Abgrenzung des Anteils

---

89 Die Bundesrepublik Deutschland hat keine Anschlusszone ausgewiesen. Bspw. Polen hat dies getan.

90 BGBl. 1976 II, S. 1999 und BGBl. 1978 II, S. 867. *Lagoni*, NuR 2002, 121 ff. (121, Fn. 6). Ausführlich auch *Gündling*, Die 200 Seemeilen-Wirtschaftszone, 1983; *Proelß*, in: *Proelß*, UNCLOS, Commentary, 2017, Art. 55 Rn. 5.

91 Ausführlich *Proelß*, in: *Proelß*, UNCLOS, Commentary, 2017, Art. 55 ff.; *Lagoni*, Festlandsockel und AWZ, in: Graf Vitzthum (Hrsg.), Handbuch des Seerechts, 2006, S. 161 ff. (161 ff., 222 ff.).

92 Nicht aber auf den Luftraum darüber, siehe *Proelß*, Raum und Umwelt, in: Graf Vitzthum/Proelß (Hrsg.), Völkerrecht, 7. Auflage 2016, S. 361 ff. (Rn. 51).

93 BGBl. 1994 II, S. 3769. Über den Rechtsstatus der AWZ wird noch immer diskutiert, so zuletzt *Proelß*, EurUP 2012, 280 ff. (281 f.); *Forkel*, Maritime Raumordnung in der AWZ, 2012, S. 59 m.w.N.; *Dux*, Specially Protected Marine Areas in the EEZ, 2011, S. 51 ff.

94 Für die Abgrenzung des Küstenmeeres zwischen Staaten mit gegenüberliegenden oder aneinander angrenzenden Küsten enthält Art. 15 SRÜ ausdrücklich diese Regelung. Bei der Abgrenzung der AWZ und des Festlandsockels in vergleichbaren Situationen verweisen die Art. 74 und 83 SRÜ offiziell auf Art. 38 des IGH-Statuts. Das Äquidistanzprinzip ist gewohnheitsrechtlich anerkannt, siehe dazu und zu anderen Methoden der Grenzziehung *Oellers-Frahm*, ZaöRV 1982, 804 ff. (804); *Trümpler*, Grenzen und Abgrenzungen des Küstenmeeres, 2007, Kap. 2; *Gornig/Despeux*, Seeabgrenzungsrecht in der Ostsee, 2002.

am Festlandsockel mit Dänemark, dem Vereinigten Königreich von Großbritannien und Nordirland und den Niederlanden zustande gekommen.[95]

Die AWZ ist ein Nichtstaatsgebiet und unterliegt damit nicht der territorialen Gebietshoheit des Küstenstaates, sondern der in Teil V SRÜ festgelegten „besonderen Rechtsordnung".[96] Dem Küstenstaat sind jedoch durch das Seerechtsübereinkommen umfangreiche Nutzungsrechte und Pflichten eingeräumt bzw. zugewiesen, Art. 56 SRÜ. Im Artikel sind diese Rechte in souveräne Rechte und Hoheitsbefugnisse unterteilt. Sie umfassen die Nutzung der lebenden und nicht lebenden natürlichen Ressourcen und weitere wirtschaftlich geprägte Nutzungen wie die Energieerzeugung aus Wasser oder Wind, die Errichtung und Nutzung von künstlichen Inseln und Anlagen, die wissenschaftliche Meeresforschung und den Meeresumweltschutz – hierzu gleich näher (nachfolgend unter 2. und 3.).

Nach der Definition des Seerechtsübereinkommens in Art. 76 SRÜ umfasst der Festlandsockel (*continental shelf*) eines Küstenstaates den jenseits seines Küstenmeeres gelegenen Meeresboden und Meeresuntergrund der Unterwassergebiete, die sich über die gesamte natürliche Verlängerung des Landgebiets bis zur äußeren Kante des Festlandrands erstrecken oder bis zu einer Entfernung von 200 Seemeilen von den Basislinien, von denen aus die Breite des Küstenmeeres gemessen wird, wo die äußere Kante des Festlandrands in einer geringeren Entfernung verläuft.[97] In der Bundesrepublik Deutschland sind die Gebiete der AWZ und des Festlandsockels geographisch deckungsgleich.[98] Dies entspricht der regelmäßigen geographischen Tatsache, weshalb auch im Seerechtsübereinkommen teilweise eine Dualität der Rechtsregimes für AWZ und Festlandsockel in Art. 56, 77 SRÜ vorgesehen sind.

c. *Hohe See*

Nach der Negativdefinition des Art. 86 SRÜ werden mit der Hohen See (*high seas*) alle diejenigen Teile des Meeres bezeichnet, die nicht zur AWZ, zum Küstenmeer oder zu den inneren Gewässern eines Staates bzw. zu den Archipelgewässern eines

---

95 *Krieger*, DVBl. 2002, 300 ff. (300 mit Fn. 4); mit Verweis auf BGBl. 1972 II, S. 881 ff. „Dem Abschluss des Vertrages ging ein Verfahren zwischen den Anrainerstaaten über die anwendbaren Methoden der Grenzziehung vor dem IGH in Den Haag voraus. Der IGH entschied zugunsten Deutschlands, dass die Abgrenzung nicht mittels des Äquidistanzprinzips, sondern in Übereinstimmung mit den Prinzipien der Billigkeit unter Berücksichtigung der relevanten Umstände durchzuführen sei." Zu den naturräumlichen Teilregionen der deutschen AWZ siehe *Wende et al.*, NuL 2007, 79 ff. (81).

96 So wörtlich in Art. 55 SRÜ. Dazu auch *Proelß*, Raum und Umwelt, in: Graf Vitzthum/Proelß (Hrsg.), Völkerrecht, 7. Auflage 2016, S. 361 ff. (Rn. 10 ff., Rn. 51 ff.).

97 Siehe dazu auch das Genfer Übereinkommen über den Festlandsockel v. 29.4.1958.

98 Siehe bspw. *Ehlers*, NordÖR 2003, 385 ff. (385). Gem. Art. 56 Abs. 3 SRÜ ist der Festlandsockel, der Meeresboden und Untergrund der AWZ bildet, als Teil derselben anzusehen; dazu auch *Lagoni*, NuR 2002, 121 ff. (121 f.).

Archipelstaates[99] gehören.[100] Die Hohe See steht allen Staaten gleichermaßen zur Nutzung zu, Art. 87 Abs. 1 S. 1 SRÜ, Souveränitätsansprüche über Teile der Hohen See sind ungültig.[101] Die Freiheit der Hohen See umfasst dabei die Freiheit der Schifffahrt, des Überflugs, der unterseeischen Kabel- und Rohrleitungsverlegung, der Fischerei, der wissenschaftlichen Forschung und die Freiheit, künstliche Inseln und andere Anlagen zu errichten.[102] Wirtschaftliche Vorhaben sind in letzter Zeit jedoch vermehrt in die Bereiche der Hohen See verlagert worden, so z.B. Experimente zur Meeresdüngung mit Eisensulfat, um durch die entstehende Algenblüte Kohlendioxid zu binden.[103] Neuere Überlegungen gehen u.a. deshalb auch dahin, die Wechselwirkungen zwischen AWZ und Hoher See stärker zu beachten und durch rechtliche Schutzvorschriften zu normieren.[104]

Aufgrund der geographischen Enge der Ostsee und der bereits durch die Anrainerstaaten ausgewiesenen AWZ existiert in der Ostsee seewärts der Küstengewässer und der AWZ keine Hohe See mehr. Gleiches gilt für die Nordsee, hier decken die ausgewiesenen AWZ von Frankreich, Belgien, den Niederlanden, Deutschland, Dänemark, Norwegen und dem Vereinigten Königreich von Großbritannien und Nordirland den Meeresbereich vollständig ab, so dass es keine Hohe See gibt.[105]

2. *Die Zuweisung souveräner Rechte und Hoheitsbefugnisse*

Die zentrale Norm für küstenstaatliche Befugnisse in der AWZ ist Art. 56 Abs. 1 SRÜ. Danach sind dem Küstenstaat in der AWZ bestimmte souveräne Rechte und Hoheitsbefugnisse zugewiesen:[106]

> Artikel 56
> Rechte, Hoheitsbefugnisse und Pflichten des Küstenstaates in der AWZ
> (1) In der AWZ hat der Küstenstaat

---

99 Archipelstaaten sind Inselstaaten; vgl. hierzu die Begriffsbestimmung in Art. 46 SRÜ.

100 Ausführlich *Wolfrum*, in: Vitzthum (Hrsg.), Handbuch des Seerechts, S. 287 ff.; *Guilfoyle*, in: *Proelß*, UNCLOS, Commentary, 2017, Art. 86 ff.

101 Art. 89 SRÜ. Zum Stichwort „mare liberum" siehe bereits oben unter B.

102 Siehe Art. 87 Abs. 1 Satz 3 SRÜ.

103 Zum deutsch-indischen Kooperationsprojekt LOHAFEX unter Beteiligung des Alfred-Wegener-Instituts siehe http://www.awi.de/suche.html?id=14&L=0&q=lohafex (31.1.2017). Das Experiment erntete 2009 heftige Kritik der Umweltschützer, die es als „Alibi für die billige Entsorgung von CO_2" für die Wirtschaft ansahen, siehe Zeit Online v. 23.3.2009, unter http://www.zeit.de/online/2009/13/lohafex-beendet (31.1.2017). Dazu auch *Proelß*, EurUP 2009, 141 ff.; *Schlacke/Kenzler*, NuR 2009, 753 ff. (754).

104 Dazu bspw. *Markus et al.*, Int'l J Mar & Coast L (26) 2011, 59 ff. (89); *Ardron et al.*, Mar Policy (32) 2008, 832 ff.

105 Siehe die Grafik „Außengrenzen der AWZ in der Nordsee" auf Wikipedia, https://de.wikipedia.org/wiki/Ausschließliche_Wirtschaftszone (28.2.2017).

106 Zu den ökonomischen Grundlagen des Seerechtsübereinkommens siehe *Posner/Sykes*, AJIL (104) 2010, 569 ff.

a) souveräne Rechte zum Zweck der Erforschung und Ausbeutung, Erhaltung und Bewirtschaftung der lebenden und nichtlebenden natürlichen Ressourcen der Gewässer über dem Meeresboden, des Meeresbodens und seines Untergrunds sowie hinsichtlich anderer Tätigkeiten zur wirtschaftlichen Erforschung und Ausbeutung der Zone wie der Energieerzeugung aus Wasser, Strömung und Wind;
b) Hoheitsbefugnisse, wie in den diesbezüglichen Bestimmungen dieses Übereinkommens vorgesehen, in Bezug auf
i) die Errichtung und Nutzung von künstlichen Inseln, von Anlagen und Bauwerken;
ii) die wissenschaftliche Meeresforschung;
iii) den Schutz und die Bewahrung der Meeresumwelt;
c) andere in diesem Übereinkommen vorgesehene Rechte und Pflichten.
[...]

Warum und mit welchem Zweck das Seerechtsübereinkommen hier zwischen souveränen Rechten und Hoheitsbefugnissen differenziert, ist unklar. Nach einhelliger Ansicht ergibt sich für die Vertragsparteien aber kein (relevanter) Unterschied; es geht stets um die ausschließliche Ausübung einzelner Rechte und Befugnisse für bestimmte Zwecke durch den Küstenstaat.[107]

Mit der Zuweisung dieser Rechte und Pflichten an den Küstenstaat fällt diesem gleichzeitig die Regelungsbefugnis (jurisdiction to regulate) zu.[108] Das bedeutet, dass der Küstenstaat durch diese Regelungsbefugnis auch zum Erlass der notwendigen Vorschriften, Regelungen und Maßnahmen auf nationaler Ebene berechtigt ist. Die Regelungsbefugnis des Küstenstaates ist dabei ausschließlich, d.h. kein anderer Staat darf Maßnahmen hinsichtlich dieser Tätigkeiten ergreifen. Das gilt selbst dann, wie der für die AWZ entsprechend geltende Art. 77 Abs. 2 SRÜ für den Festlandsockel

---

107 Erklärungsversuche bei *Proelß*, in: *Proelß*, UNCLOS, Commentary, 2017, Art. 56 Rn. 1, 20; *Lagoni*, NuR 2002, 121 ff. (122) und *Proelß*, Raum und Umwelt, in: Graf Vitzthum/Proelß (Hrsg.), Völkerrecht, 7. Auflage 2016, S. 361 ff. (Rn. 51 ff. mit Fn. 154). Nach einer vertretenen Meinung sind die souveränen Rechte als gebietsbezogen und die Hoheitsbefugnisse als funktionsbezogen zu qualifizieren; *Czybulka*, NuR 2001, 367 ff. (373 f.). Nach einer anderen Meinung ist die begriffliche Abweichung in der Formel „wie in den diesbezüglichen Bestimmungen dieses Übereinkommens vorgesehen" zu sehen, *Erbguth/Müller*, DVBl. 2003, 625 ff. (626). Einigkeit besteht jedoch darüber, dass es „in den Auswirkungen [...] nicht entscheidend darauf anzukommen (scheint)", ob es sich um souveräne Rechte oder Hoheitsbefugnisse des Küstenstaates handelt. „Von geringerer Qualität" seien die Hoheitsbefugnisse „freilich nicht", *Czybulka*, NuR 2001, 367 ff. (373 f.); *Erbguth/Müller*, DVBl. 2003, 625 ff. (626). Siehe dazu auch *Proelß*, ZUR 2010, 359 ff. (360); *Jenisch*, NuR 1997, 373 ff. (375); *Gloria*, Internationales öffentliches Seerecht, Kap. 12, in: Ipsen (Hrsg.), Völkerrecht, 5. Auflage 2004, S. 816 ff. (856/857), in der neuen Auflage abgelöst durch *Heintschel von Heinegg*, Internationales öffentliches Seerecht, Kap. 9, in: Ipsen (Hrsg.), Völkerrecht, 6. Auflage 2014, S. 861 ff.

108 Zur jurisdiction ausführlich *Dux*, Specially Protected Marine Areas in the EEZ, 2011, Chapter III und IV.

klarstellt, „wenn der Küstenstaat diese Tätigkeiten unterlässt", er also von seinen souveränen Rechten und Hoheitsbefugnissen keinen Gebrauch macht. Die dem Küstenstaat zugewiesenen souveränen Rechte und Hoheitsbefugnisse stellen also einen völkerrechtlichen Rahmen dar, den die Küstenstaaten innerhalb seiner genau bestimmten Grenzen ausfüllen dürfen.[109] Entscheidet sich der Küstenstaat dafür, eine Regelung innerhalb dieses Rahmens zu erlassen, ist sie ggü. jedermann verbindlich (erga omnes).[110] Es handelt sich dabei um ein „sehr fein abgestimmtes Gleichgewicht" zwischen den Rechten des Küstenstaates und den Rechten und Freiheiten anderer Staaten.[111]

Die küstenstaatlichen Rechte sind jedoch – wie im Küstenmeer auch – in der AWZ durch die sog. Kommunikationsfreiheiten anderer Staaten eingeschränkt: Dazu gehören die Freiheit der Schifffahrt, des Überflugs und der Verlegung unterseeischer Kabel und Rohrleitungen sowie andere völkerrechtlich zulässige, mit diesen Freiheiten zusammenhängende Nutzungen des Meeres, Art. 58 Abs. 1 SRÜ. Bzgl. der Nutzung der lebenden Ressourcen im Sinne von Art. 56 Abs. 1a SRÜ bedeutet dies bspw.: Der Küstenstaat legt die zulässige Fangmenge für die lebenden Ressourcen in seiner AWZ fest, wobei er gleichzeitig durch geeignete Erhaltungs- und Bewirtschaftungsmaßnahmen dafür sorgt, dass der Fortbestand der lebenden Ressourcen nicht durch übermäßige Ausbeutung gefährdet wird (Art. 61 Abs. 1 und 2 SRÜ).[112] Soweit der Küstenstaat selbst dabei nicht die Kapazität zum Fang der gesamten zulässigen Fangmenge hat, kann er anderen Staaten durch Abkommen Zugang zum Überschuss der zulässigen Fangmenge und damit Zugang zu „seinen" Rechten in der AWZ gewähren (Art. 62 Abs. 2 SRÜ). Angehörige anderer Staaten, die in der AWZ fischen, haben dann die Erhaltungsmaßnahmen und die anderen Bedingungen einzuhalten, die in den Gesetzen und sonstigen Vorschriften des Küstenstaates festgelegt sind; das können bspw. sein: Die Regelungen von Fangzeiten und -gebieten,

---

109 *Lagoni*, NuR 2002, 121 ff. (123).

110 Die Küstenstaaten sind bei der Ausübung ihrer Rechte und Erfüllung ihrer Pflichten jedoch nach Art. 56 Abs. 2 und Art. 58 Abs. 3 SRÜ zur gebührenden Rücksichtnahme (due regard) der Rechte und Pflichten anderer Staaten verpflichtet.

111 *Lagoni*, NuR 2002, 121 ff. (121). *Proelß* hat die Problematik von Schutz- und Nutzungskonflikten in der AWZ aufgegriffen, die zwischen dem Küstenstaat in Ausübung seiner souveränen Rechte und Hoheitsbefugnisse auf der einen Seite und anderen Staaten, die ihre Kommunikationsfreiheiten ausüben wollen, bestehen, siehe *Proelß*, EurUP 2012, 280 ff. (282 ff.). Sehr früh dazu schon *Brown*, Marit Pol Mgmt (4) 1977, 325 ff.; *Nöll*, Schifffahrtsfreiheit und Meeresumweltschutz im SRÜ von 1982, in: Ehlers/Paschke (Hrsg.), Meeresfreiheit und Ocean Governance, FG Lagoni, 2008, S. 97 ff.

112 Dazu *Weiß*, Möglichkeiten der Regelung der Fischerei, des Bergbaus und der Schiffahrt in BSPAs, 1999; *Jarass*, Naturschutz in der AWZ, 2002; *Jenisch*, Errichtung von Windparks auf Hoher See und in der AWZ, in: Ehlers/Erbguth (Hrsg.), Aktuelle Entwicklungen im Seerecht, 2000, S. 21 ff.; *Hafner*, Die seerechtliche Verteilung von Nutzungsrechten, 1987, S. 258.

die Bestimmung der Arten, die gefangen werden dürfen, die Anlandung des gesamten oder eines Teils des Fangs dieser Schiffe in den Häfen des Küstenstaates (Art. 62 Abs. 2 SRÜ).[113]

Das Seerechtsübereinkommen unterscheidet von der Regelungsbefugnis die Durchsetzungsbefugnis (jurisdiction to enforce), die dem Küstenstaat nicht automatisch mit der Regelungsbefugnis zufällt.[114] Für die AWZ bestimmt Art. 73 SRÜ, dass der Küstenstaat bei der Ausübung seiner souveränen Rechte zur Erforschung, Ausbeutung, Erhaltung und Bewirtschaftung der lebenden Ressourcen „die erforderlichen Maßnahmen einschließlich des Anhaltens, der Überprüfung, des Festhaltens und gerichtlicher Verfahren" ergreifen kann, „um die Einhaltung der von ihm in Übereinstimmung mit diesem Übereinkommen erlassenen Gesetze und sonstigen Vorschriften sicherzustellen". Konkret kann dies das Festhalten eines Schiffes und seiner Besatzung, die Freigabe des Schiffs nur gegen Kaution oder finanzielle Strafen bei Verstößen gegen Fischereigesetze beinhalten (Art. 73 Abs. 2 und 3 SRÜ). Weitere Durchsetzungsbefugnisse, die teilweise in ihrem Umfang hinter der Regelungsbefugnis zurückbleiben,[115] finden sich in Bezug auf den Schutz und die Bewahrung der Meeresumwelt in den Art. 213 ff. SRÜ.

3. *Die Meeresumweltschutzanforderungen*

Teil XII (Art. 192–237 SRÜ) des Seerechtsübereinkommens enthält Bestimmungen zum Schutz und zur Bewahrung der Meeresumwelt. Nach Art. 192 SRÜ sind die Staaten verpflichtet, die Meeresumwelt zu schützen und zu bewahren.[116] Die folgenden Normen enthalten nähere Ausführungen zu dieser allgemeinen Bestimmung. So haben die Staaten z.B. Maßnahmen zur Verhütung, Verringerung und Überwachung der Verschmutzung der Meeresumwelt zu ergreifen (Art. 194 SRÜ); sie haben die Verpflichtung, keine Schäden oder Gefahren in die Meeresgewässer zu verlagern und keine Art der Verschmutzung in eine andere umzuwandeln (Art. 195 SRÜ). Zur Unterstützung dieser Ziele sieht das Seerechtsübereinkommen vor, dass die Staaten die in Übereinstimmung mit den Bestimmungen des Übereinkommens erlassenen Gesetze und sonstigen Vorschriften durchsetzen (Art. 213 ff. SRÜ), technische Hilfe leisten (Art. 202 f. SRÜ), Gefahren und Auswirkungen von Verschmutzungen ständig überwachen und ökologisch beurteilen (Art. 204 ff. SRÜ), regional

---

113 Das sind die Regelungen des Seerechtsübereinkommens. In der EU bestehen aufgrund der ausschließlichen Kompetenz im Bereich der Erhaltung der biologischen Meeresschätze i.R.d. Gemeinsamen Fischereipolitik bekanntermaßen erhebliche Unterschiede. Siehe dazu ausführlich *Markus*, European Fisheries Law, 2009.

114 *Lagoni*, NuR 2002, 121 ff. (123).

115 *Lagoni*, NuR 2002, 121 ff. (123).

116 Ausführlich *Czybulka*, in: *Proelß*, UNCLOS, Commentary, 2017, Art. 192 ff.: *Hafner*, Meeresumweltschutz, Meeresforschung und Technologietransfer, in: Graf Vitzthum (Hrsg.), Handbuch des Seerechts, 2006, S. 355 ff. Umfassend *Johnston*, The Environmental Law of the Sea, 1981.

und weltweit zusammenarbeiten (Art. 197 ff. SRÜ) sowie die international vereinbarten Regeln, Normen und empfohlene Gebräuche und Verfahren zur Verhütung, Verringerung und Überwachung der Verschmutzung der Meeresumwelt berücksichtigen (Art. 207 ff. SRÜ).

Teil XII SRÜ findet über Art. 56 Abs. 1b lit. iii SRÜ auch in der AWZ Anwendung. Die Art. 192 ff. SRÜ begründen dabei aber keine weitergehenden Rechte oder Pflichten, als dies aus den Vorschriften für die AWZ hervorgeht.[117] Soweit in Art. 56 SRÜ eine Hoheitsbefugnis statuiert ist, hat dies damit für die Küstenstaaten auch eine nach Art. 192 ff. SRÜ verpflichtende Seite.

Raumplanungsrechtlich relevant sind diese Vorschriften insbesondere im Zusammenhang mit der Frage, ob der Küstenstaat in der AWZ Meeresschutzgebiete einrichten darf.[118] Eine ausdrückliche Regelungsbefugnis zu marinen Schutzgebieten ergibt sich aus dem Seerechtsübereinkommen nicht. Lediglich in Art. 211 Abs. 6 SRÜ ist angedeutet, dass es im Hinblick auf die Verschmutzung der Meeresumwelt durch Schiffe erforderlich sein kann, „besondere obligatorische Maßnahmen zur Verhütung der Verschmutzung durch Schiffe zu ergreifen"; der Artikel verweist dazu aber auf die Zustimmung der Internationalen Seeschifffahrtsorganisation (*International Maritime Organization – IMO*).[119]

4. Raumplanerische Befugnis

Nach Art. 56 Abs. 1 SRÜ bekommen die Küstenstaaten verschiedene souveräne Rechte und Hoheitsbefugnisse zugewiesen, die sie in ihrer AWZ ausschließlich ausüben können. Zu diesen Rechten gehören z.B. die Ausbeutung und Bewirtschaftung der lebenden und nicht lebenden natürlichen Ressourcen der Gewässer oder die Befugnis, künstliche Inseln, Anlagen oder Bauwerke in der AWZ zu errichten. Bei der gleichzeitigen Ausübung mehrerer dieser Rechte ist es für die gesicherte Ausübung unter Umständen erforderlich, die Rechte und Hoheitsbefugnisse raumplanerisch zu ordnen. Zu fragen ist deshalb danach, ob das Seerechtsübereinkommen neben

---

117 *Lagoni*, NuR 2002, 121 ff. (130).

118 Hierzu existiert umfangreiche Literatur, genannt seien nur *Castringius*, Meeresschutzgebiete, 2006; *von Nordheim et al.*, Progress in Marine Conservation in Europe, 2006; *Janssen*, Die rechtlichen Möglichkeiten der Einrichtung von Meeresschutzgebieten in der Ostsee, 2002; *Jarass*, Naturschutz in der AWZ, 2002. Zur Definition des marinen Schutzgebietes *Lagoni*, NuR 2002, 121 ff. (122).

119 Schifffahrtsbezogene Meeresschutzgebiete sind in verschiedenen völkerrechtlichen Regelwerken und regionalen Übereinkommen vorgesehen, so bspw. die Particularly Sensitive Sea Areas (PSSA) nach IMO, MARPOL-Sondergebiete nach Anlage V, Schutzgebiete nach Anlage V des OSPAR-Übereinkommens, Baltic Sea Protected Areas (BSPA) nach dem Helsinki-Übereinkommen oder Specially Protected Areas of Mediterranean Importance (SPAMI) nach dem Barcelona-Übereinkommen. Wegen der grundsätzlichen Schifffahrtsfreiheit ist bei der Einrichtung solcher Meeresschutzgebiete jedoch immer, wenn auch in unterschiedlicher Weise, die IMO zu beteiligen. Siehe dazu auch *Lagoni*, NuR 2002, 121 ff. (133).

der reinen Zuweisung der Rechte und Hoheitsbefugnisse auch das raumplanerische Tätigwerden des Küstenstaates erlaubt. Einstieg für die Rechtsfrage, was der Küstenstaat in seiner AWZ „tun und lassen kann", ist das Regelwerk selbst.[120] Die Frage, ob der Küstenstaat in seiner AWZ auch raumplanerisch tätig werden darf, muss also aus dem Seerechtsübereinkommen beantwortet werden. Erst wenn eine solche Befugnis zur Raumplanung in der AWZ überhaupt gegeben ist, kann sich in einem zweiten Schritt die Anschlussfrage stellen, wie weit diese Befugnis reicht.

a. Ausdrückliche Befugnis aus dem Seerechtsübereinkommen

Die völkerrechtliche Regelung des Seerechtsübereinkommens in Art. 56 SRÜ hat eine beschränkte Ausweitung der deutschen Hoheitsgewalt auf den Bereich der AWZ zur Folge. Aus diesem Grund wird die AWZ auch als „eingeschränkter Funktionshoheitsraum"[121] bezeichnet. Die Frage, ob aus dem Seerechtsübereinkommen eine raumplanerische Befugnis für den Küstenstaat abzuleiten ist, lässt sich aus dem Seerechtsübereinkommen nicht direkt beantworten.[122] Dort findet sich nämlich keine solche Befugnis für die Küstenstaaten – jedenfalls nicht ausdrücklich.[123]

---

120 *von Nicolai*, IzR 2004, 491 ff. (494).

121 Der Begriff „Funktionshoheitsraum" wurde eingeführt von *Graf Vitzthum*, Raum, Umwelt und Wirtschaft im Völkerrecht, in: Graf Vitzthum (Hrsg.), Völkerrecht, 1997, S. 393 ff. (434 f.). *Ehlers*, NordÖR 2003, 385 ff. (386), verwendet dagegen den Begriff „staatsfreier Raum".

122 Anders *Janssen*, EurUP 2013, 269 ff. (270), der eine völkerrechtlich zulässige Raumordnung direkt auf Art. 58 Abs. 1 i.V.m. Art. 87, Art. 58 Abs. 3, Art. 56 Abs. 1 und 2 SRÜ stützt. So auch *Erbguth/Müller*, DVBl. 2003, 625 ff. (627), wobei sie auf den Begriff der „Bewirtschaftung" in Art. 56 Abs. 1a SRÜ hinweisen und in diesem Elemente eines planerischen Gestaltungsauftrages, wenn auch sektoraler Prägung, erkennen. *Proelß*, EurUP 2009, 2 ff. (6), erkennt raumordnerische Elemente im Seerechtsübereinkommen und argumentiert, dass sich eine Kompetenz zur Raumordnung aus den in Art. 56 SRÜ ausdrücklich genannten Rechten und Hoheitsbefugnissen ableiten lassen muss. So auch *Wolf*, ZUR 2005, 176 ff. (177, 180), der ein Grundkonzept für eine Raumordnung in der AWZ ableitet.

123 Siehe *Erbguth*, Wahrung möglicher Belange der Bundesraumordnung in der AWZ der Bundesrepublik Deutschland, Rechtsgutachten, 2002, S. 23, mit Verweis auf *Erbguth*, NuR 1999, 491 ff. (493). Ebenso *Erbguth*, Auszug aus dem Rechtsgutachten, in: Bundesministerium für Verkehr (Hrsg.), Raumordnung auf dem Meer?, 2002, S. 43 ff. (44); *Erbguth/Müller*, DVBl. 2003, 625 ff. (628); *Erbguth/Mahlburg*, DÖV 2003, 665 ff. (665); *Keller*, Planungs- und Zulassungsregime für Offshore-Windenergieanlagen in der deutschen AWZ, 2007, S. 46; *Proelß*, Beitrag des Völkerrechts zu einem maritimen Infrastrukturrecht, in: Ehlers/Erbguth (Hrsg.), Infrastrukturrecht zur See, 2009, S. 13 ff.; *Proelß*, EurUP 2009, 2 ff. (4) mit Verweis auf *Maes*, Mar Policy (32) 2008, 797 ff. (799); *Schubert*, NuR 2009, 834 ff. (836). Ausführlich auch *Forkel*, Maritime Raumordnung in der AWZ, 2012, S. 203 ff.

b. Necessary implication

Ein ausdrücklich normiertes Recht zur Raumplanung in der AWZ verleiht das Seerechtsübereinkommen also nicht. Der Küstenstaat darf sich solche Rechte auch nicht selbständig i.S.e. sog. „creeping jurisdiction" anmaßen.[124] Dennoch ist mittlerweile[125] allgemein anerkannt, dass der Küstenstaat die Ausübung seiner Befugnisse in der AWZ aber jedenfalls insoweit planen darf, als er sich innerhalb der zugewiesenen Rechte bewegt; er ist nicht zu „planlosem" Handeln verpflichtet.[126]

Die Begründungen zu diesem Ergebnis sind unterschiedlich. Nach einer Ansicht ist das Recht zur eingeschränkten Planung als Vorstufe oder „Sekundärinstrument" in den durch das Seerechtsübereinkommen zugewiesenen Entscheidungsbefugnissen mit enthalten.[127] Eine andere Ansicht verweist auf den völkerrechtlichen Auslegungsgrundsatz der „necessary implication": Demnach könne eine Vertragspartei die zur Erfüllung des Vertrages erforderlichen Rechte ergänzend herleiten.[128] Das gelte selbst dann, wenn diese Rechte nicht ausdrücklich im Vertragstext statuiert sind. Aus diesem Grund komme auch den Küstenstaaten bei der Auslegung des Seerechtsübereinkommens eine derartige Kompetenz – möglicherweise sogar eine

124 Siehe *Lagoni*, NuR 2002, 121 ff. (121); *Kwiatkowska*, Ocean Develop & Int'l L (22) 1991, 153 ff.

125 1999 noch *Erbguth*: „... dass es sich insoweit nicht um deutsches Hoheitsgebiet handelt und die im Gefolge des UN-Seerechtsübereinkommens den Küstenstaaten enumerativ zugewiesenen Hoheitsbefugnisse der Planung nicht begründen, mithin auch keine solchen der Gesamtplanungen." Siehe *Erbguth*, NuR 1999, 491 ff. (493, 495); *Erbguth*, Raumplanung im Meer, in: Czybulka (Hrsg.), Naturschutz und Rechtsregime im Küsten- und Offshore-Bereich, 2003, S. 79 ff. (85 f., 93), dort aber schon mit Anmerkungen des Herausgebers *Czybulka* in den Fußnoten 38 und 39. *Erbguth* selbst hat diese Ansicht später nicht weiter vertreten, siehe bspw. *Erbguth/Müller*, DVBl. 2003, 625 ff.

126 *Czybulka*, ZUR 2003, 329 ff. (336). Für das Beispiel der marinen Schutzgebiete greift *Lagoni* auf die „implied powers"-Lehre zurück, siehe *Lagoni*, NuR 2002, 121 ff. (123). Siehe auch *Proelß*, in: *Proelß*, UNCLOS, Commentary, 2017, Art. 56 Rn. 27; *Wolf*, ZUR 2005, 176 ff. (177); *Kment*, DV 2007, 53 ff. (55); *Proelß*, EurUP 2009, 2 ff.

127 Das Verständnis einer Raumplanung als Kompetenztitel sei zwar im Grundgesetz angelegt, nicht aber im Völkerrecht, weshalb letzteres dem planerischen Tätigwerden des Küstenstaates in der AWZ nicht entgegenstehe, *Czybulka*, ZUR 2003, 329 ff. (336).

128 *Erbguth*, Wahrung möglicher Belange der Bundesraumordnung in der AWZ der Bundesrepublik Deutschland, Rechtsgutachten, 2002, S. 25 ff.; *Erbguth/Müller*, DVBl. 2003, 625 ff. (628); *Erbguth/Mahlburg*, DÖV 2003, 665 ff. (665); *Keller*, Planungs- und Zulassungsregime für Offshore-Windenergieanlagen in der deutschen AWZ, 2007, S. 46.

Pflicht[129] – zur gesamträumlichen und überfachlichen Planung zu.[130] Zudem sei die Planungskompetenz in diesem Sinne keine eigenständig zu verleihende Kompetenz, als Methode der Aufgabenerledigung folge die Planungskompetenz vielmehr grundsätzlich der Sachkompetenz.[131]

Dass dem Seerechtsübereinkommen die Idee der Planung nicht vollständig fremd ist, ergibt sich als systematisches Argument für raumplanerische Befugnisse der Küstenstaaten aus Art. 56 Abs. 1a SRÜ:[132] Danach ist der Küstenstaat auch zur „Bewirtschaftung" der lebenden und nichtlebenden natürlichen Ressourcen der Gewässer befugt. Der Begriff der Bewirtschaftung beinhaltet aber bereits ein planerisches Element, was an zwei Beispielen mit terrestrischem Bezug deutlich wird:[133] Die landwirtschaftliche Bewirtschaftung verlangt zur Wertschöpfung ein planvolles Vorgehen durch Anbau, Pflege, Düngung, Ernte und Winterschutz der Nutzflächen. Die ökonomische Bewirtschaftung in der öffentlichen Verwaltung bezieht sich auf den effizienten Umgang mit Personal- und Sachressourcen, der im Vorhinein durch einen Haushaltsplan festgelegt wurde. In beiden Fällen beinhaltet die Bewirtschaftung ein planvolles, auf die Zukunft gerichtetes Konzept zur Vorgehensweise, um einen langfristigen und größtmöglichen Ertrag (der Ernte oder Arbeitsleistung) zu erhalten. Dieser Gedanke ist ohne Einschränkung auf das Meer übertragbar. Die Bewirtschaftung der lebenden und nichtlebenden natürlichen Ressourcen verlangt also auch ein in irgendeiner Art und Weise ausgestaltetes planerisches Element.

Eine teleologische Auslegung des Seerechtsübereinkommens stützt diese Befunde: Eines der Hauptziele des Seerechtsübereinkommens ist es, die Freiheit der Meere und dabei insbesondere die Nutzung der Meere für die Schifffahrt zu gewährleisten.

---

129 *Erbguth/Mahlburg*, DÖV 2003, 665 ff. (665 f.); *Erbguth*, Wahrung möglicher Belange der Bundesraumordnung in der AWZ der Bundesrepublik Deutschland, Rechtsgutachten, 2002, S. 7.

130 *Erbguth*, Wahrung möglicher Belange der Bundesraumordnung in der AWZ der Bundesrepublik Deutschland, Rechtsgutachten, 2002, S. 22 ff.; *Erbguth/Müller*, DVBl. 2003, 625 ff. (628); *Erbguth/Mahlburg*, DÖV 2003, 665 ff. (665 f. mit Fn. 7 und 8); *Keller*, Planungs- und Zulassungsregime für Offshore-Windenergieanlagen in der deutschen AWZ, 2007, S. 46.

131 *Erbguth*, Zum Planungsrecht für Küsten und Meere, in: Ennuschat et al. (Hrsg.), Wirtschaft und Gesellschaft im Staat der Gegenwart, GS Tettinger, 2007, S. 397 ff. (407); *Erbguth*, DV 2009, 179 ff. (194); *von Nicolai* spricht in diesem Zusammenhang von „Rechtsreflex", siehe *von Nicolai*, IzR 2004, 491 ff. (495); *Schubert*, NuR 2009, 834 ff. (836 mit Fußnote 25).

132 Raumplanerische Elemente sind bspw. auch Art. 60 Abs. 4 SRÜ zu entnehmen, wonach der Küstenstaat berechtigt ist, um künstliche Inseln, Anlagen und Bauwerke angemessene Sicherheitszonen einzurichten. *Janssen*, EurUP 2013, 269 ff. (270), verweist hier auf die Art. 58 Abs. 1 i.V.m. Art. 87, Art. 58 Abs. 3, Art. 56 Abs. 1 und 2 SRÜ.

133 *Erbguth*, Wahrung möglicher Belange der Bundesraumordnung in der AWZ der Bundesrepublik Deutschland, Rechtsgutachten, 2002, S. 23, mit Verweis auf *Gündling*, Die 200 Seemeilen-Wirtschaftszone, 1983, S. 148 ff. In diese Richtung auch *Proelß*, EurUP 2009, 2 ff. (6).

Konterkariert würde dieses Ziel durch eine unstrukturierte Inanspruchnahme der gewährten Rechte durch die Küstenstaaten, bspw. durch die wilde Errichtung von Windenergieanlagen in der AWZ an unbeschränkten und beliebigen Stellen. Schon aus diesem Gesichtspunkt, der nur die beiden Nutzungsformen Schifffahrt und Windenergie in den Blick nimmt, wird deutlich, dass es zumindest irgendeiner Art von Planung auch in der AWZ bedarf, um die Rechte und Pflichten i.S.d. Seerechtsübereinkommens auszuüben.[134]

Selbst ohne die ausdrücklich normierte Befugnis im Seerechtsübereinkommen ist deshalb von einer raumplanerischen Befugnis des Küstenstaates auszugehen.

c. *Umfang der raumplanerischen Befugnisse*

Nachdem geklärt ist, dass das Seerechtsübereinkommen dem Küstenstaat grundsätzlich die Befugnis verleiht, in der AWZ auch raumordnerisch und -planerisch tätig zu werden, stellt sich die Frage, wie weit diese Befugnis reicht.[135] Liegen die Grenzen dieser Befugnis in der planerischen Gestaltung der einzelnen souveränen Rechte und Hoheitsbefugnisse des Art. 56 SRÜ oder gehen sie darüber hinaus? M.a.W.: Erlaubt das Seerechtsübereinkommen lediglich räumliche Fachplanungen oder sind die Küstenstaaten auch zur gesamträumlichen und überfachlichen Beplanung der AWZ befugt?

Insbesondere *von Nicolai* vertritt eine sehr weite Auffassung zu den raumplanerischen Befugnissen der Küstenstaaten in der AWZ: Seiner Ansicht nach ist eine umfassende und gesamtplanerische Koordinierung möglich.[136] Er begründet dies mit dem Bedürfnis nach einer effektiven Sicherung der Ziele des Seerechtsübereinkommens: Die Nutzungen in der AWZ seien derart eng miteinander verwoben und beeinflussten sich in einer Weise, dass sie nur durch eine gemeinsame Berücksichtigung raumplanerisch bewältigt werden könnten. Damit müssten in der maritimen Raumplanung sämtliche Belange berücksichtigt werden. Dazu zählten im Zweifel sogar solche Belange, die nach dem Seerechtsübereinkommen durch die Küstenstaaten nicht unmittelbar verfolgt werden dürfen, ihre Berücksichtigung dürfe jedenfalls als Rechtsreflex erfolgen.[137] Gegen diese weite Auslegung spricht

---

134 So auch *Dahlke* in der Diskussion, in: *Czybulka*, Naturschutz und Rechtsregime im Küsten- und Offshore-Bereich, 2003, S. 106; *Proelß*, EurUP 2009, 2 ff. (7).

135 *Schubert*, Maritimes Infrastrukturrecht, 2015, § 3; *Schubert*, NuR 2009, 834 ff. (836); *Forkel*, Maritime Raumordnung in der AWZ, 2012, S. 203 ff.; *Maier*, Die Ausdehnung des Raumordnungsgesetzes auf die AWZ, 2008, S. 55 ff.

136 *von Nicolai*, IzR 2004, 491 ff. (495): „... weil es eben nicht ein bisschen schwanger gibt ...". Siehe in diese Richtung auch *Maier*, Die Ausdehnung des Raumordnungsgesetzes auf die AWZ, 2008, S. 76 f., die sich jedenfalls dafür ausspricht, dass sämtlich Belange, also auch solche, die dem Küstenstaat nach dem Seerechtsübereinkommen ausdrücklich nicht zugewiesen sind, i.R.e. raumordnerischen Gesamtplanung in die Abwägung mit einzubeziehen sind. Zustimmend wohl auch *Wille*, Raumplanung in der Küsten- und Meeresregion, 2009, S. 44 mit Fn. 150.

137 *von Nicolai*, IzR 2004, 491 ff. (495).

zunächst, dass das Seerechtsübereinkommen die schleichende Ausweitung küstenstaatlicher Kompetenzen begrenzt und auf die explizit benannten Befugnisse beschränkt. Anderenfalls würde das „fein abgestimmte Gleichgewicht" zwischen den Rechten des Küstenstaates und den Rechten und Freiheiten anderer Staaten aus dem Gleichgewicht geraten.[138]

Mit Blick auf das Vorsorgeprinzip oder etwaiges Gewohnheitsrecht lassen sich für die Reichweite der raumplanerischen Befugnisse des Küstenstaates in der AWZ zunächst keine weiteren Schlüsse ziehen. Das Vorsorgeprinzip bewirkt keine Kompetenzzuweisung, sondern ist ein Rahmen zur Auslegung bestehender Rechte und Pflichten. Gewohnheitsrecht kann nur durch langjährige, einheitliche und zustimmungsfähige Übung entstehen, an derer es hier in Bezug auf die Raumplanung in der AWZ (noch) fehlt.[139]

Der Blick ins Gesetz eröffnet aber eine weitere Auslegungsmöglichkeit, was die Frage nach der Befugnis des Küstenstaates zur Gesamt- oder Fachplanung in der AWZ anbelangt: Die weite Ansicht *von Nicolais*, nach der die Küstenstaaten zu einer umfassenden Raumplanung sämtlicher Nutzungsformen, auch solcher, die sich nicht aus Art. 56 SRÜ ergeben, befugt sind, könnte derart eingeschränkt sein, als die Küstenstaaten zwar befugt sind, die ihnen zugewiesenen Rechte des Seerechtsübereinkommens raumplanerisch, aber rein sektoral zu steuern.[140] D.h., eine Befugnis zur räumlichen Gesamtplanung würde ausscheiden und ein raumplanerisches Tätigwerden des Küstenstaates wäre eng auf die einzelnen zugewiesenen souveränen Rechte und Hoheitsbefugnisse begrenzt. Dieser Ansicht ist aber entgegenzuhalten, dass es Sinn und Zweck des Seerechtsübereinkommens ist, „alle das Seerecht betreffenden Fragen [...] zu regeln, [...] in dem Bewußtsein, dass die Probleme des Meeresraumes eng miteinander verbunden sind und als Ganzes betrachtet werden müssen".[141] Diesem Sinn wird diese enge Auslegung des Umfangs raumplanerischer Rechte der Küstenstaaten in der AWZ nicht gerecht.

Nach einer dritten Ansicht hat der Küstenstaat deshalb ein „abgespecktes", d.h. i.S.d. Seerechtsübereinkommens eingeschränktes Raumordnungsrecht, ein Recht zur „Selektivraumordnung".[142] Dieses Recht umfasst die sektorale raumplanerische Steuerung der durch das Seerechtsübereinkommen zugewiesenen Rechte *und* die Kompetenz zur gesamträumlichen und überfachlichen Planung dieser Rechte.[143]

---

138 *Lagoni*, NuR 2002, 121 ff. (121); *Proelß*, EurUP 2009, 2 ff. (7).

139 Dazu *Proelß*, EurUP 2009, 2 ff. (7 ff.).

140 Dazu *Erbguth/Müller*, DVBl. 2003, 625 ff. (627 ff.); *Schubert*, NuR 2009, 834 ff. (836).

141 Präambel des Seerechtsübereinkommens.

142 Der Begriff der Selektivraumordnung stammt von *von Nicolai*, IzR 2004, 491 ff. (495). Das schließt auch den Meeresnaturschutz mit ein, siehe *Janssen*, EurUP 2013, 269 ff. (270).

143 Zuletzt *Schubert*, Maritimes Infrastrukturrecht, 2015, § 3C. *Erbguth/Mahlburg*, DÖV 2003, 665 ff.; *Erbguth/Müller*, DVBl. 2003, 625 ff.; *Kment*, DV 2007, 53 ff. (61); *Wolf*, ZUR 2005, 176 ff. (180); *Czybulka*, ZUR 2003, 329 ff. (336); *Czybulka*, Zur Geltung des nationalen Rechts in der AWZ, in: Ehlers/Erbguth (Hrsg.), Aktuelle

Außerhalb der „Selektion" stehen damit solche Belange, die der Küstenstaat weder als souveräne Rechte oder Hoheitsbefugnisse i.S.d. SRÜ regeln darf.[144] Das entscheidende Argument für diese Auslegung ist, dass der Küstenstaat im Rahmen dieser Befugnis sowohl das Ziel des Seerechtsübereinkommens zu einer ganzheitlichen Betrachtung aller Probleme des Meeresraumes verfolgen kann als auch die Grenzen der übertragenen Befugnisse und damit der Rechte anderer Staaten gewahrt werden.

d. Ergebnis

Im Ergebnis ist der Küstenstaat damit bei einer Beplanung der AWZ inhaltlich auf die Bereiche beschränkt, die ihm das Seerechtsübereinkommen durch souveräne Rechte und Hoheitsbefugnisse zuweist: Wirtschaftliche Erforschung und Ausbeutung der lebenden und nichtlebenden natürlichen Ressourcen, Errichtung und Nutzung künstlicher Inseln, wissenschaftliche Meeresnutzung und Schutz und Bewahrung der Meeresumwelt. Diese Bereiche darf der Küstenstaat jedoch sowohl rein sektoral als auch gesamträumlich beplanen.

III. Sonstige völkerrechtliche Regelungen mit Bedeutung für eine maritime Raumplanung

Neben dem Seerechtsübereinkommen gibt es eine Reihe weiterer völkerrechtlicher Vereinbarungen, deren Regelungen Bedeutung für eine maritime Raumplanung und den Meeresumweltschutz in der deutschen AWZ haben können, was im Folgenden untersucht werden soll. Ganz grundsätzlich werden dabei globale Übereinkommen und solche regionaler Art unterschieden. Die regionalen Übereinkommen können weiter untergliedert werden in Übereinkommen, die für beide deutschen Meere – also Nord- und Ostsee – anwendbar sind und solche, die sich speziell nur auf eines der beiden Meere beziehen.

Mit Blick auf die Meeresumwelt können die Übereinkommen hinsichtlich ihres Ansatzes unterschieden werden: Es gibt Übereinkommen, die in einem ganzheitlichen Ansatz den Schutz von marinen Ökosystemen bezwecken, andere Übereinkommen fokussieren sich auf den Lebensraum- bzw. Artenschutz oder bestimmte Verschmutzungsquellen.[145] Im Folgenden sind diese Einteilungen allerdings nur

---

Entwicklungen im Seerecht II, 2003, S. 43 ff.; *Czybulka/Stredak*, Rechtsfragen der marinen Kies- und Sandgewinnung in Nord- und Ostsee, 2008, S. 119 ff.; *Proelß*, EurUP 2009, 2 ff. (3), mit Verweis auf *von Gadow*, Raumplanung im Meer, in: Ehlers/Paschke (Hrsg.), Meeresfreiheit und Ocean Governance, FG Lagoni, 2008, S. 105 ff. (114 ff.); *Schubert*, NuR 2009, 834 ff. (836).

144 *Janssen et al.*, Umweltbelange der Meeresraumordnung in der deutschen AWZ unter Berücksichtigung des Ökosystemansatzes, 2017, S. 98 f., weisen darauf hin, dass mit den Rechten des Seerechtsübereinkommens „alle denkbaren Bereiche abgedeckt werden" und man insofern nicht mehr von „selektiver Raumordnung" sprechen könne.

145 *Proelß*, Meeresschutz im Völker- und Europarecht, 2004, 2. Teil, Kapitel 2 und 3.

von nachgeordnetem Interesse. Im Hinblick auf die vorliegende Untersuchung zur maritimen Raumplanung in der AWZ sind die relevanten völkerrechtlichen Übereinkommen vielmehr und vorrangig auf ihre raumbezogenen Regelungswirkungen hin zu untersuchen.[146]

Die generelle Anwendbarkeit weiterer Abkommen neben dem Seerechtsübereinkommen ist möglich und zum Teil sogar erforderlich, da die Vorgaben des Seerechtsübereinkommens lediglich Rahmenvorschriften sind und durch weitere Abkommen konkretisiert und ergänzt werden (müssen).[147] Demgemäß ist in Art. 311 Abs. 2 SRÜ bestimmt, dass das Seerechtsübereinkommen nicht die Rechte und Pflichten der Vertragsstaaten aus anderen Übereinkünften ändert, die mit ihm vereinbar sind und andere Vertragsstaaten „in dem Genuß ihrer Rechte oder in der Erfüllung ihrer Pflichten" aus dem Seerechtsübereinkommen nicht beeinträchtigen. Für den Bereich des Schutzes und der Bewahrung der Meeresumwelt sind die Vertragsstaaten durch das Seerechtsübereinkommen sogar zur Zusammenarbeit auf weltweiter oder regionaler Ebene verpflichtet, Art. 197 SRÜ.[148] Konkretisiert wird die Verpflichtung gem. den Art. 207–212 SRÜ, Gesetze und sonstige Vorschriften zur Verhütung, Verringerung und Überwachung der Verschmutzung der Meeresumwelt zu erlassen, noch hinsichtlich des Einbringungsortes: Verschmutzung vom Land aus, durch Tätigkeiten auf dem Meeresboden, die unter nationale Hoheitsbefugnisse fallen, durch Tätigkeiten im Gebiet, durch Einbringen, durch Schiffe und aus der Luft oder durch die Luft. Die Vertragsstaaten können dabei im Wege bilateraler oder regionaler Übereinkommen sogar ggü. dem Seerechtsübereinkommen strengere Regelungen vereinbaren.[149]

Die relevanten völkerrechtlichen Übereinkommen[150] werden zunächst hinsichtlich ihres Inhalts und ihrer Ziele analysiert – dies jeweils unter der Voraussetzung

---

146 Zu den völkerrechtlichen Grundlagen des deutschen Naturschutzrechts siehe zuletzt *Wolf*, ZUR 2017, 3 ff.

147 Vgl. Fn. 184 bei *Keller*, Planungs- und Zulassungsregime für Offshore-Windenergieanlagen in der deutschen AWZ, 2007. Siehe dazu auch oben unter B.II.2.

148 Dabei sollen durch die Vorschriften des Seerechtsübereinkommens auch Verpflichtungen aufgrund früher geschlossener Übereinkommen und Abkommen zum Schutz und zur Bewahrung der Meeresumwelt nicht berührt werden, Art. 237 Abs. 1 SRÜ.

149 Art. 237 SRÜ. Da jedoch die besondere Rechtsordnung der AWZ und die Prinzipien des Teils XII SRÜ ggü. Drittstaaten nicht verändert werden können, binden derartige regionale und bilaterale Übereinkommen nur die jeweiligen Vertragsparteien inter partes und nicht erga omnes.

150 Der Begriff des Übereinkommens wird (nur) an dieser Stelle allgemeingültig verwendet. Im Einzelnen ist die konkrete Begriffswahl der Vertragsparteien, bspw. Übereinkommen, Abkommen, Konvention, zu übernehmen. Siehe allgemein zu internationalen Übereinkommen bspw. *Dux*, Specially Protected Marine Areas in the EEZ, 2011; *Czybulka/Bosecke*, Marine Protected Areas in the EEZ, in: von Nordheim et al. (Hrsg.), Progress in Marine Conservation in Europe, 2006, S. 27 ff.; *von Nordheim et al.*, International conventions for marine nature conservation

ihrer Anwendbarkeit auf die deutsche AWZ –, in einem zweiten Schritt wird selektiv auf die Bedeutung des Übereinkommens bzw. einzelner Vorschriften hieraus für die maritime Raumplanung eingegangen.

1. *Übereinkommen zum Schutz der Meeresumwelt und des Nordostatlantiks (OSPAR-Übereinkommen)*

Das „Übereinkommen zum Schutz der Meeresumwelt des Nordostatlantiks“ (OSPAR-Übereinkommen) ist aus den früheren Übereinkommen von Oslo[151] und Paris[152] hervorgegangen und wurde 1992 geschlossen.[153] Die Ratifizierung durch Deutschland erfolgte 1994 mit dem „Gesetz zu internationalen Übereinkommen über den Schutz der Meeresumwelt des Ostseegebiets und des Nordostatlantiks“.[154] Insgesamt 15 Staaten und die EU sind Vertragsparteien des OSPAR-Übereinkommens.

Als allgemeine Verpflichtung und Ziel des Übereinkommens treffen die Vertragsparteien nach Art. 2 Abs. 1a OSPAR-Übereinkommen alle nur möglichen Maßnahmen, um Verschmutzungen zu verhüten und zu beseitigen. Sie unternehmen dabei alle notwendigen Schritte zum Schutz des Meeresgebiets vor den nachteiligen Auswirkungen menschlicher Tätigkeiten, um die menschliche Gesundheit zu schützen, die Meeresökosysteme zu erhalten und, soweit durchführbar, beeinträchtigte Meereszonen wiederherzustellen (Art. 2 OSPAR-Übereinkommen). Zum Meeresgebiet und damit zum Geltungsbereich des Übereinkommens zählt nach Art. 1 lit. a OSPAR-Übereinkommen auch die AWZ des Nordostatlantiks.[155] Das OSPAR-Übereinkommen ist ein regionales Übereinkommen, das ganzheitlich den Schutz der Meeresumwelt bezweckt. Es bezieht sich insbesondere auf Verschmutzungen der Meeresumwelt vom Lande aus, durch Einbringen oder Verbrennung sowie durch Offshore-Quellen.[156] Diese sollen unter Berücksichtigung des Vorsorge- und Verursacherprinzips (Art. 2 Abs. 2 und 3 OSPAR-Übereinkommen) und Anwendung

---

and marine protected areas, in: von Nordheim et al. (Hrsg.), Progress in Marine Conservation in Europe, 2006, S. 5 ff.

151 Osloer Übereinkommen zur Verhütung der Meeresverschmutzung durch das Einbringen durch Schiffe und Luftfahrzeuge v. 15.2.1972, BGBl. 1977 II, S. 165, i.d.F. der Protokolle v. 2.3.1983, BGBl. 1986 II, S. 998, und v. 5.12.1989, BGBl. 1994 II, S. 1355.

152 Pariser Übereinkommen zur Verhütung der Meeresverschmutzung vom Lande aus v. 21.2.1974, BGBl. 1981 II, S. 870, i.d.F. des Protokolls v. 26.3.1986, BGBl. 1989 II, S. 170.

153 V. 22.9.1992, BGBl. 1994 II, S. 1360. Siehe auch http://www.ospar.org/ (2.2.2017). Das OSPAR-Übereinkommen tritt an die Stelle des Oslo- und Paris-Übereinkommens, Art. 31 Abs. 1 OSPAR-Übereinkommen.

154 V. 23.8.1994, BGBl. 1994 II, S. 1355, 1360. Siehe dazu *Lagoni*, Das OSPAR-Übereinkommen von 1992 und der Schutz der Nordsee, in: Koch/Lagoni (Hrsg.), Meeresumweltschutz für Nord- und Ostsee, 1996, S. 79 ff.

155 Art. 1 lit. A bestimmt die Grenzen des Vertragsgebiets durch die Angabe von Breiten- und Längengraden.

156 Art. 3–5 i.V.m. Anlage I–III OSPAR-Übereinkommen.

der besten verfügbaren Techniken und der besten Umweltpraxis vermieden werden (Art. 2 Abs. 3b i.V.m. Anhang 1 OSPAR-Übereinkommen). Die Vertragsparteien führen regelmäßig gemeinsame Beurteilungen der Qualität der Meeresumwelt und ihrer Entwicklung durch (Art. 6 i.V.m. Anlage IV OSPAR-Übereinkommen). Sie arbeiten zudem an Programmen und Maßnahmen mit, um die menschlichen Tätigkeiten mit negativer Auswirkung auf die Meeresumwelt einzuschränken (Anlage V und Anhang 3 des OSPAR-Übereinkommens).

Das Übereinkommen selbst beinhaltet weitgehend lediglich allgemeine Aussagen. Die eigentliche Zusammenarbeit der Vertragsparteien und damit die Weiterentwicklung und Konkretisierung des Übereinkommens findet auf der Ebene von internationalen Organisationen und Konferenzen statt. Eine solche internationale Organisation ist auch i.R.d. OSPAR-Übereinkommens durch die aus allen Vertretern der Vertragsparteien bestehende OSPAR-Kommission eingesetzt worden. Zu ihren Aufgaben gehört die Überwachung der Durchführung des Übereinkommens, die Überprüfung des Meereszustandes, die Erarbeitung von Programmen und Maßnahmen sowie die Erarbeitung von Vorschlägen zur Änderung des Übereinkommens (Art. 10 Abs. 2 OSPAR-Übereinkommen).[157] Beschlüsse und Empfehlungen werden i.d.R. einstimmig angenommen, die OSPAR-Kommission kann diese unter bestimmten Voraussetzungen jedoch auch schon bei Dreiviertelmehrheit der Stimmen der Vertragsparteien annehmen. Herauszustellen ist, dass die von der OSPAR-Kommission angenommenen Beschlüsse dabei für die Vertragsparteien, die die Bindungswirkung nicht förmlich abgelehnt haben, verbindlich sind (Art. 13 Abs. 5 OSPAR-Übereinkommen). Sie können zudem einen Zeitplan für ihre Durchführung vorsehen (Art. 13 Abs. 4 OSPAR-Übereinkommen).[158]

157 Die Arbeit der OSPAR-Kommission wurde und wird insbesondere durch zwei politische Gremien auf Ministerebene, die kein selbständiges völkerrechtliches Mandat besitzen, unterstützt: Durch die Internationale Nordseeschutzkonferenz (INK) und die trilateralen Regierungskonferenzen zum Schutz des Wattenmeeres. Bis zum Sechsten Umweltaktionsprogramm der EU 2002 (siehe dazu 2. Kapitel, A.I.1.), das den Fokus erstmals auf den Schutz und die Erhaltung der Meeresumwelt warf, war die EU an diesem Thema weitgehend unbeteiligt. Die INK, die 1983 erstmalig in Bremen stattfand, war bis dahin das Forum der Nordseeanrainerstaaten, auf dem die Umweltprobleme der Nordsee erörtert und politische Maßnahmen beschlossen wurden. Die letzte Konferenz fand 2006 in Göteborg/Schweden statt. Zur Trilateral Wadden Sea Cooperation (TWSC), siehe http://www.waddensea-secretariat.org/ (2.2.2017). Der Fokus der drei Wattenmeeranrainerstaaten Niederlande, Deutschland und Dänemark liegt auf dem Schutz des Wattenmeeres. Siehe dazu *Schütte*, Der Schutz des Wattenmeeres, 2001, S. 76 ff.; *Ehlers*, NuR 1988, 126 ff.

158 Sanktionierungsmaßnahmen im weitesten Sinne sieht Art. 23 OSPAR-Übereinkommen vor, wonach die Kommission auf der Grundlage durch die Vertragsparteien einzureichender Berichte die Einhaltung des Übereinkommens überprüft und ggfs. Maßnahmen beschließt und verlangt, die die volle Einhaltung des Übereinkommens gewährleisten.

Ganzheitliche raumplanerische Ansätze sind dem OSPAR-Übereinkommen nicht zu entnehmen. Das OSPAR-Übereinkommen äußert sich lediglich zur Einrichtung von Meeresschutzgebieten zum Schutz und zur Erhaltung der Ökosysteme und der biologischen Vielfalt des Meeresgebiets; dies kann auf Art. 3 Annex V i.V.m. den OSPAR Recommendations 2003/3 und OSPAR Agreements 2003/17, 2003/18 und 2006/3 gestützt werden.[159] Aktuell sind alle gemeldeten OSPAR-Meeresschutzgebiete gleichzeitig auch Natura 2000-Schutzgebiete. Es gibt bislang keine Meeresschutzgebiete, die Schutzgegenstände umfassen, die nur im OSPAR-Übereinkommen, nicht aber auch in den Natura 2000-Richtlinien genannt werden.[160]

2. Übereinkommen zum Schutz der Meeresumwelt des Ostseegebiets (HELSINKI-Übereinkommen)

Das völkerrechtliche Pendant zum OSPAR-Übereinkommen für den Nordostatlantik und die Nordsee ist das „Übereinkommen zum Schutz der Meeresumwelt des Ostseegebietes“ (HELSINKI-Übereinkommen). Es stammt wie das OSPAR-Übereinkommen ebenfalls aus dem Jahr 1992; ratifiziert wurde es von Deutschland gleichzeitig mit dem OSPAR-Übereinkommen durch Gesetz im Jahr 1994.[161] Dem Übereinkommen gehören alle neun Ostseeanrainerstaaten sowie die EU an.

Ziel des HELSINKI-Übereinkommens ist die Verhütung und Beseitigung der Verschmutzung der Meere, um die ökologische Wiederherstellung des Ostseegebiets und die Erhaltung seines ökologischen Gleichgewichts zu fördern. Aus dieser Formulierung heraus, die die Wiederherstellung des Ostseegebiets an die erste Stelle setzt, wird die Erkenntnis der Vertragsparteien um den kritischen ökologischen Zustand der Ostsee deutlich.[162] Der Geltungsbereich des Übereinkommens umfasst das gesamte Ostseegebiet einschließlich der inneren Gewässer der Vertragsparteien (Art. 1 Abs. 1 HELSINKI-Übereinkommen) und damit auch die Bereiche der AWZ.

---

159 Zu finden unter http://www.ospar.org/convention/agreements (2.2.2017). *Trouwborst/Dotinga*, Eur Ener & Environ L Rev (20) 2011, 129 ff. (143). Die Definition des Meeresschutzgebiets in 1.1 der Recommendation 2003/3 lautet: „... an area within the maritime area for which protective, conservation, restorative or precautionary measures have been instituted for the purpose of protecting and conserving species, habitats, ecosystems or ecological processes of the marine environment“.

160 *Trouwborst/Dotinga*, Eur Ener & Environ L Rev (20) 2011, 129 ff. (144 f.).

161 V. 9.4.1992; umgesetzt mit dem Gesetz zu internationalen Übereinkommen über den Schutz der Meeresumwelt des Ostseegebietes und des Nordostatlantiks v. 23.8.1994, BGBl. 1994 II, S. 1355, 1397. Siehe dazu *Ehlers*, NuR 1993, 202 ff.; *Ehlers*, Das revidierte Helsinki-Übereinkommen, in: Koch/Lagoni (Hrsg.), Meeresumweltschutz für Nord- und Ostsee, 1996, S. 103 ff.; *Ehlers*, NuR 2001, 661 ff. Das Übereinkommen ist eine Fortentwicklung eines Übereinkommens v. 22.3.1974 mit demselben Namen.

162 So auch der dritte Erwägungsgrund des HELSINKI-Übereinkommens: „In tiefer Besorgnis über die immer noch anhaltende Verschmutzung des Ostseegebiets; ...“.

Ebenso wie das OSPAR-Übereinkommen nimmt das HELSINKI-Übereinkommen Verschmutzungen vom Lande aus, durch Verbrennung, Einbringung und durch Offshore-Tätigkeiten in den Fokus;[163] zusätzlich enthält es Regelungen zur Verschmutzung durch Schiffe und durch Schadstoffe aus anderen Quellen.[164] Ebenso wie beim OSPAR-Übereinkommen haben die Vertragsparteien das Vorsorge- und Verursacherprinzip (Art. 3 Abs. 2 und 4 HELSINKI-Übereinkommen) sowie die besten verfügbaren Techniken und die beste Umweltpraxis zu beachten (Art. 3 Abs. 3 i.V.m. Anlage II HELSINKI-Übereinkommen). Zudem sind bei einer erforderlichen Umweltverträglichkeitsprüfung nach nationalem Recht auch diejenigen Vertragsparteien zu informieren, die durch grenzüberschreitende Auswirkungen der beabsichtigten Tätigkeit auf die Meeresumwelt wahrscheinlich erheblich nachteilige Auswirkungen erfahren können (Art. 7 HELSINKI-Übereinkommen).

Vergleichbare Aufgaben zur OSPAR-Kommission nimmt für das Gebiet der Ostsee die HELSINKI-Kommission (HELCOM)[165] wahr: Als oberstes Entscheidungsgremium beobachtet sie die Durchführung des Übereinkommens, legt Grundsätze für die Überwachung der Verschmutzung fest und empfiehlt Maßnahmen zur Erreichung der Ziele des Übereinkommens.[166] Anders als beim OSPAR-Übereinkommen sind die Entscheidungen der HELCOM, die regelmäßig als Empfehlungen (recommendations) getroffen werden, für die Vertragsparteien nicht verbindlich. Da die Beschlüsse der HELCOM i.d.R. einstimmig gefasst werden (Art. 19 Abs. 5 HELSINKI-Übereinkommen), ist eine entsprechende politische Entscheidung der Vertragsparteien vorausgesetzt, damit die Beschlüsse auch in nationales Recht umgesetzt werden.[167]

Im Jahr 2007 beschlossen die Umweltminister der Ostseeanliegerstaaten einen Aktionsplan, den HELCOM Baltic Sea Action Plan.[168] Dieser Aktionsplan hat zum Ziel, einen guten ökologischen Zustand der Ostseegewässer bis zum Jahr 2021 herzustellen. Er baut auf dem Ökosystemansatz auf und konzentriert sich inhaltlich auf die Bereiche Eutrophierung, gefährliche Substanzen, Biodiversität, maritime Aktivitäten und die Erhöhung der öffentlichen Aufmerksamkeit für die Probleme der Meeresumwelt in der Ostsee. Er enthält einen Katalog von Maßnahmen und Empfehlungen, die z.B. die Verbesserung der Schiffssicherheit in eisbedeckten Gewässern, die Schaffung von ökonomischen Anreizen zur Verminderung von Schiffsemissionen oder auch die Entwicklung von Prinzipien zur maritimen Raumplanung

---

163 Art. 6 i.V.m. Anlage III, Art. 10, Art. 11 i.V.m. Anlage V, Art. 12 i.V.m. Anlage VI zum HELSINKI-Übereinkommen.

164 Art. 5 i.V.m. Anlage I und Art. 8 i.V.m. Anlage IV zum HELSINKI-Übereinkommen. Zur Konkurrenz von EU- und Völkerrecht in diesem Bereich siehe *Lell*, ZUR 2001, 138 ff.

165 Siehe http://www.helcom.fi/ (2.2.2017).

166 Art. 19 und 20 HELSINKI-Übereinkommen.

167 Darüber haben die Vertragsparteien der Kommission in regelmäßigen Zeitabständen auch Bericht zu erstatten, Art. 16 HELSINKI-Übereinkommen.

168 http://www.helcom.fi/baltic-sea-action-plan (2.2.2017).

in der Ostsee betreffen.[169] Mit diesem Aktionsplan wird damit in Abkehr vom ursprünglichen Vertragstext, der die einzelnen Verschmutzungsquellen adressiert, eine ganzheitliche Betrachtungsweise verfolgt.

Zu den verschiedenen Arbeitsgruppen der HELCOM[170] gehört auch eine speziell für das Thema der maritimen Raumplanung in der Ostsee eingerichtete Plattform: die HELCOM-VASAB Maritime Spatial Planning Working Group.[171] Ihre Hauptaufgabe liegt darin, die kohärente Entwicklung einer maritimen Raumplanung in der Ostsee zu begleiten und zu fördern. Von 2009 bis 2012 verfolgte die Arbeitsgruppe das BaltSeaPlan-Projekt zur Einführung einer integrierten maritimen Raumplanung in der Ostsee.[172] Die fortgeführte Finanzierung von Nachfolgeprojekten, wie z.B. Baltic SCOPE oder Baltic LINes,[173] zeigt die andauernde Aktualität des Themas.

Mit Art. 15 HELSINKI-Übereinkommen enthält das Übereinkommen eine Naturschutzvorschrift, nach der die Vertragsparteien verpflichtet sind, einzeln und gemeinsam alle geeigneten Maßnahmen hinsichtlich des Ostseegebietes und seiner von der Ostsee beeinflussten Küstenökosysteme zu treffen, um natürliche Lebensräume und die biologische Vielfalt zu erhalten und ökologische Abläufe zu schützen. Mitumfasst von dieser Vorschrift ist die nachhaltige Nutzung der natürlichen Ressourcen. Hauptinstrument zur Umsetzung dieser Verpflichtung ist die Einrichtung eines Systems von Schutzgebieten in der Ostsee, sog. Baltic Sea Protected Areas

---

169 Siehe HELCOM Recommendation 28E/9, http://helcom.fi/Documents/Baltic%20sea%20action%20plan/BSAP_Final.pdf, S. 57 f. (2.2.2017).

170 Neu organisiert seit September 2014: Fünf permanente Arbeitsgruppen (HELCOM Gear, Maritime, Pressure, Response, State&Conservation) und drei zeitlich limitierte Arbeitsgruppen (HELCOM Fish, Agri, Maritime Spatial Planning), siehe http://www.helcom.fi/helcom-at-work (2.2.2017).

171 http://www.helcom.fi/helcom-at-work/groups/helcom-vasab-maritime-spatial-planning-working-group (2.2.2017). VASAB steht für „Vision and Strategies around the Baltic Sea", http://www.vasab.org/ (2.2.2017), und ist eine zwischenstaatliche Kooperation, der elf Staaten der Ostseeregion angehören.

172 Das Projekt war mit 3,7 Mio. Euro Budget das bislang größte Projekt in diesem Rahmen, siehe http://www.baltseaplan.eu/ (12.1.2017). Weitere Projekte, die mittlerweile abgeschlossen sind, beschäftigten sich ebenfalls mit der maritimen Raumplanung: So speziell im Bereich des Bottnischen Meerbusens das Projekt Plan Bothnia (Dezember 2010 bis Juni 2012), siehe http://planbothnia.org/ (2.2.2017). Das Projekt PartiSEApate wurde von Juni 2012 bis September 2014 finanziert; http://www.partiseapate.eu/ (12.1.2017). Zuvor schon das Projekt PlanCoast (April 2006 bis April 2008), siehe http://www.plancoast.eu/ (12.1.2017).

173 Baltic SCOPE (März 2015 bis März 2017) wurde mit 2,6 Mio. Euro finanziert, siehe http://www.balticscope.eu/ (12.1.2017). Baltic LINes hat ein Budget von 3,4 Mio. Euro (März 2016 bis Februar 2019), siehe http://www.balticlines.eu (12.1.2017). Ein für die Nordsee vergleichbares Projekt heißt NorthSEE (2016 bis 2019) und wird mit insgesamt vier Mio. Euro finanziert, siehe http://www.northsearegion.eu/northsee/ (2.2.2017).

(BSPAs), nach der HELCOM-Empfehlung 15/5.[174] Der Anhang der Empfehlung nennt dazu insgesamt 62 Gebiete, darunter acht Gebiete in Deutschland,[175] für die in einem ersten Schritt zum Aufbau des Systems von Schutzgebieten jede Vertragspartei Managementpläne erstellen soll. Die Gebiete sollen dabei möglichst über 1.000 Hektar groß sein; jegliche spätere Verkleinerung der Gebiete oder eine Änderung des Schutzstatus durch die Vertragspartei muss HELCOM zuvor angezeigt werden. Nach der HELCOM-Empfehlung 35/1, die die Empfehlung 15/5 ersetzt, sollen die Meeresschutzgebiete, nun HELCOM MPAs genannt, mindestens zehn Prozent der gesamten Meeresfläche des Ostseegebiets umfassen.[176] Diese Vorgaben sind bei Aufstellung und Änderung eines maritimen Raumordnungsplans einzuhalten.

3. Übereinkommen über die Umweltverträglichkeitsprüfung im grenzüberschreitenden Rahmen (Espoo-Konvention)

Das Übereinkommen über die Umweltverträglichkeitsprüfung im grenzüberschreitenden Rahmen (Espoo-Konvention) stammt aus dem Jahr 1991.[177] Es ist ein Instrument zur Beteiligung betroffener Staaten und deren Öffentlichkeit an Verfahren der Umweltverträglichkeitsprüfung in anderen Staaten und gilt für Vorhaben, die erhebliche grenzüberschreitende Auswirkungen haben können. Die Espoo-Konvention ist seit 1997 in Kraft. Deutschland hat das Übereinkommen 1991 ratifiziert und ist auch dessen beiden späteren Änderungen beigetreten.[178] Die EU ist ebenfalls Vertragspartei und hat die Espoo-Konvention mit der UVP-Richtlinie 85/337/EWG umgesetzt.[179]

---

174 http://www.helcom.fi/Recommendations/Rec%2015-5.pdf (12.1.2017). Dazu *von Nordheim*, Baltic Sea Protected Areas im Rahmen von HELCOM II, in: Czybulka (Hrsg.), Erkennen, Bewerten, Abwägen und Entscheiden, 2000, S. 53 ff. Eine weitere Empfehlung beschäftigt sich mit dem „Development of broad-scale marine spatial planning principles in the Baltic sea area“, siehe http://www.helcom.fi/Recommendations/Rec%2028E-9.pdf (2.2.2017).

175 Darunter z.B. der Jasmund Nationalpark, die Schleimünde und die Wismarer Bucht.

176 http://www.helcom.fi/Recommendations/Rec%2035-1.pdf (12.1.2017), siehe dazu die HELCOM MPA Database unter http://mpas.helcom.fi/apex/f?p=103:1 (12.1.2017).

177 Convention on Environmental Impact Assessment (EIA) in a Transboundary Context, v. 25.2.1991, http://www.unece.org/env/eia/welcome.html (23.1.2017). Siehe dazu *Abromeit*, ZUR 2007, 354 ff. (354); *Kim*, NuR 2009, 170 ff.

178 Mit Gesetz zu dem Übereinkommen v. 25.2.1991 über die Umweltverträglichkeitsprüfung im grenzüberschreitenden Rahmen sowie zu der auf der zweiten Konferenz der Parteien in Sofia am 27.2.2001 beschlossenen Änderung des Übereinkommens (Espoo-Vertragsgesetz) v. 7.6.2002, BGBl. 2002 II, S. 1406, sowie Gesetz zur zweiten Änderung des Übereinkommens v. 25.2.1991 über die Umweltverträglichkeitsprüfung im grenzüberschreitenden Rahmen (Zweites Espoo-Vertragsgesetz) v. 17.3.2006, BGBl. 2006 II, S. 224.

179 Richtlinie 85/337/EWG des Rates über die Umweltverträglichkeitsprüfung bei bestimmten öffentlichen und privaten Projekten v. 27.6.1985, ABl.EG L 175, S. 40.

Die Vertragsparteien der Espoo-Konvention haben ein innerstaatliches Verfahren für eine Umweltverträglichkeitsprüfung einzuführen, bei dem andere Vertragsparteien benachrichtigt und beteiligt werden, soweit eine geplante Tätigkeit der Ursprungspartei erhebliche negative Auswirkungen auf das Gebiet der betroffenen Vertragspartei haben kann (Art. 2 Abs. 2, 4, 6 Espoo-Konvention). Da sich das Übereinkommen auf die Wechselbeziehungen zwischen wirtschaftlichen Tätigkeiten und deren Umweltfolgen bezieht, bedeutet „Auswirkung" i.S.d. Übereinkommens jede Auswirkung einer geplanten Tätigkeit auf die Umwelt, u.a. auch auf die Pflanzen- und Tierwelt, auf Boden, Luft, Wasser, Klima und Landschaft.[180] Über Art. 1 lit. viii ist die Espoo-Konvention auch auf grenzüberschreitende Auswirkungen im Bereich der AWZ anwendbar.

Die Espoo-Konvention enthält im Unterschied zu den bislang behandelten Übereinkommen keine materiell-rechtliche, sondern verfahrensrechtliche Maßgaben, die aber ebenfalls dem Umweltschutz dienen sollen. So verpflichten sich die Vertragsparteien im Bewusstsein der Notwendigkeit, Umweltfaktoren im Entscheidungsfindungsprozess frühzeitig und ausdrücklich zu berücksichtigen,[181] alle geeigneten und wirksamen Maßnahmen zur Verhütung, Verringerung und Bekämpfung erheblicher nachteiliger grenzüberschreitender Auswirkungen geplanter Tätigkeiten auf die Umwelt zu ergreifen.[182] Hierzu gehört insbesondere die Schaffung eines innerstaatlichen Verfahrens zur Umweltverträglichkeitsprüfung.[183] In Anhang I sind diejenigen Tätigkeiten aufgelistet, bei deren Durchführung voraussichtlich erhebliche nachteilige grenzüberschreitende Auswirkungen entstehen, dazu gehören z.B. der Bau von Handelshäfen, großen Öl- und Gaspipelines oder die Abforstung großer Waldflächen.[184] Der Ursprungsstaat, in dem das Genehmigungsverfahren für die geplante Tätigkeit durchgeführt wird, muss die Stellungnahme der betroffenen Nachbarländer abwarten, bevor er endgültig über das Vorhaben entscheidet.[185]

---

180 Erwägungsgrund 1 und Art. 1vii Espoo-Konvention.

181 Punkt 7 der Präambel der Espoo-Konvention.

182 Art. 2 Abs. 1 i.V.m. Art. 1vii und viii Espoo-Konvention.

183 Art. 2 Abs. 2 Espoo-Konvention. Näher zur Ausgestaltung des Verfahrens *Keller*, Planungs- und Zulassungsregime für Offshore-Windenergieanlagen in der deutschen AWZ, 2007, S. 76 f., und *Abromeit*, ZUR 2007, 354 ff. (354).

184 Die Anhänge sind gem. Art. 10 Bestandteil der Espoo-Konvention. Anhang III enthält Kriterien, anhand derer die Vertragsparteien feststellen können, ob eine geplante Tätigkeit, die nicht in Anhang I genannt ist, so erhebliche nachteilige Auswirkungen hat, dass sie entsprechend der in Anlage I genannten Tätigkeiten behandelt wird, Art. 2 Abs. 5 Espoo-Konvention i.V.m. Anhang III.

185 Mit verschiedenen Nachbarstaaten hat die Bundesrepublik Deutschland zur besseren praktischen Handhabung des Übereinkommens konkrete Absprachen getroffen, z.B. mit den Niederlanden (Deutsch-Niederländische Erklärung, 2013, siehe unter http://www.unece.org/fileadmin/DAM/env/eia/documents/database/german-netherland_agreement_on_EIA_SEA_in_a_transboundary_context.pdf (2.2.2017)) oder Polen (Vertragsgesetz zur Deutsch-Polnischen UVP-Vereinbarung v. 13.4.2007, BGBl. 2007 II, S. 595).

I.R.d. Erstellung eines maritimen Raumordnungsplanes erhält die Espoo-Konvention damit Bedeutung, sobald die Durchführung einer der in Anhang I genannten Tätigkeiten in der deutschen AWZ beabsichtigt wird.[186] In der Ostsee ist das Espoo-Verfahren z.B. im Zuge des Baus der Nordstream-Erdgas-Pipeline vom russischen Wyburg bis in die Nähe von Greifswald relevant geworden.[187] Durch das Zweite Espoo-Vertragsgesetz sind in Anhang I Nr. 22 auch „Major installations for the harnessing of wind power for energy production (wind farms)" aufgenommen worden. Obwohl diese in der deutschen Übersetzung „größere(n) Anlagen zur Nutzung von Windenergie zur Stromerzeugung (Windfarmen)" quantitativ nicht weiter bestimmt sind, ist beim Ausbau der Offshore-Windenergieparks, die teilweise mehr als 100 Einzelanlagen umfassen, eine entsprechende Umweltprüfung nach der Espoo-Konvention durchzuführen.[188]

Aus dem Jahr 2003 stammt das sog. SEA-Protokoll zur Espoo-Konvention.[189] Mit dem SEA-Protokoll werden die verfahrensrechtlichen Maßnahmen der Espoo-Konvention zur Beteiligung betroffener Nachbarländer bei grenzüberschreitenden Auswirkungen geplanter Tätigkeiten auf Pläne und Programme ausgeweitet.[190] Soweit von den Plänen und Programmen erhebliche Auswirkungen auf die Umwelt zu erwarten sind, sind sie unter der Beteiligung eventuell betroffener Nachbarländer einer sog. Strategischen Umweltprüfung zu unterziehen. Durch das SEA-Protokoll ist damit eine sehr viel frühere Verfahrensbeteiligung an Entscheidungen vorgesehen als durch die ursprüngliche Espoo-Konvention. Raumordnungspläne, durch die der Rahmen für die künftige Genehmigung bestimmter Vorhaben gesetzt wird, sind dabei im SEA-Protokoll ausdrücklich genannt.[191] So erhält die Espoo-Konvention

---

186 Oder sobald der Tätigkeit aufgrund ihres Umfangs, ihres Standortes oder ihrer erwarteten Folgen auf Mensch und Umwelt Bedeutung i.S.d. Anhangs III zukommt.

187 Anhang I Nr. 8 Espoo-Konvention. Hierzu ausführlich *Abromeit*, ZUR 2007, 354 ff. (354); *Soria*, JbUTR 2008, 263 ff.; zu den rechtlichen Rahmenbedingungen der Ostsee-Pipeline *Wolf*, ZUR 2007, 24 ff. (24); zur Ostsee-Pipeline als meeresumweltrechtliches Problem *Kim*, NuR 2009, 170 ff. (170).

188 *Keller*, Planungs- und Zulassungsregime für Offshore-Windenergieanlagen in der deutschen AWZ, 2007, S. 76; in diese Richtung ebenfalls *Risch*, Windenergieanlagen in der AWZ, 2006, S. 52. Siehe auch *Pestke*, Offshore-Windfarmen in der AWZ, 2008, S. 103 f. Beim Bau des ersten Offshore-Windparks in der deutschen AWZ, alpha ventus, wurde ein Espoo-Verfahren durchgeführt; siehe S. 12 ff. der Genehmigung, http://www.bsh.de/de/Meeresnutzung/Wirtschaft/Windparks/Windparks/Genehmigungsbescheide/Nordsee/alpha_ventus/Genehmigungsbescheid_Borkum_West.pdf (23.1.2017).

189 UNECE Protocol on Strategic Environmental Assessment to the Convention on Environmental Impact Assessment in a Transboundary Context, v. 21.5.2003, https://www.unece.org/env/eia/sea_protocol.html (23.1.2017).

190 Art. 4 Abs. 1 SEA-Protokoll.

191 Art. 4 Abs. 2 SEA-Protokoll. Als genehmigungsbedürftige Vorhaben kommen dabei z.B. in Betracht: Öl- und Gaspipelines (Nr. 8 Anhang I), Anlagen zur Nutzung von Windenergie zur Stromerzeugung (Nr. 15 Anhang II).

mit dem SEA-Protokoll für die Aufstellung des Raumordnungsplans in der AWZ Bedeutung: Nach einer Deutsch-Niederländischen Erklärung gilt, dass auch für Pläne und Programme mit voraussichtlich erheblichen grenzüberschreitenden Auswirkungen im deutsch-niederländischen Grenzbereich eine grenzüberschreitende Strategische Umweltprüfung durchgeführt werden muss.[192]

4. *Rechtsetzungstätigkeit der Internationalen Seeschifffahrts-Organisation (IMO)*

Die Internationale Seeschifffahrts-Organisation (International Maritime Organization – IMO) ist eine Sonderorganisation der Vereinten Nationen mit Sitz in London. Sie wurde 1948 gegründet und zählt aktuell 171 Staaten als Mitglieder.[193] Deutschland ist der IMO im Jahr 1959 beigetreten.[194]

Die Ziele der IMO liegen in der internationalen Regelung aller nicht rein wirtschaftlichen Angelegenheiten der Handelsschifffahrt, der Verbesserung der Sicherheit sowie der Arbeitsbedingungen in der Seefahrt und – für die vorliegende Bearbeitung relevant – in der Verringerung der Meeresverschmutzung durch Schiffe.[195] Die IMO hat bislang ca. 40 völkerrechtliche Übereinkommen erarbeitet, dazu gehören u.a. das Internationale Übereinkommen zum Schutz des menschlichen Lebens auf See (International Convention for the Safety of Life at Sea – SOLAS),[196] das Internationale Übereinkommen zur Verhütung der Meeresverschmutzung durch Schiffe (International

---

192 Siehe unter III. der Deutsch-Niederländischen Erklärung v. 2013, siehe unter http://www.unece.org/fileadmin/DAM/env/eia/documents/database/german-netherland_agreement_on_EIA_SEA_in_a_transboundary_context.pdf (2.2.2017). Nach III.1. i.V.m. II.7.1. der Erklärung ist der Nachbarstaat bei jedem Plan bzw. Programm zu unterrichten, der in einer Entfernung von bis zu fünf Kilometern von der Grenze verwirklicht werden soll und für den nach nationalem Maßstab eine Strategische Umweltprüfung durchzuführen ist.

193 Aktuelle Liste unter http://www.imo.org/About/Membership/Pages/Member States.aspx (2.2.2017).

194 Siehe das Übereinkommen über die Internationale Seeschifffahrts-Organisation v. 27.9.1982, BGBl. 1982 II, S. 873 ff., und unter http://www.imo.org/ (28.2.2017). Siehe auch *Ehlers/Lagoni*, International Maritime Organisations, 2006. Vgl. Art. 55 S. 1 des IMO-Übereinkommens: Sonderorganisationen sind rechtliche selbständige internationale Organisationen, die aufgrund vertraglicher Vereinbarungen mit der UN zusammenarbeiten. Die IMO nahm ihre Tätigkeit trotz ihrer Gründung im Jahr 1948 erst 1959 auf.

195 Art. 1a) des IMO-Übereinkommens. Das Motto der IMO lautet: „Safe, secure and efficient shipping on clean oceans".

196 Siehe http://www.imo.org/About/Conventions/ListOfConventions/Pages/Inter national-Convention-for-the-Safety-of-Life-at-Sea-%28SOLAS%29,-1974.aspx (2.2.2017). Das Übereinkommen bezweckt einen internationalen Mindeststandard für die Sicherheit auf Schiffen. Da es keinerlei raumplanerische Auswirkungen hat, bleibt es im Weiteren außer Betracht.

Convention for the Prevention of Marine Pollution from Ships – MARPOL 73/78),[197] und das Übereinkommen über die Verhütung der Meeresverschmutzung durch das Einbringen von Abfällen und anderen Stoffen (Convention on the Prevention of Marine Pollution by Dumping of Wastes and Other Matter – London-Übereinkommen und London-Protokoll).[198] Die in der Bundesrepublik Deutschland erlassenen nationalen Vorschriften zum Schutz der Meeresumwelt gehen zu einem großen Teil auf bei der IMO entwickelte Übereinkommen zurück.

a. *Festlegung von Schifffahrtswegen*

Die Bundesrepublik Deutschland ist seit 1959 Mitglied der IMO und hat damit die aus den Rechtsakten der IMO erwachsenden Rechte und Pflichten. Unmittelbare Bedeutung für die maritime Raumplanung ergibt sich jedoch aus einer anderen Tätigkeit der IMO: Sie ist an der Entstehung bzw. Festlegung von Schifffahrtswegen beteiligt, indem sie solche festlegt und bekannt gibt.[199] Für die Nationalstaaten werden diese Schifffahrtswege i.V.m. dem Seerechtsübereinkommen relevant: Nach Art. 60 Abs. 7 SRÜ dürfen künstliche Inseln, Anlagen und Bauwerke nicht dort errichtet werden, wo sie die Benutzung anerkannter (d.h. durch die IMO anerkannter) und für die internationale Schifffahrt wichtiger Schifffahrtswege beeinträchtigen können. Da die Freiheit der Schifffahrt (Art. 58 Abs. 1 SRÜ) nicht einschränkbar ist, sind die durch die IMO festgelegten Schifffahrtswege bei nationalen Entscheidungen mit raumordnungsrechtlichem Bezug vorrangig zu berücksichtigen und von einschränkenden Bebauungen freizuhalten.

---

197 V. 2.11.1973, BGBl. 1982 II, S. 4 ff. (24 ff.), i.d.F. des Zusatzprotokolls v. 17.2.1978, BGBl. 1984 II, S. 231. Zum Übereinkommen siehe *Douvier*, MARPOL, 2012. Siehe http://www.imo.org/About/Conventions/ListOfConventions/Pages/International-Convention-for-the-Prevention-of-Pollution-from-Ships-%28MARPOL%29.aspx (2.2.2017).

198 V. 29.12.1972, BGBl. 1977 II, S. 165, 180. Deutschland ist dem London-Übereinkommen am 11.2.1977 beigetreten.
Protokoll zum Übereinkommen über die Verhütung der Meeresverschmutzung durch das Einbringen von Abfällen und anderen Stoffen (1996 Protocol to the Convention on the Prevention of Marine Pollution by Dumping of Wastes and other Matter – London Protocol, LP) v. 7.11.1996, BGBl. 1998 II, S. 1345. Die Bundesrepublik Deutschland hat das London Protokoll am 16.10.1998 ratifiziert. Siehe http://londonprotocol.imo.org (2.2.2017).
Auch diese beiden Abkommen, London-Übereinkommen und London Protokoll, haben für raumplanerische Bestrebungen in der AWZ keine unmittelbare Bedeutung und bleiben deshalb im Weiteren außer Betracht.

199 Vgl. *Brandt/Gaßner*, SeeAnlV-Kommentar, § 12 Rn. 21; *Risch*, Windenergieanlagen in der AWZ, 2006, S. 53. Eine der IMO ähnliche Stellung im Bereich des Tiefseebergbaus hat die Internationale Meeresbodenbehörde, siehe dazu *Jenisch*, NordÖR 2014, 421 ff.

b. Ausweisung von Particularly Sensitive Sea Areas (PSSA)

Über Art. 211 Abs. 6a und c SRÜ besteht die Möglichkeit, bei der IMO – als i.S. des Seerechtsübereinkommens „zuständige internationale Organisation“ – besondere gebietsbezogene Schutzmaßnahmen zur Verhütung, Verringerung und Überwachung der Verschmutzung durch Schiffe zu beantragen und dementsprechende Schutzgebiete auszuweisen. Auf dieser Grundlage hat die Versammlung der IMO[200] eine Resolution erlassen, nach der sog. Particularly Sensitive Sea Areas (PSSA) per Beschluss identifiziert werden können.[201] Diese Schutzgebiete gelten einerseits als besonders empfindlich ggü. der Schifffahrt und anderen menschlichen Einflüssen und sind andererseits aus ökologischen, sozio-ökonomischen oder wissenschaftlichen Gründen besonders bedeutsam.[202] Als Folge einer solchen Identifizierung sind auf Ebene der IMO und der Vertragspartei Maßnahmen zum Schutz des PSSA-Gebiets zu ergreifen. Konkretisiert ist dies durch die IMO nicht, zielt aber hauptsächlich auf die Verbesserung der Schiffssicherheit, wie z.B. eine Lotsenannahmepflicht in tiefem Wasser für Schiffe mit hohem Risiko oder eine besondere Streckenführung.[203] Neben einer Eintragung des PSSAs in den einschlägigen Seekarten kann sich die Ausweisung darüber hinaus auch auf eine maritime Raumplanung auswirken, soweit das PSSA raumplanungsrechtlich in den Raumordnungsplänen verankert wird. 2002 und 2005 sind z.B. das Wattenmeer, die Nordsee und weite Teile der Ostsee als PSSAs anerkannt worden.[204]

c. Ausweisung von Sondergebieten nach MARPOL-Übereinkommen

Das MARPOL-Übereinkommen bezweckt die Verhütung der Meeresverschmutzung durch Schiffe.[205] Es sieht neben anderen Maßnahmen auch die Möglichkeit vor, Sondergebiete (special areas) auszuweisen. Im Unterschied zu den PSSAs zeichnen sich die Sondergebiete nach MARPOL neben ihren ozeanographischen und ökologischen Gegebenheiten insbesondere durch die spezifische Verkehrslage aus.[206]

---

200 Die Assembly ist das höchste Beschlussgremium der IMO, siehe http://www.imo.org/en/About/Pages/Structure.aspx (2.2.2017).

201 Resolution A.927 (22), Annex 2 widerrufen durch Resolution A.982 (24), zu finden unter http://www.imo.org/en/KnowledgeCentre/IndexofIMOResolutions/Pages/Default.aspx (2.2.2017). Dazu *Kachel*, Particularly Sensitive Sea Areas, 2008; *Roberts*, Marine Environment Protection and Biodiversity Conservation, 2007.

202 Siehe zur Definition Resolution A.720 (17), S. 27 und Resolution A.885 (21).

203 *Hohmann*, Weltweiter Schutz der Meeresumwelt, in: Dolde (Hrsg.), Umweltrecht im Wandel, 2001, S. 99 ff. (108 f.).

204 Durch den Ausschuss für den Schutz der Meeresumwelt, Resolution MEPC.101 (48) und MEPC.136 (53), siehe http://www.imo.org/en/KnowledgeCentre/IndexofIMOResolutions/Pages/Default.aspx (2.2.2017).

205 Aus Art. 1a des MARPOL-Gesetzes ergibt sich die Geltung des Übereinkommens für die AWZ, siehe MARPOL-Gesetz v. 23.12.1981, i.d.F. der Bekanntmachung v. 18.9.1998, BGBl. 1998 II, S. 2546.

206 Siehe zur Definition Resolution A.720 (17), S. 16.

PSSA und special areas schließen sich dabei nicht gegenseitig aus, im Gegenteil finden sich PSSAs oftmals innerhalb von special areas und umgekehrt.[207] Es werden zwei Arten von MARPOL-Sondergebieten unterschieden; wobei im Text des Übereinkommens selbst lediglich generelle Rahmenbedingungen festgehalten werden, die relevanten praktischen Festsetzungen ergeben sich aus den sechs Anlagen des MARPOL-Übereinkommens:[208] Sie enthalten Regelungen zur Verhütung der Verschmutzung durch Öl,[209] durch schädliche flüssige Stoffe,[210] durch Schadstoffe, die in verpackter Form befördert werden,[211] durch Schiffsabwasser,[212] durch Schiffsmüll[213] und zur Verhütung der Luftverunreinigung durch Seeschiffe.[214]

Die Anlagen I, II und V sehen die Möglichkeit zur Ausweisung bestimmter Meeresgebiete als special areas vor. In diesen Gebieten gilt ggü. anderen Gebieten ein verschärftes Schutzregime etwa in der Weise, dass bestimmte Ausnahmevorschriften, die bspw. das Einleiten von Öl in bestimmten Fällen erlauben, dort gerade nicht

207 http://www.imo.org/en/OurWork/Environment/PSSAs/Pages/Default.aspx (13.4.2017).

208 Aus Art. 14 des Übereinkommens ergibt sich, dass die Anlagen I und II obligatorisch bei Ratifizierung des Übereinkommens gelten, wogegen die Anlagen III bis VI jeweils einer gesonderten Beitrittserklärung bedürfen („Fakultative Anlagen"). Die MARPOL-Zuwiderhandlungsverordnung (MARPOL-ZuwV) v. 19.2.1989, BGBl. I, S. 247, enthielt ergänzende Bestimmungen zu Zuwiderhandlungen gegen die Anlagen des MARPOL-Übereinkommens, bestimmt Ordnungswidrigkeitentatbestände und die Höhe der Geldbußen. Sie wurde 2014 durch die See-Umweltverhaltensverordnung (SeeUmwVerhV) v. 13.8.2014, BGBl. I, S. 1371, ersetzt.

209 Anlage I, am 2.10.1983 in Kraft getreten. Der Anhang schreibt u.a. die Führung eines Öltagebuches vor, in dem alle Vorgänge aufzuzeichnen sind, die Betriebsvorgänge an Bord i.V.m. der Behandlung und dem Einleiten von Öl oder ölhaltigen Flüssigkeiten etc. betreffen. Zu dem Fall eines durch das OLG Hamburg (Beschluss v. 27.9.2002, Az. 3 Ss 44/02 OWi, NuR 2003, 461) entschiedenen Falles eines Öltagebuchverstoßes siehe *Brandt*, NuR 2003, 411 ff.

210 Anlage II, am 6.4.1987 in Kraft getreten. I.R.d. Vorschriften der Anlage II sind in einem Ladungstagebuch alle wichtigen in Bezug auf schädliche Stoffe an Bord stattfindenden Vorgänge einzutragen.

211 Anlage III, am 1.7.1992 in Kraft getreten. Die nationale Umsetzung dieser Vorschriften erfolgte durch die Gefahrgutverordnung See (GGVSee) v. 9.2.2016, BGBl. I, S. 1843.

212 Anlage IV, am 27.9.2003 in Kraft getreten. Hiernach ist das Einleiten von Schiffsabwasser grundsätzlich verboten; Ausnahmen gelten nur, soweit das Schiff über spezielle Abwasserbehandlungs- oder -aufbereitungsanlagen verfügt.

213 Anlage V, am 31.12.1988 in Kraft getreten. Über die Behandlung und Beseitigung des an Bord angefallenen Mülls ist ein Mülltagebuch zu führen.

214 Anlage VI, am 19.5.2005 in Kraft getreten. In dieser Anlage sind u.a. Grenzwerte für Stick- und Schwefeloxide festgelegt. Siehe dazu die Informationen des BSH unter http://www.bsh.de/de/Meeresdaten/Umweltschutz/MARPOL_Uebereinkommen/index.jsp (2.2.2017).

gelten.[215] Die Gebiete der Nord- und Ostsee sind in den Anlagen I und V als solche Sondergebiete ausgewiesen.

I.R.d. Anlage VI können darüber hinaus sog. SECA-Sondergebiete (Schwefel-Emissions-Überwachungsgebiete, Sulphur Emission Control Areas) ausgewiesen werden. In diesen Gebieten muss der von Schiffen benutzte Treibstoff einen bestimmten, niedrig angesetzten Prozentwert an Schwefelgehalt aufweisen. Nord- und Ostsee sind ebenfalls bereits als SECA-Sondergebiete ausgewiesen worden.[216] Ebenso wie bei er Einrichtung von PSSAs kann sich die Ausweisung von special areas oder SECA-Sondergebieten nach MARPOL unmittelbar auf eine maritime Raumplanung auswirken, soweit diese Gebiete in die Raumordnungspläne übernommen werden.

Bis zum 1. Januar 2021 sollen die Nord- und Ostsee zum Schutz vor Stickstoffoxidemissionen von Schiffen zusätzlich als sog. NECA-Gebiete (Stickstoffoxid-Emissions-Überwachungsgebiete, Nitrogen Oxides Emission Control Areas) ausgewiesen werden.[217] Dafür haben sich die Anrainerstaaten von Nord- und Ostsee ausgesprochen und der IMO im Oktober 2016 einen entsprechenden Antrag vorgelegt, der plangemäß im Frühjahr 2017 von der IMO verabschiedet werden soll.

5. *Übereinkommen über die biologische Vielfalt (Biodiversitätskonvention)*

Das Übereinkommen über die biologische Vielfalt (Convention on Biological Diversity – CBD)[218] stammt aus dem Jahr 1993 und wurde von mittlerweile 168 Vertragsstaaten sowie der EU unterzeichnet und ratifiziert.[219]

---

215 Siehe Anlage I des MARPOL-Übereinkommens und auf der Seite des BSH: http://www.bsh.de/de/Meeresdaten/Umweltschutz/MARPOL_Uebereinkommen/index.jsp (2.2.2017).

216 Nachweis bei *Salomon*, Environ Sci Policy (12) 2009, 359 ff. (361).

217 Siehe dazu Anlage VI des MARPOL-Übereinkommens und den Vorschlag für einen Beschluss des Rates über den Standpunkt, der im Namen der EU auf der 70. und 71. Tagung des Ausschusses für den Schutz der Meeresumwelt der Internationalen Seeschifffahrtsorganisation im Hinblick auf die Billigung und Verabschiedung der Änderungen der Anlage VI des MARPOL-Übereinkommens zur Ausweisung der Ostsee und der Nordsee als Emissionsüberwachungsgebiete für Stickstoffoxid (NECA) und deren Wirksamwerdung zu vertreten ist, COM(2016) 617 final v. 22.9.2016.

218 Auch: Biodiversitätskonvention, v. 5.6.1992, siehe http://www.cbd.int/ (2.2.2017). Dazu *Wolf*, ZUR 2017, 3 ff. (11 f.).

219 Deutschland (siehe Gesetz zum Übereinkommen über die biologische Vielfalt v. 30.8.1993, BGBl. 1993 II, S. 1741) und die EU ratifizierten die Biodiversitätskonvention am 21.12.1993. Deutschland hat in Umsetzung von Art. 6 CBD am 7.11.2007 die Nationale Strategie zur biologischen Vielfalt verabschiedet, siehe https://www.bfn.de/0304_biodivstrategie-nationale.html (2.2.2017). Zur Biodiversitätsstrategie der EU von 1998 vgl. KOM(1998) 42 endg.

Nach Art. 1 CBD verfolgt das Übereinkommen drei gleichwertige Ziele: Die Erhaltung der biologischen Vielfalt, die nachhaltige Nutzung ihrer Bestandteile und den gerechten Ausgleich der sich aus der Nutzung der genetischen Ressourcen ergebenden Vorteile.[220] Unter biologischer Vielfalt wird nach dem Übereinkommen die Variabilität unter lebenden Organismen jeglicher Herkunft verstanden, darunter u.a. Meeres- und sonstige aquatische Ökosysteme und die ökologischen Komplexe, zu denen sie gehören (Art. 2 CBD). Die Biodiversitätskonvention ist weder gebiets- noch artenbezogen, sondern verfolgt mit dem Schutz der biologischen Vielfalt als Ganzem einen ökosystemaren Gesamtansatz. Der Geltungsbereich für die deutsche AWZ ergibt sich aus Art. 4b CBD, wonach die Bestimmungen des Übereinkommens auch Anwendung auf Verfahren und Tätigkeiten finden, die unter der Hoheitsgewalt oder Kontrolle der Vertragspartei entweder innerhalb oder außerhalb des nationalen Hoheitsbereiches durchgeführt werden, unabhängig davon, wo sich diese Verfahren und Tätigkeiten auswirken.[221] Durch Art. 22 Abs. 2 CBD werden die Pflichten der Vertragsparteien hinsichtlich des Meeresschutzes insofern konkretisiert, als auf die Rechte und Pflichten durch das Seerecht – und damit vorrangig auf das Seerechtsübereinkommen – verwiesen wird. Die Biodiversitätskonvention bewirkt damit keine Erweiterung der Hoheitsbefugnisse des Küstenstaates ggü. den Vorschriften des Seerechtsübereinkommens.[222]

Art. 8 CBD enthält eine der wesentlichen Verpflichtungen der Vertragsparteien, nämlich die Erhaltung von Ökosystemen und natürlichen Lebensräumen sowie die Bewahrung und Wiederherstellung lebensfähiger Populationen von Arten in ihrer natürlichen Umgebung und – im Falle domestizierter oder gezüchteter Arten – in der Umgebung, in der sie ihre besonderen Eigenschaften entwickelt haben (In-situ-Erhaltung, Art. 2 CBD).[223] Hierzu gehört insbesondere, dass jede Vertragspartei, soweit möglich und sofern angebracht, ein System von Schutzgebieten oder Gebieten, in denen besondere Maßnahmen zur Erhaltung der biologischen Vielfalt

---

220 Sog. Access and Benefit Sharing (ABS), siehe dazu das Nagoya Protocol on Access and Benefit Sharing, http://www.cbd.int/abs/ (2.2.2017).

221 So auch *Lagoni*, NuR 2002, 121 ff. (129). Vgl. hierzu Fn. 217 und 218 in *Keller*, Planungs- und Zulassungsregime für Offshore-Windenergieanlagen in der deutschen AWZ, 2007, S. 73 f. Der englische Wortlaut ist an dieser Stelle weniger missverständlich: „... in areas within the limits of its national jurisdiction".

222 So auch *Lagoni*, NuR 2002, 121 ff. (129). A.A. *Czybulka*, NuR 2001, 19 ff. (24); *Czybulka*, NuR 2001, 367 ff. (367). Im Falle eines Widerspruchs bspw. zwischen Schifffahrt und Naturschutz sind die Vorschriften des Seerechtsübereinkommens wohl vorrangig, siehe *Wolfrum/Matz*, Max Planck Yearbook of UN Law 2000, 445 ff. (466 f.) mit Verweis auf Art. 30 des Wiener Übereinkommens über das Recht der Verträge v. 23.5.1969, BGBl. 1985 II, S. 926. Dazu auch *Schlacke/Kenzler*, NuR 2009, 753 ff. (756 ff.).

223 Die In-situ-Erhaltung geht der Ex-situ-Erhaltung vor, vgl. Art. 9 CBD, die „...in erster Linie zur Ergänzung der In-situ-Maßnahmen" gedacht ist.

notwendig sind, einrichtet (Art. 8a CBD).[224] Es beinhaltet auch, dass die Vertragsparteien notwendige Rechtsvorschriften oder sonstige Regelungen zum Schutz bedrohter Arten und Populationen ausarbeiten und Leitlinien zur Verwaltung der Schutzgebiete entwickeln (Art. 8b und k CBD). Korrespondierend zu Art. 194 Abs. 5 SRÜ ist damit im marinen Bereich die Einrichtung von Meeresschutzgebieten angesprochen.[225] Zudem wurden auf der 10. Vertragsstaatenkonferenz, dem höchsten Organ der Biodiversitätskonvention,[226] im Jahr 2010 in Nagoya die sog. Aichi-Ziele formuliert.[227] Aichi-Ziel Nr. 11 legt dabei für die Vertragsparteien fest, dass bis zum Jahr 2020 mindestens zehn Prozent der Küsten- und Meeresgebiete, insbesondere solche Gebiete von besonderer Bedeutung für die biologische Vielfalt und für die Ökosystemleistungen, durch effektiv und gerecht gemanagte, ökologisch repräsentative und gut vernetzte Schutzgebietssysteme und andere wirksame gebietsbezogene Erhaltungsmaßnahmen geschützt und in die umgebende marine Landschaft integriert werden sollen.[228] Die raumplanungsrechtliche Relevanz der Biodiversitätskonvention ist damit offensichtlich.[229]

Die Vertragsstaatenkonferenz hat sich auch ausdrücklich dem Thema der marinen Raumplanung angenommen. Zuletzt wurde auf der 11. Vertragsstaatenkonferenz 2012 in Hyderabad/Indien eine spezifische raumplanungs- und meeresschutzbezogene Entscheidung XI/18 zu „Marine and coastal biodiversity" getroffen, wonach u.a. praktische Erfahrungen der Vertragsparteien zur marinen Raumplanung gesammelt und allgemein zugänglich gemacht werden sollen und ein Expertenworkshop veranstaltet werden soll.[230] Das Thema war – in aller seiner völkerrechtlichen Unverbindlichkeit – auch auf der 12. Vertragsstaatenkonferenz 2014 in Pyeongchang/Südkorea Gegenstand einer Entscheidung[231] und stand erneut i.R.d. 13. Vertragsstaatenkonferenz im

---

224 Auf europäischer Ebene erfolgt die Umsetzung des Art. 8a CBD durch die FFH-RL. Eine Erweiterung der küstenstaatlichen Hoheitsbefugnisse ergibt sich dadurch allerdings nicht, da die Maßnahmen unter dem Vorbehalt „soweit möglich und sofern angebracht" stehen, vgl. Art. 8 CBD.

225 Zur völkerrechtlichen Zulässigkeit mariner Natura 2000-Gebiete *Castringius*, Meeresschutzgebiete, 2006.

226 Engl. conference of the parties, COP, siehe Art. 23 CBD. Die Entscheidungen der COP werden regelmäßig durch den wissenschaftlich-technisch-technologischen Beirat vorbereitet, engl. subsidiary body on scientific, technical and technological advice, SBSTTA, Art. 25 CBD.

227 https://www.cbd.int/sp/targets/ (24.1.2017).

228 Übersetzung der Aichi-Ziele auf der Seite des BfN, siehe https://www.bfn.de/0304_2010ziel.html#c107982 (24.1.2017).

229 Dazu auch *Janssen/Albrecht*, Umweltschutz im Planungsrecht, 2008, S. 74 ff.

230 Siehe UNEP/CBD/COP/DEC/XI/18, S. 9, unter Bezugnahme auf eine Studie des wissenschaftlich-technischen Beirats „Marine Spatial Planning in the Context of Convention on Biological Diversity", siehe UNEP/CBD/SBSTTA/16/INF/18.

231 Siehe UNEP/CBD/COP/DEC/XII/23.

Jahr 2016 in Cancun/Mexiko auf der Agenda.[232] Bedeutung erlangen die Beschlüsse und Entscheidungen der Biodiversitätskonvention allerdings nur über die Selbstbindung der Vertragsstaaten.

6. *Weitere Übereinkommen*

Neben den zuvor genannten gibt es viele weitere Übereinkommen, die entweder unmittelbar oder zumindest mittelbar dem Schutz von Arten, Lebensräumen und Ökosystemen des Meeres dienen.

Das *Ramsar-Übereinkommen* von 1971 bezweckt den Schutz von Feuchtgebieten, die Lebensraum von Wasser- und Watvögeln sind.[233] Zu Feuchtgebieten zählen dabei auch Meeresgebiete, die eine Tiefe von sechs Metern bei Niedrigwasser nicht übersteigen (Art. 1 Nr. 1 Ramsar), wobei aber tiefere Meeresgebiete – wie in der AWZ – umfasst sein können (Art. 2 Nr. 1 Ramsar). Geeignete Feuchtgebiete werden von den Vertragsparteien benannt und in eine „Liste international bedeutender Feuchtgebiete" aufgenommen, von den Vertragsparteien zu Schutzgebieten erklärt und angemessen beaufsichtigt (Art. 2 Nr. 1, Art. 4 Nr. 1 Ramsar).

Dem Schutz und der Erhaltung wandernder wild lebender Tierarten nimmt sich das *Bonner Übereinkommen* von 1979 an.[234] Die Vertragsparteien verpflichten sich, in den Verbreitungsgebieten der in Anhang I genannten gefährdeten wandernden Arten, über die sie Hoheitsrechte ausüben, entsprechende Habitate zu erhalten bzw. wiederherzustellen und nachteilige Auswirkungen von Tätigkeiten, welche die Wanderung der Art ernstlich erschweren oder sogar verhindern können, auszuschalten, zu beseitigen, auszugleichen bzw. auf ein Mindestmaß zu beschränken (Art. III Abs. 4 CMS). In diesem Zusammenhang ist an vielfältige Tätigkeiten in der AWZ zu denken: Rammarbeiten für Offshore-Windenergieanlagen, die durch den Unterwasserschall zu lebensbedrohenden Schädigungen von Meeressäugern wie dem Schweinswal führen können oder die Zerschneidung von Flugrouten von Zugvögeln durch Offshore-Windenergieanlagen.[235]

Über weitere Regionalabkommen können für wandernde Arten, die nicht gefährdet sind, sich aber in einer ungünstigen Erhaltungssituation befinden, Erhaltungs- und Schutzvorschriften vereinbart werden, die auch raumplanungsrechtlich

---

232 Siehe UNEP/CBD/COP/XIII/9 mit der Vorbereitung durch den SBSTTA, siehe UNEP/CBD/SBSTTA/REC/XX/6.

233 Convention on Wetlands of International Importance especially as Waterfowl Habitat (Ramsar) v. 2.2.1971, geändert durch das Pariser Protokoll v. 3.12.1982 und die Regina-Änderungen v. 28.5.1987, siehe http://www.ramsar.org/ (2.2.2017). Deutschland ist dem Ramsar-Übereinkommen am 26.6.1976 beigetreten. Dazu *Wolf*, ZUR 2017, 3 ff. (5 f.).

234 Convention on the Conservation of Migratory Species of Wild Animals (CMS) v. 23.6.1979, siehe http://www.cms.int/ (2.2.2017). Dazu *Wolf*, ZUR 2017, 3 ff. (7 f.). Kritisch zum Vollzug des Zustimmungsgesetzes *Proelß*, EurUP 2015, 314 ff.

235 Bspw. Schweinswal und Eiderente finden sich in Anhang I CMS.

relevant sein können. Zu diesen Regionalabkommen gehören das *Abkommen zum Schutz der Seehunde im Wattenmeer* von 1990,[236] das *Abkommen zur Erhaltung der Kleinwale in Nord- und Ostsee* von 1992[237] und das *Abkommen zur Erhaltung der afrikanisch-eurasisch wandernden Wasservögel* von 1995.[238]

Europäische wild lebende Pflanzen, Tiere und ihre natürlichen Lebensräume werden durch das *Berner Übereinkommen* geschützt.[239] Die Einrichtung von Schutzgebieten durch die Vertragsparteien wird nicht ausdrücklich als Verpflichtung aufgegeben. Impliziert werden sie allerdings durch die Verpflichtung, gefährdete natürliche Lebensräume sicherzustellen, wobei jede Beeinträchtigung der Gebiete zu vermeiden bzw. so gering wie möglich zu halten ist und für wandernde Arten[240] geeignete Überwinterungs-, Sammel-, Futter-, Brut- oder Mauserplätze besonders zu schützen sind (Art. 4 Berner Übereinkommen).

IV. Zusammenfassung

Dieser Parforceritt durch nur einige der völkerrechtlichen Übereinkommen mit Meeresumweltbezug, der jedoch keinen Anspruch auf Vollständigkeit erhebt, hat gezeigt, dass sich die Bundesrepublik Deutschland als Vertragspartei der jeweiligen Übereinkommen unterschiedlichster völkerrechtlicher Verbindlichkeiten unterzogen hat. Diese völkerrechtlichen Verbindlichkeiten mögen zwar keine strenge Verbindlichkeit i.S.e. unionalen Richtlinie besitzen, die u.a. mit den Mittel eines Vertragsverletzungsverfahrens durchgesetzt werden könnte. Dennoch – die Bundesrepublik Deutschland geht als Vertragspartei Verpflichtungen ein, die sie bestmöglich im nationalen Recht umzusetzen hat.

Bei der Analyse der verschiedenen völkerrechtlichen Übereinkommen wurde festgestellt, dass sich die Übereinkommen hinsichtlich ihrer formellen und materiellen Auswirkungen auf eine nationale maritime Raumplanung in der AWZ unterscheiden. Rein formelle Bedeutung haben z.B. die Espoo-Konvention und das SEA-Protokoll, das die Beteiligung betroffener und benachbarter Vertragsparteien vorsieht, sofern im Land der Ursprungspartei eine Tätigkeit bzw. die Aufstellung

236 Agreement on the Conservation of Seals in the Wadden Sea (CWSS) v. 16.10.1991, siehe http://www.cms.int/species/wadden_seals/sea_bkrd.htm (2.2.2017).

237 Agreement on the Conservation of Small Cetaceans in the Baltic, North East Atlantic, Irish and North Seas (ASCOBANS) v. 31.3.1992, siehe http://www.ascobans.org/ (2.2.2017).

238 African-Eurasian Waterbird Agreement (AEWA) v. 16.6.1995, siehe http://www.unep-aewa.org/ (2.2.2017).

239 Convention on the Conservation of European Wildlife and Natural Habitats (Bern Convention) v. 19.9.1979, siehe http://www.coe.int/t/dg4/cultureheritage/nature/bern/default_en.asp (2.2.2017). Dazu *Wolf*, ZUR 2017, 3 ff. (8 f.). Kritisch zum Vollzug des Zustimmungsgesetzes *Proelß*, EurUP 2015, 314 ff.

240 Art. 10 Bern Convention enthält Sonderbestimmungen für wandernde Arten.

von Plänen und Programmen geplant ist, die möglicherweise erhebliche nachteilige grenzüberschreitende Auswirkungen auf die Umwelt hat.

Andere völkerrechtliche Übereinkommen enthalten im Gegensatz dazu auch inhaltliche Vorgaben: Das können teilweise nur sehr allgemein gehaltene Umweltschutzvorschriften sein, die keine direkte Auswirkung für eine nationale maritime Raumplanung haben. Wiederum andere völkerrechtliche Übereinkommen sehen – mehr oder weniger konkretisiert – die Ausweisung von Schutzgebieten vor, die von den Vertragsparteien auch im Rahmen ihrer nationalen maritimen Raumplanung berücksichtigt werden müssen. Die Übereinkommen der zweiten Kategorie sind damit von besonderem Interesse für die vorliegende Bearbeitung, stecken sie doch möglicherweise einen Rahmen dafür ab, wie eine nationale maritime Raumplanung auszusehen hat bzw. welcher planerischer Spielraum ihr tatsächlich verbleibt.

Zunächst aber noch kurz zu den Übereinkommen der ersten Kategorie: Gemein ist vielen Abkommen, dass sie – aus raumplanerischer Sicht – recht allgemein gehalten sind und die Vertragsparteien mehr oder weniger unspezifisch zu einer „Erhaltung der Meeresumwelt" und dem „Schutz" vor bestimmten Verschmutzungsquellen oder dem Schutz bestimmter Arten und Lebensräume verpflichten. Hierfür haben die Vertragsparteien auf nationaler (Genehmigungs-)Ebene i.d.R. Verbote und Erlaubnisse auszusprechen, die die jeweilige Nutzungs- oder Schutzintention rechtlich umsetzen. Zu dieser Kategorie an Übereinkommen gehören bspw. das durch die IMO erlassene London-Übereinkommen von 1972 mit seinem 1996 geschlossenen London-Protokoll[241] und die Bonner und Berner Übereinkommen.[242] Bislang nicht angesprochen, aber ebenso dazuzuzählen sind an dieser Stelle die Klimaschutzabkommen der Vereinten Nationen, die Klimarahmenkonvention,[243] das Zusatzprotokoll von Kyoto[244] und Nachfolgeprozesse wie zuletzt das Pariser Übereinkommen.[245] Verpflichtungen mit einer unmittelbaren Auswirkung auf die

241 Siehe 1. Kapitel, B.III.4.

242 Siehe 1. Kapitel, B.III.6.

243 Rahmenübereinkommen der Vereinten Nationen über Klimaänderungen (United Nations Framework Convention on Climate Change – UNFCCC, Klimarahmenkonvention – KRK) v. 1992, BGBl. 1993 II, S. 1784. Der Text der Klimarahmenkonvention findet sich im Internet unter http://unfccc.int/resource/docs/convkp/convger.pdf (2.2.2017). Zum Klimawandel als Sicherheitsrisiko sieht das Hauptgutachten des *WBGU* von 2007.

244 Das Protokoll von Kyoto zum Rahmenübereinkommen der Vereinten Nationen über Klimaveränderungen (KP) v. 11.12.1997, BGBl. 2000 II, S. 967, unter http://unfccc.int/resource/docs/convkp/kpger.pdf (2.2.2017). Siehe hierzu auch das Sondergutachten des *Wissenschaftlicher Beirat der Bundesregierung Globale Umweltveränderungen*, Über Kioto hinaus denken, 2003.

245 Siehe http://unfccc.int/paris_agreement/items/9485.php (24.1.2017). Zuvor bspw. die Kopenhagen Vereinbarung v. 18.12.2009, unter http://unfccc.int/resource/docs/2009/cop15/eng/11a01.pdf, S. 4 ff. (2.2.2017). Der WBGU hat im Vorfeld der UN-Klimakonferenz in Kopenhagen ein Sondergutachten mit Empfehlungen

mitgliedstaatliche Raumplanung in der AWZ enthalten diese Übereinkommen nicht. Denkbar ist allerdings, dass die umweltschutzbezogenen Verpflichtungen bei ihrer Umsetzung in nationales Recht einen raumordnerischen Bezug erhalten und dadurch letztlich auch Eingang in die deutschen Raumordnungspläne der AWZ finden könnten. So ist bspw. denkbar, nach dem Bonner Übereinkommen zum Schutz bestimmter wandernder Arten für Flug- und Rastkorridore – zumindest zeitweise – solche Schutzgebiete einzurichten, in denen störende Tätigkeiten, wie der Bau von Windparks mit zusätzlichem Lärm- und Errichtungsschiffaufkommen, verboten sind. Genauso könnte daran gedacht werden, diese Schutzkorridore entsprechend der Änderungen der Flugrouten der Vogelzüge über die deutsche AWZ mitwandern zu lassen.[246] Eine direkte völkerrechtliche Verpflichtung hierzu besteht jedoch nicht.

Neben den gerade genannten Übereinkommen mit allgemeinen Vorgaben zum Meeresumweltschutz gibt es aber auch völkerrechtliche Verträge, die im Vertragstext ganz spezifische Anforderungen für eine nationale Raumplanung im Bereich des Meeresumweltschutzes stellen. Das sind die genannten Übereinkommen der zweiten Kategorie, die bereits im Vertragstext die Ausweisung, Einrichtung, Planung von Gebieten vorsehen, die speziell dem Meeresumweltschutz dienen sollen – dazu gehören das OSPAR- und HELSINKI-Übereinkommen, das MARPOL-Übereinkommen und das Biodiversitätsübereinkommen. Genauso ergeben sich Anforderungen aus der Rechtsetzungstätigkeit der IMO mit dem Beispiel der Ausweisung von speziellen Schutzgebieten (PSSAs).

Die Analyse der Übereinkommen hat gezeigt, dass es verschiedene Arten von „Meeresschutzgebieten" gibt, die keiner einheitlichen Definition bzw. einheitlicher Kriterien, wie bspw. Merkmale, Repräsentativität oder Resilienz unterliegen.[247] Die jeweiligen Schutz- und Sondergebiete sind je nach Ausrichtung des völkerrechtlichen Vertrags dabei regelmäßig dem Schutz *vor* bestimmten negativen Einflüssen gewidmet, wie z.B. die SECA-Sondergebiete oder special areas nach MARPOL, die vor bestimmten Verschmutzungen durch die Seeschifffahrt wie Schwefel-Emissionen oder Öleinleitungen schützen wollen. Was bei diesem Übereinkommen als

herausgebracht, *Wissenschaftlicher Beirat der Bundesregierung Globale Umweltveränderungen*, Kassensturz für den Weltklimavertrag, 2009.

246 Daraus ergibt sich die Frage der Darstellbarkeit in Raumordnungsplänen, die damit erheblich vielschichtiger werden würden, als sie es bislang sind. Für die Einbeziehung der Dreidimensionalität in die Pläne plädierte schon *Buchholz*, Territorialplanung zur See, in: Hofmeister/Voss (Hrsg.), Geographie der Küsten und Meere, 1985, S. 153 ff. Überlegungen zur Einrichtung wandernder Schutzgebiete werden im Zusammenhang mit der Fortschreibung der Raumordnungspläne getätigt, *Bundesministerium für Umwelt*, MSRL-Maßnahmenprogramm, Anlage 1 Maßnahmenkennblätter, 2016, S. 54.

247 Dazu der Bericht der Kommission an das Europäische Parlament und den Rat über die Fortschritte bei der Einrichtung geschützter Meeresgebiete (gem. Art. 21 MSRL), COM(2015) 481 final v. 1.10.2015, S. 5 f.; *European Environment Agency*, Marine protected areas in Europe's seas, 2015.

Neben-Effekt durch das Verbot oder die Einschränkung von negativen Einflüssen auf die Meeresumwelt zu ihrem Schutz führt, wird bei anderen Übereinkommen direkt bezweckt: Dazu gehören bspw. die Schutzgebiete, die nach der Biodiversitätskonvention zur In-situ-Erhaltung von Ökosystembestandteilen einzurichten sind.

Festzustellen bleibt, dass diese völkerrechtlichen Übereinkommen zwar ein raumplanerisches Tätigwerden der Vertragsparteien vorsehen. Diese Tätigkeiten fokussieren sich jedoch weitgehend sektoral auf den Bereich der Planung von meeresumweltschützenden Maßnahmen bzw. der Planung von Schutzgebieten, die (weitgehend) frei von spezifischen negativen Einwirkungen, z.B. aus der Schifffahrt, bleiben. Gesamtplanerische und fachübergreifende Ansätze, was das Ziel einer maritimen Raumplanung ist, sollten aber gerade neben dem Meeresumweltschutz auch die vielfältigen anderen Nutzungsformen und Nutzungsinteressen des Meeres, gerade in der AWZ, in den Blick nehmen. Solche gesamtplanerischen und fachübergreifenden, mithin integrierenden Ansätze lassen sich aktuell nur dem Seerechtsübereinkommen entnehmen. Das Seerechtsübereinkommen ist damit dasjenige völkerrechtliche Übereinkommen, aus dem die Vertragsparteien ihre grundlegende Kompetenz zu einer nationalen maritimen Raumplanung in der AWZ ziehen können.[248] Beachtet werden muss dabei freilich, dass es sich auch hierbei für die Küstenstaaten nicht um eine allumfassende raumplanerische Kompetenz handelt, sondern nur um eine Kompetenz zur fachübergreifenden Gesamtplanung der den Küstenstaaten selektiv zugewiesenen souveränen Rechte und Hoheitsbefugnisse des Seerechtsübereinkommens aus Art. 56 SRÜ.

Für die vorliegende Bearbeitung bedeutet das Folgendes:

Vor dem Hintergrund, dass der Bereich der AWZ – genauso wie die Hohe See – keiner nationalen Gebietszugehörigkeit und damit keinem nationalen Rechtsregime unterworfen ist, sind potentielle raumplanerische Vorgaben dem Völkerrecht zu entnehmen.

Das völkerrechtliche Seerechtsübereinkommen der Vereinten Nationen weist den Vertragsparteien im Bereich der AWZ bestimmte souveräne Rechte und Hoheitsbefugnisse zu. Zur Koordinierung dieser selektiv zugewiesenen Rechten und Pflichten sieht das Seerechtsübereinkommen das Instrument der Raumplanung vor.

Die Bundesrepublik Deutschland ist wie die EU Vertragspartei des Seerechts- und anderer völkerrechtlicher Übereinkommen, die u.a. auch die Einrichtung von Schutzgebieten zum Meeresumweltschutz vorgeben. Deutschland kann somit in Erfüllung bzw. Nutzung der zugewiesenen Rechte und Pflichten in der AWZ – in begrenztem Umfang – raumplanerisch tätig werden.

Zwischen der EU und den Mitgliedstaaten ist eine besondere Verteilung der Kompetenzen vereinbart. Inwieweit sich daraus Besonderheiten für die bisherigen Erkenntnisse ergeben, muss nun geprüft werden.

248 So auch *Forkel*, Maritime Raumordnung in der AWZ, 2012, S. 212.

C. Ansätze für eine maritime Raumplanung in der Europäischen Union

Auf europäischer Ebene ist das Thema des „maritime spatial planning“[249] seit einigen wenigen Jahren ein intensiv diskutiertes Thema. Davon zeugen zahlreiche Veröffentlichungen der Europäischen Kommission, Konferenzen und Workshops.[250] Maritime spatial planning ist politisch eingebettet in die „Integrierte Meerespolitik“ der EU,[251] die sie seit 2006 verfolgt. Klare politische Ziele oder rechtliche Vorgaben auf Unionsebene zum Instrument der maritimen Raumplanung gab es aber bislang kaum, sie bilden sich seit einigen Jahren erst langsam heraus. Genauso wenig gab es bisher Einigkeit in den Mitgliedstaaten darüber, ob und wie mit dem Instrument der maritimen Raumplanung umgegangen werden soll. Das eine mag hier unter Umständen mit dem anderen zusammenhängen. Einen Wendepunkt in diesem Prozess markiert die im Jahr 2014 erlassene Rahmenrichtlinie für die maritime Raumplanung, die auf europäischer Ebene erstmals rechtlich verbindliche Vorgaben schafft.[252]

Im Folgenden wird zunächst die integrierte Meerespolitik der EU vorgestellt, in deren Zusammenhang die nationale maritime Raumplanung zu sehen ist. Die Entwicklungsschritte reichen dabei seit 2006 von einem Grünbuch über ein Blaubuch bis hin zu einem Fahrplan für die maritime Raumplanung (siehe unter I.). Im Anschluss wird das Primärrecht auf unionsrechtliche Kompetenzen untersucht, die für raumbezogene Nutzungsansprüche und Schutzinteressen im Meer relevant sind (II.). Insbesondere wird dabei der Frage nachgegangen, ob der EU eine Kompetenz für eine maritime Raumplanung zusteht oder ob diese Kompetenz bei den Mitgliedstaaten liegt (nachfolgend III.). Zuletzt wird ein Blick auf diejenigen sekundärrechtlichen EU-Rechtsakte geworfen, die direkte oder mittelbare Auswirkungen für eine nationale maritime Raumplanung haben (können). In diesem Zusammenhang wird insbesondere auch auf die neue Rahmenrichtlinie für die maritime Raumplanung einzugehen sein (unter IV.)

---

249 Zum Begriffsverständnis eines „marine spatial planning“ ggü. einer „maritimen Raumplanung“ siehe bereits oben, A.III.

250 Siehe http://ec.europa.eu/maritimeaffairs/policy/maritime_spatial_planning_de (24.1.2017).

251 Mit dem Ende 2009 in Kraft getretenen Vertrag von Lissabon ist die Europäische Gemeinschaft in der Europäischen Union aufgegangen, Art. 1 EUV. Das Recht der Europäischen Union stützt sich auf den Vertrag über die Europäische Union (EUV), den Vertrag über die Arbeitsweise der Europäischen Union (AEUV) und den Vertrag über die Europäische Atomgemeinschaft (EURATOM).

252 Richtlinie 2014/89/EU des Europäischen Parlaments und des Rates zur Schaffung eines Rahmens für die maritime Raumplanung v. 23.7.2014 (MRRL), ABl.EU L 257, S. 135.

I. Die integrierte Meerespolitik der EU: Grünbuch, Blaubuch & Co.

Am 7. Juni 2006 hat die Europäische Kommission das Grünbuch „Die künftige Meerespolitik der EU: Eine europäische Vision für Ozeane und Meere“ vorgelegt.[253] Die Vision der Europäischen Kommission einer neuen Meerespolitik enthält eine entscheidende Änderung zur Politik, wie sie bis dato verfolgt wurde: Bislang wurde versucht, Konflikte im Meeresbereich zwischen Nutzungsansprüchen und Schutzinteressen durch sektorale Maßnahmen zu lösen, indem einzelne Probleme isoliert angegangen wurden. Diese Politik krankte v.a. daran, dass zahlreiche Konflikte ungelöst blieben, Kumulationswirkungen mit Maßnahmen anderer Politikbereiche nicht berücksichtigt und Synergieeffekte zwischen sektorbezogenen Maßnahmen nicht genutzt wurden.[254] Nun war die EU zu der Grundannahme gelangt, dass „es einer integrierten, sektorübergreifenden und multidisziplinären europäischen Meerespolitik [bedarf], die alle Aspekte der Ozeane und Meere umfasst und mehr als eine bloße Zusammenfassung vertikaler sektorieller Politiken ist.“[255]

Die Europäische Kommission setzt mit dem Grünbuch ein deutliches Zeichen für die Anerkennung der Bedeutung der Meere – für die Wirtschaft, die Meeresumwelt und die Gesellschaft.[256] Sie hebt nun hervor, dass alle Angelegenheiten, die mit dem Meer in Beziehung stehen, einem breiten und sektorenübergreifenden Management unterzogen werden sollen und damit ein ganzheitlicher Ansatz gewählt werden muss.[257] Dabei werden auch ökologische Aspekte wie die nachhaltige Entwicklung der Meere oder die Bedeutung der Meeresumwelt für die nachhaltige Nutzung der Meeresressourcen betont. Der Fokus des Grünbuchs ist aber eindeutig wirtschaftlich ausgerichtet;[258] die intakte Meeresumwelt ist lediglich Mittel zum Zweck, das volle ökonomische Potential der Meere zu sichern:

---

253 Mitteilung der Kommission an den Rat, das Europäische Parlament, den Europäischen Wirtschafts- und Sozialausschuss und den Ausschuss der Regionen, KOM(2006) 275 endg. v. 7.6.2006. Dazu *Anyanova et al.*, Statement on the Green Paper, in: Ehlers/Lagoni (Hrsg.), Maritime Policy of the EU and Law of the Sea, 2008, S. 287 ff.; *Rudolph*, Maritime Politik der EU, in: Ehlers/Lagoni (Hrsg.), Maritime Policy of the EU and Law of the Sea, 2008, S. 11 ff.; *Wolfrum*, AVR (42) 2004, 67 ff.

254 *Salomon*, Environ Sci Policy (12) 2009, 359 ff. (364).

255 Grünbuch, KOM(2006) 275 endg. v. 7.6.2006, S. 5.

256 *Rudolph*, Maritime Politik der EU, in: Ehlers/Lagoni (Hrsg.), Maritime Policy of the EU and Law of the Sea, 2008, S. 11 ff. (27 f.).

257 Mit der Politik des ganzheitlichen Ansatzes rekurriert die Europäische Kommission auf ihr sechstes Umweltaktionsprogramm, in dem dieser Ansatz erstmalig hervorgehoben wurde. Deutlich definiert wird der Begriff aber leider nicht; Grünbuch, KOM(2006) 275 endg. v. 7.6.2006, S. 4 ff. Siehe hierzu auch *Edler*, Coastl Rep (12) 2009, 25 ff. (29).

258 So fügt sich das Grünbuch auch in die Lissabon-Strategie aus dem Jahr 2000 ein, die darauf abzielt, die EU bis zum Jahr 2010 zum wettbewerbsfähigsten Wirtschaftsraum der Welt zu gestalten. Ebenso *Salomon*, Environ Sci Policy (12) 2009, 359 ff.:

> Eine gesunde Meeresumwelt ist unerlässliche Voraussetzung für die Nutzung des vollen Potenzials der Meere. Daher bildet die Erhaltung dieser Ressourcenbasis den Schlüssel zur Verbesserung von Wettbewerbsfähigkeit, längerfristigem Wachstum und Beschäftigung der EU.[259]

So wiederholt die Europäische Kommission im Grünbuch einen wesentlichen Aspekt ihrer strategischen Ziele für den Zeitraum 2005–2009, wonach eine umfassende Meerespolitik für „die Entwicklung einer prosperierenden maritimen Wirtschaft und die Realisierung des vollen Potenzials dieser Wirtschaftstätigkeit in ökologisch nachhaltiger Weise" notwendig sei.[260] Das Grünbuch gilt deshalb auch als die „Wirtschaftssäule" der integrierten Meerespolitik der EU.[261] Trotz Einbindung der Floskel „Nachhaltigkeit" liegt hier der wesentliche Kritikpunkt aus Sicht des Umweltrechts: Verkannt wird, dass die Bedeutung der marinen Ökosysteme weit über den unmittelbar erwirtschaftbaren Nutzen hinausgeht. Neben der Erkenntnis, dass nur durch gesunde und widerstandsfähige marine Ökosysteme ein langfristiger Ertrag aus den Meeren erwirtschaftet werden kann, fehlt die Betonung – und an dieser Stelle möglicherweise auch noch die Einsicht –, dass die Meeresumwelt auch um ihrer selbst willen geschützt werden muss und dies einer ethisch-sittlichen Verantwortung des Menschen ggü. seiner Umwelt entspringt.[262] Im Grünbuch fehlt es an einer deutlichen Aussage darüber, an welchen Stellen nicht auf einen strengen Umweltschutz verzichtet werden kann und an welchen Stellen zugunsten wirtschaftlicher Tätigkeiten eine gewisse Einschränkung des Meeresumweltschutzes hingenommen werden soll.[263] Wie diese Tatsache aber i.S.e. ganzheitlichen Ansatzes berücksichtigt werden soll, bleibt im Grünbuch offen.[264]

„The focus of the Green Paper is unquestionably on economic development in marine and coastal areas rather than environmental protection issues." Siehe auch *Edler*, Coastl Rep (12) 2009, 25 ff. (27). *Suárez de Vivero*, Mar Policy (31) 2007, 409 ff. (411), spricht sogar von einem „maritime empire" der EU, wobei er die weltweit verstreuten territorialen Gewässer unter EU-Jurisdiktion hinzuzählt.

259 Siehe Grünbuch, KOM(2006) 275 endg. v. 7.6.2006, S. 10.

260 Strategische Ziele 2005–2009, Europa 2010: Eine Partnerschaft für die Erneuerung Europas, Wohlstand, Solidarität und Sicherheit, KOM(2005) 12 endg. v. 26.1.2005, S. 10.

261 Eindeutig wirtschaftlich ausgerichtet sind auch die Bestrebungen der Europäischen Kommission zur Errichtung eines europäischen Seeverkehrsraums ohne Grenzen, vgl. KOM(2009) 10 endg. v. 21.1.2009.

262 Dazu *Murswiek*, NVwZ 1996, 222 ff. (224); *Münk*, JCSW (30) 1989, 85 ff.

263 *Rudolph*, Maritime Politik der EU, in: Ehlers/Lagoni (Hrsg.), Maritime Policy of the EU and Law of the Sea, 2008, S. 11 ff. (28).

264 „When it comes to solving the environmental problems, however, the Commission merely points to the ineffectual Marine Strategy Framework Directive", so *Salomon*, Environ Sci Policy (12) 2009, 359 ff. (364). Dazu auch *Rudolph*, Maritime Politik der EU, in: Ehlers/Lagoni (Hrsg.), Maritime Policy of the EU and Law of the Sea, 2008, S. 11 ff. (13, 28).

Im Grünbuch wird erstmals explizit die maritime Raumplanung als Instrument für den zukünftigen Umgang mit den Ozeanen vorgestellt.[265] Horizontale Planungsinstrumente wie die maritime Raumplanung sollen über die einzelnen sektorspezifischen meeresbezogenen Einzelmaßnahmen hinausgehen und eine koordinierte Politikgestaltung ermöglichen.[266] Hierbei wird der maritimen Raumplanung als zentralem Planungsinstrument für eine nachhaltige Entscheidungsfindung eine herausragende Bedeutung zugeschrieben.[267]

Aufbauend auf dem Konsultationsprozess zum Grünbuch erscheint im darauffolgenden Jahr am 10. Oktober 2007 das sog. Blaubuch „Eine integrierte Meerespolitik für die Europäische Union".[268] Es wird von einem Aktionsplan[269] und einer Folgenabschätzung[270] begleitet. Die Kernaussagen des Blaubuchs drehen sich um eine Erweiterung des ganzheitlichen Ansatzes, wie er bereits im Grünbuch proklamiert wurde – der Ansatz zu einer „integrierten" Meerespolitik:[271]

---

265 Grünbuch, KOM(2006) 275 endg. v. 7.6.2006, S. 37 f.

266 Dieser Ansatz ist grundsätzlich zu begrüßen. Kritisch beurteilt werden muss jedoch, dass es – selbst vor dem Hintergrund der jüngsten Reform der GFP – bislang keine ernsthaften Bestrebungen der EU gibt, diesen integrativen Ansatz durchzusetzen und die Gemeinschaftlichen Politiken Landwirtschaft und Fischerei tatsächlich einzubeziehen. Siehe auch *Salomon*, Environ Sci Policy (12) 2009, 359 ff.

267 Blaubuch, KOM(2007) 575 endg. v. 10.10.2007, S. 4 f. Wo zuvor die Ausdehnung der rechtlichen Zuständigkeit und Zugehörigkeit der Mitgliedstaaten im Mittelpunkt der Diskussion stand, hat sich der Fokus der Frage nun geändert: Zentral ist nicht mehr, wem das Meer gehört, sondern wie und von wem es zu managen ist – „Who will manage the oceans?" statt „Who will own the oceans?", siehe *Suárez de Vivero*, Mar Policy (31) 2007, 409 ff. (409).

268 Mitteilung der Kommission an das Europäische Parlament, den Rat, den Europäischen Wirtschafts- und Sozialausschuss und den Ausschuss der Regionen, KOM(2007) 575 endg. v. 10.10.2007. Bereits im Jahr 1980 hat sich Underdahl dem Thema einer „Integrated marine policy" angenommen, wobei er den Fokus auf die Frage legt, was „integrated" bedeuten kann bzw. soll, siehe *Underdahl*, Mar Policy (4) 1980, 159 ff.

269 Begleitdokument zur Mitteilung der Kommission, Eine integrierte Meerespolitik für die Europäische Union, Arbeitspapier der Kommissionsdienststellen, SEK(2007) 1278 v. 10.10.2007.

270 Begleitdokument zur Mitteilung der Kommission an das Europäische Parlament, den Rat, den europäischen Wirtschafts- und Sozialausschuss und den Ausschuss der Regionen, Eine integrierte Meerespolitik für die Europäische Union, Zusammenfassung der Folgenabschätzung, Arbeitsdokument der Kommissionsdienststellen, SEK(2007) 1280 v. 10.10.2007.

271 „Primär eine Sammlung von Bekenntnissen und Intentionen", so kritisch *van Hoof/van Tatenhove*, Mar Policy (33) 2009, 726 ff. (729 ff.); *Sachverständigenrat für Umweltfragen*, Umweltschutz im Zeichen des Klimawandels, 2008, Rz. 597; *Salomon*, Environ Sci Policy (12) 2009, 359 ff.

> Die neue integrierte Meerespolitik wird sämtliche Aspekte der Ozeane und Meere in einem ganzheitlichen, integrierten Ansatz umfassen. Wir werden nicht länger nur maritime Teilaktivitäten betrachten, sondern alle wirtschaftlichen Aspekte und Aspekte der nachhaltigen Entwicklung der Ozeane und Meere, einschließlich der Meeresumwelt, auf übergreifende Weise angehen.[272]

Der ganzheitliche Ansatz zielt danach auf eine Integration ab, die über die reine Zusammenfassung der individuellen Teile hinausgeht und erstmals die Meeresumwelt selbst deutlicher in diese Politik mit einbezieht.[273] Ziel ist es, dass die Mitgliedstaaten ihre eigenen nationalen integrierten Meerespolitiken entwickeln.

Wiederum ein Jahr später legt die Europäische Kommission einen Fahrplan vor, der den Prozess einer maritimen Raumplanung in den Mitgliedstaaten vorantreiben und eine unionsweit kohärente Entwicklung begünstigen soll.[274] Die Europäische Kommission hat hierzu zehn für die maritime Raumordnung in der EU als relevant angesehene gemeinsame Grundsätze zusammengetragen, die u.a. die grenzübergreifende Zusammenarbeit und Koordinierung zwischen den Mitgliedstaaten, die Beteiligung von Interessengruppen und die Kohärenz der Raumordnung an Land und auf See beinhalten. Diese Grundsätze hat sie zur Diskussion gestellt und hierzu im Jahr 2009 verschiedene Workshops organisiert. Auf diesen Workshops wurde deutlich, dass in den meisten Mitgliedstaaten die Entwicklung einer konkreten maritimen Raumplanung noch am Anfang steht. Ein gemeinsames Verständnis i.S.e. Definition der maritimen Raumplanung existierte bislang (noch) nicht.[275] So werden in den Mitgliedstaaten vielfältige und unterschiedlich ausgereifte Ansätze verfolgt; Erfahrungen, die auf einer langjährigen und damit gesicherten Ausübung eines maritimen Raumplanungs-Konzepts beruhen, gibt es aber kaum.[276] Im Ansatz etablierte Konzepte sind bislang in Norwegen, Belgien und den Niederlanden zu finden;

---

272 SEK(2007) 1278 v. 10.10.2007, S. 4.

273 *van Hoof/van Tatenhove*, Mar Policy (33) 2009, 726 ff. (730).

274 Mitteilung der Kommission, Fahrplan für die maritime Raumordnung: Ausarbeitung gemeinsamer Grundsätze in der EU, KOM(2008) 791 endg. v. 25.11.2008.

275 Vgl. auch Final Report to DG Maritime Affairs & Fisheries, European Commission: Legal Aspects of Maritime Spatial Planning, Framework Service Contract, No. FISH/2006/09 – LOT2, October 2008, S. 57.

276 Zu den Konzepten in den Mitgliedstaaten siehe Fahrplan, KOM(2008) 791 endg. v. 25.11.2008, S. 4 ff. Dazu *Czybulka/Braun*, EurUP 2012, 290 ff. und *Czybulka/Braun*, EurUP 2013, 17 ff.; *Douvere et al.*, Mar Policy (31) 2007, 182 ff.; *Douvere/Ehler*, J Environ Mgmt (90) 2009, 77 ff. (81 ff.); *Kidd*, Mar Policy (39) 2013, 273 ff.; *Rutherford et al.*, Mar Policy (29) 2005, 75 ff.; *Wolf*, ZaöRV 2006, 73 ff.; *Santos et al.*, Mar Policy (61) 2015, 196 ff.; *Scarff et al.*, Mar Policy (51) 2015, 96 ff.; *Flannery/Ó Cinnéide*, Mar Policy (32) 2008, 980 ff.; *Taussik*, Mar Policy (31) 2007, 611 ff. Zu Konzepten weltweit z.B. *Day*, Ocean Coast Mgmt (45) 2002, 139 ff.; *Foster et al.*, Mar Policy (29) 2005, 391 ff.; *Juda*, Ocean Develop & Int'l L (34) 2003, 161 ff.; *Wendel*, The 2004 Report of the US Commission on Ocean Policy, in: Ehlers/Lagoni (Hrsg.), Maritime Policy of the EU and Law of the Sea, 2008, S. 31 ff.

diese Länder haben integrierte Managementpläne ausgearbeitet.[277] Deutschland ist mit seinen für die AWZ ausgearbeiteten Raumordnungsplänen einer der Vorreiter.[278]

Auf unionsrechtlicher Ebene waren bis zum Jahr 2014 und dem Erlass der Maritimen Raumplanungsrichtlinie damit Ansätze, d.h. politische Willensbekundungen, zugunsten einer maritimen Raumplanung vorhanden, ein kohärentes System in den Mitgliedstaaten hatte sich jedoch noch nicht durchgesetzt.[279] In einer Mitteilung vom Dezember 2010[280] gibt die Europäische Kommission einen Überblick zum aktuellen Stand der maritimen Raumordnung in der EU. Hiernach stimmen die Mitgliedstaaten im Ergebnis grundsätzlich darin überein, dass sie die maritime Raumordnung „als integratives, ausgewogenes Instrument" erkennen, das langfristige Stabilität und Berechenbarkeit gewährleisten und in intensiv genutzten Gebieten den Wettbewerb um den vorhandenen Raum steuern kann.[281] Jedoch zeigt sich aus dem Überblick auch, dass die Prozesse zur Umsetzung der einzelnen maritimen Raumordnungskonzepte in den Mitgliedstaaten – soweit solche Konzepte überhaupt vorhanden sind – sehr unterschiedlich, insbesondere auch hinsichtlich ihrer zeitlichen Umsetzung unterschiedlich, ausfallen.[282] Im Folgenden hatten Vertreter unterschiedlicher Wirtschaftsbereiche und der Umwelt in den Mitgliedstaaten bereits ihr Anliegen an die Europäische Kommission vorgetragen, hier doch tätig zu

---

277 Integrated Management Plans in Norwegen, mehr unter http://www.fisheries.no/resource_management/Area_management/Integrated_management_plans/ (2.2.2017). Belgien: Marine Spatial Plan for the Belgian Part of the North Sea, siehe http://www.health.belgium.be/sites/default/files/uploads/fields/fpshealth_theme_file/19094275/Summary%20Marine%20Spatial%20Plan.pdf (2.2.2017). Zur Lage in den Niederlanden siehe das Policy Document on the North Sea 2016–2021 unter https://www.noordzeeloket.nl/en/Images/Policy%20Document%20on%20the%20North%20Sea%202016-2021%20%28download%29_4895.pdf und die North Sea 2050 Spatial Agenda unter https://www.noordzeeloket.nl/en/Images/North%20Sea%202050%20Spatial%20Agenda_LO%20RES_3562.pdf (2.2.2017); 5. Note zur Raumordnung v. 15.12.2000, siehe *Wolf*, ZUR 2005, 176 ff. (176).

278 Siehe den Überblick auf der European MSP Platform unter http://msp-platform.eu/ (2.2.2017). Dazu *Strüve*, EurUP 2009, 188 ff.

279 Das liegt auch an der fehlenden Kompetenz der EU, siehe sogleich unter C.II. Aus dem Fortschrittsbericht zur integrierten Meerespolitik der EU, KOM(2009) 540 endg. v. 15.10.2009, geht ebenfalls nichts anderes hervor.

280 Maritime Raumordnung in der EU – Aktueller Stand und Ausblick, KOM(2010) 771 endg. v. 17.12.2010. Zuvor Fortschrittsbericht zur integrierten Meerespolitik der EU, KOM(2009) 540 endg. v. 15.10.2009, S. 11, und nachfolgend Verordnung (EU) Nr. 1255/2011 des Europäischen Parlaments und des Rates v. 30.11.2011 zur Schaffung eines Programms zur Unterstützung der Weiterentwicklung der integrierten Meerespolitik, ABl.EU L 321, S. 1.

281 Maritime Raumordnung in der EU – Aktueller Stand und Ausblick, KOM(2010) 771 endg. v. 17.12.2010, S. 3.

282 Maritime Raumordnung in der EU – Aktueller Stand und Ausblick, KOM(2010) 771 endg. v. 17.12.2010, S. 6.

werden, um insbesondere eine Harmonisierung mitgliedstaatlicher Aktivitäten zu gewährleisten und um die Rechts- und Investitionssicherheit zu erhöhen.[283] Die Kommission nutzte dies und brachte sich als Moderatorin für die Zusammenarbeit und die möglichst frühzeitige Entwicklung eines gemeinsamen Konzepts bzw. für die Ausarbeitung eines raumordnungspolitischen Rahmens auf EU-Ebene ins Spiel, das ihrer Ansicht nach von Nutzen wäre.[284] Das resultierte im Jahr 2014 im Erlass der „Richtlinie zur Schaffung eines Rahmens für die maritime Raumplanung",[285] mit der erstmals auf Unionsebene rechtlich verbindliche Vorgaben für die maritime Raumplanung entstanden sind. Parallel finanziert die Europäische Union EU-weit zahlreiche regionale Projekte zur Erprobung und Entwicklung verschiedener Konzepte zur maritimen Raumplanung; dazu gehören und gehörten bspw. Projekte wie MASPNOSE,[286] BaltSeaPlan[287] oder Baltic SCOPE.[288]

Erkennbar ist also ein Umdenken der EU: Weg von den bisherigen rein sektoralen Ansätzen, die eine Lösung von Solitär-Konflikten herbeiführen sollten, und hin zu einem ganzheitlichen integrierten Politikansatz, der nun auch die Rolle der Meeresumwelt betont. Das Umdenken erfolgt langsam, die EU lotet bestehende nationale Konzepte und politische Standpunkte in den Mitgliedstaaten aus. Vorsichtig wagt sie sich auf das Feld der maritimen Raumplanung vor, sie finanziert mit hohen Summen planungsspezifische Projekte in den Unionsgewässern und bietet sich – neben der Maritimen Raumplanungsrichtlinie – mit unverbindlichen Mitteilungen und Leitlinien als Gesprächspartnerin und Plattform für die weitere Entwicklung auf unionaler Ebene an. Inwieweit sie über rein rahmenrechtliche Vorgaben oder unverbindliche politische Empfehlungen und Bekundungen hinausgehen darf und die Entwicklung einer maritimen Raumplanung auch in den Mitgliedstaaten steuern kann, hängt u.a. davon ab, ob ihr hierzu die entsprechenden Kompetenzen zustehen, was gleich zu untersuchen ist (III.).

Aktuellstes politisches Statement der Europäischen Kommission ist die Strategie „Blaues Wachstum".[289] Deren Ziel ist das nachhaltige Wachstum in allen marinen

283 So auf der Konferenz der Europäischen Kommission am 26.3.2012 in Brüssel „The Case for Maritime Spatial Planning: efficient resource management for sustainable growth".

284 Maritime Raumordnung in der EU – Aktueller Stand und Ausblick, KOM(2010) 771 endg. v. 17.12.2010, S. 2, 6.

285 MRRL 2014/89/EU v. 23.7.2014.

286 Maritime spatial planning in the North Sea, siehe http://www.wur.nl/en/project/MASPNOSE-1.htm (24.1.2017).

287 Planning the future of the Baltic Sea, siehe http://www.baltseaplan.eu/ (24.1.2017).

288 Baltic SCOPE – Towards coherence and cross-border solutions in Baltic Maritime Spatial Plans, siehe http://www.balticscope.eu/ (24.1.2017).

289 Engl. blue growth; siehe Mitteilung der Kommission an das Europäische Parlament, den Rat, den Europäischen Wirtschafts- und Sozialausschuss und den Ausschuss der Regionen, Blaues Wachstum, Chancen für nachhaltiges marines und maritimes Wachstum, COM(2012) 494 final v. 13.9.2012. Siehe auch http://

und maritimen Wirtschaftszweigen. Auch diese Strategie ist vorrangig auf die Verwirklichung wirtschaftlicher Interessen ausgerichtet, stellt sie doch einen Beitrag der integrierten Meerespolitik zur Verwirklichung der Ziele der Strategie Europa 2020 dar.[290]

II. Unionsrechtliche Kompetenzen – Verhältnis Unionsrecht, Völkerrecht und nationales Recht

Der räumliche Geltungsbereich des Unionsrechts („der Verträge"[291]) erstreckt sich gem. Art 52 Abs. 1 EUV auf die Hoheitsgebiete der Mitgliedstaaten. I.S.d. Präambel des Grundgesetzes und den allgemeinen Regeln des Völkerrechts gehören zum Staatsgebiet der Bundesrepublik Deutschland, über das der Staat die territoriale Souveränität ausübt, der begrenzte Teil der Erdoberfläche, die Binnengewässer, die Hoheitsgewässer (Küstenmeer), der unter der Erdoberfläche befindliche Raum sowie der über dem Staatsgebiet befindliche Luftraum.[292] Aus den Vorgaben des Seerechtsübereinkommens, die bereits besprochen wurden, hat sich ergeben, dass der Teil der AWZ nicht der territorialen Souveränität des Küstenstaates unterliegt[293] und damit zumindest im Grunde auch nicht dem räumlichen Anwendungsbereich des EUV und AEUV unterfällt. Dennoch ist mittlerweile anerkannt, dass Unionsrecht auch innerhalb der AWZ und des Festlandsockels gilt:[294] Ansatzpunkt für die Geltung des Unionsrechts ist hier nicht die territoriale Souveränität, sondern sind die souveränen Rechte und Hoheitsbefugnisse der Mitgliedstaaten, die ihnen durch das

---

ec.europa.eu/maritimeaffairs/policy/blue_growth/index_de.htm (2.2.2017). Dazu *Jones et al.*, Mar Policy (71) 2016, 256 ff.

290 Für den Ostseeraum siehe die Mitteilung der Kommission an das Europäische Parlament, den Rat, den Europäischen Wirtschafts- und Sozialausschuss und den Ausschuss der Regionen zur Strategie der EU für den Ostseeraum, KOM(2009) 248 endg. v. 10.6.2009. Dazu auch im Internet http://www.balticsea-region-strategy.eu/ (13.3.2017).

291 Der Vertrag über die Europäische Union (EUV), konsolidierte Fassung, ABl.EU 2010 C 83 v. 30.3.2010, S. 13, und der Vertrag über die Arbeitsweise der Europäischen Union (AEUV), konsolidierte Fassung, ABl.EU 2010 C 83 v. 30.3.2010, S. 47, werden als „die Verträge" bezeichnet, siehe Art. 1 Abs. 3 EUV und Art. 1 Abs. 2 AEUV.

292 *Schmalenbach*, in: *Calliess/Ruffert*, EUV/AEUV, Kommentar, 5. Auflage 2016, Art. 52 EUV Rn. 4.

293 Siehe oben B.II.1.

294 *Schmalenbach*, in: *Calliess/Ruffert*, EUV/AEUV, Kommentar, 5. Auflage 2016, Art. 52 EUV Rn. 5; *Becker*, in: *Schwarze*, EU-Kommentar, 3. Auflage 2012, Art. 52 EUV Rn. 4; *Streinz*, Europarecht, 10. Auflage 2016, § 3 Rn. 110 ff.; *Jarass*, Naturschutz in der AWZ, 2002, S. 41; *Wolf*, ZUR 2007, 24 ff. (28); *Czybulka*, NuR 2001, 19 ff.; *Klinski*, Rechtliche Probleme der Zulassung von Windkraftanlagen in der AWZ, 2001, S. 24 ff. Zur Geltung der FFH-RL in der AWZ siehe das Urteil des EuGH v. 20.10.2005, Rs. C-6/04, NuR 2006, 494 – Kommission/Vereinigtes Königreich.

Seerechtsübereinkommen zugewiesen sind.[295] Der sachliche Anwendungsbereich von Unionsrecht erweitert sich in der AWZ und im Bereich des Festlandsockels also in dem Umfang, in dem den Mitgliedstaaten bestimmte Rechte völker(vertrags-)rechtlich zustehen, aber nur insoweit, als die Mitgliedstaaten diesen Teil ihrer Hoheitsrechte auf die EU übertragen und damit ihre eigene Souveränität beschränkt haben.[296]

Unionsrecht, Völker(vertrags-)recht und nationales Recht stehen also in einem komplizierten Mehrebenenverhältnis.[297] Sie bedingen und beeinflussen sich gegenseitig, erfordern Regelungen der anderen Ebene oder schließen solche aus.

Das Kompetenzgefüge zwischen nationalem und Unionsrecht ist in den Art. 2 ff. AEUV geregelt. Der Umfang der Zuständigkeiten der EU beschränkt sich auf die Kompetenzen, die ihr die Mitgliedstaaten durch die Gründungsverträge übertragen haben.[298] Die Union kann sich also keine eigenen, neuen Kompetenzen schaffen (Kompetenz-Kompetenz); sie benötigt für ein Tätigwerden (ihrer Organe) eine spezifische Ermächtigungsgrundlage (Prinzip der begrenzten Einzelermächtigung, Art. 5 EUV Abs. 1 und 2, Art. 2 ff. AEUV).[299] Anerkannt ist jedoch auch, dass die Union in sehr engen Grenzen Kompetenzen wahrnehmen kann, die ihr nicht ausdrücklich zugewiesen sind. Die Inanspruchnahme einer solchen ungeschriebenen Kompetenz

---

295 Auch die EU ist Vertragspartei des Seerechtsübereinkommens, siehe Art. 305 Abs. 1f i.V.m. Anlage IX SRÜ, Art. 216 AEUV und Anhang II SRÜ. In der Anlage findet sich eine Liste der „Rechtsakte der Gemeinschaft zu den im Übereinkommen ... geregelten Angelegenheiten". Dazu *Graf Vitzthum*, AöR 1986, 33 ff.

296 Art. 24 Abs. 1 und 23 GG. Siehe *Herdegen*, Europarecht, 18. Auflage 2016, § 11 Rn. 1 ff., 19 ff. und EuGH, Rs. 6/64, Slg. 1964, S. 1251, 1269 ff. – Costa/E.N.E.L. Bei den sog. gemischten Verträgen ist sowohl die EU (Art. 216 AEUV) als auch der Mitgliedstaat Vertragspartei eines völkerrechtlichen Übereinkommens. Kompliziert wird dieses Verhältnis dann, wenn der Regelungsgegenstand des völkerrechtlichen Vertrags teils in die EU-Zuständigkeit und teils in die nationale Zuständigkeit fällt. Siehe dazu *Kunig*, Völkerrecht und staatliches Recht, in: Graf Vitzthum/Proelß (Hrsg.), Völkerrecht, 7. Auflage 2016, S. 61 ff. (Rn. 131 ff.); *Bieber et al.*, Die Europäische Union, 12. Auflage 2016, § 3 Rn. 35 ff., § 33 Rn. 29; *Epiney/Gross*, EurUP 2005, 2 ff. Zur Erstreckung von Unionsrechts außerhalb der mitgliedstaatlichen Hoheitsgebiete siehe *Czybulka/Kersandt*, Rechtsvorschriften, rechtliche Instrumentarien und zuständige Körperschaften mit Relevanz für marine Schutzgebiete, 2000, S. 18 ff. Dazu auch schon *Graf Vitzthum*, Europäisches Seerecht, in: Brenner et al. (Hrsg.), Der Staat des Grundgesetzes, FS Badura, 2004, S. 1189 ff. (1194 ff.).

297 Dazu *Kunig*, Völkerrecht und staatliches Recht, in: Graf Vitzthum/Proelß (Hrsg.), Völkerrecht, 7. Auflage 2016, S. 61 ff. (Rn. 62 ff., 115 ff.).

298 So angelegt in Art. 2 Abs. 6 AEUV. Im Vordergrund bei der Kompetenzzuweisung steht stets der „Urgedanke" der Europäischen Gemeinschaften zur Verwirklichung des Binnenmarktes. Dazu *Herdegen*, Europarecht, 18. Auflage 2016, § 8 Rn. 65.

299 Für das europäische Umweltrecht *Meßerschmidt*, Europäisches Umweltrecht, 2011, § 2 Rn. 44 ff.

muss sich jedoch mit einer gewissen inneren Logik aus ausdrücklich übertragenen Befugnissen ergeben (sog. „Implied Powers").[300]

Normiert sind die sog. ausschließlichen und geteilten Zuständigkeiten der Union, die sich aus Art. 3 und 4 AEUV ergeben. Eine auf die Union durch die Mitgliedstaaten übertragene *ausschließliche Zuständigkeit* bedeutet, dass in dem übertragenen Bereich ausschließlich die Union gesetzgeberisch tätig werden und verbindliche Rechtsakte erlassen kann; die Mitgliedstaaten dürfen nur dann tätig werden, wenn sie von der Union hierzu ausdrücklich ermächtigt wurden, Art. 2 Abs. 1 AEUV. Im Gegensatz dazu bedeutet die Übertragung einer *geteilten Zuständigkeit*, dass sowohl die Union als auch die Mitgliedstaaten in diesem Bereich gesetzgeberisch tätig werden und verbindliche Rechtsakte erlassen können, Art. 2 Abs. 2 Satz 1 AEUV. Die Mitgliedstaaten nehmen ihre Zuständigkeit jedoch nur dann wahr, sofern und soweit die Union ihre Zuständigkeit nicht ausgeübt hat oder sich entschieden hat, sie zukünftig nicht mehr auszuüben, Art. 2 Abs. 2 Satz 2 und 3 AEUV.

Eine – im vorliegenden Kontext relevante – ausschließliche Zuständigkeit der Union ergibt sich aus Art. 3 Abs. 1d AEUV: Die EU hat die ausschließliche Zuständigkeit für die Erhaltung der biologischen Meeresschätze i.R.d. Gemeinsamen Fischereipolitik (GFP), Art. 43 Abs. 2 AEUV.[301] Die Gemeinsame Fischereipolitik umfasst zum einen die Verwaltung der europäischen Fischereiflotte und ist zum anderen für den Erhalt der Fischbestände zuständig. Sie soll gewährleisten, dass Fischerei und Aquakultur umweltverträglich sowie langfristig wirtschaftlich und sozial tragbar ist.[302]

Im Zusammenhang mit der maritimen Raumplanung entscheidende geteilte Zuständigkeiten der Union finden sich in Art. 4 Abs. 2 AEUV, dazu gehören d) Landwirtschaft und Fischerei, ausgenommen die Erhaltung der biologischen Meeresschätze (Art. 43 Abs. 2 AEUV),[303] e) Umwelt (Art. 192 Abs. 1 AEUV), g) Verkehr (Art. 90–100 AEUV), h) transeuropäische Netze (Art. 170–172 AEUV) und i) Energie (Art. 194 Abs. 2 AEUV).

---

300 *Herdegen*, Europarecht, 18. Auflage 2016, § 8 Rn. 67 f.

301 Siehe Rechtsprechung des EuGH zu Art. 102 der Beitrittsakte für Dänemark, Irland und dem Vereinigten Königreich von Großbritannien und Nordirland (ABl. L 73 v. 27.3.1972, S. 1, Rs. 804/79, Slg. 1981, S. 1045 – Seefischerei-Erhaltungsmaßnahmen). Die Fischereipolitik ist Teil der Gemeinsamen Agrarpolitik, Art. 38 AEUV.

302 Siehe dazu http://ec.europa.eu/fisheries/cfp/index_de.htm (2.2.2017). Dazu auch *Schmehl/Wack*, ZUR 2009, 473 ff. Zum streitigen Verhältnis zwischen ausschließlicher Fischereikompetenz und geteilter Umweltschutzkompetenz *Schwarz*, EurUP 2007, 154 ff.; *Czybulka*, EurUP 2007, 21 ff.; *Czybulka*, NuR 2011, 313 ff.; *Czybulka*, EurUP 2011, 208 ff.; *Czybulka/Bosecke*, Diskordanzen der Kompetenzen im Gemeinschaftsrecht, in: Czybulka (Hrsg.), Aktuelle Entwicklungen im europäischen Naturschutzrecht, 2007, S. 107 ff.; *Czybulka*, Die Fischereikompetenzen der EG, in: Czybulka (Hrsg.), Aktuelle Entwicklungen im europäischen Naturschutzrecht, 2007, S. 87 ff.

303 Durch die Auflistung des Sachbereichs Landwirtschaft unter den geteilten Zuständigkeiten ist klargestellt, dass die Agrarpolitik keine ausschließliche Zuständigkeit darstellt, dazu m.w.N. *Calliess*, in: *Calliess/Ruffert*, EUV/AEUV, Kommentar, 5. Auflage 2016, Art. 4 AEUV Rn. 12.

Auf der Grundlage dieser ausschließlichen und geteilten Kompetenzen hat die EU zahlreiche Rechtsakte erlassen, die auch für die vorliegende Bearbeitung von Bedeutung sind; auf die Rechtsakte wird gleich im Detail (unter IV.) eingegangen. Bei dem Blick in den Kompetenzkatalog des AEUV fällt auf, dass keine ausdrückliche Kompetenz zur Raumplanung in den Meeren der Mitgliedstaaten normiert ist. Die bisherigen Rechtsakte der Europäischen Kommission zur maritimen Raumplanung übten sich daher – bislang – auch in unverbindlicher Zurückhaltung.[304] Die im Jahr 2014 erlassene Richtlinie zur Schaffung eines Rahmens für die maritime Raumplanung markiert im Gegensatz dazu einen Wendepunkt. Sie ist zwar ausdrücklich nur als „Rahmen"-Richtlinie ausgestaltet, daraus kann jedoch nicht gefolgert werden, dass es eines Weniger an kompetenzrechtlicher Absicherung bedarf. Trotz eines rahmenartigen Charakters kann die Richtlinie über eine erhebliche normative Dichte verfügen, so dass die Kategorie der „Rahmen"-Richtlinie im Regelfall nur eine politische ist.[305] Inwieweit die Kompetenzregelungen des geltenden Primärrechts eine Zuständigkeit der EU für ein europäisches maritimes Raumplanungsrecht vorsehen, ist heftig umstritten.

III. Kompetenztitel Raumplanung

Die Bemühungen der EU für ein Vorantreiben der Entwicklung einer maritimen Raumplanung sind nicht zu übersehen. Ihr Interesse an einer raschen und kohärenten Entwicklung in den Mitgliedstaaten ist überaus deutlich und steht der teilweise eher bedächtigen Befassung des Themas in einigen Mitgliedstaaten diametral gegenüber. Eine *unionseigene* maritime Raumplanung auf der Grundlage *eigener* Raumordnungs- und Verwaltungskompetenzen strebt die EU vordergründig und nach eigener Aussage zwar (zunächst) nicht an, sie verweist stattdessen – mit dem Verweis auf das Subsidiaritätsprinzip – ausdrücklich auf die Zuständigkeit der Mitgliedstaaten für eine Umsetzung.[306]

304 Siehe oben unter C.I.

305 Dazu gleich unter C.IV.10. *Ruffert*, in: *Calliess/Ruffert*, EUV/AEUV, Kommentar, 5. Auflage 2016, Art. 288 AEUV Rn. 25, verweist darauf, dass trotz des rahmenartigen Charakters des Rechtsaktes „Richtlinie" (ggü. demjenigen der Verordnung) der umsetzende Mitgliedstaat im Einzelfall nicht mehr über einen nennenswerten Umsetzungsspielraum verfügt, was unionsrechtlich aber zulässig und teilweise auch (aufgrund der technischen Regelungsmaterie) erforderlich sei. Dagegen sehen *van Leuwen/van Hoof/van Tatenhove* in der Wahl der „Rahmen"-Richtlinie eine größere Rolle der Mitgliedstaaten bei der Operationalisierung ggü. der Richtlinie, zudem weise es auf zukünftig noch folgende Rechtsakte hin, *van Leeuwen et al.*, Mar Policy (36) 2012, 636 ff. (637); *Long*, J Ener & Nat Res L (29) 2011, 1 ff. (19).

306 Siehe Fahrplan, KOM(2008) 791 endg. v. 25.11.2008, S. 3. Nicht ohne zugleich darauf zu verweisen, dass Maßnahmen auf EU-Ebene aber erhebliche Vorteile bieten könnten, ebd. Zu den Perspektiven der Raumordnung in Europa siehe *Erbguth*, RuR 2011, 359 ff. (359), und *Erbguth*, NuR 2012, 85 ff. (85); *Gärditz*, Europäisches Planungsrecht, 2009, S. 49 ff.; *Ritter*, Europäische Raumentwicklungspolitik, 2009,

Dennoch werfen die umfangreichen Initiativen der EU[307] die Frage auf, ob nach der aktuellen Ausgestaltung der Kompetenzverteilung zwischen EU und Mitgliedstaaten eine durch verbindliche unionsrechtliche Vorgaben angeleitete europäische maritime Raumplanung rechtlich möglich wäre.[308] Diskutiert wird in diesem Zusammenhang über die Zulässigkeit sekundärrechtlicher Vorgaben im Bereich der Raumplanung. Es geht dabei um Rechtsakte, die den Bereich der (maritimen) nationalen Raumplanung nicht nur mittelbar berühren, oder um Kompetenzgrundlagen für ordnungsrechtliche EU-Maßnahmen, sondern um Maßnahmen der EU, die die Raumplanung in den Mitgliedstaaten unmittelbar und ausschließlich (oder zumindest überwiegend) betreffen.[309] Voraussetzung für Letzteres ist eine von den Mitgliedstaaten auf die EU übertragene originäre Zuständigkeit im Bereich der (maritimen) Raumplanung. Der Zuständigkeitskatalog des Art. 3 AEUV gibt dazu nichts her. Auch aus dem Kohärenzprinzip gem. Art. 7 AEUV, der Koordinierungskompetenz gem. Art. 2 Abs. 5 AEUV oder der Abrundungskompetenz gem. Art. 352 AEUV erwachsen nach ganz überwiegender Ansicht keine Zuständigkeitszuweisungen für die EU in diesem Sinne.[310] Jedoch könnten sich aus der Umweltkompetenz des Art. 4 Abs. 2e i.V.m. Art. 192 Abs. 2b AEUV[311] (gleich unter 1.) oder aus Art. 4 Abs. 2c i.V.m. Art. 174 AEUV über den territorialen Zusammenhalt (2.) Anhaltspunkte für eine derartige Zuständigkeit der EU ergeben. Zuletzt ist ein Kompetenzmix

---

S. 27 ff.; *Akademie für Raumforschung und Landesplanung*, Maritime Raumordnung, 2013, S. 28 ff.

307 Zur Abgrenzung von „Programmen“ und „Plänen“ siehe *Rengeling*, Europarechtliche Planungen und Aspekte eines europäischen Planungsrechts, in: Erbguth et al. (Hrsg.), Planung, FS Hoppe, 2000, S. 883 ff. (883, 890).

308 Dazu grundsätzlich *Wahl*, Europäisches Planungsrecht – Europäisierung des deutschen Planungsrechts, in: Grupp/Ronellenfitsch (Hrsg.), Planung – Recht – Rechtsschutz, FS Blümel, 1999, S. 617 ff.; *Rengeling*, Europarechtliche Planungen und Aspekte eines europäischen Planungsrechts, in: Erbguth et al. (Hrsg.), Planung, FS Hoppe, 2000, S. 883 ff. (883 ff.); *David*, DÖV 1993, 1021 ff. Ausführlich *Akademie für Raumforschung und Landesplanung*, Maritime Raumordnung, 2013, S. 28 ff.

309 Zum Ganzen *Durner*, Raumordnung auf der europäischen Ebene, in: Borchard (Hrsg.), Grundriss der Raumordnung und Raumentwicklung, 2011, S. 395 ff.; *Durner*, Konflikte räumlicher Planungen, 2005, S. 509 ff.; *Durner*, RuR 2010, 271 ff. (277); *Gatawis*, Grundfragen eines europäischen Raumordnungsrechts, 2000; *Gatawis*, DÖV 2002, 858 ff.; *Wahl*, Einige Grundprobleme im europäischen Raumplanungsrecht, in: Erbguth et al. (Hrsg.), Planung, FS Hoppe, 2000, S. 913 ff. (913 ff., 916 ff.); *Moersch*, BayVBl. 2004, 40 ff. (44). Bei der Frage geht es auch nicht um raumwirksames Leistungsrecht (z.B. EUREK), siehe zur Abgrenzung *Faßbender*, NVwZ 2005, 1122 ff. (1122 f.).

310 Dazu m.w.V. *Erbguth/Schubert*, Maritime Raumplanung auf EU-Ebene, Rechtsgutachten, Januar 2011, S. 59 ff. m.w.N.

311 Zu Art. 192 Abs. 1 AEUV als Kompetenznorm für den Erlass von Raumordnungsrecht siehe *Erbguth/Schubert*, Maritime Raumplanung auf EU-Ebene, Rechtsgutachten, Januar 2011, S. 44.

aus fachlichen, meeresbezogenen Einzelzuständigkeiten (Art. 43 Abs. 2, 100 Abs. 2, 192 Abs. 1 und 194 Abs. 2 AEUV) zu prüfen, auf den die EU zuletzt die Maritime Raumplanungsrichtlinie[312] aus dem Jahr 2014 gestützt hat (3.).

1. *Umweltrechtliche Kompetenznorm*

Der Begriff der „Raumordnung" wird explizit nur an einer einzigen Stelle in den Verträgen gesetzlich erwähnt: In Art. 192 Abs. 2b 1. Spiegelstrich AEUV. Danach bedürfen umweltbezogene Maßnahmen, die die Raumordnung „berühren", einer einstimmigen Entscheidung im besonderen Gesetzgebungsverfahren.[313] Mit „Maßnahmen, die die Raumordnung berühren" sind solche Maßnahmen gemeint, die „im Zusammenhang mit regionalen, städtischen oder gemeindlichen Raumordnungsplänen oder mit der Planung verschiedener Infrastrukturvorhaben eines Mitgliedstaates" stehen.[314] Werden zur Auslegung dieser Formulierung historische Ansatzpunkte herangezogen, ergibt sich Folgendes: Der Gesetzeswortlaut des Art. 130s Abs. 2 EGV a.F. war noch anders gefasst als die aktuelle Formulierung und lautete auf „Maßnahmen im Bereich der Raumordnung".[315] Das löste zahlreiche Diskussionen darüber aus, ob der EU eine umfassende Kompetenz zur Raumordnung zusteht.[316] Während einige Stimmen in der Vorschrift eine reine Verfahrensregelung sahen, erkannten andere darin eine Kompetenzausweitung der EU.[317] Mit der Neufassung des Gesetzeswortlauts in der aktuellen Fassung des AEUV durch den Vertrag von Nizza,[318] der nun nur noch von einem „Berühren der Raumordnung" spricht, wird jedoch klargestellt, dass es hier nicht um eine eigenständige Kompetenz für die EU auf dem Gebiet der Raumordnung geht. Wie schon der Vorgänger-Artikel normiert Art. 192 Abs. 2 AEUV eine Ausnahmeregelung und betrifft planerische Vorgaben der EU für die Mitgliedstaaten im Bereich der Umwelt. Da solche Vorgaben einen erheblichen Eingriff in die mitgliedstaatlichen Gestaltungs- und Nutzungsrechte der Natur darstellen, müssen diese Maßnahmen einstimmig erlassen werden. Dazu

---

312 Dazu inhaltlich unter C.IV.10.

313 *Calliess*, EU-Umweltrecht, Kap. 2, in: Hansmann/Sellner (Hrsg.), Grundzüge des Umweltrechts, 4. Auflage 2012, S. 55 ff. (Rn. 23).

314 EuGH, Urteil v. 30.1.2001, Rs. C-36/98, Slg. 2001, I-779 Rn. 51 – Spanien/Rat (Donauabkommen). Zu den deutschen und europäischen Raumordnungsbegriffen in den verschiedenen Sprachfassungen *David*, DÖV 2004, 146 ff. (147).

315 Dazu schon *Battis*, Rechtsfragen der europäischen Raumordnungspolitik, in: Berkemann et al. (Hrsg.), Planung und Plankontrolle, FS Schlichter, 1995, S. 185 ff. (189 ff.); *Jarass*, DÖV 1999, 661 ff.

316 *Gatawis*, DÖV 2002, 858 ff.; *Kahl*, in: *Streinz*, EUV/AEUV, Kommentar, 2. Auflage 2012, Art. 192 AEUV Rn. 24 ff.; *Käller*, in: *Schwarze*, EU-Kommentar, 3. Auflage 2012, Art. 192 AEUV Rn. 21 f.

317 Ausführliche Darstellung des damaligen Streitstandes m.w.N. bei *Gatawis*, DÖV 2002, 858 ff. Auch *Erbguth/Schubert*, Maritime Raumplanung auf EU-Ebene, Rechtsgutachten, Januar 2011, S. 44 ff. m.w.N.

318 Art. 2 Nr. 15 des Vertrags von Nizza, ABl.EG C 80 v. 10.3.2001, S. 1 (19).

reicht schon das „Berühren“ der Raumordnung aus, um das Erfordernis der Einstimmigkeit auszulösen.[319] Art. 192 Abs. 2b AEUV 1. Spiegelstrich begründet damit keine eigenständige Kompetenz der EU zur umfassenden und für die Mitgliedstaaten verbindlichen Raumordnung.

Mit diesem Ergebnis wird allerdings auch deutlich, dass i.R.d. Umweltpolitik sehr wohl unionsrechtliche Maßnahmen denkbar und möglich sind, die eine nationale Raumordnung betreffen. Aus dem Gesetzeswortlaut ergibt sich also einerseits, dass es an dieser Stelle nicht um eine Kompetenzzuweisung an die EU geht, andererseits impliziert er jedoch auch eine zumindest beschränkte und indirekte Kompetenz der EU zu raumwirksamen Regelungen, die i.R.d. Umweltkompetenz erlassen werden.[320] Solche Maßnahmen, die die Raumordnung berühren, sind in vielerlei Gestalt denkbar:[321] Bei der Verpflichtung zur Ausweisung von Schutzgebieten (Bsp. Natura 2000), bei der Aufstellung von Verfahrensvorschriften zur Prüfung der Umweltauswirkungen bestimmter Pläne und Programme (SUP-Richtlinie) oder bei Vorgaben zur Aufstellung von Maßnahmenprogrammen und Bewirtschaftungsplänen (Wasserrahmenrichtlinie und Meeresstrategie-Rahmenrichtlinie) (weiter dazu gleich unter IV.). Eine Kompetenz zur umfassenderen Raumordnung durch die EU lässt sich hieraus jedoch nicht ablesen.

2. *Territorialer Zusammenhalt*

Mit dem Inkrafttreten des Lissabon-Vertrages[322] wurde in Art. 3 Abs. 3 UAbs. 3 EUV der „territoriale Zusammenhalt“ als Politikfeld aufgenommen. Danach fördert die EU den wirtschaftlichen, sozialen und territorialen Zusammenhalt und die Solidarität zwischen den Mitgliedstaaten. In Art. 4 Abs. 2c AEUV i.V.m. Art. 174–178 AEUV findet sich der territoriale Zusammenhalt wieder als Kompetenzbereich mit geteilter Zuständigkeit zwischen EU und Mitgliedstaaten. Diskutiert wird, ob sich

---

319 Voraussetzungen für eine enge Auslegung des Ausnahmetatbestandes werden sein, dass sich die Maßnahme unmittelbar und zielgerichtet auf die Raumordnung bezieht und rein mittelbare und faktische Auswirkungen nicht ausreichen. Siehe dazu *Käller*, in: *Schwarze*, EU-Kommentar, 3. Auflage 2012, Art. 192 AEUV Rn. 21 f.; *Calliess*, ZUR 2003, 129 ff.

320 *Calliess*, in: *Calliess/Ruffert*, EUV/AEUV, Kommentar, 5. Auflage 2016, Art. 192 AEUV Rn. 30; *Salomon/Dross*, Mar Policy (42) 2013, 142 ff.

321 Ausführliche Bestandsaufnahme bei *Faßbender*, NVwZ 2005, 1122 ff. (1123 ff.). *Moersch*, BayVBl. 2004, 40 ff. (41, Fn. 3), weist in diesem Zusammenhang darauf hin, dass gerade die FFH- und Vogelschutz-Richtlinien massiv in die Raumplanungshoheit eingreifen: Durch die Verpflichtung zur Ausweisung von reinen Naturschutzflächen werden diese Flächen einseitig zugunsten des Umweltschutzes jeder anderen Nutzung entzogen. Diese Vorgabe stehe aber dem deutschen raumplanerischen Leitbild eines Interessenausgleichs an der Nutzung des Raumes entgegen.

322 Vertrag von Lissabon v. 13.12.2007, ABl.EU C 306, S. 1, ber. mit ABl.EU 2008 C 111, S. 56 und ABl.EU 2009 C 290, S. 1.

in diesem Zusammenhang eine Kompetenzerweiterung der EU bzgl. eines europäischen Raumordnungsrechts ergeben hat.

Eine Definition des Begriffs des territorialen Zusammenhalts enthalten die Verträge nicht, aus Art. 174 Abs. 1 AEUV lässt sich lediglich das Ziel ablesen: Danach entwickelt und verfolgt die EU ihre Politik zur Stärkung u.a. ihres territorialen Zusammenhalts, um eine harmonische Entwicklung der Union als Ganzes zu fördern. Dazu gehört es z.B. auch, Unterschiede im Entwicklungsstand der verschiedenen Regionen zu verringern und ggü. bestimmten Gebieten mit strukturellen Nachteilen besonders „aufmerksam" zu sein.[323] Dieses Ziel soll i.S.e. Querschnittsaufgabe durch die Politik der EU und der Mitgliedstaaten verfolgt und durch den Einsatz von Strukturfonds verfolgt werden, Art. 175 Abs. 1 AEUV.[324]

Ein Bezug zur maritimen Raumplanung ist nicht auf den ersten Blick erkennbar, aber leicht konstruierbar. Das liegt auch daran, dass der Begriff des territorialen Zusammenhalts sehr allgemein gefasst ist und damit ein raumordnerischer Bezug in vielfältiger Weise hergestellt werden kann, wenn man z.B. an den infrastrukturellen Anschluss besonders abgelegener Gebiete denkt. Unklar ist jedoch, ob sich der Begriff der Raumordnung und der des territorialen Zusammenhalts sowie ihr jeweiliges Verständnis decken. Während die räumliche Ordnung im Staatsgebiet als ureigener Ausdruck der Staatsgewalt eine gesamtplanerische und überfachliche Koordinierung unterschiedlichster Interessen bezweckt, zielt der territoriale Zusammenhalt im europäischen Verständnis auf eine Entwicklung und Vernetzung unterschiedlicher Teilräume ab, die sich funktional ergänzen und in den Gesamtraum einfügen.[325] Eine Überschneidung beider Begriffe im maritimen Bezug mag vorliegen, soweit gut beplante und raumordnerisch entwickelte Meeresregionen auch dem Ziel des territorialen Zusammenhalts zu dienen bestimmt sein können. Deutlicher wird der Unterschied beider Begriffe letztlich in der Art, wie die EU das Ziel des territorialen Zusammenhalts befördern möchte: Es geht nicht um einen Planungsauftrag an die Mitgliedstaaten, mit dem konfligierende Nutzungsansprüche und Schutzinteressen

---

323 Dazu gehören z.B. ländliche Gebiete, nördlichste Regionen mit sehr geringer Bevölkerungsdichte und Inselregionen. *Battis/Kersten* sehen drei rechtliche Dimensionen des territorialen Zusammenhalts: Territorialer Ausgleich, territoriale Integration und territoriale Governance, *Battis/Kersten*, UPR 2008, 201 ff. (201); *Battis/Kersten*, EuR 2009, 3 ff. (9 ff.); *Kersten*, UPR 2010, 201 ff. (202).

324 Zum Ganzen *Puttler*, in: *Calliess/Ruffert*, EUV/AEUV, Kommentar, 5. Auflage 2016, Art. 174 AEUV Rn. 9; *Erbguth/Schubert*, Maritime Raumplanung auf EU-Ebene, Rechtsgutachten, Januar 2011, S. 50 ff.; *Erbguth/Schubert*, AöR 2012, 72 ff. (80 ff.); *Battis/Kersten*, UPR 2008, 201 ff.; *Battis/Kersten*, EuR 2009, 3 ff. (9 ff.); *David*, DÖV 2004, 146 ff. Zum Entwurf des EU-Verfassungsvertrages, aus dem *Goppel* eine (prozedurale) Gesetzgebungskompetenz der EU im Bereich der Raum*entwicklung* erkennt, *Goppel*, EurUP 2007, 138 ff.

325 Siehe dazu das Lissabon-Urteil des Bundesverfassungsgerichts v. 30.6.2009, BVerfG, NJW 2009, 2267. Dazu *Kersten*, UPR 2010, 201 ff.; zuvor schon *Kersten*, UPR 2006, 245 ff. (249).

miteinander in Einklang gebracht werden sollen, sondern der territoriale Zusammenhalt soll durch den gezielten Einsatz von finanziellen Mitteln erreicht werden.[326] Territorialer Zusammenhalt i.S.d. Art. 174 Abs. 1 AEUV ist damit nicht mit dem Begriff der Raumordnung gleichzusetzen. Aber selbst wenn man davon ausginge, ist Art. 174 AEUV nicht als eigenständige Kompetenznorm anzusehen, da sich den Art. 174–178 AEUV keine konkrete Kompetenzzuweisung entnehmen lässt.[327]

3. Kompetenzmix aus Art. 43 Abs. 2, Art. 100 Abs. 2, Art. 192 Abs. 1 und Art. 194 Abs. 2 AEUV

Die Richtlinie 2014/89/EU des Europäischen Parlaments und des Rates zur Schaffung eines Rahmens für die maritime Raumplanung stützt sich auf Einzelkompetenzen der Fischereipolitik (Art. 43 Abs. 2 AEUV), der Seeschifffahrt (Art. 100 Abs. 2 AEUV), der Umwelt (Art. 192 Abs. 1 AEUV) und der Energie (Art. 194 Abs. 2 AEUV). Die Heranziehung mehrerer Kompetenznormen zur Begründung der gesetzgeberischen Zuständigkeit für den Erlass eines Sekundärrechtsaktes wirft zwei Problemkomplexe auf:[328]

Erstens: Ist dieser Kompetenzmix mit den zentralen Prinzipien des Primärrechts wie dem Subsidiaritäts- und Verhältnismäßigkeitsprinzip vereinbar? Zweitens: Entspricht der Kompetenzmix der Rechtsprechung des Europäischen Gerichtshofs (EuGH) zur Zulässigkeit einer Mehrfach-Abstützung von Sekundärrechtsakten? Ausgangspunkt ist das in Art. 5 Abs. 2 EUV normierte Prinzip der begrenzten Einzelermächtigung, wonach die EU nur innerhalb der Grenzen derjenigen Zuständigkeiten tätig werden darf, die die Mitgliedstaaten ihr in den Verträgen zur Verwirklichung der darin niedergelegten Zielen übertragen haben. Das Ergebnis der bisherigen Prüfung einer unionsrechtlichen Kompetenz zur Raumordnung ist, dass ersichtlich weder eine ausschließliche Kompetenz aufgrund des Art. 3 AEUV gegeben ist, noch eine Kompetenz zur geteilten Zuständigkeit aus dem Bereich Umwelt nach Art. 192 Abs. 1 AEUV oder dem territorialen Zusammenhalt nach Art. 174 ff. AEUV greift. Die möglichen Kompetenzgrundlagen aus Art. 7 AEUV (Kohärenzprinzip), Art. 2 Abs. 5 AEUV (Koordinierungskompetenz) oder Art. 352 AEUV (Abrundungskompetenz) werden ebenfalls einhellig verneint.[329] Im Ergebnis bleibt es damit bei der alleinigen Zuständigkeit der Mitgliedstaaten zur Raumordnung.

---

326 So auch *Erbguth/Schubert*, Maritime Raumplanung auf EU-Ebene, Rechtsgutachten, Januar 2011, S. 56; ebenso *Erbguth*, RuR 2011, 359 ff. (360).

327 Dazu auch das Grünbuch zum territorialen Zusammenhalt – Territoriale Vielfalt als Stärke, KOM(2008) 616 endg. v. 6.10.2008, S. 12. Ausführlich *Erbguth/Schubert*, Maritime Raumplanung auf EU-Ebene, Rechtsgutachten, Januar 2011, S. 57 ff. Im Ergebnis auch *David*, DÖV 2004, 146 ff.; *Goppel*, EurUP 2007, 138 ff.; *Erbguth*, DÖV 2011, 373 ff. (377).

328 *Schubert*, JbUTR 2015, 199 ff.

329 *Akademie für Raumforschung und Landesplanung*, Maritime Raumordnung, 2013, S. 37 ff.; *Schubert*, JbUTR 2015, 199 ff. (217); *Erbguth/Schubert*, AöR 2012, 72 ff. (89 ff.).

Die Maritime Raumplanungsrichtlinie ist nun aber nicht nur auf eine einzelne Kompetenznorm gestützt, sondern auf einen Kompetenzmix aus mehreren fachlichen, meeresbezogenen Einzelzuständigkeiten. Damit kommt die Frage nach der Zulässigkeit der Mehrfachabstützung eines Rechtsaktes auf. Nach der Rechtsprechung des EuGH ist eine solche Mehrfachabstützung grundsätzlich zulässig, soll aber nur in Ausnahmefällen angewandt werden und zwar dann, wenn sich der Regelungsgehalt einer Maßnahme nicht objektiv schwerpunktmäßig einer einzigen Rechtsgrundlage zuordnen lässt.[330] Beruht die Zuständigkeit des gesetzgebenden Organs also auf zwei gleichwertigen Rechtsgrundlagen, so ist es auch verpflichtet, die geplanten Rechtsakte auf der Grundlage beider Bestimmungen zu erlassen. Das ist dann problematisch, wenn die Rechtsetzungsverfahren unterschiedlich und miteinander unvereinbar sind, z.B. soweit nur eines der Verfahren die Beteiligung des Rates oder eine absolute Mehrheitsentscheidung vorsieht. Hier jedoch ist sowohl für Art. 43 Abs. 2, 100 Abs. 2, 192 Abs. 1 als auch für Art. 194 Abs. 2 AEUV das ordentliche Gesetzgebungsverfahren nach Art. 294 AEUV normiert, so dass die Mehrfachabstützung grundsätzlich zulässig ist.

Die EU begründet die Wahl der Rechtsgrundlage damit, dass die betroffenen Tätigkeiten von Fischerei, Seeschifffahrt, Umwelt und Energie im Wettstreit stehen um Meeresraum und die Nutzung von Küstenressourcen. Die Richtlinie ziele auf eine Planung der sektoralen Tätigkeiten, so dass diese sich nicht gegenseitig beeinträchtigen, sondern auch zu einer nachhaltigen Nutzung der Meeres- und Küstenressourcen beitragen werden.[331] Die EU argumentiert an dieser Stelle mit einem bestehenden Koordinierungsdefizit – d.h. einer fehlenden Gesetzgebungskompetenz. Dieses Defizit hindere sie daran, die raumstrukturellen Anforderungen, die durch die vielfältigen Tätigkeiten auf See bedingt sind, mit einem geeigneten übergreifenden und strategischen Instrument zu koordinieren. Aus ihrer sektoral beschränkten und indirekten Kompetenz zum Erlass raumwirksamer Regelungen, z.B. i.R.d. Umweltkompetenz,[332] schließt sie dann auf das Bestehen einer solchen, zwar ebenfalls beschränkten, aber die verschiedenen Tätigkeits- und Politikbereiche zusammenfassenden Raumordnungskompetenz.[333] Sie verkennt dabei – möglicherweise willentlich – das die Raumordnung maßgeblich prägende Element der gesamtheitlichen und übergreifenden Ordnung. Diese ergibt sich aber nicht lediglich aus

330 EuGH, Rs. 165/87, Slg. 1988, 5545, Rn. 6 ff. – Kommission/Rat. *Korte*, in: *Calliess/Ruffert*, EUV/AEUV, Kommentar, 5. Auflage 2016, Art. 114 AEUV Rn. 142 mit Fn. 374.

331 Vorschlag für eine Richtlinie des Europäischen Parlaments und des Rates zur Schaffung eines Rahmens für die maritime Raumordnung und das integrierte Küstenzonenmanagement, COM(2013) 133 final v. 12.3.2013, S. 6.

332 Soeben unter C.III.1.

333 Ähnlich *Spannowsky*, Raumordnung in Europa, in: Krautzberger (Hrsg.), Bau- und Fachplanungsrecht, FS Stüer, 2013, S. 59 ff. (67, 75 f.). Letztlich erfolgt mit dieser Argumentation auch die Annahme einer raumplanerischen Befugnis aus dem Seerechtsübereinkommen, siehe dazu oben B.II.4.

der Bündelung unterschiedlicher fachlicher Aufgaben und ist damit nicht mit der Summe sektoraler Fachaufgaben mit räumlicher Relevanz gleichzusetzen.[334] Im Ergebnis verstößt die Maritime Raumplanungsrichtlinie damit gegen die unionsrechtliche Kompetenzordnung; i.R.e. Nichtigkeitsklage kann der EuGH die Richtlinie für nichtig erklären.[335]

4. Ergebnis

Im Ergebnis ist festzustellen, dass der EU keine originäre Kompetenz für eine unionseigene Raumplanung zusteht, das gilt in gleicher Weise für eine Raumplanung auf dem Meer. Sie kann jedoch durch verbindliche sekundärrechtliche Rechtsakte in Bereichen, die ihr ausdrücklich zugewiesen sind und die raumplanerische Bezüge aufweisen, in bestimmtem Umfang Einfluss nehmen auf mitgliedstaatliche Planungsvorhaben, und das sowohl in materieller wie auch in prozessualer Hinsicht. Um welche sekundärrechtlichen Rechtsakte es sich handelt und wie genau dieser Einfluss aussieht, wird nun anhand ausgesuchter Rechtsakte der Union untersucht.

Die Frage, ob – ungeachtet einer bestehenden Kompetenz – eine unionseigene maritime Raumplanung überhaupt sinnvoll wäre und wie sie rechtlich, organisatorisch und prozessual ausgestaltet sein könnte, soll an späterer Stelle aufgeworfen werden.[336]

IV. Unionsrechtliche Rechtsakte mit Bedeutung für eine maritime Raumplanung

Aufgrund der ihr zugewiesenen Kompetenzen hat die EU eine Reihe von Rechtsakten erlassen, zumeist in Form von Richtlinien und Verordnungen, aber auch finanziellen Förderinstrumenten.[337] Durch die fehlende originäre Kompetenz der EU im Bereich der Raumplanung[338] haben diese Rechtsakte keine unmittelbaren Auswirkungen auf eine nationale maritime Raumplanung.

Das gilt insbesondere für solche Instrumente, mit denen die EU die Mitgliedstaaten über eine finanzielle Förderung zu einem bestimmten, von der Union intendierten Verhalten bewegen will.[339] Dazu gehören neben dem Europäischen

---

334 *Schubert*, JbUTR 2015, 199 ff. (217 f.); *Schubert*, Maritimes Infrastrukturrecht, 2015, S. 99 f., 129.

335 *Schubert* argumentiert wegen des rechtspolitischen Erfordernisses einer unionsweiten Raumordnung dafür, eine entsprechende normative Grundlage im AEUV zu schaffen, siehe *Schubert*, JbUTR 2015, 199 ff. (219 f.).

336 Siehe unter G.V.

337 *Bieber et al.*, Die Europäische Union, 12. Auflage 2016, § 32 zum Bereich Umwelt.

338 Siehe den vorhergehenden Abschnitt.

339 Zur planerischen Steuerung über Finanzmittel siehe *Gatawis*, DÖV 2002, 858 ff. (860); *Gärditz*, Europäisches Planungsrecht, 2009, S. 28 ff.

Raumentwicklungskonzept (EUREK)[340] u.a. auch Gemeinschaftsinitiativen wie die INTERREG-Programme.[341]

Dennoch können sich aus Richtlinien mittelbar verbindliche rechtliche Vorgaben ergeben, die der nationale Gesetzgeber für eine Raumplanung in der AWZ zu beachten hat.[342] Relevant sind dabei nur diejenigen unionsrechtlichen Akte, die sich i.R.d. durch das Seerechtsübereinkommen zugewiesenen souveränen Rechte und Hoheitsbefugnisse orientieren, da die Mitgliedstaaten nicht über diese Rechte hinausgehen können.[343] Als Vertragspartei des Seerechtsübereinkommens hat sich natürlich auch die EU an dessen Vorgaben zu halten.[344] So gibt es Rechtsakte der EU, die i.S.d. Art. 56 SRÜ die wissenschaftliche Meeresforschung, den Schutz und die Bewahrung der Meeresumwelt, die Errichtung und Nutzung von künstlichen Inseln, Bauwerken und Anlagen betreffen oder Vorgaben für die wirtschaftliche Erforschung und Ausbeutung von AWZ und Festlandsockel enthalten. Dazu gehören:[345]

- Der Bereich der Seeschifffahrt (Art. 100 Abs. 2 AEUV),
- der Auf- und Ausbau Transeuropäischer Netze (Art. 170–172 AEUV),
- die unionsrechtlichen Regelungen zur Fischerei bzw. zur Erhaltung der biologischen Meeresschätze (Art. 43 Abs. 2 AEUV),
- die Richtlinie 2009/28/EG zur Förderung der Nutzung von Energie aus erneuerbaren Quellen (EE-Richtlinie),
- die Richtlinie 2009/31/EG über die geologische Speicherung von Kohlendioxid (CCS-Richtlinie),
- die Vogelschutz-Richtlinie 2009/147/EG und die Fauna-Flora-Habitat-Richtlinie 92/43/EWG (Natura 2000-Richtlinien),

---

340 *Europäische Kommission*, EUREK – Europäisches Raumentwicklungskonzept, 1999, im Internet: http://ec.europa.eu/regional_policy/sources/docoffic/official/reports/pdf/sum_de.pdf (2.2.2017); *Europäische Kommission*, EUREK – Europäisches Raumentwicklungskonzept, 1999; *Sanden*, Umweltschutz im Planungsrecht, § 13, in: Koch (Hrsg.), Umweltrecht, 4. Auflage 2014, S. 786 ff., § 13 Rn. 8; *Gatawis*, DVBl. 1999, 833 ff.; *Gatawis*, UPR 2002, 263 ff.

341 Seit der Förderperiode 2007–2013 läuft das Programm unter dem Begriff der „Europäischen Territorialen Zusammenarbeit (ETZ)"; mehr unter http://www.interreg.de (2.2.2017). Dazu auch *Spannowsky*, Raumordnung in Europa, in: Krautzberger (Hrsg.), Bau- und Fachplanungsrecht, FS Stüer, 2013, S. 59 ff. (60 ff.).

342 Zum Einfluss des Europarechts auch *Kadelbach*, Der Einfluß des Europarechts auf das deutsche Planungsrecht, in: Erbguth et al. (Hrsg.), Planung, FS Hoppe, 2000, S. 897 ff.

343 Dazu oben B.II.

344 Siehe dazu oben unter B.I. und C.II.

345 Zum Ganzen *Wickel*, Europäische Ansätze für ein maritimes Infrastrukturrecht, in: Ehlers/Erbguth (Hrsg.), Infrastrukturrecht zur See, 2009, S. 27 ff.; *Wickel*, EurUP 2009, 108 ff.

- die Richtlinie über die Umweltverträglichkeitsprüfung 2014/52/EU (UVP-Richtlinie) und Richtlinie über die Strategische Umweltprüfung 2001/42/EG (SUP-Richtlinie),
- die Wasserrahmenrichtlinie 2000/60/EG (WRRL) und die Meeresstrategie-Rahmenrichtlinie 2008/56/EG (MSRL) sowie
- die Richtlinie zur Schaffung eines Rahmens für die maritime Raumplanung 2014/89/EG (MRRL).

Diese Rechtsakte sollen nachfolgend näher untersucht werden. Viele der angesprochenen Richtlinien und Verordnungen haben bereits durch ihre Umsetzung Eingang in nationales Recht gefunden. Soweit dies der Fall ist, werden die Rechtsakte an dieser Stelle nur kurz vorgestellt und auf die nationale(n) Umsetzungsvorschrift(en) verwiesen, die unter D.III.2. untersucht wird/werden.

1. Seeschifffahrt

Zum geteilten Kompetenztitel des Verkehrs, Art. 4 Abs. 2g AEUV gehört auch der Bereich der Seeschifffahrt, Art. 100 Abs. 2 AEUV.

Der Internationalen Seeschifffahrtsorganisation IMO[346] obliegen weitgehende Befugnisse, die die Festlegung von Schifffahrtsstraßen in der AWZ oder den Erlass von einheitlichen Sicherheitsbestimmungen für Seeschiffe umfassen. Die eigenen Rechtsetzungsmöglichkeiten der EU sind in diesem Maße begrenzt und auf die Ergänzung der Maßnahmen der IMO beschränkt.[347]

2. Transeuropäische Netze

Für die Transeuropäischen Netze (TEN) besitzt die EU eine geteilte Kompetenz (Art. Abs. 2h AEUV), die Art. 170–172 AEUV regeln die nähere Ausgestaltung. Mit dem übergeordneten Ziel der Verwirklichung des europäischen Binnenmarktes soll ein Raum ohne Binnengrenzen geschaffen werden, in dem der freie Verkehr von Waren, Personen, Dienstleistungen und Kapital gewährleistet ist (Art. 26 Abs. 2 AEUV).[348] Das setzt voraus, dass die Raumüberwindung von Mensch, Verkehr, Telekommunikation und Energie im Gesamtgebiet der EU auch über große Entfernungen problemlos möglich ist.[349] Die EU will deshalb zum Auf- und Ausbau transeuropäischer Netze in den Bereichen Verkehr, Telekommunikation und Energieinfrastruktur

---

346 Siehe dazu oben B.III.4.

347 *Stadler*, in: *Schwarze*, EU-Kommentar, 3. Auflage 2012, Art. 100 AEUV Rn. 6, mit Verweis auf die Richtlinie 2005/35/EG über die Meeresverschmutzung durch Schiffe und die Einführung von Sanktionen für Verstöße v. 7.9.2005, ABl.EU L 255, S. 11.

348 Mitteilung der Kommission, Transeuropäische Netze: Entwicklung eines integrierten Konzepts, KOM(2007) 135 endg. v. 21.3.2007.

349 Dazu *van Vormizeele*, in: *Schwarze*, EU-Kommentar, 3. Auflage 2012, Art. 170 AEUV Rn. 2.

beitragen (Art. 170 Abs. 1 AEUV).[350] Als Handlungsinstrumente stehen ihr dazu Leitlinien, Aktionen und finanzielle Unterstützungsmaßnahmen für Vorhaben von gemeinsamen Interesse zur Verfügung (Art. 171 Abs. 1 AEUV). Diese Instrumente werden in einem ordentlichen Gesetzgebungsverfahren nach Art. 294 AEUV aufgestellt und sind dann für die Mitgliedstaaten verbindlich.[351] Die Maßnahmen für den Ausbau der transeuropäischen Netze gehen damit über reine Finanzierungsmittel zur Steuerung des Verhaltens der Mitgliedstaaten hinaus.[352]

Raumplanungsrechtlich interessant ist in diesem Zusammenhang, dass das Transeuropäische Verkehrsnetz neben dem Auf- und Ausbau der Infrastruktur von Binnenwasserstraßen und Häfen auch die Bildung eines Netzes von Meeresautobahnen vorsieht.[353] Meeresautobahnen sind Haupt- und Hochgeschwindigkeitsseewege zwischen den EU-Mitgliedstaaten mit dem Ziel, durch die Verbesserung der bestehenden Seeverbindungen den Güterstrom auf seegestützte Logistikstrecken zu konzentrieren und damit eine konkurrenzfähige Alternative zum Straßenverkehr zu bieten.[354] Deren Ausbau wird gegenwärtig in vier küstennahen Gebieten gefördert, dazu gehören auch die Ostsee und die Nordsee (Westeuropa).[355] Wenn auch die Fördermittel vorrangig für Infrastrukturarbeiten und Ausrüstungen wie elektronische Logistiksysteme vorgesehen sind, ist denkbar, dass die Umsetzung auch raumplanerische Ausweisungen in der deutschen AWZ nach sich zieht: So muss dieser hochfrequentierte Meereskorridor so beschaffen sein, dass eine steigende Anzahl großer Container- und sonstiger Transportschiffe hindernisfrei und schnell

---

350 Als Abkürzungen findet man i.d.R. TEN-V (Verkehr), TEN-E (Energie) und eTEN (Telekommunikation).

351 Art. 172 Abs. 1 AEUV. Der Grad der Verbindlichkeit liegt freilich unter dem einer Richtlinie oder Verordnung, da bspw. die Leitlinien keinen konkreten Aktionsrahmen für die Mitgliedstaaten abstecken, sondern lediglich positive Handlungspflichten vorgeben, siehe dazu *van Vormizeele*, in: *Schwarze*, EU-Kommentar, 3. Auflage 2012, Art. 171 AEUV Rn. 6 f.

352 *Wahl*, Europäisches Planungsrecht – Europäisierung des deutschen Planungsrechts, in: Grupp/Ronellenfitsch (Hrsg.), Planung – Recht – Rechtsschutz, FS Blümel, 1999, S. 617 ff. (625 ff.).

353 Art. 20 f. Verordnung (EU) Nr. 1315/2013 des Europäischen Parlaments und des Rates über Leitlinien der Union für den Aufbau eines transeuropäischen Verkehrsnetzes und zur Aufhebung des Beschlusses Nr. 661/2010/EU v. 11.12.2013, ABl.EU L 348, S. 1.

354 So noch Art. 12a Entscheidung Nr. 884/2004/EG des Europäischen Parlaments und des Rates zur Änderung der Entscheidung Nr. 1692/96/EG über gemeinschaftliche Leitlinien für den Aufbau eines transeuropäischen Verkehrsnetzes v. 29.4.2004, ABl.EU L 167, S. 15 ff., und Art. 13 Beschluss Nr. 661/2010/EU des Europäischen Parlaments und des Rates über Leitlinien der Union für den Aufbau eines transeuropäischen Verkehrsnetzes v. 7.7.2010, ABl.EU L 204, S. 1. Laut Art. 21 Abs. 1 Satz 1 VO (EU) Nr. 1315/2013 v. 11.12.213 ist das Ziel ein „europäischer Seeverkehrsraum ohne Grenzen".

355 Siehe Nr. 21 Anhang II der Entscheidung Nr. 884/2004/EG v. 30.4.2004, S. 30 ff.

geeignete Häfen anlaufen kann. Die entsprechenden Seewege sind damit in einer entsprechenden Breite von Bebauungen aller Art freizuhalten und ggfs. auch mit Sicherheits- und Ausweichzonen zu umgeben. Konkrete Umsetzungsvorhaben sind bislang aber nicht bekannt.

Als vorrangige Energieinfrastrukturkorridore und -gebiete listet die TEN-E-Verordnung Nr. 347/2013 u.a. den Bau von Stromautobahnen auf, die in der Lage sind, „... die ständig zunehmende Erzeugung überschüssiger Windenergie in den nördlichen Meeren und in der Ostsee und die zunehmende Erzeugung von Energie aus erneuerbaren Quellen in Ost- und Südeuropa und auch in Nordafrika aufzunehmen".[356] Vorhaben, die für die Realisierung der Stromautobahnen erforderlich sind, können als „Vorhaben von gemeinsamem Interesse" in eine Unionsliste aufgenommen werden und genießen dann einen Vorrangstatus.[357] Dieser Vorrangstatus umfasst u.a., dass die Vorhaben von gemeinsamem Interesse den „national höchstmöglichen Status" erhalten und „in den Genehmigungsverfahren und – falls dies im nationalen Recht so vorgesehen ist – in Raumordnungsverfahren, einschließlich der Verfahren zur Prüfung der Umweltverträglichkeit, entsprechend behandelt" werden sowie i.R.d. FFH-Richtlinie als Vorhaben von (überwiegendem) öffentlichen Interesse gelten.[358] Als Folge sind raumplanungsrechtlich relevante Ausweisungen von marinen Vorranggebieten für Stromverbindungsleitungen denkbar.

3. *Fischereirecht*

Im Bereich der Erhaltung der biologischen Meeresschätze hat die EU gem. Art. 3 Abs. 2d AEUV i.V.m. Art. 38 ff. AEUV eine ausschließliche Kompetenz.[359] Die, erstmals in den 1970er Jahren, in diesem Politik- und Rechtsbereich erlassenen und vereinbarten Regelungen der EU werden als Gemeinsame Fischereipolitik (GFP) bezeichnet.

---

356 Nr. 4.11. Anhang I der TEN-E-Verordnung (EU) Nr. 347/2013 des Europäischen Parlaments und des Rates zu Leitlinien für die transeuropäische Energieinfrastruktur und zur Aufhebung der Entscheidung Nr. 1364/2006/EG und zur Änderung der VO (EG) Nr. 713/2009, (EG) Nr. 714/2009 und (EG) Nr. 715/2009 v. 17.4.2013, ABl. EU L 115, S. 39; Mitteilung der Kommission an das Europäische Parlament, den Rat, den Europäischen Wirtschafts- und Sozialausschuss und den Ausschuss der Regionen, Energieinfrastrukturprioritäten bis 2020 und danach – ein Konzept für ein integriertes europäisches Energienetz, KOM(2010) 677 endg. v. 17.11.2010.

357 Art. 2 Nr. 4, 3 und 7 Abs. 1 i.V.m. Anhang III der TEN-E-VO (EU) Nr. 347/2013 v. 17.4.2013.

358 Art. 7 Abs. 3 und 8 TEN-E-VO (EU) Nr. 347/2013 v. 17.4.2013. Dazu auch *Schubert*, Maritimes Infrastrukturrecht, 2015, S. 104 ff.

359 Vgl. EuGH, Rs. 804/79, 5.5.1981, Slg. 1981, 1045, Rn. 17. Grundlegend *Markus*, European Fisheries Law, 2009; *Ingerowski*, Basic Principles of European Sea Fisheries Law and Policy, in: Ehlers/Lagoni (Hrsg.), Maritime Policy of the EU and Law of the Sea, 2008, S. 175 ff.; *Frenz*, AUR 2011, 217 ff.; *Dengbol/Wilson*, Mar Policy (32) 2008, 189 ff. Zum deutschen Recht *Markus*, SeeFischG, Kommentar, in: (Hrsg.), Das Deutsche Bundesrecht, 2. Auflage 2012, S. 1 ff.; *Wakefield*, Mar Pollut Bull (60) 2010, 323 ff.

Mit der Fischereigrundverordnung Nr. 2371/2002 vom 20.12.2002[360] ist die Union gesetzgeberisch tätig geworden; eine Reform hat i.R.d. Verordnung Nr. 1380/2013 im Jahr 2013 stattgefunden.[361] Zu den Zielen der Verordnung gehört es, sicherzustellen, dass Fischerei- und Aquakulturtätigkeiten langfristig umweltverträglich sind und auf eine Art und Weise durchgeführt werden, die mit den Zielen der Erreichung eines wirtschaftlichen, sozialen und beschäftigungspolitischen Nutzens und eines Beitrags zum Nahrungsmittelangebot vereinbar ist.[362] Neben dem Flottenmanagement, der Gewährung von Fischereibeihilfen und der Fischereiüberwachung gehört die Erstellung von Bewirtschaftungsplänen als Teil des Bestandsmanagements zur GFP.[363] Durch die Reform wurde eine deutliche Stärkung des Aspekts der Nachhaltigkeit verankert, um die wirtschaftlich genutzten Fischbestände, die weltweit überfischt oder von Überfischung bedroht sind, zurück in biologisch sichere Grenzen zu bringen.[364] Dafür sind inhaltlich zwei Arten von mehrjährigen Bewirtschaftungsplänen für die wirtschaftlich genutzten Fischbestände vorgesehen: Zum einen Wiederauffüllungspläne für Bestände, die sich außerhalb biologisch sicherer Grenzen befinden; zum anderen Bewirtschaftungspläne für solche Bestände, die sich noch innerhalb der sicheren biologischen Grenzen befinden. Die GFP enthält dazu Bestimmungen, wie viel gefischt werden darf (Höchstfangmengen und Quoten), mit welcher Intensität gefischt werden darf (Fischereiaufwand), wie und wo gefischt werden darf (technische Maßnahmen).[365]

---

360 Verordnung (EG) Nr. 2371/2002 des Rates über die Erhaltung und nachhaltige Nutzung der Fischereiressourcen i.R.d. Gemeinsamen Fischereipolitik v. 20.12.2002, ABl.EG L 358, S. 59. Zur Reform der GFP 2013 siehe das Grünbuch der Europäischen Kommission, Reform der Gemeinsamen Fischereipolitik, KOM(2009) 163 endg. v. 22.4.2009; *Markus*, ZUR 2011, 561 ff.; *Sachverständigenrat für Umweltfragen*, Fischbestände nachhaltig bewirtschaften, Zur Reform der GFP, 2011.

361 Verordnung (EU) Nr. 1380/2013 des Europäischen Parlaments und des Rates über die Gemeinsame Fischereipolitik und zur Änderung der VO (EG) Nr. 1954/2003 und (EG) Nr. 1224/2009 des Rates sowie zur Aufhebung der VO (EG) Nr. 2371/2002 und (EG) Nr. 639/2004 des Rates v. 11.12.2013, ABl.EU L 354, S. 22; Grünbuch, Reform der Gemeinsamen Fischereipolitik, KOM(2009) 163 endg. v. 22.4.2009. Dazu *Markus/Salomon*, JEEPL 2012, 257 ff.; *Markus*, ZUR 2011, 561 ff.; *Weis/Busse*, ZUR 2013, 10 ff.; *Salomon et al.*, NuR 2013, 89 ff.

362 Art. 2 Abs. 1 VO (EU) Nr. 1380/2013 v. 11.12.2013.

363 Dazu *Kraus/Döring*, ZUR 2013, 3 ff.; *Ingerowski/Salomon*, NuR 2006, 535 ff. (537).

364 Art. 2, 4 Abs. 1 Nr. 18 und 6 ff. VO (EU) Nr. 1380/2013 v. 11.12.2013.

365 Art. 6 ff. VO (EU) Nr. 1380/2013 v. 11.12.2013. Bei der Beschränkung des Fischereiaufwandes geht es um die Begrenzung der Tage, die die Schiffe auf See verbringen, wobei über die Motorleistung oder die Bruttoregistertonnen auch die Fangkapazität der Schiffe berücksichtigt wird. Technische Maßnahmen umfassen z.B. die Mindestmaschenweite für Netze, Mindestanlandegrößen, Schongebiete und Schonzeiten, verpflichtende Verwendung selektiveren Fanggeräts. Siehe *Bundesministerium für Ernährung und Landwirtschaft*, https://www.bmel.de/DE/Wald-Fischerei/05_Fischerei/EU-Fischerei/_Texte/GemeinsameFischereipolitik.html (30.3.2017).

Die qualitativen Grenzen, also welche Fischarten wie viel befischt werden dürfen, werden vom Internationalen Rat für Meeresforschung (International Council for the Exploration of the Sea, ICES)[366] ermittelt.[367] Dazu legt der Fischereiministerrat[368] – u.a. in Bezugnahme auf die Empfehlungen des ICES – jedes Jahr zum Jahresende die zulässigen Gesamtfangmengen (total allowable catch, TAC) der verschiedenen regulierten Fischarten und Fanggebiete fest.[369] Diese Gesamtfangmengen werden dann unter den Mitgliedstaaten aufgeteilt; jeder Mitgliedstaat überwacht seine eigenen Quoten und verteilt sie auf die einzelnen Fischereibetriebe weiter. Letztlich wird jedem Schiff eine individuelle Fangquote zugewiesen, deren Einhaltung soll durch die vorgeschriebene Auszeichnung der Fänge und Anlandungen kontrolliert werden.[370] Problematisch war dabei in der Vergangenheit, dass aufgrund der starken Fischereilobby meist die kurzfristigen ökonomischen Interessen überwogen und höhere Gesamtfangmengen festgelegt wurden als vom ICES empfohlen – Folge seit Jahrzehnten war die Überfischung vieler Bestände.[371] Mit der Reform ist dieses Problem aufgegriffen worden: Bis spätestens zum Jahr 2020 sollen alle Bestände nach dem Prinzip des höchstmöglichen Dauerertrags befischt werden, d.h. in einem auf ein Gleichgewicht ausgerichteten Ertrag, der einem Bestand unter durchschnittlichen Umweltbedingungen auf Dauer entnommen werden kann, ohne dass der Fortpflanzungsprozess erheblich beeinträchtigt wird (maximum sustainable yield, MSY).[372]

Aufgrund weiterer gravierender Probleme wie Beifang, Rückwurf und die Schädigung von Nichtzielarten[373] wurde seit langem von Naturschutzverbänden gefordert, die festzulegenden Gesamtfangmengen tatsächlich an den wissenschaftlichen Erkenntnissen auszurichten.[374] Außerdem müssten zur Erholung der Fischbestände Schutzgebiete eingerichtet und Schonzeiten eingeführt werden.[375] Auch auf diese

366 Siehe http://www.ices.dk (18.5.2017).

367 *Czybulka*, EurUP 2007, 21 ff.

368 Der Rat für Landwirtschaft und Fischerei ist eine Formation des Rates der Europäischen Union, dem die für Landwirtschaft und Fischerei zuständigen Minister der Mitgliedstaaten angehören, siehe https://de.wikipedia.org/wiki/Rat_f%C3%BCr_Landwirtschaft_und_Fischerei (16.5.2017).

369 Zur Bedeutung der regionalen Fischereibeiräte *Ingerowski/Salomon*, NuR 2006, 535 ff.

370 Vgl. die Fangkapazitätsobergrenzen in Anhang II der VO (EU) Nr. 1380/2013 v. 11.12.2013; wobei die Fangkapazität gem. Art. 4 Abs. 1 Nr. 24 der Verordnung aus der Tonnage eines Schiffs in BRZ (Bruttoraumzahl) und seiner Maschinenleistung in kW (Kilowatt) berechnet wird.

371 Anschaulich *Hubold*, ZUR 2003, 338 ff. (338 ff.).

372 Erwägungsgrund 7, Art. 2 Abs. 2, 4 Abs. 1 Nr. 7 VO (EU) Nr. 1380/2013 v. 11.12.2013.

373 Zu diesen Problemen eingehend der *Sachverständigenrat für Umweltfragen*, Meeresumweltschutz für Nord- und Ostsee, 2004, S. 44 ff., 89 ff.

374 *Hubold*, ZUR 2003, 338 ff. (341).

375 Dass auch das nicht zwangsläufig zu einer Erholung überfischter Bestände führen muss, zeigt das Beispiel des Kabeljaus vor der Küste Neufundlands und Labradors, der in den frühen 1990er Jahren fast vollständig zusammenbrach und sich bis heute – trotz eines umfassenden Fischereiverbots – kaum erholt hat. Siehe

Forderungen hat die Reform reagiert und ein Rückwurfverbot sowie ein Anlandegebot eingeführt, d.h. auch untermaßige Tiere der Zielart oder Beifänge anderer Arten müssen angelandet werden und dürfen nur noch in bestimmten, eng begrenzten Ausnahmefällen über Bord geworfen werden.[376] Seit dem 1. Januar 2015 gilt das Rückwurfverbot für alle Fischereien in der Ostsee und pelagische Arten, ab dem 1. Januar 2016 wird es schrittweise auf demersale Arten ausgeweitet und soll spätestens im Jahr 2019 für alle Fischereien auf regulierte Arten gelten.[377]

Raumplanungsrechtlich interessant ist Art. 8 der VO (EU) Nr. 1380/2013. Danach kann die EU Gebiete einrichten, die aufgrund ihrer biologischen Empfindlichkeit zu schützen sind. In diesen Gebieten kann die Fischereitätigkeit beschränkt oder verboten werden, um zur Erhaltung lebender aquatischer Ressourcen und der Meeresökosysteme beizutragen.[378] Solche durch die EU eingerichteten Schutzgebiete könnten auf nationaler Ebene durch raumplanerische Gebietsfestlegungen umgesetzt werden.[379] Über den Schutz bestimmter Gebiete bspw. mit sesshaften Arten würde so der Schutz der Vielfalt der biologischen Diversität erreicht.[380] Auf der anderen Seite wird die Fischereiwirtschaft seit einigen Jahren – neben den seit längerem bestehenden punktuellen Eingriffen durch Kabel und Seerohre – durch den großen Raumbedarf der Offshore-Windparks beeinträchtigt.[381] In Gebieten mit Offshore-Windpark-Bebauung kann entweder gar nicht oder nur in eingeschränktem Umfang gefischt werden. Demzufolge wird auch über die Einrichtung von Gebieten zugunsten der Fischereiwirtschaft nachgedacht.[382] Beide Überlegungen haben

---

Ingerowski/Salomon, NuR 2006, 535 ff. (536). Positive Erfahrungen gibt es dagegen in der Nordsee, siehe *Hubold*, ZUR 2003, 338 ff. (340).

376 Art. 14 und 15 VO (EU) Nr. 1380/2013 v. 11.12.2013.

377 Pelagisch bezeichnet die im Meer lebenden Arten, demersal die bodenlebenden Arten.

378 *Song et al.*, Mar Policy (76) 2017, 8 ff.

379 Zum Spannungsfeld Fischerei und mariner Naturschutz *Markus/Salomon*, ZUR 2013, 19 ff.; *Czybulka/Bosecke*, Diskordanzen der Kompetenzen im Gemeinschaftsrecht, in: Czybulka (Hrsg.), Aktuelle Entwicklungen im europäischen Naturschutzrecht, 2007, S. 107 ff.; *Czybulka*, Die Fischereikompetenzen der EG, in: Czybulka (Hrsg.), Aktuelle Entwicklungen im europäischen Naturschutzrecht, 2007, S. 87 ff.; *Czybulka*, NuR 2011, 313 ff.; *European Commission*, Common methodology for assessing the impact of fisheries on marine Natura 2000, 2012, siehe: http://ec.europa.eu/environment/nature/natura2000/marine/index_en.htm.

380 Was gleichzeitig einen Beitrag zum guten Umweltzustand des Meeres darstellt, siehe dazu im 2. Kapitel, A.III. Die Verordnung verweist selbst auf die Meeresstrategie-Rahmenrichtlinie, siehe Erwägungsgründe 11 und 25, Art. 2 Abs. 5j und Art. 11 Abs. 1 VO (EU) Nr. 1380/2013 v. 11.12.2013.

381 *Schubert*, NuR 2009, 834 ff.; *Schubert*, Rechtliche Aspekte der maritimen Raumplanung unter besonderer Berücksichtigung der Fischerei, in: Lukowicz/Hilge (Hrsg.), Marine Raumordnung, 2009, S. 47 ff.; *Berkenhagen et al.*, Inf. Fischereiforsch. 2010, 23 ff.

382 *Hubold*, ZUR 2003, 338 ff. (341); zur Einrichtung exklusiver räumlicher Verfügungsrechte für Fischer (Territorial User Rights in Fisheries, TURFs) *Ingerowski/Salomon*, NuR 2006, 535 ff.; *Quynh et al.*, Mar Policy (75) 2017, 41 ff.

aber bislang in den bestehenden Raumordnungsplänen der deutschen AWZ keine Berücksichtigung gefunden, weder die Einrichtung von Schutzgebieten vor der Fischerei noch die Einrichtung von Schutzgebieten zugunsten der Fischerei.

4. Erneuerbare-Energien-Richtlinie (EE-RL)

Im Bereich Energie hat die EU eine geteilte Kompetenzgrundlage gem. Art. 4 Abs. 2i i.V.m. Art. 194 AEUV. Im Jahr 2009 wurde von der Europäischen Kommission die Richtlinie 2009/28/EG zur Förderung von Energie aus erneuerbaren Quellen erlassen.[383] Sie löst u.a. die Richtlinie zur Förderung der Stromerzeugung aus erneuerbaren Energiequellen im Elektrizitätsbinnenmarkt aus dem Jahr 2001[384] ab. Hauptziel der Richtlinie ist es, den Anteil der Energie aus erneuerbaren Quellen am Gesamtenergieverbrauch in Europa zu steigern und so dem Programm Europa 2020[385] Rechnung zu tragen: Das dort verankerte 20-20-20 Klimaschutz- und Energieziel verpflichtet die Mitgliedstaaten, bis 2020 die Treibhausgasemissionen um mindestens 20 Prozent ggü. 1990 zu reduzieren, eine Energieeffizienzsteigerung um 20 Prozent anzustreben und einen Anteil von 20 Prozent erneuerbarer Energien am Gesamtenergieverbrauch zu erreichen.[386] Das soll über verbindliche nationale Ziele erreicht werden, die Investitionssicherheit schaffen und die kontinuierliche Entwicklung von Technologien für die Erzeugung von Energie aus allen Arten erneuerbarer Quellen fördern.[387] Dazu gehört insbesondere die erneuerbare Energie, die aus Wind erzeugt wird.[388]

Raumplanungsrechtlich ist die Weiterentwicklung des Ausbaus von Windanlagen zur Gewinnung erneuerbarer Energien in hohem Maße interessant. Windenergieanlagen beanspruchen – terrestrisch wie maritim – ein erhebliches Maß an Raum – vertikal aufgrund ihrer Höhe sowie im (Meeres-)Boden zur Standfestigkeit –, aus

383 Richtlinie 2009/28/EG des Europäischen Parlaments und des Rates zur Förderung der Nutzung von Energie aus erneuerbaren Quellen und zur Änderung und anschließenden Aufhebung der Richtlinien 2001/77/EG und 2003/30/EG v. 23.4.2009 (EE-RL), ABl.EU L 140, S. 16. Rechtsgrundlage vor dem Vertrag von Lissabon war Art. 175 Abs. 1 EG.

384 Richtlinie 2001/77/EG des Europäischen Parlaments und des Rates zur Förderung der Stromerzeugung aus erneuerbaren Energiequellen im Elektrizitätsbinnenmarkt v. 27.9.2001, ABl.EG L 283, S. 33.

385 Europa 2020 ist das Nachfolgeprogramm der Lissabon-Strategie (2000–2010), Mitteilung der Kommission, Europa 2020: Eine Strategie für intelligentes, nachhaltiges und integratives Wachstum, KOM(2010) 2020 endg. v. 3.3.2010.

386 Europa 2020, KOM(2010) 2020 endg. v. 3.3.2010, S. 13.

387 Erwägungsgrund 14 der EE-RL.

388 Je nach Mitgliedstaat ist das Potential der Energie aus erneuerbaren Quellen unterschiedlich; die Energie, die in Meeren in Form von Wellen, Meeresströmungen, Gezeiten und Meeresenergie in Form von Temperatur- oder Salzgradienten vorhanden ist, soll in die Berechnung des Potentials miteinbezogen werden; Erwägungsgründe 11 und 25 der EE-RL.

strömungstechnischen Gründen können mehrere Windanlagen eines Windparks auch nicht zu dicht aufeinander stehen. Der dazwischen liegende Raum fällt für infrastrukturelle Einrichtungen (Straßen, Schifffahrtswege) aufgrund der hohen Kollisionsgefahr weg. Zwar wird das Ziel der Richtlinie, den Anteil der Energie aus erneuerbaren Quellen am Gesamtenergieverbrauch in Europa auf 20 Prozent zu steigern, insbesondere durch die Regelung eines vorrangigen Netzzugangs für Elektrizität aus erneuerbaren Energiequellen, Art. 16 Abs. 2b EE-RL, und durch finanzielle Förderregelungen erreicht, Art. 3 Abs. 3a i.V.m. Art. 2k EE-RL. Jedoch haben die Mitgliedstaaten auch sicherzustellen, dass die nationalen Genehmigungsverfahren „verhältnismäßig und notwendig" sind, Art. 13 Abs. 1 EE-RL. Die EU versteht darunter u.a., dass Genehmigungsverfahren gestrafft und beschleunigt werden.[389] In Umsetzung dieser Vorschrift[390] hat die Bundesrepublik Deutschland dazu in der deutschen AWZ sog. „Vorranggebiete Windenergie" ausgewiesen.[391] Diesen Gebieten kommt die Wirkung eines Sachverständigengutachtens zu mit der Folge, dass einem Investor, der seinen Windpark in einem solchen Vorranggebiet plant, die Vorlage bestimmter Unterlagen im Genehmigungsverfahren erlassen ist.[392] Er erhält damit einen Planungs- und Investitionsvorteil dergestalt, dass bestimmte standortbezogene Fragen im Genehmigungsverfahren nicht mehr geprüft werden und der Investor hierüber weder begründungspflichtig noch risikobehaftet ist.

5. Carbon Capture and Storage (CCS-RL)

Die Richtlinie 2009/31/EG über die Speicherung von Kohlendioxid in geologischen Formationen (CCS-RL)[393] basiert auf der Rechtsgrundlage der Art. 191 ff. AEUV (Umwelt, Art. 175 EGV a.F.).[394] Zur sog. CCS-Technologie gehören zwei weitere

---

389 Art. 13 Abs. 1c EE-RL. Siehe auch die Erwägungsgründe 40–42.

390 Die offizielle Umsetzung erfolgte durch das Gesetz zur Umsetzung der Richtlinie 2009/28/EG zur Förderung der Nutzung von Energie aus erneuerbaren Quellen (Europarechtsanpassungsgesetz Erneuerbare Energien – EAG EE) v. 12.4.2011, BGBl. I S. 619.

391 Punkt 3.5.1. (1) AWZ-ROV Nordsee, Punkt 3.5.1. (1) AWZ-ROV Ostsee.

392 § 7 Abs. 4 ROG 1998 (jetzt § 8 Abs. 7 ROG), zuvor als „besondere Eignungsgebiete" geregelt in § 3a SeeAnlV a.F.

393 Vollständige Bezeichnung: Richtlinie 2009/31/EG des Europäischen Parlaments und des Rates über die geologische Speicherung von Kohlendioxid und zur Änderung der Richtlinie 85/337/EWG des Rates sowie der Richtlinien 2000/60/EG, 2001/80/EG, 2004/35/EG, 2006/12/EG und 2008/1/EG des Europäischen Parlaments und des Rates sowie der VO (EG) Nr. 1013/2006 v. 23.4.2009 (CCS-RL), ABl.EU L 140, S. 114. Zum Richtlinienvorschlag *Doppelhammer*, ZUR 2008, 250 ff.

394 Dazu *Much*, Rechtsfragen der Ablagerung von CO2 in unterirdischen geologischen Formationen, 2009; *Dietrich*, CO2-Abscheidung und -Ablagerung im deutschen und europäischen Energieumweltrecht, 2007; *Purdy/Havercroft*, JEEPL 2007, 353 ff.; *Kohls/Kahle*, ZUR 2009, 122 ff. Zur CO_2-Speicherung im Meeresboden *Schlacke*, EurUP 2007, 87 ff.; *Stoll/Lehmann*, ZUR 2008, 281 ff.

Verfahrensschritte, die der Speicherung vorgelagert sind, von der Richtlinie aber nicht behandelt werden: Das CO_2 muss zuvor aus Industrieanlagen abgeschieden und über Kohlendioxidleitungen zu einer Speicherstätte transportiert werden. Dort erfolgt dann die Injektion des CO_2 zur dauerhaften Speicherung in eine geeignete unterirdische geologische Formation. Vom Anwendungsbereich der Richtlinie umfasst sind dabei auch die AWZ und die Festlandsockel der Mitgliedstaaten, Art. 2 Abs. 1 CCS-RL. Die Speicherung in der Wassersäule und auf dem Meeresboden ist wegen potentieller erheblicher negativer Auswirkungen verboten.[395] Ziel der Technik ist es, große Mengen an CO_2 durch die Speicherung dauerhaft aus der Atmosphäre zurückzuhalten, um so die vorhandene Menge an Treibhausgasen in der Atmosphäre zu reduzieren und den Klimawandel abzuschwächen.[396] Die CCS-Technologie birgt aber auch große Gefahren für die Umwelt, falls Speicher leck sind und große Mengen an gespeichertem CO_2 sprunghaft in die Atmosphäre entweichen.[397] Die Technik ist noch unausgereift, Langzeitwirkungen sind nicht absehbar, mögliche negative Umweltauswirkungen unbekannt. Sie wird deshalb auch lediglich als eine Brückentechnologie angesehen, die zur Schwächung des Klimawandels beitragen soll, bis umweltverträglichere Techniken entwickelt sind.[398]

Aufgrund der erheblichen Ungewissheiten stellt die Richtlinie an die Betreiber hohe Anforderungen für den Erhalt von Explorations- oder Speichergenehmigungen.[399] Die Speichergenehmigung ist dabei das zentrale Instrument, das gewährleisten soll, dass die wesentlichen Anforderungen der CCS-Richtlinie erfüllt werden und die geologische Speicherung umweltverträglich durchgeführt wird.[400] Auch steht es den Mitgliedstaaten frei, Gebiete in ihrem Hoheitsgebiet zu bestimmen, aus denen Speicherstätten ausgewählt werden, oder aber auf ihrem gesamten Hoheitsgebiet oder in Teilen davon die Speicherung komplett zu untersagen.[401] Des Weiteren muss die jeweils zuständige Behörde kartographische Register mit allen erteilten Speichergenehmigungen und geschlossenen Speicherstätten führen. Sie muss auch sicherstellen, dass für die Gültigkeitsdauer der Explorations- und Speichergenehmigung

---

395 Art. 2 Abs. 4 und Erwägungsgrund 14 CCS-RL.

396 Art. 1 und Erwägungsgründe 4 und 5 CCS-RL. Zur Einbindung dieser Technologie in den Emissionshandel *Hohmuth*, ZUR 2008, 295 ff.; *Haver/Bugge*, JEEPL 2007, 367 ff.; *Wolf*, ZUR 2009, 571 ff.

397 Zu den technologischen Risiken *Skrylnikow*, NuR 2010, 543 ff. Zu Haftungsfragen vgl. *Lagoni*, ZUR 2008, 293 ff.

398 Im vierten Erwägungsgrund der CCS-RL ist der in diesem Satz benutzte Konjunktiv durch den Indikativ ersetzt: „(CCS) ist eine Brückentechnologie, die zur Abschwächung des Klimawandels beiträgt".

399 Art. 4 f., 6 ff. CCS-RL. Bei Verstößen sind „abschreckende" Sanktionen zu verhängen, siehe Art. 28 CCS-RL.

400 Erwägungsgrund 24 der CCS-RL.

401 Art. 4 Abs. 1 Satz 1 und 2 CCS-RL. Verpflichtet sind die Mitgliedstaaten lediglich zur rechtlichen Regelung der Abscheidung von CO_2; dies ergibt sich aus dem Umkehrschluss aus Art. 4 CCS-RL.

keine konkurrierenden Nutzungen des Speicherkomplexes[402] gestattet sind.[403] Dies ist bspw. durch raumplanungsrechtliche Gebietsausweisungen denkbar.

6. Natura 2000

Sehr konkrete Vorgaben für die Mitgliedstaaten zur Ausweisung von marinen Schutzgebieten ergeben sich aus den beiden europäischen Richtlinien zum Vogel- und Fauna-Flora-Habitatschutz. Die Vogelschutz-Richtlinie 2009/147/EG (Vogelschutz-RL) bezweckt die Erhaltung sämtlicher wild lebender Vogelarten, die im europäischen Gebiet der Mitgliedstaaten heimisch sind.[404] Die FFH-Richtlinie 92/43/EWG (FFH-RL) hat die Sicherung der Artenvielfalt durch die Erhaltung der natürlichen Lebensräume sowie der wild lebenden Tiere und Pflanzen zum Ziel.[405] Der Geltungsbereich beider Richtlinien umfasst das „europäische Gebiet der Mitgliedstaaten",[406] wozu auch die AWZ der Mitgliedstaaten gehören.[407] Die Anhänge der beiden Richtlinien weisen als Schutzgüter sowohl marine Arten und Lebensraumtypen wie auch Meeresvogelarten aus.[408] Die Richtlinien wurden auf

---

402 Zum Speicherkomplex gehören nach der Begriffsbestimmung des Art. 3 Nr. 6 CCS-RL die Speicherstätte und die umliegenden geologischen Gegebenheiten, die die allgemeine Speicherintegrität und die Speichersicherheit beeinflussen können.

403 Art. 5 Abs. 4, 6 Abs. 3 CCS-RL.

404 Art. 1 Abs. 1 der Richtlinie 2009/147/EG des Europäischen Parlaments und des Rates über die Erhaltung der wildlebenden Vogelarten v. 30.11.2009 (Vogelschutz-RL), ABl.EU L 20, S. 7. Sie löst die ursprüngliche Richtlinie 79/409/EWG des Rates über die Erhaltung der wildlebenden Vogelarten v. 2.4.1979, ABl.EG L 103, S. 1, und alle ihr nachfolgenden Änderungen ab, Art. 18 Vogelschutz-RL. Alle Änderungen und eine Entsprechungstabelle finden sich in den Anhängen VI und VII der Vogelschutz-RL.

405 Art. 2 Abs. 1 Richtlinie 92/43/EWG des Rates zur Erhaltung der natürlichen Lebensgrundlagen sowie der wildlebenden Tiere und Pflanzen v. 21.5.1992 (FFH-RL), ABl.EG L 206, S. 7.

406 Art. 1 Abs. 1 Vogelschutz-RL und Art. 2 Abs. 1 FFH-RL.

407 EuGH, Urteil v. 20.10.2005, C-6/04, Slg. 2005, I-9017-9088, para. 117 – Kommission/Vereinigtes Königreich; dazu *Baum*, NuR 2006, 145 ff. Schon zuvor die herrschende Meinung in der Literatur: *Nordberg*, Anwendbarkeit der FFH-Richtlinie und der Vogelschutz-RL der EG auf die marine Umwelt, in: Czybulka (Hrsg.), Naturschutz und Rechtsregime im Küsten- und Offshore-Bereich, 2003, S. 111 ff.; *Jarass*, Naturschutz in der AWZ, 2002, S. 44; *Janssen*, Die rechtlichen Möglichkeiten der Einrichtung von Meeresschutzgebieten in der Ostsee, 2002, S. 97 ff. m.w.N.; *Lagoni*, NuR 2002, 121 ff. (132).

408 Die Unvollständigkeit der Listen, insbesondere für Arten und Lebensraumtypen in küstenfernen Meeresgebieten, erkennt die Europäische Kommission und kündigt Ergänzungen der Anhänge an, siehe *Europäische Kommission*, Leitfaden zum Aufbau des Natura-2000-Netzes in der Meeresumwelt, 2007, siehe: http://ec.europa.eu/environment/nature/natura2000/marine/docs/marine_guidelines_de.pdf, S. 14.

Grundlage der Umweltkompetenz der EU erlassen, wofür sie eine geteilte Zuständigkeit nach Art. 4 Abs. 2e i.V.m. Art. 192 Abs. 1 AEUV besitzt.[409]

Das übergreifende Ziel beider Richtlinien besteht darin, ein kohärentes europäisches ökologisches Netz besonderer Schutzgebiete zu errichten – genannt: „Natura 2000".[410] Die Mitgliedstaaten sind dazu verpflichtet, ein zusammenhängendes Netz von geeigneten Schutzgebieten auszuweisen und an die Europäische Kommission zu melden.[411] Für den Bereich des Meeresnaturschutzes in der deutschen AWZ finden sich die relevanten nationalen Regelungen in den §§ 56 ff. BNatSchG, die auf die §§ 31–36 BNatSchG zum Netz „Natura 2000" Bezug nehmen.[412] Am 25. Mai 2004 wurden von der Bundesrepublik Deutschland in der AWZ identifizierte Gebiete an die Europäische Kommission gemeldet.[413] Insgesamt handelt es sich um zehn Gebiete, davon acht FFH- und zwei Vogelschutzgebiete, die zusammen ca. 30 Prozent Fläche der deutschen AWZ umfassen.[414]

---

409 Zum Zeitpunkt des Erlasses der Richtlinien wurde die Vogelschutz-RL auf Art. 235 EWG bzw. Art. 175 Abs. 1 EGV gestützt, die FFH-RL auf Art. 130s EWG, jeweils a.F. Bei beiden Richtlinien sollte im Jahr 2015 eine Eignungsprüfung durchgeführt werden, siehe *Falke*, ZUR 2015, 187 ff. Im Mai 2015 hat die Europäische Kommission einen Bericht an den Rat und das Europäische Parlament über den Zustand der Natur in der EU und der unter die FFH- und Vogelschutz-RL fallenden Lebensraumtypen und Arten vorgelegt, siehe COM(2015) 219 final v. 20.5.2015.

410 Siehe nur Art. 3 Abs. 1 FFH-RL. Dazu auch *Köck*, EurUP 2008, 154 ff.; *Ssymank*, EurUP 2008, 158 ff.; *Bosecke*, Natura 2000 im Bereich der AWZ, in: Czybulka (Hrsg.), Aktuelle Entwicklungen im europäischen Naturschutzrecht, 2007, S. 21 ff.; *Gellermann*, JbUTR 2005, 139 ff.

411 Zunächst melden die Mitgliedstaaten ausgewählte Gebiete an die Europäische Kommission, diese prüft die Gebiete und legt sie fest, danach sind die festgelegten Gebiete durch die Mitgliedstaaten auszuweisen, siehe jeweils Art. 4 FFH- und Vogelschutz-RL. Dazu *Jarass*, JbUTR 2001, 263 ff. Zur Schutzwirkung faktischer Vogelschutz- und potentieller FFH-Gebiete siehe *Proelß*, EuR 2005, 649 ff.; *Kautz*, NVwZ 2007, 666 ff.; *Nebelsieck*, NordÖR 2005, 235 ff.; *Jarass*, ZUR 2000, 183 ff., alle m.w.N.

412 Bundesnaturschutzgesetz v. 29.7.2009, BGBl. I S. 2542; zuletzt geändert durch Art. 4 des Gesetzes v. 29.5.2017, BGBl. I S. 1298. Erstmals umgesetzt im Jahr 2002 durch den damals neugefassten § 38 BNatSchG; Bundesnaturschutzgesetz v. 25.3.2002, BGBl. I S. 1993.

413 Die Standard-Datenbögen, mit denen die zehn Gebiete in Nord- und Ostsee gemeldet wurden, finden sich bei http://www.bfn.de/18500.html (6.2.2017).

414 In der Nordsee: Doggerbank, Borkum Riffgrund, Sylter Außenriff, SPA Östliche Deutsche Bucht. In der Ostsee: Fehmarnbelt, Kadetrinne, Westliche Rönnebank, Adlergrund, SPA Pommersche Bucht und Pommersche Bucht mit Oderbank. Die in der AWZ liegenden Vogelschutzgebiete wurden durch den Bund am 15.9.2005 als Naturschutzgebiete gemäß Bundesnaturschutzgesetz ausgewiesen. Siehe auch *Ell/ Heugel*, NuR 2007, 315 ff.; *von Nordheim et al.*, Progress in Marine Conservation in Europe, 2006; *von Nordheim et al.*, Progress in Marine Conservation in Europe 2009, 2011; *von Nordheim et al.*, Progress in Marine Conservation in Europe 2012, 2013.

In den Jahren 2014–2016 überprüfte die Europäische Kommission i.R.e. „Fitness Checks“ die beiden Richtlinien hinsichtlich ihrer Wirksamkeit, d.h. in den Punkten Zielerreichung, Kosten-Nutzen-Verhältnis, Bedeutung, Übereinstimmung mit anderem EU-Recht und Mehrwert.[415] Sie kommt dabei zu dem Ergebnis, dass – trotz diverser Mängel – die Richtlinien an sich zweckdienlich sind, es aber einer besseren Umsetzung durch die Mitgliedstaaten bedarf, bspw. hinsichtlich der Ausweisung mariner Schutzgebiete.[416] In diesem Zusammenhang arbeitet die Europäische Kommission an einem Action Plan und hat bereits eine Roadmap veröffentlicht.[417]

a. Fauna-Flora-Habitat-Richtlinie (FFH-RL)

Die FFH-Richtlinie hat das Ziel, zur Sicherung der Artenvielfalt im europäischen Gebiet der Mitgliedstaaten beizutragen, indem natürliche Lebensräume und wild lebende Tiere und Pflanzen in einem günstigen Zustand erhalten werden oder ein solcher günstiger Erhaltungszustand wiederhergestellt wird, Art. 2 Abs. 1, 2 FFH-RL.[418] Die natürlichen Lebensraumtypen sind in Anhang I aufgeführt, die Arten in Anhang II FFH-Richtlinie. Die geschützten Rechtsgüter der FFH-Richtlinie sind damit deutlich umfassender als die der Vogelschutz-Richtlinie.

Art. 3 Abs. 1 FFH-RL definiert näher, was sich die EU unter dem kohärenten europäischen ökologischen Netz „Natura 2000“ vorstellt: Das Netz besteht aus Gebieten der natürlichen Lebensraumtypen des Anhangs I und der Habitate der Arten des Anhangs II; zudem sind die ausgewiesenen besonderen Schutzgebiete der Vogelschutz-Richtlinie umfasst. Innerhalb der Gebiete dieses Netzes muss der Fortbestand oder gegebenenfalls die Wiederherstellung eines günstigen Erhaltungszustandes gewährleistet sein. Die Mitgliedstaaten weisen hierzu besondere Schutzgebiete aus, für die sie die nötigen Erhaltungsmaßnahmen festlegen, Art. 4 Abs. 1 und 6 Abs. 1 FFH-RL (sog. Special Areas of Conservation – SCAs).[419] Definiert wird das besondere Schutzgebiet nach Art. 1l FFH-RL als ein von den Mitgliedstaaten durch eine

---

415 Commission Staff Working Document, Fitness Check of the EU Nature Legislation (Birds and Habitats Directives), SWD(2016) 472 final v. 16.12.2016.

416 Fitness Check, SWD(2016) 472 final v. 16.12.2016, S. 33.

417 Communication from the Commission, An Action Plan for the nature, people and the economy, v. 10.2.2017, siehe http://ec.europa.eu/smart-regulation/roadmaps/docs/plan_2016_104_nature_directives_ap_en.pdf (2.3.2017).

418 Ziel ist der „günstige Erhaltungszustand“, wie er in Art. 1e und i FFH-RL definiert wird.

419 Sie beachten dabei die Kriterien des Anhangs III nach Art. 4 Abs. 1 FFH-RL. Ausführlich dazu *Epiney/Gammenthaler*, Das Rechtsregime der Natura 2000-Schutzgebiete, 2009, S. 75 ff. Zum Managementplan des Art. 6 Abs. 1 FFH-RL *Czybulka*, EurUP 2016, 276 ff. Vgl. zur aktuellen Lage den Bericht der Kommission zum Zustand und den Trends von unter die Vogelschutz- und die Habitat-Richtlinie fallenden Lebensraumtypen und Arten für den Zeitraum 2007–2012 gem. Art. 17 der Habitat-Richtlinie und Art. 12 der Vogelschutzrichtlinie, COM(2015) 219 final v. 20.5.2015.

Rechts- oder Verwaltungsvorschrift ausgewiesenes Gebiet von gemeinschaftlicher Bedeutung, in dem die Maßnahmen durchgeführt werden, die zur Wahrung oder Wiederherstellung eines günstigen Erhaltungszustandes der natürlichen Lebensräume und/oder Populationen der Arten, für die das Gebiet bestimmt ist, erforderlich sind. Zu diesen Maßnahmen können auch Bewirtschaftungspläne gehören, Art. 6 Abs. 1 FFH-RL.

Die raumplanungsrechtliche Relevanz ergibt sich für die Mitgliedstaaten aus dem Umstand, dass sie geeignete Gebiete identifizieren und durch eine nationale Rechtsnorm ausweisen und zusätzlich für diese Gebiete erforderliche Erhaltungsmaßnahmen festlegen müssen. Die FFH-Richtlinie enthält aber noch eine zweite Vorgabe, die unmittelbar raumplanungsrechtlich relevant ist, und die im Zusammenhang mit den Erhaltungsmaßnahmen steht: So müssen Pläne oder Projekte, die nicht direkt mit der Verwaltung eines besonderen Schutzgebietes in Verbindung stehen, das Gebiet aber einzeln oder in Zusammenhang mit anderen Plänen und Projekten erheblich beeinträchtigen könnten, einer Verträglichkeitsprüfung mit den für dieses Gebiet festgelegten Erhaltungszielen unterzogen werden, Art. 6 Abs. 3 FFH-RL.[420] Fällt die Verträglichkeitsprüfung negativ aus, ist also eine erhebliche Beeinträchtigung des besonderen Schutzgebiets durch den Plan oder das Projekt anzunehmen, so darf der Plan oder das Projekt nur dann durchgeführt werden, wenn zwingende Gründe des überwiegenden öffentlichen Interesses dafür sprechen, eine Alternativlösung nicht vorhanden ist und der Mitgliedstaat Ausgleichsmaßnahmen ergreift, Art. 6 Abs. 4 FFH-RL.[421] Soweit hier zur Begründung eines überwiegenden öffentlichen Interesses auch soziale und wirtschaftliche Aspekte angebracht werden können, sind diese ausgeschlossen, sobald es um ein Gebiet geht, das prioritäre natürliche Lebensraumtypen und/oder prioritäre Arten i.S.d. Art. 1d und h i.V.m. den Anhängen I und II FFH-RL einschließt. Dann können zur Rechtfertigung einer Ausnahme trotz negativer Verträglichkeitsprüfung nur Gründe geltend gemacht werden, die mit der Gesundheit des Menschen, der öffentlichen Sicherheit oder maßgeblichen günstigen Auswirkungen für die Umwelt zusammenhängen.[422]

b. *Vogelschutz-Richtlinie (Vogelschutz-RL)*

Die Vogelschutz-Richtlinie betrifft die Erhaltung sämtlicher wild lebender Vogelarten, die im europäischen Gebiet der Mitgliedstaaten heimisch sind. Sie hat den Schutz, die Bewirtschaftung und die Regulierung dieser Arten zum Ziel und regelt

---

420 Dazu unter vielen *Weidemann/Krappel*, EurUP 2011, 61 ff.; *Füßer*, ZUR 2005, 458 ff.; *Gellermann*, ZUR 2005, 581 ff.; kritisch *Frenz*, UPR 2009, 5 ff. (5 ff.); ausführlich *Epiney/Gammenthaler*, Das Rechtsregime der Natura 2000-Schutzgebiete, 2009, S. 91 ff.

421 Diese Vorgaben gelten über Art. 7 FFH-RL auch für die Vogelschutz-RL. Dazu *Weidemann/Krappel*, EurUP 2011, 106 ff.

422 Dazu schon früh *Erbguth*, NuR 2000, 130 ff.

auch deren Nutzung, Art. 1 Abs. 1 Vogelschutz-RL.[423] Die Mitgliedstaaten müssen dazu alle erforderlichen Maßnahmen treffen, um für die Vogelbestände eine ausreichende Vielfalt und eine ausreichende Flächengröße der Lebensräume zu erhalten oder wiederherzustellen, Art. 2, 3 Abs. 1 Vogelschutz-RL. Nach der Richtlinie gehören dazu insbesondere die Wiederherstellung von zerstörten Lebensstätten oder deren Neuschaffung, die Pflege und ökologisch richtige Gestaltung von Lebensräumen sowie die Einrichtung von Schutzgebieten (sog. Special Protected Areas – SPAs). Besondere Schutzmaßnahmen sind etwa für vom Aussterben bedrohte oder seltene Arten zu treffen, Art. 4 Abs. 1 i.V.m. Anhang I Vogelschutz-RL. Aber auch die Vermehrungs-, Mauser-, Überwinterungsgebiete und die Rastplätze von regelmäßig auftretenden Zugvogelarten sind zu schützen, Art. 4 Abs. 2 Vogelschutz-RL.[424] Der raumplanerische Bezug ist damit ebenso offensichtlich wie bei der FFH-Richtlinie.

7. UVP- und SUP-Richtlinie

Die Umweltverträglichkeitsprüfung und die Strategische Umweltprüfung sind zwei Instrumente, mit denen frühzeitig die möglichen negativen Folgen von konkreten Vorhaben oder Plänen und Programmen für die Umwelt erkannt werden sollen.

Die *Umweltverträglichkeitsprüfung* ist dabei ein unselbständiges Verfahren, das im Rahmen von bspw. immissionsschutzrechtlichen Zulassungsverfahren durchgeführt werden muss. I.R.e. vorgegebenen Prüfungsverfahrens wird das konkrete Vorhaben auf seine unmittelbaren und mittelbaren Auswirkungen auf Mensch, Flora und Fauna, Boden, Wasser, Luft, Klima und Landschaft, Sachgüter und kulturelles Erbe sowie auf evtl. Wechselwirkungen untereinander untersucht. Das Ergebnis der Untersuchung fließt dann in die Entscheidung über die Zulassung ein. Die Umweltverträglichkeitsprüfung sieht dabei eine Beteiligung von Behörden, anderen Staaten und der Öffentlichkeit vor.

Die *Strategische Umweltprüfung* beruht auf demselben Gedanken: Zur Sicherung eines hohen Umweltschutzniveaus sind bestimmte Programme und Pläne, wozu auch maritime Raumordnungspläne und damit die beiden Raumordnungspläne für die deutsche Nord- und Ostsee gehören, bei denen von erheblichen Umweltauswirkungen auszugehen ist, einer Umweltprüfung zu unterziehen.[425] Dabei sind die voraussichtlichen erheblichen Umweltauswirkungen sowie vernünftige Alternativen zu ermitteln und in einem Umweltbericht zu beschreiben, zu bewerten und zu dokumentieren. Dieser ist Gegenstand einer weitreichenden Öffentlichkeits- und Behördenbeteiligung. Umweltbericht und Konsultationen führen zu

---

423 Zum aktuellen Zustand der Natur in der EU vgl. den genannten Bericht der Kommission, COM(2015) 219 final v. 20.5.2015.

424 In diesen Zusammenhang wird auf die besondere Bedeutung von Feuchtgebieten hingewiesen. Siehe dazu das völkerrechtliche Ramsar-Übereinkommen von 1971, dazu oben B.III.6.

425 Art. 3 Abs. 2a SUP-RL i.V.m. Anhang I und II der UVP-RL bzw. Art. 3 Abs. 2b SUP-RL i.V.m. Art. 6 FFH-RL.

einer zusammenfassenden Bewertung, die in die Entscheidung über die Annahme oder Ablehnung des Plans bzw. Programms einfließt. Zudem ist eine Überwachung (Monitoring) vorgesehen.

Die Strategische Umweltprüfung setzt im Unterschied zur Umweltverträglichkeitsprüfung nicht erst auf der Zulassungsebene, sondern bereits auf der Planungsebene an. Grund dafür ist, dass wichtige umweltbedeutsame Weichenstellungen oft bereits im Rahmen vorgelagerter Pläne[426] und Programme getroffen werden, indem in Planungen u.a. Standorte, die technische Beschaffenheit oder bestimmte Betriebsbedingungen von Vorhaben festgelegt werden. Durch die Strategische Umweltprüfung soll sichergestellt werden, dass schon Planungen, die Festlegungen für spätere Zulassungsentscheidungen treffen, umweltverträglich, transparent und unter Einbeziehung der Öffentlichkeit durchgeführt werden.[427]

Rechtlich beruhen die Umweltverträglichkeitsprüfung und die Strategische Umweltprüfung auf zwei Richtlinien, die von der Europäischen Kommission – i.R.d. Umweltkompetenz aus Art. 4 Abs. 2e i.V.m. Art. 192 Abs. 1 AEUV – in ihren Ursprungsversionen in den Jahren 1985[428] bzw. 2001[429] erlassen wurden.

Die Richtlinie über die Umweltverträglichkeitsprüfung wurde 1990 mit dem Gesetz über die Umweltverträglichkeitsprüfung (kurz: UVPG)[430] in deutsches Recht umgesetzt. Die Umsetzung der Richtlinie über die Strategische Umweltprüfung erfolgte im Jahr 2005 mit dem Artikelgesetz zur Einführung einer Strategischen Umweltprüfung (SUPG).[431] Aufgrund der thematischen Nähe zur Umweltverträglichkeitsprüfung wurden die neuen Vorschriften in das UVPG eingefügt.

---

426 Nach der Begriffsbestimmung des § 2 Abs. 5 UVPG sind Pläne und Programme bundesrechtlich vorgesehene Pläne und Programme, zu deren Ausarbeitung, Annahme oder Änderung eine Behörde durch Rechts- oder Verwaltungsvorschriften verpflichtet ist. Diese Verpflichtung zur Erstellung von Raumordnungsplänen in der AWZ ergibt sich aus § 17 Abs. 3 ROG.

427 Erwägungsgründe 4 und 15, Art. 1 SUP-RL.

428 Richtlinie 85/337/EWG des Rates über die Umweltverträglichkeitsprüfung bei bestimmten öffentlichen und privaten Projekten v. 27.6.1985, ABl.EG L 175, S. 40, zum kodifizierten Text nach zahlreichen Änderungen siehe Richtlinie 2011/92/EU v. 13.12.2011, ABl.EU L 26, S. 1. Die neueste Fassung stammt aus dem Jahr 2014, siehe Richtlinie 2014/52/EU des Europäischen Parlaments und des Rates zur Änderung der Richtlinie 2011/92/EU v. 16.4.2014 (UVP-RL), ABl.EU L 124, S. 1.

429 Richtlinie 2001/42/EG des Europäischen Parlaments und des Rates über die Prüfung der Umweltauswirkungen bestimmter Pläne und Programme v. 27.6.2001 (SUP-RL), ABl.EG L 197, S. 30. Zum Geltungsbereich der Richtlinie *Hendler*, NuR 2003, 2 ff.; *Hendler*, ZUR 2003, 227 ff.; *Uechtritz*, ZUR 2006, 9 ff.

430 BGBl. I 1990, S. 205. Neugefasst durch Bekanntmachung v. 24.2.2010, BGBl. I S. 94, zuletzt geändert durch Art. 12 des Gesetzes v. 27.6.2017, BGBl. I S. 1966.

431 Gesetz zur Einführung einer Strategischen Umweltprüfung und zur Umsetzung der Richtlinie 2001/42/EG (SUPG) v. 25.6.2005, BGBl. I S. 1746.

8. *Wasserrahmenrichtlinie (WRRL)*

Die Richtlinie zur Schaffung eines Ordnungsrahmens für Maßnahmen der Gemeinschaft im Bereich der Wasserpolitik wurde im Oktober 2000 erlassen (basierend auf der Umweltkompetenz der Gemeinschaft aus Art. 175 Abs. 1 EGV a.F.).[432]

Zum Schutz der Binnenoberflächengewässer, der Übergangsgewässer, der Küstengewässer und des Grundwassers soll mit der Richtlinie ein Ordnungsrahmen geschaffen werden, um insbesondere die weitere Verschlechterung der aquatischen Ökosysteme zu vermeiden, Art. 1 WRRL. Vorliegend relevantes Schutzobjekt können nur die Küstengewässer sein, die etwas umständlich nach Art. 2 Nr. 7 WRRL definiert werden als die Oberflächengewässer auf der landwärtigen Seite einer Linie, auf der sich jeder Punkt eine Seemeile seewärts vom nächsten Punkt der Basislinie befindet, von der aus die Breite der Hoheitsgewässer gemessen wird, gegebenenfalls bis zur äußeren Grenze eines Übergangsgewässers. Mit anderen Worten umfassen die Küstengewässer i.S.d. Wasserrahmenrichtlinie die inneren Gewässer und zusätzlich die erste Seemeile des anschließenden Küstenmeeres; auf den Bereich der AWZ ist die Wasserrahmenrichtlinie nicht anwendbar.

Wie noch zu sehen sein wird, bezieht sich die Meeresstrategie-Rahmenrichtlinie in bestimmten Abschnitten auf die Wasserrahmenrichtlinie, und beide Richtlinien sind von ihrer Struktur her ähnlich aufgebaut.[433] Da die natürlichen Gegebenheiten der Gewässer – seien es Meeresgewässer oder Gewässer i.S.d. Wasserrahmenrichtlinie – in der gesamten EU sehr unterschiedlich sind, stellt die Richtlinie „nur" Umweltqualitätsziele auf (Art. 4 WRRL) und beschreibt Methoden, wie diese erreicht werden können (Art. WRRL).[434] Für Flussgebietseinheiten sind Maßnahmenprogramme und Bewirtschaftungspläne aufzustellen (Art. 3, 11 und 13 WRRL).[435] Diese Vorgaben wurden im Wasserhaushaltsgesetz umgesetzt.[436]

---

432 Richtlinie 2000/60/EG des Europäischen Parlaments und des Rates v. 23.10.2000 (WRRL), ABl.EG L 327, S. 1; geändert durch die Entscheidung Nr. 2455/2001/EG des Europäischen Parlaments und des Rates v. 20.11.2001, ABl.EG L 331, S. 1. Dazu *Caspar*, DÖV 2001, 529 ff.; *Faßbender*, NVwZ 2001, 241 ff.; *Ruchay*, ZUR 2001, 115 ff.

433 Siehe 2. Kapitel, A.IV.

434 *Port*, Die Umweltziele der WRRL, 2011; *Albrecht*, NuR 2010, 607 ff.; *Möckel*, NuR 2007, 602 ff.

435 *Bundesministerium für Umwelt*, Die Wasserrahmenrichtlinie, 2. Auflage 2010; *Dieckmann*, EurUP 2008, 2 ff.; *Durner*, NuR 2010, 452 ff.

436 Gesetz zur Ordnung des Wasserhaushalts v. 31.7.2009, zuletzt geändert durch Art. 122 des Gesetzes v. 29.3.2017, BGBl. I S. 626. Zur nationalen Umsetzung der Wasserrahmenrichtlinie *Knopp*, ZUR 2001, 368 ff.; *Knopp*, ZUR 2005, 505 ff.; *Holzwarth*, ZUR 2005, 510 ff.; *Leinweber*, Umsetzung der EU-Wasserrahmenrichtlinie in Deutschland, Januar 2008; *Köck*, ZUR 2009, 227 ff. Zur WHG-Novelle im Jahr 2010 *Knopp*, Das neue Wasserhaushaltsrecht – WHG-Novelle 2010, 2010; *Kotulla*, NVwZ 2010, 79 ff.

9. *Meeresstrategie-Rahmenrichtlinie (MSRL)*

Im Juni 2008 wurde die Richtlinie zur Schaffung eines Ordnungsrahmens für Maßnahmen der Gemeinschaft im Bereich der Meeresumwelt (Meeresstrategie-Rahmenrichtlinie)[437] erlassen. Sie zielt auf die Erreichung eines guten Umweltzustandes, der in den Gewässern der Mitgliedstaaten bis zum Jahr 2020 erreicht werden soll.[438] Hierzu haben die Mitgliedstaaten eigene Meeresstrategien zu entwickeln und einen zeitlich definierten Arbeitsplan zu erfüllen: Zunächst müssen die Mitgliedstaaten den aktuellen Zustand ihrer Meeresgewässer bewerten, danach den nach ihrer Ansicht „guten Meeresumweltzustand" beschreiben und Umweltziele festlegen. Die Entwicklung und Durchführung eines Überwachungs- und Maßnahmenprogramms soll schließlich zum Ziel führen.

Die Meeresstrategie-Rahmenrichtlinie wurde mit Gesetz vom 6. Oktober 2011[439] in deutsches Recht umgesetzt. In das Wasserhaushaltsgesetz wurde ein neuer Abschnitt „Bewirtschaftung von Meeresgewässern" eingefügt, der im Wesentlichen eine 1:1-Umsetzung der Richtlinie beinhaltet.[440]

Zwei Punkte begründen die raumplanungsrechtliche Relevanz dieser Richtlinie: Zum einen enthält die Richtlinie selbst Vorgaben, wonach die Mitgliedstaaten „räumliche Schutzmaßnahmen" ergreifen sollen, die „zu kohärenten und repräsentativen Netzwerken geschützter Meeresgebiete beitragen".[441] Solche räumlichen Schutzmaßnahmen können bspw. in der Einrichtung mariner Schutzgebiete (Marine Protected Areas, MPAs) bestehen, die auch eine raumplanungsrechtliche Gebietsausweisung erfahren können. Des Weiteren sieht die Europäische Kommission selbst eine mögliche Verbindung der Meeresstrategie-Rahmenrichtlinie mit der maritimen Raumplanung – und zwar dergestalt, dass die maritime Raumplanung unterstützend zur Umsetzung der Richtlinie herangezogen werden kann.[442] Wie bereits in der Einleitung ausgeführt, ist dieser Gedanke die zentrale Frage der vorliegenden Arbeit. Er wird in den folgenden Kapiteln aufgegriffen.

---

437 Richtlinie 2008/56/EG des Europäischen Parlaments und des Rates zur Schaffung eines Ordnungsrahmens für Maßnahmen der Gemeinschaft im Bereich der Meeresumwelt v. 17.6.2008 (Meeresstrategie-Rahmenrichtlinie – MSRL), ABl.EU L 164, S. 19. Rechtsgrundlage: Art. 191 ff. AEUV (Umwelt) (Art. 175 EGV a.F.), Art. 294 AEUV (Art. 251 EGV a.F.). Hierzu ausführlich *Markus/Schlacke*, ZUR 2009, 464 ff.; *Markus et al.*, Int'l J Mar & Coast L (26) 2011, 59 ff.

438 Art. 1 Abs. 1 MSRL.

439 Gesetz zur Umsetzung der Meeresstrategie-Rahmenrichtlinie sowie zur Änderung des Bundeswasserstraßengesetzes und des Kreislaufwirtschafts- und Abfallgesetzes v. 6.10.2011, BGBl. I S. 1986.

440 *Czychowski/Reinhardt*, WHG, Kommentar, 11. Auflage 2014, §§ 45a ff.; *Gößl*, in: *Sieder et al.*, WHG, Kommentar, 50. Auflage 2016, § 45a ff.

441 Art. 13 Abs. 4 MSRL.

442 Maritime Raumordnung in der EU – Aktueller Stand und Ausblick, KOM(2010) 771 endg. v. 17.12.2010, S. 8.

10. Maritime Raumplanungsrichtlinie (MRRL)

Vom 23. Juli 2014 stammt die zeitlich jüngste unionsrechtliche Richtlinie im vorliegenden Kontext „zur Schaffung eines Rahmens für die maritime Raumplanung".[443] Sie setzt nach Andeutungen in ihrem Fortschrittsbericht aus dem Jahr 2010[444] damit eine Ankündigung um, die Haitze Siemers, ein Vertreter der Europäischen Kommission,[445] im Januar 2012 auf der Abschlusskonferenz des Projekts „BaltSeaPlan" tätigte.[446]

Zur Umsetzung der maritimen Raumplanung erstellen die Mitgliedstaaten maritime Raumordnungspläne[447] für ihre Meeresgewässer, wozu die Gewässer, der Meeresgrund und Meeresuntergrund gemäß der Meeresstrategie-Rahmenrichtlinie sowie die Küstengewässer gemäß der Wasserrahmenrichtlinie gehören.[448] Ziel ist es, das nachhaltige Wachstum der Meereswirtschaft, die nachhaltige Entwicklung der Meeresgebiete und die nachhaltige Nutzung der Meeresressourcen unter

---

443 Richtlinie 2014/89/EU des Europäischen Parlaments und des Rates v. 23.7.2014 (MRRL), ABl.EU L 257, S. 135. Dazu Vorschlag für eine Richtlinie, COM(2013) 133 final v. 12.3.2013; Arbeitsunterlage der Kommissionsdienststellen, Zusammenfassung der Folgenabschätzung, SWD(2013) 64 final v. 12.3.2013, sowie das Commission Staff Working Document, Impact Assessment, SWD(2013) 65 final v. 12.3.2013. Zum Richtlinienvorschlag schon *Janssen*, EurUP 2013, 269 ff. (280 f.). Zur rechtlichen Situation vor Erlass der Richtlinie siehe *van Tatenhove*, Ocean Coast Mgmt (71) 2013, 296 ff.

444 Zuvor schon Andeutungen in Maritime Raumordnung in der EU – Aktueller Stand und Ausblick, KOM(2010) 771 endg. v. 17.12.2010, S. 7 ff., 10 ff. Dazu auch die Verordnung (EU) Nr. 1255/2011 v. 30.11.2011 zur Schaffung eines Programms zur Unterstützung der Weiterentwicklung der integrierten Meerespolitik, ABl.EU L 321, S. 1.

445 Von der Europäischen Kommission selbst stammen zahlreiche Veröffentlichungen, z.B. *European Commission*, Legal aspects of MSP, 2009; *Europäische Kommission*, Eine maritime Raumordnung für die Meere und Ozeane der EU, 2010. Auch *Salomon/Krohn*, NordÖR 2006, 371 ff.

446 Zum Thema *Schubert*, Maritimes Infrastrukturrecht, 2015, S. 128 ff.; *Schubert*, JbUTR 2015, 199 ff. Zuvor schon *Akademie für Raumforschung und Landesplanung*, Maritime Raumordnung, 2013; *Erbguth*, NuR 2012, 85 ff. (85); *Erbguth*, DÖV 2011, 373 ff.; *Erbguth*, Recommendations for legislative action regarding the MSP in Europe, BaltSeaPlan Report No. 31, 2011; *Qiu/Jones*, Mar Policy (39) 2013, 182 ff. (188 f.).

447 Art. 4 Abs. 1, 8 Abs. 1 MRRL. Da die Richtlinie gem. Art. 2 Abs. 1 nur für die Meeresgewässer der Mitgliedstaaten gilt, sind Binnenmitgliedstaaten von der Pflicht zur Umsetzung und Durchführung gem. Art. 15 Abs. 4 MRRL befreit.

448 Art. 2 Abs. 1 i.V.m. Art. 3 Nr. 4 MRRL (räumlicher Anwendungsbereich). Vom sachlichen Anwendungsbereich sind gem. Art. 2 Abs. 2 MRRL solche Tätigkeiten ausgeschlossen, die allein der Verteidigung oder der nationalen Sicherheit dienen. Dazu ausführlich *Schubert*, Maritimes Infrastrukturrecht, 2015, S. 141 f.; *Schubert*, JbUTR 2015, 199 ff. (206).

Anwendung des Ökosystemansatzes zu fördern.[449] Im Blickpunkt stehen dabei die Energiewirtschaft im Meeresbereich,[450] der Seeverkehr, die Fischerei und Aquakultur sowie die Erhaltung, der Schutz und die Verbesserung der Umwelt einschließlich ihrer Widerstandsfähigkeit ggü. den Auswirkungen des Klimawandels.[451]

Die maritime Raumplanung steht i.R.d. integrierten Meerespolitik der EU[452] und wird – im Zusammenhang mit dem integrierten Küstenzonenmanagement – als ein Teil des integrierten Planungs- und Bewirtschaftungskonzeptes für die Meeresbewirtschaftung und die meerespolitische Entscheidungsfindung vorgestellt.[453] Erstmals erfolgt auf europäischer Ebene[454] auch eine Legaldefinition der maritimen Raumplanung, wonach der Ausdruck „einen Prozess" bezeichnet, „bei dem die zuständigen Behörden der Mitgliedstaaten zur Verwirklichung ökologischer, wirtschaftlicher und sozialer Ziele menschliche Tätigkeiten in Meeresgebieten analysieren und organisieren".[455]

Obwohl es in der Richtlinie um maritime Raumplanungsfragen geht, wird mit ihr – so offiziell Erwägungsgrund 17 – weder in die raumplanerischen Zuständigkeiten der Mitgliedstaaten eingegriffen, noch werden die Zuständigkeiten der Mitgliedstaaten hinsichtlich ihrer Seegrenzen und Hoheitsgewässer von der Richtlinie berührt.[456] Dies erklärt sich mit der fehlenden Kompetenz der EU zur Raumplanung.[457] Aus diesem Grund wird den Mitgliedstaaten auch nicht vorgeschrieben, wie sie die einzelnen Ziele in ihren maritimen Raumordnungsplänen berücksichtigen oder gewichten sollen. Die „Mindestanforderungen" der Richtlinie an die maritime Raumplanung der Mitgliedstaaten bleiben ebenso weitgehend formell auf die

---

449 Art. 1 Abs. 1, 5 Abs. 1 und 2 MRRL. Dazu auch *Long*, Int'l J Mar & Coast L (29) 2014, 690 ff. (707 ff.). Zur Vereinbarkeit von Nachhaltigkeitserfordernis und Ökosystemansatz siehe *Schubert*, Maritimes Infrastrukturrecht, 2015, S. 135 ff.; *Schubert*, JbUTR 2015, 199 ff. (208 ff.). Zuvor schon *Erbguth*, DÖV 2011, 373 ff.; *Erbguth*, NuR 2012, 85 ff. (88); *Akademie für Raumforschung und Landesplanung*, Maritime Raumordnung, 2013, S. 26 f.; *Santos et al.*, Mar Policy (49) 2014, 59 ff. Zu den Zielen einer marinen Raumplanung, die auf dem Ökosystemansatz beruht, siehe *Foley et al.*, Mar Policy (34) 2010, 955 ff.; *Gilliland/Laffoley*, Mar Policy (32) 2008, 787 ff.

450 Zur Ausschöpfung des Potentials der Meeresenergie der europäischen Meere und Ozeane bis zum Jahr 2020 und darüber hinaus ist voraussichtlich ab dem Jahr 2017 ein Entwurf von Leitlinien zur Erleichterung der Umsetzung einschlägiger Rechtsvorschriften zur Unterstützung der maritimen Raumordnung geplant, siehe Anhang 1, COM(2014) 8 final v. 20.1.2014.

451 Art. 5 Abs. 2 Satz 1 MRRL. Daneben können die Mitgliedstaaten gem. Satz 2 weitere Ziele wie die Förderung des sanften Tourismus oder die umweltverträgliche Rohstoffgewinnung verfolgen.

452 Siehe oben C.I.

453 Erwägungsgründe 1 und 2 MRRL.

454 Zur Definition der Unesco siehe A.III.

455 Art. 3 Abs. 2 MRRL.

456 Erwägungsgrund 10 MRRL.

457 Siehe oben C.III.

Beteiligung der Öffentlichkeit, den Austausch von verfügbaren Daten und die Zusammenarbeit zwischen Mitgliedstaaten und Drittländern[458] beschränkt.[459] Neben der Begründung einer Planungspflicht[460] macht die Richtlinie inhaltliche Vorgaben im Hinblick auf die Erstellung der maritimen Raumordnungspläne lediglich dahingehend, dass bei der Ausarbeitung und Umsetzung der Pläne die Wechselwirkungen zwischen Land und Meer sowie zwischen Tätigkeiten und Nutzungszwecken zu berücksichtigen sind.[461] Der fakultative Katalog der Richtlinie („können umfassen") zählt dazu verschiedene Nutzungsansprüche und Schutzinteressen auf, die von Aquakulturgebieten und Fischfanggebieten über Seeschifffahrtsrouten und Natur- und Artenschutzgebieten bis hin zum Unterwasserkulturerbe reichen.

Dabei bleiben die Vorgaben der Richtlinie für die mitgliedstaatlichen Raumordnungspläne deutlich hinter den Steuerungsmöglichkeiten, die dem Raumplanungsrecht insgesamt zugeschrieben werden, zurück, wenn es heißt: Um zu den genannten Zielen der maritimen Raumplanung beizutragen, „erstellen die Mitgliedstaaten maritime Raumordnungspläne, in denen die räumliche und zeitliche Verteilung der einschlägigen bestehenden und künftigen Tätigkeiten und Nutzungen in ihren Meeresgewässern *dargelegt* wird".[462] Mit der Darlegung der bestehenden Tätigkeiten erfolgt jedoch lediglich eine Darstellung des Status quo, die keinerlei Steuerungswirkung entfaltet. Es bleibt unklar, wie bei einer reinen Darlegung ohne weitere rechtliche Einwirkungen auf zukünftige Planungsentscheidungen die Wechselwirkungen zwischen Tätigkeiten und Nutzungszwecken *berücksichtigt* werden sollen bzw. zu welchem Zweck. Diese Vorgabe ist daher wohl eher als reine Anregung an die Mitgliedstaaten gedacht und letztlich der fehlenden Kompetenzgrundlage der EU geschuldet.

Rechtlich stützt das Europäische Parlament den Erlass der Richtlinie auf einen „Kompetenzmix aus fachlichen (auch) meeresbezogenen Einzelzuständigkeiten"[463] der Art. 43 Abs. 2 (Fischerei), Art. 100 Abs. 2 (Seeverkehr), Art. 192 Abs. 1

---

458 Zur Unterscheidung verfahrensrechtlicher Beteiligung und inhaltlicher Abstimmung benachbarter Planungen siehe *Schubert*, JbUTR 2015, 199 ff. (213 f., 216); *Akademie für Raumforschung und Landesplanung*, Maritime Raumordnung, 2013, S. 47 f. Dazu auch *Martínez*, ZUR 2005, 337 ff.

459 Art. 6 i.V.m. Art. 9–12 MRRL.

460 „Jeder Mitgliedstaat arbeitet eine maritime Raumplanung aus und setzt sie um", Art. 4 Abs. 1 MRRL.

461 Art. 8 Abs. 2, Art. 7, Art. 6 Abs. 2a MRRL.

462 Art. 8 Abs. 1 MRRL (Hervorhebung durch Verfasserin).

463 *Schubert*, JbUTR 2015, 199 ff. (217). Sie hat sich im Laufe des Verfahrens *gegen* die beiden anderen Optionen, die in der Anleitung und Entwicklung bewährter Praktiken oder in nicht bindenden Maßnahmen gelegen hätten, und *für* die rechtlich bindende Maßnahme entschieden, siehe dazu Impact Assessment, SWD(2013) 65 final v. 12.3.2015, S. 36 ff. und Annex 1. Dazu auch *Akademie für Raumforschung und Landesplanung*, Maritime Raumordnung, 2013, S. 39 ff.

(Umweltschutz) und Art. 194 Abs. 2 AEUV (Energie).[464] Dies hat schon im Vorfeld zu Diskussionen über einen möglichen Verstoß gegen die unionsrechtliche Kompetenzordnung geführt, da sich das Europäische Parlament in der Richtlinie zwar mit Regelungen zum „Wie" einer mitgliedstaatlichen Raumplanung zurückhält, das „Ob" einer Planung demgegenüber aber verbindlich festlegt.[465] Aufgrund der fehlenden Kompetenz der EU im Bereich der Raumordnung[466] muss sich die Richtlinie deshalb zu Recht erheblichen rechtlichen Bedenken stellen.[467]

Die Initiative des Europäischen Parlaments ist trotz dieser Bedenken bzgl. einer fehlenden gesicherten und anerkannten Kompetenzgrundlage grundsätzlich zu begrüßen, da sie zu einem erheblichen Vorankommen der maritimen Raumplanung in den europäischen Gewässern beitragen wird.[468] Neu und ein Verdienst der Richtlinie ist es sicherlich, dass mit ihr noch einmal das Umdenken des europäischen Gesetzgebers verfestigt wird, abweichend von den früher verfolgten rein sektoralen Ansätzen nun i.R.e. raumplanerischen Gesamtkonzepts bestehende Nutzungsformen und Schutzinteressen zu koordinieren und untereinander abzustimmen. Aus Sicht der Bundesrepublik Deutschland, die bereits seit Jahren in der maritimen Raumplanung zahlreiche Entwicklungsschritte gegangen ist und zu einem der Vorreiter auf europäischer Ebene zählt, bringt die Richtlinie sicher weder (inhaltlich) neue Erkenntnisse mit sich, noch muss der bisher eingeschlagene Weg geändert oder an die Richtlinie angepasst werden. Folgerichtig ist es zur Umsetzung der Richtlinie ausreichend, das Raumordnungsgesetz nur hinsichtlich verschiedener Verfahrensvorschriften, wie bspw. die Abstimmung benachbarter Planungsräume sowohl im inländischen als auch im grenzüberschreitenden Bereich, zu ergänzen.[469] Aus Sicht derjenigen Mitgliedstaaten der EU, die bislang nur wenige oder keine Anstrengungen zu einer koordinierten Nutzung ihrer AWZ unternommen haben, ist die Richtlinie

---

464 Siehe dazu Folgenabschätzung, SWD(2013) 64 final v. 12.3.2013, S. 5 ff.; SWD(2013) 65 final v. 12.3.2013, Annex I.

465 BR-Drs. 193/13 v. 7.6.2013. Ebenso diskutiert bei *Akademie für Raumforschung und Landesplanung*, Maritime Raumordnung, 2013, S. 28 ff.; *Schubert*, JbUTR 2015, 199 ff. (216 ff.); *Erbguth/Schubert*, AöR 2012, 72 ff.; *Knippenberg*, Die Kompetenzgrundlagen der Deutschen und Europäischen Raumordnung, 2010; *Janssen*, Deutsche Raumordnungsplanung in der AWZ – Wegweiser oder Fluchtweg?, in: Bosecke et al. (Hrsg.), Meeresnaturschutz, FG Czybulka, 1. Auflage 2012, S. 145 ff. (153 f.). Zur grenzüberschreitenden Raumplanung schon *Martínez*, ZUR 2005, 337 ff.

466 Dazu oben C.III.

467 *Schubert*, JbUTR 2015, 199 ff. (218), kommt zu dem Ergebnis, dass die Richtlinie gegen die unionsrechtliche Kompetenzordnung verstößt.

468 Bei einer unterstellten Kompetenz der EU kann mit guten Gründen argumentiert werden, dass die Schranken der Kompetenzausübung, die sich gem. Art. 5 EUV bzgl. einer Subsidiarität und Verhältnismäßigkeit ergeben, eingehalten sind; siehe dazu ausführlich *Akademie für Raumforschung und Landesplanung*, Maritime Raumordnung, 2013, S. 41 ff.

469 Siehe dazu den Entwurf eines Gesetzes zur Änderung raumordnungsrechtlicher Vorschriften, BReg-Drs. 656/16 v. 4.11.2016, dazu auch D.II.5.

sowohl eine erhebliche Hilfestellung als auch eine deutliche Aufforderung, endlich tätig zu werden.[470] Im Hinblick auf eine Angleichung der Herangehensweisen und Qualitäten von maritimer Raumplanung in allen Mitgliedstaaten[471] ist hier mit Sicherheit der zentrale Mehrwert der Richtlinie zu sehen.

Rechtlich war die Richtlinie bis zum 18. September 2016 umzusetzen; die maritimen Raumordnungspläne sollen so rasch wie möglich, jedoch bis spätestens zum 31. März 2021 ausgearbeitet werden.[472]

V. Zusammenfassung

Das Blaubuch der EU „Eine integrierte Meerespolitik für die Europäische Union" aus dem Jahr 2007 markiert einen Wendepunkt in ihrer Umweltpolitik. Sie wendet sich von dem bislang verfolgten Ansatz ab, Konflikte unterschiedlicher Nutzungsansprüche und Schutzinteressen im Meer durch sektoral ausgerichtete Instrumente regeln zu wollen. Sie hat erkannt, dass sich ein Ausgleich der verschiedenen Interessen damit kaum oder nur sehr eingeschränkt erreichen lässt. Mit einer integrativen Betrachtungsweise sollen zukünftig „alle wirtschaftlichen Aspekte und Aspekte der nachhaltigen Entwicklung der Ozeane und Meere, einschließlich der Meeresumwelt" in einer übergreifenden Weise angegangen werden. Die maritime Raumordnung und -planung soll dabei das Instrument sein, mit dem dieser integrative Ansatz zielführend verfolgt werden kann.

Die Ansätze für eine maritime Raumplanung in der EU sind vielfältig. Nicht nur in vielen Mitgliedstaaten werden schon seit einigen Jahren erste Überlegungen für ein maritimes Rechtsregime, das raumplanerische Aspekte mit einbezieht, diskutiert und zum Teil sogar schon implementiert. Neben den mitgliedstaatlichen Anstrengungen ist insbesondere das Interesse der Europäischen Kommission an einem Voranbringen der maritimen Raumplanung für die gesamten europäischen Meere deutlich spürbar. Nachdem sich bislang aufgrund der kompetenzrechtlichen Lage, nach der jedenfalls keine ausdrückliche primärrechtliche Zuständigkeit der EU für eine maritime Raumplanung gegeben ist, Rechtsakte zu diesem Bereich in Zurückhaltung übten, änderte sich dies in den letzten Jahren. Davon zeugen insbesondere

---

470 *Carneiro*, Mar Policy (37) 2013, 214 ff. betont darüber hinaus die zentrale Bedeutung eines regelmäßigen Bewertungsverfahrens mit einem sich daran anschließenden Planänderungsverfahren. Aufgrund der Ausgestaltung als Rahmenrichtlinie wird es den Mitgliedstaaten ermöglicht, „to tailor their responses to their specific national context", so *Kidd/Shaw*, ICES J Mar Sci (71) 2014, 1535 ff. (1539).

471 Folgenabschätzung, SWD(2013) 64 final v. 12.3.2013, S. 4.

472 Art. 15 Abs. 1 und 3 MRRL. Im Hinblick auf die Wahl der Umsetzungsfrist verweist die MRRL in Erwägungsgrund 26 auf „eine Reihe politischer Initiativen ..., die bis 2020 umgesetzt werden müssen und [die] durch die vorliegende Richtlinie gefördert und ergänzt werden sollen." Deutschland hat diese Umsetzungsfrist nicht eingehalten und erst im November 2016 einen entsprechenden Gesetzesentwurf vorgelegt, BReg-Drs. 656/16 v. 4.11.2016.

der Fahrplan für die maritime Raumordnung aus dem Jahr 2008 (KOM(2008) 791 endg.) und die zuletzt erlassene Richtlinie 2014/89/EU zur Schaffung eines Rahmens für die maritime Raumplanung, nach der nun alle Küstenmitgliedstaaten verpflichtet werden, eigene maritime Raumplanungen auszuarbeiten und umzusetzen, soweit sie eine solche nicht bereits entwickelt haben. Bei der Untersuchung der Richtlinie ist festgestellt worden, dass sie letztlich gegen die unionsrechtliche Kompetenzordnung verstößt, da die Mehrfachabstützung der Richtlinie nicht mit einem Koordinierungsdefizit der EU begründet werden kann. In Folge kann der EuGH die Richtlinie für nichtig erklären. So lange das jedoch nicht erfolgt ist, gilt auch für die rechtswidrige Richtlinie die Vermutung der Gültigkeit.[473]

Verschiedene Sekundärrechtsakte der EU, die das Thema Raumplanung zwar nicht ausschließlich oder zumindest überwiegend betreffen, haben indessen mittelbare Auswirkungen auf nationale maritime Raumplanungen. An dieser Stelle sind insbesondere die umweltrechtlichen Richtlinien der EU zu nennen, wozu die FFH- und Vogelschutzrichtlinie sowie die UVP- und SUP-Richtlinie gehören. Hieraus ergeben sich für den nationalen Gesetzgeber Vorgaben, die sowohl inhaltlicher – z.B. zur Einrichtung maritimer Schutzgebiete – als auch prozessualer Art – Durchführung von Umweltprüfungen bestimmter Pläne und Programme – sein können.

D. Grundlagen maritimer Raumplanung in Deutschland

Erste – zugegebenermaßen noch recht vage – Ideen zu einer Raumplanung in der deutschen AWZ stammen aus der Mitte der 1980er Jahre. *Hanns Buchholz* schlug im Jahr 1985 in seinem gleichnamigen Aufsatz eine „Territorialplanung zur See“ vor.[474] Hintergrund seiner Überlegungen war die Feststellung, dass es bislang von staatlicher Seite aus ganz offensichtlich keine Bestrebungen für eine Meeresnutzung gab.[475] Er stützte diesen Befund u.a. auf eine anschauliche Beobachtung: Obwohl die Küstenmeere Teil des Landesgebiets der Küstenbundesländer sind und damit der Hoheitsgewalt des Bundeslandes unterstehen, waren Flächenangaben zur Größe der Küstenmeere z.B. in niedersächsischen Regierungsbezirken überhaupt nicht erfasst. Oder die Küstenmeere wurden – soweit sie sich neben der Darstellung territorialer Planungsgebiete überhaupt auf der Karte befanden – von der Kartenlegende

---

473 EuGH, Rs. C-137/92 P, Slg. 1994, I-2555, Rn. 48 – Kommission/BASF; *Ruffert*, in: *Calliess/Ruffert*, EUV/AEUV, Kommentar, 5. Auflage 2016, Art. 288 Rn. 14 mit weiteren Rechtsprechungsverweisen; *Jarass/Beljin*, NVwZ 2004, 1 ff. (3).

474 *Buchholz*, Territorialplanung zur See, in: Hofmeister/Voss (Hrsg.), Geographie der Küsten und Meere, 1985, S. 153 ff. Sich dem anschließend auch *Winter*, NuR 1988, 265 ff. (271). Für eine Umweltplanung zum Meeresumweltschutz spricht sich auch schon früh *Hohmann*, NuR 1990, 49 ff. aus.

475 Dazu allgemeiner: „Raumordnungspolitik in Deutschland ist nicht eben eine Erfolgsgeschichte“, so *Battis*, Rechtsfragen der europäischen Raumordnungspolitik, in: Berkemann et al. (Hrsg.), Planung und Plankontrolle, FS Schlichter, 1995, S. 185 ff. (185).

verdeckt. Beides war für Buchholz Ausdruck der starken Konzentration auf die Nutzung territorialer Gebiete; das Meer wurde damals weitgehend nur mit den traditionellen Nutzungsformen der Schifffahrt und Fischerei in Verbindung gebracht.

Buchholz ahnte aber schon, dass sich das – seinerzeit kaum vorhandene – Konkurrenz- und Konfliktpotenzial zukünftig enorm vergrößern würde. Er erkannte insbesondere das Problem, dass räumliche Nutzungsansprüche in dem dreidimensionalen Meeresraum stockwerkartige Überlagerung von maritimen Nutzungen bedingen könnten. Hierfür existierte aber kein umfassendes formalisiertes Verfahren, das den Ablauf einer raumbeanspruchenden Entwicklung im Bereich des Meeres regeln würde. Deshalb schlug er vor, eine „Territorialplanung zur See“ zu etablieren. Er befand aber auch, dass die Beplanung des Meeres kein Selbstzweck sein dürfe, sondern sich an den Nutzungen ausrichten müsse:

> Solange die Kapazität eines Raumes die Nutzungsanforderungen weit übersteigt und solange die einzelnen Nutzungen nebeneinander stattfinden können, ohne sich gegenseitig zu stören und ohne das nutzbare Potential eines Raumes stärker aufzuzehren als es die betroffenen Gesellschaften wünschen – solange sollten planerische Festlegungen möglichst unterbleiben. Wenn es aber zur Überlagerung unterschiedlicher und sich gegenseitig störender Nutzungen kommt und wenn zugleich die Gefahr besteht, dass eine normalerweise reproduktionsfähige Ressource kurzfristig erschöpft, ggf. zerstört wird, dann bedarf es ordnender und planender Eingriffe der zuständigen Gebietskörperschaften.[476]

Für Buchholz war dieser Zeitpunkt eines planenden Eingriffs zur Sicherung der langfristigen wirtschaftlichen Nutzungsmöglichkeiten für die küstennahen Meeresgebiete „seit einiger Zeit“ gekommen.[477]

Der deutsche Rechtswissenschaftler *Wolfgang Graf Vitzthum* machte fast zur gleichen Zeit ähnliche Beobachtungen wie Buchholz. Er beklagte sich im Jahr 1985

---

476 *Buchholz*, Territorialplanung zur See, in: Hofmeister/Voss (Hrsg.), Geographie der Küsten und Meere, 1985, S. 153 ff. (161).

477 *Buchholz*, Territorialplanung zur See, in: Hofmeister/Voss (Hrsg.), Geographie der Küsten und Meere, 1985, S. 153 ff. (161). *Buchholz* ging sogar noch einen Schritt weiter und formulierte eine zu dieser Zeit schon fast revolutionäre Idee: Die Gesetzgebungsbefugnisse zur Regulierung der Schutz- und Nutzungskonflikte in den Küsten-Meeresgebieten sollten dem Kompetenzbereich der damaligen Europäischen Gemeinschaften übertragen werden. Nach Ansicht *Buchholz´* könnte so dem Ziel der langfristigen Sicherung der wirtschaftlichen Nutzungsmöglichkeiten des Meeres besser Rechnung getragen werden (a.a.O., S. 166). Zurückhaltender noch *von Nicolai*, IzR 2004, 491 ff. (491): Aufgrund des Gesetzesvorbehalts dürfe der Staat mit den Instrumenten der Raumordnung nur dann eingreifen, wenn tatsächlich etwas zu ordnen ist. Genau dieser Vorbehalt sei aber in den letzten Jahrzehnten noch nicht erfüllt gewesen, da alle Konflikte traditioneller Nutzungen des Meeres mit den Mitteln des sektoralen Fachplanungsrechts gelöst werden konnten. Später ebenso *Ehler*, Mar Policy (32) 2008, 840 ff. (840).

in seinem Aufsatz „Die neue Ordnung der Meere",[478] in dem er das Zustandekommen des Seerechtsübereinkommens von 1982 beleuchtete, darüber, dass es ggü. dem vertrauten Binnendeutschland „kein Meeresdeutschland" gebe. Der Seerechtspolitik sei nur eine „ganz nachrangige Rolle" zugewiesen,[479] obwohl der Einfluss des Meeres und die Bedeutung der Seerechtsentwicklung für die Verhältnisse des Landes wachsen würden. Er mahnte an:

> Wir müssen davon Notiz nehmen, sonst geraten wir in historischen Verzug. Mehr Meeresbewusstsein tut not.[480]

Bis heute sind viele weitere wissenschaftliche Veröffentlichungen zur Entwicklung des Nutzungsraums der Meere erschienen. Insbesondere *Wilfried Erbguth* hat die Forderung Buchholz' nach einer Beplanung der deutschen Meere aufgenommen und weiter präzisiert.[481] Schon 1995, in einem gemeinsamen Aufsatz mit *Frank Stollmann*, spricht er die Notwendigkeit eines Raumordnungsplanes an.[482] Zwar ist damals nur die räumliche Beplanung des Küstenmeeres das Thema, jedoch enthält der Aufsatz

---

478 *Graf Vitzthum*, Die neue Ordnung der Meere, in: Hofmeister/Voss (Hrsg.), Geographie der Küsten und Meere, 1985, S. 119 ff. So auch schon früh zum Meeresbezug der EU, siehe *Graf Vitzthum*, Europäisches Seerecht, in: Brenner et al. (Hrsg.), Der Staat des Grundgesetzes, FS Badura, 2004, S. 1189 ff. Ebenso schon früh *Petersen*, Deutsches Küstenrecht, 1989.

479 „Die Seerechtskonferenz stieß in der deutschen Öffentlichkeit überwiegend auf freundliche Teilnahmslosigkeit", so *Graf Vitzthum*, Die neue Ordnung der Meere, in: Hofmeister/Voss (Hrsg.), Geographie der Küsten und Meere, 1985, S. 119 ff. (121).

480 *Graf Vitzthum*, Die neue Ordnung der Meere, in: Hofmeister/Voss (Hrsg.), Geographie der Küsten und Meere, 1985, S. 119 ff. (121, 122).

481 Bis heute lassen sich über 40 Veröffentlichungen *Erbguths* zum Themenfeld Raumordnung/Raumplanung und maritime Raumplanung zählen, u.a.: *Erbguth*, NuR 1999, 491 ff.; *Erbguth*, Rechtsfragen der Planung und Genehmigung von Offshore-Windenergieanlagen, in: Ehlers/Erbguth (Hrsg.), Aktuelle Entwicklungen im Seerecht, 2000, S. 47 ff.; *Erbguth*, Raumplanung im Meer, in: Czybulka (Hrsg.), Naturschutz und Rechtsregime im Küsten- und Offshore-Bereich, 2003, S. 79 ff.; *Erbguth*, NuR 2005, 757 ff.; *Erbguth*, Raumordnung in der AWZ, in: Ehlers/Erbguth (Hrsg.), Nutzungs- und Schutzkonflikte in der AWZ, 2005, S. 61 ff.; *Erbguth/Schubert*, UPR 2006, 51 ff.; *Erbguth*, Zum Planungsrecht für Küsten und Meere, in: Ennuschat et al. (Hrsg.), Wirtschaft und Gesellschaft im Staat der Gegenwart, GS Tettinger, 2007, S. 397 ff.; *Erbguth*, Die Abstimmung von Nutzungsansprüchen und Schutzerfordernissen in marinen Räumen, 2008, siehe: http://www.iuk-verbund.uni-rostock.de/fileadmin/IUK/Ringvorlesungen/Raeume/080124_Erbguth_Marine_Raeume.pdf (6.6.2017); *Erbguth*, Maritimes Infrastrukturrecht im nationalen Recht, in: Ehlers/Erbguth (Hrsg.), Infrastrukturrecht zur See, 2009, S. 47 ff.; *Erbguth*, ZUR 2011, 121 ff.

482 *Erbguth/Stollmann*, DVBl. 1995, 1270 ff. (1270). Weitere Forderungen nach einer maritimen Raumplanung stellten *von Nicolai*, ZUR 2004, 74 ff.; *Müller*, ZUR 2008, 584 ff.; *Scheidler*, ZfBR 2009, 750 ff. Zuvor bereits *Stoll*, NuR 1999, 666 ff. (674), der einen „integrierten und raumbezogenen Ansatz für erforderlich" hält.

eine Grundaussage bzgl. der Aufstellung von Offshore-Windenergieanlagen, die ohne Einschränkung auch für den Bereich der AWZ übernommen werden kann: Beide Autoren fordern eine leitbildgerechte und gesamträumliche Koordinierung, mithin eine zusammenfassende Planung.[483]

Auf politischer Ebene hat die konkrete Entwicklung hin zu einer maritimen Raumplanung etwa 15 Jahre nach Buchholz' ersten Ansätzen begonnen; Auslöser war v.a. der i.R.d. deutschen Klimapolitik geförderte Ausbau der Offshore-Windenergienutzung. Die aktuellste Entwicklung ist – aus deutscher Sicht – in den beiden 2009 erlassenen Verordnungen über die Raumordnung in der deutschen AWZ zu sehen, mit denen erstmals auf rechtlicher Ebene der Versuch unternommen wird, die beschriebene Konfliktlage im Meer mit einem umfassenden Ansatz zu lösen. Die beiden Verordnungen sind in Kraft; ob sie auch effektiv sind und eine adäquate Lösungsmöglichkeit (an)bieten, ist zu untersuchen.

Bevor jedoch detailliert auf die aktuellen Raumordnungspläne eingegangen wird (unter E.), soll deren Entstehungsgeschichte in den wesentlichen Zügen dargestellt werden. In dieser Geschichte haben verschieden Entwicklungen die Entstehung der Raumordnungspläne vorbereitend begleitet; „vorbereitend" deshalb, weil diese Entwicklungen nicht unmittelbar zum Entstehen der Raumordnungspläne geführt haben, die aber doch so eng mit ihrem Entstehen verbunden sind, dass ihnen ein erheblicher Einfluss auf die aktuelle Ausgestaltung der Raumordnungspläne zugesprochen werden muss. Ohne diese vorbereitenden Entwicklungsschritte sind die Raumordnungspläne nicht in ihrer vollständigen Tiefe und Bedeutung zu durchdringen, weshalb sie an dieser Stelle vorgestellt werden. Nachfolgend wird deshalb zunächst auf die Entwicklung der nationalen Meerespolitik eingegangen (nachfolgend unter I.). Anschließend wird der (verfassungs-)rechtliche Rahmen einer deutschen maritimen Raumplanung (unter II.) dargestellt. Nach dem Blick auf die konkreten gesetzlichen Grundlagen für ein marines und maritimes Raumplanungsrecht in der deutschen AWZ (III.) werden auch kurz die Ansätze der Länder für eine Raumplanung im deutschen Küstenmeer (IV.) vorgestellt.

I. Nationale Meerespolitik

Noch vor nicht allzu langer Zeit also waren die deutschen Meeresgebiete als Wirtschaftsraum nicht im vorrangigen Bewusstsein von Politik und Wirtschaft. Das hat sich seit den 90er Jahren des letzten Jahrhunderts ganz grundlegend geändert. Die politische Entscheidung der deutschen Bundesregierung zum Ausbau der Energiegewinnung aus erneuerbaren Energien – onshore wie offshore – Ende der 1990er Jahre lässt sich als die wohl relevanteste Entwicklungsstufe und letztlich als

483 *Erbguth/Stollmann*, DVBl. 1995, 1270 ff. (1270). Zur Planung als Verhaltenssteuerung siehe *Burgi*, JZ 1994, 654 ff.

Auslöser der Entwicklung für eine maritime Raumplanung herausstellen.[484] Diese politische Entscheidung findet ihren rechtlichen Niederschlag im Erlass des Erneuerbare-Energien-Gesetzes im Jahr 2000 (dazu 1.). Ein Jahr später greift die Ministerkonferenz für Raumordnung das Thema des forcierten Ausbaus erneuerbarer Energien auf und fordert Ende 2001 von der Bundesregierung die Erstellung eines räumlichen Planungskonzepts sowohl für das Küstenmeer als auch für die AWZ (siehe 2.). Die Bundesregierung veröffentlicht im darauffolgenden Jahr 2002 ihre Strategie zur Windenergienutzung auf See (3.). Vor dem Hintergrund der beiden politischen Papiere zur Meerespolitik auf Unionsebene – Grünbuch und Blaubuch[485] – hat die deutsche Bundesregierung im Juli 2011 den „Entwicklungsplan Meer“ samt eines Aktionsplans verabschiedet und im Januar 2017 ihre „Maritime Agenda 2025“ vorgestellt (4.).[486]

1. *Ausbau der erneuerbaren Energien Offshore*

Mit dem Gesetz über die Einspeisung von Strom aus erneuerbaren Energien in das öffentliche Netz (Stromeinspeisungsgesetz, StrEinspG)[487] wurden ab 1991 erstmals Energieversorgungsunternehmen verpflichtet, den in ihrem Versorgungsgebiet erzeugten Strom aus erneuerbaren Energien abzunehmen und mit einem Mindestbetrag zu vergüten.[488] Die Höhe der Vergütung des eingespeisten Stroms richtete sich nach einem Durchschnittserlös, der jährlich nach einer amtlichen Bundesstatistik berechnet wurde und damit von der allgemeinen Strompreisentwicklung abhängig war.[489] Das Stromeinspeisungsgesetz wurde im Jahr 2000 vom Gesetz für den Vorrang Erneuerbarer Energien (Erneuerbare-Energien-Gesetz, EEG, das mittlerweile

484 Hintergrund war die Elektrizitätsbinnenmarkt-Richtlinie (Richtlinie 96/92/EG des Europäischen Parlaments und des Rates v. 19.12.1996 betreffend gemeinsame Vorschriften für den Elektrizitätsbinnenmarkt, ABl.EG L 27, S. 20 ff.).

485 Siehe oben C.I.

486 BT-Drs. 17/6775 v. 28.7.2011. Siehe weitere Informationen unter https://www.bmvi.de/SharedDocs/DE/Artikel/WS/meerespolitik-entwicklungsplan-meer.html (6.2.2017).

487 V. 7.12.1990, BGBl. I S. 2633, zuletzt geändert durch Art. 3 Ziffer 2 des Gesetzes zur Neuordnung des Rechts der Energiewirtschaft v. 24.4.1998, BGBl. I S. 730, 734. Das Stromeinspeisungsgesetz bestand aus genau sechs Paragraphen (zum Vergleich: EEG 2000 – zwölf Paragraphen und Anhang, EEG 2008: 66 Paragraphen und fünf Anlagen, EEG 2017: 104 Paragraphen und vier Anlagen). Siehe hierzu auch *Berchern*, Das unterschätzte Gesetz, Die Zeit v. 25.9.2006, http://www.zeit.de/online/2006/39/EEG (6.2.2017).

488 § 2 i.V.m. § 3 StrEinspG a.F. *Bürger/Senger*, UPR 2000, 215 ff. (215).

489 Vgl. § 3 Abs. 3 StrEinspG a.F.; *Salje*, RdE 2000, 125 ff. (126).

weitere Gesetzesnovellierungen erfahren hat)[490] abgelöst.[491] Das Erneuerbare-Energien-Gesetz verfolgte und verfolgt noch heute das Ziel, im Interesse des Klima- und Umweltschutzes eine nachhaltige Entwicklung der Energieversorgung zu ermöglichen und den Beitrag erneuerbarer Energien an der Stromversorgung deutlich zu erhöhen.[492] An die Stelle der relativen, von der allgemeinen Strompreisentwicklung abhängigen Mindestpreisvergütung des Stromeinspeisungsgesetzes trat nun eine Mindest-*fest*preisvergütung. Die Abnahme des sämtlichen aus erneuerbaren Energien gewonnenen Stroms hatte mit Inkrafttreten des Erneuerbare-Energien-Gesetzes „vorrangig"[493] zu erfolgen.[494] Im Unterschied zum Stromeinspeisungsgesetz galt das EEG 2000 dabei ausdrücklich auch für solchen Strom, der in der AWZ gewonnen wurde.[495] Dies schaffte Investitionsanreize. Der Ausbau gerade der Offshore-Windenergietechnik wurde des Weiteren dadurch forciert, dass eine Investitions- und Planungssicherheit für Unternehmer dahingehend bestand, als die Mindesthöhe der Vergütungssätze für Strom aus Offshore-Windkraft für neun Jahre festgeschrieben wurde[496] und damit trotz der höheren spezifischen Errichtungs- und Instandhaltungskosten von Windparks in der AWZ ein wirtschaftlicher Betrieb möglich war.

---

490 Siehe den Gesetzesentwurf v. 18.12.1999, BT-Drs. 14/2341, die Beschlussempfehlung und den Bericht v. 23.2.2000, BT-Drs. 14/2776. Ursprüngliche Fassung des EEG v. 29.3.2000, BGBl. I S. 305 – dieses Gesetz ist außer Kraft getreten. Hier in Bezug genommene Fassung des EEG v. 25.10.2008, BGBl. I S. 2074, zuletzt geändert durch Gesetz v. 11.8.2010, BGBl. I S. 1170. Hierzu *Oschmann*, ET 2000, 460 ff.; *Oschmann*, NVwZ 2004, 910 ff. Das Erneuerbare-Energien-Gesetz ist mehrfach geändert worden, die aktuellste Fassung des EEG stammt v. 21.7.2014, BGBl. I S. 1066, zuletzt geändert durch Gesetz v. 22.12.2016, BGBl. I S. 3106.

491 *Oschmann*, ZNER 2000, 7 ff.; *Oschmann*, ZNER 2000, 24 ff. Zur Vereinbarkeit von Stromeinspeisungsgesetz und Erneuerbare-Energien-Gesetz mit dem europäischen Gemeinschaftsrecht siehe *Apfelstedt et al.*, ZNER 2000, 200 ff.; *Gellermann*, DVBl. 2000, 509 ff.; *Pünder*, NVwZ 1999, 1059 ff.; *Nagel*, ZNER 2000, 100 ff.

492 § 1 EEG 2000; § 1 des EEG 2017 ist etwas anders gefasst und schreibt insbesondere das Ziel fest, den Anteil des aus erneuerbaren Energien erzeugten Stroms am Bruttostromverbrauch bis zum Jahr 2025 auf mindestens 40 Prozent und danach kontinuierlich weiter zu erhöhen, um bis zum Jahr 2050 mindestens 80 Prozent erreicht zu haben. § 1 des StrEinspG regelte lediglich den Anwendungsbereich des Gesetzes, ohne ein Gesetzesziel zu nennen.

493 Siehe zur Betonung des Vorrangprinzips die Gesetzesbegründung v. 23.2.2000, BT-Drs. 14/2776, S. 22.

494 § 3 i.V.m. § 7 EEG 2000; heute §§ 8 Abs. 1 Satz 1, 11 Abs. 1 Satz 1 EEG 2017. *Salje*, RdE 2000, 125 ff. (126); *Bürger/Senger*, UPR 2000, 215 ff. (216).

495 § 2 Abs. 1 EEG 2000; heute in § 2 Abs. 2 WindSeeG geregelt.

496 § 7 Abs. 1 S. 4 EEG 2000. Nach § 19 Abs. 1 i.V.m. § 47 EEG 2017 hat der Betreiber von Offshore-Windenergieanlagen heute einen Anspruch auf Marktprämie oder Einspeisevergütung.

Wie beabsichtigt führten die Regelungen des Stromeinspeisungsgesetzes zu einem deutlichen Anstieg im Windenergieanlagenbau:[497] Für Onshore-Anlagen existieren Schätzungen, die einen Anstieg von weniger als 1.000 Anlagen im Jahr 1990/1991 auf über 10.000 Anlagen im Jahr 1999 berichten.[498] Der erste Antrag für die Errichtung eines Offshore-Windenergieparks wurde am 8. September 1999 beim Bundesamt für Seeschifffahrt und Hydrographie (BSH) gestellt und am 9. November 2001 genehmigt.[499] Zahlreiche weitere Projekte folgten in den Jahren 2002 und 2004.[500] Erst im November 2009 jedoch, also acht Jahre nach der ersten Genehmigung, wurde mit „alpha ventus" der erste deutsche Offshore-Windpark in der deutschen AWZ tatsächlich errichtet und im April 2010 offiziell in Betrieb genommen.[501] Mit Stand April 2016 sind in der deutschen AWZ der Nord- und Ostsee zwölf Windparks mit insgesamt 738 Einzelanlagen gebaut und ans Netz angeschlossen.[502]

2. Ministerkonferenz für Raumordnung

Die 30. Ministerkonferenz für Raumordnung (MKRO) beschäftigte sich 2001 mit dem Thema „Raumordnung im deutschen und angrenzenden Küstenmeer".[503] In seinem Bericht stellte der Hauptausschuss der Ministerkonferenz fest, dass – insbesondere auch durch den durch das Erneuerbare-Energien-Gesetz forcierten

---

497 So auch *Karstens*, ZUR 1999, 188 ff. (195), der feststellt, dass „das Stromeinspeisungsgesetz ein hocheffektives Instrument zur Förderung der Windkraft ist" und dies auch in Vergleich mit den Fördermodellen anderer Länder (England, Niederlande) setzt.

498 Diese Zahlen betreffen Onshore-Anlagen. Quelle: *Berchern*, Das unterschätzte Gesetz, Die Zeit v. 25.9.2006, http://www.zeit.de/online/2006/39/EEG (6.2.2017) bzw. *Bürger/Senger*, UPR 2000, 215 ff. (216). Mögliche weitere Privilegierungen können sich aus dem Infrastrukturplanungs-Beschleunigungsgesetz ergeben, vgl. hierzu *Salje/Hädrich*, NordÖR 2007, 183 ff.

499 Siehe den Genehmigungsbescheid für die Prokon Nord (ehemaliger Betreiber) für den Windpark alpha ventus (ehemalige Bezeichnung: Borkum West) unter http://www.bsh.de/de/Meeresnutzung/Wirtschaft/Windparks/Windparks/Genehmigungsbescheide/Nordsee/alpha_ventus/Genehmigungsbescheid_Borkum_West.pdf (25.1.2017). Dazu *Zeiler et al.*, promet 2005, 71 ff. (75).

500 Die vollständige Aufstellung der genehmigten Windparkprojekte in der Nord- und Ostsee auf der Internetseite des BSH unter http://www.bsh.de/de/Meeresnutzung/Wirtschaft/Windparks/Windparks/PNS.jsp (25.1.2017).

501 „Erster deutscher Hochsee-Windpark geht ans Netz", v. 27.4.2010, http://www.faz.net/aktuell/wirtschaft/unternehmen/alpha-ventus-erster-deutscher-hochsee-windpark-geht-ans-netz-1971349.html (6.2.2017).

502 Sechs Windparks befinden sich noch im Bau, 16 weitere Windparks sind genehmigt, 89 weitere sind beantragt; siehe https://www.bfn.de/23092.html (25.1.2017).

503 Siehe den Bericht des Hauptausschusses der MKRO v. 3.12.2001; hierzu auch *von Nicolai*, IzR 2004, 491 ff.

Ausbau der Offshore-Windenergie – die Nutzungskonflikte auf dem Meer derartig vielfältig geworden seien, dass es einer raumordnerischen Koordination bedürfe; nach Ansicht der Mitglieder der MKRO gelte das dabei nicht nur für die 12-Seemeilen-Zone, sondern darüber hinausgehend auch für die deutsche AWZ. Anderweitige raumordnerische Steuerungsmöglichkeiten waren nicht vorhanden oder nicht zielführend. Die bestehenden Vorschriften der Seeanlagenverordnung, des Bundesberggesetzes oder des Erneuerbare-Energien-Gesetzes steuerten zu diesem Zeitpunkt zwar – jedenfalls ansatzweise – allesamt bestimmte Nutzungsformen, sie nahmen jedoch nicht *alle* relevanten Nutzungsinteressen und Schutzansprüche auf einmal in den Blick.[504] Diese umfassende und vorausschauende Koordinierungsaufgabe komme allein dem Instrument der Raumordnung nach dem Raumordnungsgesetz zu. Rechtlich problematisch war dabei jedoch, dass nach § 1 ROG 1998 die Aufgabe der Raumordnung im „Gesamtraum der Bundesrepublik Deutschland und seine(r) Teilräume“ wahrzunehmen war.[505] Gesamtraum in diesem Sinne meinte aber das Staatsgebiet Deutschlands, wozu zwar das Küstenmeer, nach Art. 55 SRÜ jedoch nicht die AWZ gehört.[506] Als Folge konnte das Raumordnungsgesetz in seiner damaligen Form im Bereich der AWZ nicht angewendet werden.[507] Der Bund wurde deshalb im Beschluss der Ministerkonferenz ausdrücklich gebeten, in Abstimmung mit den Ländern und den Nachbarstaaten eine Raumentwicklungsstrategie für die AWZ zu erarbeiten.[508] Zudem sollte er prüfen, ob hierzu eine Ausdehnung des Geltungsbereichs des Raumordnungsgesetzes auf die AWZ „zur Absicherung einer solchen Strategie“ zweckmäßig wäre.[509]

---

504 *Maier*, Die Ausdehnung des Raumordnungsgesetzes auf die AWZ, 2008, S. 51 ff.

505 Gesetz zur Änderung des Baugesetzbuchs und zur Neuregelung des Rechts der Raumordnung (Bau- und Raumordnungsgesetz 1998 – BauROG) v. 18.8.1997, BGBl. I S. 2081, 2102.

506 *Erbguth*, Wahrung möglicher Belange der Bundesraumordnung in der AWZ der Bundesrepublik Deutschland, Rechtsgutachten, 2002, S. 42 f.; *Erbguth*, Auszug aus dem Rechtsgutachten, in: Bundesministerium für Verkehr (Hrsg.), Raumordnung auf dem Meer?, 2002, S. 43 ff. (44); *Erbguth/Mahlburg*, DÖV 2003, 665 ff. (667 mit Fn. 27); *Kahle*, ZUR 2004, 80 ff. (82); *Jarass/Pieroth*, GG, Kommentar, 14. Auflage 2016, Präambel Rn. 10 f.

507 Inwieweit sich aus dem Seerechtsübereinkommen durch die Zuweisung funktional beschränkter souveräner und Hoheitsrechte an die Küstenstaaten überhaupt eine Befugnis ergibt, in der AWZ planerisch tätig zu werden, wird unter D.II. behandelt.

508 *von Nicolai*, IzR 2004, 491 ff. (492); siehe hierzu auch *Bundesministerium für Verkehr*, Raumordnung auf dem Meer?, 2002.

509 *von Nicolai*, IzR 2004, 491 ff. (492); zum Bedarf einer Erstreckungsklausel im Raumordnungsgesetz schon *Erbguth/Mahlburg*, DÖV 2003, 665 ff. (668); *Erbguth*, Rechtsfragen der Planung und Genehmigung von Offshore-Windenergieanlagen, in: Koch/Lagoni (Hrsg.), Meeresumweltschutz für Nord- und Ostsee, 1996, S. 281 ff. (285 ff., 292); *Jenisch*, NuR 1997, 373 ff. (376).

3. *Strategie der Bundesregierung zur Windenergienutzung auf See*

Vor dem Hintergrund der Agenda 21, dem entwicklungs- und umweltpolitischen Aktionsprogramm, das auf der UN-Konferenz für Umwelt und Entwicklung in Rio de Janeiro im Jahr 1992 beschlossen worden war,[510] hat die Bundesregierung im April 2002 die „Nationale Strategie für eine nachhaltige Entwicklung" (Nachhaltigkeitsstrategie)[511] verabschiedet. Ein Pilotprojekt der Nachhaltigkeitsstrategie beschäftigte sich mit den erneuerbaren Energien und der Nutzung der Offshore-Potenziale durch Offshore-Windparks in der Nord- und Ostsee.[512] In diesem Rahmen wurde von der Bundesregierung unter Beteiligung verschiedener Ressorts[513] ebenfalls im Jahr 2002 eine „Strategie zur Windenergienutzung auf See" ausgearbeitet.[514]

Mit der Strategie zur Windenergienutzung auf See wurde das Ziel verfolgt, die „erheblichen Potenziale von Offshore-Windparks"[515] möglichst schnell zu erschließen und damit den Anteil erneuerbarer Energien am Primärenergieverbrauch als auch am Stromverbrauch bis 2010 ggü. 2000 etwa zu verdoppeln.[516] Die Bundesregierung rechnete damit, „unter den gegenwärtigen Bedingungen [...] auf den aus heutiger Sicht voraussichtlich verfügbaren Flächen in der Startphase [...] bis 2006 insgesamt mindestens 500 Megawatt und mittelfristig, bis 2010, 2.000 bis 3.000

---

510 *Konferenz der Vereinten Nationen für Umwelt und Entwicklung*, Agenda 21, Juni 1992, siehe: http://www.un.org/Depts/german/conf/agenda21/agenda_21.pdf (6.6.2017).

511 Nachhaltige Strategie für eine nachhaltige Entwicklung, BT-Drs. 14/8953 v. 25.4.2002; in der Neuauflage: *Bundesregierung*, 2016, siehe: https://www.bundesregierung.de/Content/DE/Infodienst/2017/01/2017-01-11-Nachhaltigkeitsstrategie/2017-01-10-Nachhaltigkeitsstrategie_2016.html (8.8.2017).

512 „Energie effizient nutzen – Klima wirksam schützen", BT-Drs. 14/8953 v. 25.4.2002, S. 69 ff.

513 BMU, Bundesministerium für Wirtschaft und Technologie (BMWi), Bundesministerium für Verkehr, Bau und Wohnungswesen (BMVBW), Bundesministerium für Verbraucherschutz, Ernährung und Landwirtschaft (BMVEL) und das Bundesministerium der Verteidigung (BMVg). Beteiligt war darüber hinaus die Deutsche Energie-Agentur (dena).

514 *Bundesregierung*, Strategie zur Windenergienutzung auf See, 2002. Siehe auch *Sachverständigenrat für Umweltfragen*, Windenergienutzung auf See, 2003; *Umweltbundesamt*, Entwicklung einer Umweltstrategie für die Windenergienutzung an Land und auf See, 2007, siehe: https://www.umweltbundesamt.de/sites/default/files/medien/publikation/long/3241.pdf (8.6.2017). Dazu auch *Koch/Wiesenthal*, ZUR 2003, 350 ff. (350); *Dannecker/Kerth*, DVBl. 2009, 748 ff. (748).

515 *Bundesregierung*, Strategie zur Windenergienutzung auf See, 2002, S. 7.

516 BT-Drs. 14/8953 v. 25.4.2002, S. 70. Das zwischenzeitliche Ziel, bis zum Jahr 2020 den Anteil erneuerbarer Energien an der Stromversorgung auf mindestens 30 Prozent zu erhöhen, vgl. *Bundesregierung*, Eckpunkte für ein IEKP, 2007, siehe: http://www.bmu.de/files/pdfs/allgemein/application/pdf/klimapaket_aug2007.pdf (6.6.2017), S. 11, wurde mit dem EEG 2017 nochmals erhöht, nun sollen 40 bis 45 Prozent bis zum Jahr 2025 erreicht werden, siehe § 1 Abs. 2 Satz 1 Nr. 1 EEG 2017.

Megawatt Leistung zur Windenergienutzung auf See" zu erreichen.[517] Langfristig, d.h. bis 2025 bzw. 2030, seien „bei Erreichen der Wirtschaftlichkeit etwa 20.000 bis 25.000 Megawatt installierter Leistung möglich (Küstenmeer und AWZ)".[518] Diese ehrgeizigen Ziele sollten durch die Ausweisung besonderer Eignungsgebiete für Offshore-Windparks vorangetrieben werden, die potentiellen Investoren Rechts- und Planungssicherheit verschaffte. Die Festlegung der Eignungsgebiete führte für Antragsteller nämlich zu einer Verfahrenserleichterung im Genehmigungsverfahren dahingehend, dass im Vorhinein die Standortfrage für Windparkprojekte geklärt war und gegen den bestimmten Standort einer geplanten Windenergieanlage innerhalb des besonderen Eignungsgebietes keine Bedenken aus Sicht der Meeresumwelt, der Sicherheit des Schiffsverkehrs oder anderer Nutzungsansprüche bestanden.[519] Mit dem Argument der Rechtssicherheit und dem Bedarf nach einer zügigen Entwicklung erklärte sich der Bund selbst als für die Festlegung der besonderen Eignungsgebiete für Windenergieanlagen in der AWZ für zuständig.[520]

4. Entwicklungsplan Meer und Maritime Agenda 2025

Der 2011 durch die Bundesregierung verabschiedete „Entwicklungsplan Meer – Strategie für eine Integrierte deutsche Meerespolitik"[521] verfolgt die Bündelung aller meerespolitischen Interessen Deutschlands, die Ökonomie, Ökologie und soziale

---

517 BT-Drs. 14/8953 v. 25.4.2002, S. 70.

518 Tatsächlich waren mit den zwölf Anlagen von „alpha ventus" à fünf Megawatt im Jahr 2010 gerade einmal 60 Megawatt in der AWZ tatsächlich installiert. Zahlen von Anfang 2015 zeigen allerdings eine deutliche Entwicklung: Die offshore in Betrieb genommenen Windenergieanlagen haben die Ein-Gigawatt-Schwelle überschritten. Im Bau befinden sich Windenergieanlagen, die weitere 2.300 Megawatt an Leistung erbringen sollen, siehe zwei Quellen: *Wetzel*, Offshore-Windkraft knackt Gigawatt-Schwelle, Die Welt v. 15.1.2015, http://www.welt.de/wirtschaft/energie/article136412534/Offshore-Windkraft-knackt-Gigawatt-Schwelle.html (6.2.2017). Zu den Entwicklungen in Europa siehe *Long*, Int'l J Mar & Coast L (29) 2014, 690 ff. (692 ff.).

519 ... und das Windenergieprojekt grundsätzlichen Vorrang hat. *Bundesregierung*, Strategie zur Windenergienutzung auf See, 2002, S. 11 f.

520 „Die Schaffung einer Verwaltungszuständigkeit des Bundes ist im Interesse eines zügigen Ausbaus der Offshore-Windenergienutzung notwendig. Wäre es demgegenüber zur Zuständigkeit der 16 Länder gekommen, wäre die Ausweisung derartiger Flächen mit einem erheblichen Koordinierungs- und Zeitaufwand verbunden gewesen. Dies hätte sowohl die Ausweisung von Schutzgebieten als auch die Festlegung der für die Windenergienutzung besonders geeigneten Gebiete verzögert und in einem Maße erschwert, dass der von der Bundesregierung verfolgte zügige Ausbau der Offshore-Windenergienutzung entscheidend gefährdet worden wäre", siehe *Bundesregierung*, Strategie zur Windenergienutzung auf See, 2002, S. 10 f.

521 BT-Drs. 17/6775 v. 28.7.2011 oder unter https://www.bmvi.de/SharedDocs/DE/Artikel/WS/meerespolitik-entwicklungsplan-meer.html (8.5.2017). Siehe auch *Umweltbundesamt*, Perspektiven der europäischen Meerespolitik, 2008.

Belange in Einklang bringt. Die Bundesregierung erhebt den Anspruch, mit dem Entwicklungsplan erstmals in der deutschen Geschichte ein „umfassendes Kompendium zum Thema Meer" vorgelegt zu haben.[522] Angestrebt wird ein besseres Verständnis der Zusammenhänge, Interdependenzen, Schnittstellen und Konflikte von sektoralen Politiken, um die divergierenden Schutzanforderungen und Nutzungsinteressen frühzeitig zu integrieren. Die benutzten Schlagworte sind Integration, Interaktion und Innovation. In diesem Zusammenhang wird die maritime Raumplanung als wichtiges pro-aktives Instrument zur Vermeidung und Verminderung von Ziel- und Nutzungskonflikten dargestellt.[523]

Im Januar 2017 stellte die Bundesregierung die „Maritime Agenda – Für die Zukunft des maritimen Wirtschaftsstandorts Deutschland"[524] vor. Mit einer umfassenden Bestandsaufnahme und einem kohärenten Programm soll die Wettbewerbsfähigkeit der maritimen Wirtschaft gestärkt werden, dabei sollen die Ziele des wirtschaftlichen Wachstums, hoher Beschäftigungspotenziale und anspruchsvoller Umwelt- und Naturschutzanforderungen gleichberechtigt berücksichtigt werden.[525]

5. *Rechtliche Folgeentscheidungen*

Um die politische Entscheidung, zur Erhöhung des Anteils erneuerbarer Energien an der Stromversorgung insbesondere den Ausbau der Offshore-Windenergie zu fördern, effektiv umzusetzen, mussten für potentielle Investoren günstige Bedingungen geschaffen werden.

Günstige Bedingung bedeutete in diesem Fall, dass zum einen *finanzielle Anreize* geschaffen wurden, die in einer erhöhten Anfangsvergütung für Offshore-Windenergieanlagen bestanden.[526] Voraussetzung für den Erhalt der erhöhten Anfangsvergütung war (und ist), dass die Windenergieanlagen bis zum 1. Januar 2018 in Betrieb genommen werden und sie nicht in einem nach (§ 57 i.V.m.) § 32 Abs. 2 BNatSchG erklärten Schutzgebiet oder in einem benannten FFH- oder Vogelschutzgebiet stehen.[527]

Über die finanziellen Anreize hinaus schaffte die Bundesregierung aber auch dadurch günstige Bedingungen für Investoren, dass sie verschiedene weitere rechtliche Änderungen vornahm: Neben der Änderung des Erneuerbare-Energien-Gesetzes erfolgten Änderungen der Seeanlagenverordnung (SeeAnlV) und des

---

522 BT-Drs. 17/6775 v. 28.7.2011, S. 3.

523 BT-Drs. 17/6775 v. 28.7.2011, S. 7, 21.

524 BT-Drs. 18/10911 v. 18.1.2017 oder *Bundesministerium für Wirtschaft und Energie*, Maritime Agenda 2025, 2017.

525 BT-Drs. 18/10911 v. 18.1.2017, S. 3.

526 § 31 EEG 2008 bzw. §§ 30 und 50 EEG 2014. Jetzt in § 47 Abs. 2 und 3 EEG 2017 geregelt.

527 § 31 Abs. 5 EEG 2008 bzw. § 50 Abs. 5 EEG 2014; jetzt: § 5 Abs. 3 Satz 2 Nr. 5a WindSeeG.

Raumordnungsgesetzes (ROG):[528] Nach der Seeanlagenverordnung[529] konnten in der AWZ besondere Eignungsgebiete festgelegt werden, die im Genehmigungsverfahren für die *Standortentscheidung* die Wirkung eines Sachverständigengutachtens hatten. Das sparte den Investoren aufwändige und teure Gutachten und Erforschungen für eine mögliche Standortwahl und -suche. Der Bund hatte dabei erkannt, dass durch die Ausweisung von Schutzgebieten nach der FFH- und Vogelschutzrichtlinie gem. dem Bundesnaturschutzgesetz[530] und der Festlegung von Eignungsgebieten für die Windenergienutzung in der AWZ nach der Seeanlagenverordnung eine Steuerungsmöglichkeit bestand, die eine strukturierte bauliche Entwicklung von Windparks in der AWZ ermöglichte und zudem Nutzungskonflikte durch vorherige Ressortabstimmungen lösen konnte.[531]

Die politische Entscheidung zur Förderung der erneuerbaren Energien im Offshore-Bereich führte auch zu einer ersten ernsthafteren Befassung des Bundes mit der Konkurrenzsituation von Nutzungsansprüchen und Schutzinteressen in der AWZ – diese Befassung beschränkte sich vorerst allerdings noch hauptsächlich auf die beiden Bereiche Windenergie und Naturschutz. Die Empfehlung des Rates von Sachverständigen für Umweltfragen, eine „Raumplanungsordnung" in der AWZ zu erlassen,[532] wird erst in den folgenden Jahren aufgegriffen werden.[533] Das rechtliche

---

528 Ebenso erfolgte eine Änderung des Bundesnaturschutzgesetzes (BNatSchG), wonach dessen Vorschriften nun grundsätzlich auch für den Bereich der deutschen AWZ und den Festlandsockel galten.

529 § 3a SeeAnlV a.F.

530 § 38 BNatSchG a.F.; §§ 31 ff. BNatSchG.

531 *Bundesregierung*, Strategie zur Windenergienutzung auf See, 2002, S. 11. Kritik zur planerischen Wirkung von § 3a SeeAnlV a.F. und § 38 BNatSchG a.F. bei *Erbguth*, DV 2009, 179 ff. (195).

532 *Sachverständigenrat für Umweltfragen*, Windenergienutzung auf See, 2003, S. 15 ff.; später auch *Sachverständigenrat für Umweltfragen*, Meeresumweltschutz für Nord- und Ostsee, 2004, Tz. 527.

533 Die Forderungen aus Politik und Wissenschaft, eine maritime Raumplanung in der deutschen AWZ zu entwickeln, wurden mit dem fortschreitenden Ausbau der Anträge und Genehmigungen für Offshore-Windparks in der Folgezeit immer nachdrücklicher. Insbesondere die unabhängigen wissenschaftlichen Beratergremien der Bundesregierung – der Sachverständigenrat für Umweltfragen (SRU) und der Wissenschaftliche Beirat Globale Umweltveränderungen (WBGU) – forderten explizit eine marine Raumplanung bzw. räumliche Zonierungen für die verschiedenen Nutzungsarten auf und im Meer. Siehe *Wissenschaftlicher Beirat der Bundesregierung Globale Umweltveränderungen*, Die Zukunft der Meere, 2006, S. 22 ff., 25, 30 ff.; *Sachverständigenrat für Umweltfragen*, Meeresumweltschutz für Nord- und Ostsee, 2004, Tz. 527. Siehe hierzu auch *Koch*, NordÖR 2004, 221 ff.; *Ott/Bartolomäus*, Konflikte beim Ausbau der Offshore-Windenergie in der AWZ, Stellungnahme des SRU, in: Ehlers/Erbguth (Hrsg.), Nutzungs- und Schutzkonflikte in der AWZ, 2005, S. 47 ff. Auch im Umweltgutachten des SRU aus dem Jahr 2012 widmet dieser erneut dem sektorübergreifenden Meeresschutz ein ganzes

Problem, dass das Raumordnungsgesetz zum damaligen Zeitpunkt in der deutschen AWZ keine Geltung beanspruchen konnte, hatte neben dem Schrifttum[534] ja bereits die MKRO erkannt. Nun musste über den Erlass einer normativen Erstreckungsklausel nachgedacht werden, die den Geltungsbereich des Raumordnungsgesetzes auf die AWZ erweiterte.[535] Ein solches Gesamtkonzept zur Steuerung und Koordinierung der rasant wachsenden Inanspruchnahme der AWZ und der damit vorhersehbaren Konfliktlagen war mittlerweile auch dringend erforderlich geworden.

II. (Verfassungs-)Rechtlicher Rahmen für eine maritime Raumplanung in der deutschen AWZ

Heute bestimmt sich der bundesrechtliche Rahmen für eine maritime Raumplanung in der deutschen AWZ klar nach einer Vorschrift des Raumordnungsgesetzes in seiner aktuellen Fassung von 2009, § 17 Abs. 3 ROG.[536] Danach ist für die Erstellung des Raumordnungsplans in der deutschen AWZ eine Behörde des Bundes zuständig, nämlich das Bundesministerium für Verkehr und digitale Infrastruktur (BMVI). Diese Bundeskompetenz war allerdings nicht immer so unbestritten, wie es dem Leser der Vorschrift nun erscheinen mag (dazu gleich unter 3.). Rechtsgrundlage der aktuellen Raumordnungsplan-Verordnungen war noch die Vorgängervorschrift des jetzigen § 17 Abs. 3 ROG: § 18a ROG 2004, der erst im Zuge der Novellierung des Raumordnungsgesetzes 2004 durch das Europarechtsanpassungsgesetz Bau eingeführt wurde (näher zum EAG Bau unter 2d. und 3a., zum Gesetz zur Neufassung des Raumordnungsgesetzes 2009 unter 5.).

Abgesehen von einer fehlenden Ermächtigungsnorm zur maritimen Raumplanung vor 2004 stand dem Erlass eines Raumordnungsplanes in der deutschen AWZ damals ein weiteres gesetzliches Hindernis entgegen: Der räumliche Geltungsbereich des Raumordnungsgesetzes war auf den „Gesamtraum der Bundesrepublik Deutschland und seine Teilräume" begrenzt, § 1 ROG 1998.[537] Der Gesamtraum und die Teilräume der Bundesrepublik umfassten das Staatsgebiet Deutschlands jedoch unter der Berücksichtigung der Vorgaben des Seerechtsübereinkommens. Damit gehörte zum Gesamtraum und den Teilräumen der Bundesrepublik zwar das

Kapitel und beschreibt die maritime Raumordnung als wichtiges Instrument zur Abstimmung konkurrierender Ansprüche; siehe *Sachverständigenrat für Umweltfragen*, Verantwortung in einer begrenzten Welt, 2012, Tz. 507 ff., 520.

534 Insbesondere *Detlef Czybulka*, *Wilfried Erbguth* und *Rainer Lagoni*.

535 So die wohl h.M., siehe z.B. *Erbguth*, *Lagoni* und *Ehlers*. Zum Teil wurde ebenfalls eine Geltung des nationalen Rechts ipso iure vertreten, so insbesondere *Czybulka*, dazu unter D.II.2.

536 Raumordnungsgesetz v. 22.12.2008, BGBl. I S. 2986, zuletzt geändert durch Art. 5 Satz 2 des Gesetzes v. 23.5.2017, BGBl. I S. 1245. Eine Änderung des Raumordnungsgesetzes ist geplant, siehe D.II.5.

537 V. 18.8.1997, BGBl. I S. 2081, 2102.

Küstenmeer, wegen Art. 55 SRÜ, der für die AWZ eine „besondere Rechtsordnung" festlegt,[538] aber nicht die AWZ.[539]

Obwohl damit eine maritime Raumplanung in der deutschen AWZ von nationaler Seite aus rechtlich weder vorgesehen noch möglich war, sahen Gesetzgeber und Politik das Raumordnungsgesetz von Beginn an als die geeignete Rechtsmaterie an, um die beschriebenen Konflikte auf dem Meer zu lösen und gleichzeitig die der Bundesrepublik durch das Seerechtsübereinkommen gewährten souveränen Rechte und Hoheitsrechte in der AWZ koordiniert auszuüben.[540] Die Einführung einer entsprechenden Rechtsgrundlage für eine maritime Raumplanung in der deutschen AWZ warf jedoch zahlreiche rechtliche Fragen auf. Insbesondere in der Literatur wurden diese rechtlichen Probleme[541] sehr divergierend miteinander verknüpft und beantwortet. Dogmatisch sauber ausdifferenziert handelt es sich im Wesentlichen um vier Fragen:

1) Bereits oben beantwortet wurde die Frage, ob dem Küstenstaat aus dem völkerrechtlichen Seerechtsübereinkommen grundsätzlich eine Befugnis zur Raumplanung in der AWZ gegeben ist.[542] Obwohl das Seerechtsübereinkommen dazu keine ausdrückliche Aussage enthält, ist der Küstenstaat im Ergebnis jedenfalls zu einer „Selektivraumordnung" über die ihm nach dem Übereinkommen gewährten souveränen Rechte und Hoheitsbefugnisse berechtigt.[543]
2) Von dieser rein völkerrechtlichen Frage ist eine zweite Frage, nämlich die nach dem Verhältnis von Völkerrecht und nationalem Recht, zu trennen: So ist bzw. war zunächst das Verhältnis des Seerechtsübereinkommens zu den nationalen Regelungen zu klären; es geht also um die Frage, ob nationales Recht – und an vorrangiger Stelle die Verfassung – in der AWZ überhaupt Geltung beanspruchen kann (dazu unter 1.).[544]

---

538 „Die ausschließliche Wirtschaftszone ist ein jenseits des Küstenmeeres gelegenes und an dieses angrenzendes Gebiet, das der in diesem Teil festgelegten besonderen Rechtsordnung unterliegt, nach der die Rechte und Hoheitsbefugnisse des Küstenstaats und die Rechte und Freiheiten anderer Staaten durch die diesbezüglichen Bestimmungen dieses Übereinkommens geregelt werden." Siehe dazu oben B.II.

539 Siehe *Kahle*, ZUR 2004, 80 ff. (82).

540 *Erbguth*, Wahrung möglicher Belange der Bundesraumordnung in der AWZ der Bundesrepublik Deutschland, Rechtsgutachten, 2002, S. 29 ff.; *Kment*, DV 2007, 53 ff. (55).

541 Die Probleme waren zum Teil auch in naturschutzrechtliche Fragestellungen eingebettet.

542 Siehe B.II.4.

543 In einem weiteren Schritt war die Frage zu klären, wie Völkerrecht innerstaatliche Wirksamkeit entfaltet. Siehe dazu und zum AusfGSRÜ oben unter B.I. und B.II.

544 Oftmals wird mit dieser Frage zugleich das Problem der Geltung der verfassungsrechtlichen Kompetenzen in der AWZ aufgeworfen.

3) Mit dem daraus gewonnenen Ergebnis ist dann zu prüfen, ob bzw. wie unterverfassungsrechtliches Recht – insbesondere das Raumordnungsgesetz – in der deutschen AWZ Anwendung finden kann (siehe 2.).
4) Soweit die Geltung nationalen (Verfassungs-)Rechts in der AWZ bejaht wird, ist in einem nächsten Schritt zu untersuchen, wem – dem Bund oder den Ländern – die Gesetzgebungskompetenz für eine maritime Raumplanung in der deutschen AWZ zustehen kann (3.). Die gleiche Frage stellt sich im Hinblick auf die Verwaltungskompetenzen in der AWZ (siehe dazu unter 4.).

Zwar haben sich die Streitigkeiten um diese Fragen mit Aufhebung der Rahmenkompetenz i.R.d. Föderalismusreform 2006 weitgehend erledigt. Ihre Darstellung an dieser Stelle ist jedoch berechtigt, da die heutige Gesetzeslage gerade aufgrund der historischen Entwicklung verständlich ist. Da die Meinungsstreite jedoch bereits an anderer Stelle ausführlich behandelt worden sind, sollen sie hier nur in der gebotenen Kürze dargestellt werden.[545]

1. Verhältnis Völkerrecht und nationales Recht: Geltung der Verfassung in der deutschen AWZ

Nach Art. 56 SRÜ darf der Küstenstaat in der AWZ bestimmte souveräne Rechte und Hoheitsrechte ausüben. Umstritten war, ob zur Ausübung dieser Rechte durch die Bundesrepublik Deutschland auf die Verfassung als Ausdruck der Ausübung von Staatsgewalt zurückgegriffen werden durfte. Die Ansicht, dass die Ausdehnung der nationalen Rechtsordnung auf die AWZ zulässig, ja sogar Voraussetzung des Völkerrechts sei,[546] wurde dabei nicht ausnahmslos geteilt.

Soweit ersichtlich, ist die Frage nach der Geltung nationalen Rechts in der AWZ erst seit 1999/2000 explizit aufgeworfen und systematisiert worden.[547] Schon früher wurde sie diskutiert, allerdings nur im Zusammenhang mit der Geltung nationalen Rechts auf dem Festlandsockel; einige dieser Gedanken sind zumindest teilweise

545 Siehe insbesondere *Risch*, Windenergieanlagen in der AWZ, 2006, S. 69 ff., sich hieran orientierend *Forkel*, Maritime Raumordnung in der AWZ, 2012, S. 139 ff.

546 *Risch*, Windenergieanlagen in der AWZ, 2006, S. 62/63.

547 *Czybulka*, NuR 1999, 562 ff., oder *Czybulka*, Mariner Naturschutz im Küstenmeer und in der AWZ, in: Czybulka (Hrsg.), Naturschutz und Rechtsregime im Küsten- und Offshore-Bereich, 2003, S. 151 ff. Siehe bspw. zuvor noch unerwähnt bei *Erbguth/Stollmann*, DVBl. 1995, 1270 ff., die „Offshore" nur auf den Bereich Küstenmeer und Küstengewässer beziehen, oder bei *Zimmermann*, DÖV 2003, 133 ff. (134), der davon ausgeht, dass sich in der AWZ „in aller Regel keine Probleme ergeben" dürften, da „die fraglichen Offshore-Windenergieanlagen schon aus Kostengründen eher in flachen Gewässern gebaut werden" dürften.

auf die AWZ übertragbar.[548] Als Hauptkonfliktlinien lassen sich drei Ansichten identifizieren:[549]

1) Die Vertreter, die mit dem Argument der territorialen Souveränität und Gebietshoheit eine Geltung der Verfassung in der deutschen AWZ bejahen (gleich unter a.).
2) Die Vertreter, die eine Geltung der Verfassung in der deutschen AWZ grundsätzlich ablehnen (b.).
3) Die Vertreter, die eine Geltung der Verfassung in der deutschen AWZ bejahen und sich dazu auf das Rechtsstaatsprinzip beziehen (c.).

a. Territoriale Souveränität und Gebietshoheit

Die Vertreter der ersten Ansicht[550] ziehen einen innerstaatlichen Vergleich: Grundlage der Geltung der Verfassung innerhalb der Bundesrepublik Deutschland sei die territoriale Souveränität, die sich u.a. in der Ausübung der Gebietshoheit ausdrückt.[551] Territoriale Souveränität bedeutet zunächst nur die Zuordnung eines Gebiets zu einem Staat samt der Befugnis, über dieses Gebiet zu verfügen.[552] Die Gebietshoheit umfasst die Befugnis eines Staates bzw. des Inhabers der Gebietshoheit, für ein räumlich abgegrenztes Gebiet hoheitliche Regelungen zu erlassen und durchzusetzen.[553] Eine staatliche Gebietshoheit besteht damit als Ausfluss aus der territorialen Souveränität immer dort, wo die letztere gegeben ist. Umgekehrt

---

548 Instruktiv *Schröer*, RIW/AWD 1978, 507 ff., mit Verweis auf die Ansichten von *Seidl-Hohenveldern*, *Menzel*, *Kölble* und *Frowein* sowie m.w.N.

549 Schöner Überblick bei *Risch*, Windenergieanlagen in der AWZ, 2006, S. 61 ff.; *Pestke*, Offshore-Windfarmen in der AWZ, 2008, S. 105 ff., und *Forkel*, Maritime Raumordnung in der AWZ, 2012, S. 130 ff. Sehr informativ und mit ganz ähnlichen Gedanken schon zur Ausweitung des Küstenmeeres von drei auf zwölf Seemeilen *Kokott/Gündling*, ZaöRV 1985, 675 ff.

550 *Janssen*, Die rechtlichen Möglichkeiten der Einrichtung von Meeresschutzgebieten in der Ostsee, 2002, S. 168 ff.; *Erbguth*, Wahrung möglicher Belange der Bundesraumordnung in der AWZ der Bundesrepublik Deutschland, Rechtsgutachten, 2002, S. 40 ff.; *Erbguth/Mahlburg*, DÖV 2003, 665 ff. (666 ff.). Anders aber *Erbguth*, NuR 2004, 91 ff. (93), wo *Erbguth* die Gebietshoheit verneint; ebenso in *Erbguth*, NuR 1999, 491 ff. (495), wo er mit der Begründung, dass die AWZ kein deutsches Hoheitsgebiet sei, ein gesamtplanerisches Handeln in der deutschen AWZ ausschließt.

551 Siehe dazu *Risch*, Windenergieanlagen in der AWZ, 2006, S. 62. Unklar *Czybulka*, NuR 2001, 367 ff. (369).

552 *Erbguth/Mahlburg*, DÖV 2003, 665 ff. (666). *Proelß* vergleicht die territoriale Souveränität mit einem dem Eigentum vergleichbaren Vollrecht zur Ausübung umfassender Rechte in Bezug auf diesen Raum, siehe *Proelß*, Raum und Umwelt, in: Graf Vitzthum/Proelß (Hrsg.), Völkerrecht, 7. Auflage 2016, S. 361 ff. (Rn. 2).

553 *Proelß*, Raum und Umwelt, in: Graf Vitzthum/Proelß (Hrsg.), Völkerrecht, 7. Auflage 2016, S. 361 ff. (Rn. 3).

davon sind Konstellationen denkbar, in denen eine Gebietshoheit auch ohne territoriale Souveränität vorliegt.[554]

Vor diesem Hintergrund verweisen die Vertreter der Ansicht auf Art. 56 SRÜ, wonach dem Küstenstaat souveräne Rechte und Hoheitsbefugnisse in der AWZ zustehen. Aus dieser Zuweisung von Rechten konstruieren sie eine (jedenfalls) „beschränkte funktionale Gebietshoheit", die sie mit der innerstaatlichen Situation vergleichen: Sie folgern daraus, dass mit dieser – wenn auch beschränkten – Gebietshoheit auch die Verfassung und sonstiges materielles Recht Geltung in der AWZ beanspruchen können.[555]

Dem ist jedoch die Regelung des Art. 55 SRÜ entgegenzusetzen. Zunächst definiert sich die AWZ gerade nicht als Teil des Staatsgebiets, sondern ist ein Gebiet, das jenseits des Staats liegt. Kein Küstenstaat kann damit territoriale Souveränität über das Gebiet der AWZ beanspruchen; die AWZ ist ein Nichtstaatsgebiet.[556]

Die Annahme zugrunde gelegt, dass Gebietshoheit auch ohne territoriale Souveränität gegeben sein kann, muss die Bedeutung der Gebietshoheit näher betrachtet werden: Ein Merkmal der staatlichen Regelungen, die aufgrund der Gebietshoheit erlassen werden, ist, dass sie unbeschränkt ggü. anderen Staaten durchgesetzt werden können; der Inhaber der Gebietshoheit übt also de facto-Hoheitsgewalt aus.[557] Aus dem Wortlaut des Art. 56 SRÜ wird klar, dass dem Küstenstaat gerade keine unbeschränkten Rechte zugewiesen werden, sondern ihm eben nur die im Artikel des Seerechtsübereinkommens beschriebenen Rechte unter gleichzeitiger Beachtung der Kommunikationsfreiheiten anderer Staaten zustehen.[558] Die zugewiesenen Rechte aus dem Seerechtsübereinkommen sind so mehr mit Nutzungsrechten als mit einer räumlich umfassend durchsetzbaren Gebietshoheit zu vergleichen. Deshalb kann diese nicht als Geltungsgrund für die Verfassung in der AWZ herangezogen werden.[559] Neben dem gebietsbezogenen Anknüpfungspunkt für eine staatliche

---

554 *Erbguth*, Wahrung möglicher Belange der Bundesraumordnung in der AWZ der Bundesrepublik Deutschland, Rechtsgutachten, 2002, S. 41.

555 *Erbguth*, Wahrung möglicher Belange der Bundesraumordnung in der AWZ der Bundesrepublik Deutschland, Rechtsgutachten, 2002, S. 41; *Erbguth/Mahlburg*, DÖV 2003, 665 ff. (666); wortgleich *Erbguth*, Raumordnung in der AWZ, in: Ehlers/Erbguth (Hrsg.), Nutzungs- und Schutzkonflikte in der AWZ, 2005, S. 61 ff. (63/64).

556 *Proelß*, Raum und Umwelt, in: Graf Vitzthum/Proelß (Hrsg.), Völkerrecht, 7. Auflage 2016, S. 361 ff. (Rn. 49, 51). So auch schon *Krieger*, DVBl. 2002, 300 ff. (303).

557 *Proelß* vergleicht diese „staatliche Herrschaft im Raum ohne Verfügungsbefugnis über den Raum" mit dem Rechtsinstitut des Besitzes, siehe *Proelß*, Raum und Umwelt, in: Graf Vitzthum/Proelß (Hrsg.), Völkerrecht, 7. Auflage 2016, S. 361 ff. (Rn. 3).

558 In diese Richtung schon früh *Hafner*, Die seerechtliche Verteilung von Nutzungsrechten, 1987, S. 260 ff.

559 Und liegen damit unterhalb einer räumlich radizierten Gebietshoheit, siehe *Risch*, Windenergieanlagen in der AWZ, 2006, S. 64. Eine beschränkt funktionale Gebietshoheit ist per definitionem undenkbar, siehe *Forkel*, Maritime Raumordnung in der AWZ, 2012, S. 136; *Proelß*, EurUP 2009, 2 ff. (6). Bzgl. der Errichtung von marinen

Rechtsetzungsgewalt fehlt es zudem an der inhaltlichen Vergleichbarkeit von staatlich gesetzten Regelungen, die aus der territorialen Souveränität heraus begründet sind, und solchen, die das Seerechtsübereinkommen den Küstenstaaten zuweist. Nach *Risch* ist das Konzept der Gebietshoheit vorrangig auf die unbeschränkte Geltung und Durchsetzbarkeit nationaler Rechte ggü. anderen Völkerrechtssubjekten gerichtet.[560] Sie stellt damit die Souveränität nach außen dar. Die Frage nach einem Geltungsgrund nationalen Rechts innerhalb der Gebietshoheit muss aber vielmehr aus einer „inneren Souveränität" heraus begründet werden. Damit ist die Frage der Gebietshoheit für eine Begründung der Geltung von nationalem Recht in der AWZ nur von untergeordneter Bedeutung.

Eine Erstreckung des Geltungsbereichs der Verfassung kann damit nicht durch die territoriale Souveränität oder Gebietshoheit begründet werden.

b. Keine Geltung der Verfassung in der deutschen AWZ

Die Vertreter der Gegenansicht folgern aus den Gegenargumenten zur ersten Ansicht, dass die Verfassung in der deutschen AWZ nicht (ohne Weiteres) gilt.[561] Neben Art. 55 SRÜ, der auf die besondere Rechtsordnung in der AWZ verweist, und der fehlenden territorialen Souveränität des Küstenstaates in der AWZ argumentieren sie zusätzlich mit dem Wortlaut der Präambel des Grundgesetzes: Als Ausdruck des verfassungsrechtlichen Geltungsbereichs bezieht sich dieser ausdrücklich nur auf die 16 Bundesländer, nicht aber auf über-territoriale Gebiete.

Zum Teil wird mit diesem Befund recht unklar weiter verfahren, um dann letztlich doch noch zu einer Geltung nationalen Rechts und insbesondere zur Geltung der verfassungsrechtlichen Kompetenzordnung in der AWZ zu gelangen: Bzgl. der bundesstaatlichen Kompetenzordnung wird eine „(gedankliche) Verlängerung der bestehenden verfassungsrechtlichen Kompetenzvorschriften [...] in die Meereszone AWZ hinein" als „naheliegend" erwogen, jedoch gleichzeitig als „juristisch unsauber" erkannt.[562] An anderer Stelle wird mit dem Untermaßverbot aus Art. 20a GG jedenfalls die Geltung natur- und umweltschutzrechtlicher Vorschriften in der AWZ begründet.[563]

Schutzgebieten, im Ergebnis aber so auch *Lagoni*, NuR 2002, 121 ff. (122), und *Wolf*, NuR 2005, 375 ff. (378).

560 *Risch*, Windenergieanlagen in der AWZ, 2006, S. 64 f.

561 *Czybulka*, NuR 1999, 562 ff. (568); *von Nicolai*, IzR 2004, 491 ff. (496); *Kahle*, ZUR 2004, 80 ff. (82); stark kritisiert *Maier*, UPR 2004, 103 ff. (1007 f.); anders aber in *Maier*, Die Ausdehnung des Raumordnungsgesetzes auf die AWZ, 2008, S. 48 ff., 63; *Hübner*, ZUR 2000, 137 ff. (144).

562 *Czybulka*, NuR 1999, 562 ff. (568).

563 Siehe mit Verweis auf den UGB-KomE *Czybulka*, NuR 2001, 367 ff. (369); wortgleich *Czybulka*, Zur Geltung des nationalen Rechts in der AWZ, in: Ehlers/Erbguth (Hrsg.), Aktuelle Entwicklungen im Seerecht II, 2003, S. 43 ff. (47 ff.).

Die Ansicht greift jedoch zu kurz, da zweifellos Situationen denkbar sind, in denen das Grundgesetz auch in einem über-territorialen Bezug gilt.[564] Beispiel ist die Geltung deutschen Rechts auf Schiffen, die unter deutscher Flagge fahren, oder die Geltung deutschen Rechts in deutschen Botschaften und Konsulaten im Ausland.[565] Teilweise hat die Verfassung solche Situationen sogar bedacht: So finden sich in Art. 74 Abs. 1 Nr. 17 und 21 GG Kompetenzregelungen zur Hochseefischerei und zur Hochseeschifffahrt. Zwar finden sich in der Verfassung keine Regelungen zur AWZ; das hat allerdings einen profanen historischen Grund: Zum Zeitpunkt des Erlasses des Grundgesetzes 1949 war die Nutzungsmöglichkeit der AWZ weder diskutiert noch bedacht worden.[566] Das Seerechtsübereinkommen als Rechtsgrundlage für die wirtschaftliche Ausbeutung der AWZ stammt aus dem Jahr 1982; erst 1994 ist die Bundesrepublik Deutschland dem völkerrechtlichen Vertrag beigetreten.[567] Spätere Verfassungsänderungen in diese Richtung sind unterblieben.

Damit kann die Geltung der Verfassung in der deutschen AWZ zwar nicht auf die Verfassung selbst gestützt werden, aber auch nicht kategorisch ausgeschlossen werden.

c. Geltung aufgrund des Rechtsstaatsprinzips

Die Vertreter der dritten Ansicht knüpfen für eine Geltung der Verfassung in der AWZ an das Rechtsstaatsprinzip des Art. 20 Abs. 3 GG an.[568] Grundlage und Maßstab für die Wahrnehmung von völkerrechtlich eingeräumten Jurisdiktionsbefugnissen durch die Bundesrepublik könne nur das Grundgesetz selbst sein.[569] Danach unterliegt jegliches hoheitliche Handeln – auch solches außerhalb des Staatsgebiets – der

---

564 *Weiß*, Möglichkeiten der Regelung der Fischerei, des Bergbaus und der Schiffahrt in BSPAs, 1999, S. 27; *Castringius*, Meeresschutzgebiete, 2006, S. 282 ff. So auch *Erbguth*, Zum Planungsrecht für Küsten und Meere, in: Ennuschat et al. (Hrsg.), Wirtschaft und Gesellschaft im Staat der Gegenwart, GS Tettinger, 2007, S. 397 ff. (401 ff.); wortgleich *Erbguth*, DV 2009, 179 ff. (183 ff.); wortgleich *Erbguth*, Gesamtplanerische Abstimmung zu Wasser, in: Hering et al. (Hrsg.), Nutzung und Ordnung der Meere, FG Ehlers, 2010, S. 83 ff. (87 ff.).

565 *Erbguth* verweist darauf, dass die AWZ aufgrund ihrer unmittelbaren räumlichen Angrenzung sehr wohl territoriale Bezüge zum Staatsgebiet aufweise, *Erbguth*, NuR 2004, 91 ff. (94).

566 *Jarass*, Naturschutz in der AWZ, 2002, S. 51.

567 BGBl. 1994 II, S. 1798.

568 Siehe die schöne Herleitung bei *Risch*, Windenergieanlagen in der AWZ, 2006, S. 65 ff. Ebenso *Forkel*, Maritime Raumordnung in der AWZ, 2012, S. 137 f.; *Jarass*, Naturschutz in der AWZ, 2002, S. 51; in diese Richtung auch *Rosenbaum*, Errichtung und Betrieb von Windenergieanlagen im Offshore-Bereich, 2005, S. 170; *Wolf*, NuR 2005, 375 ff. (378/379). Mit Verweis auf Art. 20 Abs. 2 GG *Ehlers*, NordÖR 2003, 385 ff. (386). Leicht in diese Richtung mit dem Argument der Einheit der Rechtsordnung wohl auch *Czybulka*, NuR 2001, 367 ff. (369).

569 *Wolf*, JbUTR 2008, 93 ff. (119).

Bindung an Recht und Gesetz.[570] Eine Ausformung des Rechtsstaatsprinzips findet sich in Art. 1 Abs. 3 GG: Danach sind alle Gewalten unmittelbar an die Grundrechte gebunden. Nach der Rechtsprechung und Literaturmeinung gilt diese Grundrechtsbindung aller öffentlichen Gewalten auch bei der Betätigung im extraterritorialen Bereich.[571] Nichts anderes kann aber für Art. 20 Abs. 3 GG gelten, will man widersprüchliche Folgen in- und externer hoheitlicher Betätigung verhindern. Staatliches Handeln muss damit immer verfassungsgemäß sein.[572]

Aus dem Rechtsstaatsprinzip, wie es in Art. 20 Abs. 3 GG niedergeschrieben ist, ergibt sich damit eine Bindung jeglichen hoheitlichen Handelns an die Verfassung, gleich ob sich das hoheitliche Handeln im territorialen Bereich der Bundesrepublik Deutschland oder darüber hinaus auswirkt.

d. Ergebnis

Im Ergebnis lässt sich festhalten, dass aufgrund des Rechtsstaatsprinzips aus Art. 20 Abs. 3 GG die verfassungsrechtliche Ordnung auch in der deutschen AWZ Geltung beansprucht.

2. Anwendbarkeit unterverfassungsrechtlichen Rechts in der deutschen AWZ

Es ist gerade festgestellt worden, dass nationales Verfassungsrecht über das Staatsgebiet hinaus Geltung beanspruchen kann und sich aus dem Seerechtsübereinkommen ganz grundsätzlich raumordnungs- und -planungsrechtliche Befugnisse für die Küstenstaaten ergeben. Die aus dem völkerrechtlichen Auslegungsgrundsatz der necessary implication folgenden Befugnisse beschränken sich dabei allerdings auf eine Selektivraumordnung bzgl. der durch das Seerechtsübereinkommen gewährten souveränen und Hoheitsrechte an die Küstenstaaten.[573]

Von der grundsätzlichen Möglichkeit einer Geltung von nationalem Verfassungsrecht außerhalb des Staatsgebiets ist die Frage der Anwendbarkeit unterverfassungsrechtlicher, d.h. einfacher nationaler Normen, also deren tatsächliche Regelungsentfaltung, zu trennen. Auch für solche einfachen Bundesgesetze ist es grundsätzlich anerkannt, dass sich ihre Geltung nicht auf das Bundesgebiet

---

570 Bezogen auf die Grundrechte siehe BVerfGE 6, 290 (295); 57, 9 (23); *Jarass/Pieroth*, GG, Kommentar, 14. Auflage 2016, Präambel Rn. 9, Art. 20 Rn. 45; *Jarass*, Naturschutz in der AWZ, 2002, S. 50; *Janssen*, Die rechtlichen Möglichkeiten der Einrichtung von Meeresschutzgebieten in der Ostsee, 2002, S. 268 ff.; *Jarass*, Naturschutz in der AWZ, 2002, S. 30 ff. *Wolf* nennt dies „transterritoriale Verpflichtung der Staatsgewalt", siehe *Wolf*, JbUTR 2008, 93 ff. (119/120).

571 Vgl. Flaggenstaatsprinzip; *Wolf*, NuR 2005, 375 ff. (378); *Jarass*, Naturschutz in der AWZ, 2002, S. 51; *Ehlers*, NordÖR 2003, 385 ff. (386).

572 *Forkel*, Maritime Raumordnung in der AWZ, 2012, S. 1380. So auch schon *Krieger*, DVBl. 2002, 300 ff. (304).

573 Siehe oben unter B.II.4.

beschränken muss.[574] Für den tatsächlichen Geltungsumfang ist das jeweilige Gesetz selbst zu analysieren.[575] Das hier in Betracht kommende Raumordnungsgesetz definiert in seinem § 1 Abs. 1 Satz 1 ROG als Anwendungsbereich für die Aufgabe der Raumordnung den „Gesamtraum der Bundesrepublik Deutschland und seine Teilräume". Diese eindeutig nationalstaatsbezogene Bezugsgröße schließt den Bereich der AWZ zunächst nicht mit ein; dieser stellt ja gerade kein Hoheitsgebiet dar.[576] Zur Klärung des räumlichen Anwendungsbereiches einfacher nationaler Normen, der über das deutsche Hoheitsgebiet hinausreicht,[577] sind bislang zwei unterschiedliche Regelungsvarianten rechtlich verankert worden:[578]

1) Spezialgesetze beziehen sich schon aufgrund ihres Regelungsgegenstandes auf einen abgeschlossenen, besonderen räumlichen Anwendungsbereich – Beispiele sind das Hohe-See-Einbringungsgesetz,[579] die Seeanlagenverordnung[580] oder die Festlandsockel-Bergverordnung;[581] aus neuester Zeit stammt das Windenergie-auf-See-Gesetz.[582]
2) Mit ausdrücklichen Erstreckungsklauseln werden förmliche gesetzliche Formulierungen eingefügt, die einzelne Normen z.B. für den deutschen Festlandsockel

574 Vgl. BVerfG 92, 25 (41); *Wolf*, JbUTR 2008, 93 ff. (124); *Erbguth/Mahlburg*, DÖV 2003, 665 ff. (666).

575 „Verfassungs- und Völkerrecht geben den Rahmen, nicht aber den Geltungsumfang der einschlägigen nationalen Vorschriften vor. Angesichts dessen ist deren (aktueller) räumlicher Umgriff anhand der nationalen Gesetze, hier des ROG, zu ermitteln", so *Erbguth*, Wahrung möglicher Belange der Bundesraumordnung in der AWZ der Bundesrepublik Deutschland, Rechtsgutachten, 2002, S. 40 ff.; *Klinski*, Rechtliche Probleme der Zulassung von Windkraftanlagen in der AWZ, 2001, S. 20.

576 Siehe oben unter B.II.1. So auch *Erbguth*, Wahrung möglicher Belange der Bundesraumordnung in der AWZ der Bundesrepublik Deutschland, Rechtsgutachten, 2002, S. 43, und *Erbguth/Mahlburg*, DÖV 2003, 665 ff. (667).

577 Daneben existiert die Variante, durch einen ausdrücklich beschränkten sachlichen und/oder räumlichen Geltungsbereich die Anwendung des Gesetzes für andere Bezugsgrößen auszuschließen – Beispiele sind § 2 Abs. 3 BBergG und § 56 BNatSchG.

578 Instruktiv dazu *Wolf*, JbUTR 2008, 93 ff. (125).

579 Gesetz über das Verbot der Einbringung von Abfällen und anderen Stoffen und Gegenständen in die Hohe See (Art. 1 des Gesetzes zur Ausführung des Protokolls v. 7.11.1996 zum Übereinkommen über die Verhütung der Meeresverschmutzung durch das Einbringen von Abfällen und anderen Stoffen von 1972) v. 25.8.1998, BGBl. I S. 2455, zuletzt geändert durch Art. 5 des Gesetzes v. 24.5.2016, BGBl. I S. 1217.

580 Verordnung über Anlagen seewärts der Begrenzung des deutschen Küstenmeeres v. 23.1.1997, BGBl. I S. 57, aufgehoben durch Art. 25 Abs. 2 des Gesetzes v. 13.10.2016, BGBl. I S. 2258.

581 Bergverordnung für den Festlandsockel v. 21.3.1989, BGBl. I S. 554, zuletzt geändert durch Art. 14 der Verordnung v. 2.6.2016, BGBl. I S. 1257.

582 Gesetz zur Entwicklung und Förderung der Windenergie auf See v. 13.10.2016, BGBl. I S. 2258, 2310, zuletzt geändert durch Art. 16 des Gesetzes v. 22.12.2016, BGBl. I S. 3106.

oder die deutsche AWZ für anwendbar erklären – Beispiele sind § 2 Abs. 3 BBergG und § 56 Abs. 1 BNatSchG.[583]

Will der Gesetzgeber nun das raumordnungsrechtliche Regelungsregime, das bisher nicht auf die AWZ anwendbar war, auf diese erstrecken, stellt sich die Frage, wie die Anwendbarkeit nationaler Regelungen zu erreichen ist, die im Rang unter der Verfassung stehen – deren grundsätzliche Geltungsmöglichkeit in der deutschen AWZ nun zugrunde gelegt.

Da sich der Gesetzgeber – bis heute – gegen ein eigenes „Recht der AWZ"[584] und damit gegen ein Spezialgesetz für Sachverhalte, die in der deutschen AWZ einer rechtlichen Regelung zugeführt werden sollen, entschieden hat und das bereits bestehende Raumordnungsregime auch in und für die AWZ anwenden wollte, scheidet die erste Regelungsvariante aus. Neben der erwähnten zweiten Variante – Klärung des Anwendungsbereichs nationaler Normen über förmliche Erstreckungsklauseln (gleich unter b.) – wurde eine weitere Ansicht vertreten, nach der einfache nationale Gesetze aus sich selbst heraus (ipso iure) anwendbar sein sollen, es also keines zusätzlichen rechtlichen Zwischenaktes in Form einer normativen Erstreckungsklausel bedarf (weiter unter a.).[585]

Die Entscheidung des Gesetzgebers zu dieser Frage hat sich letztlich im Jahr 2004 in § 1 Abs. 1 Satz 3 ROG 2004 niedergeschlagen (siehe Ausführungen unter d.).

a. Anwendbarkeit ipso iure

Vertreter[586] der Auffassung, dass das nationale Recht ohne einen weiteren Rechtsakt auch in der deutschen AWZ gilt, argumentieren vorrangig mit regelungspraktischen

---

583 Zur Theorie von der formellen Geltungserstreckung anschaulich *TU Berlin et al.*, Naturschutzfachliche und naturschutzrechtliche Anforderungen im Gefolge der Ausdehnung des Raumordnungsregimes auf die deutsche AWZ, 2006, siehe: https://www.bfn.de/fileadmin/MDB/documents/themen/meeresundkuesten schutz/downloads/Raumordnung-in-der-deutschen-AWZ/Endbericht_Natursc hutzanforderungen_AWZ_2006.pdf (8.6.2017), S. 48 ff.

584 Hierfür ausgesprochen hat sich *Czybulka*, NuR 2001, 367 ff. (370).

585 Ausführliche Darstellung bei *Risch*, Windenergieanlagen in der AWZ, 2006, S. 115 ff. Siehe auch *Maier*, Die Ausdehnung des Raumordnungsgesetzes auf die AWZ, 2008, S. 48 ff., 78 ff.; *Keller*, Planungs- und Zulassungsregime für Offshore-Windenergieanlagen in der deutschen AWZ, 2007, S. 167 ff.

586 *Czybulka*, NuR 1999, 562 ff. (567); *Czybulka*, NuR 2001, 367 ff. (370); *Czybulka*, ZUR 2003, 329 ff. (331 f.); *Reshöft/Dreher*, ZNER 2002, 95 ff. (101); *Kahle*, ZUR 2004, 80 ff. (83); *Wolf*, JbUTR 2008, 93 ff. (124 ff.); *Wolf*, UPR 1998, 281 ff. (287); *Wolf*, AWZ-Vorhaben: Rechtliche und naturschutzfachliche Aspekte beim Bau und Betrieb von Stromkabeln, 2004, S. 38 (wobei *Wolf* hier einen rechtssystematisch triftigen Grund für eine Anwendbarkeit fordert, in diese Richtung („ratio legis") auch *Weiß*, Möglichkeiten der Regelung der Fischerei, des Bergbaus und der Schiffahrt in BSPAs, 1999, S. 29 f.); *Krieger*, DVBl. 2002, 300 ff. (304).

Erwägungen.[587] Namentlich *Czybulka* fordert dabei eine unmittelbare Anwendung des *gesamten* nationalen Rechts – ipso iure – in der AWZ und argumentiert dabei hauptsächlich über den Meeresumwelt- und Naturschutz für seine Ansicht.[588] Das Ausführungsgesetz zum Seerechtsübereinkommen[589] leiste keine vollständige und abschließende Umsetzung des Seerechtsübereinkommens; insbesondere fehle die Umsetzung des Teils XII SRÜ zum Meeresumweltschutz.[590] Die fehlende Umsetzung sei allerdings unbewusst geschehen und stelle deshalb eine planwidrige Regelungslücke dar, die eine analoge Anwendung nationaler Gesetze erlaube. Ohne eine umfassende und direkte Anwendbarkeit nationalen Rechts ergäben sich ansonsten nicht hinnehmbare Regelungslücken, die auch im Widerspruch zum verfassungsrechtlich verankerten (naturschutzrechtlichen) Untermaß- und Verschlechterungsverbot des Art. 20a GG stünden. Jedenfalls aber verletze die Bundesrepublik Deutschland sonst ihre Verpflichtung aus dem Seerechtsübereinkommen, die „geeignetsten ihr zur Verfügung stehenden Mitteln einzusetzen", um die Verschmutzung der Meeresumwelt zu verhüten oder zu verringern.[591] Dies sei nur über die naturschutzrechtliche Eingriffsregelung zu erreichen. Ein divergierendes Schutzniveau zwischen territorialem Hoheitsgebiet und AWZ würde zudem zu einer nicht hinnehmbaren Rechtszersplitterung führen.

Ebenso sei aus der Feststellung, dass bestimmte Gesetze keinen Anwendungsbereich definierten, der Schluss nicht zulässig, dass das Gesetz dann nicht ohne Weiteres auf die AWZ anwendbar ist. Es sei vielmehr der Normalfall, dass Gesetze ihren Anwendungsbereich nicht bestimmten.[592] Gleiches gelte für den Umkehrschluss zur Existenz von einigen wenigen normierten Erstreckungsklauseln: Alleine

---

587 Unter der Voraussetzung, dass das Gesetz bzw. die einzelne Regelung überhaupt für eine Anwendung in der AWZ geeignet ist. Regelungsgegenstände wie das Bundeswaldgesetz oder die Straßenverkehrsordnung scheideten naturgemäß aus; darauf weist *Risch* zutreffend hin, siehe *Risch*, Windenergieanlagen in der AWZ, 2006, S. 116 (Fn. 314).

588 Zum Ganzen *Czybulka*, NuR 1999, 562 ff.; *Czybulka*, NuR 2001, 367 ff.; *Czybulka*, ZUR 2003, 329 ff.

589 Gesetz zur Ausführung des Seerechtsübereinkommens der Vereinten Nationen v. 10.12.1982 sowie des Übereinkommens v. 28.7.1994 zur Durchführung des Teils XI des Seerechtsübereinkommens (Ausführungsgesetz Seerechtsübereinkommen 1982/1994) v. 6.6.1995, BGBl. I S. 778, zuletzt geändert durch Art. 550 der Verordnung v. 31.8.2015, BGBl. I S. 1474. Begründung zum Gesetzentwurf BT-Drs. 13/193 v. 12.1.1995.

590 So nur *Czybulka*, NuR 1999, 562 ff. (567); *Czybulka*, NuR 2001, 367 ff. (370); *Czybulka*, ZUR 2003, 329 ff. (331 f.).

591 *Reshöft/Dreher*, ZNER 2002, 95 ff. (100).

592 *Czybulka*, NuR 1999, 562 ff. (568). Genau gegensätzlich argumentierend *Lagoni*, Die Errichtung von Schutzgebieten in der AWZ, in: Ehlers/Erbguth (Hrsg.), Aktuelle Entwicklungen im Seerecht II, 2003, S. 29 ff. (31): „Bei Vorschriften des öffentlichen Rechts kann man nicht ohne weiteres davon ausgehen, dass sie auch außerhalb des Staatsgebiets gelten sollen, wenn dies nicht ausdrücklich vorgesehen ist."

aus dem Umstand, dass es der Gesetzgeber innerhalb einiger Gesetze für notwendig erachtet habe, eine Erstreckungsklausel zu normieren, könne nicht gefolgert werden, dass dem eine allgemeingültige Regelung zu entnehmen sei und damit ausschließlich über Erstreckungsklauseln die Anwendbarkeit nationaler Normen in der AWZ geregelt werde.[593] Zudem konnten viele Gesetze die AWZ gar nicht bedenken, da sie zeitlich vor dem Ausführungsgesetz zum Seerechtsübereinkommen erlassen wurden.[594]

Einschränkend fordern andere Vertreter dieser Ansicht, dass – i.R.d. durch das Seerechtsübereinkommen den Küstenstaaten zuerkannten souveränen Rechte und Hoheitsbefugnisse – jedenfalls eine völkerrechts(SRÜ-)konforme Auslegung und Anwendung nationaler Gesetze möglich sein müsse, um zu vermeiden, dass Behörden in der AWZ ohne Bindung an das Grundgesetz und sonstiges nationales Recht handelten.[595]

Andere Vertreter nehmen eine Einschränkung der weiten Ansicht von *Czybulka* dergestalt vor, dass sie eine (direkte) Anwendung innerstaatlicher Rechtsnormen[596] in der AWZ dann bejahen wollen, wenn dies zur Umsetzung gemeinschaftsrechtlicher Richtlinien gefordert erscheint.[597] Sie begründen dies mit dem Grundsatz der

---

593 So auch *Klinski*, Rechtliche Probleme der Zulassung von Windkraftanlagen in der AWZ, 2001, S. 19 f.; *Kahle*, ZUR 2004, 80 ff. (83).

594 *Czybulka* führt des Weiteren verschiedene Prinzipien an: Das Prinzip der Einheit und Widerspruchsfreiheit der Rechtsordnung, das Prinzip der Vertragstreue im Völkerrecht und EG-Recht und das Prinzip des einheitlichen Rechtsrahmens innerhalb der EU. *Keller* weist zutreffend darauf hin, dass nationales Hoheitsgebiet auf der einen und AWZ auf der anderen Seite gerade keinen einheitlichen Rechtsraum bilden, in dem diese Prinzipien zu einer gemeinsamen Rechtsordnung führen müssten; siehe *Keller*, Planungs- und Zulassungsregime für Offshore-Windenergieanlagen in der deutschen AWZ, 2007, S. 174.

595 „Auch für einfache Bundesgesetze ist grundsätzlich anerkannt, dass sich ihre Geltung nicht auf das Bundesgebiet beschränken muss. Dies bedeutet jedoch nicht, dass das gesamte auf dem Festland geltende Recht uno actu in den Meeresgebieten mit besonderen Nutzungsvorrechten Anwendung findet", so *Wolf*, JbUTR 2008, 93 ff. (124 ff.). *Wolf* fordert für die Anwendbarkeit nationaler Normen in der AWZ zusätzlich einen rechtssystematisch triftigen Grund; mit der Überprüfung der „ratio legis" der einzelnen Norm in diese Richtung auch *Weiß*, Möglichkeiten der Regelung der Fischerei, des Bergbaus und der Schiffahrt in BSPAs, 1999, S. 30. *Kahle*, ZUR 2004, 80 ff. (83), erkennt, dass eine sichere Rechtslage nur durch eine ausdrückliche Erstreckungsklausel zu erreichen sei, diese sei aber nicht konstitutiv. Siehe auch *Krieger*, DVBl. 2002, 300 ff. (304).

596 Daneben wird eine unmittelbare Anwendung der EG-Richtlinien diskutiert, siehe *Klinski*, Rechtliche Probleme der Zulassung von Windkraftanlagen in der AWZ, 2001, S. 25 ff.

597 *Klinski*, Rechtliche Probleme der Zulassung von Windkraftanlagen in der AWZ, 2001, S. 31, mit Verweis auf ein Gutachtenmanuskript von *Dörte Fouquet*, Europa- und bundesrechtliche Auswirkungen für Offshore-Windenergieanlagen in der

richtlinienkonformen Auslegung und verweisen dabei insbesondere auf die Vogelschutz-, Fauna-Flora-Habitat- und die UVP-Richtlinien. Soweit sich diese Ansicht darauf bezieht, dass – aufgrund ihrer größeren Schutzwirkung ggü. § 2 SeeAnlV a.F. – jedenfalls die naturschutzrechtliche Eingriffsregelung im Wege der Auslegung zur Anwendung kommen müsse, hat sie sich mit Erlass des § 56 BNatSchG[598] erledigt, der nun ausdrücklich die Küstengewässer, die AWZ und den Festlandsockel mit in den Geltungsbereich des Bundesnaturschutzgesetzes einbezieht.[599] Zudem können auch gemeinschaftsrechtliche Gebote die Reichweite völkerrechtlich zugewiesener Hoheitsbefugnisse des Küstenstaates in seiner AWZ weder ändern noch erweitern.[600]

Der Ansicht ist – in allen Ausformungen – jedoch entgegenzusetzen, dass sie zu erheblichen Rechtsunsicherheiten (Stichwort: „creeping jurisdiction") führen würde.[601] Soweit jeder Rechtsanwender selbst die Vereinbarkeit mit völkerrechtlichen Vorschriften prüfte bzw. nationale Normen in direkter oder (sogar doppelt)

AWZ, April 2001. In diese Richtung auch *Kahle*, ZUR 2004, 80 ff. (83). *Klinskis* Ausgangspunkt ist die Unbeschadetheitsklausel des § 1 Nr. 10a SeeAufgG a.F. („... unbeschadet der Vorschriften des Bundesberggesetzes die Prüfung, Zulassung und Überwachung von Anlagen, einschließlich Bauwerke und künstlicher Inseln, seewärts der Begrenzung des Küstenmeeres auf ihre Eignung im Hinblick auf den Verkehr, auf die Meeresumwelt, auf die Erfordernisse der Raumordnung und auf sonstige öffentliche Belange"). Daraus schließt er, dass der Gesetzgeber das Seeaufgabengesetz (jedenfalls hinsichtlich der Zulassung von Anlagen in der AWZ) als „abschließendes und spezielles, den innerstaatlichen Fachgesetzen ggü. vorrangiges Gesetz konzipiert" habe und damit außer dem Bundesberggesetz alle sonstigen nationalen Umwelt- und Naturschutzgesetze in der AWZ grundsätzlich nicht anwendbar sind (S. 21). *Klinski* verneint damit auch die Anwendbarkeit des Raumordnungsrechts in der AWZ (S. 33). Ausgenommen davon sind nach *Klinski* lediglich solche innerstaatlichen Rechtsvorschriften, die der Umsetzung gemeinschaftsrechtlicher Richtlinien dienen, „die ihrerseits auf eine Gültigkeit innerhalb der ausschließlichen Wirtschaftszone hin angelegt" sind (S. 32). Überzeugend dagegen argumentieren *Risch*, Windenergieanlagen in der AWZ, 2006, S. 123 ff., mit Verweis auf *Reshöft/Dreher*, ZNER 2002, 95 ff. (100), und *Keller*, Planungs- und Zulassungsregime für Offshore-Windenergieanlagen in der deutschen AWZ, 2007, S. 168 ff.

598 Mit dem im Jahr 2009 erlassenen Gesetz zur Neuregelung des Rechts des Naturschutzes und der Landschaftspflege v. 29.7.2009, BGBl. I S. 2542.

599 Der zuvor gültige § 38 BNatSchG a.F. erklärte nämlich nur sehr eingeschränkt die beiden Paragraphen §§ 33, 34 BNatSchG a.F. für die Ausweisung von Meeresschutzgebieten für entsprechend anwendbar. Siehe dazu ausführlich *Risch*, Windenergieanlagen in der AWZ, 2006, S. 129 ff.

600 Darauf weist zu Recht *Kahle*, ZUR 2004, 80 ff. (83), hin; mit Verweis auf *Lagoni*, NuR 2002, 121 ff. (125). A.A. wohl *Reshöft/Dreher*, ZNER 2002, 95 ff. (100): „Zwingende Vorgaben des Europäischen Gemeinschaftsrechts sind auch auf die AWZ zu erstrecken."

601 *Lagoni*, NuR 2002, 121 ff. (125); in diese Richtung auch *Ehlers*, NordÖR 2003, 385 ff. (386). Mehrere Vertreter dieser Ansicht erkennen die Folgen einer Auslegungs- und Anwendungsunsicherheit und sprechen sich für ein legislatives Tätigwerden

analoger Weise[602] anwendete, wäre dies weder erkennbar, noch im Zweifelsfalle nachvollziehbar. Zudem ist diese Auslegung völkerrechtlicher Vorschriften, wozu neben dem Seerechtsübereinkommen eine Vielzahl weiterer globaler und regionaler Übereinkommen zu zählen sind, überaus komplex. Ein einheitlicher Rechtsrahmen wäre somit gefährdet.[603] Diese Gegenargumente treffen insbesondere auf die weite Ansicht von *Czybulka* zu, der ohne Einschränkung und mit Verweis auf die Staatszielbestimmung des Art. 20a GG das gesamte nationale Recht in der AWZ für anwendbar erklärt.[604] Verfassungsrechtliche Staatszielbestimmungen können aber nicht die Hoheitsbefugnisse ändern oder gar erweitern, die der Küstenstaat aufgrund völkerrechtlicher Verträge bzw. aus dem Völkerrecht selbst erhält.[605] Die Unterscheidung zwischen Staatsgebiet und Funktionshoheitsraum würde dadurch gänzlich verwischt.[606] Letztlich spricht auch der Wortlaut des Seerechtsübereinkommens gegen diese Ansicht. So heißt es in Art. 208 Abs. 1 SRÜ:

> Die Küstenstaaten *erlassen* Gesetze und sonstige Vorschriften zur Verhütung, Verringerung und Überwachung der Verschmutzung der Meeresumwelt […].[607]

Das Tätigkeitswort „erlassen" weist aber unzweifelhaft die Aufgabe dem küstenstaatlichen Gesetzgeber zu, solche Normen zu schaffen und sie nicht nur – mündlich – für anwendbar zu *erklären*.[608]

b. Erforderlichkeit einer förmlichen Erstreckungsklausel

Damit bedarf es einer normativen Erstreckungsklausel, mit der nationales Recht, in diesem Fall insbesondere das Raumordnungsgesetz, über den eigentlichen räumlichen Geltungsbereich, d.h. das Hoheitsgebiet der Bundesrepublik Deutschland, hinaus für anwendbar erklärt wird.[609] Der völkerrechtliche Publizitätsgrundsatz

---

aus, so z.B. *Klinski*, Rechtliche Probleme der Zulassung von Windkraftanlagen in der AWZ, 2001, S. 34, und *Czybulka*, NuR 1999, 562 ff. (569).

602 So aber hinsichtlich der Anwendung des BNatSchG in der AWZ *Czybulka*, NuR 1999, 562 ff. (568).

603 *Keller*, Planungs- und Zulassungsregime für Offshore-Windenergieanlagen in der deutschen AWZ, 2007, S. 175.

604 Dagegen argumentiert auch *Klinski*, Rechtliche Probleme der Zulassung von Windkraftanlagen in der AWZ, 2001, S. 20.

605 *Lagoni*, NuR 2002, 121 ff. (125).

606 *Keller*, Planungs- und Zulassungsregime für Offshore-Windenergieanlagen in der deutschen AWZ, 2007, S. 173.

607 Hervorhebung durch Verfasserin. Siehe auch Art. 210 Abs. 1, 211 Abs. 5 SRÜ.

608 Ebenso *Lagoni*, NuR 2002, 121 ff. (125); *Keller*, Planungs- und Zulassungsregime für Offshore-Windenergieanlagen in der deutschen AWZ, 2007, S. 177.

609 Die Notwendigkeit bejahend *Maier*, Die Ausdehnung des Raumordnungsgesetzes auf die AWZ, 2008, S. 50; *Jenisch*, NuR 1997, 373 ff. (376); *Erbguth*, Rechtsfragen der Planung und Genehmigung von Offshore-Windenergieanlagen, in: Koch/Lagoni (Hrsg.), Meeresumweltschutz für Nord- und Ostsee, 1996, S. 281 ff. (285 ff., 292);

und die verfassungsrechtliche Wesentlichkeitstheorie verlangen dabei nach einer ausdrücklichen und für alle Anwender ersichtlichen Rechtsregelung, die vom Gesetzgeber selbst getroffen wurde und nicht durch Gerichte oder die Verwaltung[610] ausgelegt wurde.

Hier ist erneut auf die Ausgangsnorm im Seerechtsübereinkommen (Art. 56 SRÜ) hinzuweisen, die dem jeweiligen Küstenstaat bestimmte souveräne Rechte und Hoheitsbefugnisse einräumt, ohne ihm damit die vollständige territoriale Souveränität zu übergeben. Der Küstenstaat ist damit nur in dem engen Rahmen dieser Rechte befugt, eigene nationale Regelungen zur Umsetzung und Ausübung der Rechte anzuwenden. Voraussetzung hierfür ist aber, dass der nationale Gesetzgeber die entsprechenden Regelungen ausdrücklich in der deutschen AWZ für anwendbar erklärt.[611]

c. *Zwischenergebnis*

Die Anwendbarkeit einfacher nationaler Gesetze und einzelner Normen bzw. Regelungsbereiche in der deutschen AWZ hängt von deren ausdrücklichen förmlichen Erstreckung auf die AWZ ab.

d. *Europarechtsanpassungsgesetz Bau 2004: Normative Erstreckungsklausel § 1 Abs. 1 Satz 3 ROG 2004*

Noch zu Beginn des Jahres 2002 arbeitete das BSH an einem aus raumordnerischen Grundsätzen und Zielen abgeleiteten Prüfverfahren, „um ggf. Eignungsgebiete festlegen zu können, ohne den Geltungsbereich des Raumordnungsgesetzes auf die

---

Erbguth, Wahrung möglicher Belange der Bundesraumordnung in der AWZ der Bundesrepublik Deutschland, Rechtsgutachten, 2002, S. 43; *Erbguth/Mahlburg*, DÖV 2003, 665 ff. (668); *Ehlers*, NordÖR 2003, 385 ff. (386); *Lagoni*, NuR 2002, 121 ff. (125); *Hübner*, ZUR 2000, 137 ff. (137); *Bönker*, NVwZ 2004, 537 ff. (539); *Risch*, Windenergieanlagen in der AWZ, 2006, S. 121 ff. Gleicher Ansicht waren die damals mit dem Thema befassten Bundesbehörden BMJ, E 1 – 9301, Schreiben an das BMU v. 8.9.1999 und BMU, G II 1 (L), Vermerk v. 18.8.2000 (zitiert in Fn. 32 bei *Klinski*, Rechtliche Probleme der Zulassung von Windkraftanlagen in der AWZ, 2001, S. 18). Zu vergleichbaren Ergebnissen gelangen hinsichtlich der Anwendbarkeit nationaler Regelungen auf dem deutschen Festlandsockel *Kölble*, DÖV 1964, 217 ff.; *Menzel*, AöR 1965, 1 ff.; *Frowein*, ZaöRV 1965, 1 ff. *Willecke*, DVBl. 1966, 461 ff.; zusammenfassend *Schröer*, RIW/AWD 1978, 507 ff.

610 *Lagoni*, NuR 2002, 121 ff. (125); *Ballschmidt-Boog*, Schutz der Küstenökosysteme der Ostsee, 2000, S. 150 f.

611 *Keller*, Planungs- und Zulassungsregime für Offshore-Windenergieanlagen in der deutschen AWZ, 2007, S. 170, mit Verweis auf *Lagoni*, Die Errichtung von Schutzgebieten in der AWZ, in: Ehlers/Erbguth (Hrsg.), Aktuelle Entwicklungen im Seerecht II, 2003, S. 29 ff. (31 f.). Ausführlich hierzu (bezogen auf den Festlandsockel) *Schröer*, RIW/AWD 1978, 507 ff.

Ausschließliche Wirtschaftszone (AWZ) auszudehnen".[612] Es war vom Bund also zunächst nicht beabsichtigt gewesen, ein Raumordnungsrecht auch in den über das Küstenmeer hinausgehenden Gebieten zu etablieren.[613]

Mit dem EAG Bau[614] wurde im Jahr 2004 dann jedoch die folgende Formulierung in § 1 Abs. 1 Satz 3 ROG 2004 aufgenommen:

> In der deutschen ausschließlichen Wirtschaftszone können einzelne Funktionen im Rahmen der Vorgaben des Seerechtsübereinkommens der Vereinten Nationen vom 10. Dezember 1982 (BGBl. 1994 II S. 1798) durch die Raumordnung entwickelt, geordnet und gesichert werden.[615]

Mit dieser normativen Erstreckungsklausel wurde der Geltungs- und Anwendungsbereich des Raumordnungsgesetzes über das Küstenmeer hinaus auch auf den Bereich der deutschen AWZ erweitert.

Eine normative Erstreckungsklausel findet sich seit 2010 zudem in § 56 Abs. 1 BNatSchG (§ 38 BNatSchG a.F.):[616] Danach gelten die Vorschriften des Bundesnaturschutzgesetzes (mit Ausnahme des Kapitels über die Landschaftsplanung) auch im Bereich der deutschen AWZ und des Festlandsockels.[617]

3. *Gesetzgebungskompetenz für die maritime Raumplanung in der deutschen AWZ*

Mit der Feststellung, dass sowohl die verfassungsrechtliche Ordnung als auch unterverfassungsrechtliches Recht Geltung in der deutschen AWZ beanspruchen, stellt

---

612 Ergebnisniederschrift über die 111. Sitzung des Hauptausschusses der MKRO am 28.1.2002 in Berlin (Hervorhebung durch Verfasserin).

613 So auch *von Nicolai*, IzR 2004, 491 ff. (492).

614 Gesetz zur Anpassung des Baugesetzbuchs an EU-Richtlinien v. 24.6.2004, BGBl. I S. 1359 ff. (1379). Gesetzesbegründung BT-Drs. 15/2250 v. 17.12.2003. Dazu *Nebelsieck/Schmidt*, NordÖR 2004, 93 ff.; *Erbguth*, NuR 2004, 91 ff.; *Kment*, NVwZ 2005, 886 ff.; *Wolf*, ZUR 2005, 176 ff.

615 Die aktuelle Fassung der Erstreckungsklausel findet sich in § 1 Abs. 4 ROG und lautet: „Raumordnung findet im Rahmen der Vorgaben des Seerechtsübereinkommens der Vereinten Nationen v. 10.12.1982 (BGBl. 1994 II S. 1798) auch in der deutschen AWZ statt." Weitere Erstreckungsklauseln finden sich bspw. in § 56 Abs. 1 BNatSchG, § 1 Abs. 1 Satz 1 Nr. 1 SeeAnlV a.F., § 2 Nr. 2 WindSeeG.

616 Eingefügt mit dem Gesetz zur Neuregelung des Rechts des Naturschutzes und der Landschaftspflege v. 29.7.2009, BGBl. I S. 2542. § 56 Abs. 1 BNatSchG, der mit Ausnahme des 2. Kapitels die Vorschriften des Bundesnaturschutzgesetzes auch für den Bereich der deutschen AWZ und den Festlandsockel für anwendbar erklärt, ersetzt § 38 BNatSchG a.F. Dieser Paragraph erklärte sehr eingeschränkt die §§ 33, 34 BNatSchG a.F. bei der Ausweisung von Meeresschutzgebieten in der AWZ für entsprechend anwendbar.

617 Weitere Erstreckungsklauseln finden sich in den § 5 Abs. 1 EEG 2017, § 1 Abs. 1 Satz 1 Nr. 1 SeeAnlV a.F., § 5 Nr. 11 StGB.

sich eine weitere Frage, die im Grundsatz lautet: Wer soll für gesetzgeberische Maßnahmen und die Verwaltung einer Raumplanung in der deutschen AWZ zuständig sein? Das Völkerrecht enthält hierzu keine Vorgaben, schon gar nicht solche, die den föderalen Charakter der Bundesrepublik Deutschland berücksichtigten. Die grundsätzliche Geltungsmöglichkeit der Verfassung in der AWZ zugrunde gelegt, ist für die Beantwortung dieser Frage die innerstaatliche Kompetenzordnung der Art. 30, 70 ff. und 83 ff. GG heranzuziehen. Danach ist die Ausübung der staatlichen Befugnisse und Erfüllung der staatlichen Aufgaben Sache der Länder, soweit das Grundgesetz keine andere Regelung trifft oder zulässt.[618] Daraus ergaben sich zwei Möglichkeiten der Antwort: Zuständig für die maritime Raumplanung in der deutschen AWZ ist entweder der Bund oder es sind die Länder. Beide Möglichkeiten wurden in der Literatur mit unterschiedlichen Argumentationslinien vertreten, die sich wie folgt darstellen lassen:

1) Trotz einer Verneinung der Geltung nationalen Rechts in der deutschen AWZ – und damit auch des Bundesstaatsprinzips und der verfassungsrechtlichen Kompetenzordnung der Art. 30, 70 ff., 83 ff. GG – konstruieren Vertreter dieser ersten Ansicht über eine Auffangkompetenz eine Bundeszuständigkeit für die Raumplanung in der deutschen AWZ (nachfolgend unter b.).
2) Geht man von der Geltung des nationalen Rechts in der deutschen AWZ aus, so sind das Bundesstaatsprinzip und die verfassungsrechtliche Kompetenzordnung für die Frage nach der Zuständigkeit für eine Raumordnung in der AWZ heranzuziehen. Rechtsgrundlagen, die eine ausschließliche Kompetenz des Bundes nach Art. 73 GG bzw. nach Art. 32, 25, 125a Abs. 2 Satz 1 GG begründen würden, werden einhellig verneint. Ebenso erfolgte keine Verfassungsänderung, die dem Bund eine ausschließliche Kompetenz für ein „Recht der AWZ“ zusprechen würde. Ungeschriebene Bundeskompetenzen kraft Sachzusammenhangs oder als Annexkompetenz werden für die Raumplanung in der AWZ ebenfalls verneint. Breiter diskutiert, aber im Ergebnis ebenfalls abgelehnt, wird eine Bundeskompetenz kraft Natur der Sache.[619] Vertreter einer weiteren Ansicht argumentierten schließlich für die Rahmenkompetenz des Bundes nach Art. 75 Abs. 1 Nr. 4 GG a.F. mit einer Konkretisierung der Rahmenregelungen durch die Länder (nachfolgend unter c. bis f.).
3) Eine dritte Ansicht folgt dem Argumentationsstrang der zweiten Ansicht, geht aber noch einen Schritt weiter und bejaht eine Ausnahmesituation nach Art. 75 Abs. 2 GG a.F. Danach kann der Bund auch in Einzelheiten gehende oder unmittelbar geltende Regelungen selbst erlassen und ist nicht auf eine Ausfüllung von Rahmenvorschriften durch die Länder verwiesen. Darüber hinausgehende

618 Siehe dazu auch *Jarass*, Naturschutz in der AWZ, 2002, S. 50 ff.; *Erbguth*, NuR 2004, 91 ff. (94), mit Verweis auf *Schnoor*, NordÖR 2000, 221 ff. (224).
619 Zu allem ausführlich *Risch*, Windenergieanlagen in der AWZ, 2006, S. 74 ff.; *Forkel*, Maritime Raumordnung in der AWZ, 2012, S. 144 ff.

Länderkompetenzen bestünden damit bspw. nur noch im Bereich des Bauordnungsrechts (nachfolgend unter g.).

Die Hauptkonfliktlinien verlaufen damit an zwei Stellen: Zuerst an der Frage, ob die verfassungsrechtliche Kompetenzordnung überhaupt in der deutschen AWZ Anwendung findet; dann an der Frage, ob mit der Gesetzgebungskompetenz aus Art. 75 Abs. 1 Nr. 4 GG a.F. dem Bund ein Recht zur Rahmengesetzgebung in der AWZ zusteht oder er aber gem. Art. 25 Abs. 2 GG ausnahmsweise sogar in Einzelheiten gehende und unmittelbar geltende Regelungen erlassen durfte. An diesem Ergebnis muss sich Art. 18a ROG 2004 messen lassen, der als Ermächtigungsnorm für die Raumplanung in der deutschen AWZ mit dem EAG Bau 2004 in das Raumordnungsgesetz aufgenommen wurde (dazu vorangestellt unter a.).

a. Europarechtsanpassungsgesetz Bau 2004: Erlass des § 18a ROG 2004

Am 24. Juni 2004 ist im Zuge des Gesetzes zur Anpassung des Baugesetzbuchs an EU-Richtlinien[620] ein neuer § 18a ROG 2004 in das Raumordnungsgesetz aufgenommen worden. Dessen Absatz 1 Satz 1 lautet:

> (1) Das Bundesministerium für Verkehr, Bau- und Wohnungswesen stellt in der deutschen ausschließlichen Wirtschaftszone Ziele und Grundsätze der Raumordnung im Sinne des § 3 Nr. 2 und 3 hinsichtlich der wirtschaftlichen und wissenschaftlichen Nutzung, hinsichtlich der Gewährleistung der Sicherheit und Leichtigkeit der Seeschifffahrt sowie zum Schutz der Meeresumwelt auf. [...]
>
> (2) Das Bundesamt für Seeschifffahrt und Hydrographie führt mit Zustimmung des Bundesministeriums für Verkehr, Bau- und Wohnungswesen die vorbereitenden Verfahrensschritte zur Aufstellung der Ziele und Grundsätze der Raumordnung [...] durch. [...]

§ 18a ROG 2004 ist die Ermächtigungsgrundlage für die aktuellen Raumordnungspläne in der deutschen AWZ.[621] Dem Bundesministerium für Verkehr, Bau- und Wohnungswesen wird ein ausdrücklicher Auftrag zur Raumordnung in der deutschen AWZ erteilt.[622] Die Ermächtigungsgrundlage stellt ihrem Wortlaut nach eine unmittelbar geltende Regelung dar, die Bundesministerien und angeschlossene

620 V. 24.6.2004, BGBl. I 2004, S. 1359. Siehe hierzu u.a. *Bielenberg et al.*, Raumordnungs- und Landesplanungsrecht, Kommentar, Stand Oktober 2016, J 680 S. 11 ff.; *Nebelsieck/Schmidt*, NordÖR 2004, 93 ff.; *Erbguth*, NuR 2004, 91 ff.; *Kment*, NVwZ 2005, 886 ff.; *Wolf*, ZUR 2005, 176 ff.

621 Wegen § 29 ROG 2009 bleibt § 18a ROG 2004 auch nach der Gesetzesänderung die einschlägige rechtliche Grundlage, da sich bei Gesetzesänderung die Planung bereits in einem fortgeschrittenen Stadium befand, siehe D.III.1f.aa.

622 Art. 2 Nr. 7 EAG Bau. *Spannowsky* sieht eine ausschließliche Vollkompetenz des Bundes kraft Natur der Sache ohne Länderabweichungsbefugnis nach Art. 72 Abs. 3 Nr. 4 GG, *Spannowsky*, UPR 2007, 41 ff. (43 f.); anders wohl *Wolf*, JbUTR 2008, 93 ff. (123 f.).

Bundesbehörden direkt bindet. Aus der Gesetzesbegründung der Bundesregierung zum EAG Bau ergibt sich die Zuständigkeit des Bundes für die Raumplanung in der deutschen AWZ aus Art. 75 Abs. 2 GG.[623] Inwieweit diese Begründung auf die tatsächliche Gesetzeslage gestützt werden kann, wird im Folgenden aufgezeigt.

b. Geltung des Bundesstaatsprinzips in der deutschen AWZ: Innerstaatliche Verteilung von Kompetenzen in der AWZ

An erster Stelle ist zu fragen, wonach sich eine Kompetenzverteilung in der deutschen AWZ überhaupt bestimmen kann; da das Völkerrecht hierzu keine Aussagen trifft, liegt es nahe, die Verfassung heranzuziehen, die in den Art. 30, 70 ff. und 83 ff. Aussagen zur Kompetenzverteilung hinsichtlich Verwaltung und Gesetzgebung auf Bund und Länder trifft. Ausgangspunkt hierfür ist das Bundesstaatsprinzip aus Art. 20 Abs. 2 GG, das die horizontale (Legislative, Exekutive, Judikative) und vertikale (Bund, Länder) Gewaltenteilung[624] festschreibt. Diese Verteilung von Kompetenzen ist in der AWZ allerdings nur anwendbar, wenn dem Bundesstaatsprinzip nicht der besondere Rechtscharakter der AWZ entgegensteht. Zunächst ist damit zu klären, ob – neben der grundsätzlichen Geltung der Verfassung – auch die verfassungsrechtliche Kompetenzverteilung tatsächlich Anwendung auf die deutsche AWZ finden kann.[625]

Einer Ansicht[626] nach findet das Bundesstaatsprinzip und damit die Kompetenzverteilung der Verfassung keine Anwendung auf die AWZ. Begründet wird diese Ansicht insbesondere mit einer fehlenden ausdrücklichen Zuordnungszuweisung der Verfassung über die AWZ (also dem Wortlaut der Verfassung) und einer fehlenden territorialen Souveränität des Staates in der AWZ – die Vertreter dieser Ansicht gehen zumeist auch davon aus, dass die Verfassung und das nationale Recht in der AWZ generell keine Geltung haben.[627] Zudem sei das Bundesstaatsprinzip dem Wesen nach nur auf bewohntes oder zumindest bewohnbares Gebiet anwendbar.

---

623 BT-Drs. 15/2250 v. 17.12.2003, S. 71. Dazu *Erbguth*, NuR 2004, 91 ff. (95 ff.); *von Nicolai*, IzR 2004, 491 ff. (496 ff.).

624 Vgl. *Risch*, Windenergieanlagen in der AWZ, 2006, S. 71.

625 Zu den Überlegungen einer automatischen innerstaatlichen Verteilung der Hoheitsbefugnisse *Weiß*, Möglichkeiten der Regelung der Fischerei, des Bergbaus und der Schiffahrt in BSPAs, 1999, S. 25 ff.

626 *von Nicolai*, IzR 2004, 491 ff. (496); *Czybulka*, NuR 1999, 562 ff.; *Czybulka*, NuR 2001, 367 ff.; *Maier*, UPR 2004, 103 ff.; *Maier*, Die Ausdehnung des Raumordnungsgesetzes auf die AWZ, 2008, S. 94; *Schröer*, RIW/AWD 1978, 507 ff., mit Verweis auf *Kölble*, DÖV 1964, 217 ff.

627 „Eine (gedankliche) Verlängerung der bestehenden verfassungsrechtlichen Kompetenzvorschriften [...] in die Meereszone AWZ ist zwar naheliegend, aber juristisch unsauber, weil der AWZ jeder territoriale Bezug (zum ‚Staatsgebiet') fehlt", so zum Naturschutzrecht *Czybulka*, NuR 1999, 562 ff. (568).

Czybulka argumentiert des Weiteren damit, dass „die Väter des Grundgesetzes“[628] zum Zeitpunkt des Erlasses des Grundgesetzes nicht an das Gebiet der deutschen AWZ, die erst 1994 proklamiert wurde, denken konnten. Recht einig ist man sich mit den Vertretern der Gegenauffassung noch darüber, dass das Rechtskonstrukt der AWZ jedenfalls kein bundesunmittelbares Gebiet erzeugt.[629] Zum Teil wird dann aber „eine Art Auffangkompetenz“ des Bundes konstruiert, mit der letztlich doch zu einer Kompetenzverteilung nach dem Grundgesetz gelangt wird.[630]

Zwingendes Argument gegen diese Ansicht – und damit für eine Anwendbarkeit des Bundesstaatsprinzips samt der verfassungsrechtlichen Kompetenzordnung in der AWZ – ist jedoch, dass das Bundesstaatsprinzip ebenso wie das Rechtsstaatsprinzip in Art. 20 Abs. 3 GG Ausdruck der Bindung der öffentlichen Gewalt an die Verfassung ist, die auch außerhalb des Bundesgebietes Anwendung findet.[631] Verkannt wird von den Vertretern dieser Ansicht ebenso, dass die Kompetenzverteilung der Verfassung lückenlos ist. Zudem ist die Verfassung auf die Zukunft ausgerichtet, so dass in ihrem Sinne neuartige Gesetzgebungsbereiche weiterzuentwickeln sind.

Auch das Argument der fehlenden territorialen Souveränität zieht nicht, da die Verfassung selbst Kompetenzen von Bund und Ländern vorsieht, die gerade nicht auf der territorialen Souveränität beruhen: So stehen dem Bund die konkurrierenden Gesetzgebungsbefugnisse in Bezug auf die Hochseefischerei nach Art. 74 Abs. 1 Nr. 17 GG oder die Hochseeschifffahrt nach Art. 74 Abs. 1 Nr. 21 GG zu.[632] Die Verfassung kennt damit die Situation, dass Regelungsmaterien, die der Bundesrepublik aufgrund völkerrechtlicher Verträge zustehen, auch außerhalb des Bundesgebietes verteilt werden. Damit vergleichbar ist die Zuweisung souveräner Rechte und Hoheitsbefugnisse durch das Seerechtsübereinkommen in der AWZ, so dass eine Verteilung der Kompetenzregelungen durch die Verfassung nicht ausgeschlossen sein kann.

Somit sind die Kompetenzregelungen der Verfassung auch für die Frage der Gesetzgebung in der deutschen AWZ anzuwenden. Mit der grundlegenden

---

628 *Risch* erweitert das zu recht auf die „Väter und Mütter des Grundgesetzes“, siehe *Risch*, Windenergieanlagen in der AWZ, 2006, S. 73.

629 *Schröer*, RIW/AWD 1978, 507 ff., mit Verweis auf *Frowein*, ZaöRV 1965, 1 ff. A.A. wohl *Czybulka*, NuR 1999, 562 ff. (568).

630 *Maier*, UPR 2004, 103 ff. (108); in diese Richtung auch *Maier*, Die Ausdehnung des Raumordnungsgesetzes auf die AWZ, 2008, S. 91 ff.; *von Nicolai*, IzR 2004, 491 ff. (496). Mit Verweis auf die Diskussionen zur Inanspruchnahme des Festlandsockels: Hier wurde eine umfassende Kompetenz des Bundes kraft Natur der Sache diskutiert, die jedenfalls bis zu einer föderativen Zuordnung des Festlandsockels an die Länder nach Art. 29 GG gelten sollte. Ohne diese Zuordnung handele es sich bei dem Festlandsockel auch dauerhaft um ein bundesunmittelbares Gebiet. Siehe *Schröer*, RIW/AWD 1978, 507 ff.

631 Siehe oben D.II.1c.

632 *Weiß*, Möglichkeiten der Regelung der Fischerei, des Bergbaus und der Schiffahrt in BSPAs, 1999, S. 27.

Kompetenzverteilungsregel des Art. 30 GG ist damit von einer Zuständigkeit der Länder im Bereich der Gesetzgebung auszugehen, wenn nicht dem Bund die Kompetenz ausdrücklich zugewiesen ist.

c. *Ausschließliche Kompetenz des Bundes*

Der Kompetenzkatalog des Art. 73 GG a.F.[633] ist daher zunächst auf eine ausschließliche Kompetenz des Bundes hin zu untersuchen. Im Falle einer solchen ausschließlichen Kompetenz haben die Länder nur dann (noch) eine Befugnis zur Gesetzgebung, wenn und soweit sie hierzu in einem Bundesgesetz ausdrücklich ermächtigt werden, Art. 71 GG.

Die AWZ in ihrer Gänze als „auswärtige Angelegenheit" i.S.d. Art. 73 Nr. 1 GG a.F. zu definieren,[634] ist zu pauschal und läuft dem Gedanken der Verteilung der Gesetzgebungskompetenzen zuwider, zumal die Verfassung selbst einzelne Nutzungs- und Schutzkategorien wie das Recht der Wirtschaft, die Seeschifffahrt oder den Naturschutz aufführt.[635] Auch aus Art. 32 Abs. 1 GG lässt sich keine Kompetenz des Bundes zur Raumordnung in der deutschen AWZ herleiten. Die „Pflege der Beziehungen zu auswärtigen Staaten" umfasst lediglich die Befugnis zum Abschluss völkerrechtlicher Verträge und deren gesetzliche Ausführung, nicht aber eine raumplanerische Betätigung des Bundes in extraterritorialen Gebieten.[636]

Eine ausschließliche Kompetenz des Bundes ist damit nicht ersichtlich.[637]

d. *Ausschließliche Kompetenz des Bundes kraft Natur der Sache*

Neben den geschriebenen Gesetzgebungskompetenzen des Art. 73 GG sind durch das Bundesverfassungsgericht auch ungeschriebene ausschließliche Gesetzgebungskompetenzen des Bundes anerkannt.[638] Dazu gehören die Kompetenz kraft Natur der

---

633 Art. 73 Nr. 1 GG a.F. findet sich heute wortgleich in Art. 73 Abs. 1 Nr. 1 GG wieder.

634 *Forkel*, Maritime Raumordnung in der AWZ, 2012, S. 148.

635 *Forkel*, Maritime Raumordnung in der AWZ, 2012, S. 148/149. So auch ohne Begründung *Schnoor*, NordÖR 2000, 221 ff. (224); *Kahle*, ZUR 2004, 80 ff. (84).

636 *Risch*, Windenergieanlagen in der AWZ, 2006, S. 74; *Janssen*, Die rechtlichen Möglichkeiten der Einrichtung von Meeresschutzgebieten in der Ostsee, 2002, S. 172; *Schnoor*, NordÖR 2000, 221 ff. (224).

637 Diskutiert und verneint werden ebenfalls mögliche Kompetenzen des Bundes aus Art. 25 GG (*Wolf*, JbUTR 2008, 93 ff. (122)), Art. 79 Abs. 1 Satz 2 und Art. 87 Abs. 1 Satz 1 GG (*Schnoor*, NordÖR 2000, 221 ff.), Art. 87 Abs. 3 GG (*Erbguth/Müller*, DVBl. 2003, 625 ff.) oder Art. 125a Abs. 2 Satz 1 GG (*Risch*, Windenergieanlagen in der AWZ, 2006).

638 Dogmatisch korrekt wären diese ungeschriebenen Kompetenzen erst nach den geschriebenen Zuständigkeitsregelungen in Betracht zu ziehen, wozu auch die noch im Folgenden geprüfte konkurrierende und die Rahmengesetzgebungskompetenz zählen. Aus Darstellungsgründen und wegen der Frage nach einer *ausschließlichen* Kompetenz des Bundes ist die Behandlung hier vorgezogen.

Sache, kraft Sachzusammenhang[639] und die Annexkompetenz.[640] Da die Kompetenz kraft Natur der Sache anders als die anderen beiden ungeschriebenen Kompetenzen nicht in einem notwendigen Zusammenhang mit einer bestehenden geschriebenen Bundeskompetenz steht, kommt diese für den Bereich der Raumordnung in dem Nicht-Staatsgebiet der AWZ einzig in Betracht.[641]

Die Bundeskompetenz aus der Natur der Sache soll die Zuständigkeit des Bundes für Sachgebiete regeln, die „ihrer Natur nach eine eigenste, der partikularen Gesetzgebungszuständigkeit a priori entrückte Angelegenheit des Bundes darstellen, vom Bund und nur von ihm geregelt werden können."[642] Schon aus dieser Formulierung des Bundesverfassungsgerichts wird klar, dass an die Annahme einer Zuständigkeit des Bundes kraft Natur der Sache sehr hohe Anforderungen gestellt sind. *Czybulka*[643] argumentiert hinsichtlich eines „Rechts der AWZ" für eine Bundeskompetenz kraft Natur der Sache.[644] Da es sich bei dem Recht der AWZ um ein einheitliches Nutzungs- und Schutzregime und damit um einen abgeschlossenen Sachbereich handele, sei ein solcher Kompetenztitel durch eine ausdrückliche Verfassungsänderung neu in

639 „...wenn eine dem Bund ausdrücklich zugewiesene Materie verständlicherweise nicht geregelt werden kann, ohne dass zugleich eine nicht ausdrücklich zugewiesene andere Materie mitgeregelt wird, wenn also ein Übergreifen in nicht zugewiesene Materien unerlässliche Voraussetzung für die Regelung einer der Bundesgesetzgebung ausdrücklich zugewiesenen Materie ist", BVerfGE 3, 407 (423); 98, 265 (299).

640 Hier geht es um eine Ausdehnung einer ausdrücklich zugewiesenen Kompetenz in Stadien der Vorbereitung und Durchführung von Vorschriften. Vgl. BVerfGE 11, 192 (199); 8, 104 (118 f.). Die Annexkompetenz ebenfalls verneinend *Schnoor*, NordÖR 2000, 221 ff. (224). Zu einer Annexkompetenz im Gefolge des Art. 74 Nr. 11 GG a.F. „Recht der Wirtschaft" siehe *Kahle*, ZUR 2004, 80 ff. (84).

641 Siehe dazu *Janssen*, Die rechtlichen Möglichkeiten der Einrichtung von Meeresschutzgebieten in der Ostsee, 2002, S. 176 ff.

642 BVerfGE 11, 89 (96 f.); 25, 257; 26, 246 (257).

643 Im Hinblick auf die Anwendung des Bundesnaturschutzgesetzes in der AWZ erwägt *Czybulka* eine „doppelt analoge" Anwendung, da die naturschutzrechtlichen Regelungen zum einen nicht auf die AWZ bezogen sind, zum anderen nicht auf eine unmittelbare Geltung angelegt sind; siehe *Czybulka*, NuR 1999, 562 ff. (568). Mit Verweis auf ein unveröffentlichtes Rechtsgutachten im Auftrag des BfN spricht er sich auch für eine „Vertragslösung" zwischen Bund und Ländern aus; soweit ersichtlich wird das später nicht weiter verfolgt, siehe *Czybulka*, NuR 1999, 562 ff. (569 mit Fn. 63); einen „Staatsvertrag" unter den Küstenländern in Betracht zieht *Schnoor*, NordÖR 2000, 221 ff. (221).

644 *Czybulka*, NuR 2001, 367 ff. (370); schon angedeutet in *Czybulka*, NuR 1999, 562 ff. (569). Inkonsistent ist er dabei allerdings, wenn er zuvor die bundesstaatliche Kompetenzordnung in der AWZ für unzulässig erklärt, da auch die ungeschriebene Gesetzgebungskompetenz kraft Natur der Sache gerade aus der verfassungsrechtlichen Kompetenzaufteilung fließt.

die Gesetzgebungstitel einzufügen.[645] In seinem Baurechtsgutachten hat das Bundesverfassungsgericht den Begriff der Raumordnung geprägt.[646] Danach ist mit Raumordnung grundsätzlich die Landesplanung betraut, d.h. die zusammenfassende und übergeordnete Planung des Raumes in den Grenzen des jeweiligen Landesgebietes. Von diesem gebietsbezogenen Ansatz ist eine Raumplanung bzw. Raumordnung in der AWZ nicht erfasst, da sie kein Landesgebiet ist. Das Bundesverfassungsgericht hat aber anerkannt, dass die Raumordnung auf der Ebene des gesamten Staatsgebiets eine notwendige Aufgabe des modernen Staatswesens ist und gesteht dem Bundesgesetzgeber deshalb eine Bundesraumordnungskompetenz kraft Natur der Sache zu. Das Bundesverfassungsgericht stellt für diese Kompetenz des Bundes zwei Voraussetzungen auf: Erstens muss sich die zu regelnde Aufgabe von vornherein auf das Bundesgebiet als Ganzes erstrecken, Stichwort: Überregionalität. Zweitens darf die Selbstkoordinierung der Länder (alleine oder mit Beteiligung des Bundes) keine praktikable Alternative zur Bewältigung der Aufgabe durch den Bund alleine darstellen.

Insbesondere *Erbguth*[647] hat diese Voraussetzungen gutachterlich ausführlich geprüft. Er hält bereits das Vorliegen der ersten Voraussetzung für fraglich, verneint jedenfalls aber die zweite Voraussetzung. Gegen eine Überregionalität spreche zum einen, dass es sich bei der AWZ um einen relativ begrenzten Raum handele, der zudem in Nord- und Ostsee getrennt sei. Auch spreche gegen eine Gesamtstaatsbezogenheit, dass primär die Küstenbundesländer durch Tätigkeiten in der AWZ betroffen seien, erst nachrangig die übrigen Bundesländer ohne Küstenbezug. Zum anderen könne die Selbstkoordinierungsfähigkeit der Länder zu einer Beplanung der Meeresbereiche nicht ausgeschlossen werden, vielmehr müsse von ihrer Kooperationsbereitschaft ausgegangen werden, wozu v.a. auch das Instrument der MKRO[648] zur Verfügung stehe. Damit ist eine ausschließliche Kompetenz des Bundes kraft Natur der Sache zu verneinen.

---

645 Mittlerweile a.A. in *Czybulka*, ZUR 2003, 329 ff. (332). Mit unterschiedlichen Argumenten begründen anderen Vertreter ebenfalls eine Kompetenz des Bundes kraft Natur der Sache für die AWZ, siehe *Schnoor*, NordÖR 2000, 221 ff. (224); bzgl. Meeresschutzgebieten *Janssen*, Die rechtlichen Möglichkeiten der Einrichtung von Meeresschutzgebieten in der Ostsee, 2002, S. 78 ff. Auch *Maier* gelangt „hilfsweise zu diesem Ergebnis", siehe *Maier*, Die Ausdehnung des Raumordnungsgesetzes auf die AWZ, 2008, S. 95.

646 BVerfGE 3, 411. Ausführlich dazu *Haneklaus*, Raumordnung im Bundesstaat, 1993, S. 7 ff.

647 Zuletzt in *Erbguth*, DV 2009, 179 ff. (198 ff.); zuvor *Erbguth*, Wahrung möglicher Belange der Bundesraumordnung in der AWZ der Bundesrepublik Deutschland, Rechtsgutachten, 2002, S. 65; *Erbguth/Mahlburg*, DÖV 2003, 665 ff. (669). Ablehnend für die Einrichtung von Meeresschutzgebieten ebenfalls *Jarass*, Naturschutz in der AWZ, 2002, S. 51 f.

648 Siehe dazu oben unter D.I.2.

e. *Konkurrierende Kompetenzen*

Im Regelungskatalog des Art. 74 GG a.F. finden sich lediglich konkurrierende Kompetenzen für die Seefischerei (Art. 74 Abs. 1 Nr. 17 GG a.F.) und für die Seeschifffahrt (Art. 74 Abs. 1 Nr. 21 GG a.F.). Der Katalog enthält jedoch keine konkurrierende Zuständigkeitsregelung für den Bereich der Raumordnung in der AWZ.

f. *Rahmengesetzgebungskompetenz des Bundes nach Art. 75 Abs. 1 Satz 1 Nr. 4 GG a.F.*

Ebenfalls kontrovers diskutiert wurde die damals geltende Rahmengesetzgebungskompetenz des Bundes für die Raumordnung nach Art. 75 Abs. 1 Nr. 4 GG a.F.[649] Hiernach durfte der Bund im Bereich der Raumordnung nur unter den Voraussetzungen der Erforderlichkeitsklausel des Art. 72 Abs. 2 GG a.F. gesetzgeberisch tätig werden,[650] d.h. „wenn und soweit die Herstellung gleichwertiger Lebensverhältnisse im Bundesgebiet oder die Wahrung der Rechts- und Wirtschaftseinheit im gesamtstaatlichen Interesse eine bundesgesetzliche Regelung erforderlich macht."[651] Darüber hinaus durften vom Bund lediglich Rahmenvorschriften für die Gesetzgebung der Länder erlassen werden und nur in Ausnahmefällen in Einzelheiten gehende oder unmittelbar geltende Regelungen enthalten, Art. 75 Abs. 2 GG a.F.[652]

Vertreter, die aufgrund dieser Rahmenkompetenz eine Gesetzgebungszuständigkeit des Bundes für die Raumplanung in der AWZ annehmen,[653] erkennen eine Gesetzgebungskompetenz, die sich auf rahmensetzende Vorschriften beschränkt und

---

649 Art. 75 GG wurde durch das Gesetz zur Änderung des Grundgesetzes v. 28.8.2006, BGBl. I S. 2034, aufgehoben. Die bis zum 31.8.2006 geltende Fassung des Art. 75 GG lautete:
„(1) Der Bund hat das Recht, unter den Voraussetzungen des Art. 72 Rahmenvorschriften für die Gesetzgebung der Länder zu erlassen über: [...] 4. die Bodenverteilung, die Raumordnung und den Wasserhaushalt; [...]."

650 Zum ROG 1998 *Dolderer*, NVwZ 1998, 345 ff.

651 Die Frage, ob für den Erlass raumordnerischer Regelungen in der AWZ überhaupt der Bund zuständig war oder ob dieses aufgrund der möglicherweise fehlenden Erforderlichkeit nach Art. 72 Abs. 2 GG a.F. in die gesetzgeberische Zuständigkeit der Länder fiel, wurde kaum kontrovers diskutiert. Siehe hierzu nur andeutungsweise *Erbguth*, DV 2009, 179 ff. (198).

652 Art. 75 Abs. 2 GG a.F.:
„(2) Rahmenvorschriften dürfen nur in Ausnahmefällen in Einzelheiten gehende oder unmittelbar geltende Regelungen enthalten. [...]"

653 *Erbguth*, Wahrung möglicher Belange der Bundesraumordnung in der AWZ der Bundesrepublik Deutschland, Rechtsgutachten, 2002; sich dem anschließend *Forkel*, Maritime Raumordnung in der AWZ, 2012. In diese Richtung ohne Begründung schon *Weiß*, Möglichkeiten der Regelung der Fischerei, des Bergbaus und der Schiffahrt in BSPAs, 1999, S. 27 f., *Kahle*, ZUR 2004, 80 ff. (84), *Wolf*, NuR 2005, 375 ff. (379); *Ehlers*, NordÖR 2003, 385 ff. (390). Im Ergebnis ebenso *Jarass*, Naturschutz in der AWZ, 2002, S. 52. Offen gelassen bei *Wolf*, JbUTR 2008, 93 ff. (123).

der Ausfüllung durch die Länder bedarf. Ein Ausnahmefall nach Art. 75 Abs. 2 GG, der dem Bund in Einzelheiten gehende und unmittelbar geltende Regelungen erlaube, liege ihrer Ansicht aber nicht vor. Die hierzu vom Bundesverfassungsgericht[654] entwickelte erhöhte Begründungslast erfordert einen besonderen rechtfertigenden Grund. Dieser ist zum einen qualitativ zu bestimmen, in dem die Detailregelungen im Vergleich zum gesamten Regelungswerk die Ausnahme bleiben. Zum anderen muss qualitativ ein starkes legitimes Interesse vorliegen.[655] Beides sei nicht gegeben, weshalb es bei der Rahmengesetzgebungskompetenz des Bundes aus Art. 75 Abs. 1 Satz 1 Nr. 4 GG a.F. verbleibe.

g. *Ausnahmefall des Art. 75 Abs. 2 GG a.F.*

Einen Schritt weiter geht *Risch.*[656] Sie bejaht das Vorliegen der engen Voraussetzungen des Art. 75 Abs. 2 GG a.F. und damit die Möglichkeit des Bundes, mit § 18a ROG 2004 in Einzelheiten gehenden und unmittelbar geltende Regelungen zu erlassen.[657] Sie stimmt damit im Ergebnis mit der Gesetzesbegründung zum EAG Bau überein.[658] Ihrer Ansicht nach ist die Ermächtigungsnorm des § 18a ROG 2004 für die Raumordnung in der AWZ damit verfassungsgemäß erlassen worden.

h. *Zwischenergebnis*

Mit überzeugenden Gründen ist von der Anwendbarkeit des Bundesstaatsprinzips und der Geltung der verfassungsrechtlichen Kompetenzordnung in der deutschen AWZ auszugehen, auch wenn eine Kompetenz des Bundes oder der Länder für die Raumplanung in der AWZ nicht ausdrücklich in der Verfassung vorgesehen war. So ergibt sich weder eine Kompetenzzuordnung aus den ausschließlichen oder konkurrierenden Kompetenztiteln der Art. 73 und 74 GG (a.F.). Auch eine Kompetenz des Bundes kraft Natur der Sache wird mit guten Gründen abgelehnt.

Im Rückgriff auf die vormals geltende Rahmengesetzgebungskompetenz des Bundes für die Raumordnung nach Art. 75 Abs. 1 Nr. 4 GG a.F. lässt sich eine Rahmengesetzgebungskompetenz des Bundes mit dem Ausfüllungsbedürfnis durch die

---

654 BVerfG, NJW 2004, 2803 „Juniorprofessur".

655 In einem weiteren, stark kritisierten Aspekt fordert das Bundesverfassungsgericht, dass die Detailregelung in qualifizierender Weise notwendig, also schlechthin unerlässlich ist. Siehe dazu das Sondervotum in NJW 2004, 2811.

656 *Risch*, Windenergieanlagen in der AWZ, 2006, S. 98 ff., allerding mit Zweifeln hinsichtlich einer hinreichenden Verankerung in der Gesetzesbegründung. So auch „hilfsweise" *Maier*, Die Ausdehnung des Raumordnungsgesetzes auf die AWZ, 2008, S. 96 f., die allerdings zur Bestimmung der Voraussetzungen des Art. 75 Abs. 2 GG a.F. auf Art. 72 Abs. 2 GG a.F. zurückgreift. In diese Richtung für den Naturschutz wohl auch *Czybulka*, NuR 2001, 367 ff. (371).

657 Dagegen *Erbguth*, DV 2009, 179 ff. (198 ff.).

658 Begründung des Gesetzesentwurfs zum EAG Bau, BT-Drs. 15/2250 v. 17.12.2003, S. 71.

Länder bzw. – unter Bejahung der Voraussetzungen des Art. 75 Abs. 2 GG a.F. – eine umfassende Gesetzgebungskompetenz des Bundes begründen.

i. Neue Rechtslage nach der Föderalismusreform 2006

Der Streit um die Gesetzgebungskompetenz hat sich mit der Aufhebung der Rahmengesetzgebungskompetenz i.R.d. Föderalismusreform im Jahr 2006 weitgehend erledigt.[659] Mit der Föderalismusreform ist der Bereich der Raumordnung aus der Rahmengesetzgebung in die konkurrierende Gesetzgebungskompetenz überführt worden.[660] An die Stelle einer Erforderlichkeitsprüfung nach Art. 72 Abs. 2 GG ist für den Bereich der Raumordnung ein Abweichungsrecht der Länder nach Art. 72 Abs. 3 Satz 1 Nr. 4 GG[661] getreten. Damit dürfen die Länder von Bundesrecht abweichende Regelungen treffen. Dieses Recht reicht aber auch nach der Reform i.S.d. Baurechtsgutachtens immer nur so weit, wie keine über die Länder hinausgreifende Zusammenhänge oder die Raumordnung in der deutschen AWZ betroffen sind.[662]

Mittlerweile wird die Kompetenz des Bundes zur Raumplanung in der AWZ unter Verweis auf Art. 72, 74 Abs. 1 Nr. 31 GG kraft Natur der Sache anerkannt.[663] Auch von Länderseite wird dies gestützt, nicht zuletzt aus dem Grund, dass bei einer

659 *Forkel*, Maritime Raumordnung in der AWZ, 2012, S. 175 ff.

660 Gesetz zur Änderung des Grundgesetzes v. 28.8.2006, BGBl. I S. 2034; BT-Drs. 16/813, 16/814, 16/2010, 16/2069.
Zu Föderalismusreform und Raumordnung: *Erbguth*, NVwZ 2007, 985 ff.; *Erbguth*, Zur Föderalismusreform im Bereich Umwelt, in: Ipsen/Stüer (Hrsg.), Europa im Wandel, FS Rengeling, 2008, S. 35 ff.; *Schmitz/Müller*, RuR 2007, 456 ff.; *Hoppe*, DVBl. 2007, 144 ff.; *Battis/Kersten*, DVBl. 2007, 152 ff.; *Spannowsky*, UPR 2007, 41 ff.; *Spannowsky*, ZfBR 2007, 221 ff.; *Kment*, NuR 2006, 217 ff.
Zu Föderalismusreform und Umwelt/Naturschutz: *Frenz*, NVwZ 2006, 742 ff.; *Epiney*, NuR 2006, 403 ff.; *Kotulla*, NVwZ 2007, 489 ff.; *Schulze-Fielitz*, NVwZ 2007, 249 ff.; *Fischer-Hüftle*, NuR 2007, 78 ff.; *Koch/Krohn*, NuR 2006, 673 ff.; *Grandjot*, DÖV 2006, 511 ff.; *Sachverständigenrat für Umweltfragen*, Umweltschutz in der Föderalismusreform, 2006.
Zu Föderalismusreform und Gesetzgebungskompetenzen: *Degenhart*, NVwZ 2006, 1209 ff.; *Rengeling*, DVBl. 2006, 1537 ff.

661 Dieser Artikel sieht keinen abweichungsfesten Kern für die Raumordnung vor, also keinen solchen Bereich bundesgesetzlicher Regelungen, der dem Abweichungsrecht der Länder entzogen ist. Damit dürfen die Länder unbeschränkt von raumordnungsrechtlichen Bundesregelungen abweichen. Zu Herleitung und Reichweite eines ungeschriebenen abweichungsfesten Kerns siehe m.w.N. *Spannowsky et al.*, ROG, Kommentar, 2010, § 1 Rn. 28 ff.; *Forkel*, Maritime Raumordnung in der AWZ, 2012, S. 177 ff.; *Schmitz/Müller*, RuR 2007, 456 ff. (460 ff.).

662 So nicht unumstritten *Spannowsky et al.*, ROG, Kommentar, 2010, § 1 Rn. 15.

663 Verschiedene Streitstände, insbesondere solche, die auf der Reichweite und Auslegung der Rahmenkompetenz des Art. 75 GG beruhten, wurden mit Aufhebung der Rahmenkompetenz durch die Föderalismusreform 2006 bedeutungslos. Dazu *Spannowsky et al.*, ROG, Kommentar, 2010.

Aufteilung der deutschen AWZ auf die angrenzenden Bundesländer so kleine Teilflächen zu überplanen gewesen wären, dass eine Gesamtkonzeption für die AWZ mitnichten vorstellbar erschien.[664]

4. *Verwaltungskompetenz für die maritime Raumplanung in der deutschen AWZ*

Neben der Frage, wer für die Gesetzgebung einer maritimen Raumplanung in der deutschen AWZ zuständig ist, bleibt zu klären, wem dort die Kompetenzen zur Verwaltung, d.h. der Ausführung der Gesetze zustehen.[665] Gleichlaufend zur Diskussion über die Gesetzgebungszuständigkeiten gibt es Vertreter, die für die Ausführung der Gesetze in der deutschen AWZ eine Verwaltungskompetenz des Bundes kraft Natur der Sache annehmen[666] bzw. für eine Ausführung der Gesetze durch die Länder argumentieren.[667]

Ausgehend von der Feststellung, dass die Verfassung in der AWZ Geltung beansprucht, richten sich auch die Verwaltungszuständigkeiten nach den verfassungsrechtlichen Vorgaben.[668] Nach dem Grundsatz der Art. 30, 83 GG führen die Länder die Bundesgesetze als eigene Angelegenheit aus, so dass der Gesetzesvollzug in der deutschen AWZ grundsätzlich durch die Bundesländer durchgeführt wird.[669] In

---

664 *Spannowsky et al.*, ROG, Kommentar, 2010, § 17 Rn. 10. Neu dazu *tho Pesch*, DÖV 2016, 645 ff.

665 Siehe dazu ausführlich *Risch*, Windenergieanlagen in der AWZ, 2006, S. 148 ff.; *Forkel*, Maritime Raumordnung in der AWZ, 2012, S. 185 ff.

666 So konsequent *Janssen*, Die rechtlichen Möglichkeiten der Einrichtung von Meeresschutzgebieten in der Ostsee, 2002, S. 180 f.; *Jarass*, Naturschutz in der AWZ, 2002, S. 54 ff. Im Ergebnis unter Annahme einer Residualkompetenz des Bundes kraft Natur der Sache ebenso *Czybulka*, NuR 2001, 367 ff. (371 f.).

667 So bspw. *Erbguth*, Wahrung möglicher Belange der Bundesraumordnung in der AWZ der Bundesrepublik Deutschland, Rechtsgutachten, 2002, S. 65 ff., mit dem Folgeproblem der Zuordnung der AWZ auf die Länder – dazu *tho Pesch*, DÖV 2016, 645 ff., und *Köppel et al.*, Naturschutzfachliche und naturschutzrechtliche Anforderungen im Gefolge der Ausdehnung des Raumordnungsregimes auf die deutsche AWZ, Mai 2006, S. 40; *Ehlers*, NordÖR 2003, 385 ff. (390); *Forkel*, Maritime Raumordnung in der AWZ, 2012, S. 187 ff.; *Jarass/Pieroth*, GG, Kommentar, 14. Auflage 2016, Präambel Rn. 11.

668 Ausführlich *Risch*, Windenergieanlagen in der AWZ, 2006, S. 148 ff.

669 Damit stellt sich aber die Frage, wie in der deutschen AWZ die Grenzen zwischen den Zuständigkeitsgebieten der Bundesländer zu ziehen sind und welche Bundesländer zuständig sind. Dies ist bislang weder für die deutsche AWZ noch für das Küstenmeer eindeutig geregelt. Letztlich kann man aufgrund des geographischen Anschlusses an Küste und Küstengewässer sowie des vorhandenen Sachverstandes für die Exekutiv-Zuständigkeit der Küstenbundesländer argumentieren. Für die Grenzziehung bietet sich der Rückgriff auf das seevölkerrechtlich begründete Äquidistanzprinzip aus den Art. 74 und 83 SRÜ an. Dazu ausführlich *Köppel et al.*,

Ausnahme hierzu steht die Regelung des Art. 87 Abs. 3 Satz 1 GG: Danach können selbständige Bundesoberbehörden für Angelegenheiten zuständig sein, für die dem Bund die Gesetzgebungskompetenz zusteht. Wie oben[670] festgestellt, besteht für die Raumordnung und -planung in der AWZ eine umfassende[671] Gesetzgebungskompetenz des Bundes. Die Übertragung der Aufgabe des § 18a Abs. 1 ROG 2004 auf das Bundesministerium für Verkehr, Bau- und Wohnungswesen sowie das BSH[672] war damit zulässig.[673]

5. *Gesetz zur Neufassung des Raumordnungsgesetzes (GeROG) 2009*

Das Raumordnungsgesetz vom 8. April 1965[674] erfuhr früher nur punktuelle Novellierungen, seit den späten 1990er Jahren unterlag es dagegen zahlreichen Änderungen. 1998 wurde das Raumplanungsrecht des Bundes vollständig neu gefasst;[675] eine Raumordnung des Bundes für die länderübergreifenden Zusammenhänge der Raumplanung war damals bekannt,[676] eine Erstreckung auf die AWZ aber noch nicht vorgesehen. Die Ausweitung des Anwendungsbereichs auf die deutsche AWZ (und die Einführung des § 18a ROG 2004 als Ermächtigungsgrundlage für die maritime Raumplanung) erfolgte mit dem EAG Bau im Jahr 2004.[677] Die nächste –

Naturschutzfachliche und naturschutzrechtliche Anforderungen im Gefolge der Ausdehnung des Raumordnungsregimes auf die deutsche AWZ, Mai 2006, S. 38 ff.; *tho Pesch*, DÖV 2016, 645 ff., beide m.w.N.

670 D.II.3.

671 Soweit die Voraussetzungen des Art. 75 Abs. 2 GG verneint werden, greift die Grundregel mit einer Ausführung der Gesetze durch die Länder; siehe Art. 83 GG.

672 Siehe D.II.3a.

673 „... von Länderseite unbestritten", so *Bielenberg et al.*, Raumordnungs- und Landesplanungsrecht, Kommentar, Stand Oktober 2016, L § 17 Rn. 15. Zum gleichen Ergebnis im Bereich des Naturschutzrechts und der Ausführung von Regelungen zu Meeresschutzgebieten durch das Bundesamt für Naturschutz (BfN) über Art. 87 Abs. 3 GG gelangt auch *Risch*, Windenergieanlagen in der AWZ, 2006, S. 155. Dazu auch *Palme*, ZNER 2004, 156 ff. (160).

674 BGBl. I S. 306. Hierzu *Bielenberg et al.*, Raumordnungs- und Landesplanungsrecht, Kommentar, Stand Oktober 2016, J 620 S. 15 ff.; die Einführung von *Hübler*, in: *Akademie für Raumforschung und Landesplanung*, Novellierung des Raumordnungsgesetzes, 1988, S. 1 ff.; *Appold*, Historische Entwicklung des Rechts der Raumordnung, in: Erbguth et al. (Hrsg.), Planung, FS Hoppe, 2000, S. 21 ff. (21 ff.).

675 Durch das BauROG v. 1.1.1998, BGBl. I S. 2081. Hierzu *Bielenberg et al.*, Raumordnungs- und Landesplanungsrecht, Kommentar, Stand Oktober 2016, J 630; *Runkel*, UPR 1997, 1 ff.; *Dolderer*, NVwZ 1998, 345 ff.; *Runkel*, NuR 1998, 449 ff.; *Frenz*, UPR 2003, 361 ff.; *Appold*, Historische Entwicklung des Rechts der Raumordnung, in: Erbguth et al. (Hrsg.), Planung, FS Hoppe, 2000, S. 21 ff. (21 ff.).

676 *Dolderer*, NVwZ 1998, 345 ff. (345, 347).

677 V. 24.6.2004, BGBl. I S. 1359 ff. (1379). Begründung zum Gesetzentwurf BT-Drs. 15/2250 v. 17.12.2003. Siehe dazu oben D.II.2d. und 3a. Hierzu *Bielenberg et al.*, Raumordnungs- und Landesplanungsrecht, Kommentar, Stand Oktober 2016, J 680.

zumindest indirekte – Änderung für das Raumordnungsrecht ergab sich mit der Föderalismusreform im Jahr 2006.[678] Im Zuge der Reform wurde die Rahmengesetzgebungskompetenz des Bundes aus Art. 75 Abs. 1 Nr. 4 GG a.F. in eine konkurrierende Gesetzgebungskompetenz überführt, Art. 74 Abs. 1 Nr. 31 GG. Textliche Änderungen des Raumordnungsgesetzes erfolgten zunächst nicht.

Erst im Jahr 2008 wurde das Raumordnungsgesetz mit dem „Gesetz zur Neufassung des Raumordnungsgesetzes“ an die durch die Föderalismusreform geänderte Verfassungslage angepasst.[679] Gem. § 1 Abs. 4 ROG 2009[680] findet die Raumordnung seitdem i.R.d. Vorgaben des Seerechtsübereinkommens der Vereinten Nationen auch in der deutschen AWZ statt.

Die aktuelle Rechtsgrundlage für die Aufstellung von Raumordnungsplänen in der deutschen AWZ findet sich nun in § 17 Abs. 3 ROG 2009:

> (3) Das Bundesministerium für Verkehr und digitale Infrastruktur stellt für die deutsche ausschließliche Wirtschaftszone einen Raumordnungsplan als Rechtsverordnung auf. [...] Das Bundesamt für Seeschifffahrt und Hydrographie führt

---

678 Gesetz zur Änderung des Grundgesetzes v. 28.8.2006, BGBl. I S. 2034. Begründung zum Gesetzentwurf BT-Drs. 16/813 v. 7.3.2006. Dazu oben D.II.3i.

679 Gesetz zur Neufassung des Raumordnungsgesetzes und zur Änderung anderer Vorschriften (GeROG) v. 22.12.2008, BGBl. I S. 2986. Zur Gesetzesbegründung BT-Drs. 16/10292 v. 22.9.2008.
Hierzu *Bielenberg et al.*, Raumordnungs- und Landesplanungsrecht, Kommentar, Stand Oktober 2016, J 695 ff.; *Söfker*, UPR 2008, 161 ff.; *Söfker*, UPR 2009, 161 ff.; *Ritter*, DÖV 2009, 425 ff.; *Krautzberger/Stüer*, BauR 2009, 180 ff.; *Müller*, RuR 2008, 360 ff.; *Hoppe*, BauR 2007, 26 ff.; *Wilke*, NordÖR 2009, 236 ff.; *Durner*, Das neue Raumordnungsgesetz und die Infrastrukturverantwortung des Bundes, in: Magiera/Sommermann (Hrsg.), Daseinsvorsorge und Infrastrukturgewährleistung, Symposium Blümel, 2009, S. 73 ff.; *Durner*, NuR 2009, 373 ff.; *Durner*, Das neue Raumordnungsgesetz, in: Ziekow (Hrsg.), Aktuelle Probleme des Luftverkehrs-, Planfeststellungs- und Umweltrechts 2009, 2010, S. 227 ff.; *Kment/Grüner*, UPR 2009, 93 ff. Zur Umweltplanung im Raumordnungsgesetz 2009 *Scheidler*, NVwZ 2010, 19 ff.; *Hoppe*, Recht der Raumordnung, in: Hoppe et al. (Hrsg.), Öffentliches Baurecht, Raumordnungsrecht, 4. Auflage 2010, S. 35 ff.; *Hoppe*, NVwZ 2008, 936 ff.; *Akademie für Raumforschung und Landesplanung*, Empfehlungen zur Novellierung des ROG, 2006.

680 Teilweise findet sich neben der Abkürzung ROG 2008 auch die Abkürzung ROG 2009. Das hängt mit den beiden unterschiedlichen Daten des Inkrafttretens des GeROG zusammen, siehe Art. 9 GeROG: Abschnitt 3 (§§ 17 bis 25) und § 29 ROG traten am Tag nach der Verkündung, mithin am 31.12.2008 in Kraft; im Übrigen trat das Gesetz wegen Art. 72 Abs. 3 Satz 2 GG erst sechs Monate nach Verkündung des Raumordnungsgesetzes in Kraft, d.h. am 30.6.2009. Geht es um die Gegenüberstellung der beiden Fassungen des Raumordnungsgesetzes aus den Jahren 2004 und 2008 bzw. 2009, so wird durchgängig die Abkürzung ROG 2009 gebraucht. Soweit im Folgenden die Abkürzung des ROG ohne Jahreszahl verwendet wird, ist jeweils die aktuelle Fassung gemeint.

> mit Zustimmung des Bundesministeriums für Verkehr und digitale Infrastruktur die vorbereitenden Verfahrensschritte zur Aufstellung des Raumordnungsplans durch. [...]

Die Zuständigkeit des Bundes für die Raumordnung in der AWZ wird ausweislich der Gesetzesbegründung – nicht unumstritten – auf eine Kompetenz kraft Natur der Sache gestützt.[681]

Für die Entwicklung der aktuell gültigen Raumordnungspläne in der deutschen AWZ spielt dieser neue Paragraph des § 17 Abs. 3 ROG 2009 jedoch vorerst keine Rolle, da gem. § 29 Abs. 1 ROG 2009 auf Verfahren zur Aufstellung von Raumordnungsplänen das bisher geltende Raumordnungsgesetz – also das ROG 2004 mit § 18a ROG 2004 – Anwendung findet, soweit die Verfahren vor dem 31. Dezember 2008 förmlich eingeleitet wurden. Das ist hier der Fall, da die Öffentlichkeits- und Behördenbeteiligung mit Auslage der ersten Planentwürfe im Juni 2008 förmlich eingeleitet wurde.[682] Jegliche Änderungen der aufgestellten Raumordnungspläne, bspw. durch die zwischenzeitlich erlassene Maritime Raumplanungsrichtlinie der Europäischen Kommission[683] sind dagegen nach den aktuell gültigen Vorschriften des Raumordnungsgesetzes durchzuführen.[684]

III. Marines und maritimes Raumplanungsrecht

Nach der Einbettung in ihren verfassungsrechtlichen Rahmen geht es nun darum, das vorhandene rechtliche Instrumentarium für eine maritime Raumplanung in der deutschen AWZ darzustellen. Zentraler Ausgangspunkt ist dabei das Raumordnungsgesetz und das in ihm geregelte Instrumentarium mit Zielen und Grundsätzen der Raumordnung sowie der Möglichkeit, Vorrang-, Vorbehalts- und Eignungsgebiete auszuweisen (1.).

Neben dem Raumordnungsgesetz werden weitere bundesrechtliche Vorschriften identifiziert, die für eine marine und maritime Raumplanung in der deutschen AWZ bedeutsam sind (nachfolgend unter 2.): Vorschriften des Bundesnaturschutzgesetzes, der Seeanlagenverordnung a.F./des Seeanlagengesetzes/des Windenergie-auf-See-Gesetzes sowie des Gesetzes über die Umweltverträglichkeitsprüfung. Darüber hinaus sind die Vorschriften des Erneuerbare-Energien-Gesetzes und des Kohlendioxid-Speicherungsgesetzes hinsichtlich ihrer Auswirkungen auf die maritime Raumplanung zu untersuchen.

---

681 Siehe oben D.II.3i. BT-Drs. 16/10292 v. 22.9.2008, S. 28. *Forkel* weist zurecht darauf hin, dass der Bund seine Gesetzgebungskompetenz im EAG Bau 2004 noch auf Art. 75 Abs. 2 GG stützte (BT-Drs. 15/2250 v. 17.12.2003, S. 71), *Forkel*, Maritime Raumordnung in der AWZ, 2012, S. 176.

682 Dazu näher unten F.I.

683 Siehe oben C.IV.10.

684 So der Umkehrschluss aus § 29 Abs. 1 ROG, siehe D.III.1f.aa.

1. *Grundlagen der Raumordnung – Das Raumordnungsgesetz (ROG)*

Das Raumordnungsgesetz hat mit dem „Gesetz zur Neufassung des Raumordnungsgesetzes und zur Änderung anderer Vorschriften (GeROG)“ im Jahr 2009 seine aktuell geltende Fassung erhalten.[685] Wie schon das zuvor gültige ROG 2004 strukturiert sich das Gesetz in vier Abschnitte: Der erste Abschnitt enthält allgemeine Vorschriften, die für die beiden folgenden Abschnitte Raumordnung in den Ländern (Abschnitt 2) und Raumordnung im Bund (Abschnitt 3) gleichermaßen gelten. In Abschnitt 4 sind ergänzende Vorschriften und Schlussvorschriften normiert.[686]

Die aktuell geltende Rechtsgrundlage für die maritime Raumplanung findet sich in § 17 Abs. 3 ROG. Wie bereits dargelegt, basieren die beiden durch das BSH in Hamburg für die deutsche Nord- und Ostsee erlassenen Raumordnungspläne aber wegen der Anwendungsvorschrift des § 29 ROG noch auf der „alten“ Ermächtigungsnorm des § 18a ROG 2004 aus dem ROG 2004.[687] Mit dem GeROG wurde das Raumordnungsgesetz 2009 zwar neu gefasst; die Grundstrukturen des ROG 2009 haben sich jedoch im Vergleich zum ROG 2004 nicht wesentlich geändert.[688]

Das Raumordnungsgesetz enthält für die Ausgestaltung der maritimen Raumordnungspläne, also dafür, wie die Pläne aussehen können und welchen rechtlichen Voraussetzungen sie genügen müssen, ganz wesentliche Grundlagen. Es lohnt sich deshalb, diese Grundlagen einer ausführlichen Analyse zu unterziehen, die der Analyse der konkreten Raumordnungspläne vorangestellt werden soll. Zu den Grundlagen der Raumordnung gehören die Aufgabe und Leitvorstellung der Raumordnung (a.), die Erfordernisse der Raumordnung (b.), die allgemeinen Vorschriften über Raumordnungspläne (c.), die Gebietskategorien und ihre Ausweisung (d.) sowie verfahrensrechtliche Vorgaben, die bei der Aufstellung von Raumordnungsplänen zu beachten sind (e.). Wie schon erwähnt, findet sich auch die Rechtsgrundlage für die Aufstellung der maritimen Raumordnungspläne selbst im Raumordnungsgesetz (f.).

Soweit im Folgenden auf die für eine maritime Raumplanung relevanten Vorschriften eingegangen wird, werden jeweils beide Normen genannt, die des

---

685 Zuletzt geändert durch Art. 5 Satz 2 des Gesetzes v. 23.5.2017, BGBl. I S. 1245; mehr dazu oben unter D.II.5. Seit dem GeROG wurden u.a. drei Änderungsgesetze erlassen, die kleinere Änderungen des ROG nach sich zogen: Art. 4 des Dritten Gesetzes zur Änderung des Energieeinsparungsgesetzes v. 28.3.2009, BGBl. I S. 643; Art. 9 des Gesetzes zur Neuregelung des Rechts des Naturschutzes und der Landschaftspflege v. 29.7.2009, BGBl. I S. 2542 (hiermit erfolgte die Einfügung des § 29 Abs. 3 ROG); Art. 9 des Gesetzes zur Neuregelung des Wasserrechts v. 31.7.2009, BGBl. I S. 2585.

686 „Überleitungs- und Schlußvorschriften“ betitelt nach ROG 2004.

687 Siehe D.II.5.

688 *Hoppe*, Recht der Raumordnung, in: Hoppe et al. (Hrsg.), Öffentliches Baurecht, Raumordnungsrecht, 4. Auflage 2010, S. 35 ff., § 4 Rn. 1; *Durner*, NuR 2009, 373 ff.; *Söfker*, UPR 2009, 161 ff.

Raumordnungsgesetzes in seiner aktuellen Fassung sowie die des ROG 2004. Wesentliche Änderungen werden kenntlich gemacht.

Aus dem November 2016 stammt ein Gesetzesentwurf der Bundesregierung über den „Entwurf eines Gesetzes zur Änderung raumordnungsrechtlicher Vorschriften".[689] Hauptziel ist es, die Vorgaben der Maritimen Raumplanungsrichtlinie vom Juli 2014 umzusetzen, deren Umsetzungsfrist am 18. September 2016 abgelaufen ist.[690] Der Gesetzesentwurf sieht dazu insbesondere Änderungen zur Einfügung von Verfahrensvorschriften vor, die bei der Aufstellung und Abstimmung von Raumordnungsplänen im Meeresbereich zu beachten sind, bspw. die Abstimmung benachbarter Planungsräume sowohl im inländischen als auch im grenzüberschreitenden Bereich,[691] die Überprüfung aller Raumordnungspläne mindestens alle zehn Jahre,[692] Beteiligungsvorschriften für die Öffentlichkeit und Nachbarstaaten,[693] Vorgaben bei der Aufstellung von Raumordnungsplänen[694] sowie die Beteiligung Deutschlands bei der Aufstellung von Raumordnungsplänen in Nachbarstaaten.[695]

a. *Aufgabe und Leitvorstellung der Raumordnung*

§ 1 ROG 2004/2009 beschreibt die Aufgabe und Leitvorstellung der Raumordnung. Er enthält darüber hinaus Aussagen zum Gegenstromprinzip und zur Geltung der Raumordnung in der deutschen AWZ.

Die *Aufgabe der Raumordnung* besteht nach § 1 Abs. 1 Satz 1 ROG 2004/2009[696] darin, den Gesamtraum der Bundesrepublik Deutschland und seine Teilräume durch zusammenfassende, überörtliche und fachübergreifende Raumordnungspläne, durch raumordnerische Zusammenarbeit und durch Abstimmung raumbedeutsamer Planungen und Maßnahmen zu entwickeln, zu ordnen und zu sichern. Dabei sind nach Satz 2 des Paragraphen unterschiedliche Anforderungen an den Raum aufeinander abzustimmen und die auf der jeweiligen Planungsebene auftretenden Konflikte auszugleichen; dabei ist auch Vorsorge für einzelne Nutzungen und Funktionen des Raums zu treffen.[697] Die in Absatz 1 genannte Aufgabe der Raumordnung ist unter der *Leitvorstellung einer nachhaltigen Raumentwicklung* zu erfüllen, § 1 Abs. 2 ROG

689 BReg-Drs. 656/16 v. 4.11.2016; BT-Drs. 18/10883 v. 17.1.2017.

690 BReg-Drs. 656/16 v. 4.11.2016, S. 1 mit Verweis auf Art. 15 Abs. 1 Satz 1 der Maritimen Raumplanungsrichtlinie. Zur Richtlinie siehe oben C.IV.10. Kritisch *Goppel*, DVBl. 2016, 1306 ff.; a.A. *Erbguth*, DVBl. 2017, 233 ff.

691 § 7 Abs. 2 Satz 3 ROG-E 2016, BReg-Drs. 656/16 v. 4.11.2016, S. 5, 36.

692 § 7 Abs. 8 ROG-E 2016, BReg-Drs. 656/16 v. 4.11.2016, S. 7, 38.

693 § 9 ROG-E 2016, BReg-Drs. 656/16 v. 4.11.2016, S. 7 ff., 39 ff.

694 § 13 Abs. 6 ROG-E 2016, BReg-Drs. 656/16 v. 4.11.2016, S. 12 f., 44 ff.

695 § 25 ROG-E 2016, BReg-Drs. 656/16 v. 4.11.2016, S. 19 f., 55.

696 Die „übergeordneten Raumordnungspläne" aus dem ROG 2004 sind ersetzt worden durch „überörtliche und fachübergreifende Raumordnungspläne" mit dem Zusatz „durch raumordnerische Zusammenarbeit".

697 Leicht geänderter Wortlaut des § 1 Abs. 1 Satz 2 Nr. 2 ROG 2004: „Vorsorge für einzelne Raumfunktionen und Raumnutzungen zu treffen".

2004/2009.[698] Nachhaltig ist die Raumentwicklung i.S.d. Gesetzgebers dann, wenn sie die sozialen und wirtschaftlichen Ansprüche an den Raum mit seinen ökologischen Funktionen in Einklang bringt[699] und zu einer Ordnung in den Teilräumen führt, die dauerhaft und großräumig ausgewogen ist sowie gleichwertige Lebensverhältnisse gewährleistet. Der Nachhaltigkeitsbegriff hat im Zuge der Rio-Deklaration und der Agenda 21 seinen Weg in das Raumordnungsgesetz gefunden.[700] Der 1992 auf der UNCED-Konferenz von Rio de Janeiro geprägte Begriff des „sustainable development" bezeichnet den Gedanken einer nachhaltigen Entwicklung, die die Bedürfnisse der jetzigen Generation befriedigt, ohne dadurch jedoch die Möglichkeit zur Befriedigung der Bedürfnisse zukünftiger Generationen zu gefährden. Eine nachhaltige Raumentwicklung bezweckt in diesem Sinne den Ausgleich sozialer, wirtschaftlicher und ökologischer Raumansprüche und -funktionen.[701] Dabei stehen alle Raumansprüche und -funktionen gleichberechtigt nebeneinander; § 1 Abs. 2 ROG 2004/2009 regelt deshalb bspw. auch keinen grundsätzlichen Vorrang der ökologischen Raumfunktionen bei der Erfüllung der Aufgabe nach Absatz 1.[702]

§ 1 Abs. 3 ROG enthält eine Legaldefinition des sog. *Gegenstromprinzips*: Die Entwicklung, Ordnung und Sicherung der Teilräume soll sich in die Gegebenheiten und Erfordernisse des Gesamtraums einfügen; gleichzeitig soll die Entwicklung, Ordnung und Sicherung des Gesamtraums die Gegebenheiten und Erfordernisse seiner Teilräume berücksichtigen. Das Gegenstromprinzip normiert ein wechselseitiges Rücksichtnahmegebot von Bund und Ländern in raumordnungsrechtlichen Belangen.[703] Die Begriffe von „Teilraum" und „Gesamtraum" werden im Raumordnungsgesetz

---

698 § 1 Abs. 2 ROG 2004 enthielt noch einen Satz 2, der acht Einzelaspekte aufzählte, die den Begriff einer nachhaltigen Raumentwicklung konkretisierten; siehe dazu *Bielenberg et al.*, Raumordnungs- und Landesplanungsrecht, Kommentar, Stand Oktober 2009, K § 1 Rn. 72 ff.

699 „... und zu einer dauerhaften, großräumig ausgewogenen Ordnung mit gleichwertigen Lebensverhältnissen in den Teilräumen führt." Der zweite Teil des § 1 Abs. 2 ROG passt nur bedingt auf den grundsätzlich unbewohnten Raum der AWZ und ist deshalb entsprechend auszulegen. Zum Begriff der Lebensverhältnisse gehören jedoch bspw. auch die Lebensbereiche Freizeit und Erholung, deren Sicherung auch auf dem Meer verfolgt werden kann. Siehe dazu *Spannowsky et al.*, ROG, Kommentar, 2010, § 1 Rn. 104 ff.

700 *Bielenberg et al.*, Raumordnungs- und Landesplanungsrecht, Kommentar, Stand Oktober 2016, L § 1 Rn. 78; *Spannowsky et al.*, ROG, Kommentar, 2010, § 1 Rn. 97 ff.

701 *Hoppe*, Recht der Raumordnung, in: Hoppe et al. (Hrsg.), Öffentliches Baurecht, Raumordnungsrecht, 4. Auflage 2010, S. 35 ff., § 4 Rn. 6; *Erbguth*, DVBl. 1999, 1082 ff.

702 I.R.d. raumordnungsrechtlichen Abwägung in der letzten Abwägungsphase aber „kann jeder der Trias-Belange überwunden, zurückgestellt oder weggewogen werden", siehe *Hoppe*, Recht der Raumordnung, in: Hoppe et al. (Hrsg.), Öffentliches Baurecht, Raumordnungsrecht, 4. Auflage 2010, S. 35 ff., § 4 Rn. 7.

703 Und findet als Ausfluss aus dem Bundesstaatsprinzip seinen verfassungsrechtlichen Niederschlag im Gebot bundesfreundlichen Verhaltens, siehe dazu *Jarass/Pieroth*, GG, Kommentar, 14. Auflage 2016, Art. 20 Rn. 27 ff.

nicht definiert; im Hinblick auf Konkretisierungen des Gegenstromprinzips in § 8 Abs. 2 ROG wird man das Prinzip jedenfalls ursprünglich auf das Hoheitsgebiet bezogen haben. Gleichermaßen besteht bei der Beplanung der deutschen AWZ durch den Bund und bei der Beplanung der Küstenmeere durch die Bundesländer ein solches wechselseitiges Rücksichtnahmegebot, indem die jeweilige raumordnungsrechtliche Entwicklung, Ordnung und Sicherung im Verhältnis zu den Gegebenheiten und Erfordernissen des Gesamtraums zu berücksichtigen ist.[704]

Nach § 1 Abs. 4 ROG 2009 findet *Raumordnung* i.R.d. Vorgaben des Seerechtsübereinkommens auch *in der deutschen AWZ* statt. Wie die Vorgängernorm des § 1 Abs. 1 Satz 3 ROG 2004,[705] die mit dem EAG Bau 2004 eingefügt wurde, stellt diese Vorschrift eine normative Erstreckungsklausel dar. Der Geltungsbereich des Raumordnungsgesetzes wird damit auf den Bereich der deutschen AWZ, die nicht zum Hoheitsgebiet der Bundesrepublik – und damit weder zum Gesamtraum noch zu Teilräumen nach § 1 Abs. 1 ROG – gehört, ausgeweitet. Die Vorgaben des Seerechtsübereinkommens setzen dabei den Rahmen und damit die Grenzen dieser Ausweitung.[706]

b. Erfordernisse der Raumordnung, §§ 2–6 ROG 2009

Die für die Raumordnung zentralen Begriffe werden in § 3 ROG 2004/2009 legaldefiniert. Nach § 3 Nr. 1 ROG 2004 (§ 3 Abs. 1 Nr. 1 ROG 2009) umfassen dabei die „Erfordernisse der Raumordnung" die (aa) Ziele der Raumordnung und die (bb) Grundsätze der Raumordnung; § 3 Nr. 2–3 ROG 2004 (§ 3 Abs. 1 Nr. 2–3 ROG 2009) enthält konkretisierende Begriffsdefinitionen dieser drei Bestandteile. In §§ 4 und 5 ROG 2004/2009 sind Erläuterungen zu den Bindungswirkungen der Ziele und Grundsätze der Raumordnung normiert. Über die Erfordernisse der Raumordnung, ihre Bedeutung, Reichweite und Voraussetzungen sind zu Recht umfangreiche

---

704 Das Gegenstromprinzip trägt dem Erfordernis nach einer vertikalen Koordinierung Rechnung; hierarchisch gestufte Planungsräume (überörtliche Raumplanung und örtliche Bauleitplanung) führen zu sich überschneidenden Planungen auf unterschiedlicher Rangstufe. Mit dem Gegenstromprinzip sind diese Planungen widerspruchsfrei und in sich ergänzender Weise miteinander in Einklang zu bringen. Für die horizontale Koordinierung gilt, dass aneinander angrenzende Teilräume auf gleicher Planungsstufe aufeinander abzustimmen sind. Siehe dazu *Moersch*, BayVBl. 2004, 40 ff. (42). Anders *Janssen*, EurUP 2013, 269 ff. (278), der das Gegenstromprinzip in der AWZ für nicht anwendbar erklärt.

705 „In der deutschen ausschließlichen Wirtschaftszone können einzelne Funktionen im Rahmen der Vorgaben des Seerechtsübereinkommens der Vereinten Nationen v. 10.12.1982 (BGBl. 1994 II S. 1798) durch die Raumordnung entwickelt, geordnet und gesichert werden."

706 Diese Grenzen finden sich auch in der Formulierung des § 18a ROG 2004/§ 17 Abs. 3 ROG 2009 wieder.

eigene Monographien verfasst worden.[707] An dieser Stelle soll es darum gehen, die Bedeutung der Ziele und Grundsätze der Raumordnung zu erfassen und ihr grundsätzliches Steuerungspotential herauszuarbeiten, dies insbesondere vor dem Hintergrund der bestehenden Regelungen in den beiden Raumordnungsplänen für die deutsche AWZ der Nord- und Ostsee.

aa. Ziele der Raumordnung

Nach der Legaldefinition des § 3 Nr. 2 ROG 2004 (§ 3 Abs. 1 Nr. 2 ROG 2009) sind Ziele der Raumordnung „verbindliche Vorgaben in Form von räumlich und sachlich bestimmten oder bestimmbaren, vom Träger der Raumordnung abschließend abgewogenen (§ 7 Abs. 2)[708] textlichen oder zeichnerischen Festlegungen in Raumordnungsplänen zur Entwicklung, Ordnung und Sicherung des Raums".

Wesenseigen ist den Zielen der Raumordnung, dass sie im Vorhinein „abschließend abgewogen" sind.[709] Das bedeutet, dass die Behörde bei der Aufstellung von Zielen verschiedene raumbedeutsame Interessen bereits *vor* einer konkreten Entscheidungssituation zugunsten eines ganz bestimmten Interesses abgewogen hat.[710] Diese abschließende Entscheidung entfaltet als (i.d.R. „landesplanerische) Letztentscheidung" Bindungswirkung für die Adressaten.[711] Ziele der Raumordnung sind damit außenwirksame, generell-abstrakte Rechtsnormen. Sie unterliegen weiteren, sie konstituierenden Voraussetzungen:[712] Ziele müssen eine *raumordnerische* Festlegung enthalten, also zur Erfüllung der Aufgabe der Raumordnung nach § 1 ROG 2004/2009 dienen. Sachlich muss hinreichend klar erkennbar sein, welchem Zweck das Ziel dienen soll. Räumlich ist eine gebietsscharfe zeichnerische Darstellung erforderlich. Für die maritime Raumplanung in der deutschen AWZ bedeutet dies, dass festzulegende Ziele der Raumordnung so präzise formuliert sein müssen, dass aus ihnen sowohl der sachliche Inhalt klar

707 Siehe dazu nur *Snowadsky*, Ziele und Grundsätze der Raumordnung, 2016, oder die Beiträge zur Raumplanung aus der Schriftenreihe des Zentralinstituts für Raumplanung der Universität Münster.

708 Der Klammereinschub findet sich nur in der 2009er-Fassung des ROG.

709 Zum Ganzen *Hoppe*, Recht der Raumordnung, in: Hoppe et al. (Hrsg.), Öffentliches Baurecht, Raumordnungsrecht, 4. Auflage 2010, S. 35 ff., § 4 Rn. 10 ff.; *Ronellenfitsch*, Ziele der Raumordnung, in: Erbguth et al. (Hrsg.), Planung, FS Hoppe, 2000, S. 355 ff.; *Bartram*, Ziele der Raumordnung, 2012; *Goppel*, BayVBl. 1998, 289 ff.

710 BVerwG, Beschluss v. 20.8.1992 – 4 NB 20.91 –, BVerwGE 90, 329 (332 ff.).

711 Zu den Voraussetzungen für die Zielbindung und die Unterscheidung zwischen einzelentscheidungsbindender und planbindender Wirkung *Hoppe*, Recht der Raumordnung, in: Hoppe et al. (Hrsg.), Öffentliches Baurecht, Raumordnungsrecht, 4. Auflage 2010, S. 35 ff., § 4 Rn. 15 ff.; *Bielenberg et al.*, Raumordnungs- und Landesplanungsrecht, Kommentar, Stand Oktober 2016, L § 3 Rn. 78.

712 *Schulte*, NVwZ 1999, 942 ff.; *Schroeder*, UPR 2000, 52 ff. (53); kritisch *Hoppe*, DVBl. 2001, 81 ff.

hervorgeht als auch eine zeichnerische Darstellung, z.B. durch Benennung der Eckkoordinatenpunkte eines Gebietes, möglich ist.

Die Abwägung zugunsten desjenigen Interesses, das als Ziel der Raumordnung festgelegt wird, ist endgültig, d.h. bestehende Zielkonflikte sind ausgetragen und bereinigt. Die Ziele der Raumordnung sind bei nachfolgenden raumbedeutsamen Planungen und Maßnahmen „zu beachten“, § 4 Abs. 1 ROG 2004/2009: Ist die Aufstellung der Ziele formell (u.a. unter Beachtung der Öffentlichkeitsbeteiligung) und materiell rechtmäßig erfolgt, kann nur unter bestimmten Gründen von den festgelegten Zielen abgewichen werden, § 6 Abs. 2 ROG 2009.[713] Sonstige Ausnahmen von Zielfestlegungen sind samt ihrer Voraussetzungen ausdrücklich in den Raumordnungsplänen zu normieren, § 6 Abs. 1 ROG 2009.[714]

bb. Grundsätze der Raumordnung

Nach der Definition des § 3 Nr. 3 ROG 2004 sind Grundsätze der Raumordnung allgemeine „Aussagen zur Entwicklung, Ordnung und Sicherung des Raums als Vorgaben für nachfolgende Abwägungs- oder Ermessensentscheidungen“. § 3 Abs. 1 Nr. 3 ROG 2009 enthält den zusätzlichen Hinweis, dass Grundsätze der Raumordnung durch Gesetz oder als Festlegungen in einem Raumordnungsplan (§ 7 Abs. 1 und 2) aufgestellt werden können. Im Gegensatz zu Zielen der Raumordnung sind Grundsätze keine (landesplanerischen) Letztentscheidungen, sondern „Planungsleitlinien und Abwägungsdirektiven für planerische Entscheidungen“; sie sind damit „Vorgaben für einen Abwägungsprozess, nicht hingegen Produkt einer Abwägung“ wie die Ziele der Raumordnung.[715] Sie stellen somit eine Vorgabe für *nach*folgende Abwägungs- und Ermessensentscheidungen dar. Die Grundsätze der Raumordnung sind nach § 2 Abs. 1 ROG 2004/2009 i.S.d. Leitvorstellung einer nachhaltigen Raumentwicklung nach § 1 Abs. 2 anzuwenden und durch Festlegungen in Raumordnungsplänen zu konkretisieren, soweit dies erforderlich ist.[716]

---

713 Über den Antrag auf Zielabweichung entscheidet bei Raumordnungsplänen des Bundes nach § 17 Abs. 3 ROG 2009 das BSH, § 21 Satz 1 ROG 2009. Wird über den Antrag im Zulassungsverfahren über eine raumbedeutsame Planung oder Maßnahme oder in einem anderen Verfahren entschieden, ist das Benehmen mit dem BMVI erforderlich, § 21 Satz 2 ROG 2009.

714 Ausnahmen und Zielabweichungen waren auch zuvor schon anerkannt, aber nicht explizit im ROG 2004 geregelt; *Bielenberg et al.*, Raumordnungs- und Landesplanungsrecht, Kommentar, Stand Oktober 2016, L vor §§ 3–7 Rn. 16a mit Verweis auf BVerwG, Urteil v. 18.9.2003 – 4 CN 20.02 – BVerwGE 119, 54; *Hoppe*, Recht der Raumordnung, in: Hoppe et al. (Hrsg.), Öffentliches Baurecht, Raumordnungsrecht, 4. Auflage 2010, S. 35 ff., § 4 Rn. 22.

715 *Hoppe*, Recht der Raumordnung, in: Hoppe et al. (Hrsg.), Öffentliches Baurecht, Raumordnungsrecht, 4. Auflage 2010, S. 35 ff., § 4 Rn. 24 ff.; *Goppel*, BayVBl. 1999, 331 ff.

716 Der Konkretisierungsauftrag zu Festlegungen in Raumordnungsplänen, der unter dem Erforderlichkeitsgebot steht, findet sich im ROG 2004 nicht an dieser Stelle.

§ 2 Abs. 2 ROG 2009 zählt acht gesetzliche Grundsatzbereiche auf, die nicht abschließend sind („insbesondere").[717] Neben den beiden rahmengebenden Grundsätzen mit allgemeinen Erwägungen (Nr. 1) und zur europäischen Zusammenarbeit (Nr. 8) behandeln die Grundsätze Bereiche der Raum- und Siedlungsstruktur, Infrastruktur & Verkehr, Wirtschaft oder Kulturlandschaften.[718] Der Grundsatz Nr. 6 enthält Umweltvorsorgegrundsätze zur Gewährleistung der ökologischen Funktionen des Raums.[719] Danach ist der Raum in seiner Bedeutung für die Funktionsfähigkeit der Böden, des Wasserhaushalts, der Tier- und Pflanzenwelt sowie des Klimas – einschließlich der jeweiligen Wechselwirkungen – zu entwickeln, zu sichern oder, soweit erforderlich, möglich und angemessen, wiederherzustellen (§ 2 Abs. 2 Nr. 6 Satz 1 ROG 2009). Diese Vorgabe wird hinsichtlich der verschiedenen Schutzgüter in den Folgesätzen konkretisiert. Als Schutzgut nicht mehr ausdrücklich aufgeführt sind in den Grundsätzen des ROG 2009 die Meeresgebiete. Auf sie wurde seit dem EAG Bau in § 2 Abs. 2 Nr. 8 ROG 2004 explizit Bezug genommen: „Natur und Landschaft einschließlich Gewässer, Wald und Meeresgebiete sind dauerhaft zu schützen, zu pflegen, zu entwickeln und, soweit erforderlich, möglich und angemessen, wiederherzustellen." Mit der Ergänzung des Wortes „Meeresgebiete" sollte gewährleistet werden, dass „ein Ausgleich der Pflichten zum Schutz und zur Bewahrung der Meeresumwelt mit den Nutzungsansprüchen und -rechten erfolgt."[720] Mit der Änderung des Raumordnungsgesetzes im Jahr 2008 sind die „Meeresgebiete" aus den Grundsätzen gestrichen worden.[721] Ausweislich eines Gesetzesentwurfs der Bundesregierung vom November 2016 soll § 2 Abs. 2 Nr. 6 ROG jedoch wieder um einen Satz ergänzt werden, der die nachhaltige Entwicklung im Meeresbereich in den Fokus nimmt.[722]

Nach § 2 Abs. 3 Hs. 2 ROG 2004 gehörten zu den in Absatz 2 aufgezählten Grundsätzen auch Grundsätze in Raumordnungsplänen. Dieser Absatz ist im ROG 2009 entfallen und in § 3 Abs. 1 Nr. 3 ROG 2009 aufgenommen worden; teilweise findet er sich aber auch in § 2 Abs. 1 ROG 2009 wieder.

717 Das ROG 2004 enthielt eine (abschließende) Liste von 15 Grundsätzen, wobei die Länder über den früheren § 2 Abs. 3 1. Hs. ROG 2004 weitere Grundsätze für die Raumordnung aufstellen konnten.

718 Ausführlich zu den einzelnen Grundsätzen siehe *Bielenberg et al.*, Raumordnungs- und Landesplanungsrecht, Kommentar, Stand Oktober 2016, L § 2 Rn. 51 ff.

719 *Spannowsky et al.*, ROG, Kommentar, 2010, § 2 Rn. 127 ff.

720 So die Begründung des Gesetzesentwurfs, BT-Drs. 15/2250 v. 17.12.2003, S. 69. Dazu auch *Köppel et al.*, Naturschutzfachliche und naturschutzrechtliche Anforderungen im Gefolge der Ausdehnung des Raumordnungsregimes auf die deutsche AWZ, S. 56 ff.

721 Siehe dazu nur *Wilke*, NordÖR 2009, 236 ff. (238), der darauf verweist, dass künftig insoweit die Vorgaben der EU zu beachten sein werden.

722 Siehe BReg-Drs. 656/16 v. 4.11.2016, S. 4, 33.

cc. Bindungswirkungen

Die §§ 4 und 5 ROG 2004/2009[723] regeln die Bindungswirkungen der Erfordernisse der Raumordnung im Allgemeinen und die Bindungswirkungen von Zielen der Raumordnung bei raumbedeutsamen Planungen und Maßnahmen des Bundes im Speziellen.[724]

Hinsichtlich der Bindungswirkung gibt es zwei Alternativen, die sich grundlegend voneinander unterscheiden: Zum einen handelt es sich um die Beachtenspflicht, zum anderen um die Berücksichtigungspflicht. Die Beachtenspflicht bezieht sich auf die Ziele der Raumordnung und entfaltet eine wesentlich stärkere Bindungswirkung als die Berücksichtigungspflicht, die für die Grundsätze und sonstigen Erfordernisse der Raumordnung gilt.[725] So sind nach § 4 Abs. 1 Satz 1 ROG 2009 Ziele der Raumordnung „zu beachten", was einer strikten Bindung an die Vorgaben der Ziele entspricht. Hiervon kann nur unter engen Voraussetzungen abgewichen werden; Ausnahmen sind explizit in Raumordnungsplänen zu normieren (§ 6 ROG 2009).[726] Grundsätze und sonstige Erfordernisse der Raumordnung sind dagegen „in Abwägungs- oder Ermessensentscheidungen zu berücksichtigen" (§ 4 Abs. 1 Satz 1 ROG 2009), was bedeutet, dass auch die Grundsätze der Raumordnung in die Abwägung mit eingestellt werden, aber ggü. anderen, bedeutenderen Grundsätzen oder abwägungsrelevanten Fachbelangen unterliegen können.[727]

§ 4 Abs. 1 Satz 1 Nr. 1–3 ROG 2009 benennt drei die Bindungswirkung auslösende Situationen: (1.) raumbedeutsame Planungen und Maßnahmen (die in § 3 Abs. 1 Nr. 6 ROG 2009 legaldefiniert sind), (2.) Entscheidungen über die Zulässigkeit raumbedeutsamer Planungen und Maßnahmen anderer öffentlicher Stellen und (3.) Entscheidungen über die Zulässigkeit raumbedeutsamer Planungen und Maßnahmen von Personen des Privatrechts, die der Planfeststellung oder der Genehmigung mit der Rechtswirkung der Planfeststellung bedürfen.[728] Adressaten der Bindungswirkung sind in erster Linie öffentliche Stellen, die in § 3 Abs. 1 Nr. 5 ROG 2009 legaldefiniert werden. § 4 ROG 2009 unterscheidet bei den Bindungswirkungen zwischen Rechtsfolgen, die sich unmittelbar aus dem Raumordnungsgesetz ergeben

---

723 Die Vorschriften des ROG 2009 knüpfen dabei an die bisherigen Vorschriften des ROG 2004 an. Bei weitgehend „unverändertem Inhalt" sollen die Vorschriften „zwecks Rechtsvereinfachung anders gefasst werden", siehe Begründung zum Gesetzentwurf, BT-Drs. 16/10292 v. 22.9.2008, S. 22 f. Siehe auch *Spannowsky et al.*, ROG, Kommentar, 2010, § 4 Rn. 1.

724 *Janssen*, EurUP 2013, 269 ff. (277 f.) argumentiert, dass der Raumordnungsplan für die AWZ mangels seiner vorbereitenden Funktion kein Plan i.S.d. § 8 ROG 2009 sei, dennoch gelte die in § 4 ROG 2009 niedergeschriebene Bindungswirkung.

725 Dazu *Schroeder*, UPR 2000, 52 ff. (54).

726 *Spannowsky et al.*, ROG, Kommentar, 2010, § 4 Rn. 21 ff.

727 *Spannowsky et al.*, ROG, Kommentar, 2010, § 4 Rn. 51 ff. *Spannowsky et al.* weisen zudem auf die Besonderheit hin, dass hier mit den Grundsätzen der Raumordnung Rechtsnormen abgewogen werden, die i.d.R. ausgelegt werden (Rn. 54).

728 Zur Raumbedeutsamkeit siehe *Janssen*, EurUP 2013, 269 ff. (278 f.).

(Absatz 1), und Rechtsfolgen, die sich i.V.m. fachgesetzlichen Raumordnungsklauseln ergeben (Absatz 2).[729] Eine solche fachgesetzliche Raumordnungsklausel findet sich bspw. in § 5 Abs. 3 Satz 2 Nr. 1 WindSeeG über die Fachplanung zur Windenergienutzung auf See.[730]

§ 5 Abs. 1 ROG 2009 beschränkt den Adressatenkreis der Bindungswirkung auf öffentliche Stellen des Bundes, andere öffentliche Stellen, die im Auftrag des Bundes tätig sind und Personen des Privatrechts (nach § 4 Abs. 1 Satz 2 ROG 2009), die für den Bund öffentliche Aufgaben durchführen. Die Bindung der Ziele der Raumordnung nach § 4 Abs. 1 ROG 2009 gilt ggü. den aufgeführten Adressaten nur, wenn sie bei der Aufstellung des Raumordnungsplans (nach § 10 ROG 2009) ordnungsgemäß beteiligt worden sind und dem Ziel nicht fristgerecht innerhalb von zwei Monaten widersprochen haben. Bei einem fristgerechten Widerspruch entsteht die Bindungswirkung des Ziels der Raumordnung nicht, wenn entweder das Ziel die Belange der widersprechenden Person oder Stelle berührt und auf einer fehlerhaften Abwägung beruht oder sie ihre raumbedeutsamen Planungen und Maßnahmen nicht auf anderen geeigneten Flächen durchführen kann als auf denen, für die ein entgegenstehendes Ziel im Raumordnungsplan festgelegt wurde.[731]

Ziele und Grundsätze der Raumordnung binden direkt damit nur öffentliche Stellen. Natürliche Personen bzw. juristische Personen des Privatrechts sind von diesen Bindungswirkungen der öffentlichen Stellen nur indirekt betroffen, bspw. i.R.e. Entscheidung über die Genehmigung einer Offshore-Windenergieanlage in der deutschen AWZ.

c. *Allgemeine Vorschriften über Raumordnungspläne, § 7 ROG 2009*

§ 7 ROG 2009 enthält allgemeine Regelungen über Raumordnungspläne, die sowohl für Raumordnungspläne der Länder als auch solche des Bundes gelten. § 7 ROG 2009 knüpft weitgehend an den entsprechenden Paragraphen des ROG 2004 an; er enthält zudem Elemente der bisherigen § 8 Abs. 2 und § 9 Abs. 3 ROG 2004.

Raumordnungspläne sind als zusammenfassende, überörtliche und fachübergreifende Pläne nach den §§ 8 und 17 ROG 2009 legaldefiniert.[732] Nach der Grundregel des § 7 Abs. 1 ROG 2009 sind in solchen Raumordnungsplänen – wie auch in räumlichen und sachlichen Teilplänen – für einen bestimmten Ort („Planungsraum") und

---

729 Begründung zum Gesetzentwurf, BT-Drs. 16/10292 v. 22.9.2008, S. 22 f. Absatz 3 enthält eine Sonderregelung für Genehmigungen über die Errichtung und den Betrieb von öffentlich zugänglichen Abfallbeseitigungsanlagen von Personen des Privatrechts nach den Vorschriften des Bundes-Immissionsschutzgesetzes.

730 Zuvor bspw. § 1 Nr. 10a SeeAufgG a.F. i.V.m. SeeAnlV a.F., davor § 1 Nr. 19 SeeAufgG a.F., siehe *Spannowsky et al.*, ROG, Kommentar, 2010, § 4 Rn. 209 ff.

731 *Spannowsky et al.*, ROG, Kommentar, 2010, § 5 Rn. 33 ff. Bei Änderung der Sachlage ist unter den Voraussetzungen des § 5 Abs. 3 ROG 2009 auch ein nachträglicher Widerspruch möglich.

732 § 3 Abs. 1 Nr. 7 ROG.

eine bestimmte Zeit („einen regelmäßig mittelfristigen Zeitraum“[733]) Festlegungen zu treffen. Die Festlegungen umfassen Ziele und Grundsätze der Raumordnung zur Entwicklung, Ordnung und Sicherung des Raums, insbesondere zu den Nutzungen und Funktionen des Raums. Diese Grundregel verbindet damit die Aufgabe der Raumordnung des § 1 Abs. 1 ROG 2009 mit dem Instrument des Raumordnungsplans, und sie bestimmt darin Ziele und Grundsätze der Raumordnung als Festlegungsmöglichkeiten.

Die Legaldefinition des Raumordnungsplans als zusammenfassender, überörtlicher und fachübergreifender Plan verweist zugleich auf den rahmensetzenden Charakter der Raumordnungspläne, innerhalb dessen weitere raumbedeutsame Planungen und Maßnahmen anderer Stellen und Personen stattfinden können.[734] Bei den Raumordnungsplänen der Länder nach § 8 ROG 2009, seien es landesweite Raumordnungspläne oder Regionalpläne, handelt es sich um eine der gemeindlichen Bauleitplanung übergeordnete räumliche Planung. Die übergeordnete räumliche Planung stellt nur einen groben Rahmen dar, der auf Landes- und Gemeindeebene ausfüllungs- und konkretisierungsbedürftig ist. Davon unterscheidet sich die Raumplanung des Bundes nach § 17 ROG 2009, die aus einer einzigen Planungsebene besteht.[735] Da es keine nachgeordneten Planungsebenen gibt, die eine Konkretisierung der getroffenen Festsetzungen in den Raumordnungsplänen leisten, muss die Struktur und Dichte der Festsetzungen schon auf dieser ersten und einzigen Ebene erfolgen.

Raumordnungspläne unterliegen des Weiteren einem raumordnungsrechtlichen Abwägungs- (aa.) und Abstimmungsgebot (bb.), einer Kennzeichnungs- (cc.) und Begründungspflicht (dd.). Bei der Aufstellung von Raumordnungsplänen ist in bestimmten Fällen eine Verträglichkeitsprüfung nach den Vorschriften des Bundesnaturschutzgesetzes durchzuführen (ee.)

aa. Raumordnungsrechtliches Abwägungsgebot

In § 7 Abs. 2 ROG 2009 ist das raumordnungsrechtliche Abwägungsgebot verankert.[736] Danach sind bei der Aufstellung von Raumordnungsplänen alle erkennbaren und bedeutungsvollen öffentlichen und privaten Belange gegeneinander und untereinander abzuwägen. Bei der Festlegung von Zielen sind diese abschließend abzuwägen, was dem Charakter der Ziele der Raumordnung entspricht. Das Abwägungsgebot ist Ausfluss des verfassungsrechtlichen Verhältnismäßigkeitsgrundsatzes.[737]

---

733 Mittelfristigkeit bedeutet für die Raumordnungsplanung einen Zeitraum von etwa 25 Jahren, siehe *Spannowsky et al.*, ROG, Kommentar, 2010, § 7 Rn. 7.

734 *Spannowsky et al.*, ROG, Kommentar, 2010, § 7 Rn. 23.

735 Dazu *Janssen*, EurUP 2013, 269 ff. (277).

736 Siehe dazu *Spannowsky et al.*, ROG, Kommentar, 2010, § 7 Rn. 21 ff.

737 BVerwGE 34, 301. Dazu *Durner*, Konflikte räumlicher Planungen, 2005; *Hoppe*, DVBl. 2003, 697 ff.

Auch für die kommunale Bauleitplanung sind die Ziele der Raumordnung verbindlich und die Grundsätze müssen bei der Abwägung berücksichtigt werden.[738] Bebauungspläne sind dabei grundsätzlich aus Flächennutzungsplänen zu entwickeln[739] und erfahren regelmäßig eine Konkretisierung von grobmaschig zu kleinteilig. Da die Bundesraumordnung nur aus einer Planungsebene besteht, würde die Abschichtung einer genaueren Ermittlung konkreter öffentlicher und privater Belange auf die nächste Planungsebene ins Leere laufen. Mit Blick auf die Ausprägung des raumordnungsrechtlichen Abwägungsgebots als Verhältnismäßigkeitskontrolle entspräche dies nicht dem Sinne des Gesetzgebers. Vielmehr muss auch hier vom bundesrechtlichen Planungsträger verlangt werden, nicht nur pauschale Interessensgruppen, sondern auch individuelle Interessen zu ermitteln und in die Abwägung einzustellen.[740]

Zusätzlich in der Abwägung zu berücksichtigen sind das Ergebnis der Umweltprüfung und die Stellungnahmen in den Beteiligungsverfahren.[741]

bb. Abstimmungsgebot

Nach § 7 Abs. 3 ROG 2009 sind die Raumordnungspläne benachbarter Planungsräume aufeinander abzustimmen. Damit soll eine „raumstrukturelle und -funktionelle Homogenität zwischen den Teilräumen gewährleistet" werden.[742] Dieses Abstimmungsgebot gilt auch für die Länder- und Staatsgrenzen überschreitende Abstimmung,[743] da die räumlichen Auswirkungen des Plans weiter reichen können

---

738 § 1 Abs. 4 und 7 BauGB.

739 § 8 Abs. 2 Satz 1 BauGB.

740 Gleiches gilt hinsichtlich der abschließenden Abwägung von Zielen der Raumordnung. Soweit darauf hingewiesen wird, dass nur der raumordnerische Zielkern abschließend abzuwägen sei, nicht aber der Zielrahmen, der durch die Träger nachfolgender Planungsentscheidungen zu konkretisieren ist, gilt das Gleiche wie bei der Abwägung aller Interessen. Es gibt keine nachfolgende Planungsentscheidung; es folgt in der AWZ sogleich die Zulassungs- bzw. Genehmigungsebene. In diesem Sinne ist auch das Gebot der planerischen Konfliktbewältigung auszulegen, das u.a. verlangt, „lösbare Konflikte nicht in nachfolgende Planungsstufen hineinzutragen", *Spannowsky et al.*, ROG, Kommentar, 2010, § 7 Rn. 30. Sowohl für die Abwägung öffentlicher und privater Belange gegeneinander und untereinander als auch für die abschließende Abwägung von Zielen der Raumordnung gelten damit höhere Bedingungen, wenn es sich um einstufige Raumordnungspläne des Bundes handelt.

741 § 7 Abs. 2 Satz 2 ROG 2009 mit Verweis auf die §§ 9, 10 und 18 ROG 2009.

742 *Spannowsky et al.*, ROG, Kommentar, 2010, § 7 Rn. 43, mit Verweis auf *Bielenberg et al.*, Raumordnungs- und Landesplanungsrecht, Kommentar, Stand Oktober 2016, K § 9 Rn. 29.

743 Siehe Begründung zum Gesetzesentwurf BT-Drs. 16/10292 v. 22.9.2008, S. 23. Der neue § 7 Abs. 3 ROG 2009 führt die Regelungen der bisherigen § 8 Abs. 2 und § 9 Abs. 3 ROG 2004 zusammen.

als seine eigentlichen Grenzen.[744] So hören bspw. festgelegte Schifffahrtsrouten nicht an der Länder- oder Staatengrenze auf, sondern führen in die benachbarten Gebiete hinein. Aus diesem Grund sind die Belange, die sich aus Raumordnungsplänen benachbarter Planungsräume ergeben, formell durch Beteiligung nach § 10 ROG 2009 und materiell in die Abwägung nach § 7 Abs. 2 ROG 2009 mit einzustellen.[745] I.R.d. Planaufstellung für die deutsche AWZ waren somit nicht nur die angrenzenden Küstenbundesländer Niedersachsen, Schleswig-Holstein und Mecklenburg-Vorpommern zu beteiligen, sondern auch die an die deutsche AWZ angrenzenden Staaten der Niederlande, des Vereinigten Königreichs und Dänemarks sowie Schwedens und Polens.

cc. Kennzeichnungspflicht von Zielen und Grundsätzen der Raumordnung

Ziele und Grundsätze der Raumordnung sind – in Abgrenzung zu sonstigen, bspw. nachrichtlichen Aussagen – in den Plänen als solche ausdrücklich zu kennzeichnen, § 7 Abs. 4 ROG 2009.[746] Sinn und Zweck der Kennzeichnung liegt einerseits für den Planer darin, sich über die Aussagen seines Planes Klarheit zu verschaffen; andererseits für den Planadressaten darin, die Auswirkungen der Festlegungen klar erkennen zu können. I.d.R. erfolgt die Kennzeichnung der Festlegung durch den Zusatz „(Z)“ oder „(G)“; sie gilt sowohl für zeichnerische wie für textliche Festlegungen.[747] Maßgeblich für die Einordnung der Festlegung als Ziel oder Grundsatz der Raumordnung ist allerdings nicht die Kennzeichnung, sondern der materielle Inhalt der Festlegung.[748]

dd. Begründungspflicht

Gem. § 7 Abs. 5 ROG 2009 ist den Raumordnungsplänen eine Begründung beizufügen.[749] Sie dient dem Verständnis und der Nachprüfbarkeit der getroffenen Festlegungen, insbesondere hinsichtlich der in der Abwägung getroffenen Entscheidungen für

---

744 *Spannowsky et al.*, ROG, Kommentar, 2010, § 7 Rn. 46, mit Verweis auf BVerwG, NVwZ 1995, 694.

745 Zu diesen Belangen zählen sowohl bereits getroffene Festlegungen in Raumordnungsplänen als auch tatsächliche raumordnerische Betroffenheiten, die aus naturräumlichen Gegebenheiten folgen. Dazu und zur Frage der Intensität der Betroffenheit des Nachbarraums *Spannowsky et al.*, ROG, Kommentar, 2010, § 7 Rn. 45 ff.

746 Siehe Begründung zum Gesetzesentwurf BT-Drs. 16/10292 v. 22.9.2008, S. 23. § 7 Abs. 4 ROG 2009 knüpft an den bisherigen § 7 Abs. 1 Satz 3 ROG 2004 an.

747 *Spannowsky et al.*, ROG, Kommentar, 2010, § 7 Rn. 49.

748 *Spannowsky et al.*, ROG, Kommentar, 2010, § 7 Rn. 51 f.; *Hoppe*, Recht der Raumordnung, in: Hoppe et al. (Hrsg.), Öffentliches Baurecht, Raumordnungsrecht, 4. Auflage 2010, S. 35 ff., § 4 Rn. 38, mit Verweis auf BVerwG v. 7.3.2002 – BN 60/01 – NVwZ 2002, 869 (870). Kritisch zur Kennzeichnungspflicht *Hoppe*, DVBl. 1999, 1457 ff.

749 Der Paragraph knüpft an den bisherigen § 7 Abs. 8 Satz 1 ROG 2004 an, siehe Begründung zum Gesetzesentwurf BT-Drs. 16/10292 v. 22.9.2008, S. 23.

die eingestellten Belange.[750] Bei einem Widerspruch zwischen Begründung und Festlegung hat dies die Unwirksamkeit der getroffenen Festlegung zur Folge.[751] Das komplette Fehlen einer (aussagekräftigen) Begründung kann zur Nichtigkeit des Plans führen.[752] Eine Begründung ist auch schon dem Planentwurf nach § 10 Abs. 1 Satz 2 ROG 2009 bei der öffentlichen Auslage beizufügen, i.d.R. enthält sie die Gründe, die für und gegen die wichtigsten Festlegungen des Planentwurfs sprechen.[753]

Von der Planbegründung abzugrenzen ist die zusammenfassende Erklärung nach § 11 Abs. 3 ROG 2009.[754] Sie enthält Informationen darüber, wie die Umweltbelange und die Ergebnisse der Öffentlichkeitsbeteiligung im Planaufstellungsverfahren berücksichtigt wurden. Des Weiteren enthält sie das Ergebnis der Alternativenprüfung hinsichtlich der erwarteten Auswirkungen bei Durchführung bzw. Nichtdurchführung des Plans. In die zusammenfassende Erklärung sind die durchzuführenden Maßnahmen zur Überwachung der Umweltauswirkungen aufzunehmen. Sie kann die Verletzung der Beteiligungsvorschriften heilen, wenn der öffentlich auszulegende Umweltbericht in wesentlichen Punkten unvollständig ist, diese Punkte aber Bestandteil der zusammenfassenden Erklärung sind.[755] Sie unterscheidet sich von der Planbegründung darin, dass sie kurz gefasst und allgemeinverständlich sein soll und damit die Zusammenfassung der Planbegründung darstellen kann.[756]

ee. Verträglichkeitsprüfung nach dem Bundesnaturschutzgesetz

Bei der Aufstellung von Raumordnungsplänen ist eine Verträglichkeitsprüfung nach dem Bundesnaturschutzgesetz durchzuführen, soweit FFH- oder Vogelschutzgebiete durch die Aufstellung erheblich beeinträchtigt werden können; daneben ist die Stellungnahme der Europäischen Kommission einzuholen, § 7 Abs. 6 ROG 2009.[757] Die erhebliche Beeinträchtigung muss die für die Erhaltungsziele oder den Schutzzweck

---

750 *Spannowsky et al.*, ROG, Kommentar, 2010, § 7 Rn. 54.

751 *Spannowsky et al.*, ROG, Kommentar, 2010, § 7 Rn. 53.

752 Nach § 12 Abs. 1 Nr. 2 i.V.m. Abs. 5 Satz 1 Nr. 1 ROG 2009 muss dies innerhalb eines Jahres seit Bekanntmachung des Raumordnungsplans gerügt werden. Unbeachtlich ist eine unvollständige Begründung, siehe § 12 Abs. 1 Nr. 2 ROG 2009 a.E.

753 *Spannowsky et al.*, ROG, Kommentar, 2010, § Rn. 54.

754 Die zusammenfassende Erklärung entstammt der SUP-Richtlinie (siehe oben C.IV.7.) und sollte die Einbeziehung von Umwelterwägungen in Pläne und Programme sicherstellen (§ 9 Abs. 1b SUP-RL). Die nationale Umsetzung geht darüber hinaus und beschränkt sich nicht nur auf Umweltbelange. Zu allem *Spannowsky et al.*, ROG, Kommentar, 2010, § 11 Rn. 20 ff.

755 §§ 12 Abs. 4 Nr. 1 i.V.m. Abs. 1 i.V.m. 10 Abs. 1, 9 Abs. 1, 11 Abs. 3 ROG 2009.

756 *Spannowsky et al.*, ROG, Kommentar, 2010, § 11 Rn. 21.

757 Der Paragraph knüpft an den bisherigen § 7 Abs. 7 Satz 4 ROG 2004 an; siehe Begründung zum Gesetzesentwurf BT-Drs. 16/10292 v. 22.9.2008, S. 23. Zur Anwendbarkeit der Verträglichkeitsprüfung des Bundesnaturschutzgesetzes auf die Raumordnungsplanung siehe *Gellermann*, NuR 2009, 8 ff.; *Lieber*, NuR 2008, 597 ff.; *Stüer*, DVBl. 2009, 1 ff.

maßgeblichen Bestandteile betreffen; die Erhaltungsziele und der Schutzzweck von FFH- und Vogelschutzgebieten ergeben sich aus der FFH- und Vogelschutzrichtlinie.[758] Die FFH-Richtlinie 92/43/EWG zielt darauf ab, die Verschlechterung der natürlichen Lebensräume und Habitate der Arten sowie deren Störungen zu vermeiden. Die Vogelschutzrichtlinie 2009/147/EG bezweckt, dass durch besondere Schutzmaßnahmen das Überleben und die Vermehrung bestimmter Arten sichergestellt werden. Für diese beiden Ziele erklären die Mitgliedstaaten zahlen- und flächenmäßig geeignete Gebiete zu Schutzgebieten nach §§ 31 ff. BNatSchG.[759] Ist eine Beeinträchtigung dieser Gebiete durch die Raumordnungsplanung absehbar, muss eine Verträglichkeitsprüfung nach § 34 BNatSchG durchgeführt werden.[760] Eine die Erhaltungsziele oder den Schutzzweck der maßgeblichen Bestandteile beeinträchtigende Planung ist unzulässig, § 34 Abs. 2 BNatSchG. Ausnahmen bestehen nur zugunsten zwingender Gründe des überwiegenden öffentlichen Interesses und soweit keine zumutbaren Alternativen für die Planung an anderer Stelle mit geringerer Beeinträchtigung vorhanden sind, § 34 Abs. 3 BNatSchG. Sind durch die Planung prioritäre natürliche Lebensraumtypen oder prioritäre Arten betroffen, schränken sich die zwingenden Gründe des überwiegenden öffentlichen Interesses weiter ein, so bspw. auf Gründe im Zusammenhang mit der Gesundheit des Menschen oder der öffentlichen Sicherheit, § 34 Abs. 4 BNatSchG. Ist trotz einer erheblichen Beeinträchtigung die Planung ausnahmsweise zulässig, sind Sicherungs- und Ausgleichsmaßnahmen vorzusehen, § 34 Abs. 5 BNatSchG.

ff. Änderung, Ergänzung und Aufhebung von Raumordnungsplänen

Die Vorschriften des ROG 2009 gelten gleichermaßen für die Aufstellung und die Änderung, Ergänzung oder Aufhebung von Raumordnungsplänen, § 7 Abs. 7 ROG 2009.[761] Ein Raumordnungsplan wird geändert, wenn einzelne Festlegungen und damit sein Inhalt geändert werden. Ergänzt wird der Plan durch zusätzliche Festlegungen oder Erstreckung auf ein größeres Planungsgebiet.[762] Soweit demnächst die Fortschreibung der Raumordnungspläne geplant ist, so sind dabei die Vorschriften des aktuellen Raumordnungsgesetzes gemäß der Anwendungsvorschrift des § 29 ROG 2009 auf die Änderung, Ergänzung und Aufhebung der Raumordnungspläne in der deutschen AWZ anzuwenden, da sich § 29 ROG 2009 lediglich auf die „Aufstellung von Raumordnungsplänen" bezieht.[763]

---

758 Dazu oben unter C.IV.6.

759 Vgl. *Spannowsky et al.*, ROG, Kommentar, 2010, § 7 Rn. 57 ff.

760 Das gilt grundsätzlich auch für potentielle Schutzgebiete und faktische Vogelschutzgebiete, siehe *Spannowsky et al.*, ROG, Kommentar, 2010, § 7 Rn. 59; *Halama*, NVwZ 2001, 506 ff. (509). Solche existieren jedoch nicht in der deutschen AWZ, so dass dies hier irrelevant ist.

761 Eine entsprechende Vorschrift existierte im ROG 2004 nicht.

762 Zu allem *Spannowsky et al.*, ROG, Kommentar, 2010, § 7 Rn. 62.

763 Siehe dazu gleich unter D.III.1f.aa.

d. Gebietskategorien und deren Ausweisung, § 8 Abs. 7 ROG 2009

Für die Raumordnung in den Ländern trifft § 8 ROG 2009 bestimmte Vorgaben. So gehören zu den Kerninhalten von Raumordnungsplänen Festlegungen zur Raumstruktur, wie insbesondere zur anzustrebenden Siedlungs- und Freiraumstruktur und zu den zu sichernden Standorten für Trassen zur Infrastruktur, § 8 Abs. 5 ROG 2009. Diese angestrebten Inhalte können auch über räumlich abgegrenzte Gebiete festgelegt werden, § 8 Abs. 7 ROG 2009. Das Raumordnungsgesetz sieht hierzu vier Typen von Gebietsfestlegungen vor:[764] Vorranggebiete, Vorbehaltsgebiete, Eignungsgebiete und eine Gebietskombination, in der Vorranggebiete zugleich die Wirkung von Eignungsgebieten haben. Diese Gebietskategorien unterscheiden sich untereinander v.a. in ihrer Bindungswirkung. Mit der Wahl eines bestimmten Gebietstyps wird damit zugleich die Steuerungswirkung festgelegt.[765]

Die Rechtsgrundlage für die maritime Raumplanung in § 17 Abs. 3 Satz 1 ROG 2009 verweist auf § 8 Abs. 7 ROG 2009, der entsprechend in der deutschen AWZ gelten soll. Im ROG 2004 existierte diese Verweisung zwischen den Raumordnungsplänen des Landes und des Bundes ebenfalls (siehe § 18a Abs. 1 Satz 2 ROG 2004), war aber – zumindest auf den ersten Blick – weiter ausgeformt. So verwies die Norm gleich auf acht Absätze des § 7 ROG 2004 („Die Vorschriften des § 7 Abs. 1 und 4 bis 10 [ROG 2004] gelten entsprechend"). Neben dem Verweis auf die Gebietskategorien, die sich fast wortgleich zur aktuellen Norm in § 7 Abs. 4 ROG 2004 fanden, umfasste die Verweisung auch Vorschriften, die sich heute weitgehend an anderer Stelle im Gesetzestext wiederfinden.[766] Vielfach sind es allgemeine Vorschriften über Raumordnungspläne, die mit der Gesetzesänderung 2009 vor die Klammer gezogen wurden und damit sowohl für die Raumordnungspläne der Länder als auch die des Bundes gelten.[767]

aa. Vorranggebiete

Die Festlegungen in Raumordnungsplänen können sog. Vorranggebiete bezeichnen, § 7 Abs. 4 Satz 1 Nr. 1 ROG 2004/§ 8 Abs. 7 Satz 1 Nr. 1 ROG 2009. Vorranggebiete sind solche Gebiete, die für bestimmte raumbedeutsame Funktionen oder

---

764 Die im Gesetz geregelten Typen von Gebietsfestlegungen sind nicht abschließend („können auch"), weitere Kombinationen sind denkbar, in der Praxis aber von geringer Bedeutung; siehe *Spannowsky et al.*, ROG, Kommentar, 2010, § 8 Rn. 71.

765 *Bielenberg et al.*, Raumordnungs- und Landesplanungsrecht, Kommentar, Stand Oktober 2016, K § 7 Rn. 94, 101 ff.

766 So insbesondere in den §§ 9 Abs. 1 (zuvor: § 7 Abs. 5 ROG 2004), 10 Abs. 1 und 2 (zuvor: § 7 Abs. 6 ROG 2004) und 11 ROG 2009 (zuvor: § 7 Abs. 8 Satz 2 und § 7 Abs. 9 ROG 2004). § 7 Abs. 10 ROG 2004 mit der Vorgabe zur Überwachung erheblicher Auswirkungen der Durchführung der Raumordnungspläne auf die Umwelt findet sich in den §§ 9 Abs. 4, 11 Abs. 3 ROG 2009 wieder.

767 Das gilt für § 7 Abs. 1 ROG 2004 (jetzt: § 7 Abs. 1 und 4 ROG 2009), § 7 Abs. 7 ROG 2004 (jetzt: § 7 Abs. 2 und 6 ROG 2009) und § 7 Abs. 8 ROG 2004 (jetzt: §§ 7 Abs. 5 und 11 Abs. 3 ROG 2009).

Nutzungen vorgesehen sind und andere raumbedeutsame Nutzungen in diesem Gebiet ausschließen, soweit diese mit den vorrangigen Funktionen oder Nutzungen nicht vereinbar sind. Mit anderen Worten: Wird ein Vorranggebiet für eine bestimmte Nutzung festgelegt, geht diese Nutzung allen anderen in diesem Gebiet vor, die mit der vorrangigen Nutzung in Widerspruch stehen.[768] Festgelegte Vorranggebiete werden deshalb auch als Ziele der Raumordnung bewertet. Durch ihre strikte Beachtenspflicht haben die Vorranggebiete deren Steuerungswirkung als auch die Bindungswirkung des § 4 Abs. 1 Satz 1 ROG, da sie, gleichsam der Ziele der Raumordnung, eine abschließende Abwägungsentscheidung zugunsten einer bestimmten Funktion oder Nutzung enthalten.[769] Wie bei Zielen der Raumordnung bedarf es bei Vorranggebieten einer „gebietsscharfen zeichnerischen Darstellung".[770] Sie dienen v.a. der Sicherung von Funktionen und Nutzungen, die standortgebunden sind: Das können bspw. bestimmte Rohstoffvorkommen oder besondere klimatische Bedingungen sein; genauso wie hoch eingriffssensible Naturräume mit außergewöhnlichen Pflanzen- und Tierarten.[771]

Stärke und Grenze von Vorranggebieten liegen in deren ausschließlicher Innenwirkung. Die Ausschlusswirkung der vorrangigen Funktionen oder Nutzungen gilt nur innerhalb des festgelegten Vorranggebiets und entfaltet keine Steuerungs- oder Bindungswirkung und Rechtswirkung darüber hinaus.[772] Vorranggebiete können sich in Raumordnungsplänen deshalb nur insoweit überlagern, als sie keine gegensätzlichen Zielbestimmungen enthalten bzw. für diesen Fall eine Kollisionsregelung vorsehen.[773]

bb. Vorbehaltsgebiete

Als zweiten Gebietstyp nennt § 7 Abs. 4 Satz 1 Nr. 2 ROG 2004/§ 8 Abs. 7 Satz 1 Nr. 2 ROG 2009 die sog. Vorbehaltsgebiete. Das sind nach der Legaldefinition Gebiete, in denen bestimmten raumbedeutsamen Funktionen oder Nutzungen bei der Abwägung mit konkurrierenden raumbedeutsamen Nutzungen besonderes Gewicht beizumessen ist.[774] Aus dem Wortlaut ergibt sich bereits, dass hier die Bindungs- und

---

768 Auch hier kommt es nicht auf die formale Bezeichnung als „Vorranggebiet", sondern den materiellen Inhalt der Festlegung an, siehe *Bielenberg et al.*, Raumordnungs- und Landesplanungsrecht, Kommentar, Stand Oktober 2016, K § 7 Rn. 102.

769 *Bielenberg et al.*, Raumordnungs- und Landesplanungsrecht, Kommentar, Stand Oktober 2016, K § 7 Rn. 103.

770 „Rein verbal gefasste Raumordnungsziele reichen nicht aus", *Hoppe*, Recht der Raumordnung, in: Hoppe et al. (Hrsg.), Öffentliches Baurecht, Raumordnungsrecht, 4. Auflage 2010, S. 35 ff., § 4 Rn. 20.

771 *Bielenberg et al.*, Raumordnungs- und Landesplanungsrecht, Kommentar, Stand Oktober 2016, K § 7 Rn. 103.

772 *Spannowsky et al.*, ROG, Kommentar, 2010, § 8 Rn. 73.

773 Kritisch zu den Festlegungen in den beiden deutschen Raumordnungsplänen auch *Erbguth*, UPR 2011, 207 ff. (209 f.).

774 Laut Gesetzesentwurf der Bundesregierung soll der Begriff ohne inhaltliche Änderung zukünftig wie folgt gefasst werden: „... die bestimmten raumbedeutsamen

damit die Steuerungswirkung wesentlich schwächer ausgeprägt ist als bei den eben genannten Vorranggebieten und sich i.S.d. § 4 Abs. 1 Satz 1 ROG in einer Berücksichtigungspflicht erschöpft. Hier hat nicht, wie bei den Vorranggebieten, eine abschließende Abwägung bereits stattgefunden, sondern bestimmte Funktionen und Nutzungen sind in die Abwägung einzustellen und dort mit einem besonderen Gewicht zu berücksichtigen. Sie entsprechen deshalb auch den Grundsätzen der Raumordnung.[775] Die Nutzung oder Funktion des Vorbehaltsgebietes an sich ist allerdings insoweit abschließend abgewogen, als sie mit besonderem Gewicht in die Abwägung einzustellen ist; das steht nicht mehr zur Disposition.[776] Vorbehaltsfestlegungen können aber durch eine Funktion oder Nutzung mit höherem Gewicht weggewogen werden und entfalten deshalb eine geringere Steuerungskraft und Bindungswirkung als Vorranggebietsfestlegungen.[777]

Mit der Aufwertung der vorbehaltenen Funktionen und Nutzungen wird – ebenso wie bei den Vorranggebieten – eine rein innergebietliche Wirkung ausgelöst. Vorbehaltsgebiete können sich in Raumordnungsplänen ohne Weiteres überlagern, auch mit gegenläufigen Vorgaben für raumbedeutsame Nutzungen und Funktionen.[778] Die letztliche Entscheidung zugunsten oder zulasten einer vorbehaltenen Nutzung oder Funktion fällt dann i.R.d. nachgelagerten Ermessens- und Abwägungsentscheidung.

cc. Eignungsgebiete

Der dritte Gebietstyp beschreibt Gebiete, in denen bestimmten raumbedeutsamen Maßnahmen oder Nutzungen, die städtebaulich nach § 35 des Baugesetzbuchs zu beurteilen sind, andere raumbedeutsame Belange nicht entgegenstehen, wobei diese

---

Funktionen oder Nutzungen vorbehalten bleiben sollen, denen bei der Abwägung mit konkurrierenden raumbedeutsamen Funktionen oder Nutzungen besonderes Gewicht beizumessen ist (Vorbehaltsgebiete), ...", siehe BReg-Drs. 656/16 v. 4.11.2016, S. 6, 36 f.

775 Nicht unstreitig, aber h.M.: *Bielenberg et al.*, Raumordnungs- und Landesplanungsrecht, Kommentar, Stand Oktober 2016, K § 7 Rn. 104; BVerwGE 118, 33 (47 f.), NVwZ 2003, 738; *Hoppe*, DVBl. 1998, 1008 ff.; *Hoppe*, DVBl. 1999, 1457 ff.; *Hoppe*, DVBl. 2001, 81 ff.; *Schink*, Raumordnungsgebiete und kommunale Planungshoheit, in: Jarass (Hrsg.), Raumordnungsgebiete, 1998, S. 46 ff.; *Grotefels*, Vorrang-, Vorbehalts- und Eignungsgebiete in der Raumordnung, in: Erbguth et al. (Hrsg.), Planung, FS Hoppe, 2000, S. 369 ff. Zum Zielcharakter der Vorbehaltsgebiete *Snowadsky*, Ziele und Grundsätze der Raumordnung, 2016, C.VI.5.

776 Aus diesem Grund stufen auch *Spannowsky et al.* die Vorbehaltsgebiete als Ziele der Raumordnung ein, siehe *Spannowsky et al.*, ROG, Kommentar, 2010, § 8 Rn. 82; ebenso *Goppel*, BayVBl. 1998, 289 ff.; *Goppel*, BayVBl. 1999, 331 ff.; *Jarass*, Raumordnungsgebiete nach dem neuen ROG, 1998.

777 Zur Beimessung eines „besonderen Gewichts" *Hoppe*, DVBl. 1998, 1008 ff.

778 *Lehners*, Raumordnungsgebiete nach dem ROG 1998, 1998, S. 54.

Maßnahmen oder Nutzungen dann an anderer Stelle im Planungsraum ausgeschlossen sind (§ 7 Abs. 4 Satz 1 Nr. 2 ROG 2004[779]/§ 8 Abs. 7 Satz 1 Nr. 2 ROG 2009).

Die sog. Eignungsgebiete unterscheiden sich in einem wesentlichen Punkt von den Vorrang- und Vorbehaltsgebieten: Eignungsgebiete haben eine doppelte Steuerungsfunktion, die inner- *und* außerhalb des festgelegten Eignungsgebiets Wirkung entfaltet.[780] Der Verweis auf § 35 BauGB hat zwar in erster Linie keine Auswirkung für die Raumplanung des Bundes in der AWZ, da das Baugesetzbuch mangels Erstreckungsklausel dort keine Anwendung findet. Die in § 35 BauGB enthaltene Konzentrationsklausel gibt aber den Hinweis darauf, welche Bindungs- und Steuerungswirkung der Eignungsgebiete vom Gesetzgeber intendiert ist: Innergebietlich sind die für dieses Gebiet vorgesehenen geeigneten Maßnahmen oder Nutzungen grundsätzlich mit anderen Maßnahmen oder Nutzungen in diesem Gebiet vereinbar, sie stehen sich also nicht entgegen. Das ist eine Aussage, die schon bei Aufstellung des Raumordnungsplans getroffen, also nicht erst einer nachfolgenden Abwägungsentscheidung überlassen wird. Die Aussage stellt zwar keinen Vorrang dar, der andere entgegenstehende Belange in diesem Gebiet ausschließen würde. Allerdings ist die Steuerungswirkung wesentlich stärker als in Vorbehaltsgebieten, in denen bestimmten Funktionen und Nutzungen für die Abwägung „nur" ein besonderes Gewicht beizumessen ist. Innergebietlich ist das Eignungsgebiet direkt damit weder mit dem Vorrang- noch mit dem Vorbehaltsgebiet vergleichbar. Im Ergebnis gleicht die Steuerungswirkung allerdings der eines Vorranggebiets, da eine explizite Nutzungszuweisung erfolgt.[781] Dementsprechend wird auch die Zielqualität der innergebietlichen Steuerungswirkung von Eignungsgebieten bejaht mit der Folge der strikten Bindungswirkung gem. § 4 Abs. 1 Satz 1 ROG.[782] Aber

779 Im ROG 2004 fand sich eine ggü. der heutigen Fassung verkürzte Version: „... 3. die für bestimmte, raumbedeutsame Maßnahmen geeignet sind, die städtebaulich nach § 35 des Baugesetzbuchs zu beurteilen sind und an anderer Stelle im Planungsraum ausgeschlossen werden (Eignungsgebiete)."

780 Aufgrund der verkürzten Fassung im ROG 2004 bestand früher über die innergebietliche Wirkung Streit, weil diese nicht ausdrücklich geregelt war; zu diesem überholten Meinungsstreit *Bielenberg et al.*, Raumordnungs- und Landesplanungsrecht, Kommentar, Stand Oktober 2016, K § 7 Rn. 105 m.w.N.

781 Zu diesem Gedanken *Spannowsky et al.*, ROG, Kommentar, 2010, § 8 Rn. 86 ff.; *Bielenberg et al.*, Raumordnungs- und Landesplanungsrecht, Kommentar, Stand Oktober 2016, K § 7 Rn. 105.

782 So wohl auch die Rechtsprechung in BVerwG, Beschluss v. 13.11.2006 – 4 BN 18/06 – NVwZ 2007, 229. Ebenso *Hendler*, Systematische Aspekte der Raumordnungsgebiete, in: Jarass (Hrsg.), Raumordnungsgebiete, 1998, S. 88 ff. (112 ff.); *Runkel*, NuR 1998, 449 ff. (452); im Ergebnis auch *Goppel*, Die Festlegung von Raumordnungsgebieten, in: Jarass (Hrsg.), Raumordnungsgebiete, 1998, S. 26 ff. (33 f.); *Bielenberg et al.*, Raumordnungs- und Landesplanungsrecht, Kommentar, Stand Oktober 2016, L § 3 Rn. 55. A.A. *Erbguth*, DVBl. 1998, 209 ff. (212); *Gatz*, DVBl. 2009, 737 ff.; *Grotefels*, Vorrang-, Vorbehalts- und Eignungsgebiete in der Raumordnung, in: Erbguth et al. (Hrsg.), Planung, FS Hoppe, 2000, S. 369 ff. (380 ff.);

auch außergebietlich hat das Eignungsgebiet den Charakter eines Ziels der Raumordnung, das bei Planungsentscheidungen öffentlicher Stellen nach § 4 Abs. 1 Satz 1 ROG zu beachten ist:[783] Der zweite Teil der Steuerungswirkung liegt in dem Ausschluss der raumbedeutsamen Maßnahmen oder Nutzungen *außerhalb* des Eignungsgebiets. Eignungsgebiete sehen damit einen bestimmten, „geeigneten" Raum für Nutzungen vor. Diese Nutzungen sollen – wenn überhaupt – dann aber auch ausschließlich innerhalb dieses Raums stattfinden; außerhalb des Eignungsgebiets sind sie untersagt. Sie haben damit eine Konzentrationsfunktion und dienen dem Freiraumschutz.[784]

Nach dem Gesetzesentwurf der Bundesregierung vom November 2016 soll der Katalog der Gebietskategorien um die sog. „Eignungsgebiete für den Meeresbereich" ergänzt werden.[785] Diese bezeichnen solche Gebiete, „die im Meeresbereich liegen, und in denen bestimmten raumbedeutsamen Funktionen oder Nutzungen andere raumbedeutsame Belange nicht entgegenstehen, wobei diese Funktionen oder Nutzungen an anderer Stelle im Planungsraum ausgeschlossen sind". Gegenüber den Eignungsgebieten, die nach § 35 BauGB zu beurteilen sind und die nur für Maßnahmen und Nutzungen gelten, bedeutet das eine Ausweitung auf „Funktionen", und zwar sowohl in Küstengewässern als auch in der AWZ Deutschlands.[786] Mit den Eignungsgebieten nach dem Raumordnungsgesetz dürfen nicht die besonderen Eignungsgebiete nach der Seeanlagenverordnung a.F. verwechselt werden.[787]

dd. Sonstige Gebietskategorien

Da der Katalog der Gebietstypen nicht abschließend ist, sind sonstige Gebietskategorien und Gebietskombinationen denkbar (die in der Praxis jedoch kaum eine Rolle spielen).[788] Eine solche Gebietskombination von Vorrang- und Eignungsgebiet sieht der Gesetzgeber z.B. in § 7 Abs. 4 Satz 2 ROG 2004/§ 8 Abs. 7 Satz 2 ROG 2009

Hoppe, Recht der Raumordnung, in: Hoppe et al. (Hrsg.), Öffentliches Baurecht, Raumordnungsrecht, 4. Auflage 2010, S. 35 ff., § 4 Rn. 54; *Schink*, Raumordnungsgebiete und kommunale Planungshoheit, in: Jarass (Hrsg.), Raumordnungsgebiete, 1998, S. 46 ff. (59); *Lehners*, Raumordnungsgebiete nach dem ROG 1998, 1998.

783 Unstreitig, siehe nur *Spannowsky et al.*, ROG, Kommentar, 2010, § 8 Rn. 89.

784 Das wird oft am Beispiel von Windenergieanlagen verdeutlicht; *Köck/Bovet*, NuR 2008, 529 ff.; *Dolde*, Steuerung der Zulässigkeit von Windenergieanlagen, in: Hansmann et al. (Hrsg.), Umweltrecht und richterliche Praxis, FS Kutscheidt, 2003, S. 345 ff. (345); *Erbguth*, DVBl. 1998, 209 ff. (209).

785 BReg-Drs. 656/16 v. 4.11.2016, S. 6, 37.

786 Der Verweis in § 17 Abs. 3 Satz 2 letzter Halbsatz ROG, wonach § 8 Abs. 7 ROG „entsprechend" gilt, kann damit entfallen.

787 Siehe dazu D.I.3. und 5.

788 Praktisch relevant ist nur die Festlegung von sog. Ausschlussgebieten, siehe *Spannowsky et al.*, ROG, Kommentar, 2010, § 8 Rn. 71 f.; *Bielenberg et al.*, Raumordnungs- und Landesplanungsrecht, Kommentar, Stand Oktober 2016, K § 7 Rn. 106 ff.

vor. Danach kann bei Vorranggebieten für raumbedeutsame Nutzungen festgelegt werden, dass sie zugleich die Wirkung von Eignungsgebieten für raumbedeutsame Maßnahmen oder Nutzungen haben. Hier wird die starke Innenwirkung des Vorranggebiets angereichert mit der ausschließenden Außenwirkung des Eignungsgebiets. Inner- wie außergebietlicher Charakter der Gebietskombination ist der eines Ziels der Raumordnung.[789]

e. Verfahren zur Aufstellung von Raumordnungsplänen, §§ 9–11 ROG 2009

Bei der Aufstellung von Raumordnungsplänen sind spezifische Verfahrensvorschriften zu beachten. Diese finden aufgrund von Verweisungen in den §§ 17 ff. ROG 2009 auch auf die Aufstellung von Raumordnungsplänen des Bundes in der AWZ Anwendung.

aa. Umweltprüfung

Bei der Aufstellung von Raumordnungsplänen ist zunächst eine Umweltprüfung durchzuführen, §§ 17 Abs. 5 i.V.m. 9 ROG 2009.[790] Mit dieser Umweltprüfung sollen die voraussichtlichen erheblichen Auswirkungen des Raumordnungsplans ermittelt werden. Bei der Umweltprüfung sind insbesondere die Auswirkungen des Plans auf Menschen, Tiere, Pflanzen, die biologische Vielfalt, Boden, Wasser, Luft, Klima und Landschaft sowie die Wechselwirkungen zwischen diesen Schutzgütern zu berücksichtigen, § 9 Abs. 1 Satz 1 Nr. 1–4 ROG 2009. Das Ergebnis der Umweltprüfung ist in einem sog. Umweltbericht zu beschreiben und zu bewerten.[791]

Bei der Festlegung des Untersuchungsrahmens für die Umweltprüfung sind die öffentlichen Stellen zu beteiligen, die durch die Umweltauswirkungen des Raumordnungsplans in ihrem umweltbezogenen Aufgabenbereich berührt werden, § 9 Abs. 1 Satz 2 ROG 2009. Bei nur geringfügigen Änderungen des Raumordnungsplans kann von einer erneuten Umweltprüfung unter bestimmten Voraussetzungen abgesehen werden, § 9 Abs. 2 ROG 2009.[792] Dafür ist bei einer überschlägigen Prüfung, in der

789 *Hoppe*, Recht der Raumordnung, in: Hoppe et al. (Hrsg.), Öffentliches Baurecht, Raumordnungsrecht, 4. Auflage 2010, S. 35 ff., § 4 Rn. 54.

790 § 9 ROG 2009 knüpft an den bisherigen § 7 Abs. 5 ROG 2004 an und trägt den europarechtlichen Vorgaben der SUP-Richtlinie Rechnung; siehe Begründung zum Gesetzesentwurf BT-Drs. 16/10292 v. 22.9.2008, S. 24. Siehe dazu *Uechtritz*, ZUR 2006, 9 ff.

791 Der Umweltbericht hat dabei die Angaben der Anlage 1 ROG 2009 zu enthalten. Dazu gehören bspw. neben einer Bestandsaufnahme der einschlägigen Aspekte des derzeitigen Umweltzustandes und der Prognose über die Entwicklung des Umweltzustandes bei Durchführung/Nichtdurchführung des Plans auch die geplanten Maßnahmen zu Vermeidung und zum Ausgleich nachteiliger Auswirkungen sowie in Betracht kommende anderweitige Planungsmöglichkeiten.

792 Daneben besteht nach § 9 Abs. 3 ROG 2009 die Möglichkeit, die Umweltprüfung auf zusätzliche oder andere erhebliche Umweltauswirkungen zu beschränken,

auch die in Anlage 2 zum ROG 2009 genannten Kriterien zu berücksichtigen sind, festzustellen, dass die Änderungen voraussichtlich keine erheblichen Umweltauswirkungen haben werden.[793] Die öffentlichen Stellen sind an dieser überschlägigen Prüfung zu beteiligen, das Ergebnis ist in die Planbegründung aufzunehmen.

Die erheblichen Auswirkungen, die bei Durchführung des Raumordnungsplans voraussichtlich zu erwarten sind, müssen durch die zuständige bzw. die im Raumordnungsplan bezeichnete Stelle überwacht werden, §§ 17 Abs. 3 Satz 1 i.V.m. 9 Abs. 4 ROG 2009.

bb. Beteiligung bei der Aufstellung der Raumordnungspläne

§ 10 ROG 2009 regelt die Beteiligungsvorschriften bei der Aufstellung von Raumordnungsplänen;[794] § 18 ROG 2009 verweist auf diesen Paragraphen auch für die Raumordnungspläne des Bundes und enthält einige Sondervorschriften.

Die Öffentlichkeit und die in ihren Belangen berührten öffentlichen Stellen sind von der Aufstellung des Raumordnungsplans zu unterrichten. Sie dürfen zum Planentwurf und zur Begründung Stellung nehmen. Dafür sind der (soweit durchgeführt) Umweltbericht, der Entwurf und die Begründung des Plans sowie weitere zweckdienliche Unterlagen öffentlich auszulegen.[795] Während der Auslegungsfrist, die mindestens einen Monat betragen muss, können die Stellungnahmen abgegeben werden, §§ 18 Nr. 1 Satz 2 i.V.m. 10 Abs. 1 Satz 3 ROG 2009.[796] Die Bekanntgabe des Ortes und der Dauer der Auslegung ist mindestens eine Woche vorher im Verkündungsblatt der auslegenden Behörde und in zwei überregionalen Tageszeitungen

---

wenn im Plangebiet bereits eine Umweltprüfung durchgeführt wurde. Diese Vorschrift stellt eine Verfahrenserleichterung dar.

793 Zu den Kriterien der Anlage 2 ROG 2009 gehören Merkmale des Raumordnungsplans und Merkmale der möglichen Auswirkungen und der voraussichtlich betroffenen Gebiete, wie bspw. die Wahrscheinlichkeit, Dauer, Häufigkeit und Umkehrbarkeit der Auswirkungen oder die Risiken für die Umwelt.

794 Der Paragraph knüpft inhaltlich an § 7 Abs. 6 ROG 2004 an, siehe Begründung zum Gesetzesentwurf BT-Drs. 16/10292 v. 22.9.2008, S. 25. Grundsätzlich *Grotefels/Uebbing*, NuR 2003, 460 ff.

795 Den in ihren Belangen berührten öffentlichen Stellen sind diese Unterlagen „zur Verfügung zu stellen“, i.d.R. also zuzuschicken, § 18 Nr. 2 Satz 1 ROG 2009. Das kann (zusätzlich) auch über elektronische Informationstechnologien geschehen, § 18 Nr. 4 ROG 2009. Die letztgenannte Vorschrift ist der Öffentlichkeitsbeteiligungs-Richtlinie 2003/35/EG geschuldet.

796 §§ 18 Nr. 3 i.V.m. 10 Abs. 1 Satz 4 ROG 2009 enthält eine Verfahrenserleichterung bei Änderungen des Planentwurfs. Danach können Auslegungs- und Stellungnahmefrist verkürzt werden, bei Änderungen des Planentwurfs, die die Grundzüge der Planung nicht berühren, können nur noch die von der Änderung betroffene Öffentlichkeit und die in ihren Belangen berührten öffentlichen Stellen beteiligt werden. Das Raumordnungsgesetz enthält keine Präklusionsvorschriften; *Spannowsky et al.*, ROG, Kommentar, 2010, § 10 Rn. 47 und § 18 Rn. 6.

amtlich bekannt zu machen. Diejenigen, die eine Stellungnahme abgegeben haben, erlangen Einsicht in das Ergebnis der Prüfung, § 18 Nr. 1 Satz 3 ROG 2009.

Auch andere Staaten sind bei der Aufstellung von Raumordnungsplänen des Bundes zu beteiligen, soweit durch die Durchführung des Plans voraussichtlich erhebliche Auswirkungen auf das Gebiet des anderen Staates bzw. erhebliche Umweltauswirkungen auf den anderen Staat zu erwarten sind, § 10 Abs. 2 ROG 2009.[797] Der andere Staat ist dann nach den Grundsätzen der Gegenseitigkeit und Gleichwertigkeit zu beteiligen.[798] Im Fall von erheblichen Umweltauswirkungen ist der andere Staat nach § 14j UVPG zu beteiligen.[799]

Eine Konkretisierung der Vorschrift zur Beteiligung öffentlicher Stellen enthält § 17 Abs. 3 und 6 ROG 2009. Hiernach hat das BMVI[800] bei der Planaufstellung das Benehmen mit den angrenzenden Ländern und Staaten herzustellen. Darüber hinaus ist der zuständige Ausschuss des Deutschen Bundestages zu unterrichten.

cc. Bekanntmachung

Raumordnungspläne des Bundes in der deutschen AWZ sind als Rechtsverordnung aufzustellen, § 18a Abs. 1 Satz 3 ROG 2004/§ 17 Abs. 3 Satz 1 ROG 2009; zu ihrer Bekanntmachung sind sie zu verkünden. Mit der Bekanntmachung ist darauf hinzuweisen, wo die Einsichtnahme des Raumordnungsplans erfolgen kann, §§ 19 Abs. 2 i.V.m. 11 Abs. 2 Satz 2 ROG 2009. Zu jedermanns Einsichtnahme sind bereitzuhalten: Der Raumordnungsplan samt Begründung, die (falls durchgeführt) Umweltprüfung mit der zusammenfassenden Erklärung[801] und die Aufstellung der Überwachungsmaßnahmen, §§ 19 Abs. 2 i.V.m. 11 Abs. 2 Satz 1 ROG 2009.

dd. Planerhaltung

Zur Rechtswirksamkeit von Raumordnungsplänen des Bundes – und damit zur Planerhaltung – verweist § 20 ROG 2009 auf die § 12 Abs. 1 und Abs. 3–6 ROG 2009, die entsprechend gelten sollen.[802] Die Verletzung verschiedener Verfahrens- und

---

797 Zum Stand und zu den Perspektiven grenzüberschreitender Raumplanung siehe *Moersch*, BayVBl. 2004, 40 ff.

798 Diese Grundsätze bilden sich erst langsam heraus. Dazu gehört aber i.d.R. eine Übersetzung der zu übermittelnden Unterlagen in die Amtssprache des anderen Staates, siehe *Spannowsky et al.*, ROG, Kommentar, 2010, § 10 Rn. 58.

799 § 14j UVPG verweist auf § 8 UVPG grenzüberschreitende Behördenbeteiligung und § 9a UVPG grenzüberschreitende Öffentlichkeitsbeteiligung.

800 Zuvor war dafür das Bundesministerium für Verkehr, Bau und Stadtentwicklung (BMVBS) zuständig. Die Änderung und Umbenennung erfolgte in der 18. Legislaturperiode zum 17.12.2013.

801 Die Inhalte der zusammenfassenden Erklärung ergeben sich aus § 11 Abs. 3 ROG 2009.

802 § 12 ROG 2009 knüpft an den bisherigen § 10 ROG 2004 an, erweitert, konkretisiert und neustrukturiert dessen Regelungen über die Planerhaltung zugunsten einer

Formvorschriften,[803] Mängel im Abwägungsvorgang oder Fehler bei der Umweltprüfung nach § 9 ROG 2009 werden hier für die Rechtswirksamkeit des Raumordnungsplans für beachtlich bzw. unbeachtlich, erheblich oder unerheblich erklärt, § 12 Abs. 1, 3 und 4 ROG 2009.[804] Nur beachtliche Verfahrens- oder Formfehler und erhebliche Abwägungsmängel sollen zur Nichtigkeit des Raumordnungsplans führen.[805] Bestimmte Fehler werden geheilt, wenn sie nicht innerhalb eines Jahres seit Bekanntmachung des Raumordnungsplans geltend gemacht worden sind, § 12 Abs. 5 ROG 2009. Letztlich besteht die Möglichkeit, den Raumordnungsplan auch rückwirkend durch ein ergänzendes Verfahren zur Behebung von Fehlern in Kraft zu setzen, § 12 Abs. 6 ROG 2009.[806]

f. Vorgaben des § 18a ROG 2004/§ 17 Abs. 3 ROG 2009

Seit dem Jahr 2004 existiert im Raumordnungsgesetz eine Ermächtigungsgrundlage für den Bund zur Raumplanung in der deutschen AWZ.[807] § 18a ROG 2004 wurde mit dem GeROG im Jahr 2008 neu gefasst.[808] Die Rechtsgrundlage für eine maritime Raumplanung findet sich nun in § 17 Abs. 3 ROG 2009.[809] Wie bereits angedeutet, spielt dieser Paragraph für die Entwicklung der aktuell gültigen Raumordnungspläne in der deutschen AWZ nur eine untergeordnete Rolle. Gem. § 29 Abs. 1 ROG 2009 findet nämlich auf Verfahren zur Aufstellung von Raumordnungsplänen das bisher geltende Raumordnungsgesetz – also das ROG 2004 und damit § 18a ROG 2004 – Anwendung, soweit die Verfahren vor dem 31. Dezember 2008 förmlich eingeleitet wurden. Das ist hier der Fall, da die Öffentlichkeits- und Behördenbeteiligung mit

---

besseren Verständlichkeit jedoch, siehe Entwurfsbegründung BT-Drs. 16/10292 v. 22.9.2008, S. 25 f. Zur Entwicklung der Norm durch Europarecht siehe *Spannowsky et al.*, ROG, Kommentar, 2010, § 12 Rn. 1 ff., mit Verweis auf *Erbguth*, NVwZ 2007, 985 ff.; *Jarass*, DVBl. 2000, 945 ff.; *Spannowsky*, UPR 1998, 161 ff.

803 Besonders relevant ist hier die grenzüberschreitende Abstimmung mit den benachbarten Mitgliedstaaten, mit den Ländern und anderen Bundesministerien; so *Spannowsky et al.*, ROG, Kommentar, 2010, § 21 Rn. 12.

804 Zur Rechtsfolge sonstiger Mängel, die sich aus der Verletzung von Vorschriften außerhalb des Raumordnungsgesetzes ergeben, *Spannowsky et al.*, ROG, Kommentar, 2010, § 12 Rn. 68 ff.

805 *Spannowsky et al.*, ROG, Kommentar, 2010, § 12 Rn. 14.

806 Siehe dazu *Spannowsky et al.*, ROG, Kommentar, 2010, § 12 Rn. 82 ff.

807 Gesetz zur Anpassung des Baugesetzbuchs an EU-Richtlinien v. 24.6.2004, BGBl. I S. 1359 ff., 1379. Begründung zum Gesetzentwurf BT-Drs. 15/2250 v. 17.12.2003. Siehe dazu oben D.II.2d. und 3a. Hierzu *Bielenberg et al.*, Raumordnungs- und Landesplanungsrecht, Kommentar, Stand Oktober 2016, J 680.

808 Gesetz zur Neufassung des Raumordnungsgesetzes und zur Änderung anderer Vorschriften (GeROG) v. 22.12.2008, BGBl. I S. 2986. Zur Gesetzesbegründung BT-Drs. 16/10292 v. 22.9.2008.

809 *Bielenberg et al.*, Raumordnungs- und Landesplanungsrecht, Kommentar, Stand Oktober 2016, L § 17 Rn. 40 ff.

Auslage der ersten Planentwürfe im Juni 2008 förmlich eingeleitet wurde.[810] So spielt der neue § 17 Abs. 3 ROG 2009 für die aktuellen Raumordnungspläne in der deutsche AWZ keine Rolle, da deren Aufstellung bereits beendet ist. Für zukünftige Änderungen oder Ergänzungen jedoch kann er bedeutsam sein. Nach Erläuterungen zur Überleitungsvorschrift (aa.) sollen deshalb im Folgenden beide Paragraphen im Detail vor- und gegenübergestellt werden (bb. und cc.).

aa. Überleitungsvorschrift des § 29 ROG 2009

§ 29 ROG 2009 enthält eine Anwendungsvorschrift für die Raumordnung in der deutschen AWZ. Drei Aspekte werden geregelt:

Zum einen enthält § 29 ROG 2009 in seinem Absatz 1 eine Überleitungsvorschrift für solche Raumordnungspläne in der deutschen AWZ, die vor dem 31. Dezember 2008 und damit vor der Verkündung des ROG 2009 aufgestellt wurden. Auf diese Raumordnungspläne soll das bisher geltende Raumordnungsgesetz des Bundes (ROG 2004) und damit insbesondere die §§ 18a und 7 ROG 2004 Anwendung finden. Bezugspunkt für die Geltung des alten Rechts ist die „förmliche Einleitung" des Verfahrens für den Plan. Welche Verfahrensschritte zur förmlichen Verfahrenseinleitung vollzogen sein müssen, regelt die Vorschrift nicht explizit. Ein sehr früher zeitlicher Ansatzpunkt für eine förmliche Einleitung findet sich schon 2005, als das Bundesamt für Naturschutz (BfN) mit Vertretern der Behörden und Verbänden das Scoping für den Untersuchungsrahmen des Umweltberichtes diskutierten. Selbst wenn man diesen Verfahrensschritt als noch nicht ausreichend für eine „förmliche Einleitung" i.S.d. Vorschrift ansehen will, ist davon auszugehen, dass jedenfalls mit Auslegung der Planentwürfe für die Nord- und Ostsee im Juni 2008 i.R.d. Öffentlichkeitsbeteiligung diese Voraussetzung erfüllt ist. Zudem fanden noch im selben Jahr erste mündliche Erörterungen mit den Anrainerstaaten sowie den Behörden und der Öffentlichkeit und damit ein weiterer förmlicher Verfahrensschritt statt.[811] Die Vorschrift bezweckt, dass das einmal eingeleitete Verfahren zur Aufstellung der Raumordnungspläne trotz Gesetzesänderung komplett nach altem Recht durchgeführt und beendet werden kann.[812] Nach Satz 2 des § 29 Abs. 1 ROG 2009 können einzelne Verfahrensschritte, die gesetzlich vorgeschrieben sind und mit denen noch nicht begonnen wurde, aber auch nach neuem Recht durchgeführt werden.

Zum zweiten enthält § 29 Abs. 2 ROG 2009 eine Erweiterung der Überleitungsvorschrift um einzelne Instrumente des neuen Raumordnungsgesetzes. Damit sollen Regelungslücken des alten Gesetzes geschlossen werden.[813] Aus diesem Grund sieht Absatz 2 vor, dass die Regelungen zur Bereithaltung von Raumordnungsplänen und Unterlagen (§ 19 Abs. 2 ROG 2009), zur Planerhaltung (§ 20 ROG 2009), zur

810 Siehe dazu näher unter F.I.3.

811 Siehe dazu die Angaben in AWZ-ROV Nordsee v. 21.9.2009, S. 3, 26 und AWZ-ROV Ostsee v. 10.12.2009, S. 3, 24.

812 *Spannowsky et al.*, ROG, Kommentar, 2010, § 29 Rn. 2.

813 Siehe zum Ganzen *Spannowsky et al.*, ROG, Kommentar, 2010, § 29 Rn. 4.

Zielabweichung (§ 21 ROG 2009), zur Untersagung (§ 22 ROG 2009) sowie zu den Verwaltungsgebühren (§ 27 ROG 2009) auch für solche Raumordnungspläne entsprechend anwendbar sind, die vor dem 31. Dezember 2008 aufgestellt wurden. Anders als in Absatz 1 kommt es hier nicht auf die förmliche Einleitung, sondern auf die endgültige Aufstellung des Raumordnungsplans bzw. den Erlass der entsprechenden Verordnung an. Die beiden Verordnungen über die Raumordnung in der deutschen AWZ der Nord- und Ostsee traten jedoch erst 2009 und damit nach dem 31. Dezember 2008 in Kraft, so dass § 29 Abs. 2 ROG keine Anwendung fand.[814]

Letztlich sieht § 29 Abs. 3 ROG 2009 vor, dass auf die bereits eingeleiteten Verfahren zur Aufstellung von Raumordnungsplänen auch die „alten“[815] umweltrechtlichen Bestimmungen weiter anzuwenden sind. Bereits begonnene Planungen sollten von den neuen Vorschriften freigestellt werden, die i.R.d. Umweltgesetzgebung im Juli 2009 verkündet wurden.[816] Das betrifft v.a. Vorschriften des Bundesnaturschutzgesetzes, des Wasserhaushaltsgesetzes und des Umweltverträglichkeitsprüfungsgesetzes samt der aufgrund dieser Gesetze erlassenen Rechtsverordnungen. Absatz 3 setzt insoweit den Stichtag für die förmliche Einleitung der Planverfahren (anders als Absatz 1 und 2) auf den 1. Januar 2010. Das hängt damit zusammen, dass das Gesetz zur Neuregelung des Naturschutzrechts am 1. März 2010 in Kraft trat,[817] eine bewusste Nichtanwendung der neu erlassenen Umwelt- und Naturschutzregelungen aber nicht möglich sein sollte und deshalb ein zeitlicher Puffer eingebaut wurde. Die beiden Verordnungen über die Raumordnungspläne in der deutschen AWZ der Nord- und Ostsee sind allerdings bereits 2009 in Kraft getreten, so dass diese Vorschrift auf sie keine Auswirkung hatte.[818]

Die ausdrückliche Beschränkung des § 29 Abs. 1 ROG 2009 auf den Verfahrensschritt der „Aufstellung von Raumordnungsplänen“ bedeutet im Umkehrschluss, dass mit Abschluss der Aufstellung nicht mehr die bisherigen Vorschriften des ROG 2004 anwendbar sind, sondern für Änderungen, Ergänzungen oder die Aufhebung der Raumordnungspläne in der deutschen AWZ die jeweils aktuell geltenden Vorschriften des Raumordnungsgesetzes heranzuziehen sind. Der Regelungsinhalt des § 29 ROG ist mit Fertigstellung der Raumordnungspläne und Abschluss des

---

814 *Bielenberg et al.*, Raumordnungs- und Landesplanungsrecht, Kommentar, Stand Oktober 2016, L § 29 Rn. 5.

815 „... jeweils in der bis zum 28. Februar 2010 geltenden Fassung ...“.

816 Absatz 3 wurde durch Art. 9 des Gesetzes zur Neuregelung des Rechts des Naturschutzes und der Landschaftspflege v. 29.7.2009, BGBl. I S. 2542, eingefügt. *Spannowsky et al.*, ROG, Kommentar, 2010, § 29 Rn. 1.

817 Art. 27 des Gesetzes zur Neuregelung des Rechts des Naturschutzes und der Landschaftspflege v. 29.7.2009, BGBl. I S. 2542 (2578).

818 AWZ-ROV Nordsee v. 21.9.2009, BGBl. I S. 3107, AWZ-ROV Ostsee v. 10.12.2009, BGBl. I S. 3861.

Aufstellungsverfahrens für die deutsche AWZ obsolet geworden und soll deshalb aufgehoben werden.[819]

Gegenüberstellung ROG 2004 und ROG 2009

§ 18a ROG 2004 **Raumordnung in der deutschen ausschließlichen Wirtschaftszone**	**§ 17 Abs. 3 ROG 2009** **Raumordnungspläne für den Gesamtraum und für die deutsche ausschließliche Wirtschaftszone** [...]
(1) Das Bundesministerium für Verkehr, Bau und Stadtentwicklung stellt in der deutschen ausschließlichen Wirtschaftszone Ziele und Grundsätze der Raumordnung im Sinne des § 3 Nr. 2 und 3 hinsichtlich der wirtschaftlichen und wissenschaftlichen Nutzung, hinsichtlich der Gewährleistung der Sicherheit und Leichtigkeit der Seeschifffahrt sowie zum Schutz der Meeresumwelt auf. Die Vorschriften des § 7 Abs. 1 und 4 bis 10 gelten entsprechend. Die Aufstellung der Ziele und Grundsätze der Raumordnung erfolgt unter Beteiligung der fachlich betroffenen Bundesministerien durch Rechtsverordnung, die nicht der Zustimmung des Bundesrates bedarf.	(3) Das Bundesministerium für Verkehr, Bau und Stadtentwicklung stellt für die deutsche ausschließliche Wirtschaftszone einen Raumordnungsplan als Rechtsverordnung auf. Der Raumordnungsplan soll Festlegungen zur wirtschaftlichen und wissenschaftlichen Nutzung, zur Gewährleistung der Sicherheit und Leichtigkeit des Verkehrs sowie zum Schutz der Meeresumwelt treffen; für diese Nutzungen und Funktionen können auch Gebiete festgelegt werden, § 8 Abs. 7 gilt entsprechend. Das Bundesamt für Seeschifffahrt und Hydrographie führt mit Zustimmung des Bundesministeriums für Verkehr, Bau und Stadtentwicklung die vorbereitenden Verfahrensschritte zur Aufstellung des Raumordnungsplans durch. Das Bundesministerium für Verkehr, Bau und Stadtentwicklung stellt bei der Planaufstellung das Benehmen mit den angrenzenden Staaten und Ländern her.
(2) Das Bundesamt für Seeschifffahrt und Hydrographie führt mit Zustimmung des Bundesministeriums für Verkehr, Bau und Stadtentwicklung die vorbereitenden Verfahrensschritte zur Aufstellung der Ziele und Grundsätze der Raumordnung	(4) Zur Vorbereitung oder Verwirklichung von Raumordnungsplänen nach Absatz 3 kann der Träger der Bundesraumordnung entsprechend § 13 Abs. 1 und 2 Satz 1 Nr. 1 vertragliche Vereinbarungen treffen;

819 Siehe Entwurf eines Gesetzes zur Änderung raumordnungsrechtlicher Vorschriften, BReg-Drs. 656/16 v. 4.11.2016, S. 21, 56.

einschließlich der Festlegung nach § 7 Abs. 4, insbesondere die Umweltprüfung und die Öffentlichkeitsbeteiligung, durch. Das Bundesministerium für Verkehr, Bau und Stadtentwicklung beteiligt die fachlich betroffenen Bundesministerien und stellt das Benehmen mit den angrenzenden Ländern her.	Gegenstand dieser Vereinbarungen kann auch die Übernahme von Kosten sein, die dem Träger der Bundesraumordnung bei der im Interesse des Vertragspartners liegenden Vorbereitung oder Verwirklichung von Raumordnungsplänen entstehen.
(3) Werden nach Absatz 1 Satz 1 als Ziele der Raumordnung Vorranggebiete für Windkraftanlagen festgelegt, haben diese im Verfahren zur Genehmigung einer Anlage nach der Seeanlagenverordnung im Hinblick auf die Wahl des Standortes die Wirkung eines Sachverständigengutachtens; § 4 sowie die Anforderungen über die Umweltverträglichkeitsprüfung von Vorhaben gemäß § 2a der Seeanlagenverordnung bleiben unberührt. Bis zum 31. Dezember 2005 festgelegte besondere Eignungsgebiete nach § 3a Abs. 1 der Seeanlagenverordnung sind als Ziele der Raumordnung nach Absatz 1 Satz 1 zu übernehmen und als Vorranggebiete nach § 7 Abs. 4 Nr. 1 festzulegen.	(5) Bei der Aufstellung von Plänen nach den Absätzen 2 und 3 gilt § 9 mit der Maßgabe, dass zuständig für die Überwachung nach § 9 Abs. 4 die für den Raumordnungsplan zuständige Stelle oder die im Raumordnungsplan bezeichnete Stelle ist. [...]
	(6) Das Bundesministerium für Verkehr, Bau und Stadtentwicklung unterrichtet bei der Aufstellung von Plänen nach den Absätzen 2 und 3 den zuständigen Ausschuss des Deutschen Bundestages während der Beteiligung nach § 18.

bb. Vorgaben des § 18a ROG 2004

Grundsätzlich sind beide Paragraphen – § 18a ROG 2004 und § 17 Abs. 3 ROG 2009 – gleich aufgebaut: (1) Dem zuständigen Bundesministerium wird die Aufgabe übertragen, (2) in der deutschen AWZ raumordnerische Maßnahmen zu ergreifen. Diese Aufgabe steht dabei nicht im Ermessen der Behörde, sondern sie ist verpflichtend („stellt ... auf"). (3) In ihrer inhaltlichen Tragweite muss sich die Aufgabe an den Vorgaben des Seerechtsübereinkommens orientieren, da der Bereich der AWZ kein Hoheitsgebiet ist. Damit hat nicht der deutsche Gesetzgeber die uneingeschränkte Gesetzgebungsgewalt über die AWZ, sondern er bekommt lediglich durch das Seerechtsübereinkommen bestimmte souveräne Rechte und Hoheitsrechte zugewiesen.

(4) Zur Bewältigung dieser Aufgabe sind die raumordnungsrechtlichen Instrumentarien heranzuziehen, insbesondere sind Ziele und Grundsätze aufzustellen und Raumordnungsgebiete auszuweisen. Bestimmte verfahrensrechtliche Anforderungen sind zu beachten.

(1) In der ursprünglichen Fassung des § 18a ROG 2004 war das Bundesministerium für Verkehr, Bau- und Wohnungswesen (BMVBW) für die Raumordnung in der deutschen AWZ zuständig. Mit Beginn der 16. Legislaturperiode des Deutschen Bundestages wurde das Ministerium neu zugeschnitten und ab dem 22. November 2005 in Bundesministerium für Verkehr, Bau und Stadtentwicklung (BMVBS) umbenannt.[820] Eine erneute Änderung erfolgte zu Beginn der 18. Legislaturperiode: Seit dem 17. Dezember 2013 ist das wiederum umbenannte BMVI u.a. für die Aufstellung eines Raumordnungsplanes in der deutschen AWZ zuständig.[821] Vorgesehen war ursprünglich auch, dass das dem damaligen BMVBW unterstehende Bundesamt für Bauwesen und Raumordnung (BBR) mit den vorbereitenden Verfahrensschritten nach § 18a Abs. 2 ROG 2004 betraut werden sollte.[822] Mit der Begründung der größeren fachlichen Kompetenz im Bereich der See wurde die Zuständigkeit geändert und die vorbereitenden Verfahrensschritte der Zuständigkeit des BSH überschrieben.[823] Dies war nicht unumstritten, da nun im BSH Planungs- und Genehmigungsbehörde zusammenfallen.[824]

(2) Planungsraum sind die beiden Gebiete der deutschen AWZ in Nord- und Ostsee. Die AWZ liegt zwischen Küstenmeer und Hoher See; deren tatsächliche Größe und Grenzen bestimmen sich nach den Vorgaben des Seerechtsübereinkommens.[825] Nach dem Wortlaut des Gesetzes ist die Aufgabe zwingend ausgestaltet, das Bundesministerium hat über die Aufstellung eines Raumordnungsplans kein Entscheidungsermessen.

(3) Nach § 18a Abs. 1 ROG 2004 sind raumordnungsrechtliche Ziele und Grundsätze für vier Planungsbereiche aufzustellen:

---

820 Die Anpassung des Gesetzeswortlauts erfolgte mit Art. 10 des Gesetzes zur Beschleunigung von Planungsverfahren für Infrastrukturvorhaben v. 9.12.2006, BGBl. I S. 2833.

821 Der Organisationserlass über die Umbenennung v. 17.12.2013 wurde i.R.d. Art. 124 der Zehnten Zuständigkeitsanpassungsverordnung v. 31.8.2015 geändert, BGBl. I S. 1474, 1495.

822 So noch der Gesetzesentwurf, BT-Drs. 15/2250 v. 17.12.2003, S. 24, 71 ff. Zum BBR siehe http://www.bbr.bund.de (6.2.2017).

823 Siehe BT-Drs. 15/2996, S. 52 und 73. Das BSH ist wie das BBR auch eine Bundesoberbehörde im Geschäftsbereich des BMVI bzw. des BMUB. Siehe http://www.bsh.de (6.2.2017).

824 Siehe die Erklärung von *Undine Kurth* (Quedlinburg), Bündnis 90/Die Grünen v. 30.4.2004, BT-Plenarprotokoll 15/106, 9619A-C, 9651D-9652B/Anlage 2.

825 Siehe oben unter B.II.1.

- Der wirtschaftlichen Nutzung,
- der wissenschaftlichen Nutzung,
- der Gewährleistung der Sicherheit und Leichtigkeit der Seeschifffahrt und
- zum Schutz der Meeresumwelt.

Diese Planungsbereiche entsprechen den der Bundesrepublik Deutschland in der deutschen AWZ zugesprochenen souveränen Rechten und Hoheitsrechten nach Art. 56 SRÜ. Die Befugnis zur Raumordnung ist in Art. 56 SRÜ zwar nicht ausdrücklich genannt, zur Koordinierung dieser Rechte aber erlaubt.[826] Aufgrund der Vorgaben des Seerechtsübereinkommens darf die Bundesrepublik im Weiteren nicht über diese zugewiesenen Rechte hinausgehen.

(4) § 18a Abs. 1 Satz 2 ROG 2004 verweist u.a. auf die Möglichkeit zu Gebietsausweisungen; zur Sicherung von Zielen und Grundsätzen können dementsprechend Vorrang-, Vorbehalts- und Eignungsgebiete ausgewiesen werden.

§ 18a Abs. 1 Satz 3 und Abs. 2 ROG 2004 enthalten Verfahrensvorschriften, die insbesondere die Beteiligung der Öffentlichkeit, Behörden und benachbarter Länder vorsehen. § 18a Abs. 3 ROG 2004 klärt das Verhältnis festgelegter Vorranggebiete für Windenergieanlagen in Raumordnungsgesetz und Seeanlagenverordnung (a.F.). Solche Vorranggebiete für Windenergieanlagen sollen in Genehmigungsverfahren, deren Voraussetzungen sich nach der Seeanlagenverordnung bestimmen, im Hinblick auf die Wahl des Anlagenstandortes die Wirkung eines Sachverständigengutachtens haben. Damit soll klargestellt werden, dass den Vorranggebieten hinsichtlich der Standortauswahl die gleichen positiven Wirkungen für die Genehmigung wie nach dem Verfahren der Seeanlagenverordnung (a.F.) zukommen sollen.[827] Satz 2 enthält eine Überleitungsvorschrift für „besondere Eignungsgebiete", die bis zum 31. Dezember 2005 nach § 3a SeeAnlV a.F.[828] festgelegt wurden. Diese Gebiete sollen auch weiterhin Bestand haben.[829] Die besonderen Eignungsgebiete sind dabei nicht i.S.d. raumordnungsrechtlichen Eignungsgebiete des Raumordnungsgesetzes zu verstehen. Sie sind vielmehr als Ziele der Raumordnung zu übernehmen und als Vorranggebiete auszuweisen.[830]

---

826 Siehe oben unter B.II.4.

827 BT-Drs. 15/2250 v. 17.12.2003, S. 72.

828 § 3a SeeAnlV a.F. wurde durch Art. 11 des Gesetzes zur Änderung des Umwelt-Rechtsbehelfsgesetzes und anderer umweltrechtlicher Vorschriften v. 21.1.2013, BGBl. I S. 95, aufgehoben.

829 BT-Drs. 15/2250 v. 17.12.2003, S. 72: „Diese Regelung stellt eine Ausnahme dar zum Verfahren der Aufstellung von Zielen der Raumordnung. Sie ist notwendig, um den Investoren in die Offshore-Windenergie die notwendige Planungssicherheit zu geben."

830 § 18a Abs. 3 Satz 2 ROG 2004, siehe dazu gleich unter D.III.2b.

cc. § 17 Abs. 3 ROG 2009

Ebenso wie § 18a ROG 2004 sieht § 17 Abs. 3 ROG 2009 das entsprechende Bundesministerium (BMVBS bzw. BMVI) als Planungsverpflichteten und das BSH als zuständige Bundesoberbehörde für die vorbereitenden Verfahrensschritte vor. Die Aufstellung des Raumordnungsplans ist ebenfalls als Planungspflicht ausgestaltet und erlaubt kein Entscheidungsermessen der Behörde. Die Planungsbereiche entsprechen den Vorgaben des Seerechtsübereinkommens. § 17 Abs. 3 Satz 4 ROG 2009 enthält Vorgaben zur Beteiligung an das Planungsgebiet angrenzender Staaten und Länder, weitere Verfahrensvorschriften finden sich in (Verweisen der) folgenden Vorschriften.[831]

Im Unterschied zu § 18a ROG 2004 benennt § 17 Abs. 3 ROG 2009 ausdrücklich den „Raumordnungsplan" als Ziel der Planung. Dieser soll als Rechtsverordnung aufgestellt werden. Obwohl dies zuvor nicht ausdrücklich bestimmt war, wurden die beiden Raumordnungspläne für die deutsche AWZ der Nord- und Ostsee bereits als Rechtsverordnungen erlassen. Inhaltlich ergibt sich keine Änderung ggü. der „alten" Ermächtigungsgrundlage des § 18a ROG 2004.

2. *Sonstige nationale Regelungen*

Für die maritime Raumplanung in Deutschland finden sich wie gesehen die ganz wesentlichen gesetzlichen Vorschriften im Raumordnungsgesetz. Daneben sind spezielle Vorschriften in Fachgesetzen enthalten: Das trifft insbesondere auf das Bundesnaturschutzgesetz, die Seeanlagenverordnung a.F./das Seeanlagengesetz bzw. das Windenergie-auf-See-Gesetz und das Gesetz über die Umweltverträglichkeitsprüfung zu. In weiteren Gesetzen finden sich vereinzelt sonstige Vorschriften.

a. Bundesnaturschutzgesetz (BNatSchG)

Über § 7 Abs. 6 ROG 2009 sind die Vorschriften des Bundesnaturschutzgesetzes bei der Aufstellung von Raumordnungsplänen zu beachten. Das gilt dann, wenn durch den Raumordnungsplan ein Gebiet von gemeinschaftlicher Bedeutung oder ein europäisches Vogelschutzgebiet in seinen für die Erhaltungsziele oder den Schutzzweck maßgeblichen Bestandteilen erheblich beeinträchtigt werden kann. In diesem Fall ist eine naturschutzrechtliche Verträglichkeitsprüfung nach § 34 BNatSchG über die Zulässigkeit und Durchführung von „derartigen Eingriffen" durchzuführen. Diese Vorgaben dienen der Umsetzung der Vogelschutz- und FFH-Richtlinie.[832]

§ 56 Abs. 1 BNatSchG erklärt die Vorschriften des Bundesnaturschutzgesetzes – mit Ausnahme des Kapitels 2 zur Landschaftsplanung – auch für den Bereich der

---

831 Ausweislich des Gesetzesentwurfs der Bundesregierung vom November 2016 soll sich die Rechtsgrundlage für die Aufstellung von Raumordnungsplänen in der deutschen AWZ zukünftig in § 17 Abs. 1 ROG-E mit diversen sprachlichen und inhaltlichen Änderungen finden, siehe BReg-Drs. 656/16 v. 4.11.2016, S. 15, 50 f.

832 Siehe dazu schon oben unter C.IV.6. und D.III.1c.ee.

deutschen AWZ für anwendbar. Durch den Verweis in § 56 Abs. 1 BNatSchG ist auch die Eingriffsregelung des § 15 Abs. 1 BNatSchG in der AWZ anzuwenden. Danach müssen vermeidbare Beeinträchtigungen der Meeresnatur unterlassen werden.[833] Vermeidbar sind Beeinträchtigungen dann, wenn zumutbare Alternativen gegeben sind, um den mit dem Eingriff verfolgten Zweck am gleichen Ort ohne oder mit geringeren Beeinträchtigungen der Meeresnatur zu erreichen. Insbesondere die geplanten Offshore-Windparks müssen sich an dieser Vorschrift messen lassen. Um aber das Ausbauziel der Bundesregierung[834] nicht zu gefährden, sieht § 56 Abs. 3 BNatSchG eine befristete Ausnahme von der Eingriffsregelung vor: Auf die Errichtung und den Betrieb von Windenergieanlagen in der deutschen AWZ, die bis zum 1. Januar 2017 genehmigt worden sind, findet die Eingriffsregelung des § 15 BNatSchG keine Anwendung.

Die Auswahl und Erklärung von Gebieten zu geschützten Teilen der Natur im Bereich der deutschen AWZ hat gem. § 57 Abs. 3 BNatSchG nach den §§ 20, 32 BNatSchG zu erfolgen.[835] Die naturschutzrechtlichen Vorgaben werden dabei von verschiedenen Vorschriften eingeschränkt, insbesondere solche des Seerechtsübereinkommens. Nicht zulässig sind deshalb bspw. Beschränkungen des Flugverkehrs oder der Schifffahrt (§ 57 Abs. 3 Nr. 1 BNatSchG); nur begrenzt zulässig sind Beschränkungen bei der Verlegung von unterseeischen Kabeln und Rohrleitungen (Nr. 4). Mit Schifffahrt, Kabel- bzw. Rohrverlegung und Meeresnaturschutz stoßen hier einige sehr raumintensive Nutzungsansprüche und Schutzinteressen aufeinander. Die Vorbehaltsvorschrift des § 57 Abs. 3 BNatSchG löst die entstehenden Konflikte weitgehend zu Lasten des Meeresnaturschutzes auf, indem die Freiheiten, die das Seerechtsübereinkommen z.B. für die Schifffahrt vorsieht, „unberührt" bleiben und damit nicht beschränkt werden dürfen.

Die eingerichteten Natura 2000-Gebiete haben in den Raumordnungsplänen für die deutsche AWZ eine nachrichtliche Ausweisung erfahren,[836] d.h. sie sind informationshalber eingetragen worden, ohne aber selbst einer raumordnerischen Gebietsfestlegung zu unterliegen. Bei der Erstellung des Raumordnungsplanes waren

---

833 Siehe dazu *Franzius*, ZUR 2010, 346 ff.; *Wolf*, ZUR 2010, 365 ff.; *Czybulka*, EurUP 2012, 229 ff.; *Gellermann et al.*, Handbuch des Meeresnaturschutzrechts, 2012, S. 141 ff.

834 Siehe oben unter D.I.1.

835 Vom Februar 2017 existiert ein Entwurf der Bundesregierung für eine Novelle des Bundesnaturschutzgesetzes. Der Entwurf umfasst u.a. mit der Streichung des Verweises auf Natura 2000-Gebiete in § 57 Abs. 3 BNatSchG eine Erweiterung der Ermächtigung zum Erlass von Rechtsverordnungen zum Schutz von Meeresgebieten in der deutschen AWZ; siehe Pressemitteilung des BMUB Nr. 50/17 v. 8.2.2017 und den Gesetzesentwurf unter http://www.bmub.bund.de/themen/natur-biologische-vielfalt-arten/naturschutz-biologische-vielfalt/natur-naturschutz-biologische-vielfalt-download/artikel/bundesnaturschutzgesetz-bnatschg/ (13.3.2017).

836 Zur Zulässigkeit dessen siehe 3. Kapitel, B.II.5.

und sind sie weiter für die Errichtung von Offshore-Windparks von erheblicher Bedeutung:[837] Nach den Vorgaben der FFH- und Vogelschutzrichtlinie sind in den ausgewiesenen Gebieten vor der Zulassung von Projekten sog. Verträglichkeitsprüfungen durchzuführen.[838] Diese Prüfungen sollen – wie der Name andeutet – gewährleisten, dass die Projekte einzeln oder im Zusammenwirken mit anderen Projekten oder Plänen nicht zu einer erheblichen Beeinträchtigung des geschützten Gebietes führen. Fällt die Verträglichkeitsprüfung negativ aus – führt das Projekt also zu einer erheblichen Beeinträchtigung des Gebiets, seiner Erhaltungsziele und seines Schutzzwecks –, so ist das Projekt unzulässig.[839] Damit konnten sich Folgen für die Standortausweisung von Windenergieanlagen und die Ausweisung von Eignungsgebieten nach § 3a SeeAnlV a.F. und Zielen der Raumordnung nach § 17 Abs. 3 ROG 2009 ergeben.[840] Windenergieanlagen sind nach den beiden Raumordnungsplänen in Natura 2000-Gebieten ausdrücklich ausgeschlossen.[841]

Im Hinblick auf das Raumplanungsrecht in der AWZ bedeutet dies, dass bei der Ausweisung von Gebieten, die umweltrelevante Belange i.S.d. der FFH-Richtlinie und der Vogelschutz-Richtlinie betreffen, genau geprüft werden muss, ob sich die geplanten Raumordnungsgebiete mit solchen, bereits gemeldeten und ausgewiesenen bzw. faktischen/potenziellen Natura-2000-Gebieten überschneiden. Ist dies der Fall, sind nur solche Nutzungen (z.B. Windenergieanlagen) zulässig, d.h. genehmigungsfähig, die sich i.R.d. Schutzregimes der FFH-Richtlinie und der Vogelschutz-Richtlinie bewegen.

b. Seeanlagenverordnung a.F. (SeeAnlV) – Seeanlagengesetz (SeeAnlG) und Windenergie-auf-See-Gesetz (WindSeeG)

Bei der Raumordnungsplanung für die deutsche AWZ handelt es sich wie gesehen um eine einstufige Planung, d.h. sie ist weder aus übergeordneten Plänen abgeleitet, noch enthält sie Vorgaben für nachgeordnete Planungsebenen.[842] Auf die Raumordnungsplanung folgt damit unmittelbar die Genehmigungsebene. Für die Errichtung und den Betrieb von Anlagen in der deutschen AWZ galt bis zum 31. Dezember 2016[843] die Verordnung über Anlagen seewärts der Begrenzung des

837 *Scheidler*, DVBl. 2012, 216 ff.
838 § 34 BNatSchG.
839 § 34 Abs. 2 BNatSchG. Ausnahmen sind nur unter engen Voraussetzungen möglich, siehe § 34 Abs. 3 BNatSchG.
840 *Risch*, Windenergieanlagen in der AWZ, 2006, S. 57.
841 Siehe 3.5.1 Abs. 3 AWZ-ROV Nordsee und 3.5.1 Abs. 3 AWZ-ROV Ostsee.
842 Siehe oben D.III.1c.
843 Art. 25 Abs. 2 des Gesetzes zur Einführung von Ausschreibungen für Strom aus erneuerbaren Energien und zur weiteren Änderungen des Rechts der erneuerbaren Energien, BGBl. I S. 2258, 2357.

deutschen Küstenmeeres (Seeanlagenverordnung – SeeAnlV).[844] Praktisch relevant war diese Verordnung insbesondere für die Genehmigung von Offshore-Windenergieanlagen.[845]

Ursprünglich bedurften die Errichtung, der Betrieb und wesentliche Änderungen von Anlagen i.S.d. Seeanlagenverordnung der einfachen Genehmigung durch das BSH, § 2 SeeAnlV a.F. Die Genehmigung war dabei zwingend zu erteilen, sofern keine Versagungsgründe vorlagen, § 3 SeeAnlV a.F. Zu den Versagungsgründen gehörten die Beeinträchtigung der Sicherheit und Leichtigkeit des (Seeschifffahrts-) Verkehrs[846] oder die Gefährdung der Meeresumwelt. Die Genehmigung durfte auch dann versagt werden, soweit Erfordernisse der Raumordnung oder sonstige überwiegende öffentliche Belange der Genehmigung entgegenstanden.

Die alte Fassung der Seeanlagenverordnung enthielt einen speziellen Paragraphen, der eine besondere Auswirkung auf die maritime Raumplanung hatte. Nach § 3a SeeAnlV a.F. konnten für Windenergieanlagen sog. „besondere Eignungsgebiete" festgelegt werden.[847] Diese sind trotz Namensgleichheit nicht zu verwechseln mit den Eignungsgebieten nach Raumordnungsrecht. § 3a SeeAnlV a.F. wurde 2002 eingeführt mit dem Ziel, eine Verfahrensbeschleunigung für die Errichtung von Offshore-Windparks in der deutschen AWZ zu erreichen.[848] Als besondere Eignungsgebiete wurden durch das zuständige Bundesministerium solche Gebiete ausgewiesen, denen keine Versagungsgründe i.S.d. § 3 SeeAnlV a.F. entgegenstanden und die auch keine naturschutzrechtlichen Meeresschutzgebietsausweisungen beeinträchtigten. Durch diese Standortvorauswahl sollte potentiellen Antragstellern einerseits eine höhere Rechts- und Investitionssicherheit gegeben werden, andererseits wollte man damit einem befürchteten Wildwuchs von baulichen Anlagen im Meer entgegensteuern.[849] Soweit sich in Genehmigungsverfahren die geplanten Vorhaben zum Bau einer Windenergieanlage innerhalb eines besonderen Eignungsgebietes befanden,

---

844 § 1 Abs. 1 SeeAnlV a.F. v. 23.1.1997, BGBl. I S. 57, aufgehoben durch Art. 25 Abs. 2 des Gesetzes v. 13.10.2016, BGBl. I S. 2258. Die Seeanlagenverordnung ist eine Rechtsverordnung, die auf Grund des § 9 Abs. 1 Satz 1 Nr. 4a, Abs. 2 Satz 1 Nr. 1 i.V.m. § 1 Nr. 10a SeeAufgG a.F. vom BMVBS erlassen wurde. Zur alten Gesetzeslage *Beckmann*, NordÖR 2001, 273 ff.; *Dahlke*, NuR 2002, 472 ff.; *Gatz*, DVBl. 2009, 737 ff. Zum Seeaufgabengesetz *Ehlers*, Recht des Seeverkehrs, 1. Auflage 2017.

845 Zum Genehmigungsverfahren ausführlich *Fest*, Die Errichtung von Windenergieanlagen in Deutschland und seiner AWZ, 2010, S. 389 ff.

846 Dazu *Sellmann/kleine Holthaus*, NordÖR 2015, 45 ff.

847 Siehe dazu schon oben D.III.1f.bb. Zur Strategischen Umweltprüfung *Schomerus/Busse*, NordÖR 2005, 45 ff.

848 Mit Art. 2 des Gesetzes zur Neuregelung des Rechts des Naturschutzes und der Landschaftspflege und zur Anpassung anderer Rechtsvorschriften (BNatSchGNeuregG) v. 25.3.2002, BGBl. I S. 1193. Siehe dazu auch den Bericht des Ausschusses für Umwelt, Naturschutz und Reaktorsicherheit (16. Ausschuss), BT-Drs. 14/7490 v. 14.11.2001, S. 54 ff. Dazu *Reshöft/Dreher*, ZNER 2002, 95 ff.

849 Siehe den Bericht des Ausschusses für Umwelt, Naturschutz und Reaktorsicherheit (16. Ausschuss), BT-Drs. 14/7490 v. 14.11.2001, S. 55.

so war dieser Standort gleich einem antizipierten Sachverständigengutachten als grundsätzlich geeignet anzusehen. Vom Antragsteller waren damit zur Standortauswahl keine weiteren Ermittlungen durchzuführen, was eine erhebliche Verfahrenserleichterung für ihn bedeutete. Vorhaben außerhalb besonderer Eignungsgebiete waren dadurch nicht ausgeschlossen, aber durch die erhöhte Darlegungslast zeitlich und finanziell weitaus weniger attraktiv.[850]

Die Möglichkeit zu raumordnungsrechtlichen Gebietsfestlegungen in der deutschen AWZ folgte mit Einführung des § 18a ROG 2004. Da die schon festgelegten besonderen Eignungsgebiete nach der Seeanlagenverordnung (a.F.) auch unter dem Raumordnungsregime Bestand haben sollten, wurde in § 18a Abs. 3 Satz 2 ROG 2004 eine Übergangsregelung geschaffen, die insbesondere den Investoren Planungssicherheit geben sollte:[851] Bis zum 31. Dezember 2005 festgelegte besondere Eignungsgebiete waren als Ziele der Raumordnung zu übernehmen und als Vorranggebiete i.S.d. Raumordnungsgesetzes festzulegen. Die Regelung des § 3a SeeAnlV a.F. wurde 2013 aufgehoben.[852] Nach der Neufassung des ROG 2004 und der Möglichkeit, raumordnungsrechtliche Gebiete in der deutschen AWZ auszuweisen, bestand nach einer weiteren Regelung in diesem Sinne kein Bedürfnis mehr und § 3a SeeAnlV a.F. verlor seine eigenständige Bedeutung.[853]

I.R.d. Genehmigungsverfahrens für Anlagen zur Erzeugung und Übertragung von Energie aus Wasser, Strömung und Wind hat die Seeanlagenverordnung im Jahr 2012 eine Gesetzesänderung erfahren:[854] Das Genehmigungsverfahren für Anlagen zur Erzeugung und Übertragung von Energie aus Wasser, Strömung und Wind war nun als Planfeststellungsverfahren durchzuführen, § 2 Abs. 1 SeeAnlV a.F.[855] Die einfache

850 Siehe Bericht des Ausschusses für Umwelt, Naturschutz und Reaktorsicherheit (16. Ausschuss), BT-Drs. 14/7490 v. 14.11.2001, S. 56.

851 Siehe Begründung zum Gesetzentwurf 15/2250 v. 17.12.2003, S. 72 f. Demselben Grund diente § 18a Abs. 3 Satz 1 ROG 2004: Danach waren Ziele der Raumordnung, die als Vorranggebiete für Windenergieanlagen festgelegt waren, im Genehmigungsverfahren für Anlagen nach der Seeanlagenverordnung a.F. im Hinblick auf die Wahl des Standortes ebenfalls als Sachverständigengutachten anzusehen.

852 Durch Art. 11 des Gesetzes zur Änderung des Umwelt-Rechtsbehelfsgesetzes und anderer umweltrechtlicher Vorschriften (UmwRGuaÄndG) v. 21.1.2013, BGBl. I S. 95.

853 Der Gesetzentwurf bezieht sich auf die Neufassung des ROG 2009, tatsächlich bestand aber die Möglichkeit zu Gebietsausweisungen mit Einführung des § 18a ROG 2004. Siehe zur Begründung des Gesetzentwurfs BT-Drs. 17/10957 v. 10.10.2012, S. 23. Die Streichung diente damit auch Rechtsbereinigungsgründen.

854 Dazu *Bundesverband der Energie- und Wasserwirtschaft e.V.*, Stellungnahme, 2011; *Spieth/Uibeleisen*, NVwZ 2012, 321 ff.; *Zabel*, NordÖR 2012, 263 ff.

855 I.V.m. §§ 72–78 und 36 Abs. 2 und 3 VwVfG; Verordnung zur Neuregelung des Rechts der Zulassung von Seeanlagen seewärts der Begrenzung des deutschen Küstenmeeres (SeeAnlVuaÄndV) v. 15.1.2012, BGBl. I S. 112. Der Novellierung der Seeanlagenverordnung voraus ging eine Änderung des Seeaufgabengesetzes: § 9 Abs. 1a SeeAufgG wurde 2001 eingeführt mit Art. 1 des Ersten Gesetzes zur

Genehmigungspflicht in der Form der alten Fassung der Seeanlagenverordnung, die noch nicht das Planfeststellungsverfahren vorsah, bestand aber weiter und war nun in den §§ 6, 7 SeeAnlV a.F. geregelt. Sie galt für Anlagen, die anderen wirtschaftlichen Zwecken (als der Erzeugung und Übertragung von Energie aus Wasser, Strömung und Wind) oder meereskundlichen Untersuchungen dienten. Mit der Einführung des Planfeststellungsverfahrens zur Genehmigung von Offshore-Windparks haben sich einige wesentliche Änderungen zum bisherigen Genehmigungsverfahren ergeben:[856] Zum einen beinhaltet der Planfeststellungsbeschluss aufgrund seiner Konzentrationswirkung nun, dass der Antragsteller neben dem Beschluss keine weiteren sonstigen Genehmigungen mehr beantragen muss. Für naturschutzrechtliche Ausnahmen oder die Netzanbindung des Windparks mit Stromkabeln war das zuvor noch erforderlich gewesen. Im Gegensatz zur Genehmigung nach der alten Fassung der Seeanlagenverordnung, die bei fehlenden Versagungsgründen zwingend zu erteilen war, beinhaltet der Planfeststellungsbeschluss nun eine Ermessensentscheidung der Genehmigungsbehörde. „Abwägungsfeste" Belange des § 5 Abs. 6 SeeAnlV a.F. können dabei nicht überwunden werden. Dazu gehören die Sicherheit und Leichtigkeit des Schiffsverkehrs sowie der Schutz der Meeresumwelt, genauso wie die Ziele der Raumordnung, die über § 4 Abs. 1 ROG 2009 bindend sind.[857]

Zum 1. Januar 2017 ist die Seeanlagenverordnung außer Kraft getreten und durch zwei neue Gesetze ersetzt worden: Durch das Windenergie-auf-See-Gesetz (WindSeeG)[858] und das Seeanlagengesetz (SeeAnlG).[859] Das Seeanlagengesetz enthält die Regelungen für die Errichtung, den Betrieb und die Änderung von Anlagen zur Erzeugung von Energie aus Wasser und Strömung, zu anderen wirtschaftlichen Zwecken oder meereskundlichen Untersuchungen.[860] Das WindSeeG gilt speziell für die Zulassung, die Errichtung und den Betrieb von Windenergieanlagen auf See sowie Offshore-Anbindungsleitungen zur Übertragung des Stroms.[861] Das im Jahr

---

Änderung schifffahrtsrechtlicher Vorschriften v. 22.7.2011, BGBl. I S. 1512. Dazu *Ehlers*, Recht des Seeverkehrs, 1. Auflage 2017.

856 *Spieth/Uibeleisen*, NVwZ 2012, 321 ff.; *Kment/Pleiner*, NordÖR 2015, 296 ff.; *Büllesfeld et al.*, ZUR 2012, 274 ff.

857 Die abwägungsfesten Belange orientieren sich dabei im Wesentlichen an den Versagungsgründen des § 3 SeeAnlV a.F. Neu ist die ausdrückliche Erwähnung der Sicherheit der Landes- und Bündnisverteidigung. Zur Bindungswirkung der Ziele der Raumordnung siehe D.III.1b.cc.

858 Gesetz zur Entwicklung und Förderung der Windenergie auf See v. 13.10.2016, BGBl. I S. 2258, 2310, zuletzt geändert durch Art. 16 des Gesetzes v. 22.12.2016, BGBl. I S. 3106.

859 V. 13.10.2016, BGBl. I S. 2258, 2348.

860 § 1 Abs. 1 und 2 SeeAnlG.

861 § 2 Abs. 1 Nr. 3 und §§ 44 ff. WindSeeG. Laut *Uibeleisen* handelt es sich bei der Einschränkung im Anwendungsbereich auf Anlagen, die „nach dem 31. Dezember 2020 in Betrieb genommen werden", um ein redaktionelles Versehen des Gesetzgebers, der die bislang geltende Seeanlagenverordnung mit Wirkung zum 1.1.2017 außer Kraft setzte, *Uibeleisen*, NVwZ 2017, 7 ff.

2012 in die Seeanlagenverordnung eingeführte Planfeststellungsverfahren wurde in beide Gesetze übernommen.[862]

c. *Gesetz über die Umweltverträglichkeitsprüfung (UVPG)*

Im Jahr 2005 wurde die Strategische Umweltprüfung in das Gesetz über die Umweltverträglichkeitsprüfung (UVPG) eingefügt.[863] Das Gesetz hat damit zwei wesentliche Teile: Die Umweltverträglichkeitsprüfung (UVP) und die Strategische Umweltprüfung (SUP). Die Vorschriften über die Umweltverträglichkeitsprüfung (§§ 3a–14 UVPG) regeln, dass bei bestimmten, in Anlage 1 zum UVPG genannten Vorhaben, der Entscheidung über die Zulässigkeit des Vorhabens eine umweltrechtliche Prüfung vorzuschalten ist. Damit sollen die Auswirkungen des Vorhabens auf die Umwelt frühzeitig und umfassend ermittelt, beschrieben und bewertet werden.[864] Die Umweltverträglichkeitsprüfung ist insbesondere bei der Errichtung und dem Betrieb von (Offshore-)Windparks durchzuführen, soweit mehr als zwei Windenergieanlagen gebaut werden sollen und diese eine Gesamthöhe von 50 Metern überschreiten.[865]

Während die Umweltverträglichkeitsprüfung vorhabenspezifische Umweltauswirkungen ermitteln soll, bezieht sich die Strategische Umweltprüfung auf solche Auswirkungen, die durch die Aufstellung oder Änderung von Plänen und Programmen zu erwarten sind. Zu den SUP-pflichtigen Plänen gehören auch die Raumordnungsplanungen des Bundes nach § 17 Abs. 3 ROG 2009.[866] Das Gesetz über die Umweltverträglichkeitsprüfung enthält eigene Vorgaben zu den Verfahrensschritten der Strategischen Umweltprüfung, §§ 14e ff. UVPG. Für SUP-pflichtige Raumordnungspläne verweist § 16 Abs. 4 UVPG allerdings zurück auf die Vorschriften des Raumordnungsgesetzes, so dass hier § 17 Abs. 5 i.V.m. § 9 ROG 2009 als lex specialis einschlägig sind.[867] Danach ist bei der Aufstellung des Raumordnungsplanes für die deutsche AWZ eine Umweltprüfung nach den Vorgaben des § 9 ROG 2009 durchzuführen.

---

862 Siehe dazu die Gesetzesbegründung BT-Drs. 18/9096 v. 6.7.2016, S. 184 ff., 312 ff., 379.

863 Gesetz zur Einführung einer Strategischen Umweltprüfung und zur Umsetzung der Richtlinie 2001/42/EG (SUPG) v. 25.6.2005, BGBl. I S. 1746.

864 §§ 1, 2 Abs. 1 UVPG.

865 §§ 3a ff. i.V.m. Nr. 1.6 Anlage 1 zum UVPG; eine obligatorische UVP ist durchzuführen bei 20 und mehr Windenergieanlagen, siehe Nr. 1.6.1 Anlage 1 zum UVPG. Der UVP-Pflicht unterfallen auch die Errichtung und der Betrieb einer Anlage zur intensiven Fischzucht in der deutschen AWZ mit einem Fischertrag je Jahr von mehr als 250 Tonnen, siehe Nr. 13.2.2 Anlage 1 zum UVPG. Zur UVP und SUP im und am Meer *Peters*, Umweltverträglichkeitsprüfung im und am Meer, in: Czybulka (Hrsg.), Naturschutz und Rechtsregime im Küsten- und Offshore-Bereich, 2003, S. 123 ff.

866 §§ 14a ff. i.V.m. Nr. 1.6 Anlage 3 zum UVPG.

867 Siehe dazu oben D.III.1e. Auch wenn die Vorschriften des Raumordnungsgesetzes zur Umweltprüfung vorrangig anzuwenden sind, findet das UVPG subsidiär Anwendung, soweit die Vorschriften des Raumordnungsgesetzes die Strategische

d. Gesetz für den Ausbau erneuerbarer Energien (EEG)

Die europäischen Richtlinien[868] über erneuerbare Energien wurden umfassend in nationales Recht umgesetzt, insbesondere im Gesetz für den Ausbau erneuerbarer Energien (Erneuerbare-Energien-Gesetz, EEG).[869] Seit 2009 gab es drei wesentliche Neufassungen des Erneuerbare-Energien-Gesetzes; die aktuellste Fassung datiert auf das Jahr 2014 und wurde im Dezember 2016 zuletzt geändert (EEG 2017).[870] Mit dieser Gesetzesänderung wurde ein Ausschreibungsverfahren eingeführt, und die Regelungen für Windenergieanlagen auf See[871] wurden in ein eigenständiges Gesetz, das Windenergie-auf-See-Gesetz (WindSeeG),[872] überführt und in großem Umfang neu geregelt.[873]

Das Erneuerbare-Energien-Gesetz verfolgt das Ziel, insbesondere im Interesse des Klima- und Umweltschutzes eine nachhaltige Entwicklung der Energieversorgung zu ermöglichen, fossile Energieressourcen zu schonen und den Anteil erneuerbarer Energien bei der Stromerzeugung deutlich zu erhöhen.[874] Dabei soll der Anteil des aus erneuerbaren Energien erzeugten Stroms am Bruttostromverbrauch bis zum Jahr 2050 auf mindestens 80 Prozent erhöht werden. Konkretes Ausbauziel für Windenergieanlagen auf See ist die Steigerung der installierten Leistung auf 15.000 Megawatt im Jahr 2030.[875] Das Erneuerbare-Energien-Gesetz und das Windenergie-auf-See-Gesetz gelten ausdrücklich auch für solchen Strom, der in der deutschen AWZ gewonnen wird.[876] Vor dem Hintergrund des politisch forcierten Ausbaus der Erzeugung von Strom aus erneuerbaren Energien bestimmt das Erneuerbare-Energien-Gesetz den „unverzüglich vorrangigen" Anschluss solcher Anlagen an die Netze für die allgemeine Versorgung mit Elektrizität im Bundesgebiet und im Bereich der deutschen AWZ sowie die „unverzüglich vorrangige" Abnahme, Übertragung und Verteilung des aus erneuerbaren Energien erzeugten

---

Umweltprüfung nicht näher bestimmen oder in ihren Anforderungen dem UVPG nicht entsprechen, § 14e UVPG.

868 Siehe oben unter C.IV.4.

869 EEG v. 21.7.2014, BGBl. I S. 1066, zuletzt geändert durch Art. 2 des Gesetzes v. 22.12.2016, BGBl. I S. 3106.

870 Die maßgeblichen Änderungen erfolgten durch das Gesetz zur Einführung von Ausschreibungen für Strom aus erneuerbaren Energien und zu weiteren Änderungen des Rechts der erneuerbaren Energien v. 13.10.2016, BGBl. I S. 2258. Siehe zur Gesetzesbegründung BT-Drs. 18/9096 v. 6.7.2016.

871 Siehe zur Definition der Windenergieanlage auf See § 3 Nr. 7 WindSeeG.

872 V. 13.10.2016, BGBl. I S. 2258, 2310, zuletzt geändert durch Art. 16 des Gesetzes v. 22.12.2016, BGBl. I S. 3106.

873 *Uibeleisen*, NVwZ 2017, 7 ff.; *Boemke*, NVwZ 2017, 1 ff.; *Lülsdorf*, NuR 2016, 756 ff.

874 § 1 Abs. 1 und 2 EEG 2017. § 1 des StrEinspG regelte lediglich einen Anwendungsbereich des Gesetzes, noch ohne ein Gesetzesziel zu nennen.

875 § 4 Nr. 2b EEG 2017 und § 1 Abs. 2 WindSeeG.

876 § 5 Abs. 1 EEG 2017 und § 2 Abs. 2 WindSeeG. Zuvor § 4 EEG 2014 bzw. § 2 Abs. 1 EEG 2000.

Stroms.[877] Das Erneuerbare-Energien-Gesetz ist an dieser Stelle zu erwähnen, da es i.V.m. dem Windenergie-auf-See-Gesetz die Vergütungssätze für Offshore-Windenergieanlagen[878] regelt. Mit der letzten großen Gesetzesänderung wurde der frühere gesetzliche Fördermechanismus in ein Ausschreibungsverfahren überführt; dieses gilt nun auch für Windenergieanlagen auf See, die nach dem 31. Dezember 2020 in Betrieb genommen werden.[879] Dabei ermittelt die Bundesnetzagentur durch Ausschreibung den „anzulegenden Wert" und damit letztlich die Vergütungshöhe für den erzeugten Strom.[880] Ab dem Jahr 2026 ist dabei ein Flächenentwicklungsplan die Grundlage, der aufgrund von Voruntersuchungen fachplanerische Festlegungen von „Idealstandorten" für Offshore-Windenergieanlagen enthält.[881]

Für die Windenergie auf See bis zum Jahr 2020 sieht § 47 EEG 2017 weiter wie bisher eine Art gesetzliche (Grund-)Vergütung vor, die aktuell bei 3,90 Cent pro Kilowattstunde liegt.[882] Im Vergleich zu anderen Erzeugungsträgern, bspw. der Geothermie, ist dieser Grundwert nicht sonderlich hoch. Lukrativ für Investoren sind jedoch die erhöhten Anfangsvergütungen, die sich nach dem Jahr der Inbetriebnahme, der vergangenen Zeit seit Inbetriebnahme der Anlage, Entfernung der Anlage von der Küstenlinie und Wassertiefe des Anlagenstandorts bestimmen und die Mindesthöhe der Vergütungssätze für Strom aus Offshore-Windkraft für die ersten acht bzw. sogar zwölf Jahre ab Inbetriebnahme festschreiben.[883] Damit war und ist

---

877 §§ 8 und 11 EEG 2017.

878 Die Begriffsverwendung ist – auch gesetzlich – uneinheitlich: Verwendet werden die Begriffe Windanlagen, Windenergieanlagen, Windkraftanlagen, Windfarmen, Windparks.

879 § 22 Abs. 1 und 5 EEG 2017 i.V.m. §§ 14, 16 und 26 WindSeeG. Offshore-Windparks mit Inbetriebnahme bis zum 31.12.2025 nehmen dabei an zwei frühen Ausschreibungsrunden teil, Offshore-Windparks mit Inbetriebnahme ab dem 1.1.2026 unterfallen den Ausschreibungsregelungen für voruntersuchte Flächen („zentrales Modell"). Hintergrund für die Änderung zum Ausschreibungsverfahren sind insbesondere beihilferechtliche Vorgaben der Europäischen Kommission, *Boemke*, NVwZ 2017, 1 ff. (1 f.).

880 § 22 Abs. 1 EEG 2017 i.V.m. §§ 14 ff. WindSeeG. Daneben steuert die Bundesnetzagentur über das Ausschreibungsvolumen den Zubau der jeweiligen Anlagenart, vgl. § 28 Abs. 4 i.V.m. § 17 bzw. 27 WindSeeG.

881 §§ 4 ff. und 9 ff. WindSeeG. Der bestehende Bundesfachplan Offshore (dazu http://www.bsh.de/de/Meeresnutzung/BFO/index.jsp, 20.3.2017) wird ab 2026 durch den Flächenentwicklungsplan ersetzt, siehe § 7 WindSeeG.

882 § 2 Abs. 1 Nr. 2 WindSeeG i.V.m. §§ 22 Abs. 5 Satz 2 und 47 Abs. 1 EEG 2017. Weitere Voraussetzung für die Anwendung der gesetzlichen Förderhöhe ist danach die unbedingte Netzanbindungszusage des zuständigen Übertragungsnetzbetreibers nach § 118 Abs. 12 EnWG oder Anschlusskapazitäten nach § 17d Abs. 3 EnWG. Zuvor § 50 Abs. 1 EEG 2014.

883 § 47 Abs. 2 und 3 EEG 2017. Zuvor §§ 50 Abs. 2 und 3 i.V.m. 30 EEG 2014; davor schon § 7 Abs. 1 Satz 4 EEG 2000. Nach § 47 Abs. 5 und 6 EEG 2017 (§ 30 EEG 2014) sind jedoch Absenkungsbeträge zu berücksichtigen.

trotz der höheren spezifischen Errichtungs- und Instandhaltungskosten von Offshore-Windenergieanlagen im Meer ein wirtschaftlicher Betrieb möglich.[884]

Der erste Flächenentwicklungsplan nach § 5 WindSeeG, der ab dem Jahr 2026 die Grundlage für das Ausschreibungsverfahren und die Bestimmung der anzulegenden Werte sein wird, ist erstmals bis zum 30. Juni 2019 bekannt zu geben.[885] Er weist Gebiete in der deutschen AWZ und dem Küstenmeer für die Errichtung und den Betrieb von Windenergieanlagen aus und enthält fachplanerische Festlegungen für den räumlich geordneten und flächensparsamen Ausbau der Windenergie auf See. Bereits seit dem Jahr 2009 enthalten die beiden Raumordnungspläne für die deutsche AWZ mehrere Vorranggebiete zugunsten der Windenergie in der deutschen AWZ. Die Raumordnungspläne enthalten ggü. dem Flächenentwicklungsplan raumplanerische Ausweisungen und sind diesem übergeordnet.[886] Die Bundesregierung will damit den potentiellen Antragstellern zusätzliche Investitionssicherheit verschaffen und durch die staatlich finanzierte Voruntersuchung geeigneter Flächen für die Offshore-Windenergie das Erreichen des Ausbauziels fördern.[887] Vor diesem Hintergrund hatte das Erneuerbare-Energien-Gesetz einen erheblichen Einfluss auf die Ausgestaltung der Raumplanung in den deutschen Meeren: Der berechnete Raumbedarf für die Windparks in Küstennähe war neben den schon bestehenden Seeschifffahrtsstraßen eines der wesensgebenden Strukturmerkmale für die Raumordnungspläne der deutschen AWZ.

e. *Kohlendioxid-Speicherungsgesetz (KSpG)*

Die Umsetzung der Richtlinie 2009/31/EG über die geologische Speicherung von Kohlendioxid (CCS-RL)[888] in nationales Recht hatte bis zum 25. Juni 2011 zu erfolgen. Der Entwurf eines Kohlendioxid-Speicherungsgesetzes (KSpG)[889] scheiterte

---

884 Die frühere Regelung des § 50 Abs. 5 EEG 2014, wonach Anlagen in geschützten Teilen von Natur und Landschaft nicht vergütungsfähig sind, findet sich im EEG 2017 nicht mehr. In diese Richtung geht nur § 5 Abs. 3 Satz 2 Nr. 5a WindSeeG, wonach Festlegungen im Flächennutzungsplan nach § 5 Abs. 1 WindSeeG unzulässig sind, soweit sie in einem nach § 57 BNatSchG ausgewiesenen Schutzgebiet liegen.

885 § 6 Abs. 8 Satz 2 WindSeeG.

886 Vgl. dazu §§ 5 Abs. 3 Satz 2 Nr. 5b Satz 3, 51 Satz 2 WindSeeG.

887 Im Jahr 2002 rechnete die Bundesregierung noch mit 20.000 bis 25.000 Megawatt installierter Leistung – in Küstenmeer und AWZ, *Bundesregierung*, Strategie zur Windenergienutzung auf See, 2002, S. 7.

888 Siehe dazu oben C.IV.5. Vgl. zum Thema CCS insbesondere *Vogt*, Einordnung der CCS-Technologie in das geltende Recht, 2011; *Much*, Rechtsfragen der Ablagerung von CO2 in unterirdischen geologischen Formationen, 2009.

889 Entwurf eines Gesetzes zur Demonstration und Anwendung von Technologien zur Abscheidung, zum Transport und zur dauerhaften Speicherung von Kohlendioxid, BT-Drs. 17/5750 v. 9.5.2011. Zum Entwurf siehe *Hellriegel*, NVwZ 2010, 1530 ff.; *Wasielewski*, UPR 2011, 174 ff.; *Wahlhäuser*, UPR 2009, 295 ff.; *Hohmuth et al.*, ET 2009, 59 ff.; *Kohls/Kahle*, RdE 2009, 197 ff.

im Gesetzgebungsverfahren an der Stimme des Bundesrates zum Ende der Legislaturperiode im September 2011[890] und wurde erst im Jahr 2012 mit dem Gesetz zur Demonstration der dauerhaften Speicherung von Kohlendioxid (Kohlendioxid-Speicherungsgesetz – KSpG)[891] umgesetzt.

Das Gesetz dient der „Gewährleistung einer dauerhaften Speicherung von Kohlendioxid in unterirdischen Gesteinsschichten zum Schutz des Menschen und der Umwelt, auch in Verantwortung für künftige Generationen".[892] Die dauerhafte Speicherung hat dabei das Ziel, „auf unbegrenzte Zeit eine Leckage zu verhindern".[893] Bei der Technologie der Kohlendioxidspeicherung handelt es sich noch immer um eine relative neue Technologie, deren mögliche Auswirkungen auf die Umwelt nicht endgültig abgeschätzt werden können. Die Bundesrepublik Deutschland hat sich aus diesem Grund vorerst gegen eine uneingeschränkte Öffnung für Speichervorhaben entschieden und das Gesetz momentan ausdrücklich begrenzt auf die „Erforschung, Erprobung und Demonstration von Technologien zur dauerhaften Speicherung von Kohlendioxid in unterirdischen Gesteinsschichten".[894] Das gilt auch für den Bereich der deutschen AWZ.[895]

Aus dem Gesetz können sich i.R.e. zulässigen Demonstrationsspeicherung und einer möglichen zukünftigen uneingeschränkten Speichermöglichkeit auch Vorgaben für die maritime Raumplanung ergeben:[896] Wird eine Speicherung von Kohlendioxid in der AWZ beantragt und genehmigt, hat die zuständige Behörde zu gewährleisten,

---

890 Siehe den Bericht in ZEIT Online v. 23.9.2011, im Internet unter http://www.zeit.de/politik/deutschland/2011-09/ccs-co2-bundesrat (6.2.2017). Im Anschluss erarbeiteten Bund und Länder in einer Arbeitsgruppe mögliche Kompromisse, siehe BT-Drs. 17/9262 v. 30.3.2012, S. 4.

891 V. 17.8.2012, BGBl. I S. 1726, zuletzt geändert durch Art. 116 der Verordnung v. 31.8.2015, BGBl. I S. 1474.

892 § 1 Satz 1 KSpG.

893 § 3 Nr. 1 KSpG.

894 Vgl. Art. 1 Satz 2 und Art. 2 Abs. 1 KSpG. § 2 Abs. 2 KSpG schränkt Art und Umfang der Kohlendioxidspeicherung weiter ein. Die Bundesländer können darüber hinaus bestimmen, dass die Erprobung und Demonstration der dauerhaften Speicherung nur in bestimmten Gebieten des Landes zulässig oder in bestimmten Gebieten unzulässig ist, § 2 Abs. 5 KSpG. Die Länder können dabei auch für das gesamte Landesgebiet ein Verbot aussprechen, siehe BT-Drs. 17/5750 v. 9.5.2011, S. 37.

895 § 2 Abs. 4 KSpG. So gibt es bereits Forschungsvorhaben, die auch im Bereich der AWZ nach geeigneten Speicherstätten suchen, siehe z.B. das Sleipner-Feld in der norwegischen AWZ, siehe dazu https://www.statoil.com/no/what-we-do/norwegian-continental-shelf-platforms/sleipner.html (6.2.2017).

896 *Vogt*, Einordnung der CCS-Technologie in das geltende Recht, 2011, S. 123 ff. Siehe dazu auch Fragen Nr. 8 und 9 der Antwort der Bundesregierung auf die Kleine Anfrage der Abgeordneten *Oliver Krischer*, *Ingrid Nestle*, *Dorothea Steiner*, weiterer Abgeordneter und der Fraktion Bündnis 90/Die Grünen – Drs. 17/5841 –, Ungeklärte Fragen zur Abscheidung, zum Transport und zur Verpressung von CO_2 (CCS), BT-Drs. 17/6149 v. 9.6.2011.

dass während der Gültigkeitsdauer der Speichergenehmigung keine konkurrierenden Nutzungen des Speicherkomplexes gestattet sind. Die Speicherstätte ist in ein Register aufzunehmen, das auch die räumliche Ausdehnung der Speicher in Karten festhalten muss.[897] Als konkurrierende Nutzung kommen hier insbesondere bergbauliche Vorhaben zur Sand- und Kiesgewinnung oder die Errichtung von Windenergieanlagen in Betracht. Eine Möglichkeit, die Freihaltung von konkurrierenden Nutzungen zu gewährleisten, ist die räumliche Gebietsausweisung i.S.e. Vorrang- und/oder Vorbehaltsgebiets für die Speicherstätte als auch für Transportpipelines zu den Speicherstätten. Diese sollten dann aus Sicherheitsgründen insbesondere für den Schiffsverkehr – zumindest nachrichtlich – ausgewiesen werden, was eine Änderung der Raumordnungspläne nach sich ziehen würde.

f. Sonstige Vorschriften

Es existieren zahlreiche weitere Vorschriften, die insbesondere auf der Genehmigungsebene von Vorhaben in der deutschen AWZ zu beachten sind. Unmittelbare Auswirkungen auf die Raumordnungspläne des Bundes haben sie jedoch nicht. Deshalb folgen an dieser Stelle nur einige Hinweise auf die relevantesten Vorschriften aus dem Bundesberg- und Wasserhaushaltsgesetz sowie dem Umweltschadensgesetz.

Zweck des Bundesberggesetzes (BBergG)[898] ist es, zur Sicherung der Rohstoffversorgung das Aufsuchen, Gewinnen und Aufbereiten von Bodenschätzen unter Berücksichtigung ihrer Standortgebundenheit bei sparsamem und schonendem Umgang mit Grund und Boden zu ordnen und zu fördern, § 1 Nr. 1 BBergG. Das Gesetz gilt dabei auch im Bereich des deutschen Festlandsockels und ist insbesondere relevant für Rohstoffgewinnungstätigkeiten, Unterwasserkabel und (Transit-) Rohrleitungen.[899] Neben dem Bundesberggesetz fand bis August 2016 die Festlandsockel-Bergverordnung (FlsBergV)[900] Anwendung, die neben arbeitsschutzrechtlichen Vorschriften auch besondere Maßnahmen zum Schutz des Meeres einschließlich des Meeresgrundes und Maßnahmen zur Abwehr von Gefahren für die Sicherheit und Leichtigkeit des Schiffsverkehrs, des Luftverkehrs und zum Schutz von Unterwasserkabeln vorschrieb.[901] Dazu gehörte bspw., dass der Unternehmer bei der Wahl

897 Art. 25 Abs. 1 CCS-RL; § 6 Abs. 2 KSpG. Dem Register ist durch die nationalen Behörden bei Planungsverfahren und Tätigkeitsgenehmigungen Rechnung zu tragen, soweit die geologische Speicherung in den registrierten Speicherstätten beeinträchtigt werden könnte, Art. 25 Abs. 2 CCS-RL.

898 Bundesberggesetz v. 13.8.1980, BGBl. I S. 1310, zuletzt geändert durch Art. 7 des Gesetzes v. 29.5.2017, BGBl. I S. 1298.

899 § 2 Abs. 3 BBergG. Dazu *Jenisch*, NordÖR 2010, 373 ff., und *Jenisch*, NordÖR 2010, 429 ff.

900 Bergverordnung für den Festlandsockel v. 21.3.1989, BGBl. I S. 554, aufgehoben durch Art. 5 Abs. 2 Hs. 1 der Verordnung v. 3.8.2016, BGBl. I S. 1866 mit Wirkung v. 5.8.2016.

901 §§ 26–39 FlsBergV a.F.

des Gewinnungsverfahrens oder der Betriebsanlage dafür zu sorgen hatte, dass nachteilige Einwirkungen auf das Meer einschließlich des Meeresgrundes sowie der Tiere und Pflanzen zu unterbleiben haben, jedenfalls aber so gering wie möglich zu halten sind.[902] Die Festlandsockel-Bergverordnung wurde durch die Offshore-Bergverordnung (OffshoreBergV)[903] ersetzt, die u.a. auch i.R.e. Untersuchung des Meeresuntergrundes auf seine Eignung zur Errichtung von Untergrundspeichern anzuwenden ist.[904]

Das Umweltschadensgesetz (USchadG)[905] enthält Regelungen zur Sanierungspflicht bei eingetretenen Umweltschäden durch den Verantwortlichen, auch solchen in der deutschen AWZ und im Bereich des Festlandsockels, und statuiert eine allgemeine Gefahrenabwehrpflicht.[906]

Auf die Relevanz wasserhaushaltsrechtlicher Vorschriften (WHG) für die maritime Raumplanung wird im zweiten Kapitel eingehend eingegangen.

IV. Rechtsschutz

Die beiden Raumordnungspläne für die deutsche AWZ wurden als Rechtsverordnungen erlassen. Gegen Rechtsverordnungen ist grundsätzlich das Normenkontrollverfahren nach § 47 VwGO eröffnet, allerdings ist die sachliche Zuständigkeit des Oberverwaltungsgerichts nur bei Rechtsverordnungen gegeben, die nach Landesrecht erlassen wurden.[907] Die beiden Verordnungen über die Raumordnung in der deutschen AWZ von Nord- und Ostsee sind jedoch Rechtsverordnungen des Bundes, so dass das Normenkontrollverfahren nach § 47 VwGO nicht einschlägig ist.[908]

Als statthafte Klageart kommt damit lediglich die allgemeine Feststellungsklage nach § 43 Abs. 1 VwGO in Betracht, die auf das Bestehen bzw. Nichtbestehen des

---

902 § 26 Abs. 1 Satz 1 FlsBergV a.F. Teilweise waren die Vorschriften bei vorsätzlicher oder fahrlässiger Zuwiderhandlung mit Ordnungswidrigkeitentatbeständen versehen, § 47 FlsBergV a.F.

903 Bergverordnung für das Gebiet der Küstengewässer und des Festlandsockels v. 3.8.2016, BGBl. I S. 1866.

904 § 1 Abs. 2 Nr. 1 i.V.m. § 69 OffshoreBergV.

905 Gesetz über die Vermeidung und Sanierung von Umweltschäden v. 10.5.2007, BGBl. S. 666, zuletzt geändert durch Art. 4 des Gesetzes v. 4.8.2016, BGBl. I S. 1972.

906 §§ 3 Abs. 2, 5 und 6 USchadG.

907 Zulässiger Verfahrensgegenstand der prinzipalen Normenkontrolle nach § 47 VwGO, die gegen die Rechtsverordnungen des Bundes ausscheidet, sind bspw. auch Ziele der Raumordnung in nach Landesrecht erlassenen Raumordnungsplänen, die unmittelbar Rechte und Pflichten von Gemeinden und unter Umständen auch von Bürgern begründen, wie bspw. im Fall von Festlegungen von Vorranggebieten für die Windenergie nach § 35 Abs. 3 Satz 3 BauGB, siehe *Schenke*, in: *Kopp/Schenke*, VwGO, Kommentar, 22. Auflage 2016, § 47 Rn. 33.

908 Dies scheitert nicht an der Anwendbarkeit der Verwaltungsgerichtsordnung in der AWZ, wie auch die *Akademie für Raumforschung und Landesplanung*, Maritime Raumordnung, 2013, S. 70 f., mit Rechtsprechungsverweisen, feststellt.

Rechtsverhältnisses aus der Rechtsverordnung gerichtet ist.[909] Problematisch ist i.R.d. Zulässigkeitsprüfung die Klagebefugnis, die analog § 42 Abs. 2 VwGO das Bestehen eines subjektiv-öffentlichen Rechts voraussetzt. Da die AWZ als Nichtstaatsgebiet nicht der territorialen Gebietshoheit Deutschlands unterliegt, sondern Teil der im Seerechtsübereinkommen festgelegten „besonderen Rechtsordnung" ist,[910] bedarf dies einer genaueren Prüfung. Als subjektiv-öffentliche Rechte kommen bspw. das kommunale Selbstverwaltungsrecht der Küsten- oder Inselgemeinden,[911] die Berufsfreiheit von Fischern,[912] die Eigentumsfreiheit von Offshore-Windparkbetreibern[913] oder Rohstoffabbauunternehmern in Betracht, aber auch Verbandsklagerechte anerkannter (Naturschutz-)Vereinigungen nach dem Umweltrechtsbehelfsgesetz oder § 64 BNatSchG.[914]

Die beiden Verordnungen über die Raumordnung in der deutschen AWZ von Nord- und Ostsee können letztlich i.R.e. Inzidentkontrolle auch Gegenstand sonstiger Klagearten sein, etwa im Falle einer Verpflichtungsklage nach § 42 Abs. 1 2. Alt. VwGO, die auf den Erlass einer Zulassung für eine Offshore-Windenergieanlage in der deutschen AWZ gerichtet ist.[915] Die Frage der Gültigkeit der Verordnung über die Raumordnung in der deutschen AWZ ist dann reine, wenn auch streitentscheidende, Vorfrage i.R.d. Begründetheitsprüfung.[916]

V. Zusammenfassung

Die Bundesrepublik Deutschland ist auch bei extraterritorialem Handeln an die Verfassung gebunden. Neben der Verfassung gelten weitere nationale materiellrechtliche Gesetze in der AWZ, soweit bestimmte Anforderungen erfüllt sind. Die früher geführten intensiven Streits über diese Fragen kamen durch Auslegung zu

---

909 Dazu auch *Akademie für Raumforschung und Landesplanung*, Maritime Raumordnung, 2013, S. 70 f.

910 Art. 55 SRÜ, siehe dazu oben B.II.1b.

911 Mit Verweis auf die fehlende Gebietshoheit der Küstenbundesländer in der AWZ ablehnend *Akademie für Raumforschung und Landesplanung*, Maritime Raumordnung, 2013, S. 71. Einen anderen Ausgangspunkt sieht dagegen *tho Pesch*, DÖV 2016, 645 ff. Zur Klagebefugnis einer Inselgemeinde wegen Fernwirkungen siehe z.B. OVG Lüneburg, Beschluss v. 13.9.2010, Az. 12 LA 18/09.

912 Zur Klage von Berufsfischern gegen Offshore-Windparks in der Nordsee siehe z.B. BVerfG, Nichtannahmebeschluss v. 26.4.2010, Az. 2 BvR 2179/04; VG Oldenburg, Urteil v. 3.6.2009, Az. 5 A 254/09.

913 Zu Rechtsschutzdefiziten Dritter gegen Genehmigungserteilungen für Windenergieanlagen in der AWZ siehe *Keller*, ZUR 2005, 184 ff.; *Palme/Schumacher*, NuR 2004, 773 ff. Zu Eigentumsfragen *Müller-Helle/Theilmann*, RdE 2010, 369 ff.

914 Ablehnend *Akademie für Raumforschung und Landesplanung*, Maritime Raumordnung, 2013, S. 71 Fn. 157.

915 *Akademie für Raumforschung und Landesplanung*, Maritime Raumordnung, 2013, S. 70. Zum Thema auch *Uechtritz*, ZUR 2017, Heft 9 (i.E.).

916 Dazu BVerwGE 111, 276 (278); 115, 81 (95).

unterschiedlichen Ergebnissen. Ob die jeweiligen Regelungssachverhalte auch die nicht zum eigentlichen Staatsgebiet gehörenden Bereiche der AWZ in Nord- und Ostsee erfassen, ist heute weitgehend durch die sog. Erstreckungsklauseln geklärt. So finden sich in gesetzlichen Vorschriften Formulierungen, die bestimmte Normen oder das gesamte Gesetz für den Bereich der AWZ für anwendbar erklären.[917] Obwohl die AWZ nicht zum Staatsgebiet der Bundesrepublik Deutschland zählt und damit grundsätzlich keine Staatsgewalt ausgeübt werden darf, sind solche Erstreckungsklauseln rechtlich zulässig, soweit sie im Einklang mit dem Seerechtsübereinkommen der Vereinten Nationen stehen. Die Analyse der Grundlagen für eine maritime Raumplanung in der deutschen AWZ hat einen verfassungsrechtlichen Rahmen ergeben, der im Einklang mit den völkerrechtlichen Vorgaben des Seerechtsübereinkommens steht und dem Bund für den Bereich der deutschen AWZ eine Gesetzgebungskompetenz und eine Verwaltungskompetenz zuspricht. Über normative Erstreckungsklauseln wie z.B. § 1 Abs. 4 ROG 2009 ergibt sich die Anwendbarkeit unterverfassungsrechtlichen Rechts in der AWZ.

Die wesentlichen rechtlichen Grundlagen für eine maritime Raumplanung folgen aus dem Raumordnungsgesetz. Mit dem EAG Bau wurde im Jahr 2004 neben einer normativen Erstreckungsklausel, wonach eine Raumordnung nun auch in der deutschen AWZ rechtlich möglich war, mit § 18a ROG 2004 die erste Rechtsgrundlage für die Raumordnung in der deutschen AWZ eingeführt. Das Verfahren um die Aufstellung, Öffentlichkeitsbeteiligung und den Erlass der „Verordnungen über die Raumordnung in der deutschen AWZ" erstreckte sich bis in das Jahr 2009 und damit über eine weitere Änderung des Raumordnungsgesetzes Ende 2008 hinweg. Aktuelle Rechtsgrundlage für die Erstellung von Raumordnungsplänen in der deutschen AWZ ist § 17 Abs. 3 ROG 2009. Aufgrund einer Überleitungsvorschrift, § 29 ROG 2009, fand auf die Aufstellung der Raumordnungspläne für die deutsche AWZ jedoch das bisher geltende Raumordnungsgesetz und damit auch die alte Rechtsgrundlage des § 18a ROG 2004 Anwendung, da mit gesetzlich vorgeschriebenen Schritten des Verfahrens (hier der Öffentlichkeitsbeteiligung) bereits vor der Gesetzesänderung begonnen wurde. Für jegliche Änderungen, Ergänzung oder Aufhebungen der Pläne sind jedoch die aktuellen Vorschriften des Raumordnungsgesetzes anwendbar.

Mit dem Instrumentarium des Raumordnungsgesetzes können die vielfältigen und sich oft diametral gegenüberstehenden Nutzungsansprüche und Schutzinteressen im Meer gesteuert werden. Mit der Festlegung von Zielen und Grundsätzen der Raumordnung sowie über die Ausweisung von Vorrang-, Vorbehalts-, Eignungsgebieten und sonstigen Gebietskombinationen, denen die Bindungswirkung eines Ziels oder Grundsatzes zukommt, sind planerische Abwägungsentscheidungen unterschiedlichen Grades möglich. Bei der Aufstellung von Raumordnungsplänen in der AWZ sind neben den Vorgaben des Raumordnungsgesetzes u.a. auch solche des Bundesnaturschutzgesetzes, der Seeanlagenverordnung a.F./des

917 Z.B. § 1 Abs. 4 ROG, § 56 Abs. 1 BNatSchG, § 2 Abs. 3 BBergG, § 1 Abs. 1 Nr. 1 SeeAnlV a.F.

Seeanlagengesetzes/des Windenergie-auf-See-Gesetzes und des Gesetzes über die Umweltverträglichkeitsprüfung zu beachten.

Die politische Motivation für die Entwicklung einer maritimen Raumplanung liegt auf nationaler Ebene eindeutig im Ausbau der Offshore-Windenergie begründet.

E. Raumplanung im Küstenmeer

Das völkerrechtliche Seerechtsübereinkommen der Vereinten Nationen gibt für die Vertragsparteien, zu denen auch die Bundesrepublik Deutschland gehört, eine Meereszoneneinteilung vor.[918] Bei einer Beplanung des zwischen AWZ und Küstenland befindlichen Küstenmeeres ist eine andere rechtliche Ausgangslage als in der AWZ zugrunde zu legen (I.): Anders als in der AWZ steht der Bereich der 12-Seemeilen-Zone unter der vollen Souveränität des Küstenstaates, aufgrund des föderalen Systems in Deutschland unter der vollen Souveränität des Küstenbundeslandes. Diese Meereszoneneinteilung zieht in Deutschland deshalb auch eine andere Verteilung der Gesetzgebungskompetenzen nach sich: Die Gesetzgebungskompetenz für eine maritime Raumplanung in der deutschen AWZ obliegt dem Bund. Im Bereich des deutschen Küstenmeeres dagegen sind die Küstenbundesländer für den Erlass raumplanerischer Regelungen zuständig.[919]

Die drei Küstenbundesländer Niedersachsen, Schleswig-Holstein und Mecklenburg-Vorpommern haben jeweils eigene Raumordnungspläne für ihr Küstenmeer aufgestellt, die u.a. auch Vorgaben zum Meeresnaturschutz enthalten (II.-IV.). Aber auch die Freien und Hansestädte Hamburg und Bremen haben Strategien und Maßnahmen mit Meeresbezug entwickelt (V.). Zwar haben die Planungen und Strategien der Küstenbundesländer keinen direkten Einfluss auf den Raumordnungsplan des Bundes in der deutschen AWZ, einmal abgesehen vom Abstimmungsgebot der Planungen untereinander, das sich nicht zuletzt aus dem Raumordnungsgesetz ergibt.[920] Allerdings werden die Planungen einzelner Bundesländer später noch für die Bewertung der Integration von maritimer Raumplanung und Meeresumweltschutz relevant werden, weshalb es an dieser Stelle geboten ist, diese kurz vorzustellen.

---

918 Siehe oben unter B.I.1.

919 Das Konzept des integrierten Küstenzonenmanagements (IKZM), das hier nicht weiter thematisiert werden soll, wird bis heute vorwiegend auf freiwilliger Basis verfolgt. Siehe dazu *Bosecke*, Vorsorgender Küstenschutz und IKZM, 2005; *Dieckmann*, EurUP 2009, 10 ff.; *Prieur*, Integrated Coastal Zone Management Law, in: Führ et al. (Hrsg.), Umweltrecht und Umweltwissenschaft, FS Rehbinder, 2007, S. 493 ff. und unter http://www.ikzm-strategie.de/ (10.2.2017).

920 Siehe oben unter D.III.1c.bb.

I. Rechtliche Unterschiede zur Situation in der AWZ

Hinsichtlich des Anwendungsbereichs verschiedener Gesetze ergeben sich ebenfalls Unterschiede im Küstenmeer zur Situation in der AWZ. Beispielhaft sollen an dieser Stelle nur die genehmigungsrechtlichen Vorgaben für die Errichtung von Windenergieanlagen in Küstenmeer und AWZ herangezogen werden: So gilt bspw. für die Errichtung von Windenergieanlagen im Küstenmeer nicht die Seeanlagenverordnung a.F. bzw. das Windenergie-auf-See-Gesetz,[921] sondern das Baugesetzbuch (BauGB).[922] Baurechtlich zählen Windenergienanlagen nach § 35 Abs. 1 Nr. 5 BauGB zu den privilegierten Vorhaben, die im unbeplanten Bereich des Küstenmeeres zulässig sind, soweit ihnen keine öffentlichen Belange entgegenstehen. Nach § 35 Abs. 3 Satz 3 BauGB stehen einem solchen Vorhaben öffentliche Belange i.d.R. dann entgegen, wenn hierfür durch die Festlegung von Zielen der Raumordnung eine Ausweisung an anderer Stelle erfolgt ist.

Anders als in der AWZ können sich im Küstenmeer auch Verpflichtungen aufgrund eigentumsrechtlicher Grund- und Bodenverhältnisse ergeben.[923]

II. Niedersächsisches Landes-Raumordnungsprogramm

Das Land *Niedersachsen* hat auf der Grundlage des Niedersächsischen Raumordnungsgesetzes (NROG)[924] bereits 1994 ein Landes-Raumordnungsprogramm als Gesetz und Rechtsverordnung erlassen.[925] Das Programm wurde 1998, 2002 und 2006 ergänzt, wobei insbesondere die Ergänzung 2006 Neuerungen für den Bereich des niedersächsischen Küstenmeeres mit sich brachte.[926] Im Jahr 2008 wurde das

---

921 Siehe dazu oben D.III.2b.

922 Baugesetzbuch v. 23.6.1960, i.d.F. der Bekanntmachung v. 23.9.2004, BGBl. I S. 2414, zuletzt geändert durch Art. 6 des Gesetzes v. 29.5.2017, BGBl. I S. 1298. Zu den Anforderungen an die Zulassung von Windenergieanlagen in der deutschen AWZ siehe insbesondere *Risch*, Windenergieanlagen in der AWZ, 2006; *Pestke*, Offshore-Windfarmen in der AWZ, 2008; *Rosenbaum*, Errichtung und Betrieb von Windenergieanlagen im Offshore-Bereich, 2005.

923 Siehe dazu auch *Broemel*, ZUR 2013, 408 ff. (dort Fn. 14).

924 Aktuell § 4 NROG; v. 18.7.2012, Nds. GVBl. 2012, S. 252, zuletzt geändert durch Art. 1 des Gesetzes v. 25.6.2014, Nds. GVBl. 2014, S. 168.

925 Gesetz über das Landes-Raumordnungsprogramm Niedersachsen (LROP Nds.), Nds. GVBl. 1994 v. 9.3.1994, S. 130 (Teil I des Landes-Raumordnungsprogramms) und Verordnung über das Landes-Raumordnungsprogramm Niedersachsen v. 25.7.1994, S. 317 (Teil II).

926 Die Dokumente zum Landes-Raumordnungsprogramm sind auf den Seiten des Niedersächsischen Ministeriums für Ernährung, Landwirtschaft und Verbraucherschutz außerordentlich gut dargestellt; siehe zur Historie des niedersächsischen Landes-Raumordnungsprogrammes http://www.ml.niedersachsen.de/themen/raumordnung_landesplanung/landesraumordnungsprogramm/landes-raumordnungsprogramm-niedersachsen-5062.html (7.2.2017). Speziell zur Ergänzung 2006 siehe

Landes-Raumordnungsprogramm grundlegend novelliert[927] und 2012 fortgeschrieben,[928] dabei wurde in diesen beiden Jahren gleichzeitig mit dem Erlass des Landes-Raumordnungsprogramms ein Umweltbericht veröffentlicht. Im Jahr 2014 wurde der Entwurf zu einer Änderung des Landes-Raumordnungsprogramms veröffentlicht und die Öffentlichkeit beteiligt.[929] Zuletzt wurde am 24. Januar 2017 die Änderung der Verordnung über das Landes-Raumordnungsprogramm Niedersachsen beschlossen (LROP-VO Nds.).[930]

Im Landes-Raumordnungsprogramm finden sich Festlegungen für das Küstenmeer zu Windenergie, zum Naturschutz und zur Ableitung des auf dem Meer erzeugten Stroms wie auch zur Seeschifffahrt. Für die Windenergienutzung auf See sieht das Landes-Raumordnungsprogramm ausschließlich die Errichtung von Anlagen für die Erprobung der Windenergienutzung und ihre Erschließung vor, die als Eignungsgebiete festgelegt werden (4.2 Ziffer 05 Satz 5 LROP-VO Nds.). Mit der Festlegung dieser Eignungsgebiete ist die Zulassung von Anlagen zur Windenergienutzung an anderer Stelle innerhalb des niedersächsischen Küstenmeeres ausgeschlossen (4.2 Ziffer 05 Satz 9 LROP-VO Nds.).[931] Sah das Landes-Raumordnungsprogramm i.d.F. von 2008 noch eine zeitliche Befristung für die Festlegung von Eignungsgebieten bis zum 31. Dezember 2010 vor, ist diese mit der Fortschreibung 2012 auf den 31. Dezember 2017 und mit der Änderung der Verordnung im Jahr 2017 nochmals auf den 31. Dezember 2020 verlängert worden (4.2 Ziffer 05 Satz 10 LROP-VO Nds.). Erst nach diesem Datum soll sich dann die Ausschlusswirkung der festgelegten Eignungsgebiete für die Windenergienutzung auf das gesamte niedersächsische Küstenmeer erstrecken. Die Landesregierung stellt mit diesen Regelungen fest, dass ein schwerpunktmäßiger Ausbau der Windenergienutzung innerhalb des Küstenmeeres damit grundsätzlich „nicht verträglich" ist und nur die anlagen-, bau- und betriebstechnische Erprobung der Windenergienutzung in

---

http://www.ml.niedersachsen.de/portal/live.php?navigation_id=1455&article_id=4838&_psmand=7 (7.2.2017).

927 Nds. GVBl. 2008, S. 132, siehe unter http://www.ml.niedersachsen.de/live/live.php?navigation_id=1456&article_id=5319&_psmand=7 (7.2.2017). Mit der Novellierung wurde bspw. der bisherigen Teil II des Landes-Raumordnungsprogramms nun Anlage 1. Die Verfahrensschritte, samt Entwurf des Landes-Raumordnungsprogramms 2006, Materialien zum Entwurf und Protokolle der Erörterungstermine, sind dort ebenfalls dokumentiert.

928 Geändert durch Art. 2 des Gesetzes v. 18.7.2012, Nds. GVBl. 16/2012, S. 251, und durch Verordnung v. 24.9.2012, Nds. MBl. 20/2012, S. 350.

929 Siehe Entwurfsfassung LROP Nds. 2014, http://www.ml.niedersachsen.de/portal/live.php?navigation_id=35090&article_id=125715&_psmand=7 (8.2.2017).

930 Siehe dazu http://www.ml.niedersachsen.de/themen/raumordnung_landesplanung/landesraumordnungsprogramm/aenderung-lrop-verordnung-2017-150456.html (7.2.2017).

931 In der Entwurfsfassung LROP Nds. 2014, S. 11, werden nun genaue Grenzen festgelegt, innerhalb derer die Ausschlusswirkung gelten soll. Die Ausschlusszone wurde dabei verkleinert, siehe Entwurfsfassung, S. 14.

diesem Bereich ermöglicht werden soll. Die Unverträglichkeit ergibt sich aus Sicht der Landesregierung dabei insbesondere mit der Schifffahrt, der Fischerei, dem Meeresnaturschutz und touristischen Belangen (4.2 Ziffer 05 Satz 5 LROP-VO Nds.).

Schutzwürdige marine Lebensräume sind zu erhalten und zu entwickeln; dabei wird insbesondere die Einzigartigkeit und die naturräumliche Funktionsvielfalt des Nationalparks „Niedersächsisches Wattenmeer" betont (1.3 Ziffer 04 Satz 1 und Satz 4 LROP-VO Nds.). Nicht vermeidbare schädliche Auswirkungen von Nutzungen sollen minimiert und vorzugsweise auch im marinen Bereich kompensiert werden (1.3 Ziffer 04 Satz 2 und Satz 3 LROP-VO Nds.). Marine Natura 2000-Gebiete, die sich weitgehend mit der Fläche des Nationalparks „Niedersächsisches Wattenmeer" decken, sind als Vorranggebiete festgelegt. Raumbedeutsame Planungen in diesen Gebieten unterfallen der Verträglichkeitsprüfung des § 34 BNatSchG (3.1.3 Ziffer 02 Satz 1 LROP-VO Nds.).

Sonstige Vorranggebiete sind im niedersächsischen Küstenmeer für Kabeltrassen zur Netzanbindung geplant, die die durch Windenergieanlagen in der AWZ produzierte Energie über das Küstenmeer an terrestrische Anschlussstellen überträgt (4.2 Ziffer 05 Satz 12 und Ziffer 06 LROP-VO Nds.).[932] Eine weitere Vorranggebietsausweisung für eine Kabeltrasse über die Insel Norderney ist geplant (4.2 Ziffer 07 Satz 09 LROP-VO Nds.). Zur Minimierung möglicher Beeinträchtigungen von Natur und Landschaft ist bei der Querung von Vogelbrut- und Vogelrastgebieten sowie von Seehundsbänken die Verlegung von Leitungen auf dieser Kabeltrasse nur jeweils im Zeitraum vom 15. Juli bis 30. November vorzunehmen (4.2 Ziffer 07 Satz 09 LROP-VO Nds.).[933]

III. Landesentwicklungsplan Schleswig-Holstein

Der Landesentwicklungsplan *Schleswig-Holstein* 2010 (LEP SH) ist Grundlage für die räumliche Entwicklung des Landes bis zum Jahr 2025.[934] Der Landesentwicklungsplan gem. § 5 Landesplanungsgesetz (LaplaG)[935] ist ein rahmensetzender Leitplan

932 Zum „Systemwechsel" von projektakzessorischem Anbindungsanspruch zu projektübergreifender Planung des Ausbaus von Anbindungskapazitäten siehe *Broemel*, ZUR 2013, 408 ff.

933 Laut Entwurfsfassung LROP Nds. 2014, S. 11 f. Geprüft wird zudem, ob weitere Trassen zum zu erwartenden Transport von Energie aus der deutschen AWZ erforderlich sind.

934 V. 4.10.2010, ABl. SH S. 1262; siehe unter http://www.schleswig-holstein.de/DE/Fachinhalte/L/landesplanung_raumordnung/Downloads/landesentwicklungsplan/landesentwicklungsplan_sh_2010.pdf?__blob=publicationFile&v=5 (7.2.2017). Der Landesentwicklungsplan 2010 ersetzt den Landesraumordnungsplan v. 4.6.1998, Abl. SH 493, i.d.F. der Teilfortschreibung 2004 v. 17.1.2005, Abl. SH S. 99.

935 Gesetz über die Landesplanung i.d.F. der Bekanntmachung v. 10.2.1996, GVOBl. 1996, S. 232, zuletzt geändert durch Gesetz v. 22.5.2015, GVOBl. 2015, S. 132.

und besteht aus Text, Karte und Umweltbericht.[936] I.R.d. Fortschreibung des Landesentwicklungsplans sind in den Jahren 2014 und 2015 zwei Planungserlasse bekanntgegeben worden, die den Ausschluss von Fracking und die Windenergieplanung betreffen.[937]

Das Küstenmeer und die integrierte Küstenzonenentwicklung nehmen im Landesentwicklungsplan einen eigenen Teil ein, genauso wie der Abschnitt zu „Ressourcenschutz und Ressourcenentwicklung".[938] Einzelne Ziele, die für den Küstenmeeresbereich relevant sind, umfassen:

- die möglichst umweltgerechte Realisierung der Fehmarnbeltquerung (zum Ausbau des transeuropäischen Verkehrsnetzes);[939]
- bei allen raumbedeutsamen Planungen und Maßnahmen im Küstenmeer (im Bereich Häfen, Wasserstraßen, Schifffahrt) sind der rechtliche Status der Seewasserstraßen und der gesetzliche Schutzstatus der betroffenen Regionen zu beachten;[940]
- zur räumlichen Steuerung der Errichtung von Windenergieanlagen sind Eignungsgebiete für die Windenergienutzung festzulegen; solche Gebiete sind nicht zulässig im Gebiet des Nationalparks Schleswig-Holsteinisches Wattenmeer sowie in der Nordsee und Ostsee bis zu Hoheitsgrenze, in bestehenden Naturschutzgebieten und in gesetzlich geschützten Biotopen, europäischen FFH- und Vogelschutzgebieten sowie auf größeren, regelmäßig aufgesuchten bevorzugten Nahrungs- und Rastflächen und im Bereich zugeordneter Vogelflugfelder (Ausschlussgebiete);[941]
- Kabelsysteme zur Netzeinspeisung bzw. genehmigte Stromleitungen, die durch Offshore-Windparks in der AWZ erforderlich sind, sind Windpark-übergreifend zu bündeln;[942]

---

936 Nach § 8 Abs. 1 ROG und § 4 Abs. 1 i.V.m. § 3 Abs. 1 Satz 1 Landesplanungsgesetz SH.

937 https://www.schleswig-holstein.de/DE/Fachinhalte/L/landesplanung_raumordnung/raumordnungsplaene/landesentwicklungsplan/neuer_landesentwicklungsplan.html (7.2.2017).

938 Siehe 1.2 und 5 LEP SH. Aufmerksam machen möchte die Verfasserin in diesem Zusammenhang auf das Ziel unter 1.2 LEP SH, das lautet: „Das Küstenmeer von Nord- und Ostsee ist in der Hauptkarte dargestellt." Das sah bei den Beobachtungen von *Buchholz* im Jahr 1985 noch ganz anders aus, siehe *Buchholz*, Territorialplanung zur See, in: Hofmeister/Voss (Hrsg.), Geographie der Küsten und Meere, 1985, S. 153 ff. (160 f.).

939 Siehe 3.4 Nr. 2 LEP SH. Zu den transeuropäischen Netzen siehe oben C.IV.2.

940 3.4.3 Nr. 8 LEP SH.

941 3.5.2 Nr. 3 und 8 LEP SH. Die Vorgaben werden jedoch in 3.5.2 Nr. 9 mittels bestimmter Feinsteuerungsmöglichkeiten eingeschränkt. Zudem wird die Windenergienutzung im schleswig-holsteinischen Küstenmeer auf die Errichtung eines Offshore-Windparks als Test- und Demonstrationsanlage mit bis zu 55 Windenergieanlagen in der Ostsee (Mecklenburger -/Lübecker Bucht) begrenzt (3.5.2 Nr. 16 LEP SH).

942 3.5.2 Nr. 17 LEP SH.

- für Tourismus und Erholung werden an der Nord- und Ostsee mehrere sog. Schwerpunkträume ausgewiesen, die auch Teile des Küstenmeeres umfassen;[943]
- als Vorranggebiete für den Naturschutz sind u.a. der Nationalpark Schleswig-Holsteinisches Wattenmeer sowie Natura 2000-Gebiete darzustellen; hier hat der Schutz der Natur in ihrer Gesamtheit oder in einzelnen Teilen Vorrang vor allen anderen Nutzungen.[944]

Die Vorrangwirkung der Vorranggebiete für den Naturschutz steht unter der Einschränkung anderweitiger Ausnahmeregelungen. So bestehen bspw. zwei Einschränkungen zugunsten der Rohstoffsicherung, obwohl diese nicht durch ein Ziel der Raumordnung gesichert sind. Zum einen betrifft die Ausnahme eine genehmigte Sandentnahme auf dem Bewilligungsfeld Westerland III vor Sylt zu Zwecken des Küstenschutzes; die zweite Ausnahme erlaubt Erdölbohrungen und -förderungen von der genehmigten Bohr- und Förderinsel Mittelplate A westlich von Friedrichskoog vor der deutschen Nordseeküste im Nationalpark Schleswig-Holsteinisches Wattenmeer.[945]

Schleswig-Holstein liegt als einziges deutsches Bundesland an beiden deutschen Meeren, der Nord- und der Ostsee, kein Ort ist mehr als 60 Kilometer von einem der beiden Meere entfernt. Unter anderem aufgrund dieser geographischen Lage, aber auch aufgrund der breiten und langjährigen Expertise in maritimen Bereichen sieht sich Schleswig-Holstein als maritime Modellregion in Europa.[946] Das Land hat in diesem Zusammenhang die Initiative „Zukunft Meer“ entwickelt, aus der ein Maritimer Aktionsplan hervorgegangen ist, der konkrete Maßnahmen im maritimen Bereich für eine innovative und integrative Meerespolitik aufzeigt.[947] Ergänzt werden die vorrangig wirt- und wissenschaftlichen Betrachtungen des maritimen Sektors durch den „Raumordnungsbericht Küste und Meer“ aus dem Jahr 2005.[948] Der Raumordnungsbericht zeigt umfassend die einzelnen Nutzungen und

943 Siehe 3.7.1 Nr. 1. In den Schwerpunkträumen sollen den Belangen des Tourismus und der Erholung ggü. anderen raumbedeutsamen Planungen, Vorhaben und Maßnahmen ein besonderes Gewicht beigemessen werden, 3.7.1 Nr. 3 (Grundsatz der Raumordnung).

944 5.2.1 Nr. 1 und 2 LEP SH.

945 Siehe dazu S. 83 LEP SH.

946 Siehe dazu http://www.schleswig-holstein.de/DE/Fachinhalte/M/meerespolitik/landesinitiative_Zukunft_MeerNEU.html (7.2.2017).

947 Zur Landesinitiative „Zukunft Meer“ und zum „Maritimen Masterplan“ siehe http://www.schleswig-holstein.de/DE/Fachinhalte/M/meerespolitik/landesiniti ative_Zukunft_MeerNEU.html (7.2.2017).

948 Der Raumordnungsbericht ist unverbindlich, stellt aber eine wichtige Informations- und Entscheidungsgrundlage für nachfolgende Initiativen und Planungen dar; siehe unter https://www.schleswig-holstein.de/DE/Fachinhalte/L/landesplanung_raumordnung/Downloads/raumordnungsbericht_kueste_meer_hauptkarte.pdf?__blob=publicationFile&v=5 (7.2.2017).

Raumansprüche im schleswig-holsteinischen Küstenmeer sowie Konfliktpotenziale und Handlungsbedarf auf.

IV. Landesraumentwicklungsprogramm Mecklenburg-Vorpommern

Das aktuelle Landesraumentwicklungsprogramm *Mecklenburg-Vorpommerns* (LEP M-V) trat am 9. Juni 2016 in Kraft.[949] Es wurde auf der Grundlage des § 4 Landesplanungsgesetz (LPlG)[950] als Rechtsverordnung erlassen. Im Vorfeld wurde das Landesraumentwicklungsprogramm einer Umweltprüfung unterzogen.[951] Es enthält einen eigenen Abschnitt zum Integrierten Küstenzonenmanagement und zur Raumordnung im Küstenmeer.[952] Im Landesraumentwicklungsprogramm 2005 waren lediglich drei Ziele der Raumordnung festgelegt, die marine Vorranggebiete zur Rohstoffsicherung sowie für Naturschutz und Landschaftspflege vorsahen, und marine Eignungsgebiete für Windenergieanlagen auswies.[953] Im Landesraumentwicklungsprogramm 2016 sind nun Festlegungen zu Windenergieanlagen und sonstigen erneuerbaren Energien, Leitungen, Seeverkehr, Fischerei und Aquakulturanlagen, Tourismus, Freizeit und Erholung, Küstenschutz, Rohstoffsicherung und -gewinnung sowie zum Naturschutz enthalten. Marine Vorranggebiete sind festgelegt für Windenergieanlagen[954] (und solche zu Testzwecken), Leitungen, Schifffahrt, Küstenschutz sowie Naturschutz und Landschaftspflege.[955]

---

949 Landesverordnung über das Landesraumentwicklungsprogramm (LEP-LVO M-V) v. 27.5.2016, GVOBl. M-V 2016, S. 322, zuletzt geändert durch Berichtigung v. 24.10.2016, GVOBl. M-V, S. 872. Vorgänger war die Landesverordnung über das Landesraumentwicklungsprogramm Mecklenburg-Vorpommern (LEP-LVO M-V) v. 30.5.2005, GVOBl. M-V 2005, S. 308, AmtsBl. M-V 2005, S. 797. Das erste Landesraumordnungsprogramm war bereits 1993 in Kraft getreten. Zu den Programmen in Mecklenburg-Vorpommern siehe auch *Bosecke*, Vorsorgender Küstenschutz und IKZM, 2005.

950 Gesetz über die Raumordnung und Landesplanung des Landes Mecklenburg-Vorpommern i.d.F. der Bekanntmachung v. 5.5.1998, GVOBl. M-V 1998, S. 503, zuletzt geändert durch Art. 1 des Gesetzes v. 18.5.2016, GVOBl. M-V 2016, S. 258.

951 Die zusammenfassende Umwelterklärung ist ebenfalls auf der Seite des Ministeriums für Energie, Infrastruktur und Digitalisierung M-V einsichtbar.

952 Mecklenburg-Vorpommern war mit der frühzeitigen Einbeziehung des Küstenmeeres in die Landesraumentwicklung Vorreiter unter den Küstenbundesländern. Siehe Abschnitt 8 LEP M-V.

953 Nr. 7.5 Abs. 1, Nr. 7.3 Abs. 2 und Nr. 7.1 Abs. 1 Satz 1 LEP M-V 2005.

954 Für die beiden ggü. dem Landesraumentwicklungsprogramm 2005 neuen Vorrang- und Vorbehaltsgebiete für Windenergieanlagen wurden verschiedene Gutachten erstellt, siehe http://www.regierung-mv.de/Landesregierung/em/Raumordnung/Landesraumentwicklungsprogramm/FAQ/ (7.2.2017).

955 Marine Vorbehaltsgebiete wurden für Windenergieanlagen (Nr. 8.1 Abs. 5 LEP M-V), Schifffahrt (Nr. 8.3 Abs. 3 LEP M-V), Fischerei und Aquakulturanlagen

In marinen Vorranggebieten für Windenergieanlagen ist deren Errichtung der Vorrang vor anderen raumbedeutsamen Nutzungsansprüchen einzuräumen. Soweit raumbedeutsame Planungen, Maßnahmen, Vorhaben, Funktionen und Nutzungen in diesen Gebieten die Belange der Windenergienutzung beeinträchtigen, sind sie auszuschließen.[956] Entgegen der üblichen Formulierung, wonach sonstige Planungen, Maßnahmen etc. auszuschließen sind, soweit sie mit den vorrangigen Belangen „nicht vereinbar sind", reicht nach der Formulierung im Landesraumentwicklungsprogramm Mecklenburg-Vorpommerns bereits eine Beeinträchtigung aus. Indem die Errichtung sonstiger Windenergieanlagen außerhalb der marinen Vorrang- und Vorbehaltsgebiete ausgeschlossen ist, verfolgt Mecklenburg-Vorpommern hier eine Konzentrationsflächenplanung.[957] In den marinen Vorranggebieten Naturschutz und Landschaftspflege sind andere raumbedeutsame Planungen, Maßnahmen, Vorhaben, Funktionen und Nutzungen in diesen Gebieten dann auszuschließen, soweit sie mit den Belangen von Naturschutz und Landschaftspflege „nicht vereinbar" sind. Hier ist wiederum die strengere Abwägungsvoraussetzung formuliert. Marine Vorranggebiete Naturschutz und Landschaftspflege wurden im Landesraumentwicklungsprogramm recht großflächig nördlich von Ribnitz-Damgarten bis zur Westküste Rügens festgelegt.

V. Strategien und Maßnahmen der Bundesländer Hamburg und Bremen

Die Freie und Hansestadt Hamburg verfügt nur über einen geringen Flächenanteil am norddeutschen Küstenmeer im Bereich der Elbemündung und um die hamburgische Exklave Neuwerk/Scharhörn.[958] Dennoch hat die Anbindung an das Meer insbesondere für die Hamburger Hafenwirtschaft eine enorme Bedeutung. So besteht bspw. ein integrierter Bewirtschaftungsplan für das Elbeästuar, der im Jahr 2011 unter Mitarbeit hamburgisch-schleswig-holsteinischer und niedersächsischer Planungsgruppen entwickelt wurde.[959] Hamburg hat darüber hinaus keine eigenen politischen Papiere mit Bezug zur maritimen Raumplanung erlassen.

Die Freie Hansestadt Bremen hat durch Bremerhaven zwar einen direkten Zugang zur Nordsee, liegt aber nicht selbst direkt an der Nordsee, weshalb das

(Nr. 8.4 Abs. 2 LEP M-V), Tourismus (Nr. 8.5 Abs. 2 LEP M-V), Küstenschutz (Nr. 8.6 Abs. 3 LEP M-V), Rohstoffsicherung und -gewinnung (Nr. 8.7 Abs. 1 LEP M-V) und für Naturschutz und Landschaftspflege (Nr. 8.8 Abs. 2 LEP M-V) festgelegt. Zum Belang der Fischerei siehe *Erbguth/Erbguth*, NordÖR 2005, 229 ff.

956 Nr. 8.1 Abs. 2 LEP M-V.

957 Nr. 8.1 Abs. 7 LEP M-V.

958 Zum Nationalpark Hamburgisches Wattenmeer siehe die Karte bei http://www.wattenmeer-nationalparke.de/mediathek/hh/bilder/karte-nationalpark-hh (8.2.2017).

959 Siehe http://www.natura2000-unterelbe.de/ (8.2.2017).

Bundesland kein eigenes Küstenmeer besitzt.[960] Bremerhaven gehört – wie Hamburg auch – zu den größten europäischen Hafenstädten und hat dementsprechend eine große wirtschaftliche Bedeutung für Bremen.[961] 2011 wurde der – rechtlich unverbindliche – „Maritime Aktionsplan der Freien Hansestadt Bremen" erlassen.[962] Er enthält das Konzept einer regionalen integrierten maritimen Politik mit fünf Hauptaktionsfeldern, für die strategische Ziele und ein Handlungsrahmen festgelegt werden: Grüne Häfen und leistungsfähige Schifffahrt, Nachhaltige Logistik und integrierte Hinterlandanbindung, Maritime Technologien der Zukunft, Kompetenzregion Offshore Windenergie und Exzellenzstandort Meereswissenschaften. Umwelt und Nachhaltigkeit inklusive Küstenschutz wird auf einem weiteren Aktionsfeld als Querschnittsaufgabe beachtet. Im Zusammenhang mit dem Maritimen Aktionsplan ist es vorgesehen, ein Positionspapier zur maritimen Raumplanung des Bundes zu erarbeiten.

VI. Zusammenfassung

Die drei Küstenbundesländer mit breiter Küstenlinie und großflächigem Meereszugang haben für ihre Küstenmeere neben weiteren, meist unverbindlichen politischen Absichtsbekundungen jeweils eigene Raumordnungspläne aufgestellt. Die jeweiligen Landes-Raumordnungsprogramme (Niedersachsen), Landesentwicklungspläne (Schleswig-Holstein) bzw. Landesraumentwicklungsprogramme (Mecklenburg-Vorpommern) bestehen teilweise seit mehreren Jahrzehnten und wurden mehrfach überarbeitet und fortgeschrieben. Alle aktuellen Programme enthalten umfangreiche raumplanerische Festlegungen in den Küstenmeeren, insbesondere zu Windenergie und Naturschutz. Dabei gehen die Küstenbundesländer leicht unterschiedliche Wege in ihren Ausweisungen: Im Landesraumentwicklungsprogramm Mecklenburg-Vorpommern finden sich die „üblichen" raumplanungsrechtlichen Kategorien der marinen Vorrang-, Vorbehalts- und Eignungsgebiete. Die ausgewiesenen marinen Eignungsgebiete für Windenergie sind regelmäßig mit einer außergebietlichen Ausschlusswirkung verbunden (Landesraumentwicklungsprogramm Mecklenburg-Vorpommern, Niedersächsisches Landes-Raumordnungsprogramm). Wie zu sehen sein wird[963] – anders als in den Raumordnungsplänen für die deutsche AWZ haben die Küstenbundesländer Vorranggebiete für den Naturschutz festgelegt (z.B. das marine Natura 2000-Gebiet im Niedersächsischen Landes-Raumordnungsprogramm oder im Landesentwicklungsplan Schleswig-Holstein). Teilweise wird die Vorrangwirkung

---

960 So *tho Pesch*, DÖV 2016, 645 ff. (647).

961 Es existiert ein Integrierter Bewirtschaftungsplan Weser (IBP), siehe http://www.weser-in-bewegung.de/startseite/ (8.2.2017).

962 Siehe *Senator für Wirtschaft und Häfen der Freien Hansestadt Bremen*, Maritimer Aktionsplan der Freien Hansestadt Bremen, Mai 2011, siehe unter http://www.wirtschaft.bremen.de/sixcms/media.php/13/Maritimer_Aktionsplan_FINAL.pdf (8.2.2017).

963 Siehe sogleich unter F.II.2b.

jedoch durch Ausnahmeregelungen eingeschränkt (Landesentwicklungsplan Schleswig-Holstein). Bemerkenswert sind verschiedene zeitliche Festlegungen der ausgewiesenen Gebiete, so bspw. die Einschränkung des Verlegezeitraums für Kabeltrassen über die Insel Norderney auf den Zeitraum vom 15. Juli bis zum 30. November eines Jahres (Niedersächsisches Landes-Raumordnungsprogramm).

Auch wenn die Raumordnungspläne der Küstenbundesländer keinen direkten Einfluss auf die Raumordnungspläne des Bundes in der deutschen AWZ haben, sind zwei Punkte hervorzuheben, die für die Bewertung der bundesdeutschen Raumordnungspläne als auch ihrer Integrationsfähigkeit von Bedeutung sind: Zum einen lassen sich an ihnen die unterschiedliche Behandlung meist gut vergleichbarer Probleme und Herausforderungen im marinen Bereich beobachten, wie bspw. die zeitlichen raumplanerischen Festlegungen im Niedersächsischen Landes-Raumordnungsprogramm. Zum anderen muss sich die Frage nach der Integrationsfähigkeit von Meeresumweltschutz und maritimer Raumplanung nicht nur i.R.d. deutschen Raumordnungspläne in der AWZ messen lassen, sondern auch darüber hinaus im geographischen Anschluss an Küstenmeer und Hohe See. Inwieweit dies geglückt ist, zeigen die folgenden Ausführungen.

F. Maritime Raumplanung in der deutschen AWZ

Die konkrete Entwicklung hin zu einer maritimen Raumplanung hat sich u.a. mit der politischen Entscheidung zum Ausbau der erneuerbaren Energien im Offshore-Bereich, v.a. der Windenergie, und dem Erlass des Erneuerbare-Energien-Gesetzes im Jahr 2000 und damit etwa 15 Jahre nach Buchholz' erster Idee zu einer „Territorialplanung zur See"[964] in Gang gesetzt. Diese Entwicklung führte im Jahr 2004 zum Erlass des § 18a ROG 2004 und damit zu der Rechtsgrundlage für eine maritime Raumplanung in der deutschen AWZ.[965]

Die aktuellste und konkreteste Entwicklung der maritimen Raumplanung ist – national betrachtet – in dem Erlass der beiden Verordnungen über die Raumordnung in der deutschen AWZ durch das BSH[966] zu sehen. Mit den beiden Verordnungen wird erstmals der (gesetzliche) Versuch unternommen, die vielfach beschriebene Konfliktlage im Meer zu lösen bzw. einer systematischen Ordnung zuzuführen. Ob es bei einem Versuch bleibt oder ob die Verordnungen eine adäquate Lösungsmöglichkeit für konkurrierende Nutzungsansprüche und Schutzinteressen (an)bieten, ist im Anschluss an diesen Abschnitt i.R.e. Bewertung zu untersuchen (unter G.). Nach einem Blick auf die Entstehungsgeschichte der Verordnungen über die Raumordnung in der deutschen AWZ (I.) werden sie in diesem Abschnitt zunächst – vor

964 *Buchholz*, Territorialplanung zur See, in: Hofmeister/Voss (Hrsg.), Geographie der Küsten und Meere, 1985, S. 153 ff.

965 Siehe oben die Einleitung bei D. und D.I.

966 http://www.bsh.de/de/Meeresnutzung/Raumordnung_in_der_AWZ/index.jsp (8.2.2017).

dem Hintergrund ihrer völker- und unionsrechtlichen Vorgaben – detailliert analysiert (unter II. und III.).

I. Die Entstehung der AWZ-ROV – Die Verordnungsentwürfe des Bundesamtes für Seeschifffahrt und Hydrographie (BSH)

Die konkreten Vorbereitungen der Entwürfe für die beiden Raumordnungspläne für die deutsche AWZ in Nord- und Ostsee begannen bereits im Jahr 2005. Unter Federführung des BSH (zu dessen Zuständigkeit siehe 2.) erfolgte bei sämtlichen Stellen, die durch die Raumordnungsplanung möglicherweise in ihren Belangen berührt werden konnten, eine Abfrage nach bestehenden und geplanten Nutzungen in der AWZ und den angrenzenden Gebieten.[967] Dabei wurden auch die Nutzungsinteressen der Anrainerstaaten Niederlande, dem Vereinigten Königreich von Großbritannien und Nordirland, Dänemark, Schweden und Polen[968] abgefragt. Neben bilateralen Abstimmungsgesprächen mit den für die Schifffahrt, die Umwelt, die Windenergiegewinnung und den Meeresbergbau zuständigen Behörden wurde ebenfalls noch im Jahr 2005 eine Konferenz zum Umfang der Umweltuntersuchungen durchgeführt.[969]

I.R.d. Beteiligungsverfahrens wurden 2008 und 2009 der Umweltbericht (weiter unter 4.) und die ersten beiden Entwurfsfassungen der Raumordnungspläne (siehe 5.) erstellt und den Anrainerstaaten, den deutschen Behörden und der Öffentlichkeit vorgestellt (siehe 3.).

1. *Rechtliche Grundlage*

Die beiden Verordnungen über die Raumordnung in der deutschen AWZ in der Nordsee (nachfolgend: AWZ-ROV Nordsee)[970] und in der Ostsee (nachfolgend: AWZ-ROV Ostsee)[971] sind die rechtlichen Grundlagen für die Raumordnungspläne in den deutschen Meeren der AWZ. Die Verordnungen basieren ihrerseits auf der Rechtsgrundlage des § 18a ROG 2004, der mit dem GeROG[972] 2008 neu gefasst

---

967 Vgl. hierzu auch die Rede von *Peter Runkel* zum Thema „Raumordnung auf dem Meer – Strategien und Instrumente in Deutschland" anlässlich der Fachkonferenz „Die zukünftige Meerespolitik der EU" in Bremen am 4.5.2007.

968 Bzgl. der genauen Seegrenzen zwischen der Bundesrepublik Deutschland und Polen besteht zwischen den beiden Ländern Uneinigkeit. Siehe *Gornig*, Seeabgrenzungen Polens mit seinen Nachbarstaaten, in: Gornig (Hrsg.), Fünfte deutsch-polnische Begegnung zu Wissenschaft und Kultur im zusammenwachsenden Europa, 2001, S. 43 ff.

969 Siehe dazu nur den Hinweis von *Nico Nolte* in seinem Vortrag zu „Raumordnung und Schifffahrt" auf der Tagung des BUND in Rostock am 27.5.2010.

970 AWZ-ROV Nordsee v. 21.9.2009, BGBl. I 2009, S. 3107.

971 AWZ-ROV Ostsee v. 10.12.2009, BGBl. I 2009, S. 3861.

972 Gesetz zur Neufassung des Raumordnungsgesetzes und zur Änderung anderer Vorschriften (GeROG) v. 22.12.2008, BGBl. I S. 2986. Zur Gesetzesbegründung BT-Drs. 16/10292 v. 22.9.2008.

wurde. Die aktuelle Rechtsgrundlage für die maritime Raumplanung ergibt sich nun aus § 17 Abs. 3 ROG 2009. Allerdings fand gem. § 29 Abs. 1 ROG 2009 auf die Verfahren zur Aufstellung von Raumordnungsplänen das bisher geltende Raumordnungsgesetz – also das ROG 2004 und damit § 18a ROG 2004 – Anwendung, soweit die Verfahren vor dem 31. Dezember 2008 förmlich eingeleitet wurden. Das ist hier – wie gleich dargestellt wird – der Fall, da die Öffentlichkeits- und Behördenbeteiligung mit Auslage der ersten Planentwürfe im Juni 2008 förmlich eingeleitet wurde.[973] Im Folgenden wird deshalb auf die Vorschriften des ROG 2004 Bezug genommen.[974]

Neben dem Verordnungstext selbst bestehen die Verordnungen für Nord- und Ostsee aus jeweils zwei Teilen, die ihnen als Anlage beigefügt sind: Erstens einem Textteil, der vor dem Hintergrund der Leitlinien zur räumlichen Entwicklung der AWZ detailliert die Festlegungen des Raumordnungsplans erläutert. Zum Zweiten findet sich in der Anlage ein Kartenteil, in dem die textlichen Festlegungen kartographisch dargestellt sind.[975] Zur begrifflichen Unterscheidung soll deshalb von dem Textteil und dem Kartenteil die Rede sein. Soweit im Folgenden von den „Raumordnungsplänen" gesprochen wird, ist die Verordnung samt ihres Anhanges (Textteil und Kartenteil) gemeint.[976]

2. *Zuständigkeit des BSH*

Die ursprüngliche Fassung des § 18a ROG 2004 sah die Zuständigkeit des Bundesministeriums für Verkehr, Bau und Wohnungswesen (BMVBW) für die Raumordnung in der deutschen AWZ vor; dies änderte sich indes mit dem Neuzuschnitt und der Umbenennung des Ministeriums zu Beginn der 16. Legislaturperiode des Deutschen Bundestages. Ab dem 22. November 2005 war das BMVBS zuständig.[977] Mit Beginn der 18. Legislaturperiode des Deutschen Bundestages am 22. Oktober 2013 wurden mehrere Ministerien erneut neu zugeschnitten. Aus dem ehemaligen BMVBS ist nun das BMVI geworden.[978]

---

973 Siehe dazu schon oben D.III.1f.

974 Die neuen Vorschriften des ROG 2009 werden lediglich, soweit sie mit der alten Rechtslage vergleichbar sind, in Klammern gesetzt.

975 Siehe Anlage 1.

976 Die Begriffsverwendung in der beschriebenen Weise entspricht damit auch der Legaldefinition des § 3 Abs. 1 Nr. 7 ROG, wonach unter Raumordnungsplänen zusammenfassende, überörtliche und fachübergreifende Pläne nach §§ 8 und 17 ROG zu verstehen sind.

977 Die Anpassung des Gesetzeswortlauts erfolgte im Dezember 2006, siehe Art. 10 des Gesetzes zur Beschleunigung von Planungsverfahren für Infrastrukturvorhaben v. 9.12.2006, BGBl. I S. 2833.

978 So angeordnet durch die Bundeskanzlerin *Angela Merkel* per Organisationserlass nach § 9 GOBReg, siehe dazu die Zehnte Zuständigkeitsanpassungsverordnung v. 31.8.2015, BGBl. I S. 1474.

Mit den vorbereitenden Verfahrensschritten nach § 18a Abs. 2 ROG 2004 sollte ursprünglich das BBR betraut werden.[979] Diese dem damaligen BMVBW (und späteren BMVBS bzw. BMVI)[980] unterstehende Bundesoberbehörde ist grundsätzlich für raumordnerische Tätigkeiten auf Bundesebene zuständig.[981] Zu den vorbereitenden Verfahrensschritten gehörten die Durchführung der Umweltprüfung und die Öffentlichkeitsbeteiligung, die Erstellung des Entwurfs eines sachlichen Teilplans inklusive dessen Begründung sowie der Umweltbericht. Vor dem Beginn mit den vorbereitenden Verfahrensschritten bedurfte es der Zustimmung des Bundesministeriums, § 18a Abs. 2 Satz 1 ROG 2004 (§ 17 Abs. 3 Satz 3 ROG 2009).

Im Jahr 2004 wurde diese Zuständigkeitszuordnung geändert. Mit der Begründung der größeren fachlichen Kompetenz, insbesondere im Bereich der See, wurden die vorbereitenden Verfahrensschritte der Zuständigkeit des BSH überschrieben.[982] Der Gesetzgeber vertraute bei dieser Umstellung auf die Erfahrung des BSH und die Möglichkeit, Synergieeffekte zu nutzen. Diese Erfahrung habe die Behörde u.a. bei der Durchführung von Verfahren nach dem Hohe-See-Einbringungsgesetz und der Seeanlagenverordnung a.F. erworben, wobei umfassende Beziehungen zu den beteiligten Stellen geschaffen und umfangreiche Datenbanken erstellt worden seien.[983] Auch vor dem Hintergrund des Grundsatzes der Gewaltenteilung war diese Entscheidung nicht unumstritten, da nun im BSH Planungs- und Genehmigungsbehörde zusammenfallen. Dies gilt umso mehr, als die Raumplanung in der deutschen AWZ eine einstufige Planung ist und auf sie damit unmittelbar die Genehmigungsebene folgt.[984] Die Kritik an der Entscheidung, das BSH gleichzeitig mit Planung und Genehmigung zu beauftragen, ist jedoch verschwunden. Das BSH hat in zahlreichen Genehmigungsverfahren und über Jahre hinweg gezeigt, dass es unabhängige und rechtswirksame Genehmigungsentscheidungen treffen kann. Seit dem 1. Januar 2017 wird das BSH auf der Grundlage des neuen Windenergie-auf-See-Gesetzes zusätzlich mit der Flächenplanung für zukünftige Windparks betraut.[985] Die Voruntersuchung

979 So noch der Gesetzesentwurf, BT-Drs. 15/2250 v. 17.12.2003, S. 24, 71 ff. Zum BBR siehe http://www.bbr.bund.de (8.2.2017). *Bielenberg et al.*, Raumordnungs- und Landesplanungsrecht, Kommentar, Stand Oktober 2016, J 680 S. 14.

980 Per Organisationserlass wurde das BBR ab dem 17.12.2013 dem neuen Bundesministerium für Umwelt, Naturschutz, Bau und Reaktorsicherheit (BMUB) zugeordnet.

981 BT-Drs. 15/2996, S. 73.

982 Siehe BT-Drs. 15/2996, S. 52 und 73. Das BSH war – wie das BBR auch – eine Bundesoberbehörde im Geschäftsbereich des BMVBS. Siehe http://www.bsh.de (8.2.2017). Auch in der 18. Legislaturperiode verbleibt das BSH im Geschäftsbereich des BMVI.

983 *Kment*, NVwZ 2005, 886 ff. (889); kritisch hierzu *von Nicolai*, IzR 2004, 491 ff. (497).

984 Siehe die Erklärung von *Undine Kurth* (Quedlinburg), Bündnis 90/Die Grünen v. 30.4.2004, BT-Plenarprotokoll 15/106, 9619A-C, 9651D-9652B/Anlage 2.

985 § 6 WindSeeG.

und Eignungsprüfung von Projektflächen ist nicht mehr in die Hände der Investoren gelegt, sondern obliegt nun der staatlichen Behörde des BSH.[986]

3. *Öffentlichkeitsbeteiligung*

In der Verantwortung des BSH lag und liegt auch die Durchführung der Öffentlichkeitsbeteiligung, § 18a Abs. 2 Satz 1 ROG 2004. Dazu gehört die Beteiligung der öffentlichen Stellen. Von den öffentlichen Stellen ausgenommen sind die fachlich betroffenen Bundesministerien und die angrenzenden Länder; deren Beteiligung und die Herstellung des Benehmens mit den angrenzenden Ländern ist dem zuständigen Bundesministerium vorbehalten, § 18a Abs. 2 Satz 2 ROG 2004.[987]

Bereits im Jahr 2005 wurden bei Behörden und Verbänden durch das BSH erstmals Nutzungs- und Schutzinteressen abgefragt.[988] Nach Bekanntgabe der ersten und zweiten Entwurfsfassung gab es 2008 und 2009 jeweils umfangreiche schriftliche und/oder mündliche Beteiligungsrunden. Die mündlichen Erörterungen für den Nordsee-Entwurf fanden dabei in Hamburg mit den Anrainerstaaten am 26. August 2008 und am 25. September 2008 statt, mit den Behörden und der Öffentlichkeit am 6. Oktober 2008. Die mündlichen Erörterungstermine für den Ostsee-Entwurf erfolgten in Rostock mit den Anrainerstaaten am 24./25. September bzw. am 12. Dezember 2008 sowie am 29. September 2009, mit den Behörden und der Öffentlichkeit am 30. September 2008.

4. *Erstellung der Umweltberichte zu den Raumordnungsplänen für die deutsche AWZ in der Nordsee und Ostsee*

Bei der Aufstellung der Raumordnungspläne ist gem. § 7 Abs. 5 ROG 2004 (§ 9 ROG 2009 i.V.m. § 14b Abs. 1 Nr. 1 i.V.m. Nr. 1.6 Anlage 1 UVPG i.V.m. § 16 Abs. 4 UVPG)[989] begleitend eine Strategische Umweltprüfung der Pläne durchgeführt worden.[990] Die Umweltprüfung umfasst dabei die Ausarbeitung eines Umweltberichts, die

986 §§ 9 ff. WindSeeG.
987 Nach § 17 Abs. 3 Satz 4 ROG 2009 stellt das BMVBS bei der Planaufstellung das Benehmen mit den „angrenzenden Staaten und Ländern“ her.
988 So *Nico Nolte*, Raumordnung und Schifffahrt, Vortrag auf der Tagung des BUND am 27.5.2010 in Rostock.
989 Nach § 16 Abs. 4 UVPG sind bei Raumordnungsplänen, für deren Aufstellung nach dem UVPG eine Strategische Umweltprüfung durchzuführen ist, die Vorschriften des Raumordnungsgesetzes bzgl. Umweltprüfung und Überwachung anzuwenden.
990 Mit den Vorarbeiten für die Umweltprüfung wurde bereits vor Umsetzung der SUP-Richtlinie in nationales Recht im Jahr 2005 begonnen. Deshalb beziehen sich die Ausführungen zur Umweltprüfung in den Raumordnungsplänen noch auf die Paragraphen der SUP-Richtlinie. Siehe dazu D.III.2c. und D.III.1e.

Durchführung von auch grenzüberschreitenden Konsultationen,[991] die Berücksichtigung des Umweltberichts und der Ergebnisse der Konsultationen bei der Entscheidungsfindung sowie die Unterrichtung aller Beteiligten über die Entscheidung.[992] Im Umweltbericht sollen die voraussichtlichen erheblichen Auswirkungen, die die Durchführung des Plans auf die Umwelt hat, sowie vernünftige Alternativen, welche die Ziele und den geographischen Anwendungsbereich des Plans berücksichtigen, ermittelt, beschrieben und bewertet werden.[993]

Mit den Raumordnungsplänen erfolgte erstmals für den Bereich der deutschen AWZ eine flächendeckende Planung. Ebenfalls erstmalig wurde eine Bestandsaufnahme der betroffenen Schutzgüter in diesem Umfang erstellt. Aufgrund der besonderen Beschaffenheit des Planungsraums Meer, der insbesondere durch seine Dreidimensionalität und die unzähligen Wechselwirkungen geprägt ist, ergaben sich dabei verschiedene Schwierigkeiten:[994] An vielen Stellen des Umweltberichts, die entsprechend gekennzeichnet sind, erfolgt die Beschreibung und Bewertung des Umweltzustandes nur lückenhaft bzw. prognostisch. Das ist der mangelhaften Datenlage geschuldet. Große Informationslücken bestehen sowohl hinsichtlich der Wechselwirkungen zwischen abiotischen und biotischen Faktoren („sind weitgehend unbekannt“) und hinsichtlich der Wechselwirkungen zwischen den biologischen Schutzgütern sowie Steuerungsmechanismen der marinen Nahrungsketten („weitgehend unbekannt“) als auch hinsichtlich der Ursachen der Variabilität von Verteilungsmustern und dem Vorkommen von Individuen in Habitaten („können bei fast allen biologischen Schutzgütern nicht mit Sicherheit definiert werden“).[995]

Diese Informationslücken resultieren nicht ausschließlich aus dem reinen Fehlen von Daten, sondern auch aus dem Fehlen von Langzeit-Datenreihen und geeigneter Analysen, um die (wenigen) vorhandenen Daten einschätzen zu können.[996] So weist der Umweltbericht darauf hin, dass die Prognosen über die Entwicklung der

---

991 Siehe hierzu bspw. *Bundesamt für Naturschutz*, Naturschutzfachlicher Planungsbeitrag, Februar 2006, siehe: https://www.bfn.de/fileadmin/MDB/documents/themen/landschaftsplanung/Planungsbeitrag_zur_Raumordnung_AWZ_2006.pdf.

992 Art. 2b SUP-RL; §§ 17 Abs. 5 i.V.m. 9 ROG 2009.

993 Art. 5 Abs. 1 i.V.m. Anhang I SUP-RL; § 9 i.V.m. Anlage 1 ROG 2009. Dazu auch *Janssen et al.*, Anforderungen des Umweltschutzes an die Raumordnung in der deutschen AWZ, 2008, siehe: http://www.umweltbundesamt.de/uba-info-medien/3497.html.

994 Art. 5 Abs. 1 i.V.m. Nr. h Anhang I SUP-RL, § 9 Abs. 1 i.V.m. Nr. 3a Anlage 1 ROG 2009. Siehe *Bundesamt für Seeschifffahrt und Hydrographie*, Umweltbericht zum AWZ-ROV Nordsee, 2009, S. 378.

995 Im Umweltbericht werden die Informationslücken bei den einzelnen Schutzgütern ausführlich beschrieben; nur für das Wasser sind laut Umweltbericht ausreichende Kenntnisse vorhanden; *Bundesamt für Seeschifffahrt und Hydrographie*, Umweltbericht zum AWZ-ROV Nordsee, 2009, S. 379 ff.

996 So fehlen adäquate Überwachungsprogramme in Küstenmeer und AWZ. Ebenso werden bislang die erhobenen Daten aus verschiedenen Quellen wie bspw. der Forschung und des Projektmonitorings nicht gemeinsam ausgewertet. Siehe

Meeresumwelt sehr unsicher sind. Das betrifft dabei die Entwicklung der Meeresumwelt bei Nichtdurchführung des Raumordnungsplans genauso wie die Entwicklung der Auswirkungen von Nutzungen bei Durchführung des Plans.[997]

Die Umweltberichte wurden zu den Raumordnungsplänen für die deutsche AWZ in der Nord- und Ostsee mit Datum vom 28. April 2009 erstellt.[998] Auf 537 (Nordsee) bzw. 475 Seiten (Ostsee) gehen sie jeweils auf die folgenden Punkte ein:[999]

Umweltbericht zum Raumordnungsplan für die deutsche AWZ in der Nord- und Ostsee
Inhaltsverzeichnis
1. Kurzdarstellung des Inhalts und der wichtigsten Ziele des Raumordnungsplans sowie der Beziehung zu anderen relevanten Plänen und Programmen
2. Beschreibung und Einschätzung des Umweltzustands
3. Voraussichtliche Entwicklung bei Nichtdurchführung des Plans
4. Beschreibung und Bewertung der voraussichtlichen erheblichen Auswirkungen der Durchführung des Raumordnungsplans auf die Meeresumwelt
5. Verträglichkeitsprüfung bzgl. der Gebiete von gemeinschaftlicher Bedeutung bzw. bzgl. europäischer Vogelschutzgebiete
6. Maßnahmen, um erhebliche negative Auswirkungen durch die Durchführung des Raumordnungsplans auf die Meeresumwelt zu verhindern, zu verringern und soweit wie möglich auszugleichen
7. Alternativenprüfung und Beschreibung der Durchführung der Umweltprüfung
8. Geplante Maßnahmen zur Überwachung der erheblichen Auswirkungen der Durchführung des Raumordnungsplans auf die Umwelt
9. Nichttechnische Zusammenfassung[1000]

Bundesamt für Seeschifffahrt und Hydrographie, Umweltbericht zum AWZ-ROV Nordsee, 2009, S. 379 f., 388 f.

997 *Bundesamt für Seeschifffahrt und Hydrographie*, Umweltbericht zum AWZ-ROV Nordsee, 2009, S. 380.

998 Mittlerweile bestehen redaktionell überarbeitete Fassungen, die auf der Seite des BSH einsehbar sind: *Bundesamt für Seeschifffahrt und Hydrographie*, Umweltbericht zum AWZ-ROV Nordsee, 2009, Stand: 21.8.2009; *Bundesamt für Seeschifffahrt und Hydrographie*, Umweltbericht zum AWZ-ROV Ostsee, 2009, Stand: 31.10.2009.

999 Das Inhaltsverzeichnis folgt dabei den Vorgaben aus Art. 5 Abs. 1 i.V.m. Anhang I SUP-RL, § 9 Abs. 1 i.V.m. Anlage 1 ROG 2009.

1000 Die nichttechnische Zusammenfassung greift die Punkte 1. bis 8. nochmals auf und erläutert die Inhalte allgemein verständlich für fachfremde Leser; Art. 5 Abs. 1 i.V.m. Nr. j Anhang I zur SUP-RL, § 9 Abs. 1 i.V.m. Nr. 3c Anlage 1 zum ROG 2009.

10. Quellenangaben
11. Anhang I – Konzeptentwurf für einen Monitoringplan zu den möglichen erheblichen Auswirkungen von Windenergieanlagen

Im Folgenden sollen die wesentlichen Ergebnisse der Umweltberichte vorgestellt werden.

a. Beschreibung und Einschätzung des Umweltzustands

Bei der Beschreibung und Einschätzung des Umweltzustandes[1001] – Kapitel 2 der Umweltberichte – werden die biologischen, hydrologischen und geologischen Zustände der beiden Meere begutachtet. Dazu gehören die Schutzgüter Boden (Sediment), Wasser, Phytoplankton, Zooplankton, Benthos und Biotoptypen, Fische, marine Säugetiere, See- und Zugvögel, Fledermäuse und Fledermauszug. Darüber hinaus enthalten die Umweltberichte Aussagen zum Zustand der biologischen Vielfalt, zu Wechselwirkungen zwischen den Schutzgütern, der Meeresumweltverschmutzung und Anreicherung von Schadstoffen in Biota, zum Landschaftsbild und zu Sachwerten und dem kulturellen Erbe (Archäologie).

Insgesamt zeichnet der Umweltbericht bei der Einschätzung ein eindeutiges Bild, was die Beeinflussung des Umweltzustandes durch anthropogene Faktoren betrifft. Sei es die Durchwühlung des Meeresbodens durch die in der Fischerei zum Einsatz kommenden Baumkurren oder Scherbretter, seien es entstehende Trübungsfahnen durch Sand- und Kiesentnahmen, sei es die Setzung des Meeresbodens um mehrere Meter durch Erdgas-Förderung oder die Eutrophierung der Wassersäule und des Meeresbodens durch den Eintrag von Stickstoff und Phosphor über Flüsse, Atmosphäre und andere diffuse Quellen. Was hier nur die Aufzählung derjenigen Auswirkungen menschlichen Tuns auf das Schutzgut Boden – und nur hinsichtlich der Sedimentologie und Geomorphologie, zur Zustandseinschätzung des Schutzgutes Boden hinsichtlich von Schadstoffen im Sediment existiert ein eigener Punkt im Umweltbericht – betrifft und damit lediglich einen kleinen Teil der Darstellung, wiederholt sich für sämtliche Schutzgüter:[1002] Die Einwirkung menschlichen Tuns auf die Meeresumwelt ist umfangreich, die Auswirkungen sind erheblich.

b. Voraussichtliche Entwicklung bei Nichtdurchführung des Plans

Nach der Darstellung des Status quo in Kapitel 2 gehen die Kapitel 3 und 4 des Umweltberichts auf die zukünftige voraussichtliche Entwicklung der Meeresumwelt sowohl bei Durchführung (Kapitel 4) als auch bei Nichtdurchführung des Raumordnungsplans (Kapitel 3) ein. In Kapitel 3 der Umweltberichte werden die Schutzgüter aus Kapitel 2 aufgegriffen und auf ihre voraussichtliche Entwicklung

1001 Art. 5 Abs. 1 i.V.m. Nr. b Anhang I zur SUP-RL, § 9 Abs. 1 i.V.m. Nr. 2a Anlage 1 zum ROG 2009.

1002 Siehe dazu die Einleitung unter A.I.

bei *Nicht*durchführung des Plans hin untersucht („Nullvariante").[1003] Nach einer Darstellung der verschiedenen Nutzungen in der AWZ, wozu u.a. die Schifffahrt, Fischerei und Rohstoffgewinnung gehören, werden die (erwarteten) Auswirkungen dieser Nutzungsformen auf die Schutzgüter dargestellt und der (erwarteten) Entwicklung des Schutzgutes bei Nichtdurchführung des Plans gegenübergestellt.[1004] Dabei muss berücksichtigt werden, dass die Prognose überaus unsicher ist, da erhebliche Datenlücken bestehen, insbesondere was natürliche Prozesse oder die Auswirkungen bereits bestehender Nutzungen angeht.[1005]

In den Umweltberichten wird festgestellt, dass die Nichtdurchführung des Plans eindeutig negative Auswirkungen auf die Meeresumwelt haben würde. Eine wesentliche negative Auswirkung liege dabei in der zeitlich und räumlich unkoordinierten Nutzung der Schutzgüter. Als Folge sei mit erhöhten negativen Auswirkungen der Nutzungen auf die Schutzgüter zu rechnen, ihr Schutz wäre erschwert.[1006] Bei Nichtdurchführung des Plans würde auch die mit dem Vorranggebiet Windenergie bezweckte Steuerungswirkung durch die erleichterte Genehmigung für Projekte an aus ökologischer Sicht geeigneten Standorten wegfallen. Die Nutzung von Offshore-Windenergie wäre damit – unter der Voraussetzung einer positiven Verträglichkeitsprüfung nach § 34 BNatSchG – grundsätzlich auch in Natura 2000-Gebieten möglich. Der Umweltbericht führt zahlreiche der erwarteten Folgen auf; so könnte es bspw. zu Gefährdungen von Schweinswalen in wichtigen Nahrungs- und

1003 Art. 5 Abs. 1 i.V.m. Nr. b Anhang I zur SUP-RL, § 9 Abs. 1 i.V.m. Nr. 2b Anlage 1 zum ROG 2009.

1004 Herausgestellt wird dabei, dass die bestehenden Nutzungen auch bei Nichtdurchführung des Plans entsprechend der jeweiligen Rechtsgrundlagen weiterhin ausgeübt würden, *Bundesamt für Seeschifffahrt und Hydrographie*, Umweltbericht zum AWZ-ROV Nordsee, 2009, S. 246.

1005 *Bundesamt für Seeschifffahrt und Hydrographie*, Umweltbericht zum AWZ-ROV Nordsee, 2009, S. 380.

1006 Diese Feststellung wird bei fast allen aufgeführten Schutzgütern getroffen. Ausnahmen: Zu erwartende negative Entwicklungen durch den Klimawandel seien unabhängig von der Nichtdurchführung bzw. Durchführung des Plans, *Bundesamt für Seeschifffahrt und Hydrographie*, Umweltbericht zum AWZ-ROV Nordsee, 2009, S. 337. Weitestgehend unabhängig davon sei auch die negative Beeinflussung der Luftqualität durch steigenden Schiffsverkehr, a.a.O., S. 335, oder Entwicklungen der biologischen Vielfalt, a.a.O., S. 342. Keine grundlegende Änderung durch die Nichtdurchführung des Plans sei bei der gegenwärtigen Struktur der in der Nordsee anzutreffenden Fischgemeinschaften zu erwarten, a.a.O., S. 288. Eine Abschätzung der voraussichtlichen Entwicklung des Schutzgutes Fledermaus bei Nichtdurchführung des Plans sei aufgrund des geringen Kenntnisstandes nur sehr eingeschränkt möglich, a.a.O., S. 333.

Aufzuchtgründen kommen[1007] oder wichtige Nahrungs- und Rasthabitate von Seevögeln könnten gefährdet werden.[1008]

Das Ergebnis dieses Kapitels der Umweltberichte ist, dass bei Nichtdurchführung des Plans mit negativen Auswirkungen für fast alle Schutzgüter zu rechnen wäre. Zwar würden die aufgezählten Nutzungen – entsprechend ihrer jeweiligen Rechtsgrundlagen – auch bei Nichtdurchführung des Plans weiterhin ausgeführt.[1009] Es wird jedoch herausgestellt, dass der hauptsächliche Verdienst des Raumordnungsplans in seiner Fähigkeit liege, die Nutzungen zeitlich und räumlich zu koordinieren.

c. Beschreibung und Bewertung der voraussichtlichen erheblichen Auswirkungen der Durchführung des Raumordnungsplans auf die Meeresumwelt

In Kapitel 4 des Umweltberichts werden die verschiedenen Nutzungen, die in der AWZ stattfinden, aufgegriffen und auf ihre voraussichtlichen erheblichen Auswirkungen bei Durchführung des Raumordnungsplans hin untersucht.[1010] Dabei steht das Schutzgut Meeresumwelt im Fokus der Untersuchung.[1011] Neben quellenbezogenen Festlegungen, die bei den einzelnen Nutzungen ansetzen und deren möglichst umweltverträgliche Ausgestaltung sicherstellen sollen, enthält der Raumordnungsplan auch Festlegungen direkt zum Schutz von Meeresnatur und Meereslandschaft.

1007 *Bundesamt für Seeschifffahrt und Hydrographie*, Umweltbericht zum AWZ-ROV Nordsee, 2009, S. 305. Zum Konflikt zwischen Schweinswal mit Schifffahrt und Fischerei *Herr*, Vorkommen von Schweinswalen in Nord- und Ostsee, 2009; *Proelß/Kirschey*, NuR 2012, 378 ff.

1008 *Bundesamt für Seeschifffahrt und Hydrographie*, Umweltbericht zum AWZ-ROV Nordsee, 2009, S. 320.

1009 *Bundesamt für Seeschifffahrt und Hydrographie*, Umweltbericht zum AWZ-ROV Nordsee, 2009, S. 246; *Bundesamt für Seeschifffahrt und Hydrographie*, Umweltbericht zum AWZ-ROV Ostsee, 2009, S. 222.

1010 Art. 5 Abs. 1 i.V.m. Nr. f Anhang I und Art. 3 Abs. 5 i.V.m. Anhang II SUP-RL, § 9 Abs. 1 i.V.m. Anlage 1 ROG. Nur am Rande sei bemerkt, dass die Darstellung der voraussichtlichen Auswirkungen bei Durchführung des Raumordnungsplans im Umweltbericht 22 Seiten (Nordsee) beansprucht, die voraussichtliche Entwicklung bei Nichtdurchführung des Plans 96 Seiten.

1011 Die folgende Betrachtung beschränkt sich auf im Raumordnungsplan festgelegte Vorrang- und Vorbehaltsgebiete und auf Aussagen, die konkret zum Schutz der Meeresumwelt getroffen wurden. Es ist damit nicht ausgeschlossen, dass auch andere, in den Raumordnungsplan aufgenommene Ziele und Grundsätze der Raumordnung positive Auswirkungen auf die Meeresumwelt haben können. So ist etwa die Zielfestlegung, dass bauliche Anlagen zur Gewinnung von Rohstoffen nach Aufgabe der Nutzung zurückzubauen sind, im Hinblick auf die Freiraumstruktur des Meeres ebenfalls ökologisch sinnvoll und begrüßenswert. Zuvörderst entspricht dieses Ziel aber der raumordnerischen Leitlinie, dass ortsfeste Nutzungen reversibel sein müssen, vgl. § 2 Abs. 2 Nr. 6 ROG 2009.

Vorweggenommen werden kann an dieser Stelle schon, dass der Umweltbericht im Ergebnis keinerlei (erwartete) erhebliche negative Auswirkungen durch die Durchführung des Raumordnungsplans erkennt. Im Gegenteil, die für die Meeresumwelt zu erwartenden Auswirkungen der Festlegungen im Raumordnungsplan seien ausschließlich positiver Art.[1012]

Dazu gehören z.B. die für die *Schifffahrt* festgelegten Vorrang- und Vorbehaltsgebiete, die zum größten Teil auf vorhandenen Schifffahrtsrouten basieren.[1013] Zwar habe der Raumordnungsplan keine unmittelbare Konzentrations- oder Lenkungswirkung, da die Schifffahrt auch weiterhin grundsätzlich den gesamten zur Verfügung stehenden Meeresraum nutzen kann. Allerdings tragen die Gebietsfestlegungen zu einer Verringerung des Kollisionsrisikos bei, da die festgelegten Schifffahrtsrouten von solchen Nutzungen freizuhalten sind, die die Sicherheit der Schifffahrt einschränken bzw. gefährden. Daneben verweist der Raumordnungsplan auf internationale Vereinbarungen zur Verhütung von Beeinträchtigungen der Meeresumwelt, wie bspw. das MARPOL- oder OSPAR-Übereinkommen.[1014] Diese Übereinkommen sollen berücksichtigt werden und so zu einer weiteren Verringerung der Belastungen der Meeresumwelt durch die Schifffahrt beitragen.

Bzgl. der *Rohstoffgewinnung* sind die von der zuständigen Fachbehörde planfestgestellten Sand- und Kiesgewinnungsgebiete sowie eine Gasförderplattform[1015] bereits fachrechtlich gesichert, weshalb im Raumordnungsplan selbst keine weiteren Gebietsfestlegungen vorgenommen werden.[1016] Die Gebiete werden rein nachrichtlich in den Plan übernommen.[1017] Nachteilige Auswirkungen auf die Meeresumwelt, die durch das Aufsuchen und Gewinnen von Rohstoffen entstehen, sollen vermieden werden. Dazu verweist der Raumordnungsplan auf die beste Umweltpraxis, die gemäß OSPAR-Übereinkommen zu beachten ist.[1018] Der

1012 *Bundesamt für Seeschifffahrt und Hydrographie*, Umweltbericht zum AWZ-ROV Nordsee, 2009, S. 358, 372.

1013 Punkt 3.1.1. (1) AWZ-ROV Nordsee; *Bundesamt für Seeschifffahrt und Hydrographie*, Umweltbericht zum AWZ-ROV Nordsee, 2009, S. 342.

1014 Punkt 3.1.1. (3) AWZ-ROV Nordsee; *Bundesamt für Seeschifffahrt und Hydrographie*, Umweltbericht zum AWZ-ROV Nordsee, 2009, S. 343. Zu den Übereinkommen 1. Kapitel, B.III.

1015 Die Gasförderplattform A6-A befindet sich auf der Doggerbank und wird von der Wintershall Holding GmbH betrieben.

1016 *Bundesamt für Seeschifffahrt und Hydrographie*, Umweltbericht zum AWZ-ROV Nordsee, 2009, S. 343.

1017 „Die nachrichtliche Übernahme der Rohstoffgewinnungsflächen in den Raumordnungsplan führt dazu, dass sich bei bestehenden und v.a. bei zukünftigen Planungen die Wechselwirkungen unter den Nutzungen sowie kumulative Wirkungen auf biologische Schutzgüter besser einschätzen und prognostizieren [lassen]", *Bundesamt für Seeschifffahrt und Hydrographie*, Umweltbericht zum AWZ-ROV Nordsee, 2009, S. 343.

1018 Punkt 3.2.1. (9) AWZ-ROV Nordsee; *Bundesamt für Seeschifffahrt und Hydrographie*, Umweltbericht zum AWZ-ROV Nordsee, 2009, S. 343.

Umweltbericht (Nordsee) kommt deshalb zum Ergebnis, dass mit der Durchführung des Raumordnungsplans nachteilige Auswirkungen auf die Meeresumwelt vermieden werden können.

Für bestehende *Rohrleitungen* werden im Raumordnungsplan Vorrang- und Vorbehaltsgebiete festgelegt.[1019] Ähnlich wie für die Schifffahrt beschreiben diese Gebietsfestlegungen den Ist-Zustand, so dass die Umweltauswirkungen dieser Gebietsfestlegungen nicht über die Auswirkungen des Ist-Zustandes oder der Nullvariante hinausgehen. Bei der Verlegung von *Rohrleitungen und Seekabeln* soll die Querung sensibler Habitate in „artspezifisch besonders störanfälligen Zeiträume[n]" vermieden werden; gleiches gilt bei Verlegung und Betrieb hinsichtlich der Beschädigung oder Zerstörung von Sandbänken oder Riffen „besonders sensible[r] Lebensräume".[1020] Nachteilige Auswirkungen auf die Meeresumwelt, die durch das Verlegen, Betreiben oder Instandhalten von Rohrleitungen und Seekabeln entstehen, sollen vermieden werden. Dazu verweist der Raumordnungsplan wiederum auf die beste Umweltpraxis, die gemäß OSPAR-Übereinkommen zu beachten ist.[1021]

Neben dem üblichen Verweis auf die Berücksichtigung des jeweiligen Standes der Technik sowie der besten Umweltpraxis nach dem OSPAR-Übereinkommen (Bsp. Vorkehrungen zur Schallminimierung bei den Bauarbeiten)[1022] enthält der Raumordnungsplan zu *Offshore-Windenergieanlagen* eine weitere Festlegung: Außerhalb der für die Windenergie vorgesehenen Flächen, die als Vorranggebiete Windenergie festgelegt sind, sind Offshore-Windenergieanlagen in Natura 2000-Gebieten unzulässig.[1023] Aus dieser Ausschlusswirkung sowie aus der zu erwartenden Konzentrationswirkung zukünftig beantragter Anlagen ergeben sich eindeutig positive Effekte. Das umfasst bspw. die Verminderung negativer Auswirkungen von Offshore-Windenergieparks auf marine Säugetiere:

> Durch die Ausschlusswirkung in Natura 2000-Gebieten und mit der Festlegung von drei Vorranggebieten für Offshore-Windenergie an aus ökologischer Sicht geeigneten Standorten, werden negative Auswirkungen auf marine Säugetiere vermindert. Etwaige Habitatverluste werden reduziert. Auf Grund der Ausschlusswirkung werden etwaige

1019 Punkt 3.3.1. (1) AWZ-ROV Nordsee; *Bundesamt für Seeschifffahrt und Hydrographie*, Umweltbericht zum AWZ-ROV Nordsee, 2009, S. 344.

1020 Punkt 3.3.1. (8) AWZ-ROV Nordsee; *Bundesamt für Seeschifffahrt und Hydrographie*, Umweltbericht zum AWZ-ROV Nordsee, 2009, S. 344 ff.

1021 Punkt 3.3.1. (8) AWZ-ROV Nordsee; *Bundesamt für Seeschifffahrt und Hydrographie*, Umweltbericht zum AWZ-ROV Nordsee, 2009, S. 344 ff.

1022 Punkt 3.5.1. (12) AWZ-ROV Nordsee; *Bundesamt für Seeschifffahrt und Hydrographie*, Umweltbericht zum AWZ-ROV Nordsee, 2009, S. 346 ff.

1023 Punkt 3.5.1. (3) AWZ-ROV Nordsee. Von dieser Festlegung ausgenommen sind bereits genehmigte Offshore-Windenergieparks und solche, die bei Inkrafttreten des Raumordnungsplans bereits planungsrechtlich verfestigt waren.

> Barriereeffekte bei der Wanderung mariner Säugetiere vermieden und Gebiete mit besonderer Bedeutung als Nahrungs- und Aufzuchtsgrund von weiteren Planungen ausgespart.[1024]

Entsprechendes gelte für Seevögel[1025] und Zugvögel.[1026]

Auch mittelbar werden positive Effekte für die Meeresumwelt erwartet: So sei die Schleppnetzfischerei in den Gebieten mit Offshore-Windenergieanlagen nur eingeschränkt möglich, wodurch sich Benthoslebensgemeinschaften ungestört entwickeln könnten.[1027] Ebenso könnten dadurch Rückzugsgebiete für Fische entstehen.[1028] Durch die Besiedlung der Anlagen mit Algen und Muscheln sei zudem mit einer Erhöhung der Artenvielfalt in diesen Gebieten zu rechnen.[1029]

Festlegungen zum Schutz der Meeresumwelt, die im Raumordnungsplan im Hinblick auf die *Fischerei und Marikultur* getroffen werden, verweisen auf unionsrechtliche Vorgaben, die beste Umweltpraxis und den jeweiligen Stand der Technik.[1030] I.R.d. Gemeinsamen Fischereipolitik (GFP) sollen die Fischbestände zur dauerhaften Sicherung der fischereilichen Nutzung nachhaltig bewirtschaftet werden.

Neben diesen quellenbezogenen Festlegungen sieht der Raumordnungsplan auch eigenständige textliche Festlegungen zum Schutz der *Meeresnatur und Meereslandschaft* vor.[1031] Dazu gehören u.a. die Vorgaben, dass auf dauerhaft nicht mehr genutzten Flächen die ursprünglichen Funktionen des Naturhaushalts wiederhergestellt und damit dessen Leistungsfähigkeit gesichert werden sollen.[1032] Insgesamt sollen die Naturgüter sparsam und schonend in Anspruch genommen werden, Beeinträchtigungen sind unter Berücksichtigung des Vorsorgeprinzips sowie des Ökosystemansatzes zu vermeiden oder vermindern.[1033] Die Freiraumstruktur der AWZ

1024 *Bundesamt für Seeschifffahrt und Hydrographie*, Umweltbericht zum AWZ-ROV Nordsee, 2009, S. 349 f.

1025 *Bundesamt für Seeschifffahrt und Hydrographie*, Umweltbericht zum AWZ-ROV Nordsee, 2009, S. 351.

1026 *Bundesamt für Seeschifffahrt und Hydrographie*, Umweltbericht zum AWZ-ROV Nordsee, 2009, S. 353. Die Hauptkonflikte zwischen Offshore-Windparks und Zugvögeln liegen in Kollisionsrisiken und der Barrierewirkung.

1027 *Bundesamt für Seeschifffahrt und Hydrographie*, Umweltbericht zum AWZ-ROV Nordsee, 2009, S. 348.

1028 *Bundesamt für Seeschifffahrt und Hydrographie*, Umweltbericht zum AWZ-ROV Nordsee, 2009, S. 349.

1029 *Bundesamt für Seeschifffahrt und Hydrographie*, Umweltbericht zum AWZ-ROV Nordsee, 2009, S. 349.

1030 Die Union hat im Bereich der Fischerei die ausschließliche Gesetzgebungskompetenz, siehe dazu oben C.IV.3. Punkt 3.6.1. (2) AWZ-ROV Nordsee; *Bundesamt für Seeschifffahrt und Hydrographie*, Umweltbericht zum AWZ-ROV Nordsee, 2009, S. 357.

1031 Punkt 3.7. AWZ-ROV Nordsee.

1032 Punkt 3.7.1. (2) AWZ-ROV Nordsee.

1033 Punkt 3.7.1. (1) AWZ-ROV Nordsee.

soll erhalten werden, in dem sie grundsätzlich von Nutzungen, die auch an Land möglich sind, freigehalten wird.[1034]

An fast allen Stellen der quellenbezogenen Festlegungen gelangt der Umweltbericht zu dem Ergebnis, dass „keine erheblichen Auswirkungen auf [...] die Meeresumwelt insgesamt zu erwarten" sind, „sondern im Vergleich mit der Nichtdurchführung des Plans vielmehr nachteilige Auswirkungen vermieden werden."[1035] Auffällig ist dabei die Formulierung „nachteilige Auswirkungen vermieden werden". Unterschwellig impliziert sie, dass der Plan auch positive Auswirkungen auf die Meeresumwelt hat; dabei ist jedoch zu differenzieren: Bei genauer Lektüre des Umweltberichts zeigt sich, dass der Grund für die Vermeidung nachteiliger Auswirkungen auf die Meeresumwelt meist in einer ganz bestimmten Festlegung des Raumordnungsplans zu finden ist. Diese Festlegung betrifft die beste Umweltpraxis und den jeweiligen Stand der Technik, die aufgrund unionsrechtlicher oder internationaler Übereinkommen zu berücksichtigen sind. Dabei handelt es sich aber nicht um eine eigenständige Festlegung, die ausschließlich aufgrund ihrer Existenz im Raumordnungsplan originär zu beachten wäre. Letztlich stellt diese Festlegung nicht viel mehr als einen Verweis auf – ohnehin – zu beachtende internationale Verpflichtungen dar. Andere Festlegungen, die unmittelbar dem Schutz der Meeresumwelt zu dienen bestimmt sind und die in diesem Sinne eine eigenständige Bedeutung haben, finden sich nicht in den Raumordnungsplänen.

Dabei ist eine einzige Ausnahme bemerkenswert, die eine Festlegung zur Windenergie betrifft. Sie unterscheidet sich in ihrer Qualität von den anderen Festlegungen zum Schutz der Meeresumwelt: Festgelegt ist, dass Offshore-Windenergieanlagen außerhalb der dafür vorgesehenen Vorranggebiete in Natura 2000-Gebieten unzulässig sind.[1036] Diese Regelung kommt unmittelbar dem Meeresumweltschutz zugute, indem die Natura 2000-Gebiete frei von der Bebauung mit Windanlagen bleiben. Die Gebiete können sich damit weitgehend natürlich entwickeln, direkte anthropogene Einflüsse in den geschützten Gebieten sind ausgeschlossen.[1037] Diese Festlegung stellt die einzige echte eigenständige Regelung des Raumordnungsplans dar, die unmittelbar dem Meeresumweltschutz zugutekommt.

Positive Auswirkungen für die Meeresumwelt ergeben sich teilweise aber auch aus Festlegungen, die nur mittelbar auf den Schutz der Meeresumwelt gerichtet

---

1034 Punkt 3.7.1. (3) und (4) AWZ-ROV Nordsee. Zur wichtigen Funktion der Freiräume siehe auch *Gärditz*, EurUP 2016, 290 ff. (293).

1035 So auch hinsichtlich der wissenschaftlichen Meeresforschung, siehe Punkt 3.4.1. (5) *Bundesamt für Seeschifffahrt und Hydrographie*, Umweltbericht zum AWZ-ROV Nordsee, 2009, S. 346. Ausnahmen finden sich in: 4.5.2. (Phyto- und Zooplankton), 4.5.9. (Klima), 4.5.10. (Landschaftsbild), 4.5.11. (Sachwerte, kulturelles Erbe).

1036 Siehe 3.5.1. (3) AWZ-ROV Nordsee, 3.5.1. (3) AWZ-ROV Ostsee.

1037 „Weitgehend" bezieht sich darauf, dass die Festlegung zum einen nur für die Bebauung mit Windenergieanlagen gilt (und bei Inkrafttreten des Raumordnungsplans planungsrechtlich verfestigte Anlagen ausnimmt). Zum anderen sind die geschützten Gebiete natürlich nicht gefeit vor negativen Einflüssen von außerhalb.

sind. Dazu gehören insbesondere Rückbauverpflichtungen. Die Verpflichtung, bauliche Anlagen nach Aufgabe der Nutzung zurückzubauen, kommt nicht nur der natürlichen Freiraumstruktur des Meeres zugute. Durch den Rückbau ortsfester Einrichtungen wie bspw. Rohrleitungen und Seekabel vermindert sich auch das Kollisionsrisiko mit anderen Nutzungen, z.B. mit der Schifffahrt.

In Kapitel 6 der Umweltberichte sind die Festlegungen des Raumordnungsplans, die dem Meeresumweltschutz dienen und erhebliche Auswirkungen verhindern, verringern oder soweit wie möglich ausgleichen sollen, zusammengefasst („Maßnahmen").[1038]

In Kapitel 8 der Umweltberichte werden die geplanten Maßnahmen aufgezeigt, die zur Überwachung der erheblichen Auswirkungen der Durchführung des Raumordnungsplans auf die Meeresumwelt vorgesehen sind.[1039] Zu den Überwachungsmaßnahmen gehören sowohl das planbezogene Monitoring als auch die vorhabensbezogenen Monitorings und bestehende nationale und internationale Überwachungsprogramme.[1040] Da erst mit Beginn der Durchführung des Raumordnungsplans die eigentliche Überwachung der erheblichen Auswirkungen auf die Meeresumwelt beginnen kann, kommt dem planbezogenen Monitoring die hauptsächliche Aufgabe zu, die Ergebnisse und Erkenntnisse der vorhabensbezogenen Monitorings zu sammeln und auszuwerten.[1041]

Für die Offshore-Windenergie hat das BSH ein Standarduntersuchungskonzept (StUK)[1042] entwickelt, nach dem die Auswirkungen auf die Meeresumwelt untersucht werden. Daneben fließen die Erkenntnisse aus der ökologischen Begleitforschung des Offshore-Windparks „alpha ventus" ein. Die Überwachung der erheblichen Auswirkungen der Durchführung des Raumordnungsplans auf die Meeresumwelt obliegt dem BSH.[1043]

1038 Art. 5 Abs. 1 i.V.m. Nr. g Anhang I zur SUP-RL, § 9 Abs. 1 i.V.m. Nr. 2c Anlage 1 zum ROG 2009. Siehe *Bundesamt für Seeschifffahrt und Hydrographie*, Umweltbericht zum AWZ-ROV Nordsee, 2009, S. 372 ff.

1039 Art. 5 Abs. 1 i.V.m. Nr. i Anhang I und Art. 10 zur SUP-RL, § 9 Abs. 1 i.V.m. Nr. 3b Anlage 1 zum ROG 2009. Siehe *Bundesamt für Seeschifffahrt und Hydrographie*, Umweltbericht zum AWZ-ROV Nordsee, 2009, S. 390 ff.

1040 Beispiele sind das Bund-Länder-Messprogramm oder das marine Umweltmessnetz „MARNET", siehe weitere Beispiele in *Bundesamt für Seeschifffahrt und Hydrographie*, Umweltbericht zum AWZ-ROV Nordsee, 2009, S. 391.

1041 *Bundesamt für Seeschifffahrt und Hydrographie*, Umweltbericht zum AWZ-ROV Nordsee, 2009, S. 390.

1042 *Bundesamt für Seeschifffahrt und Hydrographie*, Standard – Untersuchung der Auswirkungen von Offshore-Windenergieanlagen auf die Meeresumwelt (Standarduntersuchungskonzept – StUK 4), 2013.

1043 Das BSH ist die für die Strategische Umweltprüfung zuständige Behörde nach § 14m Abs. 2 UVPG, §§ 17 Abs. 5 i.V.m. 9 Abs. 4 ROG 2009.

d. *Verträglichkeitsprüfung bzgl. der Gebiete von gemeinschaftlicher Bedeutung bzw. bzgl. europäischer Vogelschutzgebiete*

In der deutschen AWZ der Nord- und Ostsee sind mehrere europäische Vogelschutz- und FFH-Gebiete gemeldet worden. Dazu gehören in der deutschen Nordsee

- das EU-Vogelschutzgebiet „Östliche Deutsche Bucht"[1044] und
- die drei FFH-Gebiete „Borkum Riffgrund", „Sylter Außenriff" und „Doggerbank".

In der deutschen Ostsee sind dies

- das EU-Vogelschutzgebiet „Pommersche Bucht"[1045] sowie
- die fünf FFH-Gebiete „Fehmarnbelt", „Kadetrinne", „Westliche Rönnebank", „Adlergrund" und „Pommersche Bucht mit Oderbank".

Nach § 7 Abs. 7 ROG 2004 (§ 7 Abs. 6 ROG 2009) ist bei der Aufstellung von Raumordnungsplänen eine Verträglichkeitsprüfung nach dem Bundesnaturschutzgesetz durchzuführen, soweit dadurch die Erhaltungsziele oder Schutzzwecke eines Gebiets von gemeinschaftlicher Bedeutung oder eines europäischen Vogelschutzgebiets erheblich beeinträchtigt werden können.[1046] Die Verträglichkeitsprüfung richtet sich nach § 34 BNatSchG. Danach ist ein Projekt unzulässig, soweit die Prüfung der Verträglichkeit ergibt, dass das Projekt zu erheblichen Beeinträchtigungen des FFH- oder Vogelschutzgebiets führen kann, § 34 Abs. 2 BNatSchG. Aufgrund der Vorschriften des Seerechtsübereinkommens gelten dabei für die Schifffahrt, die wissenschaftliche Meeresforschung, die Verlegung von unterseeischen Kabeln und Rohrleitungen, die Fischerei, die Energieerzeugung aus Wind und die Aufsuchung und Gewinnung von Bodenschätzen besondere Vorschriften, § 57 BNatSchG. So ist etwa eine Verträglichkeitsprüfung für die Schifffahrt und die wissenschaftliche Meeresforschung entbehrlich (§ 57 Abs. 3 Nr. 1, 2 BNatSchG), und Beschränkungen der Fischerei sind nur in Übereinstimmung mit EU-Recht und nach Maßgabe des

---

1044 Verordnung über die Festsetzung des Naturschutzgebietes „Östliche Deutsche Bucht" v. 15.9.2005, BGBl. I S. 2782, zuletzt geändert durch Art. 2 Abs. 111 des Gesetzes v. 22.12.2011, BGBl. I S. 3044. Dazu und zur „Pommerschen Bucht" ausführlich *Gellermann et al.*, Handbuch des Meeresnaturschutzrechts, 2012, S. 55 ff.; *Gellermann et al.*, Nutzungsbeschränkungen in geschützten Meeresflächen im Bereich der AWZ und des Festlandsockels, 2007.

1045 Verordnung über die Festsetzung des Naturschutzgebietes „Pommersche Bucht" v. 15.9.2005, BGBl. I S. 2778, zuletzt geändert durch Art. 2 Abs. 110 des Gesetzes v. 22.12.2011, BGBl. I S. 3044.

1046 Ebenso Art. 5 Abs. 1 i.V.m. Nr. d Anhang I zur SUP-RL, § 9 Abs. 1 i.V.m. Nr. 2a Anlage 1 zum ROG 2009. Siehe dazu oben D.III.1c.ee. Zu den konkreten Schutzzwecken und Erhaltungszielen der EU-Vogelschutz- und FFH-Gebiete siehe *Bundesamt für Seeschifffahrt und Hydrographie*, Umweltbericht zum AWZ-ROV Nordsee, 2009, S. 365 ff.; *Bundesamt für Seeschifffahrt und Hydrographie*, Umweltbericht zum AWZ-ROV Ostsee, 2009, S. 320 ff.; *Sell et al.*, Fischereimanagement in Natura 2000-Gebieten der deutschen AWZ, 2011.

Seefischereigesetzes zulässig (§ 57 Abs. 3 Nr. 3 BNatSchG). Für Beschränkungen der Energieerzeugung aus Wind und die Verlegung von unterseeischen Kabeln und Rohrleitungen sind die weiteren Voraussetzungen des § 34 BNatSchG zu beachten (§ 57 Abs. 3 Nr. 5 BNatSchG). Sonstige Abweichungen von § 34 Abs. 2 BNatSchG sind nur aus zwingenden Gründen des überwiegenden öffentlichen Interesses möglich, § 34 Abs. 3 Nr. 1 BNatSchG.

I.R.d. Verträglichkeitsprüfung sind demnach die erheblichen Beeinträchtigungen von Projekten auf die Erhaltungsziele und Schutzzwecke der Vogelschutz- und FFH-Gebiete zu überprüfen, die sich aus den Festlegungen für die Nutzungen Rohrleitungen/Seekabel und Offshore-Windenergie ergeben können. Zu den Schutzzwecken und Erhaltungszielen gehören z.B.

- die dauerhafte Erhaltung und Wiederherstellung des Meeresgebietes in seiner Funktion als Nahrungs-, Überwinterungs-, Mauser-, Durchzugs- und Rastgebiet für bestimmte Vogelarten wie Trottellumme oder Sturmmöwe,[1047]
- die Erhaltung und Wiederherstellung des qualitativen und quantitativen Bestandes bestimmter Vogelarten mit dem Ziel der Erreichung eines günstigen Erhaltungszustandes,[1048]
- die Erhaltung und Wiederherstellung der spezifischen ökologischen Funktionen, der biologischen Vielfalt und der natürlichen Dynamik eines bestimmten Gebietes[1049] oder
- die Erhaltung und Wiederherstellung eines günstigen Erhaltungszustandes bestimmter Lebensraumtypen (z.B. Riff oder Sandbank), FFH-Arten (z.B. Schweinswal, Kegelrobbe) und ihrer Habitate.[1050]

Mögliche erhebliche Beeinträchtigungen können sich bei den Nutzungen sowohl während der temporär begrenzten Bau- als auch der dauerhaften Betriebsphase ergeben. Dazu gehören z.B.[1051]

1047 Vgl. § 3 Verordnung über die Festsetzung des Naturschutzgebietes „Östliche Deutsche Bucht“ v. 15.9.2005 und § 3 Verordnung über die Festsetzung des Naturschutzgebietes „Pommersche Bucht“ v. 15.9.2005.

1048 Ebda.

1049 Siehe dazu die vom BfN formulierten Erhaltungsziele, z.B. *Bundesamt für Naturschutz*, Januar 2008, siehe: http://www.bfn.de/fileadmin/MDB/documents/themen/meeresundkuestenschutz/downloads/Erhaltungsziele/Erhaltungsziele_Doggerbank_2011-04-28.pdf; *Bundesamt für Naturschutz*, Januar 2008, siehe: http://www.bfn.de/fileadmin/MDB/documents/themen/meeresundkuestenschutz/downloads/Erhaltungsziele/Erhaltungsziele_Kadetrinne_2009_03_06.pdf.

1050 Ebda.

1051 Anschaulich zu den Belastungen in der Bau-, Betriebs- und Rückbauphase von Offshore-Windenergieanlagen *Zeiler et al.*, promet 2005, 71 ff. (74); *Finger*, Die Rolle der Forschungsplattformen FINO 1–3, in: Morkel et al. (Hrsg.), 2. Wissenschaftstage des BMU zur Offshore-Windenergienutzung, 2007, S. 9 ff.

- Sedimentfahnen und Geräusch- bzw. Schallemissionen während der Verlegung von Seekabeln,
- Einbringung von künstlichem Hartsubstrat durch Fundamente,
- Beeinträchtigung von FFH-Lebensraumtypen durch Baugrunduntersuchungen,
- Scheuchwirkung durch Schiffslärm bei den Verlegearbeiten,
- Unterwasserlärm durch Rammarbeiten während der Bauphase von Offshore-Windenergieanlagen und während der Betriebsphase,
- dauerhafte Meidung von Gebieten mit Windenergieanlagen durch störanfällige Arten (Scheuchwirkung),
- Zerschneidung von Rasthabitaten.

Die Umweltberichte kommen jedoch bei allen möglichen Beeinträchtigungen zu dem Ergebnis, dass „mit der erforderlichen Sicherheit" die Festlegungen der Vorranggebiete für Windenergie und Rohrleitungen keine erheblichen Auswirkungen auf die Schutzzwecke und Erhaltungsziele der EU-Vogelschutz- und FFH-Gebiete haben werden.[1052]

e. Alternativenprüfung

Bestandteil der Umweltprüfung ist ebenfalls, dass vernünftige Alternativen zum Plan zu prüfen sind, die die Ziele und den geographischen Anwendungsbereich des Plans berücksichtigen.[1053] Das können sowohl Konzept- als auch Standortalternativen sein. Laut Umweltbericht dienen die Gebietsfestlegungen und die textlichen Festlegungen der „Verminderung des Konfliktpotentials zwischen den einzelnen Nutzungen sowie der umweltverträglichen Ausgestaltung der Nutzungen". Insgesamt seien hierzu „umsetzbare Alternativen, die in objektiv nachvollziehbarer Weise signifikant geringere Umweltauswirkungen erwarten lassen könnten, nicht ersichtlich". Aus diesem Grund beziehe sich die Alternativenprüfung nicht auf Konzeptalternativen, sondern lediglich auf mögliche Gebietsfestlegungen.[1054]

Aufgrund der in Art. 58 SRÜ verankerten Freiheit der *Schifffahrt* bezwecken die getroffenen Gebietsfestlegungen lediglich die Abwehr von Nutzungen, die mit der Schifffahrt unvereinbar sind. Die festgelegten Gebiete spiegeln dabei die gegenwärtigen Verkehrsströme wider, die sich als die für die Schifffahrt wirtschaftlich rentabelsten und schnellsten Wege herausgestellt haben. Grundsätzliche, reelle Alternativen bestehen dazu nicht.[1055]

1052 Siehe *Bundesamt für Seeschifffahrt und Hydrographie*, Umweltbericht zum AWZ-ROV Nordsee, 2009, S. 367 ff.; *Bundesamt für Seeschifffahrt und Hydrographie*, Umweltbericht zum AWZ-ROV Ostsee, 2009, S. 322 ff.

1053 Art. 5 Abs. 1 i.V.m. Nr. h Anhang I zur SUP-RL, § 9 Abs. 1 i.V.m. Nr. 2d Anlage 1 zum ROG 2009.

1054 Zu allem: *Bundesamt für Seeschifffahrt und Hydrographie*, Umweltbericht zum AWZ-ROV Nordsee, 2009, S. 374.

1055 Auch Alternativen hinsichtlich der Breite der festgelegten Korridore führten zu keinen Änderungen der erwarteten Umweltauswirkungen, da die Schifffahrt

Für die *Rohstoffgewinnung* wurden in der AWZ keine Gebietsfestlegungen getroffen. Die bestehenden Sand- und Kiesgewinnungsgebiete sowie die Gasförderplattform A6-A sind fachrechtlich gesichert, so dass von einer weiteren Festlegung von Vorbehalts- oder Vorranggebieten abgesehen wurde.

I.R.d. *wissenschaftlichen Meeresforschung* werden Forschungsreihen in großräumigen Untersuchungsgebieten mit der Festlegung von Vorbehaltsgebieten gesichert. Räumliche Alternativen existieren nicht, da die Festlegungen den Bestand übernehmen.[1056]

Für die *Fischerei* wurden in der AWZ ebenfalls keine Gebietsfestlegungen getroffen. Das resultiert zum einen aus der ausschließlichen Regelungskompetenz der EU i.R.d. GFP u.a. zur Festlegung der Fangquote,[1057] zum anderen daraus, dass sich Fanggebiete zwar theoretisch räumlich abgrenzen lassen, dies aber aufgrund der Mobilität der Fischschwärme nur sehr bedingt sinnvoll wäre. Mangels (bislang) großräumiger Ausübung von *Marikultur* sind im Raumordnungsplan hierfür ebenfalls keine Gebietsfestlegungen vorgesehen.[1058]

Die Verlegung und Unterhaltung von *Rohrleitungen* unterliegt der nach Art. 58 SRÜ geschützten Freiheit. Der Raumordnungsplan sieht aus diesem Grund die Festlegung von Vorranggebieten samt eines beidseitigen Schutzabstandes für bestehende Rohrleitungen vor. Die Belange der Rohrleitungen gehen dabei auch den Belangen der Vorranggebiete Windenergie vor.[1059] Die Festlegungen orientieren sich an den bereits bestehenden Rohrleitungen, so dass es keine räumlichen Alternativen gibt.[1060]

Nach den Festlegungen des Raumordnungsplans werden *Seeleitungen*, die die in der AWZ erzeugte Energie zum Festland ableiten, durch Zielkorridore zu geeigneten Übergabepunkten an der Grenze zum Küstenmeer trassiert und kreuzen die vielbefahrenen Verkehrstrennungsgebiete vor der ostfriesischen Küste in möglichst wenig störender Weise.[1061] Durch diese Bündelung und den sparsamen Flächenverbrauch sollen vermehrte negative Umweltauswirkungen vermieden werden. Die räumliche Lage der Zielkorridore ist zum einen an die Standpunkte der Offshore-Windenergieparks und zum anderen an die Stromeinspeisepunkte auf dem Festland gebunden. Unter Berücksichtigung der Vorgabe zur Kreuzung der Verkehrstrennungsgebiete

---

hierauf nicht beschränkt werden kann. Siehe *Bundesamt für Seeschifffahrt und Hydrographie*, Umweltbericht zum AWZ-ROV Nordsee, 2009, S. 375.

1056 *Bundesamt für Seeschifffahrt und Hydrographie*, Umweltbericht zum AWZ-ROV Nordsee, 2009, S. 376.

1057 Siehe dazu oben C.IV.3.

1058 *Bundesamt für Seeschifffahrt und Hydrographie*, Umweltbericht zum AWZ-ROV Nordsee, 2009, S. 377.

1059 Punkt 3.3.1. (1)–(3) AWZ-ROV Nordsee.

1060 *Bundesamt für Seeschifffahrt und Hydrographie*, Umweltbericht zum AWZ-ROV Nordsee, 2009, S. 375.

1061 Punkt 3.3.1. (10) AWZ-ROV Nordsee.

und der eingerichteten Ankerverbotszonen bestehen keine räumlichen Alternativen zu den gewählten Zielkorridoren.[1062]

Für die *Offshore-Windenergie* wurden in der Nord- und Ostsee insgesamt fünf Vorranggebiete festgelegt: „Nördlich Borkum", „Östlich Austerngrund" und „Südlich Amrumbank" in der Nordsee, „Kriegers Flak"[1063] und „Westlich Adlergrund" in der Ostsee. Hintergrund der Gebietsfestlegungen, die eine Nullvariante ausschließen, sind die politischen Ausbauziele der Bundesregierung aus dem Jahr 2007.[1064] In räumlicher Hinsicht orientierten sich die Festlegungen an bereits genehmigten oder im Genehmigungsverfahren befindlichen benachbarten Windparks sowie an den gegebenen Schifffahrtsrouten und Lage von FFH- bzw. Vogelschutzgebieten. Damit sollten für die Windenergie größere zusammenhängende Flächen bereitgestellt werden und ungeordnete Verteilungseffekte vermindert werden. Die Ausweisung von Vorranggebieten Windenergie in wesentlich größerem Küstenabstand wäre aufgrund der problematischeren Errichtung und Wartung der Anlagen unwirtschaftlich. Der Umweltbericht konstatiert deshalb keine Alternativen.[1065]

Eigenständige Gebietsfestlegungen für den Schutz und die Entwicklung der *Meeresumwelt* enthalten die Raumordnungspläne nicht. In den Umweltberichten wird dazu auf die bereits fachrechtlich gesicherten Natura 2000-Gebiete verwiesen. Eine zusätzliche raumordnerische Gebietsfestlegung habe demgegenüber kein weiteres Steuerungspotenzial, weshalb von einer Festlegung abgesehen wurde.[1066] Daneben seien Gebiete zum Schutz benthischer Lebensgemeinschaften und Gebiete für den Vogelzug nur äußerst schwer räumlich abgrenzbar, so dass eine Gebietsfestlegung kaum sinnvoll sei.[1067]

Im Ergebnis erkennen die Umweltberichte damit keine Alternativen zu den getroffenen Gebietsfestlegungen.

f. Zusammenfassung

Zusammengefasst kommt die Umweltprüfung zu dem Ergebnis, „dass durch die Durchführung der Festlegungen des Raumordnungsplans zu Schifffahrt, Rohstoffgewinnung, Rohrleitungen und Seekabel, wissenschaftliche Meeresforschung, Energiegewinnung (insbesondere Windenergie) sowie Fischerei und Marikultur

---

1062 *Bundesamt für Seeschifffahrt und Hydrographie*, Umweltbericht zum AWZ-ROV Nordsee, 2009, S. 376.

1063 Zur Koordination konkurrierender Raumnutzungsansprüche wurde hierzu ein Pilotprojekt durchgeführt, siehe dazu den Endbericht *Bundesministerium für Verkehr*, Raumordnung auf dem Meer, Pilotprojekt, Juli 2005.

1064 25.000 Megawatt bis zum Jahr 2030; siehe oben D.I.

1065 *Bundesamt für Seeschifffahrt und Hydrographie*, Umweltbericht zum AWZ-ROV Nordsee, 2009, S. 377.

1066 *Bundesamt für Seeschifffahrt und Hydrographie*, Umweltbericht zum AWZ-ROV Nordsee, 2009, S. 377.

1067 *Bundesamt für Seeschifffahrt und Hydrographie*, Umweltbericht zum AWZ-ROV Nordsee, 2009, S. 377 f.

– insbesondere wegen der allgemeinen sowie quellenbezogenen Festlegungen zur Vermeidung und Verminderung von Auswirkungen – *keine erheblichen Auswirkungen auf die Meeresumwelt* zu erwarten sind."[1068] Weiter heißt es:

> Die im Raumordnungsplan getroffenen Gebietsfestlegungen für Rohrleitungen und Seekabel sowie Windenergie haben nach der *Verträglichkeitsprüfung* keine erheblichen Auswirkungen auf die Schutz- und Erhaltungsziele der FFH- und Vogelschutzgebiete.[1069]

Vielmehr sei als Gesamtergebnis festzustellen, dass „– verglichen mit einer künftigen Entwicklung der AWZ bei Nichtdurchführung des Plans – durch die koordinierenden und konzentrierenden Wirkungen der Nutzungsfestlegungen im Raumordnungsplan positive Auswirkungen auf die Umwelt zu erwarten sind."[1070] Das Fazit der Umweltberichte ist damit: Der Status quo des Zustands der Meeresumwelt ist, durch die vielfältigen anthropogenen Nutzungen bedingt, mäßig bis schlecht; die voraussichtliche Entwicklung der Meeresumwelt bei Nichtdurchführung des Plans wird negative Folgen haben; erhebliche negative Auswirkungen auf die Meeresumwelt sind bei tatsächlicher Durchführung des Raumordnungsplans dagegen nicht zu erwarten.

5. *Entwurfsfassungen*

Vor Inkrafttreten der beiden Verordnungen über die Raumordnung in der deutschen AWZ der Nord- und Ostsee im September bzw. Dezember 2009 wurde im Juni 2008 ein erster Entwurf veröffentlicht. Ihm folgte ein zweiter Entwurf im April 2009.

a. *Erster Entwurf der AWZ-ROV vom 13. Juni 2008*

Ein erster Entwurf der Verordnung über die Raumordnung in der deutschen AWZ, der noch die beiden Gebiete der Nord- und Ostsee in einem Plan vereinte, wurde am 13. Juni 2008 bekannt gegeben.[1071] Mündliche Erörterungen für den Nordsee-Entwurf fanden mit den Anrainerstaaten am 26. August und am 25. September 2008 statt, mit den Behörden und der Öffentlichkeit am 6. Oktober 2008. Die Erörterungstermine für den Ostsee-Entwurf erfolgten mit den Anrainerstaaten am 24./25. September bzw. 12. Dezember 2008, mit den Behörden und der Öffentlichkeit am 30. September 2008.

Der Aufbau des ersten Entwurfs unterscheidet sich nicht von der letztlich veröffentlichten Fassung und wurde beibehalten: Nach einer Einleitung (1.) werden fünf Leitlinien zur räumlichen Entwicklung der AWZ (2.) vorgestellt, anhand derer

---

1068 So das Ergebnis auf S. 27 AWZ-ROV Nordsee bzw. S. 25 AWZ-ROV Ostsee (Hervorhebungen durch Verfasserin).
1069 Ebda.
1070 Ebda.
1071 Siehe zum ersten Entwurf auch *Buchholz*, Der erste Raumordnungsplan des BSH für die deutsche AWZ, 2008.

sich eine nachhaltige Raumentwicklung gestalten soll. Danach werden die einzelnen Festlegungen des Raumordnungsplans (3.) aufgeführt und begründet; ihnen schließt sich die Berücksichtigung sonstiger Belange (4.) an. Vor dem Anhang und dem Abbildungsverzeichnis findet sich noch die zusammenfassende Umwelterklärung (5.). Dem Entwurf sowie der veröffentlichten Fassung vorangestellt sind der Verordnungstext (§§ 1, 2 AWZ-ROV) und die Verordnungsbegründung.

Beim Blick auf die Karte, in der die Festlegungen des Raumordnungsplans zeichnerisch dargestellt sind, stellt sich die Frage, wie der Raumordnungsplan seine Gestalt erhalten hat, d.h. durch welche Entscheidungen ist es dazu gekommen, dass die Karte nun so aussieht, wie sie aussieht. Vereinzelte Hinweise dazu finden sich im Textteil: Die Karte mit den raumplanerischen Festlegungen ist nicht völlig neu auf einem weißen Reißbrett entstanden. Viele der festgelegten Nutzungen sind Festlegungen des Status quo – und diese sind ihrerseits wiederum durch internationale und nationale rechtliche Vorschriften bedingt. Das betrifft insbesondere die Nutzungen der Schifffahrt, der Rohrleitungen und Seekabel sowie der Rohstoffgewinnungsgebiete und Natura 2000-Gebiete. Hier wurden die tatsächlichen bzw. fachrechtlich bereits gesicherten Gebiete in den Plan übertragen und mit raumplanerischen Festlegungen überzogen.

Das Grundgerüst des Plans hat sich durch die tatsächlich befahrenen Hauptschifffahrtsrouten ergeben:

> Im Zuge der Raumordnung gilt es, dieser wirtschaftlichen Bedeutung und der völkerrechtlichen Vorrangstellung [des Seeverkehrs] Ausdruck zu verleihen sowie die Wettbewerbsfähigkeit der maritimen Wirtschaft zu erhalten. So bilden die Hauptschifffahrtsrouten, welche sich aus den Verkehrstrennungsgebieten (VTG) sowie weiteren viel befahrenen Routen zusammensetzen, das Grundgerüst für die Gesamtplanung.[1072]

In einem zweiten Schritt wurden die sonstigen bereits bestehenden Nutzungen im Plan verortet: „Die weiteren Nutzungen in der AWZ haben sich hieran zu orientieren."[1073] Weitere Nutzungen wurden nachrichtlich in den Plan übernommen, ohne dass sie eine explizite raumplanerische Festlegung erfahren haben: Dazu gehören bspw. Reeden und Ankerplätze oder militärische Übungsgebiete.[1074]

1072 Siehe Entwurf AWZ-ROV Nordsee, Stand: 13.6.2008, S. 4.

1073 Ebda.

1074 Zur Schwierigkeit, militärische Übungsgebiete einerseits von konkurrierenden Nutzungen freizuhalten und gleichzeitig deren Standort geheim zu halten, siehe den Vortrag von Regierungsdirektor *Peter Hensel*, Wehrbereichsverwaltung Nord, Kiel, auf dem 18. Rostocker Gespräch zum Seerecht und Infrastrukturrecht 2010, *Hensel/Eickhoff*, Raumordnungsplanung im Küstenmeer und in der AWZ aus Sicht der Landesverteidigung, in: Erbguth/Breuch-Moritz (Hrsg.), Landes- und Wirtschaftsentwicklung zu Wasser, 2011, S. 65 ff.; siehe dazu auch den Tagungsbericht von *Strüve*, ZUR 2011, 162 ff. Daneben treten weitere Probleme wie z.B. die Kampfmittelbeseitigung, siehe bei *Greb*, NordÖR 2011, 318 ff.

Vor dem Hintergrund dieser Eintragungen wurden in einem nächsten Schritt geeignete Gebiete für die Offshore-Windenergienutzung gesucht. Die Größe der festgelegten Gebiete ergibt sich dabei aus den Ausbauzielen der Bundesregierung aus dem Jahr 2002, bis 2030 insgesamt 25.000 Megawatt Leistung Offshore-Windenergie in AWZ und Küstenmeer zu installieren;[1075] der Standort der Gebiete ergibt sich aus der Vorgabe, dass die Plangebiete bzgl. Untergrundbeschaffenheit, Wind- und Strömungsverhältnissen etc. grundsätzlich für die Errichtung von Windenergieanlagen geeignet und Netzanschluss sowie Bau und Wartung der Anlagen mit möglichst geringem Aufwand zu bewerkstelligen sind.[1076]

In der so entstandenen Karte zum Raumordnungsplan ist dabei noch nicht berücksichtigt, dass Gebiete wegen der Dreidimensionalität des Meeres mit einer mehrfachen Nutzung überzogen werden können. So ist es bspw. denkbar, an den Standorten von Windenergieparks auch Marikultur zu betreiben oder diese Gebiete für den Tourismus zu öffnen.[1077] Aus der Begründung des Entwurfs ergibt sich, dass die Regelungen der Raumordnungspläne sogar kostensenkend wirken können.[1078] Erstmals werde eine „Gesamtschau und Koordinierung aller Nutzungsansprüche" durchgeführt. Durch die raumplanerische Verortung der einzelnen Nutzungen an „möglichst geeigneten Standorten" werde die Flächennutzung optimiert und andere Nutzungen möglichst wenig beeinträchtigt. Letztlich führe dies zu einer größeren Investitionssicherheit und einer höheren Wertschöpfung.[1079] Eine zeitlich festgelegte Überprüfung der Raumordnungspläne sei nicht festgelegt worden, mittelfristige Änderungen im Bedarfsfall seien durch das Raumordnungsgesetz jedoch vorgesehen.[1080]

Zum ersten Entwurf des Raumordnungsplans sind zahlreiche Stellungnahmen eingegangen. Zu den Absendern gehörten dabei u.a. Bundesländer, Städte und Landkreise (z.B. Innenministerium des Landes Schleswig-Holstein, die Ostfriesischen Inseln oder der Landkreis Rügen), Behörden des Bundes (z.B. UBA,[1081] BfN, Wasser- und Schifffahrtsdirektion Nord), Forschungseinrichtungen (z.B. Alfred-Wegener-Institut oder Forschungs- und Technologiezentrum Westküste) und sonstige

---

1075 Siehe dazu oben D.I.

1076 Siehe dazu die Raumempfindlichkeitsanalyse bei *Köppel et al.*, Naturschutzfachliche Kriterien zur Abgrenzung von besonderen Eignungsgebieten für Offshore-Windparks in der AWZ, 2004, S. 39 ff.; *Mittendorf/Zielke*, Untersuchung der Wirkung von Offshore-Windenergie-Parks auf die Meeresströmung, 2002, siehe: https://www.gigawind.de/fileadmin/gigawind/papers/P_Meerestr.pdf.

1077 Siehe zu den sich ergänzenden und den sich tolerierenden Nutzungen *Buchholz*, IzR 2004, 485 ff. Beispiele in der Ostsee bei *Gee et al.*, Towards a Common Spatial Vision, BaltSeaPlan Report No. 8, 2011, S. 36 ff.

1078 Entwurf AWZ-ROV, Stand: 13.6.2008, S. III.

1079 Ebda.

1080 Entwurf AWZ-ROV, Stand: 13.6.2008, S. III.

1081 *Umweltbundesamt*, Stellungnahme des UBA zum Entwurf des Raumordnungsplans mit Umweltbericht, 2008, siehe: http://www.bsh.de/de/Das_BSH/Bekanntmachungen/Stellungnahmen_Raumordnung/Umweltbundesamt.pdf (21.6.2017).

Interessenvertreter (z.B. WWF, BUND, Offshore-Forum Windenergie, Verband der deutschen Kutter- und Küstenfischer e.V.).

b. Zweiter Entwurf der AWZ-ROV vom 28. April 2009

Nach Auswertung der ersten Beteiligungsrunde und Einarbeitung der Vorbringen wurde am 28. April 2009 ein zweiter, geänderter Entwurf des Raumordnungsplans veröffentlicht, nun auch in zwei getrennten Fassungen für die AWZ der Nord- und die AWZ der Ostsee. Ein erneuter mündlicher Erörterungstermin zum AWZ-ROV Ostsee erfolgte am 29. September 2009 mit den Anrainerstaaten.[1082] Aus den Unterlagen ist nicht ersichtlich, ob auch mit der Öffentlichkeit oder den deutschen Behörden nochmals mündlich erörtert wurde. Eine Planänderung erfordert indes die erneute Beteiligung – bei geringfügigen Änderungen ggfs. auch nur eines eingeschränkten Beteiligungskreises –, die durch Auslegung des geänderten Teils und insoweit der Möglichkeit zur erneuten Abgabe von Stellungnahmen eingehalten wurde.[1083]

Eine Änderung der Ergebnisse des *Umweltberichts* zu den Festlegungen des Raumordnungsplans sei nach der Auswertung der mündlich vorgetragenen und der schriftlich eingegangenen Stellungnahmen nicht erforderlich gewesen.[1084] Dies ist nach den Vorschriften des Raumordnungsgesetzes zulässig, soweit es sich nur um geringfügige Änderungen des Plans handelt, die die Grundzüge der Planung nicht berühren.[1085] Der *Planentwurf* wurde – neben kleineren redaktionellen Anpassungen – insbesondere in zwei Bereichen geändert: Die erste Änderung betrifft (in beiden Planentwürfen) die Gebietsfestlegungen für Windenergie und ist durch das Klimaschutz- und Ausbauziel der Bundesregierung aus dem Jahr 2002 bedingt.[1086] Im ersten Planentwurf war eine Kopplung der Vorranggebiete für Windenergie mit einem Ausschluss der Windenergie im gesamten übrigen Plangebiet vorgesehen:

> Offshore-Windenergieanlagen außerhalb der dafür vorgesehenen Vorranggebiete sind unzulässig.[1087]

1082 Vgl. Entwurf AWZ-ROV Ostsee, Stand: 28.4.2009, S. 24.

1083 §§ 18 Nr. 3 i.V.m. 10 Abs. 1 Satz 4 ROG 2009; dazu *Spannowsky et al.*, ROG, Kommentar, 2010, § 10 Rn. 36 ff., § 18 Rn. 11 f. Vgl. Entwurf AWZ-ROV Nordsee, Stand: 28.4.2009, S. 26; Entwurf AWZ-ROV Ostsee, Stand: 28.4.2009, S. 24.

1084 Begründung i.S.d. § 9 Abs. 2 Satz 3 ROG 2009. So S. 27 Entwurf AWZ-ROV Nordsee bzw. S. 25 Entwurf AWZ-ROV Ostsee, Stand: 28.4.2009.

1085 Vgl. §§ 17 Abs. 5 i.V.m. 9 Abs. 2 i.V.m. Anlage 2 zum ROG. *Spannowsky et al.*, ROG, Kommentar, 2010, § 9 Rn. 23 f.

1086 Näher unter D.I.

1087 Weiter heißt es: „Ausgenommen von dieser Regelung sind bereits genehmigte Offshore-Windenergieparks bzw. Offshore-Windenergieparks, die am 31. Dezember 2008 planungsrechtlich verfestigt waren. Spätestens bis Mitte 2011 ist vom BSH anhand der bis dahin vorliegenden Erkenntnisse zu prüfen, ob tatsächlicher Bedarf für die Ausweisung weiterer Gebiete für Windenergie besteht." Siehe Punkt 3.5.1. (3) Entwurf AWZ-ROV, Stand: 13.6.2008, S. 29.

Offshore-Windparks sollten damit nur und ausschließlich in den dafür vorgesehenen Vorranggebieten für Windenergie genehmigt werden. Diese umfassende Ausschlusswirkung wurde fallengelassen und gilt ausweislich des zweiten Planentwurfs nunmehr nur noch für die Windenergie in Natura 2000-Gebieten.[1088]

Eine zweite Änderung betrifft im Planentwurf Nordsee die Vergrößerung des Vorbehaltsgebietes für die Schifffahrt nördlich des Verkehrstrennungsgebietes „German Bight Western Approach". Mit dieser Festlegung soll der Sicherheit und Leichtigkeit der Schifffahrt – und damit mittelbar auch der Sicherheit der Meeresumwelt – bei der Koordinierung mit anderen Nutzungen wie etwa der Installation von baulichen Anlagen ein besonderes Gewicht beigemessen werden.[1089]

Auch im Planentwurf Ostsee wurde nach den Konsultationen mit Anrainerstaaten eine zweite Änderung vorgenommen: Hier wurden zwei neue Vorranggebiete für die Schifffahrt in der Ostsee festgelegt. Eines davon befindet sich südlich des Adlergrundes, ein zweites betrifft die Schifffahrtsroute zwischen Swinemünde und Ystad.[1090]

Die vorgenommenen Änderungen – Entkopplung eines Vorranggebiets von seiner außergebietlichen Ausschusswirkung, Vergrößerung eines Vorbehaltsgebietes, Hinzunahme zweier Vorranggebiete – sind geringfügig und berühren die Grundzüge des Raumordnungsplans nicht, da es sich lediglich um bereichsspezifische Änderungen einzelner Festlegungen handelt, wobei aber nicht die planerische Grundentscheidung verändert wird.

II. AWZ-ROV Nordsee: Verordnung, Textteil, Karte

Nach der Rechtsgrundlage des § 18a Abs. 1 ROG 2004 stellt das Bundesministerium für Verkehr, Bau- und Wohnungswesen für die deutsche AWZ einen Raumordnungsplan als Rechtsverordnung auf. Dies ist für den Bereich der Nordsee am 21. September 2009, für den Bereich der Ostsee am 10. Dezember 2009 erfolgt.

In weiten Teilen sind die beiden Verordnungen für die Nord- und Ostsee inhalts- und teilweise sogar wortgleich. Das betrifft bspw. die Einleitung und die Leitlinien zur räumlichen Entwicklung der AWZ. In verschiedenen Gliederungspunkten des

---

1088 Siehe S. 26 Entwurf AWZ-ROV Nordsee bzw. S. 25 Entwurf AWZ-ROV Ostsee; Textteil Entwurf AWZ-ROV Nordsee, S. 17 bzw. Textteil Entwurf AWZ-ROV Ostsee, S. 15, jeweils Ziel 3.

1089 Siehe S. 27 AWZ-ROV Nordsee.

1090 Siehe S. 25 AWZ-ROV Ostsee. Eine ausdrückliche Begründung i.S.d. § 9 Abs. 2 Satz 3 ROG 2009, dass es sich lediglich um geringfügige Änderungen des Raumordnungsplans handelt und deshalb von einer erneuten Umweltprüfung abgesehen werden kann, fehlt an dieser Stelle. Auch vor dem Hintergrund, dass die Umweltprüfung eine Zwitterstellung zwischen Verfahrens- und materiellen Abwägungsanforderungen einnimmt, wird man an dieser Stelle von einer Unbeachtlichkeit des Fehlers i.S.d. § 12 Abs. 4 ROG 2009 ausgehen können; vgl. *Spannowsky et al.*, ROG, Kommentar, 2010, § 9 Rn. 20, § 12 Rn. 62 ff.

Textteils jedoch, insbesondere bei den Festlegungen des Raumordnungsplanes und deren Begründungen, unterscheiden sich die beiden Pläne für Nordsee und Ostsee. Sie sollen aus diesem Grund getrennt voneinander dargestellt werden (in diesem Abschnitt zum Raumordnungsplan für die Nordsee unter II. und nachfolgend für die Ostsee unter III.).

1. Verordnung vom 21. September 2009

Die „Verordnung über die Raumordnung in der deutschen ausschließlichen Wirtschaftszone in der Nordsee" (AWZ-ROV Nordsee)[1091] besteht aus zwei Paragraphen. § 1 der AWZ-ROV Nordsee ist mit „Raumplanung in der deutschen ausschließlichen Wirtschaftszone in der Nordsee" überschrieben und beinhaltet nur einen Satz. Danach werden für die AWZ der Bundesrepublik Deutschland in der Nordsee Ziele und Grundsätze der Raumordnung hinsichtlich der wirtschaftlichen und wissenschaftlichen Nutzung, hinsichtlich der Gewährleistung der Sicherheit und Leichtigkeit der Seeschifffahrt sowie zum Schutz der Meeresumwelt festgelegt. Diese Festlegungen erfolgen gemäß der Anlage zur Verordnung als Raumordnungsplan, die aus einem Textteil und einer Karte besteht. § 1 AWZ-ROV Nordsee bezieht sich damit auf § 18a Abs. 1 Satz 1 ROG 2004, der seinerseits wiederum durch die Vorgaben des Seerechtsübereinkommens geprägt ist.[1092] Auf diese Vorschrift verweist auch die Einleitung der Verordnung. Danach ist i.V.m. der Überleitungsvorschrift des § 29 ROG 2009 die ursprüngliche Fassung des § 18a ROG 2004 weiter anwendbar.[1093] § 2 AWZ-ROV Nordsee legt das Inkrafttreten der Verordnung auf den Tag nach der Verkündung fest. Die konkreten Aussagen zu den einzelnen raumplanerischen Festlegungen ergeben sich aus der Anlage zur Verordnung.

1091 BGBl. I 2009, S. 3107. Dazu *Dahlke/Nolte*, Die neuen Raumordnungspläne für die deutsche AWZ, in: Erbguth/Breuch-Moritz (Hrsg.), Landes- und Wirtschaftsentwicklung zu Wasser, 2011, S. 13 ff.; *Nolte*, HANSA Int'l Marit J (147) 2010, 79 ff.; *Erbguth*, UPR 2011, 207 ff.

1092 Der Verordnungstext bezieht sich dabei ausdrücklich auf „§ 18a Absatz 1 des Raumordnungsgesetzes v. 18. August 1997 (BGBl. I S. 2081, 2102)". Mit dem BauROG v. 18.8.1997 wurde im Raumordnungsgesetz jedoch lediglich ein § 18 ROG 1998 eingeführt über die „Raumordnung des Bundes". Von einer Raumordnung in der deutschen AWZ ist dabei noch keine Rede. Diese und § 18a ROG wurde erst mit dem EAG Bau im Jahr 2004 eingeführt, siehe dazu oben D.II.3a. und D.III.1f., weshalb zur Vermeidung von Verwirrungen jeweils auf das ROG 2004 Bezug genommen wird.

1093 Siehe dazu oben D.III.1f.aa.

2. *Textteil und Karte*

Der *Textteil* ist in beiden Raumordnungsplänen nahezu[1094] identisch gegliedert und baut auf den Entwürfen auf:[1095] Nach einer Einleitung beschreibt der Verordnungsgeber anhand von fünf Leitlinien, wie sich die AWZ räumlich nachhaltig entwickeln soll (dazu gleich unter a.). Danach folgen die Festlegungen des Raumordnungsplanes zu Schifffahrt, Rohstoffgewinnung, Rohrleitungen und Seekabel, Wissenschaftliche Meeresforschung, Energiegewinnung, insbesondere Windenergie, Fischerei und Marikultur sowie Meeresumwelt (siehe b.). Dabei werden jeweils die festgelegten Ziele (soweit vorhanden) und Grundsätze dargestellt, im Anschluss daran folgt die Begründung für die jeweilige Festlegung. In einem vierten Gliederungspunkt werden die sonstigen berücksichtigten Belange (Militärische Nutzung, Freizeit und Tourismus, Munitionsversenkungsgebiete und Sedimenteinbringung sowie in der Ostsee die Fehmarnbeltquerung) aufgezeigt (unter c.), bevor eine zusammenfassende Umwelterklärung und die Darstellung der Überwachungsmaßnahmen für erhebliche Umweltauswirkungen folgen (d.). Abschließend enthält der Textteil eine Koordinatenübersicht zu Schifffahrt, Rohrleitungen und Seekabel, Forschung und Windenergie sowie eine kartographische Darstellung der transnationalen Leitungen im Nordsee-/Ostseeraum.

In der *Karte* sind auf einer geographischen Übersicht der deutschen AWZ die kartenbezogenen Festlegungen des Textteils eingezeichnet. Das umfasst die Vorrang- und Vorbehaltsgebiete zu Schifffahrt, Rohrleitungen, Forschung und Energie sowie weitere, rein nachrichtliche Darstellungen bspw. der Verkehrstrennungsgebiete, Reeden und Ankerplätze in der Schifffahrt, militärische Übungsgebiete oder die FFH- und Vogelschutzgebiete nach den Natura 2000-Richtlinien. Erkennbar sind ebenfalls die Grenzen von Festlandsockel/AWZ, Küstenmeer und internationalen Hoheitsgebieten.

Anlage zur Verordnung über die Raumordnung in der deutschen AWZ
Inhaltsverzeichnis
1. Einleitung
2. Leitlinien zur räumlichen Entwicklung in der AWZ
2.1 Sicherung und Stärkung des Schiffsverkehrs
2.2 Stärkung der Wirtschaftskraft durch geordnete Raumentwicklung und Optimierung der Flächennutzung

1094 Bis auf einen einzigen Unterschied bei Punkt 4.3 bzw. 4.4, hier wird im AWZ-ROV Ostsee ein zusätzlicher Belang („Fehmarnbeltquerung“) berücksichtigt.

1095 Zu den Entwürfen siehe oben F.I.5.

2.3 Förderung der Offshore-Windenergienutzung entsprechend der Nachhaltigkeitsstrategie der Bundesregierung
2.4 Langfristige Sicherung und Nutzung der besonderen Eigenschaften und Potenziale der AWZ durch Reversibilität von Nutzungen, sparsame Flächeninanspruchnahme sowie Priorität für meeresspezifische Nutzungen
2.5 Sicherung der natürlichen Lebensgrundlagen durch die Vermeidung von Störungen und Verschmutzungen der Meeresumwelt
3. Festlegungen des Raumordnungsplans
3.1 Schifffahrt
3.2 Rohstoffgewinnung
3.3 Rohrleitungen und Seekabel
3.4 Wissenschaftliche Meeresforschung
3.5 Energiegewinnung, insbesondere Windenergie
3.6 Fischerei und Marikultur
3.7 Meeresumwelt
4. Berücksichtigung sonstiger Belange
4.1 Militärische Nutzung
4.2 Freizeit und Tourismus
4.3 Fehmarnbeltquerung (nur AWZ-ROV Ostsee)
4.4 bzw. 4.3 Munitionsversenkungsgebiete und Sedimenteinbringung
5. Zusammenfassende Umwelterklärung sowie Darstellung der Maßnahmen zur Überwachung der erheblichen Umweltauswirkungen
5.1 Zusammenfassende Umwelterklärung nach § 7 Abs. 8 Satz 2 ROG 1998
5.2 Überwachungsmaßnahmen nach § 7 Abs. 8 Satz 3 ROG 1998
6. Koordinatenübersicht und transnationale Leitungen

a. Leitlinien zur räumlichen Entwicklung der AWZ

In Punkt 2 des Textteils werden die Leitlinien zur räumlichen Entwicklung der AWZ dargestellt. Grundlage ist dabei die Leitvorstellung einer nachhaltigen Raumentwicklung, wie sie das Raumordnungsgesetz vorsieht.[1096] Danach sind die sozialen

1096 Siehe AWZ-ROV Nordsee, S. 3 ff.

und wirtschaftlichen Ansprüche an den Raum mit seinen ökologischen Funktionen in Einklang zu bringen.[1097]

Die fünf Leitlinien zur räumlichen Entwicklung der AWZ sind:

Leitlinien zur räumlichen Entwicklung in der AWZ
2.1 Sicherung und Stärkung des Schiffsverkehrs
2.2 Stärkung der Wirtschaftskraft durch geordnete Raumentwicklung und Optimierung der Flächennutzung
2.3 Förderung der Offshore-Windenergienutzung entsprechend der Nachhaltigkeitsstrategie der Bundesregierung
2.4 Langfristige Sicherung und Nutzung der besonderen Eigenschaften und Potenziale der AWZ durch Reversibilität der Nutzungen, sparsame Flächeninanspruchnahme sowie Priorität für meeresspezifische Nutzungen
2.5 Sicherung der natürlichen Lebensgrundlagen durch die Vermeidung von Störungen und Verschmutzungen der Meeresumwelt

Die Leitlinie zur *Sicherung und Stärkung des Schiffsverkehrs* hebt die besondere wirtschaftliche Bedeutung der maritimen Wirtschaft für Deutschland als eine der führenden Exportnationen hervor.[1098] Die Schifffahrtsstraßen in Nord- und Ostsee gehören zu den am stärksten befahrenen Straßen der Welt und haben eine große Bedeutung für den internationalen Transitschiffsverkehr. Auch vor dem Hintergrund, dass für deutsche Seehäfen eine Verdopplung der Umschlagszahlen bis 2025 prognostiziert wird, soll der Seeverkehr so wenig wie möglich eingeschränkt werden. Gleichzeitig soll ihm, wo möglich, der Vorrang vor anderen Nutzungen eingeräumt und er gleichzeitig so sicher wie möglich ausgestaltet werden. In den Raumordnungsplänen wird dies berücksichtigt, indem die Hauptschifffahrtsrouten das Grundgerüst für die Planung bilden und sie gleichzeitig durch die Festlegung als Vorranggebiete raumplanungsrechtlich gesichert werden.

Die zweite Leitlinie *Stärkung der Wirtschaftskraft durch geordnete Raumentwicklung und Optimierung der Flächennutzung* bezweckt „eine insgesamt höhere Wertschöpfung".[1099] Diese soll durch eine geordnete Raumentwicklung erreicht werden, was heißt, dass konkurrierende Nutzungen aufeinander abgestimmt werden. Dazu sollen Nutzungen nur an möglichst geeigneten Standorten realisiert und ihnen dabei genügend Raum zur Entwicklung gelassen werden, ohne andere Nutzungen negativ zu beeinflussen. Damit wird gleichzeitig die Flächennutzung optimiert. In den Raumordnungsplänen wird versucht, dieser Leitlinie gerecht zu werden, indem verschiedene wirtschaftliche Nutzungen als Vorranggebiete gesichert werden, z.B.

1097 Vgl. § 1 Abs. 2 ROG 2009. Dazu oben D.III.1a.
1098 AWZ-ROV Nordsee, S. 3 f.
1099 AWZ-ROV Nordsee, S. 4.

Schifffahrt, Rohrleitungen, Offshore-Windkraft. Gleichzeitig stellen diese Gebietsfestlegungen für Offshore-Windkraft-Unternehmen einen Investitionsanreiz dar, in diesen Gebieten Windparks zu planen, und führen damit zu einer Konzentrierung dieser Nutzungsform auf die festgelegten Gebiete.

Mit der *Förderung der Offshore-Windenergienutzung entsprechend der Nachhaltigkeitsstrategie der Bundesregierung* wird das Ziel verfolgt, bis zum Jahr 2030 insgesamt bis zu 25.000 Megawatt Leistung Offshore-Windenergie in den Küstenmeeren und AWZ der Nord- und Ostsee installiert zu haben.[1100] In den Raumordnungsplänen wurden dazu besondere Eignungsgebiete nach § 3a SeeAnlV a.F. als Ziele der Raumordnung übernommen und als Vorranggebiete festgelegt. Dies und Regelungen zur Ableitung des in der AWZ gewonnenen Stroms an Land soll die Planungssicherheit von Investoren erhöhen.

Die vierte Leitlinie über die *langfristige Sicherung und Nutzung der besonderen Eigenschaften und Potenziale der AWZ durch Reversibilität von Nutzungen, sparsame Flächeninanspruchnahme sowie Priorität für meeresspezifische Nutzungen* bezweckt die Erhaltung des Meeres der AWZ in seiner Weite, Offenheit und Barrierefreiheit.[1101] Dazu sollen die baulichen und technischen Anlagen aufgegebener ortsfester Nutzungen zurückgebaut werden, Nutzungen auf geeignete Flächen konzentriert und Flächen vertikal (Luftraum über der Meeresoberfläche, Meeresoberfläche, Wassersäule, Meeresboden, Meeresuntergrund) möglichst mehrfach genutzt werden. Die Raumordnungspläne werden dem gerecht, indem sie z.B. bei Rohrleitungen/Seekabel den Rückbau nach Aufgabe der Nutzung vorsehen und durch die Festlegung von Vorranggebieten für die Windenergie eine Konzentrierung dieser Nutzung bezwecken.

Mit der fünften Leitlinie wird die *Sicherung der natürlichen Lebensgrundlagen durch die Vermeidung von Störungen und Verschmutzungen der Meeresumwelt* verfolgt.[1102] Diese Leitlinie betont den „unersetzlichen" Stellenwert des Meeres. Zur Meeresumwelt gehören die Tier- und Pflanzenwelt des Meeres einschließlich ihrer Lebensstätten und Lebensräume, der Vogelzug, das Meerwasser, die Hydrographie und die spezifischen marinen Sedimentverhältnisse. Insbesondere durch die Dynamik des Meeres ist die Störanfälligkeit des marinen Ökosystems besonders hoch, und die Auswirkungen anthropogener Einflüsse sind nur unvollständig bekannt. Aus diesem Grund sind in der AWZ alle Nutzungen nach dem aktuellen Stand der Technik und nur unter strenger Beachtung des Vorsorgeprinzips auszuführen. Die Raumordnungspläne sehen unter dem Gesichtspunkt dieser Leitlinie quellenbezogene und eigenständige Festlegungen zum Schutz der Meeresumwelt vor.

1100 Mittlerweile wurde dieses Ziel neu gefasst, siehe dazu oben D.I.3. Vgl. *Bundesregierung*, Strategie zur Windenergienutzung auf See, 2002; AWZ-ROV Nordsee, S. 4.

1101 AWZ-ROV Nordsee, S. 4 f. Nach *Erbguth*, DVBl. 2009, 265 ff. (266), steht „die möglichste Freihaltung von Räumen im Vordergrund der infrastrukturellen Aufgabenerledigung".

1102 AWZ-ROV Nordsee, S. 5.

b. Festlegungen

Die Raumordnungspläne enthalten im Textteil eine Vielzahl unterschiedlicher Festlegungen zu den verschiedenen Nutzungen und zum Schutz der Meeresumwelt. Zuerst sind jedem Punkt in Kurzform die Grundsätze und – falls vorhanden, durch Fettdruck hervorgehoben und mit (Z) gekennzeichnet – Ziele vorangestellt (unter x.x.1.). Dem folgt die Begründung (x.x.2.), in der zunächst der rechtliche Hintergrund der getroffenen Festlegungen dargestellt wird. Anschließend werden die Grundsätze und Ziele ausführlich erläutert.

Festlegungen des Raumordnungsplans	
3.1 Schifffahrt	3.1.1 Ziele und Grundsätze 3.1.2 Begründung
3.2 Rohstoffgewinnung	3.2.1 Ziele und Grundsätze 3.2.2 Begründung
3.3 Rohrleitungen und Seekabel	3.3.1 Ziele und Grundsätze 3.3.2 Begründung
3.4 Wissenschaftliche Meeresforschung	3.4.1 Ziele und Grundsätze 3.4.2 Begründung
3.5 Energiegewinnung, insbesondere Windenergie	3.5.1 Ziele und Grundsätze 3.5.2 Begründung
3.6 Fischerei und Marikultur	3.6.1 Ziele und Grundsätze 3.6.2 Begründung
3.7 Meeresumwelt	3.7.1 Ziele und Grundsätze 3.7.2 Begründung

Einige der Festlegungen, wie bspw. die Festlegung von Vorrang- oder Vorbehaltsgebieten, haben Auswirkungen auf die Karte zu den Raumordnungsplänen und sind dort verzeichnet. Wiederum andere, wie die Rückbauverpflichtung oder Festlegung der Nabenhöhe von Offshore-Windenergieanlagen, ergeben sich ausschließlich aus dem Textteil, schlagen sich aber nicht in der Karte nieder.

Die Arbeit untersucht die Vereinbarkeit von maritimem Raumordnungsplan und Meeresumweltschutz nach der Meeresstrategie-Rahmenrichtlinie. Da die meeresumweltbezogenen Schutzinteressen dabei in einem Konfliktfeld mit den wirtschaftlichen Nutzungsansprüchen stehen, soll hier ein besonderes Augenmerk auf genau diejenigen raumordnungsrechtlichen Festlegungen geworfen werden, die entweder die eine oder die andere Position mit einer besonderen rechtlichen Stellung versehen und dadurch die andere Position (möglicherweise) einschränken. Eine besondere rechtliche Stellung ergibt sich dabei v.a. dann, wenn die Festlegung die Qualität eines raumordnungsrechtlichen Ziels oder eines Vorranggebiets hat. Diesen kommt i.R.e. Abwägung eine hervorgehobene Stellung zu und sie können andere, entgegenstehende Belange überwiegen.[1103] Für die späteren Überlegungen werden insbesondere die folgenden Festlegungen wichtig, die deshalb an dieser Stelle etwas ausführlicher kommentiert werden.

aa. Festlegungen mit Doppelcharakter

Bei einem genaueren Blick auf die einzelnen Festlegungen zu wirtschaftlichen Nutzungsinteressen finden sich Bestimmungen, die nicht direkt, aber zumindest mittelbar dem Meeresumweltschutz dienen. Die Pflicht zum Rückbau baulicher Anlagen nach Aufgabe der Nutzung[1104] betrifft z.B. die Nutzungen der Rohstoffgewinnung,[1105] Rohrleitungen und Seekabel sowie der Energiegewinnung. Laut Raumordnungsplan sollen mit dem Rückbau von Anlagen zur Energiegewinnung „langfristige Optionen der Flächennutzung offengehalten werden".[1106] Nachnutzungen sollen erleichtert und die „Behinderung einer etwaigen weiteren Beplanbarkeit" der Fläche soll verhindert werden. Damit ist die vorrangige Intention hinter der Rückbaupflicht, langfristig Flächen für ihre spätere wirtschaftliche Nutzung zu sichern.

Die Rückbaupflicht hat aber auch eine zweite Funktion: Sie trägt dazu bei, den Freiraumcharakter des Meeres wiederherzustellen und eine „ökologische Manövrierbarkeit im Raum" zu bewahren.[1107] Laut Festlegung ist vom Rückbau jedoch abzusehen, wenn er größere nachteilige Umweltauswirkungen verursacht als der Verbleib der baulichen Anlage, es sei denn, der Rückbau ist aus Gründen der Sicherheit und Leichtigkeit des Schiffsverkehrs erforderlich.[1108] Damit wird durch die Festlegung des Raumordnungsplans ein wirtschaftliches Interesse – die Sicherheit und Leichtigkeit des Schiffsverkehrs – über das Interesse des Meeresumweltschutzes gestellt.

bb. Festlegungen vor dem Hintergrund wirtschaftlicher Interessen

Andere Festlegungen haben auf den ersten Blick zunächst nur eine einzige Funktion. So dient die Festlegung von Vorranggebieten für die Schifffahrt zuallererst den Belangen dieser nach einer unbehinderten Durchfahrt durch internationale Gewässer. Tatsächlich kann aber auch argumentiert werden, dass die – zunächst rein

---

1103 Siehe dazu oben D.III.1b. und 1d.

1104 Als raumordnungsrechtliches Ziel festgelegt in Punkt 3.2.1. (3) (Rohstoffgewinnung), Punkt 3.3.1. (5) (Rohrleitungen und Seekabel) und Punkt 3.5.1. (5) (Energiegewinnung) AWZ-ROV Nordsee.

1105 Zu Raumordnung und Rohstoffgewinnung siehe *Benger*, Raumordnungsplanung im Küstenmeer und in der AWZ aus Sicht der Rohstoffgewinnung, in: Erbguth/Breuch-Moritz (Hrsg.), Landes- und Wirtschaftsentwicklung zu Wasser, 2011, S. 55 ff.; schon früh *Kühne*, Regulierung der Rohstoffgewinnungstätigkeit im Seegebiet, in: Koch/Lagoni (Hrsg.), Meeresumweltschutz für Nord- und Ostsee, 1996, S. 309 ff.

1106 Punkt 3.5.2. (5) AWZ-ROV Nordsee.

1107 *Gärditz*, EurUP 2016, 290 ff. (293).

1108 Punkt 3.5.1. (5) AWZ-ROV Nordsee.

wirtschaftlich erscheinende – Festlegung eines Vorranggebietes für die Schifffahrt[1109] dazu beiträgt, Unfälle auf See mit negativen Auswirkungen für die Meeresumwelt zu verhindern, und damit letztlich auch dem Interesse des Meeresumweltschutzes dient. Das klar erklärte vorrangige und unmittelbare Interesse dieser Festlegung ist jedoch wirtschaftlicher Art: Die zusätzliche Sicherung der aktuell befahrenen (Haupt-)Schifffahrtsrouten dient der Beschleunigung und Stärkung des Schiffsverkehrs, der für die Exportnation Deutschland von erheblicher Bedeutung ist.[1110] Der Schutz der Meeresumwelt vor Verschmutzungen durch Schiffsunfälle ist lediglich eine Nebenfolge der Festlegung.

Ähnlich verhält es sich mit der Festlegung, dass zur „dauerhaften Sicherung der fischereilichen Nutzung [...] die Fischbestände nachhaltig bewirtschaftet werden" sollen.[1111] Jedoch bezweckt diese als Grundsatz festgelegte Bestimmung nicht den Erhalt der Fischbestände im ihrer selbst willen, wie die Begründung zeigt: „Die Bewahrung der natürlichen Ressourcen ist Voraussetzung für ihre Nutzung."

Mit einer nachhaltigen Bewirtschaftung der Fischbestände soll deren fischereiliche Nutzung dauerhaft gesichert werden. Nachhaltig bewirtschaftet werden die Fischbestände dann, wenn mit dem höchstmöglichen Dauerertrag die Leistungs- – das meint die Reproduktionsfähigkeit – zukünftig nicht verringert wird.[1112] Die Hauptintention der Festlegung ist damit nicht dem Schutz der Meeresumwelt, sondern wirtschaftlichen Interessen zuzuordnen.

cc. Konkrete Festlegungen zum Schutz der Meeresumwelt

Eine andere Festlegung im Bereich der Energiegewinnung bestimmt, dass Offshore-Windenergieanlagen außerhalb der dafür vorgesehenen Vorranggebiete in Natura 2000-Gebieten unzulässig sind.[1113] Durch diese als Ziel der Raumordnung bestimmte

1109 Punkt 3.1.1. (1) AWZ-ROV Nordsee.

1110 Siehe dazu schon die erste Leitlinie, oben F.II.2a.

1111 Punkt 3.6.1. (3) AWZ-ROV Nordsee.

1112 Diesbezüglich verweist der AWZ-ROV Nordsee auf zwei Mitteilungen der Kommission: KOM(2006) 360 über die Verwirklichung der Nachhaltigkeit im Fischereisektor der EU mithilfe des Konzepts des höchstmöglichen Dauerertrags v. 4.7.2006 sowie KOM(2008) 187 über die Rolle der Gemeinsamen Fischereipolitik bei der Umsetzung eines ökosystemorientierten Ansatzes zur Bewirtschaftung der Meeresgebiete v. 11.4.2008. Zu Fischerei und maritimer Raumplanung siehe unter vielen *Fock*, Mar Policy (32) 2008, 728 ff.

1113 Punkt 3.5.1. (5) AWZ-ROV Nordsee. Ausgenommen hiervon sind bereits genehmigte Offshore-Windenergieparks und solche, die bei Inkrafttreten des Raumordnungsplans bereits planungsrechtlich verfestigt waren. Zur (landseitigen) Errichtung von Windenergieanlagen in naturschutzrechtlich festgelegten Schutzgebieten siehe *Scheidler*, NuR 2011, 848 ff.; *Scheidler*, DVBl. 2012, 216 ff. *Erbguth*, UPR 2011, 207 ff. (208), bezieht diese Regelung auf das Energiewirtschaftsgesetz, „wonach eine Pflicht zur Netzanschließung unabhängig von der Lage der Windenergieanlage in einem Vorranggebiet besteht."

Festlegung wird beabsichtigt, Offshore-Windenergieanlagen auf die festgelegten Gebiete zu konzentrieren und andere Gebiete damit – zumindest weitgehend – von einer Bebauung freizuhalten. Der Schutz von Natura 2000-Gebieten vor einer Bebauung wird erst durch diese Zielfestlegung erreicht, die Festlegung eines Vorranggebietes für die Offshore-Windenergieerzeugung alleine hat noch keine Ausschlusswirkung zur Folge.[1114] Fast ein Drittel der deutschen AWZ in der Nordsee wird damit von einer Bebauung und Nutzung durch Offshore-Windenergieanlagen freigehalten.[1115]

Zusätzlich bestimmt der Raumordnungsplan, dass auch bei der zukünftigen Ausweisung neuer Vorranggebiete für die Offshore-Windenergie – was im Wege einer Planänderung geschehen kann – Rücksicht auf die Belange des Vogelzugs zu nehmen ist. So müssen neue Vorranggebiete so angeordnet sein, dass von ihnen keine oder nur eine geringe Barrierewirkung für den Vogelzug ausgehen wird.[1116]

Eine Einschränkung erfährt die Schutzwirkung dadurch, dass die Festlegung solche Offshore-Windenergieparks von der Regelung ausnimmt, die bereits genehmigt waren bzw. solche, die bei Inkrafttreten des Raumordnungsplans planungsrechtlich verfestigt waren.[1117] Als planungsrechtlich verfestigt gelten dabei „Projekte, sobald die öffentliche Bekanntmachung und die Auslegung der Antragsunterlagen sowie der Unterlagen nach § 6 UVPG (i.d.R. in Form einer Umweltverträglichkeitsstudie) gem. § 9 Absatz 1b UVPG erfolgt ist".[1118] Zudem muss das Vorhaben „im Zeitpunkt der Beurteilung der planungsrechtlichen Verfestigung unter materiellen Gesichtspunkten als grundsätzlich genehmigungsfähig bewertet werden".[1119]

Um das Ausbauziel der Bundesregierung von 25.000 Megawatt installierter Gesamtleistung bis 2030[1120] zu erreichen, ist die Genehmigung weiterer Offshore-Windparks außerhalb der Vorranggebiete für die Windenergie *nicht* ausgeschlossen. Die

---

1114 Möglich wäre auch die Verbindung der Vorranggebietsfestlegung mit der zu einem Eignungsgebiet gewesen, siehe D.III.1d.dd. Damit wäre jedoch die Bebauung nicht nur in Natura 2000-Gebieten, sondern im gesamten Planungsraum ausgeschlossen.

1115 Genau sind es 28 Prozent, siehe Punkt 3.5.2. (3) AWZ-ROV Nordsee. Eine entsprechende Festlegung im AWZ-ROV Ostsee führt sogar dazu, dass ca. 56 Prozent der deutschen AWZ der Ostsee freigehalten werden, siehe Punkt 3.5.2. (3) AWZ-ROV Ostsee. Eine weitere raumgreifende Nutzung betrifft die Netzanbindung der Offshore-Windparks. Dazu hat das BSH im Jahr 2016 den Bundesfachplan Offshore für Nord- und Ostsee veröffentlicht. Dieser bezweckt eine raumverträgliche und geringe raumgreifende Nutzung durch clusterübergreifende Anbindungen, siehe *Bundesamt für Seeschifffahrt und Hydrographie*, Bundesfachplan Offshore für die deutsche AWZ, 2016.

1116 Das Gleiche gilt in Bezug auf die Seeschifffahrt und deren großräumige Verbindungsachsen, Punkt 3.5.2. (3) AWZ-ROV Nordsee.

1117 Punkt 3.5.1. (5) AWZ-ROV Nordsee.

1118 Punkt 3.5.2. (3) AWZ-ROV Nordsee.

1119 Ebda.

1120 Siehe oben D.I.3.

Genehmigungsfähigkeit solcher Vorhaben richtete sich dann nach den Vorgaben der Seeanlagenverordnung a.F.[1121]

dd. Nutzungsspezifische Festlegungen zum Schutz der Meeresumwelt

Untersucht man die Festlegungen zu den verschiedenen Nutzungsansprüchen, finden sich darunter stets auch solche, die mit dem Stichwort „Schutz der Meeresumwelt" bezeichnet sind. Die Festlegungen sind als raumordnungsrechtliche Grundsätze ausgestaltet. Inhalt der Festlegung ist jeweils, dass der jeweilige Nutzungsanspruch die Meeresumwelt nicht belasten „soll"[1122] bzw. nachteilige Auswirkungen auf die Meeresumwelt, insbesondere die natürlichen Funktionen und die ökosystemare Bedeutung des Meeres vermieden werden „sollen".[1123] Weiter „soll" die beste Umweltpraxis („best environmental practice") gemäß OSPAR-Übereinkommen[1124] und der jeweilige Stand der Technik berücksichtigt werden. Die gewählte Formulierung weist auf das Verhältnis dieser Grundsatz-Festlegungen zu den getroffenen Ziel-Festlegungen, wie bspw. die Festlegung von Vorranggebieten für die Schifffahrt, hin: I.d.R. sind nachteilige Auswirkungen und Belastungen auf die Meeresumwelt zu verhindern, Ausnahmen davon sind jedoch möglich. Die Festlegungen zum Schutz der Meeresumwelt können damit im Rahmen von Abwägungs- und Ermessenentscheidungen insbesondere durch Zielfestlegungen überwogen werden.

Vorhabensbezogene Monitorings sind zu den Auswirkungen der Rohstoffgewinnung auf die Meeresumwelt sowie den Auswirkungen der Energiegewinnung durchzuführen. Bei der Wahl von Standorten zur Energie- bzw. Rohstoffgewinnung sollen Ausbreitungsvorgänge und weiträumige ökologische Wechselbeziehungen von Tier- und Pflanzenarten im Meer berücksichtigt werden.

Sandbänke, Riffe und das Vorkommen bestimmter Benthoslebensgemeinschaften werden als besonders schutzwürdige sensible Lebensräume angesehen. Deren Beschädigung oder Zerstörung soll bei der Rohstoffgewinnung, bei der Verlegung und dem Betrieb von Rohrleitungen und Seekabeln oder durch die Energiegewinnung vermieden werden. Bei der Verlegung von Rohrleitungen und Seekabeln gilt zusätzlich, dass in artspezifisch besonders störanfälligen Zeiträumen die Querung sensibler Habitate vermieden werden soll.[1125]

1121 Dazu oben unter D.III.2b.

1122 Durch die Schifffahrt, Punkt 3.1.1. (3) AWZ-ROV Nordsee.

1123 Durch das Aufsuchen und Gewinnen von Rohstoffen (Punkt 3.2.1. (9) AWZ-ROV Nordsee), durch das Verlegen, Betreiben, Instandhalten sowie durch den etwaigen Verbleib nach Aufgabe des Betriebes oder durch den Rückbau von Rohrleitungen und Seekabeln (Punkt 3.3.1. (8)), durch die Durchführung von Forschungshandlungen (Punkt 3.4.1. (5)), bei der konkreten Ausgestaltung von Errichtung und Betrieb von Anlagen zur Energiegewinnung (Punkt 3.5.1. (12)), durch die Fischerei sowie die Errichtung und den Betrieb von Marikulturen (Punkt 3.6.1. (2)).

1124 Siehe dazu oben B.III.1.

1125 Punkt 3.3.1. (8) AWZ-ROV Nordsee. Dazu ausführlich *Wolf*, Unterseeische Rohrleitungen und Meeresumweltschutz, 2011.

ee. Originäre Festlegungen zum Schutz der Meeresumwelt

Neben den nutzungsspezifischen Festlegungen ist dem Schutz der Meeresumwelt in den Raumordnungsplänen auch ein eigener Punkt mit originären Festlegungen zum Meeresumweltschutz gewidmet.[1126] Er enthält vier als Grundsätze ausgestaltete Festlegungen zum Schutz und zur Pflege der Meeresnatur, zu dauerhaft nicht mehr genutzten Flächen, zum Schutz und zur Pflege der Meereslandschaft/des Freiraums und zum Freihalten von bestimmten Nutzungen. Schlagworte im Text sind die Erhaltung der biologischen Vielfalt, Nachhaltigkeit, Vorsorgeprinzip und Ökosystemansatz. Betont werden die der AWZ eigenen Austauschbeziehungen und Wechselwirkungen und ihre großflächige Freiraumstruktur.

Weitgehend orientieren sich die Grundsätze an den Inhalten des § 2 Abs. 2 Nr. 8 ROG 2004 (§ 2 Abs. 2 Nr. 6 ROG 2009). Da die Grundsätze im Raumordnungsgesetz jeweils einen terrestrischen Bezugspunkt haben, sind sie auf die Belange der AWZ angepasst.[1127] Danach sind die (Meeres-)Natur und Landschaft dauerhaft zu schützen, zu pflegen, zu entwickeln und wiederherzustellen, soweit erforderlich, möglich und angemessen.[1128] Naturgüter sind sparsam und schonend in Anspruch zu nehmen.[1129] Auf dauerhaft nicht mehr genutzten Flächen sollen die Funktionen des Naturhaushalts in ihrem ursprünglichen Zustand wiederhergestellt werden – es sei denn, die Wiederherstellung verursacht größere nachteilige Auswirkungen als die Belassung des veränderten Zustands.[1130] Die großräumige und übergreifende Freiraumstruktur ist zu erhalten und entwickeln bzw. wiederherzustellen.[1131] Dazu sollen Nutzungen, die bauliche Anlagen bedingen, weitgehend vermieden werden, insbesondere solche, die vergleichbar auch an Land möglich wären.[1132] Soweit das Meer aber „besondere Standortvoraussetzungen" bietet, die mit den Bedingungen an Land nicht vergleichbar sind, sollen solche Nutzungen von dem grundsätzlichen Freihaltegebot nicht umfasst sein.[1133]

ff. Zusammenfassung

Ziele der Raumordnung und Vorranggebiete mit der Wirkung von Zielen der Raumordnung werden im Textteil des AWZ-ROV Nordsee festgelegt in den Bereichen Schifffahrt, Rohstoffgewinnung, Rohrleitungen und Seekabel und Energiegewinnung.

1126 Punkt 3.7. AWZ-ROV Nordsee und Ostsee. Dazu auch *Köppel et al.*, Naturschutzfachliche und naturschutzrechtliche Anforderungen im Gefolge der Ausdehnung des Raumordnungsregimes auf die deutsche AWZ, Mai 2006, S. 158 ff.

1127 „... zum Teil können sie in der AWZ keine Anwendung finden", so bei Punkt 3.7.2. zu (1) AWZ-ROV Nordsee.

1128 Punkt 3.7.2. (1) AWZ-ROV Nordsee.

1129 Ebda.

1130 Punkt 3.7.2. (2) AWZ-ROV Nordsee.

1131 Punkt 3.7.2. (3) AWZ-ROV Nordsee.

1132 Punkt 3.7.2. (4) AWZ-ROV Nordsee.

1133 Ebda.

Die nutzungsbezogenen Festlegungen zugunsten der Belange der Meeresumweltschutzinteressen und die konkreten Festlegungen zur Meeresumwelt haben dagegen lediglich Grundsatzcharakter. Sie sind damit im Rahmen von Abwägungs- und Ermessensentscheidungen zu berücksichtigen, können durch übergeordnete (wirtschaftliche) Interessen aber weggewogen werden.[1134]

c. Berücksichtigung sonstiger Belange

Der AWZ-ROV Nordsee führt als sonstige Belange die militärische Nutzung, Freizeit und Tourismus, Munitionsversenkungsgebiete und Sedimenteinbringung auf. Keiner der Belange ist Regelungstatbestand des § 18a ROG 2004, weshalb in den Raumordnungsplänen dazu keine konkreten Festlegungen getroffen werden. An vereinzelten Stellen bei den Festlegungen anderer Nutzungen wird geregelt, dass die sonstigen Belange koordinierend zu berücksichtigen sind.[1135]

Militärische Übungsgebiete und ein ehemaliges Munitionsversenkungsgebiet westlich von Sylt werden in der Karte zum Raumordnungsplan für die Nordsee nachrichtlich dargestellt.[1136]

d. Zusammenfassende Umwelterklärung und Überwachungsmaßnahmen

Die zusammenfassende Umwelterklärung und die Darstellung der Maßnahmen zur Überwachung der erheblichen Umweltauswirkungen entsprechen einer Kurzversion der Ergebnisse des Umweltberichts, der bei der Aufstellung von Raumordnungsplänen gem. § 7 Abs. 5 ROG 2004 durchzuführen war. An dieser Stelle wird deshalb auf die obigen Ausführungen verwiesen.[1137]

III. Besonderheiten des AWZ-ROV Ostsee

Verordnung, Textteil und Karte des AWZ-ROV Ostsee stimmen inhaltlich in großen Abschnitten – teilweise fast wortgleich – mit denen des AWZ-ROV Nordsee überein. Nachfolgend werden deshalb nur die wesentlichen Unterschiede aufgezeigt.[1138]

1134 Dazu oben D.III.1b. und 1d.

1135 So bei Punkt 3.5.1. (8) und (10) AWZ-ROV Nordsee.

1136 Zur Konkurrenz zwischen Offshore-Windenergieanlagen und Landesverteidigung siehe *Dietrich*, NuR 2013, 628 ff.

1137 Siehe F.I.4.

1138 Auf die Unterschiede zwischen Nord- und Ostsee aus unterschiedlichen Perspektiven gehen auch *Ducrotoy/Elliott*, Mar Pollut Bull (57) 2008, 8 ff., ein.

1. *Verordnung vom 10. Dezember 2009*

Der Verordnungstext über die Raumordnung in der deutschen AWZ in der Ostsee (AWZ-ROV Ostsee) ist mit Ausnahme des Datums (10. Dezember 2009 statt 21. September 2009) und der Verwendung „Ostsee" statt „Nordsee" wortgleich.[1139]

2. *Textteil und Karte*

Was den Aufbau des Textteils betrifft, unterscheidet sich der AWZ-ROV Ostsee von dem der Nordsee lediglich in Punkt „4.3 Fehmarnbeltquerung" (dazu gleich 2c.). Auf die inhaltlichen Unterschiede wird an der jeweils entsprechenden Stelle hingewiesen.

a. *Leitlinien zur räumlichen Entwicklung der AWZ*

Die Leitlinien zur räumlichen Entwicklung der AWZ entsprechen im AWZ-ROV Ostsee bis auf zwei kleine Ausnahmen denen des AWZ-ROVs Nordsee.[1140]

Ein erster Unterschied betrifft „2.5 Sicherung der natürlichen Lebensgrundlagen". Hier wird im letzten Satz darauf verwiesen, dass der Raumordnungsplan neben der Meeresstrategie-Rahmenrichtlinie auch zur Umsetzung des Ostseeaktionsplans der Helsinki-Kommission (Baltic Sea Action Plan) zum Schutz der Meeresumwelt des Ostseegebietes beiträgt.[1141] Dessen Ziel ist die Wiederherstellung des guten ökologischen Zustandes der Ostsee bis 2021.

Ein zweiter Unterschied betrifft „2.3 Förderung der Offshore-Windenergienutzung". Im AWZ-ROV Ostsee fehlt ein Satzteil, der im AWZ-ROV Nordsee enthalten ist. Es handelt sich um den Zusatz:

> Darüber hinaus werden zur Förderung der Offshore-Windenergienutzung *weitere Vorranggebiete an geeigneten Standorten festgelegt (siehe Kapitel 3.5) und* Regelungen zur Ableitung des in der AWZ gewonnenen Stroms getroffen (siehe Kapitel 3.3).[1142]

Nach § 3a SeeAnlV a.F. wurden 2005 besondere Eignungsgebiete für die Offshore-Windenergie festgelegt: „Kriegers Flak" und „Westlich Adlergrund" in der Ostsee und „Nördlich Borkum" in der Nordsee.[1143] Diese Gebiete wurden nach § 18a Abs. 3 ROG 2004 als Ziele der Raumordnung übernommen und in den Raumordnungsplänen als

---

1139 Aus diesem Grund wird auf die Ausführungen zur Verordnung beim AWZ-ROV Nordsee verwiesen. Siehe oben F.II.

1140 Siehe oben F.II.2a.

1141 Siehe dazu oben B.III.2.

1142 Hervorhebung durch Verfasserin.

1143 Siehe Pressemitteilung des BMUB Nr. 319/05 v. 19.12.2005 unter http://www.bmub.bund.de/bmub/presse-reden/pressemitteilungen/pm/artikel/besondere-eignungsgebiete-fuer-windenergieanlagen-in-nord-und-ostsee-festgelegt/ (8.2.2017) und *Bundesregierung*, Strategie zur Windenergienutzung auf See, 2002.

Vorranggebiete festgelegt.[1144] Daneben wurde nach weiteren konfliktarmen Gebieten gesucht, die zukünftig für eine Windenergienutzung in der AWZ in Frage kommen (sog. Erwartungsflächen für Eignungsgebiete).[1145] Solche Erwartungsflächen wurden dabei nur in der Nordsee gefunden, die dafür aufgrund ihrer größeren räumlichen Abmessungen eher in Frage kommt als die Ostsee. Obwohl dies nicht ausdrücklich genannt wird, scheint dies der Grund dafür zu sein, dass schon 2002 in der Ostsee keine weiteren Erwartungsflächen für Eignungsgebiete zur Windenergienutzung in der AWZ und damit folglich auch keine weiteren Vorranggebiete festgelegt wurden.

b. Festlegungen

Im Vergleich zu den Festlegungen des Raumordnungsplans Nordsee ergeben sich im AWZ-ROV Ostsee nur geringfügige Abweichungen. Für Rohrleitungen werden im Gegensatz zum AWZ-ROV Nordsee keine Vorranggebiete festgelegt, sondern nur ein Vorbehaltsgebiet. Damit entfällt die Kollisionsregel des AWZ-ROV Nordsee, die beim Aufeinandertreffen von Vorranggebieten für Rohrleitungen und Vorranggebieten für die Windenergie den Belangen der Rohrleitungen den Vorrang einräumt. Bei den nutzungsspezifischen Festlegungen zum Schutz der Meeresumwelt ist in der Ostsee als Referenzübereinkommen nicht das OSPAR-, sondern das Helsinki-Übereinkommen genannt.

c. Berücksichtigung sonstiger Belange

Als sonstige Belange werden auch in der Ostsee die militärische Nutzung, Freizeit und Tourismus sowie Munitionsversenkungsgebiete[1146] und Sedimenteinbringung berücksichtigt. Ein ggü. dem AWZ-ROV Nordsee zusätzlicher sonstiger Belang ist die Fehmarnbeltquerung.[1147] Der Bereich der Querung wird in der Festlegungskarte nachrichtlich dargestellt; Festlegungen des Raumordnungsplans beziehen sich nicht darauf.

d. Zusammenfassende Umwelterklärung und Überwachungsmaßnahmen

Die zusammenfassende Umwelterklärung und die Darstellung der Maßnahmen zur Überwachung der erheblichen Umweltauswirkungen des AWZ-ROV Ostsee unterscheidet sich von dem der Nordsee lediglich bzgl. verschiedener Daten und

---

1144 Dazu oben D.III.2b. *Köppel et al.*, Naturschutzfachliche Kriterien zur Abgrenzung von besonderen Eignungsgebieten für Offshore-Windparks in der AWZ, 2004.

1145 Siehe *Bundesregierung*, Strategie zur Windenergienutzung auf See, 2002, S. 18 f.

1146 Im Unterschied zur Nordsee liegen in der AWZ der Ostsee keine Erkenntnisse zu Munitionsversenkungsgebieten vor, siehe Punkt 4.4. AWZ-ROV Ostsee, S. 24.

1147 Über die Errichtung einer festen Fehmarnbeltquerung zwischen Puttgarden und Rödbyhavn wurde von den zuständigen deutschen und dänischen Verkehrsministern am 3.9.2008 ein Staatsvertrag unterzeichnet. Zum Gesetz über die Feste Fehmarnbeltquerung vgl. BGBl. 2009 II, S. 799. Vgl. Punkt 4.3. AWZ-ROV Ostsee, S. 24.

der festgelegten Vorranggebiete für Windenergie.[1148] Eine zweite Unterscheidung betrifft die Aufnahme von zwei neuen Vorranggebieten für die Schifffahrt, die i.R.d. Öffentlichkeitsbeteiligung in den Planentwurf aufgenommen worden waren.[1149]

G. Bewertung

Vor dem Hintergrund der jüngst erlassenen Richtlinie 2014/89/EU zur Schaffung eines Rahmens für die maritime Raumplanung müssen sich die deutschen Verordnungen für die Raumplanung in der deutschen AWZ zunächst – auch wenn sie zeitlich vor der Richtlinie entstanden sind – an dieser messen lassen (unter I.).

Die nationale rechtliche Grundlage für die Raumordnungspläne findet sich mit § 18a ROG 2004 (§ 17 Abs. 3 ROG 2009) im Raumordnungsgesetz. Dieses ist traditionell auf die Entwicklung, Ordnung und Sicherung des Gesamtraums der Bundesrepublik Deutschland ausgerichtet. Seit Erlass des Raumordnungsgesetzes im Jahr 1965 stand dabei bislang ausschließlich der terrestrische Raum des Bundesgebietes im Fokus. Zugunsten einer Raumplanung auf dem Meer wurden in das Raumordnungsgesetz letztlich nur drei Vorschriften eingefügt. Fraglich ist deshalb, ob dies ausreicht, das Raumordnungsgesetz als passendes Rechtsgebiet für die Materie zu begründen (unter II.).

Inhaltlich werden an die Raumordnungspläne und das raumplanungsrechtliche Instrumentarium hohe Erwartungen geknüpft: Sie sollen nicht nur einen Ausgleich zwischen den zahlreichen, sich teilweise konkurrierenden Nutzungsansprüchen und Schutzinteressen herbeiführen, sondern sogar sich erst zukünftig ergebende Konfliktsituationen zwischen unterschiedlichen Belangen voraussehen und lösen können. Inwieweit die maritimen Raumordnungspläne in der deutschen AWZ diesen Erwartungen standhalten können und worin ihr Mehrwert ggü. dem Status quo liegt, soll ebenfalls analysiert werden (unter III.).

Bei genauerer Betrachtung der einzelnen Festlegungen der Raumordnungspläne ergibt sich die Frage, ob die Ergebnisse der Umweltberichte, die als Grundlage für verschiedene Festlegungen herangezogen werden, realitätsnah und richtig sind, und ob damit eine geeignete Grundlage für die getroffenen Festlegungen gefunden wurde (unter IV.).

In der Zusammenschau ergibt sich ein Befund, wonach die Raumordnungspläne in der deutschen AWZ einen durchaus beachtlichen Lösungsansatz für die bestehende Konfliktlage im Meer bieten. Ihr Potential scheint jedoch längst nicht ausgeschöpft zu sein. Aus diesem Grund sind die Raumordnungspläne auf ihre Entwicklungsmöglichkeiten hin zu untersuchen. Dabei soll die Idee einer Ausweitung der maritimen Raumplanung auf die europäische Ebene entwickelt werden (unter V.).

1148 An einer Stelle wird auf § 38 BNatSchG Bezug genommen, wo im AWZ-ROV Nordsee § 57 BNatSchG zitiert wird. Da § 57 BNatSchG im Wesentlichen § 38 BNatSchG a.F. entspricht (siehe Begründung zum Gesetzentwurf, BR-Drs. 278/09, S. 229), handelt es sich wohl um einen redaktionellen Fehler.

1149 Siehe dazu oben F.I.5b.

I. Unionsrechtskonforme Umsetzung der Maritimen Raumplanungsrichtlinie

Nach Art. 288 Abs. 3 AEUV sind Richtlinien für jeden Mitgliedstaat, an den sie gerichtet werden, hinsichtlich des zu erreichenden Ziels verbindlich, sie überlassen den innerstaatlichen Stellen jedoch die Wahl der Form und der Mittel. Das, was im Vertrag über die Arbeitsweise der Europäischen Union allgemeingültig verfasst ist, erfährt in der Richtlinie 2014/89/EU zur Schaffung eines Rahmens für die maritime Raumplanung[1150] eine Konkretisierung: Ziel ist die Implementierung einer maritimen Raumplanung in allen Küsten-Mitgliedstaaten, um ein nachhaltiges Wachstum der Meereswirtschaft, eine nachhaltige Entwicklung der Meeresgebiete und die nachhaltige Nutzung der Meeresressourcen zu fördern.[1151] Dazu fordert die Richtlinie, dass bestimmte Mindestanforderungen einzuhalten und maritime Raumordnungspläne – falls nicht schon geschehen – auszuarbeiten sind.[1152] Dabei berührt die Richtlinie aber ausdrücklich weder völkerrechtliche Befugnisse der Mitgliedstaaten in den Meeresgewässern oder die Zuständigkeit der Mitgliedstaaten, Umfang und Reichweite ihrer maritimen Raumordnungspläne festzulegen, noch, wie die einzelnen Ziele in den Raumordnungsplänen berücksichtigt oder gewichtet werden.[1153]

Da für die deutsche AWZ der Nord- und Ostsee bereits Raumordnungspläne erlassen wurden, müssen sich diese an den Mindestanforderungen des Art. 6 und 8 MRRL messen lassen. Art. 6 MRRL erfordert die Festlegung bestimmter Verfahrensschritte, die u.a. Vorgaben zur Einbindung von Öffentlichkeit, anderer Mitgliedstaaten und Drittländern in die nationalen Prozesse beinhalten.[1154] Diese Aspekte sind i.R.d. Entstehung der Verordnungsentwürfe des BSH beachtet worden.[1155] Weitere Mindestanforderungen zielen auf die Berücksichtigung der Wechselwirkungen zwischen Land und Meer oder die Berücksichtigung von Umweltaspekten, wirtschaftlichen, sozialen und Sicherheitsaspekten sowie die Förderung der Kohärenz zu anderen Plänen wie dem integrierten Küstenzonenmanagement.[1156] Auch diese Punkte finden in den Verordnungen Beachtung.[1157]

1150 MRRL 2014/89/EU v. 23.7.2014, siehe dazu oben C.IV.10.

1151 Art. 5 und 1 MRRL.

1152 Art. 6 und 8 MRRL.

1153 Art. 6 Abs. 3, 4, Art. 5 Abs. 3 MRRL. Die Richtlinie gilt gem. Art. 2 Abs. 2 ebenfalls nicht für Tätigkeiten, die allein der Verteidigung oder der nationalen Sicherheit dienen.

1154 Art. 6 Abs. 2d, f, g MRRL.

1155 Siehe oben F.I.3.

1156 Art. 6 Abs. 2a, b, c MRRL.

1157 Siehe oben für die Nordsee F.II.2a. Die weitere Vorgabe, nach der die besten verfügbaren Daten genutzt und ausgetauscht werden sollen, findet für den Meeresbereich über das GeoSeaPortal des BSH Beachtung, siehe https://www.geoseaportal.de (8.2.2017).

Nach Art. 8 MRRL ist in den maritimen Raumordnungsplänen die räumliche und zeitliche Verteilung der bestehenden und künftigen Tätigkeiten und Nutzungen in den Meeresgewässern darzulegen. Dabei sind die einschlägigen Wechselwirkungen zwischen den Tätigkeiten und Nutzungszwecken zu berücksichtigen. Auch dieser Vorgabe kommen die deutschen Raumordnungspläne bereits nach. In den Karten zu den Raumordnungsplänen finden sich dazu die räumlich darstellbaren Nutzungsformen. Der Textteil ergänzt neben der Begründung der räumlichen Festlegungen auch zeitliche Festlegungen, wie bspw. die Einschränkung des Verlegezeitraums von Rohrleitungen und Seekabeln während artspezifisch besonders störanfälligen Zeiträumen oder die Verpflichtung zum Rückbau baulicher Anlagen nach Aufgabe der Nutzung.[1158]

Die Frist zur Umsetzung der Richtlinie endete am 18. September 2016;[1159] ein Gesetzesentwurf der Bundesregierung über den „Entwurf eines Gesetzes zur Änderung raumordnungsrechtlicher Vorschriften", dessen Hauptziel es ist, die Vorgaben der Maritimen Raumplanungsrichtlinie umzusetzen, stammt vom November 2016.[1160] Die tatsächliche Rechtslage in der Bundesrepublik entspricht jedoch bereits zum jetzigen Zeitpunkt den Vorgaben der Richtlinie, so dass diese unionsrechtskonform umgesetzt ist. Rechtlich umzusetzen bleibt lediglich die Vorgabe, dass die maritimen Raumordnungspläne mindestens alle zehn Jahre überprüft werden müssen.[1161] Dies hat der Gesetzesentwurf aufgenommen.[1162]

II. Rechtliche Verankerung der Raumordnungsplanung im Raumordnungsgesetz

Im Jahr 2004[1163] wurde § 18a ROG als Rechtsgrundlage für die Verordnungen über die Raumordnung in der deutschen AWZ in das Raumordnungsgesetz eingefügt. Daneben beinhalten § 1 und § 2 ROG 2004 Regelungen mit Meeresbezug: Durch § 1 Abs. 1 Satz 3 ROG 2004 wurde der Geltungsbereich des Raumordnungsgesetzes auf die deutsche AWZ ausgedehnt, durch § 2 Abs. 2 Nr. 8 Satz 1 ROG 2004 wurde der

1158 Punkt 3.3.1. (8), 3.2.1. (3), 3.3.1. (5), 3.5.1. (5) AWZ-ROV Nordsee. In Bezug auf die zeitliche Verteilung halten sich die deutschen Raumordnungspläne zurück, es finden sich dazu nur wenige Regelungen. Die Richtlinie gibt dazu jedoch keine Mindestvorgaben, so dass dieser Bestimmung mit den deutschen Regelungen i.S.e. unionsrechtskonformen Umsetzung der Richtlinienvorgaben genüge getan ist.

1159 Art. 15 Abs. 1 MRRL.

1160 BReg-Drs. 656/16 v. 4.11.2016, S. 1 mit Verweis auf Art. 15 Abs. 1 Satz 1 MRRL. Zur Richtlinie siehe oben C.IV.10. Kritisch *Goppel*, DVBl. 2016, 1306 ff.

1161 Art. 6 Abs. 3 MRRL.

1162 Siehe dazu oben C.IV.10.

1163 Gesetz zur Anpassung des Baugesetzbuchs an EU-RL v. 24.6.2004, BGBl. I S. 1359 ff. (1379). Begründung zum Gesetzentwurf BT-Drs. 15/2250 v. 17.12.2003. Siehe dazu oben D.II.2a. und 4d. Hierzu *Bielenberg et al.*, Raumordnungs- und Landesplanungsrecht, Kommentar, Stand Oktober 2016, Abschnitt J 680.

Naturschutzgrundsatz auf Meeresgebiete erweitert. Die aktuelle Fassung des ROG 2009 enthält neben der neuen Rechtsgrundlage in § 17 Abs. 3 ROG 2009 nur noch die Erweiterung des Geltungsbereichs des Raumordnungsgesetzes auf die deutsche AWZ, nunmehr in § 1 Abs. 4 ROG 2009.[1164] In den Grundsätzen des § 2 ROG 2009 findet sich kein ausdrücklicher Verweis mehr auf Meeresgebiete. Die Verweise auf weitere anzuwendende Vorschriften des Raumordnungsgesetzes im Kapitel über die Raumordnung im Bund („... mit der Maßgabe, dass ...") in den §§ 17 Abs. 4 bis 22 ROG 2009 enthalten keine meeresspezifischen Anpassungen.[1165] Schon aus diesem Grund kann angezweifelt werden, ob zwei Vorschriften ausreichen, eine solch komplexe Materie wie die maritime Raumordnung und -planung zu regeln, und ob das Raumordnungsgesetz das geeignete Rechtsgebiet dafür ist.

Für die Beantwortung dieser Zweifel soll ein Blick auf die Aufgabe des Gesetzes und die vorhandenen Regelungen geworfen werden. Die Aufgabe der Raumordnung besteht darin, den vorhandenen Raum zu entwickeln, zu sichern und zu ordnen. Das ist heute wie zu Zeiten des Erlasses des ersten Raumordnungsgesetzes im Jahr 1965 Inhalt des § 1 ROG.[1166] Dabei sieht der föderale Bundesgesetzgeber die Raumordnung weitgehend als eine solche der Länder an und erklärt nur wenige Ausnahmen davon zur Bundesaufgabe (vgl. § 17 Abs. 1–3 ROG 2009).[1167] Das zentrale Instrument der Raumordnung sind Raumordnungspläne, die in aufwändigen Verfahren aufgestellt werden. Einem zusammenfassenden, überörtlichen und fachübergreifenden Raumordnungsplan folgen dabei grundsätzlich detailliertere Planungen auf regionaler und gemeindlicher Ebene.[1168] Dieser Gedanke verschiedener Planungsebenen und deren Bezug zueinander findet sich in den § 1 Abs. 1 Satz 2 Nr. 1 und Abs. 3 ROG 2009 wieder. Vor diesem Hintergrund ist eine Übertragbarkeit der Regelungen des Raumordnungsgesetzes auf den Meeresbereich insbesondere hinsichtlich zweier Gesichtspunkte fraglich. Zum einen geht es bei der maritimen Raumordnungsplanung nicht darum, ein Grobraster für detailliertere nachfolgende Planungen zu schaffen. Die Raumplanung des Meeres erfolgt auf einer einzigen Ebene, Fachplanungen werden nicht vorgenommen,[1169] Nutzungsgenehmigungen werden durch die Fachbehörden erteilt. Zum anderen kann es sich aufgrund der eingeschränkt

1164 Soweit noch in § 1 Abs. 1 Satz 3 ROG 2004 von „Funktionen" die Rede war, legte man den Wortlaut dahingehend erweiternd aus, dass auch einzelne Nutzungen i.S.d. Seerechtsübereinkommens davon umfasst sein sollten; siehe *Bielenberg et al.*, Raumordnungs- und Landesplanungsrecht, Kommentar, Stand Oktober 2016, J 680, S. 12.

1165 Meist wird eine andere zuständige Stelle bestimmt, entweder das BMVI oder das BSH.

1166 Vgl. zum ROG 1965 *Bielenberg et al.*, Raumordnungs- und Landesplanungsrecht, Kommentar, Stand Oktober 2016, J 620, S. 15 ff.

1167 Zur verfassungsrechtlichen Einordnung der Gesetzgebungskompetenz zur Raumordnung in der AWZ siehe oben D.II.2.

1168 *Erbguth*, DVBl. 2009, 265 ff. (269 ff.).

1169 Dazu schon *von Nicolai*, IzR 2004, 491 ff. (492).

zugewiesenen souveränen Rechte und Hoheitsbefugnisse des Seerechtsübereinkommens in der AWZ nicht um eine umfassende, alle Belange betreffende Beplanung des Gesamtraums der AWZ handeln, wie es für das terrestrische Bundesgebiet und die Küstenmeere zutrifft.[1170] In der AWZ geht es nur um die räumliche Planung von Teilaufgaben und zwar derjenigen, die der Bundesrepublik Deutschland i.R.d. Seerechtsübereinkommens als souveräne Rechte und Hoheitsbefugnisse zugewiesen sind.[1171] Insoweit kann man die Übertragbarkeit der raumordnungsrechtlichen Normen auf die AWZ und damit die Verortung der Materie im Raumordnungsgesetz anzweifeln. Es passt aber der Gedanke des Gesetzgebers, dass durch die Raumordnung unterschiedliche Anforderungen auf den Raum untereinander abzustimmen und auftretende Konflikte auszugleichen sind (vgl. § 1 Abs. 1 Satz 2 Nr. 1 ROG 2009). Die Vorgabe, Vorsorge für einzelne Nutzungen und Funktionen des Raums zu treffen (§ 1 Abs. 1 Satz 2 Nr. 2 ROG 2009), trifft sowohl für den terrestrischen als auch den maritimen Raum zu. Vom grundsätzlichen Gesetzgebungsauftrag her passt das Rechtsgebiet der terrestrischen Raumordnung damit auch für eine maritime Raumplanung.

Ebenso ist der Verweis des § 18a ROG 2004 auf § 7 Abs. 4 ROG 2004, wonach in den Raumordnungsplänen Gebietsfestlegungen zu Vorrang-, Vorbehalts- und Eignungsgebieten möglich sind, auf die maritime Situation übertragbar.[1172] Diese Festlegungen enthalten eine vorab getroffene Wertungsentscheidung für die Abwägung mit anderen Belangen und stellen damit das Herzstück der Raumplanung dar. Durch sie wird eine raumplanerische Steuerung erst möglich. Da die Gebietskategorien des Vorrang-, Vorbehalts- und Eignungsgebietes keine rein terrestrisch bezogenen Anknüpfungspunkte enthalten, ist eine entsprechende Anwendbarkeit auf den maritimen Bereich ohne weiteres möglich.

Allerdings muss ebenso festgestellt werden, dass die Unterschiede, die eine Planung – neben der bereits angesprochenen Teil-Planung auf einer einzigen Ebene – auf dem Festland oder im Meer bedingen, noch nicht ausreichend normativ herausgearbeitet und verankert worden sind. Die dreidimensionale Beschaffenheit des Meeres hatte für maritime Nutzungen lange Zeit eine gänzlich andere Bedeutung als zu Land.[1173] So wird hier auch der Raum unterhalb der (Wasser-)Oberfläche intensiv genutzt, was erst seit einigen Jahren auch an Land zutrifft. Beispielhaft genannt sei an dieser Stelle nur die Fischerei. Zur Vereinbarkeit verschiedener Nutzungen, wie z.B. Windenergieanlagen und Tourismus oder Marikultur, auf den

---

1170 Siehe oben B.II.

1171 Siehe auch *Runkel*, in: *Bielenberg et al.*, Raumordnungs- und Landesplanungsrecht, Kommentar, Stand Oktober 2016, J 680, S. 12. In der Begriffsdefinition des § 3 Nr. 7 ROG ist aus diesem Grund auch nur von „zusammenfassende(n), überörtliche(n) und fachübergreifende(n) Pläne(n)" die Sprache, nicht aber von „umfassenden" Plänen.

1172 Jetzt verweist § 17 Abs. 3 Satz 2 ROG auf § 8 Abs. 7 ROG.

1173 Darauf weist auch *Douvere*, Mar Policy (32) 2008, 762 ff. (766), hin. Zur unterirdischen Raumordnung *Erbguth*, ZUR 2011, 121 ff.

unterschiedlichen Ebenen des Raums und ihrer Abstimmung aufeinander enthält das Raumordnungsgesetz jedoch keine Aussagen.[1174]

Des Weiteren konzentrieren sich die aktuellen Vorschriften des Raumordnungsgesetzes vorrangig auf Schwerpunkte, die die Ordnung der Siedlungs- und Infrastruktur betreffen (vgl. § 2 Abs. 2 Nr. 1–4, § 8 Abs. 5 Satz 1 Nr. 1 und 3 ROG 2009). Das Meeresgebiet ist jedoch – zumindest noch – nicht vorrangig für die dauerhafte Besiedlung durch den Menschen vorgesehen, so dass diese Vorschriften nicht auf die maritime Situation übertragbar sind.[1175] Das Meeresgebiet ist geprägt von seiner ihm eigentümlichen Freiraumstruktur, die nicht nur als Brücke zur Vernetzung schützenswerter Biotope fungiert, sondern auch notwendig ist, um auf sich ändernde ökologische Herausforderungen (z.B. neue Nutzungsformen des Meeres) zu reagieren.[1176] Die anzustrebende Freiraumstruktur in den Ländern findet zwar in § 8 Abs. 5 Satz 1 Nr. 2 ROG 2009 Beachtung, die anzustrebende Freiraumstruktur auch in den Meeresgebieten sollte dagegen normativ deutlicher hervorgehoben werden.

Die Grundsätze, die i.S.d. Gesetzes als Vorgaben für nachfolgende Abwägungs- und Ermessensentscheidungen Aussagen zur Entwicklung, Ordnung und Sicherung des Raumes enthalten, weisen keinen ausdrücklichen Meeresbezug auf. Enthielt § 2 Abs. 2 Nr. 8 Satz 1 ROG 2004 im Naturschutzgrundsatz noch einen Verweis auf die „Meeresgebiete“, so findet sich dieser in den aktuellen Vorschriften nicht mehr. Die Gesetzgebungsmaterialien enthalten zum Wegfall keinerlei Hinweise oder Begründungen. Aufgrund der in den letzten Jahren immer stärker ins Bewusstsein gerückten Relevanz der Nutzung des Meeres sollte dies auch seinen entsprechenden Niederschlag im Gesetz finden. Der Gesetzgeber plant, § 2 Abs. 2 Nr. 6 ROG 2009 wieder um einen Satz zu ergänzen, der die nachhaltige Entwicklung im Meeresbereich in den Fokus nimmt.[1177]

Festgestellt werden muss damit, dass die normative Ausgestaltung der Regelungen zur maritimen Raumplanung mit lediglich zwei (bzw. drei zu Zeiten des ROG 2004) ausdrücklich auf den maritimen Bereich bezogenen Vorschriften bislang recht zurückhaltend ist. Ausdrückliche meeresspezifische Anpassungen finden sich auch in anderen Normen des Raumordnungsgesetzes nicht. Der Bezug zur Dreidimensionalität und der dem Meer typischen Freiraumstruktur wird raumordnungsrechtlich – weder im Raumordnungsgesetz noch in den Raumordnungsplänen für die deutsche AWZ selbst – nicht verfestigt. Dagegen weist das bislang für die terrestrische Raumordnung verwendete Instrumentarium von Raumordnungsplänen mit Gebietsfestlegungen keine spezifisch terrestrischen Bezugspunkte auf und ist damit entsprechend auch auf maritime Sachverhalte anwendbar. Grundsätzlich

1174 So aber schon *von Nicolai*, IzR 2004, 491 ff.

1175 Zweifelnd auch *Wolf*, ZUR 2005, 176 ff. (177). Die Raumordnungspläne enthalten ein Kapitel zu „Freizeit und Tourismus“. Hier geht es jedoch um mögliche Beeinträchtigungen des Tourismus an der Küste und nicht um eine dauerhafte Besiedelung des Meeres. Siehe dazu oben F.II.2c. und F.III.2c.

1176 Dazu *Gärditz*, EurUP 2016, 290 ff. (293).

1177 Siehe BReg-Drs. 656/16 v. 4.11.2016, S. 4, 33.

erweist sich damit das Raumordnungsgesetz als die passende Rechtsmaterie zur Regelung der maritimen Raumplanung. Mit einer zu erwartenden zukünftigen Verkomplizierung der Festlegungen der maritimen Raumordnungspläne bedarf es aber voraussichtlich verschiedener gesetzlicher Anpassungen und Erweiterungen auf die maritimen Besonderheiten.

III. Grundannahmen für die Raumordnungspläne: Ergebnisse der Umweltberichte

Das Ergebnis der Umweltberichte lautet:

> Es kann zusammenfassend festgehalten werden, dass durch die Durchführung der Festlegungen des Raumordnungsplans zu Schifffahrt, Rohstoffgewinnung, Rohrleitungen und Seekabel, wissenschaftliche Meeresforschung, Energiegewinnung (insbesondere Windenergie) sowie Fischerei und Marikultur – insbesondere wegen der allgemeinen und quellenbezogenen Festlegungen zur Vermeidung und Verminderung von Auswirkungen – *keine erheblichen Auswirkungen auf die Meeresumwelt* zu erwarten sind. Die im Raumordnungsplan getroffenen Gebietsfestlegungen für Rohrleitungen und Seekabel sowie Windenergie haben nach der Verträglichkeitsprüfung *keine erheblichen Auswirkungen auf die Schutz- und Erhaltungsziele der FFH- und Vogelschutzgebiete.*[1178]

Dieses Ergebnis mutet im ersten Moment deutlicher an, als die Bewertung eigentlich ausfallen müsste. Denn es ist zu differenzieren: Realistisch betrachtet betreffen die Festlegungen des Raumordnungsplans überwiegend Nutzungen, die bereits bestehen. Der Raumordnungsplan greift diese Nutzungen genau so auf, wie sie bestehen, und führt zu keinerlei Änderungen des Status quo. So heißt es dann auch im Umweltbericht:

> Da die Festlegungen des Raumordnungsplans überwiegend bestandsbezogen sind, sind die ökologischen Auswirkungen vieler Nutzungen *nur bedingt abhängig* von der Durchführung bzw. Nichtdurchführung des Plans.[1179]

Zu fragen ist deshalb danach, aus welchen Gründen das Ergebnis des Umweltberichts so deutlich positiv ausfallen konnte. Der Grund dafür ist wohl in der Ausgangslage bei der Erstellung des Umweltberichts zu suchen: Hier standen die zuständigen Behörden vor einem erheblichen Problem. Der Raum der AWZ sollte erstmals flächendeckend beplant werden. Für viele der zu begutachtenden Schutzgüter wurde erstmals eine umfassende Bestandsaufnahme erstellt; dabei musste mit gewaltigen Informationslücken, insbesondere hinsichtlich möglicher

---

1178 Punkt 5.1. AWZ-ROV Nordsee/Ostsee (Hervorhebung durch Verfasserin).

1179 *Bundesamt für Seeschifffahrt und Hydrographie*, Umweltbericht zum AWZ-ROV Nordsee, 2009, S. 392. Ebenso im *Bundesamt für Seeschifffahrt und Hydrographie*, Umweltbericht zum AWZ-ROV Ostsee, 2009, S. 344 (Hervorhebung durch Verfasserin).

Wechselwirkungen zwischen den Schutzgütern, aufgrund fehlender Daten und Analysen umgegangen werden.[1180]

Deshalb finden sich in den beiden Umweltberichten für Nord- und Ostsee einige – gerade auch vor dem Hintergrund des Vorsorgegrundsatzes – eher fragwürdige Ergebnisse: Unter Punkt 5 enthalten die Umweltberichte die Ergebnisse der durchgeführten Verträglichkeitsprüfung bzgl. der Gebiete von gemeinschaftlicher Bedeutung und der Vogelschutzgebiete.[1181] I.R.d. Verträglichkeitsprüfung wird geprüft, ob die Erhaltungsziele oder die Schutzzwecke der gemeldeten FFH- und Vogelschutzgebiete durch die Festlegungen des Raumordnungsplans erheblich beeinträchtigt werden können. Das Vogelschutzgebiet „Östliche Deutsche Bucht" wird im Süden und Westen durch das Vorranggebiet für Windenergie „Südlich Amrumbank" umschlossen. I.R.d. Verträglichkeitsprüfung wurden mögliche Fernwirkungen der Windenergieanlagen auf den Schutzzweck des Schutzgebietes geprüft. Dieser liegt in der dauerhaften Erhaltung und Wiederherstellung des Meeresgebietes in seiner Funktion als Nahrungs-, Überwinterungs-, Mauser-, Durchzugs- und Rastgebiet für bestimmte, dort vorkommende Arten und regelmäßig auftretende Zugvogelarten.[1182] Im Umweltbericht wird festgestellt, dass es durch Scheucheffekte zu einer Vertreibung störanfälliger Arten aus dem Schutzgebiet kommen kann, was sowohl für die Bau- als auch für die Betriebsphase von Offshore-Windenergieanlagen gelten kann.[1183] Dennoch wird als Ergebnis der Verträglichkeitsprüfung „mit der erforderlichen Sicherheit" festgehalten, dass „die Festlegung des Vorranggebietes Windenergie „Südlich Amrumbank" [...] keine erheblichen Auswirkungen auf die Schutz- und Erhaltungsziele" des Vogelschutzgebietes haben wird. Zwischen den Zeilen der vorangegangenen Argumentation lässt sich herauslesen, dass es natürlich zu einer Beeinträchtigung der geschützten Arten kommen wird, diese nur i.R.e. Abwägung und unter der Beachtung einiger „auswirkungsminimierender und schadensbegrenzender Vorgaben" als unerheblich zu vernachlässigen sein werde.[1184]

1180 *Bundesamt für Seeschifffahrt und Hydrographie*, Umweltbericht zum AWZ-ROV Nordsee, 2009, S. 378 f.

1181 Siehe dazu oben F.I.4d. Über den Umgang mit Unsicherheiten in der FFH-Verträglichkeitsprüfung *Frenz*, NuR 2016, 30 ff.

1182 § 3 der Verordnung über die Festsetzung des Naturschutzgebietes „Östliche Deutsche Bucht" (NatSGÖDeuBuchtV) v. 15.9.2005, BGBl. I S. 2782, zuletzt geändert durch Art. 2 Abs. 111 des Gesetzes v. 22.12.2011, BGBl. I S. 3044.

1183 Dieser Annahme wird eine einfache zeitliche Verteilung zugrunde gelegt: Die möglicherweise betroffenen störanfälligen Arten seien „Winter-/Frühjahrsgäste", die Baumaßnahmen werden dagegen „voraussichtlich" im Sommer stattfinden. Zu Offshore-Windenergieanlagen und Vogelschutz siehe unter vielen *Exo et al.*, Seevögel 2002, 83 ff.; *Hüppop et al.*, Ber. Vogelschutz 2002, 77 ff.

1184 Unter anderem mit der Begründung, dass der Bereich des Vorranggebietes für Windenergie selbst ja keinen Konzentrationsschwerpunkt der geschützten Arten darstelle. Siehe *Bundesamt für Seeschifffahrt und Hydrographie*, Umweltbericht zum AWZ-ROV Nordsee, 2009, S. 372.

Ähnlich fragwürdig fällt das Ergebnis hinsichtlich einer möglichen Beeinträchtigung mariner Säugetiere in FFH-Gebieten durch den Bau und Betrieb von Offshore-Windenergieanlagen aus: Beeinträchtigungen während der Bauphase durch schallintensive Rammarbeiten seien zu erwarten, jedoch „jedenfalls nur vorübergehender Natur".[1185] Dauerhafte Schädigungen von Schweinswalen könnten „nicht eintreten".[1186] Außerdem könne ausgeschlossen werden, „dass aufgrund des Betriebes der genehmigten Anlagen negative Langzeitwirkungen auf die Schweinswale eintreten". So bleibt denn laut Umweltbericht auch hier „mit der erforderlichen Sicherheit festzuhalten, dass die Gebietsausweisung [...] keine erheblichen Auswirkungen auf die Schutz- und Erhaltungsziele des FFH-Gebietes haben wird."[1187] Dagegen sprechen drastische Berichte über Hörschwellenverschiebungen bei marinen Säugern, über Maskierung und Todesfälle durch Schalleinträge in die Meeresumwelt.[1188]

Neben diesen ausführlicher dargestellten Beispielen sind in den Umweltberichten zahlreiche weitere Punkte aufgelistet, bei denen durch den Bau und den Betrieb von Offshore-Windenergieanlagen Auswirkungen auf die Meeresumwelt erwartet werden.[1189] Dazu gehören Änderungen in der Sediment- und Habitatstruktur hinsichtlich der Benthosbesiedlung (Boden und Wasser), Wechselwirkungen innerhalb der marinen Nahrungsketten (hinsichtlich Phyto- und Zooplankton), Auswirkungen auf die Epifauna/Fische sowie Habitatveränderungen, die Verdrängung gefährdeter Arten, Begünstigung von Arten in ihrer Abundanz und Verbreitung oder Veränderungen im Artenspektrum, der Abundanz- und Dominanzverhältnisse in der verfügbaren Biomasse (Benthos und Fische), bei marinen Säugetieren Habitatverlust durch Meidungsverhalten während und nach der Bauphase, Anlock- oder Gewöhnungseffekte an die Offshore-Windenergieanlagen, mögliche Verhaltensänderungen, bei See- und Zugvögeln Kollisionsgefahr, Habitatverlust bei störempfindlichen Seevogelarten, Verlagerung von Konzentrationsbereichen für Seevögel, Anlock- oder Gewöhnungseffekte an die Offshore-Windenergieanlagen, Verhaltensänderungen, Verlängerung von Zugrouten oder Richtungsänderungen durch Barriereeffekte.

Die Umweltberichte konstatieren damit auch umfassende mögliche erhebliche Auswirkungen auf die Meeresumwelt samt aller unbekannten Wechselwirkungen und weitreichende Kenntnislücken in Bezug auf fast sämtliche Schutzgüter. Plastisch wird dies am Beispiel Windenergie: Zum Zeitpunkt der Aufstellung des Plans bzw. zum Zeitpunkt der Erstellung des Umweltberichts in der Nordsee waren 18

1185 *Bundesamt für Seeschifffahrt und Hydrographie*, Umweltbericht zum AWZ-ROV Nordsee, 2009, S. 371.

1186 Ebda.

1187 *Bundesamt für Seeschifffahrt und Hydrographie*, Umweltbericht zum AWZ-ROV Nordsee, 2009, S. 371.

1188 *Hahn*, EurUP 2012, 119 ff.; *Hahn*, EurUP 2012, 179 ff.; *Markus*, NuR 2010, 236 ff.

1189 Anhang I – Konzeptentwurf für einen Monitoringplan zu den möglichen erheblichen Auswirkungen von Windenergieanlagen, *Bundesamt für Seeschifffahrt und Hydrographie*, Umweltbericht zum AWZ-ROV Nordsee, 2009, S. 515 ff.

Offshore-Windparks mit insgesamt 1.257 Offshore-Windenergieanlagen genehmigt worden.[1190] Kein einziger Windpark war zu diesem Zeitpunkt bereits gebaut, keine Studie zu den tatsächlichen Auswirkungen unter realen Bedingungen während Bau- und Betriebsphase erstellt.

Vor diesem Hintergrund ist der Prognosecharakter der Umweltberichte zu betonen, und die Ergebnisse der Umweltberichte dürfen nur sehr eingeschränkt als belastbare Grundlage für die potentielle Umweltschädlichkeit bzw. Umwelt*un*schädlichkeit raumplanerischer Entscheidungen herangezogen werden. Erheblicher Forschungsbedarf und eine erneute Umweltprüfung bzw. ein intensives Monitoring mit belastbareren Daten in regelmäßigen Abständen ist deshalb angezeigt.

IV. Inhaltliche Ausrichtung: Mehrwert der Raumordnungspläne in der deutschen AWZ

Die zunehmende Nutzung der AWZ hat zu einem Regelungsbedarf geführt, bei dem insbesondere der Ausgleich von konkurrierenden Nutzungsansprüchen und ökologischen Schutzansprüchen im Mittelpunkt steht. Die erstellten Raumordnungspläne für die deutsche AWZ der Nord- und Ostsee sollen diesen Regelungsbedarf bedienen. Sie müssen sich deshalb an der Erwartung messen lassen, dass sie tatsächlich zu einer Regelung der konkurrierenden Nutzungsansprüche und Schutzinteressen beitragen (können). Damit stellt sich die Frage nach dem planerischen Mehrwert, der durch die Raumordnungspläne tatsächlich entstanden ist.

Bei der Beantwortung der Frage ist zunächst zu bedenken, welche potentiell negativen Auswirkungen einer (wirtschaftlichen oder sonstigen) Betätigung in der AWZ auf die Meeresumwelt überhaupt durch raumordnerische Festlegungen beeinflusst werden können. Auf Anhieb ist eine Vielzahl von Belastungsformen denkbar, die durch raumordnerische Festlegungen gerade *nicht oder nur mittelbar* beeinflusst werden können.[1191] Der Umweltbericht listet dazu beispielhaft folgende Ursachen für etwaige Auswirkungen auf:[1192] Akustische und visuelle Belastungen,[1193] Öleinträge, Emissionen, Einbringung von toxischen Stoffen, Einschleppung gebietsfremder (exotischer) Arten, Substratentfernungen und Veränderung der Bodentopographie,

1190 *Bundesamt für Seeschifffahrt und Hydrographie*, Umweltbericht zum AWZ-ROV Nordsee, 2009, S. 252. Dem stehen drei genehmigte Offshore-Windparks mit 240 Offshore-Windenergieanlagen in der Ostsee gegenüber, wovon zur Zeit der Erstellung des Umweltberichts ebenfalls noch keiner realisiert war; *Bundesamt für Seeschifffahrt und Hydrographie*, Umweltbericht zum AWZ-ROV Ostsee, 2009, S. 226.

1191 Siehe dazu *Bundesamt für Seeschifffahrt und Hydrographie*, Umweltbericht zum AWZ-ROV Nordsee, 2009, S. 362.

1192 *Bundesamt für Seeschifffahrt und Hydrographie*, Umweltbericht zum AWZ-ROV Nordsee, 2009, S. 362.

1193 Die Ausweisung von Lichtschutzgebieten thematisieren *Borchers/Schomerus*, NuR 2015, 614 ff.

Veränderung hydrographischer Verhältnisse, Trübungsfahnen, Remobilisation chemischer Stoffe, Sedimentation und Übersandung, Sedimenterwärmung. Alle diese Belastungen sind vorrangig über die Genehmigungsebene bzw. durch Verbote und Kontrollen zu regeln. Raumplanerische Ausweisungen z.B. von besonders sensiblen Meeresgebieten, in denen Schiffe zur Verringerung akustischer Belastungen nur mit einer geringeren Geschwindigkeit fahren dürfen oder besonderen Entsorgungsvorschriften unterliegen, können keine originären Lösungsmöglichkeiten bieten, nur auf sekundärer Ebene unterstützend wirken.

Oben wurde bereits festgestellt, dass dem Planungsbegriff das zukunftsgestaltende Element einer vorweggenommenen Entscheidung oder der Festlegung von Entscheidungsprämissen innewohnt.[1194] Planung zielt damit auf die Steuerung bzw. Lenkung konfligierender Interessen, die Konzentration gleichgelagerter bzw. sich verträglicher Interessen und die Minimierung negativer Auswirkungen unverträglicher Interessen hin. Bei all dem ist in dem hier verfolgten Fokus auf die Entwicklung der Belange der Meeresumwelt als gewichtigem Abwägungstatbestand zu blicken. Ein Mehrwert für die Meeresumwelt wäre insbesondere dann gegeben, wenn die Raumordnungspläne über eine Abbildung des Status quo hinaus zu einem *Regelungsgewinn* bestehender und zukünftiger Nutzungsansprüche und Schutzinteressen beitragen würden. Mit Blick auf die Raumordnungspläne für die deutsche AWZ in Nord- und Ostsee ist allerdings zu konstatieren, dass sie in ihrer aktuellen Ausprägung lediglich die bestehenden Nutzungsformen abbilden.[1195] Das umfasst die Abbildungen tatsächlicher Art, wie die kartographische Darstellung der Schifffahrtswege, der im oder auf dem Meeresuntergrund verlegten Rohrleitungen und Seekabeln oder der Rohstoffgewinnungsgebiete. Nichts anderes gilt für die Festlegungen rechtlicher Art; sie gehen nicht über die internationalen oder unionsrechtlichen Mindestvorgaben hinaus und sehen z.B. strengere Werte für Schiffsemissionen vor. Damit erfüllen die Raumordnungspläne für die deutsche AWZ zwar die Vorgaben der Maritimen Raumplanungsrichtlinie, tragen jedoch nicht darüber hinaus zu einem Regelungsmehrwert bei.[1196]

1194 Oben A.I.

1195 Punkt 8., *Bundesamt für Seeschifffahrt und Hydrographie*, Umweltbericht zum AWZ-ROV Nordsee, 2009, S. 392: „Da die Festlegungen des Raumordnungsplans überwiegend bestandsbezogen sind, sind die ökologischen Auswirkungen vieler Nutzungen nur bedingt abhängig von der Durchführung bzw. Nichtdurchführung des Plans." Auf die schwache Stellung der Interessenvertreter der Fischerei im Planungsprozess weisen u.a. *Jentoft/Knol*, Marit Stud 2014, 1 ff., hin.

1196 So auch *Janssen*, Deutsche Raumordnungsplanung in der AWZ – Wegweiser oder Fluchtweg?, in: Bosecke et al. (Hrsg.), Meeresnaturschutz, FG Czybulka, 1. Auflage 2012, S. 145 ff. (165). Hinsichtlich der Vorranggebietsfestlegungen für die Schifffahrt und die Rohrleitungen plädieren *Erbguth/Schubert* sogar für einen Abwägungsausfall, siehe den Verweis bei *Akademie für Raumforschung und Landesplanung*, Maritime Raumordnung, 2013, S. 68 f.

Eine Ausnahme davon besteht allerdings, die nicht verschwiegen werden soll: Offshore-Windenergieanlagen sind in der AWZ außerhalb der dafür vorgesehenen Vorranggebiete in den Natura 2000-Gebieten unzulässig. Mit dieser Regelung, die sich in beiden Raumordnungsplänen für Nord- und Ostsee findet, werden knapp 30 Prozent der deutschen AWZ der Nordsee und ca. 56 Prozent der deutschen AWZ der Ostsee von einer Bebauung und Nutzung durch Offshore-Windenergieanlagen freigehalten. Einem möglichen „Wildwuchs" der Bebauung der deutschen AWZ mit Offshore-Windparks ist damit Einhalt geboten, womit diese Regelung zu einem deutlichen Regelungsgewinn ggü. der reinen Darstellung des Status quo beiträgt.

Ein Mehrwert der Raumordnungspläne im Vergleich zur reinen Darstellung des Status quo bzw. auch ggü. einer Nichtdurchführung der Pläne wäre darüber hinaus gegeben, wenn sie eine Konzentrations- oder Minimierungswirkung aufweisen würden. Insbesondere die räumlichen und textlichen Festlegungen von Vorranggebieten, die i.R.e. Abwägung auf den Ausschluss nicht mit der vorrangigen Nutzung zu vereinbarender Nutzungen abzielen, haben eine natürliche *Konzentration* der vorrangigen Nutzungen auf diese Gebiete zur Folge. Das betrifft nicht nur die Schifffahrtswege, die in den festgelegten Vorranggebieten für die Schifffahrt von jeglicher Bebauung oder sonstigen störenden Nutzung freizuhalten sind. Gleiches gilt für die Vorranggebiete für Rohrleitungen, in denen dem Betrieb und der Instandhaltung der Vorrang vor anderen raumbedeutsamen Nutzungen einzuräumen ist und damit nicht zu vereinbarende Planungen, Maßnahmen und Vorhaben ausgeschlossen sind.[1197] Beide Festlegungen sind jedoch keine „echte" raumplanerische Entscheidung in dem Sinne, dass der Verordnungsgeber hier eine vorab bestimmte Abwägungsentscheidung zugunsten eines Belangs und zulasten eines anderen Belangs getroffen hätte. Beide Festlegungen sind vielmehr Ausfluss rechtlicher Vorgaben des Seerechtsübereinkommens.[1198] Das bedeutet, dass trotz der Festlegung von Vorranggebieten für die Schifffahrt Schiffe weiterhin die im Seerechtsübereinkommen normierte Freiheit der Schifffahrt genießen und theoretisch überall fahren dürfen. Befinden sie sich jedoch auf den vorrangig festgelegten Wegen, können sie sich sicher sein, dass diese von einer störenden Bebauung freigehalten sind.[1199]

1197 Die Vorrang- und Vorbehaltsgebietsfestlegungen für Rohrleitungen beziehen sich auf den Bestand und bilden keinen Rahmen für weitere Projekte, *Bundesamt für Seeschifffahrt und Hydrographie*, Umweltbericht zum AWZ-ROV Nordsee, 2009, S. 367.

1198 Siehe dazu oben B.II.

1199 Die Festlegung von Vorrang- und Vorbehaltsgebieten für die Schifffahrt hat keine unmittelbare Konzentrations- und Lenkungswirkung des Schiffsverkehrs. Die Schifffahrt kann auch zukünftig weiterhin den gesamten Seeraum nutzen. Insofern haben die Gebietsfestlegungen für die Schifffahrt im Vergleich mit dem Ist-Zustand und der Nullvariante keine zusätzlichen (positiven!) Auswirkungen auf die Schutzgüter und die Meeresumwelt insgesamt, *Bundesamt für Seeschifffahrt und Hydrographie*, Umweltbericht zum AWZ-ROV Nordsee, 2009, S. 342.

Eine Ausnahme stellen auch hier die Festlegungen zugunsten der Energiegewinnung und insbesondere der Gewinnung von Windenergie dar. Vor dem Hintergrund der politischen Entscheidung zum Ausbau der Energiegewinnung wurde eine „echte" raumplanerische Entscheidung mit Konzentrationswirkung getroffen: In bestimmten, durch Koordinatenangaben festgelegten Gebieten der deutschen AWZ wurde Anlagen zur Windenergiegewinnung der Vorrang vor anderen Nutzungen eingeräumt. Außerhalb der festgelegten Gebiete besteht keine Vorrangwirkung; in Natura 2000-Gebieten ist die Errichtung von Offshore-Windenergieanlagen sogar ausgeschlossen. Damit ist es zwar nicht grundsätzlich unzulässig, auch an anderen Stellen der deutschen AWZ Offshore-Windenergieanlagen zu planen, zu errichten und zu betreiben. Jedoch besteht hier für Investoren keine Rechtssicherheit in dem Sinne, dass i.R.d. Abwägung mit anderen Belangen der Windenergie der Vorrang eingeräumt wird. Die Genehmigungsfähigkeit steht vielmehr unter der Prämisse der Vereinbarkeit der Windenergie mit anderen Belangen. Die raumplanerischen Festlegungen führen so zu einer Rechts- und Investitionssicherheit, die Investoren dazu veranlassen wird, Vorhaben vorrangig in diesen Gebieten zu planen, zu beantragen und umzusetzen. Die rechtliche Entscheidung führt damit zu einer tatsächlichen Konzentration.[1200]

Räumliche und textliche Festlegungen in den Raumordnungsplänen führen darüber hinaus zu einer *Minimierung* möglicher negativer Auswirkungen bestimmter Nutzungen auf die Meeresumwelt. So werden in den Raumordnungsplänen neben grundsätzlichen Vorgaben zum Schutz und zur Pflege von Meeresnatur und -landschaft quellenbezogene Festlegungen getroffen, die eine möglichst umweltverträgliche Ausgestaltung der jeweiligen Nutzung gewährleisten soll. Dazu gehört bspw. die Vorgabe, dass bei der Ausgestaltung der Nutzung die beste Umweltpraxis nach OSPAR- oder HELSINKI-Abkommen und der jeweilige Stand der Technik zu berücksichtigen ist. Auf eine möglichst umweltverträgliche Ausgestaltung der Nutzungen zielen auch solche Vorgaben ab, die die flächensparende Ausübung der jeweiligen Nutzung oder den Rückbau baulicher Anlagen nach Nutzungsaufgabe vorsehen.[1201]

Im Ergebnis ist damit festzuhalten, dass in den beiden Raumordnungsplänen für die deutsche AWZ der Nord- und Ostsee ganz grundsätzlich die aktuell vorhandenen Nutzungsformen und Natura 2000-Schutzgebiete zusammengestellt und in einer Karte überblicksmäßig zusammengefasst werden. Darüber hinaus tragen

---

1200 Dem Bedürfnis nach Investitionssicherheit trägt seit dem Jahr 2017 neben der raumplanerischen Vorranggebietsausweisung nun auch die Entwicklung eines Flächenentwicklungsplans nach dem Windenergie-auf-See-Gesetz Rechnung, der fachplanerische Festlegungen für den Ausbau von Windenergieanlagen auf See treffen soll. Siehe dazu oben D.III.2b. und 2d.

1201 Der Zielkorridor für Seekabel mit Streckenführung in Richtung Büsum liegt im EU-Vogelschutzgebiet „Östliche Deutsche Bucht". Die Kabel, für die im Raumordnungsplan keine räumlichen Festlegungen getroffen werden, durchqueren – bevor sie den Zielkorridor erreichen – aufgrund der Lage der anzuschließenden Windparks das FFH-Gebiet „Sylter Außenriff", *Bundesamt für Seeschifffahrt und Hydrographie*, Umweltbericht zum AWZ-ROV Nordsee, 2009, S. 368.

die textlichen und räumlichen Festlegungen des Plans insbesondere im Bereich der Offshore-Windenergiegewinnung zu einer Lenkungswirkung der Nutzungen bei. Ein raumplanerischer Mehrwert ggü. der ursprünglichen bzw. einer fiktiven Situation ohne Plan kann damit festgestellt werden.

V. Entwicklungsmöglichkeiten: Ein maritimer Raumordnungsplan für die europäischen Meere

1. Vergleich aktueller Einbindungsszenarien

Nach dem deutschen Begriffsverständnis von Raumplanung handelt es sich bei der maritimen Raumplanung um eine Gesamtplanung der – völkerrechtlich zulässigen – Nutzungsformen und Schutzinteressen im gesamten Bereich der deutschen AWZ. Das Instrument der maritimen Raumplanung ist auf die Koordinierung dieser teilweise konkurrierenden Belange i.S.e. abwägungsgerechten räumlichen (Nutzungs-) Verteilung gerichtet.

Bei der grundsätzlichen Konkurrenz zwischen wirtschaftlichen Nutzungsansprüchen und Schutzinteressen zugunsten der Meeresumwelt gibt es dabei räumliche Verteilungsbilder, die geeigneter als andere erscheinen. Marine Schutzgebiete sollten weitläufig sein, um – zumindest in ihrem inneren Kern – ausreichende Rückzugsmöglichkeiten für störanfällige Arten zu bieten, sie sollten unzerschnitten und weitgehend deckungsgleich sein mit den Zug-, Rast-, Nahrungs-, Fortpflanzungs- und Aufzuchtsgebieten, möglichst mit einem weiteren Schutzgürtel umgeben, um sonstige negative Fernwirkungen wirtschaftlicher Nutzungsformen von außen in die marinen Schutzgebiete auszuschließen etc.[1202]

Fischerei-, Rohstoffgewinnungs- oder Windenergiegebiete werden sich zwangsläufig nur an solchen Orten befinden, wo die Grundlage der wirtschaftlichen Betätigung vorhanden ist, also Fische, Rohstoffe oder Wind. Problematisch im Hinblick auf eine Zuweisung räumlicher Nutzungsgebiete ist an dieser Stelle schon, dass Wind und Rohstoffe vergleichsweise ortsfest vorkommen, Fischschwärme dagegen mobil sind und sich nicht auf bestimmte Orte eingrenzen lassen.[1203]

Durch die völkerrechtlich gewährte Freiheit der Seeschifffahrt werden die mit Wirtschaftsgütern beladenen Schiffe aus aller Welt stets den wirtschaftlich günstigsten Weg suchen, der in aller Regel dem schnellsten respektive kürzesten Weg entspricht. Die von der Internationalen Seeschifffahrts-Organisation festgelegten Schifffahrtswege müssen von sonstiger Bebauung freigehalten werden, um das Kollisionsrisiko zu minimieren. Sog. Meeresautobahnen ermöglichen dies.[1204]

1202 Zur Verteilung von Meeresschutzgebieten in europäischen Gewässern siehe *European Environment Agency*, Spatial analysis of marine protected area networks on Europe's seas, 2015.

1203 Siehe dazu die Fallstudie von *Schmiedel/Lamp*, Site selection of fisheries areas for MSP with the help of tool "Marxan with Zone", BaltSeaPlan Report No. 30, 2012.

1204 Siehe dazu oben C.IV.2.

Schaut man sich vor dem Hintergrund dieser Idealvorstellungen nicht nur die aktuellen Raumordnungspläne in der AWZ an, sondern auch die Einbindungsszenarien zur Raumordnung in den Küstenmeeren und zur maritimen Raumplanung angrenzender Länder, so zeigt sich das folgende Bild: Die jeweiligen Gesetzgeber eines zu beplanenden Meeresgebietes müssen traditionelle und neue Nutzungsformen[1205] sowie die Interessen des Meeresschutzes i.R.e. vorgegebenen Gebietes verteilen, das objektiv gesehen möglicherweise zu klein ist, um sämtliche Interessen ideal, effektiv und gerecht zu verteilen. Sie können nicht von einer tabula rasa aus starten und sämtliche Nutzungen neu und bestmöglich auf den und in dem vorhandenen Raum verteilen. Viele Prämissen sind durch jahrzehnte- und jahrhundertelange Nutzung vorgegeben; das fängt bei der Schifffahrt an. Die bestehenden Schifffahrtswege der Internationalen Seeschifffahrts-Organisation wurden deshalb bei der Erstellung der deutschen Raumordnungspläne für die deutsche AWZ auch als Raster für die weitere Verteilung der Nutzungsansprüche genommen.

Der zur Verfügung stehende Raum soll insbesondere aus wirtschaftlichen Gründen dennoch vollumfänglich ausgenutzt werden, so dass Interessen zwangsläufig auch in einem Maße verteilt werden, das objektiv alles andere als ideal oder effektiv erscheinen mag. Beispiele finden sich dazu sowohl im Raumordnungsplan für die deutsche AWZ selbst, als auch beim Vergleich aktueller Einbindungsszenarien mit Raumordnungsplänen der Küstenbundesländer oder den Plänen angrenzender Mitgliedstaaten: So befinden sich in der Ostsee zwei Vorranggebiete für die Windenergie in direkter Nachbarschaft zu den FFH- und Vogelschutzgebieten „Adlergrund" und „Pommersche Bucht": Das betrifft zum einen das Vorranggebiet für Windenergie in der AWZ „Westlich Adlergrund" als auch das im äußersten Nordosten des mecklenburg-vorpommerischen Küstenmeeres geplante Vorrang- und Vorbehaltsgebiet für Offshore-Windenergie. Gleiches gilt für das FFH-Gebiet „Borkum Riffgrund" in der deutschen AWZ der Nordsee, das sich auf niederländischer Seite fortsetzt („Borkumse Stenen").[1206] Auch hier befinden sich Meeresschutzgebiet und Vorranggebiet Windenergie direkt nebeneinander. Negativ ist diese Nähe beider Gebiete insbesondere deshalb, weil gerade in der Bauphase durch Rammarbeiten zur Einbringung der Gründungselemente in den Seeboden sowie den baubedingten Schiffsverkehr mit erheblichen Lärm- und Schallemissionen zu rechnen ist. Von den

1205 Dazu gehören z.B. die Ozeandüngung oder auch die Bewirtschaftung genetischer Ressourcen des Tiefseebodens. Siehe *Güssow*, Sekundärer maritimer Klimaschutz, 2012; *Ginzky*, ZUR 2009, 480 ff.; *Schlacke*, EurUP 2007, 87 ff.; *Proelß*, NuR 2007, 650 ff.

1206 Siehe das Policy Document on the North Sea 2016–2021 unter https://www.noordzeeloket.nl/en/Images/Policy%20Document%20on%20the%20North%20Sea%202016-2021%20%28download%29_4895.pdf und die North Sea 2050 Spatial Agenda unter https://www.noordzeeloket.nl/en/Images/North%20Sea%202050%20Spatial%20Agenda_LO%20RES_3562.pdf (8.2.2017)). Weitere Beispiele sind in Impact Assessment, SWD(2013) 65 final v. 12.3.2013, S. 34, erwähnt. Dazu auch *Long*, Int'l J Mar & Coast L (29) 2014, 690 ff. (703).

errichteten Windenergieanlagen gehen jedoch auch danach in der Betriebsphase Zerschneidungseffekte, Scheuchwirkungen und Gefahren für Vogelschlag aus.[1207] Diese z.T. erheblichen Beeinträchtigungen insbesondere für marine Säugetiere, See- und Zugvögel werden letztlich auch in den Umweltberichten dargelegt.[1208] Folgerichtig wird auf Zulassungsebene die Einhaltung des Standes der Technik sowie der besten Umweltpraxis geprüft, d.h. es sind z.B. bestimmte Schallminimierungsmaßnahmen einzuhalten oder maximale Meidezonen zu beachten. Erhebliche Auswirkungen auf die Schutz- und Erhaltungsziele der FFH- und Vogelschutzgebiete seien unter Einhaltung dieser Vorgaben nicht zu befürchten; eine Verträglichkeit von Offshore-Windenergie in Natura 2000-Gebieten wird damit festgestellt.[1209]

Vor dem Hintergrund der naturschutzrechtlichen Verträglichkeitsprüfung gleichsam fragwürdig – wenn auch historisch bedingt – erscheint der Umstand, wenn ein FFH-Gebiet und ein Vorranggebiet für die Schifffahrt räumlich deckungsgleich sind (so beim FFH-Gebiet „Fehmarnbelt" in der Ostsee) oder sich Rohstoffgewinnungsgebiete in Natura 2000-Gebieten befinden (so beim FFH-Gebiet „Sylter Außenriff" und beim Vogelschutzgebiet „Östliche Deutsche Bucht" in der Nordsee).[1210]

2. Vorteile und Möglichkeiten einer grenzüberschreitenden maritimen Raumplanung

In den Jahren 2009 bis 2012 fand das grenzüberschreitende Projekt „BaltSeaPlan" in der Ostsee statt.[1211] Ziel war es, eine integrierte maritime Raumplanung für die Ostsee einzuführen[1212] und nationale maritime Strategien zu entwickeln. Bis auf Russland und Finnland waren sämtliche Ostseeanrainerstaaten beteiligt.[1213]

Ein Unterprojekt des BaltSeaPlans widmete sich der soeben dargestellten Problematik: Vier EU-Mitgliedstaaten (Dänemark, Deutschland, Polen und Schweden)

1207 *Busch et al.*, Ocean Coast Mgmt (71) 2013, 213 ff.

1208 Auch wenn erhebliche Auswirkungen „mit ziemlicher Sicherheit" ausgeschlossen sind, *Bundesamt für Seeschifffahrt und Hydrographie*, Umweltbericht zum AWZ-ROV Nordsee, 2009, S. 349 ff.

1209 *Bundesamt für Seeschifffahrt und Hydrographie*, Umweltbericht zum AWZ-ROV Nordsee, 2009, S. 364 ff.

1210 Die Umweltberichte treffen dazu keine konkreten Aussagen. I.R.d. Verträglichkeitsprüfung hinsichtlich festgelegter Vorbehaltsgebiete für Rohrleitungen und Seekabel, die ebenfalls FFH-Gebiete durchqueren, wird die Unverträglichkeit bzw. das Erfordernis einer Verträglichkeitsprüfung mit dem Argument verneint, dass sich die Gebietsfestlegungen „auf den Bestand beziehen und keinen Rahmen für weitere Projekte bilden". Damit könnten die Erhaltungsziele der FFH-Schutzgebiete durch die Festlegungen nicht beeinträchtigt werden, siehe *Bundesamt für Seeschifffahrt und Hydrographie*, Umweltbericht zum AWZ-ROV Nordsee, 2009, S. 367.

1211 Siehe http://www.baltseaplan.eu/ (8.2.2017).

1212 *Gee et al.*, Vision 2030, 2011.

1213 Dänemark, Deutschland, Estland, Lettland, Litauen, Polen, Schweden.

unternahmen den Versuch, – außerhalb des formalen Planungsprozesses auf nationaler Ebene und ohne evtl. bereits bestehende Pläne zu beachten – das Meeresgebiet „Pomeranian Bight and Arkona Basin“,[1214] das alle vier AWZ der Staaten streift, gemeinsam zu beplanen.[1215] Das war ein absolutes Novum in der Geschichte der maritimen Raumplanung.[1216] Die Herausforderung bestand dabei nicht nur darin, – wie üblicherweise – die Hauptkonfliktlinien im Pilotgebiet zu identifizieren und Ansätze zu entwickeln, wie mit diesen umgegangen werden sollte.[1217] Herausfordernd war insbesondere, dabei die vier unterschiedlichen Planungssysteme und Planungstraditionen zusammenzubringen und vor diesem Hintergrund eine gemeinschaftlich anerkannte und tragbare Lösung zu erarbeiten.[1218]

Im Ergebnis ist tatsächlich ein Raumordnungsplan für das Pilotgebiet entworfen worden.[1219] Aufgrund des Pilotcharakters ist dieser für die Mitgliedstaaten nicht verbindlich; jedoch ist er kein inhaltsleeres oder illusorisches Konstrukt, sondern entspricht einem realen Plan, der in einer nachhaltigen Weise ökonomische, soziale und ökologische Interessen abwägt und einer räumlichen Verteilungslösung zuführt.[1220] So wurden räumliche Gebiete für spezifische Nutzungsarten oder Schutzinteressen zoniert und in priority areas, reservation areas, suitable areas und open

---

1214 Zur Auswahl und genauen Lage des Pilotgebiets siehe *Käppeler et al.*, Developing a Pilot Maritime Spatial Plan for the Pomeranian Bight and Arkona Basin, BaltSeaPlan Report No. 9, 2012, S. 13.

1215 *Käppeler et al.*, Developing a Pilot Maritime Spatial Plan for the Pomeranian Bight and Arkona Basin, BaltSeaPlan Report No. 9, 2012.

1216 Auf terrestrischer Ebene bestehen gleichartige Überlegungen bspw. in der EuRegio Salzburg – Berchtesgadener Land – Traunstein, siehe *Moersch*, BayVBl. 2004, 40 ff. (41, 43). Eine Optimierung der Nutzung des begrenzten Raums in der Nordsee i.R.d. Zusammenarbeit im Energiebereich haben im Juni 2016 auch neun Nordsee-Länder vereinbart, siehe IP/16/2029 v. 6.6.2016.

1217 Daneben hatten die Beteiligten mit vielfältigen weiteren Problemen zu kämpfen, die die grenzüberschreitende Zusammenarbeit mit sich brachte: Unklare Grenzlinien zwischen Staaten, die Verwendung unterschiedlicher Begriffe bzw. ein unterschiedliches Verständnis von ihnen, unterschiedliche Kartenlegenden usw., siehe *Käppeler et al.*, Developing a Pilot Maritime Spatial Plan for the Pomeranian Bight and Arkona Basin, BaltSeaPlan Report No. 9, 2012, S. 4, 13.

1218 *Käppeler et al.*, Developing a Pilot Maritime Spatial Plan for the Pomeranian Bight and Arkona Basin, BaltSeaPlan Report No. 9, 2012, S. 3.

1219 Unter Zuhilfenahme eines Leitfadens aus einem vorhergehenden Projekt, siehe *Schultz-Zehden et al.*, Handbook on Integrated Maritime Spatial Planning, 2008, siehe auch unter http://www.plancoast.eu/files/handbook_web.pdf (8.2.2017), und der Projektionssoftware MARXAN, siehe dazu Marine spatially explicit annealing, University of Queensland, Australia, siehe http://marxan.org/ (8.2.2017). Siehe auch *Schmiedel/Lamp*, Site selection of fisheries areas for MSP with the help of tool "Marxan with Zone", BaltSeaPlan Report No. 30, 2012.

1220 *Käppeler et al.*, Developing a Pilot Maritime Spatial Plan for the Pomeranian Bight and Arkona Basin, BaltSeaPlan Report No. 9, 2012, S. 85 ff.

use areas eingeteilt.[1221] Das Vorgehen der Projektteilnehmer ähnelt im Weiteren demjenigen beim Entwurf der beiden Raumordnungspläne für die deutsche AWZ:[1222] Lineare Strukturen und Aktivitäten wie Schifffahrtswege, Rohrleitungen und Seekabel wurden zusammen mit Meeresschutzgebieten zuerst erfasst, dann wurde eine Sicherheitszone um sie herum definiert, danach folgten nicht-lineare Strukturen wie Offshore-Windenergieanlagen. Erstmals wurde auch die Fischerei im Plan mit einer räumlichen Festlegung (als reservation area) bedacht.[1223] Das Ergebnis zeigt einen Plan, in dem über staatliche Grenzen hinweg Nutzungsansprüche und Schutzinteressen in einem Meeresgebiet so verteilt sind, wie es unter den gegebenen Umständen bestehender Nutzungen und räumlicher Sinnhaftigkeit bestmöglich geeignet ist. Dabei führen maßgebliche Schifffahrtswege durch alle vier Mitgliedstaaten, suitable areas für Offshore-Windenergie und Meeresschutzgebiete finden sich nur in dreien von ihnen.[1224]

Zu den Errungenschaften dieses Pilotplans gehören verschiedene Einsichten der Beteiligten: Einmal mehr ist klar geworden, dass die grenzüberschreitende Kooperation erforderlich ist, „since marine areas do not exist in isolation“.[1225] Dazu müssen jedoch erst die geeigneten behördlichen Einrichtungen auf nationaler Ebene geschaffen und ein vergleichbarer Planungsprozess muss in allen beteiligten Staaten implementiert werden. Dieser Prozess ist nicht zuletzt mit der maritimen Raumplanungsrichtlinie[1226] im Jahr 2014 angestoßen worden. Die maritime Raumplanungsrichtlinie zielt jedoch nicht direkt auf die gemeinsame Beplanung von Meeresgebieten über Staats- und AWZ-Gebiete hinweg, sondern zunächst nur darauf, dass sämtliche Mitgliedstaaten mit Meereszugang überhaupt eine Raumplanung für Ihre Meeresgebiete entwickeln, soweit noch keine vorhanden ist. Das soll in enger

---

1221 *Käppeler et al.*, Developing a Pilot Maritime Spatial Plan for the Pomeranian Bight and Arkona Basin, BaltSeaPlan Report No. 9, 2012, S. 87.

1222 Siehe oben F.I. Das mag u.a. auch damit zusammenhängen, dass der für die beiden Raumordnungspläne zuständige *Nico Nolte* vom BSH ebenfalls mitverantwortlich im Pilotprojekt eingebunden war.

1223 Siehe *Käppeler et al.*, Developing a Pilot Maritime Spatial Plan for the Pomeranian Bight and Arkona Basin, BaltSeaPlan Report No. 9, 2012, S. 99 f. Dazu auch weitere Ergebnisse des BaltSeaPlan-Projekts bei *Schmiedel/Winter*, Legal and planning options for integrating Fisheries into MSP, BaltSeaPlan Report No. 23, 2012; *Lamp*, Towards integration of Fisheries into MSP, BaltSeaPlan Report No. 26, 2012; *Schmiedel/Lamp*, Site selection of fisheries areas for MSP with the help of tool "Marxan with Zone", BaltSeaPlan Report No. 30, 2012. Zu diesem Ansatz auch *Cardwell/Thornton*, Geoforum (64) 2015, 157 ff.; *Stelzenmüller et al.*, Mar Policy (38) 2013, 214 ff.; *Janßen/Hiller*, RuR 2014, 239 ff.

1224 Im Anteil Schwedens am Pilotgebiet finden sich keine Ausweisungen zugunsten der Windenergie und nur ein winziges Stück Meeresschutzgebiet in direkter Küstennähe.

1225 *Käppeler et al.*, Developing a Pilot Maritime Spatial Plan for the Pomeranian Bight and Arkona Basin, BaltSeaPlan Report No. 9, 2012.

1226 Siehe dazu oben C.IV.10.

Abstimmung mit den jeweiligen Nachbarstaaten geschehen, womit keine gemeinsame Beplanung *eines* Meeresgebietes, aber zumindest eine abgestimmte Beplanung zweier nebeneinander liegender Meeresgebiete gewährleistet werden soll.

3. *Optionen und Herausforderungen*

Die gemeinsame, staatenübergreifende Beplanung von Meeresgebieten, die Küstenmeere oder/und die AWZ umfassen, stellt ganz grundsätzlich eine Weiterentwicklung dar ggü. den einzelstaatlichen maritimen Raumordnungsplänen. Die Vorteile eines solchen Vorgehens wurden soeben aufgezeigt und liegen insbesondere in einer besseren und effektiveren Nutzung des vorhandenen Raums für die an ihn gestellten Ansprüche. Ein großer Nachteil bleibt weiterhin die kleinteilige Beplanung (kleinerer) Meeresflächen mit der Folge, dass Nutzungen auch an für sie nicht idealen Standorten stattfinden und Schutzinteressen regelmäßig in kleinerem räumlichem Umfang als erforderlich Beachtung finden.

Von der gemeinsamen Beplanung einzelner Meeresgebiete ausgehend liegt ein weiterer Schritt auf der Hand: Eine einheitliche maritime Raumplanung für den Gesamtraum der europäischen Meere.[1227] Dabei ergeben sich jedoch einige Fragen.

Die erste Frage stellt sich dabei nach weiteren Vorteilen ggü. einer gemeinsamen Beplanung einzelner Meeresgebiete. Bei einer einheitlichen Beplanung des Gesamtraums liegt der Vorteil in der für die Planung zur Verfügung stehenden Größe des Planungsgebietes. Es reicht dann nicht mehr nur von der deutschen Bucht bis zur Doggerbank, sondern weit in den Norden bis an die äußersten Grenzen des Vereinigten Königreiches Großbritannien und Nordirland bei den Shetland Inseln und weit westlich der portugiesischen Azoren.[1228] Stünde ein Planer dann noch einmal am Anfang einer Beplanung dieses Meeeresraumes oder auch „nur“ vor der Aufgabe, diesen Raum mit allen bestehenden Nutzungsformen und Schutzinteressen neu zu beplanen, ohne auf staatliche Grenzen achten zu müssen, ergäben sich ungeahnte Möglichkeiten, alle Interessen ideal, effektiv und gerecht zu verteilen.

1227 Vom Grundgedanken her vergleichbar ist der Aktionsplan zur Errichtung eines europäischen Seeverkehrsraums ohne Grenzen, siehe KOM(2009) 10 endg. v. 21.1.2009. Zu den Gestaltungsmöglichkeiten grenzüberschreitender Raumplanung siehe auch *Moersch*, BayVBl. 2004, 40 ff. (43 f.). *Douvere/Ehler*, J Environ Mgmt (90) 2009, 77 ff. (87), umschreiben das mit „lack of international perspective“. In diese Richtung für das Territorium der EU auch *Spannowsky*, Raumordnung in Europa, in: Krautzberger (Hrsg.), Bau- und Fachplanungsrecht, FS Stüer, 2013, S. 59 ff. (76).

1228 Frankreich besitzt nach den USA die zweitgrößte AWZ der Welt, was bedingt ist durch die französischen Überseegebiete; siehe auch http://www.seaaroundus.org/data/#/eez (8.2.2017). Die größten AWZ in der EU besitzen nach Frankreich (noch) das Vereinigte Königreich Großbritannien und Nordirland, Portugal und Dänemark, wobei die Wirtschaftszonen von Grönland und den Faröer Inseln nicht dazu zählen. Nach dem Referendum vom 23.6.2016 wird das Vereinigte Königreich aus der EU austreten („Brexit“). Die äußeren Grenzen der „Unions-AWZ“ werden sich dadurch verschieben. Dazu *Boyes/Elliott*, Mar Pollut Bull (111) 2016, 41 ff.

Wie könnte eine solche einheitliche maritime Raumplanung für die europäischen Meere aussehen und ausgestaltet sein? Bei den grundsätzlichen Überlegungen, die man zu der Frage anstellen kann, müssen an dieser Stelle zunächst sämtliche politischen und wirtschaftlichen Interessen außen vor gelassen werden. Sie sind im Anschluss in einer Folgenbetrachtung anzustellen. Fokussiert man daher auf den rein raumplanerischen Gedanken, d.h. auf das Ziel einer Abstimmung aller Nutzungsansprüche und Schutzinteressen an den zur Verfügung stehenden Raum i.S.d. Raumordnungsgesetzes, so kommen verschiedene Optionen mit unterschiedlicher Eingriffsintensität in die Souveränität der Mitgliedstaaten in Betracht: 1. Eine prozedurale Ausgestaltung, 2. inhaltliche Vorgaben der EU, 3. ein gemeinsamer, EU-weiter maritimer Raumordnungsplan.

Durch eine entsprechende prozedurale Ausgestaltung, wie sie das Europäische Parlament nun mit der Maritimen Raumplanungsrichtlinie angestoßen hat,[1229] könnten die Mitgliedstaaten verpflichtet sein, ihre nationalen maritimen Raumordnungspläne genauer als bislang[1230] aufeinander abzustimmen. Das Beispiel des maritimen Raumordnungs-*pilot*-plans des Projektgebiets in der Pommerschen Bucht im Rahmen von BaltSeaPlan hat die Vorteile aufgezeigt, die durch die Zusammenarbeit entstehen können. Verpflichtet man die Mitgliedstaaten aneinander angrenzender Meeresgebiete nun zu einem dauerhaften Austausch, kann dies andererseits aufgrund politischer Zugeständnisse aber auch zu einer erschwerten Durchsetzung von Plänen führen bzw. in Plänen mit „aufgeweichten" Festlegungen resultieren. Das Ausmaß der gegenseitigen Mitbestimmung müsste deshalb sehr genau ausgelotet sein, um die Souveränität des planenden Staates zu gewährleisten.

Ein größerer Eingriff in die nationale Selbstbestimmung würden inhaltliche Vorgaben der EU, bspw. für gemeinsame maritime Erschließungsbereiche, darstellen.[1231] Voraussetzung dafür wäre ein Kompetenztitel der EU zur maritimen Raumplanung, der momentan nicht gegeben ist.[1232] Dass die EU dennoch – im rechtlich zulässigen Rahmen – auf dem Gebiet der maritimen Raumplanung tätig ist, zeigt nicht zuletzt

---

1229 Siehe dazu C.IV.10.

1230 Beteiligung i.S.e. Rechts auf Stellungnahme, siehe oben D.III.1e. und F.I.3.

1231 Das Konzept der staatliche Souveränität hinterfragt schon *Mann Borgese*, Futures (31) 1999, 983 ff. (984 ff.). *Erbguth*, DVBl. 2009, 265 ff. (272 ff.), spricht sich jedenfalls für ein eigenständiges nationales Meeresinfrastrukturrecht aus.

1232 Siehe oben C.III. Dazu *Erbguth/Schubert*, Maritime Raumplanung auf EU-Ebene, Rechtsgutachten, Januar 2011; *Erbguth*, RuR 2011, 359 ff. (359); *Wickel*, Europäische Ansätze für ein maritimes Infrastrukturrecht, in: Ehlers/Erbguth (Hrsg.), Infrastrukturrecht zur See, 2009, S. 27 ff. *Wahl* beschreibt anschaulich, wie sich ein europäisches Raumordnungsrecht herausbilden kann: Am Anfang stehe nicht die Raumplanung, sondern die fachlichen raumbezogenen Aktivitäten und Fachplanungen, die es dann in einem systematischen Ansatz zu verbinden und rechtlich zu überformen gelte. Zunächst mangele es der Raumordnung meist an einer ausführlichen Kompetenzgrundlage, die sich aber aufgrund ihrer sachlichen Notwendigkeit und inhaltlichen Überzeugungskraft herausbilde; *Wahl*, Europäisches

die Richtlinie 2014/89/EU zur Schaffung eines Rahmens für die maritime Raumplanung. Schon mit ihrem Fahrplan 2008 intensivierte die Europäische Kommission ihre Bemühungen, für die maritime Raumordnung auf dem Unionsgebiet der Mitgliedstaaten gemeinsame Grundsätze auszuarbeiten.[1233] Der Vorteil inhaltlicher Vorgaben der EU läge in einem unionsweit vereinheitlichten Vorgehen bei der Aufstellung von maritimen Raumordnungsplänen durch die Mitgliedstaaten.

Ein noch umfassenderer Schritt und Einschnitt in die staatliche Souveränität wäre die Entwicklung eines gemeinsamen maritimen Raumordnungsplans für die europäischen Meere, bspw. durch eine europäische Raumordnungsbehörde. Der hinter dieser Idee stehende Gedanke ist es, bei der räumlichen Verteilung der Nutzungen und Schutzinteressen nicht an die nationalen Grenzen anzuknüpfen, sondern an die natürlichen Meeresgebiete und die Orte, an denen die Grundlagen wirtschaftlicher Betätigung gegeben sind. Dabei werden nicht nur vereinzelt Meeresgebiete in den Blick genommen, die zwei oder mehrere Mitgliedstaaten betreffen, sondern der gesamte Meeresbereich aller Mitgliedstaaten.[1234] Das könnte dann bspw. darin resultieren, dass in der AWZ der Bundesrepublik Deutschland keinerlei Windenergienanlagen verwirklicht werden, da vor der Küste Portugals und Spaniens breite Meeresstreifen in Küstennähe mit wenig Schiffsverkehr und viel Wind viel geeigneter dafür erscheinen. Mit weniger Raumbedarf könnte durch einen oder mehrere Mega-Windparks insgesamt eine gleiche oder größere Menge an Energie gewonnen werden als mit den gleichsam eines Flickenteppichs verstreuten einzelnen Windparks in den AWZ der Mitgliedstaaten.

Dass dieser Gedanke zwar politisch – vorsichtig formuliert – herausfordernd, aber doch nicht völlig abwegig ist, zeigen Projekte wie Desertec.[1235] Per Hochspannungs-Gleichstrom-Übertragung sollte der durch solarthermische Kraftwerke erzeugte Wüstenstrom aus Nordafrika nach Europa geliefert werden und bis 2050 etwa 15 Prozent des prognostizierten Strombedarfs der EU decken. Das Konzept „Es gibt Energie im Überfluss, und wir haben die Technologien, sie zu nutzen" wird weiterhin verfolgt, auch wenn Desertec offiziell Ende 2014 für gescheitert erklärt wurde.[1236] Tatsache ist außerdem, dass die Bundesrepublik Deutschland momentan

---

Planungsrecht – Europäisierung des deutschen Planungsrechts, in: Grupp/Ronellenfitsch (Hrsg.), Planung – Recht – Rechtsschutz, FS Blümel, 1999, S. 617 ff. (620 ff.).

1233 Fahrplan, KOM(2008) 791 end. v. 25.11.2008.

1234 Die engere Variante umfasst alle AWZ der Mitgliedstaaten, die weitere Variante könnte zudem die Küstenmeere mit einbeziehen.

1235 Siehe dazu http://www.desertec.org/ (8.2.2017). Das Konzept geht aus einer Initiative des Club of Rome, des Hamburger Klimaschutz-Fonds und des Jordanischen nationalen Energieforschungszentrums NERC aus dem Jahr 2003 hervor. Die Grundidee wird schon seit den 1980er Jahren erforscht. Dazu *Scheer*, ZNER 2011, 469 ff.

1236 Siehe dazu die 2013 erlassene TEN-E-VO Nr. 347/2013 v. 17.4.2013, die in Nr. 4.11. Anhang I zur TEN-E-VO Nr. 347/2013 Stromautobahnen als vorrangige Energieinfrastrukturkorridore und -gebiete aufführt, die in der Lage sind, „die ständig

erhebliche Anstrengungen unternimmt, um vorhandene Stromleitungen auszubauen und neue Höchstspannungsnetze zu verwirklichen, um den durch Windenergie im Norden der Republik gewonnenen Strom in die den Strom verbrauchenden Städte im Süden Deutschlands zu transportieren. Auch dieses Vorhaben trägt dem Gedanken Rechnung, die (im deutschlandweiten Vergleich) idealen Bedingungen der Stromgewinnung am Ort des Vorkommens und nicht nur am Ort des Bedarfs zu nutzen.

I.R.e. Folgenbetrachtung sind die Herausforderungen, die ein solcher maritimer Raumordnungsplan für die europäischen Meere mit sich bringen würde, nicht zu unterschätzen. Nicht nur bestünde Forschungsbedarf zur Frage, wo welche Nutzung insgesamt am effektivsten verwirklicht werden könnte, auch sämtliche rechtlichen Fragen müssten geklärt werden: Sind die technischen Voraussetzungen gegeben, um den vor den Küsten Portugals und Spaniens gewonnenen Strom auch in den äußersten Osten der EU zu transportieren? Welche eigentums-, steuer- und staatsrechtlichen Folgen müssten geregelt werden?[1237] Müssen die festgelegten Schifffahrtsrouten der Internationalen Seeschifffahrts-Organisation vor diesem Hintergrund eventuell neu überdacht werden?

Prozessual und institutionell müssten sowohl auf nationaler wie auch auf europäischer Ebene entsprechende behördliche Strukturen mit dem erforderlichen Know-how geschaffen werden, z.B. wäre an die Einrichtung einer europäischen Raumplanungsbehörde zu denken, die an einem „Directorate General for all maritime affairs including fisheries and the marine environment“ angesiedelt sein könnte.[1238]

VI. Ergebnis

Neben den in der Bundesrepublik Deutschland entwickelten Maßnahmen im Bereich der maritimen Raumplanung setzt nun auch die EU Rahmenvorgaben fest. Weitgehend können die nationalen Gesetze und Verordnungen diese Vorgaben bereits erfüllen, so dass die unionsrechtskonforme Umsetzung der Richtlinie 2014/89/EU

zunehmende Erzeugung überschüssiger Windenergie in den nördlichen Meeren und in der Ostsee und die zunehmende Erzeugung von Energie aus erneuerbaren Quellen in Ost- und Südeuropa und auch in Nordafrika aufzunehmen.“ Die Gründe für das Scheitern von Desertec liegen insbesondere in der fehlenden Finanzierung, politischen Umbrüchen und Bürgerkriegen in der Wüstenregion, aber auch am schnellen Ausbau der Energiegewinnung aus erneuerbaren Energien. Siehe den Artikel „Der Traum vom Wüstenstrom ist gescheitert“, FAZ v. 14.10.2014, http://www.faz.net/aktuell/wirtschaft/wirtschaftspolitik/wuestenstrom-projekt-desertec-ist-gescheitert-13207437.html (8.2.2017).

1237 Dazu für die deutsche Rechtssituation *Markus/Maurer*, NVwZ 2012, 604 ff.; *tho Pesch*, DÖV 2016, 645 ff.

1238 *Anyanova et al.*, Statement on the Green Paper, in: Ehlers/Lagoni (Hrsg.), Maritime Policy of the EU and Law of the Sea, 2008, S. 287 ff. (289); *Rudolph*, Maritime Politik der EU, in: Ehlers/Lagoni (Hrsg.), Maritime Policy of the EU and Law of the Sea, 2008, S. 11 ff.

zur Schaffung eines Rahmens für die maritime Raumplanung innerhalb der zeitlichen Vorgaben zu erwarten ist.

Was die rechtliche Verankerung der maritimen Raumplanung im deutschen Raumordnungsgesetz anbelangt, bleibt Folgendes zu konstatieren: Wenn auch der Großteil der terrestrisch ausgerichteten Normen auf rechtliche Situationen mit Meeresbezug anwendbar sind, so sind doch weitere meeresspezifischen Anpassungen wünschenswert. Ansonsten erweist sich das Raumordnungsgesetz als ein grundsätzlich geeignetes Rechtsgebiet zur Regelung der maritimen Raumplanung, insbesondere durch die Festlegung von Vorrang-, Vorbehalts- und Eignungsgebieten sind planerische Gestaltungsmöglichkeiten eröffnet.

Ein Mehrwert der maritimen Raumordnungspläne für die deutsche AWZ ggü. einer Nullvariante zeigt sich hauptsächlich im Bereich der Regelungen zur Offshore-Windenergiegewinnung: Die Festsetzungen der Raumordnungspläne führen zu einer Konzentrierung von Investitionsvorhaben in den dafür vorgesehenen Vorranggebieten und zu einem Ausschluss neuer Vorhaben in Natura 2000-Gebieten.

Die erstellten Umweltberichte können nur eingeschränkt als Entscheidungsgrundlage für die Raumordnungspläne dienen. Da der Planungsraum der AWZ erstmals flächendeckend beplant wird und zahlreiche Informationslücken bestehen, ist für viele Umweltgüter eine umfassende Bestandsaufnahme nicht möglich. Deshalb wird es notwendig sein, die Umweltberichte regelmäßig zu aktualisieren und die Ergebnisse mit den Raumordnungsplänen abzugleichen, damit neue Erkenntnisse und Daten in die raumplanerischen Entscheidungen einfließen können.

Im Vergleich zu aktuellen Einbindungsszenarien von maritimer Raumplanung auf nationaler und europäischer Ebene ergeben sich interessante Entwicklungsmöglichkeiten. Diese reichen von einer grenzüberschreitenden Beplanung einzelner Meeresgebiete hinaus bis zu einem maritimen Gesamtplan für die europäischen Meere.

Unabhängig von solchen Szenarien, die einen gemeinsamen politischen Grundkonsens erfordern, der nicht ohne Weiteres erreichbar sein wird, werden die Raumplaner vor den folgenden Anforderungen stehen: Die maritimen Raumordnungspläne in der deutschen AWZ müssen sich von einer reinen Abbildung des Status quo aus weiterentwickeln. Dazu wird es insbesondere erforderlich sein, die Dreidimensionalität des Meeres[1239] und die Vereinbarkeit unterschiedlicher Nutzungsformen mehr zu beachten, d.h. die Komplexität der Raumordnungspläne muss gesteigert werden. In diesem Zusammenhang wird es möglicherweise auch erforderlich sein, sich auf die Gegebenheiten der Natur einzustellen und neben einer rein statischen Ausweisung von Gebieten auch eine zeitliche Komponente einzubauen. So ist bspw. an die Schließung bestimmter Gebiete für schädliche Nutzungen während der Brutzeit sensibler Arten zu denken.

1239 I.R.e. unterirdischen Raumordnung sind im Landesraumentwicklungsprogramm Mecklenburg-Vorpommerns – allerdings nur landseitig – bereits Vorrang- und Vorbehaltsgebiete zur Trinkwassersicherung vorgesehen. Dazu auch *Erbguth*, ZUR 2011, 121 ff.; *Janssen/Bartel*, EurUP 2014, 95 ff.; *Bartel/Janssen*, NuR 2016, 237 ff.

H. Zusammenfassung des 1. Kapitels

Maritime Raumplanung ist ein Instrument der Raumordnung und auf die Lösung zukünftiger komplexer Probleme durch die Festlegung von Entscheidungsprämissen gerichtet.

Für den Bereich der deutschen AWZ gelten neben dem Grundgesetz auch die materiell-rechtlichen nationalen Gesetze, soweit sie eine Erstreckungsklausel enthalten. Ist diese Voraussetzung gegeben, sind diese Gesetze im Lichte der völker- und unionsrechtlichen Regelungen auszulegen. Das gilt auch für das deutsche Raumordnungsgesetz, welches in § 18a ROG 2004 (nun § 17 Abs. 3 ROG 2009) die Rechtsgrundlage für die beiden Verordnungen über die Raumordnung in der deutschen AWZ der Nord- und Ostsee enthält.

Das Seerechtsübereinkommen der Vereinten Nationen definiert nicht nur den Bereich der AWZ als die 200-Seemeilen-Zone, es weist auch souveräne Rechte und Hoheitsbefugnisse zu, die die jeweilige Vertragspartei in dieser Zone trotz fehlender staatlicher Souveränität ausüben darf (Art. 56 SRÜ). Daneben legt es den Vertragsparteien Anforderungen zum Schutz der Meeresumwelt (Art. 192 ff. SRÜ) auf. Abgeleitet aus dem Grundsatz der necessary implication ist die Vertragspartei in diesem Rahmen auch zu raumplanerischen Maßnahmen befugt. Für die Gebiete der deutschen AWZ der Nord- und Ostsee haben neben dem Seerechtsübereinkommen insbesondere das OSPAR- (für den Teil der Nordsee) und das HELSINKI-Übereinkommen (für den Teil der Ostsee) erhebliche rechtliche Bedeutung.

Auch die EU setzt – trotz einer fehlenden Gesetzgebungskompetenz im Bereich der Raumplanung – Maßgaben für die nationale maritime Raumplanung. Diese Vorgaben ergeben sich insbesondere aus einigen unionsrechtlichen Sekundärrechtsakten wie den Verordnungen zur Gemeinsamen Fischereipolitik, den beiden Natura-2000-Richtlinien, der Meeresstrategie-Rahmenrichtlinie und der maritimen Raumplanungsrichtlinie.

Die rechtlichen Grundlagen maritimer Raumplanung in Deutschland sind v.a. auf die politische Entscheidung zum Ausbau der Nutzung erneuerbarer Energien im Offshore-Bereich zurückzuführen. Ins Raumordnungsgesetz wurde im Jahr 2004 mit § 18a ROG 2004 die Rechtsgrundlage für die maritime Raumplanung in der deutschen AWZ eingeführt (und mit der Gesetzesänderung im Jahr 2009 in § 17 Abs. 3 ROG 2009 überführt). Daneben hatten und haben u.a. Regelungen des Bundesnaturschutzgesetzes und der Seeanlagenverordnung a.F. Auswirkungen auf die nationale maritime Raumplanung.

Sind für den Bereich des Küstenmeeres durch die Küstenbundesländer Niedersachsen, Schleswig-Holstein und Mecklenburg-Vorpommern raumplanerische Instrumente eingerichtet worden, so ist für den Bereich der deutschen AWZ der Bund zuständig. Im Jahr 2009 sind unter maßgeblicher Beteiligung des BSH die beiden Verordnungen über die Raumordnung in der deutschen AWZ der Nordsee und der Ostsee erlassen worden. In Textteil und Festlegungskarte enthalten sie – im zulässigen völker- und unionsrechtlichen Rahmen – Vorgaben zu den Nutzungen und Interessen der Schifffahrt, Rohstoffgewinnung, Rohrleitungen und Seekabel, wissenschaftlichen Meeresforschung, Energiegewinnung, insbesondere Windenergie, Fischerei und Marikultur, Meeresumwelt, militärischen Nutzung, Freizeit und Tourismus, Fehmarnbeltquerung (nur Ostsee), Munitionsversenkungsgebiete und Sedimenteinbringung.

Für diese Nutzungen und Interessen erfolgen unterschiedliche raumplanerische Festlegungen: Ziele der Raumordnung und Vorranggebiete werden im Textteil des AWZ-ROV Nordsee festgelegt für die Bereiche Schifffahrt, Rohstoffgewinnung, Rohrleitungen und Seekabel sowie Energiegewinnung. Die nutzungsspezifischen Festlegungen zugunsten der Belange der Meeresumweltschutzinteressen und die konkreten Festlegungen zur Meeresumwelt haben dagegen lediglich Grundsatzcharakter. Sie sind damit zwar im Rahmen von Abwägungs- und Ermessensentscheidungen zu berücksichtigen, können aber durch übergeordnete Interessen weggewogen werden. Die Festlegungen bilden weitgehend nur den Status quo ab, aber es existiert doch auch eine echte raumplanerische Festlegung: Für Offshore-Windenergieanlagen werden Vorranggebiete festgelegt, in denen andere, dem Zweck der Offshore-Windenergiegewinnung entgegenstehende Belange ausgeschlossen sind. Außerhalb dieser Vorranggebiete ist der Bau und Betrieb von Offshore-Windenergieanlagen jedenfalls dann untersagt, soweit diese in Natura 2000-Gebieten errichtet werden sollen.

I.R.e. Bewertung der maritimen Raumplanung in Deutschland ergibt sich, dass die maritime Raumplanungsrichtlinie unionsrechtskonform umgesetzt wurde und sich das Raumordnungsgesetz grundsätzlich als die richtige Rechtsmaterie zur gesetzlichen Verankerung der maritimen Raumplanung erweist. Wenn auch die Ergebnisse der Umweltberichte aufgrund umfassend fehlender Daten über marine Lebensräume und Wechselbeziehungen zwischen diesen und bestehenden Nutzungsformen stetig erneuert und verbessert werden müssen, wird dennoch ein Mehrwert der Raumordnungspläne im Vergleich zum Status quo erzielt, der insbesondere in den Festlegungen zur Offshore-Windenergie liegt. Perspektivisch sind die Vorteile und Möglichkeiten einer grenzüberschreitenden Raumplanung ggü. rein nationalen Modellen abzuwägen.

2. Kapitel: Die Meeresstrategie-Rahmenrichtlinie (MSRL) und ihre nationale Umsetzung

Die Europäische Meeresstrategie-Rahmenrichtlinie (EG-MSRL 2008/56/EG) ist das jüngste Instrument der europäischen Meerespolitik und schafft einen Ordnungsrahmen für die notwendigen Maßnahmen der EU-Mitgliedstaaten, um in den europäischen Meeren bis 2020 einen sogenannten „Guten Umweltzustand" zu erreichen oder diesen zu erhalten – eine wahre Mammutaufgabe.

Kim Cornelius Detloff und Malte Siegert, Meeresumweltsymposium 2011, S. 29

Was bezweckt eine Strategie für die Meere? Was kann sie leisten? Und wo liegt ihre Verbindung zur maritimen Raumplanung? Um diese Fragen soll es im zweiten Kapitel gehen.

Die Europäische Kommission hat sich der von *Detloff* und *Siegert* beschriebenen „Mammutaufgabe" angenommen und 2008 die „Richtlinie zur Schaffung eines Ordnungsrahmens für Maßnahmen der Gemeinschaft im Bereich der Meeresumwelt" (kurz: Meeresstrategie-Rahmenrichtlinie, MSRL) erlassen. Nach deren Umsetzung in nationales Recht verbleibt den Mitgliedstaaten Zeit bis 2020, das Ziel eines guten Zustandes der Meeresumwelt zu erreichen. Schon aus objektiver Sicht scheint das sowohl inhaltlich als auch zeitlich in der Tat eine wahre Mammutaufgabe zu sein.

Im Folgenden wird zunächst die unionsrechtliche Meeresstrategie-Rahmenrichtlinie thematisiert (A.). Daran anschließend folgen Ausführungen zur Umsetzung der Rahmenrichtlinie in das nationale Recht, namentlich das Wasserhaushaltsgesetz (B.). Der gute Umweltzustand der Meeresgewässer soll insbesondere dadurch erreicht werden, dass die Mitgliedstaaten Maßnahmenprogramme aufstellen, die u.a. räumliche Schutzmaßnahmen enthalten, die zu kohärenten und repräsentativen Netzwerken geschützter Meeresgebiete beitragen. Die Europäische Kommission hat sich in einer Mitteilung u.a. an das Europäische Parlament dahingehend geäußert, dass sie in diesem Zusammenhang die maritime Raumplanung als ein wichtiges Instrument ansieht, das zur Umsetzung dieser Vorgaben dienen kann. Wie zu sehen sein wird, ergibt sich hier die Schnittstelle zwischen Meeresumweltschutz und maritimer Raumplanung. Das wird herausgearbeitet. Nicht zuletzt werden die Erwartungen, die in die Meeresstrategie-Rahmenrichtlinie bzw. die Regelungen der nationalen Umsetzung gesetzt wurden bzw. werden, einer kritischen Betrachtung unterzogen und bewertet (C.). Das zweite Kapitel endet mit einem Fazit (D.).

A. Die Richtlinie zur Schaffung eines Ordnungsrahmens für Maßnahmen der Gemeinschaft im Bereich der Meeresumwelt

Die EU fordert die Mitgliedstaaten i.R.d. Meeresstrategie-Rahmenrichtlinie 2008/56/EG[1240] auf, die notwendigen Maßnahmen zu ergreifen, um spätestens bis zum Jahr 2020 einen guten Zustand der Meeresumwelt zu erreichen oder zu erhalten.

Diese Initiative gründet sich aus der Erkenntnis, dass der Druck auf die natürlichen Ressourcen des Meeres und die Inanspruchnahme von Dienstleistungen des Meeresökosystems (zu) hoch sind.[1241] Diese sehr natur-bewusste Ausrichtung mag im Vordergrund stehen; wie zu sehen sein wird, war sie aber nicht der einzige Beweggrund für den Erlass der Richtlinie. Vielmehr lässt sich der Schutzzweck der Meeresstrategie-Rahmenrichtlinie – zum anderen – auf die vorrangig wirtschaftlich ausgerichtete Einsicht zurückführen, dass nur biologisch vielfältige, dynamische, saubere und gesunde Ozeane und Meere auf Dauer produktiv sind und wirtschaftlich erfolgreich genutzt werden können. Dieses Argument findet sich so auch ausdrücklich in den Erwägungsgründen zur Meeresstrategie-Rahmenrichtlinie wieder.[1242]

Die rechtlichen und politischen Hintergründe in der Entstehungsgeschichte der Meeresstrategie-Rahmenrichtlinie werden im Folgenden unter I. skizziert. Nach diesem Blick auf die historische Entwicklung werden die Rolle der EU bzw. der Europäischen Kommission (unter II.), Gegenstand und zentraler Begriff der Meeresstrategie-Rahmenrichtlinie (III.) als auch ihr Anwendungsbereich (IV.) untersucht. Im Anschluss daran werden die Meeresstrategien und ihr zeitlicher Rahmen thematisiert; im Hinblick auf den Untersuchungsfokus dieser Arbeit geht es insbesondere um solche Inhalte der Strategien, die für die Ausgestaltung und Durchführung der (nationalen) maritimen Raumplanung relevant sind (V.).

1240 Richtlinie 2008/56/EG des Europäischen Parlaments und des Rates zur Schaffung eines Ordnungsrahmens für Maßnahmen der Gemeinschaft im Bereich der Meeresumwelt v. 17.6.2008 (Meeresstrategie-Rahmenrichtlinie – MSRL), ABl.EU L 164, S. 19.

1241 Siehe Erwägungsgrund 2 MSRL.

1242 Vgl. Erwägungsgrund 3 MSRL. Die Stärkung der europäischen Wirtschaft geht insbesondere auf die Lissabon-Strategie aus dem Jahr 2000 zurück. Es stellt ein Programm dar, das zum Ziel hat, die EU innerhalb von zehn Jahren, also bis 2010, zum wettbewerbsfähigsten und dynamischsten wissensgestützten Wirtschaftsraum der Welt zu machen. Nachfolger der Lissabon-Strategie ist das Programm „Europa 2020“. Ziel ist jetzt ein „intelligentes, nachhaltiges und integratives Wachstum“ mit einer besseren Koordinierung der nationalen und europäischen Wirtschaft.

I. Politischer und rechtlicher Hintergrund

Die Meeresstrategie-Rahmenrichtlinie wurde Mitte 2008 erlassen. Der erste ausformulierte Richtlinienentwurf[1243] – der damals noch als Meeresstrategie-Richtlinie firmierte – stammt aus dem Jahr 2005 und wurde gemeinsam mit der „Thematischen Strategie für den Schutz und die Erhaltung der Meeresumwelt“[1244] samt einer Folgenabschätzung[1245] von der Europäischen Kommission im Oktober 2005 bekannt gegeben.[1246] Das übergreifende Ziel der Thematischen Strategie ist – angesichts der Vielzahl von Gefährdungen und Belastungen – die Förderung der nachhaltigen Nutzung der Meere und die Erhaltung der Meeresökosysteme.[1247] In diesem Kontext reicht die Entstehungsgeschichte der Meeresstrategie-Rahmenrichtlinie bis ins Jahr 2002 zurück.

1. *Sechstes Umweltaktionsprogramm der EG*

Im Jahr 2002 wurde das Sechste Umweltaktionsprogramm der Europäischen Gemeinschaft mit dem Titel „Umwelt 2010: Unsere Zukunft liegt in unserer Hand“ (6. UAP) vorgestellt.[1248] Mit einer Laufzeit von zehn Jahren (2002–2012), einem

---

1243 Vorschlag für eine Richtlinie des Europäischen Parlaments und des Rates zur Schaffung eines Ordnungsrahmens für Maßnahmen der Gemeinschaft im Bereich der Meeresumwelt (Meeresstrategie-Richtlinie), KOM(2005) 505 endg. v. 24.10.2005.

1244 Mitteilung der Kommission an den Rat und das Europäische Parlament, Thematische Strategie für den Schutz und die Erhaltung der Meeresumwelt, KOM(2005) 504 endg. v. 24.10.2005.

1245 Commission staff working document – Annex to the Communication from the Commission to the Council and the European Parliament – Thematic Strategy on the Protection and Conservation of the Marine Environment and Proposal for a Directive of the European Parliament and of the Council establishing a Framework for Community Action in the field of Marine Environmental Policy (Marine Strategy Directive) – Impact Assessment COM(2005) 504 final and COM(2005) 505 final, SEC(2005) 1290 v. 24.10.2005.

1246 *European Commission*, EU Marine Strategy, 2006.

1247 Thematische Strategie für den Schutz und die Erhaltung der Meeresumwelt, KOM(2005) 504 endg. v. 24.10.2005, S. 2; Art. 6 Abs. 2g Beschluss Nr. 1600/2002/EG über das Sechste Umweltaktionsprogramm der EG v. 22.7.2002.

1248 Beschluss Nr. 1600/2002/EG des Europäischen Parlaments und des Rates über das sechste Umweltaktionsprogramm der Europäischen Gemeinschaft v. 22.7.2002, ABl.EG L 242 v. 19.9.2002, S. 1. Das Sechste Umweltaktionsprogramm ist im Juli 2012 abgelaufen. Die Europäische Kommission hatte sich bereits für ein Siebtes Umweltaktionsprogramm ausgesprochen und Ende 2012 den Vorschlag für ein neues Programm vorgelegt, Mitteilung der Kommission an das Europäische Parlament, den Rat, den Europäischen Wirtschafts- und Sozialausschuss und den Ausschuss der Regionen, Sechstes Umweltaktionsprogramm der Europäischen Gemeinschaft, Abschließende Bewertung, KOM(2011) 531 endg. v. 31.8.2011, S. 14.

Zwischenbericht[1249] und einer Abschlussbewertung[1250] zielt es auf ein hohes Schutzniveau für die Umwelt und die menschliche Gesundheit sowie auf eine generelle Verbesserung der Umwelt- und Lebensqualität;[1251] während seiner Laufzeit gibt es den Rahmen für die gemeinschaftliche Umweltpolitik vor.[1252] Inhaltlich widmet sich das Umweltaktionsprogramm vier Bereichen („Umweltprioritäten") mit jeweils unterschiedlichen Zielen: Klimaänderungen, Natur und biologische Vielfalt, natürliche Ressourcen und Abfälle sowie Umwelt, Gesundheit und Lebensqualität.[1253] Bei der Verfolgung der jeweiligen Ziele sind verschiedene Grundsätze zu beachten; dazu gehören insbesondere das Vorsorgeprinzip und das Prinzip einer nachhaltigen Entwicklung.[1254] Die Maßnahmen, die im Umweltaktionsprogramm zur Erreichung dieser Ziele vorgeschlagen werden, bestehen aus sog. Strategischen Konzepten (Art. 3 6. UAP)[1255] und Thematischen Strategien (Art. 4 6. UAP).[1256] Nach Art. 6 Abs. 2g 6. UAP ist eine „Thematische Strategie für den Schutz und die Erhaltung der Meeresumwelt" zu erstellen, die die nachhaltige Nutzung des Meeres sowie die Erhaltung von Meeresökosystemen fördert. Auf sie wird sogleich einzugehen sein (siehe 2.). Die Entwicklung und Umsetzung der Thematischen Strategien sollte bis 2005 nach

Ein Jahr später wurde das Siebte Umweltaktionsprogramm dann beschlossen, siehe Beschluss Nr. 1386/2013/EU des Europäischen Parlaments und des Rates über ein allgemeines Umweltaktionsprogramm der Union für die Zeit bis 2020 „Gut leben innerhalb der Belastbarkeitsgrenzen unseres Planeten" v. 20.11.2013. Zum 6. UAP *Langerfeldt*, NuR 2003, 339 ff.; *Krämer*, EurUP 2003, 2 ff.; aktuell *Wimmers*, UPR 2013, 286 ff. (286).

1249 Vgl. Art. 4 Abs. 4 und Art. 11 Abs. 1 des Beschlusses Nr. 1600/2002/EG: Mitteilung der Kommission an das Europäische Parlament, den Rat, den Europäischen Wirtschafts- und Sozialausschuss und den Ausschuss der Regionen über die Halbzeitbewertung des Sechsten Umweltaktionsprogramms der Gemeinschaft, SEK(2007) 546, SEK(2007) 547, KOM(2007) 225 endg. v. 30.4.2007.

1250 Erforderlich nach Art. 11 Abs. 2 des Beschlusses Nr. 1600/2002/EG, siehe Abschließende Bewertung des Sechsten Umweltaktionsprogramms der Gemeinschaft, KOM(2011) 531 endg. v. 31.8.2011.

1251 Erwägungsgrund 7 und Art. 2 Abs. 2–6 des Beschlusses Nr. 1600/2002/EG.

1252 Art. 2 Abs. 1 des Beschlusses Nr. 1600/2002/EG.

1253 Erwägungsgrund 9, Art. 1 Abs. 4 des Beschlusses Nr. 1600/2002/EG; Art. 2 Abs. 2 des Beschlusses Nr. 1600/2002/EG.

1254 Vgl. Art. 2 Abs. 1 des Beschlusses Nr. 1600/2002/EG.

1255 Als Strategische Konzepte sind u.a. die Ausarbeitung neuer gemeinschaftlicher Rechtsvorschriften, die Förderung einer wirksameren Um- und Durchsetzung des gemeinschaftlichen Umweltrechts und – u.a. und etwas konkreter – die Förderung einer wirksamen und nachhaltigen Nutzung von Land und Meeren genannt; Art. 2 Nr. 1, 2 und 10 des Beschlusses Nr. 1600/2002/EG. Ausdrücklich wird bereits hier „die Förderung der besten Praxis für eine nachhaltige Raumplanung" verfolgt.

1256 Die Thematischen Strategien sind spezieller gefasst als die Strategischen Konzepte, sie können qualitative und quantitative umweltbezogene Ziele und Zeitpläne umfassen; Art. 4 Abs. 2 des Beschlusses Nr. 1600/2002/EG.

Beratung betroffener Gruppen, u.a. Nichtregierungsorganisationen, Industrie, Sozialpartnern und Behörden, und nach Konsultierung der Beitrittsländer erfolgen.[1257]

Das Bemerkenswerte am Sechsten Umweltaktionsprogramm ist der Paradigmenwechsel, der mit ihm erfolgte.[1258] Ab diesem Zeitpunkt änderte sich die europäische Sichtweise eines effektiven Umweltschutzes: Verschmutzungen und sonstige Belastungen der Umwelt waren durch den bis dahin bestehenden institutionellen und regulativen rechtlichen Rahmen jeweils isoliert in den Blick genommen worden, und es wurde mit Maßnahmen und rechtlichen Mitteln, die auf das spezifische Problem ausgerichtet waren, versucht, Lösungen herbeizuführen. Dieser Ansatz wird nun gerade als Hemmnis für einen wirksamen Schutz des jeweiligen Schutzgutes angesehen. Argumente, die gegen das bisherige Konzept vorgebracht werden, sind die fehlenden Rechtsdurchsetzungsmöglichkeiten und die defizitäre Koordinierung der einschlägigen Instrumente.[1259] In ihrem Sechsten Umweltaktionsprogramm wendet sich die EU nun von dieser rein sektoralen Sichtweise ab und bekennt sich erstmals ausdrücklich zu einem *integrierten und ganzheitlichen Ansatz*.[1260] Sie erkennt damit ausdrücklich an, dass eine gesunde Umwelt die Voraussetzung für wirtschaftliches Handeln und sozio-kulturelles Leben ist und deshalb geschützt werden muss.

Mit dem Integrationsprinzip wird sowohl eine interne als auch eine externe Integration verfolgt:[1261] Die interne Integration betrachtet die Wechselwirkungen zwischen den verschiedenen Umweltmedien und bezieht diese in umweltschützende Vorschriften ein. Die externe Integration bezweckt die Berücksichtigung des Umweltschutzes auch bei der Durchführung anderer, z.B. wirtschaftlich ausgerichteter Politiken. Das Ziel einer starken Integration – sowohl interner als auch externer Art – schlägt sich im Sechsten Umweltaktionsprogramm an zahlreichen Stellen formalrechtlich nieder: So wird die Entkopplung von Umweltbelastung und Wirtschaftswachstum gefordert; an anderer Stelle wird die Wichtigkeit der Einbeziehung der Umweltbelange in alle Gemeinschaftspolitiken und -maßnahmen betont; alle Mitgliedstaaten werden zu einer strategisch integrierten Vorgehensweise auf der Grundlage eines umfassenden multidimensionalen Ansatzes angehalten.[1262]

1257 Art. 4 Abs. 3 und 4 des Beschlusses Nr. 1600/2002/EG.

1258 *Salomon/Krohn*, NordÖR 2006, 371 ff. (372).

1259 Wobei diese beiden Argumente wohl auch noch immer gegen die Regelungsmöglichkeiten durch die Meeresstrategie-Rahmenrichtlinie vorgebracht werden können; siehe dazu *Salomon/Krohn*, NordÖR 2006, 371 ff. (372).

1260 „Integrated approach". Das Wort „integriert" wird neun Mal im Beschluss benutzt. Das Sechste Umweltaktionsprogramm spricht noch nicht vom „ganzheitlichen", aber vom „multidimensionalen Ansatz", siehe Erwägungsgrund 16. Dazu auch *Wasmeier*, EWS 2000, 47 ff.

1261 Siehe hierzu *Erbguth/Schlacke*, Umweltrecht, 6. Auflage 2016, § 3 Rn. 2 mit weiteren Hinweisen in Fn. 14; *Schmidt et al.*, Umweltrecht, 9. Auflage 2014, § 4 Rn. 31 ff.

1262 Erwägungsgründe 8, 13 (mit Verweis auf Art. 6 EUV, jetzt Art. 11 AEUV), 14 und 16 des Beschlusses Nr. 1600/2002/EG. Siehe aber z.B. auch Art. 1 Abs. 1 und 3 („in den

In engem Zusammenhang mit dem integrierten Ansatz bzw. dem Integrationsprinzip steht der *ökosystemare oder Ökosystemansatz*.[1263] Er ist das Beispiel eines integrierten Ansatzes[1264] und wird an zentralen Stellen des Umweltaktionsprogramms und nachfolgender gemeinschaftsrechtlicher Rechtsakte erwähnt.[1265] Der Ökosystemansatz geht zurück auf die 5. Vertragsstaatenkonferenz zum Übereinkommen über die biologische Vielfalt[1266] im Jahr 2000 in Nairobi und wurde dort erstmals offiziell beschrieben.[1267] Danach wird er definiert als eine Strategie für das integrierte Management von Boden, Wasser und lebenden Ressourcen, welche den Schutz und die nachhaltige Nutzung in ausgewogener und gerechter Weise fördert.[1268] Bezogen auf die Meeresumwelt bedeutet dies: I.R.e. integrierten und ganzheitlichen Betrachtung sind nicht nur einzelne Arten, Strukturen und Erscheinungsformen der Meeresumwelt, sondern die Ökosysteme insgesamt und in ihren Funktionszusammenhängen zu schützen.[1269] Ausgehend vom gesamten Ökosystem – und nicht von einzelnen Bestandteilen des Ökosystems – betrachtet der ökosystemare Ansatz die Umwelt in ihrer Gesamtheit und stellt die Prozesse, Funktionen und Wechselwirkungen aller Organismen mit und in der Umwelt in den Mittelpunkt der Betrachtung. Es kommt damit auf die einzelnen Bestandteile der Meeresumwelt an, die für die Erhaltung eines bestimmten Ökosystems eine Schlüsselrolle einnehmen. Der Erhaltungswert einer Art bestimmt sich dann nach ihrer relativen biologischen

---

verschiedenen Politikbereichen“), Art. 2 Abs. 3, 4, 5 und 6, Art. 3 des Beschlusses Nr. 1600/2002/EG.

1263 „Ecosystem approach“; Art. 6 Abs. 2 des Beschlusses Nr. 1600/2002/EG.

1264 Es bestehen seit Langem Diskussionen über die genaue Definition und Ausgestaltung von integriertem und ökosystemarem Ansatz, vgl. z.B. *Ekardt*, Schutzpflichten, Abwägungsregeln, Mindeststandards und Drittschutz, in: Schlacke (Hrsg.), Umwelt- und Planungsrecht im Wandel, 2010, S. 27 ff.; *Wolff*, ZUR 2003, 356 ff. Ausführlich auch *Long*, Legal Aspects of Ecosystem-based Marine Management in Europe, in: Chircop et al. (Hrsg.), Ocean Yearbook, 2012, S. 417 ff. Zuletzt *Täufer*, Die Entwicklung des Ökosystemansatzes im Völkerrecht und im Recht der EU, 2017.

1265 Z.B. Art. 6 Abs. 2 des Beschlusses Nr. 1600/2002/EG.

1266 Siehe oben B.III.5.

1267 Siehe dazu *Täufer*, EurUP 2009, 225 ff. (226); *Czybulka*, ZUR 2008, 241 ff. (241), beschreibt die CBD als den „völkerrechtlichen Nährboden“ des Ökosystemansatzes. Siehe auch *Sachverständigenrat für Umweltfragen*, Verantwortung in einer begrenzten Welt, 2012; *Österblom et al.*, Mar Policy (34) 2010, 1290 ff.

1268 „The ecosystem approach is a strategy for the integrated management of land, water und living resources that promotes conservation and sustainable use in an equitable way.“, siehe Anhang A. Description of the ecosystem approach des Beschlusses COP V/6 der 5. Vertragsstaatenkonferenz zum Übereinkommen über die biologische Vielfalt, Nairobi, Kenia, 15.–26.5.2000.

1269 *Katsanevakis et al.*, Ocean Coast Mgmt (54) 2011, 807 ff.; *Sachverständigenrat für Umweltfragen*, Meeresumweltschutz für Nord- und Ostsee, 2004, Tz. 496 ff. Die Anwendung des ökosystemaren Ansatzes bejahend auch *Wissenschaftlicher Beirat der Bundesregierung Globale Umweltveränderungen*, Die Zukunft der Meere, 2006, S. 23.

Bedeutung innerhalb eines Ökosystems – und völlig unabhängig von ihrem wirtschaftlichen Wert.[1270]

Zwei weitere Prinzipien spielen im Bereich des Umweltrechts – und des Sechsten Umweltaktionsprogramms – eine wichtige Rolle: Das *Nachhaltigkeits*-[1271] und das *Vorsorgeprinzip*.[1272] In dem Wissen, dass die langfristige Wirkung umweltrelevanter Maßnahmen niemals genau vorhergesagt werden kann, und im Willen, Freiräume in der Umwelt zu bewahren, die ohne menschliche Eingriffe belassen werden, verfolgt das Vorsorgeprinzip ein vorausschauendes Handeln, um bereits nur *möglicherweise* umweltgefährdenden oder -schädigenden Eingriffen vorzubeugen.[1273] Zusammen mit dem Nachhaltigkeitsprinzip, das den schonenden Umgang mit den zur Verfügung stehenden Ressourcen vor dem Hintergrund wirtschaftlicher und sozialer Interessen verfolgt,[1274] bildet das Vorsorgeprinzip das „Leitbild einer modernen Umweltpolitik".[1275]

Beide Prinzipien haben sich auch positivrechtlich im Sechsten Umweltaktionsprogramm der EU niedergeschlagen:[1276] So wird nachdrücklich an mehreren Stellen

---

1270 *Wolff*, ZUR 2003, 356 ff. (359). Mit vielen weiteren Verweisen *Österblom et al.*, Mar Policy (34) 2010, 1290 ff.

1271 Bsp. in den Erwägungsgründen 6, 14, Art. 1 Abs. 1, Art. 2 Abs. 4 des Beschlusses Nr. 1600/2002/EG.

1272 Bspw. in Erwägungsgrund 5, Art. 2 Abs. 1 des Beschlusses Nr. 1600/2002/EG.

1273 *Schmidt et al.*, Umweltrecht, 9. Auflage 2014, § 4 Rn. 20 ff.; *Erbguth/Schlacke*, Umweltrecht, 6. Auflage 2016, § 3 Rn. 3 ff.; siehe Erwägungsgrund 4, Art. 2 Abs. 1 des Beschlusses Nr. 1600/2002/EG. Durch den Vertrag von Maastricht 1991 wurde das Vorsorgeprinzip rechtlich bindend verankert und als Ziel der Umweltpolitik benannt (ex-Art. 130r Abs. 3). Dieses Bekenntnis wurde weiter verfolgt durch den Vertrag von Amsterdam 1997 und durch den Vertrag von Nizza 2001: „Community policy [...] shall be based on the precautionary principle and on the principles that preventive action should be taken, that environmental damage should as a priority be rectified at source and that the polluter should pay. Environmental protection requirements must be integrated into the definition and implementation of other Community policies", Vertrag von Nizza, Art. 174 Abs. 2.

1274 Siehe zum Begriff ausführlich *Kahl*, Nachhaltigkeit als Verbundbegriff, 2008; hier insbesondere *Berg*, Nachhaltigkeit und Umweltstaat, in: Kahl (Hrsg.), Nachhaltigkeit als Verbundbegriff, 2008, S. 425 ff. und *Goppel/Maier*, Nachhaltigkeit und Raumordnung, in: Kahl (Hrsg.), Nachhaltigkeit als Verbundbegriff, 2008, S. 369 ff.; *Wolff*, ZUR 2003, 356 ff.; *Rehbinder*, NVwZ 2002, 657 ff.; *Ketteler*, NuR 2002, 513 ff.; *Murswiek*, NuR 2002, 641 ff.; umfassend dazu *Bugge/Voigt*, Sustainable Development in International and National Law, 2008; hieraus bspw. *Winter*, The Concept of Sustainable Development 20 Years after the Brundtland Report, in: Bugge/Voigt (Hrsg.), Sustainable Development in International und National Law, 2008, S. 23 ff.; *Krämer*, Sustainable Development in EC Law, in: Bugge/Voigt (Hrsg.), Sustainable Development in International und National Law, 2008, S. 375 ff.; *Ekardt*, Theorie der Nachhaltigkeit, 2. Auflage 2016.

1275 *Schmidt et al.*, Umweltrecht, 9. Auflage 2014, § 4 Rn. 20.

1276 Regelmäßig werden die genannten Ansätze (integrierter und ökosystemarer Ansatz) und die Prinzipien (Vorsorge- und Nachhaltigkeitsprinzip) in (umweltbezogenen)

gefordert, dass Umweltbelange in sämtliche Bereiche der Gemeinschaftspolitik einzubeziehen sind (= integrativ) und so zur Verwirklichung einer nachhaltigen Entwicklung beitragen.[1277] I.R.d. Thematischen Strategien soll „das Spektrum von Optionen und Instrumenten erwogen" werden, „die zur Behandlung einer Reihe komplexer Fragen erforderlich sind, welche einen umfassenden multidimensionalen Ansatz erfordert"; dazu sollen von den Mitgliedstaaten die nötigen Maßnahmen vorgeschlagen werden, gegebenenfalls unter Beteiligung des Europäischen Parlaments und des Rates.[1278] Bei der Entwicklung eines Ansatzes für den Umweltschutz müsse dabei mehr Gewicht auf die Anwendung des Vorsorgeprinzips gelegt werden.[1279] Bei der Erarbeitung der Thematischen Strategien soll der ökosystemare Ansatz angewandt werden, wo immer dies möglich ist.[1280]

Dem Sechsten Umweltaktionsprogramm folgte ein umfangreicher Entwicklungs- und Konsultationsprozess in den Jahren 2002 bis 2004.[1281] Hieran nahmen Vertreter aller bestehenden Mitgliedstaaten, Beitrittskandidaten und Drittländer gemeinsamer Meere teil, wie auch Vertreter verschiedener internationaler Übereinkommen, industrieller und gesellschaftlicher Organisationen.[1282] Noch im Jahr 2002 verabschiedete die Europäische Kommission eine erste Mitteilung („Hin zu einer Strategie zum Schutz und zur Erhaltung der Meeresumwelt"[1283]). Im Jahr 2007 wurde eine Halbzeitbewertung des Sechsten Umweltaktionsprogramms der Gemeinschaft erhoben;[1284] 2011 folgte eine abschließende Bewertung.[1285] Nach seinem Auslaufen

---

Rechtsakten der EU nicht streng getrennt voneinander erwähnt, sondern im Zusammenhang genannt.

1277 U.a. in Erwägungsgrund 13, Art. 1 Abs. 1, Art. 2 Abs. 1, 4 und 5, Art. 3 Nr. 3 und 7, Art. 6 Abs. 2e, f, g des Beschlusses Nr. 1600/2002/EG. In letzter Zeit wird auch vermehrt über eine Integrierung des Nachhaltigkeitsprinzips in das Grundgesetz diskutiert, so *Deter*, ZUR 2012, 157 ff.

1278 Erwägungsgrund 16 des Beschlusses Nr. 1600/2002/EG.

1279 Siehe Erwägungsgrund 5 des Beschlusses Nr. 1600/2002/EG; vgl. auch Art. 2 Abs. 1, Art. 9 Abs. 2f und h.

1280 Siehe Art. 6 Abs. 2 des Beschlusses Nr. 1600/2002/EG.

1281 Ausführlich dazu *European Commission*, EU Marine Strategy, 2006, S. 17 ff.; Vorschlag für eine Meeresstrategie-Rahmenrichtlinie, KOM(2005) 505 endg. v. 24.10.2005, S. 3 ff.

1282 Beispiele: FORATOM (European Atomic Forum), WWF (World Wildlife Fund for Nature), OGP (International Association of Oil and Gas Producers), Greenpeace, EEAC (European Environmental Advisory Councils), vgl. *European Commission*, EU Marine Strategy, 2006, S. 17.

1283 Mitteilung der Kommission an den Rat und an das Europäische Parlament – Hin zu einer Strategie zum Schutz und zur Erhaltung der Meeresumwelt, KOM(2002) 539 endg. v. 2.10.2002.

1284 Halbzeitbewertung des Sechsten Umweltaktionsprogramms der Gemeinschaft, KOM(2007) 225 endg. v. 30.4.2007.

1285 Abschließende Bewertung des Sechsten Umweltaktionsprogramms der Gemeinschaft, KOM(2011) 531 endg. v. 31.8.2011.

im Juli 2012 wurde i.R.d. Europa-2020-Strategie unter der Leitinitiative „Ressourceneffizientes Europa" im November 2012 der Entwurf eines Siebten Umweltaktionsprogramms vorgelegt.[1286] Mittlerweile ist das Siebte Umweltaktionsprogramm beschlossen.[1287] Unter dem Titel „Gut leben innerhalb der Belastbarkeitsgrenzen unseres Planeten" verfolgt das Programm das Ziel, bis zum Jahr 2020 „eine intelligente, nachhaltige und integrative Wirtschaft mit Politik- und Aktionsbereichen zu werden, die auf eine CO_2-arme ressourceneffiziente Wirtschaft ausgerichtet sind".[1288] An prominenter Stelle steht weiterhin der Meeresumweltschutz.[1289]

2. Thematische Strategie für den Schutz und die Erhaltung der Meeresumwelt

Am 24. Oktober 2005 wurde die „Thematische Strategie für den Schutz und die Erhaltung der Meeresumwelt" bekannt gegeben. Sie wird begleitet von einem Vorschlag für eine Meeresstrategie-Richtlinie[1290] und einer Folgenabschätzung.[1291] Sie steht in einer Reihe von sechs weiteren Thematischen Strategien, die von der Europäischen Kommission in den Jahren 2005 und 2006 vorgeschlagen wurden.[1292] Die Thematische Strategie für den Schutz und die Erhaltung der Meeresumwelt resultiert aus dem Bereich „Schutz von Natur und biologischer Vielfalt" des Sechsten Umweltaktionsprogramms und zielt auf den Schutz und die Wiederherstellung der Ozeane und Meere Europas sowie die Nachhaltigkeit menschlichen Handelns, damit

---

1286 KOM(2012) 710 endg. v. 29.11.2012. Stellungnahme des Europäischen Wirtschafts- und Sozialausschusses zum Thema „7. Umweltaktionsprogramm und Folgemaßnahmen zum 6. Umweltaktionsprogramm", ABl.EU 2012, C 191, S. 1 ff., Punkt 4.2 ff. Siehe dazu *Hoffmann*, NVwZ 2013, 534 ff.

1287 Beschluss Nr. 1386/2013/EU über ein allgemeines Umweltaktionsprogramm der Union für die Zeit bis 2020 v. 20.11.2013. Dazu *Wimmers*, UPR 2013, 286 ff.

1288 Erwägungsgrund 1 des Beschlusses Nr. 1386/2013/EU über ein allgemeines Umweltaktionsprogramm der Union für die Zeit bis 2020 v. 20.11.2013.

1289 Siehe Erwägungsgrund 14 und das prioritäre Ziel des Schutzes, der Erhaltung und der Verbesserung des Naturkapitals der Union in Art. 2 und im Anhang des Beschlusses Nr. 1386/2013/EU über ein allgemeines Umweltaktionsprogramm der Union für die Zeit bis 2020 v. 20.11.2013.

1290 Vorschlag für eine Meeresstrategie-Rahmenrichtlinie, KOM(2005) 505 endg. v. 24.10.2005.

1291 SEC(2005) 1290 endg. v. 24.10.2005.

1292 Art. 6 Abs. 2c und g, Art. 7 Abs. 2c, f, h, Art. 8 Abs. 2 i und iii des Beschlusses Nr. 1600/2002/EG: Thematische Strategie für den Bodenschutz, KOM(2006) 231 endg. v. 27.9.2006; zur Luftreinhaltung, KOM(2005) 446 endg. v. 21.9.2005; für die städtische Umwelt, KOM(2005) 718 endg. v. 11.1.2006; für eine nachhaltige Nutzung natürlicher Ressourcen, KOM(2005) 670 endg. v. 21.12.2005; zur Abfallvermeidung und -recycling, KOM(2005) 666 v. 21.12.2005. Zur nachhaltigen Nutzung von Pestiziden existiert bislang nur eine Mitteilung der Europäischen Kommission, KOM(2002) 349 endg. v. 1.7.2002.

auch künftige Generationen Ozeane und Meere genießen und nutzen können, die biologische Vielfalt bieten, dynamisch, sicher, sauber, gesund und produktiv sind.[1293] Der Schwerpunkt der Strategie liegt auf dem regionalen Schutz der Meere der EU.[1294]

Die Thematische Strategie weist eine Reihe von „Schlüsselelementen" auf, die auch im Vorschlag für eine Meeresstrategie-Richtlinie Niederschlag finden und meist struktureller Art sind. Hierzu gehört v.a. ein sog. duales EU-/Regionalkonzept.[1295] Das Konzept beinhaltet, dass auf EU-Ebene gemeinsame Grundsätze für die Zusammenarbeit zwischen Mitgliedstaaten und Drittländern, die an Meere der EU grenzen, beschrieben werden. Die Planung und Ausführung von Maßnahmen erfolgt dann auf regionaler Ebene, wobei alle Beteiligten über bereits bestehende regionale Übereinkommen – wie OSPAR oder HELCOM – umfassend einbezogen werden sollen. Der Hintergrund ist nachvollziehbar: Regional zusammenhängende Meeresregionen müssen in den Mittelpunkt gestellt werden – nur so kann die Vielfalt an unterschiedlichen Gegebenheiten und Bedürfnissen von Meeresregionen angemessen berücksichtigt werden, und nur so können Maßnahmen individuell auf die (möglicherweise kleinteiligen, spezifischen) regionalen Probleme zugeschnitten werden. Die europäischen Meeresgewässer werden hierzu in vier[1296] Meeresregionen (Ostsee, Nordostatlantik, Mittelmeer und Schwarzes Meer) als Bewirtschaftungseinheiten[1297] unterteilt, wobei für Nordostatlantik und Mittelmeer weitere acht potentielle Meeresunterregionen genannt werden.[1298] Die Meere der Mitgliedstaaten

---

1293 So Thematische Strategie für den Schutz und die Erhaltung der Meeresumwelt, KOM(2005) 504 endg. v. 24.10.2005, S. 5, vgl. auch Art. 6 des Beschlusses Nr. 1600/2002/EG. Zum Meeresumweltschutz als eigenständige Staatsaufgabe schon im Jahr 1983 *Ehlers*, NuR 1983, 129 ff.

1294 Die internationale Dimension wird aber nicht ausgeblendet, „da von der Prämisse ausgegangen wird, dass die EU auch auf Meeresgebieten in anderen Teilen der Welt, einschließlich der hohen See, ihren „ökologischen Fingerabdruck" verringern muss", vgl. Thematische Strategie für den Schutz und die Erhaltung der Meeresumwelt, KOM(2005) 504 endg. v. 24.10.2005, S. 1.

1295 Thematische Strategie für den Schutz und die Erhaltung der Meeresumwelt, KOM(2005) 504 endg. v. 24.10.2005, S. 5; Vorschlag für eine Meeresstrategie-Rahmenrichtlinie, Vorschlag für eine Meeresstrategie-Rahmenrichtlinie, KOM(2005) 505 endg. v. 24.10.2005, S. 4; KOM(2002) 539 endg. v. 2.10.2002, S. 20 ff. Siehe dazu auch *Maier/Markus*, Mar Pollut Bull (67) 2013, 66 ff. (71 f.); *Soma et al.*, Ocean Coast Mgmt (117) 2015, 4 ff.: „moving from sectoral anarchy to the desired territorial synergy". Zum Stichwort des „Environmental Governance" siehe *Newig/Fritsch*, Environ Pol Gov (19) 2009, 197 ff. mit vielen weiteren Nachweisen.

1296 Der Vorschlag enthielt nur drei Meeresregionen, in der Rahmenrichtlinie hinzugekommen ist das Schwarze Meer, vgl. Art. 3 KOM(2005) 505 endg. und Art. 4 MSRL.

1297 So die Begriffswahl im Vorschlag für eine Meeresstrategie-Rahmenrichtlinie, KOM(2005) 505 endg. v. 24.10.2005, S. 6.

1298 Die Einteilung in Meeresregionen geht auf einen Vorschlag des International Council for the Exploration of the Sea (ICES) zurück, siehe *Rice et al.*, Guidance on the Application of the Ecosystem Approach, 2005, S. 5.

der EU werden also nicht durch ein einheitliches Gesamtkonzept, das auf EU-Ebene entwickelt wurde, mit Regelungen überzogen. Das Grundkonzept, in speziellen und spezifisch auf Naturgegebenheiten ausgerichteten Bewirtschaftungseinheiten zu denken, findet sich schon in der Wasserrahmenrichtlinie, wo die Bewirtschaftung gemeinsamer Flussgebietseinheiten geregelt wird.[1299] Die Koordinierung muss dann unter den Mitgliedstaaten der – im Falle der Meeresstrategie-Rahmenrichtlinie – jeweiligen Meeresregion stattfinden.

Weitere Schlüsselelemente der Thematischen Strategie betreffen die unzureichende Wissensgrundlage über den Zustand der Meere und das Erfordernis einer gemeinsamen Datensammlung und -verwaltung sowie die Kohärenz zwischen und die Integration von gewässer- und meeresbezogenen Programmen.[1300]

Die Bedeutung der an sich unverbindlichen Thematischen Strategie darf nicht unterschätzt werden, da die Institutionen der EU vor ihrem Hintergrund zukünftige politische Agenden angekündigt haben.[1301]

3. *Meeresstrategie-Rahmenrichtlinie*

Nach einem fast dreijährigen Verfahren[1302] wurde am 25. Juni 2008 die Richtlinie 2008/56/EG des Europäischen Parlaments und des Rates zur Schaffung eines Ordnungsrahmens für Maßgaben der Gemeinschaft im Bereich der Meeresumwelt (Meeresstrategie-Rahmenrichtlinie) veröffentlicht.[1303] Sie stellt den ersten für die Mitgliedstaaten verbindlichen Rechtsakt dar, der den durch das Sechste Umweltaktionsprogramm eingeführten integrativen und ganzheitlichen Ansatz aufnimmt. Sie ist damit die erste verbindliche Strategie für den Umweltschutz der Meere.

1299 Sie dazu bereits oben, 1. Kapitel, C.IV.8. Zur Vergleichbarkeit regionaler Konzepte in der GFP als historischem Vorläufer siehe *Maier/Markus*, Mar Pollut Bull (67) 2013, 66 ff. (67). Sie sehen die regionalen Konzepte als „emerging supplement layer of the European institutional system“, dort auch viele weitere Hinweise zum Stichwort „multi-level governance“. Siehe auch *Long*, J Ener & Nat Res L (29) 2011, 1 ff. (27 f.).

1300 Thematische Strategie für den Schutz und die Erhaltung der Meeresumwelt, KOM(2005) 504 endg. v. 24.10.2005, S. 5; *European Commission*, EU Marine Strategy, 2006, S. 21.

1301 *Long*, J Ener & Nat Res L (29) 2011, 1 ff. (7 ff.).

1302 Zum Werdegang des interinstitutionellen Verfahrens siehe im Internet unter http://ec.europa.eu/prelex/detail_dossier_real.cfm?CL=de&DosId=193457 (8.2.2017). Siehe auch *Rossi*, JbUTR 2007, 81 ff. (85 ff.); *Markus et al.*, Int'l J Mar & Coast L (26) 2011, 59 ff. (65 ff.). Zu den in Betracht gezogenen policy options siehe *Juda*, Ocean Develop & Int'l L (38) 2007, 259 ff. (266 f.).

1303 ABl. L 164, S. 19.

a. Rechtliche Grundlage

Rechtsgrundlage für den Erlass der Rahmenrichtlinie durch die EU ist die Umweltkompetenz gem. Art. 192 Abs. 1 AEUV (früher: Art. 175 Abs. 1 EGV).[1304] Die Umwelt fällt in den Bereich der geteilten Zuständigkeit der EU, Art. 2 Abs. 2, Art. 4 Abs. 2e AEUV; d.h. sowohl die EU als auch die Mitgliedstaaten können hier gesetzgeberisch tätig werden. Die EU darf – im Einklang mit dem Subsidiaritätsprinzip gem. Art. 5 Abs. 3 EUV – ihre Zuständigkeit im Umweltbereich wahrnehmen, sofern zwei Voraussetzungen gegeben sind: Die erste Voraussetzung ist, dass die Mitgliedstaaten die Ziele des Rechtsakts mit den in Betracht gezogenen Maßnahmen weder auf zentraler noch auf regionaler oder lokaler Ebene ausreichend verwirklichen können. Die Europäische Kommission sieht diese Voraussetzung als gegeben an und führt das Bedürfnis nach einem effektiven Schutz der Meeresumwelt an: Der grenzüberschreitende Charakter verlange nach einer Zusammenarbeit der Mitgliedstaaten ohne national unterschiedliche und eventuell gegenläufige Politiken.

Als zweite Voraussetzung ergibt sich aus dem Subsidiaritätsprinzip, dass die EU zusätzlich nur dann tätig werden darf, wenn und soweit die Ziele der in Betracht gezogenen Maßnahmen wegen ihres Umfangs oder ihrer Wirkungen auf Unionsebene besser zu verwirklichen sind. Hier führt die EU die Erfahrungen an, die aus nationalen Ansätzen zum Meeresschutz und regionaler Zusammenarbeit gesammelt wurden. Diese hätten gezeigt, dass Fortschritte im Meeresumweltschutz durch die begrenzte Wirksamkeit nationaler Maßnahmen und Durchsetzungsprobleme internationaler Vereinbarungen gehemmt werden. Deshalb solle mit der Rahmenrichtlinie ein gemeinsamer EU-Rahmen geschaffen werden, der einen wirksamen Schutz der Meeresumwelt Europas ermöglicht.[1305] Gesunde Meere sind von überragender Bedeutung, nicht nur im ökologischen Sinn, sondern auch wirtschaftlich und sozial aufgrund ihrer Nahrungs- und Erholungsquelle im vielfältigen Sinn. Die Dynamik der Meere und Meeresökosysteme verlangt dabei einen gemeinsamen, gleichgerichteten und staatenübergreifenden Ansatz, ohne den einzelne regionale und lokale Schutzbestrebungen nicht effektiv und zielführend möglich sind. Diese Aufgabe des Meeresschutzes auf rein mitgliedstaatlicher Ebene zu stemmen, würde eine Überforderung der Staaten bedeuten, der deutliche Vorteile

---

1304 Vorschlag für eine Meeresstrategie-Rahmenrichtlinie, KOM(2005) 505 endg. v. 24.10.2005, S. 6 ff. Zur kompetenzrechtlichen Situation schon *Graf Vitzthum*, Europäisches Seerecht, in: Brenner et al. (Hrsg.), Der Staat des Grundgesetzes, FS Badura, 2004, S. 1189 ff. (1192 ff. m.w.N.). Auf S. 1193 in Fn. 19 erfolgt eine eindeutige Aussprache *Graf Vitzthums* zugunsten einer wirtschaftsorientierten Ausrichtung des europäischen Seerechts: „Insgesamt ist darauf zu achten, dass das Seerecht nicht zu einseitig das Meeresumweltrecht betont, während das wirtschaftlich immer bedeutendere „Meeresnutzungsrecht" bis hin zu einer marinen Raumplanung vernachlässigt wird."

1305 „Detaillierte Ziele und Managementmaßnahmen zur Erreichung eines guten Umweltzustandes [...] werden auf EU-Ebene nicht festgelegt", Vorschlag für eine Meeresstrategie-Rahmenrichtlinie, KOM(2005) 505 endg. v. 24.10.2005, S. 7.

eines gemeinschaftlichen Inangriffnehmens gegenüberstehen, so dass das Subsidiaritätsprinzip gewahrt ist.

b. Änderungen im Gesetzgebungsverfahren ggü. der Entwurfsfassung

Der Vorschlag der Europäischen Kommission für eine Meeresstrategie-Richtlinie vom Oktober 2005 wurde i.R.d. Mitentscheidungsverfahrens an die beteiligten Organe übermittelt.[1306] Nach einer Stellungnahme des Europäischen Wirtschafts- und Sozialausschusses,[1307] des Ausschusses der Regionen[1308] und Erörterungen im Rat der Europäischen Union[1309] wurden in erster Lesung über 80 Änderungsanträge des Europäischen Parlaments[1310] diskutiert.[1311] Nach weiteren 63 Änderungsanträgen in zweiter Lesung[1312] enthält die Rahmenrichtlinie ggü. dem ursprünglichen Vorschlag für eine Meeresstrategie-Richtlinie – neben der Umbenennung zur *Rahmen*richtlinie[1313] – schließlich eine Reihe von Änderungen:

Die Erwägungsgründe wurden zum Teil umformuliert und ergänzt, aber auch um 17 auf insgesamt 48 Gründe erweitert. Hinzugefügt wurden die Erwägungen um die Gründe 1/2, 5–7, 12, 14/15, 20–22, 40–42, 44, 47/48. Erweitert wurden bspw. der Erwägungsgrund 8 um die Nennung des Ökosystemansatzes, Erwägungsgrund 24 in Bezug auf die Möglichkeit, Bewertungen heranzuziehen, die bereits im Rahmen regionaler Meeresübereinkommen erstellt wurden, Erwägungsgrund 27 um das Vorsorge-, Vorbeugungs-, Ursprungs- und Verursacherprinzip[1314] als auch die Erwägungsgründe 31–33 hinsichtlich der Handlungsmöglichkeiten der Kommission in den dort genannten Sonderfällen.

Mit drei zusätzlichen Artikeln besteht die Richtlinie nun aus insgesamt 28 Artikeln; hinzugekommen sind Art. 3 (Begriffsbestimmungen), Art. 21 (Fortschrittsbericht

---

1306 Art. 192 AEUV sieht als Gesetzgebungsverfahren das ordentliche Verfahren vor, das gem. Art. 289 i.V.m. Art. 294 AEUV ein Mitentscheidungsverfahren ist.

1307 ABl.EU C 185 v. 8.8.2006, S. 20 ff.

1308 ABl.EU C 206 v. 29.8.2006, S. 5 ff.

1309 Siehe zum Gemeinsamen Standpunkt des Rates (EG) Nr. 12/2007 v. 23.7.2007, ABl. EU C 242E v. 16.10.2007, S. 11 ff.

1310 Bericht, Plenarsitzungsdokument A6-0373/2006 des Europäischen Parlaments v. 24.10.2006; Mitteilung der Kommission hierzu KOM(2007) 456 endg. v. 24.7.2007.

1311 Siehe zu den ausgetragenen Diskussionen – insbesondere zwischen dem Europäischen Parlament und dem Rat der Europäischen Union – *Mee et al.*, Mar Pollut Bull (56) 2008, 187 ff. (189); *Juda*, Ocean Develop & Int'l L (41) 2010, 34 ff. (39); *Santos et al.*, Mar Policy (36) 2012, 936 ff. (965, Table 1).

1312 Empfehlung, Plenarsitzungsdokument A6-0389/2007 des Europäischen Parlaments v. 12.10.2007; Stellungnahme der Kommission hierzu KOM(2008) 5 endg. v. 10.1.2008.

1313 Zur Bedeutung der Begriffswahl „Rahmen"-Richtlinie siehe oben, 1. Kapitel, C.II.

1314 Zur früheren Kritik siehe u.a. *Rossi*, JbUTR 2007, 81 ff. (94 f.).

über Schutzgebiete) und Art. 22 (Gemeinschaftsfinanzierung). Die anderen Artikel wurden zum Teil umformuliert[1315] und erweitert.[1316]

Zur Rahmenrichtlinie hinzugekommen ist ebenfalls Anhang I über die qualitativen Deskriptoren zur Festlegung des guten Umweltzustandes. Ggü. dem Vorschlag wurden die Anhänge II–IV umformuliert und teilweise geringfügig erweitert.

c. *Inhaltlicher Überblick über die Richtlinie*

Inhaltlich sieht die Meeresstrategie-Rahmenrichtlinie vor, dass bis spätestens zum Jahr 2020 ein guter Zustand der Meeresumwelt erreicht oder erhalten wird. Die Mitgliedstaaten entwickeln hierzu Meeresstrategien für ihre Meeresgewässer, die in zeitlich aufeinander folgenden Schritten umzusetzen sind. Dazu gehören auch Maßnahmenprogramme, die bis 2015 aufgestellt und bis 2016 praktisch durchgeführt werden sollten.

Für die einzelnen Meeresgewässer innerhalb der Meeresregionen und -unterregionen müssen die Mitgliedstaaten eigene Meeresstrategien ausarbeiten, Belastungen und Gefahren für die Meeresumwelt bewerten, regionale Umweltziele aufstellen und Indikatoren und Überwachungsmaßnahmen zur Bewertung der Fortschritte beschreiben.[1317] Aufgrund der erfolgten (Anfangs-)Bewertung und dem Vergleich des Ist-Zustands mit dem Soll-Zustand entwickeln die Mitgliedstaaten dann in Zusammenarbeit mit anderen Mitgliedstaaten und Drittländern Maßnahmenprogramme, um den guten Zustand der Meeresumwelt – den sie selbst bestimmt haben – zu erreichen oder zu erhalten. Die Richtlinie wird ihrem Rahmencharakter dabei dadurch gerecht, dass durch sie selbst nur Anhaltspunkte, Bewertungskriterien und methodische Standards für den guten Zustand der Meeresumwelt vorgegeben werden. Was der gute Umweltzustand aber tatsächlich bedeutet und wie damit das materielle Ziel der Rahmenrichtlinie eigentlich ausgerichtet ist, bestimmen allein die Mitgliedstaaten. Auch werden auf EU-Ebene keine spezifischen Managementmaßnahmen festgelegt, sondern die Mitgliedstaaten stehen in der Pflicht, solche zu entwickeln und zu erlassen.

Mit der Meeresstrategie-Rahmenrichtlinie wird damit erstmals ein einheitlicher Ordnungsrahmen für den Umweltzustand der Meeresgewässer der Mitgliedstaaten

1315 Aufgeweicht wurde etwa die im Entwurf in den Art. 11 und 15 statuierte Überprüfungs- und Genehmigungspflicht der Mitteilungen und Maßnahmenprogramme der Mitgliedstaaten durch die Kommission. Die jetzigen Art. 12 und 16 MSRL formulieren nur noch ein Bewertungsrecht durch die Kommission.

1316 Für die Bearbeitung relevante Änderungen im Gesetzgebungsprozess werden an entsprechender Stelle nochmals aufgegriffen.

1317 Thematische Strategie für den Schutz und die Erhaltung der Meeresumwelt, KOM(2005) 504 endg. v. 24.10.2005, S. 6.

der EU vorgegeben.[1318] Sie wird deshalb als die „Umweltsäule“ der integrierten Meerespolitik der EU bezeichnet.[1319]

II. Die Rolle der Europäischen Kommission

Das Directorate-General for the Environment (DG Environment) ist die bei der Europäischen Kommission zuständige Generaldirektion für die Umsetzung der Meeresstrategie-Rahmenrichtlinie.[1320]

Die Rolle der Europäischen Kommission soll bei der Umsetzung jedoch begrenzt sein, das zeigt sich in der Begründung des Vorschlags für die Meeresstrategie-Richtlinie – dem rechtlichen Vorläufer der Rahmenrichtlinie –, dort heißt es:

> In der Richtlinie werden lediglich gemeinsame Ziele und Grundsätze für Maßnahmen auf EU-Ebene festgelegt. [...] Das vorgeschlagene Rechtsinstrument beschränkt sich auf Dinge, die die Mitgliedstaaten alleine nicht zufrieden stellend erreichen können – d.h. auf die Schaffung eines EU-weiten Rahmens, der einen wirksamen Schutz der Meeresumwelt Europas ermöglicht. Detaillierte Ziele und Managementmaßnahmen zur Erreichung eines guten Umweltzustands in jeder Meeresregion der EU werden auf EU-Ebene nicht festgelegt.[1321]

Bei einem Blick in den Richtlinientext ist dann auch festzustellen, dass sich die Befugnisse der Europäischen Kommission weitgehend auf eine koordinierende Kompetenz beschränken und den Mitgliedstaaten Berichts- und Informationspflichten auferlegt sind. Diese *Informationspflichten* beziehen sich bspw. auf die mitgliedstaatliche Unterteilung der Meeresunterregionen oder auf die Ergebnisse der einzelnen Verfahrensschritte in der Vorbereitungs- und Maßnahmenphase.[1322]

1318 Nach der Wasserrahmenrichtlinie hat die EU damit ihre Gewässerpolitik auf alle europäischen Gewässer ausgedehnt; *Rabe*, Fachliche Aspekte der Umsetzung der MSRL, in: Durner (Hrsg.), Wasserrechtlicher Reformbedarf in Bund und Ländern, 2011, S. 9 ff. (9).

1319 Erwägungsgrund 3 MSRL; Thematische Strategie für den Schutz und die Erhaltung der Meeresumwelt, KOM(2005) 504 endg. v. 24.10.2005, S. 7. Diese Einteilung spiegelt sich auch wieder in den Direktionen der Europäischen Kommission, die für beide Instrumente zuständig sind: So ist für die integrierte Meerespolitik die DG Mare (DG Maritime Affairs and Fisheries) zuständig, für die Meeresstrategie-Rahmenrichtlinie die DG Environment.

1320 Siehe die Homepage der DG Environment unter http://ec.europa.eu/dgs/environment/index_en.htm (8.2.2017). *Wolfrum*, AVR (42) 2004, 67 ff.

1321 Vorschlag für eine Meeresstrategie-Rahmenrichtlinie, KOM(2005) 505 endg. v. 24.10.2005, S. 6 f.

1322 Siehe Erwägungsgründe 28, 31, 35, Art. 4 Abs. 2, 5 Abs. 3a, 7 Abs. 1 und 2, 9 Abs. 2, 10 Abs. 2, 11 Abs. 3, 13 Abs. 9, 17 Abs. 3, 18 (Zwischenberichte), 19 Abs. 3 (Zugangs- und Nutzungsrechte), 26 MSRL. *Meßerschmidt* spricht in diesem Zusammenhang von einem „ausgedehnte(n) Berichtswesen“, siehe *Meßerschmidt*, Europäisches Umweltrecht, 2011, S. 736 Rn. 157.

Zum Teil sind die Informationspflichten dahingehend erweitert, dass die Mitgliedstaaten einem *Begründungserfordernis* unterliegen. Das gilt bspw. für Gebietsausnahmen, in denen nicht innerhalb der vorgesehenen Zeit die Umweltziele und der gute Umweltzustand erreicht werden können, oder für die Empfehlung für Gemeinschaftsmaßnahmen, sofern die Mitgliedstaaten Probleme feststellen, die nicht auf nationaler Ebene gelöst werden können.[1323]

Neben den Informationspflichten der Mitgliedstaaten gewährt die Meeresstrategie-Rahmenrichtlinie der Kommission zudem – eingeschränkte – *Handlungsbefugnisse.*[1324] So hat sie die Richtlinie bis zum 15. Juli 2023 zu überprüfen und schlägt gegebenenfalls erforderliche Änderungen vor.[1325] Außerdem bewertet sie die von den Mitgliedstaaten erstellten Beschreibungen des guten Umweltzustands, festgelegten Umweltziele, Überwachungs- und Maßnahmenprogramme und verlangt gegebenenfalls zusätzliche Informationen von den Mitgliedstaaten.[1326] Ebenso kommt ihr ein *Prüfungsrecht* zu, wenn die Mitgliedstaaten in dringenden Fällen ad hoc-Maßnahmen wegen eines kritischen Meereszustandes ergreifen müssen.[1327]

Daneben hat die Europäische Kommission ihrerseits umfangreiche *Berichtspflichten* ggü. den Mitgliedstaaten zu erfüllen.[1328] Dazu gehören ein erster Bewertungsbericht innerhalb von zwei Jahren nach Eingang aller Maßnahmenprogramme inklusive einer Aktualisierung im sechsjährigen Rhythmus sowie eine Bewertung, inwieweit die Rahmenrichtlinie zur Erfüllung der bestehenden Verpflichtungen aus regionalen und internationalen Übereinkommen zum Schutz der Meeresumwelt beiträgt.

Bereits beschlossen hat die Kommission im September 2010 Kriterien und methodische Standards zur Feststellung des guten Umweltzustands von Meeresgewässern; der Beschluss stellt eine Konkretisierung der qualitativen Deskriptoren des Anhangs I MSRL dar.[1329] Zudem werden die Mitgliedstaaten auf die Möglichkeit von

---

1323 Siehe Art. 14 Abs. 1 und 4, 15 Abs. 1 und 2, Anhang I zur MSRL a.E.

1324 *Maier/Markus*, Mar Pollut Bull (67) 2013, 66 ff.

1325 Siehe Erwägungsgründe 14, 32, 33, 37, 47, 48, Art. 5 Abs. 3b, 9 Abs. 3, 12, 15 Abs. 1 und 2, 16, 20, 21, 23 MSRL.

1326 Siehe den Bericht der Kommission an den Rat und das Europäische Parlament, Erste Phase der Umsetzung der Meeresstrategie-Rahmenrichtlinie (2008/56/EG), Bewertung und Hinweise der Europäischen Kommission, COM(2014) 97 final v. 20.2.2014 mit dem Annex SWD(2014) 49 final, ebenfalls v. 20.2.2014. Im Vorschlag für eine Meeresstrategie-Richtlinie waren diese Paragraphen (Art. 12 und 16 MSRL) noch mit „Genehmigung" überschrieben, vgl. Art. 11 und 15 KOM(2005) 505 endg. v. 24.10.2005. Rechtsfolge einer negativen Bewertung ist nach den Art. 12 und 16 MSRL lediglich ein *Bitten* der Kommission an die Mitgliedstaaten, weitere Informationen zu übermitteln. Sie darf außerdem *Hinweise* zu Änderungen geben, die sie erforderlich hält.

1327 Art. 5 Abs. 3b MSRL.

1328 Art. 20 und 21 MSRL.

1329 Dies erfolgte nach Art. 9 Abs. 3 MSRL; Beschluss 2010/477/EU der Kommission über Kriterien und methodische Standards zur Feststellung des guten Umweltzustandes von Meeresgewässern v. 1.9.2010, ABl.EU L 232 v. 2.9.2010, S. 14. Für die vorliegende

Gemeinschaftsmaßnahmen hingewiesen, soweit Probleme nicht durch Maßnahmen auf nationaler Ebene gelöst werden können. Darüber hinaus behält sich die Gemeinschaft vor, selbst tätig zu werden, falls die Ziele der Meeresstrategie-Rahmenrichtlinie auf der Ebene der Mitgliedstaaten nicht ausreichend verwirklicht werden können. Diese Regelung konstituiert sich jedoch nicht aus der Meeresstrategie-Rahmenrichtlinie, sondern ergibt sich im Zusammenhang mit dem Subsidiaritätsprinzip aus Art. 5 EUV.[1330]

Neben der gesetzgebenden Kompetenz der Europäischen Kommission zur Festlegung der qualitativen Deskriptoren kommt ihr i.R.d. Komitologie auch eine *gesetzgebende Funktion* zur tertiären Rechtsetzung zu.[1331]

Durchsetzungsbefugnisse der Europäischen Kommission erfolgen aus der Rahmenrichtlinie nicht unmittelbar; es bleibt hier wohl nur bei einem politisch-moralischen Druck, den die Kommission durch Berichte über den Fortschritt der Umsetzung der Rahmenrichtlinie zu erhöhen vermag. Diese Berichte werden erstmals bis zum Jahr 2019 erstellt, im Anschluss daran jedoch alle sechs Jahre.[1332] Daneben hat die Europäische Kommission die Möglichkeit zur Einleitung eines Vertragsverletzungsverfahrens nach Art. 258 AEUV.[1333]

Die Rolle der Europäischen Kommission ist somit weitgehend beschränkt auf die Leitung der strategischen Entwicklung auf der nationalen Ebene; sie stellt hierfür einen zeitlichen, prozeduralen und materiell-rechtlichen Rahmen bereit. Durch die Meeresstrategie-Rahmenrichtlinie selbst erhält die Europäische Kommission nur koordinierende und eingeschränkt kontrollierende Kompetenzen.[1334] Rechtliche Sanktionen sind nicht vorgesehen.[1335]

Bearbeitung nicht mehr berücksichtigt werden konnte der Beschluss (EU) 2017/848 der Kommission zur Festlegung der Kriterien und methodischen Standards für die Beschreibung eines guten Umweltzustands von Meeresgewässern und von Spezifikationen und standardisierten Verfahren für die Überwachung und Bewertung sowie zur Aufhebung des Beschlusses 2010/477/EU v. 17.5.2017, ABl.EU L 125, S. 43. Dazu *Weiß*, ZUR 2017, 331 ff.

1330 Erwägungsgrund 43 MSRL; siehe dazu oben unter A.I.3a.

1331 Art. 25 MSRL i.V.m. Art. 290, 291 AEUV mit Verweis auf den Komitologie-Beschluss 1999/468/EG v. 28.6.1999.

1332 Art. 20 MSRL.

1333 Ebenso kann die Europäische Kommission in einem zweiten Verfahren die Zahlung eines Zwangsgeldes beantragen, *Schulze et al.*, Europarecht, 3. Auflage 2015, § 26 Rn. 38 ff.; *Schroeder*, in: *Streinz*, EUV/AEUV, Kommentar, 2. Auflage 2012, Art. 288 Rn. 78.

1334 So auch *Markus et al.*, Int'l J Mar & Coast L (26) 2011, 59 ff. (68); *Markus/Schlacke*, ZUR 2009, 464 ff. (466).

1335 Auch die von den Mitgliedstaaten zu erstellenden Meeresstrategien werden durch die Europäische Kommission lediglich überprüft, siehe Art. 16 MSRL. Im Entwurf war noch eine Genehmigung der Europäischen Kommission vorgesehen, siehe Art. 11 und 15 MSRL-Entwurf. Dazu *Rossi*, JbUTR 2007, 81 ff. (90 ff.) und *Umweltbundesamt*, Stellungnahme zum Vorschlag einer Marinen Rahmenrichtlinie als Bestandteil der Europäischen Meeresstrategie, 2005, S. 4.

Weitgehend werden Handlungsanweisungen zurück an die Mitgliedstaaten gegeben. Mit dem Stichwort eines „dualen EU-/Regionalkonzepts" – was an anderer Stelle kritisiert wird und einem Rückzug der Kommission aus ihrer Verantwortung gleichgesetzt wird[1336] – begründet die Europäische Kommission diese Zurückhaltung mit der Heterogenität der marinen Bereiche in den Unionsgewässern.[1337] Ein „one size fits all-approach", eine einheitliche Lösung für alle denkbaren Fälle also, sei hier i.S.d. Subsidiaritätsprinzips nicht angebracht.[1338]

Andererseits betont die Europäische Kommission, wie wichtig ihr eine kohärente Umsetzung der Vorgaben der Meeresstrategie-Rahmenrichtlinie in allen Meeresregionen ist. Sie hat dazu auf EU-Ebene eine Umsetzungs- bzw. Arbeitsplattform – die sog. Common Implementation Strategy (CIS) – eingerichtet, die die in den Mitgliedstaaten vorzunehmenden Maßnahmen zur Umsetzung (informell) koordinieren soll.[1339] Die CIS besteht aus der Marine Strategy Coordination Group (MSCG), die als zentrales Handlungs- und Abstimmungsorgan die übergeordneten Marine Directors unterrichtet. Die „Marine Directors" sind das höchste politische Gremium der CIS, die MSCG das operative Bindeglied zwischen Marine Directors und Working Groups (WG). Diese Arbeitsgruppen, die Methoden, Hinweise und Leitfäden für eine kohärente Umsetzung der Richtlinie erarbeiten, bilden das Herzstück der Plattform.[1340] Es gibt insgesamt drei Arbeitsgruppen zum Good Environmental Status (GES), zum Economic and Social Assessment (ESA) und zu Data, Information and Knowledge Exchange (DIKE). Zur WG GES sind zwei Unter- bzw. technische Expertengruppen (TG) eingerichtet worden, die sich mit den aktuellen Themen des Unterwasserlärms (TG Noise) und Abfalls im Meer (TG Marine Litter) beschäftigen.

III. Gegenstand und zentraler Begriff der Meeresstrategie-Rahmenrichtlinie

Art. 1 Abs. 1 MSRL
Mit dieser Richtlinie wird ein Rahmen geschaffen, innerhalb dessen die Mitgliedstaaten die notwendigen Maßnahmen ergreifen, um spätestens bis zum Jahr 2020 einen guten Zustand der Meeresumwelt zu erreichen oder zu erhalten.

1336 Hier sei nur genannt: *Sachverständigenrat für Umweltfragen*, Vorschlag der Europäischen Kommission für eine Meeresschutzstrategie, 2006. Dazu auch *van Tatenhove*, Ocean Coast Mgmt (71) 2013, 296 ff.

1337 Thematische Strategie für den Schutz und die Erhaltung der Meeresumwelt, KOM(2005) 504 endg. v. 24.10.2005, S. 5.

1338 Mit Verweis auf die Aussage von Commissioner *Joe Borg*, Commission Document SPEECH/06/99 v. 17.2.2006: *Peters*, The EC and Regional Organizations for the Protection of the Sea, in: Ehlers/Lagoni (Hrsg.), Maritime Policy of the EU and Law of the Sea, 2008, S. 149 ff. (174); *Maier/Markus*, Mar Pollut Bull (67) 2013, 66 ff.

1339 Siehe http://ec.europa.eu/environment/marine/eu-coast-and-marine-policy/implementation/index_en.htm (8.2.2017).

1340 Siehe dazu unter Environment/Marine Strategy hinterlegten Dokumente; https://circabc.europa.eu (21.4.2017).

So lautet der erste Artikel der Meeresstrategie-Rahmenrichtlinie, der den „Gegenstand" der Richtlinie beschreibt. Eine Zielbestimmung zur Erreichung eines guten Zustands der Meeresumwelt, die noch im frühen Vorschlag für eine Meeresstrategie-Richtlinie im ersten Artikel enthalten war,[1341] findet sich in der Letztfassung nicht mehr. Gegen die Vorgabe einer Zielbestimmung wurde insbesondere von umweltpolitischen Nichtregierungsorganisationen eingewendet, dass dieses mehr ein Bestreben als ein verbindliches Bekenntnis suggeriere.[1342] Die letzte Fassung weist demgegenüber einen stärkeren Bezug auf das Erreichen des Ziels auf, allerdings ohne das Erreichen eines guten Umweltzustandes bis zum Jahr 2020 selbst zu einem rechtsverbindlichen Ziel zu erklären.[1343]

Es geht also darum, einen guten Zustand der Meeresumwelt zu erreichen oder zu erhalten; das soll bis zum Jahr 2020 geschafft und u.a. durch maritime Raumplanung bewerkstelligt werden. Was bedeutet das aber genau? Die gesamte Meeresstrategie-Rahmenrichtlinie bezieht sich auf diesen zentralen Begriff – den „guten Zustand der Meeresumwelt". Der gute Meeresumweltzustand soll gem. Art. 1 MSRL bis zum Jahr 2020 erhalten oder erreicht werden, was bedeutet, dass sich die Meeresgewässer entweder bereits in einem solchen guten Umweltzustand befinden oder er aber, falls momentan noch nicht gegeben, erreicht werden kann. Darin liegen sowohl ein Verbesserungsgebot und gleichzeitig ein Verschlechterungsverbot.[1344]

Ausdrückliche Legaldefinitionen der Begriffe des „guten Zustands" und der „Meeresumwelt", wie sie in Art. 1 MSRL verwendet werden, stellt die Rahmenrichtlinie nicht bereit. Allerdings werden in Art. 3 MSRL die Begriffe „Meeresgewässer", „Umweltzustand" und „guter Umweltzustand" legaldefiniert, und es ist nicht anzunehmen, dass den verwendeten Begriffen in Art. 1 MSRL eine andere Bedeutung zukommen soll als diejenige, die sich aus einer Zusammenschau der Begriffsbestimmungen in Art. 3 MSRL ergibt. Zu den „Meeresgewässern" zählen gem. Art. 3 Nr. 1 MSRL die Gewässer, der Meeresgrund und der Meeresuntergrund in Küstenmeer und AWZ. Der „Umweltzustand" ist gem. Art. 3 Nr. 4 MSRL der

---

1341 „Mit dieser Richtlinie wird ein Rahmen für die Entwicklung von Meeresregionen geschaffen, *die dem Ziel dienen*, [spätestens bis zum Jahr 2021] einen guten Zustand der Meeresumwelt zu erreichen, ihren Schutz und ihre Erhaltung auf Dauer zu gewährleisten und eine Verschlechterung der Umweltqualität zu vermeiden", siehe Vorschlag für eine Meeresstrategie-Rahmenrichtlinie, KOM(2005) 505 endg. v. 24.10.2005, S. 14 (Kursivsetzung durch Verfasserin).

1342 „... such an aspirational statement (the use of the word „aim") is not a binding commitment", *Mee et al.*, Mar Pollut Bull (56) 2008, 187 ff. (189). Siehe auch Änderungsantrag 24 des Europäischen Parlaments, Bericht, Plenarsitzungsdokument A6-0373/2006 des Europäischen Parlaments v. 24.10.2006.

1343 Was u.a. an den Interventionen des Rates der Europäischen Union liegt, siehe dessen Begründung in Gemeinsamer Standpunkt des Rates (EG) Nr. 12/2007 v. 23.7.2007, ABl.EU C 242E v. 16.10.2007, S. 29; Mitteilung der Kommission hierzu KOM(2007) 456 endg. v. 24.7.2007, S. 10 und 11.

1344 *Weiß*, ZUR 2017, 331 ff.

Gesamtzustand der Umwelt in den Meeresgewässern unter Berücksichtigung von Struktur, Funktion und Prozessen der einzelnen Meeresökosysteme. Weiter werden die natürlichen physiographischen, geographischen, biologischen und klimatischen Faktoren beachtet, genauso wie die physikalischen, akustischen und chemischen Bedingungen, einschließlich der Bedingungen, die als Folge menschlichen Handelns in den betreffenden Gebieten oder außerhalb davon entstehen. Aus der Definition wird deutlich, dass die Meeresstrategie-Rahmenrichtlinie ausdrücklich das menschliche Handeln mit seinen Auswirkungen auf die (Meeres-)Umwelt in den zentralen Mittelpunkt der Betrachtung stellt.

Was i.S.d. Rahmenrichtlinie unter einem „guten Umweltzustand" verstanden werden soll, ergibt sich aus Art. 3 Nr. 5 MSRL: Ein guter Umweltzustand liegt dann vor, wenn die Ozeane und Meere ökologisch vielfältig und dynamisch, sauber, gesund und produktiv sind und die Meeresumwelt in einer nachhaltigen Weise genutzt wird, dass auch die zukünftigen Generationen die Meere und Ozeane in einer vielfältigen Weise nutzen können. Der gute Zustand der Meeresumwelt ist der Gegenstand und das Ziel der Rahmenrichtlinie und damit die zentrale Bezugsgröße, hieran haben sich alle Anfangsbewertungen und -beschreibungen, Meeresstrategien, Überwachungs- und Maßnahmenprogramme auszurichten. Der gute Zustand der Meeresumwelt soll um seiner selbst willen, aber auch zur Sicherung der Produktivität und damit zur wirtschaftlichen Nutz- und Ausbeutbarkeit der Meere erreicht werden. Eine der größten Herausforderungen der Meeresstrategie-Rahmenrichtlinie wird es sein, diesen Begriff operationalisierbar zu machen. Was steckt hinter diesem Begriff, wie kann er handhabbar gemacht und erfasst werden?[1345] Die Legaldefinition des guten Umweltzustandes enthält hierzu eine nähere Erläuterung:

> ... die Struktur, die Funktionen und die Prozesse der einzelnen Meeresökosysteme sowie die damit verbundenen physiographischen, geografischen, geologischen und klimatischen Faktoren ermöglichen es, dass diese Ökosysteme ohne Einschränkung funktionieren und ihre Widerstandsfähigkeit gegen vom Menschen verursachte Umweltveränderungen erhalten bleibt. Die im Meer lebenden Arten und ihre Lebensräume sind geschützt, ein vom Menschen verursachter Rückgang der biologischen Vielfalt wird verhindert, und die unterschiedlichen biologischen Komponenten stehen im Gleichgewicht.

Hiermit ist die Resilienz von marinen Ökosystemen angesprochen.[1346] Weiter heißt es:

> Die hydromorphologischen, physikalischen und chemischen Verhältnisse der Ökosysteme, einschließlich der Verhältnisse, die sich aus menschlicher Tätigkeit in dem betroffenen Gebiet ergeben, stützen die vorstehend beschriebenen Ökosysteme. Vom

1345 „How good is good?", *Mee et al.*, Mar Pollut Bull (56) 2008, 187 ff.

1346 Siehe dazu z.B. *Hughes et al.*, Trends in Ecol & Evol 2005, 380 ff.; *Levin/Lubchenko*, BioScience (58) 2008, 27 ff.; *Hofmann/Gaines*, BioScience (58) 2008, 43 ff.

Menschen verursachte Einträge von Stoffen und Energie, einschließlich Lärm, in die Meeresumwelt verursachen keine Verschmutzungseffekte.

Was hier nur stichwortartig zusammengefasst wird, erfährt durch den Anhang I zur MSRL und einen Beschluss der Kommission eine detailliertere Beschreibung: Anhang I MSRL enthält elf qualitative Deskriptoren. Diese qualitativen Deskriptoren umfassen Merkmale, die einen guten Umweltzustand ausmachen (sollen). Die Merkmale bestehen dabei zum einen aus sog. *Zustandsdeskriptoren*, also Merkmalen, die – auf ihr tatsächliches Vorhandensein bezogen – einen guten Zustand der Meeresumwelt definieren sollen; dazu gehören

- die biologische Vielfältigkeit von Lebensräumen und Arten (D1),
- der Bestand kommerziell befischbarer Fische und Schalentiere innerhalb sicherer biologischer Grenzen (D3),[1347]
- ein vielfältiges und gesundes Nahrungsnetz (D4) sowie
- ein gesunder Meeresgrund (D6).

Neben den Zustandsdeskriptoren enthält Anhang I MSRL auch sog. *Belastungsdeskriptoren.* Ein häufiges Vorkommen bzw. die hohe Intensität dieser Belastungsdeskriptoren spricht gegen einen guten Umweltzustand der Meeresgewässer. Zu den Belastungsdeskriptoren gehören

- das Vorkommen nicht einheimischer Arten (D2),
- vom Menschen verursachte Eutrophierung (D5),
- dauerhafte Veränderungen hydrographischer Bedingungen (D7),
- die Konzentration von Schadstoffen im Meer (D8) und solcher in für den menschlichen Verzehr bestimmten Fischen und anderen Meeresfrüchten (D9),
- Abfälle im Meer (D10) und
- die Einleitung von Energie in das Meer (D11).

Zusätzlich hat die Europäische Kommission im Jahr 2010 Kriterien und methodische Standards zur Feststellung des guten Umweltzustandes von Meeresgewässern beschlossen.[1348] Der Beschluss der Kommission verfeinert die Definitionen der elf

---

1347 *Markus*, The evolving conservation standards of EU marine environmental law, in: Godt (Hrsg.), Cross Border Research and Transnational Teaching under Lisbon, 2013, S. 171 ff.

1348 Beschluss 2010/477/EU über Kriterien und methodische Standards zur Feststellung des guten Umweltzustandes von Meeresgewässern v. 1.9.2010, S. 14; i.V.m. Art. 9 Abs. 3 und 24 Abs. 2 MSRL. (Zur Aufhebung des Beschlusses siehe den Beschluss (EU) 2017/848 der Kommission v. 17.5.2017.) Diese sind insbesondere in Zusammenarbeit mit der Gemeinsamen Forschungsstelle der Europäischen Kommission (Joint Research Center, JRC, http://www.jrc.ec.europa.eu) und dem Internationalen Rat für Meeresforschung (International Council for the Exploration of the Sea, ICES, http://www.ices.dk) entstanden (beide Fundstellen: 8.2.2017).

Deskriptoren durch 29 Kriterien und 56 Indikatoren.[1349] Damit werden Aspekte und Anhaltspunkte vorgegeben, die die Mitgliedstaaten bei der Bewertung der nationalen Meeresgewässer und der Beschreibung des Soll-Zustandes berücksichtigen sollen. Konkrete, zahlenmäßig fassbare Ziel- und Grenzwerte, bei denen der gute Umweltzustand als erreicht gelten kann, werden aber weder durch den Richtlinientext noch durch den Beschluss der Kommission definiert.

Das führt zu dem zentralen Problem und Kritikpunkt an der Meeresstrategie-Rahmenrichtlinie: Eine normative Bewertung des Vorliegens einer nach den Kriterien der Meeresstrategie-Rahmenrichtlinie guten Meeresumwelt setzt voraus, dass die hierfür vorgegebenen Indikatoren und Deskriptoren durch naturwissenschaftliche Methoden erfasst und ihr Vorliegen oder Nichtvorliegen sowie die sich daraus ergebenden Folgen bewertet werden können.[1350] Das ist allerdings höchst problematisch, denn die Vorgänge und Zusammenhänge der lebenden und nichtlebenden Daseinsformen des marinen Ökosystems sind noch weitgehend unerforscht.[1351] In einem Großteil der Fälle fehlen damit die fachlichen Grundlagen und methodischen Standards für die durch die Rahmenrichtlinie geforderte Bewertung und Bestimmung von operationalisierbaren Ziel- und Grenzwerten.[1352] Der gute Umweltzustand kann letztlich erst mit dem umfassenden und vollständigen Wissen um das Funktionieren und die Verknüpfungen der marinen Ökosysteme bestimmt werden.[1353] Die Europäische Kommission erkennt deshalb ausdrücklich an, dass eine Reihe der in ihrem Beschluss genannten Kriterien und Indikatoren einer weiteren Entwicklung und auch zusätzlicher Angaben bedürfen, um hinreichend präzise feststellen zu können, ob ein guter Umweltzustand erreicht wurde.[1354] Ergänzend zu ihrem Beschluss hat die Europäische Kommission die gegenwärtig verfügbaren methodischen Standards

---

1349 Kriterien stellen dabei charakteristische technische Merkmale dar, die eng mit den qualitativen Deskriptoren verbunden sind. Indikatoren fokussieren sich auf eine vereinfachte Betrachtung der komplexen Ökosysteme durch eine Reduzierung der möglichen, zu erfassenden Parameter. Siehe hierzu *Krause et al.*, Leitfaden zur Umsetzung der MSRL, 2011, siehe: https://www.bfn.de/17091.html (22.6.2017), S. 7.

1350 Dazu auch *Markus*, Transnat'l Environ L 2012, 1 ff.

1351 Stichwort „Systemkomplexität", siehe dazu die Mitteilung der Kommission, Eine Europäische Strategie für die Meeresforschung und die maritime Forschung, Ein kohärenter Rahmen für den Europäischen Forschungsraum zur Förderung der nachhaltigen Nutzung von Ozeanen und Meeren, KOM(2008) 534 endg. v. 3.9.2008.

1352 Dass die Festlegung von Grenzwerten aber ebenfalls nicht unreflektiertes Ziel sein sollte, zeigt die Diskussion bei *Markus*, Transnat'l Environ L 2012, 1 ff. Zum Vergleich verschiedener Schutzkonzepte schon *Winter*, NuR 1988, 265 ff. (265 f.).

1353 So auch *Markus*, Transnat'l Environ L 2012, 1 ff. (2).

1354 Nr. 1, Teil A des Anhangs zum Beschluss 2010/477/EU über Kriterien und methodische Standards zur Feststellung des guten Umweltzustandes von Meeresgewässern v. 1.9.2010. Die ARGE BLMP fordert bspw. für den Deskriptor 11 „Einleitung von Energie", dass Indikatoren für die Energieformen Licht, Wärme und Elektromagnetismus aufgenommen werden müssen, siehe *Bund/Länder-Messprogramm*, Beschreibung GUZ Nordsee, 2012, S. 44.

zusammengestellt, die für die Bewertung und Beschreibung des guten Umweltzustandes herangezogen werden können.[1355]

Welche Probleme sich daraus für die Mitgliedstaaten ergeben, lässt sich anschaulich am Beispiel[1356] des Deskriptors 10 – Abfälle im Meer erläutern. Deskriptor 10 weist zunächst keinen unmittelbaren Raumbezug auf. Für die Untersuchung der Forschungsfrage nach der Verbindung zwischen Meeresumweltschutz und maritimer Raumplanung eignet er sich aber aus zwei bestimmten Gründen: Einerseits bietet er den Vorteil, durch seine Plastizität Struktur und Inhalt der Meeresstrategie-Rahmenrichtlinie anschaulich darstellen zu können. Andererseits deutet sich gerade aufgrund des fehlenden unmittelbaren Raumbezugs die Schwierigkeit an, den Auftrag der Europäischen Kommission nach einer Verbindung beider Instrumente zu erfüllen. Letztlich erfährt der Deskriptor aber bspw. durch die Vorgaben des MARPOL-Abkommens eine räumliche Relevanz: Nach Regel 5 Abs. 2 der Anlage V MARPOL 73/78 ist die Einbringung jeglichen Abfalls – außer Lebensmittelabfällen ab einer Landentfernung von mindestens zwölf Seemeilen – in ausgewiesenen Sondergebieten wie Nord- und Ostsee verboten.[1357] Wurden solche Sondergebiete ausgewiesen, ist die räumliche Verbindung von Abfall und Raum hergestellt.

Deskriptor 10 bewertet die Eigenschaften und Mengen von Abfällen im Meer als einen Belastungsdeskriptor.[1358] Ein guter Umweltzustand der Meeresgewässer kann – zumindest isoliert betrachtet für diesen einen Deskriptor – nur dann vorliegen, wenn die Eigenschaften und Mengen von Abfällen keine schädlichen Auswirkungen auf die Küsten- und Meeresumwelt haben. Durch den Beschluss der Europäischen Kommission wird diese Vorgabe durch zwei Kriterien[1359] konkretisiert: Danach müssen zum einen die Eigenschaften von Müll in der Meeres- und Küstenumwelt untersucht werden; zum zweiten sind die durch Müll hervorgerufenen Belastungen des Lebens im Meer zu überprüfen. Drei Indikatoren präzisieren diese Kriterien weiter:[1360] Für die Bewertung der Eigenschaften von Müll in der

---

1355 Siehe dazu *Piha/Zampoukas*, Methodological Standards Related to the MSFD Criteria on GES, 2011.

1356 Drei weitere anschaulich erläuterte Beispiele finden sich bei *Krause et al.*, Leitfaden zur Umsetzung der MSRL, 2011, siehe: https://www.bfn.de/17091.html (22.6.2017), S. 24 ff.

1357 Siehe oben 1. Kapitel, B.III.4c. Dazu *Stöfen-O'Brien*, The International and European Legal Regime Regulating Marine Litter in the EU, 2015, S. 124 ff.

1358 Siehe hierzu die Seite der Europäischen Kommission unter http://ec.europa.eu/environment/marine/good-environmental-status/descriptor-10/index_en.htm (8.2.2017). Dazu *Galgani et al.*, ICES J Mar Sci (70) 2013, 1055 ff.; *Stöfen-O'Brien*, The International and European Legal Regime Regulating Marine Litter in the EU, 2015, S. 358 ff.

1359 Nach der Begriffsbestimmung in Art. 3 Nr. 6 MSRL sind Kriterien charakteristische technische Merkmale, die eng mit den qualitativen Deskriptoren verbunden sind.

1360 Sie reduzieren durch Fokussierung die Anzahl der zu erfassenden Parameter und erlauben eine vereinfachte Betrachtung komplexer Ökosysteme, siehe *Krause*

Meeres- und Küstenumwelt (erstes Kriterium) kommt es auf die Mengen der angespülten Abfälle an der Küste an (1. Indikator), genauso wie auf die Mengen von Abfällen in der Wassersäule und auf dem Meeresboden (2. Indikator) oder der Verteilung von Mikroplastik im Meer (3. Indikator).

<table>
<tr><th colspan="4">Deskriptor 10: Abfälle im Meer

Die Eigenschaften und Mengen der Abfälle im Meer haben keine schädlichen Auswirkungen auf die Küsten- und Meeresumwelt</th></tr>
<tr><td>10.1 Kriterium 1: Eigenschaften von Müll in der Meeres- und Küstenumwelt</td><td>10.1.1 Indikator 1
Trends der Mengen von angespülten und/oder an Küsten entsorgten Abfällen einschließlich Analyse ihrer Zusammensetzung, der räumlichen Verteilung und, soweit möglich, der Quelle</td><td>10.1.2 Indikator 2
Trends der Mengen von Abfällen in der Wassersäule (einschließlich derjenigen, die an der Wasseroberfläche treiben) und auf dem Meeresboden, einschließlich Analyse ihrer Zusammensetzung, der räumlichen Verteilung und, soweit möglich, der Quelle</td><td>10.1.3 Indikator 3
Trends von Mengen, Verteilung und möglichst Zusammensetzung von Mikropartikeln (insbesondere Mikroplastik)</td></tr>
<tr><td>10.2 Kriterium 2: Belastungen des Lebens im Meer durch Müll</td><td colspan="3">10.2.1 Indikator
Trends von Mengen und Zusammensetzung von Müll, der von Meerestieren verschluckt wird (z.B. Magenuntersuchungen)</td></tr>
</table>

Auf den ersten Blick wirken die Vorgaben zur Bestimmung der Eigenschaften und Mengen von Abfällen im Meere recht präzise. Für den Juristen kaum überschaubare Probleme und Abweichungsmöglichkeiten durch unterschiedliche Verfahren ergeben sich jedoch, wenn es darum geht, bspw. die Verteilung von Mikroplastik im Meer tatsächlich zu beziffern. Das beginnt bei der Frage nach Beginn und Ende der Eigenschaft von Müll und Abfall[1361] oder eben Mikroplastik.[1362] Gehäufte Plastikfunde

et al., Leitfaden zur Umsetzung der MSRL, 2011, siehe: https://www.bfn.de/17091.html (22.6.2017), S. 7 f.

1361 Zweifelhaft ist bspw., ob unreflektiert auf die Begriffsdefinition von Abfall in § 3 Abs. 1 KrWG zurückgegriffen werden kann.

1362 So zählen primäre Mikroplastikartikel bspw. nicht zu Abfall i.S.d. § 2 Abs. 2 Nr. 9 KrWG, sondern fallen unter das Chemikalienrecht.

in Seevögelmägen sind mittlerweile bekannte Tatsache[1363] und gelangen in jüngerer Zeit in den Fokus von Politik[1364] und Forschung.[1365] Wie ist aber das tatsächliche Ausmaß zu bestimmen und wo sind die Grenzen zu einem guten Umweltzustand überschritten?[1366] Also: wie viel Abfall verträgt das Meer, bevor es nicht mehr „gut" ist?[1367] Obwohl die Europäische Kommission durch die vorgegebenen Deskriptoren, Kriterien, Indikatoren und methodischen Standards, die von allen Mitgliedstaaten verwendet werden, zu einer Vereinheitlichung und Kohärenz bei der Bestimmung des guten Umweltzustandes beitragen will, stößt die Rechtswissenschaft, ebenso aber auch die Naturwissenschaft, hier an ihre Grenzen.[1368] An dieser Stelle wird deutlich, dass die Europäische Kommission keinerlei direkt handhabbaren Grenzwerte, Trendvorgaben oder Referenzpunkte vorgibt. Das scheint aber auch nicht beabsichtigt zu sein. Sie will die Mitgliedstaaten vielmehr nur mit dem entsprechenden „Handwerkszeug" ausstatten, damit diese ihrerseits den guten Umweltzustand der

---

1363 Der Eissturmvogel, der sich ausschließlich aus dem Ozean ernährt, wird als Indikator für die Müllbelastung der Ozeane herangezogen: 95 Prozent aller tot gefundenen Eissturmvögel haben Plastikmüll im Magen, durchschnittlich sind es 32 Teile. „Auf den Menschen umgerechnet ist das eine Pausenbrotdose voll Müll," so *Stefanie Werner*, Frankfurter Rundschau v. 18.8.2011, http://www.fr-online.de/natur/forscherin-warnt-magen-voll-muell,5028038,9546478.html (8.2.2017). „Plastikmüll in der Größe Westeuropas", siehe *Pia Heinemann*, Die Welt v. 6.8.2012, http://www.welt.de/wissenschaft/article6557711/Riesiges-Feld-aus-Plastikmuell-im-Atlantik-entdeckt.html (8.2.2017).

1364 Siehe European Commission, Commission Staff Working Document, Overview of EU policies, legislation and initiatives related to marine litter, SWD(2012) 365 final v. 31.10.2012; *United Nations Environment Programme*, Marine Litter, 2009; *Sachverständigenrat für Umweltfragen*, Verantwortung in einer begrenzten Welt, 2012, Rz. 448.

1365 Mit vielen weiteren Hinweisen *Trouwborst*, Merk Utr J Int'l & Eur L (27) 2011, 4 ff. (dort Fn. 4); *Detloff/Siegert*, Fishing for Litter, in: Bundesamt für Seeschifffahrt und Hydrographie (Hrsg.), Meeresumweltsymposium 2011, 2011, S. 29 ff.; *Stöfen-O'Brien*, The International and European Legal Regime Regulating Marine Litter in the EU, 2015. Siehe aber bspw. auch schon früher *Dixon/Dixon*, Mar Pollut Bull (14) 1983, 145 ff., und *Rees/Pond*, Mar Pollut Bull (30) 1995, 103 ff.

1366 *Markus* weist darauf hin, dass die im Beschluss der Europäischen Kommission genannten Kriterien und Indikatoren zwar den Blick der Wissenschaft auf bestimmte Vorgänge in der Natur lenken, die Hinweise zum Gesamtzustand des marinen Ökosystems geben sollen („epistemic light"). Andererseits werden damit gleichzeitig andere Vorgänge ausgeklammert und nicht betrachtet („epistemic fog"), siehe *Markus*, Transnat'l Environ L 2012, 1 ff. (9 ff.).

1367 Dazu schon früh *Ehlers/Kunig*, NVwZ 1987, 947 ff.; *Gündling*, NuR 1982, 41 ff.

1368 „Finally, at the level of detail, rather than policy, it is clear that much of the success of the MSFD depends upon scientists being able to develop or agree appropriate techniques and methodologies to meet the MSFD's technical demands", *Barnes/Metcalfe*, Int'l J Mar & Coast L (25) 2010, 81 ff. (87).

Meeresgewässer bestimmen.[1369] Dieses Vorgehen ist zwar grundsätzlich sinnvoll, weil eine abschließende naturwissenschaftliche Bewertung der einzelnen Kriterien und Deskriptoren noch gar nicht möglich ist. Allerdings ist vor diesem Hintergrund am Begriff des guten Umweltzustandes angesichts seiner Unbestimmtheit und letztlich seiner Unbestimmbarkeit aufgrund des unsicheren Stands von Wissenschaft und Forschung viel Kritik geübt worden;[1370] dies wird an späterer Stelle nochmals aufzugreifen sein (siehe C.III.).

IV. Geographischer und sachlicher Anwendungsbereich

Art. 2 MSRL definiert den geographischen und sachlichen Anwendungsbereich der Meeresstrategie-Rahmenrichtlinie. Die Rahmenrichtlinie gilt nach Absatz 1 für alle Meeresgewässer i.S.d. Art. 3 Nr. 1 MSRL. Meeresgewässer sind danach „die Gewässer, der Meeresgrund und der Meeresuntergrund seewärts der Basislinie [...] bis zur äußersten Reichweite des Gebiets, in dem ein Mitgliedstaat gemäß dem Seerechtsübereinkommen der Vereinten Nationen Hoheitsbefugnisse hat und/oder ausübt [...]".

Die äußerste Reichweite umfasst damit auch die jeweiligen – falls proklamierten – AWZ der Mitgliedstaaten, die sog. 200-Seemeilen-Zonen, in denen die Staaten nach Art. 56 SRÜ exklusive souveräne Nutzungs- und Hoheitsrechte geltend machen können. Damit ist die Meeresstrategie-Rahmenrichtlinie grundsätzlich auf das Küstenmeer, den Festlandsockel und die AWZ anwendbar.[1371]

Darüber hinaus erstreckt sich die Meeresstrategie-Rahmenrichtlinie nach Art. 3 Nr. 1b MSRL auch auf die Küstengewässer i.S.d. Wasserrahmenrichtlinie,[1372] ihren Meeresgrund und Untergrund. Küstengewässer sind gemäß der Legaldefinition in Art. 2 Nr. 7 WRRL die Oberflächengewässer auf der landwärtigen Seite einer Linie, auf der sich jeder Punkt eine Seemeile seewärts vom nächsten Punkt der Basislinie befindet, von der aus die Breite der Hoheitsgewässer gemessen wird, gegebenenfalls bis zur äußeren Grenze eines Übergangsgewässers.[1373] Auf die Definitionen

---

1369 Die Kommission benutzt den Begriff „Ausgangspunkt", siehe Beschluss 2010/477/EU über Kriterien und methodische Standards zur Feststellung des guten Umweltzustandes von Meeresgewässern v. 1.9.2010, Erwägungsgrund 1, und stellt dafür die Arbeitsplattform CIS zur Verfügung, siehe dazu unter A.II.

1370 U.a. *De Santo*, Mar Policy (34) 2010, 414 ff.; *Mee et al.*, Mar Pollut Bull (56) 2008, 187 ff.; *Rossi*, JbUTR 2007, 81 ff.

1371 Die in Art. 4 MSRL genannten Meeresregionen sind im Gegensatz dazu weniger rein geopolitisch als vielmehr nach hydrologischen, ozeanografischen und biogeografischen Merkmalen definiert; siehe *Ounanian et al.*, Mar Policy (36) 2012, 658 ff. (658).

1372 Siehe dazu 1. Kapitel, C.IV.8.

1373 „Oberflächengewässer" werden in Art. 2 Nr. 1 WRRL definiert als die Binnengewässer mit Ausnahme des Grundwassers sowie die Übergangsgewässer und Küstengewässer, wobei im Hinblick auf den chemischen Zustand ausnahmsweise auch die Hoheitsgewässer eingeschlossen sind. „Binnengewässer" sind nach Art. 2

des völkerrechtlichen Seerechtsübereinkommens übertragen (in dem der Begriff Küstengewässer nicht verwendet wird), umfassen die Küstengewässer i.S.d. Wasserrahmenrichtlinie die inneren Gewässer und zusätzlich die erste Seemeile des sich anschließenden Küstenmeeres.

Im Bereich des Küstengewässers überschneiden sich damit die geographischen Anwendungsbereiche von Meeresstrategie- und Wasserrahmenrichtlinie. Hier gilt die Meeresstrategie-Rahmenrichtlinie jedoch nur, „sofern bestimmte Aspekte des Umweltzustands der Meeresumwelt nicht bereits durch die genannte Richtlinie [= Wasserrahmenrichtlinie] oder andere Rechtsvorschriften der Gemeinschaft abgedeckt sind".[1374] Damit wird geklärt, dass bei einer Überschneidung des geographischen (und sachlichen)[1375] Anwendungsbereichs von Meeresstrategie-Rahmenrichtlinie und Wasserrahmenrichtlinie letztere vorrangig anzuwenden ist.[1376]

Die Europäische Kommission unternimmt mit dem Anwendungsbereich des Art. 2 Abs. 1 MSRL über die Definition nationaler Gewässergrenzen hinaus einen grenzüberschreitenden Ansatz: Die Richtlinie gilt für alle gerade beschriebenen Meeresgewässer und „berücksichtigt die grenzüberschreitenden Auswirkungen auf die Qualität der Meeresumwelt von Drittstaaten in der gleichen Meeresregion oder -unterregion". Weder intendiert noch rechtlich möglich ist damit eine Erweiterung des Anwendungsbereichs der Meeresstrategie-Rahmenrichtlinie auf Gebiete, die nicht der jeweiligen Souveränität eines Mitgliedstaates unterliegen bzw. die i.R.d. Seerechtsübereinkommens genutzt werden können. Vielmehr folgt der Vorgabe, grenzüberschreitende Auswirkungen auf die Meeresumwelt zu berücksichtigen, die Pflicht, sich mit den Anrainerstaaten derselben Meeresregion zu koordinieren und zusammenzuarbeiten.[1377] Das gilt dabei sowohl für EU-Mitgliedstaaten als auch für die Kooperation mit Drittstaaten.[1378] Dieser Ansatz der gegenseitigen

---

Nr. 3 WRRL alle an der Erdoberfläche stehenden oder fließenden Gewässer sowie alles Grundwasser auf der landwärtigen Seite der Basislinie, von der aus die Breite der Hoheitsgewässer gemessen wird; „Übergangsgewässer" sind nach Art. 2 Nr. 6 WRRL die Oberflächenwasserkörper in der Nähe von Flussmündungen, die aufgrund ihrer Nähe zu den Küstengewässern einen gewissen Salzgehalt aufweisen, aber im Wesentlichen von Süßwasserströmungen beeinflusst werden.

1374 Art. 3 Nr. 1b MSRL und Erwägungsgrund Nr. 12. Hierzu auch *Ounanian et al.*, Mar Policy (36) 2012, 658 ff. (659 f.). Klammerzusatz durch Verfasserin.

1375 Der sachliche Anwendungsbereich der Wasserrahmenrichtlinie im Küstenmeer wird durch Art. 1 i.V.m. Art. 2 Nr. 1 WRRL auf den chemischen Zustand beschränkt. So auch *Markus et al.*, Int'l J Mar & Coast L (26) 2011, 59 ff. (65 und 70 f.).

1376 Siehe dazu auch Art. 1, 2 Abs. 7 und 2 Abs. 1 WRRL.

1377 Siehe Erwägungsgründe 13, 15, 20, Art. 5 Abs. 2, Art. 6 Abs. 1 und 2, Art. 3 Abs. 9 MSRL. Eine fehlende Einbeziehung der Ein- und Auswirkungen auf die Hohe See bemängeln *Markus et al.*, Int'l J Mar & Coast L (26) 2011, 59 ff. (72, 89). Zum Meeresnaturschutz an den Grenzen Europas siehe das Sammelwerk von *Czybulka*, Marine Nature Conservation and Management at the borders of the EU, 2012.

1378 Dagegen sind Änderungen zur Anwendbarkeit der Meeresstrategie-Rahmenrichtlinie in arktischen Gewässern bereits in der Richtlinie angelegt. Siehe dazu

Berücksichtigung und Zusammenarbeit ist grundlegend und findet sich in verschiedenen Vorschriften der Richtlinie wieder.[1379] Er entspringt dem Wissen, dass nur in einer gemeinsamen Anstrengung das Ziel eines guten Zustandes der Meeresumwelt erreicht werden kann.

Der geographische Anwendungsbereich der Meeresstrategie-Rahmenrichtlinie bezieht sich damit zunächst auf die durch das Seerechtsübereinkommen bekannten Grenzziehungen in Meereszonen und folglich auch auf die deutsche AWZ, für die die beiden maritimen Raumordnungspläne erlassen wurden.[1380] Damit werden sozusagen die äußeren Grenzen des Anwendungsbereichs der Rahmenrichtlinie abgesteckt. Bei der konkreten Erfüllung ihrer Verpflichtungen aus der Meeresstrategie-Rahmenrichtlinie müssen die Mitgliedstaaten allerdings in sog. Meeresregionen und -unterregionen denken, die nicht durch politische, sondern natürliche Bedingungen charakterisiert sind.[1381] Die Rahmenrichtlinie definiert vier Meeresregionen: Die Ostsee, den Nordostatlantik, das Mittelmeer und das Schwarze Meer.[1382] Diese Meeresregionen können von den Mitgliedstaaten zur Verwaltung in Meeres*unter*regionen unterteilt werden, um Besonderheiten bestimmter Gebiete zu berücksichtigen.[1383] Die Rahmenrichtlinie nennt als Unterregionen für den Nordostatlantik bspw. die erweiterte Nordsee, einschließlich Kattegat und Ärmelkanal, die Keltischen Meere, die Biskaya und Iberische Küste sowie im atlantischen Ozean die makaronesische biogeografische Region, die die Meeresgewässer um die Azoren, Madeira und die Kanarischen Inseln umfasst.[1384]

Die Frage nach dem *sachlichen* Anwendungsbereich kann nicht ohne Weiteres eindeutig beantwortet werden, da die Meeresstrategie-Rahmenrichtlinie hierzu keine ausdrücklichen Angaben, sondern nur eine Negativbestimmung enthält.

Erwägungsgrund 42 MSRL. Mit Dänemark (Grönland), Schweden und Finnland haben drei Mitgliedstaaten der EU Hoheitsgewalt über arktische Gewässer. Siehe auch *Long*, J Ener & Nat Res L (29) 2011, 1 ff. (25 f.).

1379 Siehe bspw. auch die Erwägungsgründe 13 und 20 MSRL, Art. 5 Abs. 2, Art. 6 MSRL. Die Zusammenarbeit und Koordination von Maßnahmen der Mitgliedstaaten und Drittländern ist sogar legaldefiniert als „regionale Zusammenarbeit" in Art. 3 Nr. 9 MSRL.

1380 An dieser Stelle könnte man schon die Frage stellen, ob es ausreicht, die Richtlinie auf die Meeresgewässer zu beschränken. Eine Beschränkung sollte jedenfalls nur auf den guten Umweltzustand der „Meeresgewässer" verstanden werden, Tätigkeiten an Land mit Auswirkung auf das Meer sollten mit eingeschlossen sein.

1381 *Westaway*, Environ L Rev (10) 2008, 218 ff. Siehe zur Einrichtung der Large Marine Ecosystems unter vielen *Mahon et al.*, Mar Policy (34) 2010, 919 ff.; *Juda/Hennessey*, Large Marine Ecosystems (13) 2005, 83 ff.; *Sherman*, Large Marine Ecosystems (13) 2005, 3 ff.; *Duda/Sherman*, Ocean Coast Mgmt (45) 2002, 797 ff.; *Juda*, Ocean Develop & Int'l L (30) 1999, 89 ff.; *Hoagland/Jin*, Ocean Coast Mgmt (51) 2008, 246 ff., und http://www.lme.noaa.gov/ (8.2.2017).

1382 Art. 4 Abs. 1 MSRL.

1383 Art. 4 Abs. 2 MSRL.

1384 Art. 4 Abs. 2a MSRL.

Diese Einschränkung erfährt der sachliche Anwendungsbereich über Art. 2 Abs. 2 Satz 1 MSRL: Danach gilt die Richtlinie nicht für Tätigkeiten, die allein der Verteidigung oder der nationalen Sicherheit dienen. Die Mitgliedstaaten haben aber sicherzustellen, dass diese Tätigkeiten so durchgeführt werden, dass sie mit den Zielen der Richtlinie vereinbar sind – soweit dies angemessen und möglich ist. Weiter zu beachten sind Maßnahmen zur Regulierung des Fischereimanagements, die nur i.R.d. Gemeinsamen Fischereipolitik[1385] ergriffen werden können, und Maßnahmen im Zusammenhang mit der Verwendung radioaktiver Stoffe, die durch den EURATOM-Vertrag[1386] geregelt werden.[1387]

V. Die Meeresstrategien und ihr zeitlicher Rahmen

Um das Ziel der Rahmenrichtlinie – ein guter Zustand der Meeresumwelt bis 2020 – zu erreichen, müssen die Mitgliedstaaten sog. Meeresstrategien entwickeln. Mit *Meeresstrategie* wird dabei die jeweilige Strategie beschrieben, die von den jeweiligen Anrainerstaaten für die bestimmte Meeresregion und Meeresunterregion entwickelt und durchgeführt wird.[1388] Nach Art. 5 Abs. 1 MSRL entwickelt jeder Mitgliedstaat für seine nationalen Meeresgewässer eine eigene Meeresstrategie und einen darauf abgestimmten Aktionsplan (Art. 5 Abs. 2 MSRL). Der Aktionsplan ist das Herzstück der Meeresstrategie und gibt einen strengen zeitlichen Rahmen vor, innerhalb dessen die Mitgliedstaaten in einem bestimmten Ablaufplan zu dem erstrebten guten Zustand der Meeresumwelt gelangen sollen.

Mit dem Erlass im Jahr 2008 hat die Meeresstrategie-Rahmenrichtlinie bis zur geplanten Zielerreichung 2020 eine Laufzeit von zwölf Jahren. Innerhalb dieser Zeit sieht der Aktionsplan zwei Haupt-Phasen vor, die *Vorbereitung* und die *Maßnahmenphase*. Beide werden in weitere Unterphasen unterteilt:

Aktionsplan nach Art. 5 Abs. 2 MSRL	
Phase 1: Vorbereitung	1. Anfangsbewertung mit der Erfassung des aktuellen Umweltzustandes der bewerteten Gewässer inkl. der Auswirkungen menschlichen Handelns auf den Umweltzustand dieser Gewässer *Frist: 15. Juli 2012*
	2. Beschreibung eines guten Umweltzustandes anhand von vorgegebenen „qualitativen Deskriptoren" *Frist: 15. Juli 2012*

1385 Siehe dazu 1. Kapitel, C.IV.3.

1386 Art. 30, 31 EURATOM-Vertrag: Vertrag zur Gründung der Europäischen Atomgemeinschaft, 2010/C 84/01, ABl. C 84 v. 30.3.2010, S. 1.

1387 Erwägungsgrund 39 MSRL. Mit Verweis auf den MOX-Plant-Fall *Long*, J Ener & Nat Res L (29) 2011, 1 ff. (18).

1388 Vgl. Art. 3 Nr. 3 MSRL.

Aktionsplan nach Art. 5 Abs. 2 MSRL	
	3. Festlegung von Umweltzielen samt der dazugehörigen Indikatoren *Frist: 15. Juli 2012*
	4. Erstellung und Umsetzung eines Überwachungsprogramms, das eine laufende Bewertung und regelmäßige Aktualisierung der festgelegten Umweltziele ermöglichen soll *Frist: 15. Juli 2014*
Phase 2: Maßnahmenprogramme	1. Erstellung eines Maßnahmenprogramms, mit dem die gute Meeresumwelt erreicht bzw. aufrechterhalten werden soll *Frist: 31. Dezember 2015*
	2. Praktische Umsetzung des Maßnahmenprogramms *Frist: 31. Dezember 2016*

1. Während der Vorbereitungsphase hatten die Mitgliedstaaten eine Anfangsbewertung ihrer Meeresgewässer durchzuführen (= Ist-Zustand), den guten Umweltzustand zu beschreiben (= Soll-Zustand), Umweltziele festzulegen und ein Überwachungsprogramm zu erstellen. Die Vorbereitungsphase wurde am 15. Juli 2014 abgeschlossen (Art. 5 Abs. 2a MSRL).[1389]
2. In der zweiten Phase mussten die Mitgliedstaaten konkrete Maßnahmenprogramme erstellen und praktisch umsetzen, um den Sollzustand zu erreichen. Das sollte gem. Art. 5 Abs. 2b MSRL bis spätestens zum 31. Dezember 2016 geschehen sein, so dass in den verbleibenden vier Jahren bis Ende 2020 die umgesetzten Maßnahmen greifen können, um zu dem guten Zustand der Meeresumwelt zu führen.

Hält man sich nur die Größe der europäischen Meere vor Augen – mit 580.000 km^2 der erweiterten Nordsee und 415.000 km^2 Ostsee – und die aktuelle Datenlage, die in vielen Bereichen unzureichend ist (so sind bspw. anthropogene Lärmeinträge in die Meeresumwelt erst seit kürzerer Zeit in das Bewusstsein der Wissenschaft und Öffentlichkeit gelangt),[1390] scheint dieser Zeitplan mehr als ambitioniert zu sein. Auch dieser Punkt wird noch kritisch aufzugreifen sein (siehe C.IV.). Aus der Terminologie der Rahmenrichtlinie übersetzt beinhaltet der Aktionsplan die folgenden Fragen:

1389 Die Anfangsbewertung, die Beschreibung des guten Umweltzustandes und die Festlegung von Umweltzielen mussten bis zum 15.7.2012 abgeschlossen sein.

1390 Siehe dazu *Hahn*, EurUP 2012, 119 ff.; *Hahn*, EurUP 2012, 179 ff.; *Markus*, NuR 2010, 236 ff.

1. Wie ist es aktuell um die Meeresumwelt bestellt? (= Ist-Zustand → Anfangsbewertung)
2. Wie sollte die Meeresumwelt idealiter aussehen und welche Faktoren müssen dafür erreicht werden? (= Soll-Zustand → Beschreibung des guten Umweltzustandes und Festlegung von Umweltzielen)
3. Wie – d.h. mit welchen Maßnahmen – kann der Soll-Zustand erreicht werden? (= Erstellung und Durchführung eines Maßnahmenprogramms)

Im Folgenden wird auf diese Fragen und auf die einzelnen Bestandteile der Vorbereitungs- und Maßnahmenphase näher eingegangen (1. und 2.). Im Anschluss folgen Ausführungen zu Ausnahmevorschriften (3.) sowie zu Verfahren und Öffentlichkeitsbeteiligung (4.). Es kann hier schon insoweit vorgegriffen werden, als dass für die der Arbeit zugrundeliegende Fragestellung insbesondere die zweite, die Maßnahmenphase von besonderem Interesse ist, in der die Mitgliedstaaten ein Maßnahmenprogramm entwickeln und praktisch umsetzen sollen. Das Maßnahmenprogramm soll u.a. „räumliche Schutzmaßnahmen“ enthalten, die zu kohärenten und repräsentativen Netzwerken geschützter Meeresgebiete beitragen.[1391] Inwieweit diese Vorgaben relevant sind im Hinblick auf eine nationale maritime Raumplanung, wird im Folgenden unter 2c. herausgearbeitet werden.

1. Vorbereitungsphase

Die Vorbereitungsphase nach Art. 5 Abs. 2a und Art. 8–11 MSRL setzt sich aus vier Bestandteilen zusammen: Der Anfangsbewertung (a.), der Beschreibung des guten Umweltzustandes (b.), der Festlegung von Umweltzielen (c.) sowie der Erstellung und Durchführung eines Überwachungsprogramms für die laufende Bewertung und regelmäßige Aktualisierung der Ziele (d.).

a. Anfangsbewertung: Erfassung des aktuellen Umweltzustandes

Der erste Schritt der Vorbereitungsphase besteht in der Erstellung einer sog. Anfangsbewertung, Art. 8 MSRL. Mit der Anfangsbewertung wird der Ist-Zustand der nationalen Meeresgewässer untersucht und dokumentiert; es geht also um die erstmalige Einschätzung des Zustandes der Meeresgewässer als Ausgangspunkt für die weitere Strategie.[1392] Hierzu bewerten die Mitgliedstaaten ihre nationalen Meeresgewässer in Bezug auf jede Meeresregion bzw. -unterregion und unter Berücksichtigung aller vorliegenden und verfügbaren Daten.[1393] Dabei kann und soll zur

1391 Art. 13 Abs. 4 MSRL.

1392 *Kotulla*, WHG, Kommentar, 2. Auflage 2011, § 45c Rn. 3.

1393 Fraglich bleibt, wie hoch der Arbeitsaufwand der nationalen Stellen zur Erstellung der Anfangsbewertung sein muss. Der Wortlaut des Artikels „die vorliegenden Daten“ könnte dagegen sprechen, dass die Mitgliedstaaten neue Daten generieren müssen und sich auf eine Zusammenstellung der bereits vorhandenen Daten beschränken können. Die Verfügbarkeitsklausel („soweit diese verfügbar sind“) weist

Verhinderung von Doppelarbeit und Widersprüchen auf Daten und Informationen zurückgegriffen werden, die bereits im Rahmen anderer supra- oder regionaler Übereinkommen erstellt und zusammengetragen wurden.[1394] Als Meeresregionen und -unterregionen führt Art. 4 MSRL die Ostsee, den Nordostatlantik, das Mittelmeer und das Schwarze Meer auf. Im Hinblick auf die deutschen Meeresgewässer sind die beiden Meeresregionen der Ostsee und der Nordsee (als Teil des Nordostatlantiks) relevant.[1395] Zeitlich war die Anfangsbewertung bis spätestens zum 15. Juli 2012 fertig zu stellen.[1396]

Die Bewertung besteht gem. Art. 8 Abs. 1 MSRL aus drei Elementen:

(1) Beschreibung und Analyse der wesentlichen *Eigenschaften und Merkmale* des derzeitigen Umweltzustandes der betreffenden Meeresgewässer.

Dazu gehören nach der indikativen Liste in Anhang III Tabelle 1 MSRL physikalische und chemische Merkmale, Lebensraumtypen, biologische, hydromorphologische und sonstige Merkmale (z.B. für die spezifische Meeresregion typische Merkmale).[1397]

(2) Beschreibung der wichtigsten, durch menschliche Aktivitäten verursachten *Belastungen* und ihre Auswirkungen auf die Ökosysteme der Meeresgewässer (in Abstimmung mit Anhang III Tabelle 2 MSRL). Die Beschreibung muss dabei auch die wichtigsten kumulativen und synergetischen Wirkungen erfassen.

---

sogar auf einen noch geringeren Arbeitsaufwand hin. Jedoch sind die vorliegenden Daten bei der Erstellung nur zu „berücksichtigen"; es sind also selbständig neue Daten zu erheben. Siehe aber *Bund/Länder-Messprogramm*, Anfangsbewertung Nordsee, 2012, S. 4: „Die Bewertung beruht auf einer Zusammenfassung aller bestehenden geeigneten Analysen und Bewertungen."

1394 Art. 8 Abs. 2 MSRL.

1395 Die in Art. 4 Abs. 1 lit. b MSRL genannte Meeresregion des Nordostatlantiks wird in weitere Meeresunterregionen unterteilt, Art. 4 Abs. 2a MSRL. Die für die deutschen Meere in Betracht kommende Unterregion des Nordostatlantiks ist die der erweiterten Nordsee, einschließlich Kattegat und Ärmelkanal, vgl. Art. 4 Abs. 2a lit. i MSRL. Da aber weder Kattegat noch Ärmelkanal unmittelbar deutsche Meeresgewässer oder Teile hiervon umfassen, ist diese weitere Untergliederung ohne Belang für die vorliegende Betrachtung.

1396 Art. 5 Abs. 2a lit. i MSRL. Die Bundesrepublik Deutschland hat ihre Berichtspflichten nicht ganz fristgerecht, aber immerhin zum 15.10.2012 erfüllt; die nationale Umsetzung wird weiter unter B. betrachtet. Bis auf Griechenland haben mittlerweile alle Mitgliedstaaten ihre Berichtspflichten hinsichtlich Art. 11 MSRL erfüllt, hinsichtlich Art. 13 MSRL fehlen noch einige Mitgliedstaaten, siehe das „Scoreboard" der DG Environment http://ec.europa.eu/environment/marine/eu-coast-and-marine-policy/implementation/scoreboard_en.htm (9.2.2017).

1397 Zur Änderung des Anhangs III MSRL siehe Richtlinie (EU) 2017/845 der Kommission zur Änderung der Richtlinie 2008/56/EG des Europäischen Parlaments und des Rates bezüglich der indikativen Listen von Elementen, die bei der Erarbeitung von Meeresstrategien zu berücksichtigen sind v. 17.5.2017, ABl.EU L 125, S. 27.

(3) Die *ökonomische und gesellschaftliche Analyse* der aktuellen Nutzung der betreffenden Gewässer sowie der Kosten einer Verschlechterung für die Meeresumwelt.[1398]

Die Erstellung der Anfangsbewertung ist Sache der Mitgliedstaaten. Die Vorgaben der Meeresstrategie-Rahmenrichtlinie stellen sie dabei vor große Herausforderungen: Eine vollständige Bewertung der relevanten Eigenschaften und Merkmale der nationalen Meeresgewässer oder der anthropogenen Einflüsse auf die Ökosysteme ist – jedenfalls zurzeit ausgeschossen,[1399] das liegt v.a. an der unvollständigen Datenlage in den Meeresregionen.[1400] Zwar können die Mitgliedstaaten auf Ergebnisse, die im Rahmen von sonstigen supra- oder internationaler Übereinkommen erzielt wurden, zurückgreifen. So kommen bspw. die Bewertungen aus der Wasserrahmenrichtlinie, der FFH- und Vogelschutzrichtlinie, Ergebnisse aus der Trilateralen Wattenmeer-Zusammenarbeit oder den Arbeiten bei OSPAR und HELCOM[1401] als Grundlage für die Anfangsbewertung nach Art. 8 MSRL in Betracht. Auch können die Einschätzungen des International Council for the Exploration of the Sea (ICES) über die Fischbestände wertvolle Informationen liefern.[1402] Oft können diese Ergebnisse aber nur teilweise verwendet werden, da die Übereinkommen andere Parameter als diejenigen der Meeresstrategie-Rahmenrichtlinie zugrunde legen.[1403] So wird bspw. der ökologische Zustand nach der Wasserrahmenrichtlinie anhand

1398 Dieses Element der Anfangsbewertung ist in der Wasserrahmenrichtlinie 2000/60/EG nicht gefordert; siehe auch *Lauterbach*, Die ökonomischen Elemente der nationalen Anfangsbewertung, in: Bundesamt für Seeschifffahrt und Hydrographie (Hrsg.), Meeresumweltsymposium 2011, 2011, S. 23 ff. „... the social landscape of the marine environment [...] remains a ‚missing layer‘ in decision-making“, so *St. Martin/Hall-Arber*, Mar Policy (32) 2008, 779 ff.

1399 Dem trägt die Europäische Kommission Rechnung, indem sie jedenfalls hinsichtlich der Beschreibung des guten Umweltzustandes darauf hinweist, dass sich im Anfangsstadium viele Kriterien, Indikatoren und Bewertungsverfahren noch im Entwicklungsstadium befinden, vgl. Beschluss der Kommission v. 1.9.2010 über Kriterien und methodische Standards zur Feststellung des guten Umweltzustandes von Meeresgewässern, ABl.EU L 232 v. 2.9.2010, S. 16 f.

1400 *Krause et al.*, Leitfaden zur Umsetzung der MSRL, 2011, siehe: https://www.bfn.de/17091.html (22.6.2017), S. 11.

1401 Siehe bspw. OSPAR Quality Status Report 2010 und HELCOM 2010 Holistic Assessment.

1402 Zu finden unter http://gis.ices.dk/popadvice/ (9.2.2017). Die Informationen sind nach Region, Art und Zeitraum kategorisiert.

1403 So gehen die Bewertungen von OSPAR, HELCOM oder der Trilateralen Wattenmeer-Zusammenarbeit nur teilweise auf deutsche Meeresgebiete ein und begutachten hauptsächlich größere oder kleinere Meeresgebiete, wie z.B. die gesamte Nordsee oder nur das Wattenmeer; siehe hierzu *Rabe*, Fachliche Aspekte der Umsetzung der MSRL, in: Durner (Hrsg.), Wasserrechtlicher Reformbedarf in Bund und Ländern, 2011, S. 9 ff. Keine Aussagen trifft Art. 8 Abs. 2 MSRL darüber, wie aktuell die Daten sein müssen.

einer fünfstufigen Skala bewertet, die von sehr gut, gut und mäßig über unbefriedigend und schlecht reicht.[1404] Nach der FFH-Richtlinie gibt es dagegen nur drei Bewertungsklassen, die nicht synchron mit denen der Wasserrahmenrichtlinie verlaufen: günstig, ungünstig-unzureichend und ungünstig-schlecht. Diese Aufzählung ließe sich fortführen;[1405] festzustellen ist, dass die einzelnen Bewertungsverfahren untereinander so gut wie nicht vergleichbar sind.[1406] Das führt zwar momentan insoweit nicht zu Schwierigkeiten, als alle Mitgliedstaaten gleichermaßen diese Bewertungsskalen verwenden und die Ergebnisse damit zumindest untereinander vergleichbar sind. Soweit jedoch die nach der Meeresstrategie-Rahmenrichtlinie zu analysierenden wesentlichen Merkmale und Eigenschaften, Belastungen und Wirkungen in verschiedenen inter- und supranationalen Übereinkommen erfasst sind, dort unterschiedliche Ergebnisse generiert werden und damit nur sektorspezifisch miteinander vergleichbar sind, steht dies einem zentralen Ziel der Meeresstrategie-Rahmenrichtlinie entgegen, nämlich dem eines gesamtheitlichen Ansatzes. Nicht umsonst enthält in diesem Zusammenhang Art. 8 Abs. 3 MSRL eine der stärksten Formulierungen und Forderungen ggü. den Mitgliedstaaten:

> Bei der Vorbereitung der Bewertung [...] unternehmen die Mitgliedstaaten mit Hilfe der in den Artikeln 5 und 6 vorgesehenen Koordinierung *alles in ihrer Macht Stehende*, um sicherzustellen, dass a) in der gesamten Meeresregion bzw. -unterregion kohärente Bewertungsverfahren angewandt werden.

Mit dem Ziel einer Vereinheitlichung ist damit umfangreicher neuer, auch rechtlicher, Forschungsbedarf generiert. Wie zu erwarten war, wurden bis zum 15. Juli 2012 vielfach nur unvollständige Anfangsbewertungen von den Mitgliedstaaten eingereicht, die nun nach und nach nachzubessern sind.[1407] Es bleibt abzuwarten, wie die Europäische Kommission und die Mitgliedstaaten mit diesem Umstand verfahren werden.

1404 Die ökologische Gesamtbewertung erfolgt dabei vorrangig anhand der biologischen Umweltqualitätskomponenten (z.B. Fische und Phytoplankton). Unterstützend für den guten Zustand werden die physikalisch-chemischen Komponenten herangezogen; für den sehr guten Zustand zusätzlich die hydromorphologischen Komponenten. Die am schlechtesten bewertete Komponente bestimmt den Gesamtzustand (one out-all out-Prinzip). Siehe hierzu *Voß et al.*, Meeresumwelt Aktuell Nord- und Ostsee 2010, 1 ff. (4).

1405 Selbst innerhalb der Wasserrahmenrichtlinie gibt es wiederum nur eine zweistufige Skala mit den Ergebnissen gut-nicht gut, soweit es um die Bewertung des Eintrags synthetischer und nicht-synthetischer Verbindungen geht.

1406 § 45d Sätze 2 und 3 WHG versuchen dem entgegenzutreten, indem zumindest für Parameter der WRRL und FFH-Richtlinie eine Referenzmöglichkeit hergestellt wird. Siehe *Kotulla*, WHG, Kommentar, 2. Auflage 2011, § 45d Rn. 4 f.

1407 Siehe so z.B. in Deutschland *Bund/Länder-Messprogramm*, Anfangsbewertung Nordsee, 2012, S. 4. Dazu Bewertung und Hinweise der Europäischen Kommission, COM(2014) 97 final v. 20.2.2014 mit dem Annex SWD(2014) 49 final.

b. Beschreibung des guten Umweltzustandes: Soll-Zustand

Jeder Mitgliedstaat hat sodann auf der Grundlage der durchgeführten Anfangsbewertung eine Beschreibung dessen zu erstellen, was mitgliedstaats-individuell unter einem guten Umweltzustand der Meeresgewässer verstanden wird, Art. 9 Abs. 1 MSRL.[1408] Dazu ist eine Reihe von Merkmalen zu bestimmen. Im Vergleich zu dem mit der Anfangsbewertung festgestellten Ist-Zustand ist hier der gewünschte Soll-Zustand der nationalen Meeresgewässer konkret zu formulieren. Das hatte ebenfalls bis zum 15. Juli 2012 zu erfolgen.[1409]

Hierin liegt freilich eine erhebliche Schwierigkeit.[1410] Der Begriff des guten Umweltzustands scheint eine normative Forderung zu sein, ist jedoch lediglich programmatische Zielvorgabe. Denn einerseits bleibt unklar, aus welcher Perspektive der „gute Umweltzustand" erreicht werden soll. Ist es die Natur, aus deren Perspektive ein guter Zustand erreicht werden soll? Dann müssten menschliche Einflüsse in Form einer industriell bedingten Ressourcennutzung und Umweltverschmutzung weitgehend vermieden werden. Oder soll der „gute Umweltzustand" vielmehr als Kompromissformel verstanden werden, mit der Umweltfragen für eine ökonomisch geprägte Gesellschaftsordnung sichtbar und handhabbar gemacht werden sollen? Dann wäre in der Formel des „guten Umweltzustands" bereits angelegt, dass es selbstverständlich immer noch einen besseren und einen besten Umweltzustand gibt und daher nicht die Umwelt allein im Zentrum der Betrachtung steht, sondern lediglich nicht gänzlich hinter andere Interessen zurücktreten soll. Vermutlich ist letztere Lesart diejenige, die dem Gesetzgeber und den Adressaten der Meeresstrategie-Rahmenrichtlinie vorschwebt, wenn es darum geht, den Sollzustand einer guten Meeresumwelt zu bestimmen.

Allerdings kann die Bestimmung des Sollzustands einer guten Meeresumwelt durch die Mitgliedstaaten nicht beliebig erfolgen. Durch die Meeresstrategie-Rahmenrichtlinie sind ihnen bei der Festlegung der Merkmale, die einen guten Umweltzustand der Meeresgewässer ausmachen sollen, inhaltliche Vorgaben gesetzt: Für die Beschreibung sind die qualitativen Deskriptoren der Liste in Anhang I MSRL heranzuziehen.[1411] Sie umfassen Zustands-Merkmale zur marinen Biodiversität, zu den kommerziell befischten Fisch- und Schalentierbeständen, zu den

---

1408 Siehe Commission Staff Working Paper, Relationship between the initial assessment of marine waters and the criteria for good environmental status, SEC(2001) 1255 final v. 14.10.2011.

1409 Art. 5 Abs. 2a lit. ii MSRL.

1410 Dazu ausführlich unter C.III.

1411 Die Mitgliedstaaten prüfen dabei zunächst alle Deskriptoren und entscheiden dann, welche der Deskriptoren für die Beschreibung des guten Umweltzustandes ihrer Ansicht nach relevant sind. Sollen ein oder mehrere Deskriptoren für die Beschreibung nicht verwendet werden, so ist dies der Europäischen Kommission ggü. zu begründen, siehe letzter Absatz des Anhangs I zur MSRL. In den Entwürfen der ARGE BLMP zur Beschreibung des guten Umweltzustandes sind dabei sowohl für die deutsche Nord- als auch die deutsche Ostsee alle elf Deskriptoren

Nahrungsnetzen der Meere und zum Zustand des Meeresgrundes. Erweitert wird die Liste der qualitativen Deskriptoren um Belastungs-Merkmale zum Vorkommen nicht heimischer Arten,[1412] zum Nährstoffeintrag (Eutrophierung), zu Veränderungen hydrographischer Bedingungen, zur Schadstoff-Konzentration im Meer und zu Schadstoffen in für den menschlichen Verzehr bestimmten Fischen und anderen Meeresfrüchten, zu Abfällen im Meer und zur Einleitung von Energie. Diese elf Deskriptoren des Anhangs I MSRL hat die Kommission in ihrem Beschluss 2010/477/EU[1413] weiter konkretisiert durch 29 Kriterien und 56 Indikatoren.[1414] Für diese Punkte sollen die Mitgliedstaaten den jeweiligen guten Zustand festlegen, jeweils abgestimmt auf ihre spezifische Meeresregion mit allen EU-Anrainerstaaten.[1415] Die Beschreibung des guten Umweltzustandes und insbesondere der Abgleich mit der Anfangsbewertung sind dann die Grundlage für die zu erstellenden Maßnahmenprogramme (siehe unter 2.).

c. *Festlegung von Umweltzielen*

Gleichzeitig – und ebenfalls bis zum 15. Juli 2012[1416] – mussten die Mitgliedstaaten nach Art. 10 Abs. 1 MSRL eine umfassende Reihe von Umweltzielen sowie dazugehörige Indikatoren für ihre Meeresgewässer festlegen.[1417] Ein Umweltziel ist dabei die qualitative oder quantitative Aussage über den erwünschten Zustand der verschiedenen Komponenten von Meeresgewässern und deren Belastungen sowie Beeinträchtigungen; es wird für jede Meeresregion oder -unterregion gesondert

---

als relevant erachtet worden, siehe für die Nordsee *Bund/Länder-Messprogramm*, Beschreibung GUZ Nordsee, 2012, S. 7.

1412 Siehe dazu die Verordnung (EU) Nr. 1143/2014 des Europäischen Parlaments und des Rates über die Prävention und das Management der Einbringung und Ausbreitung invasiver gebietsfremder Arten v. 22.10.2014, ABl.EU L 317 v. 4.11.2014, S. 35.

1413 Beschluss der Kommission über Kriterien und methodische Standards zur Feststellung des guten Umweltzustandes von Meeresgewässern v. 1.9.2010, ABl.EU L 232 v. 2.9.2010, S. 14. (Zur Aufhebung des Beschlusses siehe den Beschluss (EU) 2017/848 der Kommission v. 17.5.2017.)

1414 Siehe dazu schon unter A.III. Zur Operationalisierung der Indikatoren für den guten Umweltzustand schlägt *Krause et al.* bspw. den Bezug auf (historische) Referenzgebiete, eine Zustands-Belastungs-Modellierung oder den Bezug auf eine festgelegte Baseline vor, siehe *Krause et al.*, Leitfaden zur Umsetzung der MSRL, 2011, siehe: https://www.bfn.de/17091.html (22.6.2017), S. 15 ff.

1415 Hier ist eine frühe Harmonisierung zwischen den EU-Anrainerstaaten einer Meeresregion anzustreben, damit ein einheitlicher Ausgangspunkt für die spätere Bewertung gegeben ist, *Bund/Länder-Messprogramm*, Beschreibung GUZ Nordsee, 2012, S. 6.

1416 Art. 5 Abs. 2a lit. iii MSRL.

1417 *Westaway* bemängelt die schwierige Unterscheidung zum vorhergehenden Schritt, der Beschreibung des guten Umweltzustands, siehe *Westaway*, Environ L Rev (10) 2008, 218 ff. (220).

festgelegt.[1418] Umweltziele sollen unter Beachtung des Ökosystemansatzes[1419] als Richtschnur für das übergreifende Gesamtziel, nämlich die Erreichung eines guten Umweltzustandes der Meeresumwelt, dienen. Dabei steht insbesondere das Management menschlicher Tätigkeiten im und auf dem Meer im Blickpunkt, da hiervon die Möglichkeit für die Verbesserung des Umweltzustandes in marinen Ökosystemen abhängt.[1420]

Auch hier gibt die Meeresstrategie-Rahmenrichtlinie konkretere Vorgaben: Anhang IV zur MSRL enthält eine indikative Liste von Merkmalen, die bei der Festlegung von Umweltzielen zu berücksichtigen sind: So müssen bspw. die festgelegten Ziele kohärent sein und dürfen keine Zielkonflikte beinhalten,[1421] die die Meeresregion kennzeichnenden Elemente müssen bei der Festlegung angemessen berücksichtigt und abgedeckt werden, und die festgelegten Ziele sollen Zeitvorgaben für deren Erfüllung formulieren.[1422] Als Umweltziel i.R.d. Deskriptors 10 „Abfälle im Meer" könnten so bspw. Obergrenzen der Konzentration von Mikroplastik im und Reduktionsziele für die Eintragung von Plastikmüll ins Meer festgelegt werden.[1423]

d. Erstellung und Durchführung eines Überwachungsprogramms

Als letzter Schritt der Vorbereitungsphase ist ein Überwachungsprogramm zu erstellen und durchzuführen. Hierfür hatten die Mitgliedstaaten bis zum 15. Juli 2014 Zeit.[1424] Die Forderung nach Überwachungsprogrammen ergibt sich aus dem Umstand, dass momentan aufgrund vieler fehlender Daten keine vollständige Bewertung

---

1418 Art. 3 Nr. 7 MSRL.

1419 Erwägungsgrund 8 MSRL.

1420 *Rabe*, Fachliche Aspekte der Umsetzung der MSRL, in: Durner (Hrsg.), Wasserrechtlicher Reformbedarf in Bund und Ländern, 2011, S. 9 ff. (13). *Krause et al.*, Leitfaden zur Umsetzung der MSRL, 2011, siehe: https://www.bfn.de/17091.html (22.6.2017), S. 18.

1421 Ausweislich der beiden deutschen Entwürfe werden Zielkonflikte vermieden, die Lösung von Interessenskonflikten wird auf die Planungs- und Maßnahmenebene verwiesen, siehe für die Nordsee *Bund/Länder-Messprogramm*, Festlegung Umweltziele Nordsee, 2012, S. 7.

1422 Unklar bleibt, wie geprüft werden soll, ob die von den Mitgliedstaaten gesetzten Umweltziele quantitativ und qualitativ „ausreichend" und ambitioniert genug sind. Siehe dazu kritisch unter C.

1423 Weitere Beispiele bei *Krause et al.*, Leitfaden zur Umsetzung der MSRL, 2011, siehe: https://www.bfn.de/17091.html (22.6.2017), S. 24 ff. Vgl. die tatsächlich festgelegten Umweltziele für die Nordsee in *Bund/Länder-Messprogramm*, Anfangsbewertung Nordsee, 2012, S. 29 ff. Zum Problem an sich schon *Ehlers*, NuR 1983, 129 ff.

1424 Art. 5 Abs. 2a lit. iv MSRL. Bis auf Griechenland haben alle Mitgliedstaaten ihre Berichtspflichten hinsichtlich der Meldung von Überwachungsprogrammen nach Art. 11 MSRL erfüllt; siehe das „Scoreboard" der DG Environment http://ec.europa.eu/environment/marine/eu-coast-and-marine-policy/implementation/scoreboard_en.htm (9.2.2017).

der Meeresregionen und -unterregionen i.S.d. Meeresstrategie-Rahmenrichtlinie durchgeführt werden kann. Um hier nach und nach zu einem, wenn schon nicht vollständigen, zumindest aber vollstän*digeren* Bild der wesentlichen Eigenschaften und Merkmalen, der Belastungen und Wirkungen menschlicher Tätigkeit und ihrer Wechselbeziehungen untereinander zu gelangen, ist es erforderlich, fortlaufend neue Daten über den aktuellen Zustand der Meeresgewässer zu generieren und bereits erfasste Daten – insbesondere im Hinblick auf die festgelegten Umweltziele – zusammenzutragen und regelmäßig zu aktualisieren.[1425]

Die Europäische Kommission hat hierzu einen unverbindlichen Leitfaden herausgegeben.[1426]

2. *Maßnahmenphase – an der Schnittstelle zur maritimen Raumplanung*

Nach der Vorbereitungsphase, die laut Meeresstrategie-Rahmenrichtlinie mit der Erstellung und Durchführung des Überwachungsprogramms bis spätestens zum 15. Juli 2014 abgeschlossen sein musste, startete mit der Maßnahmenphase die zweite Haupt-Phase des Aktionsplans. Diese besteht aus zwei Teilschritten: Maßnahmenprogramme sind zunächst zu erstellen und dann praktisch umzusetzen. Sie dienen ausweislich des Erwägungsgrundes 27 MSRL dem Ziel, in den betreffenden Gewässern unter Berücksichtigung bestehender gemeinschaftlicher und internationaler Anforderungen[1427] und der jeweiligen Bedürfnisse der betreffenden Meeresregionen einen guten Umweltzustand zu erreichen oder zu bewahren. Dabei ist den Prinzipien der Vorsorge und Vorbeugung sowie dem Ursprungs- und Verursacherprinzip Rechnung zu tragen. Es wurde bereits umrissen, anhand welcher Kriterien die Mitgliedstaaten das Vorliegen eines guten Umweltzustands bestimmen können.[1428] Die jeweiligen Bedürfnisse der individuellen Meeresregionen der Nord- und Ostsee kommen i.R.d. Beschreibung des guten Umweltzustandes und der Festlegung von Umweltzielen zum Tragen. Die Maßnahmenprogramme müssen also so konzipiert sein, dass durch sie von dem festgestellten Ist-Zustand der Meeresgewässer zum gewünschten Soll-Zustand gelangt (vorausgesetzt, er ist noch nicht

---

1425 Die deutsche Umsetzungsvorschrift in § 45f Abs. 1 WHG zieht – etwas abgewandelt vom eigentlichen Wortlaut der Richtlinie – die Umweltziele selbst als Überwachungsobjekt mit ein. Siehe *Kotulla*, WHG, Kommentar, 2. Auflage 2011, § 45f Rn. 3 f.

1426 *Zampoukas et al.*, Monitoring for the MSFD, 2012.

1427 Die bestehenden gemeinschaftlichen und internationalen Anforderungen werden an anderer Stelle der Arbeit behandelt, siehe hierzu die Ausführungen im 1. Kapitel, B. und C. Als gemeinschaftliche Anforderungen kommen dabei u.a. die Vorgaben aus dem Natura 2000-Rechtswerk und der Wasserrahmenrichtlinie in Betracht, im Rahmen internationaler Anforderungen sind die Vorgaben des Seerechtsübereinkommens der Vereinten Nationen, HELCOM und OSPAR sowie die Biodiversitätskonvention zu berücksichtigen.

1428 Siehe hierzu oben unter A.III. und die Kritik bei C.IV.

erreicht) und dieser erhalten wird. Dabei müssen die Maßnahmen auf jede einzelne Meeresregion und Meeresunterregion mit ihren geologischen, physikalischen, chemischen, biologischen und sonstigen Besonderheiten individuell abgestimmt sein. Darüber hinaus sind weitere, rechtliche Vorgaben aus den bestehenden gemeinschaftlichen und internationalen Anforderungen zu beachten und zu integrieren.

Die Meeresstrategie-Rahmenrichtlinie bleibt an dieser Stelle sehr vage: Sie legt weder konkrete Schutzmaßnahmen auf Unionsebene fest noch gibt sie den Mitgliedstaaten auf, konkret definierte Maßnahmen umzusetzen. Es liegt damit grundsätzlich in der Hand der Mitgliedstaaten, die Instrumente zu wählen, die zu einem guten Umweltzustand führen (Art. 13 Abs. 1 MSRL). Nur an zwei Stellen wird die Richtlinie etwas konkreter: So sind zum einen in die Maßnahmenprogramme *räumliche* Schutzmaßnahmen aufzunehmen (Art. 13 Abs. 4 MSRL) und es sind zum anderen Managementkoordinierungsmaßnahmen sowie Managementmaßnahmen vorzusehen, die die Verteilung menschlicher Tätigkeit auf dem Meer *räumlich* steuern (Art. 13 Abs. 1 i.V.m. Nr. 3 Anhang VI MSRL). Diese beiden Stellen sind gleich nochmals aufzugreifen.

Die Maßnahmenphase ist im Hinblick auf die Untersuchungsfrage der vorliegenden Arbeit, die die Wechselbeziehungen zwischen Meeresstrategie-Rahmenrichtlinie und maritimer Raumplanung in den Blick nimmt, von herausragendem Interesse. Hier befinden sich die Schnittstelle und der rechtliche Ursprung der Verbindung zwischen Meeresstrategie-Rahmenrichtlinie und maritimer Raumplanung. Denn: Durch Art. 13 und Anhang VI der MSRL werden – wörtlich – *räumliche* Schutzmaßnahmen, Maßnahmen zur Steuerung der *räumlichen* (und zeitlichen) Verteilung menschlicher Tätigkeiten auf dem Meer und Managementkoordinierungsmaßnahmen in die Erstellung der Maßnahmenprogramme einbezogen, die die Mitgliedstaaten zu beachten haben. Die Europäische Kommission bezieht sich dabei auch ausdrücklich auf diese Verbindung zwischen Meeresstrategie-Rahmenrichtlinie und maritimer Raumplanung: Sie sieht die maritime Raumplanung als ein wichtiges Instrument an, welches geeignet ist, erheblich zur Umsetzung der Meeresstrategie-Rahmenrichtlinie beizutragen.[1429] An dieser Stelle sind damit diejenigen Vorgaben der Meeresstrategie-Rahmenrichtlinie, die konkrete Relevanz für die maritime Raumplanung in Deutschland haben, herauszuarbeiten. Sie sind dann daraufhin zu untersuchen, welchen Zweck sie erfüllen (sollen) und welche Inhalte sie für eine praktische Umsetzung erfordern. Inwieweit die beiden Raumordnungspläne für die deutsche AWZ in der Nord- und Ostsee bereits räumliche Schutzmaßnahmen aufweisen, wurde im 1. Kapitel aufgezeigt. Wie diese Beziehung zwischen beiden Instrumenten jedenfalls von Seiten der Meeresstrategie-Rahmenrichtlinie aus intendiert ist, wird im Folgenden beleuchtet.

1429 Maritime Raumordnung in der EU – Aktueller Stand und Ausblick, KOM(2010) 771 endg. v. 17.12.2010, S. 8; Fortschrittsbericht zur integrierten Meerespolitik der EU, KOM(2009) 540 endg. v. 15.10.2009, S. 8.

Zeitlich sollten die Maßnahmenprogramme spätestens 2015 erstellt sein, d.h. bis zum 31. Dezember 2015.[1430] Eine Ausnahme von diesem Zeitplan konnte dann vorgesehen werden, wenn der Zustand der Meeresregion besonders kritisch und ein früherer Beginn der Maßnahmenprogramme angezeigt ist.[1431] Die Mitgliedstaaten mussten gewährleisten, dass die Maßnahmenprogramme innerhalb eines Jahres nach ihrer Erstellung operationell sind.[1432] Nach einer Begriffsbestimmung (a.) werden im Folgenden die Maßnahmenprogramme i.S.d. Art. 13 Abs. 1 MSRL (b.) und im Anschluss die räumlichen Schutzmaßnahmen nach Art. 13 Abs. 4 MSRL untersucht (c.). In einem letzten Punkt dieses Abschnitts geht es um die praktische Umsetzung der Maßnahmenprogramme.

a. *Begriffsbestimmung*

Vor einem tieferen Einstieg in die einzelnen Maßnahmen der Meeresstrategie-Rahmenrichtlinie bedarf es zunächst einer Klärung der beiden Begriffe „Maßnahmenprogramm“ (das Wort wird immerhin 30-mal im gesamten Richtlinientext verwendet) und „Managementmaßnahme“ (Anhang VI MSRL). Die Begriffsbestimmungen in Art. 3 MSRL enthalten keine Legaldefinitionen; so dass sich Bedeutung und Inhalte aus der Zusammenschau der einzelnen Artikel der Meeresstrategie-Rahmenrichtlinie und ihrer Erwägungsgründe oder den Gesetzesmaterialien ergeben müssen.[1433] Als Komposita finden sich beide Begriffe nicht im Duden; erläutert werden allerdings die drei tragenden Wortbestandteile Maßnahme, Programm und Management:[1434] *Maßnahme* ist eine Handlung, Regelung oder Ähnliches, die etwas Bestimmtes bewirken soll. Der Begriff ist weit gefasst und kann damit in Bezug auf die Meeresstrategie-Rahmenrichtlinie jegliche Tätigkeiten der Mitgliedstaaten umfassen, mit denen – mittel- oder unmittelbar – das Ziel eines guten Umweltzustandes der Meeresgewässer angestrebt wird. Als *Programm* wird die Gesamtheit von Konzeptionen und/oder Grundsätzen definiert, die zur Erreichung eines bestimmten Zieles dienen; der Begriff Programm umschreibt aber auch einen vorgesehenen Ablauf bzw. die nach einem Plan[1435] genau festgelegten Einzelheiten eines Vorhabens. *Management* ist die Leitung/Führung eines Großunternehmens oder Ähnliches, die Planung,

---

1430 Art. 5 Abs. 2b lit. i MSRL.

1431 Art. 5 Abs. 3 MSRL; zu dieser „urgent action“ siehe gleich auch unter A.V.3c.

1432 Art. 5 Abs. 2b lit. ii, Art. 13 Abs. 10 MSRL.

1433 Eine kursorische Durchsicht anderer Übereinkommen – Wasserrahmenrichtlinie, OSPAR- und Helsinki-Übereinkommen – ergab keinen anderen Befund. Im Wasserhaushaltsgesetz wird in grundlegende und ergänzende Maßnahmen unterschieden, siehe § 82 Abs. 2–4 WHG.

1434 Siehe http://www.duden.de/ (9.2.2017).

1435 An dieser Stelle soll bereits auf die Verbindung zu den Raumordnungs*plänen* hingewiesen werden, die in Deutschland mit Gebietsfestlegungen nach dem Raumordnungsgesetz so ausgestaltet sind/sein können, dass sie einem vorher bestimmten Ablauf, nämlich der Vorhersehbarkeit des Ausgangs von Abwägungsentscheidungen, folgen.

Grundsatzentscheidungen und Erteilung von Anweisungen umfasst. Management kann aber auch Verwaltung, Betreuung oder Organisation bedeuten. Der englische Begriff des „management" wird regelmäßig mit Bewirtschaftung übersetzt.[1436]

Maßnahmenprogramme sind demgemäß eine Bündelung von Handlungen oder Regelungen, die auf bestimmten gemeinsamen Grundsätzen beruhen und mit denen – möglicherweise einem vorherbestimmten Ablauf folgend – ein bestimmtes Ziel erreicht werden soll. Diese Interpretation lässt sich auch der Meeresstrategie-Rahmenrichtlinie entnehmen, wonach die Mitgliedstaaten konzipierte Maßnahmen in ein Maßnahmenprogramm integrieren.[1437] Eine *Managementmaßnahme* ist die Handlung, Regelung oder Anweisung, die vor dem Hintergrund bestimmter Grundsatzentscheidungen getroffen wird, und die auf ein bestimmtes Ziel hinleiten soll. Der begriffliche Unterschied zwischen Maßnahmenprogramm und Managementmaßnahme liegt also darin begründet, dass ein Maßnahmenprogramm die Zusammenfassung verschiedener Managementmaßnahmen ist. Diese begriffliche Unterscheidung soll leitend für die folgenden Überlegungen sein.

b. Maßnahmenprogramme

Nach Art. 13 Abs. 1 Satz 1 MSRL legen die Mitgliedstaaten fest, welche Maßnahmen erforderlich sind, um in ihren Meeresgewässern in jeder betroffenen Meeresregion bzw. -unterregion den guten Umweltzustand zu erreichen oder aufrechtzuerhalten.

Dieser erste Satz des Art. 13 MSRL zeigt noch keinen offensichtlichen Bezug zu einer Räumlichkeit der Maßnahmen und damit zur maritimen Raumplanung. Dieser Bezug wird jedoch über Satz 2 hergestellt, der auf Anhang VI MSRL verweist. Dort sind verschiedene Arten von Maßnahmenprogrammen aufgelistet, nach denen u.a. die Ausweisung von räumlichen Gebieten vorgesehen ist. Die Maßnahmen müssen dem Prinzip einer nachhaltigen Entwicklung genauso wie den gesellschaftlichen und wirtschaftlichen Auswirkungen der geplanten Maßnahmen angemessen Rechnung tragen.[1438] Dazu muss vor jeder neuen Maßnahme eine Kosten-Nutzen-Analyse durchgeführt werden.[1439]

Anhang VI MSRL listet – nicht abschließend zu verstehen[1440] – die folgenden Maßnahmenprogramme auf:

1. Einwirkungssteuerung: Managementmaßnahmen, die den zulässigen Umfang einer menschlichen Tätigkeit beeinflussen.
2. Ergebnissteuerung: Managementmaßnahmen, die das zulässige Ausmaß der Störung einer Komponente des Ökosystems beeinflussen.

1436 So bspw. in der Präambel zum OSPAR-Übereinkommen.
1437 Art. 13 Abs. 2 Satz 1 MSRL.
1438 Art. 13 Abs. 3 Satz 1 MSRL.
1439 Art. 13 Abs. 3 Satz 3 MSRL.
1440 BT-Drs. 17/6055, S. 21.

Der steigende Umfang einer menschlichen Tätigkeit geht in aller Regel einher mit einem proportional steigenden Ausmaß der Störung der verschiedenen Komponenten des Ökosystems durch diese Tätigkeit. In der deutschen Rechtssystematik werden solche Einflüsse i.d.R. mit dem Instrument der Registrierungspflicht oder der Eröffnungskontrolle geregelt, bspw. durch die Erteilung einer Genehmigung.[1441] Es geht hier um das „Ob" einer menschlichen Tätigkeit. Unmittelbare räumliche Bezugspunkte treten hier in den Hintergrund.

3. Steuerung der räumlichen und zeitlichen Verteilung: Managementmaßnahmen, die beeinflussen, wo und wann eine Tätigkeit erfolgen darf.
4. Managementkoordinierungsmaßnahmen: Instrumente, mit denen sichergestellt wird, dass die Managementmaßnahmen koordiniert werden.

Die räumlichen Bezugspunkte sind hier offensichtlich; es geht um Maßnahmen, die das „Wo", „Wann" und „Wie" menschlicher Tätigkeiten betreffen. Bei ihrem Verweis auf die Beziehung zwischen Meeresstrategie-Rahmenrichtlinie und maritimer Raumplanung greift die Europäische Kommission diese beiden Punkte ausdrücklich heraus.[1442]

5. Maßnahmen zur Verbesserung der Rückverfolgbarkeit von Meeresverunreinigungen, sofern möglich.

Hier kann es bspw. um den Einsatz von Satellitensystemen oder die Verpflichtung zur Führung von Logbüchern in der Schifffahrt gehen.[1443]

6. Wirtschaftliche Anreize: Managementmaßnahmen, die dazu führen, dass diejenigen, die die Meeresökosysteme nutzen, ein wirtschaftliches Interesse daran haben, durch ihr Handeln zur Erreichung des Ziels des guten Umweltzustandes beizutragen.

Die hier angesprochenen ökonomischen Anreize gehören zu den Mitteln indirekter Verhaltenssteuerung. Sie belassen dem Betroffenen die Freiheit, sich zwischen verschiedenen, die Umwelt mehr oder weniger beeinträchtigenden Verhaltensweisen

1441 *Erbguth/Schlacke*, Umweltrecht, 6. Auflage 2016, § 5 Rn. 31 ff. Im gleichen Sinne: Erlaubnis und Bewilligung, Planfeststellungsbeschluss; *Berendes et al.*, WHG, Kommentar, 2011, § 43 Rn. 32.

1442 Maritime Raumordnung in der EU – Aktueller Stand und Ausblick, KOM(2010) 771 endg. v. 17.12.2010, S. 8.

1443 So gibt es bspw. ein europäisches Satellitenüberwachungssystem zum Aufspüren von Ölverschmutzungen der Europäischen Agentur für die Sicherheit des Seeverkehrs (European Maritime Safety Agency, EMSA): Clean Sea Net, CSN, im Internet unter http://www.emsa.europa.eu/csn-menu.html (9.2.2017). Das BSH überwacht das ordnungsgemäße Führen von Öltagebüchern, erstellt bei Verschmutzungen Driftmodelle (siehe dazu das Projekt DeMarine 2 unter http://www.demarine.de/lr/, 9.2.2017) und unterhält eine Datenbank, mit der Ölproben verglichen werden können (Computerized Oil Spill Identification, COSI).

zu entscheiden.[1444] Mit ökonomischen Anreizen wird versucht, auf die Motivation des Betroffenen dergestalt Einfluss zu nehmen, dass er sich für die umweltschonendere Variante seiner Handlung entscheidet.[1445] Ein Beispiel hierfür aus dem Umweltrecht ist der Emissionsrechtehandel, durch den CO_2-Emissionen zu einem handelbaren knappen Gut gemacht werden. Unmittelbare räumliche Bezugspunkte treten dabei allerdings in den Hintergrund.

7. Mittel zur Schadensbegrenzung und Sanierung: Managementinstrumente zur Steuerung menschlicher Tätigkeiten zur Wiederherstellung geschädigter Komponenten von Meeresökosystemen.

An dieser Stelle ist bspw. an die Einrichtung von Ruhezeiten für Seevögel zur Fortpflanzung, Brut und Nahrungsaufnahme oder no-take-zones in der Fischerei[1446] zu denken. Als Mittel zur Sanierung kommen Ausgleichsmaßnahmen i.S.d. Bundesnaturschutzgesetzes in Betracht.[1447] Ein räumlicher Bezug ist hier gegeben.

8. Kommunikation, Einbeziehung von Interessengruppen und Schärfung des Bewusstseins der Öffentlichkeit.

Bekanntes Beispiel einer solchen Maßnahme ist das Integrierte Küstenzonenmanagement (IKZM): IKZM ist ein informeller Ansatz und bezweckt, durch gute Integration, Koordination, Kommunikation und Partizipation zwischen allen Beteiligten die nachhaltige Entwicklung des Küstenbereichs auf freiwilliger Basis zu fördern.[1448] Unmittelbare räumliche Bezugspunkte treten hier ebenfalls in den Hintergrund.

Legt man die Anwendungsbereiche der aufgelisteten Maßnahmenprogramme weit aus, so könnten alle – jeweils mehr oder weniger – in einem räumlichen Zusammenhang gebracht werden. Die drei Maßnahmenprogramme, bei denen dies aber am offensichtlichsten und deutlichsten auch von Seiten des Europäischen

1444 *Kloepfer*, Umweltrecht, 4. Auflage 2016, § 5 Rn. 759 ff., 802 ff.; *Erbguth/Schlacke*, Umweltrecht, 6. Auflage 2016, § 5 Rn. 81 ff.

1445 Solche Anreize, die auf staatlicher Ebene getroffen werden, haben möglicherweise neben nationalen auch Auswirkungen auf die Politiken anderer Staaten. Um die Ineffizienz zu verhindern, die sich daraus ergeben kann, dass Staaten die positiven Auswirkungen anderer Politiken für sich abwarten, um selbst nicht tätig werden zu müssen, plädierte *Underdahl* schon 1980 für eine „integrated marine policy“, siehe *Underdahl*, Mar Policy (4) 1980, 159 ff. (163 ff.).

1446 Zu Fischereiverbotszonen siehe *Iris Menn* in ihrer Präsentation zum Vortrag, *Menn*, MSRL, Aktionsplan zur Integrierten Meerespolitik und Ostsee-Aktionsplan, in: Bundesamt für Seeschifffahrt und Hydrographie (Hrsg.), Meeresumwelt-Symposium 2008, 2009, S. 13 ff.

1447 Siehe § 56 i.V.m. § 15 BNatSchG.

1448 *Bundesministerium für Umwelt*, Nationale Strategie für ein IKZM 2006, S. 57. Europäischer Hintergrund ist die Empfehlung 2002/416/EG des Europäischen Parlaments und des Rates zur Umsetzung einer Strategie für ein integriertes Management der Küstengebiete in Europa v. 30.5.2002, ABl.EG L 148 v. 6.6.2002, S. 24.

Gesetzgebers intendiert ist, sind: Punkt 3 des Anhangs VI MSRL, der schon wörtlich auf eine „Steuerung der räumlichen [...] Verteilung" eingeht; Punkt 4, der den die Raumplanung prägenden Aspekt herausstellt, und Punkt 7. Mit dem ausdrücklichen Wortlaut der Kommissionsempfehlung, wonach die Mitgliedstaaten zur Umsetzung der Meeresstrategie-Rahmenrichtlinie räumliche Maßnahmen ergreifen sollen, sind die genannten drei Punkte vorrangig in Betracht zu ziehen und praktisch umzusetzen. Ebenfalls wörtlich aufgenommen in die Empfehlung sind die räumlichen Schutzmaßnahmen nach Art. 13 Abs. 4 MSRL, die im nächsten Punkt behandelt werden sollten.

c. *Räumliche Schutzmaßnahmen*

Art. 13 Abs. 4 MSRL hat eine zentrale Bedeutung für die vorliegende Bearbeitung und soll aus diesem Grund wörtlich zitiert werden. Er lautet:

> Die gemäß diesem Artikel erstellten Maßnahmenprogramme enthalten unter anderem räumliche Schutzmaßnahmen, die zu kohärenten und repräsentativen Netzwerken geschützter Meeresgebiete beitragen, die die Vielfalt der einzelnen Ökosysteme angemessen abdecken, wie besondere Schutzgebiete im Sinne der Habitatrichtlinie und Schutzgebiete im Sinne der Vogelschutzrichtlinie und geschützte Meeresgebiete, die von der Gemeinschaft oder den betroffenen Mitgliedstaaten im Rahmen internationaler oder regionaler Übereinkommen, denen sie als Vertragspartei angehören, vereinbart wurden.

Im Unterschied zu den Maßnahmenprogrammen nach Art. 13 Abs. 1 MSRL und Anhang VI sind die Programme nach Absatz 4 ausdrücklich mit einem über die reine Koordinierung und Steuerung hinausgehenden Zweck versehen: Nämlich der Verantwortung der Mitgliedstaaten für geschützte Meeresgebiete. Die Maßnahmenprogramme sollen zu kohärenten und repräsentativen Netzwerken geschützter Meeresgebiete beitragen, die die Vielfalt der einzelnen Ökosysteme angemessen abdecken. Die Programme sollen hierzu „räumliche Schutzmaßnahmen" enthalten. Wie bereits ausgeführt, sieht die EU die maritime Raumplanung als ein wichtiges Instrument an, das geeignet ist, i.S.e. solchen räumlichen Schutzmaßnahme erheblich zur Umsetzung der Meeresstrategie-Rahmenrichtlinie beizutragen.[1449] Wie sich die Europäische Kommission solche räumlichen Schutzmaßnahmen vorstellt, erläutert sie im Artikel selbst und benennt drei Arten von „besonderen Schutzgebieten":

1. Schutzgebiete i.S.d. Habitatrichtlinie 92/43/EWG,
2. Schutzgebiete i.S.d. Vogelschutzrichtlinie 79/409/EWG und

1449 Maritime Raumordnung in der EU – Aktueller Stand und Ausblick, KOM(2010) 771 endg. v. 17.12.2010, S. 8; Fortschrittsbericht zur integrierten Meerespolitik der EU, KOM(2009) 540 endg. v. 15.10.2009, S. 8.

3. geschützte Meeresgebiete, die von der Gemeinschaft oder den betroffenen Mitgliedstaaten im Rahmen internationaler oder regionaler Übereinkommen, denen sie als Vertragspartei angehören, vereinbart wurden.[1450]

Die Regelung wirft verschiedene Fragen auf: Müssen neben den bereits bestehenden „besonderen Schutzgebieten" neue räumliche Schutzmaßnahmen entwickelt werden? Dienen die genannten besonderen Schutzgebiete demnach nur als „Prototyp" der zukünftigen Maßnahmen? Grammatikalisch betrachtet besteht der entscheidende Satz des Art. 13 Abs. 4 MSRL aus mehreren Nebensätzen, die mit Kommata aneinandergereiht sind.[1451] Aus der Stellung der genannten besonderen Schutzgebiete im Satzgefüge ergibt sich nichts. Auch die englische Fassung der Richtlinie gibt nicht mehr Aufschluss:

> Programmes of measures established pursuant to this Article shall include spatial protection measures, contributing to coherent and representative networks of marine protected areas, adequately covering the diversity of the constituent ecosystems, such as special areas of conservation pursuant to the Habitats Directive, special protection areas pursuant to the Birds Directive, and marine protected areas as agreed by the Community or Member States concerned in the framework of international or regional agreements to which they are parties.

Ein Anhaltspunkt ergibt sich aus dem Wortlaut. Danach sollen die räumlichen Schutzmaßnahmen der Mitgliedstaaten „zu kohärenten und repräsentativen Netzwerken geschützter Meeresgebiete *beitragen*". Beitragen bedeutet, dass etwas zu einer Sache beigesteuert, bei etwas mitgeholfen wird, wobei die „Sache" bereits existent ist und nicht erst durch den Beitrag ursächlich entsteht.[1452] Es geht also vielmehr um einen *zusätzlichen* Beitrag zu etwas bereits Bestehendem, nämlich den besonderen Schutzgebieten im Sinne bspw. der Habitatrichtlinie.

Die bestehenden Schutzgebiete können damit für die Maßnahmenprogramme nach der Meeresstrategie-Rahmenrichtlinie „doppelt verwertet" werden, indem sie – neben ihrer Erfüllung internationaler, regionaler und supranationaler Verpflichtungen – ebenso als räumliche Schutzmaßnahmen in den Maßnahmenprogrammen der Mitgliedstaaten enthalten sind. Die Definition des Wortes „beitragen" weist allerdings darauf hin, dass alleine die Übernahme der bestehenden Gebiete in die Maßnahmenprogramme nicht ausreicht, um den Vorgaben der Meeresstrategie-Rahmenrichtlinie Genüge zu tun, d.h. unionsrechtskonform zu sein. Die Meeresstrategie-Rahmenrichtlinie verlangt nämlich einen umfassenden Schutz der Meeresumwelt, wohingegen bspw. die FFH-Richtlinien-Annexe spezifische marine

---

1450 Hier kommen insbesondere Meeresschutzgebiete nach dem OSPAR- und HELSINKI-Übereinkommen in Betracht; siehe dazu oben im 1. Kapitel, B.III.1., 2. und 4.

1451 Nach Einschätzung der Verfasserin handelt es sich bei dem Satzteil „..., die die Vielfalt der einzelnen Ökosysteme angemessen abbilden" um eine Apposition.

1452 Siehe die Bedeutungsübersicht des Duden http://www.duden.de/rechtschreibung/beitragen (9.2.2017).

Lebensraumtypen und -arten in den Fokus nehmen.[1453] Was allerdings ausreichend ist, um diese Vorgabe auszufüllen, das bleibt neben dem Rückgriff auf die in Anhang VI MSRL genannten Maßnahmenprogramme der (gesetzgeberischen) Kreativität der Mitgliedstaaten überlassen. Grenzen dürften dort bestehen, wo die Erreichung des übergeordneten Ziels eines guten Meeresumweltzustandes dem Zufall anheimgestellt wird und bspw. die räumlichen Schutzmaßnahmen weder zu einem kohärenten Netzwerk geschützter Meeresgebiete beitragen noch die Vielfalt der einzelnen Ökosysteme angemessen abdecken. Fragen dürften sich dabei insbesondere ergeben hinsichtlich der Ausweisung neuer Schutzgebiete, erforderlicher Gebietsgrößen und Unterschutzstellungsvoraussetzungen. Erforderlich wird es jedenfalls sein, die neu ausgewiesenen Schutzgebiete in bestehende maritime Raumordnungspläne aufzunehmen, um die ökologischen Schutzinteressen i.S.d. Ökosystemansatzes im Gefüge sonstiger wirtschaftlicher und sozialer Belange zu positionieren. Wie diese Vorgabe der Meeresstrategie-Rahmenrichtlinie letztlich von den Mitgliedstaaten ausgefüllt werden wird – und ob damit die „kreative Freiheit“ Anregung oder Hemmschuh ist –, bleibt abzuwarten.

Neben den oben beim Anwendungsbereich[1454] beschriebenen vorwiegend prozessual ausgerichteten Vorgaben einer grenzüberschreitenden Zusammenarbeit müssen die Mitgliedstaaten auch die Auswirkungen ihrer Maßnahmenprogramme auf Gewässer außerhalb ihrer Meeresgewässer prüfen, um die Gefahr von Schäden in diesen Gewässern zu minimieren und den Zustand dieser Gewässer – wenn möglich – positiv zu beeinflussen.[1455] Als Minimalziel müssen die Mitgliedstaaten damit sicherstellen, dass sie keine Schädigung oder Gefährdung in den Meeresgewässern oder der Hohen See verursachen.[1456]

d. Praktische Umsetzung der Maßnahmenprogramme

Die praktische Umsetzung der Maßnahmenprogramme hatte innerhalb eines Jahres nach Erstellung, spätestens aber 2016 (also bis zum 31. Dezember 2016) zu erfolgen.[1457] Hier geht es um die tatsächliche Durchführung der zuvor i.d.R. auf dem Papier konzipierten Maßnahmen. Die Mitgliedstaaten haben diese Operationalisierung der Programme zu „gewährleisten“ – vorbehaltlich des Art. 16 MSRL. Dieser sieht eine Bewertung der Maßnahmenprogramme durch die Europäische Kommission vor.[1458] Die Europäische Kommission prüft die Programme auf ihre Eignung, den Anforderungen der Richtlinie zu genügen, und gibt Hinweise zu Änderungen, die

1453 Dazu bereits oben, 1. Kapitel, C.IV.6.
1454 Siehe A.IV.
1455 Art. 13 Abs. 8 MSRL.
1456 Erwägungsgrund 17 MSRL. *Markus et al.*, Int'l J Mar & Coast L (26) 2011, 59 ff. (72).
1457 Art. 5 Abs. 2b lit. ii i.V.m. Art. 13 Abs. 10 MSRL.
1458 Eine Bewertung nehmen schon *Boyes et al.*, Mar Pollut Bull (111) 2016, 18 ff., vor.

sie für erforderlich hält. Inwieweit diese Änderungshinweise für die Mitgliedstaaten verbindlich sind, ergibt sich aus der Rahmenrichtlinie nicht.

3. *Ausnahmevorschriften*

Bei der rechtzeitigen Umsetzung der Vorgaben der Meeresstrategie-Rahmenrichtlinie können die Mitgliedstaaten auf verschiedene Schwierigkeiten stoßen. Schon ausgeführt wurden die Probleme bei der Bestimmung des Begriffs des guten Umweltzustandes, unzureichender Bewertungsmethoden, fehlender Ziel- und Grenzwerte oder der mangelhaften Datenlage. Es ist deshalb bereits jetzt davon auszugehen, dass der (echte)[1459] gute Umweltzustand nicht in allen Meeresgewässern bis zum Jahr 2020 erreicht werden kann. Aus „Gründen der Billigkeit und Durchführbarkeit"[1460] sieht die Rahmenrichtlinie Vorkehrungen für zwei Sonderfälle vor, in denen Mitgliedstaaten (a.) von dem vorgegebenen Zeitplan und vom Ziel des guten Umweltzustandes abweichen dürfen, Art. 14 MSRL, bzw. (b.) nationale Maßnahmen alleine zur Zielerreichung nicht ausreichen, Art. 15 MSRL.[1461] Hierbei geht es im Wesentlichen um eine *Verlängerung* der Fristen, um das Richtlinienziel zu erreichen. Daneben enthält Art. 5 Abs. 3 MSRL eine Ausnahme, die zu einer *Verkürzung* der vorgegebenen Fristen führen kann (c.).

a. *Fristverlängerung und Zielabweichung*

In dem ersten Sonderfall gelingt es dem Mitgliedstaat entweder nicht, die Umweltziele bzw. den selbst definierten guten Umweltzustand in „jeder Hinsicht" oder aber innerhalb der vorgegebenen Frist zu erreichen. Es geht also zum einen um eine Fristverlängerung und zu anderen um eine inhaltliche Zielabweichung. Art. 14 Abs. 1 MSRL listet fünf Gründe auf, die die Mitgliedstaaten zu diesem Sonderfall berechtigen:

> Maßnahmen oder Untätigkeit, für die der Mitgliedstaat nicht verantwortlich ist;
> natürliche Ursachen;
> höhere Gewalt;
> Änderungen bzw. Veränderungen der physikalischen Eigenschaften von Meeresgewässern aufgrund von Maßnahmen, die er selbst aus Gründen des übergeordneten Allgemeininteresses, die gegenüber den negativen Umweltauswirkungen, einschließlich aller grenzüberschreitenden Auswirkungen, stärker ins Gewicht fallen, getroffen hat;
> natürliche Bedingungen, die eine fristgerechte Verbesserung des Zustands der betreffenden Meeresgewässer nicht zulassen.

1459 Siehe oben A.V.1b.

1460 Erwägungsgrund 29 MSRL. Man könnte die Ausnahmen auch als großes „Schlupfloch" bezeichnen, so *Menn*, MSRL, Aktionsplan zur Integrierten Meerespolitik und Ostsee-Aktionsplan, in: Bundesamt für Seeschifffahrt und Hydrographie (Hrsg.), Meeresumwelt-Symposium 2008, 2009, S. 13 ff.

1461 Siehe Erwägungsgründe 29–33 sowie Art. 14 und 15 MSRL.

Soweit sich ein Mitgliedstaat auf eine der genannten Situationen berufen möchte, hat er dies in seinen Maßnahmenprogrammen auszuweisen und ggü. der Europäischen Kommission zu begründen. Darüber hinaus hat er „angemessene“ Ad-hoc-Maßnahmen zu ergreifen.[1462] Diese Ad-hoc-Maßnahmen sollen verhindern, dass sich der Zustand des Meeresgewässers weiter verschlechtert und nachteilig auf die gesamte Meeresregion oder -unterregion auswirkt. Auch in den Fällen, in denen sich der Mitgliedstaat i.R.e. Abwägung „aus Gründen des übergeordneten Allgemeininteresses“ zugunsten von Maßnahmen mit negativen Umweltauswirkungen entschieden hat (Art. 14 Abs. 1d MSRL), hat er dafür zu sorgen, dass das Ziel des guten Umweltzustandes nicht auf Dauer erschwert oder verhindert wird.[1463]

Mit diesen fünf Gründen wird den Mitgliedstaaten ein großes Feld an Abweichungsmöglichkeiten eröffnet. Das trifft insbesondere auf den zuletzt genannten Grund zu, in dem der Mitgliedstaat i.R.e. Abwägung gegen Umweltinteressen entscheiden kann. Grenzen des Abwägungsspielraumes für den Mitgliedstaat sind in der Meeresstrategie-Rahmenrichtlinie nicht aufgeführt.[1464] Diese „Flexibilität für Sonderfälle“[1465] – was vor dem Hintergrund einer ausdrücklich auf den Meeresumweltschutz ausgerichteten Richtlinie von der Europäischen Kommission recht euphemistisch ausgedrückt ist – soll aber nicht grenzenlos sein. Sie behält sich an dieser Stelle vor, die Wirksamkeit der vorgeschlagenen Ad-hoc-Maßnahmen zu überprüfen bzw. sie daraufhin zu überprüfen, ob sie die Anstrengungen anderer Mitgliedstaaten in angrenzenden Meeresgewässern erschweren. Ist sie der Auffassung, dass die geplanten Maßnahmen nicht ausreichen oder nicht geeignet sind, um die Kohärenz der Maßnahmen für die betreffende Meeresregion oder -unterregion zu gewährleisten, gibt sie Hinweise zu möglichen notwendigen Änderungen.[1466]

1462 Siehe Art. 14 Abs. 1 UAbs. 3 MSRL. „Kein Laissez-faire“, so *Kotulla*, WHG, Kommentar, 2. Auflage 2011, § 45g Rn. 8.

1463 Art. 14 Abs. 2 MSRL. Beispiele solcher Gemeinwohlgründe finden sich beim Meeresbergbau, der Schifffahrt oder Fischerei; siehe auch *Kotulla*, WHG, Kommentar, 2. Auflage 2011, § 45g Rn. 7.

1464 Ein Beispiel wären „wichtige Allgemeininteressen“ oder „überragend wichtige Allgemeininteressen“ nach dem Vorbild der Dreistufentheorie des Bundesverfassungsgerichts, BVerfGE 7, 377. Siehe im Vergleich dazu auch Art. 4 Abs. 7 WRRL, die ebenfalls von „übergeordnetem öffentlichem Interesse“ spricht und sehr viel deutlichere Vorgaben macht, wann und unter welchen Gründen Mitgliedstaaten vom Ziel der Wasser-Rahmenrichtlinie abweichen dürfen. So auch gesehen von *Markus et al.*, Int'l J Mar & Coast L (26) 2011, 59 ff. (83 f.).

1465 Erwägungsgrund 32.

1466 Siehe Erwägungsgrund 32 MSRL. Im Gesetzgebungsverfahren hatte das Europäische Parlament an dieser Stelle noch eine schärfere Formulierung empfohlen. So sollte die Europäische Kommission dazu berechtigt sein, „das Maßnahmenprogramm von Mitgliedstaaten in seiner Gesamtheit oder im Hinblick auf einzelne Aspekte zurückzuweisen“, sofern es den Anforderungen der Rahmenrichtlinie nicht entspreche. Siehe Änderungsantrag 50 in der Empfehlung für die Zweite Lesung v. 12.10.2007, A6-0389/2007.

Interessant ist, dass diese Korrekturwirkung durch die Europäische Kommission, die explizit auf die ergriffenen Ad-hoc-Maßnahmen gerichtet ist, nur in den Erwägungsgründen aufgeführt ist, aber keinen ausdrücklichen Eingang in die Artikelbestimmungen gefunden hat.[1467]

Eine weitere Einschränkungsmöglichkeit ergibt sich aus Art. 14 Abs. 4 MSRL: Hiernach sind die Mitgliedstaaten – mit Ausnahme der Anfangsbewertung nach Art. 8 MSRL – nicht verpflichtet, „besondere Maßnahmen" einzuleiten, wenn a) keine erhebliche Gefahr für die Meeresumwelt besteht, oder wenn b) die Kosten in einem unangemessenen Verhältnis zu den Gefahren für die Meeresumwelt stehen würden und keine „weitere" Verschlechterung eintritt.[1468] Fraglich ist hier insbesondere, wie der Kostenvergleich herstellt werden kann: Die Kosten zu ergreifender Maßnahmen sind sehr wohl durch die Mitgliedstaaten zu beziffern. Problematisch ist es, wenn die Kosten der „Gefahren für die Meeresumwelt" beziffert werden sollen, wenn keine Maßnahmen durch die Mitgliedstaaten ergriffen werden.

b. Empfehlung für Gemeinschaftsmaßnahmen

Ein zweiter Sonderfall liegt vor, wenn ein Mitgliedstaat ein Problem feststellt, das Auswirkungen auf den Umweltzustand seiner Meeresgewässer und ggfs. sogar auf die gesamt betreffende Meeresregion oder -unterregion hat, Art. 15 MSRL.[1469] Kann er das Problem nicht auf nationaler Ebene lösen oder steht das Problem mit einem anderen Politikbereich der Gemeinschaft oder einem internationalen Übereinkommen im Zusammenhang, so hat der Mitgliedstaat die Europäische Kommission darüber zu unterrichten. Innerhalb einer Frist von sechs Monaten reagiert die Kommission auf die Unterrichtung des Mitgliedstaates. Ist ein Tätigwerden auf Gemeinschaftsebene erforderlich, so antwortet die Kommission auch auf Vorschläge des Mitgliedstaates, wie das Problem behandelt werden kann, und berücksichtigt diese Vorschläge ihrerseits bei Vorschlägen ggü. dem Europäischen Parlament und dem Rat.[1470]

1467 Eine sonstige – schwache – Korrekturmöglichkeit ergibt sich nur aus der Bewertung der Maßnahmenprogramme durch die Europäische Kommission gem. Art. 16 MSRL. Die Ad-hoc-Maßnahmen sind zwar in die Maßnahmenprogramme einzupflegen, allerdings nur „soweit dies durchführbar ist", siehe Art. 14 Abs. 3 MSRL. Rein formal besteht also die Möglichkeit, dass ein Mitgliedstaat Ad-hoc-Maßnahmen ergreift, die – da aus bestimmten Gründen nicht durchführbar – nicht in die Maßnahmenprogramme einbezogen werden und damit nicht der Mitteilungspflicht und dem Bewertungsrecht unterliegen.

1468 Als „broad general exception" bezeichnen *Markus et al.* diese Regelung. Zudem machen sie auf die unklare Formulierung „erhebliche Gefahr" und das damit verbundene große Abweichungspotenzial durch die Mitgliedstaaten aufmerksam, siehe *Markus et al.*, Int'l J Mar & Coast L (26) 2011, 59 ff. (83).

1469 Siehe auch Erwägungsgrund 31 MSRL.

1470 Art. 15 Abs. 2 MSRL.

c. *Urgent Action*

Im Gegensatz zu diesen beiden Sonderfällen, die in der Praxis regelmäßig eine Ausweitung der Fristen zur Folge haben werden, verlangt Art. 5 Abs. 3 MSRL von den Mitgliedstaaten eine Verkürzung der Fristen des vorgesehenen Zeitplans: Ist der Zustand des Meeres einer Meeresregion oder -unterregion so kritisch, dass dringend gehandelt werden muss, sollen die an dieses Meeresgewässer angrenzenden Mitgliedstaaten einen früheren Beginn der Maßnahmenprogramme und ggfs. strengere Schutzmaßnahmen vorsehen (sog. „urgent action"). Die Europäische Kommission ist über den geänderten Zeitplan zu unterrichten und kann die betreffende Region zum Pilotprojekt (mit der Folge finanzieller Unterstützung) erklären, um die Mitgliedstaaten in ihren Anstrengungen, die Meeresumwelt zu verbessern, zu unterstützen. Die urgent action darf natürlich nicht ihrerseits dazu führen, dass in einer anderen Meeresregion oder -unterregion der gute Zustand nicht erreicht oder erhalten wird. Mehrfach war vom Europäischen Parlament vorgeschlagen worden, die Meeresregion Ostsee – mit Rückgriff auf den Ostsee-Aktionsplan i.R.d. Helsinki-Übereinkommens – als ein Pilotprojekt zu erklären und in die Rahmenrichtlinie explizit mit aufzunehmen.[1471] Das wurde von der Europäischen Kommission jedoch abgelehnt.[1472]

Inwieweit von diesen Ausnahmen durch die Mitgliedstaaten Gebrauch gemacht und sie damit Einfallstor für Abweichungen werden, bleibt abzuwarten. Zu befürchten steht, dass insbesondere solche Sonderfälle, die zu einer Ausweitung des Zeitplans führen, vorgetragen werden und damit das Ziel der Meeresstrategie-Rahmenrichtlinie, spätestens bis zum Jahr 2020 einen guten Zustand der Meeresumwelt zu erreichen oder zu erhalten, erheblich verzögert wird.[1473] Beruhigend scheint momentan, dass jedenfalls die dauerhaft erlaubte Zielabweichung durch die Rahmenrichtlinie nicht vorgesehen ist.

4. *Verfahren und Öffentlichkeitsbeteiligung*

Über Art. 19 MSRL wird die Einbeziehung einer breiten Öffentlichkeit und von Interessengruppen in die Umsetzung der Richtlinie gefordert.[1474] Danach haben die Mitgliedstaaten sicherzustellen, dass alle interessierten Parteien rechtzeitig wirksame Möglichkeiten zur Beteiligung an der Umsetzung der Richtlinie haben. Dazu sind Zusammenfassungen der Meeresstrategien zu veröffentlichen, und der Öffent-

---

1471 Siehe Änderungsantrag 38, A6-0373/2007 v. 24.10.2006; Änderungsantrag 29, A6-0389/2007 v. 12.10.2007.

1472 Siehe KOM(2007) 456 endg. v. 24.7.2007, S. 8.

1473 So auch *Kotulla*: „... eher als die Regel denn nur als die Ausnahme ...", siehe *Kotulla*, WHG, Kommentar, 2. Auflage 2011. § 45g Rn. 5.

1474 Kritisch zur Uneinstimmigkeit der verwendeten Begriffe „Öffentlichkeit" (Art. 19 Abs. 2 MSRL), „Interessengruppen" (Anhang VI Nr. 8 zur MSRL), „interessierte Parteien" (Art. 19 Abs. 1 MSRL), *Fletcher*, Mar Pollut Bull (54) 2007, 1881 ff. (1884 ff.). Soweit ersichtlich, ist in der deutschen Umsetzung einheitlich von „Öffentlichkeit" die Sprache.

lichkeit ist die Möglichkeit zur Stellungnahme einzuräumen. Das gilt ebenso für die Aktualisierungen der Meeresstrategien.[1475] Solche Aktualisierungen der Meeresstrategien haben in einem sechsjährigen Rhythmus zu erfolgen.[1476] Zwischenberichte, die die erzielten Fortschritte ausweisen müssen, sind von den Mitgliedstaaten alle drei Jahre an die Europäische Kommission zu übermitteln.[1477]

B. Nationale Umsetzung der Meeresstrategie-Rahmenrichtlinie

Nach Art. 288 Abs. 3 AEUV ist eine Richtlinie für jeden Mitgliedstaat, an den sie gerichtet wird, hinsichtlich des zu erreichenden Ziels verbindlich. Sie überlässt jedoch den innerstaatlichen Stellen die Wahl der Form und Mittel. Die Mitgliedstaaten sind dabei verpflichtet, innerhalb der ihnen belassenen Entscheidungsfreiheit diejenigen Formen und Mittel zu wählen, die sich zur Gewährleistung der praktischen Wirksamkeit (effet utile) der Richtlinien unter Berücksichtigung des mit ihnen verfolgten Zwecks am besten eignen.[1478] Richtlinienumsetzung bedeutet dabei die vollständige Erreichung des Richtlinienziels, nicht nur die formelle wörtliche Übernahme des Richtlinientextes.[1479] Ausweislich Art. 28 MSRL richtet sich die Meeresstrategie-Rahmenrichtlinie an die Mitgliedstaaten und damit auch an die Bundesrepublik Deutschland.[1480] Die Umsetzung der Richtlinie hatte bis spätestens zum 15. Juli 2010 zu erfolgen, Art. 26 Abs. 1 MSRL. Die Bundesrepublik folgte dieser Umsetzungsverpflichtung nicht rechtzeitig,[1481] weshalb die Europäische Kommission im Jahr

---

1475 Art. 19 MSRL. Die Richtlinie trage damit „den Transparenz- und Partizipationserfordernissen an das moderne Umweltrecht Rechnung“, so *Meßerschmidt*, Europäisches Umweltrecht, 2011, S. 736 Rn. 157. Kritisch zum fehlenden stakeholder involvement *Fletcher*, Mar Pollut Bull (54) 2007, 1881 ff.; dagegen a.A. *De Santo*, Mar Policy (34) 2010, 414 ff. (416). „Significant information gaps“ sieht *Borja*, Mar Pollut Bull (52) 2006, 239 ff.

1476 Art. 17 MSRL.

1477 Art. 18 MSRL.

1478 *Ruffert*, in: *Calliess/Ruffert*, EUV/AEUV, Kommentar, 5. Auflage 2016, Art. 288 AEUV Rn. 26 mit Fn. 89.

1479 *Ruffert*, in: *Calliess/Ruffert*, EUV/AEUV, Kommentar, 5. Auflage 2016, Art. 288 AEUV Rn. 27.

1480 Die Meeresstrategie-Rahmenrichtlinie richtet sich sogar an die Mitgliedstaaten ohne Meeresgewässer. Diese haben durch innerstaatliche Vorschriften die Einhaltung der Art. 6 und 7 MSRL (Regionale Zusammenarbeit und Zuständige Stellen) zu gewährleisten, Art. 26 Abs. 3 MSRL.

1481 Zu den Gründen *Gößl*, in: *Sieder et al.*, WHG, Kommentar, 50. Auflage 2016, Art. 45a Rn. 3, mit Verweis auf *Hofmann*, Rechtliche Aspekte der Umsetzung der MSRL, in: Durner (Hrsg.), Wasserrechtlicher Reformbedarf in Bund und Ländern, 2011, S. 1 ff. (1).

2010 ein Vertragsverletzungsverfahren gegen die Bundesrepublik einleitete.[1482] Die Bundesregierung bat die Europäische Kommission daraufhin, das Verfahren zunächst ruhen zu lassen, da „alsbald mit einer Umsetzung zu rechnen sei“ und die Vorarbeiten zur Umsetzung bereits weit fortgeschritten seien.[1483] 2011 konnte das Verfahren abgeschlossen werden.

Nach einem kurzen Blick auf die nationale Meerespolitik (gleich unter I.) wird die rechtliche Umsetzung der Meeresstrategie-Rahmenrichtlinie in Deutschland (II.) vorgestellt. Im Anschluss wird der aktuelle Stand der Umsetzung in Form der ersten Berichtsentwürfe dargestellt (III.) und der Fortgang der Umsetzung vorgezeichnet (IV.) Von besonderem Interesse für die Forschungsfrage nach der Integration von maritimer Raumplanung und Meeresumweltschutz ist hier die Umsetzung der räumlichen Schutzmaßnahmen und Maßnahmenprogramme (III.2.).

I. Nationale Meerespolitik

Im Zuge des meerespolitischen Prozesses auf europäischer Ebene hat die Bundesregierung im Herbst 2008 die „Nationale Strategie zur nachhaltigen Nutzung und zum Schutz der Meere“ (kurz: Nationale Meeresstrategie) verabschiedet.[1484] Die Bundesregierung erfüllt damit die Vorgabe der Meeresstrategie-Rahmenrichtlinie, wonach die Mitgliedstaaten für ihre Meeresgewässer nationale Meeresstrategien entwickeln müssen, die sich insbesondere an einem Ökosystemansatz orientieren.[1485] Die Nationale Meeresstrategie skizziert dabei verschiedene Aktionskreise, die von Zielen, Belastungen und Bedrohungen der Meeresumwelt zu anderen Politikbereichen mit Auswirkungen auf die Meere reichen. So geht es u.a. um die Erhaltung und nachhaltige Nutzung der biologischen Vielfalt, die Auswirkungen der Klimaveränderungen auf die Meere und die Einflüsse von Landwirtschaft und Fischerei auf die Meeresgewässer. Ergänzt wird die Nationale Meeresstrategie durch die „Nationale Strategie zur biologischen Vielfalt“, die ebenfalls eine Reihe von

---

1482 Vertragsverletzungsverfahren 2010/0620, siehe http://ec.europa.eu/environment/archives/law/infrigments_docs_2010.htm (9.2.2017).

1483 Siehe IP/11/725 v. 16.6.2011, http://europa.eu/rapid/press-release_IP-11-725_en.htm?locale=en (9.2.2017); BT-Drs. 17/4765 v. 10.2.2011, S. 3. Eine verzögerte Umsetzung war auch in anderen Mitgliedstaaten zu beobachten: Gegen 17 weitere Mitgliedstaaten wurden Vertragsverletzungsverfahren eingeleitet, siehe SEC(2011) 1093 endg. v. 29.9.2011, S. 199, und SEC(2011) 1094 endg. v. 29.9.2011, S. 141 f. Gegen Polen wurde wegen Nichtumsetzung der Rahmenrichtlinie am 16.5.2012 durch die Europäische Kommission Klage eingereicht, Rs. C-245/12, ABl.EU C 200, S. 8. Zu den Mitgliedstaaten, die als erste eine Umsetzung der Meeresstrategie-Rahmenrichtlinie in nationales Recht vorweisen konnten, zählten Belgien und Dänemark.

1484 *Bundesministerium für Umwelt*, Nationale Strategie für die nachhaltige Nutzung und den Schutz der Meere, 1. Auflage 2008.

1485 Art. 5 Abs. 1 MSRL.

meeresbezogenen politischen Zielen und Maßnahmen enthält.[1486] Auf sonstige meerespolitische Entscheidungen, die meist einen deutlichen wirtschaftlichen Bezug haben, wurde bereits im ersten Kapitel eingegangen.[1487]

II. Die rechtliche Umsetzung der Meeresstrategie-Rahmenrichtlinie im Wasserhaushaltsgesetz (WHG)

In diesem Abschnitt geht es darum, in der gebotenen Kürze darzustellen, wie die Meeresstrategie-Rahmenrichtlinie in Deutschland umgesetzt wurde. Dazu wird ein Blick auf das Artikelgesetz geworfen, mit dem die entsprechenden Vorschriften der Richtlinie im deutschen Wasserhaushaltsgesetz implementiert wurden (1.). Die Überschneidung der Anwendungsbereiche von Wasserrahmen- und Meeresstrategie-Rahmenrichtlinie sind Thema des Anwendungsbereiches (2.). Die verteilten Zuständigkeiten zwischen Bund und Küstenländern und die geforderte Zusammenarbeit der beteiligten Behörden wird bei den Zuständigkeiten dargestellt (3.) Die Vorschriften zur Öffentlichkeitsbeteiligung finden sich im gleichlautenden Absatz (4.).

Was die Bewirtschaftungsziele, Begriffsdefinitionen, Ausnahmeregelungen und die Ausgestaltung der Meeresstrategie selbst angeht, so finden sich die Anmerkungen zur Umsetzung der entsprechenden Vorschriften der Meeresstrategie-Rahmenrichtlinie in deutsches Recht im folgenden Abschnitt bei der Darstellung der deutschen Berichte (unter III.).

1. Das Umsetzungsgesetz

Bei der rechtlichen Umsetzung von Richtlinien in nationales Recht sind die Mitgliedstaaten hinsichtlich der Wahl von Form und Mittel frei. Regelmäßig kommen für die Umsetzung zwei Alternativen in Frage: Zum einen die Umsetzung der unionsrechtlichen Regelungen als eigenständiges nationales Gesetz oder – zum anderen – die Implementierung der Regelungen in ein oder mehrere bereits bestehende und thematisch passende Gesetze. Auch bei der Umsetzung der Meeresstrategie-Rahmenrichtlinie wurden diese beiden Alternativen diskutiert.

Für den Erlass eines eigenständigen Meeresschutzgesetzes sprachen bspw. Handhabbarkeitserwägungen aufgrund der komplexen Verbindungen der Vorgaben der Meeresstrategie-Rahmenrichtlinie zum Raumordnungs- und Naturschutzrecht.[1488] Letztlich entschied sich der Gesetzgeber jedoch gegen die Schaffung eines neuen

---

1486 *Bundesministerium für Umwelt*, Nationale Strategie zur biologischen Vielfalt, Oktober 2007.

1487 Siehe 1. Kapitel, D.I. Dazu auch *Umweltbundesamt*, Perspektiven der europäischen Meerespolitik, 2008.

1488 *Markus/Schlacke*, ZUR 2009, 464 ff. (471).

Gesetzes und befürwortete die Implementierung in bestehende Gesetze.[1489] Die inhaltliche Ausrichtung der Meeresstrategie-Rahmenrichtlinie legte dabei eine Anknüpfung insbesondere an zwei Gesetze nahe: Einerseits das Wasserhaushaltsgesetz (WHG), das durch die Umsetzung der Vorschriften der Wasserrahmenrichtlinie[1490] bereits auf die Bewirtschaftung oberirdischer Gewässer und von Küstengewässern ausgerichtet war. Die Gesetzgebungskompetenz des Bundes zum Erlass der Umsetzungsvorschriften ergibt sich hier, soweit die Regelungen die Reinhaltung der Meeresgewässer betreffen, aus dem Kompetenztitel „Wasserhaushalt" (Art. 74 Abs. 1 Nr. 32 GG).[1491] Andererseits wurde auch eine Anknüpfung an das Bundesnaturschutzgesetz (BNatSchG), insbesondere in Anknüpfung an den räumlichen Anwendungsbereich des Kapitels 6 „Meeresnaturschutz", in Betracht gezogen. Eine Gesetzgebungskompetenz des Bundes hätte sich hier aus dem Kompetenztitel „Naturschutz" (Art. 74 Abs. 1 Nr. 29 GG) ergeben.[1492] Letztlich wurde mit der Sachnähe und mit bestehenden parallelen Regelungsstrukturen von Meeresstrategie-Rahmenrichtlinie und Wasserrahmenrichtlinie für eine Umsetzung im Wasserhaushaltsgesetz argumentiert. I.R.e. Artikelgesetzes wurden schließlich Änderungen des Wasserhaushaltsgesetzes und (wenige) Änderungen des Bundesnaturschutzgesetzes vorgenommen.[1493]

Das Gesetz zur Umsetzung der Meeresstrategie-Rahmenrichtlinie[1494] wurde am 6. Juni 2011 als Artikelgesetz erlassen. Kernelement ist Art. 1 des Umsetzungsgesetzes, mit dem ein neuer Abschnitt 3a „Bewirtschaftung von Meeresgewässern" (§§ 45a bis 45l) in das Wasserhaushaltsgesetz eingefügt wurde.[1495] Zudem erfolgten kleinere redaktionelle Anpassungen in drei weiteren Paragraphen des Wasserhaushaltsgesetzes.[1496] In § 3 WHG wurde die Begriffsbestimmung der „Meeresgewässer" aufgenommen.

1489 Siehe *Hofmann*, Rechtliche Aspekte der Umsetzung der MSRL, in: Durner (Hrsg.), Wasserrechtlicher Reformbedarf in Bund und Ländern, 2011, S. 1 ff. (3).

1490 Siehe 1. Kapitel, C.IV.8.

1491 Konkurrierende Gesetzgebungskompetenz des Bundes, mit Abweichungsrecht der Länder gem. Art. 72 Abs. 3 Satz 1 Nr. 5 GG. Dazu *Gößl*, in: *Sieder et al.*, WHG, Kommentar, 50. Auflage 2016, § 45a Rn. 27.

1492 Ebenfalls konkurrierend und mit Abweichungsrecht der Länder gem. Art. 72 Abs. 3 Satz 1 Nr. 2 GG, wobei der Meeresnaturschutz zum abweichungsfesten Kern gehört. Anders *Czybulka*, Naturschutz und Naturschutzrecht im marinen Bereich, in: Czybulka (Hrsg.), Das neue Naturschutzrecht des Bundes, 2011, S. 307 ff. (314).

1493 Siehe Gesetzentwurf der Bundesregierung, Entwurf eines Gesetzes zur Umsetzung der Meeresstrategie-Rahmenrichtlinie und zur Änderung des Bundeswasserstraßengesetzes, BT-Drs. 17/6055 v. 6.6.2011, S. 13.

1494 „... sowie zur Änderung des Bundeswasserstraßengesetzes und des Kreislaufwirtschafts- und Abfallgesetzes", v. 6.6.2011, BGBl. I S. 1986.

1495 BT-Drs. 17/6055, S. 14. Die Gesetzgebungskompetenz des Bundes für Änderungen des Bundeswasserstraßengesetzes folgt aus Art. 74 Abs. 1 Nr. 21 GG, die für Änderungen des Kreislaufwirtschafts- und Abfallgesetzes a.F. (jetzt: Kreislaufwirtschaftsgesetz) aus Art. 74 Abs. 1 Nr. 24 GG.

1496 §§ 2 Abs. 1a, 23 Abs. 1 und Abs. 1 Nr. 9, 62 Abs. 4 WHG.

Die Änderungen des Bundesnaturschutzgesetzes durch Art. 2 des Umsetzungsgesetzes dienen insbesondere der Verknüpfung zwischen den räumlichen Schutzmaßnahmen i.R.d. zu erstellenden Maßnahmenprogramme (Art. 13 Abs. 4 MSRL) und den geschützten Meeresflächen im Bereich der deutschen AWZ (§ 57 BNatSchG).[1497] Zudem betreffen weitere Änderungen das Gesetz über die Umweltverträglichkeitsprüfung, das nun auch die Maßnahmenprogramme nach § 45h WHG, wie bspw. Maßnahmen zur Rückverfolgbarkeit von Meeresverunreinigungen, in die Liste UVP-pflichtiger Pläne und Programme mit einbezieht, und das Bundeswasserstraßengesetz, das klarstellende Regelungen zum Verwaltungsvollzug erhält.[1498]

Aus der Begründung des Gesetzesentwurfs geht hervor, dass das Artikelgesetz der „abschließenden 1:1-Umsetzung" der Meeresstrategie-Rahmenrichtlinie dienen soll.[1499] So finden sich im Wasserhaushaltsgesetz neben einigen sprachlichen Glättungen die Vorgaben der Rahmenrichtlinie oftmals als wortgleiche Formulierungen wieder.[1500] Obwohl sich der deutsche Gesetzgeber gegen ein neues eigenständiges Gesetz zum Meeresschutz entschieden hat, handelt es sich im Kern um die Integration eines fast eigenständigen Gesetzes in das Wasserhaushaltsgesetz, einem „Gesetz im Gesetz".[1501] Auch die Gesetzesbegründung spricht von einem eigenständigen Regelungsregime.[1502] Die 1:1-Umsetzung in das WHG entspricht den rechtlichen Anforderungen des Art. 288 Abs. 3 AEUV an eine Umsetzung von gemeinschaftlichen Richtlinien in nationales Recht. Es wäre jedoch wünschenswert gewesen, den Regelungsansatz der Meeresstrategie-Rahmenrichtlinie über eine 1:1-Umsetzung hinaus durch einen eigenständigen strategischen Ansatz zum Schutz der Meeresgewässer auf nationaler Ebene zu erweitern. So bescheinigen Kritiker den umgesetzten Normen deshalb einen nur sehr beschränkten eigenen Regelungsanspruch, was noch zu untersuchen sein wird.[1503] Der deutsche Gesetzgeber habe es mit dieser

---

1497 BT-Drs. 17/6055, S. 14. Siehe auch *Hofmann*, Rechtliche Aspekte der Umsetzung der MSRL, in: Durner (Hrsg.), Wasserrechtlicher Reformbedarf in Bund und Ländern, 2011, S. 1 ff. (7).

1498 Art. 3 und 4 des Umsetzungsgesetzes v. 6.6.2011, BT-Drs. 17/6055, S. 14.

1499 BT-Drs. 17/6055, S. 14. Dazu *Gößl*, in: *Sieder et al.*, WHG, Kommentar, 50. Auflage 2016, § 45a Rn. 3 ff.; *Czychowski/Reinhardt*, WHG, Kommentar, 11. Auflage 2014, § 45a Rn. 4.

1500 Vgl. bspw. Art. 3 Nr. 4 MSRL und § 45b Abs. 1 WHG zum Begriff des Umweltzustandes von Meeresgewässern.

1501 So *Schlacke*, Statement zur Umsetzung der MSRL, in: Durner (Hrsg.), Wasserrechtlicher Reformbedarf in Bund und Ländern, 2011, S. 21 ff. (23).

1502 BT-Drs. 17/6055, S. 17.

1503 Siehe unter C. So bspw. auch *Schlacke*, die darauf hinweist, dass Abschnitt 3a des Wasserhaushaltsgesetzes nur geringfügig mit den anderen Regelungen des Gesetzes verzahnt ist, siehe *Schlacke*, Statement zur Umsetzung der MSRL, in: Durner (Hrsg.), Wasserrechtlicher Reformbedarf in Bund und Ländern, 2011, S. 21 ff. (23). „Diese ministerielle Sprachregelung (1:1-Umsetzung, Anmerkung der Verfasserin) besagt, wie jeder Eingeweihte weiß, in Wirklichkeit, dass die Umsetzung der Richtlinie in nationales Recht nur den Mindestanforderungen genügen soll, die die Richtlinie aufstellt", so *Czybulka*, EurUP 2016, 276 ff. (280 f.).

streng am Wortlaut und den inhaltlichen Vorgaben der Richtlinie ausgerichteten Umsetzung möglicherweise versäumt, einen solchen Ansatz zu entwickeln und formalrechtlich zu verankern.[1504]

2. *Anwendungsbereich*

Der Anwendungsbereich des Wasserhaushaltsgesetzes erweitert sich mit der Implementierung der Vorschriften aus der Meeresstrategie-Rahmenrichtlinie von den oberirdischen Gewässern, den Küstengewässern und dem Grundwasser erstmals auch auf das gesamte Meer.[1505] Nach der Begriffsbestimmung in § 3 Nr. 2a WHG umfassen Meeresgewässer die Küstengewässer sowie die Gewässer im Bereich der deutschen AWZ und des Festlandsockels, jeweils einschließlich des Meeresgrundes und des Meeresuntergrundes. Durch die Einbeziehung der Küstengewässer in den Begriff der Meeresgewässer ergibt sich ein Überschneidungsbereich im Bereich der Küstengewässer:[1506] Diese unterliegen sowohl den Bewirtschaftungszielen der Küstengewässer nach § 44 WHG als auch denjenigen von Meeresgewässern nach § 45a WHG. Durch die föderale Struktur Deutschlands führt dies zu einer Aufspaltung der Zuständigkeiten deutscher Behörden im Bereich des Meeres. Die Küstengewässer sind Teil des Bundesgebietes und unterstehen der Hoheitsgewalt der Küstenbundesländer. Im Bereich der deutschen AWZ dagegen stehen der Bundesrepublik Deutschland bestimmte, durch das Seerechtsübereinkommen der Vereinten Nationen zugewiesene, souveräne Rechte und Hoheitsbefugnisse zu, die durch den Bund wahrgenommen werden.[1507] Die Problematik wird an zwei Stellen im Gesetz aufgelöst: Nach § 2 Abs. 1a WHG bleiben die für die Bewirtschaftung der Küstengewässer geltenden Vorschriften unberührt; verschiedene Vorschriften des Abschnitts 3a WHG konkretisieren das auf eine Berücksichtigungspflicht.[1508] Schon im Gesetzesentwurf wurde darauf hingewiesen, dass es hier an einer inhaltlichen Abstimmung der beiden Regelungsbereiche fehlt. Das resultiert aber bereits aus den europarechtlichen Vorgaben der Wasser- und Meeresstrategie-Rahmenrichtlinie, die vom deutschen Gesetzgeber lediglich nachgezeichnet werden.[1509]

1504 *Hofmann*, Rechtliche Aspekte der Umsetzung der MSRL, in: Durner (Hrsg.), Wasserrechtlicher Reformbedarf in Bund und Ländern, 2011, S. 1 ff. (2); *Schlacke*, Statement zur Umsetzung der MSRL, in: Durner (Hrsg.), Wasserrechtlicher Reformbedarf in Bund und Ländern, 2011, S. 21 ff. (24 f.). Siehe auch BT-Drs. 17/6055, S. 18.

1505 *Hofmann*, Environ Pol & L (42) 2012, 182 ff. (182 f.).

1506 Siehe dazu schon oben, A.IV. *Gößl*, in: *Sieder et al.*, WHG, Kommentar, 50. Auflage 2016, § 45a Rn. 29 f.

1507 Siehe oben 1. Kapitel, B.II.

1508 §§ 45c Abs. 2, 45d Satz 2, 45e Satz 2, 45f Abs. 2 und 45h Abs. 3 WHG. *Hofmann*, Rechtliche Aspekte der Umsetzung der MSRL, in: Durner (Hrsg.), Wasserrechtlicher Reformbedarf in Bund und Ländern, 2011, S. 1 ff. (7), erwartet, dass die Praxis vor nicht zu unterschätzende Herausforderungen gestellt ist, um Doppelarbeit und Widersprüche zu vermeiden.

1509 BT-Drs. 17/6055, S. 17 f.

3. *Zuständigkeiten*

Aufgrund der verteilten Zuständigkeiten zwischen Bund und Küstenbundesländern sieht § 45c WHG aus diesem Grund auch formelle Koordinierungspflichten der beteiligten Behörden vor, um die Bewirtschaftungsziele des § 45a WHG zu erreichen.[1510] Dies erfordert eine enge Zusammenarbeit zwischen Bund und Küstenbundesländern, zwischen Wasserwirtschafts-, Naturschutz- und Fischereiverwaltung und eine intensive Abstimmung zwischen den Bundesressorts sowie zwischen Bund und Küstenländern.[1511]

Diskutiert wird in diesem Zusammenhang, ob die traditionellen Formen und Strukturen der Zusammenarbeit noch ausreichen, um die gesetzlich festgelegten Vorgaben zu erfüllen. Fachleute forderten insbesondere für die Erstellung der drei Elemente der Vorbereitungsstufe zur Meeresstrategie-Rahmenrichtlinie – Anfangsbewertung, Beschreibung eines guten Umweltzustandes und Festlegung von Umweltzielen –, dass es für die Aufgabenerledigung und den Abstimmungsprozess zwischen Bund- und Landesbehörden eindeutiger und leistungsfähiger Strukturen für die nationale Zusammenarbeit bedarf.[1512] Aus diesen Überlegungen heraus ist von den beteiligten Behörden beschlossen worden, die anstehenden Arbeiten gemeinsam in enger Kooperation zu bearbeiten. Zur Zusammenarbeit bei der Überwachung der Meeresumwelt von Nord- und Ostsee hatten das Bundesumwelt-, das Bundesverkehrs- und das Bundeslandwirtschaftsministerium sowie die Küstenländer Hamburg, Mecklenburg-Vorpommern, Niedersachsen und Schleswig-Holstein schon im Jahr 1997 eine „Arbeitsgemeinschaft Bund/Länder-Messprogramm für die Meeresumwelt von Nord- und Ostsee“ (ARGE BLMP Nord- und Ostsee) gebildet.[1513] Sie sorgt für die nationale Koordinierung und Organisation der Meeresüberwachung

1510 Zur Zuständigkeit von Bundesministerien im Bereich der AWZ siehe § 45l WHG. Die Abstimmung im Binnenlandbereich erfolgt durch die in die Nord- und Ostsee einmündenden Flussgebietseinheiten (Rhein, Ems, Weser, Elbe, Eider, Schlei/Trave, Oder, Warnow/Peene), die durch die Vorgaben der Wasserrahmenrichtlinie in § 7 Abs. 1 i.V.m. Anlage 2 WHG eingerichtet wurden.

1511 *Rabe*, Fachliche Aspekte der Umsetzung der MSRL, in: Durner (Hrsg.), Wasserrechtlicher Reformbedarf in Bund und Ländern, 2011, S. 9 ff. (14).

1512 *Rabe*, Fachliche Aspekte der Umsetzung der MSRL, in: Durner (Hrsg.), Wasserrechtlicher Reformbedarf in Bund und Ländern, 2011, S. 9 ff. (14).

1513 Der Vorläufer des zwischen Bund und Nordsee-Küstenländer vereinbarten „Gemeinsamen Bund/Länder-Messprogramms für die Nordsee“ bestand bereits seit 1980. Die ARGE BLMP wurde 1997 von der 34. Umweltministerkonferenz Norddeutschland ins Leben gerufen; sie war oberstes Lenkungsgremium in der Zusammenarbeit bei der marinen Umweltüberwachung der Nord- und Ostsee. Zentrale Arbeitsgruppe war die „Expertengruppe Meer“, deren Leitungsgremium der Lenkungsausschuss; siehe den Internetauftritt unter http://www.blmp-online.de/index.htm (9.2.2017). Ausführlich hierzu *Rabe*, Fachliche Aspekte der Umsetzung der MSRL, in: Durner (Hrsg.), Wasserrechtlicher Reformbedarf in Bund und Ländern, 2011, S. 9 ff. (14 ff.).

und erfüllt damit die Pflichten, die sich aus den unterschiedlichen Übereinkommen zum Meeresumweltschutz ergeben. Im März 2012 wurde die ARGE BLMP insbesondere zum Zweck der Zusammenarbeit bei der Umsetzung und Durchführung der Meeresstrategie-Rahmenrichtlinie weiterentwickelt und in einem „Verwaltungsabkommen Meeresschutz" neu geregelt.[1514] Offiziell wurde die ARGE BLMP damit durch den Bund/Länder-Ausschuss Nord- und Ostsee (BLANO) ersetzt; das Kürzel BLMP wird jedoch auch weiterhin genutzt. Mitglieder des Verwaltungsabkommens sind die Bundesrepublik Deutschland, vertreten durch das Bundesumwelt-, das Bundesverkehrs- und das Bundeslandwirtschaftsministerium sowie die Küstenländer Hamburg, Mecklenburg-Vorpommern, Niedersachsen, Schleswig-Holstein und Bremen. Organe der Zusammenarbeit sind der BLANO als Beschluss fassendes Gremium und der Koordinierungsrat Meeresschutz, der für die Umsetzung der Beschlüsse des BLANO zuständig ist.[1515] Zur Geschäftsführung wurde beim BSH in Hamburg ein Sekretariat Meeresschutz eingerichtet.[1516] Für die beiden Themen Meeresumweltschutz und maritime Raumplanung ist damit beim BSH sowohl die strukturelle als auch die inhaltliche Kompetenz gebündelt vorhanden. Mit Unterzeichnung des neuen Verwaltungsabkommens Meeresschutz durch die zuständigen Bundesressorts und die Umweltministerien der Küstenländer zum 30. März 2012 trat das ehemalige Verwaltungsabkommen ARGE BLMP außer Kraft.[1517]

Neben einer Abstimmung zwischen den nationalen Behörden auf Bundes- und Länderebene bedarf es ebenfalls eines Abstimmungsprozesses auf regionaler und internationaler Ebene zwischen denjenigen Mitgliedstaaten, die sich eine Meeresregion bzw. -unterregion teilen.[1518] Dazu gehört z.B. auch, dass sich die Mitgliedstaaten auf einen gemeinsamen Ansatz ihrer Maßnahmenprogramme verständigen und ihn miteinander anstreben, Art. 5 Abs. 2 MSRL (§ 45k WHG). Um diesen Abstimmungsprozess zu erleichtern und gemeinsames Fachwissen zu bündeln, wurde auf europäischer Ebene eine Common Implementation Strategy (CIS)[1519] eingerichtet, eine informelle Koordinationsplattform für alle Mitgliedstaaten. CIS-Arbeitsgruppen

---

1514 Siehe Verwaltungsabkommen Meeresschutz, Verwaltungsabkommen für die Zusammenarbeit von Bund und Ländern zum Meeresschutz, insbesondere zur Umsetzung der Richtlinie 2008/56/EG des Europäischen Parlaments und des Rates v. 17.6.2008 zur Schaffung eines Ordnungsrahmens für Maßnahmen der Gemeinschaft im Bereich der Meeresumwelt; siehe Schleswig-Holsteinischer Landtag, Umdruck 17/3617 v. 18.2.2012. Dazu auch *Altenschmidt*, NuR 2017, 12 ff. (15).

1515 § 4 des Verwaltungsabkommens Meeresschutz.

1516 § 8 des Verwaltungsabkommens Meeresschutz, Nr. 6 der Geschäftsordnung zum Verwaltungsabkommen Meeresschutz.

1517 § 13 Nr. 2 des Verwaltungsabkommens Meeresschutz.

1518 Art. 6 MSRL.

1519 Siehe dazu schon oben A.II. Im Internet unter http://ec.europa.eu/environment/marine/eu-coast-and-marine-policy/implementation/index_en.htm (9.2.2017).

der Europäischen Kommission existieren z.B. zur Definition eines guten Umweltzustandes (Working Group Good Environmental Status, WG GES).[1520]

4. *Öffentlichkeitsbeteiligung und Verfahren*

Durch § 45i WHG sind die Vorgaben der Meeresstrategie-Rahmenrichtlinie zur Öffentlichkeitsbeteiligung in das nationale Recht übernommen worden.[1521] Hiernach sind die Entwürfe bzw. Zusammenfassungen der Anfangsbewertung, Beschreibung des guten Zustands und die festgelegten Ziele sowie die Überwachungs- und Maßnahmenprogramme zu veröffentlichen. Der Öffentlichkeit ist innerhalb von sechs Monaten die Möglichkeit zur Stellungnahme zu geben.

Die Vorschriften des neuen Abschnitts 3a WHG „Bewirtschaftung von Meeresgewässern" richten sich ausschließlich an die Behörden und erlauben selbst keine Eingriffe in Rechte des Bürgers.[1522] Rechte und Pflichten der Bürger können aber durch einzelne Maßnahmen aus den Maßnahmenprogrammen begründet (und dann auch gerichtlich überprüft) werden. Auch § 45h Abs. 5 WHG, nach dem die zuständige Behörde die im Maßnahmenprogramm aufgeführten Maßnahmen durchführt, erlaubt dabei keine Eingriffe in Rechte des Bürgers. Soweit durch die praktische

---

1520 Dazu *Rabe*, Fachliche Aspekte der Umsetzung der MSRL, in: Durner (Hrsg.), Wasserrechtlicher Reformbedarf in Bund und Ländern, 2011, S. 9 ff. (16). Zum Zusammenhang zwischen Meeresstrategie-Rahmenrichtlinie und Natura 2000-Richtlinien hat die Europäische Kommission z.B. auch ein FAQ-Papier veröffentlicht, siehe *European Commission*, Links between the MSFD and the Nature Directives, 2012.

1521 Siehe Art. 19 MSRL. *Schlacke* bemängelt an dieser Stelle, dass die Öffentlichkeit erst *nach* der Erstellung der Entwürfe in das Verfahren einbezogen wird und ihr damit nicht mehr alle Optionen zur Stellungnahme (Art. 6 Abs. 4 Aarhus-Konvention) offen stünden, sie prägt auch den Begriff der „Ocean Governance"; siehe *Schlacke*, Statement zur Umsetzung der MSRL, in: Durner (Hrsg.), Wasserrechtlicher Reformbedarf in Bund und Ländern, 2011, S. 21 ff. (26). Kritisch auch *Fletcher*, Mar Pollut Bull (54) 2007, 1881 ff. (allerdings noch zum Richtlinienentwurf). Milder *Schweisgut*, der der Kritik Schlackes mit dem Wortlaut des Art. 19 Abs. 2 MSRL entgegentritt: Dieser sehe vor, dass die Öffentlichkeit nach der Veröffentlichung von Zusammenfassungen – was nichts anderes als die Entwürfe darstelle – zur Stellungnahme einbezogen werde, *Schweisgut*, Diskussionszusammenfassung, in: Durner (Hrsg.), Wasserrechtlicher Reformbedarf in Bund und Ländern, 2011, S. 29 ff. (29 f.). Dagegen auch *Kotulla*, nach dem die Vorschrift zur Öffentlichkeitsbeteiligung in § 45i WHG relativ umfangreich ausgefallen sei; so erstrecke sich die Öffentlichkeitsbeteiligung auch auf vorzeitige Aufstellungen und Aktualisierungen (§ 45i Abs. 2 WHG), *Kotulla*, WHG, Kommentar, 2. Auflage 2011, § 45i Rn. 2 ff.

1522 *Gößl*, in: *Sieder et al.*, WHG, Kommentar, 50. Auflage 2016, § 45a Rn. 26; *Hofmann*, Rechtliche Aspekte der Umsetzung der MSRL, in: Durner (Hrsg.), Wasserrechtlicher Reformbedarf in Bund und Ländern, 2011, S. 1 ff. (6); ebenso nochmals *Hofmann*, Environ Pol & L (42) 2012, 182 ff. (183).

Umsetzung der Maßnahmen solche Eingriffe erforderlich werden, müssen sie auf andere behördliche Eingriffsbefugnisse, wie bspw. Befugnisse zur Gefahrenabwehr nach § 3 Abs. 1 SeeAufgG, gestützt werden.[1523]

III. Die deutsche Meeresstrategie – Aktueller Stand der Umsetzung

Der zentrale Handlungsauftrag der Meeresstrategie-Rahmenrichtlinie liegt für die Mitgliedstaaten in der Erstellung der Meeresstrategien. Diese beinhalten Bewirtschaftungsstrategien für die nationalen Meeresgewässer. Sie haben sich am Gegenstand der Meeresstrategie-Rahmenrichtlinie[1524] zu orientieren bzw. an den „Bewirtschaftungszielen für Meeresgewässer" des § 45a WHG, durch den Art. 1 MSRL umgesetzt wurde. Inhaltlich unterteilen sich die Bewirtschaftungsziele für Meeresgewässer einerseits in ein Verschlechterungsverbot (§ 45a Abs. 1 Nr. 1 WHG)[1525] und andererseits in die Verpflichtung zur Erreichung bzw. zum Erhalt des guten Zustandes der Meeresgewässer (§ 45a Abs. 1 Nr. 2 WHG).[1526] Durch § 45a Abs. 2 WHG werden die Bewirtschaftungsziele in einer nicht abschließenden Aufzählung („insbesondere") konkretisiert:

- Die Meeresökosysteme sind zu schützen und zu erhalten und in den Gebieten, in denen sie geschädigt wurden, wiederherzustellen.
- Vom Menschen verursachte negative Einträge in die Meeresgewässer sind schrittweise zu vermeiden und zu vermindern, um erhebliche nachteilige Auswirkungen auf die Meeresökosysteme, die biologische Vielfalt, die menschliche Gesundheit und die zulässige Nutzung des Meeres auszuschließen.
- Die Möglichkeit zur nachhaltigen Meeresnutzung ist für die Gegenwart und die Zukunft zu erhalten bzw. zu schaffen.

Das schon beschriebene Herzstück der zu erstellenden deutschen Meeresstrategie sind die Aktionspläne, die den Mitgliedstaaten bei der Umsetzung der Richtlinie einen strengen Zeitplan vorgeben, innerhalb dessen das Ziel der guten Meeresumwelt erreicht werden soll.[1527] Der jeweilige Aktionsplan an sich ist dabei zweiteilig und sieht eine Phase der Vorbereitung und eine Phase der Maßnahmenprogramme vor, die sich jeweils in weitere Einzelschritte unterteilen. Die Meeresstrategie-Rahmenrichtlinie gibt für die Durchführung des Aktionsplans vier verschiedene Deadlines vor, die mittlerweile alle verstrichen sind: Die Vorbereitungsphase musste mit der Erstellung und Umsetzung von Überwachungsprogrammen bereits am 15. Juli 2014

1523 BT-Drs. 17/6055, S. 21. Zum Seeaufgabengesetz siehe *Ehlers*, Recht des Seeverkehrs, 1. Auflage 2017.

1524 Art. 1 Abs. 2 MSRL, siehe dazu oben A.III.

1525 Dazu zuletzt das Urteil des EuGH v. 1.7.2015, Rs. C 461/13. Siehe dazu *Laskowski*, ZUR 2015, 542 ff.; *Franzius*, ZUR 2015, 643 ff.

1526 Dazu auch *Janssen*, EurUP 2013, 269 ff.

1527 Siehe A.V.

abgeschlossen sein, wobei schon zwei Jahre zuvor die ersten drei Elemente der Vorbereitung fertig sein mussten – d.h. bis zum 15. Juli 2012 musste der aktuelle Meeresumweltzustand erfasst worden, ein aus deutscher Sicht „guter" Umweltzustand musste beschrieben und die zur Erreichung des guten Umweltzustandes erforderlichen Umweltziele mussten definiert worden sein. Für die Erstellung und praktische Umsetzung der Maßnahmenprogramme, die der Erreichung bzw. Aufrechterhaltung der guten Meeresumwelt dienen sollen, hatten die Mitgliedstaaten bis zum Ende des Jahres 2015 bzw. 2016 Zeit.

I.R.d. Umsetzungsmaßnahmen hat das Bundesumweltministerium zur „Umsetzung der Europäischen Meeresstrategie-Rahmenrichtlinie in Deutschland" unter www.meeresschutz.info eine eigene Internetpräsenz eingerichtet. Mit einer Auftaktveranstaltung startete am 14. Oktober 2011 die Öffentlichkeitsbeteiligung; die ersten Entwürfe zur Anfangsbewertung, zur Beschreibung des guten Umweltzustandes und zur Festlegung der Umweltziele wurden auf der Internetseite mit der Möglichkeit zur Stellungnahme eingestellt.[1528] Über ein standardisiertes Verfahren hatte die Öffentlichkeit dann die Möglichkeit, bis zum 16. April 2012 zu den eingestellten Entwürfen Stellung zu nehmen. Nach Ablauf dieses Datums wurden die endgültigen Dokumente zur Anfangsbewertung (dazu gleich unter 1.), zur Beschreibung des guten Umweltzustandes (2.) und zur Festlegung der Umweltziele (3.) – jeweils für Nord- und Ostsee – verabschiedet und fristgerecht zum 15. Juli 2012 veröffentlicht. Damit hatte Deutschland die ersten zeitlichen Eckpunkte der Meeresstrategie-Rahmenrichtlinie eingehalten.[1529] Die nächsten Berichtspflichten erfüllte die Bundesrepublik bis 2013 zu den räumlichen Schutzmaßnahmen (4.) und zum 15. Juli 2014 zu den Überwachungsprogrammen (5.). Nach Beendigung des schriftlichen Anhörungsverfahrens am 1. Oktober 2015 zum „Entwurf des MSRL-Maßnahmenprogramms zum Meeresschutz der deutschen Nord- und Ostsee" wurden der Europäischen Kommission die deutschen Maßnahmenprogramme zum 31. März 2016 übermittelt.[1530]

In Vorarbeit dazu beauftragte die Arbeitsgemeinschaft Bund/Länder-Messprogramm für die Meeresumwelt von Nord- und Ostsee (ARGE BLMP)[1531] bereits im Jahr 2008 die damalige Expertengruppe Meer, federführend für den Bund und die Küstenbundesländer eine erste Bestandsaufnahme für die nationale Umsetzung

---

1528 Ablaufplan, Flyer und Vorträge der Auftaktveranstaltung unter http://www.meeresschutz.info/index.php/auftakt.html (9.2.2017).

1529 Die Europäische Kommission sammelt die nationalen Berichte und veröffentlicht sie sowie den jeweils letzten Stand der Umsetzungsmaßnahmen in den Mitgliedstaaten im Internet. Siehe das von der Europäischen Kommission veröffentlichte „The Marine Strategy Framework Directive Scoreboard" unter http://ec.europa.eu/environment/marine/eu-coast-and-marine-policy/implementation/scoreboard_en.htm (9.2.2017). Verlinkungen zu den nationalen Webseiten finden sich unter http://ec.europa.eu/environment/marine/public-consultation/index_en.htm (9.2.2017).

1530 Die Öffentlichkeitsbeteiligung startete am 1.4.2015 und endete am 30.9.2015, http://www.meeresschutz.info/oeb-massnahmen.html (9.2.2017).

1531 Zur ARGE BLMP siehe oben unter B.II.3.

der Meeresstrategie-Rahmenrichtlinie auszuarbeiten.[1532] 2011 wurde von der ARGE BLMP ein Leitfaden zur Umsetzung der Richtlinie für die Anfangsbewertung, die Beschreibung des guten Umweltzustands und die Festlegung der Umweltziele veröffentlicht.[1533] Ebenfalls unter ihrer Verantwortung wurden am 14. Oktober 2011 die dazugehörigen Entwürfe – jeweils getrennt für die deutsche Nordsee und die deutsche Ostsee – erstellt und auf der Internetseite i.R.d. eben genannten Öffentlichkeitsbeteiligung veröffentlicht.[1534] Im Folgenden werden diese Berichte und ihre Ergebnisse vorgestellt. Wo möglich, wird eine Veranschaulichung der Prozesse anhand des Belastungsmerkmals „Abfall im Meer“[1535] vorgenommen.

1. Vorbereitung

Die in den Art. 5 Abs. 2a und Art. 8–11 MSRL vorgesehene Vorbereitung soll die Grundlagen für die an die Vorbereitung anschließenden Maßnahmenprogramme legen. Dazu sieht die Meeresstrategie-Rahmenrichtlinie vor, dass in der Anfangsbewertung der aktuelle Umwelt-Ist-Zustand der Meeresgewässer festgestellt wird. Gleichzeitig ist mit der Beschreibung eines guten Umweltzustandes das Sollziel zu definieren, das durch die Festlegung von Umweltzielen konkretisiert wird. Diese Vorschriften wurden in Deutschland mit den §§ 45c bis 45f WHG umgesetzt.[1536]

§ 45c WHG nimmt die Vorgaben der Meeresstrategie-Rahmenrichtlinie zur Erstellung einer Anfangsbewertung auf. Der Paragraph verweist dabei ausdrücklich auf Anhang III MSRL und übernimmt die drei wesentlichen Elemente: (1) Die wesentlichen Eigenschaften und Merkmale der Meeresgewässer, (2) die wichtigsten Belastungen und ihre Auswirkungen auf die Meeresgewässer, einschließlich des menschlichen Handelns, und (3) die wirtschaftliche und gesellschaftliche Analyse

---

1532 *Rabe*, Fachliche Aspekte der Umsetzung der MSRL, in: Durner (Hrsg.), Wasserrechtlicher Reformbedarf in Bund und Ländern, 2011, S. 9 ff. (10); *Rabe*, Umsetzung der MSRL – Bestandsaufnahme und Handlungsbedarf, 2009, siehe: http://www.blmp-online.de/Seiten/Berichte.html (23.6.2017); *Wenzel*, Umsetzung der MSRL – Rolle der Meeresübereinkommen HELCOM und OSPAR, 2009, siehe: http://www.blmp-online.de/Seiten/Berichte.html (23.6.2017).

1533 *Krause et al.*, Leitfaden zur Umsetzung der MSRL, 2011, siehe: https://www.bfn.de/17091.html (22.6.2017).

1534 Einsichtbar unter http://www.meeresschutz.info/index.php/berichte.html (9.2.2017). Die Möglichkeit für die Öffentlichkeit zur Stellungnahme lief bis zum 16.4.2012; Stellungnahmen waren an das BSH zu senden. Während der Stellungnahmefrist wurden die Berichtsinhalte auch mit den an die Meeresregion angrenzenden Nachbarstaaten abgestimmt. Diese Abstimmung erfolgte über die HELCOM- und OSPAR-Sekretariate.

1535 Deskriptor 10 des Beschlusses 2010/477/EU über Kriterien und methodische Standards zur Feststellung des guten Umweltzustandes von Meeresgewässern v. 1.9.2010; siehe dazu schon oben unter A.V.1b.

1536 *Gößl*, in: *Sieder et al.*, WHG, Kommentar, 50. Auflage 2016, §§ 45c–45f; *Czychowski/Reinhardt*, WHG, Kommentar, 11. Auflage 2014, §§ 45c–45f.

der Nutzung der Meeresgewässer und die Berechnung der Kosten einer potentiellen Verschlechterung ihres Zustandes.[1537]

Mit § 45d WHG ist die Vorgabe der Meeresstrategie-Rahmenrichtlinie zur Beschreibung des guten Zustandes der Meeresgewässer in nationales Recht umgesetzt. § 45d Satz 2 und 3 WHG verweisen auf die Klassifizierungen der Wasserrahmenrichtlinie und der FFH-Richtlinie: Um Doppelarbeit und Widersprüche zu vermeiden,[1538] sollten die dort bereits festgelegten Kriterien und Referenzbedingungen auch bei der Erstellung der Beschreibung des guten Umweltzustandes für Meeresgewässer verwendet werden.[1539]

In einem dritten Schritt hatten die Mitgliedstaaten Umweltziele festzulegen, die als Indikator für die Erreichung der guten Meeresumwelt dienen. Umgesetzt sind diese Vorgaben in § 45e WHG. § 45e Satz 1 WHG führt die Begriffe „Zwischenziele mit Fristen" und „Einzelziele" ein – die sich in der Meeresstrategie-Rahmenrichtlinie so nur im Anhang IV wiederfinden.[1540] Ausweislich der Gesetzesbegründung bezeichnet der Begriff „Zwischenziel" dabei das Erreichen bestimmter Vorgaben bis zu einem bestimmten Zeitpunkt vor dem 31. Dezember 2020; dabei ist zu beachten, dass das Erreichen des Zwischenziels noch nicht den Anforderungen an einen guten Umweltzustand entspricht.[1541] „Einzelziele" entsprechen dagegen den Anforderungen eines guten Umweltzustandes und beziehen sich auf bestimmte Aspekte des Zustands der Meeresgewässer. Die Festlegung der Umweltziele ist – wie auch die Anfangsbewertung und die Beschreibung des guten Zustands der Meeresgewässer – alle sechs Jahre zu überprüfen und ggfs. zu aktualisieren.[1542]

1537 Teilweise wird die Zielerreichung schon jetzt als nicht realistisch eingeschätzt, insbesondere wegen der erforderlichen Abstimmungen mit europäischen (Fischerei, Agrar) und internationalen (IMO, Schifffahrt) Politikbereichen, so *Rabe*, Umsetzung der MSRL – Bestandsaufnahme und Handlungsbedarf, 2009, siehe: http://www.blmp-online.de/Seiten/Berichte.html (23.6.2017), S. 8 f.

1538 Diesem Gedanken dienen auch die Vorgaben der § 45c Abs. 3 und § 45e Satz 2 und 3 WHG.

1539 Siehe hierzu die Verordnung zum Schutz der Oberflächengewässer (OGewV) v. 20.6.2016, BGBl. I S. 1373. Die OGewV hat landesrechtliche Vorschriften, die der Umsetzung von Vorgaben aus der Wasserrahmenrichtlinie dienten, abgelöst. Um den Anforderungen der Meeresstrategie-Rahmenrichtlinie gerecht zu werden, sieht § 3 Satz 1 Nr. 5 OGewV i.V.m. Anlage 1 vor, dass solche „typspezifischen Referenzbedingungen", die vor Erlass der Verordnung durch die Länder vorgenommen wurden, zu überprüfen und ggfs. zu aktualisieren sind.

1540 Anknüpfungspunkte finden sich in Anhang IV Nr. 6 und 11 und 12 MSRL. Dazu *Czychowski/Reinhardt*, WHG, Kommentar, 11. Auflage 2014, § 45e Rn. 5 ff.

1541 BT-Drs. 17/6055, S. 20.

1542 Art. 17 Abs. 2 MSRL; § 45j WHG; § 3 Satz 2 OGewV. Diskutiert wird in diesem Zusammenhang, ob technische Anpassungen durch einen Regelungsausschuss erfolgen können, siehe Art. 24, 25 MSRL. *UBA* und *Rossi* sehen eine solche Delegation als rechtswidrig an, da inhaltliche Entscheidungen durch den Gesetzgeber erfolgen müssten, siehe *Umweltbundesamt*, Stellungnahme zum Vorschlag einer

Diese drei Teile der Vorbereitung sollen gem. Art. 5 Abs. 2a lit. iv und Art. 11 MSRL durch ein Überwachungsprogramm begleitet werden, das die laufende Bewertung und regelmäßige Aktualisierung der Umweltziele erlaubt. § 45f WHG entspricht Art. 11 MSRL und setzt die darin enthaltenen Vorgaben zur Erstellung von Überwachungsprogrammen ohne Änderungen ins deutsche Recht um. Die stete Überwachung der Meeresumwelt und regelmäßige Sammlung neuer und die Aktualisierung vorhandener Daten bildet damit eine wesentliche Grundlage für die – zukünftige – vollständige(re) Bewertung des Umweltzustandes der Meere. Die Meeresstrategie-Rahmenrichtlinie schreibt den Mitgliedstaaten keine bestimmten Maßnahmen vor, die in die Überwachungsprogramme aufzunehmen wären. Anhang V MSRL stellt zwar einige Anforderungen an die Erstellung und Durchführung der Überwachungsprogramme, diese sind jedoch lediglich allgemeiner Art: So sollen u.a. mit den Überwachungsprogrammen nur solche Informationen gewonnen werden, die dazu dienen, geeignete Indikatoren für die Umweltziele festzulegen oder Folgen der Maßnahmen nach Art. 13 MSRL abzuschätzen.[1543] Zentral ist allerdings die Forderung nach der Kompatibilität der Überwachungsprogramme mit einschlägigen nationalen und unionalen Vorschriften – insbesondere der Wasserrahmenrichtlinie, FFH- und Vogelschutzrichtlinie – und internationalen Meeresübereinkommen. Dies soll der Vergleichbarkeit der Überwachung und ihrer Ergebnisse zwischen den verschiedenen Meeresregionen und -unterregionen dienen.[1544] Auch die Überwachungsprogramme sind alle sechs Jahre einer Überprüfung und gegebenenfalls Aktualisierung zu unterziehen.[1545]

a. *Anfangsbewertung der deutschen Nord- und Ostsee*

I.R.d. Anfangsbewertung müssen die zuständigen Behörden die Meeresgewässer bewerten, sie haben sich dabei an den Merkmalen, Belastungen und Auswirkungen zu orientieren, die Anhang III MSRL vorgibt, § 45c Abs. 1 WHG.[1546] Die Bewertung umfasst drei Bereiche:

Marinen Rahmenrichtlinie als Bestandteil der Europäischen Meeresstrategie, 2005, S. 4; *Rossi*, JbUTR 2007, 81 ff. (102 ff.).

1543 Nr. 2 und 3 Anhang V zur MSRL.

1544 Art. 11 Abs. 1 Satz 1, Absatz 2, Nr. 8 und 10 Anhang V zur MSRL; § 45f Abs. 2 WHG; BT-Drs. 17/6055, S. 20.

1545 Art. 17 Abs. 2c MSRL; § 45j WHG.

1546 *Gößl*, in: *Sieder et al.*, WHG, Kommentar, 50. Auflage 2016, § 45c Rn. 5 f., weisen zu Recht darauf hin, dass es sich bei dem Verweis auf Anhang III MSRL um einen dynamischen Verweis handelt, so dass Änderungen der Meeresstrategie-Rahmenrichtlinie ohne weiteren Umsetzungsakt in das deutsche Recht inkorporiert werden. „... eine rechtlich nicht unbedenkliche Verweisung“, so auch *Czychowski/Reinhardt*, WHG, Kommentar, 11. Auflage 2014, § 45c Rn. 6. Forschungsvorhaben dazu bestanden schon vor der Umsetzung der Meeresstrategie-Rahmenrichtlinie, siehe z.B. *Rachor/Nehmer*, Erfassung und Bewertung ökologisch wertvoller Lebensräume in der Nordsee, 2003. Zur Änderung des Anhangs III MSRL siehe

- die wesentlichen Eigenschaften und Merkmale der Meeresgewässer und ihren derzeitigen Zustand,
- die wichtigsten Belastungen und ihre Auswirkungen, einschließlich menschlichen Handels, auf den Zustand der Meeresgewässer; dabei sind die qualitativen und quantitativen Aspekte der verschiedenen Belastungen, feststellbare Trends und die wichtigsten kumulativen und synergetischen Wirkungen zu berücksichtigen, und
- die wirtschaftliche und soziale Analyse der Nutzung der Meeresgewässer sowie der Kosten einer Verschlechterung ihres Zustandes.

Die Europäische Kommission lässt die mitgliedstaatlichen Behörden bei dieser Aufgabe nicht ganz alleine, sondern stellt i.R.e. Common Implementation Strategy (CIS) eine Arbeitsplattform zur Verfügung.[1547] Die dort existierenden Arbeitsgruppen beschäftigen sich ebenfalls mit den Vorgaben der Meeresstrategie-Rahmenrichtlinie. So bestehen Arbeitsgruppen zum guten Umweltzustand (Working Group on Good Environmental Status, WG GES) oder zur Erstellung der ökonomischen Anfangsbewertung (dem dritten Element der Anfangsbewertung), die Working Group on Economic and Social Analysis (WG ESA).[1548] Die Ergebnisse der CIS-Arbeitsgruppen sind für die nationale Umsetzung unverbindlich, aber hilfreich. So hat die WG ESA bspw. einen Leitfaden erarbeitet, der Vorschläge für verschiedene Herangehensweisen zur Ermittlung der ökonomischen und gesellschaftlichen Analyse und der Verschlechterungskosten enthält.[1549] Im Auftrag des Bundesministeriums für Umwelt, Naturschutz und Reaktorsicherheit (BMU) sind Überlegungen und Ansätze dieses Leitfadens der WG ESA aufgenommen worden und in das eigene Gutachten zur Anfertigung der ökonomischen Anfangsbewertung eingeflossen.[1550]

<u>Ergebnis der deutschen Berichte zur Anfangsbewertung:</u>
Deutlichstes Ergebnis der Anfangsbewertungen der deutschen Nord- und Ostsee ist: Der gute Umweltzustand der beiden Meeresgewässer wird nicht erreicht.[1551] Das Ziel

---

Richtlinie (EU) 2017/845 der Kommission zur Änderung der Richtlinie 2008/56/EG v. 17.5.2017.

1547 Siehe dazu oben A.II.

1548 Eine weitere Arbeitsgruppe ist die Working Group on Data, Information and Knowledge Exchange (WG DIKE), bei der es um den Aufbau eines Systems zur Sammlung meeresrelevanter Daten geht (WISE-Marine, Water Information System for Europe, and EMODNET, the European Marine Observation and Data Network).

1549 *European Commission*, Working Group on Economic and Social Assessment – Economic and Social Analysis for the Initial Assessment for the Marine Strategy Framework Directive: A Guidance Document, 2010. Hierzu auch *Lauterbach*, Die ökonomischen Elemente der nationalen Anfangsbewertung, in: Bundesamt für Seeschifffahrt und Hydrographie (Hrsg.), Meeresumweltsymposium 2011, 2011, S. 23 ff.

1550 *Marggraf et al.*, Gutachten zur Erstellung der ökonomischen Anfangsbewertung, 2011.

1551 *Bund/Länder-Messprogramm*, Anfangsbewertung Nordsee, 2012, S. 8; *Bund/Länder-Messprogramm*, Anfangsbewertung Ostsee, 2012, S. 8.

der Meeresstrategie-Rahmenrichtlinie ist dementsprechend für die deutsche Nord- und Ostsee dahingehend zu konkretisieren, dass es nicht darum geht, einen guten Zustand der Meeresumwelt i.S.d. Meeresstrategie-Rahmenrichtlinie zu erhalten, sondern ihn erstmals zu erreichen.

Aufgrund der fehlenden Daten und Bewertungsverfahren beschränken sich die Entwürfe auf bestimmte Einzelparameter und decken auch räumlich nicht das gesamte Gebiet der beiden deutschen Meere ab.[1552] Soweit die beiden Entwürfe zur Anfangsbewertung trotz der mangelnden Datenlage erstellt werden konnten, zeigt sich – bis auf wenige, kleinere Unterschiede in Nord- und Ostsee – ein einheitliches Bild:[1553]

Fast alle wesentlichen Eigenschaften und Merkmale (erstes Element der Anfangsbewertung) sind als „nicht in einem guten Zustand“ zu bewerten, dazu gehören die Merkmale Biotoptypen, Phytoplankton,[1554] Makrophyten,[1555] Makrozoobenthos,[1556] Fische und Seevögel. Bei zwei Merkmalen, Zooplankton[1557] und nicht einheimische Arten inklusive mikrobieller Pathogene,[1558] ist eine Bewertung nicht möglich, da wissenschaftlich validierte Bewertungsverfahren fehlen.[1559] Lediglich

---

1552 *Bund/Länder-Messprogramm*, Anfangsbewertung Nordsee, 2012, S. 12 f.

1553 Im Folgenden wird regelmäßig nur auf den Entwurf bzw. den endgültigen Bericht für die Nordsee verwiesen. Der Entwurf/der Bericht für die Ostsee weist dann die gleichen bzw. vergleichbare Inhalte auf. Signifikante Unterscheidungen sind kenntlich gemacht.

1554 Phytoplankton besteht v.a. aus verschiedenen Algenarten. Nach Schätzungen wird davon ausgegangen, dass Phytoplankton für die Produktion von 50–80 Prozent des Sauerstoffs in der Atmosphäre verantwortlich ist (https://de.wikipedia.org/wiki/Phytoplankton, 28.2.2017).

1555 Makrophyten sind Pflanzen, die mit dem bloßen Auge sichtbar sind. Mikrophyten sind dagegen nur mit optischen Hilfsmitteln erkennbar (https://de.wikipedia.org/wiki/Pflanzen, 28.2.2017).

1556 Benthos ist die Gesamtheit aller in der unmittelbaren Bodenzone eines Gewässers vorkommenden Lebewesen. Zoobenthos bezeichnet dabei das tierische Benthos, dazu gehören bspw. Krustentiere, Plattfische oder Muscheln. Nach der Größe der Lebewesen bezeichnet man mit Makrobenthos diejenigen Lebewesen, die größer als ein Millimeter sind (https://de.wikipedia.org/wiki/Benthos, 28.2.2017).

1557 Zooplankton ernährt sich im Gegensatz zu anderen planktischen Organismen, die Photosynthese betreiben, von anderen Organismen. Das Zooplankton spielt eine wesentliche Rolle als Nahrungsquelle für Fische und viele andere Meereslebewesen (https://de.wikipedia.org/wiki/Plankton, 28.2.2017).

1558 Mikroorganismen, oder auch Mikroben, sind mikroskopisch kleine Lebewesen, die als Einzelwesen nicht mit dem bloßen Auge erkennbar sind. Pathogene sind potentiell krankmachende Erreger (https://de.wikipedia.org/wiki/Mikroorganismus und https://de.wikipedia.org/wiki/Pathogenität, 28.2.2017).

1559 *Bund/Länder-Messprogramm*, Anfangsbewertung Nordsee, 2012, S. 4 ff., 15 ff. Vergleichbar ist die Lage in der Ostsee: *Bund/Länder-Messprogramm*, Anfangsbewertung Ostsee, 2012, S. 4 ff., 16 ff.

der Umweltzustand der marinen Säugetiere ist zwar momentan noch nicht gut, entwickelt sich dem Bericht zufolge aber positiv.[1560]

Hinzu kommt, dass die Belastungen (zweites Element) durch den Menschen in Nord- und Ostsee sehr hoch sind.[1561] So ist eine hohe Kontamination durch gefährliche Stoffe festzustellen, die deutschen Meere sind mit Nährstoffen und organischem Material angereichert und es besteht eine (zu) hohe biologische Störung, insbesondere durch die Auswirkungen der Fischerei. Festgestellt werden weitere Belastungen wie physische Verluste und physische Störungen, physikalische Störungen (v.a. mit den wachsenden Belastungen Unterwasserlärm und Abfälle im Meer), Interferenzen mit hydrologischen Prozessen oder absichtliches Freisetzen von Stoffen – eine umfassende Bewertung konnte aber auch hier noch nicht stattfinden. Zum Teil wird deshalb auf Bewertungen verwiesen, die im Rahmen von Zulassungs- und Genehmigungsverfahren auf der Vorhabenebene durchgeführt werden. Nach dem Ergebnis der bisher durchgeführten Analysen und Bewertungen ist jedoch davon auszugehen, dass v.a. das Ausmaß und die erheblichen Auswirkungen der Belastungen zu dem Verfehlen des guten Umweltzustandes in Nord- und Ostsee führen.[1562]

Zu den sonstigen physikalischen Störungen werden bspw. Abfälle im Meer gezählt.[1563] Unter Bezugnahme auf Daten von OSPAR und The Ocean Conservancy[1564] wird aufgezeigt, dass jährlich ca. 20.000 Tonnen Abfall in die Nordsee eingetragen werden, wovon 15 Prozent auf dem Wasser, 70 Prozent auf dem Meeresboden und 15 Prozent an den Stränden verbleiben.[1565] Insgesamt werden 600.000 m^3 Müll auf dem und im Meeresboden vermutet. In flächendeckenden Befliegungen wurden Zusammenhänge zwischen der Schiffs- und Mülldichte beobachtet. Plastikmüll wird als besonders problematisch erkannt und macht 75 Prozent des an die Küsten gespülten Mülls aus. Bei Magenuntersuchungen von toten Eissturmvögeln wurden im Durchschnitt 32,4 Müllteile pro Individuum mit einem Durchschnittsgewicht von 0,3 Gramm gefunden.[1566] Die ökologischen Auswirkungen von Abfällen im Meer sind die

1560 Dabei schwanken die Bewertungen je nach Quelle und danach, ob es sich um die Betrachtung der Seehunde, Kegelrobben oder des Schweinswals handelt, von „gut“ bis „unzureichend“ und „gefährdet“.

1561 *Bund/Länder-Messprogramm*, Anfangsbewertung Nordsee, 2012, S. 6 ff., 27 ff.; *Bund/Länder-Messprogramm*, Anfangsbewertung Ostsee, 2012, S. 6 ff., 29 ff. Dazu die Beiträge in *Koch/Lagoni*, Meeresumweltschutz für Nord- und Ostsee, 1996.

1562 *Bund/Länder-Messprogramm*, Anfangsbewertung Nordsee, 2012, S. 72.

1563 Deskriptor 10 Anhang I zur MSRL. *Bund/Länder-Messprogramm*, Anfangsbewertung Nordsee, 2012, S. 35 ff.; *Bund/Länder-Messprogramm*, Anfangsbewertung Ostsee, 2012, S. 36 ff.

1564 Aktuell sind diese Daten nicht, die Veröffentlichungen stammen aus den Jahren 1995 und 2004.

1565 Vergleichbare Zahlen werden für die Ostsee nicht genannt, siehe *Bund/Länder-Messprogramm*, Anfangsbewertung Ostsee, 2012, S. 36 f.

1566 Vergleichszahlen für die Ostsee fehlen auch hier.

orale Aufnahme von Plastikmüll durch Seevögel und marine Säugetiere mit der Folge eines gestörten Ernährungsverhaltens und Tod durch Verhungern, Verheddern und Strangulieren in verloren gegangenen Fischernetzen, Anreicherung von chemischen Schadstoffen wie Weichmachern in Meeresorganismen, Habitatbeeinträchtigungen auf dem Meeresboden durch Abschürfungen und Beeinträchtigung der Sauerstoffverfügbarkeit. Für die Feststellung von Trends zur Müllbelastung in der Nordsee stehen momentan lediglich Ergebnisse aus dem OSPAR-Monitoring zur Verfügung, danach sind die Mengen an Abfällen trotz Reduktionsbemühungen „unakzeptabel hoch".

Für das dritte Element der Anfangsbewertung, die wirtschaftliche und gesellschaftliche Analyse der Gewässernutzung und die Kosten einer Verschlechterung, werden die direkten Nutzungsformen des Meeres sowie die Nutzungsarten mit einer indirekten Meeresgewässernutzung erfasst.[1567] Zu den direkten Nutzungsformen gehören die Schifffahrt, die Offshore-Windenergie, die Offshore-Förderung von Öl und Gas, die marine Rohstoffgewinnung von Sand, Steinen und Kies, Unterwasserkabel und -leitungen, die Fischerei, der Tourismus. Daneben ist die wirtschaftliche und gesellschaftliche Bedeutung des Meeres als Senke für Einträge aus Landwirtschaft, Industrie und kommunalen Kläranlagen als indirekte Nutzer in die Bewertung einzustellen. Darüber hinaus gilt es, weitere Aktivitäten mit Meeresbezug, wie Küstenschutz, Forschung und militärische Nutzung, zu beachten.

Die gesellschaftliche Relevanz der Meeresgewässernutzung ergibt sich aus zwei Blickwinkeln: Die Gesellschaft hat zum einen (positiven) Anteil an den wirtschaftlichen Errungenschaften und Handelstätigkeiten, zum anderen trifft sie aber auch die Kosten einer Meeresumweltverschlechterung dergestalt, dass sie die Kosten einer Wiederherstellung bzw. die Folgen einer Nutzungseinbußung zu tragen hat.[1568]

Als Kosten einer Verschlechterung werden diejenigen Kosten definiert, die aufzuwenden wären, um die Differenz zwischen einem guten und dem aktuellen Umweltzustand zu überwinden. Eine Berechnung setzt damit voraus, dass sowohl der aktuelle als auch der erzielte gute Umweltzustand zweifelsfrei definiert und untersucht bzw. festgestellt ist. Das bedeutet auch, dass – wie gleich zu sehen sein wird – mit einer unvollständigen Beschreibung des guten Umweltzustandes für alle Deskriptoren des Anhangs I der Meeresstrategie-Rahmenrichtlinie eine Kostenbezifferung offen, zumindest aber vage bleiben muss. Zudem wird hier ein weiteres grundsätzliches Problem deutlich: Die volkswirtschaftlichen Interessen an der Nutzung von Umweltressourcen sind beträchtlich und lassen sich zumindest ansatzweise bestimmen. Das gesellschaftliche Interesse und der wirtschaftliche Nutzen einer gesunden Meeresumwelt sind hingegen nur schwer kommerzialisierbar und können monetär kaum abgebildet werden.[1569]

1567 *Bund/Länder-Messprogramm*, Anfangsbewertung Nordsee, 2012, S. 63 ff.; *Bund/Länder-Messprogramm*, Anfangsbewertung Ostsee, 2012, S. 64 ff.

1568 *Bertram/Rehdanz*, Mar Policy (38) 2013, 25 ff. (26).

1569 *Bund/Länder-Messprogramm*, Anfangsbewertung Nordsee, 2012, S. 70 ff.; *Bertram/Rehdanz*, Mar Policy (38) 2013, 25 ff. (26 ff.).

b. Beschreibung eines guten Umweltzustandes für die deutsche Nord- und Ostsee

Auf der Grundlage der Anfangsbewertung sind dann die Merkmale für einen guten Zustand der Meeresgewässer zu beschreiben, § 45d WHG. Nach der Ist-Beschreibung ist also eine Soll-Beschreibung zu erstellen. Maßgeblich für diese Soll-Beschreibung sind dafür die in Anhang I MSRL genannten „qualitativen Deskriptoren".[1570] Danach zeichnet sich eine gute Meeresumwelt z.B. dadurch aus, dass die biologische Vielfalt erhalten, die Nahrungsnetze der Meere vielfältig sind und der Nährstoffeintrag ins Meer, die Menge der Abfälle und der Unterwasserlärm auf ein Minimum reduziert ist.

Im Wasserhaushaltsgesetz definiert § 45b WHG sowohl den „Zustand der Meeresgewässer" als auch den „guten Zustand der Meeresgewässer".[1571] § 45b WHG enthält damit – wie die Meeresstrategie-Rahmenrichtlinie auch – zwei Begriffsbestimmungen zum Zustand der Umwelt in Meeresgewässern: Absatz 1 definiert den „normalen" bzw. unbewerteten Umweltzustand, Absatz 2 konkretisiert dies auf den „guten" Umweltzustand.[1572] „Gut" ist der Zustand der Umwelt in Meeresgewässern nach dem Wasserhaushaltsgesetz dann, wenn die Gewässer unter Berücksichtigung ihrer jeweiligen Besonderheiten ökologisch vielfältig, dynamisch, nicht verschmutzt, gesund und produktiv sind und nachhaltig genutzt werden.

In den beiden deutschen Berichten zur Beschreibung des guten Umweltzustands erfolgte die Beschreibung auf der Grundlage des derzeitigen Wissensstandes und aufgrund von Daten, die hauptsächlich aus bestehenden nationalen und internationalen Überwachungsprogrammen gewonnen wurden. Die Berichte leisten damit zu einem Großteil eine Sichtung und Zusammenstellung internationaler und unionsrechtlicher Rechtsakte, aus deren bisherigen Ergebnissen Grundlagen, Daten und Bewertungssysteme für die Beschreibung des guten Umweltzustandes gezogen werden können. Die Berichte leisten so auch eine Verknüpfung zwischen den von der Europäischen Kommission genannten Kriterien und Indikatoren zur Konkretisierung der Deskriptoren und der möglichen Grundlage für ihre Beschreibung, wie sie sich bspw. aus der FFH-Richtlinie oder einer Bestandsabschätzung des ICES ergibt. Bei der Verknüpfung werden jedoch auch erhebliche Lücken in der fachlichen und räumlichen Abdeckung der Überwachungsprogramme sichtbar, die erheblichen Anpassungs- und Forschungsbedarf für die Zukunft aufzeigen. Diese Lücken sind auch der Grund dafür, dass die Bundesrepublik Deutschland in den vorgelegten Berichten noch keine integrierte ökologische Gesamtbewertung der Meeresgewässer erstellt hat. Die Aufgabe zur Erstellung einer solchen integrierten

---

1570 Siehe A.III.

1571 Sie dienen der Umsetzung der Art. 1, 3 Nr. 8, 5 Abs. 1 i.V.m. 4 MSRL.

1572 Der Gesetzgeber hält sich dabei nicht wortwörtlich, aber doch eng an die Definitionen der Meeresstrategie-Rahmenrichtlinie, siehe dazu oben unter A.III. „Hier gebärdet sich der Gesetzgeber nicht minder geschwätzig, als es der EU-Richtliniengeber tut. Vollzugstauglich ist derartige „Öko-Prosa" schwerlich", so deutlich *Kotulla*, WHG, Kommentar, 2. Auflage 2011, § 45b Rn. 5.

ökologischen Gesamtbewertung der Meeresgewässer folgt aus der Definition des guten Umweltzustandes der Meeresstrategie-Rahmenrichtlinie in Art. 3 Abs. 5 MSRL.[1573] Um beurteilen zu können, ob die Meeresgewässer i.S.e. guten Umweltzustandes unter Berücksichtigung ihrer jeweiligen Besonderheiten ökologisch vielfältig, dynamisch, nicht verschmutzt, gesund und produktiv sind und nachhaltig genutzt werden, bedarf es einer Gesamtschau sämtlicher Einzelbestandteile der Ökosysteme. Dazu müssen alle Kriterien, Indikatoren und Deskriptoren nicht nur innerhalb ihres eigenen Bereichs analysiert und bewertet werden, sondern auch ihre Wirkungen und Auswirkungen aufeinander. Aus dieser Gesamtbewertung ergibt sich eine Aggregationspyramide, in der die einzelnen, bewerteten Indikatoren eine Bewertung der Kriterien erlauben, die bewerteten Kriterien sind wiederum Grundlage für die Bewertung der Deskriptoren und deren Bewertung kann dann letztlich in einer integrierten ökologischen Gesamtbewertung der Meeresgewässer zusammengeführt werden.[1574]

Eine solche Aggregation wurde auf die erforderliche Aktualisierung des Berichts zur Beschreibung des guten Umweltzustandes im Jahr 2018 verschoben. Bis dahin soll es jedenfalls detailliertere Lückenanalysen, Konkretisierungen von und die Entwicklung zusätzlicher Indikatoren, Quantifizierungen von Referenz- und Schwellenwerten sowie weiterentwickelte Bewertungsverfahren geben.

Die beiden Berichte zur Beschreibung eines guten Umweltzustandes, einmal für die Nordsee und einmal für die Ostsee, wurden gleichzeitig mit der Veröffentlichung der Anfangsbewertung von Nord- und Ostsee durch die zuständige ARGE BLMP bekannt gegeben.

Ergebnis der deutschen Berichte zur Beschreibung des guten Umweltzustandes:
Zur Bewertung der einzelnen Deskriptoren sieht die Meeresstrategie-Rahmenrichtlinie eine Klassifizierung in „Guter Umweltzustand“ und „Ziel nicht erreicht“ vor. Berücksichtigt werden sollen dabei die Festlegungen von typspezifischen Referenzbedingungen und Kriterien der Wasserrahmen- und der FFH-Richtlinie.[1575] Dabei ergibt sich auch hier eine Schwierigkeit, die sich bereits i.R.d. Anfangsbewertung gezeigt hat: Bei dem Rückgriff auf die bereits bestehenden Bewertungsskalen der Wasserrahmenrichtlinie und FFH-Richtlinie zeigt sich deren Heterogenität. Die beiden durch die Meeresstrategie-Rahmenrichtlinie definierten Zustandsklassen von „guter Umweltzustand ist erreicht – guter Umweltzustand ist nicht erreicht“ sind den Erhaltungszuständen der FFH-Richtlinie – günstig, ungünstig, schlecht – und den Zustandsbewertungen der Wasserrahmenrichtlinie – sehr guter, guter,

1573 *Bund/Länder-Messprogramm*, Beschreibung GUZ Nordsee, 2012, S. 9 f.

1574 In einem vorhergehenden Schritt ist festzulegen, ob alle Deskriptoren gleich gewichtet werden oder ob die Gesamtbewertung grundsätzlich nur anhand der Zustandsdeskriptoren erstellt wird, wobei die Belastungsdeskriptoren zur Interpretation der Zustandsdeskriptoren herangezogen werden können. Siehe *Bund/Länder-Messprogramm*, Beschreibung GUZ Nordsee, 2012, S. 9.

1575 Siehe § 45d Satz 2 und 3 WHG.

mäßiger, unbefriedigender und schlechter ökologischer Erhaltungszustand; guter chemischer Zustand und Ziel nicht erreicht – gegenüberzustellen. Durch die unterschiedliche Anzahl der Stufen – je nach Richtlinie zwei- bis fünfstufig – sind die Bewertungsmaßstäbe so in der Ausgangssituation nicht unmittelbar vergleichbar. Der Bericht ordnet die unterschiedlichen Zustandsklassen der FFH- und Wasserrahmenrichtlinie auf die Schwelle der Meeresstrategie-Rahmenrichtlinie zwischen „gutem Umweltzustand" und „Ziel nicht erreicht" ein und gewährleistet damit eine Übertragbarkeit. Die Schwelle des guten Umweltzustandes der Meeresgewässer ist danach erreicht, soweit

- nach der FFH-Richtlinie ein „günstiger Erhaltungszustand" gegeben ist oder
- nach der Wasserrahmenrichtlinie ein sehr guter oder guter ökologischer bzw. ein guter chemischer Zustand festgestellt wurde.[1576]

<table>
<tr><td>Meeresumweltzustand nach der Meeresstrategie-Rahmenrichtlinie</td><td colspan="2">Guter Umweltzustand</td><td colspan="4">Ziel nicht erreicht</td></tr>
<tr><td>Erhaltungszustand nach der FFH-Richtlinie</td><td colspan="2">Günstig</td><td colspan="2">Ungünstig</td><td colspan="2">Schlecht</td></tr>
<tr><td>Ökologischer Erhaltungszustand nach der Wasserrahmenrichtlinie</td><td>Sehr gut</td><td>Gut</td><td>Mäßig</td><td colspan="2">Unbefriedigend</td><td>Schlecht</td></tr>
<tr><td>Chemischer Zustand nach der Wasserrahmenrichtlinie</td><td colspan="2">Gut</td><td colspan="4">Ziel nicht erreicht</td></tr>
</table>

Die einzelnen Deskriptoren werden anschließend in den deutschen Berichten nacheinander aufgearbeitet: Zunächst benennt der Bericht die jeweiligen Deskriptoren, Kriterien und Indikatoren. Danach werden die Verknüpfungspunkte zu bestehenden Monitorings, Projektergebnissen und sonstigen möglichen Grundlagen für eine Beschreibung des guten Umweltzustandes tabellarisch aufgezeigt und erläutert. Die relevanten Bedingungen für die Beschreibung, Hinweise auf Anpassungs- und Entwicklungsbedarf und Zusammenhänge mit anderen Deskriptoren werden zusammengefasst. In einem Fazit erfolgt schließlich eine Art Definition des guten Umweltzustands für den jeweiligen Deskriptor.

1576 Insgesamt spricht sich der Entwurf für eine mehrstufige Bewertungsskala auch für die Meeresgewässer aus, da nur so eine genauere Einstufung des Umweltzustandes möglich ist und damit ebenfalls Trends in der Veränderung (durch den Erfolg von Maßnahmen) besser erkennbar sind, siehe *Bund/Länder-Messprogramm*, Beschreibung GUZ Nordsee, 2012, S. 7.

Am Beispiel des Deskriptors 10 „Abfälle im Meer" sieht dies wie folgt aus:[1577] Ein guter Umweltzustand der Meeresgewässer ist nach den Ergebnissen der Berichte u.a. dann erreicht, wenn die Eigenschaften und Mengen der Abfälle im Meer keine schädlichen Auswirkungen auf die Küsten- und Meeresumwelt haben (D 10). Unter Verweis auf ein Dokument des UNEP wird der Begriff des Abfalls im Meer definiert als alle „langlebigen, gefertigten oder verarbeiteten beständigen Materialien, die durch Wegwerfen oder als herrenloses Gut in die Meeresumwelt gelangen". Grundlegend aus der Anfangsbewertung genommen ist die Erkenntnis, dass Abfälle im Meer eine potenzielle Bedrohung für Tiere, Lebensräume und die menschliche Gesundheit darstellen, die Nutzungen der Meere behindern, hohe wirtschaftliche Kosten verursachen und den Erholungswert der Küsten mindern. Insbesondere Mikroplastik und Kunststoffmüll werden als die größten Verursacher der Vermüllung der Meere, die Schifffahrt und Fischerei werden als die Haupteintragungsquellen identifiziert.

Zur Konkretisierung des Deskriptors „Abfälle im Meer" enthält der Beschluss der Europäischen Kommission zwei Kriterien, auf die der Bericht eingeht:[1578] Zum einen sind die Eigenschaften von Müll in der Meeres- und Küstenumwelt zu erfassen, zum anderen müssen die Belastungen des Lebens im Meer durch Müll erforscht werden. Bei dem ersten Kriterium – Eigenschaften von Müll in der Meeres- und Küstenumwelt – geht es v.a. darum, Mengentrends angespülten oder entsorgten Mülls an der Küste, in der Wassersäule und auf dem Meeresboden sowie deren (räumliche) Verteilung und Zusammensetzung festzustellen. Konkret wird dazu auf das Spülsaummonitoring des OSPAR-Übereinkommens (Nordsee) bzw. des „Naturewatch Baltic Network" (Ostsee) und Datenauswertungen aus Befliegungen (im Zusammenhang mit AIS-Daten über Schiffsbewegungen) verwiesen.[1579] Zum zweiten Kriterium – Belastungen des Lebens im Meer durch Müll – sollen z.B. durch Magenuntersuchungen Trends von Mengen und Zusammensetzung von Müll, der von Meerestieren verschluckt wird, durchgeführt werden. Als konkrete Methoden nennt der Bericht OSPAR-Spülsaumbeprobungen, Monitoring von Seevögeln (Sammlung und Untersuchung gestrandeter Eissturmvögel für OSPAR EcoQO, Registrierung strangulierter Vögel), TMAP-Seehundmonitoring, Totfundmonitoring von Seehunden und Kleinwalen und Kegelrobbenmonitoring.

Sehr konkret wird im Bericht so bspw. der gute Umweltzustand beziffert, soweit es um kleine Plastikmüllteile an der Meeresoberfläche geht: Der gute Umweltzustand soll dann erreicht sein, wenn weniger als 10 Prozent der als Indikatoren genutzten Nördlichen Eissturmvögel weniger als 0,1 Gramm Plastikpartikel in ihren

---

1577 *Bund/Länder-Messprogramm*, Beschreibung GUZ Nordsee, 2012, S. 41 ff.; *Bund/Länder-Messprogramm*, Beschreibung GUZ Ostsee, 2012, S. 42 ff.

1578 Beschluss 2010/477/EU über Kriterien und methodische Standards zur Feststellung des guten Umweltzustandes von Meeresgewässern v. 1.9.2010, dazu oben A.III.

1579 *Bund/Länder-Messprogramm*, Beschreibung GUZ Nordsee, 2012, S. 42; *Bund/Länder-Messprogramm*, Beschreibung GUZ Ostsee, 2012, S. 43.

Mägen aufweisen.[1580] Auf den ersten Blick erscheint diese Angabe konkreter als alle bisherigen Vorgaben. Dem rein juristisch vorgebildeten Leser drängen sich aber schon hier unzählige weitere Fragen auf, die den exorbitanten Umfang dieser Datensammlung und die zwingend notwendige interdisziplinäre Zusammenarbeit verdeutlichen: Aufgrund welcher Eigenschaft werden gerade Nördliche Eissturmvögel als Indikatoren benutzt? Kommen diese Eissturmvögel sowohl in Küstennähe als auch in küstenfernen Meeresgebieten vor und können sie damit etwas über die räumliche Verteilung des Mülls aufzeigen? Kann an dieser Stelle durch maritime Raumplanung ein Beitrag zu plastikmüllfreien Meeren geleistet werden? Wie errechnen sich die Zahlen von 10 Prozent und 0,1 Gramm? Wie kann berücksichtig werden, dass die Verbreitung von Abfällen im Meer aufgrund z.B. wetter- und strömungsbedingter[1581] Schwankungen stark variiert?

Im Bericht wird darauf hingewiesen, dass solche Fragen und Kenntnislücken weiter zu untersuchen sind. Betont wird auch, dass die Abfälle im Meer – über die ökologischen Folgen hinaus – nicht zu signifikanten ökonomischen Verlusten für industrielle Nutzungen und Küstengemeinden führen sollen. Nach dem Fazit des Berichts ist der gute Umweltzustand für den Deskriptor „Abfälle im Meer" dann erreicht, wenn Abfälle und deren Zersetzungsprodukte keine schädlichen Auswirkungen auf die Meereslebewesen und Lebensräume haben. Weiterhin sollen Abfälle und deren Zersetzungsprodukte nicht die Einwanderung und Ausbreitung von nicht-einheimischen Arten unterstützen.[1582]

c. Festlegung von Umweltzielen für die deutsche Nord- und Ostsee

Als ein wesentliches Problem für die Mitgliedstaaten zur Erfüllung der Vorgaben der Meeresstrategie-Rahmenrichtlinie hat sich das unvollständige Wissen über Merkmale und Belastungen der Meeresgewässer sowie die Wechselwirkungen zwischen diesen beiden herausgestellt. Trotz der lückenhaften Datenlage sind durch die ersten beiden Berichtsschritte, soweit dies nach dem aktuellen Kenntnisstand möglich war, zwei grundlegende Faktoren bekannt und benannt worden: Der Ist-Zustand der Meeresgewässer und ihr (aus deutscher Sicht) anzustrebender Soll-Zustand. In einem dritten Schritt sollte nun die Formulierung von Umweltzielen und zugehörigen Indikatoren eine Richtschnur für die daraufhin zu ergreifenden Maßnahmen vorgeben.[1583] Mit der Markierung von indikativen Einzel- und Zwischenzielen wird damit ein Prozess angestoßen, an dessen Ende das Gesamtziel des guten Umweltzustandes der Meeresgewässer stehen soll. Die Umweltziele stellen

1580 Untersuchungen einer vergleichbaren Indikatorart für die Ostsee existieren noch nicht, siehe *Bund/Länder-Messprogramm*, Beschreibung GUZ Ostsee, 2012, S. 44.

1581 Der Bericht verwendet die wissenschaftlichen Begriffe meteorologisch und hydrodynamisch.

1582 Offensichtlich bezieht sich diese Ergänzung auf den Deskriptor 2. Ein Rekurs erfolgt in den vorhergehenden Ausführungen nicht.

1583 *Bund/Länder-Messprogramm*, Festlegung Umweltziele Nordsee, 2012, S. 7.

keine grundsätzliche strategische Neuausrichtung der deutschen Meeresumweltpolitik in Nord- und Ostsee dar, sondern werden teilweise schon seit vielen Jahren verfolgt. Der vorgestellte Entwurf leistet aber eine Bündelung bestehender nationaler und europäischer, bisher sektoral verteilter Strategien und Zielvorgaben aus den Bereichen Gewässer-, Natur- und Umweltschutz sowie Fischerei, maritimer Verkehr und Wirtschaft.[1584]

An dieser Stelle sind die schon erwähnten Ausnahmeregelungen der Meeresstrategie-Rahmenrichtlinie zu beachten, die mit den § 45g und § 45h Abs. 6 WHG umgesetzt wurden.[1585] Die Meeresstrategie-Rahmenrichtlinie sieht verschiedene Ausnahmen vor, unter denen die Mitgliedstaaten in zeitlicher oder inhaltlicher Hinsicht von ihren selbst festgelegten Umweltzielen bzw. vom rechtzeitigen Erreichen des Gesamt-Ziels einer guten Meeresumwelt abweichen dürfen. Die Ausnahmetatbestände, die die zuständige Behörde schriftlich begründen muss,[1586] dürfen nur beim Vorliegen bestimmter Gründe in Anspruch genommen werden. So sind Fristverlängerungen zur verspäteten Erreichung der festgelegten Umweltziele nur aufgrund natürlicher Gegebenheiten zugelassen (§ 45g Abs. 1 WHG). Abweichungen von den festgelegten Zielen sind nur möglich aufgrund von Handlungen oder Unterlassungen außerhalb des Geltungsbereichs des Wasserhaushaltsgesetzes, natürlicher Ursachen, höherer Gewalt oder Änderungen der physikalischen Eigenschaften des Meeresgewässers durch Maßnahmen aus Gründen des Allgemeinwohls, sofern der Nutzen der Maßnahmen die nachteiligen Umweltauswirkungen überwiegt[1587] (§ 45g Abs. 2 WHG). In beiden Fällen jedoch – Fristverlängerung oder Ausnahmegrund – hat die zuständige Behörde durch zusätzliche Maßnahmen sicherzustellen, dass die festgelegten Umweltziele weiter verfolgt, eine weitere Verschlechterung des Zustands der Meeresgewässer vermieden und nachteilige Auswirkungen auf den Zustand nationaler und anderer Meeresgewässer abgeschwächt werden. Nach einer Aussage im Entwurf des Maßnahmenprogramms zum Meeresschutz der deutschen Nord- und Ostsee[1588] haben Bund und Länder „beschlossen, Fristverlängerungen und Ausnahmen noch nicht in Anspruch zu nehmen".

Aus diesen Grundüberlegungen heraus sind zwei Berichte mit Festlegungen von Umweltzielen für die deutsche Nord- und Ostsee vorgelegt worden. Zuständig

---

1584 *Bund/Länder-Messprogramm*, Festlegung Umweltziele Nordsee, 2012, S. 39.

1585 Art. 14 und 15 MSRL; siehe oben A.V.3. Art. 15 MSRL ist nicht ausdrücklich umgesetzt.

1586 Das Schriftformerfordernis ergibt sich aus Gründen der Nachweisbarkeit und aus der Veröffentlichungspflicht gem. § 45i WHG. So auch BT-Drs. 17/6055, S. 20 f.

1587 Aus dem weiten Abwägungsspielraum bei der Beurteilung von Gemeinwohl- ggü. von Umweltinteressen ergeben sich rechtliche Unsicherheiten, siehe dazu bereits oben unter A.V.3.

1588 *Bundesministerium für Umwelt*, MSRL-Maßnahmenprogramm, 2016, S. 14. Zu den Maßnahmenprogrammen gleich unter B.III.2.

dafür war erneut die ARGE BLMP, die bereits die deutschen Berichte zur Anfangsbewertung und zur Beschreibung des guten Umweltzustandes erstellte.[1589]

Ergebnis der deutschen Berichte über die Festlegung von Umweltzielen:
Die deutschen Berichte listen sieben Umweltziele auf, die für Nord- und Ostsee gleich sind:[1590]

Umweltziele für die deutsche Nord- und Ostsee	UZ 1: Meere ohne Beeinträchtigung durch anthropogene Eutrophierung[1591]
	UZ 2: Meere ohne Verschmutzung durch Schadstoffe
	UZ 3: Meere ohne Beeinträchtigung der marinen Arten und Lebensräume durch die Auswirkungen menschlicher Aktivitäten
	UZ 4: Meere mit nachhaltig und schonend genutzten Ressourcen
	UZ 5: Meere ohne Belastung durch Abfall
	UZ 6: Meere ohne Beeinträchtigung durch anthropogene Energieeinträge
	UZ 7: Meere mit natürlicher hydromorphologischer Charakteristik[1592]

Erkennbar ist, dass sich die Umweltziele an den qualitativen Deskriptoren des Anhangs I MSRL orientieren.[1593] Die Berichte gehen zu jedem einzelnen Umweltziel auf dessen Notwendigkeit ein – unter Verweis auf die festgestellten Belastungen aus der Anfangsbewertung –, benennen sowohl operative Ziele und Indikatoren als auch räumliche und zeitliche Ziele und geben eine kritische Einschätzung zur Zielerreichung und möglichen Zielkonflikten ab.

Um das Beispiel der Abfälle im Meer erneut aufzugreifen: Das deutsche Umweltziel zu Deskriptor 10 MSRL – „Die Eigenschaften und Mengen der Abfälle im

1589 *Bund/Länder-Messprogramm*, Festlegung Umweltziele Nordsee, 2012; *Bund/Länder-Messprogramm*, Festlegung Umweltziele Ostsee, 2012.

1590 Für Nord- und Ostsee sind dieselben Umweltziele genannt, Unterschiede ergeben sich in den Details. Zwei der Ziele sind nach der Öffentlichkeitsbeteiligung leicht umformuliert worden; zuvor beinhaltete die Auflistung „Meere ohne *signifikante* Beeinträchtigung durch anthropogene Eutrophierung“ und „Meere mit *natürlichen hydrographischen Bedingungen*“.

1591 Anthropogene Eutrophierung ist der durch menschliche Handlungen verursachte Nährstoffeintrag in die Meere.

1592 Die Hydromorphologie beschreibt die tatsächlich vorhandenen Gewässerstrukturen und das damit verbundene Abflussverhalten eines Gewässers in seiner räumlichen und zeitlichen Ausdehnung (https://de.wikipedia.org/wiki/Hydromorphologie, 28.2.2017).

1593 Siehe hierzu Tabelle 1, S. 11/12 in *Bund/Länder-Messprogramm*, Festlegung Umweltziele Nordsee, 2012.

Meer haben keine schädlichen Auswirkungen auf die Küsten- und Meeresumwelt" – lautet: „Meere ohne Belastung durch Abfall". Dieses Umweltziel wirkt sich gleichzeitig auf fünf weitere Deskriptoren aus, nämlich auf Deskriptor 1 „Biologische Vielfalt",[1594] D 2 „Nicht-einheimische Arten", D 4 „Nahrungsnetze der Meere", D 6 „Meeresgrund"[1595] und D 8 „Schadstoffkonzentration". Als wesentliche menschliche Aktivitäten, die zur Belastung „Abfälle im Meer" beitragen, werden Aquakultur,[1596] Schifffahrt, Fischerei, Offshore-Industrie, Tourismus und die Mülleinbringung aus weiteren Quellen genannt.

Als operative Ziele führen die Berichte Folgendes auf:[1597]

Umweltziel UZ 5: Meere ohne Belastung durch Abfall	
Operative Ziele	Indikatoren
Kontinuierlich reduzierte Einträge und eine Reduzierung der bereits vorliegenden Abfälle führen zu einer signifikanten Verminderung der Abfälle mit Schadwirkung für die marine Umwelt an den Stränden, auf der Meeresoberfläche, in der Wassersäule und am Meeresboden.	– Anzahl der Abfallteile verschiedener Materialien und Kategorien pro Fläche – Volumen der Abfallteile verschiedener Materialien und Kategorien pro Fläche
Nachgewiesene schädliche Abfälle in Meeresorganismen (insbesondere von Mikroplastik) gehen langfristig gegen Null.	Müll in Vogelmägen (z.B. Eissturmvogel) und anderen Indikatorarten
Weitere nachteilige ökologische Effekte (wie das Verfangen und Strangulieren in Abfallteilen) werden auf ein Minimum reduziert.	– Anzahl verhedderter Vögel in Brutkolonien – Totfunde verhedderter Vögel und anderer Indikatorarten

1594 Speziell auf die Beschaffenheit der Population (Kriterium D 1.3 des Beschlusses 2010/477/EU über Kriterien und methodische Standards zur Feststellung des guten Umweltzustandes von Meeresgewässern v. 1.9.2010) und die Beschaffenheit des Habitats (Kriterium D 1.6 des Beschlusses).

1595 Auf die Substrateigenschaften und physischen Schäden (Kriterium D 6.1 des Beschlusses 2010/477/EU über Kriterien und methodische Standards zur Feststellung des guten Umweltzustandes von Meeresgewässern v. 1.9.2010) sowie die Beschaffenheit der benthischen Lebensgemeinschaft (Kriterium D 6.2 des Beschlusses).

1596 Dazu *European Commission*, Guidance on Aquaculture and Natura 2000, 2012, und die Verordnung (EG) Nr. 708/2007 des Rates v. 11.6.2007 über die Verwendung nicht heimischer und gebietsfremder Arten in der Aquakultur, ABl. L 168 v. 28.6.2007, S. 1.

1597 *Bund/Länder-Messprogramm*, Festlegung Umweltziele Nordsee, 2012, S. 31; *Bund/Länder-Messprogramm*, Festlegung Umweltziele Ostsee, 2012, S. 31.

Mit dem Schlagwort „Generationenziel Abfall" ist langfristig als operatives Ziel der Nulleintrag von allen problematischen Substanzen – langlebige Kunststoffe, Glas, Metalle, Gummi – in die Meeresumwelt vorgesehen; als Zwischenziel soll ein erster richtungsweisender Reduktionswert für Abfalleinträge in Nord- und Ostsee festgelegt werden.[1598] Eine Task Group des Joint Research Centers, des ICES und des französischen Meeresforschungsinstituts Ifremer hat im Auftrag der Europäischen Kommission ein umfangreiches Gutachten zum Deskriptor 10 erstellt und darin auch einen Reduktionsansatz aufgezeigt, auf den sich der deutsche Bericht bezieht.[1599] Die Task Group schlägt in ihrem Gutachten eine jährliche Reduzierung der marinen Abfälle von zehn Prozent vor; gemessen am Spülsaummonitoring und ab dem Einsatz der Maßnahmenprogramme im Jahr 2016. In einer Fußnote merkt der Bericht etwas sehr Konkretes – und für den naturwissenschaftlichen Laien auch sehr Bemerkenswertes – an: Bei einer jährlichen Reduzierung der marinen Abfälle von zehn Prozent werde eine deutliche Reduktion von Plastikpartikeln in Eissturmvogelmägen erfolgen, und zwar insoweit, als es bis zum Jahr 2050 „theoretisch keine Vögel mit mehr als 0,1 Gramm Plastik im Magen mehr geben" wird.[1600] Dem naturwissenschaftlichen Laien scheint dies mit überschaubarem Aufwand ein überaus erstrebenswertes Ziel zu sein, das für die üblicherweise langwierigen umweltbezogenen Veränderungsprozesse in erstaunlich kurzer Zeit realisierbar erscheint.

Eine Aufgabe der Überwachungsprogramme wird es dann sein, zukünftige Tätigkeiten und Monitoringmaßnahmen gezielt auf die Indikatoren auszurichten, um eine quantitative Bewertungs- und Vergleichsgrundlage zu erhalten, inwieweit die gesetzten Umweltziele erreicht bzw. verfehlt worden sind. Mit fortschreitender Kenntnis der Zusammensetzung von Abfällen im Meer und deren Eintragungspfade werden weitere Umweltziele definiert werden müssen.

Im Hinblick auf eine zeitliche Zielsetzung wird es zunächst darum gehen, mit verminderten Abfalleinträgen – möglicherweise auch geregelt über die Genehmigungserteilung[1601] – die Anzahl der Abfallmengen in der Meeresumwelt zu stabilisieren. Eine kurzfristige und merkliche Verkleinerung der Abfallmengen wird insbesondere durch die lange Abbauzeit von Kunststoffen verhindert. Deshalb müssen die Überwachungsmaßnahmen auch darauf ausgerichtet sein, aufgrund der Beständigkeit verschiedener Abfallmaterialien sowohl deren Häufung als auch Verminderung im

---

1598 *Bund/Länder-Messprogramm*, Festlegung Umweltziele Nordsee, 2012, S. 30.

1599 *Galgani et al.*, MSFD, Task Group 10 Report Marine Litter, 2010, S. 34; *Cardoso et al.*, Scientific Support to the European Commission on the MSFD, 2010, S. 52; *Bund/Länder-Messprogramm*, Festlegung Umweltziele Nordsee, 2012, S. 30.

1600 *Bund/Länder-Messprogramm*, Festlegung Umweltziele Nordsee, 2012, S. 47, dort Fn. 6.

1601 Auch bei vielen weiteren Umweltzielen ist die Genehmigungsebene betroffen. So sind diffuse Nährstoffeinträge durch die Landwirtschaft oder den Schiffsverkehr, Schadstoffeinträge ins Meer durch die Öl- und Gasindustrie, die Einschleppung nicht-einheimischer Arten und Lärmeinträge in die Wassersäule bspw. durch Rammarbeiten für Offshore-Windanlagen durch sektorspezifische Reduktionsziele und eine Steuerung im Genehmigungsverfahren zu regeln.

Meer abbilden zu können. Eine Zielerreichung wird insofern kritisch eingeschätzt, als eine Reduzierung des Eintrags aller Abfallarten über sämtliche Eintragungspfade als erforderlich angesehen wird und dazu möglicherweise rein nationale Maßnahmen nicht ausreichen.[1602]

Die deutschen Berichte enthalten zum Umweltziel „Meere ohne Belastung durch Abfall" keine ausdrücklichen räumlichen Ziele.[1603] Jedoch weisen vier der anderen Umweltziele ein konkretes räumliches bzw. ein beschränktes räumliches Potenzial auf:

- *Meere ohne Beeinträchtigung der marinen Arten und Lebensräume durch die Auswirkung menschlicher Aktivitäten:*[1604]

Dem Problem der Bestandsgefährdung mariner Arten durch Beifang und Rückwurf, grundgeschleppte Fanggeräte sowie der Einschleppung nicht-einheimischer Arten durch Ballastwasser soll mit räumlich relevanten Maßnahmen entgegengetreten werden. So sollen räumlich und zeitlich ausreichende Rückzugs- und Ruheräume für Ökosystemkomponenten eingerichtet werden (z.B. no-take-zones, no-take-times), wobei auch die Durchgängigkeit von Wegen wandernder Arten zu sichern ist; menschliche Bauwerke und Nutzungen dürfen die Ausbreitung und Wanderung von Arten nicht gefährden, für die ökologisch durchlässige Migrationskorridore wesentliche Habitate darstellen. Konkreter räumlicher Bezug besteht hier insbesondere zu den drei Wattenmeer-Nationalparks und zu gemeldeten Natura 2000-Gebieten mit ihren jeweiligen Sonderregelungen für Eingriffe menschlicher Tätigkeiten.[1605]

- *Meere mit nachhaltig und schonend genutzten Ressourcen:*[1606]

Eine nachhaltige Bewirtschaftung der fischereilichen Ressourcen i.R.d. GFP wird meist durch Regelungen auf der Genehmigungsebene sichergestellt. Dennoch ist hier zumindest ein beschränktes räumliches Potenzial im Hinblick auf die Nutzung lebender und nichtlebender Ressourcen (z.B. Sand, Kies) zu sehen: Innerhalb der ausgewiesenen Schutzgebiete nach FFH- und Vogelschutzrichtlinie unterstehen lebende und nichtlebende Ressourcen bestimmten Schutzzwecken und Schutzzielen. Fortpflanzungs-, Aufzucht-, Mauser-, Überwinterungs- und Wanderungszeiten, sowie Fortpflanzungs-, Ruhe- und Nahrungsstätten werden besonders berücksichtigt.

1602 *Bund/Länder-Messprogramm*, Festlegung Umweltziele Nordsee, 2012, S. 32.

1603 Zur dennoch gegebenen räumlichen Relevanz dieses Umweltziels siehe oben, A.III.

1604 *Bund/Länder-Messprogramm*, Festlegung Umweltziele Nordsee, 2012, S. 20 ff.

1605 Auch die Ausweisung von „Particularly Sensitive Sea Areas" nach der IMO-Resolution A.982(24) v. 1.12.2005 kommen hier in Betracht, siehe dazu 1. Kapitel, B.III.4. „Areas to be avoided" für die Schifffahrt sind für die Ostsee bereits verankert; für die Nordsee bestehen solchen Regelungen noch nicht.

1606 *Bund/Länder-Messprogramm*, Festlegung Umweltziele Nordsee, 2012, S. 24 ff.

– *Meere ohne Beeinträchtigung durch anthropogene Energieeinträge:*[1607]

Zu den menschlich verursachten Einträgen von Energie in die Meeresumwelt gehören u.a. Unterwasserschall, der durch Sonareinsatz, Schiffslärm oder bei den Rammarbeiten zur Errichtung von Offshore-Windanlagen entsteht, aber auch elektromagnetische Felder, Licht und Wärme. Folgen sind die Vertreibung aus Habitaten, die Maskierung biologisch relevanter Signale, physische und letale Schäden von Meereslebewesen.[1608] Impulshafte Signale und Schockwellen tragen zu diesen Folgen in gleichem Maße bei wie kontinuierliche Geräuschquellen. Zur Bestandsaufnahme der unterschiedlichen Lärmquellen und ihrer kumulativen Wirkungen sind zunächst Lärmkartierungen vorzunehmen. Dann können die räumlichen Ausdehnungen der Lärm- und sonstigen Belastungen durch Energieeinträge in die Meeresumwelt erfasst und gesteuert werden. Hier ist ebenfalls darauf zu achten, dass für Meereslebewesen ausreichend Rückzugs- und Ruheräume verbleiben und Wanderwege nicht zerschnitten werden.

– *Meere mit natürlicher hydromorphologischer Charakteristik:*[1609]

Mit diesem Umweltziel sollen insbesondere die nachteiligen Auswirkungen auf Meeresökosysteme vermindert werden, die aus dauerhaften Veränderungen durch Bauwerke resultieren. Am Beispiel der Errichtung von Offshore-Windenergieparks sind nachteilige Veränderungen der Lebensraumfunktionen von Habitaten nachgewiesen worden, dazu gehören Zerschneidungswirkungen von Flugrouten, die Vertreibung aus und Einschränkung der Futterplätze. Als ein Ziel ist deshalb die räumliche Zentrierung baulicher Anlagen in der Meeresumwelt unter Beachtung ihrer kumulativen Effekte anzustreben.

d. Überwachungsprogramme

Bis spätestens zum 15. Juli 2014 war ein Überwachungsprogramm[1610] zu erstellen und durchzuführen; binnen drei Monaten nach Erstellung waren die Überwachungsprogramme der Europäischen Kommission mitzuteilen (Art. 11 Abs. 3 MSRL, § 45f

---

1607 *Bund/Länder-Messprogramm*, Festlegung Umweltziele Nordsee, 2012, S. 32 ff.

1608 Zu Unterwasserlärm sind in den letzten Jahren zahlreiche wissenschaftliche Veröffentlichungen erschienen, siehe u.a. *Markus*, NuR 2010, 236 ff.; *Hahn*, EurUP 2012, 119 ff.; *Hahn*, EurUP 2012, 179 ff.; *Maccarrone et al.*, Ocean Coast Mgmt (118) 2015, 215 ff. Siehe bspw. auch den Abschlussbericht des *Instituts für technische und angewandte Physik GmbH*, Messungen von Unterwasserschall beim Bau der Windenergieanlagen im Offshore-Testfeld „alpha ventus“ v. 20.5.2011, siehe http://www.bsh.de/de/Meeresnutzung/Wirtschaft/Windparks/Windparks/Projekte/StUK3/Bauphase/Schallbericht_Bauphase.pdf (21.2.2017).

1609 *Bund/Länder-Messprogramm*, Festlegung Umweltziele Nordsee, 2012, S. 36.

1610 Überwachungs- und Monitoringprogramm wird hier synonym verwendet. Hilfestellung der Europäischen Kommission zur Erstellung der Überwachungsprogramme findet sich bei *Zampoukas et al.*, Technical guidance on monitoring for the MSFD, 2014.

WHG). In Erfüllung dieser Vorgabe erstattete die Bundesregierung zum 15. Oktober 2014 Bericht, am 5. November 2014 erfolgte eine Nachmeldung.[1611]

Ziel der Überwachungsprogramme ist die fortlaufende Ermittlung, Beschreibung und Bewertung des Zustands der Meeresgewässer und darauf aufbauend die fortlaufende Überprüfung und gegebenenfalls Aktualisierung der festlegten Umweltziele.[1612] Zu den Monitoringtätigkeiten gehört bspw. die Überwachung mariner Säugetierarten, zu denen in den deutschen Meeresgewässern der Gemeine Seehund, die Kegelrobbe und der Schweinswal zählen. Zur Bestandsüberwachung werden Flugzählungen oder Beobachtungen per Schiff durchgeführt, bei Schweinswalen auch ein akustisches Monitoring; populationsdynamische Parameter erfolgen über Totfunduntersuchungen oder Probenahmen an lebenden Tieren. Auf der Seite www.meeresschutz.info wird ein Link zum aktuellen deutschen Monitoring-Handbuch bereitgestellt. Das Handbuch wird als „lebendes Dokument" beschrieben, das mit der fortschreitenden Weiterentwicklung von Methoden und Bewertungssystemen laufend angepasst wird.[1613]

Ergebnis der deutschen Berichte zu den Überwachungsprogrammen

Die Monitoringprogramme gliedern sich in eine Programm-, eine Subprogramm- und eine Messprogrammebene.[1614] In ihrer Detailtiefe entsprechen sie damit den durch die Meeresstrategie-Rahmenrichtlinie und dem Beschluss 2010/477/EU

1611 Die Berichte sind auf der Internetseite http://www.meeresschutz.info/index.php/berichte-art11.html veröffentlicht (9.2.2017). Dort finden sich die eingereichten Papierberichte und die an die EU gesendeten Webformulare. Daneben stellt die Seite eine Übersicht zur Struktur des MSRL-Monitorings und Hintergrundinformationen bereit. Gem. Art. 19 MSRL bzw. § 45i WHG wurde die Öffentlichkeit beteiligt; die Synopse der eingegangenen Stellungnahmen ist ebenfalls auf der Internetseite einsehbar.

1612 Zu den deutschen Umweltzielen siehe B.III.1c. Es werden verschiedene Arten von Monitorings durchgeführt: Das Grundlagenmonitoring zielt auf die flächenhafte und überblicksartige Überwachung solcher Ökosystemmerkmale, die sich in einem guten Umweltzustand befinden; für Merkmale, für die der gute Umweltzustand verfehlt wird, wird ein sog. Umweltziele- und Maßnahmeneffizienzmonitoring durchgeführt. Letztlich erfolgt ein investigatives Monitoring, soweit nicht bekannte Ursachen für einen schlechten Umweltzustand ermittelt werden sollen; sieh dazu *Bund/Länder-Messprogramm*, Überwachungsprogramme – Rahmenkonzept, 2014, S. 25 ff.

1613 An der Erstellung der deutschen Überwachungsprogramme war u.a. die bei der ARGE BLMP angesiedelte Arbeitsgruppe „Erfassen und Bewerten" beteiligt, siehe http://www.blmp-online.de/Seiten/Arbeitsgruppen.html (9.2.2017). Als Grundgerüst für das hier dargestellte Monitoringhandbuch, das i.R.d. Meeresstrategie-Rahmenrichtlinie zu erstellen war, wurde das bereits bestehende Monitoringhandbuch des Bund/Länder-Messprogramms genommen und umfangreich überarbeitet. Zum Teil existieren auch Ideen, wie bspw. Fischer mit in die Überwachung einbezogen werden können, siehe z.B. das Projekt „Fishing for Litter", https://www.nabu.de/natur-und-landschaft/aktionen-und-projekte/meere-ohne-plastik/fishing-for-litter/ (10.2.2017).

1614 Siehe http://www.meeresschutz.info/index.php/berichte-art11.html (9.2.2017). Sehr anschaulich, interaktiv und übersichtlich dargestellt ist der Aufbau des

vorgegebenen Kategorien von Deskriptor, Kriterium und Indikator. Die tatsächliche fachliche Bewertung erfolgt dabei auf Ebene der Indikatoren, die am konkretesten definiert bzw. definierbar sind, und damit auf Ebene der Messprogramme. Diese stellen so die kleinste Einheit der Monitoringprogramme zum Meeresschutz dar.[1615] Aufgrund der bereits beschriebenen unzureichenden Datenlage im Meer und i.R.d. Festlegung und Operationalisierung nationaler Indikatoren im Lauf der weiteren Umsetzung der Meeresstrategie-Rahmenrichtlinie werden die bestehenden Messprogramme stetig überarbeitet, und neue Messprogramme werden erstellt. Bestehende Daten- und Wissenslücken sollen so schrittweise geschlossen werden.

Im Hinblick auf den schon bemühten Beispielsfall zu Deskriptor 10 „Abfälle im Meer" sieht das geplante deutsche Überwachungsprogramm wie folgt aus:[1616]

Monitoringprogramm zu D 10: Abfälle im Meer (Nordsee)	
Subprogramm 1: Abfall – Merkmale und Abundanz/Volumen	Messprogramm: Abfälle in Mägen von Meerestieren
	Messprogramm: Erfassung von Abfällen an der Küste (OSPAR-Strandmüllerfassung)
	Messprogramm: OSPAR Fulmar Litter EcoQO – Anzahl und Masse von Plastikmüllteilen in Eissturmvogelmägen
	Messprogramm: Erfassung von Abfällen auf dem Meeresboden
	Messprogramm: Strandmüllerfassung (für die Fraktion 5–25 mm [Mesomüll])
	Messprogramm: Erfassung von Abfällen an der Wasseroberfläche
Subprogramm 2: Abfall Mikropartikel – Abundanz/Volumen	Messprogramm: Erfassung von Mikropartikeln (< 5 mm) in Wasser und Sediment

Real existent sind davon bislang nur zwei Messprogramme in der Nordsee, nämlich:

Monitoringprogramms unter http://mhb.meeresschutz.info/de/index.php/monitoring/uebersicht.html (9.2.2017).

1615 Die Sub- und Messprogramme werden begleitet durch ein nationales Rahmenkonzept, welches einen Überblick über die Vorgaben der Meeresstrategie-Rahmenrichtlinie und die Bewertungsgrundlagen gibt. Das Rahmenkonzept wird als Teil A des Monitorings bezeichnet, das Monitoring-Handbuch, das die detaillierten Messprogramme enthält (und einer nationalen Datenbank entspricht), als Teil B.

1616 *European Commission*, Guidance on Monitoring of Marine Litter in European Seas, 2013.

- „Erfassung von Abfällen an der Küste (OSPAR-Strandmüllerfassung)[1617] (Makroabfälle > 2,5 cm)“ und
- „OSPAR Fulmar Litter EcoQO[1618] – Anzahl und Masse von Plastikmüllteilen in Eissturmvogelmägen“.

Zum Monitoringprogramm wird erläutert:[1619]

> Die Abschätzung der Mengen und Eigenschaften von Abfällen, die an der Küste angeschwemmt und von Nutzern der Strände dort hinterlassen werden (Strandmüllerfassungen) sowie Abfälle, die während der Nahrungsaufnahme von Eissturmvögeln an der Wasseroberfläche mit aufgenommen werden (EcoQO Abfallteile in Eissturmvogelmägen) erlaubt eine Beschreibung der gegenwärtigen Belastung und somit eine Abschätzung des gegenwärtigen Gefährdungspotentials von Abfällen in die Meeresumwelt.

Das rekurriert auf das Kriterium 10.2 „Belastungen des Lebens im Meer durch Müll“ des Beschlusses 2010/477/EU. Weiter heißt es:

> Die Bestimmung der Eigenschaften der registrierten Abfälle umfasst das Material, aus dem die Abfallteile hergestellt sind (Plastik, Holz, Metall usw.) sowie die Art ihrer Nutzung (Verpackung, Fischereinetz usw.). Die Registrierung der Eigenschaften, v.a. an der Küste, erlaubt Aussagen über die Quellen und vereinzelt auch der Eintragspfade der Abfallteile, z.B. welche Aktivitäten für den Eintrag von Abfällen verantwortlich sind. Die Analyse von zeitlichen Trends in den Mengen der Abfälle erlaubt eine Abschätzung über die Effektivität von Maßnahmen, die eingeführt wurden, um die Verschmutzung der Meere mit Abfällen zu reduzieren.

Diese Textpassage bezieht sich auf das Kriterium 10.1 „Eigenschaften von Müll in der Meeres- und Küstenumwelt“.

Die folgende Erläuterung verdeutlicht, dass sich die genannten Messprogramme zumindest momentan nur auf die Küstenregion beschränken und damit keine Information für den Indikator 10.1.2. liefert, der Abfälle in der Wassersäule und am Meeresboden in den Blick nehmen will:

> Bei den Strandmüllerfassungen wird ein großes Spektrum an Abfalltypen erfasst, somit werden neue Funde und ggf. neue Quellen der Verschmutzung schnell erkannt. Die Abfälle, die an der Küste registriert werden, liefern Information über Mengen und Trends von Meso- (5 mm–2,5 cm) und Makroabfällen (> 2,5 cm) in den Gewässern vor der Küste.

1617 *OSPAR Commission*, Monitoring Marine Litter on the Beaches in the OSPAR Maritime Area, 2010.

1618 Dazu *OSPAR Commission*, EcoQO on plastic particles in stomachs of seabirds, 2008, siehe: http://www.ospar.org/ospar-data/p00355_ecoqo%20plastics%20in%20seabird%20stomachs.pdf (26.6.2017); *Guse et al.*, OSPAR Fulmar Litter EcoQO, 2012.

1619 Siehe D 10 – Abfälle im Meer (ANSDE_Mon_012) auf http://mhb.meeresschutz.info/de/index.php/monitoring/uebersicht.html (9.2.2017).

Nur eingeschränkt erfasst werden auch die Trends von Mengen, Verteilung und Zusammensetzung von Mikropartikeln (insbesondere Mikroplastik) – Informationen können lediglich aus der Untersuchung der Eissturmvögel gewonnen werden:

> Die Abfälle, die in den Eissturmvogelmägen registriert werden, liefern Informationen über Trends in den Mengen von Abfällen im, mit dem bloßen Auge sichtbaren, Mikrobereich (zwischen 1–5 mm) und im Mesomüllbereich (0,5–2,5 cm), die an der Wasseroberfläche der küstennahen Gewässer treiben.

Schaut man sich daraufhin die Messprogramme näher an, werden dort u.a. Methode und Zyklus der Probenahme erläutert. So erfährt man bspw., dass zur Probenahme i.R.d. zweiten Messprogramms (OSPAR Fulmar Litter EcoQO – Anzahl und Masse von Plastikmüllteilen in Eissturmvogelmägen) tote Eissturmvogel aufgesammelt und seziert werden, oder dass i.R.d. ersten Messprogramms (OSPAR Strandmüllerfassung – Erfassung von Abfällen an der Küste) vierteljährlich Erfassungen an den Messstellen in Sylt, Scharhörn, Juist und dem Minsener Oog durchgeführt werden.[1620] Was für den Juristen bei der reinen Lektüre der Deskriptoren, Kriterien und Indikatoren noch nicht fassbar zu einem zahlenmäßig zu beziffernden Ergebnis führen konnte, erhellt sich ihm bei der Beschreibung der Überwachungsprogramme.

Jedoch wird mit den existierenden Monitoringprogrammen nur ein Teil der Meeresumwelt erfasst. Damit sind nur einzelne Indikatoren erfasst, und die Kriterien, die für eine umfassende Bewertung des Deskriptors 10 MSRL „Abfälle im Meer“ untersucht werden müssen, sind damit unvollständig. So fehlen bspw. noch Informationen zur räumlichen Verbreitung, von Mengen und Eigenschaften von Abfällen in der unteren Wassersäule und am Meeresboden. Das gleiche trifft auf die Verbreitung, Mengen und Eigenschaften von Mikropartikeln zu, die sich nicht in den Mägen von Eissturmvögeln befinden, sondern anderswo. Im Ergebnis muss der deutsche Bericht damit feststellen, dass eine „vollumfängliche Abschätzung der Gesamtmengen der Abfälle und eine Bewertung der Auswirkungen von Abfällen auf die Meeresumwelt zurzeit noch nicht möglich“ ist.[1621]

Zu den weiteren fehlenden Aspekten werden u.a. gezählt:

- Erfassung von Mesoabfällen (0,5–2,5 cm) in Sedimenten an der Küste,
- Erfassung von Abfällen in Mägen und im Kot von Meerestieren (zusätzlich zum Eissturmvogel, z.B. Fische oder marine Säuger),
- Erfassung von Abfällen in Kolonien von brütenden Seevögeln,
- Erfassung der Sterblichkeit durch die Verstrickung in Abfälle.

Diese Aspekte sollen durch laufende und geplante F&E-Vorhaben abgedeckt werden.

1620 Die gesammelten Daten finden sich unter OSPAR Beach Litter Database, http://www.mcsuk.org/ospar/ (9.2.2017).

1621 *Bund/Länder-Messprogramm*, Überwachungsprogramme – Rahmenkonzept, 2014, S. 67.

e. *Bewertung und Hinweise der Kommission*[1622]

Zu einem der eingeschränkten Befugnisse der Europäischen Kommission zählt die Erstellung einer Bewertung über die nationalen Berichte der Mitgliedstaaten i.R.d. Vorbereitungsphase.[1623] Die Europäische Kommission ist dem im Februar 2014 nachgekommen und hat die Anfangsbewertung, die Beschreibung des guten Umweltzustands und die festgelegten Umweltziele Deutschlands und sämtlicher Mitgliedstaaten einer Bewertung unterzogen.[1624] Neben „strong points" weist sie dabei auch „weak points" aus und erteilt den Mitgliedstaaten eine Empfehlung, wie die Berichte ihrer Ansicht nach so zu verbessern sind, dass sie das Ziel der guten Meeresumwelt erreichen können.[1625]

Schon fast erschreckend deutlich fällt das Urteil der Europäischen Kommission nach dieser ersten Zwischenbewertung aus: Im Ergebnis rückt die Europäische Kommission mit diesem Bericht davon ab, dass der gute Umweltzustand der Meeresgewässer bis zum Jahr 2020, also das eigentliche Ziel der Meeresstrategie-Rahmenrichtlinie, erreicht wird. Die Kommission ist nur mehr der Hoffnung, dass – vorausgesetzt, die Mitgliedstaaten unternehmen erhebliche Anstrengungen – „wir gemeinsam unsere Ozeane und Meere während der knappen Frist bis 2020 *besser schützen*."[1626]

Auch angesichts der durchweg durch die Mitgliedstaaten berichteten Probleme bei der Erstellung der Anfangsbewertung aufgrund der vorhandenen Datenlücken bestätigen die Berichte, „dass sich die Meere Europas nicht in einem „guten Umweltzustand" befinden".[1627] Das liegt insbesondere an der Überfischung der Bestände im Nordostatlantik, im Mittelmeer und im Schwarzen Meer, an der zu hohen Konzentration von Nährstoffen insbesondere in der Ostsee und im Schwarzen Meer, an der Meeresverschmutzung durch Abfälle und am voranschreitenden Klimawandel, der zur Verschlechterung der marinen Ökosystem beiträgt.[1628]

Die Europäische Kommission bemängelt an den eingereichten Berichten der Mitgliedstaaten, dass die von diesen aufgestellten Definitionen eines guten Umweltzustandes und der Weg, auf dem sie ihn erreichen wollen, „insgesamt nur

1622 Dieser Abschnitt wird bewusst nicht in C. Bewertung integriert, da es hier um die Bewertung der deutschen Berichte durch die Europäische Kommission geht. Diese Berichte können durch Nachbesserungen von deutscher Seite aus so verändert werden, dass sie besser als in ihrer aktuellen Fassung zu einem guten Umweltzustand beitragen können. Letztlich können sie aber nur so gut sein wie ihr Ausgangspunkt, die Meeresstrategie-Rahmenrichtlinie. Deren Bewertung wird aus diesem Grund gesondert in C. behandelt.

1623 Art. 12 (und 16 zu den Maßnahmenprogrammen) MSRL. Siehe dazu schon oben A.II.

1624 Bewertung und Hinweise der Europäischen Kommission, COM(2014) 97 final v. 20.2.2014, mit Annex SWD(2014) 49 final.

1625 „… Hinweise in Form von Empfehlungen, denen auf EU-, regionaler und nationaler Ebene nachzukommen ist", so COM(2014) 97 final v. 20.2.2014, S. 2.

1626 COM(2014) 97 final v. 20.2.2014, S. 11.

1627 COM(2014) 97 final v. 20.2.2014, S. 3.

1628 COM(2014) 97 final v. 20.2.2014, S. 3.

geringen Ehrgeiz erkennen" ließen und sogar häufig bestehende Verpflichtungen und Standards ignorierten.[1629] Zudem sei „die Qualität der Berichterstattung von Land zu Land und innerhalb einzelner Mitgliedstaaten je nach Deskriptor sehr unterschiedlich" und die Anfangsbewertungen der Mitgliedstaaten vermittelten oft nur einen sehr „fragmentierten Überblick über den Zustand der Meeresgewässer", ließen aber gleichzeitig strategische Ansätze vermissen, wie sich die vorhandenen Datenlücken schließen lassen.[1630] Insgesamt fehle es an einem kohärenten Vorgehen auf regionaler Ebene durch die Mitgliedstaaten einer Meeresregion, so dass es „kein gemeinsames Verständnis vom guten Umweltzustand in der EU" gebe.[1631] Dies ist aber substanziell für das Schutzniveau und den Erfolg der Richtlinie.[1632]

Zu den deutschen Berichten der Anfangsbewertung, der Beschreibung des guten Umweltzustandes und der Umweltziele merkt die Europäische Kommission im Einzelnen Folgendes an: Im Grundsatz lobt die Europäische Kommission die abgegebenen deutschen Berichte zur Anfangsbewertung, merkt aber gleichzeitig an, dass sie insgesamt gesehen lediglich eine Sammlung der zur Verfügung stehenden Informationen darstelle, ohne konkrete Aussagen zum tatsächlichen Zustand der deutschen Meere zu treffen oder Trends in Veränderungen darzustellen.[1633] Auch bei der deutschen Beschreibung des guten Umweltzustandes bemängelt die Europäische Kommission fehlende eigene ambitionierte Ansätze, die über die bestehenden rechtlichen Verpflichtungen hinausgehen.[1634] Ebenso sieht sie bei den festgelegten deutschen Umweltzielen noch erheblichen Verbesserungsbedarf, der insbesondere in der Formulierung quantitativer Zielsetzungen liege.[1635]

Im Januar 2017 veröffentlichte die Kommission ihre Bewertung der Überwachungsprogramme.[1636] Insgesamt meldeten die 20 Mitgliedstaaten über 200 Überwachungsprogramme mit fast 1.000 Teilprogrammen an. Der weitaus größte Anteil

1629 COM(2014) 97 final v. 20.2.2014, S. 2. Viele Mitgliedstaaten haben unvollständige Berichte eingereicht. Ein Mitgliedstaat, Polen, hat überhaupt keine Berichte geliefert; die EU prüft rechtliche Schritte, siehe SWD(2014) 49 final v. 20.2.2014, S. 12. Zur Umsetzung in Spanien und Portugal siehe *Thiel*, Mar Policy (39) 2013, 322 ff.

1630 COM(2014) 97 final v. 20.2.2014, S. 5 f.

1631 Nicht einmal auf der Ebene der Unterregionen, siehe COM(2014) 97 final v. 20.2.2014, S. 8.

1632 *Weiß*, ZUR 2017, 331 ff.

1633 SWD(2014) 49 final v. 20.2.2014, Appendix II, S. 126.

1634 Das gelte insbesondere für Deskriptor 10 „Abfälle im Meer", SWD(2014) 49 final v. 20.2.2014, Appendix II, S. 125 f. Potential sieht die Europäische Kommission hingegen bei den Deskriptoren 2 „Nicht-einheimische Arten", 3 „Kommerziell befischte Fisch- und Schalentierbestände" und 11 „Einleitung von Energie".

1635 SWD(2014) 49 final v. 20.2.2014, Appendix II, S. 126 f., Appendix I, S. 89: Die Umweltziele sollen SMART sein, d.h. *S*pecific, *M*easurable with a threshold value or a baseline for trend-based indicators, *A*chievable, *R*ealistic, *T*ime-bound.

1636 Bericht der Kommission an das Europäische Parlament und den Rat über die Bewertung der Überwachungsprogramme der Mitgliedstaaten gemäß der Meeresstrategie-Rahmenrichtlinie, COM(2017) 3 final v. 16.1.2017, mit Annex SWD(2017) 1 final.

der Überwachungstätigkeit entfällt mit 73 Prozent auf die Auswirkung menschlicher Tätigkeiten, nur zwölf Prozent auf die Wirksamkeit von Maßnahmen, die der Abschwächung der Belastung und Folgen menschlicher Tätigkeiten in marinen Gebieten.[1637] 51 Prozent der Überwachungstätigkeit der Mitgliedstaaten findet in der AWZ statt.[1638] Die Europäische Kommission bewertete ebenfalls, inwieweit Überwachungsprogramme für die einzelnen Deskriptoren bis zum Jahr 2020 eingerichtet sein werden und bemängelt diesbezüglich eine unzureichende Abdeckung.[1639] Dies gilt auch für Deutschland.[1640] Insbesondere bei der Überwachung der Fortschritte bei der Erreichung eines guten Umweltzustandes sieht die Kommission deutlichen Verbesserungsbedarf.[1641]

2. *Maßnahmenprogramme*

Nach Art. 5 Abs. 2b und Art. 13 MSRL müssen die Mitgliedstaaten diejenigen Maßnahmen festlegen, die zur Erreichung eines guten Meeresumweltzustandes erforderlich sind. Die Maßnahmen bauen damit auf den ersten drei Bestandteilen der Vorbereitung auf: Aus der Gegenüberstellung des Ist- (= Anfangsbewertung) und des Soll-Zustandes (= Beschreibung einer guten Meeresumwelt) wurden Umweltziele gewonnen, mit deren Erreichung ein ursprünglich mangelhafter Ist-Zustand auf den Soll-Zustand gehoben werden soll. Die Umweltziele stellen dabei das Ergebnis eines Prozesses dar, die Maßnahmenprogramme sind die Handlungsanweisungen auf dem Weg dorthin. Art. 13 Abs. 4 MSRL und Anhang VI der Meeresstrategie-Rahmenrichtlinie, die u.a. *räumliche* Schutzmaßnahmen fordern, wurden in der vorliegenden Bearbeitung dabei als diejenigen Regelungen identifiziert, die zentrale Relevanz für eine nationale maritime Raumplanung besitzen.[1642]

§ 45h WHG setzt Art. 13 MSRL in deutsches Recht um.[1643] Danach sind die Maßnahmenprogramme auf der Grundlage der Anfangsbewertung und der festgelegten Umweltziele zu erstellen. Sie weisen alle kostenwirksamen Maßnahmen aus, die zur Erreichung einer guten Meeresumwelt erforderlich sind; vor Aufstellung und Aktualisierung der Maßnahmen sind Kosten-Nutzen-Analysen und Folgenabschätzungen durchzuführen.[1644] Alle Maßnahmen müssen dabei dem Prinzip einer

---

1637 COM(2017) 3 final v. 16.1.2017, S. 4.

1638 COM(2017) 3 final v. 16.1.2017, S. 6.

1639 COM(2017) 3 final v. 16.1.2017, S. 7 f.

1640 „None of the descriptor categories are sufficiently addressed in the reported monitoring programmes“, SWD(2017) 1 final, S. 20 ff.

1641 COM(2017) 3 final v. 16.1.2017, S. 11 f.

1642 Siehe A.V.2.

1643 *Gößl*, in: *Sieder et al.*, WHG, Kommentar, 50. Auflage 2016, § 45h; *Czychowski/Reinhardt*, WHG, Kommentar, 11. Auflage 2014, § 45h.

1644 Gem. Art. 13 Abs. 3 UAbs. 2 MSRL; § 45h Abs. 2 WHG. Eine Einschränkung besteht für solche Tätigkeiten, die allein der Verteidigung dienen; diese dürfen gem. § 45h Abs. 4 WHG nicht eingeschränkt werden. *Altenschmidt*, NuR 2017, 12 ff., geht von der

nachhaltigen Entwicklung Rechnung tragen.[1645] Anhang VI MSRL, der verschiedene Arten von Maßnahmenprogrammen wie z.B. wirtschaftliche Anreize oder die Steuerung menschlicher Einwirkungen auflistet, wird über § 45h Abs. 1 Satz 3 WHG in das nationale Recht eingebunden.[1646] Art. 13 Abs. 4 MSRL findet sich in § 45h Abs. 1 Satz 4 Nr. 1 WHG wieder, wonach die Maßnahmenprogramme auch räumliche Schutzmaßnahmen i.S.d. § 56 Abs. 2 BNatSchG enthalten.[1647]

Die räumlichen Schutzmaßnahmen müssen gem. Art. 13 Abs. 4 MSRL zu einem „kohärenten und repräsentativen Netzwerk geschützter Meeresgebiete beitragen, die die Vielfalt der einzelnen Ökosysteme angemessen abdecken". Der Artikel der Meeresstrategie-Rahmenrichtlinie verweist dabei ausdrücklich auf Schutzgebiete i.S.d. Habitat- und Vogelschutzrichtlinien sowie sonstige Meeresschutzgebiete, die aufgrund regionaler Übereinkommen vereinbart wurden. Dazu gehören insbesondere die OSPAR- und HELCOM-Übereinkommen.[1648] Nach Art. 13 Abs. 6 MSRL bzw. § 45h Abs. 1 Satz 5 WHG waren die dazu einschlägigen Informationen für jede Meeresregion und -unterregion spätestens bis 2013 – und damit vor der Frist für die sonstigen Maßnahmen, die zum 31. Dezember 2015 abgelaufen war – zu veröffentlichen. Die Bundesregierung ist dem mit Veröffentlichung verschiedener Dokumente auf der Internetseite www.meeresschutz.info[1649] nachgekommen.

Abgesehen von der zeitlichen Frist für die räumlichen Schutzmaßnahmen hatten die Mitgliedstaaten nach der Rahmenrichtlinie zu gewährleisten, dass die Maßnahmenprogramme innerhalb eines Jahres nach ihrer Erstellung in die Praxis umgesetzt sind, d.h. bis zum 31. Dezember 2016.[1650] Dieser zeitliche Ansatz ist durch § 45h Abs. 5 WHG aufgenommen worden.

Rechtswidrigkeit der deutschen Maßnahmenprogramme aus. Das begründet er damit, dass eine vollständige Folgenabschätzung mit Kosten-Nutzen-Analyse fehle und die vorgesehenen neuen Maßnahmen als Gegenstand laufender interner Abstimmungsverfahren unter Finanzierungsvorbehalt gestellt wurden, vgl. *Bundesministerium für Umwelt*, MSRL-Maßnahmenprogramm, 2016, Anmerkung auf S. 3, S. 12 f.

1645 § 45h Abs. 1 Satz 1 WHG.

1646 Daneben verlangt die Europäische Kommission für die Berichterstattung eine Einteilung der Maßnahmen in sog. MSRL-spezifische Schlüsselmaßnahmetypen („Key Type Measures", KTM), siehe *European Commission*, CIS PoM under the MSFD, 2014, siehe: https://circabc.europa.eu/sd/a/0ee797dd-d92c-4d7c-a9f9-5dffb36d2065/GD10%20-%20MSFD%20recommendations%20on%20measures%20and%20exceptions_25-11-2014.pdf (26.6.2017), Annex 2 – VII.

1647 § 56 Abs. 2 BNatSchG verweist auf die Möglichkeit, zusammenhängende und repräsentative Netze geschützter Meeresgebiete aufzubauen.

1648 Siehe dazu 1. Kapitel, B.III.1. und 2.

1649 Genauer: http://www.meeresschutz.info/index.php/berichte-art-136.html (9.2.2017).

1650 Art. 5 Abs. 2b lit. ii, Art. 13 Abs. 10 MSRL. Es ist anzunehmen, dass v.a. durch die Maßnahmenprogramme der Wasserrahmenrichtlinie (zur Nähr- und Schadstoffreduzierung und zu den Laichhabitaten) und durch die FFH-Managementpläne (bzgl. Nutzungen) ein wesentlicher Teil der erforderlichen Maßnahmen bereits umgesetzt oder zumindest konzipiert ist; so *Rabe*, Umsetzung der MSRL

Für die Maßnahmenprogramme war gem. § 14b i.V.m. Nr. 1.9 Anlage 3 UVPG eine Strategische Umweltprüfung durchzuführen, um frühzeitig die Umweltauswirkungen der Programme zu ermitteln, zu beschreiben und zu bewerten. Der Umweltbericht über die erfolgte Umweltprüfung, der nach § 14g UVPG zu erstellen ist, wurde in die Berichte integriert.[1651] Dänemark, die Niederlande, Polen, Schweden und das Vereinigte Königreich von Großbritannien und Nordirland wurden gem. § 14j UVPG und Art. 10 Espoo grenzüberschreitend beteiligt.[1652] Die Öffentlichkeit hatte bis zum 30. September 2015 die Möglichkeit, zu den Entwürfen der Maßnahmenprogramme schriftlich Stellung zu nehmen, die Berichterstattung an die Europäische Kommission erfolgte zum 31. März 2016[1653] und damit mit dreimonatiger Verspätung.[1654]

Die Meeresstrategie-Rahmenrichtlinie sieht in Art. 5 Abs. 3 MSRL neben der Möglichkeit zur Fristverlängerung und Ausnahmen von Bewirtschaftungszielen auch Ausnahmeregelungen für die Maßnahmenprogramme vor, die mit § 45h Abs. 6 WHG umgesetzt wurden. Voraussetzung dafür ist die Erkenntnis, dass „der Zustand des Meeres so kritisch ist, dass dringend gehandelt werden muss". Danach legt die zuständige Behörde – abweichend von der eigentlichen Frist des 31. Dezember 2015 – einen früheren Zeitpunkt für die Aufstellung und Durchführung der Maßnahmenprogramme fest und sieht gegebenenfalls strengere Schutzmaßnahmen vor. Die Europäische Kommission ist einzubinden.[1655] Die Bundesrepublik sah einen solchen Fall als nicht gegeben an.

Kritiker werfen der Meeresstrategie-Rahmenrichtlinie schon jetzt vor, dass es ihr an konkreten Schutzmaßnahmen mangele, sowohl auf Unionsebene als auch hinsichtlich möglicher Vorgaben für die Mitgliedstaaten. Genausowenig enthalte das Wasserhaushaltsgesetz selbst ein ausdrückliches Instrumentarium für Meeresgewässer (außerhalb von Küstengewässern), um die Ziele der Rahmenrichtlinie zu erreichen.[1656]

– Bestandsaufnahme und Handlungsbedarf, 2009, siehe: http://www.blmp-online.de/Seiten/Berichte.html (23.6.2017), S. 8.

1651 Siehe Teil II.3. und III.3. des MSRL-Maßnahmenprogramms, *Bundesministerium für Umwelt*, MSRL-Maßnahmenprogramm, 2016. Zum schutzgutbezogenen Prüfungsumfang der Strategischen Umweltprüfung siehe dort Anhang 4. Die zusammenfassende Umwelterklärung findet sich unter http://www.meeresschutz.info/berichte-art13.html (9.4.2017).

1652 Deutschland hat eine englische Zusammenfassung des Maßnahmenprogramms und des Umweltberichts zur Verfügung gestellt, siehe http://www.meeresschutz.info/oeb-anhoerung.html (12.4.2017). Zur Durchführung der Umweltverträglichkeitsprüfung zwischen Deutschland und Polen siehe *Richter*, Empfehlungen für die Durchführung der grenzüberschreitenden UVP, 2002.

1653 Siehe dazu *Bund/Länder-Ausschuss Nord- und Ostsee*, Öffentlichkeitsbeteiligung zum MSRL-Maßnahmenprogramm – Synopse eingegangener Stellungnahmen, 2016, im Internet unter http://www.meeresschutz.info/berichte-art13.html (12.4.2017).

1654 Darauf weist auch *Altenschmidt*, NuR 2017, 12 ff. (15 f.) hin. A.A. *Weiß*, ZUR 2017, 331 ff.

1655 Art. 5 Abs. 3 Satz 2 MSRL.

1656 *Hofmann*, Rechtliche Aspekte der Umsetzung der MSRL, in: Durner (Hrsg.), Wasserrechtlicher Reformbedarf in Bund und Ländern, 2011, S. 1 ff. (5). Weiter dazu unter C.IV.

a. *Räumliche Schutzmaßnahmen*

Die Veröffentlichung auf www.meeresschutz.info umfasst eine Aufstellung der marinen Schutzgebiete, einmal als Grafik und einmal als Tabelle. Die Aufstellung beinhaltet die FFH-Gebiete und EU-Vogelschutzgebiete im deutschen Küstenmeer und in der deutschen AWZ von Nord- und Ostsee. Die tabellarische Aufstellung listet daneben detailliert die Gebiete mit Name, Sitecode, Umfang der marinen Fläche in km², Gebietsstatus[1657] und Hauptausweisungsgründe[1658] auf. Sie enthält ebenfalls eine Information darüber, in welchem Bundesland sich das entsprechende Gebiet befindet oder ob es zur AWZ gehört und um welche Art des Gebietes es sich handelt.[1659] Festzustellen ist, dass die Bundesrepublik Deutschland i.R.d. Berichterstattung für die Meeresstrategie-Rahmenrichtlinie keinerlei neue marine Schutzgebiete ausgewiesen hat.[1660] Im Bericht werden nur die bereits bestehenden marinen Schutzgebiete aufgeführt. Ob dies zur Erfüllung der Vorgaben aus Art. 13 Abs. 4 MSRL ausreichend ist, ist mehr als fraglich. Der Wortlaut des Artikels spricht durch die Formulierung „beitragen" eher für eine Verpflichtung, *zusätzliche* räumliche Schutzmaßnahmen zu ergreifen, d.h. zusätzliche Ausweisungen von Schutzgebieten vorzunehmen, die in maritime Raumordnungspläne zu übernehmen sind.[1661] Die rechtliche Konsequenz aus dieser Auslegung ist, dass die Bundesrepublik Deutschland die Meeresstrategie-Rahmenrichtlinie an dieser Stelle nicht ausreichend und damit nicht ordnungsgemäß umgesetzt hat.

b. *Maßnahmenprogramme*

Der deutsche Bericht zu den Maßnahmenprogrammen wird begleitet durch Maßnahmenkennblätter, die detaillierte Informationen zu den geplanten neuen Maßnahmen enthalten, sowie ein Hintergrunddokument zur sozioökonomischen Bewertung.[1662]

1657 Nationalpark (NP), Naturschutzgebiet (NSG) oder Landschaftsschutzgebiet (LSG). Der Umfang des unterschiedlichen Schutzstatus ergibt sich aus dem Bundesnaturschutzgesetz, §§ 20 ff. BNatSchG.

1658 Zu den geschützten Arten gehören bspw. Kegelrobbe, Schweinswal und Seehund, aber auch die Kategorisierung als Feuchtgebiet von internationaler Bedeutung, Brut- oder Rastgebiet für bestimmte schützenswerte Arten nach FFH- und Vogelschutzrichtlinie.

1659 FFH, SPA oder SAC. Siehe dazu oben 1. Kapitel, B.III. und C.IV.

1660 *Bundesministerium für Umwelt*, MSRL-Maßnahmenprogramm, 2016, S. 13.

1661 Vgl. oben A.V.2c.

1662 Siehe *Bundesministerium für Umwelt*, MSRL-Maßnahmenprogramm, 2016; *Bundesministerium für Umwelt*, MSRL-Maßnahmenprogramm, Anlage 1 Maßnahmenkennblätter, 2016, und *Bund/Länder-Ausschuss Nord- und Ostsee*, MSRL-Maßnahmenprogramm, Anlage 2 Hintergrunddokument zur sozioökonomischen Bewertung, 2015. Methodisch folgt das deutsche Maßnahmenprogramm den europäischen Empfehlungen, siehe *European Commission*, CIS PoM under the MSFD, 2014, siehe: https://circabc.europa.eu/sd/a/0ee797dd-d92c-4d7c-a9f9-5dffb36d2065/GD10%20-%20MSFD%20recommendations%20on%20measures%20and%20exceptions_25-11-2014.pdf (26.6.2017).

Der Bericht fasst zunächst die bestehenden nationalen Maßnahmen, die im Rahmen anderer europäischer Umweltrichtlinien sowie regionalen und internationalen Vereinbarungen ergriffen wurden („Inventarisierung"), zusammen und bewertet sie hinsichtlich ihres qualitativen Beitrags zur Erreichung der festgelegten deutschen Umweltziele nach der Meeresstrategie-Rahmenrichtlinie. Er kommt dabei zu dem Ergebnis, dass die bestehenden Maßnahmen insgesamt nicht ausreichen, um die Umweltziele und letztlich den guten Umweltzustand zu erreichen.[1663] Demzufolge sind ergänzend 31 neue Maßnahmen („Maßnahmenpool") vorgesehen. Die Maßnahmen sind dabei in verschiedene Kategorien unterteilt.

Überblick über die bestehenden und neuen Maßnahmen zur Erreichung der Umweltziele[1664]	
Kategorie 1a (bestehend)	Measures relevant for the achievement and maintenance of GES under the MSFD, that have been adopted under other policies and implemented *Bestehende Maßnahmen, die im Rahmen anderer Politiken angenommen und implementiert wurden*
Kategorie 1b (bestehend)	Measures relevant for the achievement of GES under the MSFD that have been adopted under other policies but that have not yet been implemented or fully implemented *Bestehende Maßnahmen, die im Rahmen anderer Politiken angenommen, aber noch nicht oder nicht vollständig implementiert sind*
Kategorie 2a (neu)	Additional measures to achieve and maintain GES which build upon existing implementation processes regarding other EU legislation and international agreements but go beyond what is already required under these *Neue Maßnahmen, die auf bestehenden Programmen aufbauen, aber über die darin festgelegten Anforderungen hinausgehen*
Kategorie 2b (neu)	Additional measures to achieve and maintain GES which do not build on existing EU legislation or international agreements *Neue Maßnahmen, die nicht auf bestehenden Programmen aufbauen*

1663 *Bundesministerium für Umwelt*, MSRL-Maßnahmenprogramm, 2016, S. 12.

1664 4 Gem. *European Commission*, CIS PoM under the MSFD, 2014, siehe: https://circabc.europa.eu/sd/a/0ee797dd-d92c-4d7c-a9f9-5dffb36d2065/GD10%20-%20MSFD%20recommendations%20on%20measures%20and%20exceptions_25-11-2014.pdf (26.6.2017). Dazu *Altenschmidt*, NuR 2017, 12 ff.

Die Handlungsschwerpunkte der für den Zeitraum 2016–2021 vorgeschlagenen 31 neuen Maßnahmen fokussieren sich dabei auf die Belastungsquellen im Meer:[1665]

- Reduzierung stofflicher Belastungen, u.a. schiffsseitiger Emissionen und Einleitungen,
- Schutz der marinen Biodiversität, u.a. durch räumliche Maßnahmen zum Schutz mariner Arten und Habitate,
- Reduzierung der Müllbelastung durch eine Kombination von Maßnahmen in Bezug auf Produktdesign, Abfallwirtschaft, Nachsorge und Öffentlichkeitsarbeit,
- Reduzierung von Unterwasserlärm durch die Entwicklung und Anwendung von Lärmminderungsmaßnahmen, unterstützt u.a. durch die Etablierung von Lärmkartierung, Schallregister und biologischen Grenzwerten.

Erfreulich ist, dass neben den sowieso schon bestehenden auch neue Maßnahmen ergriffen wurden.[1666] Bei dem Umweltziel „Meere ohne Belastung durch Abfall“ machen die neuen Maßnahmen sogar mit neun von insgesamt 15 Maßnahmen den größeren Anteil aus. Zu den bestehenden und zum Teil schon umgesetzten Maßnahmen gehören solche aus Verpflichtungen der Abfallrahmenrichtlinie, der Wasserrahmenrichtlinie, der Richtlinie über Hafenauffangeinrichtungen für Schiffsabfälle und Ladungsrückstände, MARPOL, HELCOM und der IMO.

Umweltziel UZ 5: Meere ohne Belastung durch Abfall	
1. Bestehende Maßnahmen	
Abfallwirtschaft (z.B. Pfandsysteme, Deponieverbot für Kunststoffe, Abfallvermeidung)	Kat. 1b
Weitergehende Abwasserbehandlung	Kat. 1b
Verbot der Einbringung von Abfällen in die Hohe See	Kat. 1a
Vorgaben für Hafenauffangeinrichtungen, Mülltagebücher und Müllbehandlungspläne	Kat. 1a
Schiffsabfallregelungen: Hafenstaatkontrolle, Sondergebiete nach MARPOL V	Kat. 1b
PSSA Wattenmeer und Ostsee	Kat. 1a

Die geplanten Maßnahmen erfüllen neben den Vorgaben der Meeresstrategie-Rahmenrichtlinie gleichzeitig die Vorgaben weiterer EU-Richtlinien und internationaler Vereinbarungen, wie z.B. die FFH- und Vogelschutzrichtlinien, der GFP, UNEP-Empfehlungen, OSPAR und HELCOM.

1665 *Bundesministerium für Umwelt*, MSRL-Maßnahmenprogramm, 2016, S. 12 f.
1666 Siehe zur Gesamtaufstellung Anhang 2, *Bundesministerium für Umwelt*, MSRL-Maßnahmenprogramm, 2016.

Umweltziel UZ 5: Meere ohne Belastung durch Abfall	
2. Neue Maßnahmen	
Verankerung des Themas Meeresmüll in Lehrzielen, Lehrplänen und -material	Kat. 2a
Modifikation/Substitution von Produkten unter Berücksichtigung einer ökobilanzierten Gesamtbetrachtung	Kat. 2a
Vermeidung des Einsatzes von primären Mikroplastikartikeln	Kat. 2a
Reduktion der Einträge von Kunststoffmüll, z.B. Plastikverpackungen, in die Meeresumwelt	Kat. 2a
Müllbezogene Maßnahmen zu Fischereinetzen und -geräten	Kat. 2a
Etablierung des „Fishing for Litter"-Konzepts	Kat. 2a
Reduzierung bereits vorhandenen Mülls im Meer	Kat. 2a
Reduzierung des Plastikmüllaufkommens durch lokale ordnungsrechtliche Vorgaben	Kat. 2a
Reduzierung der Emission und des Eintrags von Mikroplastikartikeln	Kat. 2a

Über Kennblätter, die die Bundesrepublik zu jeder einzelnen neuen Maßnahme erstellt hat, erfährt man weitere Details zu den geplanten Maßnahmen.[1667] So wird z.B. die Maßnahme „Modifikation/Substitution von Produkten" bis auf die Ballonschnüre von Luftballons und den Zigarettenfilter heruntergebrochen, die zu den häufigsten problematischen Müllfunden in Nord- und Ostsee gehören.[1668] Erkennbar wird durch die Breite der Maßnahmen auch, dass nicht nur die seeseitigen Eintragungspfade für Müll im Meer, wie z.B. durch Schiffsabfälle, betrachtet, sondern auch die landseitigen Eintragungspfade eingeschlossen werden. Dazu zählt auch die Reduzierung des Plastikmüllaufkommens insgesamt, wozu auch Änderungen im Produktdesign und der Zusammensetzung von Kunststoffverpackungen gehören können. Neben einem Umdenken in der Fischerei, deren Netze und Geräte ebenfalls einen großen Anteil an der Vermüllung der Meere ausmachen, oder durch Reinigungsaktionen wie das „Fishing for Litter"-Projekt, wird auch auf ein allgemeines Bewusstsein für das Problem angestrebt, z.B. durch die Verankerung in schulischen und beruflichen Lehrplänen.

Die deutschen Maßnahmenpläne enthalten dabei – beim Überblick sämtlicher Maßnahmen zu den deutschen Umweltzielen – eine Reihe raumbedeutsamer Vorhaben, die allerdings aufgrund der bis dato geringen Detailtiefe, die erst bis Ende

---

1667 Für jede neue Maßnahme wurde ein Kennblatt angelegt, das u.a. die Öffentlichkeit detailliert informiert, die nationalen Maßnahmen dokumentiert und der späteren Maßnahmenkontrolle dient, siehe *Bundesministerium für Umwelt*, MSRL-Maßnahmenprogramm, Anlage 1 Maßnahmenkennblätter, 2016.

1668 *Bundesministerium für Umwelt*, MSRL-Maßnahmenprogramm, Anlage 1 Maßnahmenkennblätter, 2016, S. 85 ff.

2016 erfolgen sollte,[1669] an dieser Stelle noch nicht weiter bewertet werden können.[1670] Auch eine Bewertung der Maßnahmenprogramme durch die Europäische Kommission nach Art. 16 MSRL ist noch nicht erfolgt.[1671] Dazu gehören u.a.:

- Einrichtung eines Stickstoff-Emissions-Sondergebietes (NECA) in Nord- und Ostsee,[1672]
- Aufnahme von für das Ökosystem wertbestimmenden Arten und Biotoptypen in Schutzgebietsverordnungen sowie Maßnahmen zum Schutz wandernder Arten im marinen Bereich,[1673]
- Aufbau eines Registers für relevante Schallquellen und Schockwellen und Etablierung standardisierter verbindlicher Berichtspflichten sowie Lärmkartierung der deutschen Meeresgebiete.[1674]

IV. Fortgang

2018 ist der Europäischen Kommission ein Zwischenbericht über die Maßnahmenprogramme zu erstatten, der die erzielten Fortschritte durch die Durchführung der Programme aufzeigen muss (Art. 18 MSRL). Die Kommission ihrerseits veröffentlicht bis spätestens zum Jahr 2019 einen ersten Bewertungsbericht zur Umsetzung der Meeresstrategie-Rahmenrichtlinie (Art. 20 MSRL).

C. Bewertung

In den ersten beiden Teilen (A. und B.) dieses Kapitels wurden die Inhalte der Meeresstrategie-Rahmenrichtlinie und die erfolgte Umsetzung in das deutsche Wasserhaushaltsgesetz dargestellt. Herausgearbeitet wurden dabei die Ziele der Meeresstrategie-Rahmenrichtlinie:

1669 *Bund/Länder-Ausschuss Nord- und Ostsee*, MSRL-Maßnahmenprogramm, Anlage 2 Hintergrunddokument zur sozioökonomischen Bewertung, 2015, S. 8.

1670 Umweltverbände fordern in ihrer „Schattenliste" deutlich weitergehende Maßnahmen, siehe *BUND*, Schattenliste der Umweltverbände, 2014.

1671 Darauf weist *Weiß*, ZUR 2017, 331 ff. hin.

1672 I.R.d. Umweltziels „Meere ohne Beeinträchtigung durch Eutrophierung", *Bundesministerium für Umwelt*, MSRL-Maßnahmenprogramm, Anlage 1 Maßnahmenkennblätter, 2016, S. 26 ff.

1673 I.R.d. Umweltziels „Meere ohne Beeinträchtigung der marinen Arten und Lebensräume durch die Auswirkungen menschlicher Aktivitäten", *Bundesministerium für Umwelt*, MSRL-Maßnahmenprogramm, Anlage 1 Maßnahmenkennblätter, 2016, S. 49 ff., 54 ff. Zu Wanderungsszenarien siehe *Hendler et al.*, NuR 2010, 685 ff. (686).

1674 I.R.d. Umweltziels „Meere ohne Beeinträchtigung durch anthropogene Energieeinträge", *Bundesministerium für Umwelt*, MSRL-Maßnahmenprogramm, Anlage 1 Maßnahmenkennblätter, 2016, S. 124 ff., 128 ff.

Art. 1 Abs. 1 MSRL enthält das materielle Ziel, bis zum Jahr 2020 einen guten Umweltzustand der Meeresgewässer zu erhalten oder zu erreichen.[1675] Daneben verfolgt die Rahmenrichtlinie auch das politikenübergreifende Ziel der Integration, mit dem die verschiedenen Akteure im Meeresbereich und die Nutzungsmöglichkeiten von Ozeanen und Meeren gesteuert werden sollen.[1676] Es wurde zudem aufgezeigt, dass die Meeresstrategie-Rahmenrichtlinie in ihrem Artikel 13 zur Erreichung des guten Umweltzustandes der Meeresgewässer die Implementierung räumlicher Schutzmaßnahmen vorsieht und dass an dieser Stelle die Verbindung zur maritimen Raumplanung zu sehen ist.

Die Meeresstrategie-Rahmenrichtlinie ist im Ergebnis damit die erste ausdrückliche normativ verbindliche Strategie zum umfassenden Umweltschutz der Meere.[1677] Die Erwartungen, die an die Meeresstrategie-Rahmenrichtlinie gestellt werden, sind folglich äußerst vielfältig und vielschichtig. Sie umfassen neben den im vorangegangenen Absatz genannten rechtlichen und tatsächlichen Zielen auch die Erwartung auf politische Änderungen und die Entwicklung prozeduraler und materieller Maßstäbe. Jedoch trat schon kurz nach Erlass der Richtlinie aufgrund heftiger Kritik[1678] eine gewisse Ernüchterung ein. Hat sich die EU mit dem Projekt „Meeresumweltschutz" übernommen? Was kann die Meeresstrategie-Rahmenrichtlinie wirklich leisten und was kann (noch) von ihr erwartet werden? An diesem Punkt der Untersuchung soll die Meeresstrategie-Rahmenrichtlinie – sowie ihre Umsetzung in nationales Recht – einer umfassenden Bewertung unterzogen werden, insbesondere im Hinblick auf die bereits in den Teilen A. und B. angerissenen Probleme und die geäußerte Kritik. Für die Bewertung werden dabei die an die Rahmenrichtlinie gestellten Erwartungen und ihre propagierten Ziele den tatsächlichen Regelungswirkungen bzw. Regelungsmöglichkeiten durch die (in nationales Recht umgesetzten) Normen gegenübergestellt. Ein eventuell ersichtlicher Änderungsbedarf wird herausgearbeitet.

Die bei der bisherigen Untersuchung aufgetauchten Fragen, Ungenauigkeiten und Kritikpunkte, die an der Meeresstrategie-Rahmenrichtlinie und ihrer Umsetzung in nationales Recht geübt werden, umfassen die folgenden Punkte:

- Die Fähigkeit der Meeresstrategie-Rahmenrichtlinie, verschiedene Sektorpolitiken zu integrieren (gleich unter I.);
- die rechtliche Verknüpfung der Meeresstrategien der Mitgliedstaaten untereinander sowie die Verknüpfung der Meeresstrategien zu bestehenden umweltbezogenen internationalen, supranationalen und regionalen Regelwerken (II.);

1675 Siehe A.III.

1676 BR-Drs. 788/05, S. 2; *Schlacke*, Statement zur Umsetzung der MSRL, in: Durner (Hrsg.), Wasserrechtlicher Reformbedarf in Bund und Ländern, 2011, S. 21 ff. (22).

1677 Siehe in diesem Kapitel A.I.3.

1678 Auch schon während des Gesetzgebungsprozesses. Ausführlich u.a. *Markus/Schlacke*, ZUR 2009, 464 ff. (466); *Salomon*, Environ Sci Policy (12) 2009, 359 ff.; *Rossi*, JbUTR 2007, 81 ff.

- die Unbestimmtheit des Begriffs „guter Umweltzustand“ (III.);
- die Frage nach der Effektivität der vorgesehenen Instrumente zum Erreichen des Ziels des guten Umweltzustandes der Meere (IV.);
- die Reichweite der Ausnahmemöglichkeiten (V.) und
- die Frage nach dem Mehrwert der Meeresstrategie-Rahmenrichtlinie an sich (VI.).

I. Fehlende sektorpolitische Integration

Die EU hat mit dem Sechsten Umweltaktionsprogramm und ihrer Mitteilung „Hin zu einer Strategie zum Schutz und zur Erhaltung der Meeresumwelt“ im Jahr 2002 einen Wendepunkt gesetzt. Sie kehrt sich von der bisherigen, rein sektorbezogenen Ausrichtung ihrer Politiken ab und verfolgt erstmals einen umfassenden, sektorenübergreifenden und integrierenden Ansatz – es geht um die „Schaffung eines Gesamtrahmens zur Regulierung unterschiedlicher Nutzer und Verwendungszwecke von Ozeanen und Meeren“.[1679] Wo die EU zuvor lediglich Mitglied in internationalen Meeresschutzorganisationen war, stellt die Meeresstrategie-Rahmenrichtlinie den ersten eigenen Rechtsakt der EU dar, der im Bereich des Meeresschutzes diesen neuen Ansatz aufnimmt. An prominenten Stellen der Meeresstrategie-Rahmenrichtlinie wird hervorgehoben, dass sie einer „Einbeziehung von Umweltbelangen in alle maßgeblichen Politikbereiche“ dienen und zur „Kohärenz der verschiedenen politischen Maßnahmen [...], die sich auf die Meeresumwelt auswirken“, beitragen soll.[1680] Als „andere Politikbereiche“ benennt die Meeresstrategie-Rahmenrichtlinie ausdrücklich die Gemeinsame Fischereipolitik und die Gemeinsame Agrarpolitik.[1681] An dieser Stelle ist ebenso die Schifffahrt zu nennen, die zusammen mit der Fischerei hauptursächlich ist für die Übernutzung und Verschmutzung der Meere.[1682] Der politikenübergreifende Integrationsgedanke ist eines der zentralen Ziele der Meeresstrategie-Rahmenrichtlinie.

Die Ernsthaftigkeit, mit der die Europäische Kommission den Willen um das Erreichen dieses Ziels betont, muss jedoch in Frage gestellt werden. Die Meeresstrategie-Rahmenrichtlinie leidet nämlich an einem grundsätzlichen Mangel: Sie zielt zwar – materiell – auf einen guten Umweltzustand der Meeresgewässer. Die Verantwortung hierfür liegt aber durch die Ausgestaltung der Rahmenrichtlinie bedingt weitgehend bei den Mitgliedstaaten: Diese bestimmen selbst, was sie unter einem guten Umweltzustand der Meeresgewässer verstehen, und auf dieses Verständnis hin gestalten sie ihre Meeresstrategien. So liegt es an ihnen, die Meeresstrategien zu entwickeln und die Vorbereitungs- und Maßnahmenphasen durchzuführen. Die Europäische Kommission übernimmt weitgehend lediglich koordinierende Funktionen.[1683]

1679 Vorschlag für eine Meeresstrategie-Rahmenrichtlinie, KOM(2005) 505 endg. v. 24.10.2005, S. 3.

1680 Erwägungsgrund 3 und Art. 1 Abs. 4 MSRL.

1681 Erwägungsgrund 9 MSRL.

1682 Siehe dazu schon in der Einleitung.

1683 Siehe A.II.

Die Kommission begründet diese „Renationalisierung“ mit der Vielfalt der regionalen Bedingungen und dem Verweis auf das Subsidiaritätsprinzip des Art. 5 Abs. 3 EUV.[1684] Offensichtlich ist zwar, dass aufgrund von lokalen und regionalen Besonderheiten der Meeresgewässer eine enge Verbindung der Problematik zu den nationalen und regionalen Behörden gegeben und folgerichtig ist, womit das Negativkriterium des Subsidiaritätsprinzips erfüllt ist.[1685] Wenn dazu die Ziele wegen des grenzüberschreitenden Umfangs und der Wirkungen besser auf Unionsebene verwirklicht werden können, also ein „europäischer Mehrwert“ ggü. dem Handeln der einzelnen Mitgliedstaaten erreicht wird, kann die EU tätig werden.[1686] Meeresumweltschutz als europäisches Ziel betrifft unmittelbar jedenfalls alle diejenigen Mitgliedstaaten, die direkte Anrainerstaaten einer Meeresregion sind. Durch ökologische und ökonomische Auswirkungen sind mittelbar auch solche Mitgliedstaaten *ohne* direkte Anbindung an die Meeresküste betroffen. Ein erheblicher, grenzüberschreitender „Umfang“ liegt damit vor bzw. wäre konstruierbar. Hätte die EU entschieden, konkrete eigene Umweltziele und Strategien zum Schutz der unionalen Meeresgewässer entwickeln zu wollen, hätte sie auch in diese Richtung argumentieren können und die Aufgaben nicht zwingend an die Mitgliedstaaten delegieren müssen.[1687] So zieht die Europäische Kommission zunächst die Gesetzgebungskompetenz mit der Begründung über das Subsidiaritätsprinzip an sich, gibt dann aber die inhaltliche Verantwortung – und die potentielle Handlungsformenwahl der Verordnung nach Art. 288 Abs. 1 AEUV mit dem Argument der Unangemessenheit i.S.d. Verhältnismäßigkeitsprinzips nach Art. 5 Abs. 4 EUV – wieder zurück an die Mitgliedstaaten. Das ist widersprüchlich.

Die Renationalisierung der Verantwortung für die Meeresumweltprobleme an die Mitgliedstaaten ist der Ausgangspunkt dafür, dass eine sektorpolitische Integration fehlschlägt und nicht erreicht werden kann. Denn aus ihr folgt ein Dilemma: Die Mitgliedstaaten sind in der Pflicht, Maßnahmenprogramme zu entwerfen, die zu einem guten Umweltzustand der Meere führen. So wäre es bspw. nicht abwegig, dass ein Mitgliedstaat zu dem Ergebnis gelangt, dass ein guter Umweltzustand nur erreicht werden kann, wenn die Fischerei vor den eigenen Küsten um 50 Prozent

1684 Vorschlag für eine Meeresstrategie-Rahmenrichtlinie, KOM(2005) 505 endg. v. 24.10.2005, S. 6 f. Zur Konkretisierung des Subsidiaritätsprinzips siehe das Protokoll Nr. 2 über die Anwendung der Grundsätze der Subsidiarität und der Verhältnismäßigkeit, ABl. 2007 C 306 v. 17.12.2007, S. 150 ff.

1685 *Calliess*, in: *Calliess/Ruffert*, EUV/AEUV, Kommentar, 5. Auflage 2016, Art. 5 EUV Rn. 33 ff.

1686 *Calliess*, in: *Calliess/Ruffert*, EUV/AEUV, Kommentar, 5. Auflage 2016, Art. 5 EUV Rn. 39 ff.

1687 Insbesondere auch schon deshalb, weil sie sich zum gesetzlichen Tätigwerden darauf beruft, den effektiven Schutz der Meeresumwelt besser auf EU-Ebene gewährleisten zu können, dazu oben A.I.3a. Siehe dazu ausführlich *Salomon/Krohn*, NordÖR 2006, 371 ff. (376 f.). In welchen Fällen ein obligatorisches Tätigwerdenmüssen der EU vorliegt, ist nicht geklärt.

eingeschränkt wird und darüber hinaus die Schleppnetzfischerei vollständig verboten wird. Zudem müsse der Eintrag an aus der Landwirtschaft stammenden Nitraten in die Meeresgewässer über die Flüsse auf ein Viertel des aktuellen Wertes reduziert werden. In der Meeresstrategie-Rahmenrichtlinie sind dafür qualitative Deskriptoren benannt, die u.a. die kommerziell befischten Fisch- und Schalentierbestände (D 3), die Nahrungsnetze der Meere (D 4) oder die Eutrophierung der Meere (D 5) betreffen. Die Mitgliedstaaten sind durch die Meeresstrategie-Rahmenrichtlinie aufgefordert, genau solche Grenz- und Zielwerte festzulegen. Damit sind aber gleichzeitig wesentliche Politikfelder wie Landwirtschaft und Fischerei[1688] angesprochen, in denen die Mitgliedstaaten aufgrund der Kompetenzverteilung gem. Art. 2 ff. AEUV keine oder nur sehr geringfügige Gesetzgebungs- und damit Handlungsspielräume besitzen.[1689] Im Bereich der Gemeinsamen Fischereipolitik[1690] und der Gemeinsamen Agrarpolitik, die erst kürzlich wieder einen Reformprozess durchlaufen sind,[1691] können die Mitgliedstaaten deshalb – jedenfalls momentan und in absehbarer Zeit – keine umfassend integrierten Meeresschutzstrategien

---

1688 Siehe so ausdrücklich in Erwägungsgrund 39 MSRL.

1689 „Damit fehlt aber ein Herzstück eines marinen Ökosystemansatzes, nämlich die Verbindung eines nachhaltigen Fischereiregimes mit einem Naturschutzregime", so *Czybulka*, ZUR 2008, 241 ff. (246); *Markus*, The evolving conservation standards of EU marine environmental law, in: Godt (Hrsg.), Cross Border Research and Transnational Teaching under Lisbon, 2013, S. 171 ff.; *Salomon*, Mar Pollut Bull (52) 2006, 1328 ff. Auch der *SRU* nennt den Konflikt zwischen Fischerei- und Naturschutzinteressen ein „Musterbeispiel für die Herausforderungen der Integration des Meeresschutzes in andere Politiken", *Sachverständigenrat für Umweltfragen*, Fischereimanagement in Natura 2000-Gebieten in der deutschen AWZ, 2012, Tz. 1.

1690 Siehe dazu oben, 1. Kapitel, C.IV.3. *De Santo* sieht in der Möglichkeit zu Notgebietsschließungen für die Fischerei – Abschnitt XXX der GFP – bereits eine wichtige Veränderung und Öffnung der Fischereipolitik hin zum Naturschutz, siehe *De Santo*, Mar Policy (34) 2010, 414 ff. (418 ff.).

1691 Heftig umstritten ist dabei, ob die geplanten Reformen der Gemeinsamen Fischereipolitik und Gemeinsamen Agrarpolitik überhaupt ausreichen, um zum Ziel eines guten Umweltzustandes der Meere beizutragen. Die Landwirtschaft ist noch immer Hauptverursacher der Nitrateinträge in die Küstenmeere, und die Empfehlungen des ICES für die nachhaltige Bewirtschaftung der Fischbestände und zum Schutz der Ökosysteme vor schädigenden Fischereiaktivitäten werden in der GFP noch immer weitgehend ignoriert. Darauf weist der *SRU* hin: Zwar können die Mitgliedstaaten nach Art. 15 MSRL geeignete Maßnahmen für Probleme vorschlagen, die nicht auf nationaler Ebene gelöst werden können und die mit anderen Politikbereichen der EU zusammenhängen. Nach Ansicht des *SRU* stellt dieser „Umweg über Problemmeldungen" aber eine reine Zeitverzögerung dar, da die Probleme bereits bekannt sind, siehe *Sachverständigenrat für Umweltfragen*, Umweltschutz im Zeichen des Klimawandels, 2008, Rz. 602 ff., 614; *Sachverständigenrat für Umweltfragen*, Vorschlag der Europäischen Kommission für eine Meeresschutzstrategie, 2006, S. 4. „... there are still no moves", so *Salomon*, Environ Sci Policy (12) 2009, 359 ff. (359).

erstellen.[1692] Dasselbe gilt für die Schifffahrt; hier werden die Schifffahrtswege durch die IMO bestimmt.[1693]

Den Mitgliedstaaten bleibt damit nur die Möglichkeit, auf den Missstand hinzuweisen und die Europäische Kommission zum Tätigwerden aufzufordern und so möglicherweise Veränderungsprozesse zu initiieren.[1694] Eine Verbindung zwischen Meeresstrategie-Rahmenrichtlinie und GFP ist damit geschaffen, welche positiven Auswirkungen sich durch die Verpflichtung zur Zielerreichung der Meeresstrategie-Rahmenrichtlinie auf die GFP entwickeln, bleibt zurzeit offen.[1695]

Die Entwicklung eines integrierten, am Ökosystemansatz orientierten Schutzkonzepts für den Meeresumweltschutz und die Abkehr von der bisherigen sektoral geprägten Herangehensweise an marine Umweltprobleme ist eines der vorrangigen Ziele der Meeresstrategie-Rahmenrichtlinie. Durch die dargestellten Einschränkungen des Handlungsspielraums der Mitgliedstaaten für einen umfassenden Meeresumweltschutz und der Zurückhaltung der EU, weder dringend erforderliche Reformen der GFP und GAP durchzuführen, noch für diese Politikbereiche verbindliche Vorgaben zugunsten eines Meeresumweltschutzes zu machen, ist das Ziel einer umfassenden Integration aller Politikbereiche nicht erreicht.[1696] Die Mitgliedstaaten haben keine Handlungsmöglichkeiten, in Kompetenzbereiche der EU einzugreifen und den Meeresumweltschutz in allen Sektorpolitiken zu verankern.[1697] Eine Rückgabe der Verantwortung an die Mitgliedstaaten durch die EU mit dem

---

1692 *Rossi* spricht in diesem Zusammenhang von einer „unzureichenden Kompetenzausschöpfung der EU" und von einem „politisch falschen Signal", *Rossi*, JbUTR 2007, 81 ff. (99 ff.)

1693 Siehe 1. Kapitel, B.III.4. Damit sind die Hauptursachen der Übernutzung der Verschmutzung der Meere ausgeklammert, so *Meßerschmidt*, Europäisches Umweltrecht, 2011, S. 736 Rn. 158; *Westaway*, Environ L Rev (10) 2008, 218 ff. (224).

1694 Art. 15 Abs. 2 MSRL. *Sachverständigenrat für Umweltfragen*, Verantwortung in einer begrenzten Welt, 2012, Rz. 492 f. *Markus/Schlacke/Meier* sehen an dieser Stelle einen Konflikt zwischen Meeresstrategie-Rahmenrichtlinie und Gemeinsamer Fischereipolitik, der sich aber durch Gemeinschaftsmaßnahmen nach Art. 15 MSRL lösen lasse, siehe *Markus et al.*, Int'l J Mar & Coast L (26) 2011, 59 ff. (86).

1695 „A link is therefore created between the MSFD and the CFP, albeit a rather weak one: it is *possible* that the fisheries measures needed to achieve GES are taken within the context of the CFP, but there is no guarantee whatsoever that this will happen", so pessimistisch *Trouwborst/Dotinga*, Eur Ener & Environ L Rev (20) 2011, 129 ff. (142).

1696 „... in eklatantem Widerspruch zum eigenen Anspruch", so bzgl. des Vorschlags für eine Meeresstrategie-Richtlinie im Jahr 2005 der *Sachverständigenrat für Umweltfragen*, Vorschlag der Europäischen Kommission für eine Meeresschutzstrategie, 2006, S. 5; „weitgehend unzulängliches Handlungskonzept", *Sachverständigenrat für Umweltfragen*, Umweltschutz im Zeichen des Klimawandels, 2008, Rz. 593.

1697 „... national approaches are doomed to fail", so *Borja*, Mar Pollut Bull (52) 2006, 239 ff. (241); *van Leeuwen et al.*, Mar Policy (36) 2012, 636 ff.; *Hofmann*, Environ Pol & L (42) 2012, 182 ff.

Auftrag zur Schaffung eines Gesamtrahmens ist damit der falsche Ansatz. Diese „Hausaufgaben“ muss die EU selbst erledigen.[1698]

II. Fehlende rechtliche Verknüpfung

Die Meeresstrategie-Rahmenrichtlinie enthält neben der sektorpolitischen Integration ein weiteres Ziel: Den Gedanken einer rechtlichen Integration der Vorgaben der Meeresstrategie-Rahmenrichtlinie mit den Vorgaben regionaler und internationaler Konventionen zum Meeresumweltschutz, wie dem HELCOM- oder OSPAR-Übereinkommen.[1699] Die rechtliche Integration und Koordinierung der nebeneinander bestehenden einschlägigen Rechtsregime soll dabei von zwei Seiten aus erfolgen.

Zum einen erwartet die Europäische Kommission, dass die Meeresstrategie-Rahmenrichtlinie durch ihre Umsetzung „die Kohärenz der Beiträge der Gemeinschaft und ihrer Mitgliedstaaten zu internationalen Übereinkommen verbessern“ kann.[1700] Hier geht es also um eine Folgewirkung der Rahmenrichtlinie nach außen. Dabei soll mit der Meeresstrategie-Rahmenrichtlinie aber nicht ein völlig neues Rechtswerk geschaffen werden, das unabhängig von den bestehenden regionalen und internationalen Meeresübereinkommen besteht. Im Gegenteil, die Mitgliedstaaten sind aufgefordert, „vorhandene regionale institutionelle Kooperationsstrukturen, einschließlich derjenigen im Rahmen regionaler Meeresübereinkommen“, zu nutzen, um als gemeinsame Anrainerstaaten einer Meeresregion das Ziel der Richtlinie zu erreichen.[1701] Neben der (formalen) Nutzung vorhandener institutioneller Kooperationsstrukturen sollen die Mitgliedstaaten gleichermaßen auf einschlägige Foren, (materielle) Mechanismen, Programme und Maßnahmen internationaler Meeresübereinkommen zurückgreifen.[1702] Drittländer, die Anrainer der Meeresregion, aber keine Mitgliedstaaten der EU sind, sollen in die Zusammenarbeit ebenfalls einbezogen werden.[1703] Dies zielt auf die rechtliche Verknüpfung, Koordinierung und Interaktion der Meeresstrategie-Rahmenrichtlinie mit bestehenden regionalen, supranationalen und internationalen Übereinkommen zum Meeresschutz.

Zum anderen verfolgt die Meeresstrategie-Rahmenrichtlinie einen zweiten Aspekt, nämlich die Integration und Verknüpfung der verschiedenen mitgliedstaatlichen Meeresstrategien untereinander: Die Mitgliedstaaten, die Anrainerstaaten derselben Meeresregion oder -unterregion sind, sollen zusammenarbeiten,

---

1698 *Schweisgut*, Diskussionszusammenfassung, in: Durner (Hrsg.), Wasserrechtlicher Reformbedarf in Bund und Ländern, 2011, S. 29 ff. (29); *Ounanian et al.*, Mar Policy (36) 2012, 658 ff. (658, 660 ff.).

1699 Siehe dazu 1. Kapitel, B.III.1. und 2.

1700 Erwägungsgrund 16 MSRL.

1701 Art. 6 Abs. 1 MSRL.

1702 Art. 6 Abs. 2 MSRL.

1703 Art. 6 MSRL Abs. 2 MSRL.

um sicherzustellen, dass ihre jeweiligen Meeresstrategien – und insbesondere die festgelegten Maßnahmen – untereinander kohärent sind und koordiniert werden.[1704]

Rechtlich zu verknüpfen und integrieren wären damit zwei Beziehungen: Zum einen die mitgliedstaatlichen Meeresstrategien untereinander (unter 2.), zum anderen die – reziproken – Wechselwirkungen regionaler und internationaler Meeresschutzübereinkommen mit der Meeresstrategie-Rahmenrichtlinie (gleich unter 1.).

1. *Integration anderer meeresumweltschutzbezogener Regelwerke auf regionaler, supranationaler und internationaler Ebene*

Die EU und viele Mitgliedstaaten sind Vertragsparteien von regionalen und internationalen Meeresschutzabkommen. Hierzu gehören insbesondere das OSPAR- und das Helsinki-Übereinkommen zum Schutz der Meeresumwelt im Nordost-Atlantik und im Ostseeraum.[1705] Als Vertragspartei sind sie an die Vorgaben der Übereinkommen gebunden, die EU hat die Übereinkommen insbesondere bei ihrer eigenen Rechtsetzung zu beachten. Dieser Gedanken wird in der Meeresstrategie-Rahmenrichtlinie in den Erwägungsgründen (Nr. 16 und 19) aufgegriffen, wonach die Rahmenrichtlinie auch zur Erfüllung dieser Verpflichtungen aus den regionalen und internationalen Übereinkommen beitragen soll.[1706]

Der Anstoß zu einer beiderseitigen rechtlichen Verknüpfung der Vorgaben der Meeresstrategie-Rahmenrichtlinie mit anderen regionalen und internationalen Übereinkommen zum Meeresschutz und damit die Möglichkeit einer Angleichung ist in vielfacher Hinsicht begrüßenswert. Eine solche Verknüpfung kann einer Zersplitterung vieler einzelner meeresschützender Vorschriften entgegenwirken und insgesamt eine höhere Wirksamkeit des Meeresschutzes erzeugen. Mitgliedstaaten können gegenseitig von Erfahrungen profitieren, Erhebungsaufwand lässt sich durch Doppelverwertung reduzieren.[1707]

1704 Art. 5 Abs. 2 MSRL; umgesetzt in § 45 k WHG.

1705 *Wenzel*, Umsetzung der MSRL – Rolle der Meeresübereinkommen HELCOM und OSPAR, 2009, siehe: http://www.blmp-online.de/Seiten/Berichte.html (23.6.2017).

1706 Siehe hierzu auch *De Santo*, Mar Policy (34) 2010, 414 ff. (416).

1707 Umstritten ist im Zusammenhang mit der Erfassung und Bewertung des Meereszustandes, ob der geforderte Erhebungsaufwand zur Erlangung aussagekräftiger Daten gerechtfertigt ist. Das *UBA* sieht den Aufwand als nicht gerechtfertigt an, da er entweder inhaltlich nicht leistbar sei oder die eigentlichen Maßnahmenkosten übersteige, und fordert deshalb ein adäquates Instrumentarium oder die Qualifikation auf ausgewählte Indikatoren, die geeignet sind, die Meeresumwelt adäquat abzubilden; siehe *Umweltbundesamt*, Stellungnahme zum Vorschlag einer Marinen Rahmenrichtlinie als Bestandteil der Europäischen Meeresstrategie, 2005, S. 2 f. Dem widersprechen *Ehlers* und *Borja*, die „high-quality information" als unerlässlich voraussetzen; siehe *Ehlers*, Meeresumweltschutz, in: Bundesamt für Seeschifffahrt und Hydrographie (Hrsg.), Meeresumwelt-Symposium 2008, 2009, S. 7 ff.; *Borja*, Mar Pollut Bull (52) 2006, 239 ff. (241 f.).

In der tatsächlichen Umsetzung einer Verknüpfung zu anderen meeresumweltschutzrelevanten Richtlinien und internationalen Meeresumweltschutzabkommen ist die EU bzw. die Europäische Kommission allerdings zurückhaltend.[1708] So sollen sich die Mitgliedstaaten bei der Entwicklung ihrer Meeresstrategien „soweit wie möglich" auf einschlägige Programme und Maßnahmen bestehender Übereinkommen stützen.[1709] Die Europäische Kommission hätte hier mit einer deutlichen, rechtsverbindlichen und sanktionsbewehrten Vorgabe den internationalen Vorgaben der meeresschützenden Konventionen mehr Wirksamkeit verschaffen können.[1710] Anstatt aber eine eigene aktive Rolle zur Umsetzung und Weiterentwicklung der bestehenden meeresumweltschützenden Vereinbarungen zu übernehmen, überlässt sie es auch an dieser Stelle den Mitgliedstaaten, an diese anzuknüpfen.[1711] Konkrete Umsetzungshinweise, wie diese Verknüpfung ausgestaltet werden soll oder kann, liefert sie nicht.[1712] Bestehende und zukünftige Koordinierungsdefizite werden damit durch europäische Vorgaben nicht ausgeglichen, sondern in die Verantwortung der Mitgliedstaaten gelegt.[1713] „Soweit wie möglich" ist ein unbestimmter Rechtsbegriff, der Umfang und Reichweite des Regelungsziels von unklaren Voraussetzungen abhängig macht und damit für die umsetzenden Stellen kaum handhabbar ist. In seiner Form ist er allenfalls eine programmatische Zielsetzung, der aber jegliche normative Kraft fehlt. Man darf deshalb zu Recht zweifeln, ob viele Mitgliedstaaten von sich aus ehrgeizige Ziele anstreben werden, die über das Minimal-Soll an Kooperation und Verpflichtungserfüllung hinausgehen.[1714]

Neben internationalen und regionalen Meeresübereinkommen dienen auch mehrere europäische Rechtsakte dem Schutz der inländischen Gewässer. Dazu gehören bspw. die Wasserrahmenrichtlinie, die kommunale Abwasserrichtlinie und die Nitratrichtlinie.[1715] Diese Richtlinien sind zwar nicht unmittelbar auf den Schutz der Meeresgewässer ausgerichtet, ihre Auswirkungen, Maßnahmen, Programme und Ziele betreffen aber zumindest auch den Meeresumweltschutz, da viele der

---

1708 Deutlicher *Salomon* zum Ansatz der Europäischen Kommission: „highly inadequate", siehe *Salomon*, Mar Pollut Bull (52) 2006, 1328 ff. (1328).

1709 Art. 6 Abs. 2 Satz 2 MSRL.

1710 *Salomon/Krohn*, NordÖR 2006, 371 ff. (377); *Sachverständigenrat für Umweltfragen*, Meeresumweltschutz für Nord- und Ostsee, 2004, Rz. 508.

1711 Kritisch zur Rolle der EU auch *Kroepelien*, RECIEL (16) 2007, 24 ff. (32).

1712 *Sachverständigenrat für Umweltfragen*, Vorschlag der Europäischen Kommission für eine Meeresschutzstrategie, 2006, S. 6.

1713 *Schlacke*, Statement zur Umsetzung der MSRL, in: Durner (Hrsg.), Wasserrechtlicher Reformbedarf in Bund und Ländern, 2011, S. 21 ff. (22).

1714 *Sachverständigenrat für Umweltfragen*, Umweltschutz im Zeichen des Klimawandels, 2008, Rz. 593.

1715 Richtlinie 91/271/EWG des Rates über die Behandlung von kommunalem Abwasser v. 21.5.1991, ABl.EG L 135, S. 40; Richtlinie 91/676/EWG des Rates zum Schutz der Gewässer vor Verunreinigung durch Nitrat aus landwirtschaftlichen Quellen v. 12.12.1991, ABl.EG L 375, S. 1.

inländischen Süßgewässer in Nord- und Ostsee münden und Verschmutzungen damit direkt in die Meeresgewässer eingetragen werden.[1716]

Ebenso wie bei den internationalen und regionalen Meeresübereinkommen ist eine rechtliche Verknüpfung der bestehenden Rechtsregime kompliziert: Alleine die Verknüpfung von Wasserrahmenrichtlinie und Meeresstrategie-Rahmenrichtlinie ist problematisch, da beide Richtlinien – trotz einer Überschneidung im Anwendungsbereich – unterschiedliche Bewertungsverfahren aufweisen.[1717] Eine klare Abstimmung leistet die Meeresstrategie-Rahmenrichtlinie hier nicht.[1718] Infolgedessen hat auch der deutsche Gesetzgeber im Wasserhaushaltsgesetz, mit dem sowohl die Wasser- als auch die Meeresstrategie-Rahmenrichtlinie umgesetzt wurden, nur geringfügige Anpassungen vorgenommen, so dass die Vorschriften für die Bewirtschaftung der Küstengewässer weitgehend unabhängig neben denjenigen zur Bewirtschaftung der Meeresgewässer stehen.[1719]

2. Integration der mitgliedstaatlichen Meeresstrategien untereinander

Wie schon aufgezeigt, ist die Ausgangssituation für eine rechtliche Koordinierung der mitgliedstaatlichen Meeresstrategien innerhalb einer Meeresregion durch viele regional und international verschiedene, mit gleichen und unterschiedlichen Vertragsparteien, Mitgliedstaaten und Drittländern besetzte Übereinkommen extrem komplex. Ob mit der Umsetzung der Meeresstrategie-Rahmenrichtlinie zu diesen Übereinkommen ein positiver Beitrag, z.B. i.S.e. Angleichung der bestehenden Regelungen, geleistet werden kann, wird insbesondere davon abhängen, wie gut sich die Mitgliedstaaten bei der Entwicklung ihrer Meeresstrategien untereinander und aufeinander abstimmen. Ob die bestehenden Strukturen dazu ausreichen oder neue geschaffen werden müssen, wird sich erst in den kommenden Jahren zeigen.

III. Unbestimmtheit des Begriffs „guter Umweltzustand“

Die Meeresstrategie-Rahmenrichtlinie verfolgt das Ziel, bis zum Jahr 2020 einen guten Umweltzustand der mitgliedstaatlichen Meeresgewässer zu erreichen. Guter Umweltzustand ist nach der Definition der Rahmenrichtlinie dabei der Umweltzustand,

---

1716 „The European Commission has unfortunately failed to draw the necessary conclusions from this finding“, *Salomon*, Mar Pollut Bull (52) 2006, 1328 ff. (1329).

1717 Siehe dazu schon oben A.IV. Anschaulich zu den potentiellen Konflikten zwischen MSRL und WRRL *Borja et al.*, Mar Pollut Bull (60) 2010, 2175 ff.

1718 Auch Erwägungsgrund 12 MSRL leistet insofern keine Hilfe. *Meßerschmidt*, Europäisches Umweltrecht, 2011, S. 736 Rn. 158: Die Meeresstrategie-Rahmenrichtlinie „.... beschränkt sich insoweit auf die bloße Formulierung eines Berücksichtigungsgebots und verbrämt ihren bescheidenen Regelungsansatz mit der Floskel, sie wolle vorhandene Politiken und Rechtsetzungen nicht ersetzen, sondern ergänzen und zu deren Kohärenz beitragen.“

1719 *Schlacke*, Statement zur Umsetzung der MSRL, in: Durner (Hrsg.), Wasserrechtlicher Reformbedarf in Bund und Ländern, 2011, S. 21 ff. (23 ff.).

den Meeresgewässer aufweisen, bei denen es sich um ökologisch vielfältige und dynamische Ozeane und Meere handelt, die sauber, gesund und produktiv sind, und deren Meeresumwelt nachhaltig genutzt wird, so dass die Nutzungs- und Betätigungsmöglichkeiten der gegenwärtigen und zukünftigen Generationen erhalten bleiben.[1720] In dieser Form ist der Begriff des guten Umweltzustandes bzw. der guten Meeresumwelt ambitioniert, aber nicht operabel. Das ist der größte Schwachpunkt der Richtlinie.

1. Unbestimmtheit und Unbestimmbarkeit einer guten Meeresumwelt

Im Jahr 2020 soll eine Entscheidung darüber gefällt werden, ob es gelungen ist, einen guten Umweltzustand zu erreichen (bzw. zu erhalten). Dazu muss zunächst bestimmt werden, was einen guten Umweltzustand überhaupt ausmacht und wie eine gute – im Vergleich zu einer „normalen" oder „schlechten" – Meeresumwelt auszusehen hat.[1721] In ihrem Beschluss zur Meeresstrategie-Rahmenrichtlinie hat die Europäische Kommission Deskriptoren, Indikatoren und Kriterien bereitgestellt, anhand derer „eine Reihe von Merkmalen des guten Umweltzustands" für Meeresgewässer beschrieben werden.[1722] Eindeutig festgelegte Richt- oder Grenzwerte bzw. Mindeststandards stellt der Beschluss dabei nicht zur Verfügung. Zwar wird zum Teil auf andere, bereits gesetzte Standards anderer Regelwerke verwiesen;[1723] ein eigenständiger und konkreter Ansatz der Europäischen Kommission fehlt jedoch. Die Normierung von Richt- und Grenzwerten würde zudem ein gesichertes wissenschaftliches Verständnis über das Zusammenwirken und die Verflechtungen, die Störungsanfälligkeit und Regenerationsfähigkeit mariner Ökosysteme in ihren

1720 Art. 3 Nr. 5 MSRL.

1721 „Doch was das genau bedeutet, daran scheiden sich die Geister," so *Lutter*, Wann sind Nord- und Ostsee in einem guten Umweltzustand?, in: Bundesamt für Seeschifffahrt und Hydrographie (Hrsg.), Meeresumwelt-Symposium 2010, 2010, S. 7 ff. Einzige Ausnahme bildet Deskriptor 3 (Kommerziell befischte Fisch- und Schalentierbestände): Hier sieht der Kommissionsbeschluss für die fischereiliche Sterblichkeit bzw. die Reproduktionskapazität des Bestandes eine Orientierung am Maximum Sustainable Yield (MSY) bzw. der Spawning Stock Biomass (SBB) vor; siehe Beschluss 2010/477/EU über Kriterien und methodische Standards zur Feststellung des guten Umweltzustandes von Meeresgewässern v. 1.9.2010, Indikatoren 3.1.1 und 3.2.1. Zu Deskriptor 3 *Probst et al.*, Mar Policy (74) 2016, 128 ff.

1722 Art. 9 Abs. 1 MSRL und Anhang I zur MSRL sowie Beschluss 2010/477/EU über Kriterien und methodische Standards zur Feststellung des guten Umweltzustandes von Meeresgewässern v. 1.9.2010. Siehe oben unter A.III. *Lyons et al.*, Mar Pollut Bull (60) 2010, 1647 ff.

1723 Siehe z.B. die Kriterien und Indikatoren zu Deskriptor 3 oder der Verweis auf Anhänge der Wasserrahmenrichtlinie in Deskriptor 8, Beschluss 2010/477/EU über Kriterien und methodische Standards zur Feststellung des guten Umweltzustandes von Meeresgewässern v. 1.9.2010.

regionalen Vorkommen und unter den gegebenen Belastungen voraussetzen.[1724] Solche Daten fehlen aber in weitem Umfang, und damit fehlt eine wesentliche Grundlage für die Normierung. Der Begriff einer guten Meeresumwelt ist zudem selbst unter der hypothetischen Voraussetzung aktueller und gesicherter wissenschaftlicher (Er-)Kenntnisse kein statischer Begriff. Er müsste deshalb „möglicherweise im Laufe der Zeit unter Berücksichtigung der Dynamik und der natürlichen Variabilität von Meeresökosystemen sowie der möglichen Veränderung der Belastungen und Auswirkungen [...] je nach Entwicklung der verschiedenen menschlichen Aktivitäten angepasst werden".[1725] Die Richtlinie bleibt damit in großem Umfang hinter den Standards der regionalen Meeresschutzabkommen wie OSPAR und HELCOM zurück, die eigenständige Grenzwerte normiert haben.[1726] Der gute Umweltzustand ist damit nicht objektiv bestimmt worden.

Fehlende Richt- und Grenzwerte sind aber nicht das einzige Problem: Die Beschreibung eines guten Umweltzustands ist eine normative Wertung.[1727] Es wird also versucht, ein unbestimmtes Ziel – die gute Meeresumwelt – normativ zu erreichen, d.h. durch rechtliche Vorschriften soll ein unbestimmter Umstand erreicht werden. Wie kann das aber überhaupt erfolgen, wenn schon der Begriff der guten Meeresumwelt nicht ohne weiteres bestimmbar ist? Selbstverständlich könnten für die jeweiligen Belastungsfaktoren wie der Schadstoffmenge in der Wassersäule Grenzwerte eingeführt werden. Damit müsste aber von einem faktischen Zustand aus eine normative Aussage getroffen werden. Der Begriff des guten Umweltzustands kann vor diesem Hintergrund in Wirklichkeit gar nicht inhaltlich gefüllt werden, da selbst das Ergebnis einer Festlegung auf Grenzwerte keinen guten Zustand beschreiben würde, sondern nur den Zustand, der von den Mitgliedstaaten als „gut" bewertet wird. Ob dieser Zustand aus Sicht der Umwelt tatsächlich gut ist, ist dann aber fraglich, weil die Festlegung von Grenzwerten und Mindeststandards natürlich immer auch schon durch faktische Gegebenheiten beeinflusst ist.[1728] Was macht objektiv einen guten Umweltzustand aus? Ein guter Zustand aus Sicht des Meeres

---

1724 *Bund/Länder-Ausschuss Nord- und Ostsee*, Öffentlichkeitsbeteiligung zum MSRL-Maßnahmenprogramm – Synopse eingegangener Stellungnahmen, 2016, S. 3.

1725 Beschluss 2010/477/EU über Kriterien und methodische Standards zur Feststellung des guten Umweltzustandes von Meeresgewässern v. 1.9.2010, Erwägungsgrund 4. Dazu *Mee et al.*: „Against the poor data and information base, management decisions still have to be taken and so these may be often based upon human perceptions of change; consequently these are notoriously unreliable", *Mee et al.*, Mar Pollut Bull (56) 2008, 187 ff. (192).

1726 Vgl. HELCOM Baltic Sea Action Plan, 2007, http://www.helcom.fi/baltic-sea-action-plan (9.2.2017); dazu *Backer et al.*, Mar Pollut Bull (60) 2010, 642 ff.; *Wenzel*, Umsetzung der MSRL – Rolle der Meeresübereinkommen HELCOM und OSPAR, 2009, siehe: http://www.blmp-online.de/Seiten/Berichte.html (23.6.2017).

1727 *Markus*, Transnat'l Environ L 2012, 1 ff. (9 ff.). „Ein unbestimmtes Ziel ist Gegenstand der Richtlinie", so *Rossi*, JbUTR 2007, 81 ff. (89, 102 ff.).

1728 *Reinhardt*, NuR 2015, 289 ff.

wäre wohl einer, in dem überhaupt keine Schadstoffe im Meer vorhanden sind und keinerlei Fischerei betrieben wird und damit frei ist von jeglicher menschlichen Beeinflussung. Nochmal: Nach der Legaldefinition der Meeresstrategie-Rahmenrichtlinie ist ein guter Umweltzustand „der Umweltzustand, den Meeresgewässer aufweisen, bei denen es sich um ökologisch vielfältige und dynamische Ozeane und Meere handelt, die im Rahmen ihrer jeweiligen Besonderheiten sauber, gesund und produktiv sind und deren Meeresumwelt auf nachhaltigem Niveau genutzt wird, so dass die Nutzungs- und Betätigungsmöglichkeiten der gegenwärtigen und der zukünftigen Generationen erhalten bleiben". Das klingt ambitioniert, ist aber letztlich nicht operabel; denn es stellen sich unzählige Fragen: Wann ist ein Meer denn sauber, gesund und produktiv? Wie viele Fischschwärme muss es geben, wie viel Abfall darf in den Meeren schwimmen, wie viele fremde Arten dürfen eingewandert sein? Juristisch ist diese Frage nicht zu beantworten. Dem Naturwissenschaftler fehlen umfängliche Daten über die verschiedenen Bestandteile des Meeresökosystems und Kenntnisse über Wechselwirkungen zwischen diesen Bestandteilen (z.B. welchen Einfluss haben Offshore-Windenergieanlagen auf die Veränderung von Strömungsverhältnissen?). Misslich ist ebenso, und hier ist wieder der Jurist gefragt, dass in der Meeresstrategie-Rahmenrichtlinie nicht selbst ein guter Umweltzustand definiert wird, nein, die EU überlässt die Definition dem jeweiligen Mitgliedstaat. Selbst wenn die Prämisse stimmte, dass ein Meer frei von jeglicher menschlicher Beeinflussung zu einem guten Umweltzustand führt, wird keiner der Mitgliedstaaten dies so beschreiben und sich selbst zum Ziel setzen. Wenn die Mitgliedstaaten damit aber lediglich einen Zustand als „gut" bewerten, der im Lichte eigener (wirtschaftlicher) Interessen gerade noch vertretbar ist, wird damit kein objektiv guter Umweltzustand beschrieben. Wenn nun aber hierfür Grenzen vorgegeben werden, entsprechen diese nicht etwa einem solchen guten Umweltzustand, sondern einem, der aus Sicht der Mitgliedstaaten mit anderen Interessen gerade noch vereinbar ist. Guter Umweltzustand ist dann also eher ein Umweltzustand, der nur so schlecht ist, dass einerseits der Umweltschutzgedanke nicht völlig vernachlässigt wird, andererseits aber andere Interessen bereits eingepreist sind.

2. Fehlende Mindeststandards

Momentan ist der Begriff des guten Umweltzustandes für die Mitgliedstaaten also kaum handhabbar. Wann ist ein Meer ökologisch vielfältig und dynamisch? Was bedeutet dynamisch? Wo verläuft die Grenze zwischen einem gesunden und einem „kranken" Meer, wo die Grenze zwischen produktiv und unproduktiv? Wie ist mit eingeschleppten Arten umzugehen? Soll die ursprünglich nur in China heimische Wollhandkrabbe, die als Neozoon durch den Menschen auch in Europa eingeschleppt worden ist, bekämpft werden, oder ist sie trotz ihrer Herkunft Teil einer guten Meeresumwelt in Europa? Neben Schlagworten wie ökologischer Vielfältigkeit und Dynamik bemüht die Definition des guten Umweltzustandes der Meeresstrategie-Rahmenrichtlinie zwar auch konkretere Faktoren wie z.B. die biologische Vielfalt oder hydrographische Bedingungen. Aber selbst die Kriterien und

Indikatoren des Beschlusses der Europäischen Kommission zur Meeresstrategie-Rahmenrichtlinie[1729] reichen nicht aus, um daraus konkrete Vorgaben zur Bewertung der Meeresgewässer abzuleiten.

Genau das ist aber auch gar nicht gewollt. Die Meeresstrategie-Rahmenrichtlinie gibt eben keine konkreten Grenzwerte vor, deren Einhaltung durch die Mitgliedstaaten im Vordergrund steht. Vielmehr bezweckt die Europäische Kommission mit der Renationalisierung, die Mitgliedstaaten in die Pflicht zu stellen, als Anrainerstaaten einer Meeresregion oder -unterregion zusammen methodische Standards, Richt- und Grenzwerte zu erarbeiten, die ganz spezifisch auf die jeweilige Meeresregion angepasst sind.[1730] Aus diesem Grund sind sie gefordert, eine gemeinsame Diskussion über das Verständnis des Begriffs einer guten Meeresumwelt zu starten. Nur dann können auch die geforderten Umweltziele und Maßnahmenprogramme auf diesen einheitlich verstandenen Begriff ausgerichtet werden.[1731] Welche rechtlichen Lösungsmöglichkeiten bieten sich an, um zu vermeiden, dass die Mitgliedstaaten nur sehr schwache Ziele für einen guten Umweltzustand ihrer Meeresgewässer definieren?

Wenn schon die gute Meeresumwelt nicht objektiv bestimmt werden kann,[1732] ist es für ein gemeinsames Verständnis des Begriffs darüber zumindest erforderlich, ambitionierte Minimalziele, Richt- und Grenzwerte zu quantifizieren,[1733] mögen diese momentan noch so fehlerbehaftet sein. Diese Minimalziele können dann vor dem Hintergrund des geforderten Ökosystemansatzes als Startpunkt genommen werden und in Fortschreibungen der Rahmenrichtlinie in regelmäßigen zeitlichen Abständen nach 2020 überprüft und durch qualitativ steigende, d.h. strengere Umweltziele ergänzt werden (z.B. fallende Trends an Mikropartikeln in Seevögelmägen). *Mee et al.* schlagen dazu bspw. vor, Meeresschutzgebiete einzurichten und diese von menschlicher Beeinflussung vollständig freizuhalten.[1734] Deren Entwicklungsverlauf kann dann als Referenzmaßstab einer natürlichen Umgebung und mithin zur Quantifizierung der ökologischen Werte für einen guten Umweltzustand dienen.[1735]

Im Gegensatz zur zuvor geäußerten Kritik an der Renationalisierung der Europäischen Kommission, die als Ausgangspunkt für das Fehlschlagen einer

---

1729 Beschluss 2010/477/EU über Kriterien und methodische Standards zur Feststellung des guten Umweltzustandes von Meeresgewässern v. 1.9.2010, S. 14 ff.

1730 „... largely left to member states", siehe *Salomon*, Environ Sci Policy (12) 2009, 359 ff. (363).

1731 „... the [...] Marine Strategy Directive falls short of the ambitious targets set out in earlier drafts", *De Santo/Jones*, Mar Policy (31) 2007, 336 ff.

1732 Siehe unter C.III.1.

1733 *Sachverständigenrat für Umweltfragen*, Umweltschutz im Zeichen des Klimawandels, 2008, Rz. 593; in diese Richtung ebenso *Salomon*, Environ Sci Policy (12) 2009, 359 ff. (363). Siehe dazu auch *Bund/Länder-Ausschuss Nord- und Ostsee*, Öffentlichkeitsbeteiligung zum MSRL-Maßnahmenprogramm – Synopse eingegangener Stellungnahmen, 2016, z.B. S. 20 ff.

1734 *Mee et al.*, Mar Pollut Bull (56) 2008, 187 ff. (194). Dazu auch *Weiß*, ZUR 2017, 331 ff.

1735 Dazu auch *Markus*, Transnat'l Environ L 2012, 1 ff. (12 f.).

sektorpolitischen Integration identifiziert wurde,[1736] ist der Gedanke einer Renationalisierung i.R.d. Erstellung von Meeresstrategien zunächst logisch und begrüßenswert. Die Beteiligten direkt vor Ort – Länder, Behörden, Stakeholder – überblicken wohl am besten die vorhandenen Strukturen, Probleme und Chancen, die sich in den Meeren vor den eigenen Küsten bieten. Problematisch ist jedoch der weite Umfang, in dem die Europäische Kommission die Beschreibung des guten Umweltzustandes den Mitgliedstaaten überlässt. Trotz aller Abstimmungsvorgaben und Kohärenzgewährleistungsmaßgaben fehlt es an einheitlichen Mindeststandards der Europäischen Kommission, auf die die Mitgliedstaaten aufbauen können.[1737] Zudem ist zu beachten, dass sich das Verständnis von „gut" von Generation zu Generation verändern kann.[1738] Jede Generation ist in unterschiedlichem Maße bereit, Risiken zu tragen. Jede Generation hält einen anderen Zustand für den „Normalzustand" und setzt verschiedene Schwerpunkte dessen, was ihr gerade wichtig erscheint. Gefährlich ist das dann, wenn die Wahrnehmung oder Empfindung dessen, was als gut und was als normal angesehen wird, sich durch Gewöhnungseffekte an objektiv niedrigeren Standards orientiert.[1739] So lässt sich auch die (englische) Begriffswahl der Europäischen Kommission zu einem „good *environmental* status" als deutliches Statement auffassen: Während bei „environmental" ganz überwiegend der Mensch als Akteur in die Umwelt miteinbezogen wird, liegt im Gegensatz dazu bei „good *ecological* status" die Betonung mehr auf den Ökosystemen ohne menschliche Beeinflussung.[1740] Vorschläge des Europäischen Parlaments zur Präzisierung der Definition wurden nur sehr zurückhaltend übernommen.[1741]

1736 Siehe oben C.I.

1737 Siehe z.B. Art. 6 und Art. 9 Abs. 3 MSRL.

1738 *Mee et al.*, Mar Pollut Bull (56) 2008, 187 ff. (192 f.). *Trouwborst/Dotinga*, Eur Ener & Environ L Rev (20) 2011, 129 ff. (139), weisen in diesem Zusammenhang darauf hin, dass es darüber hinaus nicht ausreichen wird, lediglich reine Erhaltungsmaßnahmen festzulegen, die auf zukünftige Eingriffe ausgerichtet sind. In weiten Teilen werde es vielmehr darauf ankommen, umfassende Wiederherstellungsmaßnahmen einzurichten. Die Vorgaben der Meeresstrategie-Rahmenrichtlinie zu den Wiederherstellungsmaßnahmen sind jedoch in einem weitaus geringeren Maße festgelegt als die Erhaltungsmaßnahmen und sie sind oftmals mit einschränkenden Formulierungen begleitet wie „wo durchführbar" (Erwägungsgrund 3 und 43, Art. 1 Abs. 2a MSRL), „gegebenenfalls" (Art. 13 MSRL) oder unter Beachtung angemessener Kosten (Art. 13 Abs. 3, 14 Abs. 4 MSRL).

1739 „Unfortunately, the scientific understanding of human environmental values is in its infancy and is particularly weak in the context of the sea", *Mee et al.*, Mar Pollut Bull (56) 2008, 187 ff. (190).

1740 *Mee et al.*, Mar Pollut Bull (56) 2008, 187 ff. (190); *Westaway*, Environ L Rev (10) 2008, 218 ff. (219).

1741 Trotz der entsprechenden Verwendung des Begriffs in der WRRL, dort Art. 2 Nr. 22 WRRL. Siehe Änderungsantrag 27, A6-0373/2006, S. 18 f. und 54 f.; *Sachverständigenrat für Umweltfragen*, Umweltschutz im Zeichen des Klimawandels, 2008, Rz. 593.

Es steht deshalb zu befürchten, dass – trotz des geforderten Ökosystemansatzes – einige Mitgliedstaaten „entweder sehr vage oder sehr schwache Ziele definieren“ und schließlich für aneinandergrenzende Meeresgebiete inhaltlich sehr unterschiedliche Definitionen des guten Umweltzustandes existieren.[1742] Andere begnügen sich möglicherweise sogar damit, den „aktuellen Status quo dem guten Umweltzustand gleichzusetzen“.[1743] Unterschiedliche Verständnisse des Begriffs einer guten Meeresumwelt können dann in der Folge auch zu unterschiedlichen Zielsetzungen und unterschiedlich anspruchsvollen Maßnahmenprogrammen führen, befürchtet das *Umweltbundesamt* (UBA).[1744] Auch nach Ansicht des *Sachverständigenrates für Umweltfragen* (SRU) ist hier die Europäische Kommission selbst gefordert, bereits innerhalb der Rahmenrichtlinie festzulegen, welcher Zustand in den europäischen Meeren angestrebt werden soll.[1745]

3. Schwache Betonung des Vorsorgeprinzips

In diesem Zusammenhang ist auch die schwache Betonung des Vorsorgeprinzips in der Meeresstrategie-Rahmenrichtlinie zu kritisieren.[1746] Der Anwendungsbereich der Rahmenrichtlinie erstreckt sich auf die unionalen Meeresgewässer und bezieht sich damit auf einen Bereich, der noch immer durch enorme Lücken über die Zusammenhänge zwischen anthropogenen Belastungen und deren Wechselwirkungen auf die Ökosysteme gekennzeichnet ist.[1747] Das umweltrechtliche Vorsorgeprinzip besagt, dass Eingriffe in die Umwelt grundsätzlich auf das minimale Maß zu beschränken sind, wenn Datenlagen mangelhaft sind und aufgrund dessen die Entstehung von Umweltgefahren und Umweltschäden möglich, aber ungewiss ist.[1748]

1742 So auch *Salomon*, Mar Pollut Bull (52) 2006, 1328 ff. (1329), und *Rossi*, JbUTR 2007, 81 ff. (89 f.). Zum Ökosystemansatz ausführlich *Täufer*, Die Entwicklung des Ökosystemansatzes im Völkerrecht und im Recht der EU, 2017.

1743 *Sachverständigenrat für Umweltfragen*, Verantwortung in einer begrenzten Welt, 2012, Rz. 488.

1744 In der Folge sind auch Wettbewerbsverzerrungen zwischen den Mitgliedstaaten zu befürchten, *Umweltbundesamt*, Stellungnahme zum Vorschlag einer Marinen Rahmenrichtlinie als Bestandteil der Europäischen Meeresstrategie, 2005, S. 2.

1745 Den Mitgliedstaaten solle lediglich die Ausdifferenzierung dieser Zielsetzungen obliegen, so *Sachverständigenrat für Umweltfragen*, Umweltschutz im Zeichen des Klimawandels, 2008, Rz. 593.

1746 Mit Verweis darauf, dass zwischen Risiken („risks“) und Unsicherheiten („uncertainty“) zu unterscheiden ist, *De Santo*, Mar Policy (34) 2010, 414 ff. (418 ff.).

1747 Art. 2 i.V.m. 3 MSRL.

1748 *Erbguth/Schlacke*, Umweltrecht, 6. Auflage 2016, § 3 Rn. 4; *Schmidt et al.*, Umweltrecht, 9. Auflage 2014, § 4 Rn. 22. Zum Umgang mit Unsicherheiten i.R.d. FFH-Verträglichkeitsprüfung *Frenz*, NuR 2016, 30 ff.

Wies der Entwurf noch keinerlei Bezug zu Vorsorge- und Verursacherprinzip auf,[1749] so finden beide Grundsätze in der Meeresstrategie-Rahmenrichtlinie nun zumindest in den Erwägungsgründen Erwähnung.[1750] Dies ist Änderungsanträgen des Europäischen Parlaments zu verdanken.[1751] *Markus* und *Schlacke* geht das aber noch nicht weit genug, sie finden es „bedauerlich“;[1752] auch der *SRU* bemängelt die fehlende Konkretisierung des Vorsorgeansatzes.[1753] Ebenso verweisen *de Santo* und *Jones* auf die Wichtigkeit der Anwendung des Vorsorgeansatzes, der gerade beim Aufeinanderprallen unterschiedlicher Politikverständnisse ein Bindeglied darstellen kann.[1754]

Qualitativ unterschiedliche „gute Umweltzustände“ wird es dennoch in den Mitgliedstaaten im Jahr 2020 geben – das ist nicht zu verhindern. Mit einem stetig wachsenden naturwissenschaftlichen Wissen über das Wirken und die Zusammenhänge der marinen Ökosysteme und einem Mindeststandard an „gut“, der durch die Europäische Kommission festgelegt und von allen Mitgliedstaaten verbindlich einzuhalten ist, wäre aber ein Anfang hin zu ökologisch vielfältigen und dynamischen Meeren gemacht. Momentan noch verfestigt sich der Eindruck, die EU entziehe sich ihrer Verantwortung,[1755] selbst Standards zu setzen, die zu einem guten Umweltzustand der Meere beitragen könnten.

In Reaktion auf die gesammelten Erfahrungen mit den Deskriptoren, Kriterien und Indikatoren strebt die Europäische Kommission eine Revision des Kommissionsbeschlusses 2010/477/EU und Anhang III zur Meeresstrategie-Rahmenrichtlinie an.[1756] Die Revision zeichnet sich dadurch aus, dass zur Bestimmung des guten Umweltzustandes der Meeresgewässer vermehrt Schwellenwerte festgelegt werden, die in Beziehung zu Referenzzuständen gesetzt werden, und eine größere Beachtung des

---

1749 *Rossi*, JbUTR 2007, 81 ff. (94 f.); *Umweltbundesamt*, Stellungnahme zum Vorschlag einer Marinen Rahmenrichtlinie als Bestandteil der Europäischen Meeresstrategie, 2005; „Throwing precaution in the wind?“, *Mee et al.*, Mar Pollut Bull (56) 2008, 187 ff. (196 f.).

1750 Erwägungsgründe 27 und 44 MSRL. Das Europäische Parlament hatte die explizite Einbeziehung des Vorsorgeprinzips in die Artikel im Zusammenhang mit den Maßnahmenprogrammen gefordert, siehe Änderungsantrag 60, A6-0373/2006, S. 36, und die Antwort der Europäischen Kommission darauf in KOM(2007) 456 endg. v. 24.7.2007, S. 7.

1751 Siehe Änderungsanträge 23 und 60, A6-0373/2006 und Änderungsantrag 43, A6-0389/2007.

1752 *Markus/Schlacke*, ZUR 2009, 464 ff. (472).

1753 Genauso wie die fehlende Konkretisierung des Ökosystemansatzes, *Sachverständigenrat für Umweltfragen*, Verantwortung in einer begrenzten Welt, 2012, Rz. 466.

1754 Am Beispiel der GFP und Natura-2000-Strategie *De Santo/Jones*, Mar Policy (31) 2007, 336 ff.

1755 So zum Richtlinienvorschlag *Sachverständigenrat für Umweltfragen*, Vorschlag der Europäischen Kommission für eine Meeresschutzstrategie, 2006, S. 5, 9; *Salomon*, Mar Pollut Bull (52) 2006, 1328 ff.; *Metcalfe et al.*, Mar Policy (39) 2013, 289 ff.

1756 Beruhend auf Art. 24 MSRL; siehe Dossier CMTD(2016) 1403. Dazu *Weiß*, ZUR 2017, 331 ff.

Vorsorgegrundsatzes angestrebt wird. Auch das Problem, dass die Meeresstrategie-Rahmenrichtlinie keine konkrete Aussage darüber trifft, wie der Gesamtzustand der Meeresgewässer in Anwendung der Deskriptoren zu bewerten ist, also welche Bewertung welcher Deskriptoren zu einer Einstufung der Meeresgewässer als gut oder nicht gut führen, ist ungeklärt.[1757] Die Arbeiten zu einem EU-Leitfaden dazu haben Ende 2016 begonnen.[1758]

IV. Instrumente zur Zielerreichung

Die Vorgaben der Meeresstrategie-Rahmenrichtlinie verpflichten die Mitgliedstaaten dazu, Maßnahmenprogramme zu erstellen, um den guten Zustand der Meeresumwelt zu erreichen. Dabei haben sie durch räumliche Schutzmaßnahmen ein Schutzgebietsnetz entsprechend den Vorgaben der FFH- und Vogelschutzrichtlinie und sonstiger internationalen und regionalen Übereinkommen umzusetzen. Die Erwartungen an die Meeresstrategie-Rahmenrichtlinie umfassen, dass die Instrumente, die die Richtlinie zur Erreichung des guten Umweltzustandes der Meeresumwelt vorgibt, hinreichend bestimmt und geeignet sind, das Ziel zu erreichen.

Herauszustellen ist zunächst, dass die räumlichen Schutzmaßnahmen das einzige Instrument der Rahmenrichtlinie sind, das konkret benannt wird. Sonstige andere konkrete Schutzmaßnahmen oder verbindliche Vorgaben zu den Maßnahmenprogrammen, die die Mitgliedstaaten entwickeln müssen, fehlen. Eine direkte Regulierung oder Reglementierung menschlicher Aktivitäten im Meer findet also nicht statt. Dieser Entwicklungsschritt wird erneut auf die mitgliedstaatliche Ebene verlagert, die Meeresstrategie-Rahmenrichtlinie enthält dazu in Anhang VI lediglich einige Vorschläge.

Und selbst die räumlichen Schutzmaßnahmen, sprich Meeresschutzgebiete, sind nicht aufgrund etwaiger zwingender Bestimmungen der Meeresstrategie-Rahmenrichtlinie selbst einzurichten. Die Rahmenrichtlinie verweist vordergründig lediglich auf die Anforderungen bereits bestehender anderer Übereinkommen,[1759] ausdrücklich sind keine zusätzlichen Meeresschutzgebiete gefordert.[1760] Erst über die Auslegung des Wortlauts „beitragen" in Art. 13 Abs. 4 MSRL lässt sich eine Verpflichtung der Mitgliedstaaten herauslesen, über die bereits bestehenden Schutzgebiete hinaus zusätzliche räumliche Schutzmaßnahmen zu ergreifen. Aber auch diese bleiben weitgehend konturenlos, Vorgaben zu Größe, Art und Umfang der Schutzunterstellung fehlen. Es wird den Mitgliedstaaten lediglich empfohlen, solche

1757 Vgl. die Problematik i.R.d. Wasserrahmenrichtlinie, siehe unter vielen *Franzius*, ZUR 2015, 643 ff.

1758 Siehe *Weiß*, ZUR 2017, 331 ff.

1759 Hierzu gehören die Verpflichtungen aus dem Biodiversitätsübereinkommen, dem OSPAR- und Helsinki-Übereinkommen. Siehe 1. Kapitel, B.III.

1760 Siehe auch *Sachverständigenrat für Umweltfragen*, Verantwortung in einer begrenzten Welt, 2012, Rz. 497; *Trouwborst/Dotinga*, Eur Ener & Environ L Rev (20) 2011, 129 ff. (147); *Westaway*, Environ L Rev (10) 2008, 218 ff. (221).

räumlichen Schutzmaßnahmen überhaupt – und „unter anderem" – zu treffen. Die fehlende Ausweisung zusätzlicher Gebiete durch Deutschland widerspricht an dieser Stelle den unionsrechtlichen Anforderungen aus der Richtlinie. Sie wurde damit nicht ordnungsgemäß umgesetzt.[1761]

Die konkrete Nennung von Meeresschutzgebieten in den Artikeln ist erst während des Gesetzgebungsverfahrens eingeführt worden.[1762] Ein Vorschlag des Europäischen Parlaments sah eine Formulierungsänderung vor. Danach sollten die Mitgliedstaaten sicherstellen, „dass diese Gebiete spätestens bis 2012 zu einem kohärenten und repräsentativen Netz der geschützten Meeresgebiete beitragen, das" – hier wird es konkreter – „Gebiete hinreichender Größe umfasst, die vor jeder ausbeutenden Nutzung geschützt sind, um u.a. Zucht-, Brut- und Futtergebiete zu schützen und Integrität, Struktur und Funktionsweise von Ökosystemen zu erhalten oder zurückzugewinnen."[1763] Der erste Teil der Formulierung weist auf das Potenzial von Meeresschutzgebieten hin, durch Gebietsschließungen – und folglich dem Ausschluss unmittelbarer menschlicher Aktivität innerhalb des geschlossenen Gebiets – einen positiven Effekt auf Ökosysteme und Populationen zu haben. Im zweiten Teil der Formulierung kommt das Problem von Meeresschutzgebieten zum Tragen, deren Gebietsschließung zwar menschliche Eingriffe in ihrem Innern ausschließen kann, nicht aber die negativen Einflüsse, die durch menschliche Tätigkeiten außerhalb der Schutzgebiete eingetragen werden.[1764] In die endgültige Fassung der Richtlinie hat es diese Konkretisierung leider nicht geschafft.[1765]

Für ein effektives Management der Schutzgebiete, die zum guten Umweltzustand beitragen sollen, muss es den zuständigen Behörden rechtlich und tatsächlich möglich sein, die Gebiete zu managen, also Vorgaben für gegebene und potentielle Eingriffe zu erlassen.[1766] Nicht gelöste Kompetenzkonflikte treten an dieser Stelle wieder im Zusammenhang mit der Fischerei auf.[1767]

1761 Siehe dazu schon oben, B.III.2a.

1762 Siehe Änderungsanträge 62–64, siehe A6-0373/2006, S. 36 ff.; *Mee et al.*, Mar Pollut Bull (56) 2008, 187 ff. (189).

1763 Siehe Änderungsantrag 62, A6-0373/2006, S. 36 f., und Änderungsantrag 46 in zweiter Lesung, A6-0389/2007, S. 32.

1764 *Sachverständigenrat für Umweltfragen*, Verantwortung in einer begrenzten Welt, 2012, Rz. 497, mit Verweis auf *Roberts et al.*, Phil Trans R Soc B (360) 2005, 123 ff.

1765 Siehe Antwort der Europäischen Kommission auf den Änderungsantrag, KOM(2007) 456 endg. v. 24.7.2007, S. 8.

1766 Dazu *Ounanian et al.*, Mar Policy (36) 2012, 658 ff. (659): „managing activities affecting a shared marine environment".

1767 Siehe oben C.I. Dazu *Schlacke*: „Der Zweck der Meeresstrategie-Rahmenrichtlinie sollte es aber auch sein, einen kohärenten Rechtsrahmen zu etablieren, der die verschiedenen Nutzungen und Interessen nicht nur koordiniert, sondern sie zur Erreichung eines guten Umweltzustandes steuert", *Schlacke*, Statement zur Umsetzung der MSRL, in: Durner (Hrsg.), Wasserrechtlicher Reformbedarf in Bund und Ländern, 2011, S. 21 ff. (22).

Nach dem Zeitplan des Entwurfs zu einer Meeresstrategie-Richtlinie war vorgesehen, dass die Mitgliedstaaten – im Gegensatz zur jetzigen Regelung bis 2016 – bis spätestens 2018 die Maßnahmenprogramme praktisch umgesetzt haben sollten.[1768] Nimmt man den für diesen Fall spätest möglichen Zeitpunkt im Jahr 2018 an, also den 31. Dezember 2018, blieben mit dem Beginn der praktischen Durchführung derjenigen Maßnahmen, durch die das Ziel der Richtlinie erreicht werden soll und kann, gerade einmal drei Jahre (der Entwurf sah als Enddatum noch das Jahr 2021 vor). Von den oft verspäteten oder fehlerhaften Umsetzungen durch die Mitgliedstaaten einmal abgesehen,[1769] ist das ambitioniert, erscheint aber wenig realistisch.[1770] Änderungsanträge des Europäischen Parlaments sahen auch hier eine zeitliche Straffung vor: Die Maßnahmenprogramme sollten bis spätestens 2012 erstellt und bis spätestens 2014 praktisch umgesetzt sein.[1771] Mit dem in der endgültigen Fassung der Meeresstrategie-Rahmenrichtlinie vorgesehenen Zieldatum 2020 wären den Mitgliedstaaten damit sechs Jahre verblieben, die Maßnahmenprogramme auszutesten und gegebenenfalls zu überarbeiten. Nun verbleibt immerhin ein Zeitraum von vier Jahren.[1772] Inwieweit aber selbst in dieser Zeit die Maßnahmenprogramme, die ihrerseits selbstverständlich zunächst getestet und mit vorhersehbarer Sicherheit überarbeitet werden müssen, die Etablierung eines

1768 Das Europäische Parlament plädierte für eine zeitliche Straffung der Umsetzung insgesamt und schlug 2017 als Enddatum vor, siehe Änderungsantrag 24, A6-0373/2006, S. 15 und 56.

1769 Siehe dazu den jährlichen Bericht der Europäischen Kommission über die Kontrolle der Anwendung des EU-Rechts: Jahresbericht 2014, COM(2015) 329 final v. 9.7.2015. Im Jahr 2014 wurden 585 neue Vertragsverletzungsverfahren wegen verspäteter Umsetzung von EU-Richtlinien eingeleitet, 27 davon in Deutschland. Mit 127 Fällen gehört der Umweltbereich nach wie vor zu den Politikbereichen, in denen die meisten Verfahren eingeleitet werden müssen. In Deutschland stammen 19 der insgesamt 27 neuen Vertragsverletzungsverfahren aus dem Umweltbereich, siehe Kontrolle der Anwendung des Unionsrechts, Jahresbericht 2014 – Deutschland, http://ec.europa.eu/atwork/applying-eu-law/docs/annual_report_32/country_sheet_de_de.pdf (9.2.2017).

1770 So auch der *Sachverständigenrat für Umweltfragen*, Vorschlag der Europäischen Kommission für eine Meeresschutzstrategie, 2006, S. 8 f., der kurz vor Fristablauf ineffizienten Aktionismus befürchtete und deshalb formulierte Zwischenziele forderte (was durch § 45e Satz 1 WHG auch aufgenommen wurde). Später allerdings wird der Fahrplan als eine Stärke der Rahmenrichtlinie angesehen, *Sachverständigenrat für Umweltfragen*, Verantwortung in einer begrenzten Welt, 2012, Rz. 473.

1771 Siehe Änderungsantrag 35, A6-0373/2006, S. 22 f., und Änderungsantrag 25, A6-0389/2007, S. 19.

1772 Der gute Umweltzustand ist nach Art. 1 MSRL bis zum Jahr 2020 zu erreichen, die Maßnahmenprogramme sind gem. Art. 5 Abs. 2b lit. ii MSRL bis spätestens 2016 praktisch umzusetzen. Diese zeitlichen Vorgaben wurden bei der nationalen Umsetzung ins WHG übernommen.

Meeresschutzregimes bewirken können, das vor der Verschlechterung mariner Ökosysteme schützt und geschädigte wiederherstellen kann, wird abzuwarten sein.[1773]

Die Instrumente zur Zielerreichung kranken damit an einer fehlenden Konkretisierung und Verbindlichkeit als auch an einem überambitionierten Zeitplan.

V. (Zu) Weitreichende Ausnahmemöglichkeiten

Die Vorgaben der Meeresstrategie-Rahmenrichtlinie erlauben den Mitgliedstaaten weitreichende Ausnahmen.[1774] Sie dürfen dabei u.a. von dem vorgegebenen Zeitplan und vom Ziel des guten Umweltzustandes abweichen. Ausnahmeregelungen für Sonderfälle sind regelmäßig Bestandteil rechtlicher Normwerke. Mit ihnen versucht der Normgeber, bestimmte Konstellationen und Abweichungen vom Regelfall zu antizipieren und im Vorhinein Regelungen für diese Fälle festzulegen. Gemein ist solchen Ausnahmeregelungen, dass mit ihnen gleichermaßen versucht wird, dem Normanwender in seiner Sondersituation gerecht zu werden, dabei aber gleichzeitig dem übergeordneten Ziel des Regelwerks nicht auf Dauer zu versagen. So wird dem Normanwender regelmäßig zugebilligt, die Zielverfolgung vorübergehend für den Zeitraum der Sondersituation auszusetzen. Mit dem Ende der Sondersituation ist er dann aber regelmäßig gefordert, gegebenenfalls auch überobligatorischen Einsatz zu zeigen, um im ursprünglich vorgesehenen Sinn das Ziel zu erreichen. Eine nachträgliche Anpassung des Regelwerks auf ein im Vergleich zur Situation vor dem Eintritt des Sonderfalls geringeres Maß an Zielerreichung – bspw. in inhaltlicher oder zeitlicher Hinsicht – ist bei einseitig erlassenen Normwerken wie Richtlinien i.d.R. nicht vorgesehen.

Der Dispens der Meeresstrategie-Rahmenrichtlinie geht über die normale Reichweite hinaus. Er geht so weit, dass Kritiker schon von einer „Aufweichung der Richtlinie" sprechen.[1775] Der Mitgliedstaat darf zeitlich von den vorgegebenen Schritten abweichen und zwar insoweit, als der zeitliche Rahmen ausgeweitet wird. Grund hierfür müssen natürliche Bedingungen sein. Aus bestimmten sonstigen Gründen ist es dem Mitgliedstaat darüber hinaus erlaubt, die Umweltziele bzw. den guten Umweltzustand „nicht in jeder Hinsicht zu erreichen", also von den selbst festgelegten Zielen und beschreibenden Faktoren inhaltlich abzuweichen. Gründe hierfür können in natürlichen Ursachen, höherer Gewalt und Maßnahmen oder Untätigkeiten liegen, für die der Mitgliedstaat nicht selbst verantwortlich ist. Außerdem darf er abweichen, wenn die Umweltziele oder der gute Umweltzustand durch Änderungen bzw. Veränderungen der physikalischen Eigenschaften von Meeresgewässern aufgrund von Maßnahmen *aus Gründen des übergeordneten Allgemeininteresses* nicht

---

1773 „Unrealistic and inconsistent timescale for implementation", pessimistisch gestimmt *Salomon*, Mar Pollut Bull (52) 2006, 1328 ff. „Managing the environment is mostly about managing humans", *Mee et al.*, Mar Pollut Bull (56) 2008, 187 ff. (203).

1774 Siehe oben A.V.3.

1775 *Sachverständigenrat für Umweltfragen*, Umweltschutz im Zeichen des Klimawandels, 2008, Rz. 593.

erreicht werden können. Der Mitgliedstaat darf also eine Abwägung nicht zwingend umweltbezogener Interessen zulasten der Umwelt treffen.

Problematisch ist es, dass der Ausnahmevorschrift keinerlei Abwägungsmaßstab zu entnehmen ist. Die Umweltinteressen stehen damit auf einer Stufe mit den Allgemeininteressen. Eine tatsächlich gleichberechtigte Abwägung wird allerdings in den seltensten Fällen stattfinden, wenn die Allgemeininteressen aus wirtschaftlichen Interessen bestehen und es um Arbeitsplätze geht oder eine mächtige Wirtschaftslobby hinter den Interessen steht. So könnten dann bspw. die Interessen am Bau von Offshore-Windenergieanlagen oder Gaspipelines die Interessen am Schutz eines konkreten Brut- oder Rastgebiets übertreffen.[1776] I.S.d. Ausrichtung der Meeresstrategie-Rahmenrichtlinie hätte es hier eines klareren Bekenntnisses zugunsten des Meeresumweltschutzes bedurft, z.B. in Form einer schärferen Abwägungsregelung.

Zwar stehen sämtliche Ausnahmen unter der Prämisse, dass „die Erreichung eines guten Umweltzustandes [...] nicht auf Dauer" erschwert oder verhindert wird.[1777] Allerdings sind die Mitgliedstaaten nicht verpflichtet, über die Erstellung der Anfangsbewertung hinaus besondere Maßnahmen einzuleiten, wenn keine erhebliche Gefahr für die Meeresumwelt besteht oder wenn die Kosten unverhältnismäßig zu den Gefahren für die Meeresumwelt sind und keine weitere Verschlechterung eintritt.[1778] Diese Vorschrift gibt den Mitgliedstaaten einen Freibrief dafür, keinerlei Maßnahmen zum Schutz der Meeresumwelt zu ergreifen,[1779] und sie untergräbt damit das Anliegen der Meeresstrategie-Rahmenrichtlinie in eklatanter Weise.[1780] In umgekehrter Lesart müssen die Mitgliedstaaten nämlich nur dann obligatorisch handeln, wenn eine erhebliche Gefahr für die Meeresumwelt vorliegt und die Kosten für die Maßnahmen angemessen sind. Immerhin erhöht es den Rechtfertigungsdruck auf die Mitgliedstaaten, wenn Maßnahmen nicht umgesetzt werden oder von dem Dispens Gebrauch gemacht wird.

Der Begriff „erhebliche Gefahr" ist ein unbestimmter Rechtsbegriff, d.h. er ist auslegungsbedürftig und birgt damit das Risiko einer inkohärenten Anwendung durch die Mitgliedstaaten. Markus und Schlacke weisen auf die unterschiedlichen Begriffsverwendungen der englischen und französischen Übersetzung „significant risk" bzw. „risque important" hin, die sich nicht unterschiedslos mit dem deutschen

---

1776 *Sachverständigenrat für Umweltfragen*, Verantwortung in einer begrenzten Welt, 2012, Rz. 468.

1777 Art. 14 Abs. 2 MSRL.

1778 Art. 14 Abs. 4 MSRL. *Trouwborst* und *Dotinga* weisen darauf hin, dass ökonomische Erwägungen bspw. bei der Auswahl von Schutzgebieten nach der FFH-Richtlinie keinerlei Bedeutung haben, siehe *Trouwborst/Dotinga*, Eur Ener & Environ L Rev (20) 2011, 129 ff. (145 f.).

1779 So auch *Sachverständigenrat für Umweltfragen*, Verantwortung in einer begrenzten Welt, 2012, Rz. 468; *Trouwborst/Dotinga*, Eur Ener & Environ L Rev (20) 2011, 129 ff. (140), mit Verweis auf *Markus et al.*, Int'l J Mar & Coast L (26) 2011, 59 ff. (84).

1780 *Barnes/Metcalfe*, Int'l J Mar & Coast L (25) 2010, 81 ff. (85); *Westaway*, Environ L Rev (10) 2008, 218 ff. (221).

Rechtsbegriffsverständnis decken.[1781] Hinzu kommt, dass der Mitgliedstaat lediglich verpflichtet ist, der Europäischen Kommission eine Begründung für den Ausnahmefall zu übermitteln.[1782] Ein explizites Prüfungsrecht der Kommission ist nicht normiert. Kritiker beurteilen diese „Exit-Option“[1783] als inneren Widerspruch der Richtlinie.[1784] Zu befürchten ist, dass Mitgliedstaaten in erheblichem Umfang von den Ausnahmevorschriften Gebrauch machen werden. Zusammen mit einer wenig ambitionierten Definition des „guten Umweltzustandes“ können die Ausnahmevorschriften der intendierten Zielerreichung der Meeresstrategie-Rahmenrichtlinie damit entschieden entgegenstehen. Mit der Meldung und Umsetzung der Maßnahmenprogramme wird sich in den Jahren nach 2016 zeigen, inwieweit diese Befürchtungen zur Gewissheit werden. Momentan macht die Bundesregierung noch nicht von den Ausnahmeregelungen Gebrauch.[1785] Es ist zu hoffen, dass die Europäische Kommission in diesem Fall eine sehr enge Auslegung der Ausnahmevorschriften vertreten wird.[1786]

Neben all dem bleibt offen, welche Sanktionen ergriffen werden, wenn die Ziele der Meeresstrategie-Rahmenrichtlinie nicht erreicht werden.

VI. Mehrwert der Meeresstrategie-Rahmenrichtlinie

„Die Meeresstrategie-Rahmenrichtlinie ist im Ergebnis damit die erste ausdrückliche normativ verbindliche Strategie zum umfassenden Umweltschutz der Meere.“[1787] Diese These wurde in der Einleitung zur Bewertung aufgestellt. Kann die Meeresstrategie-Rahmenrichtlinie aber tatsächlich einen „umfassenden Umweltschutz“ der Meere bewirken? Die vorangegangenen Kritikpunkte lassen daran berechtigte Zweifel aufkommen.[1788]

1781 *Markus/Schlacke*, ZUR 2009, 464 ff. (470 f.).

1782 Art. 14 Abs. 4 MSRL.

1783 *Salomon/Krohn*, NordÖR 2006, 371 ff. (375).

1784 *Markus/Schlacke*, ZUR 2009, 464 ff. (471 f.); *Falke*, ZUR 2008, 438 ff. (439).

1785 *Bundesministerium für Umwelt*, MSRL-Maßnahmenprogramm, 2016, S. 14.

1786 Ohne Hinweise der Europäischen Kommission sei es momentan unmöglich, die konkrete Bedeutung und Tragweite der Ausnahmevorschriften zu bestimmten. Deren Reichweite der Auslegung und Anwendung würden aber zum großen Teil bestimmen, welchen Mehrwert die Meeresstrategie-Rahmenrichtlinie ggü. bestehenden Rechtswerken wie Natura 2000 haben könne, siehe so *Trouwborst/Dotinga*, Eur Ener & Environ L Rev (20) 2011, 129 ff. (140).

1787 Siehe oben A.I.3.

1788 In ihrem eigenen Bericht nach Art. 20 Abs. 2 MSRL kommt die Europäische Kommission erwartungsgemäß zu einem anderen Ergebnis, siehe Bericht der Kommission an den Rat und das Europäische Parlament, Beitrag der Meeresstrategie-Rahmenrichtlinie (2008/56/EG) zur Erfüllung der bestehenden Pflichten und Verpflichtungen und zur Umsetzung der Initiativen der Mitgliedstaaten oder der EU auf EU- und internationaler Ebene in Sachen Umweltschutz in den Meeresgewässern, COM(2012) 662 final v. 16.11.2012.

Eine zentrale Schwäche der Meeresstrategie-Rahmenrichtlinie ist darin zu sehen, dass sie *kein eigenständiges Regelwerk* zur Verfügung stellt, sondern nur an andere, bereits bestehende Rechtsregime zum Meeresumweltschutz anknüpft.[1789] Entsprechendes gilt für ihre Umsetzung in deutsches Recht, auch hier entschied sich der Gesetzgeber gegen ein eigenständiges Regelungspaket.[1790]

Allerdings ergänzt und verstärkt die Meeresstrategie-Rahmenrichtlinie die genannten Rechtsregime auch, indem insbesondere durch die erforderlichen Maßnahmenprogramme neue Ansätze zu einer Verbesserung der Meeresumwelt aufgegriffen werden. Diese unterstützen dann wiederum Aspekte, die andere regionale und internationale Übereinkommen zum Meeresumweltschutz fordern.[1791] So trägt bspw. der Plan, müllbezogene Maßnahmen zu Fischereinetzen und -geräten zu entwickeln und umzusetzen, nicht nur den Vorgaben der Meeresstrategie-Rahmenrichtlinie nach solchen Meeren Rechnung, die frei von Belastungen durch Abfälle sind.[1792] Gleichzeitig dient diese Maßnahme der Erfüllung von Vorgaben der Natura 2000-Richtlinien,[1793] der GFP, HELCOM und OSPAR sowie Vereinbarungen, die die Bundesrepublik Deutschland i.R.d. FAO und UNEP-Empfehlungen zu beachten hat.[1794]

Die Meeresstrategie-Rahmenrichtlinie legt im Gegensatz z.B. zur FFH-Richtlinie einen *umfangreichen Fokus auf alle marinen Arten, Lebensräume und Ökosysteme.* Die Anhänge der FFH-Richtlinie sind, was marine Lebensraumtypen und -arten angeht, unzureichend.[1795] So sind bspw. keine Wirbellose oder Robben und nur wenige Fischarten (Stör und Schnäpel) berücksichtigt. Die Meeresstrategie-Rahmenrichtlinie deckt damit Lücken der FFH-Richtlinie und anderer Regelwerke ab. Auch dadurch sind – trotz unterschiedlich definierter Ziele der Regelwerke – positive Effekte zu erwarten.

Der Meeresstrategie-Rahmenrichtlinie ist ebenfalls vorzuwerfen, dass sie *kein geeignetes Instrumentarium* zur Zielerreichung bereitstellt.[1796] Einziges konkret benanntes Instrument sind die Meeresschutzgebiete bzw. räumliche Schutzmaßnahmen.

1789 *Markus et al.*, Int'l J Mar & Coast L (26) 2011, 59 ff. (68).

1790 *Schlacke*, Statement zur Umsetzung der MSRL, in: Durner (Hrsg.), Wasserrechtlicher Reformbedarf in Bund und Ländern, 2011, S. 21 ff. (25); *Markus et al.*, Int'l J Mar & Coast L (26) 2011, 59 ff. (87).

1791 Siehe dazu B.III.2.

1792 *Bundesministerium für Umwelt*, MSRL-Maßnahmenprogramm, Anlage 1 Maßnahmenkennblätter, 2016, S. 98 ff.

1793 *European Commission*, Guidance on Aquaculture and Natura 2000, 2012.

1794 Dazu bspw. *Trouwborst/Dotinga*, Eur Ener & Environ L Rev (20) 2011, 129 ff. (132, 141), und *OSPAR Commission*, Regional Implementation Framework for the EU MSFD, 2010, siehe: https://www.ospar.org/work-areas/cross-cutting-issues/msfd/ospar-msfd (26.6.2017); „mutual advantages" nach *Westaway*, Environ L Rev (10) 2008, 218 ff. (223).

1795 Zur Unvollständigkeit der Anhänge siehe schon oben, 1. Kapitel, C.IV.6.

1796 Siehe dazu C.IV.

Und selbst die Einrichtung von Meeresschutzgebieten ist für die Mitgliedstaaten nicht verbindlich. Der Hinweis der Rahmenrichtlinie auf die Natura 2000-Richtlinien, die zur Erfüllung dieser Maßnahme herangezogen werden können, weist jedoch nicht darauf hin, dass die reine Applikation der FFH-Gebiete zur Erfüllung nicht ausreichen wird. Die FFH-Richtlinien-Annexe sind nämlich, wie gesehen, dort unzureichend, wo es um marine Lebensraumtypen und -arten geht. Um den guten Umweltzustand der Meeresgewässer i.S.d. Meeresstrategie-Rahmenrichtlinie zu erreichen, müssen damit zusätzliche Maßnahmen ergriffen werden, die über die bereits zur Erfüllung der FFH-Richtlinie getroffenen hinausgehen. Das zeigt, dass die Meeresstrategie-Rahmenrichtlinie zumindest an einigen Stellen mehr verlangt als die bislang durch Deutschland eingegangenen Verpflichtungen in regionalen und internationalen Übereinkommen.

Auch an dem *vorgegebenen Zeitplan* der Meeresstrategie-Rahmenrichtlinie lässt sich Kritik üben.[1797] Andererseits ist aber festzustellen, dass der zeitliche Rahmen straff ist und in einer für Umweltbelange relativ kurzen Zeit von zwölf Jahren seit Erlass der Richtlinie zumindest erste Ergebnisse vorgewiesen werden sollen. Die Natura 2000-Richtlinien bspw. sehen nichts Vergleichbares vor.

Durch eine Reihe von Vorschriften zur regionalen und internationalen Zusammenarbeit[1798] fördert die Meeresstrategie-Rahmenrichtlinie auch die *Einbeziehung von Nicht-EU-Staaten*, die, sofern sie Anrainerstaat der Meeresregion sind, konsequenterweise in die Anstrengungen um die Erreichung einer guten Meeresumwelt einbezogen werden müssen. Auch wenn die Meeresstrategie-Rahmenrichtlinie für diese Staaten nicht verbindlich ist, sind positive Effekte zu erwarten: Erkenntnisse, die Mitgliedstaaten i.R.d. Umsetzung der Meeresstrategie-Rahmenrichtlinie gewinnen, werden auch in die Verhandlungen bei Vertragsstaatenkonferenzen zu regionalen Abkommen eingebracht werden. Sie kann so als Katalysator wirken.[1799]

Was die *weiten Ausnahmemöglichkeiten* angeht, die die Meeresstrategie-Rahmenrichtlinie vorsieht, bleibt zunächst abzuwarten, in welchem Umfang die Mitgliedstaaten davon Gebrauch machen werden. Zu prüfen bleibt zudem, ob die Ausnahmen nicht wiederum ihrerseits über die Verschränkung mit den Natura 2000-Direktiven eingeschränkt sind.[1800] So sind diese Ausnahmen nach Art. 6 FFH-Richtlinie bspw. nicht vorgesehen. Nach AEUV/EUV sind aber die jeweils strengeren Vorschriften anwendbar, soweit mehr als eine Vorschrift auf dieselbe Problematik gleichzeitig anwendbar ist.[1801] Das soll an dieser Stelle lediglich als Denkanstoß genommen, aber nicht vertieft werden.

1797 Siehe C.IV.

1798 Art. 2 Abs. 1, 6 Abs. 2 MSRL.

1799 *Trouwborst/Dotinga*, Eur Ener & Environ L Rev (20) 2011, 129 ff. (147).

1800 *European Commission*, Guidance on Aquaculture and Natura 2000, 2012, Rn. 67.

1801 Grundlegend zum Anwendungsvorrang EuGH, Rs. 6/64, Slg. 1964, S. 1251 ff. – Costa/E.N.E.L.

Im Ergebnis bleibt festzuhalten, dass die Meeresstrategie-Rahmenrichtlinie in erster Linie ein riesiges Projekt zur Sammlung meeresspezifischer Daten ist. Ihr Ziel einer guten Meeresumwelt wird sie mit aller Wahrscheinlichkeit – jedenfalls bis 2020 – nicht erreichen.[1802] Das liegt v.a. an der Unbestimmtheit des Begriffs „guter Umweltzustand", der nicht objektiv bestimmt wird, sondern einer Ausfüllung durch die Mitgliedstaaten überlassen wird. Im Wesentlichen fehlt es auch an einer objektiven Bestimmbarkeit des Begriffs. Vielleicht sollte die Richtlinie aber auch nicht nur danach bewertet werden. Ihr großes Potential steckt in der Aufgabe für die Mitgliedstaaten, erstmals und umfassender als jemals zuvor, Daten zur Meeresumwelt zu erheben. Wenn dieser Arbeitsauftrag auch nur annähernd geleistet und erreicht werden kann, ist eine Basis für weitere Anstrengungen mit dem Ideal einer (echten) guten Meeresumwelt greifbar. Ein Mehrwert und Erfolg wäre der Meeresstrategie-Rahmenrichtlinie damit nicht abzusprechen.

VII. Ergebnis

Die Meeresstrategie-Rahmenrichtlinie wird als „most developed branch" der integrierten Meerespolitik der EU gelobt.[1803] Sie schaffe einen transparenten, rechtlich verbindlichen Rahmen für ein Management der Auswirkungen menschlicher Aktivitäten auf die Meeresumwelt, basierend auf dem Ökosystemansatz.[1804] Erstmals sind die Mitgliedstaaten rechtlich verpflichtet, umfassende Strategien und Maßnahmen zum Schutz der Meere zu entwickeln, um einen guten Umweltzustand zu erreichen, was als „undisputable success after many years of effort towards marine environmental protection in Europe" gewertet wird.[1805] Als ein positives Ergebnis bringt die Meeresstrategie-Rahmenrichtlinie zweifellos hervor, dass bestehende Wissensdefizite über die Wechselwirkungen der marinen Ökosysteme unter menschlicher Beeinflussung verringert werden.[1806] Dazu tragen die umfangreichen Berichtspflichten der Mitgliedstaaten bei, insbesondere i.R.d. Anfangsbewertung und deren regelmäßige Aktualisierungen.

1802 So auch Staatssekretär *Jochen Flasbarth* in seiner Rede zum 25. Meeresschutz-Symposium des BSH 2015 „Meeresschutz gestern und heute" am 27.5.2015 in Hamburg: „Leider ist heute schon absehbar, dass wir trotz aller Bemühungen nicht imstande sein werden, den guten Umweltzustand bis 2020 zu erreichen, wir benötigen mehr Zeit", siehe http://www.bmub.bund.de/presse/reden/detailansicht/artikel/rede-von-jochen-flasbarth-zum-25-meeresschutz-symposium-2015-brmeeresschutz-gestern-und-heute/ (9.2.2017).

1803 *Markus/Schlacke*, ZUR 2009, 464 ff.; *Markus et al.*, Int'l J Mar & Coast L (26) 2011, 59 ff.

1804 *Holzwarth*, Umsetzung der MSRL in Deutschland, in: Bundesamt für Seeschifffahrt und Hydrographie (Hrsg.), Meeresumweltsymposium 2011, 2011, S. 19 ff.

1805 So *Salomon*, Environ Sci Policy (12) 2009, 359 ff. (363).

1806 So auch *Schlacke*, Statement zur Umsetzung der MSRL, in: Durner (Hrsg.), Wasserrechtlicher Reformbedarf in Bund und Ländern, 2011, S. 21 ff. (22).

Die Bewertung hat aber ebenso gezeigt, dass die Meeresstrategie-Rahmenrichtlinie ihren Erwartungen in großem Umfang nicht gerecht wird. Es mangelt an einer Einbeziehung des Umweltschutzes in andere sektorspezifische Politiken, die Verknüpfung zu umweltrechtlichen Regelwerken auf regionaler und internationaler Ebene ist ebenso ausbaufähig wie die Verzahnung und Anpassung der mitgliedstaatlichen Meeresstrategien untereinander. Der zentrale Begriff des „guten Umweltzustandes der Meeresgewässer" ist in großem Maße unbestimmt und unbestimmbar und nur unzureichend auf das Vorsorgeprinzip bezogen. Die Ausgestaltung der Maßnahmenprogramme obliegt den Mitgliedstaaten, die Vorgaben der Rahmenrichtlinie beschränken sich auf räumliche Schutzmaßnahmen, die nicht konkretisiert sind. Der Zeitplan zur praktischen Umsetzung der Maßnahmenprogramme ist ambitioniert, aber unrealistisch. Weitreichende Ausnahmemöglichkeiten gefährden in vieler Hinsicht den Erfolg der Meeresstrategie-Rahmenrichtlinie. Ihre Kritiker fällen folglich ein „vernichtendes Urteil",[1807] der *SRU*[1808] spricht von einem Rückzug der Europäischen Kommission aus ihrer Verantwortung, es fallen diskreditierende Bewertungen wie „Papiertiger",[1809] und es wird der Vergleich angestellt, der die Meeresstrategie-Rahmenrichtlinie als „aktionistische Rechtsetzung" bezeichnet, die dem „Meeresumweltschutz eher schadet als nützt".[1810] Insgesamt setze die Meeresstrategie-Rahmenrichtlinie einen nur mangelhaften institutionellen Rahmen für die Bewirtschaftung der Meere.[1811]

Zweifelsohne hat die Meeresstrategie-Rahmenrichtlinie erhebliche Schwachstellen. Es ist wichtig, diese Schwachstellen jetzt aufzuzeigen. Bis zur Deadline im Jahr 2020 bleiben den Mitgliedstaaten und der Europäischen Kommission nur wenige Jahre, alle Anstrengungen auf das gemeinsame Ziel zu konzentrieren. Unerlässlich dazu ist die Einsicht, dass nur gesunde Meere produktiv und damit wirtschaftlich effektiv nutzbar sind. Diese Einsicht hat sich mittlerweile in allen Politiken durchgesetzt. Die allermeisten Mitgliedstaaten haben die ersten Berichte fristgerecht

---

1807 „Die Richtlinie leistet keinen Beitrag zur Harmonisierung oder gar Integration der bestehenden Vielfalt von politischen Maßnahmen und rechtlichen Vorgaben zum Schutz der Meeresumwelt", *Czybulka*, ZUR 2008, 241 ff. (246), mit Bezug auf *Rossi*, JbUTR 2007, 81 ff.

1808 *Sachverständigenrat für Umweltfragen*, Vorschlag der Europäischen Kommission für eine Meeresschutzstrategie, 2006; *Sachverständigenrat für Umweltfragen*, Konzept der Europäischen Kommission für eine gemeinsame Meeresumweltschutzstrategie, 2003, siehe: http://www.umweltrat.de/cln_137/SharedDocs/Downloads/DE/04_Stellungnahmen/2003_Stellung_Meeresumweltschutzstrategie.html (26.6.2017).

1809 *Menn*, MSRL, Aktionsplan zur Integrierten Meerespolitik und Ostsee-Aktionsplan, in: Bundesamt für Seeschifffahrt und Hydrographie (Hrsg.), Meeresumwelt-Symposium 2008, 2009, S. 13 ff.

1810 Das allerdings noch zum Richtlinienentwurf, *Rossi*, JbUTR 2007, 81 ff. (104).

1811 „Inadequate institutional framework for the management of the sea", *Borja*, Mar Pollut Bull (52) 2006, 239 ff.

bei der Europäischen Kommission eingereicht; wie defensiv oder vorausschauend sie sind, wird in den nächsten Jahren v.a. von Naturwissenschaftlern auszuwerten sein. Wie ambitioniert die Mitgliedstaaten einen umfassenden Meeresumweltschutz verfolgen, wird sich insbesondere bei der Entwicklung und Umsetzung der Maßnahmenprogramme zeigen, die bis Ende 2016 praktisch umgesetzt sein sollten und in den kommenden Jahren bewertet werden können.

Nichtsdestotrotz bleibt die Erkenntnis, dass durch die Vorgaben der Meeresstrategie-Rahmenrichtlinie in den kommenden Jahren eine enorme Datensammlung über die europäischen Meere stattfinden wird. Das wird im Ergebnis mit Sicherheit ein besseres Verständnis über das Leben in und an den Meeren bewirken.

D. Zusammenfassung des 2. Kapitels

Die Meeresstrategie-Rahmenrichtlinie stellt das erste Regelwerk zu einem umfassenden Schutz der Meere auf gemeinschaftlicher Ebene dar. Sie bietet allerdings kein eigenständiges Meeres-Rechtsregime mit neuen materiellen Inhalten. Ihre Leistung besteht darin, dass sie einen Rechtsrahmen schafft, innerhalb dessen die Mitgliedstaaten nach einem strengen zeitlichen Fahrplan jeweils eigene Meeresstrategien entwickeln, die dann ihrerseits materielle Vorgaben zum Meeresumweltschutz enthalten.

Das Ziel der Meeresstrategie-Rahmenrichtlinie, bis zum Jahr 2020 einen guten Zustand aller europäischen Meeresgewässer zu erreichen oder zu erhalten, ist eine überaus schwierige Aufgabe. Die von der Meeresstrategie-Rahmenrichtlinie vorgegebenen Arbeitsschritte des Fahrplans sind äußerst komplex und umfangreich, zudem sind viele der vorgegebenen Schritte auf mitgliedstaatlicher Ebene erstmals zu entwickeln und untereinander zu koordinieren. Zur Erfolgskontrolle sieht Art. 17 MSRL vor, dass die Mitgliedstaaten alle sechs Jahre ihre Meeresstrategien überprüfen und die Ergebnisse an die Europäische Kommission und alle anderen betroffenen Mitgliedstaaten übermitteln. Damit soll ein Qualitätskreislauf initiiert und sichergestellt werden.

Die Meeresstrategie-Rahmenrichtlinie wurde mit Gesetz vom 6. Juni 2011 und damit mit mehr als einem Jahr Verspätung in nationales Recht umgesetzt. Der Gesetzgeber hat sich dabei gegen den Erlass eines eigenständigen Gesetzes entschieden und die Regelungen der Rahmenrichtlinie in einem neuen Abschnitt 3a des Wasserhaushaltsgesetzes „Bewirtschaftung von Meeresgewässern" implementiert. Weiter wurden das Bundesnaturschutzgesetz, das Gesetz über die Umweltverträglichkeitsprüfung, das Bundeswasserstraßengesetz und das Kreislaufwirtschafts- und Abfallgesetz geändert; hierbei handelt es sich weitestgehend um Folgeänderungen.

Die Entwürfe einer Anfangsbewertung zur Erfassung des aktuellen Umweltzustandes, der Beschreibung einer guten Meeresumwelt und der Festlegung von Umweltzielen, jeweils für Nord- und Ostsee, wurden am 14. Oktober 2011 veröffentlicht. Die Öffentlichkeit hatte sechs Monate Zeit, zu diesen Entwürfen Stellung zu nehmen. Fristende für Stellungnahmen war der 16. April 2012; zum 15. Juli 2012 wurden die ersten Berichte fristgerecht an die Europäische Kommission übermittelt.

Ebenfalls übermittelt sind mittlerweile die Informationen zu den räumlichen Schutzmaßnahmen nach Art. 13 Abs. 4 MSRL, den Überwachungsprogrammen nach Art. 11 MSRL und den erstellten Maßnahmenprogrammen nach Art. 13 Abs. 3 MSRL.

Die Meeresstrategie-Rahmenrichtlinie normiert Vorgaben für die Mitgliedstaaten, die relevant sind für eine nationale maritime Raumplanung. Diese Regelungen finden sich in Art. 13 Abs. 4 MSRL und in Anhang VI MSRL bzw. den umgesetzten Normen § 45h WHG und § 56 BNatSchG.

An verschiedenen Stellen zeigen sich Probleme bei der Umsetzung der Meeresstrategie-Rahmenrichtlinie. Fraglich bleibt insbesondere, ob die von der Europäischen Kommission zur Verfügung gestellten Hilfestellungen und Anleitungen, das meint die Qualitativen Deskriptoren zur Festlegung des guten Umweltzustandes in Anhang I MSRL und die Kriterien und methodischen Standards zur Feststellung des guten Umweltzustandes von Meeresgewässern im Kommissionsbeschluss 2010/477/EU, ausreichen, den unbestimmten Begriff des „guten Umweltzustandes" für die Mitgliedstaaten handhabbar zu machen. Darüber hinaus stellt sich die Frage, ob eine ausreichende Integration von Umweltbelangen in alle Sektorpolitiken erfolgen und eine rechtliche Verknüpfung der Vorgaben der Meeresstrategie-Rahmenrichtlinie mit anderen, bereits bestehenden umweltschützenden regionalen und internationalen Übereinkommen gelingen wird. Für diese drei Punkte darf man jedenfalls berechtigte Zweifel hegen.

Im Fokus der vorliegenden Arbeit steht aber ein weiteres Problem: Ist das vorgeschlagene Instrumentarium der (räumlichen) Maßnahmenprogramme geeignet, eine gute Meeresumwelt zu erreichen? Kann eine Integration von maritimer Raumplanung und Meeresumweltschutz gelingen? Erste Bedenken dazu wurden bereits geäußert und aufgezeigt; das Thema soll nun im nächsten Kapitel vertieft werden.

3. Kapitel: Die Integration von maritimer Raumplanung und Meeresumweltschutz

> Angesichts der vergleichsweise überwältigenden Steigerung des Gefährdungspotentials und des zunehmenden Spürbarwerdens der Endlichkeit unserer natürlichen Lebensgrundlagen lässt sich im Grunde nicht einmal ernstlich erwägen, dass der unerlässliche Umweltschutz [...] in erster Linie unter Einsatz von nur reagierenden Handhaben zu gewährleisten sein könnte. Wir sind auf die Anwendung vorsorgender Schutzstrategien angewiesen. Das zwingt uns zu öffentlichen Planungen, mögen wir deren Unzulänglichkeiten nun mehr oder weniger zu fürchten haben.
>
> *Felix Weyreuther, Umweltschutz und öffentliche Planung, UPR 1981, 33*

Im Jahr 2010 hat die Europäische Kommission eine Mitteilung zum aktuellen Stand und Ausblick der maritimen Raumordnung in Europa veröffentlicht.[1812] Darin findet sich in dem Kapitel „Aktueller Kontext auf EU-Ebene" unter der Überschrift „5.2. Meeresstrategie-Rahmenrichtlinie" der folgende Abschnitt, der aufgrund seiner zentralen Bedeutung für die vorliegende Arbeit in seiner Gänze wiedergegeben werden soll:

> Die Meeresstrategie-Rahmenrichtlinie ist die Umweltsäule der IMP.[1813] Sie zielt darauf ab, bis 2020 einen guten Zustand der Meeresumwelt zu erreichen oder zu erhalten, einen Ökosystem-Ansatz für die Steuerung menschlichen Handelns anzuwenden und die Berücksichtigung von Umweltbelangen bei politischen Maßnahmen und Vereinbarungen sicherzustellen. Die Maßnahmenprogramme, die die Mitgliedstaaten zur Verwirklichung dieser Ziele bis 2015 erstellen müssen, können räumliche Schutzmaßnahmen, Maßnahmen zur Steuerung der räumlichen und zeitlichen Verteilung sowie Managementkoordinierungsmaßnahmen umfassen. *Die maritime Raumordnung kann somit ein wichtiges Instrument der Mitgliedstaaten zur unterstützenden Durchführung einzelner Aspekte der Meeresstrategie-Richtlinie sein,* nicht zuletzt im Rahmen der grenzübergreifenden Koordinierung von Meeresstrategien. [...] In Küsten- und Meeresgebieten existiert zudem eine Verbindung zwischen den räumlichen Maßnahmen

1812 Maritime Raumordnung in der EU – Aktueller Stand und Ausblick, KOM(2010) 771 endg. v. 17.12.2010 (Hervorhebung durch Verfasserin).

1813 Integrierte Meerespolitik (IMP).

der Meeresstrategie-Richtlinie und der Umsetzung der Vogelschutz- und der FFH-Richtlinie.[1814]

Neben der Vorgabe des Art. 13 Abs. 4 MSRL zur Ausweisung räumlicher Schutzmaßnahmen betont die Europäische Kommission an dieser Stelle die Verbindung zwischen den beiden Instrumenten der maritimen Raumordnung und der Meeresstrategie-Rahmenrichtlinie.[1815] In verschiedenen weiteren Rechtsakten wird diese Verknüpfung wiederholt, so z.B. im Beschluss 2010/477/EU der Europäischen Kommission zur Konkretisierung der Kriterien und methodologischen Standards zur Feststellung eines guten Umweltzustands der Meeresgewässer:[1816] Hier wird die maritime Raumplanung als Beispielsinstrument zur Steuerung der räumlichen und zeitlichen Verteilung menschlicher Tätigkeiten i.R.d. Meeresstrategie-Rahmenrichtlinie genannt.

In den beiden vorhergehenden Kapiteln der Arbeit wurden die maritime Raumplanung und die Meeresstrategie-Rahmenrichtlinie samt ihrer Umsetzung in nationales Recht dargestellt. Eine konkrete Verbindung der beiden Instrumente wurde bislang nur am Rande angesprochen.[1817] Die Feststellung, dass die „maritime Raumordnung [...] somit ein wichtiges Instrument der Mitgliedstaaten zur unterstützenden Durchführung einzelner Aspekte der Meeresstrategie-Richtlinie sein [kann]", kommt einem Auftrag der Europäischen Kommission nach einer Verknüpfung und

---

1814 Maritime Raumordnung in der EU – Aktueller Stand und Ausblick, KOM(2010) 771 endg. v. 17.12.2010, S. 8. Angedeutet auch schon im Fortschrittsbericht zur integrierten Meerespolitik der EU, KOM(2009) 540 endg. v. 15.10.2009, S. 8. Ebenso Bericht der Kommission an das Europäische Parlament und den Rat über die Fortschritte bei der Einrichtung geschützter Meeresgebiete (gem. Art. 21 MSRL), COM(2015) 481 final v. 1.10.2015, S. 9: Meeresschutzgebiete sollten integraler Bestandteil maritimer Raumordnungspläne sein.

1815 Zur Verbindung von maritimer Raumplanung und Ökosystemansatz siehe auch *Domínguez-Tejo et al.*, Mar Policy (72) 2016, 115 ff.; *Jay et al.*, Land Use Policy (54) 2016, 129 ff.; *Maccarrone et al.*, Ocean Coast Mgmt (118) 2015, 215 ff.; *Brennan et al.*, Mar Policy (43) 2014, 359 ff.; *Rodriguez*, Ocean Coast Mgmt (137) 2017, 185 ff.; *Janssen et al.*, Umweltbelange der Meeresraumordnung in der deutschen AWZ unter Berücksichtigung des Ökosystemansatzes, 2017.

1816 V. 1.9.2010, ABl.EU L 232, S. 14, Anhang, Teil A, Nr. 6. „... clarifying the existing link between both", siehe *Santos et al.*, Mar Policy (36) 2012, 936 ff. (966). Dazu auch *Maes*, Mar Policy (32) 2008, 797 ff. Schon im Fortschrittsbericht zur integrierten Meerespolitik (IMP) der EU, KOM(2009) 540 endg. v. 15.10.2009, S. 8 f., wird die Verknüpfung beider Instrumente aufgegriffen: „Die Weiterentwicklung sektorübergreifender Instrumente der IMP etwa der maritimen Raumordnung [...], wird die Umsetzung der [Meeresstrategie-Rahmenrichtlinie] erleichtern und andererseits werden viele für ihre Umsetzung erforderlichen Maßnahmen, etwa die wirtschaftliche und gesellschaftliche Analyse meeresbezogener menschlicher Tätigkeiten, die erstmals 2012 und danach regelmäßig vorgelegt werden muss, die Weiterentwicklung der IMP unterstützen."

1817 Siehe z.B. 1. Kapitel, C.IV.9.

Integration der beiden Instrumente gleich. Nun soll untersucht werden, inwieweit die Bundesrepublik Deutschland diesem Auftrag der Europäischen Kommission nachgekommen ist. Dazu wird zunächst der Integrationsauftrag der Europäischen Kommission bestimmt und inhaltlich ausgeleuchtet (A.). In einem zweiten Schritt können dann die beiden Instrumente, Meeresstrategie-Rahmenrichtlinie und maritime Raumplanung, darauf untersucht werden, inwieweit sie rechtlich zur wechselseitigen Integration fähig sind (B.I.). Ob bzw. inwieweit der Integrationsauftrag in und von der Bundesrepublik Deutschland verwirklicht wurde, wird durch einen Blick auf den Status quo beantwortet. Dabei muss das Scheitern der Integration festgestellt werden (B.II.). Auf der Suche nach Gründen für dieses Scheitern geht es auch um einen Perspektivwechsel, bei dem die hinter den jeweiligen Regelungsregimes stehenden Regelungsziele näher beleuchtet werden. Nach einer grundsätzlichen Hinterfragung des Integrationsauftrages wird ein neuer Ausgangspunkt für eine Integration empfohlen (B.III.).

A. Integrationsauftrag der Europäischen Kommission

Was in der vorliegenden Untersuchung als „Integrationsauftrag" der Europäischen Kommission betitelt wird, stützt sich – jedenfalls im Zusammenhang mit einer maritimen Raumplanung und dem Meeresumweltschutz – nicht auf einen feststehenden, legal definierten oder gewöhnlich gebrauchten (Rechts-)Begriff und bedarf daher einer Begriffserläuterung und Inhaltsbestimmung.

I. Begriffsklärung

Sucht man im rechtlichen Kontext nach dem Begriff des „Integrationsauftrags", so findet man ihn im Zusammenhang mit dem sog. europäischen Integrationsauftrag ggü. europäischen Staaten in die EU. Der europäische Integrationsauftrag umfasst dabei die Erweiterung und Assoziierung europäischer Staaten zum Rechtskonstrukt EU.[1818] Um diesen Integrationsauftrag geht es an vorliegender Stelle jedoch nicht.

Der Begriff des „Auftrags" findet sich – jedenfalls im Unionsrecht – nicht legaldefiniert verankert. Insbesondere darf er nicht als Rechtsakt i.S.d. Art. 288 AEUV verstanden werden. Wird vorliegend demnach von einem Integrations„auftrag" gesprochen, beinhaltet dies keinerlei Verbindlichkeit für die Mitgliedstaaten i.S.e. rechtlichen Umsetzungsverpflichtung. Folgten die Mitgliedstaaten dem Auftrag nicht, besteht aus diesem Grund auch keine Möglichkeit zur Einleitung eines Vertragsverletzungsverfahrens gem. Art. 259 AEUV wegen mangelhafter Umsetzung einer Verpflichtung aus den Verträgen.[1819] Das gilt sowohl für den hier verwendeten Begriff des Integrationsauftrags als bekanntermaßen auch für die Aussagen, die die

1818 Dazu *Alsen*, Der Europäische Integrationsauftrag der EU, 2009.

1819 Der Fokus der vorliegenden Bearbeitung ist aus diesem Grund auch nicht auf die Prüfung einer möglichen Vertragsverletzung ausgerichtet.

Europäische Kommission generell in ihren Mitteilungen trifft. Letztlich ist das im vorliegenden Kontext in der fehlenden Gesetzgebungskompetenz der EU zur Raumplanung begründet.[1820] Das Unionsrecht selbst leistet zur Begriffsbestimmung des Integrationsauftrags damit keine Hilfe.[1821]

Zerlegt man das Kompositum in seine beiden Bestandteile „Integration" und „Auftrag", findet man die folgende (bildungssprachliche) Wortbedeutung:[1822] *Integration* ist die (Wieder-)Herstellung einer Einheit (aus Differenziertem) bzw. die Einbeziehung und Eingliederung in ein größeres Ganzes. Ein *Auftrag* ist eine Weisung bzw. eine zur Erledigung übertragene Aufgabe. Die zur Erledigung übertragene Aufgabe, gleichsam das Ziel des Auftrags, ist hier die Integration. Die Europäische Kommission ist ggü. den Mitgliedstaaten in ihren Weisungsbefugnissen – i.R.d. ihr übertragenen Hoheitsrechte und Gesetzgebungskompetenzen – allerdings eingeschränkt, und der hier formulierte Auftrag ist nicht als rechtverbindliche Weisung ausgestaltet. Deshalb ist hier eher eine Erwartungshaltung der Europäischen Kommission formuliert, die aber im Kern unverbindlich ist. Der Integrationsauftrag der Europäischen Kommission im hier verwendeten Sinne ist also die von der Kommission formulierte, unverbindliche, gleichwohl mit einer Erwartungshaltung verbundene Aufforderung an die Mitgliedstaaten, die maritime Raumplanung mit den Zielen der Meeresstrategie-Rahmenrichtlinie in Einklang zu bringen und damit zu einem einheitlichen Instrument zu formen.

Nähert man sich so dem Begriff des Integrationsauftrages im vorliegend verwendeten Sinne an, dann vollzieht man gleichsam die Überlegungen der Mitgliedstaaten, also den Adressaten der Mitteilung, nach, wie die Aufforderung der Europäischen Kommission in ihrer Mitteilung zum aktuellen Stand und Ausblick der maritimen Raumordnung in Europa aufgefasst werden muss. Im Lichte eines so verstandenen Begriffs des Integrationsauftrages und vor dem Hintergrund der Aufforderung der Europäischen Kommission, einen durch die Meeresstrategie-Rahmenrichtlinie angestrebten guten Umweltzustand der Meere durch Mittel der maritimen Raumplanung zu erreichen, stellt sich die Frage, ob und wie dieser Auftrag überhaupt durch die Mitgliedstaaten zu erfüllen ist.

II. Inhalt des Integrationsauftrages

Unter der Prämisse, dass eine Integration von maritimer Raumplanung und Meeresumweltschutz *noch nicht* gegeben ist, legt die Wahl des Begriffs der „Integration" den Schwerpunkt der Bedeutung auf den Zustandsaspekt. Die Wahl des Begriffs der „Integrierung" würde demgegenüber den Fokus nicht auf das Ziel, sondern den

---

1820 Siehe dazu oben 1. Kapitel, C.III.

1821 So auch *Sachverständigenrat für Umweltfragen*, Verantwortung in einer begrenzten Welt, 2012, Rz. 459.

1822 http://www.duden.de/rechtschreibung/Integration (9.2.2017); *Kloepfer*, Umweltrecht, 4. Auflage 2016, § 4 Rn. 153.

Prozess an sich legen. An dieser Stelle soll jedoch das Ziel in den Fokus gestellt werden, weshalb vorliegend der Begriff *Integrations*-Auftrag verwendet wird.

Die maritime Raumplanung, deren politischer Hintergrund in dem ökonomisch ausgerichteten Grünbuch zur Meerespolitik und der Lissabon-Strategie liegt,[1823] hat durch die Verknüpfung zur Meeresstrategie-Rahmenrichtlinie einen neuen Bewertungsmaßstab bekommen: Das zuvor proklamierte absolute Ziel, die EU zum wettbewerbsfähigsten Wirtschaftsraum der Welt zu machen, steht nicht mehr alleine im Vordergrund.[1824] Die Meeresstrategie-Rahmenrichtlinie schreibt nun einen Ökosystemansatz für die Steuerung menschlichen Handelns auf dem Meer vor, „der gewährleistet, dass die Gesamtbelastung durch diese Tätigkeiten auf ein Maß beschränkt bleibt, das mit der Erreichung eines guten Umweltzustandes vereinbar ist [...] und der gleichzeitig die nachhaltige Nutzung von Gütern und Dienstleistungen des Meeres heute und durch die künftigen Generationen ermöglicht".[1825]

1. Integrationsprinzip

Integrationskonstrukte existieren im Recht bekanntermaßen: Gerade im umweltrechtlichen Kontext findet man den sog. integrativen Ansatz oder das Integrationsprinzip.[1826] Im Einklang mit der obigen (bildungssprachlichen) Wortbedeutung ist das zentrale Anliegen des Integrationsprinzips im Recht der *medienübergreifende Umweltschutz*, und damit die Abkehr vom sektoralen zum gesamtheitlichen Umweltschutz, der insbesondere auch die Wechselwirkungen zwischen den Umweltmedien erfasst.[1827]

1823 Siehe oben, 1. Kapitel, C.I.

1824 Lissabon-Strategie des Europäischen Rates v. 23./24.3.2000, siehe http://www.europarl.europa.eu/summits/lis1_de.htm (9.2.2017). Nachfolgeprogramm seit 2010 ist „Europa 2020", siehe KOM(2010) 2020 endg. v. 3.3.2010.

1825 Art. 1 Abs. 3 MSRL. Siehe auch *Santos et al.*, Mar Policy (36) 2012, 936 ff. (964); *de Jonge et al.*, Ocean Coast Mgmt (68) 2012, 169 ff.; *Douvere/Ehler*, Ocean Yearbook (23) 2009, 1 ff.

1826 Integriert und integrativ werden synonym verwendet; siehe dazu den Hinweis bei *Epiney*, NuR 2006, 403 ff. (406). Früh schon dazu *Kumpfer/Schlacke*, Integrativer Umweltschutz, 2002; *Kloepfer*, NVwZ 2002, 645 ff. (650 f.).

1827 Das umweltrechtliche Integrationsprinzip hat dabei zwei Dimensionen, die interne – hier genannte – und daneben noch die sog. externe Integration. Externe Integration meint die Berücksichtigung der Belange des Umweltschutzes auch bei der Durchführung anderer, dem Umweltschutz möglicherweise sogar entgegenstehender Politiken. Auf europarechtlicher Ebene ist der Gedanke der externen Integration in der Querschnittsklausel des Art. 11 AEUV verankert. Siehe dazu *Kloepfer*, Umweltrecht, 4. Auflage 2016, § 4 Rn. 154 ff.; *Schmidt et al.*, Umweltrecht, 9. Auflage 2014, § 4 Rn. 31 ff., § 2 Rn. 16; *Erbguth/Schlacke*, Umweltrecht, 6. Auflage 2016, § 3 Rn. 2 mit Fn. 14; *Rehbinder*, Ziele, Grundsätze, Strategien und Instrumente, Kap. 3, in: Hansmann/Sellner (Hrsg.), Grundzüge des Umweltrechts, 4. Auflage 2012, S. 135 ff., Rn. 116 ff.; *Calliess*, EU-Umweltrecht, Kap. 2, in: Hansmann/Sellner (Hrsg.), Grundzüge des Umweltrechts, 4. Auflage 2012, S. 55 ff., Rn. 89 ff.; *Sparwasser*

Dieser Gedanke wird mit der integrierten europäischen Meerespolitik aufgenommen, wie er im Grünbuch der Europäischen Kommission formuliert ist:[1828]

> Das vorliegende Grünbuch soll eine Debatte über die künftige Meerespolitik der EU anstoßen, die von einer ganzheitlichen Betrachtung der Ozeane und Meere ausgeht. [...] Den Grundsätzen guten Regierens entsprechend bedarf es einer integrierten, sektorübergreifenden und multidisziplinären europäischen Meerespolitik, die alle Aspekte der Ozeane und Meere umfasst und mehr als eine bloße Zusammenfassung vertikaler sektorieller Politiken ist.

Auch beide hier im Fokus stehenden Instrumente rekurrieren auf das Integrationsprinzip: An prominentester Stelle, nämlich in der Begriffsbestimmung des „guten Umweltzustandes", bezieht die Meeresstrategie-Rahmenrichtlinie den Integrationsgedanken ein.[1829] Zur Erinnerung, dort heißt es:

> Guter Umweltzustand ist der Umweltzustand, den Meeresgewässer aufweisen, bei denen es sich um ökologisch vielfältige und dynamische Ozeane und Meere handelt, die im Rahmen ihrer jeweiligen Besonderheiten sauber, gesund und produktiv sind und deren Meeresumwelt auf nachhaltigem Niveau genutzt wird, so dass die Nutzungs- und Betätigungsmöglichkeiten der gegenwärtigen und der zukünftigen Generationen erhalten bleiben, [...].

Auch dem deutschen Gesetzgeber war der Gedanke der Integration bei der Fassung der beiden Verordnungen zur Raumordnung in der deutschen AWZ der Nord- und Ostsee derart wichtig, dass er ihn in den allerersten Satz der Einleitung im Textteil aufnimmt:

> Um die zunehmenden Nutzungskonflikte auf dem Meer insbesondere zwischen der sich entwickelnden flächenintensiven Offshore-Windenergienutzung und dem Meeresumweltschutz sowie den herkömmlichen Nutzungen wie der Schifffahrt und der Fischerei koordinierten Lösungen zuzuführen, bedarf die Entwicklung der deutschen ausschließlichen Wirtschaftszone (AWZ) einer im Sinne der Nachhaltigkeit *integrativen Betrachtungsweise.*[1830]

Ebenso finden sich in der Richtlinie 2014/89/EU über die Schaffung eines Rahmens für die maritime Raumplanung Bezugnahmen auf das Integrationsprinzip, wobei die maritime Raumplanung in die integrierte Meerespolitik der EU eingebettet wird.[1831]

---

et al., Umweltrecht, 5. Auflage 2003, § 2 Rn. 38 ff. Ein rechtlich normiertes Beispiel findet sich z.B. in § 2 Abs. 1 Satz 2 UVPG. Zum Bezug der umweltrechtlichen Prinzipien im Gemeinschaftsrecht *Winter*, ZUR 2003, 137 ff.

1828 Grünbuch, KOM(2006) 275 endg. v. 7.6.2006; siehe dazu oben 1. Kapitel, C.I.

1829 Art. 3 Nr. 5 MSRL. Bezugnahmen auf die externe Integration finden sich in den Erwägungsgründen 3, 9 und 45 sowie in Art. 1 Abs. 4 MSRL.

1830 AWZ-ROV Nordsee und AWZ-ROV Ostsee, jeweils Textteil, S. 3 (Hervorhebung durch Verfasserin).

1831 An vielen Stellen wird auf die integrierte Meerespolitik der EU verwiesen, z.B. Erwägungsgründe 2 und 3, Art. 1 Abs. 2, Art. 3 Nr. 1 MRRL.

2. *Integration raumplanungsrechtlicher Instrumente*

Mit der Aussage in ihrer Mitteilung zum aktuellen Stand und Ausblick der maritimen Raumordnung in Europa[1832] erteilt die Europäische Kommission den Mitgliedstaaten einen Auftrag. Dieser Auftrag beinhaltet, dass die Mitgliedstaaten bei der Entwicklung der Meeresstrategien zur Umsetzung der Meeresstrategie-Rahmenrichtlinie das Instrument der maritimen Raumplanung in Erwägung ziehen sollen.[1833] Dabei verweist die Europäische Kommission ausdrücklich auf die Maßnahmenprogramme der Richtlinie: Sie können räumliche Schutzmaßnahmen, Maßnahmen zur Steuerung der räumlichen und zeitlichen Verteilung und Managementkoordinierungsmaßnahmen enthalten.[1834] Diese Maßnahmen sollen alle raumplanerisch darstellbar sein. Dies entspricht der Idee der internen Integration, wonach bestimmte Elemente der maritimen Raumplanung zur Umsetzung der Meeresstrategie-Rahmenrichtlinie verwendet werden sollen.

3. *Integration als Problemlösungsstrategie*

Die Europäische Kommission schreibt den Mitgliedstaaten dabei nicht zwingend vor, dass sie die maritime Raumplanung zur Umsetzung der Meeresstrategie-Rahmenrichtlinie verwenden müssten. Vielmehr ist die Mitteilung als eine Art Vorschlag der Europäischen Kommission zu sehen: Sie selbst ist offensichtlich der Ansicht, dass die maritime Raumplanung ein geeignetes Instrument sein kann, die vielfältigen, auch qualitativen Vorgaben der Meeresstrategie-Rahmenrichtlinie umzusetzen.

Auch wenn das Integrationsprinzip sehr häufig i.V.m. den umweltrechtlichen Grundprinzipien – Vorsorgeprinzip, Verursacherprinzip und Kooperationsprinzip – genannt wird, wird es nicht explizit als materielles umweltrechtliches Prinzip, sondern mehr als Problemlösungsstrategie verstanden.[1835] Seit Einführung der UVP- und IVU-Richtlinien findet es man es jedoch immer häufiger in der umweltrechtlichen Lehrliteratur definiert.[1836] Im nationalen Recht hat das Integrationsprinzip an vielerlei Stellen seinen Niederschlag gefunden, so etwa in § 2 Abs. 1 UVPG, § 7 Abs. 1 Nr. 2

1832 Maritime Raumordnung in der EU – Aktueller Stand und Ausblick, KOM(2010) 771 endg. v. 17.12.2010.

1833 Die Europäische Kommission kategorisiert die maritime Raumplanung als sektorübergreifendes Instrument und die Meeresstrategie-Rahmenrichtlinie als sektorpolitische Schlüsselaktion, siehe Fortschrittsbericht zur integrierten Meerespolitik der EU, KOM(2009) 540 endg. v. 15.10.2009.

1834 Maritime Raumordnung in der EU – Aktueller Stand und Ausblick, KOM(2010) 771 endg. v. 17.12.2010, S. 8, mit Verweis auf Art. 13 Abs. 4 und Anhang VI zur MSRL.

1835 *Erbguth/Schlacke*, Umweltrecht, 6. Auflage 2016, § 3 Rn. 2 mit Fn. 14.

1836 Während *Erbguth*, Rechtssystematische Grundfragen des Umweltrechts, 1987, das Integrationsprinzip noch nicht thematisiert, findet es bei *Kahl*, Umweltprinzip und Gemeinschaftsrecht, 1993, bereits Erwähnung. *Peters et al.*, Umweltrecht, 5. Auflage 2015, erwähnt es in seinem Lehrbuch noch nicht. In sämtliche sonstige, allgemein gebräuchliche Lehrliteratur des Umweltrechts hat es Eingang gefunden.

BNatSchG, §§ 5 Abs. 1 Satz 1 und 7 Abs. 1 Satz 2 BImSchG. Über die Einbeziehung in die verschiedenen Umweltmedien hinaus war mit dem angedachten Umweltgesetzbuch eine Weiterentwicklung beabsichtigt: Das Herzstück des UGB, die integrierte Vorhabengenehmigung, zielte auf eine Optimierung der Schutzgutperspektive ab, die den Blick auf sämtliche Belastungspfade und alle zu schützenden Umweltmedien lenken sollte.[1837] Eine bloße Verlagerung der Belastungen von einem Medium auf andere Medien sollte damit verhindert werden.[1838]

Der Inhalt des Integrationsauftrages ist deshalb auf den gezielten Einsatz von bestimmten Instrumenten der maritimen Raumordnung ausgerichtet, die – zunächst zu einer Verbesserung, letztlich – zu einem guten Umweltzustand der Meeresgewässer führen. Zentrales Element des Integrationsauftrages ist dabei die medienübergreifende Gesamtsicht.[1839] Der Integrationsauftrag ist erfüllt, wenn die möglichen raumplanerischen Maßnahmen so umgesetzt werden, dass sie dem Ziel der Meeresstrategie-Rahmenrichtlinie zu dienen bestimmt sind.[1840]

Die Frage, ob überhaupt und falls ja, wie die Mitgliedstaaten (und insbesondere die Bundesrepublik Deutschland) beide Instrumente – das eine zur Durchsetzung des anderen – nutzen werden oder überhaupt nutzen können, ist damit aber weder prozedural noch materiell abschließend geklärt. Folglich stellt sich die Frage nach einer grundsätzlichen Integrationsfähigkeit beider Instrumente und danach, wann das Ziel des Integrationsauftrages erfüllt ist, d.h. in welcher Weise ganz grundsätzlich raumplanerische Maßnahmen dem Ziel der Meeresstrategie-Rahmenrichtlinie dienen können. Diese Fragen werden im folgenden Abschnitt beantwortet werden.

B. Integrationsfähigkeit von Meeresumweltschutz und maritimer Raumplanung

Zur Beantwortung der zentralen Fragen der vorliegenden Arbeit sind nun alle wichtigen Grundinformationen gegeben: (Rechtliche) Herkunft, Inhalt, Zielsetzung und Schwachstellen von maritimer Raumplanung und Meeresstrategie-Rahmenrichtlinie sind untersucht, Begriff und Inhalt des Integrationsauftrages sind bestimmt.

1837 *Kloepfer*, Umweltrecht, 4. Auflage 2016, § 5 Rn. 75 ff.; *Erbguth/Schubert*, NuR 2008, 474 ff.; *Winter*, ZUR 2008, 337 ff.

1838 Dazu *Erbguth*, Zur Föderalismusreform im Bereich Umwelt, in: Ipsen/Stüer (Hrsg.), Europa im Wandel, FS Rengeling, 2008, S. 35 ff. (35, 42 ff.); *Epiney*, NuR 2006, 403 ff. (405 ff.)

1839 *Erbguth*, Zur Föderalismusreform im Bereich Umwelt, in: Ipsen/Stüer (Hrsg.), Europa im Wandel, FS Rengeling, 2008, S. 35 ff. (35, 43).

1840 Vorliegend ist das auf die Betrachtung der rechtlich möglichen Umsetzung beschränkt. Zu den Entwicklungsmöglichkeiten der maritimen Raumplanung siehe oben 1. Kapitel, G.V., zur Kritik an der Meeresstrategie-Rahmenrichtlinie siehe oben 2. Kapitel, C. Überlegungen zu integrierenden Belangen auch bei *Kidd/Shaw*, ICES J Mar Sci (71) 2014, 1535 ff. (1537 f.)

Nun können die zentralen Fragen der Arbeit aufgegriffen werden:

- Wie ist eine Integration von maritimer Raumplanung und Durchsetzung der Meeresstrategien möglich? Welches Instrumentarium bietet das Raumordnungsgesetz hierfür?
- Können die komplexen und oft qualitativen Regelungen der Meeresstrategie-Rahmenrichtlinie durch eine maritime Raumplanung durch- und umgesetzt werden? Falls ja, wie müsste die maritime Raumplanung aussehen und evtl. verändert werden, um diesen Anforderungen gerecht zu werden?

Im Folgenden geht es damit um die Integrationsfähigkeit de lege lata und de lege ferenda (I.) und die Verwirklichung des Integrationsauftrages (de lege lata) in der Bundesrepublik Deutschland (II.). Die Gründe für das festgestellte Scheitern einer Integration werden in Abschnitt III. untersucht.

I. Integrationsfähigkeit de lege lata und de lege ferenda

Bei der Betrachtung der Integrationsfähigkeit von Meeresumweltschutz und maritimer Raumplanung geht es im Kern um die Frage, ob überhaupt und falls ja, wo raumplanerische Maßnahmen ganz grundsätzlich dazu beitragen können, das Ziel der Meeresstrategie-Rahmenrichtlinie zu erreichen. Anders formuliert: Können raumplanerische Festlegungen zu einem guten Umweltzustand der Meeresgewässer führen oder zumindest dazu beitragen? Was ist nach dem rechtlichen Status quo möglich und was wäre unter der Prämisse einer Änderung des geltenden Rechts möglich?

Die Aussage(n) der Europäischen Kommission lassen darauf schließen, dass jedenfalls sie selbst es ohne weiteres für möglich hält, Meeresstrategie-Rahmenrichtlinie und maritime Raumplanung – „fruchtbar" – miteinander zu verknüpfen. Diese Einschätzung der Kommission scheint auf der Hand zu liegen: Trotz der vielfältigen Wechselwirkungen in den Meeresgewässern ist es durchaus vorstellbar, dass ortsansässige Arten der Flora und Fauna in von der menschlichen Einwirkung weitgehend entzogenen Gebieten vor negativen Einflüssen geschützter sind als in zur Nutzung offenen Gebieten.[1841] Erwiesen ist, dass ordnungsgemäß bewirtschaftete Meeresschutzgebiete die Umwelt positiv beeinflussen, indem bspw. Artendichte, Biomasse,

1841 Da indirekte Einflüsse, wie bspw. der Eintrag von Schadstoffen, in die Meeresschutzgebiete nicht verhindert werden kann, sind besondere Schutzvorschriften, wie bspw. die Verpflichtung zur Senkung der Nitrateinträge in Meeresgewässer, nicht nur im Schutzgebiet selbst, sondern im gesamten Meeresbereich erforderlich, siehe *Sachverständigenrat für Umweltfragen*, Fischereimanagement in Natura 2000-Gebieten in der deutschen AWZ, 2012, Tz. 5, 30. *Norse*, A zoning approach to managing marine ecosystems, in: Cicin-Sain/Ehler (Hrsg.), Improving Regional Ocean Governance in the US, 2002, S. 53 ff. (54), schlägt die Einteilung in No-go Zones, Marine reserve zones, Buffer zones und General use zones vor. Zu einem weiteren schematisch-konzeptionellen Entwurf siehe *Zacharoula et al.*, Mar Policy (38) 2013, 133 ff.

Körpergröße der Tiere und Artenreichtum zunehmen.[1842] Schon die nur zeitweise und wiederkehrende[1843] Schließung von – ausreichend großen – Gebieten, bspw. während der Brut- und Aufzuchtzeit, kann zum Bestandsschutz beitragen.[1844] Festlegungen für wirtschaftliche Nutzungen könnten in bestimmten räumlichen Meeresgebieten mit Umweltschutzauflagen bestückt werden, die sich aus völkerrechtlichen Vorgaben und EU-Sekundärrecht ableiten. Die vermehrte Ausweisung vertikal und horizontal durchgestufter Gebiete mit untereinander verträglichen Nutzungsformen, z.B. Windenergie und Marikultur oder Windenergie und Tourismus, könnte zu einer räumlichen Entspannung im Meer und damit zu einem besseren Umweltzustand beitragen.[1845] Auch Szenarien von „mitwandernden" Schutzgebieten für wandernde Arten lassen einen Schutz durch räumliche Maßnahmen vermuten.[1846] Genauso sind Fischereiausschlussgebiete innerhalb und außerhalb von Schutzgebieten ein

---

1842 Bericht der Kommission an das Europäische Parlament und den Rat über die Fortschritte bei der Einrichtung geschützter Meeresgebiete (gem. Art. 21 MSRL), COM(2015) 481 final v. 1.10.2015, S. 3 f.; *European Environment Agency*, Marine protected areas in Europe's seas, 2015. Neben dem Meeresschutz an sich wird auch ein sozioökonomischer Nutzen generiert, der bspw. in der Wiederauffüllung der Fischbestände, dem Meerestourismus oder der Verbesserung der Abfallbeseitigung durch Zersetzung besteht, siehe auch *Falke*, ZUR 2015, 696 ff. (698).

1843 In diese Richtung zielt auch die geplante Ergänzung des Raumordnungsgesetzes in § 7 Abs. 1 Satz 2 ROG-E (BReg-Drs. 656/16 v. 4.11.2016, S. 5, 35): „Es kann festgelegt werden, dass bestimmte Nutzungen und Funktionen des Raums nur für einen bestimmten Zeitraum oder ab oder bis zum Eintritt bestimmter Umstände vorgesehen sind; eine Folge- oder Zwischennutzung kann festgelegt werden."

1844 Siehe z.B. bei *Kraus*, Schutzgebiete und Schonzeiten als Werkzeuge im Fischereimanagement, in: von Lukowicz/Hilge (Hrsg.), Marine Raumordnung, 2009, S. 125 ff., oder *Arntz/Laudien*, Brauchen marine Ökosysteme und Fischer Schutzgebiete?, in: von Lukowicz/Hilge (Hrsg.), Marine Raumordnung, 2009, S. 5 ff. Dazu gibt es aber auch Gegenbeispiele: In den 1960er kollabierte die Kabeljau-Population vor der Küsten von Labrador und Neufundland und erholte sich bis heute kaum trotz einer fast vollständigen Schließung für die Fischerei, siehe dazu *Hutchings/Myers*, Can J Fish Aquat Sci (51) 1994, 2126 ff.

1845 So schon *Buchholz*, IzR 2004, 485 ff. (487); *Buchholz*, Strategien und Szenarien zur Raumnutzung in den deutschen AWZ in Nordsee und Ostsee, in: Bundesministerium für Verkehr (Hrsg.), Raumordnung auf dem Meer?, 2002, S. 5 ff. (22 ff.). Siehe dazu mit Bsp. auch *Voltaire et al.*, Mar Policy (81) 2017, 116 ff.; *Hooper et al.*, Mar Policy (78) 2017, 55 ff.; *Janßen et al.*, Estuar Coast & Shelf Sci (96) 2017, 1 ff.

1846 Überlegungen dahingehend bestehen im Zusammenhang mit der Fortschreibung der Raumordnungspläne, *Bundesministerium für Umwelt*, MSRL-Maßnahmenprogramm, Anlage 1 Maßnahmenkennblätter, 2016, S. 54. Das fordert auch *Wolf*, ZUR 2017, 3 ff. (3). Weitere Modelle bei *Janssen et al.*, Umweltbelange der Meeresraumordnung in der deutschen AWZ unter Berücksichtigung des Ökosystemansatzes, 2017, S. 100 ff. Zu Wanderungsszenarien siehe *Hendler et al.*, NuR 2010, 685 ff. (686).

gedankliches Modell, das geschützte Rückzugsräume für viele Arten schaffen und damit einen Beitrag zu einer gesunden Meeresumwelt leisten kann.[1847]

Was von diesen und anderen Maßnahmen rechtlich – sei es in völker-, unionsrechtlichen oder nationalen Regelungen – umgesetzt ist, wurde in den ersten beiden Kapiteln untersucht. Es soll an dieser Stelle noch einmal zusammengefasst werden: Es existieren verschiedene völkerrechtliche Abkommen, die in ihrem Instrumentarium die Möglichkeit zu konkreten Gebietsausweisungen zum Schutz eines Rechtsgutes vorsehen. So stellen bspw. das OSPAR- und das HELSINKI-Abkommen in ihren Vertragstexten ganz spezifische Anforderungen für eine nationale Raumplanung im Bereich des Meeresumweltschutzes.[1848] Aber auch das MARPOL-Abkommen und die Biodiversitätskonvention sehen schutzgutspezifische raumplanerische Ausweisungen vor, die hauptsächlich in der Ausweisung von geschützten Meeresgebieten bestehen.[1849] Gleiches lässt sich für diverse unionsrechtliche Rechtsakte festhalten: Zur schutzgutspezifischen Zielerreichung sehen die FFH- und Vogelschutzrichtlinie die Einrichtung mariner Schutzgebiete vor.[1850] Auf nationaler Ebene finden sich diese Vorgaben im Bundesnaturschutzgesetz wieder.[1851]

Die Analyse der bereits existierenden rechtlichen Instrumente hat aber Defizite gezeigt, die Fragen nach weiteren, darüber hinausgehenden Möglichkeiten des Meeresumweltschutzes durch maritime Raumplanung aufwerfen. Im Zusammenhang damit muss deshalb gefragt werden, welche raumplanungsrechtlichen Maßnahmen denkbar, aber noch nicht rechtlich verankert sind, oder was Raumplanung überhaupt leisten kann. Als Kritik an der maritimen Raumplanung wurde teilweise geäußert, dass dem Meer lediglich das terrestrische Raumordnungsrecht übergestülpt worden sei, dass dieses aber die Bedingungen auf dem und im Meer nicht ausreichend berücksichtigen könne.[1852] So sei der Umgang mit der Dreidimensionalität des Meeres oder der anzustrebenden Freiraumstruktur auf See bislang nicht ausreichend gesetzlich verankert, genauso fehle ein ausdrücklicher Meeresbezug in den Grundsätzen der Raumordnung. Diese Kritik konnte entkräftet werden. Zentrales Argument hierfür war der passende Gesetzgebungsauftrag des Raumordnungsgesetzes, wonach durch die Raumordnung unterschiedliche Anforderungen auf den Raum untereinander abzustimmen und auftretende Konflikte auszugleichen sind

---

1847 *Bund/Länder-Ausschuss Nord- und Ostsee*, Öffentlichkeitsbeteiligung zum MSRL-Maßnahmenprogramm – Synopse eingegangener Stellungnahmen, 2016, S. 34; *BUND*, Schattenliste der Umweltverbände, 2014, S. 13 f.; sehr mathematisch *Fock et al.*, Environ Sci Policy (14) 2011, 289 ff. Zu ausdrücklich festgelegten Gebieten zugunsten der Fischerei siehe *Fock*, Mar Policy (32) 2008, 728 ff.; *Meester et al.*, Mgmt Sci (50) 2004, 1031 ff.; *Quaas et al.*, Fischereimanagement mittels exklusiver Fanggebiete, in: von Lukowicz/Hilge (Hrsg.), Marine Raumordnung, 2009, S. 143 ff.

1848 Siehe 1. Kapitel, B.III.1. und 2.

1849 1. Kapitel, B.III.4c. und 5.

1850 Dazu 1. Kapitel, C.IV.6.

1851 Siehe 1. Kapitel, D.III.2a.

1852 Siehe oben 1. Kapitel, G.II.

und dabei gleichzeitig Vorsorge für einzelne Nutzungen und Funktionen des Raums zu treffen sind. Auch ist das Instrumentarium des Raumordnungsgesetzes, das die Möglichkeit für Ziel- und Gebietsfestlegungen umfasst, auf die Gegebenheiten im maritimen Bereich übertragbar.

Und doch wird die fortschreitende Intensivierung der Nutzungen aller Meeresbereiche, die bereits zu beobachten und zweifellos zukünftig in noch größerem Maße zu erwarten ist, eine Anpassung des Raumordnungsgesetzes und eine Neukonzeption der maritimen Raumordnungspläne erforderlich machen, aus der auch optisch und darstellerisch die Dreidimensionalität des Meeres hervorgeht. Diese Dreidimensionalität ist begründet in den Meeresbereichen des Meeresuntergrunds und -bodens, der Wassersäule, der Meeresoberfläche und dem Luftraum darüber. Zudem müssen rechtliche Regelungsmechanismen entwickelt werden, die auch zeitlich veränderbare und örtlich wandernde Gebietsfestlegungen ermöglichen, um die tatsächlichen Bedingungen der Meeresnatur abzubilden – so sind bspw. die Wege von Fisch- und Zugvogelschwärmen zwar erforschbar, Fische und Vögel halten sich nun aber nicht auf ewig an die einmal bekannten Wege. Bezweckt man mit der maritimen Raumplanung einen Schutz der Meeresnatur, dann müssen die rechtlichen Instrumente möglichst flexibel deren Bedürfnissen angepasst werden – und nicht umgekehrt.[1853] Bekanntermaßen richten sich die Bedürfnisse der Meeresnatur auch nicht nach nationalen Grenzen. Deshalb muss zumindest über die Etablierung grenzüberschreitend geplanter Meeresschutzgebiete nachgedacht werden. Dass dies auch vor der Problematik divergierender nationaler Interessen funktionieren kann, zeigen die Ergebnisse des BaltSeaPlan-Projekts.[1854] I.S.e. umfassenden Schutzes der Meeresumwelt, wie ihn die Meeresstrategie-Rahmenrichtlinie verlangt, kann dies jedoch nur ein erster Schritt sein. Eine Weiterentwicklung muss in Richtung einer Gesamtbeplanung aller EU-Gewässer gehen.[1855]

Im Folgenden soll es darum gehen, zu untersuchen, ob die Bundesrepublik Deutschland den Integrationsauftrag der Europäischen Kommission, durch den der Meeresstrategie-Rahmenrichtlinie mit Mitteln der maritimen Raumplanung zu größerer Wirksamkeit verholfen werden soll, erfüllt hat (II.). Im Ergebnis muss festgestellt werden, dass sie den Integrationsauftrag nicht bzw. nicht hinreichend umgesetzt hat. Es wird zu zeigen sein, dass dies wegen bestehender Zielkonflikte beider Instrumente auch gar nicht möglich ist (III.).

1853 Für die Überwindung eines „statischen Raumverständnisses“ auch *Gärditz*, EurUP 2016, 290 ff. (293).

1854 Siehe oben, 1. Kapitel, G.V.

1855 Ebda.

II. Erfüllung des Integrationsauftrages in der Bundesrepublik Deutschland? Zum Status quo: Schnittstellen zwischen maritimer Raumplanung und Meeresumweltschutz

Nach der herausgearbeiteten Definition ist der Integrationsauftrag erfüllt, wenn die möglichen raumplanerischen Maßnahmen so umgesetzt werden, dass sie dem Ziel der Meeresstrategie-Rahmenrichtlinie zu dienen bestimmt sind.[1856] Diese recht vage und weite Definition bedarf einer Ausfüllung. Welche raumplanerischen Maßnahmen i.S.d. Meeresstrategie-Rahmenrichtlinie grundsätzlich denkbar und rechtlich möglich sind, wurde soeben herausgearbeitet:[1857] Neben (de lege ferenda) auf der Hand liegenden Möglichkeiten eines raumplanerischen Schutzes durch zeitweise oder vollumfassende Gebietsschließungen wurden (de lege lata) z.B. marine Schutzgebiete ausgewiesen, in denen schädliche Nutzungen nur in bestimmtem Umfang zugelassen sind. Nun geht es um die Frage, was davon bereits tatsächlich in die deutschen Raumordnungspläne für die AWZ der Nord- und Ostsee übernommen wurde und ob dies ausreicht, um von einer Erfüllung des Integrationsauftrages zu sprechen.

Zum Status quo einer Verbindung von maritimer Raumplanung und Durchführung einzelner Aspekte der Meeresstrategie-Rahmenrichtlinie in Deutschland lassen sich aktuell – unabhängig von einer inhaltlichen Verknüpfung, die unter 5. betrachtet wird – vier Befunde feststellen:

1. Entstehungsgeschichte: Kein Bezug zum Integrationsauftrag

Zunächst ist festzustellen, dass die Entstehungsgeschichte der maritimen Raumplanung in Deutschland keinen Bezug zum Integrationsauftrag der Europäischen Kommission aufweist. Die ersten Entwürfe der Raumordnungspläne für die deutsche AWZ wurden mit den beteiligten Behörden und der Öffentlichkeit in der zweiten Hälfte des Jahres 2008 diskutiert; die Vorarbeiten zu Umfang und Detaillierungsgrad der beiden Umweltberichte reichen bis 2005 zurück.[1858] Erlassen wurden die beiden Verordnungen über die Raumordnung in der deutschen AWZ letztlich im September und Dezember 2009. Auf europäischer Ebene sind die frühen Ansätze für eine maritime Raumplanung auf das Blaubuch der Europäischen Kommission zur integrierten Meerespolitik aus dem Jahr 2007 zurückzuführen.

Der Start der konkreten Entwicklung der Meeresstrategie-Rahmenrichtlinie dagegen lässt sich auf die „Thematische Strategie für den Schutz und die Erhaltung der Meeresumwelt" und den Richtlinienentwurf für eine Meeresstrategie-Richtlinie im Jahr 2005 datieren.[1859] Die frühen Ansätze sind auf das Sechste Umweltaktionsprogramm

1856 Siehe dazu die unter A. herausgearbeitete Definition.
1857 Siehe B.I.
1858 Siehe AWZ-ROV Nordsee, S. 26; AWZ-ROV Ostsee, S. 24.
1859 Thematische Strategie für den Schutz und die Erhaltung der Meeresumwelt, KOM(2005) 504 endg. v. 24.10.2005, und Vorschlag für eine Meeresstrategie-Rahmenrichtlinie, KOM(2005) 505 endg. v. 24.10.2005, siehe oben 2. Kapitel, A.I.2.

und die Mitteilung der Kommission „Hin zu einer Strategie zur Erhaltung und zum Schutz der Meeresumwelt" aus dem Jahr 2002 zurückzuführen.[1860] Die Rahmenrichtlinie selbst wurde 2008 erlassen und mit den Einfügungen in das Wasserhaushaltsgesetz Mitte 2011 in nationales Recht umgesetzt.

Somit sind in der (rechtlichen) Entstehungsgeschichte von maritimer Raumplanung und Meeresstrategie zwei Besonderheiten zu bemerken, die Entstehungsort und -zeit betreffen: Während die gesetzliche Initiative zur Meeresstrategie-Rahmenrichtlinie auf unionaler Ebene stattfand – und das Thema aufgrund der Umsetzungsverpflichtung der Mitgliedstaaten Eingang in nationales Recht gefunden hat –, verhält es sich bei der maritimen Raumplanung anders: Die gesetzliche Initiative ging hier gerade nicht von der EU aus; die konkreten Bestrebungen für eine Raumplanung in der AWZ bestanden in der Bundesrepublik Deutschland zeitlich weitaus früher als der erste verbindliche Rechtsakt der EU zu diesem Thema. So wurden die beiden Raumordnungspläne in Deutschland im Jahr 2009 erlassen, die Maritime Raumplanungsrichtlinie[1861] der Europäischen Kommission datiert aus 2014. Auf den Ort der Gesetzesinitiative bezogen ist die maritime Raumplanung damit den „umgekehrten" Weg der Meeresstrategie-Rahmenrichtlinie gegangen.[1862]

Was die zeitliche Entstehung von maritimer Raumplanung und Meeresstrategie-Rahmenrichtlinie anbelangt, verlief diese bei beiden Instrumenten auf den ersten Blick weitgehend parallel. Von einer frühen entstehungsgeschichtlichen Verbindung kann dennoch nicht ausgegangen werden, da sie auf unterschiedlichen Ebenen stattfand: So sind zwar konkrete Vorarbeiten zu beiden Instrumenten seit 2005 zu beobachten, für die Meeresstrategie-Rahmenrichtlinie allerdings nur auf europäischer Ebene, für die Raumordnungspläne ausschließlich auf nationaler Ebene. Die „Rechtsetzung" beider Instrumente liegt nur ein Jahr auseinander – mit dem Erlass der Rahmenrichtlinie in 2008 und dem Erlass der beiden Verordnungen zur maritimen Raumplanung in Deutschland in 2009.

Unterzieht man die Instrumente auf jeweils einer Ebene (unional oder national) einer ausführlichen Analyse, erkennt man, dass die Entwicklung der Meeresstrategie-Rahmenrichtlinie auf europäischer Ebene zwei Jahre vor der Entwicklung einer maritimen Raumplanung startete. Auf nationaler Ebene ist es genau umgekehrt: Starteten die Vorarbeiten zu den Raumordnungsplänen bereits 2005 und folgte der Erlass der dazugehörigen Verordnungen 2008, so erfolgte die Umsetzung der Meeresstrategie-Rahmenrichtlinie erst im Jahr 2011. Das ist rechtlich unproblematisch, aber auch der Umstand, dass die Europäische Kommission erst 2010 mit ihrer Mitteilung auf eine Verbindung beider Instrumente hinwies, unterstreicht, dass

1860 Beschluss 1600/2002/EG und KOM(2002) 539 end., siehe oben 2. Kapitel, A.I.1.

1861 Siehe oben 1. Kapitel, C.IV.10.

1862 Auch wenn die Erfahrungen, die die Bundesrepublik und andere Mitgliedstaaten mit ihren jeweiligen maritimen Raumplanungskonzepten getätigt haben, möglicherweise in den Rechtsakt der Europäischen Kommission eingeflossen sind, soll an dieser Stelle damit nicht ausgedrückt werden, dass aus nationalen Rechtsakten direkt unionale Rechtsakte entstehen.

die beiden Instrumente zeitlich wie örtlich weitgehend unabhängig voneinander entstanden sind.[1863]

Vor diesem Hintergrund ist es jedenfalls ausgesprochen fraglich, ob dem Integrationsauftrag der Europäischen Kommission tatsächlich die Vorstellung zugrunde lag, beide Rechtsregimes zu einem schlagkräftigen Instrument des Meeresumweltschutzes zu kombinieren. Die Entstehungsgeschichten von Meeresstrategie-Rahmenrichtlinie und maritimer Raumplanung legen eher nahe, dass der Integrationsauftrag mehr zufällig erteilt wurde, weil man hoffte, beide Instrumente nutzen zu können, ohne dass aber eine tiefere Auseinandersetzung mit den tatsächlichen Integrationsmöglichkeiten stattgefunden hat. Der Integrationsauftrag würde dann wie ein Placebo erscheinen, dessen Wirkung bestenfalls psychologische Ursachen hat.

2. *Formalia: Integrationsauftrag nicht erfüllt*

Betrachtet man die normierten Texte zur Meeresstrategie-Rahmenrichtlinie bzw. ihrer Umsetzung im Wasserhaushaltsgesetz und zu den beiden Verordnungen über die maritime Raumplanung in der deutschen AWZ der Nord- und Ostsee, sind auch formal keine konkreten Verbindungspunkte zum jeweils anderen Instrument ersichtlich:[1864] Im Textteil der Raumordnungspläne finden sich nur drei vage Andeutungen und namentliche Erwähnungen der Meeresstrategie-Rahmenrichtlinie.[1865] Die erste Fundstelle ist dabei noch die konkreteste und findet sich in der fünften Leitlinie zur räumlichen Entwicklung der AWZ.[1866] Dort heißt es zur „Sicherung der natürlichen Lebensgrundlagen durch die Vermeidung von Störungen und Verschmutzungen der Meeresumwelt“:

> Durch den Raumordnungsplan für die AWZ der Nordsee wird damit auch ein Beitrag zur Umsetzung der Richtlinie 2008/56/EG [...] (Meeresstrategie-Rahmenrichtlinie) geleistet, die den Rahmen dafür vorgibt, spätestens bis zum Jahr 2020 einen guten Zustand der Meeresumwelt zu erreichen oder zu erhalten.

Konkreter wird es nicht. Bei den beiden anderen Fundstellen handelt es sich um reine Nennungen der Meeresstrategie-Rahmenrichtlinie, zum einen in einer Auflistung des rechtlichen Hintergrunds bei den Festlegungen zur Meeresumwelt, zum anderen in einer Auflistung derjenigen nationalen und internationalen Regelungen zu Überwachungsprogrammen, die für die planbezogenen Monitoring-Maßnahmen auszuwerten sind. Die Begründung zum Gesetzentwurf der Bundesregierung zur Umsetzung der Rahmenrichtlinie[1867] oder das Wasserhaushaltsgesetz selbst

---

1863 Für die Betrachtung als losgelöster politischer Prozess auch *Sachverständigenrat für Umweltfragen*, Verantwortung in einer begrenzten Welt, 2012, Rz. 457.
1864 Gemeinsamkeiten bestehen aber indes, das wurde oben unter A. z.B. hinsichtlich des Integrationsprinzips festgestellt.
1865 AWZ-ROV Nordsee, S. 5, 24, 27; AWZ-ROV Ostsee, S. 5, 22, 25.
1866 Siehe dazu oben 1. Kapitel, F.II.2a. für die Nordsee, F.III.2a. für die Ostsee.
1867 BT-Drs. 17/6055 v. 6.6.2011.

enthalten überhaupt keine Hinweise auf die maritime Raumplanung und die bereits bestehenden Raumordnungspläne.

Der Auftrag der Europäischen Kommission einer Verbindung dieser beiden Instrumente wurde damit jedenfalls nicht absichtlich oder planmäßig verfolgt.[1868] Es liegt nahe, dass dieser Umstand auch in der zeitlichen Entstehungsgeschichte, die zuvor bereits dargestellt worden ist, begründet liegt. Da beide Rechtsregimes mehr oder minder unabhängig voneinander entstanden sind, ist allerdings auch nicht zu erwarten, dass eine inhaltliche Verbindung hergestellt wird und wechselseitige Bezugnahmen erfolgen. Vielmehr bestätigt dieser Befund die Annahme, dass tatsächlich eine Verknüpfung beider Instrumente jedenfalls nicht von Anfang an intendiert war.

3. *Realität: Integrationsauftrag nicht zielgerichtet erfüllt*

Es wurde festgestellt, dass eine Verknüpfung von maritimer Raumplanung und Meeresstrategie-Rahmenrichtlinie nicht von Anfang an intendiert war. Dennoch existieren räumliche Ausweisungen von Gebieten, die dem marinen Umweltschutz dienen sollen: In der deutschen AWZ von Nord- und Ostsee wurden acht FFH- und zwei Vogelschutzgebiete i.S.d. Natura 2000-Schutzgebietsnetzwerkes ausgewiesen.[1869] Diese Gebiete wurden von der Bundesrepublik Deutschland aufgrund von Verpflichtungen aus der FFH- und Vogelschutzrichtlinie am 25. Mai 2004 an die Europäische Kommission gemeldet. Unabhängig von der inhaltlichen und rechtlichen Frage, ob diese Gebiete mit ihrem aktuellen Schutzstatus als „räumliche Schutzmaßnahmen" i.S.d. Meeresstrategie-Rahmenrichtlinie gelten können, stehen sie jedenfalls aufgrund der zeitlichen Differenz ihrer Entstehung bzw. Meldung nicht in direkter Verbindung zur Mitteilung der Kommission aus dem Jahr 2010, d.h. – selbst wenn sie den Integrationsauftrag inhaltlich erfüllen sollten (was gleich unter 5. thematisiert wird) – wurden sie jedenfalls nicht aus Anlass des Auftrages der Europäischen Kommission gemeldet und eingerichtet.

4. *Institutionelle Integration: Integrationsauftrag teilweise erfüllt*

Eine institutionelle Integration von maritimer Raumplanung und Meeresstrategie-Rahmenrichtlinie würde erfordern, dass verschiedene mit der Erreichung der Ziele beider Instrumente betraute Stellen eng koordiniert würden. Hierzu ist erforderlich, dass behördliche Wege kurz und Kommunikationen zwischen den beteiligten Stellen unkompliziert und ohne bürokratische Umwege erfolgen können.

1868 Offizielle Gründe werden hierzu nicht genannt, sind aber sicher in der fehlenden Umsetzungsverpflichtung bei reinen Mitteilungen der Europäischen Kommission zu finden.

1869 Siehe die Aufstellung in „Natura 2000 in der deutschen AWZ" auf http://www.bfn.de/habitatmare/de/ (9.2.2017).

D.h.: Bestenfalls läge alles, was maritime Raumplanung und Meeresumweltschutz betrifft, in einer einzigen behördlichen Hand.[1870] Eine Analyse der tatsächlichen Verteilung der Zuständigkeiten zeigt aber ein anderes Bild: Sowohl auf unionaler wie auch auf nationaler Ebene sind mit der maritimen Raumplanung und der Meeresstrategie-Rahmenrichtlinie bzw. ihrer Umsetzung in nationales Recht jeweils zwei unterschiedliche Behörden befasst.[1871] Für die maritime Raumplanung handelt es sich dabei um die DG (Directorate General, Generaldirektion) for Maritime Affairs and Fisheries und das BMVI mit seiner Bundesbehörde, dem BSH. Zuständig für die Meeresstrategie-Rahmenrichtlinie sind die DG for the Environment[1872] sowie das Bundesministerium für Umwelt, Naturschutz, Bau und Reaktorsicherheit (BMUB) mit dem BfN.[1873]

Blickt man auf die Leitbilder und das Selbstverständnis der Generaldirektionen, erkennt man den entgegengesetzten Fokus der jeweiligen Einrichtung, die sich entweder wirtschaftlichen Interessen oder aber Umweltinteressen widmet:[1874] Wo auf europäischer Ebene die DG Maritime Affairs and Fisheries für die integrierte Meerespolitik und die gemeinsame Fischereipolitik zuständig ist, fokussiert sie sich auf die Entwicklung des Potenzials der maritimen Wirtschaft Europas i.S.d. Lissabon-Strategie.[1875] Dagegen ist es das Ziel der DG Environment, „to protect, preserve and improve the *environment* for present and future generations".[1876] Gleichermaßen sind in den zuständigen deutschen Bundesbehörden die Schwerpunkte verteilt: Der Meeresumweltschutz ist beim BSH das Thema als Grundlage fortgesetzter erfolgreicher

1870 In diesem Zusammenhang auch *van Leeuwen et al.*, Mar Policy (36) 2012, 636 ff. (638): Mit dem Konzept der „institutional ambiguity" weisen sie auf die Probleme der Mitgliedstaaten bei der Implementierung der Meeresstrategie-Rahmenrichtlinie hin, die durch den Rahmencharakter der Richtlinie und dem Erfordernis entstehen, die regionalen Übereinkommen mit Meeresschutzbezug zu beachten. Das Problem erkennt auch *Hofmann*, Environ Pol & L (42) 2012, 182 ff. (183).

1871 So schon *Winter*, NuR 1988, 265 ff. (271). Siehe auch *Markus et al.*, Int'l J Mar & Coast L (26) 2011, 59 ff. (64); *Suárez de Vivero/Mateos*, Mar Policy (36) 2012, 18 ff. (27); *Qiu/Jones*, Mar Policy (39) 2013, 182 ff. (187). Auch *Schlacke*, Statement zur Umsetzung der MSRL, in: Durner (Hrsg.), Wasserrechtlicher Reformbedarf in Bund und Ländern, 2011, S. 21 ff. (24 f.), bemängelt die fehlende Abstimmung.

1872 Im Internet: http://ec.europa.eu/dgs/maritimeaffairs_fisheries/index_de.htm und http://ec.europa.eu/environment/index_en.htm (beide Fundstellen: 9.2.2017).

1873 http://www.bmvi.de/ und http://www.bmub.bund.de/ (beide Fundstellen: 9.2.2017).

1874 Dazu auch *Mee et al.*, Mar Pollut Bull (56) 2008, 187 ff. (188). *van Leeuwen et al.*, Mar Policy (36) 2012, 636 ff. (638), konstatieren: „The EU wants to coordinate maritime activities (from the MSFD) with the Integrated Maritime Policy. This also results in institutional ambiguity because this coordination role has no legal basis." Zur Überwindung sektoraler Logiken siehe *Markus/Schlacke*, ZUR 2009, 464 ff. (471).

1875 Siehe die Aufgabenbeschreibung der Generaldirektion auf http://ec.europa.eu/dgs/maritimeaffairs_fisheries/about_us/mission_statement/index_en.htm (9.2.2017).

1876 Siehe http://ec.europa.eu/dgs/environment/index_en.htm, Hervorhebung durch Verfasserin (9.2.2017).

wirtschaftlicher Betätigung. Das BfN betrachtet den Schutz der Meeresumwelt als Lebensgrundlage und um ihrer selbst willen.[1877] Diese Verteilung der Zuständigkeiten auf mehrere Behörden mit offensichtlich unterschiedlichen Schwerpunkten spricht – jedenfalls auf den ersten Blick – gegen ein koordiniertes Verfolgen der Ziele von maritimer Raumplanung und Meeresumweltschutz wie aus einer einzigen behördlichen Hand.

Eine institutionelle Integration ist dennoch zu erkennen. Nach Art. 7 Abs. 1 MSRL ist eine oder sind mehrere zuständige Stellen für die Zusammenarbeit und Koordinierung bei der Umsetzung der Richtlinie zu benennen: Auf der Grundlage eines Verwaltungsabkommens wurde in Deutschland dazu ein räumlich am BSH in Hamburg angesiedeltes Sekretariat eingerichtet.[1878] Damit wird die eigentlich dem BMUB zugeordnete Materie des Meeresschutzes in die Hände des Verkehrsministeriums gelegt. Aus dieser räumlichen Verortung einer der Aufgaben der Meeresstrategie-Rahmenrichtlinie lässt sich auch ablesen, dass die deutsche Regierung den Schwerpunkt bzw. die Informations- und Lenkungsmacht in einem grundsätzlich für den Verkehr zuständigen Ministerium ansiedeln wollte. Hier zeigt sich deutlich eine Priorisierung, die wirtschaftliche Belange im Vordergrund sieht. Schließlich wäre es auch möglich gewesen, eine solche Koordinierungsstelle beim BfN einzurichten. Hier ist immerhin die Fachkompetenz für die Grundmaterie der Meeresstrategie-Rahmenrichtlinie, nämlich der Meeresumweltschutz, angesiedelt. Dass dies nicht geschehen ist, zeigt, dass der Bundesregierung eine Koordinierung der Maßnahmen zum Meeresumweltschutz aus der Perspektive der Verkehrspolitik wichtiger war als eine Koordinierung aus der Perspektive des Umweltschutzes.

Dennoch: Indem die beiden relevanten Behörden über das Sekretariat beim BSH in Hamburg und durch den Abschluss des Verwaltungsabkommens Meeresschutz[1879] wenigstens eine feste institutionelle Verbindung erhalten, kann man argumentieren, dass der Integrationsauftrag der Europäischen Kommission zumindest teilweise erfüllt ist. Hierbei handelt es sich aber freilich um eine ausgesprochen rudimentäre Integration, die massiv verbessert werden könnte und müsste. Eine Idealvorstellung bleibt z.B. die Schaffung eines eigenständigen Meeresbundesamtes, in dem die in die verschiedenen Fachbereiche zersplitterten Kompetenzen für den Meeresschutz und die Meeresnutzungen zusammengeführt werden.[1880]

1877 Dazu http://www.bsh.de/de/Das_BSH/Organisation/BSH_kompakt/index.jsp und https://www.bfn.de/0101_aufgaben.html (beide Fundstellen: 9.2.2017).

1878 *Sachverständigenrat für Umweltfragen*, Verantwortung in einer begrenzten Welt, 2012, Rz. 475.

1879 Siehe dazu 2. Kapitel, B.II.3.

1880 Siehe 1. Kapitel, G.V. Dazu ebenso *Sachverständigenrat für Umweltfragen*, Verantwortung in einer begrenzten Welt, 2012, Rz. 476. Gleiches gilt für die Situation auf Unionsebene. Die verschiedenen Generaldirektionen, die mit der Rechtsetzung von Vorschriften mit maritimem Bezug befasst sind, listet *Ounanian et al.*, Mar Policy (36) 2012, 658 ff. (660 ff.) auf. Einige Länder haben begonnen, neue – insbesondere auch institutionelle – Rahmenbedingungen für die nachhaltige

5. *Inhalt: Integrationsauftrag nicht erfüllt*

Als weite Definition wurde herausgearbeitet, dass der Integrationsauftrag erfüllt ist, wenn die möglichen raumplanerischen Maßnahmen so umgesetzt werden, dass sie dem Ziel der Meeresstrategie-Rahmenrichtlinie zu dienen bestimmt sind.[1881] Inhaltlich bzw. rechtlich stellt sich also die Frage, ob der Integrationsauftrag dadurch als erfüllt anzusehen ist, dass i.S.d. Art. 13 Abs. 4 MSRL marine Natura 2000-Gebiete ausgewiesen wurden und diese nachrichtlich in die Raumordnungspläne für die deutsche AWZ übernommen wurden.

Die einfache Antwort auf diese Frage wäre: Es wurden marine Natura 2000-Gebiete ausgewiesen und – wenn auch nur nachrichtlich – in die Raumordnungspläne aufgenommen. Die Ausweisung von Natura 2000-Gebieten zieht verschiedene rechtliche Konsequenzen nach sich, wie bspw. die Verpflichtung zur Verträglichkeitsprüfung nach dem Bundesnaturschutzgesetz, sofern durch ein geplantes Projekt erhebliche Beeinträchtigungen des Gebiets zu besorgen sind.[1882] Diese Konsequenzen kommen dem Meeresumwelt- und -naturschutz jedenfalls zu Gute und dienen damit auch dem Ziel der Meeresstrategie-Rahmenrichtlinie. Der Integrationsauftrag könnte damit als erfüllt angesehen werden.

Ob diese simple Subsumtion unter die Definition des Integrationsauftrages aber dem beabsichtigten Sinn der Europäischen Kommission genüge tut, muss bezweifelt werden. Man kann einer solchen Argumentationsführung nämlich entgegenhalten, dass es zur Definition der marinen Natura 2000-Gebiete als „räumliche Schutzmaßnahme“ gem. der Meeresstrategie-Rahmenrichtlinie neben einer nachrichtlichen Aufnahme in die maritimen Raumordnungspläne einer qualifizierteren Umsetzung bedarf. Noch einmal: Die Europäische Kommission sieht eine Möglichkeit, die Meeresstrategie-Rahmenrichtlinie – bzw. einzelne ihrer Aspekte – durch das Instrument der maritimen Raumplanung durchzusetzen. Sie verweist dabei in Art. 13 Abs. 4 MSRL und Anhang VI zur MSRL ausdrücklich auf „räumliche Schutzmaßnahmen“, „Maßnahmen zur Steuerung der räumlichen und zeitlichen Verteilung“ und „Managementkoordinierungsmaßnahmen“.[1883] Unter Integrationsauftrag wird deshalb die Empfehlung der Europäischen Kommission verstanden, durch den gezielten Einsatz von bestimmten Instrumenten der maritimen Raumplanung – zunächst zu einer Verbesserung, letztlich – zu einem guten Umweltzustand der Meeresgewässer zu gelangen. Die integrierte und medienübergreifende Gesamtsicht ist dabei das

Nutzung der Ozeane und Meere zu erarbeiten, die alle Aspekte der maritimen Angelegenheiten umfassen; siehe KOM(2008) 395 v. 26.6.2008, S. 5. Dazu gehören bspw. die USA, die im Executive Officer des Präsidenten einen Ausschuss zur Meerespolitik gebildet haben oder das japanische Maritime Policy Headquarters.

1881 Siehe oben unter A.II.

1882 Siehe oben 1. Kapitel, D.III.1c.ee.

1883 Maritime Raumordnung in der EU – Aktueller Stand und Ausblick, KOM(2010) 771 endg. v. 17.12.2010, S. 8.

zentrale Element des Auftrages.[1884] Dies ist der rechtliche Maßstab, an dem sich der Integrierungsauftrag messen lassen muss.

Diese Zielsetzung der Europäischen Kommission würde deshalb wohl durch ein zu unterkomplexes Verständnis des Integrationsauftrages, wie es durch die eingangs geschilderte Argumentationslinie zutage tritt, nicht hinreichend umgesetzt. Vielmehr bedürfte eine ernstzunehmende Umsetzung einer Verbindlichkeit, die durch die schlichte nachrichtliche Ausweisung bestimmter Gebiete nicht zu erreichen ist. Als qualifizierendes Element müsste vielmehr hinzutreten, dass Abwägungsentscheidungen und raumplanerische Ausweisungen vom Gedanken des Meeresumweltschutzes getragen werden, diesen priorisieren und damit hinreichend erfolgversprechend die Zielsetzung der Meeresstrategie-Rahmenrichtlinie verfolgen. Fraglich ist deshalb, wie eine – ggü. der einfachen Antwort – solche qualifiziertere Umsetzung aussehen kann und muss, um dem Integrationsauftrag der Europäischen Kommission gerecht zu werden.

In Deutschland basiert die maritime Raumplanung auf den rechtlichen Regelungen des Raumordnungsgesetzes. Verschiedene Instrumente dieses Gesetzes bieten „räumlichen“ Schutz bzw. „räumliche“ Durchsetzungskraft bei der Abwägung von Planungsentscheidungen: Es sind zum einen die Möglichkeit zu Gebietsausweisungen und zum anderen die Festlegung von Zielen der Raumordnung.[1885] Beide raumordnerischen Instrumente beinhalten eine vorrangige Abwägungsentscheidung für bestimmte Festlegungen, raumbedeutsame Funktionen oder Nutzungen, die ggü. Dritten bindend sind und eine ausschließende Wirkung für andere raumbedeutsame Nutzungen haben, sofern diese Nutzungen mit den vorrangigen nicht vereinbar sind.[1886] Das ist qualifizierend im Vergleich zu einer rein nachrichtlichen Ausweisung in den maritimen Raumordnungsplänen.[1887]

Bezeichnend ist, dass der Verordnungsgeber zugunsten wirtschaftlicher Nutzungsansprüche von diesen raumplanungsrechtlichen Möglichkeiten umfangreich Gebrauch gemacht hat; hier kann insbesondere auf die Vorranggebietsausweisungen für Schifffahrt und Windenergie verwiesen werden.[1888] Zugunsten von Naturschutzinteressen findet sich aber nur eine einzige Zielfestlegung in den deutschen Raumordnungsplänen, nämlich die, dass Offshore-Windparks außerhalb der dafür vorgesehenen Vorranggebiete nicht in Natura 2000-Gebieten errichtet werden

---

1884 Siehe die Definition unter A.I.

1885 Siehe § 3 Abs. 1 Nr. 2 und § 8 Abs. 7 ROG; dazu oben 1. Kapitel, D.III.1b. und d.

1886 §§ 4, 5, 8 Abs. 7 Satz 1 Nr. 1 ROG.

1887 Dafür sprechen sich auch *Janssen et al.*, Umweltbelange der Meeresraumordnung in der deutschen AWZ unter Berücksichtigung des Ökosystemansatzes, 2017, S. 26, 30, 104 f., aus.

1888 Siehe 3.1.1. (1) und 3.5.1. (1) AWZ-ROV Nordsee. Auch wenn das Seerechtsübereinkommen die Vertragsparteien zum Schutz und zur Bewahrung der Meeresumwelt verpflichtet, heißt die AWZ doch explizit ausschließliche „Wirtschafts“-Zone und nicht ausschließliche „Umwelt“-Zone; der Schwerpunkt ist damit klar – wenn möglicherweise auch unbeabsichtigt – hervorgehoben.

dürfen. Diese findet sich – bemerkenswerter Weise – nicht als positive Festlegung im Kapitel „Meeresumwelt“, sondern in einer die Windenergie einschränkenden Festlegung im gleichnamigen Wirtschaftskapitel.[1889] Sonstige konkrete Zielfestlegungen oder raumordnungsrechtliche Gebietsausweisungen zugunsten der Meeresumwelt sucht man in der textlichen und kartographischen Ausgestaltung der deutschen Raumordnungspläne vergeblich.[1890] Warum kann das zusammen mit der nachrichtlichen Aufnahme der Natura 2000-Gebiete in die maritimen Raumordnungspläne aber nicht ausreichend sein, um den Integrationsauftrag der Europäischen Kommission zu erfüllen?

Eine Richtlinie nach Art. 288 AEUV ist für jeden Mitgliedstaat, an die sie sich richtet, normativ verbindlich hinsichtlich ihres Ziels. Die Richtlinie enthält die finalen Vorgaben für die Mitgliedstaaten, die diese durch Akte der Umsetzung zu realisieren haben.[1891] Art. 288 Abs. 3 AEUV überlässt dabei nach seinem Wortlaut den mitgliedstaatlichen Stellen die Wahl der Form und der Mittel zur Umsetzung der Richtlinie. Diese Wahlfreiheit ist im Jahr 1976 durch den EuGH präzisiert worden: Grundsätzlich sind die Mitgliedstaaten verpflichtet, „innerhalb der ihnen [...] belassenen Entscheidungsfreiheit die Formen und Mittel zu wählen, die sich zur Gewährleistung der praktischen Wirksamkeit (effet utile) der Richtlinien unter Berücksichtigung des mit ihnen verfolgten Zwecks am besten eignen“.[1892] Mit dem Prinzip des effet utile bezweckt die EU, ihren Rechtsakten die maximale Wirkungskraft zu verschaffen.[1893]

Richtlinienumsetzung bedeutet die vollständige Erreichung des Richtlinienziels. Umfasst ist dabei nicht nur die formelle wörtliche Übernahme des Richtlinientextes, sondern gleichermaßen die „Verwirklichung des gesamten Richtlinienprogramms auch in der Verwaltungspraxis“.[1894] Das Gebot der effektiven Umsetzung von Richtlinien erfordert die vollständige Umsetzung der Richtlinie, denn nur diese schafft

---

1889 Siehe 3.5.1. (3) AWZ-ROV Nordsee und AWZ-ROV Ostsee.

1890 Es geht dabei nicht um die Frage, ob durch textliche oder kartographische raumplanungsrechtliche Vorgaben überhaupt ein qualitatives Kriterium wie der „gute Zustand der Meeresumwelt“ erreicht werden kann. Das wäre wohl äußerst zweifelhaft. Die textliche und kartographische raumplanungsrechtlichen Ausgestaltung steht als Verbildlichung jedoch nur stellvertretend für die tatsächlich umgesetzten Regelungen.

1891 *Ruffert*, in: *Calliess/Ruffert*, EUV/AEUV, Kommentar, 5. Auflage 2016, Art. 288 AEUV Rn. 23.

1892 Grundlegend EuGH, Rs. 48/75, Slg. 1976, 497, Rn. 69/73 a.E. – Royer. *Ruffert*, in: *Calliess/Ruffert*, EUV/AEUV, Kommentar, 5. Auflage 2016, Art. 288 AEUV Rn. 26; *Streinz*, Europarecht, 10. Auflage 2016, § 5 Rn. 485, 490.

1893 *Herdegen*, Europarecht, 18. Auflage 2016, § 10 Rn. 35, dort im Zusammenhang mit der unmittelbaren Anwendbarkeit von Richtlinien.

1894 EuGH, Rs. C-62/00, Slg. 2002, I-6325, Rn. 26 ff. – Marks & Spencer. *Ruffert*, in: *Calliess/Ruffert*, EUV/AEUV, Kommentar, 5. Auflage 2016, Art. 288 AEUV Rn. 27.

Rechtsklarheit und -sicherheit.[1895] Zur Umsetzung bedarf es nicht notwendig in jedem Mitgliedstaat eines Umsetzungsaktes des formellen Gesetzgebers in Gestalt der wörtlichen Übernahme der Richtlinienbestimmungen in eine ausdrückliche, besondere Gesetzesvorschrift, sondern es reicht – je nach Richtlinieninhalt – aus, wenn ein allgemeiner rechtlicher Rahmen bestehender verfassungs- und verwaltungsrechtlicher Grundsätze die innerstaatliche Anwendung der Richtlinie sicherstellt. Hierdurch muss allerdings die tatsächliche vollständige Anwendung der Richtlinie durch nationale Behörden gewährleistet sein.[1896]

Damit entspricht die 1:1-Umsetzung der Meeresstrategie-Rahmenrichtlinie in das WHG[1897] zunächst einmal den rechtlichen Anforderungen des Art. 288 Abs. 3 AEUV an eine Umsetzung von gemeinschaftlichen Richtlinien in nationales Recht.[1898] Bezogen auf die maximale Wirksamkeit hat die Bundesrepublik Deutschland die rechtlichen Instrumente, die ihr i.R.d. maritimen Raumplanung zur Verfügung stehen, zur Erfüllung des Integrationsauftrages der Europäischen Kommission aber nicht ausreichend ausgeschöpft. Hierzu fehlt es bereits an einer hinreichenden Ausschöpfung raumplanerischer Möglichkeiten.

1895 *Ruffert*, in: *Calliess/Ruffert*, EUV/AEUV, Kommentar, 5. Auflage 2016, Art. 288 AEUV Rn. 28, 32: „Den Erfordernissen der „Publizität, der Klarheit und der Bestimmtheit" (EuGH, Rs. C-96/95, Slg. 1997, I-1653, Rn. 35 – Kommission/Deutschland) genügen jedenfalls Parlamentsgesetze und Rechtsverordnungen." Im Ergebnis müssen die mitgliedstaatlichen Umsetzungsvorschriften folgende Voraussetzungen erfüllen: 1. Sie müssen veröffentlicht werden, damit die Betroffenen ihre Rechte zur Kenntnis nehmen können (Publizität), 2. sie müssen rechtsverbindlich sein (Rechtsnormqualität) und 3. die auf ihrer Grundlage gewährten individuellen Rechte müssen gerichtlich durchsetzbar sein (Justiziabilität). So *Schulze et al.*, Europarecht, 3. Auflage 2015, § 2 Rn. 52; *Schroeder*, in: *Streinz*, EUV/AEUV, Kommentar, 2. Auflage 2012, Art. 288 Rn. 89 ff.

1896 „Sofern das nationale Recht den Anforderungen einer Richtlinie in einer Weise entspricht, dass es keines weiteren Umsetzungsaktes bedarf, ist dies kein Fall richtlinienkonformer Auslegung, sondern der Unionsrechtskonformität bereits auf legislativer Ebene", *Ruffert*, in: *Calliess/Ruffert*, EUV/AEUV, Kommentar, 5. Auflage 2016, Art. 288 AEUV Rn. 82.

1897 Siehe 2. Kapitel, B.II.1.

1898 Nach *Hofmann*, Rechtliche Aspekte der Umsetzung der MSRL, in: Durner (Hrsg.), Wasserrechtlicher Reformbedarf in Bund und Ländern, 2011, S. 1 ff., S. 2, wäre es „allerdings wünschenswert gewesen, den eher beschränkten Regelungsanspruch der Meeresstrategie-Rahmenrichtlinie durch einen eigenständigen strategischen Ansatz zum Schutz der Meeresgewässer auf nationaler Ebene zu erweitern. Der deutsche Gesetzgeber hat es mit seiner Minimalumsetzung versäumt, einen solchen Ansatz zu entwickeln und formalrechtlich zu verankern." In diese Richtung auch *Schlacke*, Statement zur Umsetzung der MSRL, in: Durner (Hrsg.), Wasserrechtlicher Reformbedarf in Bund und Ländern, 2011, S. 21 ff., S. 24 f.; *Czybulka*, EurUP 2016, 276 ff. (280 f.).

Laut eigener Aussage des Raumordnungsplans werden die Ziele des Umweltschutzes auf vier verschiedene Arten in der Raumordnungsplanung berücksichtigt:[1899]

- Definition von Leitlinien zur räumlichen Entwicklung der AWZ zur Umsetzung von Umweltschutzzielen;
- quellenbezogene Regelungen zum Umweltschutz bei den einzelnen Nutzungen;
- textliche Grundsätze zu Schutz und Pflege von Meeresnatur und -landschaft und
- Beachtung der FFH-Gebiete bzw. der Vogelschutzgebiete.

Wie eingangs aber bereits festgestellt, ist bis auf eine einzige Festlegung, die erst über einen Negativausschluss wirtschaftlicher Nutzungsinteressen der Windenergie eine Positivwirkung zugunsten des Meeresumweltschutzes entfaltet, keine Aussage zugunsten des Meeresumweltschutzes mit einer starken raumplanungsrechtlichen Verfestigung unterlegt, wie z.B. einem Vorranggebiet. Die rein nachrichtliche Übernahme der Natura 2000-Gebiete in die Raumordnungspläne reicht deshalb nicht aus, den demgegenüber raumplanungsrechtlich verfestigten wirtschaftlichen Nutzungsinteressen als relevantes Interesse i.R.e. Abwägungsentscheidung entgegenzutreten. Zwar erfordert der Integrationsauftrag der Europäischen Kommission nicht ausdrücklich die raumplanungsrechtliche Verfestigung durch die Festlegung als Ziel der Raumordnung oder als Festlegung eines Vorrang- oder Vorbehaltsgebietes. Dennoch können im Lichte des Effizienzgebotes die nur nachrichtlich ausgewiesenen Natura 2000-Gebiete in der deutschen AWZ nicht als „räumliche Schutzmaßnahme" i.S.d. Meeresstrategie-Rahmenrichtlinie angesehen werden. Der Integrationsauftrag ist damit nicht erfüllt.

6. *Bewertung des marinen Status quo*

Aufgrund des Art. 5 Abs. 2a lit. ii MSRL hatten die Mitgliedstaaten bis spätestens zum 15. Juli 2012 eine Anfangsbewertung zur Erfassung des aktuellen Umweltzustands ihrer Gewässer zu erstellen, die auch die Auswirkungen menschlichen Handelns auf den Umweltzustand dieser Gewässer mit umfasst. Die durch das Bund-Länder-Messprogramm für die deutschen Meeresgewässer erstellten Entwürfe[1900] zeichnen ein deutliches Bild: Untersucht wurden die Merkmale Biotoptypen, Phytoplankton, Zooplankton, Makrophyten, Makrozoobenthos, Fische, marine Säugetiere, Seevögel, nicht einheimische Arten und mikrobielle Pathogene. Keines befand sich in einem Zustand, der eine Bewertung als guten Umweltzustand rechtfertigen würde.[1901] Durch menschliche Aktivitäten in Nord- und Ostsee kommen zahlreiche Belastungen hinzu, wie physische Verluste oder Schädigungen, Kontamination

---

1899 *Bundesamt für Seeschifffahrt und Hydrographie*, Umweltbericht zum AWZ-ROV Nordsee, 2009, Punkt 9.1.3, S. 395.

1900 Siehe http://www.meeresschutz.info/index.php/berichte.html (9.2.2017).

1901 *Bund/Länder-Messprogramm*, Anfangsbewertung Nordsee, 2012, S. 4–6; *Bund/Länder-Messprogramm*, Anfangsbewertung Ostsee, 2012, S. 4–6.

durch gefährliche Stoffe oder die Anreicherung mit Nährstoffen.[1902] Die Anfangsbewertungen gelangen damit zwangsläufig zu dem Ergebnis, dass in der deutschen Nord- und Ostsee der gute Umweltzustand i.S.d. Meeresstrategie-Rahmenrichtlinie nicht erreicht wird.

Diese erste umfassende Gesamtbewertung der Meeresgewässer zeigt auf, dass jedenfalls die bisherige Bewirtschaftungsweise der Meere keine Voraussetzungen geschaffen hat, die zu einem guten Umweltzustand geführt hätten. Allerdings sind unmittelbare Rückschlüsse auf eine Verbesserung, Stagnierung oder Verschlechterung des Ist-Zustandes durch die eingerichteten Meeresschutzgebiete Natura 2000 kaum möglich: Begründet liegt dies in der unzureichenden Datenlage und in dem verhältnismäßig kurzen Zeitraum seit Ausweisung der Natura 2000-Gebiete im Jahr 2004.[1903]

Ob bzw. inwieweit eine weitreichende Verbesserung des Umweltzustandes durch die maritimen Raumordnungspläne in deren aktueller Ausgestaltung zu erwarten ist, ist fraglich. Ein Grund für diese Skepsis liegt darin begründet, dass die Raumordnungspläne momentan weitgehend nur eine Abbildung der Meeresnutzungen sind. Eine Koordinierung zwischen wirtschaftlichen und ökologischen Interessen im eigentlichen Sinne eines Planungsauftrages findet dagegen nicht statt.[1904]

Die Analyse des Status quo in Deutschland hat gezeigt, dass der Integrationsauftrag der Europäischen Kommission in der Bundesrepublik Deutschland momentan noch nicht erfüllt ist. Zwar finden sich Meeresschutzgebiete mit einer räumlichen Ausweisung in den Raumordnungsplänen für die deutschen AWZ der Nord- und Ostsee. Diese Ausweisung geht aber auf die FFH- und Vogelschutzrichtlinien zurück, nicht auf die Mitteilung der Europäischen Kommission aus dem Jahr 2010 oder Art. 13 Abs. 4 MSRL und ein darauf erfolgtes gesetzliches Tätigwerden der Bundesrepublik Deutschland. Zudem sind diese Schutzgebiete nicht mit den für die (maritime) Raumordnungsplanung üblichen raumordnungsrechtlichen Instrumentarien des Raumordnungsgesetzes unterlegt und folglich auch nicht mit einer gehobenen Stellung im Abwägungsverfahren begünstigt. Auch die bisherigen deutschen Berichte – zu Anfangsbewertung, Beschreibung eines guten Umweltzustandes und Festlegung von Umweltzielen – weisen genauso wenig Bezug zu den deutschen Raumordnungsplänen auf wie die auf die Meeresstrategie-Rahmenrichtlinie

---

1902 *Bund/Länder-Messprogramm*, Anfangsbewertung Nordsee, 2012, S. 6/7; *Bund/Länder-Messprogramm*, Anfangsbewertung Ostsee, 2012, S. 6/7.

1903 Diese Trägheit möglicher Veränderungen auf dem Meer führt auch zu einer Kritik am Zeitplan der Meeresstrategie-Rahmenrichtlinie: Die Maßnahmenprogramme waren bis zum 31.12.2016 praktisch umzusetzen. Das Ziel der Rahmenrichtlinie, der gute Umweltzustand, soll aber bereits 2020 erreicht sein. Damit bleiben im Extremfall (die rechtzeitige Erfüllung durch die Mitgliedstaaten vorausgesetzt) nur vier Jahre, um den „schlechten" in einen guten Umweltzustand zu ändern. Kritiker halten dies für außerordentlich ambitioniert, wenn nicht unrealistisch; siehe dazu 2. Kapitel, C.IV.

1904 Siehe dazu schon oben, 1. Kapitel, G.III.

zurückgehenden Normen im Wasserhaushaltsgesetz oder in den Verordnungen über die maritime Raumplanung in Deutschland.[1905] Letztlich liegt dieser Befund bereits in der Entstehungsgeschichte begründet, in der sich jedenfalls keine zielstrebig geknüpften Verbindungen beider Instrumente finden lassen.

Lediglich i.R.d. institutionellen Verknüpfung sind Ansätze erkennbar, deren Ausweitung und Vertiefung zu einer institutionellen Integration führen könnten. Eine schlichte Verbindung der beiden in Deutschland mit der Umsetzung der Meeresstrategie-Rahmenrichtlinie und der maritimen Raumplanung befassten Behörden durch die Einrichtung eines gemeinsamen Sekretariats reicht hierfür aber wohl kaum aus.

Im Ergebnis wird die maritime Raumplanung damit (noch) nicht als Unterstützung für die Durchführung einzelner Aspekte der Meeresstrategie-Rahmenrichtlinie herangezogen. Die Frist der Rahmenrichtlinie für die Erstellung von Maßnahmenprogrammen, in denen diese Beziehung explizit aufzugreifen ist, lief am 31. Dezember 2015 ab. Die für die endgültige Erstellung und Umsetzung der Maßnahmenprogramme zuständigen Behörden und Einrichtungen haben demnach eine umfangreiche (Integrierungs-)Aufgabe vor sich.

Vor diesem Hintergrund drängt sich die Frage auf, warum die Bundesrepublik Deutschland dem Integrationsauftrag bislang nicht oder bestenfalls ausgesprochen zögerlich nachgekommen ist. Dieser sowie der weiteren Frage, ob rechtliche oder politische Gründe strukturell für dieses Unterlassen verantwortlich sind, soll im Folgenden nachgegangen werden.

III. Gründe für das bisherige Scheitern einer Integration: Spannungsverhältnisse und Inkompatibilitäten

Die bisherige Analyse hat gezeigt, dass – jedenfalls momentan – nicht von einer Integration von maritimer Raumplanung und Meeresumweltschutz i.S.d. Integrationsauftrages der Europäischen Kommission gesprochen werden kann. Es ist wohl kaum von der Hand zu weisen, dass dies auch politische Gründe hat. Durch die vorliegende Bearbeitung sind aber auch systematische Gründe erkennbar geworden, aufgrund derer der Integrationsauftrag insgesamt hinterfragt werden muss.

1. Systematische Gründe

Während sich die maritime Raumplanung v.a. auf die Umsetzung und Koordination wirtschaftlicher Nutzungsinteressen in den Meeren konzentriert, versucht die Meeresstrategie-Rahmenrichtlinie die Interessen der Meeresumwelt zu formulieren und ins Recht zu übertragen. Die Literatur ist sich in dieser Feststellung überwiegend einig:

1905 Einzige, aber unspezifische Ausnahme: *Bund/Länder-Messprogramm*, Festlegung Umweltziele Nordsee, 2012, S. 23; *Bund/Länder-Messprogramm*, Festlegung Umweltziele Ostsee, 2012, S. 23.

> Together, the maritime green paper and the MSFD have been described as a 'two pillar' approach to marine and maritime policy in the EU; on the one hand a policy designed to maximise the economic benefits from the rational use of the marine environment and, on the other, legislation designed to conserve the flow of economic goods and services from marine ecosystems whilst maintaining their resilience and biodiversity.[1906]

Der Schwerpunkt und Fokus der politischen Entscheidungen liegt dabei eindeutig auf der wirtschaftlichen Nutzung der Meere:

> In what may seem like an inversion of the standard linguistic usage, the EU *Marine* Strategy Directive is to 'deliver the environmental pillar of the future *Maritime* Policy for the European Union.' The Integrated Maritime Policy for the European Union addresses some environmental matters, but the overwhelming focus is on economic arguments.[1907]

Soweit es zu einer Verknüpfung beider Systeme kommt, scheint das Machtverhältnis dabei klar zugunsten eines wirtschaftlichen Schwerpunktes auszuschlagen. *Hoof* drückt das am Beispiel der Fischereiinteressen aus:

> It can be queried which policy will be leading when it comes to weighing environmental impact of fisheries versus the social and economic efforts of fisheries on local communities.[1908]

Juda bringt es letztlich auf den Punkt und beschreibt seinen Eindruck, wonach mit der maritimen Raumplanung und der Meeresstrategie-Rahmenrichtlinie eher zwei im Grundsatz sehr verschiedene Instrumente in Einklang gebracht werden sollen:

> … it appears that two somewhat different elements are being melded together: a Marine Strategy, with a heavy emphasis on environmental protection; and a Maritime Policy that is strongly motivated by economic growth considerations.[1909]

Hinter beiden Instrumenten und den mit ihnen verfolgten Schwerpunkten stehen unterschiedliche Logiken, die innerhalb ihres jeweiligen Systems schlüssig sind. Hinter der maritimen Raumplanung stehen wirtschaftliche Interessen an der

---

1906 *Mee et al.*, Mar Pollut Bull (56) 2008, 187 ff. (188); *van Leeuwen et al.*, Mar Policy (36) 2012, 636 ff. (636), formulieren es so: „While the Integrated Maritime Policy focuses in the economic and social use of the European Seas, the MSFD provides a comprehensive framework for the protection of the marine environment."

1907 *Westaway*, Environ L Rev (10) 2008, 218 ff. (224). Nach *De Santo*, Mar Policy (34) 2010, 414 ff. (419): „However it must also be noted that in terms of terminology, Europe is progressing towards ‚maritime' spatial planning, rather than simply ‚marine'".

1908 *van Hoof/van Tatenhove*, Mar Policy (33) 2009, 726 ff. (731). So auch *Brennan et al.*, Mar Policy (43) 2014, 359 ff., die die maritime Raumplanung als „more dominant" ansehen. „Blue growth is the dominant overall priority", *Jones et al.*, Mar Policy (71) 2016, 256 ff. (256).

1909 *Juda*, Ocean Develop & Int'l L (38) 2007, 259 ff. (274); *Juda*, Ocean Develop & Int'l L (41) 2010, 34 ff. (44 f.).

Nutzung des Meeres und damit eine wirtschaftliche Systemlogik. Dagegen wird das Ziel der Meeresstrategie-Rahmenrichtlinie nach einem guten Umweltzustand der Meeresgewässer vorrangig von Umweltsystemlogiken geleitet, die sich gerade nicht an wirtschaftlichen Faktoren orientieren. Im sogleich folgenden Vergleich beider Systemlogiken wird klar, weshalb eine Verbindung beider Instrumente so schwer fällt. Eine kurze Vorabbemerkung: An dieser Stelle ist es nicht das Ziel, eine tiefgründige Analyse der (Umwelt-)Ökonomie[1910] mitsamt ihrer Ausprägungen von Spieltheorie und Behavourial Law oder gar der Luhmannschen Systemtheorie durchzuführen; das soll und muss anderen überlassen werden.[1911] Für die vorliegende Bearbeitung bringt jedoch schon die holzschnittartige Betrachtung der Problemstellung unter ökonomischen Aspekten einen Erkenntnisgewinn, der für die Beantwortung der Frage nach der Erfüllung des Integrationsauftrages wertvoll ist.

2. *Hinterfragung des Integrationsauftrages*

Hoof, der gerade eben schon zitiert wurde, spricht von dem „Dilemma der Meeresstrategie-Rahmenrichtlinie".[1912] Dabei ist aber weniger eine dilemmatische Struktur der Meeresstrategie-Rahmenrichtlinie zu beobachten, sondern vielmehr eine Verschleierung des tatsächlich bereits in der normativen Struktur der Richtlinie angelegten Kompromisses zwischen wirtschaftlichen Nutzungsinteressen und einem wirksamen Meeresumweltschutz. Wie schon mehrfach ausgeführt, ist das Ziel der Meeresstrategie-Rahmenrichtlinie der gute Umweltzustand der Meeresgewässer. Der „gute Umweltzustand der Meeresgewässer" ist ein normativer Begriff. Er ist nicht objektiv bestimmbar und bleibt – i.S.d. Rahmenrichtlinie – der subjektiven Bestimmung durch die Mitgliedstaaten überlassen.[1913] Ganz objektiv gesehen ist dieses Ziel an sich nicht erreichbar, auch nicht durch den Integrationsauftrag: Die subjektiven Festlegungen der Mitgliedstaaten spiegeln lediglich den jeweiligen Grad ihrer Bereitschaft wider, umweltschutzbezogene Interessen gegen wirtschaftliche

1910 Was will eine ökonomische Analyse des Rechts? Das Recht soll „marktförmige" Lösungen von Konflikten vorsehen, d.h. eine effiziente Verteilung von Gütern, Risiken und Schäden ermöglichen. Effizient ist dabei die gesetzliche oder richterliche Lösung, welche die geringsten (sozialen) Kosten verursacht und eine optimale Nutzung knapper Ressourcen erlaubt. So *Zäch*, Einführung in die Rechtswissenschaft, 2005, siehe: http://www.rwi.uzh.ch/dam/jcr:00000000-43dd-f106-0000-0000023d2cf1/Skript05_06.pdf (26.6.2017).

1911 Siehe dazu bspw. *Bartmann*, Umweltökonomie, 1996; *Rogall*, Ökologische Ökonomie, 2. Auflage 2008; früh schon *Hohmann*, NuR 1990, 49 ff. *Bückmann/Rogall* formulieren eine sehr verständliche „Skizze umweltökonomischer Überlegungen zur Rolle der Wirtschaft im Nachhaltigkeitsprozess" in *Bückmann/Rogall*, UPR 2001, 121 ff. (125 ff.). Siehe auch bei *Rodi*, Ökonomische Analyse des Öffentlichen Rechts, 2014; früher schon *Michaelis*, Ökonomische Instrumente in der Umweltpolitik, 1996.

1912 *van Hoof/van Tatenhove*, Mar Policy (33) 2009, 726 ff. (731).

1913 Siehe oben 2. Kapitel, A.III.

Nutzungsinteressen in der AWZ gegeneinander abzuwägen.[1914] Niemals jedoch werden diese Festlegungen alleine unter Umweltgesichtspunkten ohne Einbeziehung wirtschaftlicher Faktoren getroffen werden.[1915]

Davon abgesehen, stellt der Integrationsauftrag eine anspruchsvolle Anforderung: Das dem gesamtgesellschaftlichen Interesse dienende Ziel des Meeresumweltschutzes soll mit Hilfe eines Instrumentes erreicht werden, das der Durchsetzung und Ordnung wirtschaftlicher Partikularinteressen dient. Damit treffen zwei grundsätzlich verschiedenen Zielsetzungen aufeinander. Die maritime Raumplanung ist auf die geordnete wirtschaftliche Nutzung des Meeres ausgerichtet.[1916] Ihr liegen daher auch dezidiert wirtschaftliche Interessen zugrunde.

> Zentrales Ziel der maritimen Politik der Bundesregierung ist die Erhaltung und Stärkung des maritimen Standorts Deutschland. Dies spiegelt sich auch in der Regelung räumlicher Konflikte im Meer wider: Der Raumordnungsplan für die Nordsee will der wirtschaftlichen Bedeutung und der völkerrechtlichen Vorrangstellung der Schifffahrt Ausdruck verleihen sowie die Wettbewerbsfähigkeit der maritimen Wirtschaft erhalten. Dementsprechend bilden die Hauptschifffahrtsrouten [...] das Grundgerüst für die Gesamtplanung der Raumordnung, an denen sich die anderen Nutzungen in der ausschließlichen Wirtschaftszone (AWZ) zu orientieren haben.[1917]

Zwar enthalten die Pläne auch naturschutzbezogene Aussagen. Diese sind allerdings „von deutlicher Zurückhaltung geprägt“; „[s]ie haben andere Steuerungsintentionen, in erster Linie wollen sie den Ausbau der Offshore-Windenergie bis 2030 sicherstellen.“[1918] Und dieser Ausbau ist ebenfalls vorrangig wirtschaftlich motiviert.[1919]

Bei aller mittlerweile erfolgten Ausdifferenzierung ökonomischer Grundannahmen ist nach wie vor die Basis einer ökonomischen Theorie der homo oeconomicus – ein Individuum, das beim Vorliegen knapper Ressourcen rationale und effiziente Entscheidungen trifft, die auf eine Wohlfahrtsmaximierung ausgerichtet sind. Entscheidender Faktor bei diesen Entscheidungen sind Allokationskosten, die bei der Verteilung knapper Güter auf dem Markt entstehen und durch Angebot und Nachfrage reguliert werden.[1920] Die Nutzung der Meeresumwelt schien bis vor wenigen

---

1914 Dazu oben 2. Kapitel, C.III.

1915 So auch *Bückmann/Rogall*, UPR 2001, 121 ff. (125).

1916 Zur ökonomischen Analyse des Planungsrechts *Gawel*, UPR 2002, 361 ff.; *Gawel*, IzR 2005, 333 ff.

1917 *Sachverständigenrat für Umweltfragen*, Verantwortung in einer begrenzten Welt, 2012, Rz. 451.

1918 *Czybulka*, Naturschutz und Naturschutzrecht im marinen Bereich, in: Czybulka (Hrsg.), Das neue Naturschutzrecht des Bundes, 2011, S. 307 ff. (317).

1919 Zum Zielkonflikt zwischen Klima- und Umweltschutz siehe *Pestke*, Offshore-Windfarmen in der AWZ, 2008; *Kruppa*, Steuerung der Offshore-Windenergienutzung vor dem Hintergrund der Umweltziele Klima- und Meeresumweltschutz, 2007; *Gärditz*, DVBl. 2010, 214 ff.; *Weidemann/Krappel*, DÖV 2011, 19 ff.

1920 *Towfigh/Petersen*, Ökonomische Methoden im Recht, 1. Auflage 2010, § 3 III.

Jahrzehnten noch unbeschränkt möglich zu sein, sie wurde nicht als knappes Gut erfahren.[1921] Infolgedessen war die Meeresumwelt auch nicht kommerzialisiert, d.h. ihre Nutzung war ohne oder nur mit sehr geringen Kosten verbunden. Ökonomisch gesehen zeichnete sich die Meeresumwelt aufgrund fehlender Allokationskosten deshalb für das Individuum durch einen hohen Nutzen aus, der regelmäßig in einer hohen Nutzung resultierte.

Die Umweltsystemlogik ist in diesem Sinne nur schwer in die Wirtschaftssystemlogik zu integrieren, da sie eine andere „Sprache" spricht.[1922] Weil das Wirtschaftssystem seine Operationen am Preis von Waren, Gütern und Dienstleistungen ausrichtet, ist Umweltverschmutzung solange keine wirtschaftliche Kategorie, wie sie die Preise von Waren, Gütern und Dienstleistungen nicht beeinflusst. Zwar ist rechtlich der Schutz der natürlichen Lebensgrundlagen im Grundgesetz, in Art. 20a GG, verankert.[1923] Ökonomisch gesehen bedarf eine wert-lose Ressource allerdings keiner planungsrechtlichen Allokation. Aus der Perspektive des Umweltschutzes hingegen sind Preise und Kosten keine maßgeblichen Kategorien. Die Rodung des Regenwaldes oder die Überfischung der Meere ist auch dann aus der Perspektive des Umweltschutzes nicht zu rechtfertigen, wenn damit ein enormer Profit verbunden ist. Kategorien der Operation des Umweltschutzes sind Nachhaltigkeit, Ressourcenschonung und Erhaltung einer ausgewogenen und lebensfähigen Biosphäre.

Was vor diesem Hintergrund i.S.d. Wirtschaftslogik als Vorteil erkannt wird, ist der nicht kommerzialisierte Wert der Umwelt.[1924] Auf der anderen Seite der Medaille ist dies das Manko in der Logik der Umwelt:

> Die beträchtlichen gesellschaftlichen Interessen an der wirtschaftlichen Nutzung der Nordsee lassen sich monetär analysieren. Demgegenüber können die Ökosystemdienstleistungen der Nordsee nicht quantifiziert werden. In Zukunft ist von einer wachsenden Beanspruchung der Meeresumwelt auszugehen. Daher geht es darum, den guten Umweltzustand als umweltpolitisches Ziel und unter Berücksichtigung des Ökosystemansatzes und des Vorsorgeprinzips klar zu definieren. So soll eine nutzungsbedingte

---

1921 Schön zum Wandel des Verständnisses der Natur als Schicksal bis zur Natur als Biosphäre *Winter*, GAIA 2000, 196 ff. Zu den ökonomischen Interessen im Meeresbereich siehe auch *Akademie für Raumforschung und Landesplanung*, Maritime Raumordnung, 2013, S. 4 ff.

1922 Einige Vertreter in der Literatur diskutieren eine konzeptionelle Verknüpfung von Umweltschutz und wirtschaftlicher Entwicklung durch das Leitbild der nachhaltigen Entwicklung, siehe u.a. *Wolff*, ZUR 2003, 356 ff. (357); *Bückmann et al.*, UPR 2002, 168 ff.; *Bückmann/Rogall*, UPR 2001, 121 ff. (124 ff.).

1923 Dazu unter vielen *Wolf*, KritV 1997, 280 ff.; *Behrends*, KJ 2000, 376 ff.; *Gassner*, NuR 2011, 320 ff.

1924 Dazu gehören bei einer ökonomischen Bewertung der maritimen Raumplanung u.a. auch Kriterien wie Planungssicherheit, die Vermeidung langfristiger Genehmigungsverfahren, das Offenhalten von Entwicklungs- und Anpassungsmöglichkeiten, siehe *Akademie für Raumforschung und Landesplanung*, Maritime Raumordnung, 2013, S. 11 f.

Verschlechterung des Zustands der Nordsee vermieden bzw. der gute Umweltzustand erreicht und nachhaltige Nutzung ermöglicht werden. Die Kosten der Verschlechterung (= Differenz zwischen dem guten Umweltzustand und dem gegenwärtigen Zustand) können mangels Daten nicht quantifiziert werden. Für zukünftige Entscheidungen sind die ökologischen Folgen und die Kosten, die durch die Belastung der Meeresumwelt entstehen, stärker zu berücksichtigen.[1925]

Dass eine starke Berücksichtigung von Umweltinteressen letztlich auch im Sinne wirtschaftlicher Interessen ist, zeigt sich mit am deutlichsten am viel diskutierten Beispiel der Fischerei.[1926] Das Ringen zwischen Ökonomie und Ökologie verbildlicht sich an leer gefischten Meeren, die lange und zeitintensive Fahrten zu den verbliebenen Fischschwärmen bedingen, die wiederum erhebliche Auswirkungen auf den ökonomischen Gewinn haben. Zur Erinnerung: Die EU hat die ausschließliche Kompetenz im Bereich der Fischerei und lenkt diesen Bereich über die GFP;[1927] weshalb denn auch die Meeresstrategie-Rahmenrichtlinie darauf verweist.[1928]

Das wohl – i.R.e. ökonomischen Betrachtung – größte Problem der Umwelt besteht somit darin, dass ihr wirtschaftlicher Wert bislang kaum beziffert oder bezifferbar ist. Wie soll bspw. die Luftverschmutzung eines Immissionen ausschüttenden Unternehmens erfasst und in einen monetären Betrag umgerechnet werden? In welcher Höhe soll ein Agrarbetrieb mit Kosten belegt werden, von dessen Feldern nitrathaltige Abwässer in einen Fluss und auf ihrem weiteren Weg in das Meer gelangen und sich dort in Speisefischen ansammeln? Man ist dennoch seit einigen Jahrzehnten bestrebt, unter Zuhilfenahme ökonomischer Theorien „die

1925 *Bund/Länder-Messprogramm*, Anfangsbewertung Nordsee, 2012, S. 8. Entsprechend formuliert für die Ostsee in *Bund/Länder-Messprogramm*, Anfangsbewertung Ostsee, 2012, S. 7 f.

1926 Die immer noch dominiert ist von kurzfristigen wirtschaftlichen und politischen Interessen, aber eigentlich schutzgutorientiert sein sollte, dazu *Salomon*, Environ Sci Policy (12) 2009, 359 ff. Dass sich Ökonomisierung und Ökologisierung im Umweltrecht nicht ausschließen, dafür *Wustlich*, ZUR 2009, 515 ff.; dagegen *Ginzky/Rechenberg*, ZUR 2010, 252 ff.

1927 Siehe oben unter 1. Kapitel, C.IV.3.

1928 Erwägungsgrund 39 der Richtlinie 2008/56/EG. Damit fehle aber ein Herzstück des marinen Ökosystemansatzes, nämlich die Verbindung eines nachhaltigen Fischereimanagements mit einem Naturschutzregime, so *Czybulka*, ZUR 2008, 241 ff. (245 f.). Siehe dazu auch *Sachverständigenrat für Umweltfragen*, Towards Sustainable Fisheries, 2009; *Sachverständigenrat für Umweltfragen*, Fischbestände nachhaltig bewirtschaften, Zur Reform der GFP, 2011. Die zeitlich befristete Schließung der Fischerei auf besonders gefährdete Bestände ist eine Sofortmaßnahme des ICES – i.R.d. maritimen Raumplanung kann dagegen als dauerhafte Maßnahme vorgesehen werden, die Fischerei in besonders sensiblen räumlichen Gebieten, Rückzugsgebieten, Laichgebieten, Fortpflanzungsgebieten zu schließen. Fraglich ist, wie ein solcher zeitlicher Faktor in die Raumordnungspläne mit aufgenommen werden kann.

Voraussetzungen für eine im wohlfahrtstheoretischen Sinne optimale, effiziente Umweltnutzung zu schaffen."[1929] Neben Umweltabgaben und Zertifikatslösungen[1930] wird in den letzten Jahren vermehrt versucht, mit der Bestimmung einer hohen wirtschaftlichen und sozialen Bedeutung den Wert einer (gesunden) Umwelt ökonomisch zu beziffern.[1931] Ziel und Erwartung ist es, die Umwelt so gleichberechtigt wirtschaftlich bewerteten Faktoren gegenüberstellen und sie mit ihnen vergleichbar machen zu können.[1932]

Kritiker dieser Anstrengungen fürchten einen „Ausverkauf" der Natur als Folge von deren Bepreisung und anschließenden Vermarktung. Das eigentliche Schutzziel könne bei der monetären Bewertung negativer Auswirkungen auf die Natur aus dem Blick verloren werden.[1933] Selbstverständlich könnten für Schifffahrtswege eine Miete oder Maut, für die Grundstücke von Sandabbaugebieten und Offshore-Windenergieanlagen eine Pacht verlangt werden. Diese würde den jeweiligen Nutzer aber nicht von der Pflicht zu einem sorgsamen Umgang mit der Natur befreien oder den Staat davon, die Einhaltung dessen mit ordnungsrechtlichen Mitteln zu überwachen. Denn unbestritten ist ebenso klar, dass nur die intakte Umwelt Grundlage vieler

1929 „Die Inanspruchnahme der knappen Ressource ‚Umwelt' soll in den Prozess allokativer Entscheidungen so eingebunden werden, dass höherwertige Umweltnutzungen nicht durch geringerwertige verdrängt oder gleichwertige nicht mit überhöhten Kosten verbunden werden", so *Sparwasser et al.*, Umweltrecht, 5. Auflage 2003, § 1 Rn. 49.

1930 Vgl. insbesondere den Handel mit Emissionszertifikaten für Kohlendioxid, zuletzt auch für den Schiffsverkehr *Hinselmann*, ZUR 2014, 473 ff. Ökonomische Maßnahmen für den Meeresumweltschutz forderte auch schon früh *Hohmann*, Weltweiter Schutz der Meeresumwelt, in: Dolde (Hrsg.), Umweltrecht im Wandel, 2001, S. 99 ff. (121). Dazu auch *Rodi*, ZUR 2016, 531 ff.

1931 Siehe Bsp. das TEEB DE-Projekt „Naturkapital Deutschland: Über den Wert der Natur für den Menschen", http://www.naturkapital-teeb.de/aktuelles.html (9.2.2017) und *TEEB*, Why Value the Oceans, 2012, siehe: http://www.teebweb.org/areas-of-work/biome-studies/teeb-for-oceans-and-coasts/ (26.6.2017), oder die Workshop-Reihe von *Hansjürgens et al.*, Der Nutzen von Ökonomie und Ökosystemleistungen für die Naturschutzpraxis, Workshop I: Einführung und Grundlagen, 2. Auflage 2012, und *Hansjürgens et al.*, Der Nutzen von Ökonomie und Ökosystemleistungen für die Naturschutzpraxis, Workshop I: Einführung und Grundlagen, 2. Auflage 2012.

1932 „Waren bislang die Schutzinteressen gegenüber den Nutzungsinteressen eher schwach ausgeprägt, zwingt nunmehr die Aufstellung von Managementplänen in den – ausgedehnten – Schutzgebieten der ausschließlichen Wirtschaftszone dazu, konkrete Interessenabwägungen zu treffen", so der *Sachverständigenrat für Umweltfragen*, Fischereimanagement in Natura 2000-Gebieten in der deutschen AWZ, 2012, Tz. 30.

1933 *Bundesamt für Naturschutz*, Wert der Natur für Wirtschaft und Gesellschaft, 2012, S. 16, mit Verweis auf *TEEB*, TEEB, Ecological and Economic Foundations, 2010.

Wirtschaftszweige sein kann. Erneut kann als augenscheinlichstes Beispiel dafür auf die Fischerei verwiesen werden.[1934]

Ganz abgesehen von der Sinnhaftig- oder Sinnlosigkeit einer Ökonomisierung der Umwelt bleibt die Erkenntnis, dass der Schutz der Meeresumwelt ohne eine eigenständige ökonomische Bewertung (des ihr immanenten Wertes, ihrer Wiederherstellungskosten nach Verlust oder der Bewertung einer Verschlechterung der Umweltbedingungen) nicht mit der Wirtschaftssystemlogik der maritimen Raumplanung in Einklang gebracht werden kann.[1935]

3. Neuer Ausgangspunkt für eine Integration

Es ist also in hohem Maße zweifelhaft, dass die Bedürfnisse des Meeresumweltschutzes mit einem Instrument zu erreichen sind, das nicht die Bedürfnisse der Meeresumwelt im Blick hat, sondern die Partikularinteressen derjenigen, die das Meer bislang kostenlos nutzen konnten. Hier stehen sich zwei unterschiedliche Systemlogiken diametral ggü. Während die maritime Raumplanung einer wirtschaftlichen Logik der Ressourcenallokation folgt, wäre es i.S.e. Umweltschutzlogik, ebendiese Ressourcen einer wirtschaftlichen Nutzung gänzlich zu entziehen. Vor diesem Hintergrund erscheint eine Integration von maritimer Raumplanung und Meeresstrategie-Rahmenrichtlinie kaum möglich. Der Integrationsauftrag ist damit – zumindest momentan – nicht erfüllbar.

In der Folge stellt sich die Frage, ob die Meeresstrategie-Rahmenrichtlinie überhaupt einen Nutzen bringen kann,[1936] wenn das eigentliche Ziel nicht erreicht werden kann, jedenfalls nicht bis 2020. (Und auch das Erreichen subjektiv gesetzter Ziel-Zustände durch die Mitgliedstaaten kann nicht als Zielerreichung eines objektiv guten Zustandes der Meeresgewässer gewertet werden.)

Gleichwohl muss die Meeresstrategie-Rahmenrichtlinie nicht als wertlos abqualifiziert werden. Das würde ihrem Potential nicht gerecht werden. Denn der tatsächliche Nutzen der Meeresstrategie-Rahmenrichtlinie liegt darin, dass sie die Mitgliedstaaten dazu anhält, die unabdingbaren Vorarbeiten zu leisten, aufgrund derer es in der Zukunft einmal möglich sein wird, die Faktoren eines objektiv guten

---

1934 *Froese* verweist weiter darauf, dass die Überfischung auch ökonomisch keinen Sinn mache, da der Aufwand für eine bestimmte Fangmenge heute im Durchschnitt 17 mal so hoch sei wie gegen Ende des 19. Jahrhunderts: *Froese*, Gegenwärtige und zukünftige Fischerei in Bezug zur MSRL, in: Bundesamt für Seeschifffahrt und Hydrographie (Hrsg.), Meeresumwelt-Symposium 2010, 2010, S. 9 ff. Ebenso *Ingerowski/Salomon*, NuR 2006, 535 ff.

1935 Dies würde die „Überwindung sektoraler Logiken" erfordern, vgl. *Markus/Schlacke*, ZUR 2009, 464 ff. (471). Dazu auch *Douvere*, Mar Policy (32) 2008, 762 ff.; *Douvere/Ehler*, Mar Policy (32) 2008, 759 ff.; *Erbguth*, RuR 2011, 359 ff.; *Erbguth*, NuR 2012, 85 ff.

1936 Vgl. oben dazu den Mehrwert der Meeresstrategie-Rahmenrichtlinie 2. Kapitel, C.VI.

Zustandes der Meeresgewässer zu benennen und ökonomisch in einer Weise zu bepreisen, die es erlaubt, die Nutzung der Meere als Nutzung von knappen und nicht etwa unbegrenzt vorhandenen Ressourcen zu verstehen.

C. Zusammenfassung des 3. Kapitels

Im dritten Kapitel ging es um die Frage, ob und inwieweit eine Integration von maritimer Raumplanung und Meeresumweltschutz i.S.d. Meeresstrategie-Rahmenrichtlinie stattgefunden hat bzw. stattfinden kann.

Dazu wurde zuerst der Integrationsauftrag der Europäischen Kommission analysiert. Zur Bestimmung des Inhalts des Integrationsauftrages wurde das umweltrechtliche Integrationsprinzip herangezogen. Letztlich wurde der Wert einer Integration als Strategie zur Lösung von Problemen erkannt und die Erfüllung des Integrationsauftrages dann als gegeben gesehen, wenn die (de lege lata und ferenda) rechtlich möglichen raumplanerischen Maßnahmen in den Meeren so umgesetzt sind, dass sie dem Ziel eines guten Umweltzustandes zu dienen bestimmt sind. Dazu muss der Integrationsauftrag auf den gezielten Einsatz raumplanerischer Instrumente, wie den Zielen der Raumplanung oder den Gebietsfestlegungen, zugunsten einer Verbesserung des Umweltzustandes der Meere gerichtet sein.

Mit Blick auf den marinen Status quo musste festgestellt werden, dass der Integrationsauftrag der Europäischen Kommission in der Bundesrepublik Deutschland jedenfalls bislang nicht erfüllt wurde, insbesondere aus strukturellen Gründen aber momentan auch nicht erfüllbar ist. Damit ist für eine Integration von maritimer Raumplanung und Meeresumweltschutz ein neuer Ausgangspunkt zu nehmen, der in der wesentlichen Verbesserung der Datenlage in den europäischen Meeren durch die Meeresstrategie-Rahmenrichtlinie liegt.

4. Kapitel: Schluss

> Denn es gibt keine klare und zwangsläufige Entwicklung; letztlich sind es politische Entscheidungen, die die Entwicklung der Meeresräume steuern.
>
> *Hanns Buchholz, IzR 2004, 485*

Seit Jahrtausenden sind die Meere als schier unerschöpfliche Ressourcenträger verstanden worden. Sie boten Menschen Nahrung, dienten als Transportwege und waren schließlich gerade auch in der Neuzeit Orte der Entsorgung von Abfällen aller Art. Der freie Zugang zu ihnen und ihre freie Nutzung war Gegenstand von Hugo Grotius' Schrift über das „mare liberum" aus dem 17. Jahrhundert, die noch heute als eines der zentralen Werke zur Begründung des Völkerrechts gilt. In den letzten Jahrzehnten allerdings musste die Freiheit der Meere zunehmend infrage gestellt werden. Immer weiter zunehmende Schifffahrt konkurriert in den Meeren mit alten und neuen Nutzungsinteressen wie z.B. der Fischerei oder Offshore-Windparks. Gleichzeitig steigt aber auch das Bewusstsein, dass das Meer keine unerschöpfliche Quelle von Ressourcen ist, sondern dass Fischbestände endlich und eine gesunde Meeresumwelt keineswegs selbstverständlich sind. Hieraus entstehen Interessenkonflikte um die zunehmend als knappe Ressource wahrgenommenen Meere. Und die Konfliktlagen in den Meeren werden immer prekärer. Wirtschaftliche Nutzungsansprüche und ökologische Schutzinteressen konkurrieren um den zur Verfügung stehenden Raum. Gerade in den küstennahen Gewässern konkurrieren unterschiedlichste Nutzungsinteressen miteinander. Dieser Umstand ist in den letzten Jahren und Jahrzehnten insoweit Gegenstand auch politischer Prozesse geworden, als über Lösungsstrategien für die bestehenden Interessenkonflikte mithilfe einer rechtlichen Überformung der küstennahen Meere nachgedacht wurde.

Zwei Instrumente stehen dabei im Fokus: Die maritime Raumplanung soll die zahlreichen Nutzungsansprüche und Schutzinteressen ordnen, einer gerechten und effizienten Verteilung zuführen und möglichst auch schon planerische Entscheidungen für erst in der Zukunft auftretende Konflikte bereithalten. Problematisch ist dabei, dass sich Nutzungsansprüche und Schutzinteressen regelmäßig diametral gegenüberstehen. Wirtschaftliche Nutzungsansprüche wie die Schifffahrt, Fischerei oder Rohstoffgewinnung sind auf eine Ausbeutung der Natur und Meeresumwelt oder zumindest deren kostenfreie Benutzung gerichtet.

Die Interessen am Schutz der Meeresumwelt richten sich dagegen auf eine Bewahrung möglichst ursprünglicher und frei von menschlicher Einwirkung erhaltener Ökosysteme. Diesen Gedanken stützt die Meeresstrategie-Rahmenrichtlinie, die im Jahr 2008 vom Europäischen Parlament erlassen wurde. Ihr Ziel ist es, in allen Meeresgewässern der Mitgliedstaaten bis zum Jahr 2020 einen „guten Umweltzustand" zu erreichen.

In diesem Zusammenhang empfiehlt die Europäische Kommission den Mitgliedstaaten, zur Umsetzung der Meeresstrategie-Rahmenrichtlinie auch das Instrument der maritimen Raumplanung zu nutzen. Durch raumplanerische Schutzgebietsausweisungen und Zielfestlegungen zugunsten der Meeresumwelt soll eine *gute* Meeresumwelt erzielt werden.

Im Ergebnis ist jedoch festzustellen, dass die Integration von maritimer Raumplanung und Meeresumweltschutz nicht ohne weiteres gelingen kann. Das hat systematische Gründe, die in der Ausrichtung der beiden Instrumente begründet liegen. Während die maritime Raumplanung das vorrangige Ziel verfolgt, wirtschaftliche Nutzungsinteressen der Meere in Einklang zu bringen, zielt die Meeresstrategie-Rahmenrichtlinie auf den Erhalt einer gesunden Meeresumwelt ab. Diese beiden Regelungsziele sind insoweit nicht miteinander vereinbar, als eine wirtschaftliche Nutzung der Meere fast zwangsläufig nachteilige Auswirkungen auf die Meeresumwelt hat.

Diese unterschiedlichen Zielrichtungen der beiden Instrumente lassen es also bereits fraglich erscheinen, ob die maritime Raumplanung als Hilfsmittel zur Erreichung einer guten Meeresumwelt tatsächlich geeignet sein kann.

Zum anderen ist infrage zu stellen, ob eine gute Meeresumwelt, wie sie von der Meeresstrategie-Rahmenrichtlinie gefordert wird, objektiv überhaupt zu erreichen ist. Der als Ziel formulierte „gute Umweltzustand" der Meeresgewässer oder die „gute Meeresumwelt" sind normative Begriffe, die objektiv empirisch nicht bestimmbar sind. Zudem bleiben diese Begriffe gemäß den Vorgaben der Meeresstrategie-Rahmenrichtlinie der subjektiven Ausfüllung durch die Mitgliedstaaten überlassen. Vor diesem Hintergrund muss gefragt werden, ob eine von der Europäischen Kommission geforderte Integration beider Instrumente erstens möglich ist und zweitens die verfolgten Ziele auch tatsächlich erreichen kann. Diese Fragen sind Gegenstand dieser Arbeit gewesen.

A. Zusammenfassung und Ergebnisse der Arbeit

Im ersten Kapitel steht die maritime Raumplanung im Fokus der Bearbeitung.

Im Jahr 2009 wurden durch das zuständige Bundesministerium zwei „Verordnungen über die Raumordnung in der deutschen AWZ" in der Nord- und Ostsee erlassen. Die Verordnungen gehen maßgeblich auf die Arbeiten des BSH zurück.

Die Rechtsgrundlage für die beiden Verordnungen findet sich im Raumordnungsgesetz. Raumplanungsrechtliches Steuerungspotenzial entfaltet sich sowohl über Ziele und Grundsätze der Raumordnung als auch über die Festlegung von Vorrang-, Vorbehalts- und Eignungsgebieten. Dabei ist die stärkste Form der planerischen Abwägung in den Zielen und Vorranggebieten enthalten: Vorranggebiete sind für bestimmte Funktionen oder Nutzungen vorgesehen und schließen andere Nutzungen in diesem Gebiet aus, soweit diese mit den vorrangigen Nutzungen und Funktionen nicht vereinbar sind. Vorranggebiete entsprechen in ihrer Wirkung damit Zielen der Raumordnung. Ein Ziel der Raumordnung ist die verbindliche Vorgabe einer räumlichen oder sachlichen Festlegung im Raumordnungsplan, die vom Träger der Raumordnung abschließend abgewogen wurde.

In der Anlage zu den beiden Verordnungen befindet sich ein Raumordnungsplan, bestehend aus Text- und Kartenteil. Er enthält raumplanerische Festlegungen zu Schifffahrt, Rohstoffgewinnung, Rohrleitungen und Seekabeln, zu wissenschaftlicher Meeresforschung, Energiegewinnung, insbesondere Windenergie, Fischerei und Marikultur sowie zur Meeresumwelt. Vorranggebiete werden zugunsten der Schifffahrt, zugunsten von Rohrleitungen und zugunsten der Windenergie festgelegt.

Die getroffenen Festlegungen sind vor dem völker- und unionsrechtlichen Hintergrund zu sehen. Der völkerrechtliche Vertrag des Seerechtsübereinkommens gibt nicht nur vor, dass Vertragsparteien des Übereinkommens eine sog. 200-Seemeilenzone, die sog. AWZ, ausweisen können. Innerhalb der AWZ, die nicht zum Hoheitsgebiet eines Staates gehört, steht den Staaten über souveräne Rechte und Hoheitsbefugnisse die wirtschaftliche Nutzung der Meere exklusiv zu. Dazu gehören z.B. das Recht auf Energieerzeugung aus Wind oder die Befugnis zur Errichtung von künstlichen Anlagen in der AWZ.

Rechtliche Vorgaben der EU haben ebenfalls Einfluss auf die Ausgestaltung einer nationalen maritimen Raumplanung. So ist der Mitgliedstaat insbesondere durch die FFH- und Vogelschutzrichtlinie dazu verpflichtet, marine Schutzgebiete einzurichten, in denen alle Projekte, die das Schutzgebiet möglicherweise erheblich beeinträchtigen können, einer Verträglichkeitsprüfung unterzogen werden müssen.

Die Bewertung der maritimen Raumordnungspläne hat ergeben, dass sie derzeit weniger den Charakter eines in die Zukunft gerichteten Plans haben als vielmehr eine Darstellung des Status quo sind. Die Raumordnungspläne enthalten in ihrer aktuellen Ausgestaltung eine einzige Festlegung mit echtem planerischen Potenzial: Offshore-Windenergieanlagen sind außerhalb der dafür vorgesehenen Vorranggebiete in Natura 2000-Gebieten unzulässig. Entwicklungsmöglichkeiten ergeben sich im Hinblick auf die Entwicklung eines maritimen Gesamt-Raumordnungsplans für die europäischen Meere.

Im zweiten Kapitel werden die Meeresstrategie-Rahmenrichtlinie und ihre Umsetzung in nationales Recht analysiert.

Die „Richtlinie zur Schaffung eines Ordnungsrahmens für Maßnahmen der Gemeinschaft im Bereich der Meeresumwelt" wurde im Jahr 2008 erlassen. Ihre rechtliche Umsetzung in der Bundesrepublik Deutschland erfolgte durch die Einfügung von Vorschriften in das Wasserhaushaltsgesetz.

Die Meeresstrategie-Rahmenrichtlinie legt den Mitgliedstaaten einen straffen zeitlichen Arbeitsplan auf, der eine Anfangsbewertung der nationalen Meeresgewässer (Ist-Zustand), die Beschreibung eines guten Umweltzustandes (Soll-Zustand) und die Festlegung von Umweltzielen erfordert. Neben der Umsetzung von Überwachungsprogrammen gehört auch die Entwicklung eines Maßnahmenprogramms zum Arbeitsplan.

Größtes Potenzial und gleichzeitig größtes Problem der Meeresstrategie-Rahmenrichtlinie ist ihr Ziel: Bis zum Jahr 2020 soll in den Meeresgewässern der EU ein „guter Umweltzustand" erreicht werden. Der „gute Umweltzustand" ist dabei aber ein hochproblematischer normativer Begriff, der eine inhaltliche Ausfüllung kaum erlaubt. Die Meeresstrategie-Rahmenrichtlinie überlässt es darüber hinaus den Mitgliedstaaten, diesen unbestimmten Begriff auszufüllen, wobei absehbar ist, dass wirtschaftliche Interessen bereits bei der Bestimmung einer „guten Meeresumwelt" eine Rolle spielen werden. Der verfolgte Umweltschutzaspekt ist vor diesem Hintergrund bereits kompromittiert. Im Ergebnis werden so viele unterschiedliche Definitionen einer „guten" Meeresumwelt entstehen, wie sich Mitgliedstaaten an der Umsetzung der Richtlinie beteiligen.

Im dritten Kapitel geht es um die Integration von maritimer Raumplanung und Meeresumweltschutz. Bei der Analyse des Status quo in der Bundesrepublik Deutschland ergeben sich zwar Schnittstellen zwischen maritimer Raumplanung und Meeresumweltschutz, eine tatsächliche Integration beider Instrumente kann jedoch nicht festgestellt werden. Das liegt schon in der Entstehungsgeschichte beider Instrumente begründet und setzt sich in einer institutionellen Divergenz fort. Eine tiefergehende Analyse deckt dabei Gründe für das Scheitern einer Integration auf, die in der systematischen Ausrichtung beider Instrumente zu finden sind. Letztlich ist als neuer Ausgangspunkt für eine Integration das Potenzial der Meeresstrategie-Rahmenrichtlinie zu wählen, das in ihrem Auftrag an die Mitgliedstaaten begründet liegt, jetzt und zukünftig so umfangreiche Datenmengen über die Vorgänge in den Meeren zu sammeln, wie es sie noch niemals zuvor gegeben hat. Erst mit einem umfassenden Wissen wird es möglich sein, die Auswirkungen wirtschaftlicher Betätigungen auf die Meeresumwelt abschätzen und die konkurrierenden Interessen dann in einer gerechten Abwägung durch rechtliche Festlegungen in Raumordnungsplänen einstellen zu können.

B. Ausblick

Eine ökologisch verträgliche maritime Raumplanung stellt Politiker und Rechtswissenschaftler vor große Herausforderungen. Die bislang eingeschlagenen Wege scheinen ob ihrer aufgezeigten Schwächen nicht dazu geeignet, das Ziel eines guten Umweltzustandes der Meeresgewässer – bis 2020 oder auch irgendwann – zu erreichen. Dennoch ergibt sich aus dem raumplanungsrechtlichen Instrumentarium ein enormes Potential, mit dem die Raumordnungspläne in der deutschen AWZ auf den Weg gebracht werden können, echte Lösungsmöglichkeiten für die bestehende Konfliktlage zwischen Nutzungsansprüchen und Schutzinteressen im Meer zu bieten.

Letztlich wird man es mit Hanns Buchholz, dem Vater der deutschen maritimen Raumplanung, halten müssen: „Denn es gibt keine klare und zwangsläufige Entwicklung; letztlich sind es politische Entscheidungen, die die Entwicklung der Meeresräume steuern". Oder ganz im Sinne von Alice im Wunderland: Wenn wir nicht wissen, wohin wir wollen bzw. welches Ziel wir verfolgen, ist es auch gleich, welchen Weg wir einschlagen. Ob vor dem Hintergrund der steigenden ökologischen Verschlechterung der Meeresumwelt die Zeit dazu bleibt, Wege wahllos auszuprobieren und zu hoffen, dass schon der richtige darunter sein möge, ist mehr als zweifelhaft. Meines Erachtens ist an dieser Stelle eher mit *Elliott Norse* zu gehen: „We don't have a choice – the other choice is failure."[1937]

1937 So ein Beitrag im Rahmen seiner Moderation auf der Konferenz „The case for Maritime Spatial Planning: efficient resource management for sustainable growth", 26.3.2012, Brüssel.

Anlage 1

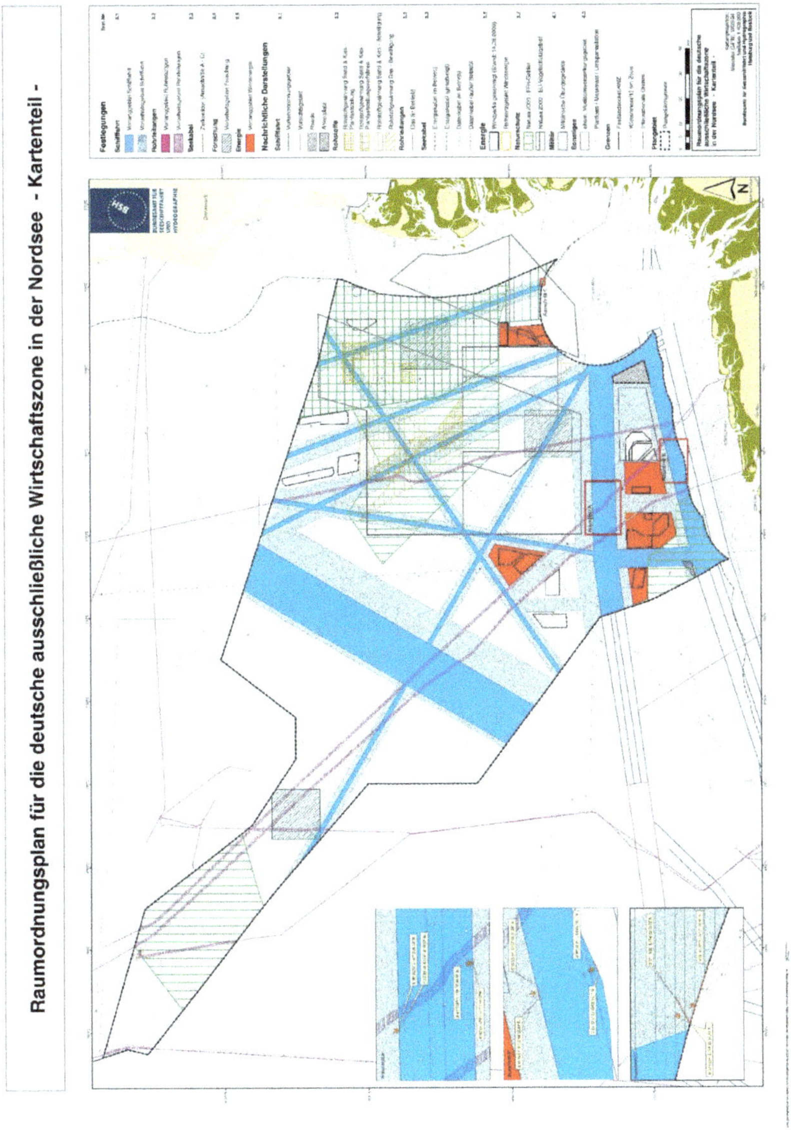
Raumordnungsplan für die deutsche ausschließliche Wirtschaftszone in der Nordsee - Kartenteil -

Raumordnungsplan für die deutsche ausschließliche Wirtschaftszone in der Ostsee - Kartenteil -

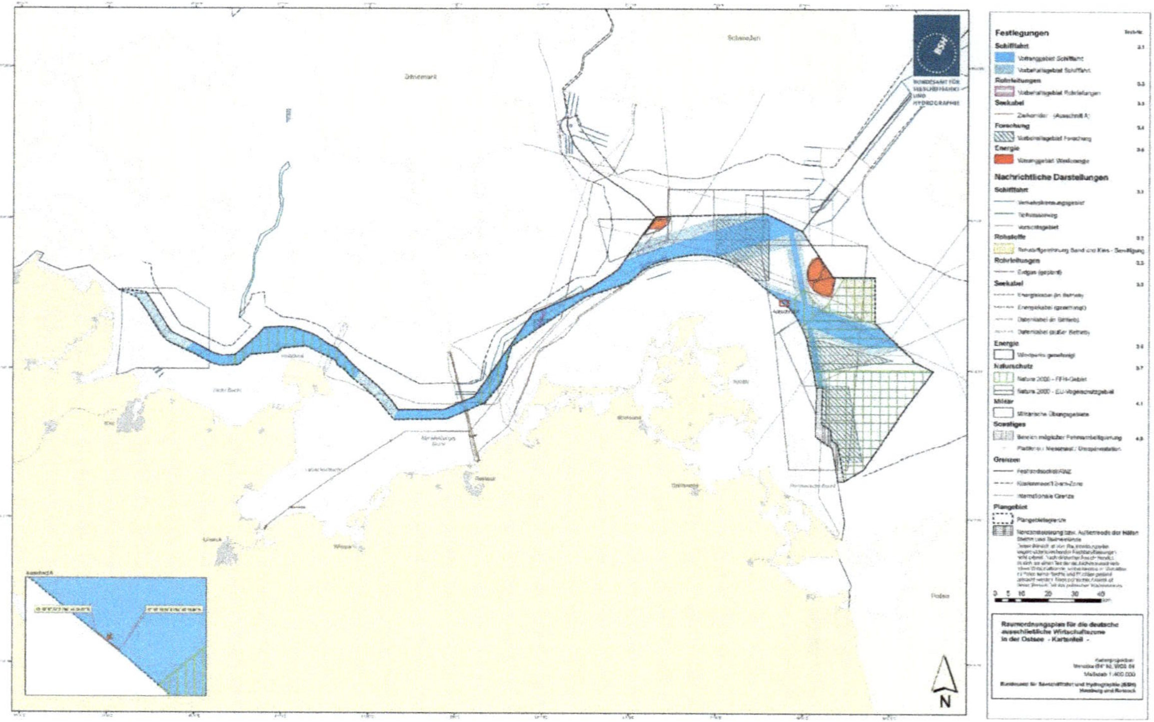

Literaturverzeichnis

Abromeit, Carolin, Die Ostseepipeline: Praxisbericht einer grenzüberschreitenden Verfahrensbeteiligung nach der Espoo-Konvention, Zeitschrift für Umweltrecht 2007, 354–359

Akademie für Raumforschung und Landesplanung, Novellierung des Raumordnungsgesetzes, Vorschläge des ad-hoc-Arbeitskreises der Akademie, Hannover 1988

–, Empfehlungen zur Novellierung des Raumordnungsgesetzes, Hannover 2006

–, Maritime Raumordnung – Interessenlage, Rechtslage, Praxis Fortentwicklung, Hannover 2013

Albrecht, Juliane, Zur Definition des „guten Zustands" im Wasserrecht – Aktuelle Entwicklungen auf europäischer und nationaler Ebene, Natur und Recht 2010, 607–616

Alsen, Katrin, Der Europäische Integrationsauftrag der EU, Überlegungen zur Erweiterungs-, Assoziierungs- und Nachbarschaftspolitik der EU aus der Warte einer europäischen Prinzipienlehre, Hamburg 2009

Altenschmidt, Stefan, Das deutsche Maßnahmenprogramm für die Nord- und Ostsee, Natur und Recht 2017, 12–18

Anderson, David, Modern Law of the Sea, Leiden 2008

Anyanova, Ekaterina/Chen, Chen-Ju/Claas, Jonathan et al., Statement on the Green Paper of the Commission of the European Communities, in: Peter Ehlers/Rainer Lagoni (Hrsg.), Maritime Policy of the European Union and Law of the Sea, Hamburg 2008, S. 287–295

Apfelstedt, Gert/Nagel, Bernhard/Schreiber, Helmut et al., Stromeinspeisung auf dem europarechtlichen Prüfstand, Zeitschrift für Neues Energierecht 2000, 200–206

Appold, Wolfgang, Die historische Entwicklung des Rechts der Raumordnung, in: Wilfried Erbguth/Janbernd Oebbecke/Hans-Werner Rengeling/Martin Schulte (Hrsg.), Planung, Festschrift für Werner Hoppe zum 70. Geburtstag, München 2000, S. 21–38

Ardron, Jeff/Gjerde, Kristina/Pullen, Sian et al., Marine spatial planning in the high seas, Marine Policy (32) 2008, 832–839

Arntz, Wolf E./Laudien, Jürgen, Brauchen marine Ökosysteme und Fischer Schutzgebiete? Ökologische Zusammenhänge mit Relevanz für Raumordnungsfragen (Kurzfassung), in: Mathias von Lukowicz/Volker Hilge (Hrsg.), Marine Raumordnung – Interessenkonflikt mit der Fischerei oder Werkzeug für das Management, Arbeiten des Deutschen Fischer-Verbandes e.V., Heft 87, Hamburg 2009, S. 5–35

Backer, Hermanni, Transboundary maritime spatial planning: a Baltic Sea perspective, Journal of Coastal Conservation (15) 2011, 279–289

Backer, Hermanni/Leppänen, Juha-Markku/Brusendorff, Anne Christine et al., HELCOM Baltic Sea Action Plan – A regional programme of measures for the marine environment based on the Ecosystem Approach, Marine Pollution Bulletin (60) 2010, 642–649

Ballschmidt-Boog, Annette, Rechtliche Vorgaben und Defizite beim Schutz der Küstenökosysteme der Ostsee – Unter besonderer Berücksichtigung des Naturschutzrechts, Baden-Baden 2000

Barnes, Richard/Metcalfe, Daniel, Current Legal Developments: The European Union – The Marine Strategy Framework Directive, The International Journal of Marine and Coastal Law (25) 2010, 81–91

Bartel, Sebastian/Janssen, Gerold, Raumplanung im Untergrund unter besonderer Berücksichtigung des Umweltschutzes, Natur und Recht 2016, 237–246

Bartmann, Hermann, Umweltökonomie, ökologische Ökonomie, Stuttgart 1996

Bartram, Gesa, Die Ziele der Raumordnung, Ein Planungsinstrument im Spannungsfeld zwischen gewachsenem Steuerungsanspruch und verfassungsrechtlichen Anforderungen, Baden-Baden 2012

Battis, Ulrich, Rechtsfragen der europäischen Raumordnungspolitik, in: Jörg Berkemann/Günter Gaentzsch/Günter Halama/Helga Heeren/Eckart Hien/Hans-Peter Lemmel (Hrsg.), Planung und Plankontrolle, Entwicklungen im Bau- und Fachplanungsrecht, Otto Schlichter zum 65. Geburtstag, Köln/Berlin/Bonn/München 1995, S. 185–200

Battis, Ulrich/Kersten, Jens, Die Raumordnung nach der Föderalismusreform, Deutsches Verwaltungsblatt 2007, 152–159

–, Europäische Politik des territorialen Zusammenhalts – Europäischer Rechtsrahmen und nationale Umsetzung, Umwelt- und Planungsrecht 2008, 201–207

–, Europäische Raumentwicklung, Europarecht 2009, 3–23

Baum, Marius, Der Gebiets- und der Artenschutz der FFH-Richtlinie im Lichte der Urteile des EuGH in den Vertragsverletzungsverfahren Rs. C-6/04 gegen das Vereinigte Königreich und Rs. C-98/03 gegen Deutschland, Natur und Recht 2006, 145–152

Beckmann, Beate, Die Seeanlagenverordnung, Zeitschrift für öffentliches Recht in Norddeutschland 2001, 273–280

Behrends, Andrea, Schutz der Umwelt (Art. 20a GG) und gesetzgeberische Behandlung der regenerativen Energieerzeugung, Kritische Justiz 2000, 376–394

Benger, Raimo, Raumordnungsplanung im Küstenmeer und in der AWZ aus Sicht der Rohstoffgewinnung, in: Wilfried Erbguth/Monika Breuch-Moritz (Hrsg.), Landes- und Wirtschaftsentwicklung zu Wasser – Raumordnungspläne für die Nord- und Ostsee, Baden-Baden 2011, S. 55–59

Berendes, Konrad/Frenz, Walter/Müggenborg, Hans-Jürgen, Wasserhaushaltsgesetz, Kommentar, Berlin 2011

Berg, Wilfried, Nachhaltigkeit und Umweltstaat, in: Wolfgang Kahl (Hrsg.), Nachhaltigkeit als Verbundbegriff, Tübingen 2008, S. 425–442

Berkenhagen, Jörg/Döring, Ralf/Fock, Heino et al., Nutzungskonflikte zwischen Windparks und Fischerei in der Nordsee – was die marine Raumordnung noch nicht berücksichtigt, Informationen aus der Fischereiforschung 2010, 23–26

Bertram, Christine/Rehdanz, Katrin, On the environmental effectiveness of the EU Marine Strategy Framework Directive, Marine Policy (38) 2013, 25–40

Bieber, Roland/Epiney, Astrid/Haag, Marcel et al., Die Europäische Union, Europarecht und Politik, Baden-Baden 12. Auflage 2016

Bielenberg, Walter/Runkel, Peter/Spannowsky, Willy, Raumordnungs- und Landesplanungsrecht des Bundes und der Länder, Kommentar und Textausgabe, Loseblattsammlung, Berlin Stand Oktober 2009

–, Raumordnungs- und Landesplanungsrecht des Bundes und der Länder, Kommentar und Textausgabe, Loseblattsammlung, Berlin Stand Oktober 2016

Boemke, Maximilian, Die Regelungen des EEG 2017 im Überblick, Neue Zeitschrift für Verwaltungsrecht 2017, 1–7

Bönker, Christian, Windenergieanlagen auf hoher See – Rechtssicherheit für Umwelt und Investoren?, Neue Zeitschrift für Verwaltungsrecht 2004, 537–543

Borchers, Kim Corinna/Schomerus, Thomas, Umweltverschmutzung durch Licht – die Ausweisung von Lichtschutzgebieten als Instrument zur Reduktion von Lichtimmissionen, Natur und Recht 2015, 614–621

Borja, Angel, The new European Marine Strategy Directive: Difficulties, opportunities, and challenges, Marine Pollution Bulletin (52) 2006, 239–242

Borja, Angel/Elliott, Michael/Carstensen, Jacob et al., Marine management – Towards an integrated implementation of the European Marine Strategy Framework and the Water Framework Directives, Marine Pollution Bulletin (60) 2010, 2175–2186

Bosecke, Thomas, Vorsorgender Küstenschutz und Integriertes Küstenzonenmanagement (IKZM) an der deutschen Ostseeküste, Strategien, Vorgaben und Defizite aus der Sicht des Raumordnungsrechts, des Naturschutz- und europäischen Habitatschutzrechts sowie des Rechts der Wasserwirtschaft, Berlin/Heidelberg 2005

–, Natura 2000 im Bereich der Ausschließlichen Wirtschaftszone (AWZ) – eine Bilanz, in: Detlef Czybulka (Hrsg.), Aktuelle Entwicklungen im europäischen Naturschutzrecht, Siebter Warnemünder Naturschutzrechtstag, Baden-Baden 2007, S. 21–36

Boyes, Suzanne J./Elliott, Michael, Brexit: The marine governance horrendogram just got more horrendous!, Marine Pollution Bulletin (111) 2016, 41–44

Boyes, Suzanne J./Elliott, Michael/Murillas-Maza, Arantza et al., Is existing legislation fit-for-purpose to achieve Good Environmental Status in European seas?, Marine Pollution Bulletin (111) 2016, 18–32

Brandt, Ewald, Meeresumweltschutz in der Seeschifffahrt – OLG Hamburg bestätigt bisherige Verfolgungspraxis bei Öltagebuchverstößen, Natur und Recht 2003, 411–414

Brennan, Jonathon/Fitzsimmons, Clare/Gray, Tim et al., EU marine strategy framework directive (MSFD) and marine spatial planning (MSP): Which is the more dominant and practicable contributor to maritime policy in the UK?, Marine Policy (43) 2014, 359–366

Breuer, Rüdiger, Die hoheitliche raumgestaltende Planung, Bonn 1968

Broemel, Roland, Netzanbindung von Offshore-Windkraftanlagen, Zeitschrift für Umweltrecht 2013, 408–420

Brown, E.D., The exclusive economic zone: criteria and machinery for the resolution of international conflicts between different users of the EEZ, Maritime Policy & Management (4) 1977, 325–350

Buchholz, Hanns, Territorialplanung zur See: Jede begrenzte Ressource bedarf der vorausschauenden Planung. Das Beispiel Nordsee, in: Burkhard Hofmeister/Frithjof Voss (Hrsg.), Geographie der Küsten und Meere, Beiträge zum Küstensymposium in Mainz, 14.–18. Oktober 1984, Berlin 1985, S. 153–168

–, Auszug aus dem Forschungsprojekt: Strategien und Szenarien zur Raumnutzung in den deutschen Ausschließlichen Wirtschaftszonen in Nordsee und Ostsee, in: Bau- und Wohnungswesen Bundesministerium für Verkehr (Hrsg.), Raumordnung auf dem Meer? Raumordnungsstrategien für ein stärker integriertes Management des Küstenraumes, Dokumentation des Workshops, Hannover 2002, S. 5–42

–, Raumnutzungs- und Raumplanungsstrategien in den deutschen Meereszonen, Informationen zur Raumentwicklung 2004, 485–489

–, Der erste Raumordnungsplan des Bundesamtes für Seeschifffahrt und Hydrographie für die deutsche Ausschließliche Wirtschaftszone – Eine konstruktive Analyse, Hemmingen 2008

Bückmann, Walter/Lee, Yeong Heui/Simonis, Udo Ernst, Das Nachhaltigkeitsgebot der Agenda 21 und seine Umsetzung in das Umwelt- und Planungsrecht, Umwelt- und Planungsrecht 2002, 168–172

Bückmann, Walter/Rogall, Holger, Nachhaltigkeit – rechtliche und wirtschaftswissenschaftliche Aspekte, Umwelt- und Planungsrecht 2001, 121–130

Bugge, Hans Christian/Voigt, Christina (Hrsg.), Sustainable Development in International and National Law, Groningen 2008

Büllesfeld, Dirk/Koch, Nina/von Stackelberg, Felix, Das neue Zulassungsregime für Offshore-Windenergieanlagen in der ausschließlichen Wirtschaftszone (AWZ), Zeitschrift für Umweltrecht 2012, 274–280

BUND, Schattenliste der Umweltverbände zu den Maßnahmenprogrammen im Rahmen der Umsetzung der Meeresstrategie-Rahmenrichtlinie in Deutschland, Bonn 2014

Bund/Länder-Ausschuss Nord- und Ostsee, MSRL-Maßnahmenprogramm zum Meeresschutz der deutschen Nord- und Ostsee, Bericht gemäß § 45h Absatz 1 des Wasserhaushaltsgesetzes, Anlage 2 Hintergrunddokument zur sozioökonomischen Bewertung Bonn 2015

–, Umsetzung der EU Meeresstrategie-Rahmenrichtlinie, Öffentlichkeitsbeteiligung: Berichtsentwurf gemäß § 45h Absatz 1 des Wasserhaushaltsgesetzes: Maßnahmenprogramm zum Meeresschutz der deutschen Nord- und Ostsee, Synopse eingegangener Stellungnahmen, Bonn 2016

Bund/Länder-Messprogramm, Umsetzung der Meeresstrategie-Rahmenrichtlinie, Anfangsbewertung der deutschen Nordsee nach Artikel 8 Meeresstrategie-Rahmenrichtlinie, Bonn 2012

–, Umsetzung der Meeresstrategie-Rahmenrichtlinie, Anfangsbewertung der deutschen Ostsee nach Artikel 8 Meeresstrategie-Rahmenrichtlinie, Bonn 2012

–, Umsetzung der Meeresstrategie-Rahmenrichtlinie, Beschreibung eines guten Umweltzustandes für die deutsche Nordsee nach Artikel 9 Meeresstrategie-Rahmenrichtlinie, Bonn 2012

–, Umsetzung der Meeresstrategie-Rahmenrichtlinie, Beschreibung eines guten Umweltzustandes für die deutsche Ostsee nach Artikel 9 Meeresstrategie-Rahmenrichtlinie, Bonn 2012

–, Umsetzung der Meeresstrategie-Rahmenrichtlinie, Festlegung von Umweltzielen für die deutsche Nordsee nach Artikel 10 Meeresstrategie-Rahmenrichtlinie, Bonn 2012

–, Umsetzung der Meeresstrategie-Rahmenrichtlinie, Festlegung von Umweltzielen für die deutsche Ostsee nach Artikel 10 Meeresstrategie-Rahmenrichtlinie, Bonn 2012

–, Umsetzung der Meeresstrategie-Rahmenrichtlinie, Überwachungsprogramme gemäß § 45f Abs. 1 WHG zur Umsetzung von Art. 11 MSRL, Teil A – Rahmenkonzept, Bonn 2014

Bundesamt für Naturschutz, Der Wert der Natur für Wirtschaft und Gesellschaft, Eine Einführung, Ein Beitrag Deutschlands zum internationalen TEEB-Prozess, Münster-Hiltrup 2012

–, Naturschutzfachlicher Planungsbeitrag des Bundesamtes für Naturschutz zur Aufstellung von Zielen und Grundsätzen der Raumordnung für die deutsche Ausschließliche Wirtschaftszone der Nord- und Ostsee, Februar 2006, https://www.bfn.de/fileadmin/MDB/documents/themen/landschaftsplanung/Planungsbeitrag_zur_Raumordnung_AWZ_2006.pdf

–, Erhaltungsziele für das FFH-Gebiet „Doggerbank“ (DE 1003-301) in der deutschen AWZ der Nordsee, Januar 2008, http://www.bfn.de/fileadmin/MDB/documents/themen/meeresundkuestenschutz/downloads/Erhaltungsziele/Erhaltungsziele_Doggerbank_2011-04-28.pdf

–, Erhaltungsziele für das FFH-Gebiet „Kadetrinne“ (DE 1339-301) in der deutschen AWZ der Ostsee, Januar 2008, http://www.bfn.de/fileadmin/MDB/documents/themen/meeresundkuestenschutz/downloads/Erhaltungsziele/Erhaltungsziele_Kadetrinne_2009_03_06.pdf

Bundesamt für Seeschifffahrt und Hydrographie, Umweltbericht zum Raumordnungsplan für die deutsche ausschließliche Wirtschaftszone (AWZ) in der Nordsee, 21.08.2009

–, Umweltbericht zum Raumordnungsplan für die deutsche ausschließliche Wirtschaftszone (AWZ) in der Ostsee, 31.10.2009

–, Standard – Untersuchung der Auswirkungen von Offshore-Windenergieanlagen auf die Meeresumwelt (Standarduntersuchungskonzept – StUK 4), Hamburg und Rostock 2013

–, Bundesfachplan Offshore für die deutsche ausschließliche Wirtschaftszone der Nordsee 2016 und Umweltbericht, Teil 1: Clusterübergreifende Anbindungen, Hamburg und Rostock 2016

Bundesministerium für Umwelt, Naturschutz, Bau und Reaktorsicherheit (Hrsg.), MSRL-Maßnahmenprogramm zum Meeresschutz der deutschen Nord- und Ostsee, Bericht gemäß § 45h Absatz 1 des Wasserhaushaltsgesetzes, Bonn 2016

–, MSRL-Maßnahmenprogramm zum Meeresschutz der deutschen Nord- und Ostsee, Bericht gemäß § 45h Absatz 1 des Wasserhaushaltsgesetzes, Anlage 1 Maßnahmenkennblätter, Bonn 2016

Bundesministerium für Umwelt, Naturschutz und Reaktorsicherheit, Nationale Strategie für die nachhaltige Nutzung und den Schutz der Meere, Niestetal 1. Auflage 2008

–, Die Wasserrahmenrichtlinie, Auf dem Weg zu guten Gewässern – Ergebnisse der Bewirtschaftungsplanung 2009 in Deutschland, Berlin 2. Auflage 2010

–, Integriertes Küstenzonenmanagement in Deutschland – Nationale Strategie für ein integriertes Küstenzonenmanagement (Bestandsaufnahme, Stand 2006) nach der EU-Empfehlung 2002/413/EG vom 30. Mai 2002, Bonn 2006

–, Nationale Strategie zur biologischen Vielfalt, Berlin Oktober 2007

Bundesministerium für Verkehr, Bau und Stadtentwicklung, Raumordnung auf dem Meer, Pilotprojekt zur Koordination konkurrierender Raumnutzungsansprüche Ostsee/Kriegers Flak, Endbericht, Juli 2005

Bundesministerium für Verkehr, Bau und Wohnungswesen, Raumordnung auf dem Meer?, Raumordnungsstrategien für ein stärker integriertes Management des Küstenraumes, Dokumentation des Workshops, Hannover 2002

Bundesministerium für Wirtschaft und Energie, Maritime Agenda 2025, Für die Zukunft des maritimen Wirtschaftsstandortes Deutschland, Berlin 2017

Bundesregierung, Strategie der Bundesregierung zur Windenergienutzung auf See im Rahmen der Nachhaltigkeitsstrategie der Bundesregierung, 2002

–, Eckpunkte für ein integriertes Energie- und Klimaprogramm, 2007, http://www.bmu.de/files/pdfs/allgemein/application/pdf/klimapaket_aug2007.pdf

–, Deutsche Nachhaltigkeitsstrategie, 2016, https://www.bundesregierung.de/Content/DE/Infodienst/2017/01/2017-01-11-Nachhaltigkeitsstrategie/2017-01-10-Nachhaltigkeitsstrategie_2016.html

Bundesverband der Energie- und Wasserwirtschaft e.V., Stellungnahme zum Entwurf einer Verordnung über Anlagen seewärts der Begrenzung des deutschen Küstenmeeres (Seeanlagenverordnung – SeeAnlV), Berlin 2011

Bürger, Ilka/Senger, Falk, Das neue Gesetz für den Vorrang Erneuerbarer Energien und seine verfassungs- und europarechtliche Problematik, Umwelt- und Planungsrecht 2000, 215–220

Burgi, Martin, Die Planfeststellung umweltrelevanter Vorhaben im Schnittpunkt von Planung und Verhaltenssteuerung, JuristenZeitung 1994, 654–662

Busch, Malte/Kannen, Andreas/Garthe, Stefan et al., Consequences of a cumulative perspective on marine environmental impacts: Offshore wind farming and seabirds at North Sea scale in context of the EU Marine Strategy Framework Directive, Ocean & Coastal Management (71) 2013, 213–224

Calliess, Christian, EU-Umweltrecht, Kapitel 2, in: Klaus Hansmann/Dieter Sellner (Hrsg.), Grundzüge des Umweltrechts, Berlin 4. Auflage 2012, S. 55–133

–, Die Umweltkompetenzen der EG nach dem Vertrag von Nizza – Zum Handlungsrahmen der europäischen Umweltgesetzgebung, Zeitschrift für Umweltrecht 2003, 129–136

Calliess, Christian/Ruffert, Matthias, EUV/AEUV, Das Verfassungsrecht der Europäischen Union mit Europäischer Grundrechtecharta, Kommentar, München 5. Auflage 2016

Cardoso, Ana Cristina/Cochrane, S./Doerner, H. et al., Scientific Support to the European Commission on the Marine Strategy Framework Directive, Management Group Report, JRC Scientific and Technical Reports, Luxemburg 2010

Cardwell, Emma/Thornton, Thomas F., The fisherly imagination: The promise of geographical approaches to marine management, Geoforum (64) 2015, 157–167

Carneiro, Goncalo, Evaluation of marine spatial planning, Marine Policy (37) 2013, 214–229

Caspar, Johannes, Die EU-Wasserrahmenrichtlinie: Neue Herausforderungen an einen europäischen Gewässerschutz, Die Öffentliche Verwaltung 2001, 529–538

Castringius, Katharina, Meeresschutzgebiete – Die völkerrechtliche Zulässigkeit mariner Natura 2000-Gebiete, Baden-Baden 2006

Churchill, Robin Rolf/Lowe, Alan Vaughan, The law of the sea, Manchester 3. Auflage 1999

Crowder, Larry/Norse, Elliott, Essential ecological insights for marine ecosystem-based management and marine spatial planning, Marine Policy (32) 2008, 772–778

Czybulka, Detlef, Naturschutzrecht im Küstenmeer und in der Ausschließlichen Wirtschaftszone, Grundsätzliche Rechtsfragen, exemplarisch behandelt für die marine Sedimententnahme in der Ostsee, Natur und Recht 1999, 562–570

–, Das Rechtsregime der Ausschließlichen Wirtschaftszone (AWZ) im Spannungsfeld von Nutzungs- und Schutzinteressen – Zur Geltung des nationalen Rechts in der AWZ, Natur und Recht 2001, 367–374

–, Die Geltung der FFH-Richtlinie in der Ausschließlichen Wirtschaftszone, Ein Urteil aus London und seine Folgen für das deutsche Naturschutzrecht, Natur und Recht 2001, 19–27

–, Mariner Naturschutz im Küstenmeer und in der ausschließlichen Wirtschaftszone – Grundsätzliche Rechtsfragen, exemplarisch behandelt für die marine Sedimententnahme in der Ostsee, in: Detlef Czybulka (Hrsg.), Naturschutz und Rechtsregime im Küsten- und Offshore-Bereich, Vierter Warnemünder Naturschutzrechtstag, Baden-Baden 2003, S. 151–204

–, Meeresschutzgebiete in der Ausschließlichen Wirtschaftszone (AWZ), Zeitschrift für Umweltrecht 2003, 329–337

–, Zur Geltung des nationalen Rechts in der AWZ, in: Peter Ehlers/Wilfried Erbguth (Hrsg.), Aktuelle Entwicklungen im Seerecht II: Dokumentation der Rostocker Gespräche zum Seerecht 2000–2002, Baden-Baden 2003, S. 43–60

–, Die Fischereikompetenzen der EG (und ihr Verhältnis zum marinen Arten- und Gebietsschutz durch die Mitgliedstaaten), in: Detlef Czybulka (Hrsg.), Aktuelle Entwicklungen im europäischen Naturschutzrecht, Siebter Warnemünder Naturschutzrechtstag, Baden-Baden 2007, S. 87–106

–, The need for research in marine fisheries law, Zeitschrift für Europäisches Umwelt- und Planungsrecht 2007, 21–38

–, Die Erhaltung der Biodiversität im marinen Bereich, Zeitschrift für Umweltrecht 2008, 241–250

–, Fischereibeschränkungen im Mehrebenensystem („Kaskadensystem") im Lichte des Rechts der Europäischen Union, Natur und Recht 2011, 313–320

–, Naturschutz und Naturschutzrecht im marinen Bereich, in: Detlef Czybulka (Hrsg.), Das neue Naturschutzrecht des Bundes, Neunter Warnemünder Naturschutzrechtstag, Baden-Baden 2011, S. 307–324

–, Restrictions on Fisheries in the Multi-Level System of Governance ('Cascade System') in Light of EU Law, Zeitschrift für Europäisches Umwelt- und Planungsrecht 2011, 208–217

–, Die Eingriffsregelung nach deutschem Naturschutzrecht im Meeresbereich, Zeitschrift für Europäisches Umwelt- und Planungsrecht 2012, 229–238

–, Der Managementplan als multifunktionales Instrument des europäischen und deutschen Naturschutzrechts, Zeitschrift für Europäisches Umwelt- und Planungsrecht 2016, 276–289

Czybulka, Detlef (Hrsg.), Naturschutz und Rechtsregime im Küsten- und Offshore-Bereich, Vierter Warnemünder Naturschutzrechtstag, Baden-Baden 2003

–, Marine Nature Conservation and Management at the borders of the European Union, Baden-Baden 2012

Czybulka, Detlef/Bosecke, Thomas, Marine Protected Areas in the EEZ in light of international and European Community law – Legal basis and aspects of implementation, in: Henning von Nordheim/Dieter Boedeker/Jochen Krause (Hrsg.), Progress in Marine Conservation in Europe – Natura 2000 Sites in German Offshore Waters, Berlin/Heidelberg 2006, S. 27–46

–, Diskordanzen der Kompetenzen im Gemeinschaftsrecht am Beispiel des Spannungsfeldes von Europäischem Habitatschutzrecht und Gemeinsamer Fischereipolitik (GFP), in: Detlef Czybulka (Hrsg.), Aktuelle Entwicklungen im europäischen Naturschutzrecht, Siebter Warnemünder Naturschutzrechtstag, Baden-Baden 2007, S. 107–151

Czybulka, Detlef/Braun, Daniel, Die Zonierung des westlichen Mittelmeeres und ihre Bedeutung für den Ökosystem- und Biodiversitätsschutz durch Meeresschutzgebiete, Zeitschrift für Europäisches Umwelt- und Planungsrecht 2012, 290–303

–, Die Zonierung des westlichen Mittelmeeres und ihre Bedeutung für den Ökosystem- und Biodiversitätsschutz durch Meeresschutzgebiete (Fortsetzung), Zeitschrift für Europäisches Umwelt- und Planungsrecht 2013, 17–35

Czybulka, Detlef/Kersandt, Peter, Rechtsvorschriften, rechtliche Instrumentarien und zuständige Körperschaften mit Relevanz für marine Schutzgebiete („Marine Protected Areas"/MPAs) in der Ausschließlichen Wirtschaftszone (AWZ) und auf Hoher See des OSPAR-Konventionsgebietes, BfN-Skript 27, Bonn-Bad Godesberg 2000

Czybulka, Detlef/Stredak, Katrin, Rechtsfragen der marinen Kies- und Sandgewinnung in Nord- und Ostsee – Zulassungserfordernisse und Umweltauswirkungen, Ergänzungsband zum Siebten Warnemünder Naturschutzrechtstag, Baden-Baden 2008

Czychowski, Manfred/Reinhardt, Michael, Wasserhaushaltsgesetz: WHG unter Berücksichtigung der Landeswassergesetze, Kommentar, München 11. Auflage 2014

Dahlke, Christian, Genehmigungsverfahren von Offshore-Windenergieanlagen nach der Seeanlagenverordnung, Natur und Recht 2002, 472–479

Dahlke, Christian/Nolte, Nico, Die neuen Raumordnungspläne für die deutsche Ausschließliche Wirtschaftszone (AWZ) in der Nord- und Ostsee, in: Wilfried

Erbguth/Monika Breuch-Moritz (Hrsg.), Landes- und Wirtschaftsentwicklung zu Wasser – Raumordnungspläne für die Nord- und Ostsee, Baden-Baden 2011, S. 13–25

Dannecker, Marcus/Kerth, Yvonne, Die rechtlichen Rahmenbedingungen für Offshore-Windenergieanlagen in der deutschen Ausschließlichen Wirtschaftszone (AWZ), Deutsches Verwaltungsblatt 2009, 748–753

David, Carl-Heinz, Europäische Tendenzen und gemeinschaftsrechtliche Grenzen einer Harmonisierung raumplanungsrechtlicher Vorschriften – Städtebau, Umweltpolitik und Regionalpolitik, Die Öffentliche Verwaltung 1993, 1021–1031

–, Territorialer Zusammenhalt: Kompetenzzuwachs für die Raumordnung auf europäischer Ebene oder neues Kompetenzfeld? – Rechtliche und politische Implikationen des Vertragsentwurfs einer Europäischen Verfassung, Die Öffentliche Verwaltung 2004, 146–155

Day, Jon, Zoning – lessons from the Great Barrier Reef Marine Park, Ocean & Coastal Management (45) 2002, 139–156

–, The need and practice of monitoring, evaluating and adapting marine planning and management – lessons from the Great Barrier Reef, Marine Policy (32) 2008, 823–831

de Jonge, Victor N./Pinto, Rute/Turner, R. Kerry, Integrating ecological, economic and social aspects to generate useful management information under the EU Directives' 'ecosystem approach', Ocean & Coastal Management (68) 2012, 169–188

De Santo, Elizabeth M., "Whose science?" Precaution and power-play in European marine environmental decision-making, Marine Policy (34) 2010, 414–420

De Santo, Elizabeth M./Jones, Peter J.S., Offshore marine conservation policies in the North East Atlantic: Emerging tensions and opportunities, Marine Policy (31) 2007, 336–347

Degenhart, Christoph, Die Neuordnung der Gesetzgebungskompetenzen durch die Föderalismusreform, Neue Zeitschrift für Verwaltungsrecht 2006, 1209–1216

Dengbol, Ditte/Wilson, Douglas Clyde, Spatial planning on the North Sea: A case of cross-scale linkages, Marine Policy (32) 2008, 189–200

Deter, Gerhard, „Nationale Nachhaltigkeitsstrategie" und Grundgesetz, Zeitschrift für Umweltrecht 2012, 157–163

Detloff, Kim Cornelius/Siegert, Malte, Fishing for Litter – Von der Idee zur praktischen Umsetzung, in: Bundesamt für Seeschifffahrt und Hydrographie (Hrsg.), Meeresumweltsymposium 2011, Kurzfassungen, Hamburg und Rostock 2011, S. 29

Dieckmann, Nina, Die planerischen Instrumente der Wasserrahmenrichtlinie (WRRL): Maßnahmenprogramm und Bewirtschaftungsplan, Zeitschrift für Europäisches Umwelt- und Planungsrecht 2008, 2–11

–, Integriertes Küsten- und Meereszonenmanagement – IKZM, Zeitschrift für Europäisches Umwelt- und Planungsrecht 2009, 10–18

Dietrich, Jan-Hendrik, Offshore-Windparks vs. Landesverteidigung – Nutzungskonflikte in der ausschließlichen Wirtschaftszone der Bundesrepublik, Natur und Recht 2013, 628–633

Dietrich, Lars, CO2-Abscheidung und -Ablagerung (CAA) im deutschen und europäischen Energieumweltrecht, Baden-Baden 2007

Dixon, T.J./Dixon, T.R., Marine litter distribution and composition in the North Sea, Marine Pollution Bulletin (14) 1983, 145–148

Dolde, Klaus-Peter, Steuerung der Zulässigkeit von Windenergieanlagen im Außenbereich durch Ziele der Raumordnung, in: Klaus Hansmann/Stefan Paetow/Manfred Rebentisch (Hrsg.), Umweltrecht und richterliche Praxis, Festschrift für Ernst Kutscheidt zum 70. Geburtstag, München 2003, S. 345–358

Dolderer, Michael, Das neue Raumordnungsgesetz (ROG 1998), Seine Neuerungen und ihre Folgen für die gemeindliche Planungshoheit, Neue Zeitschrift für Verwaltungsrecht 1998, 345–350

Domínguez-Tejo, Elianny/Metternicht, Graciela/Johnston, Emma et al., Marine Spatial Planning advancing the Ecosystem-Based Approach to coastal zone management: A review, Marine Policy (72) 2016, 115–130

Doppelhammer, Martina, Richtlinienvorschlag der Europäischen Kommission zur geologischen Speicherung von Kohlendioxid, Zeitschrift für Umweltrecht 2008, 250–254

Douvere, Fanny, The importance of marine spatial planning in advancing ecosystem-based sea use management, Marine Policy (32) 2008, 762–771

Douvere, Fanny/Ehler, Charles, Introduction, Marine Policy (32) 2008, 759–761

–, Ecosystem-Based Marine Spatial Management: An Evolving Paradigm for the Management of Coastal and Marine Places, Ocean Yearbook (23) 2009, 1–26

–, New perspectives on sea use management: Initial findings from European experience with maritime spatial planning, Journal of Environmental Management (90) 2009, 77–88

Douvere, Fanny/Maes, Frank/Vanhulle, An et al., The role of marine spatial planning in sea use management: The Belgian case, Marine Policy (31) 2007, 182–191

Douvier, Stefan Wendelin, MARPOL, Bremen/Hamburg 2012

Ducrotoy, Jean-Paul/Elliott, Michael, The science and management of the North Sea and the Baltic Sea: Natural history, present threats and future challenges, Marine Pollution Bulletin (57) 2008, 8–21

Duda, Alfred M./Sherman, Kenneth, A new imperative for improving management of large marine ecosystems, Ocean & Coastal Management (45) 2002, 797–833

Durner, Wolfgang, Konflikte räumlicher Planungen, Verfassungs-, verwaltungs- und gemeinschaftsrechtliche Regeln für das Zusammentreffen konkurrierender planerischer Raumansprüche, Tübingen 2005

–, Das neue Raumordnungsgesetz, Natur und Recht 2009, 373–380

–, Das neue Raumordnungsgesetz und die Infrastrukturverantwortung des Bundes, in: Siegfried Magiera/Karl-Peter Sommermann (Hrsg.), Daseinsvorsorge und Infrastrukturgewährleistung, Symposium zu Ehren von Willi Blümel zum 80. Geburtstag, Berlin 2009, S. 73–90

–, Das neue Raumordnungsgesetz, in: Jan Ziekow (Hrsg.), Aktuelle Probleme des Luftverkehrs-, Planfeststellungs- und Umweltrechts 2009, Berlin 2010, S. 227–246

–, Raumplanerische Koordination aus rechtlicher Sicht, Raumforschung und Raumordnung 2010, 271–282

–, Zehn Jahre Wasserrahmen-Richtlinie – Bilanz und Perspektiven, Natur und Recht 2010, 452–464

–, Raumordnung auf der europäischen Ebene, in: Klaus Borchard (Hrsg.), Grundriss der Raumordnung und Raumentwicklung, Hannover 2011, S. 395–403

Dux, Thomas, Specially Protected Marine Areas in the Exclusive Economic Zone (EEZ), The Regime for the protection of Specific Areas of the EEZ for Environmental Reasons under International Law, Berlin 2011

Edler, Jeannette, Vom Grünbuch zum Blaubuch – Eine integrierte Meerespolitik für die Europäische Union, Coastline Reports (12) 2009, 25–36

Ehler, Charles, Conclusions: Benefits, lessons learned, and future challenges of marine spatial planning, Marine Policy (32) 2008, 840–843

Ehler, Charles/Douvere, Fanny, Marine Spatial Planning – A Step-by-Step Approach towards Ecosystem-based Management, Intergovernmental Oceanographic Commission, IOC Manuals and Guides No. 53, IOCAM Dossier No. 6, 2009, http://unesdoc.unesco.org/images/0018/001865/186559e.pdf

Ehlers, Peter, Meeresumweltschutz – eine eigenständige Staatsaufgabe?, Natur und Recht 1983, 129–138

–, Wichtige Fortschritte beim Schutz der Nordsee, Bericht über die 2. Internationale Nordseeschutzkonferenz, Natur und Recht 1988, 126–130

–, Das neue Helsinki-Übereinkommen – Ein weiterer Schritt zum Schutz der Ostsee, Natur und Recht 1993, 202–212

–, Das revidierte Helsinki-Übereinkommen, in: Hans-Joachim Koch/Rainer Lagoni (Hrsg.), Meeresumweltschutz für Nord- und Ostsee, Zum Zusammenspiel von Völkerrecht und nationalem Umweltrecht, Baden-Baden 1996, S. 103–128

–, Der Schutz der Ostsee – Ein Beitrag zur regionalen Zusammenarbeit, Natur und Recht 2001, 661–666

–, Grundgesetz und Meer, Zeitschrift für öffentliches Recht in Norddeutschland 2003, 385–391

–, Nutzungsregime in der Ausschließlichen Wirtschaftszone (AWZ), Zeitschrift für öffentliches Recht in Norddeutschland 2004, 51–58

–, Nutzungsregime in der Ausschließlichen Wirtschaftszone, in: Peter Ehlers/Wilfried Erbguth (Hrsg.), Nutzungs- und Schutzkonflikte in der Ausschließlichen Wirtschaftszone (AWZ) – rechtliche Steuerungsmöglichkeiten, Dokumentation des Rostocker Gesprächs zum Seerecht 2003, Baden-Baden 2005, S. 13–29

–, Meeresumweltschutz – auch nach drei Jahrzehnten noch ein aktuelles Thema, in: Bundesamt für Seeschifffahrt und Hydrographie (Hrsg.), Meeresumwelt-Symposium 2008, Kurzfassungen, Hamburg und Rostock 2009, S. 7–9

–, Recht des Seeverkehrs, Handkommentar, Baden-Baden 1. Auflage 2017

Ehlers, Peter/Kunig, Philip, Abfallentsorgung auf See, Gegenwärtiger Stand und Perspektiven der Rechtsentwicklung, Neue Zeitschrift für Verwaltungsrecht 1987, 947–951

Ehlers, Peter/Lagoni, Rainer (Hrsg.), International Maritime Organisations and their Contribution towards a Sustainable Marine Development, Hamburg 2006

Ekardt, Felix, Theorie der Nachhaltigkeit: Rechtliche, ethische und politische Zugänge – am Beispiel von Klimawandel, Ressourcenknappheit und Welthandel, Baden-Baden 2. Auflage 2016

–, Schutzpflichten, Abwägungsregeln, Mindeststandards und Drittschutz – Eine Kritik der Judikatur sowie der transnationalen Umweltgrundrechts-Diskussion, in: Sabine Schlacke (Hrsg.), Umwelt- und Planungsrecht im Wandel – System, Funktionen, Perspektiven, Die Verwaltung, Beiheft 11, Berlin 2010, S. 27–54

Ell, Marcus/Heugel, Michael, Geschützte Meeresflächen im Bereich der deutschen ausschließlichen Wirtschaftszone von Nord- und Ostsee, Die neuen Naturschutzgebiete des Bundes „Östliche Deutsche Bucht“ und „Pommersche Bucht“, Natur und Recht 2007, 315–326

Epiney, Astrid, Föderalismusreform und Europäisches Umweltrecht, Bemerkungen zur Kompetenzverteilung Bund–Länder vor dem Hintergrund der Herausforderungen des europäischen Gemeinschaftsrechts, Natur und Recht 2006, 403–412

Epiney, Astrid/Gammenthaler, Nina (Hrsg.), Das Rechtsregime der Natura 2000-Schutzgebiete, Ein Beitrag zur Auslegung des Art. 6 RL 92/43 und seiner Umsetzung in ausgewählten Mitgliedstaaten, Baden-Baden 2009

Epiney, Astrid/Gross, Dominique, Zur Abgrenzung der Kompetenzen zwischen der Gemeinschaft und den Mitgliedstaaten bei der Durchführung völkerrechtlicher Verträge – unter besonderer Berücksichtigung des Umweltrechts, Zeitschrift für Europäisches Umwelt- und Planungsrecht 2005, 2–12

Erbguth, Wilfried, Raumbedeutsames Umweltrecht – Systematisierung, Harmonisierung und sonstige Weiterentwicklung, Münster 1986

–, Rechtssystematische Grundfragen des Umweltrechts, Berlin 1987

–, Rechtsfragen der Planung und Genehmigung von Offshore-Windenergieanlagen, in: Hans-Joachim Koch/Rainer Lagoni (Hrsg.), Meeresumweltschutz für Nord-

und Ostsee, Zum Zusammenspiel von Völkerrecht und nationalem Umweltrecht, Baden-Baden 1996, S. 281–307

–, Eignungsgebiete als Ziele der Raumordnung? – Planungspraxis, ROG' 98, § 35 Abs. 3 Satz 3 BauGB' 98, Deutsches Verwaltungsblatt 1998, 209–214

–, Konsequenzen der neueren Rechtsentwicklung im Zeichen nachhaltiger Raumentwicklung, Deutsches Verwaltungsblatt 1999, 1082–1091

–, Raumplanung im Meer – unter besonderer Berücksichtigung des Natur- und Umweltschutzes, Natur und Recht 1999, 491–497

–, Ausgewiesene und potentielle Schutzgebiete nach FFH- bzw. Vogelschutz-Richtlinie: (Rechts-)Wirkungen auf die räumliche Gesamtplanung – am Beispiel der Raumordnung, Natur und Recht 2000, 130–138

–, Rechtsfragen der Planung und Genehmigung von Offshore-Windenergieanlagen – unter besonderer Berücksichtigung des nationalen Rechts in: Peter Ehlers/Wilfried Erbguth (Hrsg.), Aktuelle Entwicklungen im Seerecht, Dokumentation der Rostocker Gespräche zum Seerecht 1996–1999, Baden-Baden 2000, S. 47–67

–, Auszug aus dem Rechtsgutachten: Wahrung möglicher Belange der Bundesraumordnung in der Ausschließlichen Wirtschaftszone der Bundesrepublik Deutschland – Raumordnung im Küstenmeer, in: Bau- und Wohnungswesen Bundesministerium für Verkehr (Hrsg.), Raumordnung auf dem Meer? Raumordnungsstrategien für ein stärker integriertes Management des Küstenraumes, Dokumentation des Workshops, Hannover 2002, S. 43–47

–, Wahrung möglicher Belange der Bundesraumordnung in der Ausschließlichen Wirtschaftszone der Bundesrepublik Deutschland – Raumordnung im Küstenmeer, Rechtsgutachten im Auftrag des Bundesministeriums für Verkehr, Bau- und Wohnungswesen, Rostock 2002

–, Luftverkehr und Raumordnung – am Beispiel der Flughafenplanung, Neue Zeitschrift für Verwaltungsrecht 2003, 144–148

–, Raumplanung im Meer – unter besonderer Berücksichtigung des Natur- und Umweltschutzrechts, in: Detlef Czybulka (Hrsg.), Naturschutz und Rechtsregime im Küsten- und Offshore-Bereich, Vierter Warnemünder Naturschutzrechtstag, Baden-Baden 2003, S. 79–97

–, EAG BauE: Änderungen des Raumordnungsrechts, Natur und Recht 2004, 91–97

–, Integriertes Küstenzonenmanagement (IKZM) und deutsche Küstenbundesländer – rechtlicher Untersuchungsbedarf, Natur und Recht 2005, 757–762

–, Raumordnung in der Ausschließlichen Wirtschaftszone – Raumordnerische Handlungsmöglichkeiten des Bundes und der Länder, in: Peter Ehlers/Wilfried Erbguth (Hrsg.), Nutzungs- und Schutzkonflikte in der Ausschließlichen Wirtschaftszone (AWZ) – rechtliche Steuerungsmöglichkeiten, Dokumentation des Rostocker Gesprächs zum Seerecht 2003, Baden-Baden 2005, S. 61–80

–, Städtebaurecht und Raumordnungsrecht im Wandel: Ökologisierung durch Europäisierung, Rechtsschutz, Föderalismusreform, Neue Zeitschrift für Verwaltungsrecht 2007, 985–991

–, Zum Planungsrecht für Küsten und Meere, in: Jörg Ennuschat/Jörg Geerlings/Thomas Mann/Johann-Christian Pielow (Hrsg.), Wirtschaft und Gesellschaft im Staat der Gegenwart, Gedächtnisschrift für Peter J. Tettinger, Köln, München 2007, S. 397–415

–, Die Abstimmung von Nutzungsansprüchen und Schutzerfordernissen in marinen Räumen, 2008, http://www.iuk-verbund.uni-rostock.de/fileadmin/IUK/Ringvorlesungen/Raeume/080124_Erbguth_Marine_Raeume.pdf

–, Zur Föderalismusreform im Bereich Umwelt, insbesondere Raumordnung, in: Jörn Ipsen/Bernhard Stüer (Hrsg.), Europa im Wandel, Festschrift für Hans-Werner Rengeling, Köln 2008, S. 35–56

–, Gesamtplanerische Abstimmung zu Wasser – Rechtslage und Rechtsentwicklung, Die Verwaltung 2009, 179–213

–, Maritimes Infrastrukturrecht im nationalen Recht, in: Peter Ehlers/Wilfried Erbguth (Hrsg.), Infrastrukturrecht zur See: Neue Wege der Meeresordnung, Dokumentation des Rostocker Gesprächs zum Seerecht 2008, Baden-Baden 2009, S. 47–63

–, Nationales Infrastrukturrecht zur See, Deutsches Verwaltungsblatt 2009, 265–274

–, Gesamtplanerische Abstimmung zu Wasser – Rechtslage und Rechtsentwicklung, in: Ingelore Hering/Rainer Lagoni/Marian Paschke (Hrsg.), Nutzung und Ordnung der Meere, Festgabe für Peter Ehlers zum 65. Geburtstag, Hamburg 2010, S. 83–120

–, Maritime Raumordnung – Entwicklung der internationalen, supranationalen und nationalen Rechtsgrundlagen, Die Öffentliche Verwaltung 2011, 373–382

–, Perspektiven der Raumordnung in Europa, Raumforschung und Raumordnung 2011, 359–365

–, Raumordnungspläne für die deutsche Ausschließliche Wirtschaftszone – Inhalte und rechtliche Beurteilung, Umwelt- und Planungsrecht 2011, 207–211

–, Recommendations for legislative action regarding the maritime spatial planning in Europe, BaltSeaPlan Report No. 31, Rostock 2011

–, Unterirdische Raumordnung, Zeitschrift für Umweltrecht 2011, 121–126

–, Europarechtliche Vorgaben für eine maritime Raumordnung: Empfehlungen, Natur und Recht 2012, 85–91

–, Für, nicht gegen eine Erweiterung der Bundesraumordnung im ROG-E 2016 – zu Goppel, DVBl. 2016, 1306, Deutsches Verwaltungsblatt 2017, 233–234

Erbguth, Wilfried/Erbguth, Annette, Fischereirechte der Kommunen Mecklenburg-Vorpommerns in den Küstengewässern, Zeitschrift für öffentliches Recht in Norddeutschland 2005, 229–234

Erbguth, Wilfried/Mahlburg, Stefan, Steuerung von Offshore-Windenergieanlagen in der Ausschließlichen Wirtschaftszone – Raumordnerische Handlungsmöglichkeiten des Bundes und der Länder, Die Öffentliche Verwaltung 2003, 665–672

Erbguth, Wilfried/Müller, Chris, Raumordnung in der Ausschließlichen Wirtschaftszone?, Deutsches Verwaltungsblatt 2003, 625–631

Erbguth, Wilfried/Oebbecke, Janbernd/Rengeling, Hans-Werner et al., Planung, Festschrift für Werner Hoppe zum 70. Geburtstag, München 2000

Erbguth, Wilfried/Schlacke, Sabine, Umweltrecht, Baden-Baden 6. Auflage 2016

Erbguth, Wilfried/Schlarmann, Hans, Verbesserter Umweltschutz durch Koordinierung mit der räumlichen Planung – Gedanken und Thesen zum planerischen Umweltschutz, Umwelt- und Planungsrecht 1982, 345–353

Erbguth, Wilfried/Schubert, Mathias, Gesamtplanerische Steuerung von Bauvorhaben auf dem Wasser – am Beispiel schwimmender Ferien- und Wochenendhäuser in Küsten- und Binnengewässern, Umwelt- und Planungsrecht 2006, 51–56

–, UGB 09: die integrierte Vorhabengenehmigung im Referentenentwurf eines Umweltgesetzbuches, Natur und Recht 2008, 474–479

–, Europäisches Raumordnungsrecht: Neue Regelungskompetenzen der EU im Gefolge des Vertrages von Lissabon?, Archiv des öffentlichen Rechts 2012, 72–91

–, Möglichkeiten und Grenzen einer instrumentellen Einführung bzw. Umsetzung von Maritimer Raumplanung auf EU-Ebene, Rechtsgutachten im Auftrag des Ministeriums für Verkehr, Bau und Landesentwicklung Mecklenburg-Vorpommern – Endbericht, Rostock Januar 2011

Erbguth, Wilfried/Stollmann, Frank, Planungs- und genehmigungsrechtliche Aspekte der Aufstellung von Offshore-Windenergieanlagen, Deutsches Verwaltungsblatt 1995, 1270–1278

Europäische Kommission, EUREK – Europäisches Raumentwicklungskonzept, Auf dem Wege zu einer räumlich ausgewogenen und nachhaltigen Entwicklung der Europäischen Union, Luxemburg 1999

–, Leitfaden zum Aufbau des Natura-2000-Netzes in der Meeresumwelt, Anwendung der FFH- und Vogelschutz-Richtlinie, 2007, http://ec.europa.eu/environment/nature/natura2000/marine/docs/marine_guidelines_de.pdf

–, Eine maritime Raumordnung für die Meere und Ozeane der EU: Was hat es damit auf sich?, Luxemburg 2010

European Commission, EU Marine Strategy – The story behind the Strategy, Luxemburg 2006

–, Legal aspects of maritime spatial planning, Summary report, Luxemburg 2009

–, Common methodology for assessing the impact of fisheries on marine Natura 2000, 2012, http://ec.europa.eu/environment/nature/natura2000/marine/index_en.htm

–, Guidance on Aquaculture and Natura 2000, Sustainable aquaculture activities in the context of the Natura 2000 Network, Brüssel 2012

–, Links between the Marine Strategy Framework Directive (MSFD 2008/56/EC) and the Nature Directives (Birds Directive 2009/147/EEC (BD) and Habitats Directive 92/43/EEC (HD)), Interactions, overlaps and potential areas for closer coordination, Brüssel 2012

–, Guidance on Monitoring of Marine Litter in European Seas, A guidance document within the Common Implementation Strategy for the Marine Strategy Framework Directive, MSFD Technical Subgroup on Marine Litter, JRC Scientific and Policy Reports, Luxemburg 2013

–, Common Implementation Strategy, Programmes of measures under the Marine Strategy Framework Directive, Recommendations für implementation and reporting, 2014, https://circabc.europa.eu/sd/a/0ee797dd-d92c-4d7c-a9f9-5dffb36d2065/GD10%20-%20MSFD%20recommendations%20on%20measures%20and%20exceptions_25-11-2014.pdf

European Environment Agency, Marine protected areas in Europe's seas – An overview and perspectives for the future, EEA Report No 3/2015, Luxemburg 2015

–, Spatial analysis of marine protected area networks on Europe's seas, EEA Technical report No 17/2015, Luxemburg 2015

–, State of Europe's seas, EEA Report No 2/2015, Luxemburg 2015

Exo, Klaus-Michael/Hüppop, Ommo/Garthe, Stefan, Offshore-Windenergieanlagen und Vogelschutz, Seevögel 2002, 83–95

Falke, Josef, Neue Entwicklungen im Europäischen Umweltrecht, Zeitschrift für Umweltrecht 2008, 438–444

–, Neue Entwicklungen im Europäischen Umweltrecht, Zeitschrift für Umweltrecht 2015, 696–700

–, Neue Entwicklungen im Europäischen Umweltrecht, Zeitschrift für Umweltrecht 2015, 187–191

Faßbender, Kurt, Gemeinschaftsrechtliche Anforderungen an die normative Umsetzung der neuen EG-Wasserrahmenrichtlinie, Neue Zeitschrift für Verwaltungsrecht 2001, 241–249

–, Grundfragen und Herausforderungen des europäischen Umweltplanungsrechts, Neue Zeitschrift für Verwaltungsrecht 2005, 1122–1133

Fest, Phillip, Die Errichtung von Windenergieanlagen in Deutschland und seiner Ausschließlichen Wirtschaftszone, Genehmigungsverfahren, planerische Steuerung und Rechtsschutz an Land und auf See, Berlin 2010

Finger, Antje, Die Rolle der Forschungsplattformen FINO 1–3 für die technische und ökologische Begleitforschung zur Offshore-Windenergienutzung, in: Leena Morkel/Alexandra Toland/Wolfgang Wende/Johann Köppel (Hrsg.), 2.

Wissenschaftstage des Bundesumweltministeriums zur Offshore-Windenergienutzung am 20. und 21. Februar 2007 in Berlin, Tagungsband, Berlin 2007, S. 9–16

Fischer-Hüftle, Peter, Zur Gesetzgebungskompetenz auf dem Gebiet „Naturschutz und Landschaftspflege" nach der Föderalismusreform, Natur und Recht 2007, 78–85

Flannery, Wesley/Ó Cinnéide, Micheál, Marine spatial planning from the perspective of a small seaside community in Ireland, Marine Policy (32) 2008, 980–987

Fletcher, Stephen, Converting science to policy through stakeholder involvement: An analysis of the European Marine Strategy Directive, Marine Pollution Bulletin (54) 2007, 1881–1886

Fock, Heino O., Fisheries in the context of marine spatial planning: Defining principal areas for fisheries in the German EEZ, Marine Policy (32) 2008, 728–739

Fock, Heino O./Kloppmann, Matthias/Stelzenmüller, Vanessa, Linking marine fisheries to environmental objectives: a case study on seafloor integrity under European marine policies, Environmental Science & Policy (14) 2011, 289–300

Foley, Melissa M./Halpern, Benjamin S./Micheli, Fiorenza et al., Guiding ecological principles for marine spatial planning, Marine Policy (34) 2010, 955–966

Forkel, Julia, Maritime Raumordnung in der Ausschließlichen Wirtschaftszone (AWZ), Zulässigkeit nach Maßgabe des Grundgesetzes und des Völkerrechts, Frankfurt am Main 2012

Foster, Elizabeth/Haward, Marcus/Coffen-Smout, Scott, Implementing integrated oceans management: Australia's south east regional marine plan (SERMP) and Canada's eastern Scotian shelf integrated management (ESSIM) initiative, Marine Policy (29) 2005, 391–405

Franzius, Claudio, Die Zukunft der naturschutzrechtlichen Eingriffsregelung – Eine Bewährungsprobe für die Abweichungsgesetzgebung nach dem Inkrafttreten des neuen Bundesnaturschutzgesetzes, Zeitschrift für Umweltrecht 2010, 346–353

–, „Die Mutter aller Wasserrechtsfälle" – Das Urteil des EuGH zur Weservertiefung und die Folgen, Zeitschrift für Umweltrecht 2015, 643–652

Freestone, David/Barnes, Richard/Ong, David M. (Hrsg.), The Law of the Sea: Progress and Prospects, New York 2006

Frenz, Walter, Raumordnungsgesetz 1998 und Umsetzung in den Ländern – Schwierige Umsetzung einer nachhaltigen Entwicklung, Umwelt- und Planungsrecht 2003, 361–367

–, Föderalismusreform im Umweltschutz, Neue Zeitschrift für Verwaltungsrecht 2006, 742–747

–, Konkreter Reformbedarf der Natura-2000-Richtlinien, Umwelt- und Planungsrecht 2009, 5–11

–, Die gemeinsame Fischereipolitik, Agrar- und Umweltrecht 2011, 217–220

–, Unsicherheiten in der FFH-Verträglichkeitsprüfung, Natur und Recht 2016, 30–37

Froese, Rainer, Gegenwärtige und zukünftige Fischerei in Bezug zur MSRL, in: Bundesamt für Seeschifffahrt und Hydrographie (Hrsg.), Meeresumwelt-Symposium 2010, Kurzfassungen, Hamburg und Rostock 2010, S. 9

Frowein, Jochen, Verfassungsrechtliche Probleme um den deutschen Festlandsockel, Zeitschrift für ausländisches öffentliches Recht und Völkerrecht 1965, 1–29

Füßer, Klaus, Die Errichtung des Netzes NATURA 2000 und die FFH-Verträglichkeitsprüfung: Interpretationsspielräume, -probleme und Entwicklungstendenzen, Zeitschrift für Umweltrecht 2005, 458–465

Galgani, Francois/Fleet, David/Van Franecker, Jan A. et al., Marine Strategy Framework Directive, Task Group 10 Report Marine Litter, JRC Scientific and Technical Reports, Luxemburg 2010

Galgani, Francois/Hanke, Georg/Werner, Stefanie et al., Marine litter within the European Marine Strategy Framework Directive, ICES Journal of Marine Science (70) 2013, 1055–1064

Gärditz, Klaus Ferdinand, Europäisches Planungsrecht, Tübingen 2009

–, Ökologische Binnenkonflikte im Klimaschutzrecht, Deutsches Verwaltungsblatt 2010, 214–223

–, Ökoraumrecht: Umweltschutz durch rechtliche Raumstrukturierung, Zeitschrift für Europäisches Umwelt- und Planungsrecht 2016, 290–299

Gassner, Erich, Rechtskonkretisierung zum Schutz der natürlichen Lebensgrundlagen nach Art. 20a GG, Natur und Recht 2011, 320–323

Gatawis, Siegbert, Europäisches Raumentwicklungskonzept – Bericht über das Forum der Europäischen Kommission in Brüssel, Deutsches Verwaltungsblatt 1999, 833–836

–, Grundfragen eines europäischen Raumordnungsrechts, Münster 2000

–, Legislative Kompetenzen der Europäischen Gemeinschaft im Bereich der Raumordnung, Die Öffentliche Verwaltung 2002, 858–864

–, Steuerung der nationalen Raumordnung durch das EUREK und durch Fördermittel der EG, Umwelt- und Planungsrecht 2002, 263–270

Gatz, Stephan, Rechtsfragen der Windenergienutzung, Deutsches Verwaltungsblatt 2009, 737–748

Gawel, Erik, Ökonomische Effizienz als Maßstab planerischer Abwägung, Umwelt- und Planungsrecht 2002, 361–367

–, Effizienzargumente für den kombinierten Einsatz planungsrechtlicher und marktanaloger Instrumente in der Raumordnung, Die Sicht der ökonomischen Analyse des Planungsrechts, Informationen zur Raumentwicklung 2005, 333–340

Gee, Kira/Kannen, Andreas/Heinrichs, Bernhard, Towards a Common Spatial Vision: Implications of the international und national policy context for Baltic Sea space and MSP, BaltSeaPlan Report No. 8, Geesthacht 2011

–, Vision 2030 – Towards the sustainable planning of Baltic Sea space, Hamburg 2011

Gellermann, Martin, Das Stromeinspeisungsgesetz auf dem Prüfstand des Europäischen Gemeinschaftsrechts, Deutsches Verwaltungsblatt 2000, 509–519

–, Geschützte Meeresflächen in der deutschen Ausschließlichen Wirtschaftszone (AWZ), Rechtsfragen der Einrichtung und des Schutzes mariner Natura 2000-Gebiete, Jahrbuch des Umwelt- und Technikrechts 2005, 139–183

–, Natura 2000: Rechtsfragen eines im Aufbau befindlichen Schutzgebietsnetzes, Anmerkungen zum Beitrag von Füßer, ZUR 2005, 458 ff., Zeitschrift für Umweltrecht 2005, 581–585

–, Europäischer Gebiets- und Artenschutz in der Rechtsprechung, Natur und Recht 2009, 8–13

Gellermann, Martin/Stoll, Peter-Tobias/Czybulka, Detlef, Handbuch des Meeresnaturschutzrechts in der Nord- und Ostsee, Nationales Recht unter Einbezug internationaler und europäischer Vorgaben, Heidelberg 2012

Gellermann, Martin/Stoll, Peter-Tobias/Schwarz, Kyrill-Alexander et al., Nutzungsbeschränkungen in geschützten Meeresflächen im Bereich der Ausschließlichen Wirtschaftszone und des Festlandsockels, Rechtsgutachten im Auftrag des Bundesamtes für Naturschutz, BfN-Skript 194, Bonn-Bad Godesberg 2007

Gilliland, Paul M./Laffoley, Dan, Key elements and steps in the process of developing ecosystem-based marine spatial planning, Marine Policy (32) 2008, 787–796

Ginzky, Harald, Die Meeresdüngung als Klimaschutzmaßnahme – Vorgaben des internationalen Rechts, Zeitschrift für Umweltrecht 2009, 480–486

Ginzky, Harald/Rechenberg, Jörg, Die Ökonomisierung im Umweltrecht – von der dunklen Seite der Macht! – zugleich eine Reaktion auf den Beitrag von Guido Wustlich „Ökonomisierung im Umweltrecht", ZUR 2009, S. 515, Zeitschrift für Umweltrecht 2010, 252–254

Gloria, Christian, Internationales öffentliches Seerecht, Kapitel 12, in: Knut Ipsen (Hrsg.), Völkerrecht, München 5. Auflage 2004, S. 816–895

Goppel, Konrad, Die Festlegung von Raumordnungsgebieten – Rechtliche Fragen und planerische Konsequenzen aus der Sicht der Raumordnungsverwaltung, in: Hans D. Jarass (Hrsg.), Raumordnungsgebiete (Vorbehalts-, Vorrang- und Eignungsgebiete) nach dem neuen Raumordnungsgesetz, Symposium des Zentralinstituts für Raumplanung am 28. September 1998 in Münster, Münster 1998, S. 26–38

–, Ziele der Raumordnung, Bayrische Verwaltungsblätter 1998, 289–292

–, Grundsätze der Raumordnung in Raumordnungsplänen, Bayrische Verwaltungsblätter 1999, 331–336

–, Raumordnerische Kompetenzen der EU durch die „territoriale Kohäsion“ nach dem Entwurf des EU-Verfassungsvertrages?, Zeitschrift für Europäisches Umwelt- und Planungsrecht 2007, 138–142

–, Entwurf eines Gesetzes zur Änderung des Raumordnungsgesetzes (ROG-E 2016), Deutsches Verwaltungsblatt 2016, 1306–1308

Goppel, Konrad/Maier, Jörg, Nachhaltigkeit und Raumordnung, in: Wolfgang Kahl (Hrsg.), Nachhaltigkeit als Verbundbegriff, Tübingen 2008, S. 369–395

Gornig, Gilbert H., Die Seeabgrenzungen Polens mit seinen Nachbarstaaten, in: Gilbert H. Gornig (Hrsg.), Fünfte deutsch-polnische Begegnung zu Wissenschaft und Kultur im zusammenwachsenden Europa, Travemünde/Lübeck 2001, S. 43–82

Gornig, Gilbert Hanno/Despeux, Gilles, Seeabgrenzungsrecht in der Ostsee, Eine Darstellung des völkerrechtlichen Seeabgrenzungsrechts unter besonderer Berücksichtigung der Praxis der Ostseestaaten, Frankfurt am Main 2002

Graf Vitzthum, Wolfgang, Begriff, Geschichte und Rechtsquellen des Völkerrechts, in: Wolfgang Graf Vitzthum/Alexander Proelß (Hrsg.), Völkerrecht, Berlin/Boston 7. Auflage 2016, S. 1–60

–, Die neue Ordnung der Meere, Rechtlich-politische Aspekte, in: Burkhard Hofmeister/Frithjof Voss (Hrsg.), Geographie der Küsten und Meere, Beiträge zum Küstensymposium in Mainz, 14.–18. Oktober 1984, Berlin 1985, S. 119–133

–, Die Europäische Gemeinschaft und das Internationale Seerecht, Archiv des öffentlichen Rechts 1986, 33–62

–, Raum, Umwelt und Wirtschaft im Völkerrecht, in: Wolfgang Graf Vitzthum (Hrsg.), Völkerrecht, Berlin/New York 1997, S. 393–524

–, Europäisches Seerecht, Eine kompetenzrechtliche Skizze, in: Michael Brenner/Peter M. Huber/Markus Möstl (Hrsg.), Der Staat des Grundgesetzes – Kontinuität und Wandel, Festschrift für Peter Badura zum siebzigsten Geburtstag, Tübingen 2004, S. 1189–1218

–, Handbuch des Seerechts, München 2006

Grandjot, René, Zur Konzeption eines Kompetenztitels „Recht der Umwelt“, Die Öffentliche Verwaltung 2006, 511–516

Greb, Klaus, Verantwortung und Kostenlast für die Beseitigung von Kampfmitteln bei der Errichtung von Offshore-Windenergieanlagen in der ausschließlichen Wirtschaftszone der Bundesrepublik Deutschland, Zeitschrift für öffentliches Recht in Norddeutschland 2011, 318–323

Grotefels, Susan, Vorrang-, Vorbehalts- und Eignungsgebiete in der Raumordnung (§ 7 Abs. 4 ROG), in: Wilfried Erbguth/Janbernd Oebbecke/Hans-Werner Rengeling/Martin Schulte (Hrsg.), Planung, Festschrift für Werner Hoppe zum 70. Geburtstag, München 2000, S. 369–384

Grotefels, Susan/Uebbing, Christiane, Öffentlichkeitsbeteiligung in der Raumordnung – Anforderungen der Richtlinie über die Prüfung der Umweltauswirkungen bestimmter Pläne und Programme vom 27.6.2001 (Plan-UP-RL) an die Aufstellung von Raumordnungsplänen, Natur und Recht 2003, 460–468

Gündling, Lothar, Rechtsprobleme der Abfallbeseitigung auf See, Natur und Recht 1982, 41–53

–, Die 200 Seemeilen-Wirtschaftszone, Entstehung eines neuen Regimes des Meeresvölkerrechts, Heidelberg 1983

Guse, Nils/Weiel, Stefan/Markones, Nele et al., OSPAR Fulmar Litter EcoQO – Masse von Plastikmüllteilen in Eissturmvogelmägen, Büsum 2012

Güssow, Kerstin, Sekundärer maritimer Klimaschutz: Das Beispiel der Ozeandüngung, Berlin 2012

Hafner, Gerhard, Die seerechtliche Verteilung von Nutzungsrechten, Rechte der Binnenstaaten in der ausschließlichen Wirtschaftszone, Wien/New York 1987

–, Meeresumweltschutz, Meeresforschung und Technologietransfer, in: Wolfgang Graf Vitzthum (Hrsg.), Handbuch des Seerechts, München 2006, S. 355–462

Hahn, Henry, Die völkerrechtliche Regulierung der für die Meeressäuger belastenden Meeresnutzungen am aktuellen Beispiel des Unterwasserlärms (Teil 1), Zeitschrift für Europäisches Umwelt- und Planungsrecht 2012, 119–129

–, Die völkerrechtliche Regulierung der für die Meeressäuger belastenden Meeresnutzungen am aktuellen Beispiel des Unterwasserlärms (Teil 2), Zeitschrift für Europäisches Umwelt- und Planungsrecht 2012, 179–186

Halama, Günter, Die FFH-Richtlinie – unmittelbare Auswirkungen auf das Planungs- und Zulassungsrecht, Neue Zeitschrift für Verwaltungsrecht 2001, 506–513

Halpern, Benjamin S./Mc Leod, Karen L./Rosenberg, Andrew A. et al., Managing for cumulative impacts in ecosystem-based management through ocean zoning, Ocean & Coastal Management (51) 2008, 203–211

Haneklaus, Winfried, Raumordnung im Bundesstaat, Münster 1993

Hansjürgens, Bernd/Neßhöver, Carsten/Schniewind, Imma, Der Nutzen von Ökonomie und Ökosystemleistungen für die Naturschutzpraxis, Workshop I: Einführung und Grundlagen, Erste Veranstaltung der Workshop-Reihe des Bundesamtes für Naturschutz und des Helmholtz-Zentrums für Umweltforschung – UFZ, 07.–11. November 2011, Internationale Naturschutzakademie Insel Vilm, BfN-Skripten 318, Bonn-Bad Godesberg 2. Auflage 2012

Hardin, Garrett, The Tragedy of the Commons, Science (162) 1968, 1243–1248

Haver, Gustav/Bugge, Hans Christian, Transboundary chains for CCS: Allocation of rights and obligations between the state parties within the climate regime, Journal for European Environmental and Planning Law 2007, 367–377

Heintschel von Heinegg, Wolff, Internationales öffentliches Seerecht (Seevölkerrecht), Kapitel 9, in: Knut Ipsen (Hrsg.), Völkerrecht, München 6. Auflage 2014, S. 861–927

Hellriegel, Mathias, Der neue Gesetzentwurf zu Carbon Capture and Storage, Neue Zeitschrift für Verwaltungsrecht 2010, 1530–1534

Hendler, Reinhard, Systematische Aspekte der Raumordnungsgebiete und die Bindungswirkung von Raumordnungszielen, in: Hans D. Jarass (Hrsg.), Raumordnungsgebiete (Vorbehalts-, Vorrang- und Eignungsgebiete) nach dem neuen Raumordnungsgesetz, Symposium des Zentralinstituts für Raumplanung am 28. September 1998 in Münster, Münster 1998, S. 88–116

–, Der Geltungsbereich der EG-Richtlinie zur strategischen Umweltprüfung, Natur und Recht 2003, 2–11

–, Zum Begriff der Pläne und Programme in der EG-Richtlinie zur strategischen Umweltprüfung, Zeitschrift für Umweltrecht 2003, 227–234

Hendler, Reinhard/Rödder, Dennis/Veith, Michael, Flexibilisierung des Schutzgebietsnetzes Natura 2000 vor dem Hintergrund des Klimawandels, Natur und Recht 2010, 685–692

Hensel, Peter/Eickhoff, Anke, Raumordnungsplanung im Küstenmeer und in der AWZ aus Sicht der Landesverteidigung, in: Wilfried Erbguth/Monika Breuch-Moritz (Hrsg.), Landes- und Wirtschaftsentwicklung zu Wasser – Raumordnungspläne für die Nord- und Ostsee, Baden-Baden 2011, S. 65–72

Herdegen, Matthias, Völkerrecht, München 16. Auflage 2017

–, Europarecht, München 18. Auflage 2016

Herr, Helena, Vorkommen von Schweinswalen (Phocoena phocoena) in Nord- und Ostsee – im Konflikt mit Schifffahrt und Fischerei?, Hamburg 2009

Hinselmann, Jan-Henrik, Völker- und unionsrechtliche Aspekte der Einführung des Emissionshandels in den Schiffsverkehr – Zum Kommissionsvorschlag KOM(2013) 480, Zeitschrift für Umweltrecht 2014, 473–481

Hoagland, Porter/Jin, Di, Accounting for marine economic activities in large marine ecosystems, Ocean & Coastal Management (51) 2008, 246–258

Hoffmann, Jan, „Living well, within the limits of our planet“ – Das Siebte Europäische Umweltaktionsprogramm (2013–2020), Neue Zeitschrift für Verwaltungsrecht 2013, 534–538

Hofmann, Frank, Rechtliche Aspekte der Umsetzung der Meeresstrategie-Rahmenrichtlinie, in: Wolfgang Durner (Hrsg.), Wasserrechtlicher Reformbedarf in Bund und Ländern – Umweltrechtstage Nordrhein-Westfalen am 25. und 26. November 2010 in Bonn, Köln 2011, S. 1–8

–, European Marine Strategy Incorporated into Law, Environmental Policy and Law (42) 2012, 182–184

Hofmann, Gretchen E./Gaines, Steven D., New Tools to Meet New Challenges: Emerging Technologies for Managing Marine Ecosystems for Resilience, BioScience (58) 2008, 43–52

Hohmann, Harald, Suche nach nationalen und internationalen Regelungen eines modernen Meeresumweltschutzes, Natur und Recht 1990, 49–57

–, Weltweiter Schutz der Meeresumwelt unter besonderer Berücksichtigung des Schutzes von Nord- und Ostsee (einschließlich des Wattenmeeres), in: Klaus-Peter Dolde (Hrsg.), Umweltrecht im Wandel, Bilanz und Perspektiven aus Anlass des 25-jährigen Bestehens der Gesellschaft für Umweltrecht (GfU), Berlin 2001, S. 99–128

Hohmuth, Timo, CCS und Emissionshandel – Technologie zur Abscheidung und Ablagerung von Kohlendioxid im Recht des Emissionshandels, Zeitschrift für Umweltrecht 2008, 295–300

Hohmuth, Timo/Kahle, Christian/Kohls, Malte, Rechtliche Vorgaben für CCS – Das Kohlendioxid-Speicherungsgesetz, Energiewirtschaftliche Tagesfragen 2009, 59–62

Holzwarth, Fritz, Stand der Umsetzung der europäischen Wasserrahmenrichtlinie und der Harmonisierungsprozess auf EU-Ebene, Zeitschrift für Umweltrecht 2005, 510–515

–, Umsetzung der MSRL in Deutschland, in: Bundesamt für Seeschifffahrt und Hydrographie (Hrsg.), Meeresumweltsymposium 2011, Kurzfassungen, Hamburg und Rostock 2011, S. 19

Hooper, Tara/Hattam, Caroline/Austen, Melanie, Recreational use of offshore wind farms: Experiences and opinions of sea anglers in the UK, Marine Policy (78) 2017, 55–60

Hoppe, Werner, Planung, § 77, in: Josef Isensee/Paul Kirchhof (Hrsg.), Handbuch des Staatsrechts der Bundesrepublik Deutschland, Band IV: Aufgaben des Staates, Heidelberg 3. Auflage 2006, S. 313–366

–, Recht der Raumordnung, in: Werner Hoppe/Christian Bönker/Susan Grotefels (Hrsg.), Öffentliches Baurecht, Raumordnungsrecht, Städtebaurecht, Bauordnungsrecht, München 4. Auflage 2010, S. 35–73

–, Staatsaufgabe Umweltschutz, in: Vereinigung der Deutschen Staatsrechtslehrer (Hrsg.), Staatsaufgabe Umweltschutz, Berichte und Diskussionen auf der Tagung der Vereinigung der Deutschen Staatsrechtslehrer in Berlin vom 3.–6. Oktober 1979, Berlin/New York 1980, S. 211–317

–, Die Beimessung eines besonderen Gewichts „bei der Abwägung mit konkurrierenden raumbedeutsamen Nutzungen" in Vorbehaltsgebieten nach § 7 Abs. 4 Satz 1 Nr. 2 ROG 1998, Deutsches Verwaltungsblatt 1998, 1008–1011

–, Zur Abgrenzung der Ziele der Raumordnung (§ 3 Nr. 2 ROG) von Grundsätzen der Raumordnung (§ Nr. 3 ROG) durch § 7 Abs. 1 Satz 3 ROG – Schafft die „Kennzeichnung" von raumordnerischen Festlegungen als „Ziele der Raumordnung" gemäß § 7 Abs. 1 Satz 3 ROG größere Rechtssicherheit?, Deutsches Verwaltungsblatt 1999, 1457–1463

–, Kritik an der textlichen Fassung und inhaltlichen Gestaltung von Zielen der Raumordnung in der Planungspraxis, Deutsches Verwaltungsblatt 2001, 81–90

–, Entwicklungen von Grundstrukturen des Planungsrechts durch das BVerwG – Hommage an die Leitentscheidung zum planungsrechtlichen Abwägungsgebot vom 12. Dezember 1969 (BVerwGE 34, 301), Deutsches Verwaltungsblatt 2003, 697–706

–, Kompetenz-Debakel für die „Raumordnung" durch die Föderalismusreform infolge der uneingeschränkten Abweichungszuständigkeit der Länder?, Deutsches Verwaltungsblatt 2007, 144–152

–, Zur Flexibilisierung der Ziele der Raumordnung (§ 3 Nr. 2 ROG) in einem neuen Raumordnungsgesetz, Zugleich ein Beitrag zu dem Dilemma des „Ping-Pong-Spiels" auf dem Gebiet der „Raumordnung" zwischen Konkurrierender Gesetzgebungszuständigkeit des Bundes und der Abweichungskompetenz der Länder, Baurecht 2007, 26–37

–, „Nachhaltige Raumentwicklung" und gelungene Neufassung des „Abwägungsgebots" im Regierungsentwurf zur Novellierung des Raumordnungsgesetzes, Neue Zeitschrift für Verwaltungsrecht 2008, 936–938

Hübner, Hendrik, Offshore-Windenergieanlagen, Planungs- und genehmigungsrechtliche Grundlagen für die Errichtung und den Betrieb von Windenergieanlagen in Küstengewässern und in der Ausschließlichen Wirtschaftszone, Zeitschrift für Umweltrecht 2000, 137–144

Hubold, Gerd, Wege zu einer nachhaltigen Fischerei, Zeitschrift für Umweltrecht 2003, 338–342

Hughes, Terence P./Bellwood, David R./Folke, Carl et al., New paradigms for supporting the resilience of marine ecosystems, Trends in Ecology and Evolution 2005, 380–386

Hüppop, Ommo/Exo, Klaus-Michael/Garthe, Stefan, Empfehlungen für projektbezogene Untersuchungen möglicher bau- und betriebsbedingter Auswirkungen von Offshore-Windenergieanlagen auf Vögel, Berichte zum Vogelschutz 2002, 77–94

Hutchings, Jeffrey A./Myers, Ransom A., What can be learned from the collapse of a renewable resource? Atlantic cod, Gadus morhua, of Newfoundland and Labrador, Canadian Journal of Fisheries and Aquatic Sciences (51) 1994, 2126–2146

Ingerowski, Jan Boris, Basic Principles of European Sea Fisheries Law and Policy, in: Peter Ehlers/Rainer Lagoni (Hrsg.), Maritime Policy of the European Union and Law of the Sea, Hamburg 2008, S. 175–197

Ingerowski, Jan Boris/Salomon, Markus, Ein kritischer Blick auf die aktuellen Entwicklungen in der Gemeinsamen Fischereipolitik unter Einbeziehung der neu geschaffenen regionalen Fischereibeiräte, Natur und Recht 2006, 535–542

Jaenicke, Günther, Die Dritte Seerechtskonferenz der Vereinten Nationen, Grundprobleme im Überblick, Zeitschrift für ausländisches öffentliches Recht und Völkerrecht 1978, 438–511

Janssen, Gerold, Deutsche Raumordnungsplanung in der AWZ – Wegweiser oder Fluchtweg?, Eine Analyse aus Sicht des Meeresnaturschutzes, in: Thomas Bosecke/Peter Kersandt/Katrin Täufer (Hrsg.), Meeresnaturschutz, Erhaltung der Biodiversität und andere Herausforderungen im „Kaskadensystem" des Rechts, Festgabe zur Emeritierung von Detlef Czybulka, Berlin/Heidelberg 1. Auflage 2012, S. 145–167

–, Die rechtlichen Möglichkeiten der Einrichtung von Meeresschutzgebieten in der Ostsee, Unter besonderer Berücksichtigung des deutschen und schwedischen Naturschutzrechts, Baden-Baden 2002

–, Auswirkungen der Meeresstrategie-Rahmenrichtlinie auf die Meeresraumordnung, Unter besonderer Berücksichtigung des Ökosystemansatzes, Zeitschrift für Europäisches Umwelt- und Planungsrecht 2013, 269–281

Janssen, Gerold/Albrecht, Juliane, Umweltschutz im Planungsrecht – Die Verankerung des Klimaschutzes und des Schutzes der biologischen Vielfalt im raumbezogenen Planungsrecht, Forschungsbericht 363 01 176, UBA-FB 001123, UBA-Texte 10/08, Dessau-Roßlau 2008

Janssen, Gerold/Bartel, Sebastian, Subterrean Spatial Planning – Challenges and Possibilities, Zeitschrift für Europäisches Umwelt- und Planungsrecht 2014, 95–101

Janssen, Gerold/Birnstengel, Paula/Magel, Ina et al., Umweltbelange der Meeresraumordnung in der deutschen ausschließlichen Wirtschaftszone (AWZ) unter Berücksichtigung des Ökosystemansatzes, UBA-Texte 08/2017, Dessau-Roßlau 2017

Janssen, Gerold/Sordyl, H./Albrecht, Juliane et al., Anforderungen des Umweltschutzes an die Raumordnung in der deutschen Ausschließlichen Wirtschaftszone (AWZ) – einschließlich des Nutzungsanspruchs Windenergienutzung, Zwischenstand, Forschungsprojekt im Auftrag des Umweltbundesamtes, FuE-Vorhaben, Förderkennzeichen 205 16 101, 2008, http://www.umweltbundesamt.de/uba-info-medien/3497.html

Janßen, Holger/Bastardie, Francois/Eero, Margit et al., Integration of fisheries into marine spatial planning: Quo vadis?, Estuarine, Coastal and Shelf Science (96) 2017, 1–9

Janßen, Holger/Hiller, Anne, Weltnaturerbe Wattenmeer – Trilaterale Geodaten für die Meeresraumordnung, Raumforschung und Raumordnung 2014, 239–253

Jarass, Hans D., Wirkungen des EG-Rechts in den Bereichen der Raumordnung und des Städtebaus, Die Öffentliche Verwaltung 1999, 661–669

–, EG-rechtliche Folgen ausgewiesener und potentieller Vogelschutzgebiete, Zugleich ein Beitrag zum Rechtsregime für FFH-Gebiete, Zeitschrift für Umweltrecht 2000, 183–190

–, Europäisierung des Planungsrechts, Deutsches Verwaltungsblatt 2000, 945–952

–, Auswahl und Ausweisung europäischer Vogelschutzgebiete, Jahrbuch des Umwelt- und Technikrechts 2001, 263–281

–, Naturschutz in der Ausschließlichen Wirtschaftszone, Völkerrechtliche, EG-rechtliche und verfassungsrechtliche Probleme der Ausweisung von Meeresschutzgebieten, Baden-Baden 2002

Jarass, Hans D. (Hrsg.), Raumordnungsgebiete (Vorbehalts-, Vorrang- und Eignungsgebiete) nach dem neuen Raumordnungsgesetz, Symposium des Zentralinstituts für Raumplanung am 28. September 1998 in Münster, Münster 1998

Jarass, Hans D./Beljin, Sasa, Die Bedeutung von Vorrang und Durchführung des EG-Rechts für die nationale Rechtsetzung und Rechtsanwendung, Neue Zeitschrift für Verwaltungsrecht 2004, 1–11

Jarass, Hans D./Pieroth, Bodo (Hrsg.), Grundgesetz für die Bundesrepublik Deutschland, Kommentar, München 14. Auflage 2016

Jay, Stephen/Klenke, Thomas/Janßen, Holger, Consensus and variance in the ecosystem approach to marine spatial planning: German perspectives and multiactor implications, Land Use Policy (54) 2016, 129–138

Jenisch, Uwe, Offshore-Windenergieanlagen im Seerecht – Verfahren und Inhalte der Genehmigung, Natur und Recht 1997, 373–381

–, Die Errichtung von Windparks auf Hoher See und in der ausschließlichen Wirtschaftszone – völkerrechtliche und seerechtliche Aspekte, in: Peter Ehlers/Wilfried Erbguth (Hrsg.), Aktuelle Entwicklungen im Seerecht, Dokumentation der Rostocker Gespräche zum Seerecht 1996–1999, Baden-Baden 2000, S. 21–45

–, 10 Jahre neues Internationales Seerecht – Eine Bilanz des UN-Seerechtsübereinkommens 1994–2004, Natur und Recht 2006, 79–86

–, Renaissance des Meeresbodens – mineralische Rohstoffe und Seerecht – Teil 1, Zeitschrift für öffentliches Recht in Norddeutschland 2010, 373–382

–, Renaissance des Meeresbodens – mineralische Rohstoffe und Seerecht – Teil 2, Zeitschrift für öffentliches Recht in Norddeutschland 2010, 429–433

–, Tiefseebergbau und Umweltschutz – die Gesetzgebung der Internationalen Meeresbodenbehörde IMB, Zeitschrift für öffentliches Recht in Norddeutschland 2014, 421–433

Jentoft, Svein/Knol, Maaike, Marine spatial planning: risk or opportunity for fisheries in the North Sea?, Maritime Studies 2014, 1–16

Johnston, Douglas M., The Environmental Law of the Sea, Berlin 1981

Jones, Peter J.S./Lieberknecht, L.M./Qiu, W., Marine spatial planning in reality: Introduction to case studies and discussion of findings, Marine Policy (71) 2016, 256–264

Juda, Lawrence, Considerations in Developing a Functional Approach to the Governance of Large Marine Ecosystems, Ocean Development & International Law (30) 1999, 89–125

–, Changing National Approaches to Ocean Governance: The United States, Canada, and Australia, Ocean Development & International Law (34) 2003, 161–187

–, The European Union and Ocean Use Management: The Marine Strategy and the Maritime Policy, Ocean Development & International Law (38) 2007, 259–282

–, The European Union and the Marine Strategy Framework Directive: Continuing the Development of European Ocean Use Management, Ocean Development & International Law (41) 2010, 34–54

Juda, Lawrence/Hennessey, Timothy, Governance profiles and the management of the uses of large marine ecosystems, Large Marine Ecosystems (13) 2005, 83–109

Kachel, Markus J., Particularly Sensitive Sea Areas – The IMO's Role in Protecting Vulnerable Marine Areas, Berlin/Heidelberg 2008

Kadelbach, Stefan, Der Einfluß des Europarechts auf das deutsche Planungsrecht, in: Wilfried Erbguth/Janbernd Oebbecke/Hans-Werner Rengeling/Martin Schulte (Hrsg.), Planung, Festschrift für Werner Hoppe zum 70. Geburtstag, München 2000, S. 897–912

Kahl, Wolfgang, Umweltprinzip und Gemeinschaftsrecht, Eine Untersuchung zur Rechtsidee des „bestmöglichen Umweltschutzes" im EWG-Vertrag, Heidelberg 1993

Kahl, Wolfgang (Hrsg.), Nachhaltigkeit als Verbundbegriff, Tübingen 2008

Kahle, Christian, Nationale (Umwelt-)Gesetzgebung in der deutschen ausschließlichen Wirtschaftszone am Beispiel der Offshore-Windparks, Zeitschrift für Umweltrecht 2004, 80–87

Käppeler, Bettina/Toben, Susan/Chmura, Grazyna et al., Developing a Pilot Maritime Spatial Plan for the Pomeranian Bight and Arkona Basin, BaltSeaPlan Report No. 9, Hamburg 2012

Karstens, Jan, Das novellierte Stromeinspeisungsgesetz und alternative Möglichkeiten der Förderung regenerativer Energien, Zeitschrift für Umweltrecht 1999, 188–196

Katsanevakis, Stelios/Stelzenmüller, Vanessa/South, Andy et al., Ecosystem-based marine spatial management: Review of concepts, policies, tools, and critical issues, Ocean & Coastal Management (54) 2011, 807–820

Kautz, Steffen, Das Schutzregime nach der FFH-Richtlinie für Vorschlagsgebiete vor ihrer Aufnahme in die Gemeinschaftsliste, Neue Zeitschrift für Verwaltungsrecht 2007, 666–669

Keller, Maxi, Rechtsschutzdefizite Dritter gegen Genehmigungserteilungen für Windenergieanlagen in der AWZ?, Zeitschrift für Umweltrecht 2005, 184–191

–, Das Planungs- und Zulassungsregime für Offshore-Windenergieanlagen in der deutschen Ausschließlichen Wirtschaftszone (AWZ) – anhand völkerrechtlicher, gemeinschaftsrechtlicher und innerstaatlicher Vorgaben, Baden-Baden 2007

Kersten, Jens, Abschied von der Gleichwertigkeit der Lebensverhältnisse – der „wirtschaftliche, soziale und territoriale Zusammenhalt“ als neue Leitvorstellung für die Raumplanung, Umwelt- und Planungsrecht 2006, 245–252

–, Europäische Raumentwicklung nach dem Lissabon-Urteil des Bundesverfassungsgerichts, Umwelt- und Planungsrecht 2010, 201–208

Ketteler, Gerd, Der Begriff der Nachhaltigkeit im Umwelt- und Planungsrecht, Natur und Recht 2002, 513–522

Kidd, Sue, Rising to the integration ambitions of Marine Spatial Planning: Reflections from the Irish Sea, Marine Policy (39) 2013, 273–282

Kidd, Sue/Shaw, Dave, The social and political realities of marine spatial planning: some land-based reflections, ICES Journal of Marine Science (71) 2014, 1535–1541

Kim, Kathrin, Ostseepipeline „Nord Stream“ – ein meeresumweltrechtliches Problem?, Natur und Recht 2009, 170–178

Klinski, Stefan, Rechtliche Probleme der Zulassung von Windkraftanlagen in der ausschließlichen Wirtschaftszone (AWZ), Texte des Umweltbundesamtes 62/01, Berlin 2001

Kloepfer, Michael, Umweltrecht, München 4. Auflage 2016

–, Planung und prospektive Rechtswissenschaft, in: Wilfried Erbguth/Janbernd Oebbecke/Hans-Werner Rengeling/Martin Schulte (Hrsg.), Planung, Festschrift für Werner Hoppe zum 70. Geburtstag, München 2000, S. 111–125

–, Die europäische Herausforderung – Spannungslagen zwischen deutschem und europäischem Umweltrecht, Neue Zeitschrift für Verwaltungsrecht 2002, 645–657

Kment, Martin, Das geänderte Raumordnungsgesetz nach Erlass des Europarechtsanpassungsgesetzes Bau, Neue Zeitschrift für Verwaltungsrecht 2005, 886–890

–, Zur angestrebten Änderung der Gesetzgebungskompetenz im Bereich der Raumordnung, Natur und Recht 2006, 217–221

–, Raumordnungsgebiete in der deutschen ausschließlichen Wirtschaftszone, Ein Plädoyer für eine Novelle nach der Novelle, Die Verwaltung 2007, 53–74

–, Raumplanung unter Ungewissheit, Zeitschrift für Umweltrecht 2011, 127–132

–, Der raumplanerische Ansatz des Risikomanagements, in: Liv Jaeckel/Gerold Janssen (Hrsg.), Risikodogmatik im Umwelt- und Technikrecht, Tübingen 2012, S. 51–64

Kment, Martin/Grüner, Johannes, Ausnahmen von Zielen der Raumordnung – zur Neufassung des Raumordnungsgesetzes, Umwelt- und Planungsrecht 2009, 93–99

Kment, Martin/Pleiner, Tom, Neustart der Planung von Offshore-Windenergieanlagen. Teil 1: Angriff auf bestehende Genehmigungen?, Zeitschrift für öffentliches Recht in Norddeutschland 2015, 296–300

Knippenberg, Hanno, Die Kompetenzgrundlagen der Deutschen und Europäischen Raumordnung, Berlin 2010

Knopp, Günther-Michael, Die Umsetzung der Wasserrahmenrichtlinie im deutschen Wasserrecht, Zeitschrift für Umweltrecht 2001, 368–380

–, Die Umsetzung der Wasserrahmenrichtlinie auf dem weiteren Weg des wasserrechtlichen Vollzugs in Deutschland, Zeitschrift für Umweltrecht 2005, 505–510

–, Das neue Wasserhaushaltsrecht – WHG-Novelle 2010, Gewässerbenutzung, Ausbau, München 2010

Koch, Hans-Joachim, Meeresumweltschutz für Nord- und Ostsee, Sondergutachten des SRU vom Februar 2004, Zeitschrift für öffentliches Recht in Norddeutschland 2004, 221–228

Koch, Hans-Joachim/Krohn, Susan, Umwelt in schlechter Verfassung?, Der Umweltschutz nach der Föderalismusreform, Natur und Recht 2006, 673–680

Koch, Hans-Joachim/Lagoni, Rainer (Hrsg.), Meeresumweltschutz für Nord- und Ostsee, Zum Zusammenspiel von Völkerrecht und nationalem Umweltrecht, Baden-Baden 1996

Koch, Hans-Joachim/Wiesenthal, Tobias, Windenergienutzung in der AWZ, Zeitschrift für Umweltrecht 2003, 350–356

Köck, Wolfgang, Pläne, § 37, in: Wolfgang Hoffmann-Riem/Eberhard Schmidt-Aßmann/Andreas Voßkuhle (Hrsg.), Grundlagen des Verwaltungsrechts, Band II: Informationsordnung, Verwaltungsverfahren, Handlungsformen, München 2. Auflage 2012, S. 1389–1456

–, Perspektiven integrierter Umweltplanung aus rechtlicher Sicht, Umwelt- und Planungsrecht 2002, 321–326

–, Rechtsgrundlagen für die Errichtung des kohärenten europäischen Netzes Natura 2000 – Einführung und Grundlagen, Zeitschrift für Europäisches Umwelt- und Planungsrecht 2008, 154–157

–, Die Implementation der EG-Wasserrahmenrichtlinie – eine Zwischenbilanz mit Blick auf die bevorstehende Verabschiedung von Maßnahmenprogrammen und Bewirtschaftungsplänen, Zeitschrift für Umweltrecht 2009, 227–233

Köck, Wolfgang/Bovet, Jana, Windenergieanlagen und Freiraumschutz – Rechtliche Anforderungen an die räumliche Steuerung von Windenergieanlagen, Natur und Recht 2008, 529–534

Kohls, Malte/Kahle, Christian, Klimafreundliche Kohlekraft dank CCS? – Das künftige Genehmigungsrecht für Abscheidung, Transport und Speicherung von CO2, Zeitschrift für Umweltrecht 2009, 122–129

–, Klimaschutz durch CO2-Speicherung – Das neue CCS-Gesetz, Recht der Energiewirtschaft 2009, 197–204

Kokott, Juliane/Gündling, Lothar, Die Erweiterung der deutschen Küstengewässer in der Nordsee, Zeitschrift für ausländisches öffentliches Recht und Völkerrecht 1985, 675–693

Kölble, Josef, Bundesstaat und Festlandsockel, Zur verfassungsrechtlichen Problematik des Schelfs vor der deutschen Nordseeküste, Die Öffentliche Verwaltung 1964, 217–225

Konferenz der Vereinten Nationen für Umwelt und Entwicklung, Agenda 21, Juni 1992, http://www.un.org/Depts/german/conf/agenda21/agenda_21.pdf

Kopp, Ferdinand O./Schenke, Wolf-Rüdiger, Verwaltungsgerichtsordnung, Kommentar, München 22. Auflage 2016

Köppel, Johann/Peters, Wolfgang/Steinhauer, Ines, Entwicklung von naturschutzfachlichen Kriterien zur Abgrenzung von besonderen Eignungsgebieten für Offshore-Windparks in der Ausschließlichen Wirtschaftszone (AWZ) von Nord- und Ostsee, BfN-Skript 114, Bonn 2004

Köppel, Johann/Wende, Wolfgang/Herberg, Alfred et al., Naturschutzfachliche und naturschutzrechtliche Anforderungen im Gefolge der Ausdehnung des Raumordnungsregimes auf die deutsche AWZ, Umweltforschungsplan 2004, Forschungskennziffer 804 85 017 K2, Endbericht, Mai 2006

Kotulla, Michael, Wasserhaushaltsgesetz, Kommentar, Stuttgart 2. Auflage 2011

–, Umweltschutzgesetzgebungskompetenzen und „Föderalismusreform", Neue Zeitschrift für Verwaltungsrecht 2007, 489–495

–, Das novellierte Wasserhaushaltsgesetz, Neue Zeitschrift für Verwaltungsrecht 2010, 79–86

Krämer, Ludwig, Das sechste Umweltprogramm der EU, Zeitschrift für Europäisches Umwelt- und Planungsrecht 2003, 2–6

–, Sustainable Development in EC Law, in: Hans Christian Bugge/Christina Voigt (Hrsg.), Sustainable Development in International und National Law, Groningen 2008, S. 375–396

Kraus, Gerd, Schutzgebiete und Schonzeiten als Werkzeuge im Fischereimanagement – Möglichkeiten und Grenzen, in: Mathias von Lukowicz/Volker Hilge (Hrsg.), Marine Raumordnung – Interessenkonflikt mit der Fischerei oder Werkzeug für das Management, Arbeiten des Deutschen Fischer-Verbandes e.V., Heft 87, Hamburg 2009, S. 125–142

Kraus, Gerd/Döring, Ralf, Die Gemeinsame Fischereipolitik der EU: Nutzen, Probleme und Perspektiven eines pan-europäischen Ressourcenmanagements, Zeitschrift für Umweltrecht 2013, 3–9

Krause, Jochen/Narberhaus, Ingo/Knefelkamp, Britta et al., Die Vorbereitung der deutschen Meeresstrategien – Leitfaden zur Umsetzung der Meeresstrategie-

Rahmenrichtlinie (MSRL-2008/56/EG) für die Anfangsbewertung, die Beschreibung des guten Umweltzustands und die Festlegung der Umweltziele in der deutschen Nord- und Ostsee, 2011, https://www.bfn.de/17091.html

Krautzberger, Michael/Stüer, Bernhard, Das neue Raumordnungsgesetz des Bundes, Zeitschrift für das gesamte öffentliche und zivile Baurecht 2009, 180–191

Krieger, Heike, Die Anwendbarkeit nationaler und internationaler Regelungen auf die Erdgasgewinnung aus dem deutschen Festlandsockel, Deutsches Verwaltungsblatt 2002, 300–309

Kroepelien, Knut F., The Norwegian Barents Sea Management Plan and the EC Marine Strategy Directive: Some Political and Legal Challenges with an Ecosystem-Based Approach to the Protection of the European Marine Environment, RECIEL (16) 2007, 24–35

Kruppa, Ines, Steuerung der Offshore-Windenergienutzung vor dem Hintergrund der Umweltziele Klima- und Meeresumweltschutz, Berlin 2007

Kühne, Gunther, Regulierung der Rohstoffgewinnungstätigkeit im Seegebiet, in: Hans-Joachim Koch/Rainer Lagoni (Hrsg.), Meeresumweltschutz für Nord- und Ostsee, Zum Zusammenspiel von Völkerrecht und nationalem Umweltrecht, Baden-Baden 1996, S. 309–328

Kumpfer, Wolfgang/Schlacke, Sabine (Hrsg.), Integrativer Umweltschutz, Anforderungen an Normsetzung und Vollzug, Unter besonderer Berücksichtigung der Umsetzung der IVU- und UVP-Änderungsrichtlinien, Dokumentation der 7. umweltrechtlichen Fachtagung des Vereins für Umweltrecht e.V. in Zusammenarbeit mit der UVP-Gesellschaft, Bremen, am 4. und 5. Oktober 2001, Berlin 2002

Kunig, Philip, Völkerrecht und staatliches Recht, in: Wolfgang Graf Vitzthum/Alexander Proelß (Hrsg.), Völkerrecht, Berlin/Boston 7. Auflage 2016, S. 61–131

Kwiatkowska, Barbara, Creeping jurisdiction beyond 200 miles in the light of the 1982 law of the sea convention and state practice, Ocean Development & International Law (22) 1991, 153–187

Lagoni, Rainer, Das OSPAR-Übereinkommen von 1992 und der Schutz der Nordsee: Einwirkungen auf das deutsche Umweltrecht, in: Hans-Joachim Koch/Rainer Lagoni (Hrsg.), Meeresumweltschutz für Nord- und Ostsee, Zum Zusammenspiel von Völkerrecht und nationalem Umweltrecht, Baden-Baden 1996, S. 79–101

–, Die Errichtung von Schutzgebieten in der ausschließlichen Wirtschaftszone aus völkerrechtlicher Sicht, Natur und Recht 2002, 121–133

–, Die Errichtung von Schutzgebieten in der Ausschließlichen Wirtschaftszone, in: Peter Ehlers/Wilfried Erbguth (Hrsg.), Aktuelle Entwicklungen im Seerecht II, Dokumentation der Rostocker Gespräche zum Seerecht 2000–2002, Baden-Baden 2003, S. 29–41

–, Festlandsockel und ausschließliche Wirtschaftszone, in: Wolfgang Graf Vitzthum (Hrsg.), Handbuch des Seerechts, München 2006, S. 161–286

–, Haftungsfragen der CO2-Speicherung im Meeresuntergrund, Zeitschrift für Umweltrecht 2008, 293–295

–, Law and Uses of the Sea in a Change, in: Peter Ehlers/Rainer Lagoni (Hrsg.), Responsibility and Liability in the Maritime Context, Hamburg 2009, S. 255–268

Lamp, Jochen, Towards integration of Fisheries into Maritime Spatial Planning, BaltSeaPlan Report No. 26, Stralsund 2012

Langerfeldt, Michael, Das Sechste Umweltaktionsprogramm der Europäischen Gemeinschaft – Hoffnung auf zehn Jahre aktiven Umweltschutz in Europa?, Natur und Recht 2003, 339–342

Laskowski, Silke, Das Verschlechterungsverbot im europäischen Wasserrecht nach dem EuGH-Urteil vom 1. Juli 2015, Zeitschrift für Umweltrecht 2015, 542–546

Lauterbach, Falk R., Die ökonomischen Elemente der nationalen Anfangsbewertung, in: Bundesamt für Seeschifffahrt und Hydrographie (Hrsg.), Meeresumweltsymposium 2011, Kurzfassungen, Hamburg und Rostock 2011, S. 23

Lehners, Andreas, Raumordnungsgebiete nach dem Raumordnungsgesetz 1998, Zugleich eine hypothetische Zuordnung von Festlegungen in nordrhein-westfälischen Raumordnungsplänen, Münster 1998

Leinweber, Tanja, Umsetzung der EU-Wasserrahmenrichtlinie in Deutschland – Bestandsaufnahme, Monitoring, Öffentlichkeitsbeteiligung und wichtige Bewirtschaftungsfragen, Berlin Januar 2008

Lell, Otmar, Der Schutz der Meere vor Schadstoffbelastungen – EG-Recht und Völkerrecht als konkurrierende Regelungsmodelle, Zeitschrift für Umweltrecht 2001, 138–146

Levin, Simon A./Lubchenko, Jane, Resilience, Robustness, and Marine Ecosystem-based Management, BioScience (58) 2008, 27–32

Lieber, Tobias, Habitatschutz in der Raumordnung, Zur Reichweite und Ermittlungstiefe der FFH-Prüfung in der Landes- und Regionalplanung, Natur und Recht 2008, 597–601

Long, Ronán, The Marine Strategy Framework Directive: A New European Approach to the Regulation of the Marine Environment, Marine Natural Resources and Marine Ecological Services, Journal of Energy & Natural Resources Law (29) 2011, 1–44

–, Legal Aspects of Ecosystem-based Marine Management in Europe, in: A. Chircop/M.L. McConnell/S. Coffen-Smout (Hrsg.), Ocean Yearbook, Boston/Leiden 2012, S. 417–484

–, Harnessing Offshore Wind Energy: Legal Challenges and Policy Conundrums in the European Union, The International Journal of Marine and Coastal Law (29) 2014, 690–715

Lülsdorf, Tanja, Die novellierten Ausschreibungen nach dem EEG 2017, Natur und Recht 2016, 756–761

Lutter, Stephan, Wann sind Nord- und Ostsee in einem guten Umweltzustand? Ein Definitionsversuch der Umweltverbände, in: Bundesamt für Seeschifffahrt und Hydrographie (Hrsg.), Meeresumwelt-Symposium 2010, Kurzfassungen, Hamburg und Rostock 2010, S. 7

Lyons, B.P./Thain, J.E./Stentiford, G.D. et al., Using biological effects tools to define Good Environmental Status under the European Union Marine Strategy Framework Directive, Marine Pollution Bulletin (60) 2010, 1647–1651

Maccarrone, Vincenzo/Filiciotto, Francesco/de Vincenzi, Giovanni et al., An Italian proposal on the monitoring of underwater noise: Relationship between the EU Marine Strategy Framework Directive (MSFD) and marine spatial planning directive (MSP), Ocean & Coastal Management (118) 2015, 215–224

Maes, Frank, The international legal framework for marine spatial planning, Marine Policy (32) 2008, 797–810

Mahon, Robin/Fanning, Lucia/McConney, Patrick et al., Governance characteristics of large marine ecosystems, Marine Policy (34) 2010, 919–927

Maier, Kathrin, Zur Steuerung von Offshore-Windenergieanlagen in der Ausschließlichen Wirtschaftszone (AWZ), Umwelt- und Planungsrecht 2004, 103–108

–, Die Ausdehnung des Raumordnungsgesetzes auf die Ausschließliche Wirtschaftszone (AWZ), dargestellt an der auslösenden Situation der raumordnerischen Steuerung der Errichtung von Offshore-Windenergieanlagen, Augsburg/Kaiserslautern 2008

Maier, Nina/Markus, Till, Dividing the common pond: Regionalizing EU ocean governance, Marine Pollution Bulletin (67) 2013, 66–74

Mann Borgese, Elisabeth, Towards an International Ocean Regime, 5 Texas International Law Forum (218) 1969, 218–234

–, Boom, Doom, and Gloom Over the Oceans: The Economic Zone, the Developing Nations, and the Conference on the Law of the Sea, 11 San Diego Law Review (541) 1974, 541–556

–, Global civil society: lessons learned from ocean governance, Futures (31) 1999, 983–991

Marggraf, Rainer/Sauer, Uta/Lauterbach, Falk R. et al., Gutachten zur Erstellung der ökonomischen Anfangsbewertung im Rahmen der Umsetzung der Meeresstrategie-Rahmenrichtlinie (MSRL), Göttingen 2011

Markus, Till, Gesetz zur Regelung der Seefischerei und zur Durchführung des Fischereirechts der Europäischen Union (Seefischereigesetz – SeeFischG), Kommentar, in: (Hrsg.), Das Deutsche Bundesrecht, Systematische Sammlung der Gesetze und Verordnungen mit Erläuterungen, Baden-Baden 2. Auflage 2012, S. 1–55

–, European Fisheries Law – From Promotion to Management, Groningen 2009

–, Die Regulierung anthropogener Lärmeinträge in die Meeresumwelt, Natur und Recht 2010, 236–244

–, Aqua incognita: Zur Reform der Gemeinsamen Fischereipolitik (GFP), Zeitschrift für Umweltrecht 2011, 561–562

–, Changing the Base: Legal Implications of Scientific Criteria and Methodological Standards on what Constitutes Good Marine Environmental Status, Transnational Environmental Law 2012, 1–21

–, The evolving conservation standards of EU marine environmental law and their effects on the Common Fisheries Policy, in: Christine Godt (Hrsg.), Hanse Law School in Perspective: Cross Border Research and Transnational Teaching under Lisbon, Oisterwijk 2013, S. 171–186

Markus, Till/Maurer, Andreas, Windenergie und Gewerbesteuer – Zur Lückenhaftigkeit des Rechts der Offshore-Windenergie-Besteuerung, Neue Zeitschrift für Verwaltungsrecht 2012, 604–605

Markus, Till/Salomon, Markus, The Law and Policy Behind the Upcoming Reform of the Common Fisheries Policy, Journal for European Environmental and Planning Law 2012, 257–284

–, Unter Zugzwang: Meeresumweltrechtliche Anforderungen an die Gemeinsame Fischereipolitik (GFP), Zeitschrift für Umweltrecht 2013, 19–28

Markus, Till/Schlacke, Sabine, Die Meeresstrategie-Rahmenrichtlinie der Europäischen Gemeinschaft, Zeitschrift für Umweltrecht 2009, 464–472

Markus, Till/Schlacke, Sabine/Maier, Nina, Legal Implementation of Integrated Ocean Policies: The EU's Marine Strategy Framework Directive, The International Journal of Marine and Coastal Law (26) 2011, 59–90

Martínez, José, Die grenzüberschreitende Raumplanung unter europäischem Integrationsdruck, Zeitschrift für Umweltrecht 2005, 337–342

Maurer, Hartmut, Allgemeines Verwaltungsrecht, München 18. Auflage 2011

Mechel, Friederike/Reese, Moritz, Meeresumweltschutz für Nord- und Ostsee im Überblick, Zeitschrift für Umweltrecht 2003, 321–329

Mee, Laurence D./Jefferson, Rebecca L./Laffoley, Dan d'A. et al., How good is good? Human values and Europe's proposed Marine Strategy Directive, Marine Pollution Bulletin (56) 2008, 187–204

Meester, Geoffrey A./Mehrotra, Anuj/Ault, Gerald S. et al., Designing Marine Reserves for Fishery Management, Management Science (50) 2004, 1031–1043

Menn, Iris, Meeresstrategie-Richtlinie, Aktionsplan zur Integrierten Meerespolitik und Ostsee-Aktionsplan – Papiertiger oder echter Schutz für die Meere?, in: Bundesamt für Seeschifffahrt und Hydrographie (Hrsg.), Meeresumwelt-Symposium 2008, Kurzfassungen, Hamburg und Rostock 2009, S. 13–14

Menzel, Eberhard, Der deutsche Festlandsockel in der Nordsee und seine rechtliche Ordnung, Archiv des öffentlichen Rechts 1965, 1–61

Meßerschmidt, Klaus, Europäisches Umweltrecht, München 2011

Metcalfe, Kristian/Roberts, Thomas/Smith, Robert J. et al., Marine conservation science and governance in North-West Europe: Conservation planning and international law and policy, Marine Policy (39) 2013, 289–295

Michaelis, Peter, Ökonomische Instrumente in der Umweltpolitik, Eine anwendungsorientierte Einführung, Heidelberg 1996

Mittendorf, Kim/Zielke, Werner, Untersuchung der Wirkung von Offshore-Windenergie-Parks auf die Meeresströmung, 2002, https://www.gigawind.de/fileadmin/gigawind/papers/P_Meerestr.pdf

Möckel, Stefan, Umsetzung der Wasserrahmenrichtlinie bei FFH- und Vogelschutzgebieten, Natur und Recht 2007, 602–608

Moersch, Wolfram, Stand und Perspektiven grenzüberschreitender Raumordnung, Bayrische Verwaltungsblätter 2004, 40–46

Much, Susanna, Die Rechtsfragen der Ablagerung von CO2 in unterirdischen geologischen Formationen, Eine Untersuchung der Zulässigkeit von Vorhaben zur Ablagerung von CO2 in geologischen Formationen nach dem bestehenden Umweltrecht und der möglichen zukünftigen Zulassung, Halle an der Saale 2009

Müller-Helle, Adrian/Theilmann, Timm, Eigentum und Eigentumsvorbehalt an Offshore-Windenergieanlagen, Recht der Energiewirtschaft 2010, 369–375

Müller, Christian, Der Referentenentwurf des Raumordnungsgesetzes 2008, Inhalte und erste Einschätzungen, Raumforschung und Raumordnung 2008, 360–367

–, Klimaschutz durch Versagung von Genehmigungen für Windenergieanlagen in der Ausschließlichen Wirtschaftszone (AWZ), Zeitschrift für Umweltrecht 2008, 584–590

Münk, Hans J., Umweltschutz zwischen individualethischer Verantwortung, personal-zwischenmenschlichem Anspruch und strukturalen (legislatorischen) Maßnahmen, Jahrbuch für Christliche Sozialwissenschaften (30) 1989, 85–111

Murswiek, Dietrich, Staatsziel Umweltschutz (Art. 20a GG) – Bedeutung für Rechtsetzung und Rechtsanwendung, Neue Zeitschrift für Verwaltungsrecht 1996, 222–230

–, „Nachhaltigkeit" – Probleme der rechtlichen Umsetzung eines umweltpolitischen Leitbildes, Natur und Recht 2002, 641–648

Nagel, Bernhard, Die Vereinbarkeit des Gesetzes für den Vorrang Erneuerbarer Energien (EEG) mit dem Beihilfenrecht der EG, Zeitschrift für Neues Energierecht 2000, 100–111

Nebelsieck, Rüdiger, Der Schutz „potentieller" FFH-Gebiete nach der „Dragaggi-Entscheidung" des EuGH vom 13.1.2005, Zeitschrift für öffentliches Recht in Norddeutschland 2005, 235–239

Nebelsieck, Rüdiger/Schmidt, Jens, Der Entwurf des Gesetzes zur Anpassung des Baugesetzbuchs an EU-Richtlinien (Europarechtsanpassungsgesetz BAU – EAG Bau), Zeitschrift für öffentliches Recht in Norddeutschland 2004, 93–99

Newig, Jens/Fritsch, Oliver, Environmental Governance: Participatory, Multi-Level – and Effective?, Environmental Policy and Governance (19) 2009, 197–214

Nöll, Hans-Heinrich, Schifffahrtsfreiheit und Meeresumweltschutz im Seerechtsübereinkommen von 1982 – sind sie richtig austariert?, in: Peter Ehlers/Marian Paschke (Hrsg.), Meeresfreiheit und Ocean Governance, Festgabe zum 65. Geburtstag von Rainer Lagoni, Hamburg 2008, S. 97–103

Nolte, Nico, Nutzungsansprüche und Raumordnung auf dem Meer, HANSA International Maritime Journal (147) 2010, 79–83

Nordberg, Lauri, Die Anwendbarkeit der Fauna-Flora-Habitat-Richtlinie und der Vogelschutzrichtlinie der Europäischen Gemeinschaft auf die marine Umwelt, in: Detlef Czybulka (Hrsg.), Naturschutz und Rechtsregime im Küsten- und Offshore-Bereich, Vierter Warnemünder Naturschutzrechtstag, Baden-Baden 2003, S. 111–119

Nordquist, Myron H. (Hrsg.), United Nations Convention on the Law of the Sea 1982, A Commentary, Dordrecht ab 1985

Norse, Elliott A., A zoning approach to managing marine ecosystems, in: Biliana Cicin-Sain/Charles Ehler (Hrsg.), Workshop on Improving Regional Ocean Governance in the United States, December 9, 2002, Washington, D.C. 2002, S. 53–57

Oellers-Frahm, Karin, Die Entscheidung des IGH zur Abgrenzung des Festlandsockels zwischen Tunesien und Libyen: eine Abkehr von der bisherigen Rechtsprechung?, Zeitschrift für ausländisches öffentliches Recht und Völkerrecht 1982, 804–814

Oschmann, Volker, Das Erneuerbare-Energien-Gesetz im Gesetzgebungsprozess, Die Veränderungen im Erneuerbare-Energien-Gesetz gegenüber dem Gesetzentwurf vom Dezember 1999 und die Beweggründe des Gesetzgebers, Zeitschrift für Neues Energierecht 2000, 24–29

–, Das Gesetz für den Vorrang Erneuerbarer Energien, Energiewirtschaftliche Tagesfragen 2000, 460–464

–, Gesetz für den Vorrang Erneuerbarer Energien (Erneuerbare-Energien-Gesetz – EEG), Synoptische Gegenüberstellung des Stromeinspeisungsgesetzes 1998, des Gesetzesentwurfs vom Dezember 1999 und des endgültigen Gesetzestextes, Zeitschrift für Neues Energierecht 2000, 7–23

–, Die Novelle des Erneuerbare-Energien-Gesetzes, Neue Zeitschrift für Verwaltungsrecht 2004, 910–915

OSPAR Commission, Background document for the EcoQO on plastic particles in stomachs of seabirds, 2008, http://www.ospar.org/ospar-data/p00355_ecoqo%20plastics%20in%20seabird%20stomachs.pdf

–, Guideline for Monitoring Marine Litter on the Beaches in the OSPAR Maritime Area, London 2010

–, OSPAR Regional Implementation Framework for the EU Marine Strategy Framework Directive – MSFD Road Map, 2010, https://www.ospar.org/work-areas/cross-cutting-issues/msfd/ospar-msfd

Österblom, H./Gardmark, A./Bergström, L. et al., Making the ecosystem approach operational – Can regime shifts in ecological- and governance systems facilitate the transition?, Marine Policy (34) 2010, 1290–1299

Ott, Konrad/Bartolomäus, Christian, Konflikte beim Ausbau der Offshore-Windenergie in der Ausschließlichen Wirtschaftszone: Die Stellungnahme des SRU, in: Peter Ehlers/Wilfried Erbguth (Hrsg.), Nutzungs- und Schutzkonflikte in der Ausschließlichen Wirtschaftszone (AWZ) – rechtliche Steuerungsmöglichkeiten, Dokumentation des Rostocker Gesprächs zum Seerecht 2003, Baden-Baden 2005, S. 47–59

Ounanian, K./Delaney, A./Raakjaer, J. et al., An unequal footing: Stakeholder perspectives on the marine strategy framework directive as a mechanism of the ecosystem-based approach to marine management, Marine Policy (36) 2012, 658–666

Palme, Christoph, Offshore Windparks in der AWZ – Investitionssicherheit durch Zuständigkeitskonzentration, Zeitschrift für Neues Energierecht 2004, 156–161

Palme, Christoph/Schumacher, Jochen, Zulässigkeit von Klagen gegen Offshore-Windparks in der Ausschließlichen Wirtschaftszone, Zu den Entscheidungen des VG Hamburg vom 1.12.2003, NuR 2004, 547, vom 25.3.2004, NuR 2004, 548 und NuR 2004, 551, Natur und Recht 2004, 773–777

Pentz, Tim-Ake, Maritime Governance in the Baltic Sea – A European Sea between Co-operation and Conflict, in: Tatjana Muravska (Hrsg.), European Integration and Baltic Sea Region: Diversity and Perspectives, Riga 2011, S. 351–360

Pestke, Silvia, Offshore-Windfarmen in der Ausschließlichen Wirtschaftszone, Im Zielkonflikt zwischen Klima- und Umweltschutz, Baden-Baden 2008

Peters, Heinz-Joachim, Grundzüge des Umweltplanungsrechts, Die Öffentliche Verwaltung 1988, 56–64

–, Umweltverträglichkeitsprüfung im und am Meer, in: Detlef Czybulka (Hrsg.), Naturschutz und Rechtsregime im Küsten- und Offshore-Bereich, Vierter Warnemünder Naturschutzrechtstag, Baden-Baden 2003, S. 123–136

Peters, Heinz-Joachim/Hesselbarth, Thorsten/Peters, Frederike, Umweltrecht, Stuttgart 5. Auflage 2015

Peters, Nina, The EC and Regional Organizations for the Protection of the Sea, in: Peter Ehlers/Rainer Lagoni (Hrsg.), Maritime Policy of the European Union and Law of the Sea, Hamburg 2008, S. 149–174

Petersen, Sönke, Deutsches Küstenrecht, Eine systematische Darstellung, Baden-Baden 1989

Piha, Henna/Zampoukas, Nikolaos, Review of Methodological Standards Related to the Marine Strategy Framework Directive Criteria on Good Environmental Status, Luxemburg 2011

Plasman, Ir. Cathy, Implementing marine spatial planning: A policy perspective, Marine Policy (32) 2008, 811–815

Platzöder, Renate, Seerechtsübereinkommen der Vereinten Nationen, Kommentar, München 2001

Pomeroy, Robert/Douvere, Fanny, The engagement of stakeholders in the marine spatial planning process, Marine Policy (32) 2008, 816–822

Port, Christian, Die Umweltziele der Wasserrahmenrichtlinie, Anforderungen an die Bewirtschaftung der Oberflächengewässer aus der Sicht des Rechts der Europäischen Union, Berlin 2011

Posner, Eric A./Sykes, Alan O., Economic Foundations of the Law of the Sea, The American Journal of International Law (104) 2010, 569–596

Prieur, Michel, Integrated Coastal Zone Management Law, in: Martin Führ/Rainer Wahl/Peter von Wilmowsky (Hrsg.), Umweltrecht und Umweltwissenschaft – Festschrift für Eckard Rehbinder, Berlin 2007, S. 493–519

Probst, Wolfgang Nikolaus/Rau, Andrea/Oesterwind, Daniel, A proposal for restructuring Descriptor 3 of the Marine Strategy Framework Directive (MSFD), Marine Policy (74) 2016, 128–135

Proelß, Alexander, Raum und Umwelt im Völkerrecht, in: Wolfgang Graf Vitzthum/Alexander Proelß (Hrsg.), Völkerrecht, Berlin/Boston 7. Auflage 2016, S. 361–454

–, Meeresschutz im Völker- und Europarecht, Das Beispiel des Nordostatlantiks, Berlin 2004

–, Arten- und Habitatschutz nach der FFH-Richtlinie: Welche Anforderungen gelten für potentielle Schutzgebiete? – Anmerkung zum Urteil des EuGH vom 13.1.2005, Società Italiana Dragaggi SpA u.a., Rs. C-117/03, Europarecht 2005, 649–657

–, Die Bewirtschaftung der genetischen Ressourcen des Tiefseebodens – Ein neues Seerechtsproblem?, Natur und Recht 2007, 650–656

–, Der Beitrag des Völkerrechts zu einem maritimen Infrastrukturrecht, in: Peter Ehlers/Wilfried Erbguth (Hrsg.), Infrastrukturrecht zur See: Neue Wege der Meeresordnung, Dokumentation des Rostocker Gesprächs zum Seerecht 2008, Baden-Baden 2009, S. 13–26

–, Rechtsgutachten zur Völkerrechtmäßigkeit des Meeresforschungsexperiments LOHAFEX vom 22.1.2009, Zeitschrift für Europäisches Umwelt- und Planungsrecht 2009, 141–148

–, Völkerrechtliche Grenzen eines maritimen Infrastrukturrechts, Zeitschrift für Europäisches Umwelt- und Planungsrecht 2009, 2–10

–, Völkerrechtliche Rahmenbedingungen der Anwendung naturschutzrechtlicher Instrumente in der AWZ, Zeitschrift für Umweltrecht 2010, 359–364

–, Das Regime der ausschließlichen Wirtschaftszone im Wandel der Zeit: Rechtsstatus und Ansätze zur Lösung von Schutz-/Nutzungskonflikten, Zeitschrift für Europäisches Umwelt- und Planungsrecht 2012, 280–289

–, Internationaler Arten- und Naturschutz im nationalen Recht, Rechtsprobleme beim Vollzug der Zustimmungsgesetze zur CMS und Berner Konvention, Zeitschrift für Europäisches Umwelt- und Planungsrecht 2015, 314–329

Proelß, Alexander (Hrsg.), United Nations Convention on the Law of the Sea, A Commentary, München 2017

Proelß, Alexander/Kirschey, Jenny, Kleinwalschutz in Deutschland und Europa, Arten- und habitatschutzrechtliche Anforderungen an Fischereiaktivitäten in Meeresgebieten innerhalb der Grenzen des Bereichs nationaler Hoheitsbefugnisse, Natur und Recht 2012, 378–385

Pünder, Hermann, Die Förderung alternativer Energiequellen durch das Stromeinspeisungsgesetz auf dem Prüfstand des europäischen Gemeinschaftsrechts, Neue Zeitschrift für Verwaltungsrecht 1999, 1059–1062

Purdy, Ray/Havercroft, Ian, Carbon Capture and Storage: Developments under European Union and International Law, Journal for European Environmental and Planning Law 2007, 353–366

Qiu, Wanfei/Jones, Peter J.S., The emerging policy landscape for marine spatial planning in Europe, Marine Policy (39) 2013, 182–190

Quaas, Martin F./Schmidt, Jörn O./Voss, Rudi, Fischereimanagement mittels exklusiver Fanggebiete – ökonomische Sicht, in: Mathias von Lukowicz/Volker Hilge (Hrsg.), Marine Raumordnung – Interessenkonflikt mit der Fischerei oder Werkzeug für das Management, Arbeiten des Deutschen Fischer-Verbandes e.V., Heft 87, Hamburg 2009, S. 143–152

Quynh, Chi Nguyen Thi/Schilizzi, Steven/Hailu, Atakelty et al., Territorial Use Rights for Fisheries (TURFs): State of the art and the road ahead, Marine Policy (75) 2017, 41–52

Rabe, Oliver, Umsetzung der Meeresstrategie-Rahmenrichtlinie – Bestandsaufnahme und Handlungsbedarf, 2009, http://www.blmp-online.de/Seiten/Berichte.html

–, Fachliche Aspekte der Umsetzung der Meeresstrategie-Rahmenrichtlinie, in: Wolfgang Durner (Hrsg.), Wasserrechtlicher Reformbedarf in Bund und Ländern – Umweltrechtstage Nordrhein-Westfalen am 25. und 26. November 2010 in Bonn, Köln 2011, S. 9–19

Rachor, Eike/Nehmer, Petra, Erfassung und Bewertung ökologisch wertvoller Lebensräume in der Nordsee, BfN-F+E-Forschungsbericht, FKZ 899 85 310, Bremerhaven 2003

Rees, Gareth/Pond, Kathy, Marine litter monitoring programmes – A review of methods with special reference to national surveys, Marine Pollution Bulletin (30) 1995, 103–108

Rehbinder, Eckard, Ziele, Grundsätze, Strategien und Instrumente, Kapitel 3, in: Klaus Hansmann/Dieter Sellner (Hrsg.), Grundzüge des Umweltrechts, Berlin 4. Auflage 2012, S. 135–297

–, Das deutsche Umweltrecht auf dem Weg zur Nachhaltigkeit, Neue Zeitschrift für Verwaltungsrecht 2002, 657–666

Reinhardt, Michael, Grenzwerte – Fluch oder Segen? – Entwicklungslinien im Umweltrecht zwischen Rechtssicherheit und praktischer Urteilskraft, Natur und Recht 2015, 289–297

Rengeling, Hans-Werner, Europarechtliche Planungen und Aspekte eines europäischen Planungsrechts, in: Wilfried Erbguth/Janbernd Oebbecke/Hans-Werner Rengeling/Martin Schulte (Hrsg.), Planung, Festschrift für Werner Hoppe zum 70. Geburtstag, München 2000, S. 883–896

–, Föderalismusreform und Gesetzgebungskompetenzen, Deutsches Verwaltungsblatt 2006, 1537–1549

Reshöft, Jan/Dreher, Jörg, Rechtsfragen bei der Genehmigung von Offshore-Windparks in der deutschen AWZ nach Inkrafttreten des BNatSchGNeuregG, Zeitschrift für Neues Energierecht 2002, 95–101

Rice, Jake/Trujillo, Valentin/Jennings, Simon et al., Guidance on the Application of the Ecosystem Approach to Management of Human Activities in the European Marine Environment, ICES Cooperative Research Report No. 273, Copenhagen 2005

Richter, Marianne, Empfehlungen für die Durchführung der grenzüberschreitenden Umweltverträglichkeitsprüfung (UVP) zwischen Deutschland und Polen (Deutschland als Ursprungsstaat eines geplanten Projektes), Texte des Umweltbundesamtes 42/02, Berlin 2002

Risch, Jessica, Windenergieanlagen in der Ausschließlichen Wirtschaftszone, Verfassungsrechtliche Anforderungen an die Zulassung von Windenergieanlagen in der Ausschließlichen Wirtschaftszone (AWZ), Berlin 2006

Ritter, Ernst-Hasso, Das Gesetz zur Neufassung des Raumordnungsgesetzes (ROG 2009): Weiterentwicklung oder beginnendes Siechtum?, Die Öffentliche Verwaltung 2009, 425–434

–, Europäische Raumentwicklungspolitik, Detmold 2009

Roberts, Callum M./Hawkins, Julie P./Gell, Fiona R., The role of marine reserves in achieving sustainable fisheries, Philosophical Transactions Of The Royal Society Of London Series B – Biological Science (360) 2005, 123–132

Roberts, Julian, Marine Environment Protection and Biodiversity Conservation, The Application and Future Development of the IMO's Particularly Sensitive Sea Area Concept, Berlin/Heidelberg 2007

Rodi, Michael, Ökonomische Analyse des Öffentlichen Rechts, Berlin/Heidelberg 2014

–, Der Rechtsrahmen für den Einsatz ökonomischer Instrumente in der Ressourcenschutzpolitik, Zeitschrift für Umweltrecht 2016, 531–541

Rodriguez, Nicolas J.I., A comparative analysis of holistic marine management regimes and ecosystem approach in marine spatial planning in developed countries, Ocean & Coastal Management (137) 2017, 185–197

Rogall, Holger, Ökologische Ökonomie, Eine Einführung, Opladen 2. Auflage 2008

Ronellenfitsch, Michael, Ziele der Raumordnung, in: Wilfried Erbguth/Janbernd Oebbecke/Hans-Werner Rengeling/Martin Schulte (Hrsg.), Planung, Festschrift für Werner Hoppe zum 70. Geburtstag, München 2000, S. 355–368

Rosenbaum, Martin, Errichtung und Betrieb von Windenergieanlagen im Offshore-Bereich – Vorgaben des internationalen und nationalen Rechts, Kiel 2005

Rossi, Matthias, Eine Strategie zum Schutz der Meeresumwelt?, Anmerkungen zum Entwurf der Meeresstrategie-Richtlinie der EU, Jahrbuch des Umwelt- und Technikrechts 2007, 81–104

Ruchay, Dietrich, Die Wasserrahmenrichtlinie der EG und ihre Konsequenzen für das deutsche Wasserrecht, Zeitschrift für Umweltrecht 2001, 115–120

Rudolph, Lydia, Die Maritime Politik der Europäischen Union, in: Peter Ehlers/Rainer Lagoni (Hrsg.), Maritime Policy of the European Union and Law of the Sea, Hamburg 2008, S. 11–30

Runkel, Peter, Zur geplanten Neuregelung des Rechts der Raumordnung, Umwelt- und Planungsrecht 1997, 1–9

–, Das neue Raumordnungsgesetz und das Umweltrecht, Natur und Recht 1998, 449–454

Rutherford, R.J./Herbert, G.J./Coffen-Smout, S., Integrated ocean management and the collaborative planning process: the Eastern Scotian Shelf Integrated Management (ESSIM) Initiative, Marine Policy (29) 2005, 75–83

Sachverständigenrat für Umweltfragen, Windenergienutzung auf See, Stellungnahme, Berlin 2003

–, Zum Konzept der Europäischen Kommission für eine gemeinsame Meeresumweltschutzstrategie, Stellungnahme, 2003, http://www.umweltrat.de/cln_137/SharedDocs/Downloads/DE/04_Stellungnahmen/2003_Stellung_Meeresumwelt schutzstrategie.html

–, Meeresumweltschutz für Nord- und Ostsee, Sondergutachten, Baden-Baden 2004

–, Der Umweltschutz in der Föderalismusreform, Stellungnahme, Berlin 2006

–, Der Vorschlag der Europäischen Kommission für eine Meeresschutzstrategie – Rückzug aus der europäischen Verantwortung?, Kommentar zur Umweltpolitik, Berlin 2006

–, Umweltschutz im Zeichen des Klimawandels, Umweltgutachten, Berlin 2008

–, Towards Sustainable Fisheries – Comment to the Commission's Green Paper "Reform of the Common Fisheries Policy" (COM(2009) 163 final), Berlin 2009

–, Fischbestände nachhaltig bewirtschaften, Zur Reform der Gemeinsamen Fischereipolitik, Stellungnahme, Berlin 2011

–, Für einen wirksamen Meeresnaturschutz, Fischereimanagement in Natura 2000-Gebieten in der deutschen AWZ, Stellungnahme, Berlin 2012

–, Verantwortung in einer begrenzten Welt, Umweltgutachten, Berlin 2012

Salje, Peter, Vorrang für Erneuerbare Energien – Das neue Recht der Stromeinspeisung, Recht der Energiewirtschaft 2000, 125–132

Salje, Peter/Hädrich, Yvonne, Die Netzanbindung von Offshore-Windenergieanlagen nach Inkrafttreten des Infrastrukturplanungs-Beschleunigungsgesetzes, Zeitschrift für öffentliches Recht in Norddeutschland 2007, 183–188

Salomon, Markus, The European Commission proposal for a Marine Strategy: Lacking substance, Marine Pollution Bulletin (52) 2006, 1328–1329

–, Recent European initiatives in marine protection policy: towards lasting protection for Europe's seas?, Environmental Science & Policy (12) 2009, 359–366

Salomon, Markus/Dross, Miriam, Challenges in cross-sectoral marine protection in Europe, Marine Policy (42) 2013, 142–149

Salomon, Markus/Krohn, Susan, Ein kritischer Blick auf den Vorschlag der Europäischen Kommission für eine Thematische Strategie zum Schutz der europäischen Meere, Zeitschrift für öffentliches Recht in Norddeutschland 2006, 371–378

Salomon, Markus/Markus, Till/Dross, Miriam, Die Gemeinsame Fischereipolitik im Reformprozess: Innovations- und Konfliktlösungspotentiale, Natur und Recht 2013, 89–98

Sanden, Joachim, Umweltschutz im Planungsrecht, § 13, in: Hans-Joachim Koch (Hrsg.), Umweltrecht, München 4. Auflage 2014, S. 786–840

Santos, Catarina Frazao/Domingos, Tiago/Ferreira, Maria Adelaide et al., How sustainable is sustainable marine spatial planning? Part I – Linking the concepts, Marine Policy (49) 2014, 59–65

Santos, Catarina Frazao/Orbach, Michael/Calado, Helena et al., Challenges in implementing sustainable marine spatial planning: The new Portuguese legal framework case, Marine Policy (61) 2015, 196–206

Santos, Catarina Frazao/Teixeira, Zara Goncalves/Janeiro, Joao et al., The European Marine Strategy: Contribution and challenges from a Portuguese perspective, Marine Policy (36) 2012, 936–968

Scarff, Gavin/Fitzsimmons, Clare/Gray, Tim, The new mode of marine planning in the UK: Aspirations and challenges, Marine Policy (51) 2015, 96–102

Scharmann, Ludwig, Die UN-Seerechtskonvention von 1982 – Auswirkungen neuer völkerrechtlicher Normen auf den norddeutschen Küstenraum, in: Burkhard

Hofmeister/Frithjof Voss (Hrsg.), Geographie der Küsten und Meere, Beiträge zum Küstensymposium in Mainz, 14.–18. Oktober 1984, Berlin 1985, S. 135–152

Scheer, Nina, Desertec und Supergrid: Rechtliche und strategische Bewertung, Zeitschrift für Neues Energierecht 2011, 469–471

Scheidler, Alfred, Die Steuerung von Windkraftanlagen durch die Raumordnung, Zeitschrift für deutsches und internationales Bau- und Vergaberecht 2009, 750–753

–, Vorgaben zur Umweltplanung im Raumordnungsgesetz 2009, Neue Zeitschrift für Verwaltungsrecht 2010, 19–22

–, Errichtung von Windkraftanlagen in naturschutzrechtlich festgesetzten Schutzgebieten, Natur und Recht 2011, 848–856

–, Windräder in Natura 2000-Gebieten?, Deutsches Verwaltungsblatt 2012, 216–220

Schink, Alexander, Raumordnungsgebiete und kommunale Planungshoheit – Chancen und Schwierigkeiten für die Kommunen, in: Hans D. Jarass (Hrsg.), Raumordnungsgebiete (Vorbehalts-, Vorrang- und Eignungsgebiete) nach dem neuen Raumordnungsgesetz, Symposium des Zentralinstituts für Raumplanung am 28. September 1998 in Münster, Münster 1998, S. 46–87

Schlacke, Sabine, Klimaschutz durch CO2-Speicherung im Meeresboden – völkerrechtliche Anforderungen und europarechtliche Herausforderungen, Zeitschrift für Europäisches Umwelt- und Planungsrecht 2007, 87–95

–, Statement zur Umsetzung der Meeresstrategie-Rahmenrichtlinie, in: Wolfgang Durner (Hrsg.), Wasserrechtlicher Reformbedarf in Bund und Ländern – Umweltrechtstage Nordrhein-Westfalen am 25. und 26. November 2010 in Bonn, Köln 2011, S. 21–27

Schlacke, Sabine/Kenzler, Jana, Klimaschutz durch Meeresdüngung? Zum (Spannungs-)Verhältnis zwischen Seevölkerrecht und Biodiversitätskonvention, Natur und Recht 2009, 753–759

Schmehl, Arndt/Wack, Sarah Maria, Umweltfragen des Wachstums der Fischproduktion: Das Recht der Aquakultur in Küsten- und Meeresgewässern, Zeitschrift für Umweltrecht 2009, 473–479

Schmidt-Aßmann, Eberhard, Planung unter dem Grundgesetz, Die Öffentliche Verwaltung 1974, 541–547

–, Planung als administrative Handlungsform und Rechtsinstitut, in: Jörg Berkemann/Günter Gaentzsch/Günter Halama/Helga Heeren/Eckart Hien/Hans-Peter Lemmel (Hrsg.), Planung und Plankontrolle; Entwicklungen im Bau- und Fachplanungsrecht; Otto Schlichter zum 65. Geburtstag, Köln/Berlin/Bonn/München 1995, S. 3–25

Schmidt, Reiner/Kahl, Wolfgang/Gärditz, Klaus Ferdinand, Umweltrecht, München 9. Auflage 2014

Schmiedel, Jörg/Lamp, Jochen, Case Study: Site selection of fisheries areas for Maritime Spatial Planning with the help of tool "Marxan with Zone" in the pilot area Pomeranian Bight, BaltSeaPlan Report No. 30, Rostock 2012

Schmiedel, Jörg/Winter, Gerd, Legal and planning options for integrating Fisheries into Maritime Spatial Planning at the Baltic Sea, BaltSeaPlan Report No. 23, Stralsund 2012

Schmitz, Holger/Müller, Christian, Das Raumordnungsrecht nach der Föderalismusreform, Raumforschung und Raumordnung 2007, 456–466

Schnoor, Herbert, Verfassungsrechtliche Bedingungen einer Küstenwache zur Bewältigung maritimer Schadensfälle, Zeitschrift für öffentliches Recht in Norddeutschland 2000, 221–226

Scholich, Dietmar, Die Rolle der Raumplanung in der Gesellschaft, Raumforschung und Raumordnung 2008, 475–485

Schomerus, Thomas/Busse, Jan, Strategische Umweltprüfung bei planerischen Ausweisungen für Offshore-Windparks in der deutschen ausschließlichen Wirtschaftszone (AWZ), Zeitschrift für öffentliches Recht in Norddeutschland 2005, 45–51

Schroeder, Werner, Die Wirkung von Raumordnungszielen, Umwelt- und Planungsrecht 2000, 52–58

Schröer, Friedrich, Staatliche Gebietshoheit und die verfassungsrechtlichen Verhältnisse am deutschen Festlandsockel, Recht der internationalen Wirtschaft 1978, 507–511

Schubert, Mathias, Rechtliche Aspekte der maritimen Raumplanung unter besonderer Berücksichtigung der Fischerei, in: Mathias von Lukowicz/Volker Hilge (Hrsg.), Marine Raumordnung – Interessenkonflikt mit der Fischerei oder Werkzeug für das Management, Arbeiten des Deutschen Fischer-Verbandes e.V., Heft 87, Hamburg 2009, S. 47–77

–, Rechtsfragen der maritimen Raumplanung – unter besonderer Berücksichtigung der Fischerei, Natur und Recht 2009, 834–841

–, Maritimes Infrastrukturrecht, Tübingen 2015

–, Meeresraumordnung und Europarecht: Die Richtlinie 2014/89/EU zur Schaffung eines Rahmens für die maritime Raumplanung, Jahrbuch des Umwelt- und Technikrechts 2015, 199–221

Schulte, Hans, Ziele der Raumordnung, Neue Zeitschrift für Verwaltungsrecht 1999, 942–945

Schultz-Zehden, Angela/Gee, Kira/Scibior, Katarzyna, Handbook on Integrated Maritime Spatial Planning, Berlin 2008

Schulze-Fielitz, Helmuth, Umweltschutz im Föderalismus – Europa, Bund und Länder, Neue Zeitschrift für Verwaltungsrecht 2007, 249–259

Schulze, Reiner/Zuleeg, Manfred/Kadelbach, Stefan, Europarecht, Handbuch für die deutsche Rechtspraxis, Baden-Baden 3. Auflage 2015

Schütte, Peter, Der Schutz des Wattenmeeres, Völkerrecht, Europarecht, Nationales Umweltrecht, Baden-Baden 2001

Schwarz, Kyrill-Alexander, Das maßgebliche Rechtsregime für Nutzungsbeschränkungen der Fischerei in der Ausschließlichen Wirtschaftszone (AWZ), Zeitschrift für Europäisches Umwelt- und Planungsrecht 2007, 154–161

Schwarze, Jürgen (Hrsg.), EU-Kommentar, Baden-Baden 3. Auflage 2012

Schweisgut, Jan, Diskussionszusammenfassung, in: Wolfgang Durner (Hrsg.), Wasserrechtlicher Reformbedarf in Bund und Ländern – Umweltrechtstage Nordrhein-Westfalen am 25. und 26. November 2010 in Bonn, Köln 2011, S. 29–30

Schweitzer, Michael/Dederer, Hans-Georg, Staatsrecht III, Staatsrecht, Völkerrecht, Europarecht, Heidelberg 11. Auflage 2016

Sell, Anne F./Pusch, Christian/von Dorrien, C. et al., Maßnahmenvorschläge für das Fischereimanagement in Natura 2000-Gebieten der deutschen AWZ der Nord- und Ostsee, Hamburg/Rostock 2011

Sellmann, Elke/kleine Holthaus, Jan-Dirk, Die Anforderungen an Betreiber von Offshore-Windparks zur Gewährleistung der Sicherheit und Leichtigkeit des Schiffsverkehrs, Zeitschrift für öffentliches Recht in Norddeutschland 2015, 45–53

Senator für Wirtschaft und Häfen der Freien Hansestadt Bremen, Maritimer Aktionsplan der Freien Hansestadt Bremen, Bremen Mai 2011

Sherman, Kenneth, The large marine ecosystem approach for assessment and management of ocean coastal waters, Large Marine Ecosystems (13) 2005, 3–16

Sieder, Frank/Zeitler, Herbert/Dahme, Heinz et al., Wasserhaushaltsgesetz, Abwasserabgabengesetz: WHG, Loseblatt-Kommentar, München 50. Auflage 2016

Skrylnikow, Ilja, CCS: Carbon Dioxide Capture and Storage – Technologische Risiken und regulatorische Herausforderungen, Natur und Recht 2010, 543–550

Snowadsky, Michael, Ziele und Grundsätze der Raumordnung, Eine rechtstheoretische Untersuchung zur Abgrenzung und Abgrenzbarkeit, Baden-Baden 2016

Söfker, Wilhelm, Zum Entwurf eines Gesetzes zur Neufassung des Raumordnungsgesetzes (GeROG), Umwelt- und Planungsrecht 2008, 161–168

–, Das Gesetz zur Neufassung des Raumordnungsgesetzes, Umwelt- und Planungsrecht 2009, 161–169

Soma, Katrine/van Tatenhove, Jan/van Leeuwen, Judith, Marine Governance in a European context: Regionalization, integration and cooperation for ecosystem-based management, Ocean & Coastal Management (117) 2015, 4–13

Song, Andrew M./Scholtens, Joeri/Stephen, Johny et al., Transboundary research in fisheries, Marine Policy (76) 2017, 8–18

Soria, José Martínez, Rechtsprobleme grenzüberschreitender Infrastrukturvorhaben im Energiesektor, Der Bau einer Gaspipeline auf dem Ostseegrund, Jahrbuch des Umwelt- und Technikrechts 2008, 263–293

Spannowsky, Willy, Die zunehmende Bedeutung des Rechts der Europäischen Gemeinschaft für die Regionalplanung, die Bauleitung und die Fachplanungen, Umwelt- und Planungsrecht 1998, 161–170

–, Die Grenzen der Länderabweichungsbefugnis gem. Art. 72 Abs. 3 Nr. 4 GG im Bereich der Raumordnung, Umwelt- und Planungsrecht 2007, 41–53

–, Die Zuständigkeitsverteilung zwischen Bund und Ländern im Bereich der Raumordnung nach der Föderalismusreform, Zeitschrift für deutsches und internationales Bau- und Vergaberecht 2007, 221–232

–, Raumordnung in Europa, in: Michael Krautzberger (Hrsg.), Bau- und Fachplanungsrecht, Festschrift für Bernhard Stüer zum 65. Geburtstag, München 2013, S. 59–76

Spannowsky, Willy/Runkel, Peter/Goppel, Konrad, Raumordnungsgesetz (ROG), Kommentar, München 2010

Sparwasser, Reinhard/Engel, Rüdiger/Voßkuhle, Andreas, Umweltrecht, Grundzüge des öffentlichen Umweltschutzrechts, Heidelberg 5. Auflage 2003

Spieth, Wolf Friedrich/Uibeleisen, Maximilian, Neues Genehmigungsregime für Offshore-Windparks – Zur Novelle der Seeanlagenverordnung, Neue Zeitschrift für Verwaltungsrecht 2012, 321–325

Ssymank, Axel, Fachliche Aspekte der Umsetzung von Natura 2000 in Deutschland, Zeitschrift für Europäisches Umwelt- und Planungsrecht 2008, 158–164

St. Martin, Kevin /Hall-Arber, Madeleine, The missing layer: Geo-technologies, communities, and implications for marine spatial planning, Marine Policy (32) 2008, 779–786

Stelzenmüller, Vanessa/Lee, Janette/South, Andy et al., Practical tools to support marine spatial planning: A review and some prototype tools, Marine Policy (38) 2013, 214–227

Stern, Klaus, Die Idee der politischen Planung mit besonderer Berücksichtigung der Vorschläge der Enquete-Kommission Verfassungsreform, in: Wilfried Erbguth/Janbernd Oebbecke/Hans-Werner Rengeling/Martin Schulte (Hrsg.), Planung, Festschrift für Werner Hoppe zum 70. Geburtstag, München 2000, S. 271–283

Stöfen-O'Brien, Aleke, The International and European Legal Regime Regulating Marine Litter in the EU, Baden-Baden 2015

Stoll, Peter-Tobias, Meeresschutz im Küsten- und Offshore-Bereich im Hinblick auf nicht-stoffliche Einflüsse, Natur und Recht 1999, 666–674

Stoll, Peter-Tobias/Lehmann, Friederike, Die Speicherung von CO2 im Meeresuntergrund – die völkerrechtliche Sicht, Zeitschrift für Umweltrecht 2008, 281–286

Streinz, Rudolf, EUV/AEUV, Vertrag über die Europäische Union und Vertrag über die Arbeitsweise der Europäischen Union, Kommentar, München 2. Auflage 2012

–, Europarecht, Heidelberg 10. Auflage 2016

Strüve, Anja, Maritime Raumordnung in Europa – Tagung zum "Workshop on key principles for maritime spatial planning" der Europäischen Kommission am 23. und 24. April 2009 in Ispra, Italien, Zeitschrift für Europäisches Umwelt- und Planungsrecht 2009, 188–191

–, 18. Rostocker Gespräch zum Seerecht und Infrastrukturrecht 2010 zur „Landes- und Wirtschaftsentwicklung zu Wasser: Raumordnungspläne für die Nord- und Ostsee", Zeitschrift für Umweltrecht 2011, 162–163

Stüer, Bernhard, Europäischer Gebiets- und Artenschutz in ruhigeren Gefilden – Von der Halle-Westumfahrung und Hessisch Lichtenau durch den Jagdbergtunnel und über die Hochmoselbrücke nach Bad Oeynhausen mit Schlingerkurs nach Hildesheim, Deutsches Verwaltungsblatt 2009, 1–12

Suárez de Vivero, Juan Luis, The European vision for oceans and seas – Social and political dimensions of the Green Paper on Maritime Policy for the EU, Marine Policy (31) 2007, 409–414

Suárez de Vivero, Juan Luis/Mateos, Juan Carlos Rodríguez, The Spanish approach to marine spatial planning. Marine Strategy Framework Directive vs. EU Integrated Maritime Policy, Marine Policy (36) 2012, 18–27

Täufer, Katrin, Der Ökosystemansatz in der Meeresumweltpolitik der Europäischen Union (EU), Zeitschrift für Europäisches Umwelt- und Planungsrecht 2009, 225–236

–, Die Entwicklung des Ökosystemansatzes im Völkerrecht und im Recht der Europäischen Union, Verwirklichung des Ökosystemansatzes im Meeresbereich des Nordost-Atlantiks, Baden-Baden 2017

Taussik, Jane, The opportunities of spatial planning for integrated coastal management, Marine Policy (31) 2007, 611–618

TEEB, The Economics of Ecosystems and Biodiversity, Ecological and Economic Foundations, London/Washington 2010

–, Why Value the Oceans – A discussion paper, 2012, http://www.teebweb.org/areas-of-work/biome-studies/teeb-for-oceans-and-coasts/

Thiel, Andreas, Scalar reorganisation of marine governance in Europe? The implementation of the marine strategy framework directive in Spain, Portugal and Germany, Marine Policy (39) 2013, 322–332

tho Pesch, Sebastian, Maritime Grenzen zwischen Bundesländern in der deutschen Ausschließlichen Wirtschaftszone, Die Öffentliche Verwaltung 2016, 645–651

Towfigh, Emanuel V./Petersen, Niels, Ökonomische Methoden im Recht, Tübingen 1. Auflage 2010

Trouwborst, Arie, Managing Marine Litter: Exploring the Evolving Role of International und European Law in Confronting a Persistent Environmental Problem, Merkourios Utrecht Journal of International und European Law (27) 2011, 4–18

Trouwborst, Arie/Dotinga, Harm M., Comparing European Instruments for Marine Nature Conservation: The OSPAR Convention, the Bern Convention, the Birds and Habitats Directive, and the Added Value of the Marine Strategy Framework Directive, European Energy and Environmental Law Review (20) 2011, 129–149

Trümpler, Kai, Grenzen und Abgrenzungen des Küstenmeeres, Berlin 2007

TU Berlin/Wolf, Rainer/Nebelsieck, Rüdiger et al., Naturschutzfachliche und naturschutzrechtliche Anforderungen im Gefolge der Ausdehnung des Raumordnungsregimes auf die deutsche Ausschließliche Wirtschaftszone – Umweltforschungsplan 2004, Forschungskennziffer 804 85 017 K2, Endbericht Mai 2006, 2006, https://www.bfn.de/fileadmin/MDB/documents/themen/meeresundkuestenschutz/downloads/Raumordnung-in-der-deutschen-AWZ/Endbericht_Naturschutzanforderungen_AWZ_2006.pdf

Uechtritz, Michael, Die Umweltprüfung in der Raumordnung – zur Umsetzung der Plan-UP-Richtlinie, Zeitschrift für Umweltrecht 2006, 9–14

–, Phasenspezifischer oder konzentrierter Rechtsschutz: Das Beispiel Raumordnungs- und Baurecht, Zeitschrift für Umweltrecht 2017, Heft 9 (i.E.)

Uibeleisen, Maximilian, Das neue WindSeeG, Überblick über den zukünftigen Rechtsrahmen für Offshore-Windparks, Neue Zeitschrift für Verwaltungsrecht 2017, 7–12

Umweltbundesamt, Stellungnahme zum Vorschlag einer Marinen Rahmenrichtlinie als Bestandteil der Europäischen Meeresstrategie, 2005

–, Entwicklung einer Umweltstrategie für die Windenergienutzung an Land und auf See, 2007, https://www.umweltbundesamt.de/sites/default/files/medien/publikation/long/3241.pdf

–, Perspektiven der europäischen Meerespolitik, Dessau-Roßlau 2008

–, Stellungnahme des UBA zum Entwurf des Raumordnungsplans mit Umweltbericht, 2008, http://www.bsh.de/de/Das_BSH/Bekanntmachungen/Stellungnahmen_Raumordnung/Umweltbundesamt.pdf

Underdahl, Arild, Integrated marine policy – What? Why? How?, Marine Policy (4) 1980, 159–169

Unesco, Concepts and Terminology for Marine Spatial Planning, 2006, http://msp.ioc-unesco.org/msp-good-practices/concepts-and-terminology/

United Nations Environment Programme, Marine Litter: A Global Challenge, Nairobi 2009

van Hoof, Luc/van Tatenhove, Jan, EU marine policy on the move: The tension between fisheries and maritime policy, Marine Policy (33) 2009, 726–732

van Leeuwen, Judith/van Hoof, Luc/van Tatenhove, Jan, Institutional ambiguity in implementing the European Union Marine Strategy Framework Directive, Marine Policy (36) 2012, 636–643

van Tatenhove, Jan, How to turn the tide: Developing legitimate marine governance arrangements at the level of the regional seas, Ocean & Coastal Management (71) 2013, 296–304

Vogt, Markus, Einordnung der CCS-Technologie in das geltende Recht und Ausblick auf den künftigen Rechtsrahmen, Baden-Baden 2011

Voltaire, Louinord/Loureiro, Maria L./Knudsen, Camilla et al., The impact of offshore wind farms on beach recreation demand: Policy intake from an economic study on the Catalan coast, Marine Policy (81) 2017, 116–123

von Gadow, Inken, Raumplanung im Meer, in: Peter Ehlers/Marian Paschke (Hrsg.), Meeresfreiheit und Ocean Governance, Festgabe zum 65. Geburtstag von Rainer Lagoni, Hamburg 2008, S. 105–124

von Nicolai, Helmuth, Konsequenzen aus den neuen Urteilen des Bundesverwaltungsgerichts zur raumordnerischen Steuerung von Windenergieanlagen – Oder: was ist der Unterschied zwischen einem Ziel?, Zeitschrift für Umweltrecht 2004, 74–80

–, Rechtliche Aspekte einer Raumordnung auf dem Meer, Informationen zur Raumentwicklung 2004, 491–498

von Nordheim, Henning, Die Baltic Sea Protected Areas (BSPA) im Rahmen von HELCOM II – Erfassung und Bewertung maritimer Schutzgebiete, in: Detlef Czybulka (Hrsg.), Erkennen, Bewerten, Abwägen und Entscheiden, Zweiter Warnemünder Naturschutzrechtstag, Baden-Baden 2000, S. 53–61

von Nordheim, Henning/Boedeker, Dieter/Krause, Jochen, International conventions for marine nature conservation and marine protected areas relevant to the North Sea and the Baltic Sea, in: Henning von Nordheim/Dieter Boedeker/Jochen Krause (Hrsg.), Progress in Marine Conservation in Europe – Natura 2000 Sites in German Offshore Waters, Berlin/Heidelberg 2006, S. 5–26

von Nordheim, Henning/Boedeker, Dieter/Krause, Jochen (Hrsg.), Progress in Marine Conservation in Europe – Natura 2000 Sites in German Offshore Waters, Berlin/Heidelberg 2006

von Nordheim, Henning/Krause, Jochen/Maschner, Katharina (Hrsg.), Progress in Marine Conservation in Europe 2009, BfN-Skript 287, Bonn 2011

von Nordheim, Henning/Maschner, Katharina/Wollny-Goerke, Katrin (Hrsg.), Progress in Marine Conservation in Europe 2012, BfN-Skript 339, Bonn 2013

Voß, Joachim/Knaack, Jürgen/von Weber, Mario, Ökologische Zustandsbewertung der deutschen Übergangs- und Küstengewässer 2009, Meeresumwelt Aktuell Nord- und Ostsee 2010, 1–12

Wahl, Rainer, Europäisches Planungsrecht – Europäisierung des deutschen Planungsrechts, Das Planungsrecht in Europa, in: Klaus Grupp/Michael Ronellenfitsch (Hrsg.), Planung – Recht – Rechtsschutz, Festschrift für Willi Blümel zum 70. Geburtstag am 6. Januar 1999, Berlin 1999, S. 617–646

–, Einige Grundprobleme im europäischen Raumplanungsrecht, in: Wilfried Erbguth/Janbernd Oebbecke/Hans-Werner Rengeling/Martin Schulte (Hrsg.), Planung, Festschrift für Werner Hoppe zum 70. Geburtstag, München 2000, S. 913–926

Wahlhäuser, Jens, Zum Entwurf eines Gesetzes zur Regelung von Abscheidung, Transport und dauerhafter Speicherung von Kohlendioxid, Umwelt- und Planungsrecht 2009, 295–302

Wakefield, Jill, Undermining the Integrated Maritime Policy, Marine Pollution Bulletin (60) 2010, 323–333

Wasielewski, Andreas, Der Entwurf für ein Kohlendioxid-Speicherungsgesetz – KSpG – aus Sicht eines potentiellen Speicherlandes, Umwelt- und Planungsrecht 2011, 174–180

Wasmeier, Martin, Die Integration des Umweltschutzes als allgemeine Auslegungsregel des Gemeinschaftsrechts, Das EuGH-Urteil vom 10.6.1999 – Rs. C-346/97, Braathens Sverige AB (Transwede Airways), EWS 1999, 354, Europäisches Wirtschafts- und Steuerrecht 2000, 47–52

Weidemann, Clemens/Krappel, Thomas, Natura 2000-Recht bei der Planung von Infrastrukturvorhaben (Teil 1), Zeitschrift für Europäisches Umwelt- und Planungsrecht 2011, 61–72

–, Natura 2000-Recht bei der Planung von Infrastrukturvorhaben (Teil 2), Zeitschrift für Europäisches Umwelt- und Planungsrecht 2011, 106–115

–, Rechtsfragen der Zulassung von Windkraftanlagen im Spannungsfeld zwischen Klima- und Umweltschutz, Die Öffentliche Verwaltung 2011, 19–26

Weis, Jürgen/Busse, Christian, Die Reform der Gemeinsamen Fischereipolitik – Ausgangspunkt, Legislativvorschläge und Verhandlungsstand, Zeitschrift für Umweltrecht 2013, 10–19

Weiß, Andrea, Möglichkeiten der Regelung der Fischerei, des Bergbaus und der Schiffahrt in „Baltic Sea Protected Areas“ (BSPAs) in der Ausschließlichen Wirtschaftszone (AWZ) der der Bundesrepublik Deutschland vorgelagerten Ostsee, Gutachterliche, rechtliche Stellungnahme, BfN-Skript Nr. 5, Bonn 1999

–, Meeresstrategie-Rahmenrichtlinie: Auf dem Weg zu einem guten Umweltzustand der Meeresgewässer in Europa?, Zeitschrift für Umweltrecht 2017, 331–338

Wende, Wolfgang/Herberg, Alfred/Köppel, Johann et al., Meeresnaturschutz und Raumordnung in der deutschen Ausschließlichen Wirtschaftszone, Naturschutz und Landschaftsplanung 2007, 79–85

Wendel, Philipp, The 2004 Report of the United States Commission on Ocean Policy – a Prototype for a European Maritime Policy?, in: Peter Ehlers/Rainer Lagoni (Hrsg.), Maritime Policy of the European Union and Law of the Sea, Hamburg 2008, S. 31–40

Wenzel, Christine Umsetzung der EG-Meeresstrategie-Rahmenrichtlinie in Nord- und Ostsee – Rolle der Meeresübereinkommen HELCOM und OSPAR, 2009, http://www.blmp-online.de/Seiten/Berichte.html

Westaway, Ned, The New European Marine Strategy Directive, Environmental Law Review (10) 2008, 218–224

Weyreuther, Felix, Umweltschutz und öffentliche Planung, Umwelt- und Planungsrecht 1981, 33–41

Wickel, Martin, Europäische Ansätze für ein maritimes Infrastrukturrecht, in: Peter Ehlers/Wilfried Erbguth (Hrsg.), Infrastrukturrecht zur See: Neue Wege der Meeresordnung, Dokumentation des Rostocker Gesprächs zum Seerecht 2008, Baden-Baden 2009, S. 27–46

–, Maritime Infrastrukturen im Europarecht, Zeitschrift für Europäisches Umwelt- und Planungsrecht 2009, 108–116

Wilke, Reinhard, Zum neuen Raumordnungsgesetz 2008 – mit norddeutschen Akzenten, Zeitschrift für öffentliches Recht in Norddeutschland 2009, 236–239

Wille, David, Raumplanung in der Küsten- und Meeresregion – Das Konzept des Integrierten Küstenzonenmanagements (IKZM) als Herausforderung für das deutsche Raumordnungs-, Zulassungs- und Umweltplanungsrecht, Baden-Baden 2009

Willecke, Raimund, Der Festlandsockel – seine völker- und verfassungsrechtliche Problematik, Deutsches Verwaltungsblatt 1966, 461–468

Wimmers, Kristina, Das anstehende 7. Umweltaktionsprogramm der Europäischen Union, Umwelt- und Planungsrecht 2013, 286–289

Winter, Gerd, Der Schutz der Nordsee als Problem internationaler Übereinkommen und EG-Richtlinien, Natur und Recht 1988, 265–272

–, Umwelt – Ressource – Biosphäre, Ansichten von Natur im Recht, GAIA 2000, 196–203

–, Umweltrechtliche Prinzipien des Gemeinschaftsrechts, Zeitschrift für Umweltrecht 2003, 137–145

–, Das Umweltgesetzbuch – Überblick und Bewertung, Zeitschrift für Umweltrecht 2008, 337–343

–, A Fundament and Two Pillars; The Concept of Sustainable Development 20 Years after the Brundtland Report, in: Hans Christian Bugge/Christina Voigt (Hrsg.), Sustainable Development in International und National Law, Groningen 2008, S. 23–45

Wissenschaftlicher Beirat der Bundesregierung Globale Umweltveränderungen, Über Kioto hinaus denken – Klimaschutzstrategien für das 21. Jahrhundert, Sondergutachten, Berlin 2003

–, Die Zukunft der Meere – zu warm, zu hoch, zu sauer, Sondergutachten, Berlin 2006

–, Kassensturz für den Weltklimavertrag – Der Budgetansatz, Sondergutachten, Berlin 2009

Wittmann, Chris, Der „Standard Konstruktion" des Bundesamtes für Seeschifffahrt und Hydrographie (BSH) – ausgewählte Probleme der Genehmigung und Zertifizierung von Offshore-Windparks, Deutsches Verwaltungsblatt 2013, 830–836

Wolf, Rainer, Gehalt und Perspektiven des Art. 20a GG, Kritische Vierteljahresschrift für Gesetzgebung und Rechtswissenschaft 1997, 280–305

–, Der Schutz der Umwelt beim Bau von Bohrinseln, Umwelt- und Planungsrecht 1998, 281–289

–, AWZ-Vorhaben: Rechtliche und naturschutzfachliche Aspekte beim Bau und Betrieb von Stromkabeln (FKZ 803 85 200) – im Auftrag des Bundesamtes für Naturschutz, Freiberg 2004

–, Grundfragen der Entwicklung einer Raumordnung für die Ausschließliche Wirtschaftszone, Zeitschrift für Umweltrecht 2005, 176–184

–, Planung und Gebietsschutz in der Ausschließlichen Wirtschaftszone, Natur und Recht 2005, 375–386

–, Transnationale Vorhaben und nationalstaatliches Zulassungsregime, Rechtliche Rahmenbedingungen für die geplante Ostsee-Pipeline, Zeitschrift für Umweltrecht 2007, 24–32

–, Ressourcennutzung und Ressourcenschutz in der Ausschließlichen Wirtschaftszone (AWZ), Jahrbuch des Umwelt- und Technikrechts 2008, 93–146

–, CCS, Anlagengenehmigungsrecht und Emissionshandel, Zeitschrift für Umweltrecht 2009, 571–579

–, Eingriffsregelung in der AWZ, Ansätze für ein Recht des Schutzes der marinen Ressourcen, Zeitschrift für Umweltrecht 2010, 365–371

–, Völkerrechtliche Grundlagen des deutschen Naturschutzrechts, Zeitschrift für Umweltrecht 2017, 3–17

Wolf, Sarah, Neue Tendenzen zur Ausdehnung küstenstaatlicher Umweltkompetenzen auf See: Eine Untersuchung am Beispiel der französischen „zone de protection écologique" im Mittelmeer, Zeitschrift für ausländisches öffentliches Recht und Völkerrecht 2006, 73–141

–, Unterseeische Rohrleitungen und Meeresumweltschutz, Eine völkerrechtliche Untersuchung am Beispiel der Ostsee, Heidelberg 2011

Wolff, Nina, Erhaltung lebender Meeresressourcen im Lichte des Nachhaltigkeitsgrundsatzes: Völker- und gemeinschaftsrechtliche Voraussetzungen, Zeitschrift für Umweltrecht 2003, 356–362

Wolfrum, Rüdiger, Die EG und das Meer: Versuch einer Neubewertung, Archiv des Völkerrechts (42) 2004, 67–79

Wolfrum, Rüdiger/Matz, Nele, The Interplay of the United Nations Convention on the Law of the Sea and the Convention on Biological Diversity, Max Planck Yearbook of United Nations Law 2000, 445–480

Wustlich, Guido, Ökonomisierung im Umweltrecht, Zeitschrift für Umweltrecht 2009, 515–522

WWF Germany, Maritime Spatial Planning in the Baltic Sea, Become a maritime specialist within 10 minutes, Frankfurt 2010

Zabel, Lorenz, Die Novelle der Seeanlagenverordnung – Auswirkungen auf die Zulassung von Offshore-Windparks und Netzanschlussvorhaben, Zeitschrift für öffentliches Recht in Norddeutschland 2012, 263–268

Zäch, Roger, Einführung in die Rechtswissenschaft, 2005, http://www.rwi.uzh.ch/dam/jcr:00000000-43dd-f106-0000-0000023d2cf1/Skript05_06.pdf

Zacharoula, Kyriazi/Maes, Frank/Rabaut, Marjin et al., The integration of nature conservation into the marine spatial planning process, Marine Policy (38) 2013, 133–139

Zampoukas, N./Palialexis, A./Duffek, A. et al., Technical guidance on monitoring for the Marine Strategy Framework Directive, JRC Scientific and Policy Reports, Luxemburg 2014

Zampoukas, Nikolaos/Piha, Henna/Bigagli, Emanuele et al., Monitoring for the Marine Strategy Framework Directive: Requirements and Options, Luxemburg 2012

Zeiler, Manfred/Dahlke, Christian/Nolte, Nico, Offshore-Windparks in der ausschließlichen Wirtschaftszone von Nord- und Ostsee, promet 2005, 71–76

Zimmermann, Andreas, Rechtliche Probleme bei der Errichtung seegestützter Windenergieanlagen, Die Öffentliche Verwaltung 2003, 133–140

Zimmermann, Karsten, Der veränderte Stellenwert von Wissen in der Planung, Ein Beitrag zu einem wissensbasierten Verständnis von Planung, Raumforschung und Raumordnung 2010, 115–125

www.ingramcontent.com/pod-product-compliance
Ingram Content Group UK Ltd.
Pitfield, Milton Keynes, MK11 3LW, UK
UKHW021820290926
8980IPUK00004B/184